洛阳市
耕地地力评价

◎ 郭新建 等 主编

中国农业科学技术出版社

图书在版编目（CIP）数据

洛阳市耕地地力评价／郭新建等主编．—北京：中国农业科学技术出版社，
2018.5

ISBN 978-7-5116-3629-4

Ⅰ．①洛…　Ⅱ．①郭…　Ⅲ．①耕作土壤-土壤肥力-土壤调查-洛阳②耕作
土壤-土壤评价-洛阳　Ⅳ．①S159.261.3②S158

中国版本图书馆 CIP 数据核字（2018）第 081954 号

责任编辑	白姗姗	
责任校对	贾海霞	
出 版 者	中国农业科学技术出版社	
	北京市中关村南大街 12 号　邮编：100081	
电　　话	（010）82106638（编辑室）　（010）82109702（发行部）	
	（010）82109709（读者服务部）	
传　　真	（010）82106650	
网　　址	http://www.castp.cn	
经 销 者	各地新华书店	
印 刷 者	北京建宏印刷有限公司	
开　　本	880 mm×1 230 mm　　1/16	
印　　张	66.5	
字　　数	2 110 千字	
版　　次	2018 年 5 月第 1 版　2018 年 5 月第 1 次印刷	
定　　价	398.00 元	

前　言

耕地是人们获取粮食及其他农产品不可替代的生产资料。耕地地力的高低直接影响作物的生长发育、产量和品质，是确保农业可持续发展的重要物质基础。

洛阳地处豫西丘陵山区，地形复杂，土壤种类较多。1959 年、1984 年洛阳市分别开展了两次土壤普查工作，查明了土壤的类型、面积和分布状况，为洛阳市农作物种植和规划提供了技术依据。随着种植结构、耕作制度、施肥水平的变化，不同的耕地利用方式使土壤养分状况发生了较大变化。因此，定期采集、化验、分析土壤样品，掌握耕地养分变化情况，对耕地质量进行评价和分类以及进一步加以改良利用是十分必要的，也是保护耕地资源、提高耕地质量的重要举措。

2005—2009 年，洛阳市八县一市及城市农业区（项目称为合并区，含洛龙、吉利、西工、涧西、老城、瀍河、高新、伊滨等区）先后实施农业部测土配方施肥项目。根据 2007 年《农业部办公厅关于做好耕地地力评价工作的通知》（农办〔2007〕66 号）的要求，2008 年孟津县，2009 年偃师市、新安县，2010 年汝阳县、宜阳县、洛宁县，2011 年栾川县、嵩县、伊川县，先后完成了县域耕地地力评价。2011 年，洛阳市启动了全市耕地地力评价工作，在县级耕地地力评价的基础上，历经两年时间，经过资料收集、评价模型建立、报告撰写 3 个阶段，于 2012 年 12 月完成了全市耕地地力评价工作，并通过了河南省耕地地力评价专家组的验收。此后，根据专家组的意见，又经过数据整理，于 2017 年年底完成全部书稿。需要说明的是，该书中的数据均取自 2012 年的数据资料。特别是采用土壤养分数据年份不一，在全市评价数据中与各县评价的数据不尽一致。

本次耕地地力评价的耕地面积以洛阳市国土资源局提供的土地利用现状图为依据，按照《全国测土配方施肥技术规范》的要求，全面系统地收集了第二次土壤普查的数据资料，以 2005 年测土配方施肥项目实施以来全市取土化验、田间试验、调查数据为依据，参照《洛阳市水资源调查和水利化区划报告》和《河南省洛阳市农业区划》，采用地理信息系统（GIS）、全球定位系统（GPS）和计算机技术，利用农业部提供的"县域耕地资源管理信息系统"平台进行数据管理，构建洛阳市耕地资源管理信息系统，进行了洛阳市耕地地力评价。

通过本次耕地地力评价，建立了洛阳市耕地地力评价数据库和县域耕地资源管理信息系统空间数据库，对全市主要粮食作物小麦、玉米、红薯、谷子、花生作出了适宜性专题评价。全面准确地摸清了洛阳市耕地资源和耕地地力现状，查清了影响粮食产能的障碍因素，划分出了耕地地力等级，为今后切实加强洛阳市耕地质量建设和管理、科学制定农业发展规划、耕地改良、合理利用耕地、保障粮食安全、优化作物布局、因地制宜地推进种植业结构战略性调整，发展特色高效农业，提供了科学的依据。

本书编写过程中，得到了河南省土壤肥料站、河南农业大学资源环境学院的领导和专家的帮助指导，特别是河南省土壤肥料站程道全推广研究员对评价指标体系、隶属函数的建立给予了具体指导，在此表示由衷的感谢！

由于编者水平有限，错误在所难免，敬请读者批评指正。

编　者

2018 年 3 月

目　　录

第一篇　洛阳市耕地地力评价 ……………………………………………………………（1）

　第一章　农业生产与自然资源概况 ………………………………………………………（1）

　　第一节　地理位置与行政区划 …………………………………………………………（1）

　　第二节　农业生产与农村经济 …………………………………………………………（2）

　　第三节　气候资源 ………………………………………………………………………（3）

　　第四节　水利资源 ………………………………………………………………………（4）

　　第五节　农业机械 ………………………………………………………………………（8）

　　第六节　农业生产施肥 …………………………………………………………………（8）

　第二章　土壤与耕地资源特征 ……………………………………………………………（11）

　　第一节　土壤类型 ………………………………………………………………………（11）

　　第二节　洛阳市耕地立地条件 …………………………………………………………（33）

　　第三节　耕地资源生产现状 ……………………………………………………………（38）

　第三章　耕地土壤养分 ……………………………………………………………………（40）

　　第一节　土壤养分现状与变化趋势 ……………………………………………………（40）

　　第二节　有机质 …………………………………………………………………………（41）

　　第三节　全氮 ……………………………………………………………………………（47）

　　第四节　有效磷 …………………………………………………………………………（54）

　　第五节　速效钾 …………………………………………………………………………（60）

　　第六节　缓效钾 …………………………………………………………………………（66）

　　第七节　pH 值（土壤酸碱性）…………………………………………………………（72）

　　第八节　土壤中微量元素 ………………………………………………………………（79）

　第四章　耕地地力评价方法与程序 ………………………………………………………（123）

　　第一节　耕地地力评价基本原理与原则 ………………………………………………（123）

　　第二节　耕地地力评价技术流程 ………………………………………………………（125）

　　第三节　资料收集与整理 ………………………………………………………………（125）

　　第四节　图件数字化与建库 ……………………………………………………………（128）

　　第五节　土壤养分空间插值与分区统计 ………………………………………………（129）

　　第六节　耕地地力评价与成果图编辑输出 ……………………………………………（131）

　　第七节　耕地资源管理系统的建立 ……………………………………………………（132）

　　第八节　耕地地力评价工作软、硬件环境 ……………………………………………（137）

　第五章　耕地地力评价指标体系 …………………………………………………………（138）

　　第一节　耕地地力评价指标体系内容 …………………………………………………（138）

　　第二节　评价指标的选择原则与方法 …………………………………………………（138）

　　第三节　评价指标权重的确定 …………………………………………………………（140）

　　第四节　评价指标隶属度的确定 ………………………………………………………（144）

　第六章　耕地地力等级划分与评价 ………………………………………………………（149）

　　第一节　耕地地力等级划分 ……………………………………………………………（149）

　　第二节　耕地地力等级分述（一级地）………………………………………………（159）

　　第三节　耕地地力等级分述（二级地）………………………………………………（162）

　　第四节　耕地地力等级分述（三级地）………………………………………………（166）

第五节 耕地地力等级分述（四级地）···（170）
第六节 耕地地力等级分述（五级地）···（174）
第七节 中低产田类型、分布与改良···（179）

第七章 耕地资源利用类型区···（185）
第一节 耕地资源利用分区划分原则···（185）
第二节 耕地资源利用分区概述···（185）

第八章 耕地资源合理利用的对策与建议···（188）
第一节 利用方向略述···（188）
第二节 耕地地力建设与土壤改良利用···（188）
第三节 平衡施肥措施、对策与建议···（189）
第四节 加强耕地质量管理对策与建议···（190）

第二篇 洛阳市合并区耕地地力评价···（192）
第九章 农业生产与自然资源概况···（192）
第一节 行政区划···（192）
第二节 光热资源···（192）
第三节 水资源··（194）
第四节 农业机械···（195）
第五节 农业生产施肥···（196）
第六节 农业生产中存在的主要问题···（198）

第十章 土地与耕地资源特征···（200）
第一节 地貌类型与土壤···（200）
第二节 土壤分布规律···（203）
第三节 土壤类型···（206）
第四节 耕地改良利用与生产现状···（210）

第十一章 耕地土壤养分···（211）

第十二章 耕地地力评价指标体系···（214）
第一节 参评因素的选取及其权重确定···（214）
第二节 评价因子级别相应分值的确定及隶属度···（218）

第十三章 耕地地力等级···（222）
第一节 耕地地力等级···（222）
第二节 一等地主要属性···（224）
第三节 二等地主要属性···（225）
第四节 三等地主要属性···（226）
第五节 四等地主要属性···（227）
第六节 五等地主要属性···（228）
第七节 六等地主要属性···（229）

第十四章 耕地资源合理利用的对策与建议···（230）
第一节 耕地地力建设与土壤改良利用···（230）
第二节 平衡施肥对策与建议···（231）
第三节 耕地质量管理建议···（232）

第三篇 孟津县耕地地力评价···（234）
第十五章 农业生产与自然资源概况···（234）
第一节 地理位置与行政区划···（234）

第二节　农业生产与农村经济 ………………………………………………（234）
　　第三节　农业自然资源条件 …………………………………………………（236）
　　第四节　农业基础设施 ………………………………………………………（239）
　　第五节　农业生产简史 ………………………………………………………（240）
　　第六节　农业生产上存在的主要问题 ………………………………………（240）
　　第七节　农业生产施肥 ………………………………………………………（240）
第十六章　土壤与耕地资源特征 ………………………………………………（245）
　　第一节　孟津县耕地土壤状况 ………………………………………………（245）
　　第二节　耕地立地条件状况 …………………………………………………（250）
　　第三节　耕地土壤改良实践效果 ……………………………………………（252）
　　第四节　耕地保养管理的简要回顾 …………………………………………（253）
第十七章　耕地土壤养分 ………………………………………………………（255）
　　第一节　有机质 ………………………………………………………………（255）
　　第二节　氮、磷、钾 …………………………………………………………（257）
　　第三节　微量元素 ……………………………………………………………（266）
第十八章　耕地地力评价指标体系 ……………………………………………（275）
　　第一节　耕地地力评价指标 …………………………………………………（275）
　　第二节　评价指标权重 ………………………………………………………（277）
　　第三节　评价因子隶属度的确定 ……………………………………………（280）
第十九章　耕地地力分析 ………………………………………………………（284）
　　第一节　耕地地力数量及空间分布 …………………………………………（284）
　　第二节　耕地地力等级分述 …………………………………………………（285）
第二十章　耕地资源利用类型分区 ……………………………………………（300）
第二十一章　耕地资源合理利用的对策与建议 ………………………………（303）
　　第一节　耕地地力建设与土壤改良利用对策与建议 ………………………（303）
　　第二节　耕地资源合理配置与种植业结构调整对策与建议 ………………（304）
　　第三节　平衡施肥对策与建议 ………………………………………………（305）
　　第四节　耕地质量管理建议 …………………………………………………（306）

第四篇　新安县耕地地力评价 …………………………………………………（307）
第二十二章　农业生产与自然资源概况 ………………………………………（307）
　　第一节　地理位置与行政区划 ………………………………………………（307）
　　第二节　农业生产与农村经济 ………………………………………………（308）
　　第三节　光热资源 ……………………………………………………………（310）
　　第四节　水资源与灌排 ………………………………………………………（311）
　　第五节　农业机械 ……………………………………………………………（317）
　　第六节　农业生产施肥 ………………………………………………………（317）
　　第七节　农业生产中存在的主要问题 ………………………………………（323）
第二十三章　土壤与耕地资源特征 ……………………………………………（326）
　　第一节　地貌类型 ……………………………………………………………（326）
　　第二节　土壤类型 ……………………………………………………………（327）
　　第三节　耕地土壤 ……………………………………………………………（329）
　　第四节　耕地改良利用与生产现状 …………………………………………（353）
　　第五节　耕地保养管理的简要回顾 …………………………………………（354）
第二十四章　耕地土壤养分 ……………………………………………………（356）

第一节　有机质 ··· （356）

第二节　氮、磷、钾 ··· （360）

第三节　中微量元素 ··· （375）

第四节　土壤 pH 值 ··· （401）

第二十五章　耕地地力评价指标体系 ······································· （404）

第一节　耕地地力评价指标体系内容 ····································· （404）

第二节　耕地地力评价指标 ·· （404）

第三节　参评因素的选取 ·· （406）

第四节　评价指标权重的确定 ··· （408）

第五节　评价指标隶属度的确定 ·· （412）

第六节　成果图编制及面积量算 ·· （417）

第二十六章　耕地地力等级 ·· （418）

第一节　耕地地力数量及空间分布 ······································· （418）

第二节　耕地地力等级分述 ·· （422）

第三节　中低产田类型及改良措施 ······································· （437）

第二十七章　耕地资源利用类型区 ·· （440）

第一节　耕地资源类型划分原则 ·· （440）

第二节　改良利用分区概述 ·· （441）

第二十八章　对策与建议 ··· （446）

第一节　耕地地力建设与土壤改良利用 ································· （446）

第二节　耕地资源合理利用与种植业结构调整 ························ （448）

第三节　科学施肥对策与建议 ··· （448）

第四节　加强耕地管理的对策与建议 ···································· （450）

第五篇　偃师市耕地地力评价 ·· （452）

第二十九章　农业生产与自然资源概况 ···································· （452）

第一节　地理位置与行政区划 ··· （452）

第二节　农业生产与农村经济 ··· （452）

第三节　光热资源 ··· （453）

第四节　水资源与灌排 ··· （454）

第五节　农业机械 ··· （456）

第六节　农业生产施肥 ··· （456）

第七节　农业生产中存在的主要问题 ···································· （461）

第三十章　土地与耕地资源特征 ··· （462）

第一节　地貌类型 ··· （462）

第二节　土壤类型 ··· （462）

第三节　耕地土壤 ··· （465）

第四节　耕地改良利用与生产现状 ······································· （474）

第五节　耕地保养管理的简要回顾 ······································· （476）

第三十一章　耕地土壤养分 ·· （478）

第一节　有机质 ·· （478）

第二节　氮、磷、钾 ··· （481）

第三节　中微量元素 ··· （490）

第三十二章　耕地地力评价指标体系 ······································· （492）

第一节　参评因素的选取及其权重确定 ································· （492）

　　第二节　评价因子级别相应分值的确定及隶属度 ·· (494)

第三十三章　耕地地力等级 ··· (497)
　　第一节　耕地地力等级 ·· (497)
　　第二节　一等地主要属性 ·· (499)
　　第三节　二等地主要属性 ·· (500)
　　第四节　三等地主要属性 ·· (502)
　　第五节　四等地主要属性 ·· (503)
　　第六节　五等地主要属性 ·· (504)
　　第七节　六等地主要属性 ·· (506)
　　第八节　中低产田类型 ·· (507)

第三十四章　耕地资源利用类型区 ··· (509)
　　第一节　耕地资源利用分区划分原则 ··· (509)
　　第二节　耕地改良利用分区类型 ··· (509)

第三十五章　耕地资源合理利用的对策与建议 ··· (513)
　　第一节　耕地地力建设与土壤改良利用 ··· (513)
　　第二节　耕地资源合理配置与种植业结构调整对策与建议 ···································· (514)
　　第三节　平衡施肥对策与建议 ··· (516)
　　第四节　耕地质量管理建议 ·· (517)

第六篇　宜阳县耕地地力评价 ··· (519)
第三十六章　农业生产与自然资源概况 ··· (519)
　　第一节　地理位置与行政区划 ··· (519)
　　第二节　农业生产与农村经济 ··· (519)
　　第三节　光热资源 ··· (521)
　　第四节　水资源与灌排 ·· (523)
　　第五节　农业机械 ··· (525)
　　第六节　农业生产施肥 ·· (526)
　　第七节　农业生产中存在的主要问题 ·· (529)

第三十七章　土壤与耕地资源特征 ··· (531)
　　第一节　土壤分类 ··· (531)
　　第二节　耕地立地条件 ·· (541)
　　第三节　耕地资源生产现状 ·· (545)
　　第四节　耕地保养管理的历史回顾 ·· (546)

第三十八章　土壤性态特征 ··· (547)
　　第一节　棕　壤 ·· (547)
　　第二节　褐　土 ·· (550)
　　第三节　潮　土 ·· (569)
　　第四节　砂姜黑土 ··· (573)

第三十九章　耕地土壤养分 ··· (575)
　　第一节　有机质 ·· (576)
　　第二节　大量元素 ··· (577)
　　第三节　土壤中量元素 ·· (581)
　　第四节　土壤微量元素 ·· (581)
　　第五节　pH 值 ··· (583)

第四十章　耕地地力评价指标体系 ··· (584)

第一节　评价因素的选取与权重 ·· （584）
第二节　指标权重的确定 ·· （585）
第三节　评价因子隶属度的确定 ·· （588）

第四十一章　耕地地力等级 ·· （591）
第一节　耕地地力数量及空间分布 ·· （591）
第二节　宜阳县一级地分布与主要特性 ·· （595）
第三节　宜阳县二级地分布与主要特性 ·· （597）
第四节　宜阳县三级地分布与主要特性 ·· （598）
第五节　宜阳县四、五、六级地分布与主要特性 ·· （600）
第六节　中低产田类型及改良措施 ·· （602）

第四十二章　耕地资源利用类型区 ·· （604）
第一节　耕地资源利用类型区的划分 ·· （604）
第二节　耕地资源利用类型区 ·· （604）

第四十三章　耕地资源合理利用的对策与建议 ·· （606）
第一节　发展宜阳农业的战略措施 ·· （606）
第二节　耕地地力建设与土壤改良利用 ·· （606）
第三节　科学施肥 ·· （608）
第四节　耕地质量管理 ··· （609）

第七篇　汝阳县耕地地力评价 ·· （611）
第四十四章　农业生产与自然资源概况 ·· （611）
第一节　地理位置与行政区划 ·· （611）
第二节　农业生产与农村经济 ·· （611）
第三节　光热资源 ·· （613）
第四节　水资源与灌排 ··· （616）
第五节　农业机械 ·· （618）
第六节　农业生产施肥 ··· （618）
第七节　农业生产中存在的主要问题 ·· （622）

第四十五章　土地与耕地资源特征 ·· （623）
第一节　地貌类型 ·· （623）
第二节　土壤类型 ·· （624）
第三节　耕地土壤 ·· （629）
第四节　耕地改良利用与生产现状 ·· （641）
第五节　耕地保养管理的简要回顾 ·· （645）

第四十六章　耕地土壤养分 ·· （649）
第一节　有机质 ·· （650）
第二节　氮、磷、钾 ··· （652）
第三节　中微量元素 ··· （659）

第四十七章　耕地地力评价指标体系 ·· （665）
第一节　参评因素的选取及其权重确定 ·· （665）
第二节　评价因子级别相应分值的确定及隶属度 ·· （667）

第四十八章　耕地地力等级 ·· （671）
第一节　耕地地力等级 ··· （671）
第二节　一级地主要属性 ··· （674）
第三节　二级地主要属性 ··· （675）

第四节　三级地主要属性 ·· (677)
第五节　四级地主要属性 ·· (678)
第六节　五级地主要属性 ·· (680)
第七节　六级地主要属性 ·· (682)
第八节　七级地主要属性 ·· (683)
第九节　中低产田类型 ·· (685)

第四十九章　耕地资源利用类型区 ·· (695)
第一节　耕地资源利用分区划分原则 ·· (695)
第二节　南部中山石质土褐土林土特产区 ·· (695)
第三节　南中部低山褐土粗骨土石质土林牧果品区 ································ (697)
第四节　中北部丘陵褐土粗骨土经粮区 ·· (700)
第五节　汝河川褐土潮土粮菜区 ·· (702)
第六节　内埠滩砂姜黑土潮土褐土粮棉区 ·· (705)

第五十章　耕地资源合理利用的对策与建议 ·· (708)
第一节　利用方向略述 ·· (708)
第二节　耕地地力建设与土壤改良利用 ·· (709)
第三节　平衡施肥对策与建议 ·· (711)
第四节　耕地质量管理建议 ·· (712)

第八篇　洛宁县耕地地力评价 ·· (714)
第五十一章　农业生产与自然资源状况 ·· (714)
第一节　地理位置与行政区划 ·· (714)
第二节　农业生产与农村经济 ·· (714)
第三节　光热资源 ·· (714)
第四节　水资源与灌排 ·· (715)
第五节　农业机械 ·· (716)
第六节　农业生产施肥 ·· (716)

第五十二章　土地与耕地资源特征 ·· (718)
第一节　地貌类型 ·· (718)
第二节　土壤类型 ·· (718)
第三节　耕地土壤 ·· (719)

第五十三章　耕地土壤养分 ·· (721)
第一节　有机质 ·· (721)
第二节　氮、磷、钾 ·· (724)
第三节　中微量元素 ·· (733)

第五十四章　耕地地力评价指标体系 ·· (734)
第一节　参评因素的选取及其权重确定 ·· (734)
第二节　评价因子级别相应分值的确定及隶属度 ·································· (736)

第五十五章　耕地地力等级 ·· (739)
第一节　耕地地力等级 ·· (739)
第二节　一等地主要属性 ·· (742)
第三节　二等地主要属性 ·· (743)
第四节　三等地主要属性 ·· (744)
第五节　四等地的主要属性 ·· (746)
第六节　五等地的主要属性 ·· (747)

第七节　六等地主要属性 ……………………………………………………（749）
第八节　七等地的主要属性 …………………………………………………（751）
第九节　中低产田类型 ………………………………………………………（752）

第九篇　嵩县耕地地力评价 ……………………………………………………（754）
第五十六章　农业生产与自然资源概况 …………………………………………（754）
第一节　地理位置与行政区划 ………………………………………………（754）
第二节　农业生产与农村经济 ………………………………………………（754）
第三节　光热资源 ……………………………………………………………（756）
第四节　水资源与灌排 ………………………………………………………（759）
第五节　农业机械 ……………………………………………………………（763）
第六节　农业生产施肥 ………………………………………………………（763）
第七节　农业生产中存在的主要问题 ………………………………………（766）
第五十七章　土壤与耕地资源特征 ………………………………………………（768）
第一节　嵩县土壤分类 ………………………………………………………（768）
第二节　嵩县耕地立地条件 …………………………………………………（780）
第三节　耕地资源生产现状 …………………………………………………（785）
第四节　耕地保养管理的简要回顾 …………………………………………（785）
第五十八章　耕地土壤养分 ………………………………………………………（787）
第一节　有机质 ………………………………………………………………（787）
第二节　氮、磷、钾 …………………………………………………………（791）
第三节　中微量元素 …………………………………………………………（799）
第五十九章　耕地地力评价指标体系 ……………………………………………（804）
第一节　参评因素的选取及其权重确定 ……………………………………（804）
第二节　评价因子级别相应分值的确定及隶属度 …………………………（806）
第六十章　耕地地力等级 …………………………………………………………（810）
第一节　耕地地力等级 ………………………………………………………（810）
第二节　一级地主要属性 ……………………………………………………（814）
第三节　二级地主要属性 ……………………………………………………（818）
第四节　三级地主要属性 ……………………………………………………（822）
第五节　四级地主要属性 ……………………………………………………（825）
第六节　五级地主要属性 ……………………………………………………（829）
第七节　中低产田类型 ………………………………………………………（833）
第六十一章　耕地资源利用类型区 ………………………………………………（844）
第一节　耕地资源利用分区划分原则 ………………………………………（844）
第二节　伊河汝河两岸褐土潮土粮菜陆浑灌溉农业区 ……………………（844）
第三节　中北部丘陵区褐土粗骨土石质土红黏土棕壤潮土粮经旱地种植区 …（847）
第四节　中南部低山潮土粗骨土褐土红黏土石质土粮经旱地农业区 ……（850）
第五节　嵩县中南部低山潮土粗骨土褐土红黏土石质土粮经旱地农业区 …（853）
第六节　南部中山区潮土粗骨土褐土红黏土石质土黄棕壤粮经区 ………（853）
第六十二章　耕地资源合理利用的对策与建议 …………………………………（857）
第一节　利用方向略述 ………………………………………………………（857）
第二节　耕地地力建设与土壤改良利用 ……………………………………（858）
第三节　平衡施肥对策与建议 ………………………………………………（860）
第四节　耕地质量管理建议 …………………………………………………（861）

第十篇　伊川县耕地地力评价 ·· (863)

　　第六十三章　农业生产与自然资源概况 ·· (863)

　　　　第一节　地理位置与行政区划 ·· (863)

　　　　第二节　农业生产与农村经济 ·· (863)

　　　　第三节　农业自然资源条件 ··· (864)

　　　　第四节　农业基础设施 ··· (865)

　　　　第五节　农业生产简史 ··· (867)

　　　　第六节　农业生产上存在的主要问题 ·· (868)

　　　　第七节　农业生产施肥 ··· (869)

　　第六十四章　土壤与耕地资源特征 ·· (872)

　　　　第一节　伊川县耕地土壤状况 ·· (872)

　　　　第二节　耕地立地条件状况 ··· (879)

　　第六十五章　耕地土壤养分 ·· (882)

　　　　第一节　有机质 ·· (882)

　　　　第二节　氮、磷、钾 ··· (886)

　　　　第三节　中微量元素 ··· (894)

　　第六十六章　耕地地力评价指标体系 ·· (912)

　　　　第一节　耕地地力评价指标 ··· (912)

　　　　第二节　评价指标权重 ··· (914)

　　　　第三节　评价因子隶属度的确定 ··· (917)

　　第六十七章　耕地地力分析 ·· (923)

　　　　第一节　耕地地力数量及空间分布 ··· (923)

　　　　第二节　耕地地力等级分述 ··· (925)

　　第六十八章　耕地资源利用类型分区 ·· (934)

　　　　第一节　土壤改良利用分区原则 ··· (934)

　　　　第二节　各分区自然状况 ··· (934)

　　第六十九章　耕地资源合理利用的对策与建议 ·· (936)

　　　　第一节　利用方向略述 ··· (936)

　　　　第二节　耕地地力建设与土壤改良利用 ·· (937)

　　　　第三节　平衡施肥对策与建议 ·· (938)

　　　　第四节　耕地质量管理建议 ··· (939)

第十一篇　栾川县耕地地力评价 ·· (941)

　　第七十章　农业生产与自然资源概况 ·· (941)

　　　　第一节　栾川县基本情况 ··· (941)

　　　　第二节　地貌与地形 ··· (941)

　　　　第三节　气候资源 ··· (941)

　　　　第四节　植　被 ··· (942)

　　　　第五节　农业生产状况 ··· (942)

　　第七十一章　土壤与耕地资源特征 ·· (943)

　　第七十二章　耕地土壤养分状况 ·· (945)

　　第七十三章　耕地地力评价指标体系 ·· (953)

　　　　第一节　参评因素的选取及其权重确定 ·· (953)

　　　　第二节　评价因子级别相应分值的确定及隶属度 ····································· (955)

　　第七十四章　耕地地力等级 ·· (958)

第七十五章 耕地资源合理利用的对策与建议 ……………………………………………………………… (964)
　第一节 利用方向略述 ……………………………………………………………………………… (964)
　第二节 耕地地力建设与土壤改良利用 ………………………………………………………… (965)
　第三节 平衡施肥对策与建议 …………………………………………………………………… (966)
　第四节 耕地质量管理建议 ……………………………………………………………………… (967)

第十二篇 洛阳市主要粮食作物适宜性评价 …………………………………………………… (969)
　第七十六章 洛阳市小麦适宜性评价 …………………………………………………………… (969)
　　第一节 洛阳市小麦生产概况 ………………………………………………………………… (969)
　　第二节 小麦适宜性评价资料收集 …………………………………………………………… (969)
　　第三节 评价指标体系的建立及其权重确定 ………………………………………………… (970)
　　第四节 小麦评价指标的隶属度 ……………………………………………………………… (972)
　　第五节 小麦的最佳适宜等级 ………………………………………………………………… (975)
　　第六节 小麦适宜性评价结果 ………………………………………………………………… (975)
　　第七节 小麦适宜性分区分析 ………………………………………………………………… (981)
　　第八节 小麦适宜性评价结论与建议 ………………………………………………………… (987)
　第七十七章 洛阳市玉米适宜性评价 …………………………………………………………… (990)
　　第一节 洛阳市玉米生产概况 ………………………………………………………………… (990)
　　第二节 玉米适宜性评价资料收集 …………………………………………………………… (990)
　　第三节 评价指标体系的建立及其权重确定 ………………………………………………… (991)
　　第四节 玉米评价指标的隶属度 ……………………………………………………………… (993)
　　第五节 玉米的最佳适宜等级 ………………………………………………………………… (994)
　　第六节 玉米适宜性评价结果 ………………………………………………………………… (994)
　　第七节 玉米适宜性分区分析 ………………………………………………………………… (999)
　　第八节 玉米适宜性评价结论与建议 ………………………………………………………… (1005)
　第七十八章 洛阳市红薯适宜性评价 …………………………………………………………… (1008)
　　第一节 洛阳市红薯生产概况 ………………………………………………………………… (1008)
　　第二节 红薯适宜性评价资料收集 …………………………………………………………… (1008)
　　第三节 评价指标体系的建立及其权重确定 ………………………………………………… (1009)
　　第四节 红薯评价指标的隶属度 ……………………………………………………………… (1011)
　　第五节 红薯的最佳适宜等级 ………………………………………………………………… (1011)
　　第六节 红薯的适宜性评价结果 ……………………………………………………………… (1011)
　　第七节 红薯适宜性分区分析 ………………………………………………………………… (1016)
　第七十九章 洛阳市花生适宜性评价 …………………………………………………………… (1023)
　　第一节 洛阳市花生生产概况 ………………………………………………………………… (1023)
　　第二节 花生适宜性评价资料收集 …………………………………………………………… (1023)
　　第三节 评价指标体系的建立及其权重确定 ………………………………………………… (1024)
　　第四节 花生评价指标的隶属度 ……………………………………………………………… (1026)
　　第五节 花生的最佳适宜等级 ………………………………………………………………… (1026)
　　第六节 花生的适宜性评价结果 ……………………………………………………………… (1027)
　　第七节 洛阳市花生适宜性分区分析 ………………………………………………………… (1032)
　第八十章 洛阳市谷子适宜性评价 ……………………………………………………………… (1033)
　　第一节 洛阳市谷子生产概况 ………………………………………………………………… (1033)
　　第二节 谷子适宜性评价资料收集 …………………………………………………………… (1033)
　　第三节 评价指标体系的建立及其权重确定 ………………………………………………… (1034)

第四节　谷子评价指标的隶属度 ………………………………………………………（1036）

第五节　谷子的最佳适宜等级 …………………………………………………………（1036）

第六节　谷子的适宜性评价结果 ………………………………………………………（1036）

第七节　洛阳市谷子适宜性分区分析 …………………………………………………（1042）

第一篇　洛阳市耕地地力评价

第一章　农业生产与自然资源概况

第一节　地理位置与行政区划

一、地理位置

洛阳市位于河南省西部，东经110°08′~112°59′，北纬33°35′~35°05′。东邻郑州，西接三门峡，北跨黄河与焦作接壤，南与平顶山、南阳相连。东西长约179km，南北宽约168km。地势西高东低，境内山川丘陵交错，地形错综复杂，周围有郁山、邙山、青要山、荆紫山、周山、樱山、龙门山、香山、万安山、首阳山、黛眉山、嵩山等10多座山脉；境内河渠密布，分属长江、黄河、淮河三大水系，黄河、洛河、伊河、清河、磁河、铁滦河、涧河、瀍河等10余条河流蜿蜒其间。洛阳地处中原，山川纵横，西依秦岭，出函谷是关中秦川，东临嵩岳，北靠太行且有黄河之险，南望伏牛，有宛叶之饶，因而有"山河拱戴，形势甲于天下"之称。

二、行政区划

洛阳市隶属河南省，辖6区8县1市。6区为：涧西区、西工区、老城区、瀍河回族区、洛龙区、吉利区，8县为：孟津县、新安县、洛宁县、宜阳县、伊川县、嵩县、栾川县、汝阳县，1市即偃师市。洛阳下辖经济功能区有洛阳新区（正厅级）、伊滨区、洛阳国家高新技术产业开发区（独立享有管辖权）、国家洛阳经济技术开发区。全市181个乡镇办事处、160个居委会和2 815个村委会。洛阳市行政区乡镇基本情况详见表1-1。

表1-1　洛阳市行政区乡镇基本情况

行政区	乡、镇（办事处）	居委会数	村委会数	人口数（万人）	农业人口数（万人）	土地总面积（km²）
洛阳市	181	160	2 815	684.7	489.3	15 208.6
孟津县	10	—	227	45.4	39.5	667
新安县	11	—	288	52.4	38.3	1 160.3
栾川县	14	—	206	33.3	28.8	2 365
嵩　县	16	—	318	58.9	52.8	2 866
汝阳县	13	—	210	47	40.6	1 360
宜阳县	17	—	353	69.5	59.7	1 666.3
洛宁县	18	—	387	48.3	42.1	2 394
伊川县	14	—	359	80.1	65.2	1 243
偃师市	14	—	210	59.7	50.6	943
老城区	8	24	11	16.5	3.4	4.7
西工区	10	36	5	33.6	4	15.8
瀍河区	8	14	5	17.4	2.8	6.1
涧西区	13	53	8	46.1	3.7	22.1
吉利区	2	7	29	6.8	3.4	80
洛龙区	13	20	106	62.4	49.6	415.3

（续表）

行政区	乡、镇 （办事处）	居委会数	村委会数	人口数 （万人）	农业人口数 （万人）	土地总面积 （km²）
高新区	—	2	22	7.4	4.8	—
龙管会	—	2	—	—	—	—
伊滨区	—	2	71	—	—	—

注：根据《洛阳市统计年鉴，2012》整理

第二节　农业生产与农村经济

一、农业生产现状

洛阳市是典型的农业市，种植业优势明显，农作物种类繁多。近几年来，洛阳市按照战略性结构调整的思路，加大农业结构调整力度，形成了以粮食生产为主线，烟叶、花生、红薯、油料、蔬菜及其他作物合理配置，种植、养殖、加工和劳务输出一体化的综合性农业产业链条。

2009—2011 年粮食作物播种面积平均为 523 992.7 hm²，占总播种面积的 75.37%；油料作物播种面积平均为 45 981.67 hm²，占总播种面积的 6.6%；经济作物播种面积平均为 84 578.66 hm²，占总播种面积的 12.16%。

2011 年全市粮食作物播种面积 526 344 hm²，占农作物播种总面积 697 747 hm² 的 75.44%，总产 2 308 501 t。其中小麦播种面积 252 113 hm²，总产 1 092 204 t，占全年粮食总产的 47.31%；玉米播种面积 191 700 hm²，总产 891 764 t，占全年粮食总产的 38.63%。2009—2011 年小麦产量占全市粮食总产的 47.03%，玉米产量占全市粮食总产的 39.14%，小麦、玉米总产量占全市粮食总产的 86.17%，大豆、红薯、谷子等其他作物合计占全市粮食总产的 13.83%。轮作制度主要有小麦—玉米、小麦—谷子、小麦—花生、小麦—红薯等，以一年两熟为主，其中小麦—玉米轮作已作为洛阳市近年来典型的种植制度。洛阳市 2009—2011 年主要农作物的播种面积及产量详见表 1-2。

表 1-2　洛阳市主要农作物的播种面积及产量　　　　单位：hm²、t、%

			2009 年	2010 年	2011 年	平均
		总面积	693 888	694 166	697 747	695 267
粮食作物		面积	521 424	524 210	526 344	523 992.7
		产量	2 351 445	2 359 221	2 308 501	2 339 722
	小麦	面积	250 789	251 459	252 113	251 453.7
		产量	1 100 699	1 108 242	1 092 204	1 100 382
		占总产	46.81	46.97	47.31	47.03
	玉米	面积	187 574	190 250	191 700	189 841.3
		产量	927 179	928 490	891 764	915 811
		占总产	39.43	39.36	38.63	39.14
	其他	面积	83 061	82 501	82 531	82 697.67
		产量	323 567	322 489	324 533	323 529.7
		占总产	13.76	13.67	14.06	13.83
油料作物		面积	45 344	45 666	46 935	45 981.67
		产量	127 156	132 491	133 705	131 117.3
经济作物	棉花	面积	4 392	3 520	3 096	3 669.333
		产量	3 577	3 301	3 037	3 305
	烟叶	面积	24 302	26 549	27 077	25 976
		产量	62 316	60 236	61 400	61 317.33
	蔬菜	面积	54 339	54 387	56 074	54 933.33
		产量	2 157 587	2 201 146	2 336 567	2 231 767

二、农村经济情况

2011年全市农林牧渔业总产值356.42亿元,占全市国民经济生产总值2 702.8亿元的13.19%。全市农民人均纯收入8 849.34元,其中,工资性收入3 855.31元/人,家庭经营纯收入4 387.97元/人,财产性纯收入196.35元/人,转移性纯收入409.71元/人;生产费用支出2 026.48元/人,生活消费支出5 292.57元/人。各县农民人均纯收入高低不等,其中偃师市最高,达到10 208元,其次是涧西区,汝阳县最低为5 157.97元。洛阳市2009—2011年各县(市、区)农民人均纯收入情况详见表1-3。

表1-3 洛阳市2009—2011年各行政区农民人均收入统计情况 单位:元

行政区	2009年	2010年	2011年	平均
全 市	4 961	5 680	6 822	5 821
老城区	5 592	6 552	7 627	6 590
西工区	5 860	6 797	8 353	7 003
瀍河区	6 235	7 034	8 712	7 327
涧西区	7 885	8 815	10 200	8 967
吉利区	6 233	6 889	8 332	7 151
洛龙区	5 447	6 232	7 541	6 407
高新区	5 573	6 088	7 460	6 374
偃师市	7 355	8 303	10 208	8 495
孟津县	4 426	5 166	6 458	5 350
新安县	5 112	6 065	7 575	6 251
栾川县	4 085	4 784	5 738	4 869
嵩 县	3 910	4 551	5 680	4 714
汝阳县	3 896	4 311	5 158	4 455
宜阳县	4 170	4 598	5 348	4 705
洛宁县	3 908	4 338	5 196	4 481
伊川县	5 010	5 790	6 839	5 880

第三节 气候资源

洛阳地区属暖温带大陆性气候,四季特点大致为:春季干旱且风多,夏季炎热而多雨,秋季晴朗日照长,冬季寒冷少雨雪。区内海拔高度相差2 076.9m。由于气温随海拔高度增高而递减,降水在一定范围内随海拔高度增高而递增,因而气候具有明显的垂直变化特色,气候由暖温带半干旱区逐渐变为寒温带湿润区。

一、热量

热量分布受地貌影响,各地差异较大。黄河、洛河、伊河等河谷地带及其附近的丘陵和缓坡山地,年平均气温12.1~12.6℃。洛阳周围的伊川、宜阳两县为高值区,年平均气温14.5℃,其余各县在13.8℃以上。最冷的元月为-2~0.5℃,地域间差异较小。最热的7月为24.2~27.3℃,地域间差异较大。4月和10月分别为12.9~14.9℃和12.8~15.3℃,两月气温相近似。初霜期一般在10月下旬到11月上旬,终霜期一般在3月下旬到4月初,无霜期184~224天。山区初霜期早,终霜期晚,无霜期短,川平地与其相反。海拔200m左右的平川地≥0℃日温的持续日数为319天,积温为5 289℃;海拔350m左右的丘陵地,≥0℃日温的持续日数为309~314天,积温5 126~5 132℃;海拔550~750m的山区,≥0℃日温的持续日数不足300天,积温4 432~4 735℃。

二、降水

全市年平均降水量 530~1 100mm，山地为多雨区，河谷及其附近的丘陵区为少雨区。降水量自东南向西北递减。降雨的时间分配很不均匀，3—5 月降水量占全年降水量的 20.2%~33.7%，6—8 月占 41.2%~47.6%，9—11 月占 6.3%~31.6%，冬季占 3.1%~5.3%。其中雨季的 6—9 月占 57.5%~61.1%，旱季的 10 月至翌年的 5 月占 38.9%~42.5%。这种分配与多数农作物对水分的需要规律较为一致。

三、光照

洛阳年日照 2 083~2 246h，日照率 47%~53%。从地域分布看，伊川、嵩县日照时间长，年平均 2 294~2 346h，日照率 52%~53%；栾川、宜阳日照时间短，年平均 2 082~2 116h，日照率 47%~48%。太阳年总辐射量 113~125kcal/cm²，西北部的黄土丘陵区年日照率高，年总量大于 118kcal/cm²；西南部由于云量多，日照率低，年总量少于 116kcal/cm²，其中栾川只有 113.7kcal/cm²；东部除个别地方外，年总量介于以上两地之间。从季节看，夏季最高，为 38~43kcal/cm²；冬季最少，为 17~20kcal/cm²；春秋居中，分别为 31~35kcal/cm² 和 24~26kcal/cm²。

第四节　水利资源

一、河流水系

洛阳市境内共有干支河流及沟、涧、溪 27 000 余条，其中常年有水的 7 500 余条，集水面积在 100km² 以上的有 34 条。伊河、洛河向东北地区直接汇入黄河，其集水面积 12 354.7km²，占全市面积的 81.7%。东南部的北汝河属淮河流域，集水面积 2 091.8km²，占全市总面积的 13.9%。最南端的老灌河、白河属长江流域，集水面积为 670.1km²，占全市总面积的 4.4%。

（一）黄河

黄河干流经渑池县关家村东的峪家沟进入洛阳市境内，途径新安县、孟津县和吉利区，到偃师市的杨沟渡出境，过境全长 97km。其中新安县境 37km，孟津县境 59km，偃师市 1km，吉利区境 16km。洛阳境内沿邙岭以北及吉利区直接入黄河的支流流域面积 1 155.9km²，占市总面积的 7.6%。黄河最大流量为 178 000m³/s，最小流量为 11m³/s，多年平均流量为 946m³/s。洛阳市境内邙岭以北直接流入黄河的较大支流有两条：青河，发源于新安与渑池两县的界岭处，流程全在新安县境内，至西沃注入黄河，干流长 24km，流域面积 148km²；畛河，发源于新安与渑池县界岭的城崖地，到新安县狂口注入黄河，干流长 51km，流域面积 398km²。

（二）洛河

按黄河水利委员会对黄河河流的分级，洛河为黄河的一级支流。它包括洛河、伊河和涧河等，洛河为干流，伊河、涧河为其支流。洛河干流经卢氏县东流到故县水库上游入洛阳市境内，途径洛宁县、宜阳县、洛阳市洛龙区，至市区纳涧河后流入偃师，到偃师市杨村纳伊河后，改称伊洛河东行，经黑石关出境入巩义市，至神堤入黄河。洛河干流全长 447km，流域面积 12 840km²（含涧河），其中市境内干流长 195km，流域面积 5 298.2km²，占全市总面积的 35%。据洛河干流白马寺水文站实测资料，洛河最大流量为 7 230m³/s，多年平均流量 69.13m³/s。年均径流量 21.8 亿 m³，其中市境内产生的年径流量 7.35 亿 m³，占全市地表水年径流总量的 25.4%。

洛河干流在市境内纳入诸多支流，长度在 10km 以下的 26 条，10km 以上的 50 条，其中流域面积在 100km² 以上的有 19 条。从上游到下游分布：左岸有寻峪河、大铁沟、渡洋河、连昌河、韩城河、汪洋河、水兑河、涧河、瀍河；右岸有崇阳溪、兴华涧、底张涧、陈吴涧、寺上涧、龙窝河、焦涧河、陈宅河、甘水澡、伊河。

（三）伊河

伊河是洛阳市境内的第二大河，是洛河的最大支流，发源于熊耳山脉南麓栾川县陶湾乡三合村的闷顿岭，汇伏牛山北麓诸支流，自西向东，经栾川县城关镇、庙子乡折向北流至潭头，然后东北流经嵩县，入陆浑水库，过伊川县和龙门后入洛龙区，再东行到偃师市杨村与洛河相汇。干流全长265km，总流域面积6 041km²。除登封市在支流白降河上游占流域面积140.4km²外，其余5 900.6km²均在洛阳市境内，占全市总面积的38.8%。伊河从源头到嵩县崖口，长151km，具有峡谷和盆地交替的特点，其中峡谷段长100km。平均弯曲度为2，崖口以下长114km，有陆浑及龙门西峡谷，出龙门后，河道展宽，比降平缓，弯曲度1.21。龙门水文站测得伊河最大流量6 850m³/s，最小流量1.5m³/s。多年平均流量38.27m³/s，年径流总量为12.7亿m³，占全市地表水年径流总量的43.0%。

伊河支流长度在3~10km的有35条，10km以上的有43条，其中流域面积在100km²以上的有10条。左岸有栾川北沟、小河、大漳河、左峪河、焦家川、顺阳河；右岸有洪洛河、明白河、白降河、浏涧河。

（四）涧河

为洛河第二大支流，发源于陕县观章堂北马头山，东流经渑池县、义马市至吴庄入洛阳市境，再东流经铁门镇、新安县城、磁涧镇到瞿家屯入洛河，全长105km，流域面积1 349km²。在市境内长57km，流域面积708km²，据新安水文站观测，多年平均径流量为1.3亿m³，其中境内的多年平均径流量0.71亿m³。据磁涧水文站记载，1958年7月17日最高洪水位176.89m，最大洪峰流量4 590m³/s。涧河有较大支流25条，其中流域面积在100km²以上的只有金水河。

金水河位于涧河左岸，发源于新安县云梦山东麓，流经新安、孟津至党湾注入涧河。河道干流长30km，流域面积226km²，总落差450m，比降15%，弯曲度1.25。

（五）伊洛河

伊河、洛河在偃师市杨村汇流后，在杨村以下至神堤入黄河口一段称伊洛河。伊洛河流经偃师市，在黑石关出市境，进入郑州市辖的巩义市，到神堤注入黄河，长37km，区间流域面积803km²，其中在洛阳市境内长15km，流域面积109.6km²。

（六）北汝河

北汝河为淮河支流，发源于嵩县车村乡龙池漫山西北麓，东北流经嵩县的车村、木植街、黄庄至汝阳县靳村河口入汝阳县境，再东流经汝阳县城，出紫逻山口至小店乡王庄村出境入汝州市。在境内河长102km，流域面积2 091.8km²。北汝河在汝阳县上店乡的西庄以上河段为山地峡谷外，河岸阶地展宽，河床宽浅，主流左右游荡，该段长26km，比降2.7%，弯曲度为1.2。紫逻山水文站测得1958年7月17日最大洪峰流量为5 620.0m³/s，多年径流量为26.32m³/s，年径流量为5.88亿m³。境内支流长度在3~10km的有36条，长度10km以上的有12条。

（七）老灌河

为长江水系丹江支流，源于栾川县冷水乡小庙岭西麓，向西流经三川、叫河出境入卢氏县后，折向东南，进南阳地区汇入丹江。在市境内干流长48km，流域面积323.1km²，落差576m，河道比降12.0%。多年平均径流量0.91亿m³。

（八）白河

属长江水系，源于嵩县白河乡白云山玉皇顶东麓，向东南出境流入南召县。境内干流长35km，流域面积347km²，落差950m，河道比降27.1%。多年平均径流量1.18亿m³。

二、水资源

洛阳市水资源总量为49.91亿m³，包括地表水、浅层地下水和过境河流水3部分，主要由大气降水而形成。全市年均降水量在600~900mm，南部山区较多，其中白河流域、外方山山区达900mm以上，嵩县县城以东至汝阳县城一线以南的山区在700~900mm；北中部丘陵地区年降水量在600mm左右。年内分配不均匀，6—9月间的降水量约占全年降水量的60%，3—5月间的降水量仅占20%左右。年际变化更大，据北汝河紫罗山，伊河栾川、陆浑、龙门，洛河长水、宜阳、洛阳，涧河新安及黄河小浪底等9处水文站1952—1979年间的观测资料，70年代的平均雨量比50年代少100mm左右，其中栾川站变化最大，平均降水量70年代为797.9mm，比50年代的941.9mm减少144mm，新安站减少了 128.4mm。从年份降水量比较，新安站 1958 年降水量 1 127.2mm 为最大，而 1965 年仅降水 394.1mm 为最小，两者相差近 2 倍；栾川站最大与最小年降水量相差 1.5 倍；长水站相差近 1 倍。洛阳市平均水资源分布见表 1-4。

（一）地表水资源

洛阳市地表水资源由大气降水所产生的径流组成。洛阳的径流量也随着降水量的分布、地形、地质、植被等情况，由南向北，由山区向丘陵区递减，多年平均径流深度南部 300~400mm，中部低山丘陵区 150~200mm，北部邙岭区 100mm 左右。全市多年平均地表水资源量为 29.45 亿 m³。洛阳市年平均地表水资源分布见表 1-5。

（二）地下水资源

洛阳市地下水资源在境内仍以天然降水补给为主，局部地区有灌溉入渗、地表水侧渗和地下径流补给等；另外存在地下径流与河川径流互补的现象。浅层地下水在河谷平原地区为富水区，部分丘陵区有中等富水区出现，这些地下水为开发利用的主要水源。随着凿井技术的进步，局部地区开采中深层地下水为缺水地区提供了水源，为此后勘探和开发中深层地下水找到了新的途径。地下水中还有个别自流温泉水，如栾川县的汤营、嵩县的汤池沟、郊区龙门和新安县城关等处，可供饮用和医疗。洛阳地区的地下水资源量共计 17.61 亿 m³，可利用部分为 7.13 亿 m³。洛阳市年平均地下水资源分布见表 1-6。

（三）入境过境水资源

洛阳市可利用的入境过境水资源多年平均水量为 13.33 亿 m³，其中洛河故县以上流域面积 5 370km²，多年平均径流量 11.48 亿 m³，经过故县水库调节后，供给洛阳市灌溉、发电和城市供水。其支流渡洋涧、连昌河等上游在陕县境，入境的多年平均径流量有 0.67 亿 m³，涧河新安县上游为三门峡市境，流域面积 695km²，入境的多年平均径流量 0.49 亿 m³；伊河支流白降河刘窑水库上游流域面积 203km²，绝大部分在登封市境内，多年平均入境水量 0.13 亿 m³；黄河干流在市境北沿经过，多年平均径流量约 400 亿 m³，除了沿黄河有少数提用黄河水外，主要有孟津县黄河渠每年可引水 0.56 亿 m³。

洛阳水资源有以下特点。

（1）由于水量分布极不均匀，形成供需不相适应。南部山区耕地面积占全市的 14%，而水资源占全市总量的 50% 以上；丘陵区耕地面积占全市的 70%，水资源量仅占全市的 35% 左右。

（2）开发利用难度较大。洛阳 90% 的面积为山丘地区，地高水低，水利工程多以蓄、提、引为主，工程艰巨而投资大。

（3）浅层地下水开采量已近饱和，有的地区出现超采，因补给跟不上而使地下水位急剧下降，有的已形成漏斗。中深层地下水资源量尚未查清，且忌盲目开采。

（4）水质污染日益严重，特别是伊河龙门以下、洛河和涧河市区段水质多数指标已严重超标，给开发利用造成困难。

表 1-4 洛阳市水资源量　　　　　　　　　　　　　　　单位：亿 m³

县区	地表径流	地下水	入过境水	重复量	总量	
					亿 m³	占总量（%）
合计	29.45	17.61	13.33	10.48	49.91	100
偃师	1.04	1.47	—	0.19	2.32	4.7
孟津	0.67	0.55	0.56	0.08	1.7	3.4
新安	1.28	0.76	0.49	0.47	2.06	4.1
宜阳	2.46	1.77	—	0.69	3.54	7.1
伊川	1.48	1.03	0.13	0.31	2.33	4.7

（续表）

县区	地表径流	地下水	入过境水	重复量	总量	
					亿 m³	占总量（%）
汝阳	3.23	1.28	—	1.1	3.41	6.8
洛宁	3.75	2.26	12.15	1.57	16.59	33.2
嵩县	7.79	3.24	—	3.11	7.92	15.9
栾川	7.22	2.96	—	2.96	7.22	14.5
郊区	0.46	1.5	—	—	1.96	3.9
吉利	0.07	0.79	—	—	0.86	1.7

注：洛宁县的平均值量是按从该县总量中扣除了故县水库上游来水 11.48 亿 m³ 后计算

表 1-5　洛阳市年平均地表水资源

县、区	土地面积（km²）	年平均降水量		地表水资源量	
		（mm）	（亿 m³）	（亿 m³）	（%）
合计	15 116.6		107.48	29.45	100
偃师	933.9	610.5	5.7	1.04	3.5
孟津	670.9	622.5	4.18	0.67	2.3
新安	1 160.3	628.8	7.3	1.28	4.3
宜阳	1 666.3	683.4	11.39	2.46	8.4
伊川	1 072.6	646.9	6.7	1.48	5
汝阳	1 325.1	767.5	10.17	3.23	11
洛宁	2 294	682	15.64	3.75	12.7
嵩县	2 981.2	778	23.19	7.79	26.5
栾川	2 477.4	803.3	19.9	7.22	24.5
郊区	464	620	2.88	0.46	1.6
吉利	70.9	610	0.43	0.07	0.2

表 1-6　洛阳市多年平均地下水资源　　　　　　　　　　单位：亿 m³

县、区	山区	丘岗区	河川平原	合计	
				水资源量	所占比例
合计	10.48	2.1	5.03	17.61	100
偃师	0.19	0.24	1.04	1.47	8.4
孟津	0.08	0.22	0.25	0.55	3.1
新安	0.47	0.23	0.06	0.76	4.3
宜阳	0.69	0.41	0.67	1.77	10.1
伊川	0.31	0.3	0.42	1.03	5.8
汝阳	1.1	0.15	0.03	1.28	7.3
洛宁	1.57	0.39	0.3	2.26	12.8
嵩县	3.11	0.09	0.04	3.24	18.4
栾川	2.96	—	—	2.96	16.8
郊区	—	0.06	1.44	1.5	8.5
吉利	—	0.01	0.78	0.79	4.5

第五节　农业机械

农业机械是指用于农、林、牧、渔业的各种机械，包括耕作机械、排灌机械、收获机械、农用运输机械等。在农村经济体制改革过程中，农业机械由原来侧重于粮食生产的耕耙作业，扩展到播种、收割、脱粒、排灌、植保、农副产品加工、农用运输等各个方面。近年来，洛阳市农业机械化程度提高很快，促进了农业的快速发展。据统计，2011 年末，洛阳市机耕面积 367 913 hm^2，机播面积 333 686 hm^2，机收面积 239 817 hm^2。拥有农业机械总动力 471.6 万 kW，其中柴油发动机动力 373.8 万 kW，汽油发动机动力 4.8 万 kW，电动机动力 92.9 万 kW；农用拖拉机 19.34 万台。

第六节　农业生产施肥

一、肥料品种的演变

新中国成立前，洛阳市不使用化肥。农业生产的农田施肥一直用农家肥料，主要施用人粪尿、厩肥、绿肥等有机肥。农家各建厕所，积存人粪尿；伏天割青沤肥；发展家畜家禽，开发厩肥绿肥源；实行豆科绿肥掩青；施用饼肥。1955 年改干厕所为湿厕所，修建"瓦瓮式"茅池，村村有厕所，户户有茅池。

20 世纪 50 年代初开始推广化肥，但举步艰难。1953 年推广氮素化肥硫酸铵，群众叫"肥田粉"。开始推广时，群众传统保守思想严重，对施用化肥不接受。1950 年全市化肥施用量共计 81t，每公顷施用量 0.15kg。

1960 年后，部分乡村开始使用磷矿粉，全市化肥总用量达到 7 673t，每公顷施用量增加到 16.5kg；到 1970 年底，化肥总用量 7.3 万 t，平均每公顷施用量 169.5kg。1978—1981 年，洛阳市农业技术推广站先后开展了"以氮定磷""以磷定氮"等试验、示范工作，为在全市开展"诊断施肥""控氮增磷""氮磷配合""测土施肥"等配方施肥技术应用做了充分的准备工作。至此，洛阳市进入了平衡施肥阶段，即 70 年代末到 80 年代中期的缺啥补啥的定性施肥阶段。

1984 年，全市开展了第二次土壤普查。土样化验结果表明，农村联产承包责任制实行后，全市土壤养分含量状况发生了重大变化：缺氮、少磷，于是在全市范围提出了"高产田氮磷配合、中低产田增氮增磷"的推广措施，施用化肥品种发展到碳酸氢铵、尿素、氯化铵、硫酸铵、过磷酸钙、钙镁磷肥等。

1990 年以后，洛阳市先后启动了"沃土工程""补钾工程""增微工程"等，氮、磷、钾大量元素及硼、锌微量元素配比施用，各种作物施肥比例更加科学。近年来，随着农村经济的发展，投入能力的提高，单位面积相对施肥量逐年增加。

2005 年以来，各县先后实施了农业部测土配方施肥项目，2009 年实现了全覆盖。通过取土化验、试验示范，技术宣传培训等工作，农民的施肥观念发生了很大变化，单质化肥施用量逐年减少，配方肥料逐步增加，测土配方施肥技术得到全面普及。

二、有机肥施用现状

洛阳市有机肥种类分为秸秆肥、厩肥、堆沤肥、土杂肥等。其中堆沤肥 8.6 万 t、厩肥 13.54 万 t、土杂肥 3 万 t、沼肥 10 万 t，比例为 3∶4.7∶1∶3.5；秸秆资源总量为 280 万 t、综合利用 240 万 t，其中秸秆直接还田 130 万 t，过腹还田 100 万 t，其他利用 50 万 t。2008 年调查结果显示，有机肥投入量较过去明显提高，有机肥投入途径为秸秆还田、秸秆过腹还田为主，沼液等新型有机肥源施用量明显增加。

三、化肥施用现状

《洛阳市统计年鉴》（2012 年）资料显示，全年实物化肥施用总量（折纯）241 800t，其中氮肥 87 405t，占 36.14%；磷肥 40 811t，占 16.9%；钾肥 27 168t，占 11.2%；复合肥料 86 416t，占 35.7%。单位耕地面积化肥用量 30.6kg/亩·年，单位农作物播种面积化肥用量 23.1kg/亩·年。氮、磷、钾施用比为 1：0.47：0.31。

洛阳市化肥施用品种主要为：尿素、碳酸氢铵、颗粒过磷酸钙、磷酸二铵、国产氯化钾、复合肥、配方肥、有机—无机复混肥及部分有机肥，微量元素肥。施肥方式主要是：底施、穴施、沟施、撒施、冲施（蔬菜）等。

四、其他肥料施用现状

洛阳市目前农民除使用以上肥料品种外，在不同地区、不同作物及作物不同生育时期，也有应用其他不同肥料品种的。沼气产业和食用菌产业的发展，促进了沼液的应用和有机肥的还田。在蔬菜集中种植区，群众舍得投资，购买价位较高的高浓度冲施肥比较多。在小麦、玉米、大豆等作物上，有施用锌、锰微量元素的。从叶面喷肥种类看，主要在小麦、蔬菜等作物上喷洒磷酸二氢钾、氨基酸叶面肥料、腐植酸叶面肥等。在油菜、果树上叶面喷施硼肥提高结实率。

五、大量元素氮、磷、钾比例和利用率

小麦、玉米是洛阳市主要粮食作物。据调查统计，测土配方施肥推广前洛阳市冬小麦平均亩施纯氮 10.39kg、五氧化二磷 3.77kg、氧化钾 0.94kg，氮、磷、钾比值 0.68：0.25：0.06；夏玉米亩施纯氮 12.9kg、纯磷 0.28kg、氧化钾 0.31kg，氮、磷、钾比值 0.95：0.02：0.02。从施肥量和比例看，氮肥用量明显偏高，磷钾肥相对施用不足，养分比例失调。测土配方施肥推广后冬小麦平均亩施纯氮 9.49kg、五氧化二磷 4.25kg、氧化钾 1.51kg，氮、磷、钾比值 0.62：0.28：0.1；夏玉米亩施纯氮 11.32kg、纯磷 0.50kg、氧化钾 0.46kg，氮、磷、钾比值 0.92：0.04：0.037（表 1-7）。

仅看小麦，施肥呈现"氮减磷稳钾增"态势，说明随着测土配方施肥项目的不断开展，农户的测土配方施肥意识逐渐形成，实行测土配方施肥农户经济效益明显增加，施肥结构得到进一步优化，氮、磷、钾肥施用比例趋于合理。

表 1-7　技术推广前后施肥结构比较

调查时期	作物品种	亩均施肥量（折纯，kg）			氮磷钾施用比例
		N	P_2O_5	K_2O	
技术推广前	小麦	10.39	3.77	0.94	0.68：0.25：0.06
技术推广后		9.49	4.25	1.51	0.62：0.28：0.1
技术推广前	玉米	12.9	0.28	0.31	0.95：0.02：0.02
技术推广后		11.32	0.50	0.46	0.92：0.04：0.037

通过对 2008—2011 年小麦、玉米田间试验和丰缺指标试验结果分析，洛阳市氮肥、磷肥、钾肥小麦平均利用率分别为 36.69%、14.58%、44.43%，玉米为 21.36%、15.18%、34.29%（表 1-8）。

表 1-8　洛阳市肥料利用率

项目	肥料利用率（%）		
	N	P_2O_5	K_2O
小麦			
平均	36.69	14.58	44.43
高产水平	32.29	18.24	38.16
中产水平	35.15	15.97	47.91
低产水平	42.63	9.53	46.05

（续表）

项目	肥料利用率（%）		
	N	P_2O_5	K_2O
玉米			
平均	21. 36	15. 18	34. 29
高产水平	18. 32	12. 27	31. 25
中产水平	16. 14	14. 08	35. 12
低产水平	31. 36	19. 18	36. 51

六、施肥实践中存在的主要问题

（一）有机肥用量偏少

20 世纪 70 年代以来，随着化肥工业的高速发展，化肥养分全、见效快、使用方便，得到了广大农民的青睐，化肥用量逐年增加，有机肥的施用则逐渐减少，进入 80 年代后，实行了土地承包责任制，随着农村劳动力的大量外出转移，农户在施肥方面重化肥施用，轻视有机肥的投入，有机肥集造、使用大量减少。

（二）氮磷钾三要素施用比例失调

部分农民对作物需肥规律和施肥技术认识和理解不够，存在氮磷钾施用比例不当的问题。玉米单一施用氮肥（尿素）、不施磷钾肥的现象仍占一定比例，原因为无灌溉条件、怕玉米生长期内天气干旱影响产量，导致农户不愿过多投入肥料成本。有些农户使用氮磷钾比例为 15：15：15 的复合肥，不补充氮肥，造成氮肥不足，磷钾肥浪费的现象，影响作物产量的提高。

（三）化肥施用方法不当

1. 氮肥表施

农民为了省时、省力，玉米追施化肥时将化肥撒于地表，使化肥在地表裸露时间太长，造成氮素挥发损失，降低了肥料的利用率。

2. 磷肥撒施

由于大多数农民对磷肥的性质了解较少，普遍将磷肥撒施、浅施，造成磷素被固定和作物吸收困难，降低了磷肥利用率，使当季磷肥效益降低。

3. 钾肥使用比例过低

第二次土壤普查结果表明，洛阳市耕地土壤速效钾含量较高，许多农民认为不需要施钾肥就能够满足作物生长的需要。随着耕地生产能力的提高，土壤有效钾素被大量消耗，而补充土壤钾素的有机肥用量却大幅度减少，导致了土壤影响作物特别是喜钾作物的正常生长和产量提高。测土配方施肥项目的实施，农民施钾肥有所增加，但从氮磷钾肥施用比例上来看，钾肥用量仍然较少。

第二章　土壤与耕地资源特征

第一节　土壤类型

一、土壤分类

第二次土壤普查结果，洛阳市土壤采用土纲、土类、亚类、土属、土种五级分类制，分为 5 个土纲、12 个土类、25 个亚类、63 个土属和 138 个土种（表 2-1）。根据农业部和河南省土壤肥料站的要求，按照新的划分标准，将洛阳市土种与省土种进行对接，洛阳市土壤划分为 4 个土纲、5 个亚纲、10 个土类、22 个亚类、56 个土属和 122 个土种（表 2-2）。洛阳市各土类、亚类、土属、土种面积见表 2-3。

表 2-1　洛阳市第二次土壤普查土壤分类系统

土纲名称	土类	亚类	土属	土种	序号
淋溶土	棕壤	棕壤	黄土质棕壤	黄土质棕壤	1
			硅铝质棕壤	少砾厚层硅铝质棕壤	2
			硅钾质棕壤	少砾中层硅钾质棕壤	3
			硅镁铁质棕壤	少砾厚层硅镁铁质棕壤	4
			砂泥质棕壤	少砾中层砂泥质棕壤	5
			钙质棕壤	少砾中层钙质棕壤	6
		棕壤性土	硅铝质棕壤性土	多砾薄层硅铝质棕壤性土	7
				少砾中层硅铝质棕壤性土	8
			硅钾质棕壤性土	少砾薄层硅钾质棕壤性土	9
			硅镁铁质棕壤性土	多砾薄层硅镁铁质棕壤性土	10
				多砾中层硅镁铁质棕壤性土	11
			砂泥质棕壤性土	少砾中层砂泥质棕壤性土	12
			硅质棕壤性土	少砾中层硅质棕壤性土	13
	黄棕壤	黄棕壤	硅铝质黄棕壤	中层硅铝质黄棕壤	14
		黄棕壤性土	硅铝质黄棕壤性土	硅铝质黄棕壤性土	15
			砂泥质黄棕壤性土	砂泥质黄棕壤性土	16
半淋溶土	褐土	典型褐土	黄土质褐土	黄土质褐土	17
			洪积褐土	壤质洪积褐土	18
				黏质洪积褐土	19
				黑洪积褐土	20
			红黄土质褐土	红黄土质褐土	21
				少量砂姜红黄土质褐土	22
				多量砂姜红黄土质褐土	23
				浅位多量砂姜红黄土质褐土	24
				浅位中层砂姜红黄土质褐土	25
				深位少量砂姜红黄土质褐土	26
				深位多量砂姜红黄土质褐土	27
			钙质褐土	厚层钙质褐土	28

（续表）

土纲名称	土类	亚类	土属	土种	序号
		淋溶褐土	洪积淋溶褐土	洪积淋溶褐土	29
			红黄土质淋溶褐土	红黄土质淋溶褐土	30
			硅铝质淋溶褐土	少砾厚层硅铝质淋溶褐土	31
			硅钾质淋溶褐土	少砾中层硅钾质淋溶褐土	32
				少砾厚层硅钾质淋溶褐土	33
			泥质淋溶褐土	少砾中层泥质淋溶褐土	34
			钙质淋溶褐土	少砾中层钙质淋溶褐土	35
			硅质淋溶褐土	少砾中层硅质淋溶褐土	36
		石灰性褐土	黄土质石灰性褐土	中壤黄土质石灰性褐土	37
				轻壤黄土质石灰性褐土	38
				少量砂姜黄土质石灰性褐土	39
				浅位少量砂姜黄土质石灰性褐土	40
				深位少量砂姜黄土质石灰褐土	41
			黄土质石灰性褐土	深位多量砂姜黄土质石灰性褐土	42
			洪积石灰性褐土	壤质洪积石灰性褐土	43
				黏质洪石灰性褐土	44
				砂姜底洪积石灰性褐土	45
			红黄土质石灰性褐土	红黄土质石灰性褐土	46
半淋溶土	褐土			少量砂姜红黄土质石灰性褐土	47
				多量砂姜红黄土质石灰性褐土	48
				深位多量砂姜红黄土质石灰性褐土	49
		潮褐土	洪积潮褐土	壤质洪积潮褐土	50
				黏质洪积潮褐土	51
			废墟潮褐土	中壤质废墟潮褐土	52
		褐土性土	洪积褐土性土	洪积褐土性土	53
				砾质洪积褐土性土	54
			红黄土质褐土性土	红黄土质褐土性土	55
				少量砂姜红黄土质褐土性土	56
				多量砂姜红黄土质褐土性土	57
				深位厚层砂姜红黄土质褐土性土	58
				薄层红黄土质褐土性土（浅位厚层钙积层）	59
				中层红黄土质褐土性土	60
			堆垫褐土性土	薄层堆垫褐土性土	61
				厚层堆垫褐土性土	62
			覆盖褐土性土	红黄土覆盖红黏土褐土性土	63
			覆盖褐土性土	少量砂姜红黄土覆盖红黏土褐土性土	64
				多量砂姜红黄土覆盖红黏土褐土性土	65
			硅铝质褐土性土	少砾中层硅铝质褐土性土	66
			硅钾质褐土性土	少砾中层硅钾质褐土性土	67
			砂泥质褐土性土	少砾中层砂泥质褐土性土	68
				少砾厚层砂泥质褐土性土	69
			钙质褐土性土	少砾薄层钙质褐土性土	70
				少砾嘎质钙质褐土性土	71
			硅质褐土性土	产砾厚层硅质褐土性土	72

土纲名称	土类	亚类	土属	土种	序号
初育土	紫色土	中性紫色土	砂质中性紫色土	砾质薄层砂质中性紫色土	73
			砂质中性紫色土	砾质中层砂质中性紫色土	74
				砾质厚层砂质中性紫色土	75
		石灰性紫色土	砂质石灰性紫色土	砾质薄层石灰性紫色土	76
				砾质中层石灰性紫色土	77
				砾质厚层石灰性紫色土	78
	红黏土	红黏土	红黏土	红黏土	79
				少量砂姜红黏土	80
			石灰性红黏土	石灰性红黏土	81
				少量砂姜石灰性红黏土	82
				多量砂姜石灰性红黏土	83
			石灰性红黏土	浅位厚层砂姜石灰性红黏土	84
				深位厚层砂姜石灰性红黏土	85
	石质土	硅铝质石质土	泥质石质土	泥质石质土	86
		硅质石质土	硅质石质土	硅质石质土	87
	粗骨土	硅铝质粗骨土	硅铝质粗骨土	硅铝质粗骨土	88
			硅镁铁质粗骨土	硅镁铁质粗骨土	89
			泥砾粗骨土	泥砾粗骨土	90
			硅质粗骨土	硅质粗骨土	91
		钙质粗骨土	钙质粗骨土	钙质粗骨土	92
	火山灰土	基性岩火山灰土	基性岩火山灰土	砾质薄层基性岩火山灰土	93
				砾质中层基性岩火山灰土	94
				砾质厚层基性岩火山灰土	95
半水成土	潮土	潮土	砂质潮土	砂质潮土	96
				砂壤质潮土	97
				浅位夹壤砂质潮土	98
				浅位砾层砂质潮土	99
				底砾砂质潮土	100
				底黏砂质潮土	101
			壤质潮土	轻壤质潮土	102
				浅位厚砂轻壤质潮土	103
				浅位夹砂轻壤质潮土	104
				底砂轻壤质潮土	105
				浅位厚黏质轻壤质潮土	106
				中壤质潮土	107
				浅位厚砂中壤质潮土	108
				浅位夹砂中壤质潮土	109
				底砂中壤质潮土	110
			黏质潮土	黏质潮土	111
				浅位厚壤黏质潮土	112
				浅位夹砂黏质潮土	113
				底砂黏质潮土	114
			洪积潮土	壤质洪积潮土	115
				中层黏质洪积潮土	116
				黏质洪积潮土	117
				底砾黏质洪积潮土	118
				砾质洪积潮土	119
				深位厚层砂姜洪积潮土	120
		灰潮土	洪积灰潮土	砂质洪积灰潮土	121
				壤质洪积灰潮土	122
		灌淤潮土	黏质灌淤潮土	黏质厚层灌淤潮土	123

（续表）

土纲名称	土类	亚类	土属	土种	序号
半水成土	潮土	湿潮土	冲积湿潮土	壤质冲积湿潮土	124
				黏质冲积湿潮土	125
				底砾黏质冲积湿潮土	126
			洪积湿潮土	砂质洪积湿潮土	127
				壤质洪积湿潮土	128
				黏质洪积湿潮土	129
				浅位砾层黏质洪积湿潮土	130
		脱潮土	壤质脱潮土	中壤质脱潮土	131
				轻壤质脱潮土	132
人为土	砂姜黑土	石灰性砂姜黑土	洪积石灰性砂姜黑土	浅位厚层砂姜洪积石灰性砂姜黑土	133
				深位厚层砂姜洪积石灰性砂姜黑土	134
				壤质覆盖石灰性砂姜黑土	135
	山地草甸土	山地草甸土	硅铝质山地草甸土	硅铝质山地草甸土	136
	水稻土	潜育型水稻土	潮土性潜育型水稻土	表浅潮土性潜育型水稻土	137
				深位夹砾潮土性潜育型水稻土	138

二、不同类型土壤的主要性状及面积分布

全市土地面积 1 520 800hm²，其中耕地土壤面积 433 561hm²（耕地和园地），各土类、亚类、土属、土种在各县乡的分布面积（表2-4、表2-5、表2-6、表2-7，单位：hm²）。洛阳市各土类面积及比例（表2-8）。洛阳市 10 个土类主要性状如下。

（一）褐土

褐土为地带性土壤，广泛分布在低山丘陵区，南起栾川、嵩县，北至邙岭、吉利，全市各县市均有分布。成土母质为黄土，其次为各类岩石风化物。根据其发育程度，褐土分为淋溶褐土、褐土、石灰性褐土、褐土性土及潮褐土等五个亚类。淋溶褐土分布在自然植被较好，淋溶作用较强，海拔750m 以上的中低山体上，母质为各类岩石风化物的残积坡积物；在洪积扇中上部，丘陵平地分布着褐土亚类，母质为黄土或黄土状物质；在坡度较大的丘陵坡地，沟谷两侧，山前高阶地上分布着富含石灰的石灰性褐土；在洪积扇下部，河流两岸的阶地上，由于地下水参与成土过程，分布着潮褐土；在植被差、水土流失严重的山丘及洪积扇上缘，多形成褐土性土。褐土主要为农用地，其次为林、牧、果用地，面积 237 936.4hm²，占总耕地面积的 54.9%。

（二）棕壤

棕壤集中分布在伏牛山、熊耳山、外方山等山体的中上部，即栾川、嵩县、洛宁、汝阳、宜阳等县的中山区，新安县北部山区亦有小面积分布。棕壤的成土母质主要为酸性岩和中性岩，黄土母质面积很小。在植被覆盖度高，土层较厚，湿润多雨的地带多形成棕壤亚类；在植被覆盖度较差，土层较薄的地段，形成棕壤性土，二者常呈复区分布，棕壤是主要的山地土壤，也是主要的林业用地，面积 10 789.9hm²，占总耕地面积的 2.5%。

（三）红黏土

红黏土也是低山丘陵区分布面积较大的土壤，遍及洛阳市各县区。主要分布在低山丘陵区的中上部，往往和褐土交错分布，成土母质主要为第三系红土，如伊河两侧丘陵区包括伊川、嵩县、栾川和涧河南北的部分红黏土；其次为早第四纪红土，如洛河两侧（包括洛宁、宜阳、孟津、偃师市等县）丘陵区的红黏土。全市红黏土面积为 100 867.4hm²，占总耕地面积的 23.3%，昔日被认为是土壤清薄、干旱缺雨的不良土，近年来通过培肥，发展了烟叶、花生等效益可观的经济作物，是洛阳市潜力较大的土壤之一。

表2-2 洛阳市土壤分类系统

国家标准名称与代码					土种代码	省土种名称与代码	洛阳市土种名称
土纲	亚纲	土类	亚类	土属			
淋溶土	湿暖淋溶土	黄棕壤	典型黄棕壤	麻砂质黄棕壤	B1111213	1、中层硅铝质黄棕壤	中层硅铝质黄棕壤
			黄棕壤性土	麻砂质黄棕壤	B1131311	7、薄层硅铝质黄棕壤性土	硅铝质黄棕壤性土
				砂泥质黄棕壤性土	B1131412	11、中层砂泥质黄棕壤性土	砂泥质黄棕壤性土
	湿暖温淋溶土	棕壤	典型棕壤	黄土质棕壤	B2111123	37、黄土质棕壤	黄土质棕壤
				麻砂质棕壤	B2111434	39、中层硅铝质棕壤	中层硅铝质棕壤
				麻砂质棕壤	B2111428	40、厚层硅铝质棕壤	少砾厚层硅铝质棕壤
				暗泥质棕壤	B2111314	41、厚层硅镁铁质棕壤	少砾厚层硅镁铁质棕壤
				砂泥质棕壤	B2111612	42、中层砂泥质棕壤	少砾中层砂泥质棕壤
				硅质棕壤	B2111515	46、中层硅质棕壤	中层硅质棕壤
				硅质棕壤	B2111516	47、厚层硅质棕壤	厚层硅质棕壤
				暗泥质棕壤	B2111315	中层硅钾质棕壤	少砾中层硅钾质棕壤
			棕壤性土	麻砂质棕壤性土	B2141215	51、薄层硅铝质棕壤性土	多砾薄层硅铝质棕壤性土
				麻砂质棕壤性土	B2141216	52、中层硅铝质棕壤性土	少砾中层硅铝质棕壤性土
				暗泥质棕壤性土	B2141611	54、薄层硅镁铁质棕壤性土	多砾薄层硅镁铁质棕壤性土
				暗泥质棕壤性土	B2141612	55、中层硅镁铁质棕壤性土	多砾中层硅镁铁质棕壤性土
				暗泥质棕壤性土	B2141613	56、薄层硅钾质棕壤性土	少砾薄层硅钾质棕壤性土
				暗泥质棕壤性土	B2141614	57、中层硅钾质棕壤性土	中层硅钾质棕壤性土
				泥质棕壤性土	B2141413	58、中层砂泥质棕壤性土	少砾中层砂泥质棕壤性土
				硅质棕壤性土	B2141313	61、中层硅质棕壤性土	少砾中层硅质棕壤性土

（续表）

国家标准名称与代码					省土种名称与代号	土种代码	洛阳市土种名称
土纲	亚纲	土类	亚类	土属			
半淋溶土	半湿暖温半淋溶土	褐土	典型褐土	黄土质褐土	63、黄土质褐土	C2111119	黄土质褐土
					77、红黄土质褐土	C2111121	红黄土质褐土
					78、浅位中层砂姜红黄土质褐土	C2111131	浅位中层砂姜红黄土质褐土
					79、浅位少量砂姜红黄土质褐土	C2111132	少量砂姜红黄土质褐土
					80、浅位多量砂姜红黄土质褐土	C2111133	浅位多量砂姜红黄土质褐土、多量
					81、深位多量砂姜红黄土质褐土	C2111134	深位多量砂姜红黄土质褐土
					82、深位少量砂姜红黄土质褐土	C2111135	深位少量砂姜红黄土质褐土
				泥砂质褐土	71、黏质洪积褐土	C2111212	黏质洪积淋溶褐土
			淋溶褐土	泥砂质淋溶褐土	86、壤质洪冲积淋溶褐土	C2131211	洪积淋溶褐土
				黄土质淋溶褐土	88、红黄土质淋溶褐土	C2131126	红黄土质淋溶褐土
				麻砂质淋溶褐土	90、厚层硅铝质淋溶褐土	C2131612	少砾厚层硅铝质淋溶褐土
				暗泥质淋溶褐土	91、中层硅钾质淋溶褐土	C2131313	少砾中层硅钾质淋溶褐土
					92、厚层硅钾质淋溶褐土	C2131314	少砾厚层硅钾质淋溶褐土
				泥质淋溶褐土	93、中层泥质淋溶褐土	C2131611	少砾中层泥质淋溶褐土
				灰泥质淋溶褐土	95、中层钙质淋溶褐土	C2131519	少砾中层钙质淋溶褐土
				硅质淋溶褐土	97、中层硅质淋溶褐土	C2131413	少砾中层硅质淋溶褐土
			石灰性褐土	黄土质石灰性褐土	100、轻壤黄土质石灰性褐土	C2121139	轻壤黄土质石灰性褐土
					101、中壤黄土质石灰性褐土	C2121128	中壤黄土质石灰性褐土
					103、少量砂姜黄土质石灰性褐土	C2121129	少量砂姜黄土质石灰性褐土
					104、浅位少量砂姜黄土质石灰性褐土	C2121141	浅位少量砂姜黄土质石灰性褐土
					105、深位少量砂姜黄土质石灰性褐土	C2121142	深位少量砂姜黄土质石灰性褐土

（续表）

| 国家标准名称与代码 | | | | | 土种代码 | 省土种名称与代号 | 洛阳市土种名称 |
土纲	亚纲	土类	亚类	土属			
				黄土质石灰性褐土	C2121143	106，深位多量砂姜黄土质石灰性褐土	深位多量砂姜黄土质石灰性褐土
					C2121131	107，红黄土质石灰性褐土	红黄土质石灰性褐土
					C2121132	108，浅位少量砂姜红黄土质石灰性褐土	少量砂姜红黄土质石灰性褐土
			石灰性褐土		C2121144	110，深位多量砂姜红黄土质石灰性褐土	深位多量砂姜红黄土质石灰性褐土
				泥砂质石灰性褐土	C2121213	70，壤质洪积褐土	壤质洪积褐土
					C2121214	113，壤质洪积石灰性褐土	壤质洪积石灰性褐土
					C2121218	114，黏质洪积石灰性褐土	黏质洪积石灰性褐土
			潮褐土	泥砂质潮褐土	C2141224	127，壤质潮褐土	壤质洪积潮褐土，中壤质暖墟潮褐土
半湿暖温半淋溶土	褐土				C2141223	128，黏质潮褐土	黏质洪积潮褐土
				黄土质褐土性土	C2171114	137，中层红黄土质褐土性土	中层红黄土质褐土性土
					C2171122	139，红黄土质褐土性土	红黄土质褐土性土
					C2171115	140，浅位少量砂姜红黄土质褐土性土	少量砂姜红黄土质褐土性土
			褐土性土		C2171116	141，浅位多量砂姜红黄土质褐土性土	多量砂姜红黄土质褐土性土
					C2121124	142，浅位钙盘砂姜红黄土质褐土性土	薄层红黄土质褐土性土
					C2121125	143，深位钙盘砂姜红黄土质褐土性土	深位厚砂姜红黄土质褐土性土
				泥砂质褐土性土	C2171216	149，壤质洪积褐土性土	洪积褐土性土
					C2171217	150，砾质洪积褐土性土	砾质洪积褐土性土
				堆垫褐土性土	C2171811	151，薄层洪积堆垫褐土性土	薄层堆垫褐土性土
					C2171813	153，厚层堆垫褐土性土	厚层堆垫褐土性土

（续表）

土纲	亚纲	土类	亚类	土属	省土种名称与代号	土种代码	洛阳市土种名称
				覆盖褐土性土	154、红黄土覆盖褐土性土	C2171911	红黄土覆盖红黏土褐土性土
					155、浅位少量砂姜红黄土覆盖褐土性土	C2171912	少量砂姜红黄土覆盖红黏土褐土性土
					156、浅位多量砂姜红黄土覆盖褐土性土	C2171913	多量砂姜红黄土覆盖红黏土褐土性土
	半湿暖温半淋溶土	褐土	褐土性土	砾砂质褐土性土	157、中层硅质褐土性土	C2171711	少砾中层硅质褐土性土
				暗泥质褐土性土	158、中层硅钾质褐土性土	C2171314	少砾中层硅钾质褐土性土
				砂泥质褐土性土	161、中层砂泥质褐土性土	C2171611	少砾中层砂泥质褐土性土
					162、厚层砂泥质褐土性土	C2171612	少砾厚层砂泥质褐土性土
				灰泥质褐土性土	163、中层钙质褐土性土	C2171513	少砾中层钙质褐土性土
				硅质褐土性土	166、厚层硅质褐土性土	C2171414	少砾厚层硅质褐土性土
					171、红黏土	G1210019	红黏土
					173、浅位少量砂姜红黏土	G1210026	少量砂姜红黏土
	土质初育土	红黏土	典型红黏土	典型红黏土	174、浅位多量砂姜红黏土	G1210027	浅位多量砂姜红黏土
					177、石灰性红黏土	G1210021	石灰性红黏土
初育土					178、浅位少量砂姜石灰性红黏土	G1210018	少量砂姜石灰性红黏土
					179、浅位多量砂姜石灰性红黏土	G1210018	多量砂姜石灰性红黏土
					181、浅位钙盘砂姜石灰性红黏土	G1210030	浅位厚层砂姜石灰性红黏土
					182、深位钙盘砂姜石灰性红黏土	G1210031	深位厚层砂姜石灰性红黏土
				紫砾泥土	195、薄层砂质中性紫色土	G2321114	砾质薄层砂质中性紫色土
	石质初育土	紫色土	中性紫色土		196、中层砂质中性紫色土	G2321111	砾质中层砂质中性紫色土
					197、厚层砂质中性紫色土	G2321111	砾质厚层砂质中性紫色土
			石灰性紫色土	灰紫砾泥土	200、薄层砂质石灰性紫色土	G2331118	砾质薄层砂质石灰性紫色土

（续表）

土纲	国家标准名称与代码				土种代码	省土种名称与代号		洛阳市土种名称
	亚纲	土类	亚类	土属				
		紫色土	石灰性紫色土	灰紫砾泥土	G2331119	201、	中层砂砾石灰性紫色土	砾质中层石灰性紫色土
				灰紫砂泥土	G2331111	202、	厚层砂质石灰性紫色土	砾质厚层石灰性紫色土
		石质土	中性石质土	泥质中性石质土	G2621311	207、	泥质中性石质土	泥质石质土
				硅质中性石质土	G2621212	208、	硅质中性石质土	硅质石质土
初育土	石质初育土			麻砂质中性粗骨土	G2521212	210、	薄层硅铝质中性粗骨土	硅铝质粗骨土
				暗泥质中性粗骨土	G2521115	214、	薄层硅镁铁质中性粗骨土	砾质薄层基性岩火山灰土
		粗骨土	中性粗骨土		G2521116	215、	中层硅镁铁质中性粗骨土	砾质中层基性岩火山灰土
					G2521117	216、	厚层硅镁铁质中性粗骨土	砾质厚层基性岩火山灰土
					G2521118	217、	薄层硅钾质中性粗骨土	薄层硅钾质中性粗骨土
				泥质中性粗骨土	G2521412	218、	薄层泥质中性粗骨土	泥砾质粗骨土
				硅质中性粗骨土	G2521311	224、	中层硅质粗骨土	硅质粗骨土
			钙质粗骨土	灰泥质钙质粗骨土	G2531117	219、	薄层钙质粗骨土	少砾薄层钙质褐土性土
	半水成土	砂姜黑土	石灰性砂姜黑土	灰黑姜土	H2221126	254、	浅位钙盘黏质洪积石灰性砂姜黑土	浅位厚层砂姜洪积石灰性砂姜黑土
					H2221117	256、	深位钙盘黏质洪积石灰性砂姜黑土	深位厚层砂姜洪积石灰性砂姜黑土
		草甸土	山地草甸土	灰覆黑姜土	H2221313	257、	壤盖洪积石灰性砂姜黑土	壤质覆盖石灰性砂姜黑土
	暗半水成土			麻砂质山地草甸土	H1171111	259、	中层硅铝质山地草甸土	硅铝质山地草甸土
半水成土	淡半水成土	潮土	典型潮土	石灰性潮砂土	H2111424	261、	砂质潮土	砂质潮土
					H2111435	262、	浅位壤砂质潮土	浅位夹壤砂质潮土
					H2111438	266、	浅位砾层砂土	浅位砾层砂质潮土
					H2111427	267、	砂壤土	砂壤质潮土
					H2111426	271、	底黏砂壤土	底黏砂质潮土
					H2111441	272、	底砾砂壤土	底砾砂质潮土

（续表）

土纲	亚纲	土类	亚类	土属	土种代码	省土种名称与代号	洛阳市土种名称
半水成土	淡半水成土	潮土	典型潮土	石灰性潮壤土	H2111557	273、小两合土	轻壤质潮土
					H2111542	274、浅位夹砂小两合土	浅位夹砂轻壤质潮土
					H2111542	275、浅位厚砂小两合土	浅位厚砂轻壤质潮土
					H2111558	276、底砂小两合土	底砂轻壤质潮土
					H2111547	278、浅位厚黏小两合土	浅位厚黏轻壤质潮土
					H2111539	280、两合土	中壤质潮土
					H2111541	281、浅位砂两合土	浅位夹砂中壤质潮土
					H2111541	282、浅位厚砂两合土	浅位厚砂中壤质潮土
					H2111543	283、底砂两合土	底砂中壤质潮土
				石灰性潮黏土	H2111621	287、淤土	黏质潮土
					H2111624	288、浅位砂淤土	浅位夹砂黏质潮土
					H2111628	290、底砂淤土	底砂黏质潮土
					H2111630	292、浅位厚壤淤土	浅位厚壤黏质潮土
				洪积潮土	H2111714	297、壤质洪积潮土	壤质洪积潮土
					H2111715	298、黏质洪积潮土	黏质洪积潮土
					H2111716	299、砾质洪积潮土	砾质洪积潮土
					H2111719	302、底砾层洪积潮土	中层黏质洪积潮土
					H2111720	303、深位钙盘盘洪积潮土	深位厚层砂姜洪积潮土
			灰潮土	灰潮黏土	H2121614	328、洪积灰砂土	砂质洪积灰潮土
					H2121615	329、洪积两合土	壤质洪积灰潮土
			灌淤潮土	淤潮黏土	H2171313	332、薄层黏质灌淤潮土	薄层黏质灌淤潮土
					H2171312	333、厚层黏质灌淤潮土	黏质厚层灌淤潮土
			湿潮土	湿潮砂土	H2141114	339、砂质洪积湿潮土	砂质洪积湿潮土
				湿潮壤土	H2141214	336、壤质冲积湿潮土	壤质冲积湿潮土

（续表）

国家标准名称与代码				土种代码	省土种名称与代号	洛阳市土种名称
土纲	亚纲	土类	亚类	土属				

土纲	亚纲	土类	亚类	土属	土种代码	省土种名称与代号	洛阳市土种名称
				湿潮壤土	H2141215	340、壤质洪积湿潮土	壤质洪积湿潮土
			湿潮土		H2141313	337、黏质冲积湿潮土	黏质冲积湿潮土
					H2141314	338、底砾层黏质冲积湿潮土	底砾层黏质冲积湿潮土
		潮土		湿潮黏土	H2141312	341、黏质洪积湿潮土	黏质洪积湿潮土
半水成土	淡半水成土				H2141315	342、浅位砂层洪积湿潮土	浅位砾层黏质洪积湿潮土
					H2131223	352、脱潮小两合土	轻壤质脱潮土
			脱潮土	脱潮壤土	H2131226	355、脱潮底砂小两合土	脱潮底砂小两合土
					H2131216	359、脱潮两合土	中壤质脱潮土
人为土	人为水成土	水稻土	潜育水稻土	青潮泥田	L1141149	420、表潜青泥田	表潜潮土性潜育型水稻土、深位夹砾潮土性潜育型水稻土

表 2-3　洛阳市各土壤类型面积　　　　　　单位：hm²

土类	亚类	土属	土种	面积
潮土（32 468.4）	典型潮土（25 610.2）	洪积潮土（7 058.0）	底砾层洪积潮土	456.7
			砾质洪积潮土	25.2
			壤质洪积潮土	5 570.7
			深位钙盘洪积潮土	51.8
			黏质洪积潮土	953.6
		石灰性潮壤土（13 072.6）	底砂两合土	608.2
			底砂小两合土	1 616.4
			两合土	4 757.6
			浅位厚砂两合土	1 025
			浅位砂两合土	428.1
			浅位砂小两合土	212.5
			小两合土	4 424.9
		石灰性潮砂土（693.5）	底砾砂壤土	61.9
			浅位壤砂质潮土	45.7
			砂质潮土	585.8
		石灰性潮黏土（4 786.1）	底砂淤土	68.6
			浅位厚壤淤土	40.2
			浅位砂淤土	48.5
			淤土	4 628.8
	灌淤潮土	淤潮黏土（735.8）	薄层黏质灌淤潮土	148.3
			厚层黏质灌淤潮土	587.5
	灰潮土	灰潮黏土（450.1）	洪积灰砂土	105.2
			洪积两合土	344.8
	湿潮土	湿潮壤土（2 196.3）	壤质冲积湿潮土	195.5
			壤质洪积湿潮土	2 000.8
		湿潮砂土（179.6）	砂质洪积湿潮土	179.6
		湿潮黏土（2 103.0）	底砾层冲积湿潮土	1031.1
			黏质冲积湿潮土	702.7
			黏质洪积湿潮土	369.2
	脱潮土	脱潮壤土（1 193.4）	脱潮底砂小两合土	32.2
			脱潮两合土	938.5
			脱潮小两合土	222.7
粗骨土（27 105.0）	钙质粗骨土（4 932.6）	灰泥质钙质粗骨土（4 932.6）	薄层钙质粗骨土	4 932.6
	中性粗骨土（22 172.4）	暗泥质中性粗骨土（8 255.4）	薄层硅钾质中性粗骨土	4 464.3
		暗泥质中性粗骨土（8 255.4）	薄层硅镁铁质中性粗骨土	2 700.0
			厚层硅镁铁质中性粗骨土	40.0
			中层硅镁铁质中性粗骨土	1 051.1
		硅质中性粗骨土（1 922.3）	中层硅质粗骨土	1 922.3
		麻砂质中性粗骨土（1 467.2）	薄层硅铝质中性粗骨土	1 467.2
		泥质中性粗骨土（10 527.5）	薄层泥质中性粗骨土	1 0527.5

（续表）

土类	亚类	土属	土种	面积
褐土（237 936.4）	潮褐土（7 605.4）	泥砂质潮褐土（7 605.4）	壤质潮褐土	5 498.1
			黏质潮褐土	2 107.3
	典型褐土（106 148.3）	黄土质褐土（101 726.5）	红黄土质褐土	39 344
			黄土质褐土	43 906.4
			浅位多量砂姜红黄土质褐土	1 747.6
			浅位少量砂姜红黄土质褐土	16 441.8
			深位多量砂姜红黄土质褐土	184.2
			深位少量砂姜红黄土质褐土	102.6
		泥砂质褐土	黏质洪积褐土	4 421.8
	褐土性土（80 556.4）	暗泥质褐土性土	中层硅钾质褐土性土	2 749.3
		堆垫褐土性土	厚层堆垫褐土性土	335.0
		覆盖褐土性土（1 517.0）	红黄土覆盖褐土性土	536.8
			浅位多量砂姜红黄土覆盖褐土性土	54.4
			浅位少量砂姜红黄土覆盖褐土性土	925.8
		硅质褐土性土（45.0）	厚层硅质褐土性土	45.0
		黄土质褐土性土（5 0871.6）	红黄土质褐土性土	29 316.2
			浅位多量砂姜红黄土质褐土性土	518.8
			浅位钙盘砂姜红黄土质褐土性土	976.5
			浅位少量砂姜红黄土质褐土性土	998.1
			深位钙盘红黄土质褐土	1 929.6
			中层红黄土质褐土性土	17 132.4
		灰泥质褐土性土	中层钙质褐土性土	806.8
		麻砂质褐土性土	中层硅铝质褐土性土	2 375.9
		泥砂质褐土性土（1 436.6）	砾质洪积褐土性土	527.9
			壤质洪积褐土性土	908.7
		砂泥质褐土性土（20 419.2）	厚层砂泥质褐土性土	10 024.2
			中层砂泥质褐土性土	10 395.0
	淋溶褐土（3 662.8）	暗泥质淋溶褐土（935.2）	厚层硅钾质淋溶褐土	16.6
			中层硅钾质淋溶褐土	918.5
		硅质淋溶褐土	中层硅质淋溶褐土	55.9
		黄土质淋溶褐土	红黄土质淋溶褐土	831.1
		灰泥质淋溶褐土	中层钙质淋溶褐土	123.0
		麻砂质淋溶褐土	厚层硅铝质淋溶褐土	467.2
		泥砂质淋溶褐土	壤质洪冲积淋溶褐土	652.0
		泥质淋溶褐土	中层泥质淋溶褐土	598.5
	石灰性褐土（39 963.5）	黄土质石灰性褐土（28 607.1）	红黄土质石灰性褐土	25 338.8
			浅位少量砂姜红黄土质石灰性褐土	768.5
			浅位少量砂姜黄土质石灰性褐土	1 345.9
			轻壤质黄土质石灰性褐土	453.2
			少量砂姜黄土质石灰性褐土	190.8
			深位多量砂姜红黄土质石灰性褐土	183.6
			深位多量砂姜黄土质石灰性褐土	144.8
			深位少量砂姜黄土质石灰性褐土	143.6
			中壤质黄土质石灰性褐土	37.9
		泥砂质石灰性褐土（11 356.3）	壤质洪积褐土	5 665.6
			壤质洪积石灰性褐土	3 358.8
			黏质洪积石灰性褐土	2 332.0

（续表）

土类	亚类	土属	土种	面积
红黏土（100 867.4）	典型红黏土（100 867.4）	典型红黏土（100 867.4）	红黏土	52 125.7
			浅位多量砂姜红黏土	2 073.0
			浅位多量砂姜石灰性红黏土	1 190.2
			浅位钙盘砂姜石灰性红黏土	2 974.9
			浅位少量砂姜红黏土	9 221.5
			浅位少量砂姜石灰性红黏土	9 558.0
			深位钙盘砂姜石灰性红黏土	636.1
			石灰性红黏土	23 087.8
黄棕壤（329.2）	典型黄棕壤	硅铝质黄棕壤	中层硅铝质黄棕壤	51.1
	黄棕壤性土（278.2）	麻砂质黄棕壤	薄层硅铝质黄棕壤性土	70.3
		砂泥质黄棕壤性土	中层砂泥质黄棕壤性土	207.8
砂姜黑土（1 336.7）	石灰性砂姜黑土（1 336.7）	灰覆黑姜土	壤盖洪积石灰性砂姜黑土	550.1
		灰黑姜土（786.7）	浅位钙盘黏质洪积石灰性砂姜黑土	143.8
			深位钙盘黏质洪积石灰性砂姜黑土	642.8
石质土（18 858.0）	中性石质土（18 858.0）	硅质中性石质土	硅质中性石质土	15 308.4
		泥质中性石质土	泥质中性石质土	3 549.7
水稻土	潜育水稻土	青潮泥田	表潜潮青泥田	2 084.1
紫色土（1 785.9）	石灰性紫色土（125.2）	灰紫砾泥土（125.2）	薄层砂质石灰性紫色土	15.2
			厚层砂质石灰性紫色土	104.6
			中层砂质石灰性紫色土	5.4
	中性紫色土（1 660.8）	紫砾泥土（1 660.8）	薄层砂质中性紫色土	436.5
			厚层砂质中性紫色土	764.2
			中层砂质中性紫色土	460.1
棕壤（10 789.9）	典型棕壤（5 534.2）	暗泥质棕壤（276.6）	厚层硅镁铁质棕壤	12.0
			中层硅钾质棕壤	264.5
		硅质棕壤（428.9）	厚层硅质棕壤	257.3
			中层硅质棕壤	171.6
		黄土质棕壤	黄土质棕壤	72.5
		麻砂质棕壤（4 331.2）	厚层硅铝质棕壤	202.2
			中层硅铝质棕壤	4 129.0
		砂泥质棕壤	中层砂泥质棕壤	425.0
	棕壤性土（5 255.7）	暗泥质棕壤性土（1 962.6）	薄层硅钾质棕壤性土	297.4
			薄层硅镁铁质棕壤性土	1.2
			中层硅钾质棕壤性土	43.0
			中层硅镁铁质棕壤性土	1 620.9
		硅质棕壤性土	中层硅质棕壤性土	114.1
		麻砂质棕壤性土（2 472.6）	薄层硅铝质棕壤性土	2 163.2
			中层硅铝质棕壤性土	309.4
		泥质棕壤性土	中层砂泥质棕壤性土	706.5
		合计		433 561.1

表 2-4 洛阳市各县乡（镇）土类面积统计 单位：hm²

县市	乡镇	潮土	粗骨土	褐土	红黏土	黄棕壤	砂姜黑土	石质土	水稻土	紫色土	棕壤
栾川县	白土乡	75.0	177.7	328.0	249.0		39.4				165.8
	城关镇	2.1		58.5	34.6						53.0
	赤土店镇	95.7	54.7	96.9	26.1						717.4
	合峪镇	260.5		202.3	301.8						964.6
	叫河乡	119.6		661.6	52.4					66.6	374.8
	冷水镇	324.0	0.1	42.4							492.4
	栾川乡	250.7	2.1	282.2	301.5						148.1
	庙子乡	76.6		532.8	788.8						857.1
	秋扒乡	6.9	140.4	575.6	83.4			1.4			294.3
	三川镇	398.9	24.8	203.4	12.9						874.9
	狮子庙镇	79.5	28.5	340.8	290.0			26.1			815.6
	石庙镇	146.1	19.8	147.5	5.9						334.1
	潭头镇	112.5		1 728.3	595.7			6.9		31.6	454.9
	陶湾镇	382.0	7.8	266.2	82.5						1 035.0
洛宁县	长水乡	42.7	161.5	1 222.7	716.6						3.1
	陈昊乡	224.7	88.1	2 106.1	109.5						12.1
	城关镇			165.5							
	城郊乡	651.9		1 543.1							
	底张乡	236.1		1 896.4	943.4						164.7
	东宋乡		63.3	4 283.2	3 305.8						
	故县乡			1 222.7	521.8						4.5
	河底乡			4 679.6	2 455.6						
	涧口乡	449.3	115.5	1 635.4							56.5
	罗岭乡	95.3	73.9	1 870.6	812.6						12.4
	马店乡	139.5	3.9	3 343.6	853.0						
	上戈镇		5.7	2 932.2	1 435.6						18.8
	王范回族镇	13.5		158.4							
	西山底乡	173.5		1 376.3	581.5						7.0
	下峪乡		10.6	1 780.8	226.2						61.5
	小界乡		71.7	4 052.8	2 571.7						
	兴华乡		13.1	1 645.6	1 330.9						151.3
	赵村乡	442.0	30.7	2 826.5	32.9						37.4
孟津县	白鹤镇	360.6		6 084.5	126.8						
	常袋乡			2 299.9	461.1						
	朝阳镇	70.2		4 294.8							
	城关镇			4 737.3	191.2						
	横水镇			1 766.9	1 726.0						
	会盟镇	1 176.1		2 695.8							
	麻屯镇			2 594.5	134.0						
	平乐镇	996.7		3 459.1							
	送庄镇			2 948.4							
	小浪底镇			2 195.6	2 571.9						3.2

（续表）

县市	乡镇	潮土	粗骨土	褐土	红黏土	黄棕壤	砂姜黑土	石质土	水稻土	紫色土	棕壤
汝阳县	柏树乡	124.3	1 244.4	900.7				452.3			
	蔡店乡	94.4	1 907.2	2 388.8	23.3		5.4	21.0			
	城关镇	176.7	1 028.2	962.7				100.0			
	大安工业园	121.4	240.7	1 237.3	60.7		210.6				
	付店镇	73.2		1.6				415.4			178.4
	勒村乡			322.2				579.8			95.2
	刘店乡		1 268.4	694.1				1 275.1			
	内埠乡	140.0	665.9	814.4	46.0		636.3	49.0			
	三屯乡	557.5	110.3	624.2				1 466.2			
	上店镇	233.7	262.6	768.9				753.3			
	十八盘乡	97.3	29.6	215.6				1 458.6			
	陶营乡	1210.1	286.3	1 284.8			357.0				
	王坪乡			94.5				857.4			51.9
	小店镇	863.3	402.8	1 126.5				472.3			
嵩县	白河乡					329.2					129.2
	车村镇	817.5	64.1	692.1	215.4			1 145.6			691.1
	城关镇	99.8	128.1	788.9	1 146.5			47.6			125.7
	大坪乡	39.6	49.3	886.9	2 254.1			548.3			353.2
	大章乡	50.4	663.0	995.4	428.2			80.0			91.9
	德亭乡	532.7	608.5	1 005.7	900.6			241.6			193.2
	饭坡乡		365.4	835.1	1 494.1			629.7			
	何村乡	45.3	192.5	549.3	2 370.2			259.5			
	黄庄乡		159.6	60.1	273.0			1 846.5			16.6
	九店乡	10.6	413.6	959.4	1 286.4			212.0			
	旧县镇	223.8	1 227.3	537.6	220.6			175.6			38.3
	库区乡	73.7	94.0	570.0	1 234.0			60.4			
	木植街乡		88.4	106.1	205.4			108.1			385.7
	田湖镇	585.5	82.2	1 988.4	3 190.1			170.4			
	闫庄乡	94.7	783.9	2 366.6	2 242.1			64.0			49.7
	纸房乡	197.0	194.8	95.9	944.9			1 109.7			58.3
新安县	北冶乡			1 943.2	1 712.8			96.8			33.8
	仓头乡	5.2		1 909.6	1 540.7					15.2	
	曹村乡			731.9	858.9			433.5		666.1	5.8
	城关镇	94.9		1 822.8	2 323.7			23.6			
	磁涧镇		121.2	4 592.1	1 124.1			3.3		2.1	
	洛新工业园		1.4	951.1	23.3						
	南李村乡		330.9	1 811.8	3 049.8			8.8			
	石井乡			2 009.5	1 283.6			773.1		168.0	
	石寺镇			1 638.2	1 072.8					34.7	
	铁门镇	43.0		2 678.4	3 675.6			154.0			
	五头镇			4 992.4	1 025.4						
	正村乡			1 365.9	2 358.0						

（续表）

（续表）

县市	乡镇	潮土	粗骨土	褐土	红黏土	黄棕壤	砂姜黑土	石质土	水稻土	紫色土	棕壤
偃师市	城关镇	981.8		1 011.7							
	大口乡		279.0	2 972.1	619.1			43.8			
	佃庄镇	1 738.9		823.9							
	府店镇			4 106.3	71.2			468.6			
	高龙镇	155.2		2 300.9							
	缑氏镇			4 562.6	327.0			121.4			
	顾县镇	1 022.0		1 562.8							
	寇店镇		3.1	2 958.7	317.4						
	李村镇	851.0		3 652.7							
	邙岭乡			3 456.4							
	庞村镇	1 107.2		990.8							
	山化乡	654.5		3 339.3							
	首阳山镇	343.4		2 714.4							
	岳滩镇	1 729.0									
	翟镇镇	1 875.0									
	诸葛镇	507.4		3 129.6							
伊川县	白沙镇	330.9	653.3	5 680.0	485.9					13.5	
	白元乡	572.9	536.6	2 841.0	283.7						
	半坡乡	20.9	963.9	162.8	86.2			17.2			
	城关镇	1 192.7	401.4	2 079.1	491.4				257.2	98.2	
	高山镇	139.3	273.3	932.0	3 222.7						
	葛寨乡	68.5	912.5	511.6	1 227.9			562.8	10.3	26.2	
	江左镇	497.3	260.2	2 728.2	989.8			12.4		8.0	
	酒后乡	474.7	476.2	298.2	301.6			1 206.7	16.0	122.9	
	吕店镇	49.6	871.3	4 776.1	493.5			16.6		102.0	
	鸣皋镇	349.5	382.1	1 056.2	3 046.7				522.2		
	彭婆镇	369.9	287.4	4 742.2				24.4		46.3	
	平等乡	160.7	72.9	741.1	1 318.9				1 278.4		
	水寨镇	92.6	223.7	1 286.3						46.7	
	鸦岭乡		671.1	4 244.6	3 846.0					21.4	
宜阳县	白杨镇		328.4	2 492.8	1 665.1	127.4					
	城关镇	39.8	2.7	40.5							
	董王庄乡		1 505.8	1 035.9	1 098.2			86.9		42.2	
	樊村乡		91.3	308.9	2 431.6			41.5		3.0	
	丰李镇	227.6	42.0	2 004.5	727.1						
	高村乡			4 567.8	4 446.5						
	韩城镇	852.5		3 223.8	1 158.2						
	锦屏镇	427.1	543.7	534.1	3.4			20.6		267.9	
	莲庄乡	443.1	153.9	1 246.4	918.0						
	柳泉镇	228.2	52.3	4 969.3	1 387.6						
	穆册乡		126.7	627.0				68.7			170.4
	三乡镇	584.3		3 156.5							
	上观乡		1 326.0	1 240.5							4.6
	寻村镇	102.2	185.9	4 521.4	707.6						
	盐镇乡			5 648.4	4 358.0						
	张坞乡	271.2	39.5	3 558.0	158.2						
	赵堡乡		1 330.6	1 493.8	2 161.2						
	总计	3 136.2	3 800.6	36 791.5	16 025.8	0.0	0.0	89.3	0.0	267.9	175.0

表 2-5　洛阳市各县（市）土类面积统计　　　　　　　　　单位：hm²

土壤亚类	栾川县	洛宁县	孟津县	汝阳县	嵩县	新安县	偃师市	伊川县	宜阳县
潮褐土	105.3		584.2	538.9	976.2	182.9	1 782.8	1 640.7	1 794.4
典型潮土	1 880.3	530.3	1 146.5	3 635.9	1 561.4	128.7	10 965.4	2 585.8	3 175.9
典型褐土	479.8	10 123.8	25 619.6	3 782.8	1 581.1	6 830.8	25 068.8	14 566.4	18 095.2
典型红黏土	2 824.7	15 897.2	5 211.1	130.0	18 405.5	20 048.7	1 334.8	15 794.5	21 220.9
典型黄棕壤					51.1				
典型棕壤	4 496.3	58.5			793.9	11.7			173.8
钙质粗骨土	284.7	5.0		2 137.9		453.5	282.0	1 337.5	431.9
灌淤潮土			735.8						
褐土性土	3 740.8	7 718.5	4 953.4	6 371.1	8 510.3	10 950.3	9 652.9	15 823.3	12 835.8
黄棕壤性土					278.2				
灰潮土					450.1				
淋溶褐土	1 140.4	991.4		330.1	190.4	256.0	381.9		372.7
潜育水稻土								2 084.1	
湿潮土	33.8	1 938.2		56.0	717.1			1 733.8	
石灰性褐土		19 907.9	1 919.7	413.4	1 179.3	8 226.9	695.6	48.9	7 571.6
石灰性砂姜黑土				1 209.3					127.4
石灰性紫色土			3.2			121.9			
脱潮土	415.9		721.2		41.9	14.4			
中性粗骨土	171.2	632.8		5 308.5	5 114.6			5 648.3	5 297.1
中性石质土	73.8			7 900.5	6 699.0	1 493.2	633.7	1 840.0	217.7
中性紫色土	98.2					764.2		485.3	313.0
棕壤性土	3 085.5	470.7		325.5	1 338.9	33.8			1.2

表 2-6　洛阳市各县（市）土属面积统计　　　　　　　　　单位：hm²

土属名称	栾川县	洛宁县	孟津县	汝阳县	嵩县	新安县	偃师市	伊川县	宜阳县
暗泥质褐土性土	680.8	382.8			1 016.5				669.2
暗泥质淋溶褐土	471.6	463.6							
暗泥质中性粗骨土	171.2	398.6		2 395.2	909.2			871.6	3 509.5
暗泥质棕壤	264.5								12.0
暗泥质棕壤性土	1 484.0	60.3		115.7	301.3				1.2
典型红黏土	2 824.7	15 897.2	5 211.1	130.0	18 405.5	20 048.7	1 334.8	15 794.5	21 220.9
堆垫褐土性土	58.5				137.5	122.0	17.1		
覆盖褐土性土								1 517.0	
硅铝质黄棕壤					51.1				
硅质褐土性土								45.0	
硅质淋溶褐土	4.5					51.4			
硅质中性粗骨土					156.5			1 354.9	410.9
硅质中性石质土	73.8			4 984.5	6 699.0	1 493.2		1 840.0	217.7
硅质棕壤	428.9								
硅质棕壤性土	80.3					33.8			
洪积潮土	438.9	384.4	267.9	2 853.3	1 066.2			964.7	1 082.6

（续表）

土属名称	栾川县	洛宁县	孟津县	汝阳县	嵩　县	新安县	偃师市	伊川县	宜阳县
黄土质褐土	479.8	10 123.8	24 449.1	3 690.7	1 581.1	6 592.7	22 396.5	14 566.4	17 846.4
黄土质褐土性土		7 027.9	4 953.4	1 334.7	2 178.4	6 443.7	8 237.7	12 076.9	8 618.8
黄土质淋溶褐土		527.9		102.9	190.4				9.9
黄土质石灰性褐土		17 575.9	1 373.0		1 179.3	2 595.4	149.3	48.9	5 685.3
黄土质棕壤					60.8	11.7			
灰潮黏土					450.1				
灰覆黑姜土				550.1					
灰黑姜土				659.2					127.4
灰泥质钙质粗骨土	284.7	5.0		2 137.9		453.5	282.0	1 337.5	431.9
灰泥质褐土性土							207.7	599.1	
灰泥质淋溶褐土	123.0								
灰紫砾泥土			3.2			121.9			
麻砂质褐土性土		307.8			473.2			15.5	1 579.5
麻砂质黄棕壤					70.3				
麻砂质淋溶褐土	104.4								362.8
麻砂质中性粗骨土		234.2			974.8			106.0	152.3
麻砂质棕壤	3 377.9	58.5			733.1				161.7
麻砂质棕壤性土	814.7	410.4		209.7	1 037.7				
泥砂质潮褐土	105.3		584.2	538.9	976.2	182.9	1 782.8	1 640.7	1 794.4
泥砂质褐土			1 170.6	92.1		238.1	2 672.3		248.8
泥砂质褐土性土	1 043.5			393.1					
泥砂质淋溶褐土	220.3			227.2		204.5			
泥砂质石灰性褐土		2 332.0	546.7	413.4		5 631.5	546.3		1 886.4
泥质淋溶褐土	216.6						381.9		
泥质中性粗骨土				2 913.3	3 074.0			3 315.8	1 224.3
泥质中性石质土				2 915.9			633.7		
泥质棕壤性土	706.5								
青潮泥田								2 084.1	
砂泥质褐土性土	1 958.0			4 643.3	4 704.7	4 384.7	1 190.3	1 570.0	1 968.3
砂泥质黄棕壤性土					207.8				
砂泥质棕壤	425.0								
湿潮壤土	33.8	1 938.2			56.0	168.3			
湿潮砂土						179.6			
湿潮黏土						369.2		1 733.8	
石灰性潮壤土	1 379.5		747.9	782.6	324.3	5.2	7 801.5		2 031.7
石灰性潮砂土	61.9		130.8			123.5	315.7		61.6
石灰性潮黏土		145.9			170.9		2 848.3	1 621.1	
脱潮壤土	415.9		721.2		41.9	14.4			
淤潮黏土			735.8						
紫砾泥土	98.2					764.2		485.3	313.0

表 2-7　洛阳市各县（市）土种面积统计　　　　　　　　　　　单位：hm²

土种名称	栾川县	洛宁县	孟津县	汝阳县	嵩县	新安县	偃师市	伊川县	宜阳县
表潜潮青泥田								2 084.1	
薄层钙质粗骨土	284.7	5.0		2 137.9		453.5	282.0	1 337.5	431.9
薄层硅钾质中性粗骨土	171.2	398.6		305.0	909.2				2 680.3
薄层硅钾质棕壤性土	11.1	21.6		115.7	148.9				
薄层硅铝质黄棕壤性土					70.3				
薄层硅铝质中性粗骨土		234.2			974.8			106.0	152.3
薄层硅铝质棕壤性土	505.3	410.4		209.7	1 037.7				
薄层硅镁铁质中性粗骨土				1 389.6				481.1	829.2
薄层硅镁铁质棕壤性土									1.2
薄层泥质中性粗骨土				2 913.3	3 074.0			3 315.8	1 224.3
薄层砂质石灰性紫色土						15.2			
薄层砂质中性紫色土								123.5	313.0
薄层黏质灌淤潮土			148.3						
底砾层冲积湿潮土								1 031.1	
底砾层洪积潮土					177.6			279.1	
底砾砂壤土	61.9								
底砂两合土					42.4		565.8		
底砂小两合土	327.1		48.5	507.5			192.9		540.2
底砂淤土								68.6	
硅质中性石质土	73.8			4 984.5	6 699.0	1 493.2		1 840.0	217.7
红黄土覆盖褐土性土								536.8	
红黄土质褐土		10 078.4	2 009.0		572.2	1 642.6	1 267.3	10 599.7	13 174.7
红黄土质褐土性土		7 027.9	1 195.0	1 043.6	2 178.4	1 749.5		8 931.4	7 190.3
红黄土质淋溶褐土		527.9		102.9	190.4				9.9
红黄土质石灰性褐土		16 769.5			1 114.0	1 926.4		48.9	5 480.0
红黏土	2 385.6	12 061.7	4 085.5	130.0	9 040.6	16 334.5	1 334.8	2 358.0	4 395.1
洪积灰砂土					105.2				
洪积两合土					344.8				
厚层堆垫褐土性土	58.5				137.5	122.0	17.1		
厚层硅钾质淋溶褐土	16.6								
厚层硅铝质淋溶褐土	104.4								362.8
厚层硅铝质棕壤	122.6								79.6
厚层硅镁铁质中性粗骨土								40.0	
厚层硅镁铁质棕壤									12.0
厚层硅质褐土性土								45.0	
厚层硅质棕壤	257.3								
厚层砂泥质褐土性土	487.1			3 218.4	3 005.3	2 523.0		434.8	355.6
厚层砂质石灰性紫色土						104.6			
厚层砂质中性紫色土						764.2			
厚层黏质灌淤潮土			587.5						
黄土质褐土	479.8		20 093.7			1 858.3	17 048.2		4 426.6

（续表）

土种名称	栾川县	洛宁县	孟津县	汝阳县	嵩县	新安县	偃师市	伊川县	宜阳县
黄土质棕壤					60.8	11.7			
砾质洪积潮土	25.2								
砾质洪积褐土性土	527.9								
两合土	245.1		289.9	275.0	214.7	5.2	3 553.4		174.3
泥质中性石质土				2 915.9			633.7		
浅位多量砂姜红黄土覆盖褐土性土								54.4	
浅位多量砂姜红黄土质褐土			724.5				86.3	1 455.6	
浅位多量砂姜红黏土								2 073.0	
浅位多量砂姜石灰性红黏土					758.3			432.0	
浅位钙盘砂姜红黄土质褐土性土				291.1				685.4	
浅位钙盘砂姜石灰性红黏土								2 974.9	
浅位钙盘黏质洪积石灰性砂姜黑土				95.4					48.4
浅位厚壤淤土							40.2		
浅位厚砂两合土					27.6		997.4		
浅位壤砂质潮土									45.7
浅位砂两合土			236.0				192.1		
浅位砂小两合土			145.5				67.0		
浅位砂淤土								48.5	
浅位少量砂姜红黄土覆盖褐土性土								925.8	
浅位少量砂姜红黄土质褐土性土		813.9	1 515.4	3 690.7	989.2	3 831.5	4 081.0	3 041.6	245.2
浅位少量砂姜红黏土		613.7	406.3		3 173.4	3 714.3		586.8	727.1
浅位少量砂姜黄土质石灰性褐土			333.7			657.6	149.3		205.2
浅位少量砂姜石灰性红黏土					2 869.8			4 580.2	2 108.0
轻壤质黄土质石灰性褐土			441.8			11.4			
壤盖洪积石灰性砂姜黑土				550.1					
壤质潮褐土	105.3		584.2	538.9	976.2	182.9	972.0	344.2	1794.4
壤质冲积湿潮土	27.2				168.3				
壤质洪冲积淋溶褐土	220.3			227.2		204.5			
壤质洪积潮土	413.6	384.4		2 801.5	888.6				1 082.6
壤质洪积褐土						5 119.3	546.3		
壤质洪积褐土性土	515.6			393.1					
壤质洪积湿潮土	6.6	1 938.2		56.0					
壤质洪积石灰性褐土			546.7	413.4		512.3			1 886.4
砂质潮土			130.8			123.5	315.7		15.9
砂质洪积湿潮土					179.6				
少量砂姜黄土质石灰性褐土			190.8						
深位多量砂姜红黄土质石灰性褐土			282.7		85.1				
深位多量砂姜黄土质石灰性褐土			144.8						
深位钙盘红黄土质褐土								1 929.6	
深位钙盘洪积潮土				51.8					
深位钙盘砂姜石灰性红黏土								636.1	

（续表）

土种名称	栾川县	洛宁县	孟津县	汝阳县	嵩县	新安县	偃师市	伊川县	宜阳县
深位钙盘黏质洪积石灰性砂姜黑土				563.8					79.0
深位少量砂姜红黄土质褐土			102.6						
深位少量砂姜黄土质石灰性褐土			143.6						
石灰性红黏土	439.1	3 221.7	719.3		2 563.5			2 153.4	13 990.7
脱潮底砂小两合土	32.2								
脱潮两合土	202.9		721.2			14.4			
脱潮小两合土	180.8				41.9				
小两合土	807.3		28.0		39.6		2 232.9		1 317.2
淤土		145.9			170.9		2 808.1	1 503.9	
黏质潮褐土							810.8	1 296.5	
黏质冲积湿潮土								702.7	
黏质洪积潮土			267.9					685.7	
黏质洪积褐土			1 170.6	92.1		238.1	2 672.3		248.8
黏质洪积湿潮土					369.2				
黏质洪积石灰性褐土		2 332.0							
中层钙质褐土性土							207.7	599.1	
中层钙质淋溶褐土	123.0								
中层硅钾质褐土性土	680.8	382.8			1 016.5				669.2
中层硅钾质淋溶褐土	455.0	463.6							
中层硅钾质棕壤	264.5								
中层硅钾质棕壤性土	43.0								
中层硅铝质褐土性土		307.8			473.2			15.5	1 579.5
中层硅铝质黄棕壤					51.1				
中层硅铝质棕壤	3 255.4	58.5			733.1				82.1
中层硅铝质棕壤性土	309.4								
中层硅镁铁质中性粗骨土				700.6				350.5	
中层硅镁铁质棕壤性土	1 429.9	38.7			152.3				
中层硅质粗骨土					156.5			1 354.9	410.9
中层硅质淋溶褐土	4.5					51.4			
中层硅质棕壤	171.6								
中层硅质棕壤性土	80.3					33.8			
中层红黄土质褐土性土			3 597.9			3 954.5	8 151.5		1 428.5
中层泥质淋溶褐土	216.6						381.9		
中层砂泥质褐土性土	1 470.9			1 424.9	1 699.4	1 861.6	1 190.3	1 135.2	1 612.7
中层砂泥质黄棕壤性土					207.8				
中层砂泥质棕壤	425.0								
中层砂泥质棕壤性土	706.5								
中层砂质石灰性紫色土			3.2			2.1			
中层砂质中性紫色土	98.2							361.9	
中壤质黄土质石灰性褐土		37.9							

表 2-8　洛阳市各土类面积及比例　　　　　　　　单位：hm²、%

土类名称	潮土	粗骨土	褐土	红黏土	黄棕壤	砂姜黑土	石质土	水稻土	紫色土	棕壤
面积	32 468.4	27 105.0	237 936.4	100 867.4	329.2	1 336.7	18 858.0	2 084.1	1 785.9	10 789.9
百分比	7.5	6.3	54.9	23.3	0.1	0.3	4.3	0.5	0.4	2.5

（四）潮土

潮土主要分布在伊、洛、涧、汝、黄等河流两岸的一二级阶地上，地下水位 3m 左右，母质主要是第四纪黄土的河流冲积物，其次为各类岩石风化物的冲积物，因母质来源不同及地下水位高低的差异，分为潮土、湿潮土、灰潮土、脱潮土、灌淤潮土五个亚类。灰潮土的成土母质主要为花岗岩风化物的冲积物，剖面中弱或无石灰反应，分布在嵩县南部的车村一带；湿潮土分布在沿河两岸的低凹地带，地下水位在 1m 以内，有时有季节性积水；脱潮土分布在河流两岸的较高阶地上，由于地势较高，地下水位在 3m 以下，土壤脱离地下水影响出现碳酸钙的分异；灌淤潮土为人工引水灌淤而成，在本市仅有零星分布；潮土亚类面积最大，成土母质主要为第四纪黄土冲积物，地下水位 3m 左右，由于河流冲积物为紧砂慢淤，质地分带明显，故河岸至阶地依次呈条带状分布着砂质潮土、壤质潮土、黏质潮土等土属。潮土土类面积为 32 468.4hm²，占总耕地面积的 7.5%。由于地势平坦，土层深厚，水源丰富，是洛阳市稳产高产土壤之一。

（五）黄棕壤

黄棕壤是伏牛山脊南部的地带性土壤，洛阳市仅嵩县白河乡有小面积分布，面积为 329.2hm²，占总耕地面积的 0.1%，母质为酸性岩类风化物的残坡积物及下属系黄土。

（六）砂姜黑土

砂姜黑土分布在汝阳内埠滩底部和宜阳的白杨镇东南部的低洼处，成土母质为洪积河湖相沉积物，具有腐泥状黑土层和潜育砂姜层，地下水位 1~2m，雨季有短时积水，洛阳市仅有石灰性砂姜黑土一个亚类，面积为 1 336.7hm²，占总耕地面积的 0.3%。

（七）水稻土

水稻土分布在伊川鸣皋乡伊河北岸的低洼地和汝阳小店、城关两乡。由于长期积水或季节性积水，经人们长期水耕熟化形成较明显的犁底层和蓝灰色的潜育层，洛阳市仅有潜育型水稻土一个亚类，面积为 2 084.1hm²，占总耕地面积的 0.5%。

（八）紫色土

紫色土分布在伊川昌店和嵩县等地的丘陵区，成土母质为赤红色砂页岩。因植被差，水土流失严重，造成土层浅薄，母岩特征明显，面积 1 785.9hm²，占总土壤面积的 0.4%。

（九）粗骨土

粗骨土分布在低山丘陵区及洪积扇的上部，砾石含量多，土层浅薄，植被稀疏，水土流失严重，面积为 27 105hm²，占总耕地面只的 6.3%。

（十）石质土

石质土主要分布在嵩县九店乡及其他的石质山地，无植被或仅生长稀疏植被，面积为 18 858hm²，占总耕地面积的 4.3%。

第二节　洛阳市耕地立地条件

一、地形、地貌与地质

（一）地形概况

洛阳地势西高东低，境内山川丘陵交错，地形错综复杂，其中山区占 45.51%，丘陵占 40.73%，平原占 13.8%，大体为"五山四岭一分川"。全市最高点在栾川县龙峪湾的鸡角尖上，海拔 2 212m，最低点在孟津县扣马村，海拔 117.1m。境内河渠密布，分属黄河、淮河、长江三大水系，黄河、洛河、伊河、汝河、磁河、铁滦河、涧河、瀍河等10余条河流蜿蜒其间，有"四面环山六水并流、八关都邑、十省通衢"之称。

（二）地貌基本特征

洛阳整个地貌特征是西部高东部低，高低悬殊。山地具有起伏大、坡度陡、土层薄等特点，黄土丘陵区则沟壑发育，侵蚀现象明显，水土流失严重，不利农业生产。地貌受构造体系影响和控制，崤山、熊耳山、外方山等山脉均呈西南东北走向。因此河流流向也都为西南东北，山间盆地、河谷则相间排列，构成了本市地貌的格局。

崤山山脉分布于涧河与洛河间，自西南向东北延展，主峰千山在陕县南部，海拔1 902m，两侧为低山丘陵，山脉两侧河流属黄河水系。

熊耳山坐落在伊、洛河间，自西南向东北延伸，熊耳山最高峰为全包山，海拔2 064m，属中山，东段为低山，周围为丘陵，向东延伸到龙门即为伊阙中断，以东则为嵩山山脉的西延部分。

外方山位于伊河以东，北汝河以南，是黄河、淮河、长江三水系的分水岭，西南山势高峻，东北低缓，以低丘为主，周围并有岗地分布。伏牛山小部分位于栾川、嵩县境，大部分在本区外，山势雄伟壮观。主要山峰有海拔2 057m的玉皇顶，海拔2 129m的龙池漫和2 192m的老君山，主脊位于栾川以南称老界岭。山间分布有山间盆地、谷地，如陶湾、马市坪等盆地。

（三）地质基础

洛阳市的地质基础，是在北秦岭地槽、华熊沉降带、豫西断隆三大地质构造单元上发育而成的，地层的形成史与地史环境密切相关。太古代，地球上没有生物，到处是由岩浆活动形成的酸、中、基性火成岩，经过多次造山运动，乃变质为现在的各种片麻岩、混合岩。元古代，早期的火成岩一部分被风化、剥蚀、搬运、堆积后而形成砾岩、砂岩、页岩和石灰岩，这些岩石又受到后来的地质作用而变质成为现今的片岩、千枚岩和大理岩。在元古代还发生了火山的喷发活动，目前嵩县、伊川南部一带分布的安山岩，即是那时间的产物。至震旦纪，自然环境发生变化，地球上出现了生物，海水开始浸入本市，天气一度湿热，在自然营力的作用下，沉积的灰白色砂岩、紫红色页岩和砾岩，变质为灰白色的石英岩，紫红色的片岩。古生代后，地体一度抬升，导致有的地层在本市缺失，同时由于生物日益发展，除形成石灰岩、页岩、砂岩外，还形成了煤层，如新安、洛阳市区一带。中生代，构造活动频繁而剧烈，尤以燕山运动影响本区最甚，形成大量花岗岩。自此以后，本市的山、水、盆地、谷地的格局基本定形。新生代以来的地质情况，地貌状态是在上述地体骨架的基础上，经长期外营力雕塑而成。新生代时期，在盆地、谷地和山前、丘前堆积的各种砾石、砂土、亚砂土和黏土，因时间相对短暂，除初期的沉积物发育成为砂砾岩、砂岩、页岩外，其后的沉积物都属松散状的砂砾石层，砂土层和黏土层，抗风化力差，易于遭受侵蚀。新生代的另一种地质现象是局部地方有火山喷发，如汝阳大安的玄武岩，就是火山活动的产物。下部黄土状的亚黏土还带有烘烤痕迹。具体地貌分布见表2-9、表2-10。

表2-9　洛阳市耕地土壤一级地貌类型分布情况统计　　　　　　　　　　　　单位：hm²

一级地貌	栾川县	洛宁县	孟津县	汝阳县	嵩县	新安县	偃师市	伊川县	宜阳县	总计
黄土地貌		41 200.7	20 418.6	12 026.6	19 203.0	15 624.9	5 812.4	35 077.6	44 594.8	193 958.6
流水地貌	18 830.7	17 073.7	20 476.3	20 113.2	28 685.9	26 204.0	44 985.5	28 511.2	27 033.8	231 914.3
岩溶地貌					7 688.2					7 688.2
总计	18 830.7	58 274.4	40 894.9	32 139.8	47 888.9	49 517.1	50 797.9	63 588.8	71 628.5	433 561.1

表2-10　洛阳市耕地土壤二级地貌类型分布情况统计　　　　　　　　　　　　单位：hm²

二级地貌	栾川县	洛宁县	孟津县	汝阳县	嵩县	新安县	偃师市	伊川县	宜阳县	总　计
冲积平原		11 750.2	11 452.0	7 921.8	4 806.9	7 732.7	18 563.8	17 669.8	16 650.3	96 547.6

（续表）

二级地貌	栾川县	洛宁县	孟津县	汝阳县	嵩县	新安县	偃师市	伊川县	宜阳县	总　计
洪积（山麓冲积）平原							13 660.7			13 660.7
黄土覆盖的低山		21 415.8								21 415.8
黄土覆盖的中山					2 050.0					2 050.0
黄土台地丘陵		19 784.9	20 418.6	12 026.6	19 203.0	13 574.9	5 812.4	35 077.6	44 594.8	170 492.8
侵蚀剥削低山	2 645.5		480.4		12 594.8	11 831.5		1 379.9	6 465.7	35 397.8
侵蚀剥削丘陵			1 503.6			6 177.7				7 681.3
侵蚀剥削台地			7 040.2	7 911.1		462.1	7 678.2	6 266.1		29 357.7
侵蚀剥削中山	16 185.3	5 323.5		4 280.2	11 284.2		5 082.8	3 195.4	3 917.8	49 269.1
溶蚀侵蚀低山						7 688.2				7 688.2
总计	18 830.7	58 274.4	40 894.9	32 139.8	47 888.9	49 517.1	50 797.9	63 588.8	71 628.5	433 561.1

二、成土母质对土壤的影响

母质是土壤形成的物质基础，它的某些性质往往被土壤继承下来。母质的作用愈是在土壤形成的初级阶段愈加明显。本市成土母质种类繁多，在山区主要是各类岩石风化的残积、坡积物；在河流两岸及低凹地则为各类洪积物、冲积物、河湖相沉积物；在丘陵地区有黄土、红黄土及红黏土裸露风化壳。

（一）残积—坡积物

残积—坡积物广泛分布于山区与石质丘陵的岭坡，其类型以岩浆岩风化物为主，沉积岩次之。从抗风化能力分析，一般岩浆岩高于沉积岩，酸性岩、中性岩大于基性岩。但由于各类母质风化的时间长短不等，所处的外界条件和人为活动不同，因而现今风化壳的厚度与上述序列并不完全一致，一般湿润多雨，植被覆盖率高的中山区母岩风化壳为厚，反之则薄，一般厚度在 1m 左右，薄者仅几十厘米。根据母岩性质不同，分为下列几种。

1. 酸性岩类

由各类酸性岩石，主要是花岗岩、花岗片麻岩、角闪石片麻岩、石英砂岩等风化物所组成，广泛分布在老君山、熊耳山的主峰、龙池漫的庙子、合峪、车村周围。洛宁南部的七里坪、西山底至宜阳木柴花山一带，以及嵩县中北部德亭黄水庵，至蛮峪南部一带，其 SiO_2 含量均大于 65%，呈酸性反应，在半湿润条件下，一般形成棕壤和棕壤性土，是棕壤的主要成土母质。

2. 中性岩类

主要为安山岩、安山玢岩的风化物，分布面积较广。在宜阳的陈宅沟以南经赵堡至嵩县庄科一带，洛宁全包山以南，栾川白土、狮子庙至嵩县大章以西，嵩县饭坡、黄庄，汝阳的十八盘、靳村、付店一带，均可见到，SiO_2 含量 52%~65%，呈中性反应，一般形成棕壤、棕壤性土、褐土性土及粗骨土。

3. 基性岩类

一般指玄武岩的风化物，分布面积甚小，主要在汝阳县大安、内埠及伊川的白元一带，呈中性至微碱性反应，pH 值 8 左右，土层较薄，一般小于 60cm，下部为半风化的母质或母岩。由于系火山喷发岩，风化后为疏松的火山灰，故分类定名为火山灰土土类。

4. 石灰岩类

主要为石灰岩、泥质石灰岩、白云岩以及火山喷出的凝灰岩等的风化物。在新安北部的石井、上峪里，宜阳城关，汝阳城北，嵩县九店，龙门口以东至偃师府店南山一带，栾川、伊川均有分布。因富含碳酸钙，又多位于低山丘陵区，常形成褐土性土。普通褐土和淋溶褐土则少见。

（二）黄土及红土堆积物

黄土及红土是新生代的疏松堆积物，成因虽不同，但土层深厚，质地均一，盐基饱和则为其共同特点，这些性状对于土壤的形成有一定的影响。更新世的黄土分为午城黄土、离石黄土和马兰黄土。全新世的黄土主要是沿河冲积的黄土状沉积物。

1. 离石、午城黄土

午城黄土（又称古黄土）色橙黄或红黄，质地黏重、致密，常呈块状。离石黄土（又称老黄土）色淡黄至褐黄，夹多层古土壤层，古土壤呈棕红色。离石、午城黄土在河南土壤分类中作为一种母质类型处理，即称红黄土母质。该黄土质地中壤或重壤，深厚的土层中常有结核层或零星砂姜出现，石灰反应强弱不一。主要分布在洛阳以西的宜阳、洛宁，即洛河两侧的广大丘陵区。涧河以北的铁门、正村，孟津以西的横水，龙门以东至偃师府店镇、大口镇以南的丘陵区也有分布。

根据黄土物质的组成及其发育程度，可归纳为四种类型。第一类为厚层均质的强石灰类型，主要分布在沟谷两侧及近山高阶地上，常发育为石灰性褐土亚类；第二类为碳酸钙有分异，有明显淀积黏化，常发育为褐土亚类，多分布在较平坦的丘陵平地；第三类为无石灰类型，剖面中碳酸钙已被淋洗，一般颜色较深，质地较黏，呈微酸性至中性，分布在山坡及山麓地带，发育为淋溶褐土亚类；第四类为无或间层有石灰反应，但没有黏粒和石灰淀积，形成褐土性土亚类。

2. 马兰黄土

马兰黄土（又称新黄土），呈浅黄及灰黄色，粉砂壤土，富含碳酸钙及石灰结核，结构疏松，并多大孔隙，直立裂隙发达。透水性强，主要分布在邙山、邙岭至孟津县城，龙门一线以东（除近代河流冲积物外）北至黄河，南至缑氏、大口一带。在地势平坦的陵平地和洪积扇的中上部，发育为褐土，在坡度较大的高阶地上，一般形成石灰性褐土。

3. 红土

洛阳市红土多属上第三系堆积物，主要分布在伊河两侧的广大丘陵区和磁涧南，延秋北至新安李村一带以及新安县的五头南部，其余则分布零星；德亭、大章、旧县、潭头、秋扒一带的红土，则为下第三系堆积红土。

红土呈棕红色或暗红色，质地偏黏，亦有含砂姜及铁锰结核，结构面上常有铁锰胶膜。红土有两种类型，一类不具石灰反应，形成红黏土；另一类有石灰反应，并且强弱不一，形成石灰性红黏土。

（三）洪积物

洪积物分布于山麓的缓坡地段，洪积扇和沟谷高阶地上。因洪积物洪积的地形部位不同，堆积物层的厚薄不一，可形成不同的土壤。一般分布在洪积扇中下部及阶地上的洪积物，厚度可达 1m 以上，形成的土壤多为普通褐土和潮土；分布在洪积扇上部，山谷出口处的洪积物，砾石含量多，厚度薄，多形成褐土性土及粗骨土。

（四）河湖相沉积物

河湖相沉积物分布在地势低洼，排水不畅的汝阳内埠滩及宜阳白杨镇东的低凹处，由于静水沉积作用，质地较黏，在剖面的中上部，往往形成黑土层，下层有砾石及钙质结核层，pH 值为 7.3~8.4，呈微碱性，由此母质形成的土壤为砂姜黑土。

（五）河流冲积物

洛阳市河流冲积物，主要分布在伊、洛、涧、汝及黄河等河谷的一、二级阶地上，一般地势平坦，土层深厚，地下水埋深1~3m。由于物质来源不同，可分为两类，一类为酸性岩类冲积物，加之淋溶作用强，无石灰反应，呈中性，形成的土壤为灰潮土亚类，分布在车村、合峪一带，面积很小；另一类为黄土及灰岩砂页岩类风化冲积物，有不同程度的石灰反应，呈微碱性反应，形成潮土、湿潮土和脱潮土等亚类。

三、质地

土壤质地是指土壤的砂黏程度，是影响土壤肥力水平高低的因素之一。耕层土壤质地主要分为紧砂土、松砂土、砂土、砂壤土、轻壤土、中壤土、重壤土、轻黏土、重黏土，具体分布情况见表2-11。

表2-11　洛阳市耕地土壤质地分布情况统计　　单位：hm²

质地	栾川县	洛宁县	孟津县	汝阳县	嵩县	新安县	偃师市	伊川县	宜阳县	总计
紧砂土			130.8			123.5	22.9		61.6	338.8
轻壤土	565.4		635.8	507.5	41.9	11.4	259.9		540.2	2 562.1
轻黏土			587.5							587.5
砂壤							360.4			360.4
砂壤土	869.2		28		324.4		2 165.2		1 317.2	4 704
中壤土	14 571.5	39 899.3	32 714.9	30 200.9	28 348.3	29 095.3	40 323.4	40 094.1	48 112.5	303 360.2
重壤土	2 824.7	18 375.1	6 797.9	1 431.3	19 174.3	20 286.8	7 666.1	23 494.7	21 597.1	121 648.1
总计	18 830.7	58 274.4	40 894.9	32 139.8	47 888.9	49 517.1	50 797.9	63 588.8	71 628.5	433 561.1

四、障碍层次类型、障碍层出现位置、障碍层厚度

洛阳市耕地土壤障碍层次类型分为：无、砂姜层、砂砾层。障碍层出现位置和障碍层厚度分为0cm、42cm、100cm，具体分布情况见表2-12。

表2-12　洛阳市耕地土壤障碍层次类型、厚度、出现位置分布情况统计　　单位：hm²

行标签	栾川县	洛宁县	孟津县	汝阳县	嵩县	新安县	偃师市	伊川县	宜阳县	总计
砾石层	61.9				177.6			1 310.2		1 549.7
深位	61.9				177.6			1 310.2		1 549.7
厚层	61.9				177.6			1 310.2		1 549.7
砂姜层				711.0					127.4	838.5
浅位				95.4					48.4	143.8
厚层				95.4					48.4	143.8
深位				615.6					79.0	694.6
厚层				615.6					79.0	694.6
（空白）	18 768.8	58 274.4	40 894.9	31 428.7	47 711.3	49 517.1	50 797.9	62 278.6	71 501.1	431 172.8
总计	18 830.7	58 274.4	40 894.9	32 139.8	47 888.9	49 517.1	50 797.9	63 588.8	71 628.5	433 561.1

五、石质接触

洛阳市有效土层厚度分为4个级别：≤25cm、26~27cm、27~28cm、29~30cm、31~50cm、51~60cm、61~80cm、81~120cm、120cm，具体分布情况见表2-13。

表 2-13　洛阳市耕地土壤有效土层厚度分布情况统计　　　　单位：cm，hm²

石质接触	栾川县	洛宁县	孟津县	汝阳县	嵩县	新安县	偃师市	伊川县	宜阳县	总计
25.0	284.7	5.0		2 137.9		453.5	282.0	1 337.5	431.9	4 932.6
27.0				1 389.6				481.1	829.2	2 700.0
28.0	687.6	1 064.9		3 834.9	6 144.7			4 107.2	4 058.2	19 897.3
30.0	73.8			7 995.9	6 769.4	1 508.4	633.7	1 963.5	579.2	19 523.9
50.0	9 796.4	1 251.3	3 601.1	2 177.3	4 667.4	5 903.5	9 931.3	8 154.7	5 782.9	51 266.1
60.0	988.1			3 782.2	3 005.3	3 391.9		474.8	889.1	12 531.3
80.0								980.2		980.2
120.0	7 000.2	55 953.2	37 293.8	10 822.0	27 302.1	38 259.8	39 950.8	46 089.8	59 058.1	321 729.8
总计	18 830.7	58 274.4	40 894.9	32 139.8	47 888.9	49 517.1	50 797.9	63 588.8	71 628.5	433 561.1

六、灌溉保证率

洛阳市耕地灌溉保证率，划分为保灌区、可灌区、能灌区、无灌区四级，见表 2-14。

表 2-14　洛阳市耕地土壤灌溉保证率分布情况统计　　　　单位：hm²

灌溉等级	栾川县	洛宁县	孟津县	汝阳县	嵩县	新安县	偃师市	伊川县	宜阳县	总计
保灌区	290.3	4 379.5	6 493.8	5 436.7	7 692.3	2 548.0	16 079.4	3 753.6	13 311.7	59 985.4
可灌区	486.6	868.6	7 376.7	9 119.4	6 102.3	12 561.2	18 150.2			54 664.9
能灌区		1 621.6	6 395.0	3 867.1	6 228.7			5 634.8	13 489.8	37 237.1
无灌区	18 053.8	51 404.7	20 629.4	13 716.6	27 865.6	34 407.9	10 933.5	46 345.3	58 316.9	281 673.6
总计	18 830.7	58 274.4	40 894.9	32 139.8	47 888.9	49 517.1	50 797.9	63 588.8	71 628.5	433 561.1

第三节　耕地资源生产现状

按全国耕地利用现状分类，耕地是指能种植农作物的土地，以种植农作物为主，不含园地，耕地分水田、旱地。水田指筑有田埂，可经常蓄水，用以种植水稻等水生植物的用地，包括水旱轮作田。旱地指水田以外的旱作耕地，包括水浇地。

按照以上分类原则，洛阳市现有耕地 35.71 万 hm²，其中水田 1 902hm²，占总耕地面积的 0.53%；旱地 35.52 万 hm²，占总耕地面积的 99.47%。旱地中，水浇地面积 14.18 万 hm²，占旱地总面积的 39.92%；旱地 21.34 万 hm²，占旱地总面积的 60.08%。

历史上，洛阳市水浇地以一年两熟为主，旱地以一年两熟或一年一熟。改革开放以来，随着水浇地面积的不断增加，农业投入的不断增多，农作物播种面积不断扩大，复种指数不断提高。2011 年统计资料显示，全市粮食作物播种面积 526 344hm²，占总播种面积的 75.44%；其中夏粮播种面积 252 153hm²，占粮食总播种面积的 47.91%；秋粮播种 274 191hm²，占粮食总播种面积的 52.09%。粮食总产 2 308 501t，其中夏粮总产 1 092 327t，占粮食总产量的 47.32%；秋粮总产 1 216 174t，占粮食总产量的 52.68%。油料作物播种面积 45 935hm²，占农作物总播种面积的 6.58%，总产 133 705t，每公顷产量 2 849kg。棉花播种面积 3 096hm²，占农作物总播种面积的 0.64%，总产 3 037t，每公顷产量 981kg。烟叶播种面积 27 077hm²，占农作物总播种面积的 3.88%，总产量 61 400t，每公顷产量 2 268kg。蔬菜种植面积 56 074hm²，占农作物总播种面积的 8.04%，总产 2 336 567t，每公顷产量 41 669kg。中药材种植面积 29 530hm²，占农作物总播种面积的 4.23%，总产 78 921t。瓜果类播种面积 5 977hm²，占农作物总播种面积的 0.86%，总产量 188 667t，每公顷产量 31 566kg。其他作物播种面积 2 695hm²，占农作物总播种面积的 0.39%。

　　种植制度多为一年两熟，少为一年一熟或一年三熟。由于作物种类多，其种植模式类型也多，主要有粮粮类：小麦—玉米、小麦—谷子、小麦—玉米→（间作，下同）大豆等一年两熟；粮经类：小麦—棉花、小麦—花生、玉米—大蒜、小麦—烟叶→红薯、小麦—玉米→食用菌等一年两熟或三熟；粮经瓜菜类：小麦—红萝卜、小麦→棉花→西瓜、马铃薯→玉米—大白菜（立芥）、西瓜→玉米→大蒜（冬瓜）、甘蓝—糯玉米—大白菜等一年三熟；此外，还有少部分旱薄地一年只种一茬烟叶、红薯、花生、小麦等。

　　第二次土壤普查以来，洛阳市交通用地、城镇、城市扩建用地，企业用地增长很快，还有一部分地退耕还林。洛阳市地域有限，所有能开发利用的土地基本上都已利用，以后耕地新开发的潜力非常有限。

第三章　耕地土壤养分

土壤养分是土壤理化性状的组成部分，也是构成土壤肥力的重要因素之一。土壤养分的含量及其供应速度直接影响植物的生长，最终影响产量。因此，了解和掌握各种土壤的养分状况，对于正确利用和管理土壤，制定不同土壤改良利用方向及培肥措施，提高土壤肥力，进而提高生产力保证高产优质稳产，均具有极为重要的意义。

2005—2011年，洛阳市依托测土配方施肥项目，各县市区共采集分析75 534个土样，经过对化验数据审核筛选，参加市域耕地地力评价，大量元素保留25 713组土样化验数据，中微量元素保留2 914组土样化验数据。本次耕地地力评价洛阳市共划分了74 882个评价单元，利用GIS的空间插值法，为每一评价单元赋值了有机质、全氮、有效磷、速效钾、缓效钾、有效硫、有效钼、水溶性硼、有效铜、锌、铁、锰及pH值共13项。

第一节　土壤养分现状与变化趋势

一、土壤养分分级标准

参考河南省二次土壤普查养分分级表（表3-1），在洛阳市测土配方项目大量田间试验数据基础上，经有关专家研商，提出洛阳市土壤养分分级标准（表3-2），现以此标准将洛阳市耕地土壤养分进行详细分析。

表3-1　河南省二次土壤普查养分分级

土壤养分	1	2	3	4	5	6
有机质（g/kg）	>40	30.1~40	20.1~30	10.1~20	6.1~10	≤6.0
全氮（g/kg）	>2	1.51~2	1.01~1.50	0.76~1	0.51~0.75	≤0.50
有效磷（mg/kg）	>40	21~40	11~20	6~10	4~5	≤3
速效钾（mg/kg）	>200	151~200	101~150	51~100	30~50	≤30
有效铁（mg/kg）	>20	10~20	4.6~10	2.6~4.5	≤2.5	
有效锰（mg/kg）	>30	15.1~30	5.1~15	1.1~5	≤1.0	
有效铜（mg/kg）	>1.8	1.01~1.8	0.21~1	0.11~0.2	≤0.1	
有效锌（mg/kg）	>3	1.01~3	0.51~1	0.31~0.5	≤0.3	
有效钼（mg/kg）	>0.3	0.21~0.3	0.18~0.2	0.11~0.18	≤0.1	
水溶态硼（mg/kg）	>2	1.01~2	0.51~1	0.21~0.5	≤0.2	

表3-2　洛阳市土壤养分分级

土壤养分	高	较高	中	较低	低
有机质（g/kg）	>30	20.1~30	17.1~20	15.1~17	≤15
全氮（g/kg）	>1.5	1.21~1.5	1.1~1.2	0.81~1.0	≤0.80
有效磷（mg/kg）	>40.0	20.1~40.0	15.1~20.0	10.1~15.0	≤10.0
缓效钾（mg/kg）	>900	851~900	801~850	701~800	≤700
速效钾（mg/kg）	>200	170.1~200	150.1~170	130.1~150	≤130
有效铁（mg/kg）	>20.0	15.1~20.0	10.1~15.0	8.51~10.0	≤8.50
有效锰（mg/kg）	>30	20.1~30	15.1~20	10.1~15	≤10

（续表）

土壤养分	高	较高	中	较低	低
有效铜（mg/kg）	>3.5	2.51~3.5	1.81~2.5	1.31~1.8	≤1.30
有效锌（mg/kg）	>3.5	3.1~3.5	1.51~3.0	1.21~1.50	≤1.20
有效钼（mg/kg）	>0.3	0.21~0.3	0.16~0.20	0.11~0.15	≤0.10
有效硫（mg/kg）	>45	35.1~45	20.1~35	15.1~20.0	≤15
水溶态硼（mg/kg）	>1.0	0.81~1	0.51~0.8	0.41~0.5	≤0.4
pH 值	>8.0	7.9~8.0	7.7~7.8	7.5~7.6	≤7.4

二、土壤养分含量

根据化验结果，洛阳市耕地土壤养分平均含量现状是：有机质平均含量17.0g/kg，最大值63.3g/kg，最小值6.4g/kg；全氮平均含量1.03g/kg，最大值2.67g/kg，最小值0.01g/kg；有效磷平均含量15.4mg/kg，最大值125.1mg/kg，最小值2.8mg/kg；速效钾平均含量143.2mg/kg，最大值997mg/kg，最小值31mg/kg；缓效钾平均含量819mg/kg，最大值2 447mg/kg，最小值38mg/kg；pH值平均为7.6，最大值8.6，最小值5.4；中微量元素有效硫含量平均值20.88mg/kg，最大值185.8mg/kg，最小值1.5mg/kg；水溶性硼平均含量0.43mg/kg，最大值1.95mg/kg，最小值0.03mg/kg；有效钼平均含量0.33mg/kg，最大值5.82mg/kg，最小值0.01mg/kg；有效铁平均含量11.49mg/kg，最大值72.50mg/kg，最小值0.50mg/kg；有效锰平均含量20.28mg/kg，最大值102.6mg/kg，最小值0.9mg/kg；有效铜平均含量1.57mg/kg，最大值25.12mg/kg，最小值0.34mg/kg；有效锌平均含量1.23mg/kg，最大值9.52mg/kg，最小值0.14mg/kg。

第二节　有机质

土壤有机质是土壤的重要组成部分，其含量和性质是土壤的重要特征，对于土壤肥力有决定性的影响，与土壤的发生、演变、土壤肥力水平和许多其他属性有密切的关系。它能通过溶解、络合作用参与岩石的风化与土壤形成过程，影响着物质的迁移、淋溶与聚集。有机质不仅能直接提供作物所需氮、磷、钾、硫、钙、镁和微量元素等多种养料，也是土壤微生物的主要能源，而且能改善土壤的物理和化学性质，促进土壤团粒结构的形成，改善土壤通气状况，增加土壤持水量，还可以增加土壤阳离子交换量，提高土壤保肥能力。

一、洛阳市耕地土壤有机质总体状况

洛阳市耕层土壤有机质含量平均为17.0g/kg，变化范围6.4~63.3g/kg，标准差2.68，变异系数15.17。从县市区分布来看，汝阳县、伊川县较高，洛宁县较低；从地力等级上看，随地力等级的提高含量基本上逐渐增大；从直方图数据表可以看出，83.24%的评价单元有机质含量在20g/kg以下。见表3-3、表3-4、表3-5。

表3-3　洛阳市土壤有机质含量分布直方图数据

养分含量（g/kg）	频率	累积（%）
<15	18 484	24.68%
15.1~17	21 743	29.04%
17.1~20	22 108	29.52%
20.1~30	12 175	16.26%
>30	372	0.50%

表3-4 洛阳市耕地土壤有机质按县市区统计结果 　　　　　单位：g/kg

县市区	平均值	最大值	最小值	标准差	变异系数	样本数
栾川县	17.7	47.0	8.6	2.27	12.85	14 528
洛宁县	13.9	20.8	9.8	1.22	8.74	8 263
孟津县	15.4	21.6	9.3	1.14	7.42	4 173
汝阳县	18.4	31.5	9.9	3.61	17.67	6 272
嵩县	16.6	36.2	6.4	3.02	18.14	14 290
新安县	17.9	63.3	9.8	4.31	22.75	8 474
偃师市	16.1	22.5	10.5	1.42	8.83	3 831
伊川县	18.4	26.5	12.1	1.85	10.05	5 886
宜阳县	17.9	47.4	10.2	3.71	20.76	9 165
总计或平均	17.0	63.3	6.4	2.68	15.17	74 882

表3-5 各地力等级耕层土壤有机质含量及分布面积 　　　　　单位：g/kg

级别		一级地	二级地	三级地	四级地	五级地
含量（g/kg）	平均值	18.1	18.0	17.0	16.8	16.5
	最大值	63.3	53.1	47.4	41.6	37.4
	最小值	11.1	10.8	9.3	8.6	6.4
	标准差	3.33	3.07	2.51	3.59	3.39
	变异系数	18.42	17.99	15.23	21.35	18.87
面积（hm²）		52 557.5	82 014.4	121 933.0	117 518.7	59 537.5
占总耕地（%）		12.12	18.92	28.12	27.11	13.73

二、洛阳市耕层土壤有机质丰缺状况

依据洛阳市最新土壤养分分级标准，土壤有机质划分为五个等级，三级（中）占全部耕地的28.3%，四级（较低）占31.8%，五级（低）占26.7%，说明全市有机质水平多数处于中级以下水平（表3-6、表3-7、表3-8）。

表3-6 耕层土壤有机质丰缺分级及面积 　　　　　单位：g/kg

分级标准		平均值	最大值	最小值	标准差	变异系数	样本数	面积（hm²）
一级（高）	>30	35.3	63.3	30.1	4.30	12.17	372	2 094.7
二级（较高）	20.1~30	22.4	30.0	20.1	2.10	9.36	12 175	55 115.8
三级（中）	17.1~20	18.4	20.0	17.1	0.85	4.61	22 108	122 707.3
四级（较低）	15.1~17	16.0	17.0	15.1	0.57	3.56	21 743	137 838.3
五级（低）	≤15	13.8	15.0	6.4	1.00	7.24	18 484	115 804.9
总计或平均		17.0	63.3	6.4	1.03	5.76	74 882	43 3561.1

表3-7 洛阳市各县（市、区）土壤有机质含量分级面积 　　　　　单位：g/kg

分级标准	一级（高）	二级（较高）	三级（中）	四级（较低）	五级（低）	合计
	>30	20.1~30	17.1~20	15.1~17	≤15	（hm²）
栾川县	4.1	2 360.6	7 739.3	6 689.7	2 037.0	18 830.7
洛宁县		9.0	1 346.9	7 895.8	49 022.8	58 274.4

（续表）

分级标准	一级（高）	二级（较高）	三级（中）	四级（较低）	五级（低）	合计
	>30	20.1~30	17.1~20	15.1~17	≤15	（hm²）
孟津县		123.4	2 069.6	23 625.0	15 076.8	40 894.9
汝阳县	7.9	11 899.2	13 102.2	4 990.3	2 140.2	32 139.8
嵩县	12.7	3 197.9	11 201.1	14 672.0	18 805.2	47 888.9
新安县	1 372.1	10 943.1	14 827.7	14 892.1	7 482.0	49 517.1
偃师市		204.2	13 506.5	27 634.7	9 452.5	50 797.9
伊川		12 372.7	38 401.8	11 533.1	1 281.2	63 588.8
宜阳县	697.9	14 005.7	20 512.3	25 905.4	10 507.2	71 628.5
合计	2 094.7	55 115.8	122 707.3	137 838.3	115 804.9	433 561.1
占（%）	0.5	12.7	28.3	31.8	26.7	100.0

表3-8　耕层土壤有机质丰缺分级及面积　　　　　单位：g/kg

分级标准	一级（高）	二级（较高）	三级（中）	四级（较低）	五级（低）	合计
	>30	20.1~30	17.1~20	15.1~17	≤15	（hm²）
面积（hm²）	2 094.7	55 115.8	122 707.3	137 838.3	115 804.9	433 561.1
面积（%）	0.5	12.7	28.3	31.8	26.7	100.0

三、不同土壤类型有机质含量状况

不同土壤类型土壤有机质含量的差异是人们社会活动对土壤影响的集中体现，不同土类、土种，有机质含量有较大差异。砂姜黑土、水稻土较高，红黏土、褐土较低；薄层硅镁铁质棕壤性土、厚层堆垫褐土性土、浅位壤砂质潮土、壤盖洪积石灰性砂姜黑土等较高，红黄土质石灰性褐土、浅位多量砂姜石灰性红黏土、轻壤质黄土质石灰性褐土等较低（表3-9、表3-10）。

表3-9　洛阳市耕地土壤有机质按土壤类型统计结果　　　　　单位：g/kg

土类	平均值	最大值	最小值	标准偏差	变异系数（%）
潮土	17.8	47.0	10.8	3.29	18.51
粗骨土	17.1	47.4	6.4	3.40	19.88
褐土	16.7	49.1	9.3	3.18	19.04
红黏土	16.6	63.3	8.6	3.20	19.25
黄棕壤	19.1	36.2	7.7	3.89	20.35
砂姜黑土	23.8	28.8	17.8	2.34	9.82
石质土	19.3	41.1	9.1	3.74	19.44
水稻土	20.0	23.3	16.0	1.95	9.74
紫色土	19.3	34.6	13.5	3.10	16.10
棕壤	18.2	35.4	6.6	2.65	14.60

表 3-10　洛阳市耕地土壤有机质按土种类型统计结果　　　　单位：g/kg

省土种名称	平均值	最大值	最小值	标准差	变异系数	样本数
表潜潮青泥田	20.0	23.3	16.0	1.95	9.74	106
薄层钙质粗骨土	18.6	47.4	11.2	4.59	24.63	1 094
薄层硅钾质中性粗骨土	16.0	34.2	6.4	3.03	18.89	1 594
薄层硅钾质棕壤性土	20.5	30.6	12.8	4.77	23.27	339
薄层硅铝质黄棕壤性土	21.7	36.2	13.4	4.52	20.84	106
薄层硅铝质中性粗骨土	17.2	28.5	12.6	2.92	16.95	579
薄层硅铝质棕壤性土	19.1	35.4	11.2	2.86	14.95	2 244
薄层硅镁铁质中性粗骨土	17.6	25.3	12.3	2.17	12.36	467
薄层硅镁铁质棕壤性土	24.3	24.6	24.1	0.20	0.81	6
薄层泥质中性粗骨土	16.7	29.6	9.0	3.04	18.20	2 011
薄层砂质石灰性紫色土	17.9	18.4	17.4	0.51	2.83	5
薄层砂质中性紫色土	21.2	34.6	15.1	4.45	21.00	108
薄层黏质灌淤潮土	16.7	20.6	13.9	2.43	14.55	13
底砾层冲积湿潮土	19.8	25.0	16.6	1.67	8.43	67
底砾层洪积潮土	17.9	21.9	12.7	2.18	12.15	75
底砾砂壤土	20.6	24.6	17.0	2.21	10.76	22
底砂两合土	15.6	17.0	11.7	1.16	7.47	44
底砂小两合土	18.0	39.8	10.9	3.55	19.76	312
底砂淤土	17.9	19.7	16.6	1.01	5.61	11
硅质中性石质土	19.3	41.1	9.1	3.77	19.49	7 486
红黄土覆盖褐土性土	18.2	22.7	15.8	1.74	9.54	84
红黄土质褐土	16.3	31.4	10.7	2.76	16.90	3 667
红黄土质褐土性土	16.2	34.3	10.6	2.83	17.50	3 881
红黄土质淋溶褐土	16.4	27.6	12.1	3.60	21.96	265
红黄土质石灰性褐土	15.1	41.7	10.6	2.69	17.81	3 876
红黏土	16.8	63.3	9.5	3.61	21.51	6 448
洪积灰砂土	21.2	23.7	17.4	2.02	9.52	29
洪积两合土	18.9	22.0	14.4	1.46	7.71	81
厚层堆垫褐土性土	22.4	38.8	13.3	6.20	27.67	125
厚层硅钾质淋溶褐土	18.7	19.7	17.7	0.67	3.58	13
厚层硅铝质淋溶褐土	19.6	25.0	14.3	2.41	12.27	240
厚层硅铝质棕壤	19.2	26.1	15.4	2.18	11.36	213
厚层硅镁铁质中性粗骨土	17.6	19.5	15.3	2.00	11.37	5
厚层硅镁铁质棕壤土	19.8	24.1	15.7	2.48	12.54	21
厚层硅质褐土性土	18.1	19.4	17.3	0.82	4.55	9
厚层硅质棕壤土	18.0	20.9	14.5	1.49	8.28	195
厚层砂泥质褐土性土	18.4	49.1	9.9	3.95	21.48	2 042
厚层砂质石灰性紫色土	19.6	22.8	15.0	2.48	12.62	87
厚层砂质中性紫色土	19.3	27.4	14.0	2.58	13.31	368
厚层黏质灌淤潮土	15.9	17.8	14.5	0.77	4.86	33
黄土质褐土	16.2	40.0	9.9	2.03	12.57	3 743

（续表）

省土种名称	平均值	最大值	最小值	标准差	变异系数	样本数
黄土质棕壤土	20.4	27.6	13.5	2.34	11.48	90
砾质洪积潮土	19.2	20.7	18.2	0.94	4.88	17
砾质洪积褐土性土	17.7	23.9	11.8	2.48	14.01	221
两合土	17.3	37.7	12.3	4.32	24.98	390
泥质中性石质土	17.3	23.7	12.8	2.26	13.09	324
浅位多量砂姜红黄土覆盖褐土性土	16.4	18.9	15.3	1.62	9.82	7
浅位多量砂姜红黄土质褐土	17.3	26.5	13.3	2.47	14.27	273
浅位多量砂姜红黏土	17.7	24.3	13.4	2.02	11.45	196
浅位多量砂姜石灰性红黏土	14.7	19.9	11.7	1.92	13.05	147
浅位钙盘砂姜红黄土质褐土性土	18.8	25.5	15.0	2.77	14.73	92
浅位钙盘砂姜石灰性红黏土	18.9	25.5	15.0	2.02	10.67	255
浅位钙盘黏质洪积石灰性砂姜黑土	24.3	27.5	20.7	2.51	10.35	11
浅位厚壤淤土	16.9	17.4	16.5	0.34	2.02	5
浅位厚砂两合土	16.2	19.1	13.6	1.21	7.48	53
浅位壤砂质潮土	24.7	25.1	24.1	0.49	1.98	4
浅位砂两合土	16.3	18.5	13.2	1.35	8.31	40
浅位砂小两合土	15.8	17.1	12.9	1.20	7.63	16
浅位砂淤土	21.1	22.2	20.1	0.89	4.22	4
浅位少量砂姜红黄土覆盖褐土性土	17.8	23.5	15.3	1.20	6.76	92
浅位少量砂姜红黄土质褐土性土	16.5	32.9	10.2	2.30	13.93	2 174
浅位少量砂姜红黏土	16.2	33.6	10.6	2.74	16.85	1 247
浅位少量砂姜黄土质石灰性褐土	15.9	19.8	12.4	1.40	8.83	200
浅位少量砂姜石灰性红黏土	16.7	26.4	8.6	2.67	16.00	969
轻壤质黄土质石灰性褐土	15.1	21.6	13.7	0.96	6.38	114
壤盖洪积石灰性砂姜黑土	23.6	26.7	17.8	1.88	7.98	30
壤质潮褐土	18.8	40.7	12.5	3.59	19.12	622
壤质冲积湿潮土	18.0	24.4	13.3	3.01	16.74	37
壤质洪冲积淋溶褐土	19.3	27.9	12.8	2.95	15.32	310
壤质洪积潮土	18.6	34.4	11.1	3.64	19.64	658
壤质洪积褐土	19.7	37.4	10.4	5.05	25.65	579
壤质洪积褐土性土	19.2	25.9	14.2	3.40	17.71	186
壤质洪积湿潮土	14.9	24.4	11.1	2.29	15.29	220
壤质洪积石灰性褐土	16.4	22.6	12.9	1.50	9.16	571
砂质潮土	18.5	34.7	13.8	4.20	22.66	55
砂质洪积湿潮土	17.9	19.9	15.4	1.11	6.21	44
少量砂姜黄土质石灰性褐土	15.3	16.3	14.3	0.42	2.75	89
深位多量砂姜红黄土质石灰性褐土	14.1	15.8	11.8	1.20	8.51	59
深位多量砂姜黄土质石灰性褐土	14.9	15.8	13.7	0.68	4.60	24
深位钙盘红黄土质褐土	18.7	23.8	15.1	1.53	8.16	235
深位钙盘洪积潮土	22.1	22.6	21.7	0.39	1.76	4
深位钙盘砂姜石灰性红黏土	18.2	21.1	14.1	1.71	9.42	62

（续表）

省土种名称	平均值	最大值	最小值	标准差	变异系数	样本数
深位钙盘黏质洪积石灰性砂姜黑土	23.9	28.8	19.1	2.61	10.95	41
深位少量砂姜红黄土质褐土	15.7	18.5	14.5	1.11	7.11	14
深位少量砂姜黄土质石灰性褐土	16.1	17.2	15.4	0.53	3.28	17
石灰性红黏土	16.2	29.6	11.0	2.48	15.30	2 501
脱潮底砂小两合土	19.3	21.2	16.9	1.30	6.75	23
脱潮两合土	16.1	23.1	13.1	2.18	13.48	95
脱潮小两合土	17.1	21.2	13.2	1.92	11.27	89
小两合土	17.8	47.0	10.8	3.35	18.83	565
淤土	17.5	24.8	11.5	2.33	13.32	323
黏质潮褐土	19.8	25.8	15.7	1.92	9.70	154
黏质冲积湿潮土	20.2	24.0	15.6	1.97	9.76	49
黏质洪积潮土	19.7	25.6	14.0	1.94	9.83	92
黏质洪积褐土	17.4	40.3	9.3	3.90	22.43	415
黏质洪积湿潮土	18.2	20.0	12.1	1.29	7.09	78
黏质洪积石灰性褐土	14.3	20.6	11.0	1.53	10.66	369
中层钙质褐土性土	16.5	22.2	12.2	1.87	11.32	169
中层钙质淋溶褐土	20.1	24.6	15.8	1.40	6.98	164
中层硅钾质褐土性土	16.5	25.0	10.3	1.87	11.29	998
中层硅钾质淋溶褐土	17.4	27.5	12.3	2.86	16.45	697
中层硅钾质棕壤	17.0	26.4	11.3	2.34	13.74	342
中层硅钾质棕壤性土	18.6	22.1	15.9	1.24	6.65	64
中层硅铝质褐土性土	16.6	33.7	10.7	3.19	19.24	1 077
中层硅铝质黄棕壤	20.5	26.7	16.1	3.28	15.97	41
中层硅铝质棕壤	17.7	31.8	10.9	2.50	14.16	3 727
中层硅铝质棕壤性土	18.6	21.1	14.3	1.68	9.06	364
中层硅镁铁质中性粗骨土	20.4	24.3	15.7	2.37	11.62	66
中层硅镁铁质棕壤性土	17.9	27.8	6.6	2.13	11.92	1 941
中层硅质粗骨土	17.9	29.7	12.5	2.61	14.61	472
中层硅质淋溶褐土	18.2	20.5	14.4	2.18	12.00	34
中层硅质棕壤	17.8	21.7	12.8	1.99	11.19	199
中层硅质棕壤性土	16.8	23.1	8.6	1.90	11.29	76
中层红黄土质褐土性土	15.8	37.7	9.8	2.05	12.97	1 740
中层泥质淋溶褐土	17.5	27.3	13.6	2.62	14.95	316
中层砂泥质褐土性土	17.7	44.0	9.6	4.23	23.90	3 280
中层砂泥质黄棕壤性土	17.7	28.4	7.7	2.84	16.07	232
小层砂泥质棕壤	18.0	23.1	15.1	1.54	8.55	324
中层砂泥质棕壤性土	17.2	27.0	10.9	2.42	14.07	771
中层砂质石灰性紫色土	16.9	19.4	15.0	2.16	12.79	5
中层砂质中性紫色土	17.0	21.0	13.5	2.02	11.86	112
中壤质黄土质石灰性褐土	15.8	16.5	14.6	0.66	4.15	6
总计或平均	17.0	63.3	6.4	2.24	12.89	74 882

四、不同地貌类型有机质含量状况

从地貌类型看，黄河滩地、黄土塬、基岩高台地有机质含量较低，丘陵等地貌较高（表3-11）。

表3-11　洛阳市耕地土壤有机质按地貌类型统计结果　　　　　　单位：g/kg

地貌类型	平均值	最大值	最小值	标准差	变异系数	样本数
大起伏中山	18.8	47.0	10.2	3.22	17.12	10 342
泛滥平坦地	18.7	27.0	11.6	3.10	16.62	864
高丘陵	20.7	63.3	11.1	6.36	30.70	1 661
河谷平原	17.4	42.1	7.7	3.52	20.23	8 466
黄河滩地	15.5	21.6	12.9	1.06	6.87	913
黄土平梁	15.8	53.1	10.7	2.54	16.08	6 807
黄土丘陵	16.9	40.3	8.6	2.62	15.56	9 929
黄土塬	15.3	20.7	9.3	1.22	7.96	2 660
基岩高台地	15.7	21.4	12.4	1.43	9.10	742
倾斜的洪积（山麓冲积）平原	16.5	20.8	13.1	1.28	7.75	750
小起伏低山（黄土低山）	13.6	18.7	9.8	0.97	7.14	3 826
小起伏低山（侵蚀剥削）	16.3	47.4	6.4	3.18	19.56	6 962
小起伏低山（溶蚀侵蚀）	20.0	38.1	11.9	3.06	15.28	2 455
小起伏中山	18.5	29.6	13.3	2.57	13.91	811
早期堆积台地	19.7	30.4	11.7	3.53	17.94	3 036
中起伏低山	16.9	28.4	10.7	2.58	15.25	1 433
中起伏中山	17.9	34.2	6.8	2.70	15.04	13 225
总计或平均	17.0	63.3	6.4	2.82	16.3	74 882

五、不同质地土壤有机质含量状况

从土壤质地看，中壤土、轻壤土有机质含量较高，中黏土、重壤土较低（表3-12）。

表3-12　洛阳市耕地土壤有机质按土壤质地统计结果　　　　　　单位：g/kg

质地	平均值	最大值	最小值	标准差	变异系数	样本数
紧砂土	20.7	34.7	13.9	4.59	22.16	37
轻壤土	17.3	39.8	10.9	3.05	17.63	571
轻黏土	15.9	17.8	14.5	0.77	4.86	33
砂壤土	18.0	47.0	10.8	3.24	18.08	682
中壤土	17.4	49.1	6.4	3.34	19.19	59 850
重壤土	16.8	63.3	8.6	3.26	19.40	13 709
总计或平均	17.0	63.3	6.4	3.32	19.2	74 882

第三节　全氮

土壤全氮含量指标不仅能体现土壤氮素的基础肥力，而且还能反映土壤潜在肥力的高低，即土壤的供氮潜力。

一、洛阳市耕地土壤全氮总体状况

洛阳市耕层土壤全氮含量平均为 1.03g/kg，变化范围 0.01~2.67g/kg，标准差 0.15。近年来，洛阳地区群众对氮肥的施用较为普遍，不同地力等级耕层土壤全氮含量差异不明显。从县市区分布来看，汝阳县较高，洛宁县较低；从地力等级上看，随地力等级的提高含量逐渐增大。从直方图数据表可以看出，87.81%的评价单元全氮含量在 1.2g/kg 以下（表3-13、表3-14、表3-15）。

表3-13 洛阳市土壤全氮含量分布直方图数据

养分含量（g/kg）	频率	累积（%）
<0.8	4 657	6.22
0.81~1.0	29 597	39.52
1.01~1.2	31 501	42.07
1.21~1.5	7 651	10.22
>1.5	1 476	1.97

表3-14 洛阳市耕地土壤全氮按县市区统计结果 单位：g/kg

县市区	平均值	最大值	最小值	标准差	变异系数	样本数
栾川县	1.03	1.61	0.01	0.19	18.47	14 528
洛宁县	0.88	1.87	0.11	0.13	14.79	8 263
孟津县	0.89	1.31	0.48	0.12	13.02	4 173
汝阳县	1.20	2.67	0.61	0.30	24.16	6 272
嵩 县	1.06	2.00	0.41	0.14	13.51	14 290
新安县	1.07	1.70	0.60	0.14	12.66	8 474
偃师市	1.00	1.36	0.72	0.08	7.78	3 831
伊川县	0.94	1.32	0.58	0.09	9.96	5 886
宜阳县	1.05	1.86	0.60	0.14	13.25	9 165
总计或平均	1.03	2.67	0.01	0.15	14.6	74 882

表3-15 各地力等级耕层土壤全氮含量及分布面积 单位：g/kg

级别		一级地	二级地	三级地	四级地	五级地
含量（g/kg）	平均值	1.04	1.01	0.97	0.94	0.89
	最大值	2.67	2.04	1.56	1.59	1.55
	最小值	0.27	0.36	0.11	0.02	0.01
	标准差	0.14	0.13	0.12	0.15	0.23
	变异系数	13.96	13.06	12.17	15.36	21.54
面积（hm²）		52 557.5	82 014.4	121 933.0	117 518.7	59 537.5
占总耕地（%）		12.12	18.92	28.12	27.11	13.73

二、洛阳市耕层土壤全氮丰缺状况

依据洛阳市最新土壤养分分级标准，土壤全氮划分为五个等级，三级（中）占全部耕地的39.8%，四级（较低）占47.8%，说明全市全氮水平多数处于中级以下，见表3-16、表3-17、表3-18。

表 3-16　洛阳市耕层土壤全氮丰缺分级及面积　　　　　单位：g/kg

分级标准		平均值	最大值	最小值	标准差	变异系数	样本数	面积（hm²）
一级（高）	>1.5	1.71	2.67	1.51	0.19	11.10	1 476	1 615.3
二级（较高）	1.21~1.5	1.30	1.50	1.21	0.08	5.91	7 651	25 182.4
三级（中）	1.1~1.2	1.09	1.20	1.01	0.05	4.90	31 501	172 535.8
四级（较低）	0.81~1.0	0.92	1.00	0.81	0.06	5.98	29 597	207 412.6
五级（低）	≤0.8	0.68	0.80	0.01	0.18	25.79	4 657	26 815.0
平均值/合计		1.03	2.67	0.01	0.07	6.85	74 882	433 561.1

表 3-17　洛阳市土壤各县（市、区）全氮含量分级面积　　　　　单位：g/kg

分级标准	一级（高）	二级（较高）	三级（中）	四级（较低）	五级（低）	总合计（hm²）
	>1.5	1.21~1.5	1.1~1.2	0.81~1.0	≤0.80	
栾川县	0.6	1 213.5	12 705.8	3 541.9	1 369.0	18 830.7
洛宁县	20.7	895.9	5 364.5	40 578.7	11 414.5	58 274.4
孟津县		125.9	3 743.1	28 511.8	8 514.1	40 894.9
汝阳县	1 349.9	6 394.7	15 210.3	8 378.6	806.3	32 139.8
嵩　县	150.8	3 880.0	20 927.5	22 236.2	694.4	47 888.9
新安县	40.7	4 583.6	26 308.5	18 044.7	539.5	49 517.1
偃师市		50.7	31 716.9	19 024.0	6.3	50 797.9
伊川县		221.6	17 070.3	43 690.4	2 606.5	63 588.8
宜阳县	52.6	7 816.5	39 488.8	23 406.3	864.3	71 628.5
合计	1 615.3	25 182.4	172 535.8	207 412.6	26 815.0	433 561.1
占（%）	0.37	5.81	39.80	47.84	6.18	100.00

表 3-18　洛阳市耕层土壤全氮丰缺分级及面积　　　　　单位：g/kg

分级标准	一级（高）	二级（较高）	三级（中）	四级（较低）	五级（低）	总合计（hm²）
	>1.5	1.21~1.5	1.1~1.2	0.81~1.0	≤0.8	
面积（hm²）	1 615.3	25 182.4	172 535.8	207 412.6	26 815.0	433 561.1
面积（%）	0.4	5.8	39.8	47.8	6.2	

三、耕层不同土壤类型全氮含量状况

从土类看，砂姜黑土全氮含量最高，褐土最低；从土种分类，薄层硅镁铁质棕壤性土全氮含量最高，浅位多量砂姜红黄土最低（表 3-19、表 3-20）。

表 3-19　洛阳市耕地土壤全氮按土类统计结果　　　　　单位：g/kg

土类	平均值	最大值	最小值	标准偏差	变异系数（%）
潮土	1.05	1.83	0.04	0.15	14.72
粗骨土	1.02	1.67	0.01	0.16	15.69
褐土	0.98	2.04	0.01	0.14	14.60
红黏土	0.99	1.70	0.27	0.13	12.82
黄棕壤	1.06	1.63	0.41	0.14	13.26

（续表）

土类	平均值	最大值	最小值	标准偏差	变异系数（%）
砂姜黑土	1.35	1.56	0.91	0.14	10.35
石质土	1.21	2.67	0.62	0.27	21.92
水稻土	1.05	1.23	0.80	0.10	9.40
紫色土	1.12	1.59	0.73	0.14	12.64
棕壤	1.07	2.33	0.01	0.23	21.58

表 3-20　洛阳市耕地土壤全氮按土种统计结果　　　　　　　单位：g/kg

省土种名称	平均值	最大值	最小值	标准差	变异系数	样本数
表潜潮青泥田	1.05	1.23	0.80	0.10	9.40	106
薄层钙质粗骨土	1.01	1.44	0.01	0.22	21.37	1 094
薄层硅钾质中性粗骨土	1.05	1.67	0.68	0.13	12.60	1 594
薄层硅钾质棕壤性土	1.39	2.33	0.85	0.40	28.81	339
薄层硅铝质黄棕壤性土	1.09	1.48	0.87	0.11	10.13	106
薄层硅铝质中性粗骨土	1.06	1.61	0.54	0.17	15.77	579
薄层硅铝质棕壤性土	1.16	1.95	0.69	0.15	13.29	2 244
薄层硅镁铁质中性粗骨土	1.01	1.46	0.74	0.11	10.96	467
薄层硅镁铁质棕壤性土	1.47	1.49	1.46	0.02	1.02	6
薄层泥质中性粗骨土	0.99	1.66	0.61	0.15	14.77	2 011
薄层砂质石灰性紫色土	1.07	1.09	1.05	0.02	1.53	5
薄层砂质中性紫色土	1.04	1.30	0.78	0.15	14.27	108
薄层黏质灌淤潮土	0.95	1.10	0.84	0.08	8.39	13
底砾层冲积湿潮土	1.03	1.24	0.77	0.11	10.41	67
底砾层洪积潮土	1.00	1.20	0.89	0.07	6.69	75
底砾砂壤土	1.01	1.08	0.96	0.03	3.13	22
底砂两合土	1.02	1.12	0.85	0.07	7.04	44
底砂小两合土	1.09	1.83	0.18	0.19	17.78	312
底砂淤土	0.91	1.02	0.84	0.06	6.41	11
硅质中性石质土	1.22	2.67	0.62	0.27	21.84	7 486
红黄土覆盖褐土性土	0.95	1.17	0.79	0.08	8.22	84
红黄土质褐土	0.96	1.41	0.27	0.12	12.48	3 667
红黄土质褐土性土	0.96	2.04	0.33	0.13	13.37	3 881
红黄土质淋溶褐土	1.07	2.03	0.67	0.23	21.86	265
红黄土质石灰性褐土	0.91	1.52	0.11	0.14	15.80	3 876
红黏土	1.00	1.70	0.27	0.14	13.90	6 448
洪积灰砂土	1.23	1.32	1.05	0.09	7.25	29
洪积两合土	1.15	1.38	0.95	0.09	8.19	81
厚层堆垫褐土性土	1.14	1.42	0.84	0.12	10.80	125
厚层硅钾质淋溶褐土	1.09	1.14	0.97	0.06	5.07	13
厚层硅铝质淋溶褐土	1.13	1.52	0.69	0.19	16.88	240
厚层硅铝质棕壤	1.07	1.57	0.61	0.16	14.61	213
厚层硅镁铁质中性粗骨土	0.88	0.95	0.81	0.06	6.78	5

（续表）

省土种名称	平均值	最大值	最小值	标准差	变异系数	样本数
厚层硅镁铁质棕壤	1.11	1.42	0.79	0.17	15.39	21
厚层硅质褐土性土	0.95	1.05	0.81	0.08	8.85	9
厚层硅质棕壤	1.07	1.19	0.80	0.06	5.80	195
厚层砂泥质褐土性土	1.06	1.82	0.67	0.13	12.41	2 042
厚层砂质石灰性紫色土	1.17	1.32	1.00	0.09	7.67	87
厚层砂质中性紫色土	1.15	1.59	0.83	0.13	11.56	368
厚层黏质灌淤潮土	0.99	1.20	0.84	0.11	11.50	33
黄土质褐土	0.96	1.44	0.48	0.13	13.14	3 743
黄土质棕壤	1.23	1.53	0.81	0.12	9.37	90
砾质洪积潮土	1.31	1.38	1.27	0.03	2.47	17
砾质洪积褐土性土	1.08	1.32	0.02	0.16	14.34	221
两合土	1.06	1.46	0.72	0.13	11.81	390
泥质中性石质土	1.01	1.58	0.73	0.13	12.47	324
浅位多量砂姜红黄土覆盖褐土性土	0.84	0.95	0.79	0.07	7.84	7
浅位多量砂姜红黄土质褐土	0.94	1.32	0.67	0.11	11.62	273
浅位多量砂姜红黏土	0.93	1.12	0.71	0.08	8.74	196
浅位多量砂姜石灰性红黏土	0.94	1.07	0.77	0.09	9.08	147
浅位钙盘砂姜红黄土质褐土性土	0.99	1.50	0.73	0.16	16.42	92
浅位钙盘砂姜石灰性红黏土	0.98	1.26	0.77	0.09	9.06	255
浅位钙盘黏质洪积石灰性砂姜黑土	1.42	1.56	1.19	0.12	8.55	11
浅位厚壤淤土	1.10	1.13	1.09	0.02	1.57	5
浅位厚砂两合土	1.06	1.22	0.83	0.08	8.04	53
浅位壤砂质潮土	1.27	1.28	1.24	0.02	1.37	4
浅位砂两合土	0.97	1.12	0.78	0.10	10.65	40
浅位砂小两合土	0.95	1.12	0.84	0.08	8.84	16
浅位砂淤土	1.10	1.18	1.02	0.07	6.83	4
浅位少量砂姜红黄土覆盖褐土性土	0.87	1.05	0.67	0.09	10.91	92
浅位少量砂姜红黄土质褐土性土	0.98	1.70	0.62	0.12	12.17	2 174
浅位少量砂姜红黏土	0.97	1.44	0.67	0.10	10.66	1 247
浅位少量砂姜黄土质石灰性褐土	0.96	1.17	0.62	0.12	12.28	200
浅位少量砂姜石灰性红黏土	0.99	1.41	0.68	0.12	11.60	969
轻壤质黄土质石灰性褐土	0.93	1.20	0.69	0.12	12.39	114
壤盖洪积石灰性砂姜黑土	1.33	1.54	0.91	0.14	10.48	30
壤质潮褐土	1.08	1.55	0.76	0.15	13.70	622
壤质冲积湿潮土	1.06	1.18	0.88	0.08	7.34	37
壤质洪冲积淋溶褐土	1.09	1.67	0.67	0.16	14.66	310
壤质洪积潮土	1.08	1.47	0.04	0.17	16.02	658
壤质洪积褐土	1.07	1.56	0.75	0.13	11.64	579
壤质洪积褐土性土	0.98	1.33	0.23	0.22	22.77	186
壤质洪积湿潮土	0.86	1.45	0.35	0.19	21.68	220
壤质洪积石灰性褐土	1.00	1.26	0.66	0.09	9.05	571

（续表）

省土种名称	平均值	最大值	最小值	标准差	变异系数	样本数
砂质潮土	1.10	1.44	0.84	0.14	13.04	55
砂质洪积湿潮土	1.14	1.25	1.01	0.06	5.38	44
少量砂姜黄土质石灰性褐土	1.00	1.14	0.82	0.08	8.40	89
深位多量砂姜红黄土质石灰性褐土	0.89	1.10	0.58	0.09	10.42	59
深位多量砂姜黄土质石灰性褐土	0.90	1.02	0.82	0.07	7.44	24
深位钙盘红黄土质褐土	0.97	1.13	0.80	0.06	6.65	235
深位钙盘洪积潮土	1.35	1.38	1.32	0.02	1.85	4
深位钙盘砂姜石灰性红黏土	0.95	1.05	0.78	0.06	6.84	62
深位钙盘黏质洪积石灰性砂姜黑土	1.35	1.55	1.08	0.14	10.54	41
深位少量砂姜红黄土质褐土	0.93	1.16	0.69	0.17	18.06	14
深位少量砂姜黄土质石灰性褐土	0.92	1.08	0.66	0.13	13.71	17
石灰性红黏土	0.98	1.61	0.51	0.11	11.67	2 501
脱潮底砂小两合土	1.06	1.15	0.93	0.07	6.56	23
脱潮两合土	0.95	1.18	0.73	0.11	11.14	95
脱潮小两合土	1.12	1.38	0.82	0.12	10.57	89
小两合土	1.07	1.43	0.27	0.14	12.89	565
淤土	1.04	1.36	0.77	0.09	8.87	323
黏质潮褐土	1.03	1.26	0.85	0.08	7.35	154
黏质冲积湿潮土	1.00	1.23	0.72	0.13	12.89	49
黏质洪积潮土	0.97	1.26	0.74	0.10	10.64	92
黏质洪积褐土	1.01	1.57	0.65	0.15	15.04	415
黏质洪积湿潮土	1.08	1.26	0.83	0.06	5.93	78
黏质洪积石灰性褐土	0.92	1.43	0.49	0.18	19.07	369
中层钙质褐土性土	0.94	1.09	0.75	0.07	7.47	169
中层钙质淋溶褐土	1.01	1.23	0.08	0.22	21.29	164
中层硅钾质褐土性土	1.01	1.41	0.78	0.10	9.70	998
中层硅钾质淋溶褐土	1.02	1.31	0.70	0.11	10.27	697
中层硅钾质棕壤	0.91	1.42	0.05	0.31	33.75	342
中层硅钾质棕壤性土	1.05	1.24	0.71	0.15	14.02	64
中层硅铝质褐土性土	0.98	1.86	0.60	0.20	20.12	1 077
少层硅铝质黄棕壤	1.17	1.39	0.97	0.14	11.98	41
中层硅铝质棕壤	1.00	1.59	0.01	0.28	27.54	3 727
中层硅铝质棕壤性土	1.10	1.27	0.88	0.08	7.04	364
中层硅镁铁质中性粗骨土	1.09	1.46	0.76	0.16	14.89	66
中层硅镁铁质棕壤性土	1.09	1.33	0.69	0.11	9.64	1 941
中层硅质粗骨土	0.98	1.33	0.58	0.14	14.21	472
中层硅质淋溶褐土	0.99	1.08	0.91	0.03	3.38	34
中层硅质棕壤	1.09	1.19	0.96	0.05	4.53	199
中层硅质棕壤性土	1.12	1.25	1.06	0.03	3.04	76
中层红黄土质褐土性土	0.95	1.39	0.57	0.11	11.72	1 740
中层泥质淋溶褐土	1.02	1.22	0.83	0.11	10.49	316

（续表）

省土种名称	平均值	最大值	最小值	标准差	变异系数	样本数
中层砂泥质褐土性土	1.03	2.04	0.01	0.15	14.73	3 280
中层砂泥质黄棕壤性土	1.03	1.63	0.41	0.14	13.83	232
中层砂泥质棕壤	1.10	1.20	0.92	0.06	5.12	324
中层砂泥质棕壤性土	1.03	1.45	0.04	0.24	23.27	771
中层砂质石灰性紫色土	1.03	1.15	0.94	0.08	8.12	5
中层砂质中性紫色土	1.04	1.30	0.73	0.14	12.97	112
中壤质黄土质石灰性褐土	0.94	0.99	0.88	0.04	4.47	6
总计或平均	1.03	2.67	0.01	0.12	11.66	74 882

四、不同地貌类型全氮含量状况

从地貌类型看，黄河滩地、小起伏低山（黄土低山）、黄土塬、基岩高台地全氮含量较低，早期堆积台地等地貌较高（表3-21）。

表3-21　洛阳市耕地土壤全氮按地貌类型统计结果　　　　单位：g/kg

地貌类型	平均值	最大值	最小值	标准差	变异系数	样本数
大起伏中山	1.12	2.67	0.01	0.29	26.40	10 342
泛滥平坦地	1.07	1.68	0.71	0.17	16.09	864
高丘陵	1.05	1.70	0.49	0.15	14.44	1 661
河谷平原	1.00	1.70	0.27	0.14	14.28	8 466
黄河滩地	0.89	1.25	0.62	0.12	13.07	913
黄土平梁	0.97	1.59	0.11	0.12	12.79	6 807
黄土丘陵	0.98	1.65	0.61	0.12	12.46	9 929
黄土塬	0.92	1.29	0.57	0.11	11.68	2 660
基岩高台地	0.93	1.31	0.59	0.14	15.24	742
倾斜的洪积（山麓冲积）平原	1.02	1.20	0.87	0.05	5.02	750
小起伏低山（黄土低山）	0.87	1.23	0.50	0.07	8.29	3 826
小起伏低山（侵蚀剥削）	1.02	1.45	0.60	0.10	10.02	6 962
小起伏低山（溶蚀侵蚀）	1.13	1.56	0.80	0.12	10.90	2 455
小起伏中山	1.11	1.59	0.83	0.17	14.90	811
早期堆积台地	1.18	2.12	0.69	0.27	22.78	3 036
中起伏低山	1.01	1.63	0.58	0.13	13.27	1 433
中起伏中山	1.08	2.13	0.18	0.18	16.30	13 225
总计或平均	1.03	2.67	0.01	0.16	15.52	74 882

五、不同质地土壤全氮含量状况

从土壤质地看，中壤土、轻壤土全氮含量较高，轻黏土、重壤土较低（表3-22）。

表3-22　洛阳市耕地土壤全氮按土壤质地统计结果　　　　单位：g/kg

质地	平均值	最大值	最小值	标准差	变异系数	样本数
紧砂土	1.15	1.44	0.84	0.16	14.08	37
轻壤土	1.07	1.83	0.18	0.18	16.88	571

（续表）

质地	平均值	最大值	最小值	标准差	变异系数	样本数
轻黏土	0.99	1.20	0.84	0.11	11.50	33
砂壤土	1.08	1.43	0.27	0.13	12.46	682
中壤土	1.04	2.67	0.01	0.20	19.23	59 850
重壤土	0.99	1.70	0.27	0.13	13.25	13 709
总计或平均	1.03	2.67	0.01	0.19	18.05	74 882

第四节　有效磷

土壤中的磷一般以无机态磷和有机态磷形式存在，通常有机态磷占全磷量的 35% 左右，无机态磷占全磷量的 65% 左右。无机态磷中易溶性磷酸盐和土壤胶体中吸附的磷酸根离子，以及有机形态磷中易矿化的部分，被视为有效磷，约占土壤全磷含量的 10%。有效磷含量是衡量土壤养分含量和供应强度的重要指标。

一、耕层土壤有效磷含量及分布概况

洛阳市耕层土壤有效磷含量平均为 15.4mg/kg，变化范围 2.8~125.1mg/kg，标准差 4.96。从县域看，栾川县较高，伊川县、洛宁县、嵩县较低。从直方图数据表可以看出，81.91% 的评价单元有效磷含量在 20mg/kg 以下（表 3-23、表 3-24、表 3-25）。

表 3-23　洛阳市土壤有效磷含量分布直方图数据

养分含量（mg/kg）	频率	累积（%）
<10	24 205	32.32%
10.1~15	27 385	36.58%
15.1~20	9 598	12.81%
20.1~40	10 733	14.34%
>40	2 961	3.99%

表 3-24　洛阳市耕地土壤有效磷按县市区统计结果　　　　　　　　单位：mg/kg

县市区	平均值	最大值	最小值	标准差	变异系数	样本数
栾川县	31.8	125.1	6.9	12.25	38.57	14 528
洛宁县	10.0	37.9	4.3	2.67	26.72	8 263
孟津县	12.3	32.0	4.7	2.38	19.29	4 173
汝阳县	15.2	29.1	6.4	3.05	20.05	6 272
嵩　县	10.7	33.2	2.8	4.30	40.18	14 290
新安县	11.0	39.2	3.3	3.46	31.56	8 474
偃师市	13.3	24.0	6.9	2.50	18.79	3 831
伊川县	8.7	19.3	4.4	1.77	20.33	5 886
宜阳县	12.2	48.8	5.1	3.46	28.41	9 165
总计或平均	15.4	125.1	2.8	4.96	30.46	74 882

表 3-25　各地力等级耕层土壤有效磷含量及分布面积　　　　单位：mg/kg

级　别		一级地	二级地	三级地	四级地	五级地
含量（mg/kg）	平均值	20.1	13.5	12.6	12.2	10.5
	最大值	91.4	125.1	66.1	37.9	65.3
	最小值	3.1	2.9	2.9	3.3	2.8
	标准差	4.2	4.3	3.1	9.2	12.6
	变异系数	33.6	34.9	29.6	67.8	62.9
面积（hm²）		52 557.5	82 014.4	121 933.0	117 518.7	59 537.5
占总耕地（%）		12.12	18.92	28.12	27.11	13.73

二、洛阳市耕层土壤有效磷丰缺状况

依据洛阳市最新土壤养分分级标准，土壤有效磷划分为 5 个等级，一级（高）占全部耕地的 0.9%，四级（较低）占 46.3%，五级（低）占 37.5%，说明全市有效磷水平多数处于短缺状态（表 3-26、表 3-27、表 3-28）。

表 3-26　耕层土壤有效磷丰缺分级及面积　　　　单位：mg/kg

分级标准		平均值	最大值	最小值	标准差	变异系数	样本数	面积（hm²）
一级（高）	>40.0	50.6	125.1	40.1	9.40	18.56	2 961	4 037.9
二级（较高）	20.1~40.0	28.6	40.0	20.1	5.53	19.32	10 733	17 602.9
三级（中）	15.1~20.0	17.0	20.0	15.1	1.40	8.20	9 598	48 568.1
四级（较低）	10.1~15.0	12.2	15.0	10.1	1.39	11.38	27 385	200 736.3
五级（低）	≤10.0	8.1	10.0	2.8	1.37	17.01	24 205	162 615.8
平均值/合计		15.4	125.1	2.8	2.29	14.89	74 882	433 561.1

表 3-27　洛阳市土壤有效磷含量分级面积　　　　单位：mg/kg

分级标准	一级（高） >40.0	二级（较高） 20.1~40.0	三级（中） 15.1~20.0	四级（较低） 10.1~15.0	五级（低） ≤10.0	总合计（hm²）
栾川县	4 031.4	11 823.2	1 935.8	954.2	86.0	18 830.7
洛宁县		539.6	2 535.8	2 4217.7	30 981.4	58 274.4
孟津县		48.7	2 871.1	33 335.4	4 639.6	40 894.9
汝阳县		1 351.2	11 957.6	17 832.0	999.0	32 139.8
嵩　县		1 281.8	3 271.8	13 472.9	29 862.5	47 888.9
新安县		867.1	3 898.3	23 846.2	20 905.5	49 517.1
偃师县		210.8	12 373.9	35 642.2	2 571.0	50 797.9
伊川县			284.3	10 056.9	53 247.6	63 588.8
宜阳县	6.5	1 480.5	9 439.5	41 378.7	19 323.4	71 628.5
合　计	4 037.9	17 602.9	48 568.1	200 736.3	162 615.8	433 561.1
占（%）	0.93	4.06	11.20	46.30	37.51	100.00

表 3-28　耕层土壤有效磷丰缺分级及面积　　　　单位：mg/kg

分级标准	一级（高）	二级（较高）	三级（中）	四级（较低）	五级（低）	总合计
	>40.0	20.1~40.0	15.1~20.0	10.1~15.0	≤10.0	（hm²）
面积（hm²）	4 037.9	17 602.9	48 568.1	200 736.3	162 615.8	433 561.1
面积（%）	0.9	4.1	11.2	46.3	37.5	100.0

三、耕层不同土壤类型有效磷含量状况

从土类看，水稻土、红黏土有效磷含量最低，棕壤最高；从土种分类看，中层砂泥质棕壤、厚层硅质棕壤最高，表潜潮青泥田、底砾层洪积潮土、红黄土覆盖褐土性土、厚层硅质褐土性土、浅位多量砂姜石灰性红黏土最低（表 3-29、表 3-30）。

表 3-29　洛阳市耕地土壤有效磷按土类统计结果　　　　单位：mg/kg

土类	平均值	最大值	最小值	标准偏差	变异系数（%）
潮土	18.0	91.4	3.0	12.84	71.48
粗骨土	13.1	80.4	3.6	7.81	59.80
褐土	13.1	80.4	3.0	7.50	57.38
红黏土	11.9	69.8	2.9	6.90	58.01
黄棕壤	12.4	32.3	6.6	2.86	23.00
砂姜黑土	14.5	20.6	8.8	2.80	19.30
石质土	13.7	58.8	2.8	4.67	34.04
水稻土	9.3	12.9	6.1	1.41	15.17
紫色土	13.8	44.1	6.1	6.42	46.44
棕壤	28.0	125.1	4.0	13.88	49.49

表 3-30　洛阳市耕地土壤有效磷按土壤类型统计结果　　　　单位：mg/kg

省土种名称	平均值	最大值	最小值	标准差	变异系数	样本数
表潜潮青泥田	9.3	12.9	6.1	1.41	15.17	106
薄层钙质粗骨土	18.6	80.4	5.3	14.15	76.17	1 094
薄层硅钾质中性粗骨土	13.7	51.0	4.6	6.39	46.75	1 594
薄层硅钾质棕壤性土	15.4	33.2	7.7	5.07	32.88	339
薄层硅铝质黄棕壤性土	13.5	20.8	7.1	2.69	19.95	106
薄层硅铝质中性粗骨土	12.0	25.0	4.5	4.01	33.30	579
薄层硅铝质棕壤性土	20.4	64.7	4.0	13.38	65.57	2 244
薄层硅镁铁质中性粗骨土	13.0	22.9	5.9	2.95	22.65	467
薄层硅镁铁质棕壤性土	17.8	18.1	17.4	0.32	1.80	6
薄层泥质中性粗骨土	10.6	26.3	3.6	3.78	35.74	2 011
薄层砂质石灰性紫色土	12.4	14.0	10.7	1.43	11.54	5
薄层砂质中性紫色土	10.6	18.4	6.4	2.39	22.61	108
薄层黏质灌淤潮土	13.9	18.5	11.1	2.30	16.57	13
底砾层冲积湿潮土	10.6	15.5	6.8	2.06	19.43	67
底砾层洪积潮土	8.0	14.0	4.9	2.32	28.93	75
底砾砂壤土	15.5	19.5	11.9	2.31	14.89	22

省土种名称	平均值	最大值	最小值	标准差	变异系数	样本数
底砂两合土	12.8	16.8	8.7	1.76	13.78	44
底砂小两合土	22.5	53.7	7.0	12.85	57.20	312
底砂淤土	10.5	13.0	7.5	1.99	18.99	11
硅质中性石质土	13.7	58.8	2.8	4.75	34.60	7 486
红黄土覆盖褐土性土	8.6	12.5	5.6	1.54	17.87	84
红黄土质褐土	10.3	27.0	4.4	2.71	26.25	3 667
红黄土质褐土性土	10.4	25.7	3.3	3.16	30.46	3 881
红黄土质淋溶褐土	12.2	24.9	7.2	3.59	29.44	265
红黄土质石灰性褐土	10.4	48.8	3.3	3.33	32.01	3 876
红黏土	12.9	65.3	3.2	7.26	56.13	6 448
洪积灰砂土	10.7	15.6	6.2	2.79	26.09	29
洪积两合土	11.0	15.8	6.0	2.21	20.10	81
厚层堆垫褐土性土	16.1	64.1	5.7	14.29	88.92	125
厚层硅钾质淋溶褐土	28.8	38.2	19.3	5.56	19.28	13
厚层硅铝质淋溶褐土	18.5	45.0	8.7	7.15	38.62	240
厚层硅铝质棕壤	29.9	56.6	11.6	11.62	38.81	213
厚层硅镁铁质中性粗骨土	8.9	10.2	8.1	0.79	8.85	5
厚层硅镁铁质棕壤	12.6	16.4	10.7	1.61	12.82	21
厚层硅质褐土性土	8.4	8.8	8.0	0.34	4.02	9
厚层硅质棕壤	51.6	81.6	24.8	12.32	23.85	195
厚层砂泥质褐土性土	13.2	73.4	3.6	8.59	64.84	2 042
厚层砂质石灰性紫色土	14.0	18.8	10.3	2.78	19.90	87
厚层砂质中性紫色土	12.4	28.3	6.5	3.69	29.79	368
厚层黏质灌淤潮土	13.8	18.2	11.8	1.44	10.40	33
黄土质褐土	13.1	42.8	4.6	3.90	29.82	3 743
黄土质棕壤	13.6	21.1	9.6	2.03	14.94	90
砾质洪积潮土	32.2	34.4	28.8	1.51	4.71	17
砾质洪积褐土性土	30.3	47.7	11.5	7.58	25.00	221
两合土	18.0	72.0	3.0	11.34	62.92	390
泥质中性石质土	13.7	20.4	9.3	2.24	16.32	324
浅位多量砂姜红黄土覆盖褐土性土	8.1	9.7	7.4	1.03	12.70	7
浅位多量砂姜红黄土质褐土	10.1	17.4	5.7	2.60	25.80	273
浅位多量砂姜红黏土	8.1	13.5	4.6	1.45	17.87	196
浅位多量砂姜石灰性红黏土	8.0	15.3	3.9	2.43	30.25	147
浅位钙盘砂姜红黄土质褐土性土	11.3	22.2	5.7	4.46	39.59	92
浅位钙盘砂姜石灰性红黏土	8.5	13.6	5.5	1.56	18.40	255
浅位钙盘黏质洪积石灰性砂姜黑土	14.2	17.7	10.9	2.01	14.15	11
浅位厚壤淤土	15.7	16.6	14.8	0.68	4.30	5
浅位厚砂两合土	11.7	17.7	3.8	3.34	28.50	53
浅位壤砂质潮土	12.4	13.7	10.6	1.55	12.52	4
浅位砂两合土	14.5	18.9	11.4	1.70	11.75	40

（续表）

省土种名称	平均值	最大值	最小值	标准差	变异系数	样本数
浅位砂小两合土	14.1	16.4	12.1	1.16	8.25	16
浅位砂淤土	12.8	16.1	10.7	2.52	19.64	4
浅位少量砂姜红黄土覆盖褐土性土	8.6	11.6	6.6	0.89	10.36	92
浅位少量砂姜红黄土质褐土性土	10.8	22.6	3.0	3.15	29.31	2 174
浅位少量砂姜红黏土	10.2	30.0	4.7	3.10	30.38	1 247
浅位少量砂姜黄土质石灰性褐土	10.3	17.7	4.7	2.96	28.78	200
浅位少量砂姜石灰性红黏土	8.5	29.2	2.9	3.02	35.60	969
轻壤质黄土质石灰性褐土	12.6	23.2	9.1	2.01	15.95	114
壤盖洪积石灰性砂姜黑土	16.4	20.6	12.0	2.53	15.43	30
壤质潮褐土	14.3	50.7	4.4	7.59	53.07	622
壤质冲积湿潮土	15.4	61.7	3.9	12.92	83.67	37
壤质洪冲积淋溶褐土	22.6	67.8	7.7	12.18	53.98	310
壤质洪积潮土	17.2	76.2	3.8	11.69	68.05	658
壤质洪积褐土	12.3	36.4	4.8	4.32	35.23	579
壤质洪积褐土性土	31.8	57.2	11.0	10.73	33.76	186
壤质洪积湿潮土	12.5	38.2	5.7	5.80	46.34	220
壤质洪积石灰性褐土	11.6	30.2	6.4	2.70	23.31	571
砂质潮土	15.1	22.9	7.3	3.40	22.60	55
砂质洪积湿潮土	12.9	21.0	7.4	3.21	24.96	44
少量砂姜黄土质石灰性褐土	14.9	19.5	12.4	1.52	10.21	89
深位多量砂姜红黄土质石灰性褐土	10.5	15.2	4.2	3.74	35.55	59
深位多量砂姜黄土质石灰性褐土	12.6	15.2	8.0	2.64	21.00	24
深位钙盘红黄土质褐土	8.1	13.1	5.6	1.45	17.81	235
深位钙盘洪积潮土	13.9	15.0	12.3	1.14	8.25	4
深位钙盘砂姜石灰性红黏土	8.5	13.0	5.8	1.65	19.36	62
深位钙盘黏质洪积石灰性砂姜黑土	13.2	19.1	8.8	2.45	18.51	41
深位少量砂姜红黄土质褐土	11.3	13.5	9.4	1.35	12.02	14
深位少量砂姜黄土质石灰性褐土	11.3	14.8	7.8	2.39	21.05	17
石灰性红黏土	12.3	69.8	2.9	8.23	66.73	2 501
脱潮底砂小两合土	19.7	28.2	11.6	5.28	26.85	23
脱潮两合土	23.6	91.4	8.6	21.51	91.11	95
脱潮小两合土	32.5	74.6	6.8	16.69	51.42	89
小两合土	27.6	79.0	3.0	16.96	61.43	565
淤土	11.6	22.2	4.0	3.45	29.70	323
黏质潮褐土	10.9	19.3	6.4	3.16	28.99	154
黏质冲积湿潮土	9.5	17.8	5.4	2.66	27.92	49
黏质洪积潮土	9.6	14.9	4.9	1.93	20.08	92
黏质洪积褐土	12.1	29.7	5.6	2.56	21.19	415
黏质洪积湿潮土	12.8	18.2	5.4	2.59	20.30	78
黏质洪积石灰性褐土	10.0	28.4	4.9	3.42	34.24	369
中层钙质褐土性土	9.5	14.0	6.0	1.80	18.96	169

（续表）

省土种名称	平均值	最大值	最小值	标准差	变异系数	样本数
中层钙质淋溶褐土	35.3	70.0	16.2	12.04	34.10	164
中层硅钾质褐土性土	19.7	67.9	4.7	10.29	52.13	998
中层硅钾质淋溶褐土	24.4	59.4	5.0	11.13	45.59	697
中层硅钾质棕壤	34.6	69.1	12.0	10.03	28.96	342
中层硅钾质棕壤性土	48.8	75.0	32.4	13.51	27.66	64
中层硅铝质褐土性土	11.8	20.2	4.3	2.53	21.38	1 077
中层硅铝质黄棕壤	12.7	18.3	7.0	2.95	23.25	41
中层硅铝质棕壤	27.9	125.1	6.0	12.96	46.44	3 727
中层硅铝质棕壤性土	29.8	54.9	9.9	6.01	20.16	364
中层硅镁铁质中性粗骨土	13.1	20.7	6.6	3.68	28.11	66
中层硅镁铁质棕壤性土	25.9	62.8	5.2	7.44	28.71	1 941
中层硅质粗骨土	10.2	24.4	4.0	3.55	34.76	472
中层硅质淋溶褐土	18.8	32.9	10.0	6.68	35.59	34
中层硅质棕壤	47.8	74.1	13.7	8.92	18.68	199
中层硅质棕壤性土	36.2	45.0	9.2	7.68	21.20	76
中层红黄土质褐土性土	12.5	31.9	4.2	2.96	23.70	1 740
中层泥质淋溶褐土	28.9	80.4	6.9	16.70	57.82	316
中层砂泥质褐土性土	15.8	64.7	4.0	11.08	70.11	3 280
中层砂泥质黄棕壤性土	11.9	32.3	6.6	2.78	23.36	232
中层砂泥质棕壤	53.1	85.5	20.4	13.13	24.73	324
中层砂泥质棕壤性土	35.6	83.5	17.0	9.12	25.62	771
中层砂质石灰性紫色土	15.1	16.9	14.1	1.26	8.37	5
中层砂质中性紫色土	21.5	44.1	6.1	10.94	50.76	112
中壤质黄土质石灰性褐土	21.3	22.6	20.0	1.05	4.93	6
总计或平均	15.4	125.1	2.8	4.56	29.62	74 882

四、不同地貌类型有效磷含量状况

从地貌类型看，高丘陵、黄土丘陵、小起伏低山（黄土低山）有效磷含量较低，大起伏中山、中起伏中山等地貌较高（表3-31）。

表3-31　洛阳市耕地土壤有效磷按地貌类型统计结果　　　　　单位：mg/kg

地貌类型	平均值	最大值	最小值	标准差	变异系数	样本数
大起伏中山	28.7	125.1	4.0	15.84	55.14	10 342
泛滥平坦地	14.7	23.3	8.4	2.83	19.22	864
高丘陵	9.0	22.6	3.3	2.04	22.64	1 661
河谷平原	11.8	48.8	3.0	4.13	35.09	8 466
黄河滩地	14.2	32.0	9.0	2.36	16.67	913
黄土平梁	10.8	37.9	5.6	2.73	25.36	6 807
黄土丘陵	9.7	29.6	2.8	3.72	38.17	9 929
黄土塬	12.5	22.8	4.7	2.67	21.42	2 660
基岩高台地	12.6	17.0	7.2	1.56	12.46	742

（续表）

地貌类型	平均值	最大值	最小值	标准差	变异系数	样本数
倾斜的洪积（山麓冲积）平原	13.9	24.0	8.3	2.13	15.26	750
小起伏低山（黄土低山）	9.8	17.8	4.3	2.19	22.27	3 826
小起伏低山（侵蚀剥削）	12.2	45.6	3.1	6.00	49.10	6 962
小起伏低山（溶蚀侵蚀）	10.8	30.0	4.6	2.89	26.91	2 455
小起伏中山	13.9	29.7	7.7	3.37	24.28	811
早期堆积台地	12.9	25.7	4.4	3.65	28.23	3 036
中起伏低山	11.1	32.3	3.8	3.44	31.04	1 433
中起伏中山	20.8	91.4	4.1	10.12	48.68	13 225
总计或平均	15.4	125.1	2.8	6.43	38.09	74 882

五、不同质地土壤有效磷含量状况

从土壤质地看，轻壤土、砂壤土有效磷含量较高，重壤土、轻黏土较低（表3-32）。

表3-32　洛阳市耕地土壤有效磷按土壤质地统计结果　　　　单位：mg/kg

质地	平均值	最大值	最小值	标准差	变异系数	样本数
紧砂土	15.2	22.9	7.3	3.80	24.91	37
轻壤土	22.0	74.6	6.8	13.23	60.11	571
轻黏土	13.8	18.2	11.8	1.44	10.40	33
砂壤土	25.1	79.0	3.0	16.44	65.42	682
中壤土	16.0	125.1	2.8	10.58	66.10	59 850
重壤土	11.8	69.8	2.9	6.52	55.35	13 709
总计或平均	15.4	125.1	2.8	9.9	64.04	74 882

第五节　速效钾

速素钾是植物的重要营养元素之一，它不仅能够促进作物的光合作用，增加作物的抗旱、抗病、抗倒伏能力，而且能提高作物产量，改善产品品质。土壤是植物钾素营养的重要来源，而土壤钾素的多少主要取决于土壤含钾矿物。土壤原生矿物和次生矿物的类型及含量决定着钾的潜在供应能力。

一、耕层土壤速效钾含量及分布概况

全市耕层土壤速效钾含量平均为143.2mg/kg，变化范围31~997mg/kg，标准差31.69。从县市区看，新安县、宜阳县含量较高，汝阳县、栾川县较低。从直方图数据表可以看出，75.17%的评价单元速效钾含量在170mg/kg以下，见表3-33、表3-34、表3-35。

表3-33　洛阳市土壤速效钾含量分布直方图数据

养分含量（mg/kg）	频率	累积（%）
<130	25 828	34.49
130.1~150	18 505	24.71
150.1~170	11 957	15.97
170.1~200	6 492	8.67
>200	12 100	16.16

表 3-34　洛阳市耕地土壤速效钾按县市区统计结果　　　　　　　单位：mg/kg

县市区	平均值	最大值	最小值	标准差	变异系数	样本数
栾川县	125	347	31	36.85	29.56	14 528
洛宁县	139	693	94	44.41	32.05	8 263
孟津县	143	277	91	14.20	9.92	4 173
汝阳县	120	216	61	23.33	19.46	6 272
嵩县	131	575	31	47.72	36.33	14 290
新安县	178	659	101	37.36	21.01	8 474
偃师市	152	268	107	15.78	10.39	3 831
伊川县	158	629	100	33.83	21.37	5 886
宜阳县	162	997	38	51.33	50.24	9 165
总计或平均	143.2	997	31	31.69	22.51	74 882

表 3-35　各地力等级耕层土壤速效钾含量及面积

级　别		一级地	二级地	三级地	四级地	五级地
含量（mg/kg）	平均值	276	205	191	174	158
	最大值	981	997	982	997	988
	最小值	90	59	52	31	31
	标准差	254	179	262	160	123
	变异系数	92	88	83	84	78
面积（hm²）		52 557.5	82 014.4	121 933.0	117 518.7	59 537.5
占总耕地（%）		12.12	18.92	28.12	27.11	13.73

二、洛阳市耕层土壤速效钾丰缺状况

依据洛阳市最新土壤养分分级标准，土壤速效钾划分为 5 个等级，一级占 20.8%，4、五级占全部耕地的 49.3%，说明全市速效钾水平多数处于两极分化，见表 3-36、表 3-37、表 3-38。

表 3-36　耕层土壤速效钾丰缺分级及面积　　　　　　　单位：mg/kg

分级标准		平均值	最大值	最小值	标准差	变异系数	样本数	面积（hm²）
一级（高）	>200	217	946	91	198.90	91.63	1 478	90 284.1
二级（较高）	170.1~200	182	901	64	274.94	79.99	3 652	42 399.7
三级（中）	150.1~170	164	997	53	248.12	80.07	24 541	86 799.2
四级（较低）	130.1~150	141	982	31	113.20	74.89	18 687	125 173.6
五级（低）	≤130	116	808	31	30.84	23.80	26 524	88 904.4
平均值/合计		143.2	997	31	173.20	70.08	74 882	433 561.1

表 3-37　洛阳市土壤速效钾含量分级面积　　　　　　　单位：mg/kg

分级标准	一级（高）	二级（较高）	三级（中）	四级（较低）	五级（低）	总合计
	>200	170.1~200	150.1~170	130.1~150	≤130	(hm²)
栾川县	924.3	1 928.2	2 233.3	3 701.6	10 043.3	18 830.7
洛宁县	2 407.6	2 626.6	5 265.8	18 541.6	29 432.8	58 274.4
孟津县	350.9	813.9	9 388.1	24 875.2	5 466.8	40 894.9

（续表）

分级标准	一级（高）	二级（较高）	三级（中）	四级（较低）	五级（低）	总合计（hm²）
	>200	170.1~200	150.1~170	130.1~150	≤130	
汝阳县	54.6	833.3	4 673.6	10 072.1	16 506.2	32 139.8
嵩县	976.3	2 212.7	8 184.9	19 567.0	16 948.0	47 888.9
新安县	9 944.3	15 620.8	14 910.2	7 159.3	1 882.4	49 517.1
偃师县	621.3	6 259.6	19 735.9	20 736.2	3 444.9	50 797.9
伊川	3 496.9	12 076.7	22 403.5	20 509.4	5 102.2	63 588.8
宜阳县	71 507.9	28.0	3.8	11.2	77.7	71 628.5
合计	90 284.1	42 399.7	86 799.2	125 173.6	88 904.4	433 561.1
占（%）	20.82	9.78	20.02	28.87	20.51	100.0

表3-38　耕层土壤速效钾丰缺分级及面积　　　　单位：mg/kg

分级标准	一级（高）	二级（较高）	三级（中）	四级（较低）	五级（低）	总合计（hm²）
	>200	170.1~200	150.1~170	130.1~150	≤130	
面积（hm²）	90 284.1	42 399.7	86 799.2	125 173.6	88 904.4	433 561
面积（%）	20.8	9.8	20.0	28.9	20.5	100.0

三、耕层不同土壤类型速效钾含量状况

从土类看，粗骨土最高，黄棕壤速效钾含量最低；从土种分类，薄层砂质中性紫色土、中层硅铝质褐土性土、厚层硅铝质淋溶褐土最高，洪积灰砂土、砾质洪积潮土、薄层硅铝质黄棕壤性土最低，见表3-39、表3-40。

表-39　洛阳市耕地土壤速效钾按土类统计结果　　　　单位：mg/kg

土类	平均值	最大值	最小值	标准偏差	变异系数（%）
潮土	200	994	31	196.97	98.59
粗骨土	244	988	53	204.44	83.84
褐土	235	997	33	211.76	89.95
红黏土	234	944	49	205.95	87.88
黄棕壤	85	185	31	10.79	12.67
砂姜黑土	182	772	93	116.95	64.28
石质土	130	813	44	64.36	49.48
水稻土	164	202	120	14.86	9.04
紫色土	229	900	104	166.49	72.59
棕壤	125	722	34	60.75	48.56

表3-40　洛阳市耕地土壤速效钾按土种统计结果　　　　单位：mg/kg

省土壤名称	平均值	最大值	最小值	标准差	变异系数	样本数
表潜潮青泥田	164	202	120	14.86	9.04	106
薄层钙质粗骨土	227	865	78	196.57	86.44	1 094
薄层硅钾质中性粗骨土	272	943	53	213.88	78.59	1 594
薄层硅钾质棕壤性土	123	281	70	33.40	27.19	339

（续表）

省土壤名称	平均值	最大值	最小值	标准差	变异系数	样本数
薄层硅铝质黄棕壤性土	89	185	31	17.91	20.07	106
薄层硅铝质中性粗骨土	201	814	61	166.29	82.89	579
薄层硅铝质棕壤性土	105	438	39	42.34	40.51	2 244
薄层硅镁铁质中性粗骨土	376	988	96	215.03	57.14	467
薄层硅镁铁质棕壤性土	707	722	697	10.48	1.48	6
薄层泥质中性粗骨土	186	860	67	153.08	82.30	2 011
薄层砂质石灰性紫色土	167	182	158	10.03	6.02	5
薄层砂质中性紫色土	515	900	126	272.44	52.92	108
薄层黏质灌淤潮土	172	227	136	35.54	20.65	13
底砾层冲积湿潮土	160	191	109	20.11	12.60	67
底砾层洪积潮土	138	189	116	17.20	12.46	75
底砾砂壤土	97	118	64	19.86	20.55	22
底砂两合土	162	200	101	19.64	12.14	44
底砂小两合土	284	994	53	293.30	103.25	312
底砂淤土	152	167	126	16.05	10.54	11
硅质中性石质土	130	813	44	65.66	50.62	7 486
红黄土覆盖褐土性土	168	449	124	41.82	24.86	84
红黄土质褐土	334	923	97	276.37	82.74	3 667
红黄土质褐土性土	277	923	70	246.88	89.24	3 881
红黄土质淋溶褐土	148	696	52	114.33	77.33	265
红黄土质石灰性褐土	280	909	102	247.32	88.48	3 876
红黏土	181	890	49	133.64	73.85	6 448
洪积灰砂土	64	87	48	13.56	21.24	29
洪积两合土	87	149	47	23.82	27.24	81
厚层堆垫褐土性土	157	194	81	28.10	17.87	125
厚层硅钾质淋溶褐土	135	175	105	17.40	12.88	13
厚层硅铝质淋溶褐土	474	946	72	257.00	54.26	240
厚层硅铝质棕壤	175	559	78	130.44	74.41	213
厚层硅镁铁质中性粗骨土	140	162	124	15.17	10.83	5
厚层硅镁铁质棕壤	469	669	393	83.62	17.82	21
厚层硅质褐土性土	150	170	118	21.53	14.32	9
厚层硅质棕壤	128	197	65	21.84	17.12	195
厚层砂泥质褐土性土	152	868	48	77.21	50.69	2 042
厚层砂质石灰性紫色土	190	212	160	17.57	9.25	87
厚层砂质中性紫色土	182	292	117	31.18	17.16	368
厚层黏质灌淤潮土	148	175	133	11.81	7.96	33
黄土质褐土	206	981	94	186.23	90.30	3 743
黄土质棕壤	94	210	54	27.70	29.40	90
砾质洪积潮土	58	83	47	10.81	18.59	17
砾质洪积褐土性土	109	224	51	28.53	26.11	221
两合土	187	840	97	154.18	82.61	390

（续表）

省土壤名称	平均值	最大值	最小值	标准差	变异系数	样本数
泥质中性石质土	138	179	110	12.82	9.26	324
浅位多量砂姜红黄土覆盖褐土性土	146	157	137	7.92	5.42	7
浅位多量砂姜红黄土质褐土	150	361	113	22.31	14.88	273
浅位多量砂姜红黏土	173	408	116	38.43	22.20	196
浅位多量砂姜石灰性红黏土	139	168	110	12.19	8.80	147
浅位钙盘砂姜红黄土质褐土性土	143	176	94	15.14	10.57	92
浅位钙盘砂姜石灰性红黏土	181	394	132	41.57	23.00	255
浅位钙盘黏质洪积石灰性砂姜黑土	191	538	147	115.26	60.23	11
浅位厚壤淤土	179	188	166	8.11	4.52	5
浅位厚砂两合土	148	189	118	18.62	12.56	53
浅位壤砂质潮土	727	750	701	23.54	3.24	4
浅位砂两合土	154	191	121	13.92	9.03	40
浅位砂小两合土	160	218	146	17.11	10.72	16
浅位砂淤土	157	179	138	20.12	12.81	4
浅位少量砂姜红黄土覆盖褐土性土	146	175	123	10.66	7.29	92
浅位少量砂姜红黄土质褐土性土	158	811	74	74.08	46.89	2 174
浅位少量砂姜红黏土	184	892	106	117.44	63.98	1 247
浅位少量砂姜黄土质石灰性褐土	240	775	106	203.24	84.57	200
浅位少量砂姜石灰性红黏土	236	901	72	203.02	85.99	969
轻壤质黄土质石灰性褐土	145	181	123	11.59	8.01	114
壤盖洪积石灰性砂姜黑土	144	195	93	24.32	16.89	30
壤质潮褐土	286	966	55	277.31	96.80	622
壤质冲积湿潮土	147	186	64	29.61	20.16	37
壤质洪冲积淋溶褐土	145	259	46	58.97	40.73	310
壤质洪积潮土	241	945	65	247.30	102.58	658
壤质洪积褐土	165	363	101	35.11	21.22	579
壤质洪积褐土性土	115	275	50	36.36	31.73	186
壤质洪积湿潮土	142	339	66	35.43	24.87	220
壤质洪积石灰性褐土	499	991	114	326.96	65.46	571
砂质潮土	230	894	109	203.30	88.43	55
砂质洪积湿潮土	110	157	66	25.10	22.79	44
少量砂姜黄土质石灰性褐土	134	161	115	14.70	11.00	89
深位多量砂姜红黄土质石灰性褐土	148	174	119	16.52	11.17	59
深位多量砂姜黄土质石灰性褐土	152	173	117	16.67	10.98	24
深位钙盘红黄土质褐土	157	263	122	21.04	13.39	235
深位钙盘洪积潮土	157	173	145	11.79	7.52	4
深位钙盘砂姜石灰性红黏土	173	286	131	26.77	15.49	62
深位钙盘黏质洪积石灰性砂姜黑土	207	772	129	148.98	71.93	41
深位少量砂姜红黄土质褐土	142	148	134	4.07	2.86	14
深位少量砂姜黄土质石灰性褐土	139	156	121	8.27	5.96	17
石灰性红黏土	414	944	61	298.75	72.16	2 501

（续表）

省土壤名称	平均值	最大值	最小值	标准差	变异系数	样本数
脱潮底砂小两合土	89	105	59	14.63	16.45	23
脱潮两合土	125	173	31	32.42	25.85	95
脱潮小两合土	130	192	65	28.13	21.70	89
小两合土	280	923	60	276.10	98.68	565
淤土	157	213	107	18.00	11.44	323
黏质潮褐土	162	205	129	17.83	10.98	154
黏质冲积湿潮土	158	280	108	31.10	19.63	49
黏质洪积潮土	156	257	105	19.31	12.42	92
黏质洪积褐土	179	862	102	120.77	67.57	415
黏质洪积湿潮土	95	168	61	25.04	26.29	78
黏质洪积石灰性褐土	134	393	105	23.88	17.77	369
中层钙质褐土性土	153	216	117	14.73	9.65	169
中层钙质淋溶褐土	99	161	56	20.32	20.49	164
中层硅钾质褐土性土	204	997	40	174.45	85.60	998
中层硅钾质淋溶褐土	120	278	50	38.11	31.68	697
中层硅钾质棕壤	129	182	53	29.59	22.92	342
中层硅钾质棕壤性土	129	165	76	22.32	17.26	64
中层硅铝质褐土性土	447	894	46	215.85	48.29	1 077
中层硅铝质黄棕壤	84	94	70	5.94	7.03	41
中层硅铝质棕壤	130	654	41	72.62	55.92	3 727
中层硅铝质棕壤性土	143	233	87	29.33	20.58	364
中层硅镁铁质中性粗骨土	137	165	110	13.17	9.65	66
中层硅镁铁质棕壤性土	132	532	34	45.11	34.17	1 941
中层硅质粗骨土	371	808	108	280.38	75.63	472
中层硅质淋溶褐土	198	247	120	48.41	24.48	34
中层硅质棕壤	119	182	57	31.81	26.71	199
中层硅质棕壤性土	128	229	41	40.99	32.13	76
中层红黄土质褐土性土	217	982	91	183.98	84.74	1 740
中层泥质淋溶褐土	122	180	33	33.25	27.26	316
中层砂泥质褐土性土	182	830	57	131.26	72.23	3 280
中层砂泥质黄棕壤性土	83	107	70	5.28	6.33	232
中层砂泥质棕壤	116	191	61	28.64	24.79	324
中层砂泥质棕壤性土	116	317	41	29.25	25.24	771
中层砂质石灰性紫色土	155	182	128	22.38	14.44	5
中层砂质中性紫色土	147	197	104	23.25	15.78	112
中壤质黄土质石灰性褐土	151	193	136	21.74	14.41	6
总计或平均	143.2	997	31	74.39	34.58	74 882

四、不同地貌类型速效钾含量状况

从地貌类型看，早期堆积台地、中起伏低山速效钾含量较低，黄土平梁、小起伏低山（侵蚀剥削）等地貌较高，见表3-41。

表 3-41　洛阳市耕地土壤速效钾按地貌类型统计结果　　　　　　单位：mg/kg

地貌类型	平均值	最大值	最小值	标准差	变异系数	样本数
大起伏中山	130	991	31	104.54	80.26	10 342
泛滥平坦地	138	206	90	17.46	12.69	864
高丘陵	154	276	106	30.48	19.77	1 661
河谷平原	267	994	70	243.56	91.07	8 466
黄河滩地	145	227	106	16.61	11.47	913
黄土平梁	489	957	102	290.90	59.54	6 807
黄土丘陵	196	997	74	161.05	82.06	9 929
黄土塬	144	234	91	16.75	11.62	2 660
基岩高台地	148	210	96	12.10	8.20	742
倾斜的洪积（山麓冲积）平原	151	210	116	15.23	10.12	750
小起伏低山（黄土低山）	132	219	94	15.59	11.83	3 826
小起伏低山（侵蚀剥削）	227	966	48	190.26	83.74	6 962
小起伏低山（溶蚀侵蚀）	179	327	117	23.01	12.82	2 455
小起伏中山	196	311	130	35.31	17.98	811
早期堆积台地	128	203	70	22.68	17.76	3 036
中起伏低山	128	252	60	32.67	25.46	1 433
中起伏中山	165	946	31	125.20	75.73	13 225
总计或平均	143.2	997	31	79.61	37.18	74 882

五、不同质地土壤速效钾含量状况

从土壤质地看，紧砂土、砂壤土速效钾含量较高，轻黏土较低，见表 3-42。

表 3-42　洛阳市耕地土壤速效钾按土壤质地统计结果　　　　　　单位：mg/kg

质地	平均值	最大值	最小值	标准差	变异系数	样本数
紧砂土	332	894	109	273.23	82.24	37
轻壤土	214	994	47	230.88	107.85	571
轻黏土	148	175	133	11.81	7.96	33
砂壤土	250	923	48	260.32	104.33	682
中壤土	202	997	31	185.00	91.73	59 850
重壤土	223	944	49	194.86	87.23	13 709
总计或平均	143.2	997	31	192.68	80.22	74 882

第六节　缓效钾

土壤缓效钾含量状况同土壤速效钾基本一致，土壤缓效钾和速效钾间存在着良好的相关性。土壤缓效钾储备量差异非常大，低山区土壤缓效钾含量较低。

一、耕层土壤缓效钾含量及分布概况

洛阳市土壤平均缓效钾含量 819mg/kg，变化范围 38~2 447mg/kg，标准差 124.81。洛阳市耕层土壤缓效钾含量从县市区看，栾川县、嵩县含量较高，汝阳县、宜阳县较低。从直方图数据表可以看出，59.47%的评价单元缓效钾含量在 850mg/kg 以下，见表 3-43、表 3-44、表 3-45。

表 3-43　洛阳市土壤缓效钾含量分布直方图数据

养分含量（mg/kg）	频率	累积（%）
<700	20 207	26.99%
700.1~800	16 676	22.26%
800.1~850	7 649	10.22%
850.1~900	5 640	7.53%
>900	24 710	33.00%

表 3-44　洛阳市耕地土壤缓效钾按县市区统计结果　　　　　　单位：mg/kg

县市区	平均值	最大值	最小值	标准差	变异系数	样本数
栾川县	1 120	2 447	38	216.44	19.33	14 528
洛宁县	728	1 107	198	84.68	11.64	8 263
孟津县	850	1 120	484	75.97	8.94	4 173
汝阳县	669	1 246	285	122.44	18.30	6 272
嵩县	962	2004	144	230.13	23.91	14 290
新安县	777	1 202	346	101.15	13.02	8 474
偃师市	821	1 167	600	72.26	8.80	3 831
伊川县	766	1 078	275	76.85	10.03	5 886
宜阳县	681	997	101	143.33	21.05	9 165
总计或平均	819	2 447	38	124.81	15.00	74 882

表 3-45　各地力等级耕层土壤缓效钾含量及面积

级别		一级地	二级地	三级地	四级地	五级地
含量（mg/kg）	平均值	732	788	621	779	895
	最大值	1 486	1 679	1 800	1 988	2 447
	最小值	90	90	99	38	40
	标准差	295	239	306	268	338
	变异系数	40	30	49	34	38
面积（hm²）		52 557.5	82 014.4	121 933.0	117 518.7	59 537.5
占总耕地（%）		12.12	18.92	28.12	27.11	13.73

二、洛阳市耕层土壤缓效钾丰缺状况

依据洛阳市最新土壤养分分级标准，土壤缓效钾划分为五个等级，一级占全部耕地的 17.1%，4、五级占 59.9%，说明全市缓效钾水平多数处于较低状态，见表 3-46、表 3-47、表 3-48。

表 3-46　耕层土壤缓效钾丰缺分级及面积　　　　　　单位：mg/kg

分级标准		平均值	最大值	最小值	标准差	变异系数	样本数	面积（hm²）
一级（高）	>900	1 113	2 447	901	178.56	16.04	24 710	74 318.2
二级（较高）	851~900	874	900	851	14.46	1.65	5 640	45 579.4
三级（中）	801~850	824	850	801	14.38	1.74	7 649	53 758.1
四级（较低）	701~800	751	800	701	28.59	3.80	16 676	119 234.6
五级（低）	≤700	407	700	38	240.61	59.06	20 207	140 670.8
平均值/合计		819	2 447	38	95.32	16.46	74 882	433 561.1

表 3-47 洛阳市土壤缓效钾含量分级面积 单位：mg/kg

分级标准	一级（高）	二级（较高）	三级（中）	四级（较低）	五级（低）	总合计（hm²）
	>900	851~900	801~850	701~800	≤700	
栾川县	16 535.7	626.2	501.2	980.3	187.3	18 830.7
洛宁县	963.1	1 969.9	6 465.9	31 205.4	17 670.2	58 274.4
孟津县	7 316.4	13 634.6	12 007.1	6 685.5	1 251.3	40 894.9
汝阳县	669.7	780.5	1 508.9	6 698.7	22 481.9	32 139.8
嵩县	31 284.0	6 514.2	2 611.8	3 018.8	4 460.2	47 888.9
新安县	6 361.0	4 845.6	7 209.6	20 503.0	10 598.0	49 517.1
偃师市	8 439.4	12 034.7	12 939.6	16 020.1	1 364.1	50 797.9
伊川县	2 748.9	5 173.8	10 513.9	34 114.4	11 037.8	63 588.8
宜阳县				8.6	71 620.0	71 628.5
合计	74 318.2	45 579.4	53 758.1	119 234.6	140 670.8	433 561.1
占（%）	17.14	10.51	12.40	27.50	32.45	100.00

表 3-48 耕层土壤缓效钾丰缺分级及面积 单位：mg/kg

分级标准	一级（高）	二级（较高）	三级（中）	四级（较低）	五级（低）	总合计（hm²）
	>900	851~900	801~850	701~800	≤700	
面积（hm²）	74 318.2	45 579.4	53 758.1	119 234.6	140 670.8	433 561
面积（%）	17.1	10.5	12.4	27.5	32.4	100.0

三、耕层不同土壤类型缓效钾含量状况

从土类看，粗骨土缓效钾含量最低，黄棕壤、棕壤最高；从土种分类，厚层硅钾质淋溶褐土、脱潮小两合土最高，厚层硅镁铁质棕壤土、薄层硅镁铁质棕壤性土最低，见表 3-49、表 3-50。

表 3-49 洛阳市耕地土壤缓效钾按土壤类型统计结果 单位：mg/kg

土类	平均值	最大值	最小值	标准偏差	变异系数（%）
潮土	861.6	2 447.0	96.0	310.20	36.00
粗骨土	706.0	1 780.0	56.0	374.68	53.07
褐土	728.3	2 056.0	38.0	302.53	41.54
红黏土	762.3	1 923.0	95.0	291.22	38.20
黄棕壤	1 013.0	1 537.0	518.0	162.71	16.06
砂姜黑土	595.1	756.0	171.0	102.63	17.25
石质土	842.2	2 340.0	103.0	278.07	33.02
水稻土	844.7	975.0	730.0	55.18	6.53
紫色土	742.1	1 132.0	89.0	221.75	29.88
棕壤	1 023.5	2 205.0	58.0	275.34	26.90

表 3-50　洛阳市耕地土壤缓效钾按土种统计结果　　　　单位：mg/kg

省土种名称	平均值	最大值	最小值	标准差	变异系数	样本数
表潜潮青泥田	845	975	730	55.18	6.53	106
薄层钙质粗骨土	773	1 547	135	319.47	41.33	1 094
薄层硅钾质中性粗骨土	639	1 650	58	406.61	63.63	1 594
薄层硅钾质棕壤性土	773	1 766	308	239.26	30.94	339
薄层硅铝质黄棕壤性土	820	1 112	518	126.63	15.44	106
薄层硅铝质中性粗骨土	754	1 457	91	337.93	44.81	579
薄层硅铝质棕壤性土	858	1 824	195	241.41	28.13	2 244
薄层硅镁铁质中性粗骨土	266	944	56	265.78	100.05	467
薄层硅镁铁质棕壤性土	114	116	111	1.97	1.72	6
薄层泥质中性粗骨土	841	1 548	105	298.14	35.47	2 011
薄层砂质石灰性紫色土	853	919	808	56.56	6.63	5
薄层砂质中性紫色土	325	806	89	266.49	81.91	108
薄层黏质灌淤潮土	829	887	758	41.17	4.96	13
底砾层冲积湿潮土	797	947	659	66.88	8.39	67
底砾层洪积潮土	947	1 711	634	237.93	25.13	75
底砾砂壤土	902	1 102	770	101.71	11.28	22
底砂两合土	955	1 656	800	211.08	22.11	44
底砂小两合土	783	2 447	98	448.79	57.32	312
底砂淤土	872	988	627	150.50	17.26	11
硅质中性石质土	848	2 340	103	281.80	33.23	7 486
红黄土覆盖褐土性土	771	908	528	60.44	7.84	84
红黄土质褐土	578	1 247	102	294.84	51.04	3 667
红黄土质褐土性土	652	1 474	58	285.93	43.85	3 881
红黄土质淋溶褐土	699	1 173	103	182.61	26.12	265
红黄土质石灰性褐土	617	1 272	105	271.43	43.96	3 876
红黏土	823	1 719	115	228.24	27.74	6 448
洪积灰砂土	593	697	474	77.31	13.03	29
洪积两合土	821	1 145	418	227.14	27.65	81
厚层堆垫褐土性土	821	1 421	601	189.01	23.02	125
厚层硅钾质淋溶褐土	1 572	1 722	1 445	69.65	4.43	13
厚层硅铝质淋溶褐土	388	1 359	67	425.77	109.86	240
厚层硅铝质棕壤	844	1 442	82	382.68	45.34	213
厚层硅镁铁质中性粗骨土	799	920	711	84.32	10.56	5
厚层硅镁铁质棕壤	111	192	66	43.09	38.89	21
厚层硅质褐土性土	801	832	732	32.31	4.03	9
厚层硅质棕壤	1 107	1 696	782	150.74	13.62	195
厚层砂泥质褐土性土	866	1 788	148	235.72	27.21	2 042
厚层砂质石灰性紫色土	858	967	779	50.53	5.89	87
厚层砂质中性紫色土	796	1 045	528	76.07	9.56	368
厚层黏质灌淤潮土	853	933	755	45.12	5.29	33
黄土质褐土	785	1 830	112	213.94	27.26	3 743

（续表）

省土种名称	平均值	最大值	最小值	标准差	变异系数	样本数
黄土质棕壤	823	1 047	573	126.43	15.35	90
砾质洪积潮土	1 164	1 262	900	101.90	8.75	17
砾质洪积褐土性土	1 018	1 430	538	193.15	18.98	221
两合土	858	1 258	96	218.25	25.43	390
泥质中性石质土	705	905	411	96.51	13.70	324
浅位多量砂姜红黄土覆盖褐土性土	756	778	732	17.83	2.36	7
浅位多量砂姜红黄土质褐土	782	1 065	526	98.52	12.60	273
浅位多量砂姜红黏土	780	946	479	75.69	9.70	196
浅位多量砂姜石灰性红黏土	911	1 143	620	114.98	12.62	147
浅位钙盘砂姜红黄土质褐土性土	737	884	561	60.83	8.25	92
浅位钙盘砂姜石灰性红褐土	766	947	525	63.72	8.32	255
浅位钙盘黏质洪积石灰性砂姜黑土	545	604	343	73.34	13.45	11
浅位厚壤淤土	843	855	820	13.41	1.59	5
浅位厚砂两合土	907	1 115	755	63.14	6.96	53
浅位壤砂质潮土	147	156	139	7.07	4.81	4
浅位砂两合土	856	938	742	44.15	5.16	40
浅位砂小两合土	841	943	747	43.63	5.19	16
浅位砂淤土	765	838	689	79.41	10.39	4
浅位少量砂姜红黄土覆盖褐土性土	766	889	578	54.06	7.05	92
浅位少量砂姜红黄土质褐土性土	777	1 345	136	143.99	18.53	2 174
浅位少量砂姜红黏土	847	1 923	139	206.90	24.44	1 247
浅位少量砂姜黄土质石灰性褐土	708	1 086	131	261.40	36.93	200
浅位少量砂姜石灰性红黏土	785	1 384	122	297.90	37.96	969
轻壤质黄土质石灰性褐土	843	975	764	29.08	3.45	114
壤盖洪积石灰性砂姜黑土	628	756	516	67.73	10.79	30
壤质潮褐土	744	1 652	102	335.43	45.06	622
壤质冲积湿潮土	1 080	1 480	875	112.76	10.44	37
壤质洪冲积淋溶褐土	873	1 288	484	140.40	16.07	310
壤质洪积潮土	816	1 900	128	359.84	44.09	658
壤质洪积褐土	814	1 202	531	101.45	12.46	579
壤质洪积褐土性土	1 002	1 465	428	286.84	28.62	186
壤质洪积湿潮土	817	1 249	639	71.40	8.74	220
壤质洪积石灰性褐土	425	924	90	307.82	72.51	571
砂质潮土	780	1 001	161	217.66	27.89	55
砂质洪积湿潮土	951	1 304	578	191.24	20.11	44
少量砂姜黄土质石灰性褐土	766	913	694	71.41	9.32	89
深位多量砂姜红黄土质石灰性褐土	887	995	768	42.38	4.78	59
深位多量砂姜黄土质石灰性褐圭	922	1 000	842	32.53	3.53	24
深位钙盘红黄土质褐土	738	1 067	580	70.59	9.57	235
深位钙盘洪积潮土	580	602	561	17.04	2.94	4
深位钙盘砂姜石灰性红黏土	770	950	552	67.86	8.81	62

（续表）

省土种名称	平均值	最大值	最小值	标准差	变异系数	样本数
深位钙盘黏质洪积石灰性砂姜黑土	584	711	171	122.65	20.99	41
深位少量砂姜红黄土质褐土	843	951	781	68.53	8.13	14
深位少量砂姜黄土质石灰性褐土	949	1 008	854	50.25	5.30	17
石灰性红黏土	545	1 911	95	383.97	70.49	2 501
脱潮底砂小两合土	953	1 089	757	111.47	11.70	23
脱潮两合土	1 165	1 934	729	349.21	29.97	95
脱潮小两合土	1 212	1 899	881	218.83	18.06	89
小两合土	875	1 702	97	422.46	48.28	565
淤土	854	1 215	664	98.24	11.50	323
黏质潮褐土	813	1 105	672	92.92	11.43	154
黏质冲积湿潮土	812	987	635	76.12	9.38	49
黏质洪积潮土	833	1 083	653	97.91	11.75	92
黏质洪积褐土	805	1 050	156	145.99	18.13	415
黏质洪积湿潮土	836	1 358	442	189.41	22.67	78
黏质洪积石灰性褐土	750	966	470	88.68	11.82	369
中层钙质褐土性土	755	851	594	53.14	7.04	169
中层钙质淋溶褐土	996	1 607	516	219.23	22.01	164
中层硅钾质褐土性土	851	1 771	86	410.76	48.28	998
中层硅钾质淋溶褐土	1 119	2 056	613	324.40	28.99	697
中层硅钾质棕壤	1 139	1 723	698	207.84	18.26	342
中层硅钾质棕壤性土	1 245	1 606	757	246.44	19.80	64
中层硅铝质褐土性土	293	1 223	38	336.31	114.73	1 077
中层硅铝质黄棕壤	984	1 115	715	81.94	8.33	41
中层硅铝质棕壤	1 051	1 951	58	250.91	23.88	3 727
中层硅铝质棕壤性土	1 202	1 681	718	209.30	17.41	364
中层硅镁铁质中性粗骨土	614	817	436	101.44	16.53	66
中层硅镁铁质棕壤性土	1 103	2 205	172	268.42	24.33	1 941
中层硅质粗骨土	591	1 780	99	417.68	70.64	472
中层硅质淋溶褐土	946	1 297	757	204.62	21.64	34
中层硅质棕壤	1 089	1 824	817	166.35	15.28	199
中层硅质棕壤性土	940	1 481	520	220.10	23.43	76
中层红黄土质褐土性土	724	1 108	118	197.35	27.24	1 740
中层泥质淋溶褐土	1 016	1 624	651	233.61	23.00	316
中层砂泥质褐土性土	887	1 725	105	294.12	33.15	3 280
中层砂泥质黄棕壤性土	1 106	1 537	815	94.07	8.50	232
中层砂泥质棕壤	1 218	1 905	709	267.10	21.93	324
中层砂泥质棕壤性土	1 122	1 711	667	188.18	16.77	771
中层砂质石灰性紫色土	837	884	796	32.39	3.87	5
中层砂质中性紫色土	868	1 132	648	84.78	9.77	112
中壤质黄土质石灰性褐土	857	903	782	40.62	4.74	6
总计或平均	819	2 447	38	167.46	22.86	74 882

四、不同地貌类型缓效钾含量状况

从地貌类型看，黄土平梁较低，大起伏中山、中起伏中山等地貌缓效钾含量较高，见表3-51。

表3-51　洛阳市耕地土壤缓效钾按地貌类型统计结果　　　　　　　单位：mg/kg

地貌类型	平均值	最大值	最小值	标准差	变异系数	样本数
大起伏中山	965	1 951	74	301.81	31.28	10 342
泛滥平坦地	715	1 054	407	102.10	14.28	864
高丘陵	791	1 163	346	129.50	16.36	1 661
河谷平原	716	1 606	91	291.21	40.64	8 466
黄河滩地	823	975	675	52.70	6.40	913
黄土平梁	400	1 197	38	292.86	73.14	6 807
黄土丘陵	784	2 004	99	276.58	35.27	9 929
黄土塬	844	1 092	494	92.64	10.97	2 660
基岩高台地	843	999	740	45.84	5.44	742
倾斜的洪积（山麓冲积）平原	860	1 105	700	62.52	7.27	750
小起伏低山（黄土低山）	723	876	413	59.56	8.23	3 826
小起伏低山（侵蚀剥削）	845	1 948	86	351.95	41.66	6 962
小起伏低山（溶蚀侵蚀）	776	1 166	528	74.27	9.57	2 455
小起伏中山	813	1 045	602	71.83	8.83	811
早期堆积台地	714	1 197	376	103.30	14.47	3 036
中起伏低山	881	1 438	424	184.66	20.96	1 433
中起伏中山	915	2 447	40	374.06	40.89	13 225
总计或平均	819	2 447	38	168.67	22.69	74 882

五、不同质地土壤缓效钾含量状况

从土壤质地看，轻壤土、中壤土缓效钾含量较高，紧砂土较低，见表3-52。

表3-52　洛阳市耕地土壤缓效钾按土壤质地统计结果　　　　　　　单位：mg/kg

质地	平均值	最大值	最小值	标准差	变异系数	样本数
紧砂土	664	1 001	139	311.02	46.83	37
轻壤土	882	2 447	98	378.90	42.98	571
轻黏土	853	933	755	45.12	5.29	33
砂壤土	868	1 702	97	393.03	45.26	682
中壤土	799	2 340	38	325.26	40.71	59 850
重壤土	769	1 923	95	275.61	35.85	13 709
总计或平均	819	2 447	38	288.16	36.15	74 882

第七节　pH值（土壤酸碱性）

土壤酸碱性是土壤的重要属性，它对土壤肥力有着深刻的影响。因为在土壤中存在少量的氢离子和氢氧离子，当氢离子的浓度大于氢氧离子的浓度时，土壤呈酸性；反之呈碱性；两者相等时则为中性。一般植物正常生长发育的酸碱条件，是在pH值6.0~7.5的弱酸到弱碱范围内，土壤过酸过碱都会对植物产生毒害，见表3-53。

表 3-53　土壤 pH 值（酸碱性）级别划分

反应级别	微酸性	中性	微碱性	强碱性
pH 值	5.5~6.4	6.5~7.4	7.5~8.5	>8.5

一、不同地力等级耕层土壤 pH 值及分布面积

洛阳市土壤由于成土母质、地形、水文、植被的不同，土壤酸碱性存在着差异。总的情况是，山地土壤棕壤、黄棕壤、山地草甸土以及褐土中的淋溶褐土等呈微酸性或中性，低山丘陵及河川土壤均呈微碱性。洛阳市无强酸、强碱土壤。从县域分布看，洛宁县、伊川县、偃师市 pH 值较高，栾川县、嵩县较低。从直方图数据表可以看出，58.57%的评价单元 pH 值在 7.8 以下，见表 3-54、表 3-55、表 3-56。

表 3-54　洛阳市土壤 pH 值分布直方图数据

数值	频率	累积（%）
<7.4	30 832	41.17
7.41~7.6	5 585	7.46
7.61~7.8	7 440	9.94
7.81~8.0	13 438	17.94
>8.0	17 587	23.49

表 3-55　各地力等级耕层土壤 pH 值酸碱度分级及面积

级别		一级地	二级地	三级地	四级地	五级地
数值	平均值	7.9	7.8	7.9	7.7	7.2
	最大值	8.5	8.5	8.5	8.6	8.6
	最小值	6.5	6.0	6.0	5.7	5.4
	标准差	0.3	0.4	0.3	0.5	0.5
	变异系数	3.8	4.6	3.7	6.6	6.4
面积（hm²）		52 557.5	82 014.4	121 933.0	117 518.7	59 537.5
占总耕地（%）		12.12	18.92	28.12	27.11	13.73

表 3-56　洛阳市耕地土壤 pH 值按县市区统计结果

县市区	平均值	最大值	最小值	标准差	变异系数	样本数
栾川县	7.13	7.70	6.40	0.12	1.68	14 528
洛宁县	8.32	8.60	7.00	0.10	1.14	8 263
孟津县	7.64	8.30	7.20	0.22	2.83	4 173
汝阳县	7.27	8.30	6.30	0.42	5.82	6 272
嵩县	7.25	8.30	5.40	0.54	7.40	14 290
新安县	7.75	8.20	6.20	0.29	3.74	8 474
偃师市	8.01	8.20	7.40	0.07	0.84	3 831
伊川县	8.15	8.40	7.00	0.11	1.34	5 886
宜阳县	7.75	8.40	6.20	0.42	5.41	9 165
总计或平均	7.60	8.60	5.40	0.25	3.35	74 882

二、耕层土壤 pH 值酸碱度分级概况

洛阳市耕层土壤 pH 值一级（高）占 34.1%，二级（较高）占 36.4%，微酸性土壤仅占 14.1%，见表 3-57、表 3-58、表 3-59。

表 3-57　耕层土壤 pH 值酸碱度分级及面积

分级标准	平均值	最大值	最小值	标准差	变异系数	样本数	面积（hm²）
一级（高） >8.0	8.23	8.60	8.10	0.11	1.32	17 587	147 763.9
二级（较高） 7.9~8.0	7.92	8.00	7.80	0.08	1.00	17 545	157 747.7
三级（中） 7.7~7.8	7.70	7.70	7.70	0.00	0.00	3 333	20 477.7
四级（较低） 7.5~7.6	7.50	7.60	7.40	0.08	1.10	8 173	46 511.9
五级（低） ≤7.4	7.01	7.30	5.40	0.26	3.70	28 244	61 060.0
平均值/合计	7.60	8.60	5.40	0.11	1.42	74 882	433 561.1

表 3-58　洛阳市各县市区土壤 pH 值分级面积

分级标准	一级（高） >8.0	二级（较高） 7.9~8.0	三级（中） 7.7~7.8	四级（较低） 7.5~7.6	五级（低） ≤7.4	总合计（hm²）
栾川县			0.1	930.0	17 900.7	18 830.7
洛宁县	58 025.1	192.8	1.5	4.1	51.0	58 274.4
孟津县	631.7	9 225.2	7 515.5	21 266.8	2 255.6	40 894.9
汝阳县	3 363.8	6 539.2	1 744.5	5 197.3	15 294.9	32 139.8
嵩县	2 495.8	10 647.9	4 674.7	11 316.8	18 753.4	47 888.9
新安县	2 423.7	34 407.3	4 617.2	5 791.6	2 277.4	49 517.1
偃师县	11 519.9	39 165.5	40.5	72.0		50 797.9
伊川	61 196.8	2 308.3	15.6	38.4	29.6	63 588.8
宜阳县	8 107.1	55 261.3	1 868.2	1 894.9	4 497.0	71 628.5
合计	147 763.9	157 747.7	20 477.7	46 511.9	61 060.0	433 561.1
占（%）	34.08	36.38	4.72	10.73	14.08	100.00

表 3-59　耕层土壤 pH 值酸碱度分级及面积数据

分级标准	一级（高） >8.0	二级（较高） 7.9~8.0	三级（中） 7.7~7.8	四级（较低） 7.5~7.6	五级（低） ≤7.4	总合计（hm²）
面积（hm²）	147 763.9	157 747.7	20 477.7	46 511.9	61 060.0	433 561.1
面积（%）	34.1	36.4	4.7	10.7	14.1	

三、不同土壤类型 pH 值酸碱度分级情况

洛阳市大部分土壤呈微碱性，与土壤碳酸钙含量较高密切相关。土壤多为富钙土壤，所以多呈微碱性。在土类中，耕地土壤 pH 值较大的是水稻土、红黏土，黄棕壤和棕壤 pH 值较小；各土种中，洪积灰砂土、洪积两合土、砂质洪积湿潮土、薄层硅铝质棕壤性土 pH 值较小，黏质洪积石灰性褐土、深位钙盘砂姜石灰性土等 pH 值较大。参见表 3-60、表 3-61。

表 3-60 洛阳市耕地土壤 pH 值按土壤类型统计结果

土类	平均值	最大值	最小值	标准偏差	变异系数（%）
潮土	7.6	8.5	6.0	0.5	7.2
粗骨土	7.5	8.6	6.0	0.52	6.94
褐土	7.8	8.6	5.9	0.45	5.81
红黏土	7.8	8.6	6.1	0.41	5.25
黄棕壤	7.0	7.7	6.3	0.18	2.58
砂姜黑土	7.9	8.2	6.9	0.27	3.49
石质土	7.1	8.2	5.6	0.44	6.22
水稻土	8.2	8.2	8.0	0.05	0.65
紫色土	7.5	8.3	6.3	0.51	6.77
棕壤	7.1	8.6	5.4	0.32	4.52

表 3-61 洛阳市耕地土壤 pH 值按土种统计结果

省土种名称	平均值	最大值	最小值	标准差	变异系数	样本数
表潜潮青泥田	8.17	8.20	8.00	0.05	0.65	106
薄层钙质粗骨土	7.70	8.40	6.70	0.45	5.82	1 094
薄层硅钾质中性粗骨土	7.33	8.40	6.10	0.52	7.06	1 594
薄层硅钾质棕壤性土	7.04	8.30	6.40	0.30	4.33	339
薄层硅铝质黄棕壤性土	7.04	7.20	6.90	0.07	1.03	106
薄层硅铝质中性粗骨土	7.30	8.60	6.00	0.69	9.50	579
薄层硅铝质棕壤性土	6.98	8.60	5.40	0.57	8.22	2 244
薄层硅镁铁质中性粗骨土	7.22	8.20	6.50	0.53	7.32	467
薄层硅镁铁质棕壤性土	7.27	7.30	7.20	0.05	0.71	6
薄层泥质中性粗骨土	7.65	8.30	6.10	0.40	5.18	2 011
薄层砂质石灰性紫色土	7.90	8.00	7.80	0.07	0.90	5
薄层砂质中性紫色土	7.97	8.20	7.00	0.34	4.29	108
薄层黏质灌淤潮土	7.72	8.00	7.30	0.25	3.26	13
底砾层冲积湿潮土	8.17	8.30	8.00	0.07	0.81	67
底砾层洪积潮土	7.96	8.30	7.10	0.37	4.71	75
底砾砂壤土	7.15	7.20	7.00	0.06	0.84	22
底砂两合土	7.92	8.10	7.10	0.26	3.26	44
底砂小两合土	7.45	8.20	6.70	0.45	6.07	312
底砂淤土	8.05	8.20	7.90	0.13	1.61	11
硅质中性石质土	7.12	8.20	5.60	0.44	6.11	7 486
红黄土覆盖褐土性土	8.18	8.20	8.00	0.04	0.52	84
红黄土质褐土	8.06	8.50	6.80	0.23	2.85	3 667
红黄土质褐土性土	7.98	8.60	6.20	0.36	4.47	3 881
红黄土质淋溶褐土	7.70	8.40	6.00	0.79	10.30	265
红黄土质石灰性褐土	8.18	8.50	7.30	0.22	2.67	3 876
红黏土	7.73	8.50	6.10	0.45	5.87	6 448
洪积灰砂土	6.33	6.60	6.10	0.18	2.84	29
洪积两合土	6.47	8.00	6.00	0.46	7.13	81

（续表）

省土种名称	平均值	最大值	最小值	标准差	变异系数	样本数
厚层堆垫褐土性土	7.53	8.00	6.80	0.29	3.86	125
厚层硅钾质淋溶褐土	7.02	7.10	6.90	0.10	1.41	13
厚层硅铝质淋溶褐土	7.43	7.90	7.10	0.24	3.21	240
厚层硅铝质棕壤	7.24	7.90	6.90	0.25	3.39	213
厚层硅镁铁质中性粗骨土	8.10	8.10	8.10	0.00	0.00	5
厚层硅镁铁质棕壤	7.29	7.50	6.60	0.23	3.20	21
厚层硅质褐土性土	8.18	8.20	8.10	0.04	0.54	9
厚层硅质棕壤	7.23	7.40	7.00	0.09	1.24	195
厚层砂泥质褐土性土	7.43	8.30	6.00	0.47	6.34	2 042
厚层砂质石灰性紫色土	7.83	8.00	7.70	0.09	1.16	87
厚层砂质中性紫色土	7.27	8.00	6.30	0.46	6.35	368
厚层黏质灌淤潮土	7.68	8.10	7.30	0.23	3.01	33
黄土质褐土	7.79	8.30	6.90	0.27	3.42	3 743
黄土质棕壤	6.69	8.00	5.70	0.47	7.05	90
砾质洪积潮土	7.09	7.20	7.00	0.04	0.60	17
砾质洪积褐土性土	7.09	7.60	6.90	0.15	2.18	221
两合土	7.79	8.20	6.80	0.32	4.07	390
泥质中性石质土	7.60	8.10	6.70	0.40	5.23	324
浅位多量砂姜红黄土覆盖褐土性土	8.16	8.20	8.10	0.05	0.66	7
浅位多量砂姜红黄土质褐土	7.99	8.40	7.30	0.28	3.51	273
浅位多量砂姜红黏土	8.14	8.30	8.00	0.06	0.79	196
浅位多量砂姜石灰性红黏土	7.81	8.20	7.20	0.24	3.02	147
浅位钙盘砂姜红黄土质褐土性土	7.87	8.20	6.80	0.49	6.18	92
浅位钙盘砂姜石灰性红黏土	8.16	8.20	8.00	0.05	0.62	255
浅位钙盘黏质洪积石灰性砂姜黑土	7.99	8.10	7.80	0.08	1.04	11
浅位厚壤淤土	8.00	8.00	8.00	0.00	0.00	5
浅位厚砂两合土	7.98	8.10	7.70	0.07	0.89	53
浅位壤砂质潮土	8.15	8.20	8.10	0.06	0.71	4
浅位砂两合土	7.76	8.10	7.30	0.26	3.35	40
浅位砂小两合土	7.90	8.10	7.60	0.14	1.73	16
浅位砂淤土	8.18	8.20	8.10	0.05	0.61	4
浅位少量砂姜红黄土覆盖褐土性土	8.18	8.30	8.10	0.04	0.50	92
浅位少量砂姜红黄土质褐土性土	7.86	8.50	6.30	0.37	4.76	2 174
浅位少量砂姜红黏土	7.80	8.50	6.70	0.29	3.76	1 247
浅位少量砂姜黄土质石灰性褐土	7.79	8.10	7.30	0.24	3.05	200
浅位少量砂姜石灰性红黏土	7.90	8.30	6.80	0.29	3.64	969
轻壤质黄土质石灰性褐土	7.71	8.10	7.30	0.25	3.23	114
壤盖洪积石灰性砂姜黑土	7.64	8.10	6.90	0.33	4.36	30
壤质潮褐土	7.70	8.30	5.90	0.45	5.87	622
壤质冲积湿潮土	7.39	7.90	6.90	0.34	4.57	37
壤质洪冲积淋溶褐土	7.14	8.10	6.40	0.28	3.95	310

（续表）

省土种名称	平均值	最大值	最小值	标准差	变异系数	样本数
壤质洪积潮土	7.53	8.50	6.60	0.45	5.94	658
壤质洪积褐土	7.84	8.10	6.70	0.23	2.91	579
壤质洪积褐土性土	7.15	8.10	6.70	0.24	3.29	186
壤质洪积湿潮土	8.27	8.50	7.00	0.29	3.51	220
壤质洪积石灰性褐土	7.93	8.30	7.30	0.21	2.68	571
砂质潮土	7.89	8.10	7.40	0.17	2.10	55
砂质洪积湿潮土	6.67	7.20	6.00	0.27	4.02	44
少量砂姜黄土质石灰性褐土	7.86	8.10	7.40	0.25	3.20	89
深位多量砂姜红黄土质石灰性褐土	7.69	8.20	7.30	0.32	4.12	59
深位多量砂姜黄土质石灰性褐土	7.45	7.60	7.40	0.08	1.05	24
深位钙盘红黄土质褐土	8.19	8.40	8.10	0.05	0.59	235
深位钙盘洪积潮土	8.00	8.00	8.00	0.00	0.00	4
深位钙盘砂姜石灰性红黏土	8.18	8.30	8.10	0.05	0.57	62
深位钙盘黏质洪积石灰性砂姜黑土	8.00	8.20	7.70	0.10	1.31	41
深位少量砂姜红黄土质褐土	7.73	7.90	7.50	0.12	1.56	14
深位少量砂姜黄土质石灰性褐土	7.41	7.50	7.30	0.05	0.65	17
石灰性红黏土	7.89	8.60	6.80	0.37	4.66	2 501
脱潮底砂小两合土	7.11	7.20	7.00	0.08	1.12	23
脱潮两合土	7.27	8.10	7.00	0.25	3.50	95
脱潮小两合土	7.12	7.80	6.80	0.24	3.43	89
小两合土	7.55	8.30	6.80	0.44	5.83	565
淤土	8.06	8.40	7.50	0.17	2.13	323
黏质潮褐土	8.13	8.30	7.90	0.08	1.03	154
黏质冲积湿潮土	8.17	8.20	8.00	0.05	0.62	49
黏质洪积潮土	8.10	8.30	7.50	0.14	1.67	92
黏质洪积褐土	7.85	8.30	7.30	0.20	2.56	415
黏质洪积湿潮土	6.48	7.90	6.00	0.53	8.10	78
黏质洪积石灰性褐土	8.33	8.50	8.10	0.08	0.92	369
中层钙质褐土性土	8.07	8.30	7.90	0.10	1.26	169
中层钙质淋溶褐土	7.24	7.30	7.10	0.07	0.99	164
中层硅钾质褐土性土	7.19	8.50	6.40	0.47	6.54	998
中层硅钾质淋溶褐土	7.40	8.40	6.80	0.48	6.46	697
中层硅钾质棕壤	7.15	7.70	6.80	0.16	2.23	342
中层硅钾质棕壤性土	7.21	7.50	7.10	0.11	1.52	64
中层硅铝质褐土性土	7.27	8.40	6.20	0.57	7.82	1 077
中层硅铝质黄棕壤	6.87	7.10	6.50	0.14	2.02	41
中层硅铝质棕壤	7.12	8.40	5.90	0.20	2.87	3 727
中层硅铝质棕壤性土	7.10	7.60	6.80	0.12	1.63	364
中层硅镁铁质中性粗骨土	7.72	8.20	6.90	0.40	5.15	66
中层硅镁铁质棕壤性土	7.18	8.40	6.70	0.16	2.27	1 941
中层硅质粗骨土	7.84	8.20	6.60	0.44	5.56	472

（续表）

省土种名称	平均值	最大值	最小值	标准差	变异系数	样本数
中层硅质淋溶褐土	7.22	7.60	7.00	0.19	2.59	34
中层硅质棕壤	7.17	7.50	6.90	0.12	1.62	199
中层硅质棕壤性土	7.12	8.00	6.90	0.20	2.84	76
中层红黄土质褐土性土	7.90	8.40	7.30	0.21	2.65	1 740
中层泥质淋溶褐土	7.40	8.10	6.70	0.41	5.60	316
中层砂泥质褐土性土	7.56	8.30	6.20	0.43	5.66	3 280
中层砂泥质黄棕壤性土	6.99	7.70	6.30	0.21	2.99	232
中层砂泥质棕壤	7.23	7.60	7.10	0.09	1.29	324
中层砂泥质棕壤性土	7.05	7.40	6.80	0.10	1.36	771
中层砂质石灰性紫色土	7.76	8.00	7.40	0.23	2.97	5
中层砂质中性紫色土	7.54	8.30	6.90	0.53	7.09	112
中壤质黄土质石灰性褐土	8.30	8.40	8.20	0.06	0.76	6
总计或平均	7.60	8.60	5.40	0.24	3.21	74 882

四、不同地貌类型土壤 pH 值状况

从地貌类型看，小起伏低山（黄土低山）、倾斜的洪积（山麓冲积）平原 pH 值最高，大起伏中山、中起伏中山最低，见表 3-62。

表 3-62　洛阳市耕地土壤 pH 值按地貌类型统计结果

地貌类型	平均值	最大值	最小值	标准差	变异系数	样本数
大起伏中山	7.05	8.60	5.40	0.42	6.02	10 342
泛滥平坦地	7.55	8.30	6.50	0.41	5.43	864
高丘陵	7.79	8.20	7.10	0.19	2.43	1 661
河谷平原	7.98	8.50	6.20	0.33	4.15	8 466
黄河滩地	7.67	8.10	7.30	0.26	3.36	913
黄土平梁	7.99	8.60	6.20	0.33	4.12	6 807
黄土丘陵	7.85	8.40	6.30	0.38	4.78	9 929
黄土塬	7.70	8.30	7.20	0.26	3.35	2 660
基岩高台地	7.71	8.10	7.30	0.16	2.02	742
倾斜的洪积（山麓冲积）平原	8.00	8.10	7.80	0.06	0.73	750
小起伏低山（黄土低山）	8.31	8.60	8.00	0.08	0.93	3 826
小起伏低山（侵蚀剥削）	7.52	8.20	6.00	0.40	5.28	6 962
小起伏低山（溶蚀侵蚀）	7.61	8.00	6.20	0.26	3.40	2 455
小起伏中山	7.38	8.10	6.30	0.47	6.41	811
早期堆积台地	7.51	8.40	6.40	0.53	7.08	3 036
中起伏低山	7.44	8.40	6.30	0.50	6.69	1 433
中起伏中山	7.19	8.50	5.60	0.42	5.79	13 225
总计或平均	7.60	8.60	5.40	0.32	4.23	74 882

五、不同土壤质地 pH 值状况

在不同质地的土壤中，重壤土、紧砂土 pH 值较高，砂壤土、轻壤土 pH 值较低，见表 3-63。

表 3-63　洛阳市耕地土壤 pH 值按质地统计结果

质地	平均值	最大值	最小值	标准差	变异系数	样本数
紧砂土	7.83	8.20	7.40	0.17	2.17	37
轻壤土	7.44	8.20	6.70	0.42	5.69	571
轻黏土	7.68	8.10	7.30	0.23	3.01	33
砂壤土	7.45	8.30	6.00	0.53	7.13	682
中壤土	7.54	8.60	5.40	0.54	7.12	59 850
重壤土	7.83	8.60	6.00	0.42	5.35	13 709
总计或平均	7.60	8.60	5.40	0.39	5.08	74 882

第八节　土壤中微量元素

作物所需要的中微量元素主要来自土壤，中微量元素的种类主要有有效硫、有效铁、有效锰、有效锌、有效铜、水溶性硼、有效钼等。它们多属植物体中酶或辅酶的组成成分，有很强的专一性，是生物正常生长发育和生活所不可缺少、不可相互代替的营养元素。土壤有效态中微量元素含量的高低，是反映土壤供给能力的指标。

一、有效硫

硫是作物生长发育所必需的中量营养元素，在植物体内参与重要的生理过程，是含硫氨基酸和蛋白质的必要组成元素。植物缺硫时，会导致蛋白质、叶绿素的合成受阻，出现生长停滞、植株矮小瘦弱、嫩叶褪绿黄化、产量降低等不良后果。土壤硫中易溶性硫、吸附性硫和部分有机态硫为土壤有效硫，较易为植物吸收利用，是植物硫素营养的主要来源。近年来，大量施用磷铵、尿素等高浓度无硫化肥，而过磷酸钙、硫铵等含硫化肥用量减少，有机肥及含硫农药用量也逐渐减少，致使每年施入土壤的硫量逐年减少。土地复种指数及作物产量提高，作物生长所需要的硫量以及随收获物带走的硫量增加；一些有机质含量少，质地粗的土壤，硫含量低；在雨水多的地区，从排水和渗漏水中流失的硫较多，使土壤硫含量下降。

（一）耕层土壤有效硫含量及分布概况

洛阳市耕层土壤有效硫平均含量 20.88mg/kg。从县市区看，孟津县、宜阳县含量较高，嵩县、洛宁县较低。从直方图数据表可以看出，93.15%的评价单元有效硫含量在 35mg/kg 以下，见表 3-64、表 3-65、表 3-66。

表 3-64　洛阳市土壤有效硫含量分布直方图数据

养分含量（mg/kg）	频率	累积（%）
<15	26 524	35.42
15.1~20	18 687	24.96
20.1~35	24 541	32.79
35.1~45	3 652	4.86
>45	1 478	1.97

表 3-65　洛阳市耕地土壤有效硫按县市区统计结果　　单位：mg/kg

县市区	平均值	最大值	最小值	标准差	变异系数	样本数
栾川县	17.63	185.80	6.90	5.89	33.40	14 528
洛宁县	12.17	55.80	4.10	4.45	36.60	8 263

（续表）

县市区	平均值	最大值	最小值	标准差	变异系数	样本数
孟津县	39.50	101.90	12.20	10.43	26.40	4 173
汝阳县	20.08	42.20	8.50	3.40	16.91	6 272
嵩县	8.97	41.70	1.50	3.92	43.65	14 290
新安县	25.01	58.80	12.00	4.86	19.44	8 474
偃师市	15.23	37.50	4.80	5.25	34.46	3 831
伊川县	22.80	52.80	9.00	4.93	21.64	5 886
宜阳县	28.62	72.20	10.90	6.73	23.53	9 165
总计或平均	20.88	185.8	1.50	5.54	28.45	74 882

表 3-66　各地力等级耕层土壤有效硫含量及面积

级别		一级地	二级地	三级地	四级地	五级地
含量（mg/kg）	平均值	20.58	20.85	24.55	18.66	16.69
	最大值	52.10	67.10	88.90	185.80	113.40
	最小值	4.30	2.50	2.70	2.20	1.50
	标准差	10.14	11.83	10.93	9.54	7.46
	变异系数	49.28	56.74	44.52	51.14	44.70
面积（hm²）		52 557.5	82 014.4	121 933.0	117 518.7	59 537.5
占总耕地（%）		12.12	18.92	28.12	27.11	13.73

（二）耕层土壤有效硫丰缺分级情况

洛阳市耕层土壤有效硫含量，三级（中）占 42.1%，五级（低）占 29.8%，说明洛阳市土壤多数处于有效硫缺乏状态，见表 3-67、表 3-68、表 3-69。

表 3-67　耕层土壤有效硫丰缺分级及面积　　　　　　　　　单位：mg/kg

分级标准		平均值	最大值	最小值	标准差	变异系数	样本数	面积（hm²）
一级（高）	>45	50.53	185.80	45.10	7.32	14.50	1 478	13 107.0
二级（较高）	35.1~45	39.81	45.00	35.10	2.91	7.32	3 652	33 209.9
三级（中）	20.1~35	25.88	35.00	20.10	3.80	14.68	24 541	182 516.3
四级（较低）	15.1~20	17.40	20.00	15.10	1.35	7.73	18 687	75 645.5
五级（低）	≤15	9.88	15.00	1.50	2.88	29.14	26 524	129 082.4
平均值/合计		20.88	185.8	1.50	3.65	14.67	74 882	433 561.1

表 3-68　洛阳市土壤有效硫含量分级面积　　　　　　　　　单位：mg/kg

分级标准	一级（高） >45	二级（较高） 35.1~45	三级（中） 20.1~35	四级（较低） 15.1~20.0	五级（低） ≤15	总合计 （hm²）
栾川县	139.2	241.4	2 719.7	11 536.8	4 193.7	18 830.7
洛宁县	36.8	168.8	2 935.3	7 680.7	47 452.8	58 274.4
孟津县	11 156.9	19 581.1	8 900.9	839.5	416.5	40 894.9
汝阳县		22.8	20 976.2	9 484.6	1 656.2	32 139.8

（续表）

分级标准	一级（高）	二级（较高）	三级（中）	四级（较低）	五级（低）	总合计（hm²）
	>45	35.1~45	20.1~35	15.1~20.0	≤15	
嵩县		8.4	878.1	1 128.0	45 874.4	47 888.9
新安县	20.7	752.2	39 787.1	8 525.7	431.4	49 517.1
偃师县		53.6	7 879.9	15 542.8	27 321.7	50 797.9
伊川	49.2	762.0	44 226.1	17 172.6	1 378.8	63 588.8
宜阳县	1 704.1	11 619.8	54 213.0	3 734.8	356.8	71 628.5
合计	13 107.0	33 209.9	182 516.3	75 645.5	129 082.4	433 561.1
占（%）	3.02	7.66	42.10	17.45	29.77	100.00

表 3-69　耕层土壤有效硫丰缺分级及面积　　　　单位：mg/kg

分级标准	一级（高）	二级（较高）	三级（中）	四级（较低）	五级（低）	总合计（hm²）
	>45	35.1~45	20.1~35	15.1~20	≤15	
面积（hm²）	13 107.0	33 209.9	182 516.3	75 645.5	129 082.4	433 561.1
面积（%）	3.0	7.7	42.1	17.4	29.8	100.0

（三）不同土壤类型耕层土壤有效硫情况

在耕地土类中有效硫含量以紫色土、褐土、砂姜黑土较高，黄棕壤、棕壤较低。不同土种中，中层砂质石灰性紫色土、深位少量砂姜黄土质石质土较高，薄层硅铝质黄棕壤性土、洪积灰砂土、洪积两合土、黄土质棕壤较低，见表 3-70、表 3-71。

表 3-70　洛阳市耕地土壤有效硫按土壤类型统计结果　　　　单位：mg/kg

土类	平均值	最大值	最小值	标准偏差	变异系数（%）
潮土	18	186	2	9.67	53.91
粗骨土	18	61	3	8.28	46.34
褐土	22	113	3	10.89	50.47
红黏土	19	72	3	9.86	51.31
黄棕壤	8	13	5	1.20	15.74
砂姜黑土	22	39	18	3.55	15.91
石质土	16	68	2	7.62	49.17
水稻土	21	29	15	3.24	15.81
紫色土	25	51	14	5.69	22.89
棕壤	16	96	2	5.79	35.68

表 3-71　洛阳市耕地土壤有效硫按土种统计结果　　　　单位：mg/kg

省土种名称	平均值	最大值	最小值	标准差	变异系数	样本数
表潜潮青泥田	20.53	29.30	15.10	3.24	15.81	106
薄层钙质粗骨土	21.32	58.80	8.50	5.89	27.63	1 094
薄层硅钾质中性粗骨土	17.00	48.50	4.90	7.84	46.12	1 594
薄层硅钾质棕壤性土	16.05	29.70	5.20	4.58	28.56	339
薄层硅铝质黄棕壤性土	9.00	12.60	7.40	0.98	10.89	106

（续表）

省土种名称	平均值	最大值	最小值	标准差	变异系数	样本数
薄层硅铝质中性粗骨土	13.51	47.70	5.10	7.99	59.11	579
薄层硅铝质棕壤性土	12.78	37.80	3.80	4.92	38.49	2 244
薄层硅镁铁质中性粗骨土	26.60	61.30	15.20	5.76	21.66	467
薄层硅镁铁质棕壤性土	30.45	30.80	30.00	0.30	0.99	6
薄层泥质中性粗骨土	15.05	57.60	3.20	7.92	52.63	2 011
薄层砂质石灰性紫色土	28.46	29.90	26.70	1.31	4.59	5
薄层砂质中性紫色土	22.37	30.80	16.80	4.42	19.78	108
薄层黏质灌淤潮土	33.85	42.80	18.90	8.07	23.84	13
底砾层冲积湿潮土	24.42	41.20	17.30	5.17	21.17	67
底砾层洪积潮土	13.49	25.50	5.30	6.89	51.09	75
底砾砂壤土	16.10	17.40	15.00	0.94	5.84	22
底砂两合土	10.32	14.60	7.70	1.68	16.27	44
底砂小两合土	20.46	44.00	7.20	6.94	33.94	312
底砂淤土	20.09	22.80	17.40	2.09	10.40	11
硅质中性石质土	15.40	67.50	1.50	7.67	49.78	7 486
红黄土覆盖褐土性土	23.52	31.10	12.80	4.66	19.84	84
红黄土质褐土	22.83	58.10	4.30	11.08	48.53	3 667
红黄土质褐土性土	20.65	67.50	3.30	10.64	51.53	3 881
红黄土质淋溶褐土	14.17	32.50	3.80	6.68	47.17	265
红黄土质石灰性褐土	16.57	55.80	4.70	8.65	52.23	3 876
红黏土	18.44	70.40	2.90	9.34	50.67	6 448
洪积灰砂土	4.50	6.70	2.00	1.21	26.82	29
洪积两合土	6.10	14.30	2.50	3.34	54.76	81
厚层堆垫褐土性土	18.84	29.60	4.80	6.96	36.92	125
厚层硅钾质淋溶褐土	28.81	29.60	28.00	0.44	1.52	13
厚层硅铝质淋溶褐土	28.96	72.20	13.90	11.87	40.97	240
厚层硅铝质棕壤	16.61	33.70	10.70	5.87	35.37	213
厚层硅镁铁质中性粗骨土	19.78	20.20	19.20	0.42	2.13	5
厚层硅镁铁质棕壤	32.87	46.60	24.80	7.30	22.22	21
厚层硅质褐土性土	20.48	24.00	14.90	3.24	15.80	9
厚层硅质棕壤	19.55	28.80	11.90	3.89	19.89	195
厚层砂泥质褐土性土	16.75	55.10	2.70	7.78	46.44	2 042
厚层砂质石灰性紫色土	27.31	29.50	25.30	1.26	4.60	87
厚层砂质中性紫色土	26.52	37.00	14.40	5.47	20.63	368
厚层黏质灌淤潮土	36.64	45.90	15.70	9.26	25.28	33
黄土质褐土	28.52	88.90	7.30	13.88	48.68	3 743
黄土质棕壤	7.88	31.20	2.20	6.18	78.40	90
砾质洪积潮土	16.75	17.50	16.10	0.49	2.91	17
砾质洪积褐土性土	16.94	32.30	11.20	2.38	14.06	221
两合土	16.43	29.60	6.60	5.63	34.25	390
泥质中性石质土	17.92	30.30	6.70	6.10	34.02	324

（续表）

省土种名称	平均值	最大值	最小值	标准差	变异系数	样本数
浅位多量砂姜红黄土覆盖褐土性土	18.63	23.50	16.50	3.20	17.19	7
浅位多量砂姜红黄土质褐土	28.23	56.90	15.40	11.35	40.19	273
浅位多量砂姜红黏土	21.47	33.50	9.80	5.37	24.99	196
浅位多量砂姜石灰性红黏土	10.57	29.00	4.80	6.65	62.97	147
浅位钙盘砂姜红黄土质褐土性土	20.20	25.90	15.60	2.24	11.11	92
浅位钙盘砂姜石灰性红黏土	25.49	52.80	16.60	5.10	19.99	255
浅位钙盘黏质洪积石灰性砂姜黑土	22.30	33.20	19.40	3.74	16.78	11
浅位厚壤淤土	23.92	25.90	22.30	1.60	6.69	5
浅位厚砂两合土	12.55	19.70	6.50	2.66	21.19	53
浅位壤砂质潮土	23.18	25.50	20.70	2.08	8.98	4
浅位砂两合土	28.02	43.20	14.30	9.29	33.15	40
浅位砂小两合土	30.84	49.40	14.10	13.53	43.87	16
浅位砂淤土	30.05	41.80	22.20	8.79	29.25	4
浅位少量砂姜红黄土覆盖褐土性土	25.12	37.30	16.30	5.54	22.03	92
浅位少量砂姜红黄土质褐土性土	21.50	54.00	5.10	9.61	44.70	2 174
浅位少量砂姜红黏土	18.20	69.80	4.80	10.16	55.81	1 247
浅位少量砂姜黄土质石灰性褐土	31.28	54.40	16.20	9.74	31.15	200
浅位少量砂姜石灰性红黏土	17.40	52.30	4.70	10.52	60.47	969
轻壤质黄土质石灰性褐土	39.99	49.80	24.80	5.52	13.81	114
壤盖洪积石灰性砂姜黑土	21.55	24.50	20.00	1.22	5.66	30
壤质潮褐土	21.79	52.10	3.50	11.52	52.85	622
壤质冲积湿潮土	20.64	44.30	5.00	12.69	61.49	37
壤质洪冲积淋溶褐土	21.84	38.10	9.50	7.84	35.89	310
壤质洪积潮土	18.49	185.80	4.30	12.36	66.84	658
壤质洪积褐土	22.02	33.80	9.80	4.76	21.60	579
壤质洪积褐土性土	18.65	32.30	12.80	4.93	26.43	186
壤质洪积湿潮土	10.32	32.50	4.10	4.49	43.48	220
壤质洪积石灰性褐土	26.62	49.10	11.60	7.35	27.60	571
砂质潮土	22.47	43.20	9.00	10.50	46.71	55
砂质洪积湿潮土	6.98	8.80	3.50	1.65	23.59	44
少量砂姜黄土质石灰性褐土	17.90	28.40	14.00	3.73	20.84	89
深位多量砂姜红黄土质石灰性褐土	30.58	50.90	6.40	19.71	64.45	59
深位多量砂姜黄土质石灰性褐土	44.95	49.50	37.30	4.24	9.44	24
深位钙盘红黄土质褐土	22.25	32.20	12.40	4.08	18.34	235
深位钙盘洪积潮土	20.15	20.40	19.60	0.37	1.83	4
深位钙盘砂姜石灰性红黏土	24.66	30.50	15.60	3.97	16.09	62
深位钙盘黏质洪积石灰性砂姜黑土	22.80	39.10	17.70	4.49	19.71	41
深位少量砂姜红黄土质褐土	32.80	44.70	24.60	9.07	27.65	14
深位少量砂姜黄土质石灰性褐土	46.28	48.00	44.50	1.01	2.17	17
石灰性红黏土	21.97	72.20	5.00	10.57	48.13	2 501
脱潮底砂小两合土	16.85	18.10	15.60	0.98	5.82	23

（续表）

省土种名称	平均值	最大值	最小值	标准差	变异系数	样本数
脱潮两合土	23.45	55.70	12.70	11.39	48.58	95
脱潮小两合土	14.95	23.10	7.90	3.42	22.89	89
小两合土	20.26	59.60	6.90	8.85	43.66	565
淤土	18.47	42.10	7.80	6.39	34.61	323
黏质潮褐土	24.53	43.80	12.30	6.56	26.72	154
黏质冲积湿潮土	24.26	35.00	16.50	5.84	24.08	49
黏质洪积潮土	24.32	37.10	12.40	5.46	22.46	92
黏质洪积褐土	28.65	65.70	9.40	13.66	47.69	415
黏质洪积湿潮土	4.90	7.60	2.90	1.17	23.94	78
黏质洪积石灰性褐土	11.57	44.40	4.70	6.22	53.80	369
中层钙质褐土性土	15.39	31.40	5.30	7.71	50.08	169
中层钙质淋溶褐土	20.22	24.80	15.80	3.49	17.27	164
中层硅钾质褐土性土	19.71	113.40	3.30	10.29	52.18	998
中层硅钾质淋溶褐土	17.91	67.60	9.80	5.04	28.15	697
中层硅钾质棕壤	17.47	95.90	11.50	7.82	44.78	342
中层硅钾质棕壤性土	22.05	49.50	14.30	10.95	49.66	64
中层硅铝质褐土性土	24.79	62.90	3.40	11.04	44.55	1 077
中层硅铝质黄棕壤	7.83	10.20	6.00	0.99	12.63	41
中层硅铝质棕壤	15.85	41.70	5.90	4.21	26.58	3 727
中层硅铝质棕壤性土	24.52	44.50	12.10	9.11	37.16	364
中层硅镁铁质中性粗骨土	23.97	38.70	19.70	3.27	13.65	66
中层硅镁铁质棕壤性土	18.19	39.20	6.90	5.26	28.90	1 941
中层硅质粗骨土	20.59	37.90	3.90	8.38	40.67	472
中层硅质淋溶褐土	24.26	31.80	11.70	7.92	32.67	34
中层硅质棕壤	18.15	34.00	11.10	5.33	29.35	199
中层硅质棕壤性土	14.63	24.40	12.30	2.88	19.69	76
中层红黄土质褐土性土	27.36	101.90	10.60	11.00	40.21	1 740
中层泥质淋溶褐土	15.88	39.90	6.40	5.57	35.06	316
中层砂泥质褐土性土	17.77	46.10	3.60	6.50	36.62	3 280
中层砂泥质黄棕壤性土	6.91	8.50	4.50	0.59	8.53	232
中层砂泥质棕壤	21.78	51.20	9.90	5.57	25.56	324
中层砂泥质棕壤性土	15.11	23.90	10.70	2.71	17.95	771
中层砂质石灰性紫色土	42.56	50.70	31.10	9.73	22.85	5
中层砂质中性紫色土	19.00	28.10	16.10	2.83	14.88	112
中壤质黄土质石灰性褐土	6.95	7.30	6.00	0.50	7.21	6
总计或平均	20.88	185.8	1.50	6.02	30.09	74 882

（四）不同地貌类型耕地土壤有效硫含量状况

从地貌类型看，小起伏低山（黄土低山）、倾斜的洪积（山麓冲积）平原、中起伏低山有效硫含量较低，基岩高台地、黄土塬等地貌类型较高，见表3-72。

表 3-72　洛阳市耕地土壤有效硫按地貌类型统计结果　　　　单位：mg/kg

地貌类型	平均值	最大值	最小值	标准差	变异系数	样本数
大起伏中山	16.28	95.90	1.50	7.04	43.24	10 342
泛滥平坦地	20.52	33.80	8.50	3.73	18.16	864
高丘陵	21.68	31.00	12.20	3.56	16.41	1 661
河谷平原	20.29	66.60	2.90	10.11	49.81	8 466
黄河滩地	32.74	53.30	12.70	11.99	36.63	913
黄土平梁	23.76	67.50	4.10	8.98	37.78	6 807
黄土丘陵	17.08	61.10	4.30	8.80	51.53	9 929
黄土塬	37.73	101.90	7.30	12.79	33.91	2 660
基岩高台地	41.07	72.20	17.70	8.29	20.19	742
倾斜的洪积（山麓冲积）平原	12.44	22.00	8.50	2.13	17.14	750
小起伏低山（黄土低山）	12.04	27.10	4.20	3.51	29.17	3 826
小起伏低山（侵蚀剥削）	15.85	43.70	3.30	7.89	49.78	6 962
小起伏低山（溶蚀侵蚀）	25.08	42.70	12.00	5.34	21.28	2 455
小起伏中山	29.47	38.10	20.50	2.15	7.29	811
早期堆积台地	19.73	42.90	8.30	4.88	24.75	3 036
中起伏低山	12.28	31.30	3.80	6.55	53.34	1 433
中起伏中山	17.21	185.80	2.00	7.81	45.38	13 225
总计或平均	20.88	185.8	1.50	6.80	32.69	74 882

（五）不同质地土壤有效硫含量状况

从土壤质地看，轻黏土、紧砂土有效硫含量较高，砂壤土较低，见表3-73。

表 3-73　洛阳市耕地土壤有效硫按土壤质地统计结果　　　　单位：mg/kg

质地	平均值	最大值	最小值	标准差	变异系数	样本数
紧砂土	27.90	43.20	18.60	7.82	28.04	37
轻壤土	23.53	49.80	7.20	10.70	45.48	571
轻黏土	36.64	45.90	15.70	9.26	25.28	33
砂壤土	18.38	59.60	2.00	9.32	50.71	682
中壤土	19.20	185.80	1.50	9.72	50.61	59 850
重壤土	19.31	72.20	2.90	9.99	51.75	13 709
总计或平均	20.88	185.8	1.50	9.47	41.98	74 882

二、水溶性硼

硼对植物体内碳水化合物的运转起重要作用。硼对作物生殖器官的形成是不可缺少的，花的柱头、子房、雌雄蕊中都含有相当数量的硼。缺硼最主要的特征就是籽实不能正常发育，甚至完全不能形成，出现"花而不实""蕾而不花"或"穗而不孕"等。硼对根系发育及根瘤菌的固氮能力都有促进作用。作物缺硼时，根的尖端受害，分生组织退化，有的生长点死亡。作物开花少，受精差，落花落果严重，根系不发达。硼能增强作物的抗逆性，提高其抗病、抗寒、抗旱能力。洛阳市土壤中水溶性硼的含量差异较大，多数土壤缺乏水溶性硼，种植对硼敏感的作物，如油菜、甘蓝等应该重视施用硼肥。棉花在开花期喷硼，能改善碳水化合物的运转，减少落蕾落铃。

（一）耕层土壤水溶性硼含量及分布概况

洛阳市耕层土壤水溶性硼平均含量 0.43mg/kg。从县市区看，孟津县、嵩县含量较高，栾川县、洛宁县较低。从直方图数据表可以看出，94.67%的评价单元水溶性硼含量在0.8mg/kg以下，见表3-74、表3-75、表3-76。

表3-74　洛阳市土壤水溶性硼含量分布直方图数据

养分含量（mg/kg）	频率	累积（%）
<0.4	39 109	52.23
0.41~0.5	15 602	20.83
0.51~0.8	16 180	21.61
0.81~1.0	3 499	4.67
>1.0	492	0.66

表3-75　洛阳市耕地土壤水溶性硼按县市区统计结果　　　　　单位：mg/kg

县市区	平均值	最大值	最小值	标准差	变异系数	样本数
栾川县	0.12	0.98	0.03	0.07	55.29	14 528
洛宁县	0.11	0.73	0.03	0.06	55.83	8 263
孟津县	0.83	1.34	0.44	0.09	11.27	4 173
汝阳县	0.48	1.11	0.15	0.14	29.81	6 272
嵩县	0.56	1.95	0.10	0.16	29.28	14 290
新安县	0.44	1.36	0.17	0.09	19.76	8 474
偃师市	0.58	1.31	0.22	0.13	23.36	3 831
伊川县	0.34	0.68	0.16	0.07	20.62	5 886
宜阳县	0.40	1.68	0.11	0.11	27.47	9 165
总计或平均	0.43	1.95	0.03	0.10	30.30	74 882

表3-76　各地力等级耕层土壤水溶性硼含量及面积

级别		一级地	二级地	三级地	四级地	五级地
含量（mg/kg）	平均值	0.49	0.55	0.42	0.36	0.32
	最大值	1.36	1.34	1.76	1.95	1.78
	最小值	0.06	0.04	0.03	0.03	0.03
	标准差	0.21	0.20	0.21	0.24	0.22
	变异系数	43.57	35.99	50.56	66.31	67.31
面积（hm²）		52 557.5	82 014.4	121 933.0	117 518.7	59 537.5
占总耕地（%）		12.12	18.92	28.12	27.11	13.73

（二）耕层土壤水溶性硼丰缺情况

洛阳市耕层土壤水溶性硼含量，三级（中）占25.2%，四级（较低）占22.9%，五级（低）占43.8%，说明洛阳市多数土壤水溶性硼处于缺乏状态，见表3-77、表3-78、表3-79。

表3-77　耕层土壤水溶性硼丰缺分级及面积　　　　　单位：mg/kg

分级标准		平均值	最大值	最小值	标准差	变异系数	样本数	面积（hm²）
一级（高）	>1.0	1.14	1.95	1.01	0.14	12.43	492	1 844.3
二级（较高）	0.81~1.0	0.88	1.00	0.80	0.05	5.93	3 789	33 450.3
三级（中）	0.51~0.8	0.61	0.79	0.51	0.08	13.27	15 890	109 140.6

（续表）

分级标准		平均值	最大值	最小值	标准差	变异系数	样本数	面积（hm²）
四级（较低）	0.41~0.5	0.45	0.50	0.40	0.03	6.77	17 088	99 304.6
五级（低）	≤0.4	0.20	0.39	0.03	0.12	58.61	37 623	189 821.3
平均值/合计		0.43	1.95	0.03	0.08	19.40	74 882	433 561.1

表3-78　洛阳市土壤水溶性硼含量分级面积　　　单位：mg/kg

分级标准	一级（高）	二级（较高）	三级（中）	四级（较低）	五级（低）	总合计（hm²）
	>1.0	0.81~1	0.51~0.8	0.41~0.5	≤0.4	
栾川县		12.9	47.5	242.7	18 527.6	18 830.7
洛宁县			31.2	170.6	58 072.5	58 274.4
孟津县	408.8	27 662.1	12 544.0	279.9		40 894.9
汝阳县	14.6	768.3	18 248.8	7 674.4	5 433.6	32 139.8
嵩　县	1 090.2	2 182.2	24 702.4	16 289.9	3 624.3	47 888.9
新安县	62.8	122.0	13 073.1	23 853.7	12405.4	49 517.1
偃师县	230.7	2 325.1	31 907.6	11 066.1	5 268.5	50 797.9
伊川县			3 160.5	10 786.3	49 642.0	63 588.8
宜阳县	37.2	377.7	5 425.5	28 940.8	36 847.3	71 628.5
合　计	1 844.3	33 450.3	109 140.6	99 304.6	189 821.3	433 561.1
占（%）	0.43	7.72	25.17	22.90	43.78	100.00

表3-79　耕层土壤水溶性硼丰缺分级及面积　　　单位：mg/kg

分级标准	一级（高）	二级（较高）	三级（中）	四级（较低）	五级（低）	总合计（hm²）
	>1.0	0.81~1.0	0.51~0.8	0.41~0.5	≤0.4	
面积（hm²）	1 844.3	33 450.3	109 140.6	99 304.6	189 821.3	433 561.1
面积（%）	0.4	7.7	25.2	22.9	43.8	100.0

（三）不同土壤类型耕层土壤水溶性硼含量情况

在耕地土类中水溶性硼含量以黄棕壤、砂姜黑土较高，棕壤、水稻土较低。不同土种中，厚层黏质灌淤潮土、浅位砂两合土、深位少量砂姜黄土质褐土较高，厚层硅钾质淋溶褐土、底砾砂壤土、厚层硅质棕壤较低，见表3-80、表3-81。

表3-80　洛阳市耕地土壤水溶性硼按土壤类型统计结果　　　单位：mg/kg

土类	平均值	最大值	最小值	标准偏差	变异系数（%）
潮土	0.41	1.29	0.06	0.24	59.27
粗骨土	0.47	1.78	0.03	0.23	47.90
褐土	0.41	1.95	0.03	0.25	61.25
红黏土	0.38	1.31	0.03	0.21	55.61
黄棕壤	0.62	1.32	0.41	0.10	16.78
砂姜黑土	0.59	0.77	0.39	0.08	13.25
石质土	0.45	1.12	0.07	0.12	26.54
水稻土	0.36	0.49	0.26	0.06	16.56

（续表）

土类	平均值	最大值	最小值	标准偏差	变异系数（%）
紫色土	0.40	0.94	0.06	0.12	31.42
棕壤	0.20	1.45	0.03	0.17	84.10

表3-81　洛阳市耕地土壤水溶性硼按土种统计结果　　　　单位：mg/kg

省土种名称	平均值	最大值	最小值	标准差	变异系数	样本数
表潜潮青泥田	0.36	0.49	0.26	0.06	16.56	106
薄层钙质粗骨土	0.40	0.97	0.08	0.22	55.36	1 094
薄层硅钾质中性粗骨土	0.42	1.68	0.03	0.25	59.33	1 594
薄层硅钾质棕壤性土	0.44	0.81	0.10	0.16	35.52	339
薄层硅铝质黄棕壤性土	0.54	0.62	0.41	0.03	6.24	106
薄层硅铝质中性粗骨土	0.49	1.05	0.07	0.21	43.98	579
薄层硅铝质棕壤性土	0.31	1.01	0.09	0.19	60.42	2 244
薄层硅镁铁质中性粗骨土	0.48	0.74	0.21	0.12	25.55	467
薄层硅镁铁质棕壤性土	0.42	0.42	0.42	0.00	0.00	6
薄层泥质中性粗骨土	0.56	1.78	0.14	0.22	39.98	2 011
薄层砂质石灰性紫色土	0.65	0.66	0.62	0.02	2.59	5
薄层砂质中性紫色土	0.41	0.61	0.26	0.10	22.96	108
薄层黏质灌淤潮土	0.83	0.97	0.70	0.09	10.67	13
底砾层冲积湿潮土	0.39	0.57	0.28	0.06	15.08	67
底砾层洪积潮土	0.51	1.15	0.26	0.22	42.89	75
底砾砂壤土	0.13	0.16	0.11	0.02	12.34	22
底砂两合土	0.45	0.84	0.30	0.09	19.41	44
底砂小两合土	0.36	0.88	0.08	0.24	66.19	312
底砂淤土	0.41	0.50	0.29	0.07	17.27	11
硅质中性石质土	0.45	1.12	0.07	0.12	26.11	7 486
红黄土覆盖褐土性土	0.35	0.49	0.25	0.06	18.13	84
红黄土质褐土	0.34	1.10	0.03	0.21	61.74	3 667
红黄土质褐土性土	0.35	1.04	0.03	0.21	58.92	3 881
红黄土质淋溶褐土	0.28	0.84	0.06	0.19	66.80	265
红黄土质石灰性褐土	0.22	1.06	0.03	0.18	79.64	3 876
红黏土	0.36	1.29	0.03	0.23	62.22	6 448
洪积灰砂土	0.53	0.69	0.46	0.07	12.62	29
洪积两合土	0.57	1.04	0.36	0.13	23.06	81
厚层堆垫褐土性土	0.39	0.88	0.06	0.17	43.18	125
厚层硅钾质淋溶褐土	0.15	0.16	0.14	0.01	3.93	13
厚层硅铝质淋溶褐土	0.34	0.54	0.09	0.15	43.60	240
厚层硅铝质棕壤	0.18	0.48	0.08	0.13	70.29	213
厚层硅镁铁质中性粗骨土	0.27	0.27	0.27	0.00	0.00	5
厚层硅镁铁质棕壤	0.46	0.57	0.43	0.04	8.86	21
厚层硅质褐土性土	0.43	0.50	0.34	0.06	15.01	9
厚层硅质棕壤	0.11	0.29	0.07	0.04	40.67	195

（续表）

省土种名称	平均值	最大值	最小值	标准差	变异系数	样本数
厚层砂泥质褐土性土	0.47	1.95	0.05	0.24	51.70	2 042
厚层砂质石灰性紫色土	0.46	0.55	0.41	0.04	8.32	87
厚层砂质中性紫色土	0.44	0.54	0.39	0.02	5.71	368
厚层黏质灌淤潮土	0.79	0.95	0.72	0.07	8.91	33
黄土质褐土	0.65	1.34	0.06	0.22	34.40	3 743
黄土质棕壤	0.55	0.71	0.30	0.09	16.01	90
砾质洪积潮土	0.13	0.18	0.09	0.03	24.66	17
砾质洪积褐土性土	0.10	0.15	0.05	0.02	18.56	221
两合土	0.51	1.23	0.07	0.23	44.37	390
泥质中性石质土	0.54	0.96	0.21	0.15	28.15	324
浅位多量砂姜红黄土覆盖褐土性土	0.34	0.40	0.29	0.05	13.85	7
浅位多量砂姜红黄土质褐土	0.48	1.03	0.20	0.26	54.77	273
浅位多量砂姜红黏土	0.38	0.58	0.22	0.10	25.29	196
浅位多量砂姜石灰性红黏土	0.57	0.86	0.27	0.16	29.00	147
浅位钙盘砂姜红黄土质褐土性土	0.45	0.80	0.22	0.19	40.99	92
浅位钙盘砂姜石灰性红黏土	0.34	0.45	0.23	0.05	15.90	255
浅位钙盘黏质洪积石灰性砂姜黑土	0.56	0.67	0.39	0.07	12.82	11
浅位厚壤淤土	0.72	0.72	0.71	0.01	0.76	5
浅位厚砂两合土	0.55	0.64	0.42	0.06	10.20	53
浅位壤砂质潮土	0.38	0.40	0.36	0.02	4.46	4
浅位砂两合土	0.75	0.90	0.62	0.09	12.10	40
浅位砂小两合土	0.71	0.79	0.66	0.03	4.77	16
浅位砂淤土	0.33	0.35	0.32	0.02	4.58	4
浅位少量砂姜红黄土覆盖褐土性土	0.32	0.41	0.26	0.04	10.83	92
浅位少量砂姜红黄土质褐土性土	0.50	1.71	0.07	0.22	43.42	2 174
浅位少量砂姜红黏土	0.45	1.22	0.04	0.18	39.27	1 247
浅位少量砂姜黄土质石灰性褐土	0.61	0.97	0.31	0.22	36.51	200
浅位少量砂姜石灰性红黏土	0.45	1.15	0.20	0.13	29.94	969
轻壤质黄土质石灰性褐土	0.77	0.94	0.40	0.15	18.96	114
壤盖洪积石灰性砂姜黑土	0.65	0.77	0.50	0.06	9.22	30
壤质潮褐土	0.55	1.76	0.07	0.23	42.29	622
壤质冲积湿潮土	0.40	0.69	0.09	0.23	58.41	37
壤质洪冲积淋溶褐土	0.28	0.58	0.05	0.16	57.88	310
壤质洪积潮土	0.44	1.29	0.06	0.23	53.85	658
壤质洪积褐土	0.53	1.36	0.36	0.11	21.33	579
壤质洪积褐土性土	0.20	0.74	0.06	0.21	92.13	186
壤质洪积湿潮土	0.13	0.76	0.06	0.11	85.83	220
壤质洪积石灰性褐土	0.48	0.99	0.18	0.20	41.83	571
砂质潮土	0.60	0.93	0.31	0.16	26.91	55
砂质洪积湿潮土	0.55	0.61	0.43	0.05	8.31	44
少量砂姜黄土质石灰性褐土	0.86	0.89	0.67	0.04	4.51	89

（续表）

省土种名称	平均值	最大值	最小值	标准差	变异系数	样本数
深位多量砂姜红黄土质石灰性褐土	0.80	0.95	0.63	0.11	13.08	59
深位多量砂姜黄土质石灰性褐土	0.90	0.97	0.85	0.03	3.29	24
深位钙盘红黄土质褐土	0.33	0.46	0.19	0.05	14.23	235
深位钙盘洪积潮土	0.56	0.56	0.55	0.01	1.04	4
深位钙盘砂姜石灰性红黏土	0.35	0.53	0.25	0.07	20.84	62
深位钙盘黏质洪积石灰性砂姜黑土	0.55	0.71	0.44	0.06	11.47	41
深位少量砂姜红黄土质褐土	0.73	0.79	0.68	0.03	4.30	14
深位少量砂姜黄土质石灰性褐土	0.92	0.96	0.88	0.02	2.11	17
石灰性红黏土	0.33	1.31	0.03	0.20	59.79	2 501
脱潮底砂小两合土	0.13	0.20	0.10	0.03	24.27	23
脱潮两合土	0.52	0.98	0.09	0.33	62.80	95
脱潮小两合土	0.16	0.86	0.08	0.17	94.61	89
小两合土	0.29	0.91	0.06	0.21	73.28	565
淤土	0.48	1.01	0.07	0.21	44.00	323
黏质潮褐土	0.39	0.68	0.26	0.10	25.10	154
黏质冲积湿潮土	0.34	0.45	0.27	0.04	12.72	49
黏质洪积潮土	0.39	0.81	0.27	0.11	29.33	92
黏质洪积褐土	0.60	1.14	0.28	0.20	32.71	415
黏质洪积湿潮土	0.56	0.92	0.23	0.15	27.23	78
黏质洪积石灰性褐土	0.11	0.42	0.05	0.06	52.51	369
中层钙质褐土性土	0.48	0.80	0.23	0.19	39.76	169
中层钙质淋溶褐土	0.09	0.12	0.08	0.02	15.99	164
中层硅钾质褐土性土	0.24	0.98	0.04	0.18	74.72	998
中层硅钾质淋溶褐土	0.16	0.63	0.04	0.11	69.44	697
中层硅钾质棕壤	0.10	0.18	0.07	0.02	18.16	342
中层硅钾质棕壤性土	0.10	0.14	0.08	0.02	17.08	64
中层硅铝质褐土性土	0.48	0.93	0.09	0.13	27.51	1 077
中层硅铝质黄棕壤	0.64	0.75	0.55	0.06	10.08	41
中层硅铝质棕壤	0.18	1.45	0.04	0.17	93.05	3 727
中层硅铝质棕壤性土	0.13	0.64	0.06	0.09	66.82	364
中层硅镁铁质中性粗骨土	0.53	0.75	0.25	0.15	28.31	66
中层硅镁铁质棕壤性土	0.16	0.71	0.03	0.11	68.94	1 941
中层硅质粗骨土	0.39	0.60	0.22	0.09	23.80	472
中层硅质淋溶褐土	0.36	0.47	0.12	0.16	43.60	34
中层硅质棕壤	0.11	0.41	0.05	0.04	41.74	199
中层硅质棕壤性土	0.16	0.52	0.09	0.11	66.70	76
中层红黄土质褐土性土	0.58	1.08	0.19	0.22	37.72	1 740
中层泥质淋溶褐土	0.26	0.73	0.06	0.24	95.29	316
中层砂泥质褐土性土	0.36	1.13	0.03	0.20	57.35	3 280
中层砂泥质黄棕壤性土	0.66	1.32	0.44	0.11	16.93	232
中层砂泥质棕壤	0.09	0.14	0.04	0.02	19.68	324

（续表）

省土种名称	平均值	最大值	最小值	标准差	变异系数	样本数
中层砂泥质棕壤性土	0.11	0.30	0.06	0.03	28.59	771
中层砂质石灰性紫色土	0.81	0.94	0.65	0.15	18.36	5
中层砂质中性紫色土	0.17	0.40	0.06	0.11	62.95	112
中壤质黄土质石灰性褐土	0.13	0.14	0.11	0.01	8.39	6
总计或平均	0.43	1.95	0.03	0.12	32.77	74 882

（四）不同地貌类型耕地土壤水溶性硼含量状况

从地貌类型看，小起伏低山（黄土低山）、大起伏中山、中起伏中山水溶性硼含量较低，基岩高台地、黄土塬等地貌较高，参见表3-82。

表 3-82　洛阳市耕地土壤水溶性硼按地貌类型统计结果　　　　单位：mg/kg

地貌类型	平均值	最大值	最小值	标准差	变异系数	样本数
大起伏中山	0.24	1.11	0.04	0.19	81.17	10 342
泛滥平坦地	0.62	1.03	0.18	0.15	24.18	864
高丘陵	0.49	0.96	0.17	0.11	21.59	1 661
河谷平原	0.42	1.36	0.03	0.20	48.35	8 466
黄河滩地	0.82	1.07	0.53	0.09	10.98	913
黄土平梁	0.31	1.68	0.03	0.15	49.33	6 807
黄土丘陵	0.45	1.29	0.08	0.15	32.95	9 929
黄土塬	0.81	1.34	0.38	0.14	17.82	2 660
基岩高台地	0.82	1.10	0.32	0.11	13.15	742
倾斜的洪积（山麓冲积）平原	0.54	0.81	0.34	0.09	16.45	750
小起伏低山（黄土低山）	0.10	0.73	0.03	0.06	58.87	3 826
小起伏低山（侵蚀剥削）	0.48	1.95	0.03	0.25	52.74	6 962
小起伏低山（溶蚀侵蚀）	0.41	0.66	0.22	0.04	10.59	2 455
小起伏中山	0.45	0.54	0.40	0.02	5.38	811
早期堆积台地	0.41	0.85	0.15	0.10	25.62	3 036
中起伏低山	0.52	1.32	0.19	0.16	31.79	1 433
中起伏中山	0.28	1.50	0.03	0.21	72.57	13 225
总计或平均	0.43	1.95	0.03	0.13	33.74	74 882

（五）不同质地土壤水溶性硼含量状况

从土壤质地看，轻黏土、紧砂土水溶性硼含量较高，砂壤土较低，见表3-83。

表 3-83　洛阳市耕地土壤水溶性硼按土壤质地统计结果　　　　单位：mg/kg

质地	平均值	最大值	最小值	标准差	变异系数	样本数
紧砂土	0.66	0.93	0.36	0.15	22.35	37
轻壤土	0.40	0.94	0.08	0.29	71.92	571
轻黏土	0.79	0.95	0.72	0.07	8.91	33
砂壤土	0.31	0.91	0.06	0.21	67.79	682
中壤土	0.38	1.95	0.03	0.24	61.47	59 850

（续表）

质地	平均值	最大值	最小值	标准差	变异系数	样本数
重壤土	0.38	1.31	0.03	0.21	55.70	13 709
总计或平均	0.43	1.95	0.03	0.23	60.62	74 882

三、有效钼

土壤中绝大部分钼是难溶性钼，存在于矿物晶格、铁锰结核内，是植物不能直接吸收的。钼在植物体内的生理功能主要表现在氮素代谢方面，钼在生物固氮中具有很重要的作用。钼是固氮酶的组成成分，它能提高根瘤菌的固氮能力，缺钼时根瘤发育不良，固氮作用减弱。因此豆科作物施用钼肥效果更为明显。洛阳市土壤中有效钼普遍缺乏，种植豆科等作物，必须施用钼肥才能取得较高产量。

（一）耕层土壤有效钼含量及分布概况

洛阳市耕层土壤有效钼平均含量 0.33mg/kg。从县市区看，栾川县、嵩县含量较高，宜阳县、洛宁县较低。从直方图数据表可以看出，53.99%的评价单元有效钼含量在 0.2mg/kg 以下，见表3-84、表3-85、表3-86。

表3-84　洛阳市土壤有效钼含量分布直方图数据

养分含量（mg/kg）	频率	累积（%）
<0.1	19 060	25.45
0.11~0.2	21 369	28.54
0.21~0.3	15 602	20.84
>0.3	18 851	25.17

表3-85　洛阳市耕地土壤有效钼按县市区统计结果　　　　　单位：mg/kg

县市区	平均值	最大值	最小值	标准差	变异系数	样本数
栾川县	0.94	5.82	0.07	0.60	63.64	14 528
洛宁县	0.13	0.70	0.03	0.07	49.12	8 263
孟津县	0.13	0.53	0.07	0.02	17.06	4 173
汝阳县	0.08	0.32	0.01	0.04	44.90	6 272
嵩县	0.35	2.85	0.04	0.35	101.26	14 290
新安县	0.13	0.41	0.07	0.04	28.95	8 474
偃师市	0.14	1.96	0.04	0.16	114.49	3 831
伊川县	0.23	0.86	0.05	0.12	51.75	5 886
宜阳县	0.12	0.62	0.06	0.04	34.85	9 165
总计或平均	0.33	5.82	0.01	0.16	56.22	74 882

表3-86　各地力等级耕层土壤有效钼含量及面积

级别		一级地	二级地	三级地	四级地	五级地
含量（mg/kg）	平均值	0.23	0.20	0.16	0.28	0.50
	最大值	1.96	2.99	3.53	5.82	5.12
	最小值	0.04	0.04	0.03	0.02	0.01
	标准差	0.19	0.22	0.15	0.39	0.55
	变异系数	82.77	111.55	91.70	143.07	110.97
面积（hm²）		52 557.5	82 014.4	121 933.0	117 518.7	59 537.5
占总耕地（%）		12.12	18.92	28.12	27.11	13.73

（二）耕层土壤有效钼丰缺情况

洛阳市耕层土壤有效钼含量，四级（中）占 40.8%、五级（低）占 19.9%，说明洛阳市多数土壤有效钼处于缺乏状态，见表 3-87、表 3-88、表 3-89。

表 3-87　耕层土壤有效钼丰缺分级及面积　　　　　　　　　　单位：mg/kg

分级标准		平均值	最大值	最小值	标准差	变异系数	样本数	面积（hm²）
一级（高）	>0.3	0.91	5.82	0.30	0.54	59.70	19 222	52 568.8
二级（较高）	0.21-0.3	0.23	0.29	0.20	0.03	11.41	8471	45 527.0
三级（中）	0.16-0.2	0.16	0.19	0.15	0.01	8.44	10 078	72 204.9
四级（较低）	0.11-0.15	0.12	0.14	0.10	0.01	11.63	22 980	177 078.2
五级（低）	≤0.1	0.07	0.09	0.01	0.02	24.38	14 131	86 182.1
平均值/合计		0.33	5.82	0.01	0.12	23.11	74 882	433 561.1

表 3-88　洛阳市土壤有效钼含量分级面积　　　　　　　　　　单位：mg/kg

分级标准	一级（高）	二级（较高）	三级（中）	四级（较低）	五级（低）	总合计（hm²）
	>0.3	0.21-0.3	0.16~0.20	0.11~0.15	≤0.10	
栾川县	16 518.6	2 090.7	209.5	7.5	4.4	18 830.7
洛宁县	454.1	9 871.3	10 707.5	17 958.2	19 283.2	58 274.4
孟津县	70.3	642.1	8 904.4	30 417.7	860.3	40 894.9
汝阳县	2.2	391.7	2 572.8	12 337.3	16 835.8	32 139.8
嵩县	14 394.3	6 852.0	9 241.9	10 545.7	6 855.0	47 888.9
新安县	767.7	2 965.7	13 673.3	28 489.4	3 620.9	49 517.1
偃师县	4 891.0	1 699.5	8 209.8	20 133.9	15 863.7	50 797.9
伊川	15 037.3	18 108.3	12 440.2	13 225.6	4 777.4	63 588.8
宜阳县	433.4	2 905.7	6 245.4	43 962.8	18 081.3	71 628.5
合计	52 568.8	45 527.0	72 204.9	177 078.2	86 182.1	433 561.1
占（%）	12.12	10.50	16.65	40.84	19.88	100.00

表 3-89　耕层土壤有效钼丰缺分级及面积　　　　　　　　　　单位：mg/kg

分级标准	一级（高）	二级（较高）	三级（中）	四级（较低）	五级（低）	总合计（hm²）
	>0.3	0.21~0.3	0.16~0.2	0.11~0.15	≤0.1	
面积（hm²）	52 568.8	45 527.0	72 204.9	177 078.2	86 182.1	433 561.1
面积（%）	12.1	10.5	16.7	40.8	19.9	100.0

（三）不同土壤类型耕层有效钼含量情况

在耕地土类中有效钼含量以棕壤、潮土较高，砂姜黑土、紫色土较低。不同土种中，脱潮底砂小两合土、厚层硅质棕壤、中层硅质棕壤较高，厚层砂质石灰性紫色土、泥质中性石质土、深位少量砂姜红黄土质褐土较低，见表 3-90、表 3-91。

表 3-90　洛阳市耕地土壤有效钼按土类统计结果　　　　　　　　　　单位：mg/kg

土类	平均值	最大值	最小值	标准偏差	变异系数（%）
潮土	0.51	5.82	0.03	0.62	120.24
粗骨土	0.30	2.21	0.03	0.35	117.37

（续表）

土类	平均值	最大值	最小值	标准偏差	变异系数（%）
褐土	0.23	3.70	0.02	0.30	131.02
红黏土	0.24	3.03	0.04	0.30	123.89
黄棕壤	0.20	0.32	0.05	0.04	21.69
砂姜黑土	0.11	0.20	0.05	0.03	31.12
石质土	0.18	2.80	0.02	0.22	119.95
水稻土	0.39	0.55	0.27	0.07	18.65
紫色土	0.16	1.00	0.08	0.14	85.32
棕壤	0.83	5.12	0.01	0.63	75.95

表 3-91　洛阳市耕地土壤有效钼按土种统计结果　　　　　　单位：mg/kg

省土种名称	平均值	最大值	最小值	标准差	变异系数	样本数
表潜潮青泥田	0.39	0.55	0.27	0.07	18.65	106
薄层钙质粗骨土	0.37	2.16	0.03	0.49	82.94	1 094
薄层硅钾质中性粗骨土	0.28	2.01	0.04	0.30	88.27	1 594
薄层硅钾质棕壤性土	0.17	0.69	0.01	0.17	94.15	339
薄层硅铝质黄棕壤性土	0.22	0.31	0.18	0.03	11.42	106
薄层硅铝质中性粗骨土	0.43	2.21	0.06	0.46	95.97	579
薄层硅铝质棕壤性土	0.62	2.98	0.06	0.54	87.34	2 244
薄层硅镁铁质中性粗骨土	0.14	0.58	0.04	0.10	72.19	467
薄层硅镁铁质棕壤性土	0.13	0.13	0.13	0.00	0.00	6
薄层泥质中性粗骨土	0.31	1.69	0.04	0.32	81.39	2 011
薄层砂质石灰性紫色土	0.14	0.14	0.13	0.01	4.03	5
薄层砂质中性紫色土	0.12	0.22	0.09	0.02	16.18	108
薄层黏质灌淤潮土	0.22	0.53	0.10	0.14	63.69	13
底砾层冲积湿潮土	0.31	0.57	0.20	0.08	26.58	67
底砾层洪积潮土	0.54	2.28	0.11	0.50	91.83	75
底砾砂壤土	1.12	1.75	0.87	0.27	24.40	22
底砂两合土	0.33	1.04	0.14	0.26	79.74	44
底砂小两合土	0.65	2.69	0.03	0.72	90.36	312
底砂淤土	0.56	0.76	0.30	0.18	32.03	11
硅质中性石质土	0.19	2.80	0.02	0.23	89.50	7 486
红黄土覆盖褐土性土	0.22	0.40	0.11	0.08	34.66	84
红黄土质褐土	0.15	0.61	0.05	0.08	50.10	3 667
红黄土质褐土性土	0.16	1.51	0.03	0.15	92.67	3 881
红黄土质淋溶褐土	0.12	0.38	0.02	0.06	52.12	265
红黄土质石灰性褐土	0.14	0.82	0.04	0.08	53.46	3 876
红黏土	0.27	2.84	0.04	0.34	83.63	6 448
洪积灰砂土	0.14	0.20	0.09	0.03	19.31	29
洪积两合土	0.17	0.46	0.06	0.11	65.02	81
厚层堆垫褐土性土	0.39	1.68	0.05	0.45	86.63	125
厚层硅钾质淋溶褐土	0.86	1.14	0.68	0.16	18.08	13

（续表）

省土种名称	平均值	最大值	最小值	标准差	变异系数	样本数
厚层硅铝质淋溶褐土	0.35	1.09	0.06	0.38	88.93	240
厚层硅铝质棕壤	0.70	1.17	0.08	0.31	44.21	213
厚层硅镁铁质中性粗骨土	0.44	0.46	0.42	0.01	3.39	5
厚层硅镁铁质棕壤	0.11	0.13	0.09	0.02	14.57	21
厚层硅质褐土性土	0.14	0.15	0.13	0.01	5.03	9
厚层硅质棕壤	1.69	4.71	0.53	0.76	45.02	195
厚层砂泥质褐土性土	0.30	2.85	0.03	0.37	84.76	2 042
厚层砂质石灰性紫色土	0.09	0.09	0.08	0.00	3.61	87
厚层砂质中性紫色土	0.12	0.16	0.09	0.02	18.55	368
厚层黏质灌淤潮土	0.17	0.38	0.10	0.06	35.04	33
黄土质褐土	0.16	2.03	0.04	0.20	84.05	3 743
黄土质棕壤	0.18	0.54	0.09	0.10	53.23	90
砾质洪积潮土	0.72	0.78	0.64	0.06	8.92	17
砾质洪积褐土性土	1.06	2.79	0.09	0.67	63.09	221
两合土	0.50	5.36	0.04	0.78	85.09	390
泥质中性石质土	0.09	0.29	0.04	0.03	35.67	324
浅位多量砂姜红黄土覆盖褐土性土	0.13	0.17	0.10	0.03	20.83	7
浅位多量砂姜红黄土质褐土	0.21	0.54	0.08	0.08	39.95	273
浅位多量砂姜红黏土	0.26	0.63	0.10	0.12	45.61	196
浅位多量砂姜石灰性红黏土	0.22	1.16	0.07	0.20	87.72	147
浅位钙盘砂姜红黄土质褐土性土	0.16	0.44	0.05	0.10	64.52	92
浅位钙盘砂姜石灰性红黏土	0.20	0.48	0.09	0.07	32.80	255
浅位钙盘黏质洪积石灰性砂姜黑土	0.10	0.14	0.07	0.02	23.07	11
浅位厚壤淤土	0.14	0.14	0.14	0.00	0.00	5
浅位厚砂两合土	0.28	0.77	0.13	0.20	69.90	53
浅位壤砂质潮土	0.24	0.26	0.22	0.02	7.04	4
浅位砂两合土	0.14	0.18	0.09	0.02	15.40	40
浅位砂小两合土	0.16	0.18	0.14	0.01	7.21	16
浅位砂淤土	0.40	0.51	0.33	0.08	20.27	4
浅位少量砂姜红黄土覆盖褐土性土	0.11	0.33	0.08	0.05	44.94	92
浅位少量砂姜红黄土质褐土性土	0.19	2.06	0.03	0.23	91.64	2 174
浅位少量砂姜红黏土	0.15	1.49	0.04	0.09	62.76	1 247
浅位少量砂姜黄土质石灰性褐土	0.13	0.23	0.08	0.03	24.76	200
浅位少量砂姜石灰性红黏土	0.22	1.61	0.04	0.23	92.55	969
轻壤质黄土质石灰性褐土	0.13	0.17	0.08	0.02	15.70	114
壤盖洪积石灰性砂姜黑土	0.13	0.20	0.07	0.03	26.03	30
壤质潮褐土	0.32	2.50	0.04	0.41	96.71	622
壤质冲积湿潮土	1.04	2.99	0.44	0.65	62.88	37
壤质洪冲积淋溶褐土	0.49	2.08	0.05	0.54	90.42	310
壤质洪积潮土	0.46	5.82	0.04	0.56	90.92	658
壤质洪积褐土	0.14	0.28	0.05	0.04	26.45	579

（续表）

省土种名称	平均值	最大值	最小值	标准差	变异系数	样本数
壤质洪积褐土性土	0.98	2.89	0.04	0.65	66.75	186
壤质洪积湿潮土	0.21	0.34	0.05	0.06	27.79	220
壤质洪积石灰性褐土	0.11	0.24	0.04	0.03	26.91	571
砂质潮土	0.22	0.91	0.12	0.20	93.69	55
砂质洪积湿潮土	1.21	2.05	0.05	0.60	49.64	44
少量砂姜黄土质石灰性褐土	0.10	0.12	0.08	0.01	10.61	89
深位多量砂姜红黄土质石灰性褐土	0.11	0.16	0.05	0.03	28.38	59
深位多量砂姜黄土质石灰性褐土	0.11	0.13	0.09	0.01	10.27	24
深位钙盘红黄土质褐土	0.24	0.50	0.11	0.09	35.92	235
深位钙盘洪积潮土	0.11	0.12	0.10	0.01	9.52	4
深位钙盘砂姜石灰性红黏土	0.18	0.46	0.09	0.07	37.13	62
深位钙盘黏质洪积石灰性砂姜黑土	0.09	0.14	0.05	0.02	25.83	41
深位少量砂姜红黄土质褐土	0.13	0.15	0.11	0.01	9.37	14
深位少量砂姜黄土质石灰性褐土	0.13	0.15	0.11	0.02	11.92	17
石灰性红黏土	0.22	3.03	0.04	0.31	89.95	2 501
脱潮底砂小两合土	1.21	2.25	0.85	0.39	32.33	23
脱潮两合土	0.54	2.23	0.09	0.49	90.83	95
脱潮小两合土	1.39	2.26	0.15	0.59	42.79	89
小两合土	0.79	3.84	0.09	0.79	90.49	565
淤土	0.31	1.34	0.10	0.22	72.66	323
黏质潮褐土	0.24	0.54	0.10	0.10	43.96	154
黏质冲积湿潮土	0.24	0.56	0.11	0.13	52.64	49
黏质洪积潮土	0.30	0.86	0.10	0.20	65.41	92
黏质洪积褐土	0.15	0.65	0.06	0.08	50.73	415
黏质洪积湿潮土	0.14	0.31	0.07	0.06	39.57	78
黏质洪积石灰性褐土	0.15	0.32	0.05	0.06	38.98	369
中层钙质褐土性土	0.16	0.41	0.05	0.12	71.88	169
中层钙质淋溶褐土	1.11	2.21	0.21	0.54	48.52	164
中层硅钾质褐土性土	0.39	1.52	0.04	0.32	82.03	998
中层硅钾质淋溶褐土	0.37	2.30	0.04	0.31	82.00	697
中层硅钾质棕壤	1.06	2.19	0.23	0.60	56.87	342
中层硅钾质棕壤性土	1.33	2.41	0.21	0.57	43.12	64
中层硅铝质褐土性土	0.13	2.06	0.06	0.17	97.09	1 077
中层硅铝质黄棕壤	0.21	0.32	0.17	0.04	17.82	41
中层硅铝质棕壤	1.03	3.26	0.06	0.56	54.58	3 727
中层硅铝质棕壤性土	0.53	1.11	0.15	0.21	40.51	364
中层硅镁铁质中性粗骨土	0.18	0.50	0.06	0.12	66.43	66
中层硅镁铁质棕壤性土	0.45	2.65	0.04	0.38	85.19	1 941
中层硅质粗骨土	0.18	0.79	0.05	0.14	78.68	472
中层硅质淋溶褐土	0.33	0.93	0.09	0.38	92.82	34
中层硅质棕壤	1.80	5.12	1.11	0.60	33.47	199

（续表）

省土种名称	平均值	最大值	最小值	标准差	变异系数	样本数
中层硅质棕壤性土	1.04	1.59	0.15	0.36	34.24	76
中层红黄土质褐土性土	0.12	0.34	0.05	0.04	35.56	1 740
中层泥质淋溶褐土	0.56	3.70	0.06	0.62	91.12	316
中层砂泥质褐土性土	0.39	3.04	0.03	0.45	95.29	3 280
中层砂泥质黄棕壤性土	0.19	0.31	0.05	0.05	24.52	232
中层砂泥质棕壤	1.62	4.03	0.52	0.49	30.02	324
中层砂泥质棕壤性土	1.03	4.44	0.07	0.70	67.87	771
中层砂质石灰性紫色土	0.15	0.16	0.15	0.01	3.56	5
中层砂质中性紫色土	0.41	1.00	0.19	0.20	47.74	112
中壤质黄土质石灰性褐土	0.16	0.21	0.12	0.03	19.72	6
总计或平均	0.33	5.82	0.01	0.22	49.95	74 882

（四）不同地貌类型耕地土壤有效钼含量状况

从地貌类型看，早期堆积台地、小起伏中山、泛滥平坦地有效钼含量较低，大起伏中山、中起伏中山等地貌较高，见表3-92。

表3-92　洛阳市耕地土壤有效钼按地貌类型统计结果　　　　单位：mg/kg

地貌类型	平均值	最大值	最小值	标准差	变异系数	样本数
大起伏中山	0.77	5.82	0.02	0.72	92.71	10 342
泛滥平坦地	0.10	0.29	0.04	0.03	30.94	864
高丘陵	0.15	0.20	0.11	0.01	9.77	1 661
河谷平原	0.24	1.93	0.05	0.17	71.03	8 466
黄河滩地	0.13	0.53	0.07	0.04	30.89	913
黄土平梁	0.11	0.47	0.04	0.03	28.68	6 807
黄土丘陵	0.17	0.94	0.04	0.11	64.67	9 929
黄土塬	0.12	0.20	0.06	0.02	17.95	2 660
基岩高台地	0.14	0.18	0.12	0.01	7.43	742
倾斜的洪积（山麓冲积）平原	0.16	1.96	0.04	0.22	140.43	750
小起伏低山（黄土低山）	0.12	0.34	0.03	0.07	52.84	3 826
小起伏低山（侵蚀剥削）	0.43	2.85	0.05	0.43	99.31	6 962
小起伏低山（溶蚀侵蚀）	0.12	0.22	0.08	0.03	21.78	2 455
小起伏中山	0.09	0.11	0.08	0.01	6.78	811
早期堆积台地	0.09	0.32	0.02	0.04	49.48	3 036
中起伏低山	0.33	2.25	0.03	0.34	103.71	1 433
中起伏中山	0.51	4.44	0.01	0.49	96.51	13 225
总计或平均	0.33	5.82	0.01	0.16	54.41	74 882

（五）不同质地土壤有效钼含量状况

从土壤质地看，砂壤土、轻壤土有效钼含量较高，紧砂土、轻黏土较低，见表3-93。

表3-93　洛阳市耕地土壤有效钼按土壤质地统计结果　　　　　　单位：mg/kg

质地	平均值	最大值	最小值	标准差	变异系数	样本数
紧砂土	0.16	0.26	0.12	0.04	21.58	37
轻壤土	0.67	2.69	0.03	0.71	104.93	571
轻黏土	0.17	0.38	0.10	0.06	35.04	33
砂壤土	0.78	3.84	0.05	0.77	97.86	682
中壤土	0.34	5.82	0.01	0.45	131.15	59 850
重壤土	0.24	3.03	0.04	0.29	119.38	13 709
总计或平均	0.33	5.82	0.01	0.38	84.99	74 882

四、有效铁

铁参与呼吸作用，是植物有氧呼吸所需酶的重要组成成分，是植物能量代谢的重要物质，缺铁影响植物生理活性，也影响养分吸收。生物固氮的酶含铁，铁在生物固氮中起重要作用。铁是植物体内最不容易转移的元素之一，缺铁首先表现在嫩叶缺绿，而老叶正常。缺绿叶片开始叶肉变黄，叶脉仍绿，继之叶片变白，叶脉变黄，叶片两侧中部或叶尖出现焦褐斑坏死组织，久之叶片干裂易脆，坏死组织继续扩大，致使叶片脱落。

（一）耕层土壤有效铁含量及分布概况

洛阳市土壤有效铁平均含量11.49mg/kg，变动范围0.50~72.50。从县域看，汝阳县、嵩县较高，栾川县最低。地力等级与有效铁含量相关性不强。从直方图数据表可以看出，74.49%的评价单元有效铁含量在15.0mg/kg以下，见表3-94、表3-95、表3-96。

表3-94　洛阳市土壤有效铁含量分布直方图数据

养分含量（mg/kg）	频率	累积（%）
<8.5	34 037	45.45
8.51~10.0	7 947	10.62
10.1~15.0	13 796	18.42
15.1~20.0	6 266	8.37
>20.0	12 836	17.14

表3-95　洛阳市耕地土壤有效铁按县市区统计结果　　　　　　单位：mg/kg

县市区	平均值	最大值	最小值	标准差	变异系数	样本数
栾川县	2.79	34.30	0.50	2.15	77.07	14 528
洛宁县	9.44	29.40	2.80	5.39	57.07	8 263
孟津县	9.28	19.90	4.70	1.94	20.87	4 173
汝阳县	19.1	53.00	3.40	9.11	40.25	6 272
嵩县	18.79	71.20	3.00	11.46	60.98	14 290
新安县	15.44	72.50	6.10	7.98	51.70	8 474
偃师市	9.65	25.20	5.30	1.95	20.18	3 831
伊川县	10.11	38.30	3.40	3.63	35.88	5 886
宜阳县	9.57	31.20	3.50	5.94	62.06	9 165
总计或平均	11.49	72.50	0.50	5.50	47.34	74 882

表 3-96 各地力等级耕层土壤有效铁含量及面积

级别		一级地	二级地	三级地	四级地	五级地
含量（mg/kg）	平均值	9.92	11.19	8.84	11.84	13.52
	最大值	32.90	63.80	59.20	72.50	71.20
	最小值	3.80	1.00	1.10	0.70	0.50
	标准差	3.96	5.97	4.42	9.00	11.82
	变异系数	39.92	53.32	50.03	76.00	87.43
面积（hm²）		52 557.5	82 014.4	121 933.0	117 518.7	59 537.5
占总耕地（%）		12.12	18.92	28.12	27.11	13.73

（二）耕层土壤有效铁丰缺情况

洛阳市耕层土壤有效铁含量，三级（中）占 24.1%，四级（较低）占 17.3%，五级（低）占 43.7%，说明洛阳市多数土壤有效铁处于缺乏状态，见表 3-97、表 3-98、表 3-99。

表 3-97 耕层土壤有效铁丰缺分级及面积   单位：mg/kg

分级标准		平均值	最大值	最小值	标准差	变异系数	样本数	面积（hm²）
一级（高）	>20.0	28.74	72.50	20.10	7.69	26.74	12 836	34 798.7
二级（较高）	15.1~20	17.29	20.00	15.10	1.47	8.51	6 266	30 149.1
三级（中）	10.1~15	12.12	15.00	10.10	1.42	11.73	13 796	104 416.4
四级（较低）	8.51~10.0	9.26	10.00	8.60	0.43	4.62	7 947	74 813.6
五级（低）	≤8.50	4.84	8.50	0.50	2.30	47.48	340 37	189 383.3
平均值/合计		11.49	72.50	0.50	2.66	19.81	74 882	433 561.1

表 3-98 洛阳市土壤有效铁含量分级面积   单位：mg/kg

分级标准	一级（高）	二级（较高）	三级（中）	四级（较低）	五级（低）	总合计
	>20.0	15.1~20.0	10.1~15.0	8.51~10.0	≤8.50	（hm²）
栾川县	98.8	22.6	82.7	78.5	18 548.2	18 830.7
洛宁县	1 384.7	7 384.5	12 382.9	2 520.9	34 601.4	58 274.4
孟津县		557.9	11 999.4	15 866.6	12 471.1	40 894.9
汝阳县	13 317.5	3 871.4	6 561.4	3 281.9	5 107.5	32 139.8
嵩县	12 611.6	5 594.5	12 640.5	4 276.4	12 766.0	47 888.9
新安县	4 540.4	7 208.2	23 459.9	10 877.5	3 431.1	49 517.1
偃师县	244.7	383.4	15 138.1	20 243.8	14 788.1	50 797.9
伊川	727.1	3 219.0	19 021.2	12 687.5	27 934.1	63 588.8
宜阳县	1 873.9	1 907.7	3 130.4	4 980.5	59 736.0	71 628.5
合计	34 798.7	30 149.1	104 416.4	74 813.6	189 383.3	433 561.1
占（%）	8.03	6.95	24.08	17.26	43.68	100.00

表 3-99 耕层土壤有效铁丰缺分级及面积   单位：mg/kg

分级标准	一级（高）	二级（较高）	三级（中）	四级（较低）	五级（低）	总合计
	>20.0	15.1~20	10.1~15	8.51~10.0	≤8.50	（hm²）
面积（hm²）	34 798.7	30 149.1	104 416.4	74 813.6	189 383.3	433 561.1
面积（%）	8.0	7.0	24.1	17.3	43.7	

（三）不同土壤类型耕层土壤有效铁含量情况

在耕地土类中有效铁含量以黄棕壤、石质土较高，棕壤、褐土较低。不同土种中，洪积灰砂土薄层硅铝质黄棕壤性土、洪积两合土、中层砂泥质黄棕壤性土较高，底砾砂壤土、厚层硅钾质淋溶褐土、厚层硅质棕壤、砾质洪积褐土性土、中层硅质棕壤等较低，见表3-100、表3-101。

表3-100   洛阳市耕地土壤有效铁按土类统计结果   单位：mg/kg

土类	平均值	最大值	最小值	标准偏差	变异系数（%）
潮土	11.02	65.50	1.10	9.56	86.74
粗骨土	12.71	65.90	0.90	7.19	56.55
褐土	9.98	72.50	0.80	6.49	65.09
红黏土	10.04	61.20	0.70	6.52	64.90
黄棕壤	38.92	48.40	19.30	4.07	10.45
砂姜黑土	13.84	28.60	6.00	4.85	35.07
石质土	23.94	71.20	1.50	9.39	39.20
水稻土	12.67	18.50	7.30	2.67	21.05
紫色土	19.42	72.20	0.90	14.81	76.26
棕壤	8.77	56.00	0.50	11.44	130.42

表3-101   洛阳市耕地土壤有效铁按土种统计结果   单位：mg/kg

省土种名称	平均值	最大值	最小值	标准差	变异系数	样本数
表潜潮青泥田	12.67	18.50	7.30	2.67	21.05	106
薄层钙质粗骨土	9.04	31.30	1.50	6.22	68.77	1 094
薄层硅钾质中性粗骨土	12.03	49.70	0.90	7.12	59.16	1 594
薄层硅钾质棕壤性土	23.77	39.40	4.80	8.50	35.76	339
薄层硅铝质黄棕壤性土	37.27	41.50	32.20	1.74	4.67	106
薄层硅铝质中性粗骨土	15.95	29.60	5.70	5.46	34.23	579
薄层硅铝质棕壤性土	19.43	53.80	1.70	14.33	73.76	2 244
薄层硅镁铁质中性粗骨土	17.57	28.50	6.60	4.65	26.45	467
薄层硅镁铁质棕壤性土	24.13	24.40	23.80	0.23	0.97	6
薄层泥质中性粗骨土	13.03	65.90	4.50	7.23	55.49	2 011
薄层砂质石灰性紫色土	14.40	16.30	11.80	1.90	13.17	5
薄层砂质中性紫色土	9.58	14.30	6.30	2.04	21.28	108
薄层黏质灌淤潮土	12.38	17.90	9.00	3.58	28.92	13
底砾层冲积湿潮土	9.04	19.20	4.60	2.80	30.98	67
底砾层洪积潮土	9.36	16.30	4.80	2.69	28.72	75
底砾砂壤土	3.18	3.80	3.00	0.24	7.68	22
底砂两合土	10.90	15.20	5.80	1.85	16.93	44
底砂小两合土	9.87	34.80	1.50	9.09	92.14	312
底砂淤土	14.21	19.20	6.30	4.90	34.50	11
硅质中性石质土	24.35	71.20	1.50	9.27	38.06	7 486
红黄土覆盖褐土性土	7.71	12.70	4.60	1.56	20.20	84
红黄土质褐土	8.20	29.40	3.50	3.47	42.30	3 667
红黄土质褐土性土	10.00	34.00	3.40	5.66	56.62	3 881

（续表）

省土种名称	平均值	最大值	最小值	标准差	变异系数	样本数
红黄土质淋溶褐土	19.06	56.20	3.90	14.16	74.28	265
红黄土质石灰性褐土	8.25	28.80	2.80	4.20	50.90	3 876
红黏土	10.71	61.20	0.70	7.58	70.82	6 448
洪积灰砂土	46.96	65.50	34.80	7.54	16.06	29
洪积两合土	40.02	63.80	5.70	15.89	39.70	81
厚层堆垫褐土性土	15.00	27.40	1.10	7.14	47.57	125
厚层硅钾质淋溶褐土	2.06	2.10	2.00	0.05	2.46	13
厚层硅铝质淋溶褐土	14.44	24.00	2.90	8.43	58.38	240
厚层硅铝质棕壤	8.04	22.60	2.80	7.55	93.84	213
厚层硅镁铁质中性粗骨土	15.36	15.60	15.20	0.15	0.99	5
厚层硅镁铁质棕壤	20.58	22.50	19.40	1.16	5.63	21
厚层硅质褐土性土	7.88	9.60	6.70	1.23	15.65	9
厚层硅质棕壤	2.62	14.10	1.40	2.76	95.07	195
厚层砂泥质褐土性土	14.84	60.00	0.90	9.91	66.77	2 042
厚层砂质石灰性紫色土	14.50	20.10	10.20	2.77	19.09	87
厚层砂质中性紫色土	27.78	72.20	10.20	15.37	55.34	368
厚层黏质灌淤潮土	8.85	12.80	6.20	1.49	16.81	33
黄土质褐土	9.59	29.40	0.80	2.79	29.11	3 743
黄土质棕壤	38.53	56.00	11.10	11.08	28.76	90
砾质洪积潮土	5.51	8.30	2.80	1.97	35.78	17
砾质洪积褐土性土	2.77	4.80	1.50	0.79	28.67	221
两合土	8.95	24.10	1.50	4.32	48.25	390
泥质中性石质土	14.49	29.10	3.60	6.81	47.02	324
浅位多量砂姜红黄土覆盖褐土性土	11.33	13.30	10.00	1.35	11.91	7
浅位多量砂姜红黄土质褐土	9.45	16.80	5.90	2.13	22.54	273
浅位多量砂姜红黏土	9.59	22.50	6.40	2.82	29.37	196
浅位多量砂姜石灰性红黏土	10.59	23.60	5.30	5.01	47.33	147
浅位钙盘砂姜红黄土质褐土性土	11.79	28.20	5.40	4.60	39.02	92
浅位钙盘砂姜石灰性红黏土	8.40	15.70	6.30	1.73	20.61	255
浅位钙盘黏质洪积石灰性砂姜黑土	11.64	14.30	6.90	2.37	20.35	11
浅位厚壤淤土	9.96	10.10	9.60	0.21	2.08	5
浅位厚砂两合土	9.63	12.20	5.60	1.84	19.13	53
浅位壤砂质潮土	11.00	11.20	10.80	0.23	2.10	4
浅位砂两合土	8.68	12.10	5.50	1.79	20.65	40
浅位砂小两合土	8.92	12.90	6.60	1.75	19.58	16
浅位砂淤土	11.38	11.80	10.90	0.40	3.54	4
浅位少量砂姜红黄土覆盖褐土性土	11.38	13.00	8.20	0.97	8.48	92
浅位少量砂姜红黄土质褐土性土	10.42	29.40	3.40	5.10	48.93	2 174
浅位少量砂姜红黏土	11.76	29.80	4.20	4.87	41.42	1 247
浅位少量砂姜黄土质石灰性褐土	8.19	13.70	4.40	2.25	27.43	200
浅位少量砂姜石灰性红黏土	9.20	29.10	4.40	3.94	42.80	969

（续表）

省土种名称	平均值	最大值	最小值	标准差	变异系数	样本数
轻壤质黄土质石灰性褐土	10.03	13.10	6.80	1.54	15.31	114
壤盖洪积石灰性砂姜黑土	18.43	28.60	12.70	4.48	24.29	30
壤质潮褐土	10.71	40.00	1.50	7.01	65.47	622
壤质冲积湿潮土	10.55	26.90	1.90	8.07	76.48	37
壤质洪冲积淋溶褐土	20.07	72.50	1.80	17.56	87.49	310
壤质洪积潮土	11.84	32.20	1.10	7.91	66.78	658
壤质洪积褐土	14.07	34.00	6.10	5.68	40.37	579
壤质洪积褐土性土	7.36	28.60	1.50	9.11	83.82	186
壤质洪积湿潮土	11.37	20.10	3.50	2.64	23.20	220
壤质洪积石灰性褐土	7.93	15.30	5.30	1.51	19.07	571
砂质潮土	11.81	21.40	5.70	3.83	32.39	55
砂质洪积湿潮土	29.63	44.70	20.50	7.57	25.54	44
少量砂姜黄土质石灰性褐土	8.94	9.40	8.10	0.34	3.84	89
深位多量砂姜红黄土质石灰性褐土	7.98	13.10	4.60	2.64	33.06	59
深位多量砂姜黄土质石灰性褐土	8.13	9.20	7.20	0.59	7.20	24
深位钙盘红黄土质褐土	8.56	14.10	6.10	1.81	21.15	235
深位钙盘洪积潮土	9.48	9.70	9.00	0.32	3.38	4
深位钙盘砂姜石灰性红黏土	8.45	14.80	5.70	2.25	26.66	62
深位钙盘黏质洪积石灰	11.08	15.60	6.00	2.62	23.62	41
深位少量砂姜红黄土质	7.91	9.30	6.70	0.81	10.24	14
深位少量砂姜黄土质石	7.37	8.60	7.00	0.48	6.57	17
石灰性红黏土	8.01	29.60	1.40	4.99	62.30	2 501
脱潮底砂小两合土	3.23	4.20	3.00	0.37	11.48	23
脱潮两合土	8.05	21.90	2.80	4.10	50.89	95
脱潮小两合土	2.90	12.50	1.10	3.02	84.15	89
小两合土	5.53	16.10	1.20	3.58	64.68	565
淤土	9.68	25.20	4.30	3.64	37.63	323
黏质潮褐土	10.13	22.50	6.30	3.33	32.89	154
黏质冲积湿潮土	10.73	19.20	6.30	3.28	30.54	49
黏质洪积潮土	11.52	17.00	6.40	2.67	23.20	92
黏质洪积褐土	9.73	29.80	4.70	3.11	31.96	415
黏质洪积湿潮土	33.80	57.50	7.40	12.32	36.45	78
黏质洪积石灰性褐土	11.06	18.60	4.00	4.65	42.00	369
中层钙质褐土性土	9.00	14.00	5.90	1.55	17.23	169
中层钙质淋溶褐土	1.98	2.40	1.70	0.13	6.46	164
中层硅钾质褐土性土	7.52	22.70	0.80	7.04	93.58	998
中层硅钾质淋溶褐土	4.06	20.30	1.10	4.19	83.27	697
中层硅钾质棕壤	2.61	8.80	0.90	0.88	33.66	342
中层硅钾质棕壤性土	1.80	2.70	1.10	0.57	31.77	64
中层硅铝质褐土性土	18.60	51.20	5.10	7.62	40.95	1 077
中层硅铝质黄棕壤	37.24	48.40	28.40	5.96	16.00	41

（续表）

省土种名称	平均值	最大值	最小值	标准差	变异系数	样本数
中层硅铝质棕壤	6.64	50.60	1.00	8.98	8 135.17	3 727
中层硅铝质棕壤性土	2.76	13.30	0.90	1.71	62.06	364
中层硅镁铁质中性粗骨土	14.42	28.30	9.30	4.11	28.51	66
中层硅镁铁质棕壤性土	3.48	27.80	0.80	4.78	87.11	1 941
中层硅质粗骨土	13.03	38.30	3.70	8.63	66.21	472
中层硅质淋溶褐土	23.74	41.50	2.70	14.28	60.14	34
中层硅质棕壤	2.33	7.30	1.40	1.21	52.05	199
中层硅质棕壤性土	3.24	14.30	1.30	2.59	79.81	76
中层红黄土质褐土性土	9.46	25.90	4.60	2.75	29.04	1 740
中层泥质淋溶褐土	5.40	11.40	1.30	3.35	62.00	316
中层砂泥质褐土性土	9.49	40.90	0.80	7.32	77.22	3 280
中层砂泥质黄棕壤性土	39.96	48.40	19.30	4.09	10.23	232
中层砂泥质棕壤	1.85	5.20	0.50	0.75	40.42	324
中层砂泥质棕壤性土	3.85	17.60	1.60	2.20	56.98	771
中层砂质石灰性紫色土	10.82	14.50	8.30	3.27	30.25	5
中层砂质中性紫色土	5.91	15.40	0.90	5.19	87.82	112
中壤质黄土质石灰性褐土	13.80	13.90	13.50	0.15	1.12	6
总计或平均	11.49	72.50	0.50	4.32	103.93	74 882

（四）不同地貌类型耕地土壤有效铁含量状况

从地貌类型看，黄土平梁、黄河滩地、基岩高台地有效铁含量较低，小起伏中山、早期堆积台地、中起伏低山等地貌较高，见表3-102。

表3-102 洛阳市耕地土壤有效铁按地貌类型统计结果 单位：mg/kg

地貌类型	平均值	最大值	最小值	标准差	变异系数	样本数
大起伏中山	13.85	71.20	0.50	15.50	111.96	10 342
泛滥平坦地	15.69	32.90	7.10	6.12	39.02	864
高丘陵	14.56	44.10	6.20	5.46	37.53	1 661
河谷平原	10.27	47.40	2.80	6.17	60.10	8 466
黄河滩地	9.60	18.20	5.50	1.71	17.85	913
黄土平梁	8.32	29.80	3.60	4.21	50.66	6 807
黄土丘陵	10.59	38.30	3.40	5.14	48.51	9 929
黄土塬	9.26	19.90	5.70	1.89	20.37	2 660
基岩高台地	8.58	18.50	4.70	1.62	18.94	742
倾斜的洪积（山麓冲积）平原	9.83	16.10	6.40	1.18	12.05	750
小起伏低山（黄土低山）	9.92	29.40	3.20	6.16	62.15	3 826
小起伏低山（侵蚀剥削）	10.60	40.20	0.70	6.38	60.17	6 962
小起伏低山（溶蚀侵蚀）	17.14	59.80	7.80	5.64	32.91	2 455
小起伏中山	29.13	72.50	9.40	14.50	49.76	811
早期堆积台地	19.34	40.90	3.40	9.56	49.42	3 036
中起伏低山	18.25	47.30	3.00	10.09	55.30	1 433

（续表）

地貌类型	平均值	最大值	最小值	标准差	变异系数	样本数
中起伏中山	10.86	60.20	0.80	10.17	93.63	13 225
总计或平均	11.49	72.50	0.50	6.56	48.26	74 882

（五）不同质地土壤有效铁含量状况

从土壤质地看，中壤土、紧砂土有效铁含量较高，轻壤土、轻黏土较低，见表3-103。

表3-103　洛阳市耕地土壤有效铁按土壤质地统计结果　　　单位：mg/kg

质地	平均值	最大值	最小值	标准差	变异系数	样本数
紧砂土	12.46	19.50	7.10	3.53	28.33	37
轻壤土	8.39	34.80	1.10	7.41	88.35	571
轻黏土	8.85	12.80	6.20	1.49	16.81	33
砂壤土	8.93	65.50	1.20	10.82	121.06	682
中壤土	12.19	72.50	0.50	9.82	80.58	59 850
重壤土	10.32	61.20	0.70	6.70	64.88	13 709
总计或平均	11.49	72.50	0.50	6.63	66.67	74 882

五、有效锰

锰能促进种子发芽和幼苗早期生长，加速花粉发芽和花粉管伸展，提高结实率。锰对固氮作用有良好的影响，并使根瘤重量增加。此外锰还对维生素C的生成和加强茎的机械组织有良好的影响。

（一）耕层土壤有效锰含量及分布面积概况

洛阳市土壤有效锰平均含量20.28mg/kg，新安县、嵩县含量较高，栾川县最低。从直方图数据表可以看出，58.00%的评价单元有效锰含量在20mg/kg以下，见表3-104、表3-105、表3-106。

表3-104　洛阳市土壤有效锰含量分布直方图数据

养分含量（mg/kg）	频率	累积（%）
<10	19 487	26.02
10.1~15	15 000	20.04
15.1~20	8 947	11.94
20.1~30	13 918	18.59
>30	17 530	23.41

表3-105　洛阳市耕地土壤有效锰按县市区统计结果　　　单位：mg/kg

县市区	平均值	最大值	最小值	标准差	变异系数	样本数
栾川县	4.08	43.20	0.90	3.08	75.62	14 528
洛宁县	17.21	73.60	2.40	14.09	81.88	8 263
孟津县	16.45	38.10	3.80	3.21	21.51	4 173
汝阳县	25.49	37.90	6.70	5.72	22.44	6 272
嵩县	32.89	82.70	8.80	11.81	35.90	14 290
新安县	40.10	102.60	12.00	13.86	34.57	8 474
偃师市	10.72	18.70	3.90	1.79	16.70	3 831

（续表）

县市区	平均值	最大值	最小值	标准差	变异系数	样本数
伊川县	13.05	34.30	7.50	3.07	23.49	5 886
宜阳县	18.30	53.30	6.10	5.95	32.50	9 165
总计或平均	20.28	102.60	0.9	6.95	38.29	74 882

表 3-106　各地力等级耕层土壤有效锰含量及面积

级别		一级地	二级地	三级地	四级地	五级地
含量（mg/kg）	平均值	16.83	19.69	18.65	22.35	20.26
	最大值	60.30	78.60	83.80	102.60	100.10
	最小值	3.10	2.00	2.30	1.80	0.90
	标准差	7.30	11.06	9.98	17.00	16.51
	变异系数	43.40	56.14	53.52	76.03	81.50
面积（hm²）		52 557.5	82 014.4	121 933.0	117 518.7	59 537.5
占总耕地（%）		12.12	18.92	28.12	27.11	13.73

（二）耕层土壤有效锰丰缺情况

洛阳市耕层土壤有效锰含量，四级（较低）占 34.0%、五级（低）占 16.1%，说明洛阳市多数土壤有效锰处于缺乏状态，见表 3-107、表 3-108、表 3-109。

表 3-107　耕层土壤有效锰丰缺分级及面积　　　　　　单位：mg/kg

分级标准		平均值	最大值	最小值	标准差	变异系数	样本数	面积（hm²）
一级（高）	>30	41.92	102.60	30.10	10.18	24.28	17 530	70 794.5
二级（较高）	20.1~30	25.53	30.00	20.10	2.88	11.29	13 918	71 974.7
三级（中）	15.1~20	17.10	20.00	15.10	1.41	8.24	8 947	73 778.5
四级（较低）	10.1~15	12.55	15.00	10.10	1.45	11.58	15 000	147 277.0
五级（低）	≤10	4.50	10.00	0.90	2.30	51.18	19 487	69 736.3
平均值/合计		20.28	102.60	0.9	3.64	21.31	74 882	433 561.1

表 3-108　洛阳市土壤有效锰含量分级面积　　　　　　单位：mg/kg

分级标准	一级（高）>30	二级（较高）20.1~30	三级（中）15.1~20	四级（较低）10.1~15	五级（低）≤10	总合计（hm²）
栾川县	37.2	94.6	220.5	448.4	18 030.0	18 830.7
洛宁县	7 912.7	12 808.6	3 944.8	5 705.5	27 902.8	58 274.4
孟津县	46.2	1 632.9	15 860.8	21 657.9	1 697.1	40 894.9
汝阳县	2 599.9	18 710.3	7332.7	2 483.5	1 013.3	32 139.8
嵩县	23 242.3	13 703.9	5935.7	4 978.3	28.8	47 888.9
新安县	34 517.6	14 719.3	244.3	35.8		49 517.1
偃师县			276.7	32 885.1	17 636.2	50 797.9
伊川	18.4	1 708.5	6 970.4	52 721.7	2 169.9	63 588.8
宜阳县	2 420.2	8 596.6	32 992.7	26 360.9	1 258.2	71 628.5
合计	70 794.5	71 974.7	73 778.5	147 277.0	69 736.3	433 561.1
占（%）	16.33	16.60	17.02	33.97	16.08	100.00

表 3-109　耕层土壤有效锰丰缺分级及面积　　　　　　　　单位：mg/kg

分级标准	一级（高）	二级（较高）	三级（中）	四级（较低）	五级（低）	总合计（hm²）
	>30	20.1~30	15.1~20	10.1~15	≤10	
面积（hm²）	70 794.5	71 974.7	73 778.5	147 277.0	69 736.3	433 561.1
面积（%）	16.3	16.6	17.0	34.0	16.1	100.0

（三）不同土壤类型耕层土壤有效锰含量情况

在耕地土类中有效锰含量以紫色土、黄棕壤、石质土较高，棕壤、水稻土、褐土较低。不同土种中，砾质洪积褐土性土、厚层硅质棕壤、底砾砂壤土、砂质洪积湿潮土较高，中层红黄土质褐土性土、中层硅铝质褐土性土、深位钙盘黏质洪积石灰土、少量砂姜黄土质石灰性土、浅位钙盘黏质洪积石灰土、泥质中性石质土等较低，见表 3-110、表 3-111。

表 3-110　洛阳市耕地土壤有效锰按土类统计结果　　　　　　　单位：mg/kg

土类	平均值	最大值	最小值	标准偏差	变异系数（%）
潮土	15.52	66.60	1.70	11.42	73.57
粗骨土	22.15	82.70	2.00	11.33	51.17
褐土	18.68	102.60	1.80	13.00	69.59
红黏土	22.28	100.10	2.00	15.64	70.20
黄棕壤	35.94	45.10	21.10	4.35	12.11
砂姜黑土	18.64	22.60	12.60	2.84	15.23
石质土	34.32	83.00	2.20	11.64	33.93
水稻土	13.37	18.80	10.70	1.43	10.67
紫色土	41.58	97.30	2.60	26.05	62.65
棕壤	11.63	82.90	0.90	14.21	122.17

表 3-111　洛阳市耕地土壤有效锰按土种统计结果　　　　　　　单位：mg/kg

省土种名称	平均值	最大值	最小值	标准差	变异系数	样本数
底砾层洪积潮土	17.30	33.80	11.30	6.17	35.65	75
砾质洪积潮土	7.92	11.60	4.70	2.59	32.70	17
壤质洪积潮土	19.56	60.30	1.80	11.67	59.66	658
深位钙盘洪积潮土	12.83	13.20	12.50	0.33	2.58	4
黏质洪积潮土	14.18	20.40	9.40	2.45	17.31	92
底砂两合土	13.21	33.50	7.90	5.95	45.07	44
底砂小两合土	12.81	31.30	2.10	9.28	72.46	312
两合土	12.05	51.60	2.10	6.70	55.59	390
浅位厚砂两合土	12.83	16.40	9.80	1.89	14.77	53
浅位砂两合土	12.75	15.50	8.60	2.30	18.01	40
浅位砂小两合土	12.79	15.10	8.60	2.27	17.71	16
小两合土	8.18	31.60	1.70	6.29	76.97	565
底砾砂壤土	11.25	23.70	3.20	4.33	38.50	323
浅位壤砂质潮土	4.99	5.30	4.80	0.14	2.83	22
砂质潮土	14.18	14.40	14.00	0.21	1.45	4
淤土	18.33	45.50	6.10	11.96	65.28	55

（续表）

省土种名称	平均值	最大值	最小值	标准差	变异系数	样本数
底砂淤土	15.25	19.40	10.40	3.50	22.91	11
浅位厚壤淤土	9.66	10.10	8.90	0.45	4.66	5
浅位砂淤土	11.78	12.80	10.80	1.02	8.67	4
薄层黏质灌淤潮土	16.12	20.30	13.20	2.15	13.32	13
厚层黏质灌淤潮土	14.39	16.80	12.10	0.82	5.72	33
洪积灰砂土	45.78	58.20	36.00	5.73	12.53	29
洪积两合土	43.42	58.20	13.30	11.31	26.06	81
壤质冲积湿潮土	17.43	54.10	3.20	13.90	79.76	37
壤质洪积湿潮土	22.07	35.20	3.20	6.31	28.59	220
砂质洪积湿潮土	42.80	66.60	37.20	4.67	10.91	44
底砾层冲积湿潮土	12.08	17.10	10.00	1.34	11.06	67
黏质冲积湿潮土	13.28	17.60	10.10	1.42	10.70	49
黏质洪积湿潮土	37.98	54.20	18.50	8.33	21.93	78
脱潮底砂小两合土	4.99	5.60	4.80	0.24	4.79	23
脱潮两合土	12.06	28.10	3.30	6.38	52.92	95
脱潮小两合土	4.99	25.40	1.90	6.87	137.84	89
薄层钙质粗骨土	14.34	41.20	2.20	7.90	55.09	1 094
薄层硅镁铁质中性粗骨土	22.08	76.40	2.00	12.49	56.58	1 594
中层硅镁铁质中性粗骨土	21.53	60.00	10.10	12.16	56.48	472
厚层硅镁铁质中性粗骨土	31.78	52.80	10.40	8.96	28.18	579
薄层硅钾质中性粗骨土	23.48	82.70	8.50	10.62	45.21	2 011
中层硅质粗骨土	17.37	50.30	2.50	9.06	52.16	622
薄层硅铝质中性粗骨土	12.74	23.30	10.20	2.36	18.53	154
薄层泥质中性粗骨土	16.31	72.60	2.60	9.25	56.73	3 667
壤质潮褐土	15.55	64.90	2.20	7.58	48.75	3 743
黏质潮褐土	14.15	22.60	8.60	5.00	35.33	92
红黄土质褐土	17.12	24.50	13.40	2.92	17.05	59
黄土质褐土	16.19	24.70	9.50	4.62	28.53	14
深位钙盘红黄土质褐土	17.67	52.50	8.60	9.86	55.80	415
浅位钙盘红黄土质褐土	16.91	65.30	2.30	16.98	100.42	998
深位多量砂姜红黄土质褐土	36.00	63.90	2.10	18.72	51.99	125
深位少量砂姜红黄土质褐土	12.76	17.50	7.50	2.40	18.83	84
黏质洪积褐土	12.52	20.30	7.20	2.45	19.57	273
中层硅钾质褐土性土	10.62	11.80	10.00	0.43	4.07	92
厚层堆垫褐土性土	19.91	65.80	2.80	10.80	54.24	2 174
红黄土覆盖褐土性土	12.46	16.30	10.40	2.30	18.46	9
浅位少量砂姜红黄土覆盖褐土性土	19.17	73.30	2.90	12.06	62.91	3 881
浅位多量砂姜红黄土覆盖褐土性土	13.16	16.90	10.20	1.22	9.28	255
厚层硅质褐土性土	18.03	73.40	3.90	9.78	54.26	1 740
红黄土质褐土性土	11.09	15.10	8.40	0.98	8.80	169
浅位少量砂姜红黄土质褐土性土	24.67	71.00	6.20	8.84	35.86	1 077

（续表）

省土种名称	平均值	最大值	最小值	标准差	变异系数	样本数
浅位多量砂姜红黄土质褐土性土	3.44	5.30	2.00	0.98	28.43	221
浅位钙盘砂姜红黄土质褐土性土	8.67	28.60	2.20	8.78	101.29	186
中层红黄土质褐土性土	30.92	88.40	1.80	17.69	57.22	2 042
中层钙质褐土性土	19.60	102.60	1.90	16.30	83.14	3 280
中层硅铝质褐土性土	3.09	3.20	2.90	0.10	3.36	13
砾质洪积褐土性土	7.62	50.80	2.00	10.69	140.36	697
壤质洪积褐土性土	44.68	72.00	2.70	27.90	62.43	34
厚层砂泥质褐土性土	24.28	56.90	3.20	15.70	64.67	265
中层砂泥质褐土性土	2.76	3.30	2.30	0.24	8.79	164
厚层硅钾质淋溶褐土	18.64	30.80	4.70	9.31	49.97	240
中层硅钾质淋溶褐土	32.85	87.20	2.60	30.06	91.50	310
中层硅质淋溶褐土	5.66	12.70	2.00	3.59	63.46	316
红黄土质淋溶褐土	17.74	71.20	2.60	10.53	59.35	3 876
中层钙质淋溶褐土	20.39	44.80	6.40	9.25	45.36	200
厚层硅铝质淋溶褐土	18.81	63.00	9.30	9.06	48.19	969
壤质洪冲积淋溶褐土	17.53	32.40	12.40	5.33	30.43	114
中层泥质淋溶褐土	11.37	15.40	9.40	1.30	11.40	89
红黄土质石灰性褐土	14.50	16.50	12.50	1.25	8.60	24
浅位多量砂姜红黄土质石灰性褐土	11.74	16.70	8.70	1.79	15.26	235
浅位少量砂姜红黄土质石灰性褐土	14.08	14.40	13.70	0.28	1.95	17
中壤质黄土质石灰性褐土	33.79	78.60	4.90	12.55	37.16	579
轻壤质黄土质石灰性褐土	17.26	33.60	8.70	5.34	30.94	571
少量砂姜黄土质石灰性褐土	18.92	43.50	2.80	10.86	57.43	369
深位多量砂姜黄土质石灰性褐土	24.30	100.10	2.00	17.87	73.55	6 448
深位少量砂姜黄土质石灰性褐土	14.37	20.30	11.10	2.39	16.65	196
壤质洪积褐土	20.25	40.70	12.00	7.62	37.62	147
壤质洪积石灰性褐土	16.92	20.50	12.90	3.01	17.77	11
黏质洪积石灰性褐土	28.40	67.40	4.30	12.68	44.64	1 247
红黏土	13.91	17.30	10.20	1.72	12.34	62
浅位多量砂姜红黏土	17.24	73.60	2.00	11.95	69.30	2 501
浅位多量砂姜石灰性红黏土	33.89	44.10	26.00	6.65	19.63	41
浅位钙盘砂姜石灰性红黏土	37.14	43.70	33.10	2.11	5.67	106
浅位少量砂姜红黏土	35.75	45.10	21.10	4.46	12.47	232
深位钙盘砂姜石灰性红黏土	21.11	22.60	19.20	1.10	5.23	30
石灰性红黏土	17.29	20.70	12.60	2.44	14.08	41
中层硅铝质黄棕壤	35.01	83.00	2.20	11.32	32.34	7 486
薄层硅铝质黄棕壤性土	18.45	29.10	6.70	6.62	35.88	324
中层砂泥质黄棕壤性土	10.71	11.30	10.30	0.39	3.63	7
壤盖洪积石灰性砂姜黑土	13.37	18.80	10.70	1.43	10.67	106
深位钙盘黏质洪积石灰性砂姜黑土	21.00	25.70	17.30	3.04	14.49	5
硅质中性石质土	40.21	47.70	30.40	4.85	12.07	87

（续表）

省土种名称	平均值	最大值	最小值	标准差	变异系数	样本数
泥质中性石质土	15.29	30.40	10.30	5.19	33.91	108
表潜潮青泥田	60.77	97.30	30.10	17.02	28.00	368
薄层砂质石灰性紫色土	6.75	13.20	2.60	4.52	66.98	112
中层砂质石灰性紫色土	25.52	29.30	21.80	2.53	9.92	6
厚层砂质石灰性紫色土	24.81	28.80	21.80	2.48	10.00	21
薄层砂质中性紫色土	3.46	15.40	2.00	3.03	87.59	195
厚层砂质中性紫色土	3.51	11.90	1.20	1.13	32.22	342
中层砂质中性紫色土	2.83	17.40	1.90	2.02	71.26	199
中层硅钾质棕壤	46.81	82.90	16.80	12.40	26.50	90
厚层硅镁铁质棕壤	9.69	29.80	3.30	9.13	94.19	213
厚层硅质棕壤	12.30	12.40	12.20	0.07	0.57	5
中层硅质棕壤	9.73	74.70	1.50	13.15	135.17	3 727
黄土质棕壤	2.50	6.70	0.90	1.04	41.46	324
厚层硅铝质棕壤	30.84	56.90	5.50	8.68	28.14	339
中层硅铝质棕壤	31.33	31.70	30.80	0.36	1.14	6
中层砂泥质棕壤	2.77	4.00	1.90	0.75	27.25	64
薄层硅钾质棕壤性土	6.42	53.00	2.00	8.53	132.83	1 941
薄层硅镁铁质棕壤性土	4.40	31.40	2.50	6.29	142.93	76
中层硅钾质棕壤性土	23.31	64.30	2.80	16.08	69.01	2 244
中层硅镁铁质棕壤性土	24.11	37.30	10.20	6.54	27.12	467
中层硅质棕壤性土	4.50	24.80	2.70	3.49	77.56	364
薄层硅铝质棕壤性土	19.21	27.80	12.10	4.06	21.16	66
中层硅铝质棕壤性土	4.06	22.50	2.10	2.88	70.96	771
中层砂泥质棕壤性土	20.76	28.40	15.00	6.68	32.19	5
总计或平均	20.28	102.60	0.9	14.85	73.22	74 882

（四）不同地貌类型耕地土壤有效锰含量状况

从地貌类型看，泛滥平坦地、早期堆积台地、黄土平梁较低，大起伏中山、小起伏低山（侵蚀剥削）、中起伏低山等地貌较高，见表3-112。

表3-112　洛阳市耕地土壤有效锰按地貌类型统计结果　　　　单位：mg/kg

地貌类型	平均值	最大值	最小值	标准差	变异系数	样本数
大起伏中山	15.51	82.70	0.90	16.62	107.11	10 342
泛滥平坦地	21.50	31.60	10.30	3.64	16.95	864
高丘陵	34.90	102.60	8.70	13.55	38.84	1 661
河谷平原	18.20	76.40	2.70	11.21	61.59	8 466
黄河滩地	14.00	20.30	9.10	1.75	12.47	913
黄土平梁	18.78	83.80	2.50	9.57	50.95	6 807
黄土丘陵	20.95	71.00	2.90	10.78	51.47	9 929
黄土塬	15.14	41.90	3.80	5.03	33.20	2 660
基岩高台地	16.53	43.60	10.40	3.94	23.86	742

（续表）

地貌类型	平均值	最大值	最小值	标准差	变异系数	样本数
倾斜的洪积（山麓冲积）平原	10.80	18.70	6.00	1.54	14.27	750
小起伏低山（黄土低山）	18.09	73.60	2.40	17.23	95.27	3 826
小起伏低山（侵蚀剥削）	23.97	66.60	2.00	12.60	52.58	6 962
小起伏低山（溶蚀侵蚀）	48.65	100.10	25.50	11.50	23.65	2 455
小起伏中山	55.68	87.50	27.60	17.68	31.75	811
早期堆积台地	21.19	35.80	6.30	8.59	40.53	3 036
中起伏低山	27.10	53.10	8.00	9.15	33.77	1 433
中起伏中山	16.22	74.70	1.90	15.14	93.32	13 225
总计或平均	20.28	102.60	0.90	14.85	73.22	74 882

（五）不同质地土壤有效锰含量状况

从土壤质地看，砂壤土、轻壤土有效锰含量较高，紧砂土、轻黏土较低，见表3-113。

表3-113　洛阳市耕地土壤有效锰按土壤质地统计结果　　　　单位：mg/kg

质地	平均值	最大值	最小值	标准差	变异系数	样本数
紧砂土	22.86	45.50	6.60	12.27	53.69	37
轻壤土	12.07	32.40	1.90	8.77	72.65	571
轻黏土	14.39	16.80	12.10	0.82	5.72	33
砂壤土	11.96	66.60	1.70	12.62	105.51	682
中壤土	20.17	102.60	0.90	14.82	73.45	59 850
重壤土	21.53	100.10	2.00	15.06	69.94	13 709
总计或平均	20.28	102.60	0.90	14.85	73.22	74 882

六、有效铜

（一）耕层土壤有效铜含量及分布概况

洛阳市土壤有效铜平均含量1.57mg/kg，各县市区相对均衡。从直方图数据表可以看出，95.68%的评价单元有效铜含量在2.5mg/kg以下，见表3-114、表3-115、表3-116。

表3-114　洛阳市土壤有效铜含量分布直方图数据

养分含量（mg/kg）	频率	累积（%）
<1.3	36 946	49.34
1.31~1.8	24 811	33.13
1.81~2.5	9 891	13.21
2.51~3.5	2 232	2.98
>3.5	1 002	1.34

表3-115　洛阳市耕地土壤有效铜按县市区统计结果　　　　单位：mg/kg

县市区	平均值	最大值	最小值	标准差	变异系数	样本数
栾川县	1.29	8.94	0.35	0.67	51.70	14 528
洛宁县	1.44	13.36	0.72	1.04	72.04	8 263

（续表）

县市区	平均值	最大值	最小值	标准差	变异系数	样本数
孟津县	1.92	6.42	0.86	0.49	25.29	4 173
汝阳县	1.74	25.12	0.52	1.12	64.39	6 272
嵩县	1.40	10.44	0.34	0.58	41.61	14 290
新安县	1.54	13.09	0.73	0.50	32.63	8 474
偃师县	1.38	6.45	0.57	0.58	41.99	3 831
伊川	1.46	3.50	0.82	0.33	22.86	5 886
宜阳县	1.23	4.58	0.62	0.42	34.02	9 165
总计或平均	1.57	25.12	0.34	0.64	42.95	74 882

表3-116 各地力等级耕层土壤有效铜含量及面积

	级别	一级地	二级地	三级地	四级地	五级地
含量（mg/kg）	平均值	1.81	1.54	1.33	1.41	1.42
	最大值	13.36	10.75	9.93	25.12	19.85
	最小值	0.72	0.57	0.49	0.48	0.34
	标准差	1.29	0.62	0.51	0.56	0.74
	变异系数	71.00	39.95	37.86	39.43	52.35
面积（hm²）		52 557.5	82 014.4	121 933.0	117 518.7	59 537.5
占总耕地（%）		12.12	18.92	28.12	27.11	13.73

（二）耕层土壤有效铜丰缺情况

洛阳市耕层土壤有效铜含量，四级（较低）占33.9%、五级（低）占48.5%，说明洛阳市多数土壤有效铜处于缺乏状态，见表3-117、表3-118、表3-119。

表3-117 耕层土壤有效铜丰缺分级及面积　　　　单位：mg/kg

分级标准		平均值	最大值	最小值	标准差	变异系数	样本数	面积（hm²）
一级（高）	>3.5	5.44	25.12	3.51	2.15	39.52	1 002	4 761.5
二级（较高）	2.51-3.5	2.86	3.50	2.51	0.27	9.27	2 232	10 770.1
三级（中）	1.81-2.5	2.04	2.50	1.81	0.18	8.98	9 891	60 736.0
四级（较低）	1.31-1.8	1.52	1.80	1.31	0.14	9.08	24 811	147 155.2
五级（低）	≤1.3	1.03	1.30	0.34	0.17	16.06	36 946	210 138.2
平均值/合计		1.57	25.12	0.34	1.57	16.58	74 882	433 561.1

表3-118 洛阳市土壤有效铜含量分级面积　　　　单位：mg/kg

分级标准	一级（高）	二级（较高）	三级（中）	四级（较低）	五级（低）	总合计（hm²）
	>3.5	2.51~3.5	1.81~2.5	1.31~1.8	≤1.30	
栾川县	275.6	960.2	1 607.2	3 158.3	12 829.4	18 830.7
洛宁县	1 392.3	1 023.9	2 705.6	20 299.4	32 853.1	58 274.4
孟津县	375.1	3 874.4	19 249.7	16 525.4	870.2	40 894.9
汝阳县	550.1	546.4	9 538.8	10 724.5	10 780.0	32 139.8
嵩县	382.4	875.2	5 559.9	12 916.4	28 155.0	47 888.9

（续表）

分级标准	一级（高）	二级（较高）	三级（中）	四级（较低）	五级（低）	总合计（hm²）
	>3.5	2.51~3.5	1.81~2.5	1.31~1.8	≤1.30	
新安县	619.7	799.1	6 055.8	25 148.2	16 894.3	49 517.1
偃师县	1 125.8	1 252.7	4 819.8	16 096.3	27 503.3	50 797.9
伊川		568.8	8 437.1	30 225.0	24 357.9	63 588.8
宜阳县	40.4	869.4	2 762.1	12 061.6	55 895.0	71 628.5
合计	4 761.5	10 770.1	60 736.0	147 155.2	210 138.2	433 561.1
占（%）	1.10	2.48	14.01	33.94	48.47	100.00

表 3-119　耕层土壤有效铜丰缺分级及面积　　　　单位：mg/kg

分级标准	一级（高）	二级（较高）	三级（中）	四级（较低）	五级（低）	总合计（hm²）
	>3.5	2.51~3.5	1.81~2.5	1.31~1.8	≤1.3	
面积（hm²）	4 761.5	10 770.1	60 736.0	147 155.2	210 138.2	433 561
面积（%）	1.1	2.5	14.0	33.9	48.5	100.0

（三）不同土壤类型耕层土壤有效铜含量情况

在耕地土类中有效铜含量以水稻土、黄棕壤、砂姜黑土较高，棕壤、红黏土、粗骨土较低。不同土种中，壤质洪积湿潮土、砂质潮土、壤质冲积湿潮土、厚层硅铝质淋溶褐土、薄层黏质灌淤潮土、薄层硅镁铁质棕壤性土较高，浅位厚壤淤土、中层钙质淋溶褐土、中层泥质淋溶褐土、中层砂泥质棕壤等较低，见表3-120、表3-121。

表 3-120　洛阳市耕地土壤有效铜按土类统计结果　　　　单位：mg/kg

土类	平均值	最大值	最小值	标准偏差	变异系数（%）
潮土	1.72	13.36	0.61	1.09	63.60
粗骨土	1.36	4.84	0.59	0.49	36.47
褐土	1.43	25.12	0.42	0.70	48.88
红黏土	1.33	8.94	0.49	0.45	33.70
黄棕壤	1.94	2.86	1.30	0.26	13.18
砂姜黑土	1.82	2.27	1.14	0.26	14.34
石质土	1.63	19.85	0.34	0.95	58.57
水稻土	1.87	2.61	1.27	0.26	14.11
紫色土	1.63	3.81	0.63	0.53	32.85
棕壤	1.37	10.63	0.35	0.63	46.34

表 3-121　洛阳市耕地土壤有效铜按土种统计结果　　　　单位：mg/kg

省土种名称	平均值	最大值	最小值	标准差	变异系数	样本数
表潜潮青泥田	1.87	2.61	1.27	0.26	14.11	106
薄层钙质粗骨土	1.50	3.42	0.68	0.57	38.03	1 094
薄层硅钾质中性粗骨土	1.13	4.41	0.59	0.36	31.60	1 594
薄层硅钾质棕壤性土	1.84	10.63	0.82	1.10	59.69	339
薄层硅铝质黄棕壤性土	2.20	2.86	1.89	0.20	8.97	106

（续表）

省土种名称	平均值	最大值	最小值	标准差	变异系数	样本数
薄层硅铝质中性粗骨土	1.60	3.29	0.66	0.65	40.92	579
薄层硅铝质棕壤性土	1.40	3.21	0.69	0.46	32.66	2 244
薄层硅镁铁质中性粗骨土	1.21	2.18	0.73	0.39	32.23	467
薄层硅镁铁质棕壤性土	2.21	2.28	2.11	0.07	2.95	6
薄层泥质中性粗骨土	1.43	4.84	0.64	0.45	31.51	2 011
薄层砂质石灰性紫色土	1.36	1.58	1.22	0.15	11.24	5
薄层砂质中性紫色土	1.39	1.87	0.78	0.28	19.85	108
薄层黏质灌淤潮土	2.51	3.72	1.44	0.85	33.77	13
底砾层冲积湿潮土	1.51	2.65	1.08	0.41	27.54	67
底砾层洪积潮土	1.46	2.27	0.90	0.40	27.08	75
底砾砂壤土	1.28	1.40	1.09	0.10	7.63	22
底砂两合土	1.25	2.17	0.76	0.27	21.89	44
底砂小两合土	1.67	8.91	0.61	0.93	55.69	312
底砂淤土	2.13	2.54	1.16	0.56	26.30	11
硅质中性石质土	1.64	19.85	0.34	0.97	59.00	7 486
红黄土覆盖褐土性土	1.25	1.84	0.84	0.24	19.27	84
红黄土质褐土	1.29	7.75	0.58	0.43	33.14	3 667
红黄土质褐土性土	1.35	7.44	0.57	0.45	33.50	3 881
红黄土质淋溶褐土	1.90	25.12	0.91	2.01	105.43	265
红黄土质石灰性褐土	1.50	11.60	0.57	1.20	80.31	3 876
红黏土	1.37	8.94	0.55	0.48	34.77	6 448
洪积灰砂土	1.45	1.73	1.05	0.20	13.98	29
洪积两合土	1.64	5.15	0.92	0.71	43.30	81
厚层堆垫褐土性土	1.49	2.49	0.73	0.29	19.73	125
厚层硅钾质淋溶褐土	2.27	2.58	1.86	0.26	11.65	13
厚层硅铝质淋溶褐土	1.69	2.50	0.98	0.45	26.60	240
厚层硅铝质棕壤	1.30	2.43	0.85	0.37	28.27	213
厚层硅镁铁质中性粗骨土	2.05	2.08	2.00	0.03	1.48	5
厚层硅镁铁质棕壤	1.44	1.92	1.12	0.23	15.73	21
厚层硅质褐土性土	1.18	1.23	1.11	0.05	3.92	9
厚层硅质棕壤	1.28	2.57	0.98	0.36	28.42	195
厚层砂泥质褐土性土	1.42	4.39	0.48	0.49	34.72	2 042
厚层砂质石灰性紫色土	1.70	1.91	1.30	0.20	11.47	87
厚层砂质中性紫色土	1.81	3.81	1.10	0.55	30.68	368
厚层黏质灌淤潮土	2.04	2.72	1.45	0.29	14.36	33
黄土质褐土	1.61	6.37	0.49	0.54	33.67	3 743
黄土质棕壤	1.52	2.62	1.07	0.26	16.95	90
砾质洪积潮土	0.94	0.97	0.92	0.02	2.17	17
砾质洪积褐土性土	1.16	2.49	0.71	0.35	29.91	221
两合土	1.56	6.45	0.71	0.68	43.41	390
泥质中性石质土	1.33	2.51	0.63	0.41	31.06	324

（续表）

省土种名称	平均值	最大值	最小值	标准差	变异系数	样本数
浅位多量砂姜红黄土覆盖褐土性土	1.39	1.55	1.07	0.19	13.50	7
浅位多量砂姜红黄土质褐土	1.62	5.32	0.78	0.61	37.86	273
浅位多量砂姜红黏土	1.45	2.75	0.93	0.36	25.07	196
浅位多量砂姜石灰性红黏土	1.17	2.16	0.68	0.51	43.16	147
浅位钙盘砂姜红黄土质褐土性土	1.52	2.14	0.88	0.30	19.78	92
浅位钙盘砂姜石灰性红黏土	1.39	2.49	0.85	0.25	18.20	255
浅位钙盘黏质洪积石灰性砂姜黑土	1.76	2.12	1.43	0.26	14.91	11
浅位厚壤淤土	1.11	1.28	0.96	0.12	10.43	5
浅位厚砂两合土	1.19	2.30	0.74	0.26	21.43	53
浅位壤砂质潮土	1.71	1.85	1.50	0.15	9.02	4
浅位砂两合土	1.67	2.33	0.98	0.34	20.28	40
浅位砂小两合土	1.78	2.16	1.20	0.35	19.50	16
浅位砂淤土	1.99	2.16	1.93	0.11	5.62	4
浅位少量砂姜红黄土覆盖褐土性土	1.45	1.66	1.13	0.10	7.02	92
浅位少量砂姜红黄土质褐土性土	1.35	6.42	0.52	0.42	31.26	2 174
浅位少量砂姜红黏土	1.40	3.65	0.66	0.43	30.65	1 247
浅位少量砂姜黄土质石灰性褐土	1.39	2.22	0.93	0.21	14.89	200
浅位少量砂姜石灰性红黏土	1.28	2.92	0.49	0.37	28.84	969
轻壤质黄土质石灰性褐土	1.92	3.26	1.21	0.40	21.00	114
壤盖洪积石灰性砂姜黑土	1.99	2.11	1.82	0.08	4.05	30
壤质潮褐土	1.81	10.44	0.53	1.04	57.76	622
壤质冲积湿潮土	2.26	3.74	1.37	0.78	34.26	37
壤质洪冲积淋溶褐土	1.96	7.21	0.58	1.19	60.70	310
壤质洪积潮土	1.73	8.86	0.77	0.83	48.34	658
壤质洪积褐土	1.71	13.09	0.83	1.11	65.18	579
壤质洪积褐土性土	1.77	3.57	1.02	0.48	27.04	186
壤质洪积湿潮土	2.96	13.36	0.93	2.88	97.26	220
壤质洪积石灰性褐土	1.30	2.54	0.87	0.27	20.74	571
砂质潮土	2.70	10.75	0.90	1.95	72.43	55
砂质洪积湿潮土	2.17	4.18	1.23	0.59	27.15	44
少量砂姜黄土质石灰性褐土	1.70	1.91	1.44	0.11	6.56	89
深位多量砂姜红黄土质石灰性褐土	1.66	2.80	0.75	0.58	34.80	59
深位多量砂姜黄土质石灰性褐土	1.83	2.06	1.63	0.10	5.53	24
深位钙盘红黄土质褐土	1.37	1.93	0.88	0.20	14.47	235
深位钙盘洪积潮土	1.44	1.48	1.43	0.03	1.73	4
深位钙盘砂姜石灰性红黏土	1.23	2.03	0.91	0.24	19.70	62
深位钙盘黏质洪积石灰性砂姜黑土	1.71	2.27	1.14	0.29	16.78	41
深位少量砂姜红黄土质褐土	1.89	2.18	1.49	0.20	10.40	14
深位少量砂姜黄土质石灰性褐土	1.61	1.82	1.52	0.07	4.26	17
石灰性红黏土	1.20	3.96	0.60	0.39	32.98	2 501
脱潮底砂小两合土	1.28	1.66	1.05	0.20	15.52	23

（续表）

省土种名称	平均值	最大值	最小值	标准差	变异系数	样本数
脱潮两合土	1.72	3.01	0.95	0.43	25.18	95
脱潮小两合土	1.14	1.63	0.69	0.21	18.26	89
小两合土	1.56	6.05	0.67	0.83	53.01	565
淤土	1.69	5.75	0.93	0.80	47.06	323
黏质潮褐土	1.55	2.17	1.07	0.33	21.01	154
黏质冲积湿潮土	1.57	2.52	1.12	0.38	24.28	49
黏质洪积潮土	1.71	2.59	1.14	0.38	22.12	92
黏质洪积褐土	1.71	11.02	0.72	0.96	56.19	415
黏质洪积湿潮土	1.36	1.64	0.89	0.22	16.14	78
黏质洪积石灰性褐土	1.30	3.04	0.80	0.35	26.72	369
中层钙质褐土性土	1.28	2.18	0.86	0.22	16.98	169
中层钙质淋溶褐土	1.15	1.44	0.74	0.19	16.90	164
中层硅钾质褐土性土	1.23	5.90	0.42	0.87	70.68	998
中层硅钾质淋溶褐土	1.35	4.46	0.51	0.76	56.80	697
中层硅钾质棕壤	1.36	2.32	0.57	0.42	30.63	342
中层硅钾质棕壤性土	1.70	3.59	0.63	1.03	60.78	64
中层硅铝质褐土性土	1.42	8.59	0.55	0.63	44.48	1 077
中层硅铝质黄棕壤	1.99	2.22	1.42	0.18	9.25	41
中层硅铝质棕壤	1.46	8.20	0.63	0.67	45.88	3 727
中层硅铝质棕壤性土	1.88	4.17	0.64	1.23	65.41	364
中层硅镁铁质中性粗骨土	1.71	2.12	1.32	0.26	15.48	66
中层硅镁铁质棕壤性土	1.08	2.89	0.51	0.49	45.44	1 941
中层硅质粗骨土	1.26	3.01	0.67	0.40	31.41	472
中层硅质淋溶褐土	1.91	2.79	1.00	0.61	31.96	34
中层硅质棕壤	1.08	1.48	0.91	0.11	10.49	199
中层硅质棕壤性土	1.01	1.53	0.85	0.13	13.10	76
中层红黄土质褐土性土	1.53	4.50	0.77	0.48	31.29	1 740
中层泥质淋溶褐土	1.17	2.79	0.89	0.33	28.38	316
中层砂泥质褐土性土	1.24	4.57	0.54	0.40	32.51	3 280
中层砂泥质黄棕壤性土	1.81	2.06	1.30	0.19	10.24	232
中层砂泥质棕壤	1.19	2.28	0.35	0.25	20.86	324
中层砂泥质棕壤性土	1.29	3.70	0.60	0.51	39.42	771
中层砂质石灰性紫色土	1.79	2.03	1.61	0.21	11.54	5
中层砂质中性紫色土	1.21	2.18	0.63	0.54	44.53	112
中壤质黄土质石灰性褐土	1.56	1.92	1.32	0.22	13.94	6
总计或平均	1.57	25.12	0.34	0.46	28.76	74 882

（四）不同地貌类型耕地土壤有效铜含量状况

从地貌类型看，各种地貌有效铜含量平均值差别不大。黄土平梁、黄土丘陵、倾斜的洪积（山麓冲积）平原相对较低，小起伏中山、黄河滩地、基岩高台地等地貌较高，见表3-122。

表3-122　洛阳市耕地土壤有效铜按地貌类型统计结果　　　　单位：mg/kg

地貌类型	平均值	最大值	最小值	标准差	变异系数	样本数
大起伏中山	1.48	9.08	0.35	0.67	44.93	10 342
泛滥平坦地	1.62	4.99	0.74	0.47	29.04	864
高丘陵	1.52	2.48	1.01	0.19	12.39	1 661
河谷平原	1.58	13.09	0.62	0.78	49.24	8 466
黄河滩地	1.90	4.00	1.19	0.42	21.94	913
黄土平梁	1.30	13.36	0.69	0.99	76.10	6 807
黄土丘陵	1.24	4.74	0.49	0.36	28.77	9 929
黄土塬	1.88	6.42	0.81	0.49	26.06	2 660
基岩高台地	1.76	2.65	1.18	0.20	11.43	742
倾斜的洪积（山麓冲积）平原	1.25	2.44	0.72	0.26	20.36	750
小起伏低山（黄土低山）	1.25	7.44	0.72	0.40	32.19	3 826
小起伏低山（侵蚀剥削）	1.31	4.84	0.53	0.52	39.48	6 962
小起伏低山（溶蚀侵蚀）	1.62	2.70	0.97	0.21	13.04	2 455
小起伏中山	1.89	3.81	1.19	0.56	29.81	811
早期堆积台地	1.31	4.11	0.52	0.38	29.24	3 036
中起伏低山	1.56	3.50	0.69	0.33	20.91	1 433
中起伏中山	1.46	25.12	0.34	0.98	67.13	13 225
总计或平均	1.57	25.12	0.34	0.48	32.48	74 882

（五）不同质地土壤有效铜含量状况

从土壤质地看，紧砂土、轻黏土有效铜含量较高，重壤土、中壤土、轻壤土含量较低，见表3-123。

表3-123　洛阳市耕地土壤有效铜按土壤质地统计结果　　　　单位：mg/kg

质地	平均值	最大值	最小值	标准差	变异系数	样本数
紧砂土	3.03	10.75	1.50	2.04	67.23	37
轻壤土	1.60	8.91	0.61	0.77	47.91	571
轻黏土	2.04	2.72	1.45	0.29	14.36	33
砂壤土	1.60	6.05	0.67	0.83	51.77	682
中壤土	1.45	25.12	0.34	0.74	50.89	59 850
重壤土	1.36	11.02	0.49	0.49	35.90	13 709
总计或平均	1.57	25.12	0.34	0.86	44.68	74 882

七、有效锌

锌在植物中的功能主要是作为某些酶的组成成分和活化剂，锌在植物体内还参与生长素和核糖核酸的合成。缺锌会影响植物的各种生理代谢过程。使节间缩短、植株矮化、小叶丛生、生长发育受阻、产量降低。锌能提高植物的抗病性、抗寒性和耐盐性，促进种子发芽，增加粒重，从而提高作物产量。农作物中对锌最敏感的作物有水稻、玉米等，一般以柑橘、桃树和玉米作为土壤中锌的供给能力的指标作物。

（一）耕层土壤有效锌含量及分布概况

洛阳市土壤有效锌平均含量1.23mg/kg。汝阳县、孟津县、偃师市含量较高，洛宁县、栾川县较低，对锌敏感作物玉米、水稻等应重视施用锌肥。从直方图数据表可以看出，97.42%的评价单元有效锌含量在3.0mg/kg以下，见表3-124、表3-125、表3-126。

表 3-124　洛阳市土壤有效锌含量分布直方图数据

养分含量（mg/kg）	频率	累积（%）
<1.2	50 253	67.11
1.21~1.5	12 448	16.62
1.51~3.0	10 246	13.69
3.01~3.5	607	0.81
>3.5	1 328	1.77

表 3-125　洛阳市耕地土壤有效锌按县市区统计结果　　　　单位：mg/kg

县市区	平均值	最大值	最小值	标准差	变异系数	样本数
栾川县	0.88	1.93	0.21	0.29	32.94	14 528
洛宁县	0.62	3.35	0.14	0.34	55.18	8 263
孟津县	1.52	5.81	0.69	0.46	30.42	4 173
汝阳县	2.37	9.52	0.64	1.12	47.39	6 272
嵩县	0.90	3.66	0.16	0.38	42.36	14 290
新安县	1.30	4.35	0.51	0.44	34.04	8 474
偃师市	1.44	3.10	0.52	0.33	22.74	3 831
伊川县	1.08	2.68	0.43	0.25	22.98	5 886
宜阳县	0.98	4.37	0.31	0.29	29.75	9 165
总计或平均	1.23	9.52	0.14	0.43	35.31	74 882

表 3-126　各地力等级耕层土壤有效锌含量及面积

级别		一级地	二级地	三级地	四级地	五级地
含量（mg/kg）	平均值	1.29	1.27	1.00	1.02	1.17
	最大值	4.95	5.81	5.95	9.52	8.12
	最小值	0.17	0.16	0.17	0.14	0.16
	标准差	0.52	0.59	0.43	0.53	0.80
	变异系数	40.35	46.66	42.64	51.60	67.79
面积（hm²）		52 557.5	82 014.4	121 933.0	117 518.7	59 537.5
占总耕地（%）		12.12	18.92	28.12	27.11	13.73

（二）耕层土壤有效锌丰缺情况

洛阳市耕层土壤有效锌含量，四级（较低）占 19.8%、五级（低）占 61.2%，说明洛阳市多数土壤有效锌处于相当缺乏状态，见表 3-127、表 3-128、表 3-129。

表 3-127　耕层土壤有效锌丰缺分级及面积　　　　单位：mg/kg

分级标准		平均值	最大值	最小值	标准差	变异系数	样本数	面积（hm²）
一级（高）	>3.5	4.14	9.52	3.51	0.69	16.65	1 328	2 164.2
二级（较高）	3.1~3.5	3.26	3.50	3.01	0.15	4.53	607	1 749.8
三级（中）	1.51~3.0	1.87	3.00	1.51	0.35	18.63	10 246	78 462.9
四级（较低）	1.21~1.5	1.33	1.50	1.20	0.09	6.54	13 109	85 946.5
五级（低）	≤1.2	0.80	1.19	0.14	0.24	30.47	49 592	265 237.6
平均值/合计		1.23	9.52	0.14	0.65	57.69	74 882	433 561.1

表 3-128 洛阳市土壤有效锌含量分级面积 单位：mg/kg

| 分级标准 | 一级（高） | 二级（较高） | 三级（中） | 四级（较低） | 五级（低） | 总合计 |
	>3.5	3.1~3.5	1.51~3.0	1.21~1.50	≤1.20	（hm²）
栾川县			50.4	3 593.7	15 186.7	18 830.7
洛宁县		82.2	1 058.9	1 732.1	55 401.2	58 274.4
孟津县	311.6	86.4	19 010.6	14 955.5	6 530.8	40 894.9
汝阳县	1 830.4	1 258.8	18 457.3	5 717.7	4 875.6	32 139.8
嵩县	0.3	43.2	2 156.1	3 186.2	42 503.1	47 888.9
新安县	18.0	209.6	9 829.1	14 541.3	24 919.1	49 517.1
偃师县		2.6	21 096.6	19 480.3	10 218.4	50 797.9
伊川			4 296.9	15 480.0	43 812.0	63 588.8
宜阳县	3.9	67.0	2 507.0	7 259.8	61 790.8	71 628.5
合计	2 164.2	1 749.8	78 462.9	85 946.5	265 237.6	433 561.1
占（%）	0.50	0.40	18.10	19.82	61.18	100.00

表 3-129 耕层土壤有效锌丰缺分级及面积 单位：mg/kg

| 分级标准 | 一级（高） | 二级（较高） | 三级（中） | 四级（较低） | 五级（低） | 总合计 |
	>3.5	3.1~3.5	1.51~3.0	1.21~1.5	≤1.2	（hm²）
面积（hm²）	2 164.2	1 749.8	78 462.9	85 946.5	265 237.6	433 561.1
面积（%）	0.5	0.4	18.1	19.8	61.2	100.0

（三）不同土壤类型耕层土壤有效锌含量情况

在耕地土类中有效锌含量以黄棕壤、石质土、砂姜黑土较高，棕壤、红黏土、粗骨土较低。不同土种中，深位钙盘洪积潮土、中层硅质淋溶褐土、薄层硅钾质棕壤性土较高，砾质洪积潮土、黏质洪积石灰性褐土、中层硅镁铁质棕壤性土等较低，见表 3-130、表 3-131。

表 3-130 洛阳市耕地土壤有效锌按土类统计结果 单位：mg/kg

土类	平均值	最大值	最小值	标准偏差	变异系数（%）
潮土	1.31	5.85	0.17	0.62	47.27
粗骨土	1.05	5.95	0.28	0.48	45.77
褐土	1.06	9.52	0.14	0.52	49.20
红黏土	0.91	4.35	0.15	0.40	43.79
黄棕壤	1.54	2.25	0.86	0.12	7.76
砂姜黑土	1.76	2.57	0.79	0.33	18.82
石质土	1.76	8.12	0.36	1.16	66.05
水稻土	1.27	1.77	0.97	0.19	15.16
紫色土	1.41	3.72	0.37	0.60	42.49
棕壤	1.01	5.49	0.21	0.47	46.45

表 3-131　洛阳市耕地土壤有效锌按土种统计结果　　　　单位：mg/kg

省土种名称	平均值	最大值	最小值	标准差	变异系数	样本数
表潜潮青泥田	1.27	1.77	0.97	0.19	15.16	106
薄层钙质粗骨土	1.41	5.95	0.52	0.71	50.31	1 094
薄层硅钾质中性粗骨土	0.85	4.30	0.28	0.40	46.56	1 594
薄层硅钾质棕壤性土	2.13	5.49	0.55	1.41	66.04	339
薄层硅铝质黄棕壤性土	1.52	1.65	1.38	0.05	3.07	106
薄层硅铝质中性粗骨土	0.93	2.04	0.39	0.23	24.36	579
薄层硅铝质棕壤性土	1.16	3.40	0.35	0.47	40.79	2 244
薄层硅镁铁质中性粗骨土	1.10	2.39	0.79	0.32	29.27	467
薄层硅镁铁质棕壤性土	1.11	1.11	1.10	0.01	0.50	6
薄层泥质中性粗骨土	1.01	3.08	0.40	0.37	37.09	2 011
薄层砂质石灰性紫色土	1.04	1.20	0.87	0.15	14.06	5
薄层砂质中性紫色土	1.13	1.76	0.56	0.34	29.75	108
薄层黏质灌淤潮土	1.53	1.67	1.27	0.14	9.44	13
底砾层冲积湿潮土	1.42	2.34	0.83	0.27	19.14	67
底砾层洪积潮土	0.79	1.45	0.45	0.26	33.00	75
底砾砂壤土	1.09	1.24	0.83	0.17	15.88	22
底砂两合土	1.16	1.53	0.65	0.23	19.63	44
底砂小两合土	1.79	5.85	0.49	1.09	61.09	312
底砂淤土	1.27	1.40	1.18	0.08	5.89	11
硅质中性石质土	1.77	8.12	0.36	1.18	66.83	7 486
红黄土覆盖褐土性土	1.03	1.31	0.73	0.14	14.12	84
红黄土质褐土	0.84	2.64	0.16	0.39	46.51	3 667
红黄土质褐土性土	0.92	7.37	0.15	0.48	51.72	3 881
红黄土质淋溶褐土	1.53	9.52	0.30	1.51	98.22	265
红黄土质石灰性褐土	0.79	4.37	0.14	0.43	54.23	3 876
红黏土	0.94	2.77	0.15	0.44	46.49	6 448
洪积灰砂土	1.80	2.16	1.30	0.33	18.48	29
洪积两合土	1.30	1.74	0.46	0.33	25.06	81
厚层堆垫褐土性土	1.17	1.66	0.54	0.28	23.54	125
厚层硅钾质淋溶褐土	1.09	1.19	0.96	0.09	7.98	13
厚层硅铝质淋溶褐土	1.14	2.00	0.81	0.20	17.56	240
厚层硅铝质棕壤	1.18	1.42	0.90	0.15	12.82	213
厚层硅镁铁质中性粗骨土	1.05	1.10	1.02	0.03	2.96	5
厚层硅镁铁质棕壤	0.95	1.04	0.90	0.04	4.52	21
厚层硅质褐土性土	1.22	1.51	0.88	0.26	20.89	9
厚层硅质棕壤	1.05	1.62	0.79	0.18	17.43	195
厚层砂泥质褐土性土	1.14	4.46	0.29	0.54	47.70	2 042
厚层砂质石灰性紫色土	1.46	1.85	0.86	0.31	21.57	87
厚层砂质中性紫色土	1.66	3.72	0.70	0.60	35.92	368
厚层黏质灌淤潮土	1.43	1.71	1.09	0.16	11.53	33
黄土质褐土	1.41	5.81	0.24	0.44	31.32	3 743

（续表）

省土种名称	平均值	最大值	最小值	标准差	变异系数	样本数
黄土质棕壤	1.35	2.49	0.74	0.30	22.46	90
砾质洪积潮土	0.62	0.63	0.59	0.01	1.94	17
砾质洪积褐土性土	0.89	1.32	0.39	0.24	27.35	221
两合土	1.42	3.84	0.43	0.53	37.05	390
泥质中性石质土	1.54	3.18	0.79	0.47	30.34	324
浅位多量砂姜红黄土覆盖褐土性土	1.14	1.34	1.03	0.14	11.89	7
浅位多量砂姜红黄土质褐土	1.36	4.99	0.69	0.64	47.17	273
浅位多量砂姜红黏土	0.99	2.46	0.69	0.25	24.87	196
浅位多量砂姜石灰性红黏土	0.80	1.80	0.41	0.36	44.77	147
浅位钙盘砂姜红黄土质褐土性土	1.57	5.27	0.75	1.03	65.83	92
浅位钙盘砂姜石灰性红黏土	1.01	1.63	0.72	0.22	21.42	255
浅位钙盘黏质洪积石灰性砂姜黑土	1.88	2.31	0.79	0.43	22.81	11
浅位厚壤淤土	1.50	1.64	1.33	0.14	9.27	5
浅位厚砂两合土	1.43	2.22	0.58	0.37	26.22	53
浅位壤砂质潮土	1.25	1.29	1.21	0.03	2.64	4
浅位砂两合土	1.44	2.61	1.15	0.31	21.75	40
浅位砂小两合土	1.35	1.50	1.21	0.09	6.39	16
浅位砂淤土	1.45	1.57	1.39	0.08	5.83	4
浅位少量砂姜红黄土覆盖褐土性土	1.03	1.50	0.74	0.18	17.81	92
浅位少量砂姜红黄土质褐土性土	1.23	5.57	0.24	0.53	43.53	2 174
浅位少量砂姜红黏土	0.90	4.35	0.35	0.38	42.07	1 247
浅位少量砂姜黄土质石灰性褐土	1.09	1.95	0.59	0.29	26.86	200
浅位少量砂姜石灰性红黏土	0.85	1.90	0.36	0.26	31.30	969
轻壤质黄土质石灰性褐土	1.50	3.13	0.71	0.42	28.32	114
壤盖洪积石灰性砂姜黑土	1.77	1.89	1.61	0.07	4.20	30
壤质潮褐土	1.31	4.37	0.35	0.58	43.99	622
壤质冲积湿潮土	1.11	1.38	0.83	0.15	13.13	37
壤质洪冲积淋溶褐土	1.64	4.15	0.44	0.81	49.66	310
壤质洪积潮土	1.34	4.69	0.47	0.78	58.12	658
壤质洪积褐土	1.34	3.68	0.55	0.48	36.15	579
壤质洪积褐土性土	1.35	2.24	0.74	0.29	21.50	186
壤质洪积湿潮土	1.05	3.77	0.27	0.48	45.95	220
壤质洪积石灰性褐土	1.12	2.27	0.63	0.25	22.48	571
砂质潮土	1.64	2.86	1.11	0.48	29.04	55
砂质洪积湿潮土	1.40	1.92	1.15	0.17	12.38	44
少量砂姜黄土质石灰性褐土	1.16	1.26	1.10	0.03	2.92	89
深位多量砂姜红黄土质石灰性褐土	1.06	2.11	0.47	0.45	42.60	59
深位多量砂姜黄土质石灰性褐土	1.30	1.55	1.10	0.16	12.22	24
深位钙盘红黄土质褐土	0.99	1.65	0.48	0.22	22.17	235
深位钙盘洪积潮土	2.52	2.75	2.36	0.17	6.85	4
深位钙盘砂姜石灰性红黏土	1.24	1.65	0.88	0.21	16.67	62

（续表）

省土种名称	平均值	最大值	最小值	标准差	变异系数	样本数
深位钙盘黏质洪积石灰性砂姜黑土	1.73	2.57	0.85	0.41	23.73	41
深位少量砂姜红黄土质褐土	1.17	1.31	0.89	0.10	8.50	14
深位少量砂姜黄土质石灰性褐土	1.12	1.27	1.02	0.06	5.73	17
石灰性红黏土	0.82	2.58	0.17	0.34	41.47	2 501
脱潮底砂小两合土	0.97	1.25	0.65	0.25	25.73	23
脱潮两合土	1.28	1.92	0.68	0.30	23.76	95
脱潮小两合土	0.93	1.50	0.25	0.25	27.16	89
小两合土	1.18	2.65	0.41	0.35	29.89	565
淤土	1.24	2.48	0.17	0.51	41.17	323
黏质潮褐土	1.34	2.05	0.79	0.30	22.35	154
黏质冲积湿潮土	1.14	1.55	0.75	0.28	24.11	49
黏质洪积潮土	1.20	1.77	0.77	0.32	26.21	92
黏质洪积褐土	1.53	4.63	0.81	0.60	39.15	415
黏质洪积湿潮土	1.12	1.60	0.36	0.34	30.25	78
黏质洪积石灰性褐土	0.64	1.44	0.17	0.25	38.66	369
中层钙质褐土性土	1.14	2.11	0.87	0.26	23.01	169
中层钙质淋溶褐土	0.84	1.11	0.49	0.17	20.08	164
中层硅钾质褐土性土	0.77	1.61	0.39	0.27	34.72	998
中层硅钾质淋溶褐土	0.73	1.48	0.28	0.29	40.13	697
中层硅钾质棕壤	0.97	1.47	0.48	0.21	21.71	342
中层硅钾质棕壤性土	1.00	1.27	0.38	0.28	28.36	64
中层硅铝质褐土性土	0.94	2.03	0.38	0.21	22.44	1 077
中层硅铝质黄棕壤	1.61	1.66	1.53	0.03	1.75	41
中层硅铝质棕壤	0.99	2.23	0.34	0.25	25.05	3 727
中层硅铝质棕壤性土	0.86	1.40	0.38	0.33	38.90	364
中层硅镁铁质中性粗骨土	1.62	2.54	1.00	0.38	23.26	66
中层硅镁铁质棕壤性土	0.66	1.20	0.25	0.23	35.07	1 941
中层硅质粗骨土	1.05	1.89	0.48	0.29	27.87	472
中层硅质淋溶褐土	2.05	2.72	1.29	0.50	24.43	34
中层硅质棕壤	1.01	1.34	0.80	0.09	9.01	199
中层硅质棕壤性土	1.13	1.88	0.49	0.27	24.02	76
中层红黄土质褐土性土	1.38	3.57	0.53	0.39	28.57	1 740
中层泥质淋溶褐土	0.99	1.50	0.52	0.23	23.38	316
中层砂泥质褐土性土	0.97	4.14	0.34	0.48	49.86	3 280
中层砂泥质黄棕壤性土	1.53	2.25	0.86	0.15	9.50	232
中层砂泥质棕壤	0.99	1.50	0.21	0.20	20.32	324
中层砂泥质棕壤性土	1.07	1.60	0.37	0.25	23.25	771
中层砂质石灰性紫色土	1.73	2.21	1.46	0.34	19.74	5
中层砂质中性紫色土	0.78	1.42	0.37	0.35	45.34	112
中壤质黄土质石灰性褐土	1.10	1.27	0.97	0.10	8.93	6
总计或平均	1.23	9.52	0.14	0.33	27.01	74 882

（四）不同地貌类型耕地土壤有效锌含量状况

从地貌类型看，小起伏低山（黄土低山）、黄土平梁有效锌含量较低，泛滥平坦地、小起伏中山、早期堆积台地等地貌较高，见表3-132。

表3-132　洛阳市耕地土壤有效锌按地貌类型统计结果　　　　单位：mg/kg

地貌类型	平均值	最大值	最小值	标准差	变异系数	样本数
大起伏中山	1.30	7.93	0.21	0.79	60.54	10 342
泛滥平坦地	2.17	5.95	1.04	0.83	38.43	864
高丘陵	1.17	2.80	0.53	0.30	25.82	1 661
河谷平原	1.16	5.50	0.16	0.52	44.73	8 466
黄河滩地	1.55	3.13	0.99	0.38	24.33	913
黄土平梁	0.84	4.35	0.18	0.29	35.07	6 807
黄土丘陵	0.92	3.73	0.16	0.40	43.80	9 929
黄土塬	1.51	5.81	0.61	0.43	28.75	2 660
基岩高台地	1.34	2.33	0.78	0.26	19.17	742
倾斜的洪积（山麓冲积）平原	1.38	2.55	0.80	0.28	20.18	750
小起伏低山（黄土低山）	0.53	2.04	0.14	0.28	52.81	3 826
小起伏低山（侵蚀剥削）	0.87	2.89	0.29	0.32	36.85	6 962
小起伏低山（溶蚀侵蚀）	1.36	3.16	0.73	0.28	20.83	2 455
小起伏中山	1.83	3.72	0.59	0.68	37.08	811
早期堆积台地	1.70	4.79	0.64	0.83	49.02	3 036
中起伏低山	1.06	2.25	0.44	0.36	34.10	1 433
中起伏中山	1.12	9.52	0.24	0.81	72.30	13 225
总计或平均	1.23	9.52	0.14	0.47	37.87	74 882

（五）不同质地土壤有效锌含量状况

从土壤质地看，紧砂土、轻壤土有效锌含量较高，重壤土较低，见表3-133。

表3-133　洛阳市耕地土壤有效锌按土壤质地统计结果　　　　单位：mg/kg

质地	平均值	最大值	最小值	标准差	变异系数	样本数
紧砂土	1.70	2.86	1.11	0.53	30.89	37
轻壤土	1.52	5.85	0.25	0.91	60.08	571
轻黏土	1.43	1.71	1.09	0.16	11.53	33
砂壤土	1.23	2.65	0.41	0.37	29.70	682
中壤土	1.15	9.52	0.14	0.68	58.82	59 850
重壤土	0.95	4.63	0.15	0.43	45.41	13 709
总计或平均	1.23	9.52	0.14	0.51	39.40	74 882

第四章 耕地地力评价方法与程序

第一节 耕地地力评价基本原理与原则

一、耕地地力评价基本原理

洛阳市耕地地力评价的依据主要有：农业部种植业管理司和全国农业技术推广服务中心编著的《测土配方施肥技术规范（试行）修订稿》（2006）；全国农业技术推广服务中心编著的《耕地地力评价指南》（2006）；《全国耕地类型区、耕地地力等级划分》（NY/T 309—1996）；《全国中低产类型划分与改良技术规范》（NY/T 310—1996）；耕地资源管理信息系统数字字典。

耕地地力评价就是通过对耕地资源的基本属性调查，选择一定数量对耕地质量有重要影响的评价因子，采用科学的方法对耕地的等级高低进行综合评判的过程。本次耕地地力评价是测土配方施肥财政补贴项目中的一项重要内容，主要是利用测土配方施肥的数据进行耕地地力评价。选择的是以土壤要素为主的潜力评价，采用耕地自然要素评价指数反映耕地潜在生产能力的高低。其关系式为：

$$IFI = b_1 x_1 + b_2 x_2 + \cdots\cdots + b_n x_n$$

IFI 为耕地地力指数；

b_i 为耕地自然属性分值，选取的参评因素；

x_i 为该属性对耕地地力的贡献率（也即权重，用层次分析法求得）。

用评价单元数与耕地地力综合指数制作累积频率曲线图，根据单元综合指数的分布频率，采用耕地地力指数累积曲线法划分耕地地力等级，在频率曲线图的突变处划分级别（图4-1）。根据 IFI 的大小，可以了解耕地地力的高低；根据 IFI 的组成，通过分析可以揭示出影响耕地地力的障碍因素及其影响程度。

耕地地力评价可对耕地资源的质量和存在的问题给予实时、准确的报告，为摸清全市耕地地力的现状及问题、合理利用现有的耕地资源，治理或修复退化土壤提供科学依据，为农业决策者、基层农业技术人员和广大农民提供决策参考，为耕地资源的高效配置和可持续利用提供了重要的科学依据。

二、耕地地力评价基本原则

本次耕地地力评价所采用的耕地地力概念是指耕地的基础地力，也即由耕地土壤所处的地形、地貌条件、成土母质特征、农田基础设施及培肥水平、土壤理化性状等综合构成的耕地生产力。此类评价揭示是处于特定范围内（一个完整的区域）、特定气候（一般来说，一个区域内的气候特征是基本相似的）条件下，各类立地条件、剖面性状、土壤理化性状、障碍因素与土壤管理等因素组合下的耕地综合特征和生物生产力的高低，也即潜在生产力。通过深入分析，找出影响耕地地力的主导因素，为耕地改良和管理利用提供依据。基于此，耕地地力评价所遵循的基本原则如下。

（一）综合因素与主导因素相结合的原则

耕地是一个自然经济综合体，耕地地力也是各类要素的综合体现。所谓综合因素研究，是指对耕地立地条件、剖面性状、耕层理化性质、障碍因素和土壤管理水平5个方面的因素进行全面的研究、分析与评价，以全面了解耕地地力状况。所谓主导因素，是指在特定的区域范围内对耕地地力起决定作用的因素，在评价中要着重对其进行研究分析。因此，把综合因素与主导因素结合起来进行评价，既着眼于全市范围内的所有耕地类型，也关注对耕地地力影响大的关键指标，以期达到评价结果反映出全市范围内耕地地力的全貌，也能分析特殊耕地地力等级和特定区域内耕地地力的主导因素，可为全市范围内耕地资源的利用提供决策依据，又可为低等级耕地的改良提供主攻方向。

（二）稳定性原则

评价结果在一定的时期内应具有一定的稳定性，能为一定时期内的耕地资源配置和改良提供依据。因此，在指标的选取上必须考虑评价指标的稳定性。

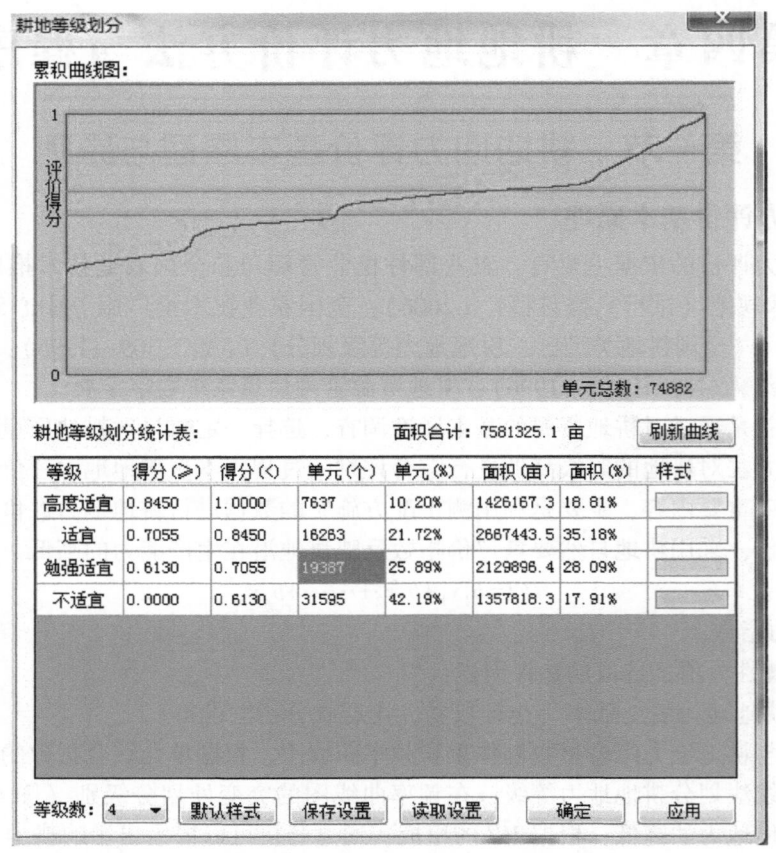

图 4-1　洛阳市耕地地力等级划分

（三）一致性与共性原则

考虑区域内耕地地力评价结果的可比性，不针对某一特定的利用类型，对于全市范围内全部耕地利用类型，选用统一的共同的评价指标体系。

同时，鉴于耕地地力评价是对全年的生物生产潜力进行评价，因此，评价指标的选择需要考虑全年的各季作物的同时，对某些因素的影响要进行整体和全局的考虑，如灌溉保证率和排涝能力，必须考虑其发挥作用的频率。

（四）定量和定性相结合的原则

影响耕地地力的土壤自然属性和人为因素（如灌溉保证率、排涝能力等）中，既有数值型的指标，也有概念型的指标。两类指标都根据其对全市范围内的耕地地力影响程度决定取舍。对数据标准化时采用相应的方法，原因是可以全面分析耕地地力的主导因素，为合理利用耕地资源提供决策依据。

（五）潜在生产力与实现生产力相结合的原则

耕地地力评价是通过多因素分析方法，对耕地潜力生产能力的评价，区别于现实的生产力。但是，同一等级耕地内的较高现实生产能力作为选择指标和衡量评价结果是否准确的参考依据。

（六）采用 GIS 支持的自动化评价方法原则

自动化、定量化的评价技术方法是评价发展的方向。近年来，随着计算机技术，特别是 GIS 技术在资源评价中的不断应用和发展，基于 GIS 的自动化评价方法已不断成熟，使土地评价的精度和效率大大提高。本次的耕地地力评价工作通过数据库建立、评价模型构建及其与 GIS 空间叠加等分析模型的结合，实现了全数字化、自动化的评价流程。

第二节　耕地地力评价技术流程

结合测土配方施肥项目开展洛阳市耕地地力评价的主要技术流程有 5 个环节，耕地地力评价技术流程如图 4-2。

一、建立区域耕地资源基础数据库

按照耕地地力评价的有关要求，收集整理所属县区相关历史数据和统一审核的测土配方施肥数据（从农业部统一开发的"测土配方施肥数据管理系统"中获取），采用与数据类型相适应的、且符合"县域耕地资源管理信息系统"及数据字典要求的技术手段和方法，建立市级为单位的耕地资源基础数据库，包括属性数据库和空间数据库。

二、建立耕地地力评价指标体系

所谓耕地地力评价指标体系，包括 3 部分内容。一是评价指标，即从国家耕地地力评价选取的用于洛阳市的评价指标；二是评价指标的权重和组合权重；三是单项指标的隶属度，即每一指标不同表现状态下的分值。单项指标权重的确定采用层次分析法，概念型指标采用特尔斐法和模糊评价法建立隶属函数，数值型的指标采用特尔斐法和非线性回归法，建立隶属函数。

三、确定评价单元

所谓耕地地力评价单元，就是指潜在生产能力近似且边界封闭具有一定空间范围的耕地。根据耕地地力评价技术规范的要求，此次耕地地力评价单元采用市级土壤图（到土种级）和土地利用现状图叠加，进行综合取舍和技术处理后形成不同的单元。

用土壤图（土种）和土地利用现状图（含有行政界限）叠加产生的图斑作为耕地地力评价的基本单元，使评价单元空间界线及行政隶属关系明确，单元的位置容易实地确定，同时同一单元的地貌类型及土壤类型一致，利用方式及耕作方法基本相同。可以使评价结果应用于农业布局等农业决策，还可用于指导生产实践，也为测土配方施肥技术的深入普及奠定良好基础。

四、建立区域耕地资源管理信息系统

将第一步建立的各类属性数据和空间数据按照农业部统一提供的"县域耕地资源管理信息系统 4.0 版本"的要求，导入该系统内，并建立空间数据库和属性数据库，连接建成洛阳市域耕地资源信息管理系统。依据第二步建立的指标体系，在"县域耕地资源管理信息系统 4.0 版"内，分别建立层次分析权属模型和单因素隶属函数，将建成的市域耕地资源管理信息系统作为耕地地力评价的软件平台。

五、评价指标数据标准化与评价单元赋值

根据空间位置关系将单因素图中的评价指标提取并赋值给评价单元。

六、综合评价

采用隶属函数法对所有评价指标数据进行隶属度计算，利用权重加权求和，计算出每一单元的耕地地力指数，采用耕地地力指数累积曲线法划分耕地地力等级，并纳入国家耕地地力等级体系中。

七、撰写耕地地力评价报告

在行政区域和耕地地力等级分类中，分析耕地地力等级与评价指标的关系，找出影响耕地地力等级的主导因素和提高耕地地力的主攻方向，进而提出耕地资源利用的措施和建议。

第三节　资料收集与整理

一、耕地土壤属性资料

采用全国第二次土壤普查时的土壤分类系统，但根据河南省土壤肥料站的统一要求，与全省土壤分类系统进行了对接。本次评价采用全省统一的土种名称。各土种的发生学性状与剖面特征、立地条

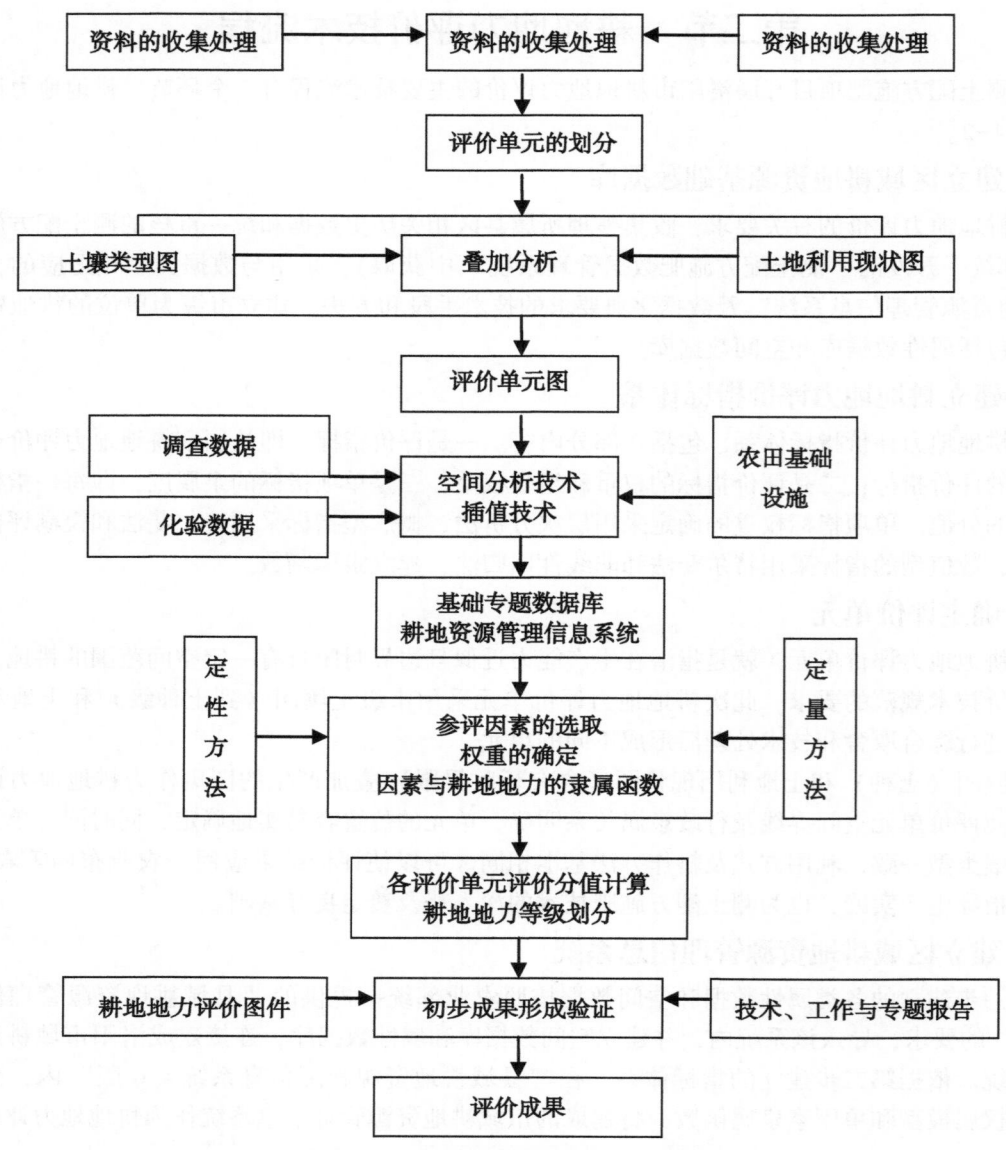

图4-2 洛阳市耕地地力评价技术路线

件、耕层理化性状（不含养分指标）、障碍因素等性状均采用全国第二次土壤普查时所获得的资料。对一些已发生了变化的指标，采用测土配方施肥项目野外采样的调查资料进行补充修订，如耕层厚度、田面坡度等。基本资料来源于土壤图和土壤普查报告。

二、耕地土壤养分含量

评价所用的耕地耕层土壤养分含量数据均来源于各县市测土配方施肥项目的分析化验数据，并经过认真筛选，每个县市以2 500套数据为准。包括有机质、全氮、有效磷、缓效钾、速效钾等大量元素养分含量，有效硫、有效钼、水溶性硼、有效铜、有效铁、有效锰、有效锌等中微量养分含量，以及土壤酸碱度pH 值数据。各县市分析方法和质量控制均严格依据《测土配方施肥技术规范》进行（表4-1）。

表4-1 分析化验项目与方法

序号	项目	方法
1	土壤 pH 值	电位法测定
2	土壤有机质	油浴加热重铬酸钾氧化容量法测定

（续表）

序号	项目	方法
3	土壤全氮	凯氏蒸馏法测定
4	土壤有效磷	碳酸氢钠或氟化铵—盐酸浸提—钼锑抗比色法测定
5	土壤缓效钾	硝酸提取—火焰光度计、原子吸收分光光度计法或 ICP 法测定
6	土壤速效钾	乙酸铵浸提—火焰光度计、原子吸收分光光度计法或 ICP 法测定
7	土壤有效硫	磷酸盐—乙酸或氯化钙浸提—硫酸钡比浊法测定
8	土壤有效铜、锌、铁、锰	DTPA 浸提—原子吸收分光光度计法或 ICP 法测定
9	土壤有效硼	沸水浸提—甲亚胺-H 比色法或姜黄素比色法或 ICP 法测定
10	土壤有效钼	草酸—草酸铵浸提—极谱法测定

（一）分析精密度控制

为了保证项目分析的精密度，对可以进行平行双样分析的项目，每批样品每个项目的分析均测定了 10%～30% 的平行样品，每批样品平行双样分析测定的合格率均 ≥95%。

（二）分析准确度控制

为了保证项目分析的准确度，每批样品的项目分析均插入由农业部农技中心提供的相应项目的质控样品，并进行质控样品的平行双样分析，在测定精密度合格的前提下，要求质控样品测定值必须落在质控样品保证值（95%的置信水平）范围内，否则该批样品的该项目分析无效，需要重新进行分析测定。对于无质控样品的测定项目，采用加标回收实验来检查测定的准确度。在每批分析样品中，随机抽取 10%～20% 的样品进行加标回收测定，加标量视被测组分的含量而定。根据含量的高低分别加入被测组分含量的 1~2 倍，使加标回收率在允许的范围内。

三、农田水利设施资料

洛阳市各县市区灌溉保证率分布图（洛阳各县市区农技土肥站提供）。

洛阳市中小型水库情况统计表；洛阳市主要河流基本情况统计表；洛阳市灌溉渠道基本情况表；洛阳市农田水利综合分区统计表（洛阳市志水利卷）。

四、社会经济统计资料

以行政区划为基本单位的人口、土地面积、作物面积和单产，以及各类投入产出等社会经济指标，数据统计资料为 2011 年、2012 年洛阳市统计年鉴。

五、基础及专题图件资料

（1）洛阳市土壤图（比例尺 1：5 万）（洛阳市农业局、洛阳市土壤普查办公室），该资料由洛阳市农业技术推广站提供。

（2）洛阳市土地利用现状图（比例尺 1：5 万）（洛阳市土地管理局绘制），该资料由洛阳市国土资源管理局提供。

（3）洛阳市地形图（比例尺 1：5 万）（解放军总参谋部测绘局绘制），该资料由洛阳市农业技术推广站提供。

（4）洛阳市行政区划图（比例尺 1：5 万）（洛阳市民政局绘制），该资料由洛阳市民政局提供。

六、野外调查资料

按野外调查点（GPS 定位）获取，主要包括地形地貌、土壤母质、水文、土层厚度、表层质地、耕地利用现状、灌排条件、作物长势产量、管理措施水平等。由各县市区农技、土肥站提供 2005—2011 年测土配方施肥项目资料。

七、其他相关资料

（1）洛阳市志（洛阳市县志编纂委员会编制），由洛阳市农业技术推广站提供。

（2）洛阳市农业志（洛阳市农业局编制），由洛阳市农业技术推广站提供。

（3）洛阳市水资源调查分析和水利化区划报告（洛阳市农业区划委员会水利组编制），由洛阳市水利局提供。

（4）洛阳土壤（1991年5月，洛阳市农牧局、洛阳市土壤普查办公室编制），由洛阳市农业技术推广站提供。

（5）洛阳市2009年、2010年、2011年统计年鉴（洛阳市统计局）及2012年统计资料，由洛阳市统计局提供。

（6）洛阳市2009年、2010年、2011年气象资料，由洛阳市气象局提供。

（7）洛阳市2005—2011年测土配方施肥项目技术资料，由各县市区农技、土肥站提供。

第四节　图件数字化与建库

耕地地力评价是基于大量的与耕地地力有关的耕地土壤自然属性和耕地空间位置信息，如立地条件、剖面性状、耕层理化性状、土壤障碍因素，以及耕地土壤管理方面的信息。调查的资料可分为空间数据和属性数据。空间数据主要指洛阳市的各种基础图件，以及调查样点的GPS定位数据；属性数据主要指与评价有关的属性表格和文本资料。为了采用信息化的手段进行评价和评价结果管理，首先需要开展数字化工作。根据《测土配方施肥技术规范》和县域耕地资源管理信息系统（4.0版）要求，对土壤图、土地利用现状图等图件进行数字化，并建立空间数据库。

一、图件数字化

空间数据的数字化工作比较复杂，目前常用的数字化方法包括3种：一是采用数字化仪数字化，二是光栅矢量化，三是数据转换法。本次评价中采用了后两种方法。

光栅矢量化法是以已有的地图或遥感影像为基础，利用扫描仪将其转换为光栅图，在GIS软件支持下对光栅图进行配准，然后以配准后的光栅图为参考进行屏幕光栅矢量化，最终得到矢量化地图（光栅矢量化法的步骤见图4-3）。数据转换法是利用已有的数字化数据，利用软件转换工具，转换为本次工作要求的＊.shp格式。采用该方法是针对目前洛阳市国土资源管理部门的土地利用图都已数字化建库，采用的是Mapgis的数据格式，利用Mapgis的文件转换功能很容易将＊.wp/＊.wl/＊.wt的数据转换为＊.shp格式。此外ArcGIS和Mapinfo等GIS系统也都提供有通用数据格式转换等功能。

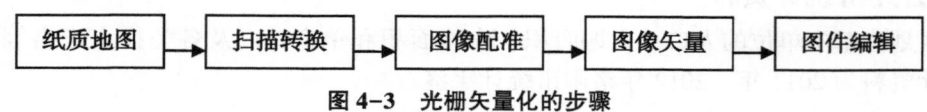

图4-3　光栅矢量化的步骤

属性数据的输入是数据库或电子表格来完成的。与空间数据相关的属性数据需要建立与空间数据对应的连接关键字，通过数据连接的方法，连接到空间数据中，最终得到满足评价要求的空间—属性一体化数据库。技术方法见图4-4。

二、图形坐标变换

在地图录入完毕后，经常需要进行投影变换，得到统一空间参照系下的地图。本次工作中收集到的土地利用现状图采用的是高斯3°带投影，需要变换为高斯6°带投影。进行投影变换有两种方式，一种是利用多项式拟合，类似于图像几何纠正；另一种是直接应用投影变换公式进行变换。基本原理：

$$X' = f(x, y)$$
$$Y' = g(x, y)$$

式中，X'，Y'为目标坐标系下的坐标，x，y为当前坐标系下的坐标。

本次评价中的数据，采用统一空间定位框架，参数如下。

投影方式：高斯—克吕格投影，6°带分带，对于跨带的县区进行跨带处理。

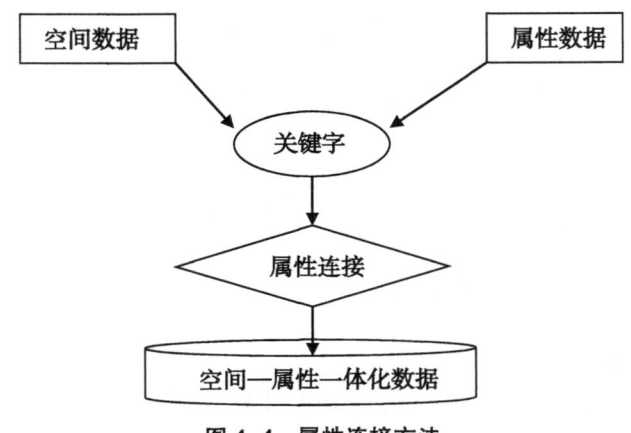

图 4-4　属性连接方法

坐标系及椭球参数：北京 54/克拉索夫斯基。

高程系统：1956 年黄海高程基准。

野外调查 GPS 定位数据：初始数据采用经纬度并在调查表格中记载，装入 GIS 系统与图件匹配时，再投影转换为上述直角坐标系坐标。

三、数据质量控制

根据《耕地地力评价指南》的要求，对空间数据和属性数据进行质量控制。属性数据按照指南的要求，规范各数据项的命名、格式、类型、约束等。

空间数据达到最小上图面积 0.04cm² 的要求，并规范图幅内外的图面要素。扫描影像数据水平线角度误差不超过 0.2°，校正控制点不少于 20 个，校正绝对误差不超过 0.2mm，矢量化的线划偏离光栅中心不超 0.2mm。耕地和园地面积以洛阳市国土局的土地详查面积为控制面积。

第五节　土壤养分空间插值与分区统计

洛阳市耕地地力评价工作需要制作养分图和养分等值线图，这需要采用空间插值法将采样点的分析化验数据进行插值，生成全域的各类养分图和养分等值线图。

一、空间插值法简介

研究土壤性质的空间变异时，观察点和取样点总是有限的，因而对未测点的估计是完全必要的。大量研究表明，统计学方法中半方差图和克里格插值法适合于土壤特性空间预测，并得到了广泛应用。

克里格插值法（Kriging）也称空间局部估计或空间局部插值，它是建立在半变异函数理论及结构分析基础上，在有限区域内对区域化变量的取值进行无偏最优估计的一种方法。克里格法实质上利用区域化变量的原始数据和半变异函数的结构特点，对未采样点的区域化变量的取值进行线性无偏最优估计量的一种方法。更具体地讲，它是根据待估样点有限领域内若干已测定的样点数据，在认真考虑了样点的形状、大小和空间相互位置关系，它们与待估样点间相互空间位置关系，以及半变异函数提供的结构信息之后，对该待估样点值进行的一种线性无偏最优估计。研究方法的核心是半方差函数，公式为：

$$\bar{\gamma}(h) = \frac{1}{2N(h)} \sum_{\alpha=1}^{N(h)} [z(u_\alpha) - z(u_\alpha + h)]^2$$

式中，h 为样本间距，又称位差（Lag）；$N(h)$ 为间距为 h 的"样本对"数。

设位于 X_0 处的速效养分估计值为 $\hat{Z}(x_0)$，它是周围若干样点实测值 $Z(x_i)$（$i = 1, 2, \cdots, n$）的线性组合，即

$$\hat{Z}(x_0) = \sum_{i=1}^{n} \lambda_i z(x_i)$$

式中，$\hat{Z}(x_0)$ 为 X_0 处的养分估计值；λ_i 为第 i 个样点的权重；$z(x_i)$ 为第 i 个样点值。

要确定 λ_i 有两个约束条件：

$$\begin{cases} \min[\, Z(x_0) - \sum_{i=1}^{n} \lambda_i Z(x_i)\,]^2 \\ \sum_{i=1}^{n} \lambda_i = 1 \end{cases}$$

满足以上两个条件可得如下方程组：

$$\begin{bmatrix} \gamma_{11} & \cdots & \gamma_{1n} & 1 \\ \vdots & \ddots & \vdots & \vdots \\ \gamma_{n1} & \cdots & \gamma_{nn} & 1 \\ 1 & \cdots & 1 & 0 \end{bmatrix} \cdot \begin{bmatrix} \lambda_1 \\ \vdots \\ \lambda_1 \\ m \end{bmatrix} = \begin{bmatrix} \gamma_{01} \\ \vdots \\ \gamma_{0n} \\ 1 \end{bmatrix}$$

式中，γ_{ij} 表示 x_i 和 x_j 之间的半方差函数值；m 为拉格朗日值。

解上述方程组即可得到所有的权重 λ_i 和拉格朗日值 m。利用计算所得到的权重即可求得估计值 $\hat{Z}(x_0)$。

克里格插值法要求数据服从正态分布，非正态分布会使变异函数产生比例效应，比例效应的存在会使实验变异函数产生畸变，抬高基台值和块金值，增大估计误差，变异函数点的波动大，甚至会掩盖其固有的结构，因此应该消除比例效应。此外克里格插值结果的精度还依赖于采样点的空间相关程度，当空间相关性很弱时，意味着这种方法不适用。因此当样点数据不服从正态分布或样点数据的空间相关性很弱时，我们采用反距离插值法。

反距离法是假设待估未知值点受较近已知点的影响比较远已知点的影响更大，其通用方程是：

$$Z_o = \frac{\sum_{i=1}^{s} Z_i \dfrac{1}{d_i^k}}{\sum_{i=1}^{s} \dfrac{1}{d_i^k}}$$

式中，Z_o 为待估点 O 的估计值；Z_i 为已知点 i 的值；d_i 为已知点 i 与点 O 间的距离；s 为在估算中用到的控制点数目；k 为指定的幂。

该通用方程的含义是已知点对未知点的影响程度用点之间距离乘方的倒数表示，当乘方为 1（$K=1$）时，意味着点之间数值变化率恒定，该方法称为线性插值法，乘方为 2 或更高则意味着越靠近的已知点，该数值的变化率越大，远离已知点则趋于稳定。

在本次耕地地力评价中，还用到了"以点代面"估值方法，对于野外作业调查数据的应用不可避免的要采用"以点代面"法。在耕地资源管理图层提取属性过程中，计算落入评价单元内采样点某养分的平均值，没有采样点的单元，直接取邻近的单元值。

GIS 分析方法中的泰森多边形法是一种常用的"以点代面"估值方法。这种方法是按狄洛尼（Delounay）三角网的构造法，将各监测点 Pi 分别与周围多个监测点相连得到三角网，然后分别作三角网边线的垂直平分线，这些垂直平分线相交则形成以监测点 P 为中心的泰森多边形。每个泰森多边形内监测点数据即为该泰森多边形区域的估计值，泰森多边形内每处的值相同，等于该泰森多边形区域的估计值。

二、空间插值

本次空间插值采用 ArcGIS 9.2 中的 Geostatistical Analyst 功能模块完成。

测土配方施肥项目在调查数据中对调查样点的立地条件和土壤的理化性状进行详细的记载，包括以下内容：统一编号、采样序号、调查组号、采样目的、采样日期、省（市）名称、地（市）名称、县（旗）名称、乡（镇）名称、村组名称、邮政编码、农户名称、地块名称、地块方位、距村距离、经度、纬度、海拔高度、地貌类型、地形部位、地面坡度、田面坡度、坡向、通常地下水位、最高地下水位、最低地下水位、常年降水量、常年有效积温、常年无霜期、农田基础设施、排水能力、灌溉能力、水源条件、输水方式、灌溉方式、熟制、典型种植制度、常年产量水平、土类、亚类、土属、土种、俗名、成土母质、土壤结构、土体构型、土壤质地、障碍因素、侵蚀程度、耕层厚度、采样深度、田块面积、代表面积、单位名称、单位联系人、单位邮编、单位地址、单位电话、单位传真、单位 E-mail 等。这些内容中包括了耕地的立地条件和基本的土壤物理性状，这些数据根据性质的不同可以分为定性数据和定量数据。

测土配方施肥项目从 2005—2011 年共测试分析了全氮、有效磷、缓效钾、速效钾、有机质、pH值、铜、铁、锰、锌、有效钼、水溶性硼、有效硫 13 个项目。这些分析数据根据外业调查数据的经纬度坐标生成样点图，然后将以经纬度坐标表示的地理坐标系投影变换为以高斯坐标表示的投影平面直角坐标系，得到的样点图中有部分数据的坐标记录有误，对此加以修改和删除。

利用 ArcGIS 的分区统计功能对以上分析化验的数据进行插值分析，分析过程中发现部分异常数据，采用"平均值±3 标准差"的范围检验数据是否异常，并删除这些异常数据。根据采样数据是否服从正态分布，数据有没有空间结构性来决定采用克里格插值还是反距离法插值。

首先对数据的分布进行探查，剔除异常数据，观察样点分析数据的分布特征，检验数据是否符合正态分布和取自然对数后是否符合正态分布。以此选择空间插值方法。

其次是根据选择的空间插值方法进行插值运算，插值方法中参数选择以误差最小为准则进行选取。

最后是生成格网数据，为保证插值结果的精度和可操作性，将结果采用 20m×20m 的 GRID—格网数据格式。

三、养分分区统计

养分插值结果是格网数据格式，地力评价单元是图斑，需要统计落在每一评价单元内的网格平均值，并赋值给评价单元。

工作中利用 ArcGIS 9.2 系统的分区统计功能（Zonal statistics）进行分区统计，将统计结果按照属性联接的方法赋值给评价单元。

第六节　耕地地力评价与成果图编辑输出

一、建立洛阳市市域耕地资源管理工作空间

首先建立洛阳市耕地资源管理工作空间，然后导入已建立好的各种图件和表格。

二、建立评价模型

在洛阳市耕地资源管理系统的支持下，将建立的指标体系输入到系统中，分别建立评价指标的权重模型和隶属函数评价模型。

三、洛阳市耕地地力等级划分

根据耕地资源管理单元图中的指标值和耕地地力评价模型，实现对各评价单元地力综合指数的自动计算，采用累积曲线分级法划分洛阳市耕地地力等级。

四、归入全国耕地地力体系

对洛阳市各级别的耕地粮食产量进行专项调查，每个级别调查 20 个以上评价单元近 3 年的平均粮食产量，再根据该级土地稳定的立地条件（例如质地、耕层厚度等）状况，进行潜力修正后，作为该级别耕地的粮食产量，将此产量数据加上一定的增产比例作为该级耕地的生产潜力。以生产潜力与《全国耕地类型区、耕地地力等级划分》（NY/T 309—1996）进行对照，将洛阳市耕地地力评价等

级归入国家耕地地力等级。

五、图件的编制

为了提高制图的效率和准确性，在地理信息系统软件 ArcGIS 的支持下，进行耕地地力评价图及相关图件的自动编绘处理。以洛阳市的行政区划、河流水系、大型交通干道等作为基础信息，然后叠加上各类专题信息，得到各类专题图件。专题地图的地理要素内容是专题图的重要组成部分，用于反映专题内容的地理分布，并作为图幅叠加处理的分析依据。地理要素的选择与专题内容相协调，考虑图面的负载量和清晰度，选择基本的、主要的地理要素。

对于有机质含量、速效钾、有效磷、有效锌等其他专题要素地图，按照各要素的分级分别赋予相应的颜色，同时标注相应的代号，生成专题图层，之后与地理要素图复合，编辑处理生成专题图件，并进行图幅的整饰处理。

耕地地力评价图以耕地地力评价单元为基础，根据各单元的耕地地力评价等级结果，对相同等级的相邻评价单元进行归并处理，得到各耕地地力等级图斑。在此基础上，用颜色表示不同耕地地力等级。

图外要素绘制了图名、图例、坐标系、高程系说明、成图比例尺、制图单位全称、制图时间等。

六、图件输出

图件输出采用两种方式：一是打印输出，按照 1∶5 万的比例尺，在大型绘图仪的支持下打印输出；二是电子输出，按照 1∶5 万的比例尺，300dpi 的分辨率，生成 *.jpg 光栅图，以方便图件的使用。

第七节　耕地资源管理系统的建立

一、系统平台

耕地资源管理系统软件平台采用农业部种植业管理司、全国农业技术推广服务中心和扬州土肥站联合开发的"县域耕地资源管理信息系统 4.0 版"，该系统以县级行政区域内耕地资源为管理对象，以土地利用现状与土壤类型的结合为管理单元，通过对辖区内耕地资源信息采集、管理、分析和评价，作为本次耕地地力评价的系统平台。增加相应技术模型后，不仅能够开展作物适宜性评价、品种适宜性评价，也能够为农民、农业技术人员以及农业决策者合理安排作物布局、科学施肥、节水灌溉等农事措施提供耕地资源信息服务和决策支持。系统界面见图 4-5。

二、系统功能

"县域耕地资源管理信息系统 4.0 版"具有耕地地力评价和施肥决策支持等功能，主要功能包括以下几项。

（一）耕地资源数据库建设与管理

系统以 Mapobjects 组件为基础开发完成，支持 *.shp 的数据格式，可以采用单机的文件管理方式，也可以通过 SDE 访问网络空间数据库。系统提供数据导入、导出功能，可以将 Arcview 或 ArcGIS 系统采集的空间数据导入本系统，也可将 *.DBF 或 *.MDB 的属性表格导入系统中，系统内嵌了规范化的数据字典，外部数据导入系统时，可以自动转换为规范化的文件名和属性数据结构，有利于全国耕地地力评价数据的标准化管理。管理系统也能方便的将空间数据导出为 *.shp 数据，属性数据导出为 *.xls 和 *.mdb 数据，以方便其他相关应用。

系统内部对数据的组织分工作空间、图集、图层 3 个层次，洛阳市的所有数据、系统设置、模型及模型参数等共同构成洛阳市的工作空间。一个工作空间可以划分为多个图集，图集针对某一专题应用，例如耕地地力评价图集、土壤有质机含量分布图集、配方施肥图集等。组成图集的基本单位是图层，对应的是 *.shp 文件，例如土壤图、土地利用现状图、耕地资源管理单元图等，都是指的图层。

（二）GIS 系统的一般功能

系统具备了 GIS 的一般功能，例如地图的显示、缩放、漫游、专题化显示、图层管理、缓冲区分

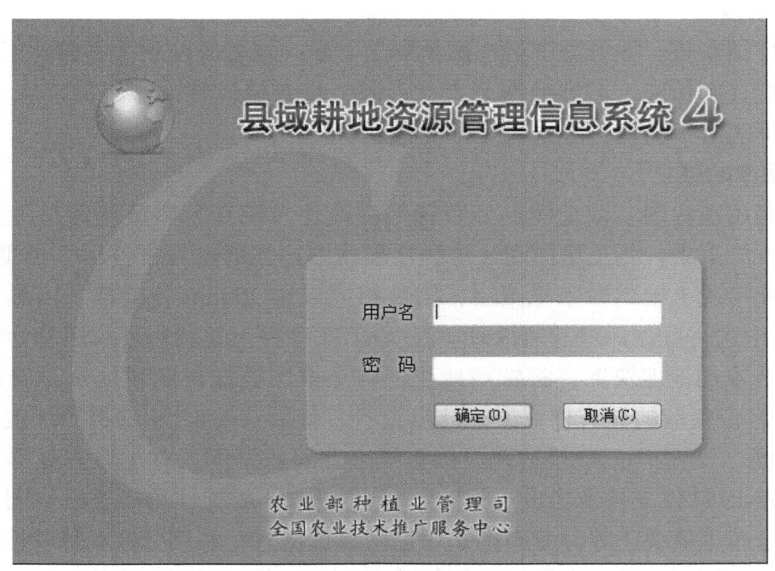

图 4-5　系统界面

析、叠加分析、属性提取等功能，通过空间操作与分析，可以快速获得感兴趣区域信息。更实用的功能是属性提取和以点代面等功能，本次评价中属性提取功能可将专题图的专题信息，例如灌溉保证率等，快速的提取出来赋值给评价单元。

（三）模型库的建立与管理

专业应用与决策支持离不开专业模型，系统具有建立层次分析权重模型、隶属函数单因素评价模型、评价指标综合计算模型、配方施肥模型、施肥运筹模型等系统模型的功能。在本次地力评价过程中，利用系统的层次分析功能，辅助本区域快速的完成了指标权重的计算。权重模型和隶属函数评价模型建立后，可快速的完成耕地潜力评价，通过对模型参数的调整，实现了评价结果的快速修正。

（四）专业应用与决策支持

在专业模型的支持下，可实现对洛阳市耕地生产潜力的评价、小麦和玉米的生产适宜性评价等评价工作，也可实现单一营养元素的丰缺评价。根据土壤养分测试值，进行施肥计算，并可提供施肥运筹方案。

三、数据库的建立

（一）属性数据库的建立

1. 属性数据的内容

根据洛阳市耕地质量评价的需要，确立了属性数据库的内容，其内容及来源见表4-2。

表 4-2　属性数据库内容及来源

编号	内容名称	来源
1	各县市区、乡、村行政编码表	统计局
2	土壤分类系统表	土壤普查资料，省土种对接资料
3	土壤样品分析化验结果数据表	野外调查采样分析
4	农业生产情况调查点数据表	野外调查采样分析
5	土地利用现状地块数据表	系统生成
6	耕地资源管理单元属性数据表	系统生成
7	耕地地力评价结果数据表	系统生成

2. 数据录入与审核

数据录入前应仔细审核，数值型资料注意量纲上下限，地名应注意汉字多音字、繁简字、简全称等问题。录入后还应仔细检查，保证数据录入无误后，将数据库转为规定的格式（DBF格式文件），通过系统的外部数据表维护功能，导入耕地资源管理系统中。

（二）空间数据库的建立

土壤图、土地利用现状图、调查样点分布图是耕地地力调查与质量评价最为重要的基础空间数据。分别通过以下方法采集：将土壤图和土地利用现状图扫描成栅格文件后，借助利用MapGIS软件进行手动跟踪矢量化形成土壤图数字化图层，图件扫描采用300dpi分辩率，以黑白TIFF格式保存。之后转入到ArcGIS中进行数据的进一步处理。在ArcGIS中将土地利用现状图分为农用地地块图（包括耕地和园地）和非农用地地块图，将农用地块图与土壤图叠加得到耕地资源管理单元图。利用外业调查中采用GPS定位获取的调查样点经、纬度资料，借助ArcGIS软件将经纬度坐标投影转换为北京54直角坐标系坐标，建立洛阳市耕地地力调查样点空间数据库。对土壤养分等数值型数据，根据GPS定位数据在ArcGIS软件支持下生成点位图，利用ArcGIS的统计功能进行空间插值分析，产生各养分分布图和养分分布等值线。养分分布图采用格网数据格式，利用分区统计功能，将结果赋值给耕地资源管理单元图中的图斑。其他专题图，例如灌溉保证率分区图等，采用类似的方法进行矢量采集（表4-3）。

表4-3 空间数据库内容及资料来源

序	图层名	图层属性	资料来源
1	行政区划图	多边形	土地利用现状图
2	面状水系图	多边形	土地利用现状图
3	线状水系图	线层	土地利用现状图
4	道路图	线层	土地利用现状图+交通图修正
5	土地利用现状图	多边形	土地利用现状图
6	农用地地块图	多边形	土地利用现状图
7	非农用地地块图	多边形	土地利用现状图
8	土壤图	多边形	土壤图
9	系列养分等值线图	线层	插值分析结果
10	耕地资源管理单元图	多边形	土壤图与农用地地块图
11	土壤肥力普查农化样点点位图	点层	外业调查
12	耕地地力调查点点位图	点层	室内分析
13	评价因子单因子图	多边形	相关部门收集

四、评价模型的建立

将洛阳市建立的耕地地力评价指标体系按照系统的要求输入系统中，分别建立耕地地力评价权重模型和单因素评价的隶属函数模型。利用建立的评价模型对耕地资源管理单图进行自动评价，如图4-6、图4-7、图4-8、图4-9所示。

五、系统应用

（一）耕地生产潜力评价

根据已经建立的层次分析模型和隶属函数模型，采用加权综合指标法计算各评价单元综合分值，然后根据累积频率曲线图对洛阳市的耕地进行分级。

（二）制作专题图

依据系统提供的专题图制作工具，制作耕地地力评价图、有机质含量分布图等图件。对于有机质

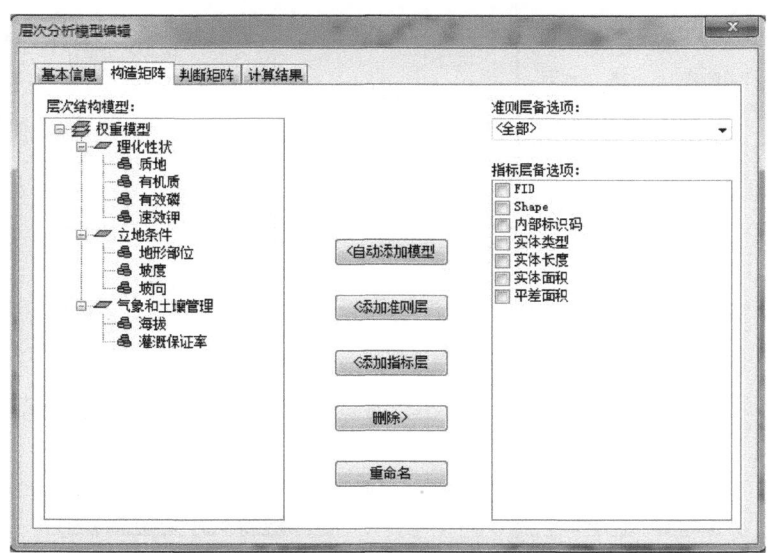

图4-6　评价模型建立与耕地地力评价

图4-7　耕地生产潜力评价

含量、速效钾、有效磷、有效锌等其他专题要素地图，则按照各要素的分级分别赋予相应的颜色，同时标注相应的代号，生成专题图层。之后与地理要素图覆合，编辑处理生成专题图件，并进行图幅的整饰。

（三）养分丰缺评价

依据测土配方施肥工作中建立的洛阳市土壤养分丰缺指标，对耕地资源管理单元图中的养分进行丰缺评价。

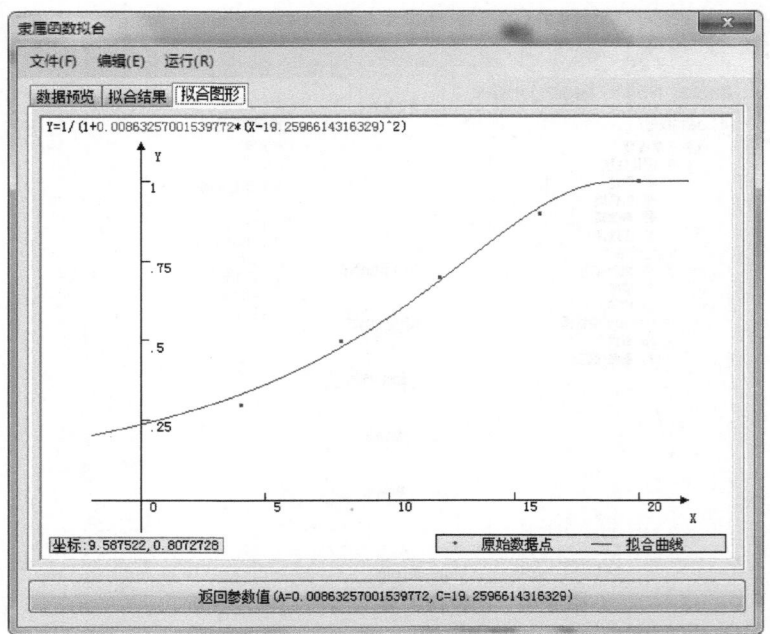

图 4-8　耕地生产潜力函数

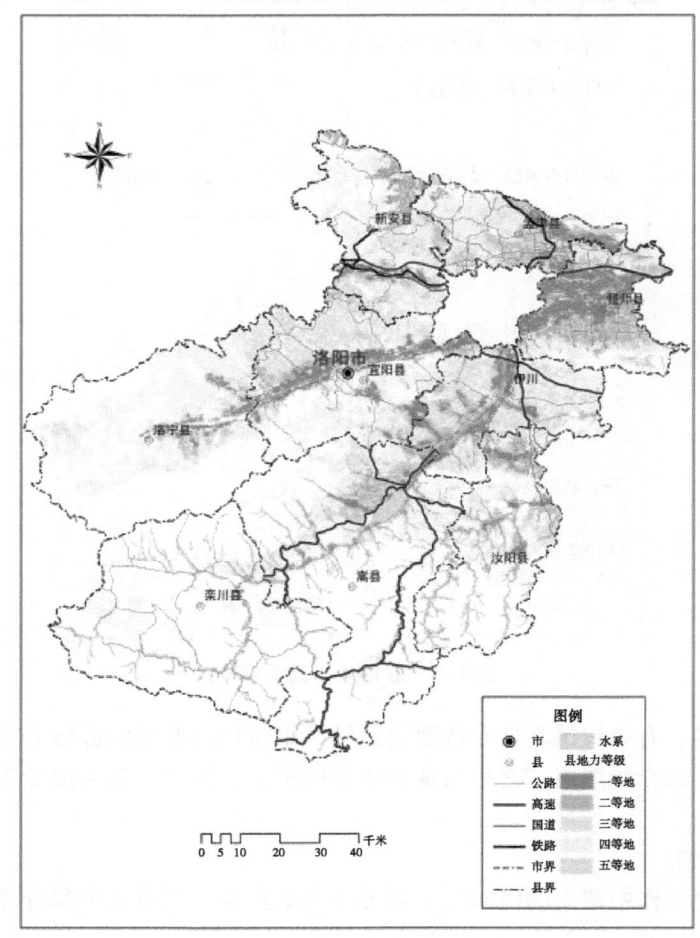

图 4-9　洛阳市耕地地力评价

第八节　耕地地力评价工作软、硬件环境

一、硬件环境

（一）配置高性能计算机

CPU：奔腾 IV3.0Ghz 及同档次的 CPU。

内存：1GB 以上。

显示卡：ATI9000 及以上档次的显示卡。

硬盘：80G 以上。

其他设备：光驱、键盘、鼠标和显示器等。

（二）GIS 专用输入与输出设备

大型扫描仪：A0 幅面的日图 CSX300-09 扫描仪。

大型打印机：A0 幅面的 HP800 打印机。

（三）网络设备

包括：路由器、交换机、网卡和网线。

二、系统软件环境

耕地地力评价获取的基础资料包括影响耕地地力的立地条件、物理性状等定性资料和土壤采样点的化验数据等定量资料。为下一步进行定量化和自动化评价，需对定性资料进行定量化处理，对点状分散数据进行面状化连续性处理。本研究利用 ArcGIS 9.3 和 Mapgis 6.7 等 GIS 软件作为空间数据处理工具，在 Excel、ACCESS 数据库、SPSS 数据统计分析等应用软件中处理属性数据。

耕地资源管理信息系统采用农业部种植业管理司和全国农业技术推广服务中心开发的县域耕地资源管理信息系统 4.0 系统。

第五章 耕地地力评价指标体系

第一节 耕地地力评价指标体系内容

综合《测土配方施肥技术规范》《耕地地力评价指南》和"县域耕地资源管理信息系统 3.0"的技术规定与要求，我们将选取评价指标、确定各指标权重和确定各评价指标的隶属度 3 项内容归纳为建立耕地地力评价指标体系。

第一，根据一定原则，结合洛阳市农业生产实际、农业生产自然条件和耕地土壤特征从全国耕地地力评价因子集中选取，建立县域耕地地力评价指标集。第二，利用层次分析法，建立评价指标与耕地潜在生产能力间的层次分析模型，计算单指标对耕地地力的权重。第三，采用特尔斐法组织专家，使用模糊评价法建立各指标的隶属度。

第二节 评价指标的选择原则与方法

一、评价指标的选择原则

耕地地力评价实质是评价地形地貌、土壤理化性状等自然要素对农作物生长限制的强弱，洛阳市选取指标时遵循了以下几个原则。

（一）重要性原则

要选取对耕地地力有较大影响的指标。洛阳市地形复杂，土壤类型多，十年九旱。对洛阳市耕地地力有较大的影响的指标是地貌类型、土壤剖面性状、质地构型、质地、成土母质、有效土层厚度、灌溉类型、有机质、全氮、有效磷、速效钾等。

（二）差异性原则

差异性原则分为空间差异性和指标因子的差异性。耕地地力评价的目的之一就是通过评价找出影响耕地地力的主导因素，指导耕地资源的优化配置。评价指标在空间和属性没有差异，就不能反映耕地地力的差异。因此，在市级行政区域内，没有空间差异的指标和属性差异的指标，不能选为评价指标。例如气候条件，宏观上它是决定耕地生产力的第一要素，但资料不易收集，因此不作为评价指标。灌溉类型是反映水浇地抗旱能力的重要指标，洛阳市主要为旱作区，该评价指标在评价区域内的变异较大，便于划分耕地地力等级。

（三）稳定性原则

选取的评价指标在时间序列上具有相对稳定性，易变的指标尽可能少选。比如有效土层厚度、质地构型、成土母质、有机质含量等指标具有稳定性，选取这些指标，评价的结果能够有较长的有效期。

（四）独立性原则

选取的评价指标原则上是不相关的，也即相互不具有替代性。比如，有机质和全氮有替代性，在选取时仅选择其一。

（五）易获取性原则

通过常规的方法即可以获取，如土壤养分含量、有效土层厚度、灌溉类型等。

二、评价指标选取方法

（一）指标的确定

洛阳市的耕地地力评价指标选取过程中，采用特尔斐法对影响耕地地力的立地条件、剖面性状、耕层理化性状、耕层养分状况、土壤管理等定性指标进行筛选。这个方法的核心是充分发挥专家对问题的独立看法，然后归纳、反馈，逐步收缩、集中，最终产生评价与判断。评价与决策涉及价值观、知识、经验和逻辑思维能力，因此专家的综合能力是十分可贵的。评价与决策中经常要有专家的参与，例如给出一组剖面构型，评价不同剖面对作物生长影响的程度通常由专家给出。评价指标的确定主要包括以下几点。

1. 汇总筛选评估各县市区评价指标

首先收集汇总各县市区域耕地评价采用的评价因子及权重，对各县市区共性指标和使用频率高的指标列入优先考虑。

2. 确定提问的提纲

列出调查的提纲应当用词准确，层次分明，集中于要判断和评价的问题。为了使专家易于回答问题，还在提出调查提纲的同时提供有关背景材料。

3. 选择专家

为了得到较好的评价结果，我们组成了由河南省土肥站、洛阳市农业技术推广站及全市各县（市、区）对问题了解较多的 15 人专家组。

4. 调查结果的归纳、反馈和总结

收集到专家对问题的判断后，应作一归纳。定量判断的归纳结果通常符合正态分布。在仔细听取了持极端意见专家的理由后，去掉两端各 25% 的意见，寻找出意见最集中的范围，然后把归纳结果反馈给专家，让他们再次提出自己的评价和判断。反复 3~5 次后，专家的意见会逐步趋近一致，这时就可作出最后的分析报告。

2012 年 9 月、10 月、11 月、12 月，我们多次邀请省、市知名土壤学、农学、农田水利学、土地资源学、土壤农业化学等方面的专家，召开市级耕地地力评价指标筛选研讨会。由河南省土肥站农技推广研究员程道全，洛阳市农业技术推广站高级农艺师郭新建、王秀存、马明，汝阳县逯怀森，偃师市张战胜，宜阳县武从安，洛宁县赵满魁，新安县贾建修，孟津县秦传锋，嵩县姬相云，栾川县孙太安，伊川县刘要辰 13 人组成专家组，首先对指标进行分类，在此基础上进行指标的选取。各位专家结合自身专业特长，按照《测土配方施肥技术规范》的要求，就洛阳市农业生产实际情况，展开了热烈的讨论，对影响洛阳市耕地地力评价的因子、权重逐项进行分析评定，提出洛阳市评价指标讨论稿。再经多次与河南省土肥站和河南农业大学专家研究讨论，筛选出切合洛阳市实际的耕地地力评价指标体系。根据各参评因素对耕地地力影响的稳定性以及显著性，最后一致选取了立地条件、剖面性状、耕层理化性状、土壤管理等四大项 10 个因素作为洛阳市耕地地力评价的参评指标（表 5-1）。

表 5-1　洛阳市耕地地力评价指标

目 标 层	准则层	指标层
洛阳市耕地地力评价指标体系	土壤管理	灌溉类型
	耕层理化	速效钾
		有效磷
		有机质
	剖面性状	砾石
		质地
		土壤剖面
	立地条件	坡度
		高程
		地貌类型

（二）评价单元确定

评价单元是由对土地质量具有关键影响的各土地要素组成的基本空间单位，同一评价单元的内部质量均一，不同单元之间，既有差异性，又有可比性。耕地地力评价就是要通过对每个评价单元的评价，确定其地力级别，并编绘耕地地力等级图。

目前，对土地评价单元的划分尚无统一方法，我们以土壤图和土地利用现状图叠加生成的土地类型图作为基本评价单元图。其中，土壤类型划分到土种，土地利用现状类型划分到二级利用类型，制图区界以最新土地利用现状图为准。为了保证土地利用现状的现实性，基于野外的实地调查，对耕地利用现状进行了修正。评价单元内的土壤类型相同，利用方式相同，交通、水利、经营管理方式等基本一致。用这种方法划分评价单元，不但可以反映单元之间的空间差异性，而且使土地利用类型有了土壤基本性质的均一性，又使土壤类型有了确定的地域边界线，使评价结果更具综合性、客观性，可以较容易地将评价结果落实到实地。通过图件的叠置和检索，我们将洛阳市耕地地力划分了 74 882 个评价单元（表 5-2）。

表 5-2　各县（市、区）评价单元数量所占比例

县市区	单元数	所占比例（%）
偃师市	3 831	5.12
孟津县	4 173	5.57
新安县	8 474	11.32
栾川县	14 528	19.40
嵩县	14 290	19.08
汝阳县	6 272	8.38
洛宁县	8 263	11.03
宜阳县	9 165	12.24
伊川县	5 886	7.86
全市合计	74 882	100.00

（三）评价单元赋值

影响耕地地力的因子非常多，并且它们在计算机中的存储方式也不相同，因此如何准确地获取各评价单元评价信息，是评价中的重要一环。鉴于此，舍弃直接从键盘输入参评因子值的传统方式，从建立的基础数据库中提取专题图件，利用 ArcGIS 系统的空间叠加分析、分区统计、空间属性联接等功能为评价单元提取属性。

采用空间插值法生成的各类养分图是 GRID 格网格式，利用 ArcGIS 的分区统计功能，统计每个评价单元所包含网格的平均值，得到每个评价单元的养分平均值。与评价有关的灌溉条件、排涝条件、地貌条件、成土母质等因素指标，根据空间位置提取属性，将单因子图中的属性按空间位置赋值给评价单元。

（四）综合性指标计算

利用建立的隶属函数，计算每个评价单元的评价因素分值，再结合因素权重计算评价单元的综合分。综合分值的计算采用加法模型。

$$IFI = \sum F_i \times C_i \quad (i=1, 2, 3\cdots, n)$$

式中，IFI（Integrated Fertility Index）代表耕地地力数；F_i 为第 i 个因素的隶属度；C_i 为第 i 个因素的组合权重。

第三节　评价指标权重的确定

一、评价指标权重确定原则

耕地地力受所选指标的影响程度并不一致，确定各因素的影响程度大小时，必须遵从全局性和整体性的原则，综合衡量各指标的影响程度，不能因一年一季的影响或对某一区域的影响剧烈或无影响而形成极端的权重。在确定两个评价因素的权重时，第一，考虑两个因素在全县的差异情况和这种差异造成的耕地生产能力的差异大小。第二，考虑其发生频率，发生频率较高，则权重应较高，发生频

率较低则权重应较低。第三，排除特殊年份的影响。

二、评价指标权重确定方法

在选取的耕地地力评价指标中，各个指标对耕地质量的影响程度是不相等的，因此需要结合专家意见，采用科学方法，合理确定各评价指标的权重。

计算单因素权重的方法有很多，如主成分分析法、多元回归分析法、逐步回归分析法、灰色关联分析法、层次分析法等，洛阳市耕地地力评价采用层次分析法（AHP）。层次分析法（AHP）是在定性方法基础上发展起来的定量确定参评因素权重的一种系统分析方法，它是一种对较为复杂和模糊的问题，做出决策的简易方法，特别适用于那些难于完全定量分析的问题，它的优点在于定性与定量的方法相结合，通过参评专家分组打分、汇总评定、结果验证等步骤，得出各评价因子的得分情况，既考虑了专家经验，又避免了人为影响，具有高度的逻辑性、系统性和实用性。专家打分情况见表5-3。

表5-3　洛阳市耕地地力性评价得分情况

目标层	准则层		指标层	
	因素	分值（%）	因素	分值（%）
洛阳市耕地地力评价指标体系	土壤管理	18	灌溉类型	18
	耕层理化	22	速效钾	4
			有效磷	7
			有机质	11
	剖面性状	33	砾石	3
			质地	12
			土壤剖面	17
	立地条件	27	坡度	3
			高程	9
			地貌类型	15

（一）建立层次结构

耕地地力为目标层（G层），影响耕地地力的土壤管理、耕层理化、剖面性状、立地条件为准则层（C层），再把影响准则层中各元素的项目作为指标层（A层）。其结构关系如图5-1所示。

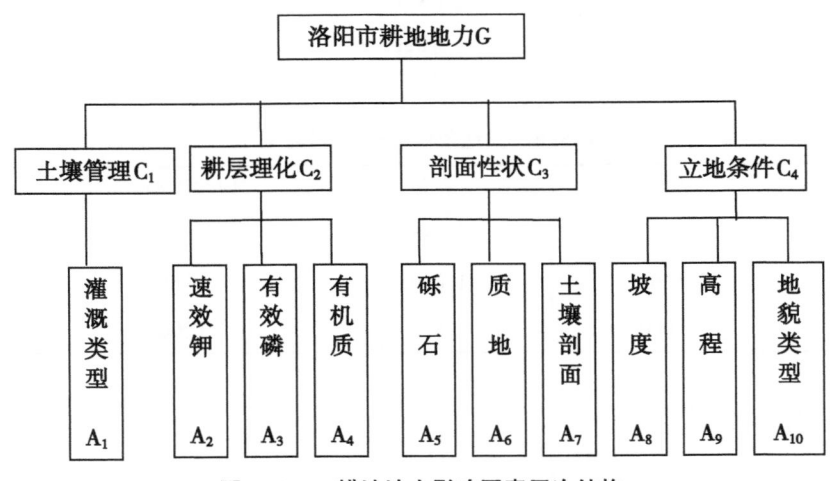

图5-1　耕地地力影响因素层次结构

(二) 构造判断矩阵

采用专家评估法，比较同一层次各因素对上一层次的相对重要性，给出数量化的评估。专家评估的初步结果（表5-3）经合适的数学处理后（包括实际计算的最终结果—组合权重）反馈给专家，请专家重新修改或确认。经多轮反复形成最终的判断矩阵。根据专家经验，确定C层对G层以及A层对C层的相对重要程度，构成G、C_1、C_2、C_3、C_4共5个判断矩阵（表5-4、表5-5、表5-6、表5-7、表5-8）。

表5-4　目标层G判别矩阵

ryy	土壤管理	耕层理化	剖面性状	立地条件	Wi
土壤管理	1.0000	0.8197	0.5464	0.6667	0.1802
耕层理化	1.2200	1.0000	0.6667	0.8130	0.2198
剖面性状	1.8300	1.5000	1.0000	1.2195	0.3297
立地条件	1.5000	1.2300	0.8200	1.0000	0.2703

表5-5　土壤管理（C_1）判别矩阵

土壤管理	灌溉类型	Wi
灌溉类型	1.0000	1.0000

表5-6　耕层理化（C_2）判别矩阵

耕层理化	速效钾	有效磷	有机质	Wi
速效钾	1.0000	0.6250	0.4167	0.2000
有效磷	1.6000	1.0000	0.6667	0.3200
有机质	2.4000	1.5000	1.0000	0.4800

表5-7　剖面性状（C_3）判别矩阵

剖面性状	砾石	质地	土壤剖面	Wi
砾石	1.0000	0.2703	0.1887	0.1000
质地	3.7000	1.0000	0.6993	0.3702
土壤剖面	5.3000	1.4300	1.0000	0.5297

表5-8　立地条件（C_4）判别矩阵

立地条件	坡度	高程	地貌类型	Wi
坡度	1.0000	0.2857	0.1818	0.1000
高程	3.5000	1.0000	0.6369	0.3501
地貌类型	5.5000	1.5700	1.0000	0.5499

判别矩阵中标度的含义见表5-9。

表 5-9　判断矩阵标度及其含义

标度	含　义
1	表示两个因素相比，具有同样重要性
3	表示两个因素相比，一个因素比另一个因素稍微重要
5	表示两个因素相比，一个因素比另一个因素明显重要
7	表示两个因素相比，一个因素比另一个因素强烈重要
9	表示两个因素相比，一个因素比另一个因素极端重要
2、4、6、8	上述两相邻判断的中值
倒数	因素 i 与 j 比较得判断 b_{ij}，则因素 j 与 i 比较的判断 $b_{ji} = 1/b_{ij}$

（三）层次单排序及一致性检验

求取 A 层对 C 层的权数值，可归结为计算判断矩阵的最大特征根 λmax 对应的特征向量 W。并用 CR＝CI/RI 进行一致性检验。计算方法如下。

A. 将比较矩阵每一列正规化（以矩阵 C 为例）

$$\hat{c}_{ij} = \frac{c_{ij}}{\sum_{i=1}^{n} c_{ij}}$$

B. 每一列经正规化后的比较矩阵按行相加

$$\bar{W}_i = \sum_{j=1}^{n} \hat{c}_{ij}, \ j = 1, \ 2, \ \cdots, \ n$$

C. 向量正规化

$$W_i = \frac{\bar{W}_i}{\sum_{i-1}^{n} \bar{W}_i}, \ i = 1, \ 2, \ \cdots, \ n$$

所得到的 $W_i = [W_1, \ W_2, \ \cdots, \ W_n]^T$ 即为所求特征向量，也就是各个因素的权重值。

D. 计算比较矩阵最大特征根 λmax

$$\lambda_{max} = \sum_{i=1}^{n} \frac{(CW)_i}{nW_i}, \ i = 1, \ 2, \ \cdots, \ n$$

式中，C 为原始判别矩阵，$(CW)_i$ 表示向量的第 i 个元素。

E. 一致性检验

首先计算一致性指标 CI

$$CI = \frac{\lambda_{max} - n}{n - 1}$$

式中，n 为比较矩阵的阶，也即因素的个数。

然后根据表 5-19 查找出随机一致性指标 RI，由下式计算一致性比率 CR。

$$CR = \frac{CI}{RI}$$

表 5-10　随机一致性指标 RI 值

n	1	2	3	4	5	6	7	8	9	10	11
RI	0	0	0.58	0.9	1.12	1.24	1.32	1.41	1.45	1.49	1.51

根据以上计算方法得出权数值一致性检验结果（表 5-11）。

表 5-11　权数值一致性检验结果

矩阵	特征向量				λmax	CI	CR
G	0.1802	0.2198	0.3297	0.2703	4	0	0
C_1	1.0000				1	0	0
C_2	0.2	0.32	0.48		3	0	0
C_3	0.1	0.3702	0.5297		3	0	0
C_4	0.1	0.3501	0.5499		3	0	0

从表中可以看出，CR 均小于 0.1，具有很好的一致性。

（四）层次总排序及一致性检验

计算同一层次所有因素对于最高层相对重要性的排序权值，称为层次总排序。这一过程是最高层次到最低层次逐层进行的，层次总排序的结果见表 5-12。

表 5-12　层次总排序

层次 C / 层次 A	土壤管理 0.1802	耕层理化 0.2198	剖面性状 0.3297	立地条件 0.2703	组合权重 1.0000
灌溉类型	1.000				0.1802
速效钾		0.2000			0.0440
有效磷		0.3200			0.0703
有机质		0.4800			0.1055
砾石			0.1000		0.0330
质地			0.3702		0.1221
土壤剖面			0.5297		0.1747
坡度				0.1000	0.0270
高程				0.3501	0.0946
地貌类型				0.5499	0.1486

层次总排序的一致性检验也是从高到低逐层进行的。如果 A 层次某些因素对于 C_j 单排序的一致性指标为 CI_j，相应的平均随机一致性指标为 CR_j，则 A 层次总排序随机一致性比率为：

$$CR = \frac{\sum_{j=1}^{n} c_j CI_j}{\sum_{j=1}^{n} c_j RI_j} = \frac{0.00096}{0.3178} = 0.003 < 0.1$$

经层次总排序，并进行一致性检验，结果为 $CI = 2.06477356577173 \times 10^6$，$RI = 0.58$，$CR = 0.00000356 < 0.1$，具有满意的一致性，最后计算 A 层对 G 层的组合权数值，得到各因子的权重（表 5-13）和各因子的权重结构图 5-2。

表 5-13　各指标因子的权重

名称	灌溉类型	速效钾	有效磷	有机质	砾石	质地	土壤剖面	坡度	高程	地貌类型
权重	0.1802	0.0440	0.0703	0.1055	0.0330	0.1221	0.1747	0.0270	0.0946	0.1486

第四节　评价指标隶属度的确定

评价指标隶属度，是指所选评价指标在不同表现形式或状态时，对耕地地力所要求的符合程度。

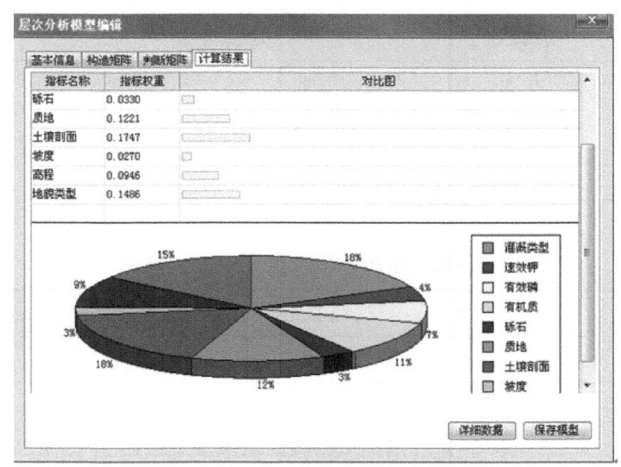

图 5-2　各因子权重结构

完全符合时隶属度为 1，完全不符合时隶属度为 0，部分符合时隶属度为 0~1 的任一数值。指标隶属度的确定从指标的特性、所用评价方法、专业知识 3 个方面进行综合考虑。

一、指标特征

本次耕地地力评价中，根据指标的性质分为概念型指标和数据型指标两类。洛阳市选取的评价指标中，概念型指标有灌溉类型、砾石、质地、土壤剖面、坡度、高程、地貌类型；数据型指标有速效钾、有效磷、有机质。

二、概念型指标隶属度

概念型指标的性状是定性的、综合的，与耕地生产能力之间是一种非线性关系。在评价时，对灌溉类型、质地、坡度、砾石、地貌类型等概念型定性因子采用特尔斐法，组织专家打分，经过归纳、反馈、逐步收缩、集中，最后产生获得相应的隶属度。灌溉类型、地貌类型、质地、高程、地表砾石度、坡度的隶属度分别见表 5-14 至表 5-19。其中土壤剖面是个复合型指标，不同类型的土壤，具有不同形态的土壤剖面。在土壤剖面中对地力影响较大的有障碍层、石质接触（有效土层厚度）、质地构型、水型等四类分指标，其隶属度分别见表 5-20 至表 5-23。

表 5-14　洛阳市灌溉类型的隶属度及描述

指标值	保灌	能灌	可灌	无灌
隶属度	1	0.75	0.55	0.17

表 5-15　洛阳市地貌类型的隶属度及描述

地貌类型	隶属度	地貌类型	隶属度
高丘陵	0.57	河谷平原	1
小起伏低山	0.55	倾斜的洪积（山麓冲积）平原	0.95
小起伏中山	0.5	黄土塬	0.92
小起伏低山	0.45	黄土平梁	0.85
中起伏低山	0.42	黄土丘陵	0.8
中起伏中山	0.35	泛滥平坦地	0.78

（续表）

地貌类型	隶属度	地貌类型	隶属度
大起伏中山	0.3	黄河滩地	0.75
基岩高台地	0.2	早期堆积台地	0.6
小起伏低山	0.15		

表 5-16 洛阳市质地的隶属度及描述

指标	中壤土	重壤土	轻壤土	轻黏土	砂壤土	紧砂土
隶属度	1	0.9	0.8	0.6	0.5	0.2

表 5-17 洛阳市高程的隶属度及描述

高程	500	650	800
隶属度	1	0.6	0.3

表 5-18 洛阳市地表砾石度隶属度及描述

表层砾石度	无	少量	多量
隶属度	1	0.7	0.4

表 5-19 洛阳市坡度的隶属度及描述

坡度（度）	≤2	2~6	6~15	15~25	>25
分值	1	0.8	0.6	0.4	0.2

表 5-20 洛阳市土壤剖面中障碍层的隶属度及描述

类型	深位		浅位	
	薄层	厚层	薄层	厚层
黏盘层	0.8	0.7	0.5	0.3
砂姜层	0.8	0.7	0.4	0.2
砾石层	0.7	0.6	0.3	0.1

表 5-21 洛阳市土壤剖面中有效土层厚的隶属度及描述

指标	≥100	≥50，<100	≥40，<50	≥30，<40	≥20，<30	<20
隶属度	1	0.97	0.6	0.4	0.2	0.1

表 5-22 洛阳市土壤剖面中质地构型的隶属度及描述

质地构型	底砂中壤	夹壤砂土	均质轻壤	均质砂壤	均质中壤	均质重壤	壤底黏土
隶属度	0.7	0.4	0.85	0.35	0.95	1	0.85
质地构型	壤身砂壤	壤身重壤	砂底轻壤	砂底重壤	体砂中壤	腰砂轻壤	腰砂中壤
隶属度	0.75	0.9	0.5	0.8	0.5	0.45	0.6

表 5-23 洛阳市土壤剖面中水型的隶属度及描述

水型	无	深位	浅位
隶属度	1	0.5	0.2

三、数据型指标隶属度

对有机质、有效磷、速效钾等理化性状定量因子，则根据洛阳市有机质、有效磷、速效钾的空间分布范围及养分含量级别，结合肥料试验获取的数据，由专家划段给出相应的分值，然后在计算机中绘制这两组数值的散点图，再根据散点图进行曲线模拟，寻求参评因素实际值与隶属度关系方程从而建立起定量因子的隶属函数。洛阳市定量指标的隶属度见表 5-24。

表 5-24 洛阳市参评定量因子的隶属度

速效钾	含量	>200	170.1~200	150.1~170	130.1~150	≤130
（mg/kg）	隶属度	1	0.9	0.7	0.45	0.15
有效磷	含量	>40.0	20.1~40.0	15.1~20.0	10.1~15.0	≤10.0
（mg/kg）	隶属度	1	0.9	0.7	0.5	0.2
有机质	含量	>30	20.1~30	17.1~20	15.1~17	≤15
（g/kg）	隶属度	1	0.9	0.7	0.5	0.2

以有机质为例，其隶属函数拟合曲线见图 5-3。

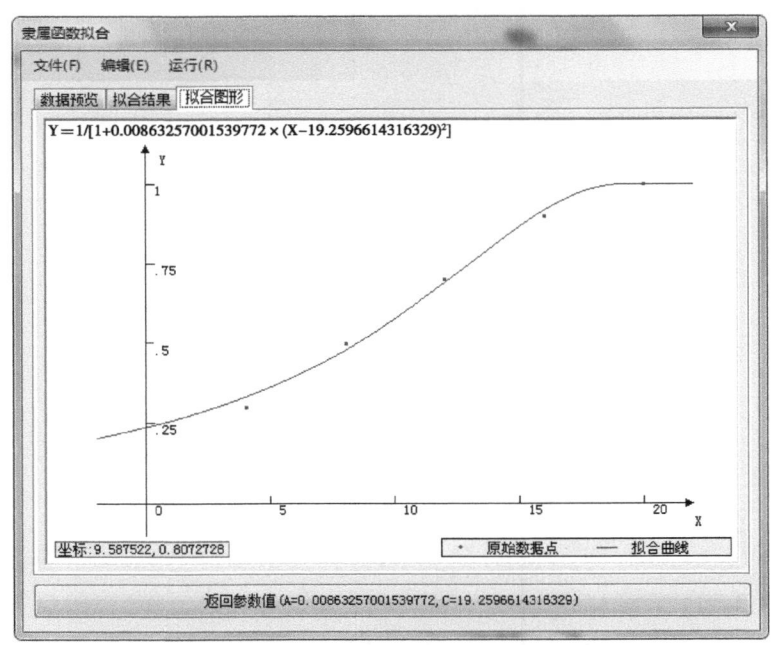

图 5-3 有机质隶属函数拟合曲线

其隶属函数为戒上型，形式为：

$$y = \begin{cases} 0, & x \leqslant x_t \\ 1 / \left[1 + A \times (x - C)^2 \right] & x_t < x < c \\ 1, & c \leqslant x \end{cases}$$

各参评因素类型及其隶属函数见表 5-25。

表 5-25　洛阳市参评因子类型及隶属函数

函数类型	参评因素	隶属函数	a 值	c 值	相关系数
戒上型	有机质（g/kg）	$y=1/[1+a\times(u-c)^2]$	0.008633	19.259661	0.973
戒上型	有效磷（mg/kg）	$y=1/[1+a\times(u-c)^2]$	0.003186	23.818093	0.940
戒上型	速效钾（mg/kg）	$y=1/[1+a\times(u-c)^2]$	0.000060	204.596745	0.998

第六章　耕地地力等级划分与评价

第一节　耕地地力等级划分

耕地地力是耕地具有的潜在生物生产能力。这次耕地地力调查，结合洛阳市实际情况，选取了10个对耕地地力影响比较大，区域内的变异明显、在时间序列上具有相对稳定性、与农业生产有密切关系的因素，建立洛阳市耕地地力评价指标体系。以1：5万土壤类型图、土地利用现状图叠加形成的图斑为评价单元，应用模糊综合评判方法对全市耕地进行评价，把洛阳市耕地地力划分为5个等级。

一、洛阳市耕地地力等级及面积统计

把10个对耕地地力影响比较大的因素，按准则层、指标层输入《县域耕地资源管理信息系统V4.0》，经计算得知，洛阳市一级地52 557.5hm²，占总耕地面积433 561.1hm²的12.2%；二级地82 014.4hm²，占18.9%；三级地121 933.0hm²，占28.1%；四级地117 518.7hm²，占27.1%；五级地59 537.5hm²，占13.7%（表6-1）。

按洛阳市习惯分法，一级、二级地属于高产田，面积134 571.9hm²，占总耕地面积31.0%。具有保肥保水能力较高，耕作性强，地下水资源丰富，灌溉保证率大于75%，农田设施齐全，机械化程度高等特点，主要种植小麦、玉米和蔬菜，是洛阳市粮食高产稳产地区。三级地属于中产田，面积121 933.0hm²，占28.1%。水利设施中等，地下水资源一般，灌溉保证率在30%~50%，小麦、玉米种植面积大，是洛阳市粮食的主要产区。四级、五级地属于低产田，面积177 056.2hm²，占40.9%。地势较高，土层较薄，农田设施差，地下水资源贫乏，灌溉保证率低于30%，土壤养分含量低，种植有一定面积的小麦、玉米，同时还有其他豆类、薯类等作物种植，部分地区发展有林果业（表6-1）。

表6-1　洛阳市各等级面积统计

习惯法			评价法		
级别	面积（hm²）	比例（%）	级别	面积（hm²）	比例（%）
			一级	52 557.5	12.1
高产田	134 571.9	31.0	二级	82 014.4	18.9
中产田	121 933.0	28.1	三级	121 933.0	28.1
			四级	117 518.7	27.2
低产田	177 056.2	40.9	五级	59 537.5	13.7

二、洛阳市耕地等级与国家耕地地力等级对接

耕地地力的另一种表达方式，即以产量表达耕地地力水平。农业部于1997年颁布了"全国耕地类型区耕地地力等级划分"农业行业标准，将全国耕地地力根据粮食单产水平划分为10个等级。在对洛阳市2009—2011年3年耕地地力调查点的实际年平均产量调查数据分析的基础上，筛选了160个点的产量与地力综合指数值（IFI）进行了相关分析，建立直线回归方程：

$$y = 1\ 152.21x - 153.31 \quad (R = 0.85，达到极显著水平)$$

式中，y代表自然产量，x代表综合地力指数

根据其对应的相关关系，将自然要素评价的耕地地力等级分别归入相应的以概念型产量表示的地力等级体系，对接结果见表6-2。

149

表 6-2　洛阳市耕地地力等级与国家耕地地力等级对照表

洛阳市耕地地力等级	年产量水平（kg/亩）	对接入国家地力等级	年产量水平（kg/亩）
一等地	>1 000	一等地	>900
二等地	900~1 000		
三等地	700~800	三等地	700~800
四等地	500~600	五等地	500~600
五等地	300~400	七等地	300~400

三、洛阳市耕地地力空间分布

（一）耕地地力的不同行政区域分布

从耕地地力评价图上提取属性数据库中的数据统计出各级耕地在各县（市）乡（镇）分布状况（表6-3）。

表 6-3　洛阳市耕地地力等级行政区域与面积分布　　　　　　单位：hm²

县市	乡镇名称	一等地	二等地	三等地	四等地	五等地
	白土乡				332.2462	702.6155
	城关镇				82.5946	65.5473
	赤土店镇				102.6721	888.1776
	合峪镇			36.4899	551.5742	1 141.1559
	叫河乡		0.4352	1.4807	226.0194	1 047.0871
	冷水镇			1.0453	173.7909	684.0891
栾川县	栾川乡		14.0429	1.8402	684.4384	284.3757
	庙子乡		1.4032	23.2832	1 431.2078	799.3436
	秋扒乡				394.1599	707.9526
	三川镇				455.352	1 059.4811
	狮子庙镇				288.8153	1 291.5469
	石庙镇		52.4178	31.6218	133.9515	435.3168
	潭头镇		202.5332	135.981	856.2068	1 735.0149
	陶湾镇		13.6723	5.7941	246.7998	1 507.1741
	长水乡	142.966	104.0358	501.4594	1 136.232	261.8049
	陈吴乡	485.8202	196.5618	1 391.0623	366.8954	100.1756
	城关镇	1.6821	21.1982	142.6654		
	城郊乡	1 317.6681	125.9822	745.0783	6.2801	
	底张乡	131.9775	159.1405	620.1607	1 995.409	333.9265
	东宋乡	740.4799	429.8904	2 124.1412	4 294.5493	63.2529
	故县乡				1 390.627	358.3179
洛宁县	河底乡		99.8212	3 905.8549	3 129.5298	
	涧口乡	185.2722	111.2601	498.6156	1 289.5666	171.9593
	罗岭乡			37.4903	2483.153	344.1451
	马店乡	317.5443	0.1053	1 116.0159	2 869.922	36.4345
	上戈镇				2 514.3185	1 877.9438
	王范回族镇	65.4132		92.9144	13.5187	
	西山底乡	106.5248	339.4497	494.5762	1 068.5456	129.1723
	下峪乡				1 886.8786	192.2284
	小界乡		3.5496	1 494.7437	4 738.3633	459.5945
	兴华乡			9.2756	2 958.2197	173.4243
	赵村乡	1 071.734	1 191.2411	331.2631	555.5482	219.8122

（续表）

县市	乡镇名称	一等地	二等地	三等地	四等地	五等地
孟津县	白鹤镇	889.9217	2 054.7472	2 913.7697	705.4884	7.958
	常袋乡		519.6238	1 915.4445	325.9953	
	朝阳镇		2 439.9009	1 669.7886	255.3091	
	城关镇		536.8106	3 648.7453	742.9298	
	横水镇		281.5788	882.7575	2 328.6332	
	会盟镇	2 705.2697	1 106.9473	56.9017	2.7532	
	麻屯镇	0.5242	1 503.9958	690.2839	533.7666	
	平乐镇	1 317.794	2 800.4161	337.652		
	送庄镇	3.9827	2 914.449	30.0168		
	小浪底镇		45.7059	179.4558	4 269.8804	275.6849
汝阳县	柏树乡	17.8862	449.9646	437.056	1 130.2492	686.5424
	蔡店乡	719.7787	1 351.9993	858.6022	1 327.3524	182.4636
	城关镇	304.1283	349.6169	504.6409	452.4586	656.8819
	大安工业园	51.8258	302.2618	1 234.6222	282.069	
	付店镇				23.7708	644.8085
	勒村乡				322.1954	675.0137
	刘店乡		67.8796	283.7852	779.8374	2 106.1021
	内埠乡	391.642	1 289.9041	470.3123	199.7032	
	三屯乡	622.8482	534.743	94.1635	465.5193	1 040.8737
	上店镇	345.2237	650.8232	19.5926	759.239	243.599
	十八盘乡		108.6375	28.3058	310.6343	1 353.4916
	陶营乡	332.8655	2 274.7424	44.0548	252.7899	233.6841
	王坪乡			2.5501	36.1806	965.044
	小店镇	488.1365	1 223.7633	69.1532	799.7002	284.0412
嵩县	白河乡				84.9677	373.4508
	车村镇		339.9817	48.8842	1 199.7971	2 037.1111
	城关镇	757.0567	1 028.7447	230.6343	107.1167	213.0445
	大坪乡	0.7319	1 674.167	461.6122	907.0838	1 087.7169
	大章乡	252.795	266.0384	235.5458	601.8943	952.6283
	德亭乡	171.4026	664.2975	197.8848	1 196.2119	1 252.569
	饭坡乡	182.4654	203.9471	1 045.8985	955.3636	936.7206
	何村乡	127.4632	1 001.4071	673.8412	965.9713	648.0211
	黄庄乡		124.1228		392.3354	1 839.284
	九店乡	42.7689	153.2613	271.6096	1 525.1099	889.1249
	旧县镇	75.03	253.3927	255.4315	442.1959	1 397.1538
	库区乡	163.5833	1 684.2264	71.7231	112.5669	
	木植街乡		182.6798	49.9328	141.7287	519.2393
	田湖镇	1 258.7448	2 592.5107	778.8137	1 200.1965	186.1662
	闫庄乡	5.4635	1 231.8338	479.2787	1 509.7999	2 374.587
	纸房乡	115.9773	624.3995	330.3367	588.8657	940.9872

（续表）

县市	乡镇名称	一等地	二等地	三等地	四等地	五等地
新安县	北冶乡			31.57	3 557.7167	197.359
	仓头乡		690.6968	1 359.2982	1 394.0886	26.6047
	曹村乡		84.9789	0.2597	1 615.7917	995.2166
	城关镇	700.4351	1 430.7431	689.1569	1 444.713	
	磁涧镇	521.9146	1 140.4997	1 889.6317	2 206.8003	84.024
	洛新工业园	1.4777	172.4771	553.1616	247.2539	1.382
	南李村乡	24.9964	210.588	4 120.1803	535.2442	310.323
	石井乡	3.1139		902.1739	2 357.7025	977.0643
	石寺镇	3.3311	93.8542	153.0535	2 235.766	259.7011
	铁门镇	777.2498	683.6276	2 841.1624	2 132.5377	116.469
	五头镇	175.2487	1 304.8397	2 863.7689	1 673.9368	
	正村乡		42.4931	3 568.8069	112.599	
偃师市	城关镇	576.8548	976.841	139.6135	300.1634	
	大口乡	1.8791	2 845.3751	38.5155	639.2155	388.9863
	佃庄镇	1 771.6149	791.136			
	府店镇		1 609.3471	310.2741	1 409.7769	1 316.6549
	高龙镇	1 701.7114	751.8983	2.5439		
	缑氏镇	320.233	4 385.8504	3.1666	180.3225	121.3741
	顾县镇	1 126.6461	1 444.6108	13.4927		
	寇店镇		1 918.3813	106.9628	1 060.3699	193.4562
	李村镇	1 689.6606	1 288.3165	488.3794	945.8183	91.5439
	邙岭乡		1 028.3801	1 063.3667	1 364.6213	
	庞村镇	1 550.1517	462.1008	70.055	15.6694	
	山化乡	190.9182	2 228.8891	602.315	971.6383	
	首阳山镇	1 343.4832	1 487.1882	14.4049	212.7381	
	岳滩镇	1 016.8539	712.1568			
	翟镇镇	1 347.7879	527.2495			
	诸葛镇	1 549.6744	467.4665	910.7525	671.8338	37.2674
伊川县	白沙镇	606.8254	385.7581	4 653.0676	1 425.0921	92.8269
	白元乡	1 501.9682	392.3692	1 622.3321	461.9175	255.6002
	半坡乡			0.1711	620.5565	630.2361
	城关镇	2 171.8365	478.4266	1 258.8385	395.9868	214.9514
	高山镇	187.5661	838.1525	2 975.1957	343.1361	223.2967
	葛寨乡	129.1027	153.0521	1 657.3168	1 027.3377	353.0372
	江左镇		211.0344	779.2003	3 231.1556	274.4887
	酒后乡	643.2914	88.5805	401.4091	410.9635	1 352.1842
	吕店镇		8.6416	3 060.3365	2 100.5208	1 139.6687
	鸣皋镇	1 282.1236	1 628.731	2 131.3138	243.9883	70.4783
	彭婆镇	1 504.474	139.6836	2 817.0994	700.3885	308.5771
	平等乡	570.5909	1 837.1659	921.4866	242.8669	
	水寨镇	650.2097	318.9296	508.5361	163.2607	8.4201
	鸦岭乡	49.9955	390.1396	6 019.1744	1 524.4737	799.2524

（续表）

县市	乡镇名称	一等地	二等地	三等地	四等地	五等地
	白杨镇	1 433.7349	502.8471	1 741.9776	610.5514	324.7361
	城关镇	36.4426	17.8014		24.4135	4.4154
	董王庄乡	147.7429	120.8497	579.1272	1 454.1849	1 466.9721
	樊村乡		0.1845	1 236.1311	1 511.3496	128.6944
	丰李镇	1 178.0614	1 068.1831	655.1803	58.3347	41.3819
	高村乡		123.2385	8 526.2025	364.8432	
	韩城镇	1 428.072	1 642.5178	2 159.6995	4.1707	
宜阳县	锦屏镇	404.1007	406.3621	14.8844	168.8581	802.6226
	莲庄乡	617.2491	480.2022	1 326.9054	185.412	151.5692
	柳泉镇	2071.458	302.937	3 834.0473	428.4718	0.602
	穆册乡				385.6561	607.1417
	三乡镇	421.59	1 982.9393	693.3587	642.9463	
	上观乡				552.8463	2 018.245
	寻村镇	1 434.326	269.7	3 219.4684	593.5859	
	盐镇乡	0.1965	918.849	8 896.3945	191.0285	
	张坞乡	995.1794	445.3586	1 457.1619	1 071.1849	57.9826
	赵堡乡	783.7077	181.4908	804.981	2 197.8323	1 017.6584
总计		433 561.1	52 557.4738	82 014.3736	121 932.9993	117 518.679	59 537.5297

统计结果（表6-4），洛阳市一等地在偃师分布面积最大，为14 187.5hm²，占全市一等地的27.0%；其次是宜阳县，为10 951.9hm²，占全市一等地的20.8%；第三为伊川县，为9 298.0hm²，占全市一等地的17.7%；新安县面积较小，为2 207.8hm²，占全市一等地的4.2%；栾川县位于深山区，没有一等地。二等地仍是偃师面积最大，为22 925.2hm²，占全市二等地的28.0%；其次是孟津和嵩县，分别为14 204.2hm²和12 025.0hm²，占17.3%和14.7%；洛宁和栾川面积较小，分别占3.4%和0.4%。三等地宜阳分布面积最大，为35 145.5hm²，占全市三等地的28.8%；其次是伊川县，为28 805.5hm²，占23.6%；偃师和栾川分布面积较小，分别占3.1%和0.2%。四等地洛宁分布面积最大，为32 697.6hm²，占全市四等地的27.8%；其次是新安和伊川，分别占16.6%和11.0%；汝阳和栾川分布面积较小，分别占6.1%和5.1%。五等地嵩县分布面积最大，为15 647.8hm²，占全市五等地的26.3%；其次是栾川，占20.7%；偃师和孟津面积较小，分别占3.6%和0.5%。

表6-4　洛阳市耕地地力等级行政区域分布　　　　单位：hm²

行政区	总计	一等地	二等地	三等地	四等地	五等地
栾川	18 830.71	0	284.5	237.5	5 959.8	12 348.9
洛宁	58 274.4	4 567.1	2 782.2	13 505.3	32 697.6	4 722.2
孟津	40 894.89	4 917.5	14 204.2	12 324.8	9 164.8	283.6
汝阳	32 139.72	3 274.3	8 604.3	4 046.8	7 141.7	9 072.5
嵩县	47 888.95	3 153.5	12 025.0	5 131.4	11 931.2	15 647.8
新安	49 517.12	2 207.8	5 854.8	18 972.2	19 514.2	2 968.1
偃师	50 797.98	14 187.5	22 925.2	3 763.8	7 772.2	2 149.3
伊川	63 588.81	9 298.0	6 870.7	28 805.5	12 891.6	5 723.0
宜阳	71 628.57	10 951.9	8 463.5	35 145.5	10 445.7	6 622.0
总计	433 561.1	52 557.5	82 014.4	121 933.0	117 518.7	59 537.5

（二）洛阳市耕地地力等级在不同地貌分布

从耕地地力等级的不同地貌分布（表6-5、表6-6）看，一、二级地集中分布在洛阳市的丘陵地、河流阶地等地区，三等地在丘陵山地坡下部、冲洪积扇中上部分布，面积较大，四、五等地在低山丘陵坡地、河流阶地上的分布面积较少，五等地则全部分布在丘陵山地坡下部、冲洪积扇中上部。

表6-5　洛阳市耕地地力等级一级地貌与面积分布　　　　　　单位：hm^2

耕地等级	黄土地貌	流水地貌	岩溶地貌	总计
一等地	8 265.7	44 291.8		52 557.5
二等地	29 688.9	52 239.4	86.1	82 014.4
三等地	92 413.0	29 519.7	0.3	121 933.0
四等地	51 793.3	60 065.2	5 660.2	117 518.7
五等地	11 797.8	45 798.1	1 941.6	59 537.5
总计	193 958.6	231 914.3	7 688.2	433 561.1

表6-6　洛阳市耕地地力等级二级地貌与面积分布　　　　　　单位：hm^2

耕地等级	冲积平原	洪积（山麓冲积）平原	黄土覆盖的低山	黄土覆盖的中山	黄土台地丘陵	侵蚀剥削低山	侵蚀剥削丘陵	侵蚀剥削台地	侵蚀剥削中山	溶蚀侵蚀低山
一等地	40 913.4	2 939.5			8 265.7		3.3	435.6		
二等地	33 014.4	10 721.2			29 688.9	1 807.7	488.8	5 468.9	738.4	86.1
三等地	15 879.7		25.1		92 387.9	8 284.2	702.4	3 909.7	743.7	0.3
四等地	5 993.2	18 379.5	1 492.5		31 921.2	15 742.9	6 465.2	13 814.5	18 049.4	5 660.2
五等地	746.9		3 011.2	557.5	8 229.1	9 563.0	21.5	5 729.0	29 737.6	1 941.6
总计	96 547.6	13 660.7	21 415.8	2 050.0	170 492.8	35 397.8	7 681.3	29 357.7	49 269.1	7 688.2

（三）洛阳市耕地地力等级在不同土壤质地上的分布

洛阳市土壤质地主要有砂壤土、中壤土和重壤土，这3种质地的耕地面积占全市耕地总面积的99.1%。其中，一等地主要分布在中壤土和重壤土耕地上；二等地在轻壤土和砂壤土上有大幅增加；三等地在紧砂土和松砂土上面积有较大增加；四、五等地质地中轻黏土和松砂土大幅减少。洛阳市耕地地力等级在不同质地上的分布面积见表6-7。

表6-7　洛阳市耕地地力等级在不同质地上的分布面积　　　　　　单位：hm^2

耕地等级	紧砂土	轻壤土	轻黏土	松砂土	砂壤土	中壤土	重壤土
一等地		128.3				38 507.9	13 921.3
二等地	27.6	1 352.8	587.5	67.7	3 363.4	58 749.2	17 866.2
三等地	145.7	250.6		275.9	6.0	77 075.3	44 179.5
四等地	119.9	283.3		16.8	404.4	73 754.0	42 939.5
五等地	45.7	547.1			930.2	55 273.0	2 741.5
总计	338.8	2 562.1	587.5	360.4	4 704.0	303 360.2	121 648.1

（四）洛阳市耕地地力等级在不同土壤类型上的分布

洛阳市土壤耕地类型有潮土、褐土、红黏土、黄棕壤、粗骨土、砂姜黑土、石质土、水稻土、紫色土和棕壤。一等地在褐土上分布面积最大，为33 671.80hm^2，占全市一等地面积的64.07%；其次是潮土，为16 023.40hm^2，占30.49%；红黏土、砂姜黑土上有少量分布，其他土类上没有一等地。二等地与一等地分布比例相似。三、四等地主要分布在红黏土、褐土上，五等地主要分布在粗骨土、石质土、轻壤土和褐土上。洛阳市耕地地力等级在不同土壤类型上的分布面积详见表6-8。

表6-8 洛阳市耕地地力等级土种与面积分布

土类	亚类	土属	一等地 面积(hm²)	一等地 比例(%)	二等地 面积(hm²)	二等地 比例(%)	三等地 面积(hm²)	三等地 比例(%)	四等地 面积(hm²)	四等地 比例(%)	五等地 面积(hm²)	五等地 比例(%)
潮土	典型潮土	洪积潮土	3 505.30	6.67	2 361.30	2.88	183.10	0.15	949.50	0.81	58.70	0.10
		石灰性潮壤土	4 697.90	8.94	6 374.20	7.77	178.30	0.15	715.30	0.61	1 107.00	1.86
		石灰性潮砂土		0.00	27.60	0.03	421.60	0.35	136.60	0.12	107.60	0.18
		石灰性潮黏土	4 269.40	8.12	268.20	0.33	171.40	0.14	76.20	0.06	1.00	0.00
		小计	12 472.60	23.73	9 031.30	11.01	954.40	0.78	1 877.60	1.60	1 274.30	2.14
	灌淤潮土	淤潮黏土	81.90	0.16	653.90	0.80		0.00		0.00		0.00
		小计	81.90	0.16	653.90	0.80		0.00		0.00		0.00
	灰潮土	灰潮黏土	28.40	0.05	96.10	0.12	0.30	0.00	218.00	0.19	107.30	0.18
		小计	28.40	0.05	96.10	0.12	0.30	0.00	218.00	0.23	107.30	0.18
	湿潮土	湿潮壤土	3 029.90	5.76	288.00	0.35	592.90	0.49	532.40	0.45	35.80	0.06
		小计	3 029.90	5.76	288.00	0.35	592.90	0.49	532.40	0.56	35.80	0.06
	脱潮土	脱潮壤土	410.60	0.78	52.40	0.06	474.10	0.39	101.60	0.09	154.70	0.26
		小计	410.60	0.78	52.40	0.06	474.10	0.39	101.60	0.11	154.70	0.26
		合计	16 023.40	30.49	10 121.70	12.34	2 021.70	1.66	2 729.60	2.50	1 572.10	2.64
粗骨土	钙质粗骨土	灰泥质钙质粗骨土			4.30	0.01	441.90	0.36	1 037.60	0.88	3 448.70	5.79
		小计			4.30	0.01	441.90	0.36	1 037.60	1.08	3 448.70	5.79
	中性粗骨土	暗泥质中性粗骨土			506.30	0.62	725.60	0.60	2 260.10	1.92	4 763.30	8.00
		硅质中性粗骨土			23.80	0.03	12.80	0.01	1 346.40	1.15	539.30	0.91
		麻砂质中性粗骨土			0.40	0.00	61.60	0.05	53.80	0.05	1 351.40	2.27
		泥质中性粗骨土			4.10	0.00	302.60	0.25	2 597.40	2.21	7 623.40	12.80
		小计			534.60	0.65	1 102.60	0.90	6 257.70	5.32	14 277.40	23.98
		合计			538.90	0.66	1 544.50	1.27	7 295.30	6.40	17 726.10	29.77

（续表）

土类	亚类	土属	一等地 面积(hm²)	一等地 比例(%)	二等地 面积(hm²)	二等地 比例(%)	三等地 面积(hm²)	三等地 比例(%)	四等地 面积(hm²)	四等地 比例(%)	五等地 面积(hm²)	五等地 比例(%)
褐土	潮褐土	泥砂质潮褐土	5 930.30	11.28	1 183.80	1.44	269.00	0.22	207.50	0.18	14.90	0.03
		小计	5 930.30	11.28	1 183.80	1.44	269.00	0.22	207.50	0.22	14.90	0.03
	典型褐土	黄土质褐土	13 236.10	25.18	32 958.30	40.19	38 925.70	31.92	16 430.30	13.98	176.10	0.30
		泥砂质褐土	2 765.60	5.26	493.50	0.60	417.40	0.34	745.30	0.63		0.00
		小计	16 001.70	30.45	33 451.80	40.79	39 343.10	0.34	17 175.60	14.62	176.10	0.30
	褐土性土	暗泥质褐土性土		0.00	18.10	0.02	23.50	0.02	296.30	0.25	2 411.50	4.05
		堆垫褐土性土	0.40	0.00	58.50	0.07	12.20	0.01	264.00	0.22		0.00
		覆盖褐土性土	122.10	0.23	25.70	0.03	761.60	0.62	607.50	0.52		0.00
		硅质褐土性土		0.00		0.00		0.00	45.00	0.04		0.00
		黄土质褐土性土	3 635.90	6.92	10 882.60	13.27	15 326.40	12.57	19 848.50	16.89	1 178.30	1.98
		灰泥质褐土性土		0.00	94.80	0.12	0.20	0.00	580.00	0.49	131.70	0.22
		麻砂质褐土性土		0.00	0.30	0.00	0.30	0.00	635.30	0.54	1 740.00	2.92
		泥砂质褐土性土	103.90	0.20	285.70	0.35	30.20	0.02	866.80	0.74	149.80	0.25
		砂泥质褐土性土	1 110.40	2.11	3 287.20	4.01	2 892.30	2.37	9 004.60	7.66	4 124.80	6.93
		小计	4 972.70	9.46	14 652.90	17.87	19 046.70	15.62	32 148.00	27.36	9 736.10	16.35
	淋溶褐土	暗泥质淋溶褐土							16.60	0.01	918.50	1.54
		硅质淋溶褐土									55.90	0.09
		黄土质淋溶褐土							697.10	0.59	133.70	0.22
		灰泥质淋溶褐土			0.20	0.00					123.00	0.21
		麻砂质淋溶褐土	67.70	0.13			129.60	0.11	256.80	0.22	13.10	0.02
		泥砂质淋溶褐土							633.90	0.54	18.10	0.03
		泥质淋溶褐土							4.00	0.00	594.40	1.00
		小计	67.70	0.13	0.20	0.00	129.60	0.11	1 608.40	1.37	1 856.70	3.12
	石灰性褐土	黄土质石灰性褐土	3 587.10	6.83	3 750.90	4.57	12 639.40	10.37	8 614.00	7.33	15.70	0.03
		泥砂质石灰性褐土	3 112.30	5.92	2 433.80	2.97	3 969.30	3.26	1 840.90	1.57		
		小计	6 699.40	12.75	6 184.70	7.54	16 608.70	13.62	10 454.90	8.90	15.70	0.03
合计			33 671.80	64.07	55 473.40	67.64	75 397.10	29.91	61 594.40	52.46	11 799.50	19.82

（续表）

土类	亚类	土属	一等地 面积(hm²)	一等地 比例(%)	二等地 面积(hm²)	二等地 比例(%)	三等地 面积(hm²)	三等地 比例(%)	四等地 面积(hm²)	四等地 比例(%)	五等地 面积(hm²)	五等地 比例(%)
红黏土	典型红黏土	典型红黏土	2 681.60	5.10	12 721.50	15.51	42 180.00	34.59	40 598.50	34.55	2 685.70	4.51
		合计	2 681.60	5.10	12 721.50	15.51	42 180.00	34.59	40 598.50	34.55	2 685.70	4.51
黄棕壤	典型黄棕壤	硅铝质黄棕壤				0.00				0.00	51.10	0.09
		小计				0.00				0.00	51.10	0.09
	黄棕壤性土	麻砂质黄棕壤									70.30	0.12
		砂泥质黄棕壤性土							85.00	0.07	122.90	0.21
		小计				0.00			85.00	0.07	193.20	0.32
		合计	0.00						85.00	0.07	244.30	0.41
砂姜黑土	石灰性砂姜黑土	灰覆盖黑姜土	180.50	0.34	369.60	0.45						
		灰黑姜土			653.00	0.80	133.60	0.11				
		合计	180.50	0.34	1 022.60	1.25	133.60	0.11				
石质土	中性石质土	硅质中性石质土			63.10	0.08	438.70	0.36	1 862.70	1.59	12 943.90	21.74
		泥质中性石质土					50.80	0.04	1 795.60	1.53	1 703.30	2.86
		合计			63.10	0.08	489.50	0.40	3 658.30	3.11	14 647.20	24.60
水稻土	潜育水稻土	青潮泥田			1 969.00	2.40	98.00	0.08	17.00	0.01		
		小计			1 969.00	2.40	98.00	0.08	17.00	0.01		
紫色土	石灰性紫色土	灰紫砾泥土			2.10	0.00			49.60	0.04	73.40	0.12
		小计			2.10	0.00			49.60	0.04	73.40	0.12
	中性紫色土	紫砾泥土			98.80	0.12	0.50	0.00	921.60	0.78	639.90	1.07
		小计			98.80	0.12	0.50	0.00	921.60	0.78	639.90	1.07
		合计			100.90	0.12	0.50	0.00	971.20	0.82	713.30	1.19

（续表）

土类	亚类	土属	一等地 面积(hm²)	比例(%)	二等地 面积(hm²)	比例(%)	三等地 面积(hm²)	比例(%)	四等地 面积(hm²)	比例(%)	五等地 面积(hm²)	比例(%)
棕壤	典型棕壤	暗泥质棕壤							8.90	0.01	267.60	0.45
		硅质棕壤					1.00	0.00	251.90	0.21	176.00	0.30
		黄土质棕壤							37.50	0.03	35.00	0.06
		麻砂质棕壤			3.00	0.00	66.50	0.05	218.60	0.19	4 043.10	6.79
		砂泥质棕壤							4.10	0.00	420.80	0.71
		小计			3.00	0.00	67.50	0.06	521.00	0.44	4 942.50	8.30
	棕壤性土	暗泥质棕壤性土							0.10	0.00	1 962.40	3.30
		硅质棕壤性土							33.80	0.03	80.30	0.13
		麻砂质棕壤性土							0.90	0.00	2 471.70	4.15
		泥质棕壤性土					0.30	0.00	13.60	0.01	692.60	1.16
		小计					0.30	0.00	48.40	0.04	5 207.00	8.75
合计					3.00		67.80	0.06	569.40	0.48	10 149.50	17.05
总计			52 557.30		82 014.10		121 932.70		117 518.70		59 537.70	

158

第二节 耕地地力等级分述（一级地）

一、面积与分布

一级地全市面积为 52 557.5hm²，占全市耕地面积的 12.1%，主要分布在流水地貌和黄土地貌中的冲积平原、洪积（山麓冲积）平原、黄土台地丘陵。洛阳市一级地在各县（市）分布见表6-9。

表6-9 洛阳市一级地在各县（市）分布情况

县名	面积（hm²）	占一级地比重（%）	县名	面积（hm²）	占一级地比重（%）
偃师	14 187.5	26.99	汝阳	3 274.3	6.23
孟津	4 917.5	9.36	嵩县	3 153.5	6.00
新安	2 207.8	4.20	伊川	9 298.0	17.69
宜阳	10 951.9	20.84	栾川	0.00	0.00
洛宁	4 567.1	8.69	全市	52 557.5	100.00

二、主要属性分析

洛阳市一级地耕层土壤质地多为中壤和重壤，土种主要是黄土质褐土、红黄土质褐土、壤质潮褐土、淤土、两合土、红黄土质褐土性土、潮黄土、红黄土质始成褐土等。石质接触在50cm以上，无障碍层，保灌区占79.3%，其余的是能灌区；土层厚，水利条件较好，现以种粮、蔬菜为主。

一级地土壤养分含量高，平均有机质18.10g/kg、全氮1.04g/kg、有效磷12.6mg/kg、速效钾276mg/kg、缓效钾732mg/kg、有效铁9.92mg/kg、有效锰16.83mg/kg、有效铜1.81mg/kg、有效锌1.29mg/kg、水溶态硼0.49mg/kg、有效钼0.23mg/kg、有效硫20.58mg/kg、pH7.94。洛阳市一级地主要属性分布情况见表6-10至表6-17。

表6-10 洛阳市一级地养分含量表

一级地	平均值	最大值	最小值	标准偏差	变异系数
有机质（g/kg）	18.1	37.4	11.1	3.33	18.42
全氮（g/kg）	1.0	1.6	0.3	0.14	13.96
有效磷（mg/kg）	12.6	37.9	3.1	4.24	33.64
缓效钾（mg/kg）	732	1 486	90	294.67	40.27
速效钾（mg/kg）	276	981	90	254.19	92.02
有效铁（mg/kg）	9.92	32.90	3.80	3.96	39.92
有效锰（mg/kg）	16.83	60.30	3.10	7.30	43.40
有效铜（mg/kg）	1.81	13.36	0.72	1.29	71.00
有效锌（mg/kg）	1.29	4.95	0.17	0.52	40.35
有效钼（mg/kg）	0.49	1.36	0.06	0.21	43.57
有效硫（mg/kg）	0.23	1.96	0.04	0.19	82.77
水溶态硼（mg/kg）	20.58	52.10	4.30	10.14	49.28
pH值	7.94	8.50	6.50	0.30	3.79

表6-11 洛阳市一级地土壤质地统计　　　　　　　　单位：hm²、%

质地	紧砂土	轻壤土	轻黏土	砂壤	砂壤土	中壤土	重壤土	总计
面积		128.3				38 507.9	13 921.3	52 557.5
比例	0.0	0.2	0.0	0.0	0.0	73.3	26.5	100.0

表 6-12 洛阳市一级地石质接触类型统计　　　　单位：hm²、%

石质接触（cm）	25.0	27.0	28.0	30.0	50.0	60.0	80.0	120.0	总计
一等地					234.2	1 178.1	0.6	51 144.6	52 557.5
比例	0.0	0.0	0.0	0.0	0.4	2.2	0.0	97.3	100.0

表 6-13 洛阳市一级地障碍层位置统计　　　　单位：hm²、%

障碍层位置	浅位	深位	无	总计
一等地		997.6	51 559.8	52 557.5
比例	0.0	1.9	98.1	100.0

表 6-14 洛阳市一级地砾石含量统计　　　　单位：hm²、%

砾石	多量	少量	无	总计
一等地	163.8	3 384.6	49 009.1	52 557.5
比例	0.3	6.4	93.2	100.0

表 6-15 洛阳市一级地灌溉分区统计　　　　单位：hm²、%

灌溉分区	保灌区	能灌区	可灌区	无灌区	总计
一等地	41 674.1	10 674.7	208.7		52 557.5
比例	79.3	20.3	0.4	0.0	100.0

表 6-16 洛阳市一级地土类分布　　　　单位：hm²、%

土类	一等地	所占比例
潮土	16 023.3	30.5
粗骨土		0.0
褐土	33 672.0	64.1
红黏土	2 681.7	5.1
黄棕壤		0.0
砂姜黑土	180.5	0.3
石质土		0.0
水稻土		0.0
紫色土		0.0
棕壤		0.0
总计	52 557.5	100.0

表 6-17 洛阳市一级地土种分布　　　　单位：hm²、%

土类	亚类	土属	土种	一等地	占一等地的比例
潮土	典型潮土	洪积潮土	底砾层洪积潮土	12.8	0.0
			壤质洪积潮土	3 000.9	5.7
			深位钙盘洪积潮土	51.8	0.1
			黏质洪积潮土	439.8	0.8

（续表）

土类	亚类	土属	土种	一等地	占一等地的比例
潮土	典型潮土	石灰性潮壤土	底砂两合土	563.5	1.1
			两合土	4 104.9	7.8
			浅位厚砂两合土	29.5	0.1
		石灰性潮黏土	底砂淤土	41.4	0.1
			浅位厚壤淤土	40.2	0.1
			浅位砂淤土	48.2	0.1
			淤土	4 139.6	7.9
	灌淤潮土	淤潮黏土	薄层黏质灌淤潮土	81.9	0.2
			洪积两合土	28.4	0.1
	湿潮土	湿潮壤土	壤质冲积湿潮土	141.0	0.3
			壤质洪积湿潮土	1 481.3	2.8
	湿潮土	湿潮黏土	底砾层冲积湿潮土	933.0	1.8
			黏质冲积湿潮土	474.6	0.9
		两合土	脱潮	376.9	0.7
			脱潮小两合土	33.7	0.1
褐土	潮褐土	泥砂质潮褐土	壤质潮褐土	4 290.0	8.2
			黏质潮褐土	1 640.3	3.1
	典型褐土	黄土质褐土	红黄土质褐土	4 300.0	8.2
			黄土质褐土	7 879.8	15.0
			浅位多量砂姜红黄土质褐土	163.8	0.3
			浅位少量砂姜红黄土质褐土	892.5	1.7
		泥砂质褐土	黏质洪积褐土	2 765.6	5.3
	褐土性土	堆垫褐土性土	厚层堆垫褐土性土	0.4	0.0
		覆盖褐土性土	红黄土覆盖褐土性土	121.5	0.2
			浅位少量砂姜红黄土覆盖褐土性土	0.6	0.0
		黄土质褐土性土	红黄土质褐土性土	3 458.5	6.6
			浅位少量砂姜红黄土质褐土性土	7.8	0.0
			中层红黄土质褐土性土	169.6	0.3
			壤质洪积褐土性土	103.9	0.2
		砂泥质褐土性土	厚层砂泥质褐土性土	1 110.4	2.1
	淋溶褐土	麻砂质淋溶褐土	厚层硅铝质淋溶褐土	67.7	0.1
	石灰性褐土	黄土质石灰性褐土	红黄土质石灰性褐土	3 201.4	6.1
			浅位少量砂姜红黄土质石灰性褐土	0.4	0.0
			浅位少量砂姜黄土质石灰性褐土	63.0	0.1
			轻壤质黄土质石灰性褐土	94.5	0.2
			少量砂姜黄土质石灰性褐土	189.9	0.4
			中壤质黄土质石灰性褐土	37.9	0.1
		泥砂质石灰性褐土	壤质洪积褐土	1 487.0	2.8
			壤质洪积石灰性褐土	1 183.5	2.3
			黏质洪积石灰性褐土	441.8	0.8

（续表）

土类	亚类	土属	土种	一等地	占一等地的比例
红黏土	典型红黏土	典型红黏土	红黏土	773.4	1.5
			浅位多量砂姜红黏土	1.0	0.0
			浅位钙盘砂姜石灰性红黏土	141.5	0.3
			浅位少量砂姜红黏土	255.2	0.5
			浅位少量砂姜石灰性红黏土	636.8	1.2
			深位钙盘砂姜石灰性红黏土	18.3	0.0
			石灰性红黏土	855.4	1.6
砂姜黑土	石灰性砂姜黑土	灰覆黑姜土	壤盖洪积石灰性砂姜黑	180.5	0.3
		总计		52 557.5	100.0

三、合理利用

一级地作为全市的粮食稳产高产田，应进一步完善排灌工程，合理施肥，适当减少氮肥用量，增施磷、钾肥，重施有机肥，大力推广秸秆还田技术，补充微量元素肥料。

第三节　耕地地力等级分述（二级地）

一、面积与分布

洛阳市二级耕地面积为 82 014.4hm²，占全市耕地面积的 18.9%，主要分布在黄土地貌和流水地貌中的冲积平原、洪积（山麓冲积）平原、侵蚀剥削台地黄土台地丘陵。洛阳市二级地在各县（市）分布见表6-18。

表6-18　洛阳市二级地在各县（市）分布情况

县名	面积（hm²）	占二级地比重（%）	县名	面积（hm²）	占二级地比重（%）
偃师	22 925.2	27.95	汝阳	8 604.3	10.49
孟津	14 204.2	17.32	嵩县	12 025.0	14.66
新安	5 854.8	7.14	伊川	6 870.7	8.38
宜阳	8 463.5	10.32	栾川	284.5	0.35
洛宁	2 782.2	3.39	全市	82 014.4	100

二、主要属性分析

洛阳市二级地质地主要是重壤土、中壤土，土种主要是黄土质褐土、中层红黄土质褐土性土、红黄土质褐土、壤质潮褐土、红黏土、小两合土、红黄土质石灰性褐土等。石质接触在 30cm 以上，无障碍层，保灌区占 18.5%、能灌区占 27.4%，其余的是可灌区。该等级土层较厚，主要种植蔬菜、粮食和豆类、蔬菜间作。

二级地土壤养分含量较高，平均有机质 17.05g/kg、全氮 1.01g/kg、有效磷 12.2mg/kg、速效钾 205.0mg/kg、缓效钾 788.0mg/kg、有效铁 11.19mg/kg、有效锰 19.69mg/kg、有效铜 1.54mg/kg、有效锌 1.27mg/kg、水溶态硼 0.55mg/kg、有效钼 0.20mg/kg、有效硫 0.58mg/kg、pH 值 7.8（表6-19至表6-26）。

表 6-19　洛阳市二级耕地养分含量

二等地	平均值	最大值	最小值	标准偏差	变异系数
有机质（g/kg）	17.05	53.1	10.8	3.07	17.99
全氮（g/kg）	1.01	1.6	0.4	0.13	13.06
有效磷（mg/kg）	12.2	65.3	2.9	4.26	34.90
缓效钾（mg/kg）	788.0	1 679.0	90	239.05	30.32
速效钾（mg/kg）	205.0	994.0	59	179.45	87.59
有效铁（mg/kg）	11.19	63.80	1.00	5.97	53.32
有效锰（mg/kg）	19.69	78.60	2.00	11.06	56.14
有效铜（mg/kg）	1.54	10.75	0.57	0.62	39.95
有效锌（mg/kg）	1.27	5.81	0.16	0.59	46.66
有效钼（mg/kg）	0.55	1.34	0.04	0.20	35.99
有效硫（mg/kg）	0.20	2.99	0.04	0.22	91.00
水溶态硼（mg/kg）	20.85	67.10	2.50	11.83	56.74
pH 值	7.80	8.50	6.00	0.36	4.63

表 6-20　洛阳市二级地土壤质地统计　　　　单位：hm²、%

质地	紧砂土	轻壤土	轻黏土	砂壤	砂壤土	中壤土	重壤土	总计
面积	27.6	1 352.8	587.5	67.7	3 363.4	58 749.2	17 866.2	82 014.4
比例	0.0	1.6	0.7	0.1	4.1	71.6	21.8	100.0

表 6-21　洛阳市二级地石质接触类型统计　　　　单位：hm²、%

石质接触（cm）	25.0	27.0	28.0	30.0	50.0	60.0	80.0	120.0	总计
面积	4.3	0.1	282.4	73.3	11 325.4	2 853.6		67 475.2	82 014.4
比例	0.0	0.0	0.3	0.1	13.8	3.5	0.0	82.3	100.0

表 6-22　洛阳市二级地障碍层位置统计　　　　单位：hm²、%

障碍层位置	浅位	深位	无	总计
面积	10.2	816.1	81 188.0	82 014.4
比例	0.0	1.0	99.0	100.0

表 6-23　洛阳市二级地砾石含量统计　　　　单位：hm²、%

砾石	多量	少量	无	总计
面积	1 180.4	12 713.8	68 120.2	82 014.4
比例	1.4	15.5	83.1	100.0

表 6-24　洛阳市二级地灌溉分区统计　　　　单位：hm²、%

灌溉分区	保灌区	能灌区	可灌区	无灌区	总计
面积	15 178.4	22 434.3	32 952.1	11 449.6	82 014.4
比例	18.5	27.4	40.2	14.0	100.0

表 6-25　洛阳市二级地土类统计　　　　　　　　　单位：hm²、%

土类	二等地面积	占二等地的比例
潮土	10 121.7	12.3
粗骨土	539.0	0.7
褐土	55 473.4	67.6
红黏土	12 721.6	15.5
黄棕壤		0.0
砂姜黑土	1 022.6	1.2
石质土	63.1	0.1
水稻土	1 969.0	2.4
紫色土	101.0	0.1
棕壤	3.0	0.0
总计	82 014.4	100.0

表 6-26　洛阳市二级地土种统计　　　　　　　　　单位：hm²、%

土类	亚类	土属	土种	二等地	占二等地的比例
潮土	典型潮土	洪积潮土	底砾层洪积潮土	171.9	0.2
			壤质洪积潮土	2 009.9	2.5
			黏质洪积潮土	179.5	0.2
		石灰性潮壤土	底砂两合土	7.2	0.0
			底砂小两合土	929.4	1.1
			两合土	403.1	0.5
			浅位厚砂两合土	995.5	1.2
			浅位砂两合土	422.3	0.5
			浅位砂小两合土	185.6	0.2
			小两合土	3 431.1	4.2
		砂质潮土	砂质潮土	27.6	0.0
		石灰性潮黏土	底砂淤土	8.2	0.0
			浅位砂淤土	0.3	0.0
			淤土	259.7	0.3
	灌淤潮土	淤潮黏土	薄层黏质灌淤潮土	66.4	0.1
			厚层黏质灌淤潮土	587.5	0.7
	两合土	洪积两合土	洪积两合土	96.1	0.1
	湿潮土	湿潮壤土	壤质冲积湿潮土	40.3	0.0
			壤质洪积湿潮土	180.6	0.2
	湿潮黏土	湿潮黏土	底砾层冲积湿潮土	1.4	0.0
			黏质冲积湿潮土	2.3	0.0
			黏质洪积湿潮土	63.4	0.1
	脱潮土	脱潮土	脱潮两合土	47.7	0.1
			脱潮小两合土	4.7	0.0

（续表）

土类	亚类	土属	土种	二等地	占二等地的比例
粗骨土	钙质粗骨土	灰泥质钙质粗骨土	薄层钙质粗骨土	4.3	0.0
	中性粗骨土	暗泥质中性粗骨土	薄层硅钾质中性粗骨土	0.1	0.0
			薄层硅镁铁质中性粗骨土	0.1	0.0
			厚层硅镁铁质中性粗骨土	8.6	0.0
			中层硅镁铁质中性粗骨土	497.5	0.6
		硅质中性粗骨土	中层硅质粗骨土	23.8	0.0
		麻砂质中性粗骨土	薄层硅铝质中性粗骨土	0.4	0.0
		泥质中性粗骨土	薄层泥质中性粗骨土	4.1	0.0
褐土	潮褐土	泥砂质潮褐土	壤质潮褐土	892.8	1.1
			黏质潮褐土	291.0	0.4
	典型褐土	黄土质褐土	红黄土质褐土	6 168.6	7.5
			黄土质褐土	23 215.7	28.3
			浅位多量砂姜红黄土质褐土	378.1	0.5
			浅位少量砂姜红黄土质褐土	3 159.9	3.9
			深位少量砂姜红黄土质褐土	36.0	0.0
		泥砂质褐土	黏质洪积褐土	493.5	0.6
	褐土性土	暗泥质褐土性土	中层硅钾质褐土性土	18.1	0.0
		堆垫褐土性土	厚层堆垫褐土性土	58.5	0.1
		覆盖褐土性土	红黄土覆盖褐土性土	25.7	0.0
		黄土质褐土性土	红黄土质褐土性土	3 114.1	3.8
			浅位多量砂姜红黄土质褐土性土	70.4	0.1
			浅位钙盘砂姜红黄土质褐土性土	277.8	0.3
			浅位少量砂姜红黄土质褐土性土	59.5	0.1
			深位钙盘红黄土质褐土	405.0	0.5
			中层红黄土质褐土性土	6 955.8	8.5
		灰泥质褐土性土	中层钙质褐土性土	94.8	0.1
		麻砂质褐土性土	中层硅铝质褐土性土	0.3	0.0
		泥砂质褐土性土	砾质洪积褐土性土	0.4	0.0
			壤质洪积褐土性土	285.3	0.3
		砂泥质褐土性土	厚层砂泥质褐土性土	2 198.5	2.7
			中层砂泥质褐土性土	1 088.7	1.3
	淋溶褐土	黄土质淋溶褐土	红黄土质淋溶褐土	0.2	0.0
	石灰性褐土	黄土质石灰性褐土	红黄土质石灰性褐土	3 180.5	3.9
			浅位少量砂姜红黄土质石灰性褐土	61.3	0.1
			浅位少量砂姜黄土质石灰性褐土	186.5	0.2
			轻壤质黄土质石灰性褐土	233.1	0.3
			少量砂姜黄土质石灰性褐土	1.0	0.0
			深位多量砂姜红黄土质石灰性褐土	22.1	0.0
			深位多量砂姜黄土质石灰性褐土	66.4	0.1
		泥砂质石灰性褐土	壤质洪积褐土	1 152.5	1.4
			壤质洪积石灰性褐土	665.9	0.8
			黏质洪积石灰性褐土	615.4	0.8

（续表）

土类	亚类	土属	土种	二等地	占二等地的比例
红黏土	典型红黏土	典型红黏土	红黏土	5 739.5	7.0
			浅位多量砂姜红黏土	183.9	0.2
			浅位多量砂姜石灰性红黏土	95.9	0.1
			浅位钙盘砂姜石灰性红黏土	687.6	0.8
			浅位少量砂姜红黏土	2 215.1	2.7
			浅位少量砂姜石灰性红黏土	2 216.0	2.7
			深位钙盘砂姜石灰性红黏土	70.1	0.1
			石灰性红黏土	1 513.4	1.8
砂姜黑土	石灰性砂姜黑土	灰覆黑姜土	壤盖洪积石灰性砂姜黑土	369.6	0.5
		灰黑姜土	浅位钙盘黏质洪积石灰性砂姜黑土	10.2	0.0
			深位钙盘黏质洪积石灰性砂姜黑土	642.8	0.8
石质土	中性石质土	硅质中性石质土	硅质中性石质土	63.1	0.1
水稻土	潜育水稻土	青潮泥田	表潜潮青泥田	1 969.0	2.4
紫色土	石灰性紫色土	石灰性紫色土	中层砂质石灰性紫色土	2.1	0.0
	中性紫色土	中性紫色土	厚层砂质中性紫色土	3.6	0.0
			中层砂质中性紫色土	95.2	0.1
棕壤	硅铝质棕壤	硅铝质棕壤	中层硅铝质棕壤	3.0	0.0
			合计	82 014.4	100.0

三、合理利用

洛阳市二级地是全市粮食主产区，施肥过程应氮肥配合磷钾肥施用，结合有机肥的施用，搞好秸秆还田，深翻耕层，改良土壤，在作物生长过程中应喷施微量元素肥料，特别是锌肥的使用，积极改造该级耕地的农田水利基础设施建设，大力推广秸秆覆盖技术。

第四节　耕地地力等级分述（三级地）

一、面积与分布

洛阳市三级耕地全市面积为 121 933hm²，占全市耕地面积的 28.1%，主要分布在黄土地貌和流水地貌中的黄土台地丘陵、冲积平原上。洛阳市三级地在各县（市）分布见表 6-27。

表 6-27　洛阳市三级地在各县（市）分布情况

县名	面积（hm²）	占三级地比重（%）	县名	面积（hm²）	占三级地比重（%）
偃师	3 763.8	3.09	汝阳	4 046.8	3.32
孟津	12 324.8	10.11	嵩县	5 131.4	4.21
新安	18 972.2	15.56	伊川	28 805.5	23.62
宜阳	35 145.5	28.82	栾川	237.5	0.19
洛宁	13 505.3	11.08	全市	121 933.0	100

二、主要属性分析

洛阳市三级地质地主要是重壤土、中壤土，土种主要是红黄土质褐土、红黏土、石灰性红黏土、红黄土质褐土性土、红黄土质石灰性褐土、黄土质褐土、浅位少量砂姜红黄土等。绝大部分石质接触在 30cm 以上，部分有障碍层，灌溉主要是可灌区和无灌区类型，土层较薄，有一定水利条件，主要种植粮食，粮食和豆类、红薯间作，现以种植粮、豆类、红薯为主。

三级地平均土壤养分含量：有机质 16.50g/kg、全氮 0.97g/kg、有效磷 10.5mg/kg、速效钾 315mg/kg、缓效钾 621mg/kg、有效铁 8.84mg/kg、有效锰 18.65mg/kg、有效铜 1.33mg/kg、有效锌 1.00mg/kg、水溶态硼 0.42mg/kg、有效钼 0.16mg/kg、有效硫 24.55mg/kg、pH 值 7.94。洛阳市三级耕地各类属性分布情况见表 6-28 至表 6-35。

表 6-28 洛阳市三级耕地养分含量

三等地	平均值	最大值	最小值	标准偏差	变异系数
有机质（g/kg）	16.5	41.6	9.3	2.51	15.23
全氮（g/kg）	1.0	1.6	0.1	0.12	12.17
有效磷（mg/kg）	10.5	66.1	2.9	3.11	29.62
缓效钾（mg/kg）	621	1 800	99	306.42	49.32
速效钾（mg/kg）	315	982	52	262.05	83.22
有效铁（mg/kg）	8.84	59.20	1.10	4.42	50.03
有效锰（mg/kg）	18.65	83.80	2.30	9.98	53.52
有效铜（mg/kg）	1.33	9.93	0.49	0.51	37.86
有效锌（mg/kg）	1.00	5.95	0.17	0.43	42.64
有效钼（mg/kg）	0.42	1.76	0.03	0.21	50.56
有效硫（mg/kg）	0.16	3.53	0.03	0.15	91.70
水溶态硼（mg/kg）	24.55	88.90	2.70	10.93	44.52
pH 值	7.94	8.50	6.00	0.30	3.72

表 6-29 洛阳市三级地土壤质地统计 单位：hm²、%

质地	紧砂土	轻壤土	轻黏土	砂壤	砂壤土	中壤土	重壤土	总计
面积	145.7	250.6		275.9	6.0	77 075.3	44 179.5	121 933.0
比例	0.1	0.2	0.0	0.2	0.0	63.2	36.2	100.0

表 6-30 洛阳市三级地石质接触类型统计 单位：hm²、%

石质接触（cm）	25.0	27.0	28.0	30.0	50.0	60.0	80.0	120.0	总计
面积	441.9	525.0	561.1	623.3	2 600.5	2 241.8	544.9	114 394.4	121 933.0
比例	0.4	0.4	0.5	0.5	2.1	1.8	0.4	93.8	100.0

表 6-31 洛阳市三级地障碍层位置统计 单位：hm²、%

障碍层位置	浅位	深位	无	总计
面积	133.6	104.1	121 695.3	121 933.0
比例	0.1	0.1	99.8	100.0

表 6-32 洛阳市三级地砾石含量统计 单位：hm²、%

砾石	多量	少量	无	总计
面积	3 160.1	24 673.0	94 099.9	121 933.0
比例	2.6	20.2	77.2	100.0

表6-33　洛阳市三级地灌溉分区统计　　　　　　单位：hm²、%

灌溉分区	保灌区	能灌区	可灌区	无灌区	总计
面积	2 011.2	1 870.0	14 276.5	103 775.2	121 933.0
比例	1.6	1.5	11.7	85.1	100.0

表6-34　洛阳市三级地土类统计　　　　　　单位：hm²、%

土类	三等地	占三等地的比例
潮土	2 021.9	1.7
粗骨土	1 544.6	1.3
褐土	75 397.1	61.8
红黏土	42 180.0	34.6
黄棕壤		0.0
砂姜黑土	133.6	0.1
石质土	489.5	0.4
水稻土	98.0	0.1
紫色土	0.5	0.0
棕壤	67.8	0.1
总计	121 933.0	100.0

表6-35　洛阳市三级地土种统计　　　　　　单位：hm²、%

土类	亚类	土属	土种	三等地	占三等地的比例
潮土	典型潮土	洪积潮土	底砾层洪积潮土	7.3	0.0
			壤质洪积潮土	57.5	0.0
			黏质洪积潮土	118.3	0.1
		石灰性潮壤土	底砂两合土	31.5	0.0
			底砂小两合土	106.3	0.1
			两合土	1.8	0.0
			浅位砂两合土	5.8	0.0
			浅位砂小两合土	26.9	0.0
			小两合土	6.0	0.0
		砂质潮	砂质潮土	421.6	0.3
		石灰性潮黏土	底砂淤土	19.1	0.0
			淤土	152.3	0.1
	洪积湿潮土	洪积两合土	洪积两合土	0.3	0.0
		洪积湿潮土	壤质洪积湿潮土	314.9	0.3
		湿潮黏土	底砾层冲积湿潮土	96.7	0.1
			黏质冲积湿潮土	181.3	0.1
	脱潮土	脱潮土	脱潮两合土	448.5	0.4
			脱潮小两合土	25.6	0.0

（续表）

土类	亚类	土属	土种	三等地	占三等地的比例
粗骨土	钙质粗骨土	灰泥质钙质粗骨土	薄层钙质粗骨土	441.9	0.4
	中性粗骨土	暗泥质中性粗骨土	薄层硅钾质中性粗骨土	64.6	0.1
			薄层硅镁铁质中性粗骨土	525.0	0.4
			中层硅镁铁质中性粗骨土	136.0	0.1
		硅质中性粗骨土	中层硅质粗骨土	12.8	0.0
		麻砂质中性粗骨土	薄层硅铝质中性粗骨土	61.6	0.1
		泥质中性粗骨土	薄层泥质中性粗骨土	302.6	0.2
褐土	潮褐土	泥砂质潮褐土	壤质潮褐土	122.4	0.1
			黏质潮褐土	146.6	0.1
	典型褐土	黄土质褐土	红黄土质褐土	19 998.1	16.4
			黄土质褐土	10 003.2	8.2
			浅位多量砂姜红黄土质褐土	1 124.9	0.9
			浅位少量砂姜红黄土质褐土	7 619.8	6.2
			深位多量砂姜红黄土质褐土	177.3	0.1
			深位少量砂姜红黄土质褐土	2.4	0.0
		泥砂质褐土	黏质洪积褐土	417.4	0.3
	褐土性土	暗泥质褐土性土	中层硅钾质褐土性土	23.5	0.0
		堆垫褐土性土	厚层堆垫褐土性土	12.2	0.0
		覆盖褐土性土	红黄土覆盖褐土性土	216.7	0.2
			浅位多量砂姜红黄土覆盖褐土性土	30.5	0.0
			浅位少量砂姜红黄土覆盖褐土性土	514.4	0.4
		黄土质褐土性土	红黄土质褐土性土	12 913.0	10.6
			浅位多量砂姜红黄土质褐土性土	356.6	0.3
			浅位钙盘砂姜红黄土质褐土性土	132.3	0.1
			浅位少量砂姜红黄土质褐土性土	450.4	0.4
			中层红黄土质褐土性土	1 474.1	1.2
		灰泥质褐土性土	中层钙质褐土性土	0.2	0.0
		麻砂质褐土性土	中层硅铝质褐土性土	0.3	0.0
		泥砂质褐土性土	砾质洪积褐土性土	3.8	0.0
			壤质洪积褐土性土	26.4	0.0
		砂泥质褐土性土	厚层砂泥质褐土性土	2 111.0	1.7
			中层砂泥质褐土性土	781.3	0.6
	淋溶褐土	麻砂质淋溶褐土	厚层硅铝质淋溶褐土	129.6	0.1
	石灰性褐土	黄土质石灰性褐土	红黄土质石灰性褐土	11 336.9	9.3
			浅位少量砂姜红黄土质石灰性褐土	190.8	0.2
			浅位少量砂姜黄土质石灰性褐土	678.8	0.6
			轻壤质黄土质石灰性褐土	91.8	0.1
			深位多量砂姜红黄土质石灰性褐土	119.1	0.1
			深位多量砂姜黄土质石灰性褐土	78.4	0.1
			深位少量砂姜黄土质石灰性褐土	143.6	0.1
		泥砂质石灰性褐土	壤质洪积褐土	2 055.0	1.7
			壤质洪积石灰性褐土	1 285.5	1.1
			黏质洪积石灰性褐土	628.8	0.5

（续表）

土类	亚类	土属	土种	三等地	占三等地的比例
			红黏土	15 607.6	12.8
			浅位多量砂姜红黏土	1 602.6	1.3
			浅位多量砂姜石灰性红黏土	571.6	0.5
红黏土	典型红黏土	典型红黏土	浅位钙盘砂姜石灰性红黏土	1 929.3	1.6
			浅位少量砂姜红黏土	3 241.0	2.7
			浅位少量砂姜石灰性红黏土	4 571.0	3.7
			深位钙盘砂姜石灰性红黏土	411.7	0.3
			石灰性红黏土	14 245.2	11.7
砂姜黑土	灰黑姜土	灰黑姜土	浅位钙盘黏质洪积石灰	133.6	0.1
石质土	中性石质土	硅质中性石质土	硅质中性石质土	438.7	0.4
		泥质中性石质土	泥质中性石质土	50.8	0.0
水稻土	潜育水稻土	青潮泥田	表潜潮青泥田	98.0	0.1
紫色土	中性紫色土	紫砾泥土	薄层砂质中性紫色土	0.2	0.0
			厚层砂质中性紫色土	0.3	0.0
棕壤	硅质棕壤	硅质棕壤	厚层硅质棕壤	1.0	0.0
			中层硅铝质棕壤	66.5	0.1
	泥质棕壤	泥质棕壤性土	中层砂泥质棕壤性土	0.3	0.0
		合计		121 933.0	100.0

三、合理利用

三级地有很大的生产潜力，应加强培肥地力，重施有机肥，推广秸秆还田技术。生产上做到科学施肥，根据土壤养分分析结果，生产施肥上有的放矢，做到缺啥补啥，增施磷肥、有机肥，在作物生长过程中应喷施微量元素肥料。加快改善农田水利设施，扩大农田灌溉面积，深翻土壤，逐步加深耕层厚度。

第五节　耕地地力等级分述（四级地）

一、面积与分布

洛阳市四级耕地面积为 117 518.7hm²，占耕地面积的 27.1%，主要分布在黄土地貌和流水地貌中的黄土台地丘陵、黄土覆盖的低山、冲积平原上、侵蚀剥削中山、侵蚀剥削台地上。洛阳市四级地在各县（市）分布见表6-36。

表6-36　洛阳市四级地在各县（市）分布情况

县名	面积（hm²）	占四级地比重（%）	县名	面积（hm²）	占四级地比重（%）
偃师	7 772.2	6.61	汝阳	7 141.7	6.08
孟津	9 164.8	7.80	嵩县	11 931.2	10.15
新安	19 514.2	16.61	伊川	12 891.6	10.97
宜阳	10 445.7	8.89	栾川	5 959.8	5.07
洛宁	32 697.6	27.82	全市	117 518.7	100.00

二、主要属性分析

洛阳市四级地土壤质地主要是重壤土、中壤土，土种主要是红黄土质褐土性土、红黏土、红黄土质褐土、石灰性红黏土、红黄土质石灰性褐土、黄土质褐土、浅位少量砂姜红黄土等。石质接触在30cm以上，含砾石层面积占32%，灌溉型集中在无灌区类，主要种植杂粮、红薯或花生。土层较薄，基本没有灌溉条件，现以种植红薯、花生或杂粮为主。

四级地平均土壤养分含量，有机质 16.81g/kg、全氮 0.99g/kg、有效磷 13.5mg/kg、速效钾191mg/kg、缓效钾 779mg/kg、有效铁 11.84mg/kg、有效锰 22.35mg/kg、有效铜 1.41mg/kg、有效锌 1.02mg/kg、水溶态硼 0.36mg/kg、有效钼 0.28mg/kg、有效硫 18.66mg/kg、pH 值 7.74。洛阳市四级耕地各主要属性分布情况见表 6-37 至表 6-44。

表 6-37　洛阳市四级耕地养分含量

四等地	平均值	最大值	最小值	标准偏差	变异系数
有机质（g/kg）	16.80	63.30	8.60	3.59	21.35
全氮（g/kg）	1.00	2.00	0.00	0.15	15.36
有效磷（mg/kg）	13.50	91.40	3.30	9.16	67.76
缓效钾（mg/kg）	191.00	997.00	31.00	159.98	83.79
速效钾（mg/kg）	779.00	1 988.00	38.00	268.02	34.41
有效铁（mg/kg）	11.84	72.50	0.70	9.00	76.00
有效锰（mg/kg）	22.35	102.60	1.80	17.00	76.03
有效铜（mg/kg）	1.41	25.12	0.48	0.56	39.43
有效锌（mg/kg）	1.02	9.52	0.14	0.53	51.60
有效钼（mg/kg）	0.36	1.95	0.03	0.24	66.31
有效硫（mg/kg）	0.28	5.82	0.02	0.39	93.00
水溶态硼（mg/kg）	18.66	185.80	2.20	9.54	51.14
pH 值	7.74	8.60	5.70	0.51	6.56

表 6-38　洛阳市四级地土壤质地统计　　　单位：hm²、%

质地	紧砂土	轻壤土	轻黏土	砂壤	砂壤土	中壤土	重壤土	总计
面积	119.9	283.3		16.8	404.4	73 754.8	42 939.5	117 518.7
比例	0.1	0.2	0.0	0.0	0.3	62.8	36.5	100.0

表 6-39　洛阳市四级地石质接触类型统计　　　单位：hm²、%

石质接触（cm）	25.0	27.0	28.0	30.0	50.0	60.0	80.0	120.0	总计
面积	1 037.6	967.7	3 886.6	3 683.2	18 442.6	5 660.1	434.7	83 406.2	117 518.7
比例	0.9	0.8	3.3	3.1	15.7	4.8	0.4	71.0	100.0

表 6-40　洛阳市四级地障碍层位置统计　　　单位：hm²、%

障碍层位置	浅位	深位	无	总计
面积	0	261.6	117 257.1	117 518.7
比例	0.0	0.2	99.8	100.0

表 6-41　洛阳市四级地砾石含量统计　　　单位：hm²、%

砾石	多量	少量	无	总计
面积	8 253.3	29 341.7	79 923.7	117 518.7
比例	7.0	25.0	68.0	100.0

表 6-42　洛阳市四级地灌溉分区统计　　　　　　　　单位：hm²、%

灌溉分区	保灌区	能灌区	可灌区	无灌区	总计
面积	1 082.2	2 224.2	5 968.3	108 243.9	117 518.7
比例	0.9	1.9	5.1	92.1	100.0

表 6-43　洛阳市四级地土类统计　　　　　　　　单位：hm²、%

土类	四等地	占四等地的比例
潮土	2 729.5	2.3
粗骨土	7 295.3	6.2
褐土	61 594.4	52.4
红黏土	40 598.5	34.5
黄棕壤	85.0	0.1
砂姜黑土		0.0
石质土	3 658.3	3.1
水稻土	17.0	0.0
紫色土	971.2	0.8
棕壤	569.5	0.5
总计	117 518.7	100.0

表 6-44　洛阳市四级地土种统计　　　　　　　　单位：hm²、%

土类	亚类	土属	土种	四等地	占四等地的比例
潮土	典型潮土	洪积潮土	底砾层洪积潮土	261.6	0.2
			壤质洪积潮土	471.9	0.4
			黏质洪积潮土	216.0	0.2
		石灰性潮壤土	底砂两合土	6.0	0.0
			底砂小两合土	210.0	0.2
			两合土	246.0	0.2
			小两合土	253.3	0.2
			砂质潮土	136.6	0.1
			淤土	76.2	0.1
	灰潮土	灰潮黏土	洪积灰砂土	0.9	0.0
			洪积两合土	217.1	0.2
	湿潮土	湿潮壤土	壤质冲积湿潮土	14.2	0.0
			壤质洪积湿潮土	18.5	0.0
		湿潮砂土	砂质洪积湿潮土	150.2	0.1
		湿潮黏土	黏质冲积湿潮土	44.5	0.0
			黏质洪积湿潮土	305.0	0.3
		脱潮土	脱潮两合土	61.9	0.1
			脱潮小两合土	39.7	0.0

（续表）

土类	亚类	土属	土种	四等地	占四等地的比例
粗骨土	钙质粗骨土	灰泥质钙质粗骨土	薄层钙质粗骨土	1 037.6	0.9
	中性粗骨土	暗泥质中性粗骨土	薄层硅钾质中性粗骨土	843.4	0.7
			薄层硅镁铁质中性粗骨土	967.7	0.8
			厚层硅镁铁质中性粗骨土	31.4	0.0
			中层硅镁铁质中性粗骨土	417.6	0.4
		硅质中性粗骨土	中层硅质粗骨土	1 346.4	1.1
		麻砂质中性粗骨土	薄层硅铝质中性粗骨土	53.8	0.0
		泥质中性粗骨土	薄层泥质中性粗骨土	2 597.4	2.2
褐土	潮褐土	泥砂质潮褐土	壤质潮褐土	178.1	0.2
			黏质潮褐土	29.4	0.0
	典型褐土	黄土质褐土	红黄土质褐土	8 731.3	7.4
			黄土质褐土	2 806.8	2.4
			浅位多量砂姜红黄土质褐土	80.8	0.1
			浅位少量砂姜红黄土质褐土	4 740.3	4.0
			深位多量砂姜红黄土质褐土	6.9	0.0
			深位少量砂姜红黄土质褐土	64.2	0.1
		泥砂质褐土	黏质洪积褐土	745.3	0.6
	褐土性土	暗泥质褐土性土	中层硅钾质褐土性土	296.3	0.3
		堆垫褐土性土	厚层堆垫褐土性土	264.0	0.2
		覆盖褐土性土	红黄土覆盖褐土性土	172.8	0.1
			浅位多量砂姜红黄土覆盖褐土性土	23.9	0.0
			浅位少量砂姜红黄土覆盖褐土性土	410.8	0.3
		硅质褐土性土	厚层硅质褐土性土	45.0	0.0
		黄土质褐土性土	红黄土质褐土性土	9 271.7	7.9
			浅位多量砂姜红黄土质褐土性土	91.8	0.1
			浅位钙盘砂姜红黄土质褐土性土	391.1	0.3
			浅位少量砂姜红黄土质褐土性土	466.2	0.4
			深位钙盘红黄土质褐土	1 453.0	1.2
			中层红黄土质褐土性土	8 174.7	7.0
		灰泥质褐土性土	中层钙质褐土性土	580.0	0.5
		麻砂质褐土性土	中层硅铝质褐土性土	635.3	0.5
		泥砂质褐土性土	砾质洪积褐土性土	374.0	0.3
			壤质洪积褐土性土	492.8	0.4
		砂泥质褐土性土	厚层砂泥质褐土性土	4 229.7	3.6
			中层砂泥质褐土性土	4 774.9	4.1
	淋溶褐土	暗泥质淋溶褐土	厚层硅钾质淋溶褐土	16.6	0.0
		黄土质淋溶褐土	红黄土质淋溶褐土	697.1	0.6
		麻砂质淋溶褐土	厚层硅铝质淋溶褐土	256.8	0.2
		泥砂质淋溶褐土	壤质洪冲积淋溶褐土	633.9	0.5
		泥质淋溶褐土	中层泥质淋溶褐土	4.0	0.0
	石灰性褐土	黄土质石灰性褐土	红黄土质石灰性褐土	7 610.9	6.5
			浅位少量砂姜红黄土质石灰性褐土	516.0	0.4
			浅位少量砂姜黄土质石灰性褐土	410.9	0.3
			轻壤质黄土质石灰性褐土	33.7	0.0
			深位多量砂姜红黄土质石灰性褐土	42.5	0.0
		泥砂质石灰性褐土	壤质洪积褐土	971.0	0.8
			壤质洪积石灰性褐土	223.9	0.2
			黏质洪积石灰性褐土	646.0	0.5

（续表）

土类	亚类	土属	土种	四等地	占四等地的比例
红黏土	典型红黏土	典型红黏土	红黏土	28 080.5	23.9
			浅位多量砂姜红黏土	285.5	0.2
			浅位多量砂姜石灰性红黏土	476.9	0.4
			浅位钙盘砂姜石灰性红黏土	216.5	0.2
			浅位少量砂姜红黏土	3 448.8	2.9
			浅位少量砂姜石灰性红黏土	1 888.3	1.6
			深位钙盘砂姜石灰性红黏土	136.0	0.1
			石灰性红黏土	6 066.0	5.2
棕壤	黄棕壤性土	砂泥质黄棕壤性土	中层砂泥质黄棕壤性土	85.0	0.1
石质土	中性石质土	硅质中性石质土	硅质中性石质土	1 862.7	1.6
		泥质中性石质土	泥质中性石质土	1 795.6	1.5
水稻土	潜育水稻土	青潮泥田	表潜潮青泥田	17.0	0.0
紫色土	石灰性紫色土	石灰性紫色土	厚层砂质石灰性紫色土	49.6	0.0
	中性紫色土	紫砾泥土	薄层砂质中性紫色土	24.9	0.0
			厚层砂质中性紫色土	630.0	0.5
			中层砂质中性紫色土	266.7	0.2
棕壤	典型棕壤	暗泥质棕壤	厚层硅镁铁质棕壤	8.9	0.0
		硅质棕壤	厚层硅质棕壤	251.9	0.2
		黄土质棕壤	黄土质棕壤	37.5	0.0
		麻砂质棕壤	厚层硅铝质棕壤	185.1	0.2
			中层硅铝质棕壤	33.5	0.0
	砂泥质棕壤	中层砂泥质棕壤	4.1	0.0	
	棕壤性土	钾质棕壤性土	中层硅钾质棕壤性土	0.1	0.0
		硅质棕壤性土	中层硅质棕壤性土	33.8	0.0
		麻砂质棕壤性土	薄层硅铝质棕壤性土	0.9	0.0
		泥质棕壤性土	中层砂泥质棕壤性土	13.6	0.0
		合计		117 518.7	100.0

三、合理利用

四级耕地是洛阳市红薯、杂粮主要生产区，相对四级以上的耕地，其中微量营养元素含量稍高，条件许可采用客土方式增厚土层，提高生产能力。生产上做到缺啥补啥，有的放矢，科学施肥。根据实际种植耐瘠薄作物，如红薯、花生、豆类、谷子等。

第六节　耕地地力等级分述（五级地）

一、面积与分布

洛阳市五级耕地面积为 59 537.5hm²，占耕地面积的 13.7%，主要分布在流水地貌、黄土地貌、溶岩地貌上的侵蚀剥削中山、侵蚀剥削低山、黄土台地丘陵、黄土覆盖的低山上。洛阳市五级地在各县（市）分布见表6-45。

表6-45　洛阳市五级地在各县（市）分布情况

县名	面积（hm²）	占四级地比重（%）	县名	面积（hm²）	占四级地比重（%）
偃师	2 149.0	3.61	汝阳	9 072.5	15.24
孟津	283.6	0.48	嵩县	15 647.8	26.28
新安	2 968.1	4.99	伊川	5 723.0	9.61

（续表）

县名	面积（hm²）	占四级地比重（%）	县名	面积（hm²）	占四级地比重（%）
宜阳	6 622.0	11.12	栾川	12 348.9	20.74
洛宁	4 722.2	7.93	全市	59 537.5	100.00

二、主要属性分析

洛阳市五级耕地，土壤质地主要是中壤土，土种主要是硅质中性石质土、薄层泥质中性粗骨土、中层硅铝质棕壤、中层砂泥质褐土性土、薄层硅钾质中性粗骨土、薄层钙质粗骨土。石质接触小于20cm占5.8%，其余的都在50cm以下；灌溉水平集中在无灌区；主要种植杂粮、土豆、红薯；没有灌溉条件，现以种植杂粮、红薯、花生为主。

五级地平均土壤养分含量，有机质 17.95g/kg、全氮 1.09g/kg、有效磷 20.1mg/kg、速效钾 158mg/kg、缓效钾 895mg/kg、有效铁 13.52mg/kg、有效锰 20.26mg/kg、有效铜 1.42mg/kg、有效锌 1.17mg/kg、水溶态硼 0.32mg/kg、有效钼 0.50mg/kg、有效硫 6.69mg/kg、pH 值 7.23。洛阳市五级耕地主要属性分布情况见表6-46至表6-53。

表6-46　洛阳市五级耕地养分含量

五等地	平均值	最大值	最小值	标准偏差	变异系数
有机质（g/kg）	18.00	47.40	6.40	3.39	18.87
全氮（g/kg）	1.10	2.70	0.00	0.23	21.54
有效磷（mg/kg）	20.10	125.10	2.80	12.63	62.91
缓效钾（mg/kg）	158.00	988.00	31.00	123.18	78.16
速效钾（mg/kg）	895.00	2 447.00	40.00	338.47	37.83
有效铁（mg/kg）	13.52	71.20	0.50	11.82	87.43
有效锰（mg/kg）	20.26	100.10	0.90	16.51	81.50
有效铜（mg/kg）	1.42	19.85	0.34	0.74	52.35
有效锌（mg/kg）	1.17	8.12	0.16	0.80	67.79
有效钼（mg/kg）	0.32	1.78	0.03	0.22	67.31
有效硫（mg/kg）	0.50	5.12	0.01	0.55	97.00
水溶态硼（mg/kg）	16.69	113.40	1.50	7.46	44.70
pH 值	7.23	8.60	5.40	0.46	6.43

表6-47　洛阳市五级地质地统计

单位：hm²、%

质地	紧砂土	轻壤土	轻黏土	砂壤	砂壤土	中壤土	重壤土	总计
面积	45.7	547.1			930.2	55 273.0	2 741.5	59 537.5
比例	0.1	0.9	0.0	0.0	1.6	92.8	4.6	100.0

表6-48　洛阳市五级地石质接触类型统计

单位：hm²、%

石质接触（cm）	25.0	27.0	28.0	30.0	50.0	60.0	80.0	120.0	总计
面积	3 448.7	1 207.2	15 167.2	15 144.1	18 663.3	597.7		5 309.3	59 537.5
比例	5.8	2.0	25.5	25.4	31.3	1.0	0.0	8.9	100.0

表 6-49　洛阳市五级地障碍层位置统计　　　　　　　单位：hm²、%

障碍层位置	浅位	深位	无	总计
面积	0.0	64.9	59 472.6	59 537.5
比例	0.0	0.1	99.9	100.0

表 6-50　洛阳市五级地砾石含量统计　　　　　　　单位：hm²、%

砾石	多量	少量	无	总计
面积	18 995.8	30 722.9	9 818.9	59 537.5
比例	31.9	51.6	16.5	100.0

表 6-51　洛阳市五级地灌溉分区统计　　　　　　　单位：hm²、%

灌溉分区	保灌区	能灌区	可灌区	无灌区	总计
面积	39.5	33.9	1 259.3	58 204.8	59 537.5
比例	0.1	0.1	2.1	97.8	100.0

表 6-52　洛阳市五级地土类统计　　　　　　　单位：hm²、%

土类	五等地	占五等地的比例
潮土	1 572.1	2.6
粗骨土	17 726.1	29.8
褐土	11 799.5	19.8
红黏土	2 685.6	4.5
黄棕壤	244.3	0.4
砂姜黑土		0.0
石质土	14 647.2	24.6
水稻土		0.0
紫色土	713.3	1.2
棕壤	10 149.5	17.0
总计	59 537.5	100.0

表 6-53　洛阳市五级地土种统计　　　　　　　单位：hm²、%

土类	亚类	土属	土种	五等地	占五等地的比例
潮土	典型潮土	洪积潮土	底砾层洪积潮土	3.0	0.0
			砾质洪积潮土	25.2	0.0
			壤质洪积潮土	30.5	0.1
			底砂小两合土	370.7	0.6
			两合土	1.8	0.0
			小两合土	734.5	1.2
		石灰性潮砂土	底砾砂壤土	61.9	0.1
			浅位壤砂质潮土	45.7	0.1
			淤土	1.0	0.0

（续表）

土类	亚类	土属	土种	五等地	占五等地的比例
潮土	灰潮土	灰潮黏土	洪积灰砂土	104.4	0.2
			洪积两合土	2.9	0.0
	湿潮土	湿潮壤土	壤质冲积湿潮土	0.0	0.0
			壤质洪积湿潮土	5.5	0.0
		湿潮砂土	砂质洪积湿潮土	29.4	0.0
			黏质洪积湿潮土	0.9	0.0
	脱潮土	脱潮壤土	脱潮底砂小两合土	32.2	0.1
			脱潮两合土	3.5	0.0
			脱潮小两合土	119.0	0.2
粗骨土	钙质粗骨土	灰泥质钙质粗骨土	薄层钙质粗骨土	3 448.7	5.8
	中性粗骨土	暗泥质中性粗骨土	薄层硅钾质中性粗骨土	3 556.1	6.0
			薄层硅镁铁质中性粗骨土	1 207.2	2.0
		硅质中性粗骨土	中层硅质粗骨土	539.3	0.9
		麻砂质中性粗骨土	薄层硅铝质中性粗骨土	1 351.4	2.3
		泥质中性粗骨土	薄层泥质中性粗骨土	7 623.4	12.8
褐土	潮褐土	泥砂质潮褐土	壤质潮褐土	14.9	0.0
	典型褐土	黄土质褐土	红黄土质褐土	145.9	0.2
			黄土质褐土	0.9	0.0
			浅位少量砂姜红黄土质褐土	29.3	0.0
	褐土性土	暗泥质褐土性土	中层硅钾质褐土性土	2 411.5	4.1
		黄土质褐土性土	红黄土质褐土性土	558.9	0.9
			浅位钙盘砂姜红黄土质褐土性土	175.4	0.3
			浅位少量砂姜红黄土质褐土性土	14.3	0.0
			深位钙盘红黄土质褐土性土	71.5	0.1
			中层红黄土质褐土性土	358.2	0.6
		灰泥质褐土性土	中层钙质褐土性土	131.7	0.2
		麻砂质褐土性土	中层硅铝质褐土性土	1 740.0	2.9
		泥砂质褐土性土	砾质洪积褐土性土	149.6	0.3
			壤质洪积褐土性土	0.2	0.0
		砂泥质褐土性土	厚层砂泥质褐土性土	374.7	0.6
			中层砂泥质褐土性土	3 750.1	6.3
	淋溶褐土	硅钾质淋溶褐土	中层硅钾质淋溶褐土	918.5	1.5
		硅质淋溶褐土	中层硅质淋溶褐土	55.9	0.1
		黄土质淋溶褐土	红黄土质淋溶褐土	133.7	0.2
		灰泥质淋溶褐土	中层钙质淋溶褐土	123.0	0.2
		麻砂质淋溶褐土	厚层硅铝质淋溶褐土	13.1	0.0
		泥砂质淋溶褐土	壤质洪冲积淋溶褐土	18.1	0.0
		泥质淋溶褐土	中层泥质淋溶褐土	594.4	1.0
	石灰性褐土	黄土质石灰性褐土	红黄土质石灰性褐土	9.0	0.0
			浅位少量砂姜黄土质石灰性褐土	6.7	0.0

（续表）

土类	亚类	土属	土种	五等地	占五等地的比例
红黏土	典型红黏土	典型红黏土	红黏土	1 924.8	3.2
			浅位多量砂姜石灰性红黏土	45.8	0.1
			浅位少量砂姜红黏土	61.4	0.1
			浅位少量砂姜石灰性红黏土	245.9	0.4
			石灰性红黏土	407.8	0.7
黄棕壤	典型黄棕壤	硅铝质黄棕壤	中层硅铝质黄棕壤	51.1	0.1
	黄棕壤性土	麻砂质黄棕壤	薄层硅铝质黄棕壤性土	70.3	0.1
		砂泥质黄棕壤性土	中层砂泥质黄棕壤性土	122.9	0.2
石质土	中性石质土	硅质中性石质土	硅质中性石质土	12 943.9	21.7
		泥质中性石质土	泥质中性石质土	1 703.3	2.9
紫色土	石灰性紫色土	灰紫砾泥土	薄层砂质石灰性紫色土	15.2	0.0
			厚层砂质石灰性紫色土	55.0	0.1
			中层砂质石灰性紫色土	3.2	0.0
	中性紫色土	紫砾泥土	薄层砂质中性紫色土	411.4	0.7
			厚层砂质中性紫色土	130.3	0.2
			中层砂质中性紫色土	98.2	0.2
棕壤	典型棕壤	暗泥质棕壤	厚层硅镁铁质棕壤	3.1	0.0
			中层硅钾质棕壤	264.5	0.4
		硅质棕壤	厚层硅质棕壤	4.4	0.0
			中层硅质棕壤	171.6	0.3
		黄土质棕壤	黄土质棕壤	35.0	0.1
		麻砂质棕壤	厚层硅铝质棕壤	17.1	0.0
			中层硅铝质棕壤	4 026.0	6.8
		砂泥质棕壤	中层砂泥质棕壤	420.8	0.7
	棕壤性土	暗泥质棕壤性土	薄层硅钾质棕壤性土	297.4	0.5
			薄层硅镁铁质棕壤性土	1.2	0.0
			中层硅钾质棕壤性土	42.9	0.1
			中层硅镁铁质棕壤性土	1 620.9	2.7
		硅质棕壤性土	中层硅质棕壤性土	80.3	0.1
		麻砂质棕壤性土	薄层硅铝质棕壤性土	2 162.3	3.6
			中层硅铝质棕壤性土	309.4	0.5
		泥质棕壤性土	中层砂泥质棕壤性土	692.6	1.2
	合计			59 537.5	100.0

三、合理利用

五级耕地的性质决定，多为只能种植红薯、杂粮等耐瘠薄作物，相对来说，中量、微量营养元素含量高于其他级别的耕地，条件许可采用客土方式增厚土层，提高生产能力。生产上做到针对种植的作物，缺啥补啥，有的放矢，科学施肥。要大力发展耐瘠薄作物红薯、豆类、花生、谷子等作物种植。

第七节　中低产田类型、分布与改良

一、中低产田类型划分与面积统计

中低产田是指因为存在各种制约农业生产的障碍因素，导致产量相对低而不稳的耕地。此次耕地地力评价的结果，洛阳市耕地分为五级，除一、二级耕地外，其余均属中低产田类型。洛阳市中低产田面积 298 989.2hm²，占全市耕地面积的 68.9%。洛阳市中低产田在各县（市）均有分布，由多到少依次是宜阳县、洛宁县、伊川县、新安县、嵩县、孟津县、汝阳县、栾川县、偃师市。各乡镇中低产田面积见表 6-54。

表 6-54　洛阳市中低产田在各乡镇分布　　　　单位：hm²

县市	乡镇名称	中产田面积	低产田面积	中低产田面积	占耕地面积的比例
	白土乡		1 034.9	1 034.9	0.2
	城关镇		148.1	148.1	0.0
	赤土店镇		990.8	990.8	0.2
	合峪镇	36.5	1 692.7	1 729.2	0.4
	叫河乡	1.5	1 273.1	1 274.6	0.3
	冷水镇	1.0	857.9	858.9	0.2
	栾川乡	1.8	968.8	970.7	0.2
	庙子乡	23.3	2 230.6	2 253.8	0.5
栾川县	秋扒乡		1 102.1	1 102.1	0.3
	三川镇		1 514.8	1 514.8	0.3
	狮子庙镇		1 580.4	1 580.4	0.4
	石庙镇	31.6	569.3	600.9	0.1
	潭头镇	136.0	2 591.2	2 727.2	0.6
	陶湾镇	5.8	1 754.0	1 759.8	0.4
	小　计	237.5	18 308.7	18 546.2	4.3
	长水乡	501.5	1 398.0	1 899.5	0.4
	陈吴乡	1 391.1	467.1	1 858.1	0.4
	城关镇	142.7	0.0	142.7	0.0
	城郊乡	745.1	6.3	751.4	0.2
	底张乡	620.2	2 329.3	2 949.5	0.7
	东宋乡	2 124.1	4 357.8	6 481.9	1.5
	故县乡		1 748.9	1 748.9	0.4
	河底乡	3 905.9	3 129.5	7 035.4	1.6
	涧口乡	498.6	1 461.5	1 960.1	0.5
	罗岭乡	37.5	2 827.3	2 864.8	0.7
洛宁县	马店乡	1 116.0	2 906.4	4 022.4	0.9
	上戈镇		4 392.3	4 392.3	1.0
	王范回族镇	92.9	13.5	106.4	0.0
	西山底乡	494.6	1 197.7	1 692.3	0.4
	下峪乡		2 079.1	2 079.1	0.5
	小界乡	1 494.7	5 198.0	6 692.7	1.5
	兴华乡	9.3	3 131.6	3 140.9	0.7
	赵村乡	331.3	775.4	1 106.6	0.3
	小　计	13 505.3	37 419.7	50 925.1	11.7

（续表）

县市	乡镇名称	中产田面积	低产田面积	中低产田面积	占耕地面积的比例
孟津县	白鹤镇	2 913.8	713.4	3 627.2	0.8
	常袋乡	1 915.4	326.0	2 241.4	0.5
	朝阳镇	1 669.8	255.3	1 925.1	0.4
	城关镇	3 648.7	742.9	4 391.7	1.0
	横水镇	882.8	2 328.6	3 211.4	0.7
	会盟镇	56.9	2.8	59.7	0.0
	麻屯镇	690.3	533.8	1224.1	0.3
	平乐镇	337.7	0.0	337.7	0.1
	送庄镇	30.0	0.0	30.0	0.0
	小浪底镇	179.5	4 545.6	4 725.0	1.1
	小　计	12 324.8	9 448.4	21 773.2	5.0
汝阳县	柏树乡	437.1	1 816.8	2 253.8	0.5
	蔡店乡	858.6	1 509.8	2 368.4	0.5
	城关镇	504.6	1 109.3	1 614.0	0.4
	大安工业园	1 234.6	282.1	1 516.7	0.3
	付店镇		668.6	668.6	0.2
	勒村乡		997.2	997.2	0.2
	刘店乡	283.8	2 885.9	3 169.7	0.7
	内埠乡	470.3	199.7	670.0	0.2
	三屯乡	94.2	1 506.4	1 600.6	0.4
	上店镇	19.6	1 002.8	1 022.4	0.2
	十八盘乡	28.3	1 664.1	1 692.4	0.4
	陶营乡	44.1	486.5	530.5	0.1
	王坪乡	2.6	1 001.2	1 003.8	0.2
	小店镇	69.2	1 083.7	1 152.9	0.3
	小　计	4 046.8	16 214.2	20 261.1	4.7
嵩县	白河乡		458.4	458.4	0.1
	车村镇	48.9	3 236.9	3 285.8	0.8
	城关镇	230.6	320.2	550.8	0.1
	大坪乡	461.6	1 994.8	2 456.4	0.6
	大章乡	235.5	1 554.5	1 790.1	0.4
	德亭乡	197.9	2 448.8	2 646.7	0.6
	饭坡乡	1 045.9	1 892.1	2 938.0	0.7
	何村乡	673.8	1 614.0	2 287.8	0.5
	黄庄乡		2 231.6	2 231.6	0.5
	九店乡	271.6	2 414.2	2 685.8	0.6
	旧县镇	255.4	1 839.3	2 094.8	0.5
	库区乡	71.7	112.6	184.3	0.0
	田湖镇	778.8	1 386.4	2 165.2	0.5
	闫庄乡	479.3	3 884.4	4 363.7	1.0
	纸房乡	330.3	1 529.9	1 860.2	0.4
	木植街乡	49.9	661.0	710.9	0.2
	小　计	5 131.4	27 579.0	32 710.4	7.5

（续表）

县市	乡镇名称	中产田面积	低产田面积	中低产田面积	占耕地面积的比例
新安县	北冶乡	31.6	3 755.1	3 786.6	0.9
	仓头乡	1 359.3	1 420.7	2 780.0	0.6
	曹村乡	0.3	2 611.0	2 611.3	0.6
	城关镇	689.2	1 444.7	2 133.9	0.5
	磁涧镇	1 889.6	2 290.8	4 180.5	1.0
	洛新工业园	553.2	248.6	801.8	0.2
	南李村乡	4 120.2	845.6	4 965.7	1.1
	石井乡	902.2	3 334.8	4 236.9	1.0
	石寺镇	153.1	2 495.5	2 648.5	0.6
	铁门镇	2 841.2	2 249.0	5 090.2	1.2
	五头镇	2 863.8	1 673.9	4 537.7	1.0
	正村乡	3 568.8	112.6	3 681.4	0.8
	小　计	18 972.2	22 482.3	41 454.5	9.5
偃师市	城关镇	139.6	300.2	439.8	0.1
	大口乡	38.5	1 028.2	1 066.7	0.2
	佃庄镇		0.0	0.0	0.0
	府店镇	310.3	2 726.4	3 036.7	0.7
	高龙镇	2.5	0.0	2.5	0.0
	缑氏镇	3.2	301.7	304.9	0.1
	顾县镇	13.5	0.0	13.5	0.0
	寇店镇	107.0	1 253.8	1 360.8	0.3
	李村镇	488.4	1 037.4	1 525.7	0.4
	邙岭乡	1 063.4	1 364.6	2 428.0	0.6
	庞村镇	70.1	15.7	85.7	0.0
	山化乡	602.3	971.6	1 574.0	0.4
	首阳山镇	14.4	212.7	227.1	0.1
	岳滩镇		0.0	0.0	0.0
	翟镇镇		0.0	0.0	0.0
	诸葛镇	910.8	709.1	1 619.9	0.4
	小　计	3 763.8	9 921.5	13 685.3	3.1
伊川县	白沙镇	4 653.1	1 517.9	6 171.0	1.4
	白元乡	1 622.3	717.5	2 339.8	0.5
	半坡乡	0.2	1 250.8	1 251.0	0.3
	城关镇	1 258.8	610.9	1 869.8	0.4
	高山镇	2 975.2	566.4	3 541.6	0.8
	葛寨乡	1 657.3	1 380.4	3 037.7	0.7
	江左镇	779.2	3 505.6	4 284.8	1.0
	酒后乡	401.4	1 763.1	2 164.6	0.5
	吕店镇	3 060.3	3 240.2	6 300.5	1.4
	鸣皋镇	2 131.3	314.5	2 445.8	0.6
	彭婆镇	2 817.1	1 009.0	3 826.1	0.9
	平等乡	921.5	242.9	1 164.4	0.3
	水寨镇	508.5	171.7	680.2	0.2
	鸦岭乡	6 019.2	2 323.7	8 342.9	1.9
	小　计	28 805.5	18 614.7	47 420.1	10.9

（续表）

县市	乡镇名称	中产田面积	低产田面积	中低产田面积	占耕地面积的比例
宜阳县	白杨镇	1 742.0	935.3	2 677.3	0.6
	城关镇		28.8	28.8	0.0
	董王庄乡	579.1	2 921.2	3 500.3	0.8
	樊村乡	1 236.1	1 640.0	2 876.2	0.7
	丰李镇	655.2	99.7	754.9	0.2
	高村乡	8 526.2	364.8	8 891.0	2.0
	韩城镇	2 159.7	4.2	2 163.9	0.5
	锦屏镇	14.9	971.5	986.4	0.2
	莲庄乡	1 326.9	337.0	1 663.9	0.4
	柳泉镇	3 834.0	429.1	4 263.1	1.0
	穆册乡		992.8	992.8	0.2
	三乡镇	693.4	642.9	1 336.3	0.3
	上观乡		2 571.1	2 571.1	0.6
	寻村镇	3 219.5	593.6	3 813.1	0.9
	盐镇乡	8 896.4	191.0	9 087.4	2.1
	张坞乡	1 457.2	1 129.2	2 586.3	0.6
	赵堡乡	805.0	3 215.5	4 020.5	0.9
	小　计	35 145.5	17 067.7	52 213.2	12.0
总计		121 933.0	177 056.2	298 989.2	68.6

二、改良类型及措施

改造中低产田，要摸清低产原因，分析障碍因素，根据具体情况抓住主要矛盾，消除障碍因素，要因地制宜采取措施，认真总结过去中低产田改造经验，采取政策措施和技术措施相结合，农业措施和工程措施相配套，技术落实和物化补贴相统一的办法，做到领导重视，政府支持，资金有保障，技术有依托，使中低产田改造达到短期有改观，长期大变样的目的。根据中华人民共和国农业行业标准NY/T 310—1996，结合洛阳市的具体情况可将耕地障碍类型分为干旱灌溉型、瘠薄培肥型、坡地梯改型和障碍层次型。洛阳市中低产田改良类型在各县（市）分布见表6-55。

表 6-55　洛阳市中低产田改良类型在各县（市）分布　　　单位：hm²、%

改良类型	干旱灌溉型	瘠薄培肥型	坡地梯改型	障碍层次型	总计	占中低产田的比例
栾川县	98.4	18 447.8			18 546.2	6.2
洛宁县	40 063.7		10 861.4		50 925.1	17.0
孟津县	7 907.9	5 623.5	8 023.8	218.1	21 773.2	7.3
汝阳县	7 659.1	12 602.0			20 261.1	6.8
嵩县	1 125.9	10 216.0	18 536.6	2 831.8	32 710.4	10.9
新安县	13 662.7	14 305.3	13 486.5		41 454.5	13.9
偃师县	6 379.9		7 305.4		13 685.3	4.6
伊川县	38 715.5	3 829.1	4 875.5		47 420.1	15.9
宜阳县	21 226.9	9 403.9	21 582.4		52 213.2	17.5
总　计	136 840.0	74 427.6	84 671.5	3 049.9	298 989.1	
比　例	45.8	24.9	28.3	1.0		100.0

（一）干旱灌溉型

1. 面积与分布

洛阳市干旱灌溉型的中低产田面积 136 840.0hm²，占中低产田的 45.8%。主要分布在伊川、宜阳、洛宁、新安等县。

2. 主要特征

由于降雨不足或季节分配不合理，缺少必要的调蓄工程，以及由于地形、土壤原因造成的保水蓄水能力缺陷等原因，在作物生长季节不能满足正常水分需要，同时又具备水资源开发条件，可以通过发展灌溉加以改造的耕地。指可以开发水源，提高水源保证率，可以发展为水浇地的旱地，增强抗旱能力的旱地。其主导障碍因素为干旱缺水，以及与其相关的水资源开发潜力、开发工程量及现有田间工程配套情况等。

3. 改良措施

（1）搞好土地平整，开发利用地上、地下水资源，发展井灌、渠灌、滴灌、喷灌，同时抓好现有井站挖潜配套，千方百计扩大水浇地面积。

（2）对于地下水位较深，水利设施修建难度大的地区，利用修建集雨水窖接纳雨水，在干旱季节缓解旱情。

（3）大力推广旱作节水技术，采用秸秆覆盖，地膜覆盖进行保墒。

（4）调整作物布局，适当扩大耐旱作物谷子、红薯、大豆、花生及果树种植面积，增加农民收益。

（二）瘠薄培肥型

1. 面积与分布

洛阳市瘠薄培肥型的中低产田面积 74 427.6hm²，占中低产田的 24.9%。主要分布在栾川、新安、汝阳、嵩县等地。

2. 主要特征

受气候、地形等难以改变的大环境（干旱、无水源、高寒）影响，以及距离居民点远，施肥不足，土壤结构不良，养分含量低，产量低于当地高产农田，当前又无见效快、大幅度提高产量的治本性措施（如发展灌溉），只能通过长期培肥加以逐步改良的耕地。如山地丘陵雨养型梯田、坡耕地，很多产量中等的旱耕地。

3. 改良措施

（1）增施有机肥，充分开发有机肥肥源，包括牲畜粪便、人粪尿等合理利用，对不能秸秆还田的地区，提倡秸秆堆沤，过腹还田等形式大积大造有机肥。

（2）大力推广秸秆覆盖技术，提倡利用大型机械提高秸秆还田质量，积极引进新技术，例如使用秸秆腐熟剂等技术，加快秸秆还田技术推广步伐。

（3）种植绿肥，培肥地力。如种植苜蓿等养地作物，作为绿色优质肥源，通过深翻覆盖掩底，熟化土壤，改良其耕性，培肥地力。

（4）建立合理的耕作制度，晒旱地通过耕翻晒垡，可以加速土壤熟化，并且可以接纳夏季降水，做到伏雨冬春用，战胜干旱，保证粮食稳产。另外，应该实行轮作倒茬，注意耗地作物、自养作物和养地作物相结合培肥地力，如粮食作物与豆科、油料作物轮作。

（三）坡地梯改型

1. 面积与分布

洛阳市坡地梯改型的中低产田面积 84 671.5hm²，占中低产田的 28.3%。主要分布在宜阳、嵩县、新安、洛宁等地。

2. 主要特征

通过修筑梯田梯埂等田间水保工程加以改良治理的坡耕地。其他不宜或不需修筑梯田、梯埂，只须通过耕作与生物措施治理或退耕还林还牧的缓坡、陡坡耕地，列入瘠薄培肥型与农业结构调整范围。坡地梯改型的主导障碍因素为土壤侵蚀，以及与其相关的地形、地面坡度、土体厚度、土体构型与物质组成、耕作熟化层厚度等。

3. 改良措施

（1）修筑水平梯田，增加土层及耕层熟化层厚度，减少水土流失。梯田建设技术标准见表6-56。

表6-56　梯田工程技术标准

坡度（℃）	机耕条件	梯田面宽（m）	梯田距（高）（m）	梯田埂占地（%）
5~10	大型拖拉机	15	1~5	2~5
10~15	中型拖拉机	10	1.5~2	5~8
>15	畜力或小型拖拉机	<5	>2	8~11

①高标准：土层厚度大于100cm，耕层熟化层厚度大于25cm。

②一般标准：土层厚度大于80cm，耕层熟化层厚度大于20cm。

③低标准：土层厚度大于50cm，耕层熟化层厚度大于15cm。

（2）微集节灌。结合梯田工程，在有条件的地方建微集水工程，推广节灌保苗促收技术。

（3）秸秆还田，增施有机肥，推广测土配方施肥技术，提高土壤肥力。

（4）降低复种指数，扩种养地作物。

（四）障碍层次型

1. 面积与分布

洛阳市障碍层次型的中低产田面积3 049.9hm²，占中低产田的1.0%。主要分布在嵩县、孟津两县。

2. 主要特征

土壤剖面构型上有严重缺陷的耕地，如土体过薄、剖面1m左右内有沙漏、砾石、黏盘、铁子、铁盘、沙姜等障碍层次。障碍程度包括障碍层物质组成、厚度、出现部位等。

3. 改良措施

（1）改善水利条件。进一步搞好机电井布局，推广节水灌溉技术，改大水漫灌为喷灌、微喷，提高水资源利用率。

（2）增施有机肥，培肥地力。利用一切有机肥源，提高土壤有机质含量，改良土壤结构，提高土壤保蓄肥水能力。

（3）深耕深翻，耕层厚度大于20cm，打破犁地层。

第七章　耕地资源利用类型区

第一节　耕地资源利用分区划分原则

洛阳市地形复杂，各区气候特点、地貌特征、水文地质、母质类型以及土壤肥力、耕作制度各不相同。为了因地制宜，分区域进行耕地改良利用，按照主导因素与综合性相结合的原则，根据地貌形态、成土母质、土壤类型、土壤肥力、改良利用方向和水利条件、农业生产有利条件与不利因子的相似性，采取同类性和同向性分区相结合的方法，按照地貌类型、水热条件、土壤类型相同，农业生产条件与障碍因素相似，改良利用方向基本一致进行划分。例如山区照顾山体基本完整、森林植被相近，平原区注意流域的完整性。同一分区具有相同优势的土壤类型、近似的土壤组合和气候、植被等环境条件以及生产上的主要限制因素与改良利用方向等基本相同。

为充分发挥区域优势，促进农业和农村经济健康发展，根据全市农业生产条件、资源分布情况、社会经济发展现状、生产技术水平及各种因素，本着因地制宜、分类指导、突出重点、分区推进的原则，采用"分布方位—地貌—土壤利用方式"的连续命名法，将全市分为：Ⅰ伊、洛、汝、涧河川粮食高产区，Ⅱ北中部丘陵粮、经、果、牧区，Ⅲ中部低山林、果、牧、粮区，Ⅳ西南部中山林、牧、矿、土特产区4个耕地资源利用类型区。

第二节　耕地资源利用分区概述

一、伊、洛、汝、涧河川粮食高产区

该区位于洛阳市东北部及伊河、洛河、汝河、涧河等河流两侧，涉及偃师、宜阳、洛宁、伊川、嵩县、汝阳、新安、孟津、城市区的65个乡（镇）、724个行政村、7 152个村民组。农村人口178.69万人，占全市农村人口的36.52%。人口密度799.6人/km²。农村劳动力79.2万人，占全市农村劳力的25.57%。土地面积210 380hm²，占全市总面积的13.76%，其中耕地面积116 580hm²，林地面积14 070hm²，牧地4 020hm²，未利用土地22 780hm²，水域22 110hm²，其他用地30 820hm²。

（一）自然经济技术条件

本区地势平坦，土层深厚，多为褐土兼少量黄潮土，保水、保肥能力较强，耕性良好。土壤比较肥沃，有机质含量0.8%~1.5%，全氮0.1%左右，有效磷5~15mg/kg，速效钾60~150mg/kg。该区水资源比较丰富，灌溉条件良好，伊、洛、涧、汝纵横其间，河流两岸系强富水区，水位埋深一般在4~8m，且水层厚，宜于浅井开发，水资源开发利用的工程系统比较完整。全区水浇地面积90万亩，占本区耕地面积的52%，人均0.58亩。化肥施用总量140 497t，每亩平均103kg。

生产力水平较高，是全市农作物高产区。全区农作物播种面积230.69万亩，其中粮食作物播种面积200.07万亩，占总播种面积的86.73%；经济作物播种面积30.62万亩，占总播种面积的13.27%。粮食总产量494 322t，平均亩产247.07kg，人均产粮295.36kg。夏粮总产253 531t，秋粮总产240 791t，烟叶总产量3 555t，油料总产量10 395t，蔬菜总产量780 530t。

限制本区农业发展的因素，主要是农业投资少，发展后劲不足；农业结构不尽合理，重点产业不够突出。

（二）改良利用方向及措施

根据该区的自然资源，经济技术条件和社会需要，农业发展方向主要是：以种植为基础，在保证粮食生产稳产、高产、优质的同时，调整种植结构，大力推广立体种植模式。重点发展乡村工业和第三产业，扩大林、牧、渔业和肉、蛋、奶、菜等副食品生产比例，适应市场需求，满足城乡居民的生活需要，走农、林、牧、副、渔全面发展，工、商、建、运、服综合经营的道路。

二、北中部丘陵粮、经、果、牧区

该区位于洛阳市北中部，包括偃师、孟津、新安、宜阳、洛宁、伊川、嵩县、汝阳和郊区9个县

（区）的 91 个乡（镇）、1 371 个行政村、243.5 万人，占全市农村人口的 42.84%，人口密度为 486.09 人/km²。总土地面积 430 140hm²，占全市总面积的 28.13%。耕地面积 215 740hm²，其中水浇地面积 471 345hm²，林地面积 36 180hm²，牧地 32 160hm²，未利用土地 74 370hm²，水域 16 750hm²，其他用地 54 940hm²。

（一）自然经济技术条件

本区地形复杂，多岭多坡，水土流失严重，水源缺乏，干旱突出。土地资源比较丰富，土质较好，大部分为褐土类，土层深厚，质地良好，适用于多种农作物生长。土壤有机质含量 0.6%~1.2%，全氮 0.05%~0.1%，有效磷 2.5~8mg/kg，速效钾 80~120mg/kg。缓坡荒地面积大，适宜发展林牧业，地下矿藏比较丰富，尤其是煤、铝矾土等矿藏储量大，埋藏浅，易开采，是发展农村经济的有利条件。该区为洛阳市耕地面积最大的一个区域，人均耕地 1.55 亩。化肥施用量 273 385t，亩均 84.86kg。

该区是全市主要的粮食生产区域，农业生产基地建设初具规模。农作物播种面积 437.15 万亩，复种指数 146%。粮食作物播种面积 371.98 万亩，总产量 742 174t，平均亩产 199.52kg，人均产粮 358.22kg；烟草总产 25 482t，亩产 98.5kg；油料总产 19 102t，蔬菜总产 56 711t。粮食作物、经济作物面积之比为 82.06∶17.94。

农业生产中存在的主要问题是：旱灾频繁，水土流失严重，农作物产量低而不稳；坡耕地多，耕作粗放，土壤保水、保肥能力较差；生产结构不够合理，林牧渔业产值仅占农业产值的 30% 左右。

（二）改良利用方向及措施

该区农业生产应立足于搞好生态环境建设，科学施肥、培肥地力，抓好旱作农业，改革粗放的耕作制度。调整作物布局，努力增加林果畜牧产品，提高商品率，建立新的农村产业结构。以种植业为基础，扩大经济作物种植面积，大力发展林牧业，积极开辟二三产业，坚持农、工、商综合经营，把本区建成优质高产的粮、果、烟、油、肉、蛋、奶商品生产基地和工业原料与农副产品的加工基地。

三、中南部低山林、果、牧、粮区

该区位于洛阳中南部，包括汝阳、嵩县、洛宁三县的大部和栾川、新安、宜阳、偃师、伊川等县的局部，涉及 55 个乡、577 个行政村，总人口 77.96 万人，人口密度为 183 人/km²。总土地面积 465 650hm²，其中耕地 87 100 hm²，占全市耕地面积的 22.46%，林地面积 173 530 hm²，牧地 81 070hm²，未利用土地 85 090hm²，水域 12 060hm²，其他用地 26 800hm²。

（一）自然经济技术条件

全区山势较低，坡度较小，境内的崤山、熊耳山、外方山、嵩山等构成了该区的基本地形骨架。地势随山体向东延伸而递降，海拔一般 500~1 000m。土壤主要是褐土、棕壤两个类型。土壤有机质含量 0.7%~1%，全氮 0.3%~0.8%，有效磷 1~5mg/kg，速效钾 30~75mg/kg。土地资源丰富，总土地面积占全市的近 1/3，人均土地 8.8 亩，是人均土地面积较多的地区，为发展林、牧业提供了有利的条件。地形、地貌和气候条件差异大，生物资源丰富，各种干鲜果品、名贵中药材、地下矿藏和其他土特产品种多、质量好，这些具有鲜明地方特色的独特优势，为发展本区经济奠定了良好的基础。全区农作物播种面积 144.44 万亩，其中粮食作物播种面积 129.41 万亩，总产量 183 500t，亩产 141.8kg；经济作物播种面积 15.03 万亩，油料总产 2 945t，烟叶总产 6 353t。粮食作物与经济作物比例为 86.4∶13.6。

农业生产中存在的主要问题是：水土流失严重，以干旱为主的自然灾害频繁；大部分耕地耕作粗放，不注重用养结合，粮食单位面积产量低；产业结构不合理，形成了以种植业为主的单一经济格局，林、果、牧、矿等优势产业发展缓慢；劳动者素质较差，文盲半文盲占该区总人口的近 1/5。

（二）改良利用方向及措施

该区农业生产应以旱作为主，改革粗放的耕作方式，努力抓好粮食生产，提高自给能力；发挥区域优势，发展名、优、特、新农产品；充分发挥林、果、牧、矿优势，开展多种经营，走种、养、加协调发展，农、工、商综合经营的道路。注重智力开发，推动科技进步，实现经济、社会、生态效益的统一。

四、西南部中山林、牧、矿、土特产区

该区位于洛阳市西南部，包括栾川、嵩县的大部分和洛宁县的一部分。全区涉及 25 个乡镇、281 个行政村，23.13 万人，人口密度 60.3 人/km²，是全市人口密度最小的地区。总土地面积 422 770hm²，其中耕地 17 420hm²，占全市耕地面积的 4.6%，林地 248 570hm²，牧地 52 260hm²，未利用土地 89 110hm²，水域 4 690hm²，其他用地 10 720hm²。

（一）自然经济技术条件

全区地处伏牛山和熊耳山腹地，山高坡陡，地形复杂，海拔一般在 1 000~2 000m。土壤由低到高依次为褐土、山地褐土、山地棕壤等。特殊的山地条件，使该区生物品种繁多，动植物资源丰富。农作物主要有玉米、豆类、薯类和小麦，作物以一年一熟为主。主要树种有栎类等落叶阔叶林、针阔叶混交林和针叶林。此区人均占有土地 22.6 亩。区内生物资源丰富，不仅有暖温带和亚热带植物区系，而且还有西南、华南、西北、东北的一些植物散生，名优特稀土特产品种多、质量优。现有乔木树种 37 科 161 种，灌木树种 38 科 109 种。矿藏资源丰富，品位高、储量大。栾川的钼矿，洛宁、嵩县的金矿以及铅锌、铜、铁、银、磷、钾、萤石、水晶、大理石、重晶石等开发潜力都很大，为发展乡镇企业和矿产品加工提供了有利条件。全区粮食总产量 64 382.5t，人均粮食 253.76kg。油料产量 226t，烟叶 401t，蔬菜 10 907t。

农业生产中存在的主要问题是：森林资源破坏严重，生态系统失调，旱涝灾害频繁，农业生产很不稳定；人口素质和科技水平较低，智力开发、技术引进工作相对较差；农业基础薄弱，农村工业滞后，形不成产业体系；耕地少、质量差，粮食自给能力低。

（二）改良利用方向及措施

根据该区自然特点和存在问题，中山区经济发展应立足于开发、开放和富民，努力建设好地上的绿色宝库和合理开发利用地下矿产资源，建立林、果、土特产商品基地；加强农业基础建设，改善农业生态环境，努力提高粮食自给能力；充分发挥林、牧、矿、土特产等优势，重点发展以采矿、林、果、土特产品加工业为主的乡镇企业；积极兴办二三产业，构筑新的农村生产格局，保护生态环境。

第八章　耕地资源合理利用的对策与建议

通过耕地地力评价工作，全面摸清了全市耕地地力状况和质量水平，初步查清了洛阳市在耕地管理和利用、生态环境建设等方面存在的问题。为了将耕地调查和评价成果及时运用到农业生产中，发挥科技推动作用，有针对性地解决当前农业生产管理中存在的问题，现从耕地地力与改良利用、耕地资源合理配置与种植业结构调整、科学施肥、耕地质量管理等方面提出对策与建议。

第一节　利用方向略述

一、全面开发利用土壤资源

根据本市荒山和荒坡面积大、耕地面积小的特点，从长计议，要在保证粮食稳步增长的同时，突出抓好林、牧业生产，综合开发利用土壤资源。

二、切实搞好水土保持

在总结群众多年植树种草、封山育林、修造梯田等典型经验的基础上，以小流域为单位全面规划，综合治理，重点抓好生物、工程、耕作三大措施，从改变生态环境入手，做好水土保持工作。

三、抓住关键措施，不断培养地力

（一）有机肥与无机肥结合施用

有机肥养分全、肥效长，能明显改善土壤结构和理化性质；化肥养分含量高、肥效快；两者配合施用，可缓急相济、取长补短，满足作物各生育期对养分不同需要。积极发展畜牧业，稳步推进沼气建设，搞好厕所、猪圈等肥料基础建设，搞好人畜粪便的积制、施用和作物秸秆还田，增加有机肥源。

（二）搞好绿肥牧草化的研究

近年来洛阳市花生、大豆、绿豆等豆科作物种植面积稳定。洛阳市耕地少、荒山面积大，牧坡产草量低、载畜量少，因此要全面搞好草场的改良利用，做好豆科作物秸秆牧草化的研究与推广。

四、搞好旱地农业区开发

洛阳市旱地农业区面积大、增产潜力大，但生产上存在的问题也多。除继续做好产业结构调整外，还要突出抓好抗旱防旱节水技术措施的推广，并针对本区土壤干旱瘠薄的特点，在种植业方面扩大耐旱、耐瘠作物如红薯、花生、豆类、谷子等的种植比例，推广深耕、耙地、镇压等抗旱防旱措施和优良抗旱节水作物品种的引进推广。

五、搞好集约经营

川区抓好集约经营，做到科学技术集约、投资集约与劳务集约。在总结当地群众经验的同时，积极引进新经验、新技术，以提高效益。

第二节　耕地地力建设与土壤改良利用

洛阳市土壤改良利用分区是按照综合性和主导因素相结合的原则，根据分区土壤组合特征、农业利用特点及改良利用方向的一致性而划分的。共划分为 4 个区：西南部中山棕壤、黄棕壤、粗骨土林木水源涵养区（Ⅰ），低山褐土、粗骨土、林、牧、果、土特产区（Ⅱ），北、中部黄土丘陵褐土、红黏土粮、经、果水土保持区（Ⅲ），伊、洛河川潮土、褐土粮菜区（Ⅳ）。

一、西南部中山棕壤、黄棕壤、粗骨土林木水源涵养区（Ⅰ）

本土区位于洛阳市西南部，其境内有伏牛山、熊耳山、外方山。包括栾川的三川、叫河、冷水、赤土店、陶湾；嵩县的车村、木植街、白河乡；汝阳的付店、靳村、十八盘、王坪；洛宁的兴华、下峪、西山底；宜阳的穆册。总面积 138 349hm²，占总土壤面积的 31.91%。存在的主要问题是：耕地比重小，质量差，分布零星，作物生长期短，山高坡陡路窄，交通不便，生产条件差，土壤有不同程度的侵蚀现象。

改良利用方向，应以林为主，重点是搞好土壤保持，大力开展以生物措施为主的山、水、田、林综合治理，封山育林，加强防护林管理，对于风口、自然保护区及海拔 1 800 m 以上区域，要划为禁伐区。对于坡度 35° 以上的采伐迹地、宜林荒地，要采用飞播和人工相结合的办法，营造以油松、华山松、栎类为主的针阔叶混交林，有计划地建立区域性或地带性植物群落。对坡度在 35° 以下的土层较厚地方，要因地制宜，大力发展经济林，要营造山芋肉、猕猴桃、红果和板栗种植加工基地。另外，要有计划的发展以木耳为主的林副产品，加强对中药材资源的保护和利用，积极发展天麻，提高品质。还要加强矿区管理，综合规划，开采与环保相结合，合理利用资源，保护每一寸土地，防止土壤和水域污染。

二、西南部低山褐土、粗骨土、林牧果土特产区（Ⅱ）

本土区位于洛阳市西南部中山与丘陵的过渡地带。主要包括栾川县叫河、石庙、合峪、庙子、大清沟、狮子庙、白土；洛宁县小界、上戈、罗岭、故县、下裕、兴华、西山底、赵村、底张、上河堤、王村；嵩县黄庄、饭坡、德亭；汝阳县竹园；宜阳县上观等地。总面积 104 661.6 hm²，占总土壤面积 24.14%。

本区存在主要问题是水土流失。在改良利用方向上应根据水土流失情况，大力种树种草，充分利用山区资源，合理布局，发展经济林和薪炭林，种植苹果、柿子、核桃、板栗等。致力发展养牛、养羊、养兔等畜牧业，并有计划发展柞蚕生产，管好蚕坡，进行蚕业系列化生产。在农业生产上推广行之有效的旱作增产技术。从本区土薄易旱石砾多的特点出发，种植耐旱需水较少的低秆作物，选用耐旱耐瘠良种，合理密植，间混套种，普施磷肥，精耕细作，提高自然水利用率。另外，推行保护地栽培技术，挖掘光热资源潜力，并引进推广高产、早熟农作物品种，以解决山区粮食短缺问题。

三、北、中部黄土丘陵褐土、红黏土粮、经、果水土保持区（Ⅲ）

该土区土壤面积 52.73 万 hm²，占总土壤面积的 38.43%，包括宜阳、伊川、洛宁、新安、孟津的大部分和偃师、嵩县的一部分。

土壤主要障碍因素表现在耕层有机质、全氮和有效磷含量低，水源极缺而又不平衡，水土流失严重，作物产量低而不稳。改良应实行精耕细作，纳雨保墒，搞好坡地水平梯田，防止地面径流，利用荒沟、荒坡、空间隙地种树种草，发展畜牧业，以畜养田，形成良性循环。

四、伊、洛河川潮土、褐土，粮食蔬菜区（Ⅳ）

洛河东西横穿洛宁、宜阳，通过市郊、偃师。主要包括寻村、丰李、辛店、古城、安乐、李楼、佃庄、南蔡庄、岳滩、翟镇。伊河源于栾川县陶湾乡，止于偃师市顾县杨村。主要包括伊川的鸣皋、平等、白元、水寨、彭婆；城市区的龙门、关林；偃师的诸葛、李村、顾县等。总面积 7.58 万 hm²，占总土壤面积的 5.52%。

本区存在的主要问题是降水分布不均，洪涝灾害严重，渠系不配套，机耕面积小，耕层变浅，作物根系生长条件恶化，土壤中氮、磷比例失调，轻视有机肥重氮肥、轻视磷肥等现象还未彻底改变。

改良利用：搞好农田集约经营，发展大棚蔬菜生产，提高灌溉技术，疏通渠道，灌排结合，推行秸秆还田，有机物覆盖，实行配方施肥，创造作物生长良好环境，建立高产稳产田，逐步建成商品粮、蔬菜、瓜类、渔业生产基地。

第三节　平衡施肥措施、对策与建议

平衡施肥就是根据作物对各种营养成分的需求，以及土壤自身向作物提供各种养分的能力，来配置施用肥料的种类和数量。实行平衡施肥，可减少化肥使用量，提高肥料利用率，增加农产品产量，改善农产品品质，减少因施肥不当而带来的不利影响，改良环境，具有明显的经济、社会和生态效益，是发展高产、高效、优质农业的保证。

一、施肥中存在的主要问题

据调查，目前洛阳市在施肥中存在的主要问题：一是有机肥施用量少。部分群众重视化肥轻视有机肥，有机肥与无机肥失衡。二是肥料品种结构不合理。施肥品种结构不合理，重视氮肥、轻视磷钾肥及微量元素，不重视营养的全面性。三是肥料配比比例不合理。部分农户平均年化肥使用量，折合纯 N 30kg，P_2O_5 4.5kg，K_2O 2.5kg，$N：P_2O_5：K_2O$ 为 1：0.14：0.08，氮肥施量偏大，氮磷钾比例不协调。特别是部分蔬菜田，施肥用量盲目偏高，大量使用有机肥和化肥，有的用量是粮田的 3~4倍，造成资源浪费和环境污染。四是施肥方法不科学。图省事，地表撒施现象突出，肥料利用率低，浪费严重。五是对配方肥认识不够。部分群众科学施肥意识仍然淡薄，配方肥推广使用难度大。

二、实施平衡施肥的措施

（一）有机肥的平衡施用

土壤有机质的平衡，取决于两个因素，一是土壤矿质化，二是有机质腐殖化。如果土壤有机质矿质化过程大于腐殖化过程，土壤有机质则下降，反之则升高，矿质化过程是相对稳定的，所以必须年年施入土壤一定数量的有机肥，才能维持土壤有机质平衡。增施有机肥是培肥地力的重要措施，我们必须重视有机肥的应用，要广开肥源，多积多造有机肥，组织城肥下乡，推广秸秆还田，使有机肥的施用量逐渐增加。根据当前洛阳市耕地肥力，一般有机肥施用量应达到 30~45t/hm²。

（二）氮、磷、钾化肥的平衡施用

氮、磷、钾化肥的平衡施用就是按不同作物的需求，按照缺什么补什么，缺多少补多少的原则，算出氮磷钾化肥的施用量，其计算公式是：

某种养分的施肥量 =（作物目标产量需肥量−土壤供肥量）/（肥料养分含量×肥料利用率）

注：作物目标产量需肥量=作物的生物学产量×某养分在作物体内的平均含量；土壤供肥量由不施该养分时，作物吸收的养分量来推算；肥料利用率根据在该地块上进行的田间试验结果计算而得

（三）微量元素的平衡施用

根据土壤样品的化验结果，当前洛阳市耕地土壤中中微量元素一般能满足作物的需求。但不同的作物对中微量元素需求量不同，具体到某一种作物，对哪种中微量元素需量较大时要考虑施用，如油菜要考虑施硼，玉米要适当施用锌肥，一般亩施用量不能超过 1kg。

三、实施平衡施肥的对策与建议

要使平衡施肥落到实处，特提出如下对策和建议。

（1）普及平衡施肥知识，提高广大农民的科学种田水平，让农民了解什么是平衡施肥，如何进行平衡施肥，平衡施肥对培肥地力，保证农业高产稳产和农业持续发展的战略意义。

（2）切实搞好技术服务，土肥部门要认真搞好土壤肥力，土壤供肥能力的检测，调查研究有机肥施用数量、面积和种类，掌握不同有机肥各种养分含量及变化，生产不同作物的专用肥，供农民直接施用，同时制订不同类型区、不同作物的各种元素平衡施肥建议卡印发给农民，指导农民进行平衡施肥。

（3）加强土肥检测设施和化验人员的配备和培训，保证及时为平衡施肥提供准确的土壤养分含量数据，为农民平衡施肥提供依据。

（4）大讲有机肥对培肥地力的作用，对保证农业持续发展的战略意义，教育农民克服重化肥轻有机肥的不良倾向，在全市形成重视有机肥，大积大造有机肥的氛围，政府制订积造施用有机肥和培肥地力的奖励政策，使增施有机肥和提高地力的措施落到实处。

（5）加强科技教育，开展平衡施肥和培肥地力的基础性研究工作。

（6）加强无公害农产品基地建设，提高农产品质量，取得较好效益，保持耕地不受污染。

第四节　加强耕地质量管理对策与建议

洛阳市人多地少，耕地资源匮乏，要想获得更高的产量和效益，提高粮食综合生产能力，实现农

业生产可持续性，就必须提高耕地质量，依法进行耕地质量管理。

一、建立依法管理耕地质量的体制

（一）完善家庭承包经营体制，逐步发展耕地规模经营

以耕地为基本生产资料的家庭联产承包经营体制，在农村已经实施40多年。实践证明，家庭联产经营体制不但促进农村生产力发展，稳定社会基本政策，也是耕地质量得以有效保护的前提。农民注重耕地保养和投入，避免了耕地掠夺经营行为。当前，要坚持党在农村的基本政策，长期稳定并不断完善以家庭承包为主的经营体制。有条件的地方可按照依法、自愿，有偿的原则进行土地经营权流转，逐步发展规模化经营。土地规模经营有利于耕地质量保护、农业技术的推广和耕地质量保护法规的实施。

（二）认真贯彻执行耕地质量管理法规

严格依照《中华人民共和国土地法》《河南省基本农田保护条例》等有关法律法规关于耕地质量保护的条款，依法有效保护耕地，加大耕地保护力度，对已造成耕地严重污染和耕地质量严重恶化的违法行为，依法严肃处理。

（三）建立耕地质量定点定期监测体系、加强农田质量预警制度

利用地力评价成果加强地块档案建设，由专门人员定期进行化验、监测，并提出改良意见，确保耕地质量，促进农业生产。

（四）制定保护耕地质量的鼓励政策

市、县、乡（镇）政府应根据本区情况，制订政策，鼓励农民保护并提高耕地质量的积极性，对举报并制止破坏耕地质量违法行为的人给予名誉和物质奖励。

（五）加大对耕地肥料投入的质量管理，防止工业废弃物对农田的危害

农业行政执法部门加强肥料市场监管，严禁无证无照产品进入市场，对假冒伪劣产品加强抽查化验力度，保护农民利益。

（六）推广农业标准化生产

实施农业标准化生产可以规范农民的栽培措施，避免不正确的农事行为对耕地质量带来危害，国家农业部和河南省已经分别颁布了部分作物标准化生产的行业标准和地方标准，这些标准应该首先在县、乡级农业示范园、绿色食品和无公害食品生产基地实施，取得经验后逐步推广。

（七）调整农业和农村经济结构

调整农业和农村经济结构，应遵循可持续发展原则，以土地适应性为主要因素，决定其利用途径和方法，使土地利用结构比例合理，才能实现经济发展与土壤环境改善的统一。对开垦的耕地坡度大于25°的，要坚决退耕还林。在确保粮食种植的前提下发展多种经营。

二、扩大绿色食品和无公害农产品生产规模

扩大绿色食品和无公害农产品生产，符合农业发展方向，它使生产利益的取向与保护耕地质量及其环境的目的达到了统一。目前，分户经营模式与绿色食品、无公害农产品规模化经营要求的矛盾十分突出，解决矛盾的方法就是发展规模经营，建立龙头企业的绿色食品集约化生产基地，实行标准化生产。

三、加强农业技术培训

结合"阳光培训工程""科技示范县建设""绿色证书制度"，制定中长期农业技术培训计划，对农民进行较系统的培训。完善县乡级农技推广体系，发挥县乡（镇）农技推广队伍的作用，通过建立示范户（田）、办培训班、电视讲座等形式进行实用技术培训。加强科技宣传，提高农民科技水平和科技意识。

第二篇 洛阳市合并区耕地地力评价

第九章 农业生产与自然资源概况

第一节 行政区划

新中国成立初期，洛阳是市、县分设合署办公，同属洛阳专署。1954 年改为省辖市，同时撤销洛阳县。1982 年，孟县、济源县两县的 29 个行政村划归洛阳市，置吉利区。经国务院批准，2000 年 6 月洛阳市人民政府对市辖行政区划进行调整，郊区更名为洛龙区。2006 年 2 月，宜阳县丰李镇的 10 个行政村划归洛龙。2007 年 3 月设伊滨区（伊滨产业集聚区）管委会，把偃师市 5 个镇归其代管。

洛阳市合并区为洛阳市城市农业区实施农业部测土配方施肥项目的专用名称，包括 6 个县级行政区：涧西区、西工区、老城区、瀍河回族区、洛龙区、吉利区，4 个经济功能区：伊滨区、洛阳新区（正厅级）、洛阳国家高新技术产业开发区（独立享有管辖权）、国家洛阳经济技术开发区。共 12 个镇 7 个乡 55 个办事处，351 个行政村，总人口 182.1 万人，其中农业人口 76.93 万人，总农户 20.88 万户。耕地面积 50.45 万亩，常年农作物播种面积 80.98 万亩，常年化肥施用量 2.43 万 t（折纯）。因吉利区不在本次耕评范围，因此下列统计数据不包括吉利区。各区基本情况见表 9-1。

表 9-1 各区基本情况统计　　　　　　　　　　　　单位：个、万人、hm²

区名称	村数	户数	人口数		耕地面积	
			总人口	农业人口	水浇地	旱地
涧西区	8	2 998	1.2246	1.2246	56.00	523.27
洛龙区	124	84 685	28.8772	21.5974	5 833.07	1 319.47
西工区	18	7 672	2.9256	2.7785	451.70	317.70
老城区	19	20 117	5.98	3.58	878.00	564.00
瀍河乡	15	10 376	3.5708	3.5708	746.65	162.00
龙门管委会	11	9 253	3.6158	3.6158	28.66	927.67
高新区	35	20 180	4.4709	4.0309	1 203.133	1 739.39
伊滨区	117	73 725	26.6267	25.5531	11 344.14	6 051.86
合计	347	208 826	72.8207	61.9202	20 541.35	11 605.36
总耕地面积						32 146.71

注：以上数据采用各区上报的 2011 年数据（吉利区除外）

第二节 光热资源

洛阳城市合并区属暖温带大陆性气候，四季特点大致为：春季干旱且风多，夏季炎热而多雨，秋季晴朗日照长，冬季寒冷少雨雪。

一、日照

历年平均年日照时数为 2 291.6h，日照百分率的历年平均值为 52%（指实照时数与可照时数的比值）。太阳辐射年平均总量为 117.4kcal/cm²。从季节看，夏季最高，为 38~43kcal；冬季最少，为 17~20kcal；春秋居中，分别为 31~35kcal 和 24~26kcal。光合有效辐射年总量为 55~61kcal，其年内分布和地区间的差异类同太阳总辐射。

各作物生长期间的光合有效辐射状况：一是 12 月下旬到翌年 2 月上旬，日平均气温低于 0℃，露地作物如冬小麦处于越冬状态，生长几乎停止，同期，光合有效辐射为 6~9kcal，占年总量的 10.9%~14.8%。二是多数地区 2 月下旬至 5 月中旬，日平均气温从 0℃升到 20℃，光合有效辐射较多，为 15~16kcal，有利于小麦生长和灌浆，以及大秋作物的稳健生长。三是多数地区从 5 月下旬到 9 月上旬，日平均气温在 20.0℃以上，此期前阶段是春播作物旺盛生长期，后阶段是春、夏播作物灌浆成熟期，其间的光合有效辐射最高，达到 24.0kcal 以上，又有高温和较多雨量的配合，十分有利于作物的生长和籽粒形成。丘岭区有效辐射热量虽然较低，但也可以满足农作物正常生长发育的需要。四是从 9 月中旬开始，日均气温从 20℃逐渐下降，此时大秋作物开始收获，小麦开始播种，对光能的要求不高，至温度降到 0℃时，光合有效辐射为 11~14kcal，可以满足小麦冬前达到壮苗的要求。日均温度大于 10℃时是农作物生长活跃期，作物干物质大部分是在这一时期形成的，此期的光合有效辐射为 35~42kcal，比同纬度的西安还高，有利于高产。另外，6 月是全年日照时数、日照率和光合有效辐射最高的一个月，其光合有效辐射高达 6.5~7.1kcal，占全年有效总量的 12%。

二、热量

洛阳市热量分布受地貌影响，各地差异较大，年平均土温为 16.3℃左右。多年资料表明，只是在 0~5cm 土层中，个别年份的 1 月和 12 月才会出现零下土温，通常均在 0℃以上，土温的年变幅也随土层加深而逐渐减小。月平均土温以 7 月为最高，但随土层加深而土温降低；1 月土温最低，但随土层加深而增高。最冷的 1 月为-2~0.5℃，地域间差异较小，最热的 7 月为 24.2~27.3℃，地域间差异较大。4 月和 10 月分别为 12.9~14.9℃和 12.8~15.3℃，两月气温相近似。但西部河谷地带秋温下降速度高于春温上升速度，故春温稍高于秋温。东部春温和秋温则大体相当。初霜期一般在 10 月下旬到 11 月上旬，终霜期一般在 3 月下旬到 4 月初，无霜期 184~224 天。粮食作物可以一年两熟，适种作物范围较广。

三、降水

年降水量多为 530~570mm，主要集中于 6—9 月，占全年降水量的 51%。降水的时间分配很不均匀，3—5 月降水量占全年降水量的 20.2%~33.7%。6—8 月占 41.2%~47.6%，9—11 月占 6.3%~31.6%，冬季占 3.1~5.3%。其中雨季的 6—9 月占 57.5%~61.1%，旱季的 10 月至翌年的 5 月占 38.9%~42.5%。这种分配与多数农作物对水分的需要规律较为一致。多年平均的年蒸发量为 1 872.1mm，远远超过了降水量，从而表现出大陆性气候的特点，由蒸发量和降水量的比值，可以反映出大气的干燥程度。

四、自然灾害

主要的自然灾害有旱、涝、洪、雹、风、霜等，其中以旱灾为主。

（一）旱灾

旱灾是指在干旱季节，连续两个月中，降水量小于 30mm 的一种灾害性天气。洛阳市自 1981—2010 年的 30 年中，有 22 年出现 32 次旱灾，其中春旱 8 次，初夏旱 14 次，伏旱 6 次，秋旱 4 次。对农业生产为害最大的是伏旱、初夏旱。初夏旱影响小麦灌浆，夏播伏旱又称卡脖旱，严重影响夏玉米产量。

（二）涝灾

主要由于日降水量超过 50mm 的暴雨所造成的内涝。30 年间有 21 年发生 44 次，平均每年 1.5 次。受灾地区多属低洼地，造成小面积农田淹没，房屋倒塌，危及人民的生命财产安全。

（三）洪灾

主要由于河流洪水暴涨所引起。30 年来有 8 年洪水成灾，平均四年一遇。新中国成立后，为害较大的有：1956 年洛河泛滥，水淹白碛村，1958 年水漫洛阳桥，老城南关被淹没。

（四）风灾

包括大风和干热风两种灾害性天气。大风即瞬时风速大于 17m/s，平均风速超过 12m/s。可造成拔树、揭瓦、作物倒伏、刮断电线等危害。

（五）雹灾

多发生在 3—5 月，其中 1967 年发生 3 次，瀍河乡马坡苹果遭雹打，减产 1.5 万 kg。

（六）霜冻

霜冻对农业生产有一定的影响。早霜对棉花播种、红薯育苗会造成为害，晚霜对红薯、玉米、蔬菜等秋作物的产量有一定的影响。霜冻为害严重，这主要表现在它和过早的初雪、过晚的终雪结合起来，使作物生长期缩短得相当短。从 1951—1976 年，据不完全统计共出现霜冻 135 次，平均每年 5 次。主要在 11 月至次年 4 月间出现，以秋末冬初和冬末春初为最多。1953 年 4 月 12 日凌晨，1954 年 4 月 20 日凌晨，全区大面积发生霜冻。还有 1964 年的春季低温，1974 年 4 月的倒春寒（春雨雪），小麦均受到为害。

（七）干热风

5 月以后，气温升高，常有干热风天气出现，小麦因高温而失水过快，缩短灌浆过程，粒重降低，使小麦减产 1~2 成，严重的减产 3 成以上。干热风的为害程度可分为 2 种类型：5 月中下旬，14 时气温≥30℃，相对湿度≤30%，风速≥3m/s，持续时间两天为轻型干热风；14 时气温≥32℃，相对湿度≤25%，风速≥3m/s，持续 3 天以上，为重型干热风。1957—1979 年的 23 年中出现干热风 15 次，均对小麦生产造成很大损失。1994 年的 5 月中下旬，小麦灌浆期气温高、降水少，出现干热风天气，旱地小麦籽粒干瘪，青干逼熟，造成小麦减产 2.5 成。1995 年 5 月的 5—8 日和 15—17 日 2 次出现干热风天气，对小麦造成不同程度的减产。

第三节　水资源

洛阳市合并区属黄河流域，伊、洛水系。主要的河流有洛河、伊河，均为过境河流。其支流还有涧河、瀍河、金水河等。水资源十分丰富。

一、河系特征

（一）洛河

发源于陕西省洛南县，流经卢氏、洛宁、宜阳、洛阳市、偃师等县，于巩县境内汇入黄河。全长 449km，流域面积为 12 100km^2。由洛阳市西南的马赵营流入，在市境内河段长 38km，流域面积为 384km^2。河床纵坡千分之一点三，由西南流向东北。河道平直，宽 500~800m，平均年径流量 21.08 亿 m^3，径流深 177.3mm（据白马寺水文站资料），洛阳桥河段（1958 年）洪峰达 9 800m^3/s，而枯水期又几乎断流。

（二）伊河

发源于栾川县，流经嵩县、伊川、洛阳市，于偃师县的杨村汇入洛河。全长 347km，流域面积 5 857km^2。于南龙门口流入洛阳市，在市境内河段长 17km。流域面积 68km^2。河床纵坡大于千分之一。多年平均年径流量 11.934 亿 m^3，径流深 224.4mm，1958 年洪峰流量达 6 850m^3/s（据龙门水文站资料）。

（三）涧河

发源于三门峡市，经渑池、新安两县，于西部谷水进入市境，在兴隆寨汇入洛河。全长 103km，流域面积 1 350km^2，市境内河段长 15km。河床呈"U"形河谷，多年平均年径流量为 0.607 亿 m^3，径流深 156.5mm，枯水期流量为 0.649m^3/s（据新安水文站资料）。

（四）瀍河

发源于孟津县横水乡，于北郊前李进入市境，在南关汇入洛河。全长 30km，流域面积 240km^2，在市境内河段长 10km，年径流量约 0.288 亿 m^3。

（五）金水河

发源于新安县，经孟津县，于黑龙洞流入洛阳市，在党湾汇入涧河。全长 25km，流域面积约

210km²，在市境内河长 3km、年径流量 0.42 亿 m³。

（六）王祥河

发源于新安县，在涧西汇入涧河。全长 10km，流域面积 20km²，年径流量约 0.03 亿 m³，流量稳定，常年流水不断。

（七）涌河

发源于洛阳市孙旗屯乡东沙坡村西南方。该河原流经七里河汇入涧河，全长 10km。修建防洪渠后，改道在东马沟汇入防洪渠，河长缩流至 6km，流域面积 6.5km²。常年流水，年径流量约 0.01 亿 m³。

此外，洛阳市的吉利区，隔孟津县，孤悬黄河北岸，属黄河流域。

二、水资源

合并区的水资源比较丰富，据 1980 年水资源调查，地面径流量 7 650 万 m³，地下水 49 000 万 m³，引用客水 3.6 亿 m³，合计水资源总量为 92 650 万 m³，每亩平均 2 450m³。目前，已利用水资源总量为 60 866 万 m³，占全区水资源总量的 65.69%。历年平均开采地下水 24 752 万 m³，占地下水资源的 50.5%，这充分说明水资源丰富，潜力很大。但水资源分布不均，伊、洛河平原每亩平均 3 830m³，城市近郊亩均 8 556m³，而秦岭、邙山区每亩平均只有 342m³，遇到偏旱年景，还缺 800 万 m³。所以丘岭地区用水是个亟待解决的问题。

三、农田灌溉

灌溉是调节土壤水分状况的重要农业措施之一，褐土地区的一个特点就是干旱，因而进行农田灌溉，改善土壤水分状况则是提高土地生产力的有效途径。洛阳市合并区农田灌溉有着悠久的历史，伊、洛河灌区是河南省有名的粮食高产区。按渠系划分，可分为 3 个灌区。

（一）洛南灌区

该灌区地处洛、伊河相汇的中间三角洲地带。灌溉面积 10 万亩，地势依伊、洛河流向自西向东逐渐降低，从而决定了大新、大明、古洛、胜利四大干渠从西向东的自然流向，伊渠依伊河自南流向东北。该灌区据记载始拓于隋朝，经历代开发，特别是新中国成立后 30 多年的扩建整修，改建配套，使灌区面貌为之一新，粮食产量逐年增加，是重要产粮区。目前，大部分耕地已被发展工业占用。

（二）秦岭灌区

该灌区系由秦岭干渠引水灌溉而得名。灌区地跨宜阳县和洛阳市合并区，设计灌溉面积 5 万亩，其中自流灌溉 4.3 万亩。提水灌溉 0.7 万亩。秦岭渠始建于 1920 年，新中国成立后经过扩建和续建，灌溉效益有所提高，但由于洛河水源季节影响很大，干旱时引水困难，灌溉效率仍然较低。

（三）邙山灌区

位于洛阳市北部邙岭，因以邙山大渠灌溉而得名。灌区地跨新安县和洛阳市，受益 5 个乡、镇，灌溉面积 2 万亩。邙山大渠始建于 1958 年，1960 年建成使用。但由于水源不足，渠道淤积严重，灌溉效益也未能充分发挥。

灌区土壤由于水分状况的改善，单位面积产量比旱岭区大为提高。如洛南灌区，复种指数为 1.71，粮食亩单产 331.5kg；而旱岭的复种指数为 1.37，粮食亩单产仅 141kg。灌区土壤集约化经营程度较高，土壤熟化好，肥力也比较高。尤其是洛南灌区的土壤多属潮褐土中的油黄土和潮红垆土，耕作历史悠久，经过千百年来劳动人民的耕作熟化，已经形成了 20～30cm 的熟土层。

第四节　农业机械

农业机械总动力 7.8 万 kW，柴油发动机动力 5.1 万 kW，汽油发动机动力 1.0 万 kW，电动机动力 3.5 万 kW，有中型拖拉机 154 台，小型拖拉机 1 167 台，农用排泄动力机械 692 台，柴油机 54 万 kW，电动机 638 万 kW，农用水泵 756 台，联合收获机 136 台，机动晒机 49 台，机动喷雾机 303 台，粮食加工机械 671 台，农用运输车 344 台。年机械耕地面积 6 655hm²，年机械播种面积

6 590hm²，年机械收获面积 5 063hm²，农村年用电量 13 278 万度，有效灌溉面积 0.4 万 hm²，机电井 645 眼（2012 年统计年鉴，不包括伊滨区）。洛阳合并区农业机械化情况见表 9-2。

表 9-2　洛阳合并区农业机械化情况统计

项目	老城区	西工区	瀍河区	涧西区	高新区	合计
农业机械总动力（万 kW）	2.4	2.9	1		1.5	7.8
柴油发动机动力	1.5	1.6	0.7		1.3	5.1
汽油发动机动力	0.4	0.6				1
电动机动力	0.5	0.7	0.3		2	3.5
大、中型拖拉机（台）	52	45	19	3	35	154
小型拖拉机（台）		460	167	4	536	1 167
农用排灌机械（台）	114	200	263		115	692
柴油机	14	10			30	54
电动机	100	190	263		85	638
农用水泵（台）	100		400		256	756
联合收获机械（台）	6	31	10	12	77	136
机动割晒机械（台）	49					49
机动喷雾器（台）	100		132		71	303
粮食加工机械（台）		500			171	671
农用运输车（台）		200	144			344
当年农业机械耕地面积（hm²）	1 440	1 920	336	75	2 884	6 655
当年农业机械播种面积（hm²）	1 800	1 520	536	75	2 659	6 590
当年农业机收获地面积（hm²）	1 020	1 440	33	210	2 360	5 063
农村用电量（万度）	1 043	5 789	1 934	2 765	1 747	13 278
有效灌溉面积（hm²）	900	800	700	300	1 300	4 000
机电井数量（眼）	98	126	168	36	217	645

第五节　农业生产施肥

一、历史施用化肥情况

新中国成立前由于长期受封建统治，历代战乱，天灾人祸的影响，农业发展极为缓慢。新中国成立以来，在党和人民政府的领导下，认真贯彻落实以农业为基础，以粮为纲和绝不放松粮食生产，积极开展多种经营等发展农业的一系列方针政策，努力改变生产条件，大力推广农业先进科学技术，积极加大对农业生产的投入，使农业得到快速发展，1985 年和 1952 年相比，农业总产值增长 6.8 倍。纵观新中国成立 60 多年来，农业经历了由缓慢发展阶段到快速发展阶段的曲折发展过程。

新中国成立初期，20 世纪 50—60 年代，经过土地改革和社会主义改造，激发了农民生产积极性。大规模兴建农田水利工程，引进国外小麦、玉米、棉花、红薯等品种，在肥料施用上以有机肥为主，少量使用硫酸铵、硝酸铵、氯化铵等化肥，所以这个时期农业生产稳步上升。1958 年"大跃进"和人民公社化，高指标、瞎指挥、浮夸风泛滥，打乱了正常的生产秩序，破坏了林业资源，加之自然灾害，粮食产量曲折发展。

20 世纪 60—70 年代洛阳市城市区农业稳步发展，在耕作制度上充分利用充足的光热资源，由过去丘陵旱地一年一熟和二年三熟为主、少数一年两熟，伊河、洛河川区一年两熟或两年三熟、少数一年三熟改为坡岭地区一年两熟和两年三熟并重，伊河、洛河川区以一年两熟为主，复种指数提高 15%~20%；在水利设施方面开展打井、修渠等农田基本建设引水灌溉；种植技术方面，推广合理密植、优良品种和杂交品种；化肥施用方面，由于农民开始认识化肥的增产作用，所以施用量逐步增加，有机肥以土杂肥为主，每亩施量1 500~2 000kg。70年代中后期，但由于农民科学施肥水平比较低，出现部分农民施肥品种单一，单施氮肥，造成土地板结，肥料使用不均衡等现象。

进入80年代后，由于党的十一届三中全会的召开，国家对农村政策实施改革，农村推行家庭联产承包责任制，极大地调动了农民的生产积极性，土地生产力水平大大提高。合并区农业也经历了快速发展过程，农技队伍迅速加强，为农业技术推广提供了基础保证，作物按叶龄指标施肥技术，氮磷配比技术，叶面喷洒磷酸二氢钾技术等农业先进技术得到推广。特别是1980年开展第二次土壤普查，通过对土壤养分状况初步分析化验，根据全市土壤普遍缺磷情况，开展了增施磷肥，氮磷配合肥料试验、示范，农民认识到了氮肥、磷肥在生产中的增产作用，因而，氮肥、磷肥施用量逐年增加。随着投入增加，粮食也持续增产，其中小麦平均单产达到了296kg。但在施肥过程中也出现了因追求劳动效益和产量，重视化肥、轻视有机肥的生产和使用等现象。

1980年第二次土壤普查时，有机质和有效磷已成了合并区粮食生产的限制因素。因此，我们大力提倡施用有机肥料和磷肥，到了80年代末90年代初，农民施用过磷酸钙约50kg/亩，磷酸二铵在生产上也大量施用，施用量40~50kg/亩，1993年城市区粮食单产平均达到了306kg/亩。由于城市区人多地少，人们对土地的产出期望值越来越高，复种指数不断提高，农民为了追求更高的产量，盲目加大氮肥、磷肥的施用量，而不注重施用有机肥、钾肥和微量元素肥料，使土壤养分失调，粮食产量一度徘徊不前，为了平衡土壤养分，增强农业发展后劲，实施了"沃土工程""补钾工程""增微工程"等。使粮食产量大大提高，到了2000年，洛阳市合并区粮食平均单产已经达到338.2kg。

2000年以来，农民施肥水平不断提高，农业生产突飞猛进的发展，粮食产量逐年提高，特别是2009年以来我们实施了农业部"测土配方施肥项目"，做了大量宣传培训工作，使农民施肥观念得到根本转变，测土配方施肥技术得到普及，多数农民能平衡施肥，粮食单产有了很大提高。

二、有机肥施肥现状

土壤有机质是形成土壤腐殖质的重要来源，也是土壤矿质养分的重要补源。土壤腐殖质是形成土壤团粒结构的重要因素，因而土壤有机质含量的多寡对改善土壤的结构性有着举足轻重的作用。耕层土壤有机质含量一般在1.2%~2.5%，洛南灌区，人多地少，耕作精细，土壤有机质多在2.0%左右或者更高一些；两岭地区的丘陵旱地，人少地多，水利条件差，耕作粗放，土壤有机质多在1.2%以下。耕作土壤的有机质含量还是偏低的，这样不但不利于土壤养分的积累，而且，土壤的结构也不易得到改良。如洛南潮褐土地区广泛分布的潮红垆土，质地黏重，坷垃大，不易耕作，适耕期很短，往往因耕作质量差而难以全苗。沿河分布的沙性黄土又因漏水漏肥而影响了农作物产量的提高。广泛分布着立黄土、红黄土的丘陵旱地也因土壤缺乏团粒结构而抗御能力很低，雨季一来，土随水流，耕层表土更加贫瘠。

施用化肥是迅速补充土壤矿质养分，促进农作物健壮生长，从而获得高产的重要措施，合并区广大农村化肥的施用量也是逐年剧增，一些乡、村由于超量施用化肥，造成土壤中营养的比例失调。作物青干倒伏而减产的事例也屡见不鲜。据统计，洛南灌区化用量过大尤为突出，1979年安乐乡全年平均每亩耕地氮素化肥施用量高达134kg，按播种面积计算每亩施用量达118kg。

三、其他肥料施用现状

合并区目前农民除使用以上肥料品种外，在不同地区、不同作物及作物不同生长时期也有不同肥料品种的应用。在养殖发达地区为解决粪便常年生产和集中利用矛盾，出现了有机肥加工厂，沼气产业和食用菌产业，促进了沼液的应用和有机肥的还田。在洛河、伊河流域蔬菜集中种植区，群众舍得投资，购买价位较高的高浓度冲施肥比较多。在经济作物葡萄、果树上微量元素肥料铜、硫应用较多。在小麦、玉米、大豆等作物上微量元素锌、锰施用有相当面积。从叶面喷肥种类看农民有小麦、蔬菜喷洒叶面肥的习惯，喷洒肥料品种主要有磷酸二氢钾、氨基酸叶面肥、腐殖酸叶面肥等。

四、施肥实践中存在的主要问题

从当前施肥现状看，在施肥实践中存在以下 4 个方面的问题需要解决。

（一）耕地重用轻养现象较严重

城市区沿洛阳、伊河冲积平原区农作物复种指数比较高，对土地的产出要求也较高，实践证明要保证耕地肥力持续提高，必须用地与养地相结合、走农业可持续发展的道路，才有利于耕地土壤肥力的提高。有针对性地施用氮、磷、钾化肥、增施有机肥、秸秆还田是提高土壤肥力的有效途径，但在部分地区，存在施用化肥单一、有机肥使用量少、秸秆还田面积小等现象。由于种粮与务工比较效益较低，目前部分农民受经济利益驱使，不重视积沤农家肥，影响地力培肥。

（二）在施肥上重无机轻有机倾向仍很突出

从合并区的施肥现状看，重无机、轻有机的倾向仍很突出，优质有机肥施用面积仅占耕地面积的15%左右。农民只重视无机肥的施用，化肥施用量在逐年增多，有机肥的施用面积和数量长期稳定不前，甚至倒退，造成部分土壤缺乏有机质，影响土壤肥力的提高。合并区有机肥资源丰富，种类齐全，浪费现象比较突出。究其原因，主要是广大农民对有机肥的作用认识肤浅。首先是由于有机肥当季利用率低，认为施用后没化肥肥效快，误认为有机肥作用不大，其次是随着城镇的发展，农村劳动力向城镇转移较多，形成农村种地老年化，种地图省事，没有广开肥源积造有机肥的积极性，最后是大型秸秆还田机作业价格较贵，种粮比较效益低，影响秸秆还田数量和质量。

（三）施肥品种时期及方法不合理

少数耕地施肥不按缺啥补啥，缺多少补多少的原则，氮、磷、钾配比不十分科学。部分地区小麦用肥偏重于施底肥，追肥比例偏小。部分需要氮肥后移拔节期追肥的麦田没有达到施肥要求。玉米施肥上，二次追肥比例偏低，施肥方法上，由于施肥机械不配套，一部分出现肥料裸施现象，施肥方法需要改进。以上原因，造成施肥效应减小，肥料利用率降低。

（四）农资价格上升、影响农民对化肥的投入

部分农户受化肥价格影响，化肥投入积极性下降，放弃施用价格较高的复合肥，改用价格偏低的单质肥料，影响了肥料的施肥结构。

第六节 农业生产中存在的主要问题

农业生产上存在的主要问题是不同地区间地力条件差异较大造成粮食产量差异较大，影响了粮食总产量的提高；施肥结构不合理，施肥水平间差异大。农业生产主要存在以下几个方面的问题。

一、地区间农业生产条件差异较大，造成产量不一致

全区南北坡岭旱地水源缺乏，交通不便，施用有机肥面积小，化肥施用量少，造成地力水平差异，影响粮食生产水平提高。

二、经营管理粗放、精耕细作投入成本大

当前粮食效益相对较低，影响投入积极性，耕作技术粗放造成土壤板结，耕作层浅。影响粮食生产创高产。

三、配方施肥技术应用不够全面

虽然测土配方施肥技术推广多年了，但近几年主要在大面积农作物上应用，粮食比较效益低部分农民积极性不高。而在在高效经济作物、大棚蔬菜上推广施用面积较小，群众接受和采用测土配方施肥积极性较高。

四、耕地化肥投入两极分化

在经济发达地区和高产区域，化肥、复合肥投入偏大，但也有少部分养分含量低的地块，在欠发达的中低产地区复合肥施用量偏低。

五、有机肥投入数量减少

部分地区秸秆还田机械缺乏，有焚烧秸秆现象，沼液利用及养殖户粪便利用需研究好的解决办

法，新型有机肥加工生产企业少，需加强引导和创建，解决有机肥投入数量减少问题。

六、优质有机肥使用不足

优质有机肥使用不足，施氮肥多、磷钾肥少，大量元素与微量元素结构不尽合理，影响产量进一步提高。

第十章　土地与耕地资源特征

第一节　地貌类型与土壤

一、地形特征

洛阳市合并区南有龙门山，西为秦岭、北堵邙山，形成三山环抱、中间低平，由西向东微微倾斜的断陷堆积盆地。根据其地貌特征和成因，可将洛阳市的地貌类型分为四大区。

（一）龙门剥蚀构造基岩丘陵区

分布于龙门山及伊河两岸，面积20km²。在伊河两岸由寒武系和奥陶系灰岩，以及石炭、二叠系砂页岩组成。顶部和边缘有黄土覆盖。山丘呈馒头状起伏，标高200～300m，相对高差150m左右。沟谷发育，多呈"V"字形。中部石灰岩溶洞发育，多相通连，最大溶洞直径达两米以上。西部黄土堆积区可见黄土柱、黄土陡壁等地形。

（二）秦岭剥蚀堆积黄土丘陵区

分布于西部的辛店，孙旗屯乡，面积65km²。主要由黄土堆积，西部有第三纪红色岩层出露地表。该区于第四纪缓慢上升过程中，受剥蚀堆积作用而形成，地面起伏，标高260～390m。从西部的黄家门到东部的土桥沟为一岭脊，由岭脊向南北倾斜，冲沟发育，沟壁陡峭，深达30m，沟宽10～30m。冲沟两侧多为顶部圆滑的馒头状凸起地形。

（三）邙山侵蚀堆积黄土丘陵区

分布在北部邙岭，从西部王坑到东部的西昌庙，长23km，宽2～7km，面积85km²。该区由第四纪初沉降堆积了较厚的松散沉积物，其上为马兰黄土所覆盖，以后缓慢抬升，地面侵蚀而形成许多冲沟，东西向呈条带状分布。标高200～315m，相对高差50～100m。地形由北向南缓倾，因多已开发成水平梯田，呈梯田状。丘陵的南部边缘坡较陡和二级阶地有明显界限，高差约30m。冲沟发育，沟谷多为"U"形，沟壁陡直，沟长50～1 000多米，宽10～40m。侵蚀沟两侧多见黄土柱，黄土崩塌，黄土陷穴及黄土溶洞等黄土喀斯特地形。

（四）中部沉降堆积平原区

洛阳盆地中心，由于沉降作用和洛、伊、瀍、涧等河流的冲击堆积，以及周围山丘侵蚀、剥蚀作用而冲击来的大量物质堆积于中部，形成了山前小平原、阶地等地貌景观。

1. 山前倾斜小平原

分布于龙门西山北部，花园至李屯一带，面积15km²。该亚区由南向北呈扇形扩展，前缘到庞屯—马圪垱—槐树湾一带，已被阶地覆盖，无明显界限，不易判别。标高145～170m，系由许多冲积扇相连组成。地面由黄土质亚砂土组成，其下部为沙砾石和中、粗砂组成，前缘有承压自流水带。

2. 三级阶地

分布于孙旗屯到小所；花园—李屯—下侯沟一带，面积约12km²。标高170～200m。地面为浅黄或灰黄色黄土，界面由后向前缓缓倾斜，多已修成水平梯田和二级阶地呈陡坎相接，相对高差20～25m。

3. 二级阶地

分布于伊、洛、涧河的两岸，面积约160km²。是本市最大的地貌单元。阶地表面为冲击黄土质亚黏土，界面平坦，沿伊、洛河两岸对称分布，前缘高出一级阶地8～15m，界面标高130～170m。

4. 一级阶地

分布于伊、洛河两岸，断续不对称分布，面积约20km²。阶地沿河呈条带状，阶面平坦，标高125～160m，高出河漫滩2～5m，呈陡坎相接。表面为冲击黄土质亚砂土，部分为砂砾，通常地下水位较浅。古城乡西南部，李楼乡东北部和白马寺镇的沿河地带分布的潮土类土壤多处于该阶地上。

5. 河漫滩或近河漫滩

分布于伊、洛河河床两侧，洪水时淹没而平时又出露水面的部分。为冲击之漂石、砂砾或砂滩。

砂滩长轴平行于河流的流向，呈椭圆形砂丘、砂垄，面积约 20km²。

二、成土母质

成土母质对土壤的形成发育、分布及土壤的农业生产特性有直接影响。洛阳市合并区的成土母质主要有以下几种类型。

（一）风积物

邙山、红山、辛店、孙旗屯以及龙门等乡镇所处的邙岭、秦岭及龙门山大部分为马兰黄土所覆盖，为上更新统（Q3）的沉积物，由风力搬运沉积而形成。马兰黄土色灰黄，疏松多孔，具垂直节理，富含碳酸钙。洛阳市分布最广的立黄土土属就是在该母质上发育而成的。

（二）洪积冲积物

该母质分为两种类型，一种是离石黄土，属中更新统（Q2）的老的洪积冲积物，一般在马兰黄土的下层，并未出露地表，但在侵蚀严重的地段，马兰黄土被剥蚀殆尽，离石黄土就成了重要的成土母质，在孙旗屯、辛店、龙门、邙山、红山等乡镇均有较大面积的分布。在离石黄土母质上多发育呈褐土土类中的红黄土土属。还有一种是新的洪积冲积物，属全新统（Q4）的沉积物，主要分布于邙岭、秦岭丘陵区各条侵蚀沟泄水口以下冲积扇及扇缘部分。沉积物分选好，质地由上至下逐渐变细，色棕褐或呈黄红杂色间层。在该母质上发育成褐土土类中的垆土土属。

（三）冲积物

在伊、洛河两岸的河漫滩以及一、二级阶地上有着大面积的分布，属现代河流的沉积物。该冲积母质由于受河流多次沉积的影响，流水分选作用十分明显，其质地由河漫滩向河流两侧的一、二级阶地依次变细。一级阶地及河漫滩上的冲积物，其质地层次在土壤剖面上极为明显，因而在地下水位较高的地段，如古城乡的西南部和李楼乡的东北部较大面积的分布着潮土土类，在二级阶地上广泛分布着潮褐土亚类中的各个土种。

（四）残积坡积物

该类母质分布范围很小，仅南部龙门山以及吉利乡的丘陵上部未被黄土覆盖的裸露灰岩地段，由于风化的结果而形成一些石灰质残积坡积物，一般厚度很薄，其下仍为基岩，在该母质上发育成褐土亚类（始成褐土亚类）石灰石土土属的各个土种。

三、气候因素与土壤形成发育

气候是重要的成土因素，温度、雨量、干湿状况等，不仅制约着其他成土因素，而且综合影响着土壤的形成和发育，使土体中的物质转化与运行，淋溶与累积呈现一定的规律性。在一个局部地区，由于有着大体一致的气候特点，因而土壤类型的分布往往呈地带性分布的规律。即便是在这样一个较小的范围内，由于地形地貌的不同和周围环境因素的差异，导致了小气候的变化，日积月累，这种小气候的影响也足以使土壤发育上表现出明显的不同。如洛阳市北郊邙岭，其东北部的井沟一带，年降水量为 590mm，蒸发量为 1 900mm，干燥度为 1.5，而邙岭的西北部新唐屯一带，年降水量就增大到 600mm，蒸发量也较东北部减少，干燥度降至 1.39。所以在邙岭东北部的井沟一带，由于淋溶减弱，土层干燥，褐土的发育缓慢，碳酸盐的淋溶和淀积还处于初期阶段，因而出现了碳酸盐褐土的分布。而在邙岭的西北部，由于淋溶作用相对增强，碳酸盐的淋溶和淀积已十分明显，所以广泛分布着典型褐土亚类。

四、植被与土壤发育

洛阳合并区的植被类型属暖温带落叶阔叶林区。远在隋、唐时期，洛阳市的自然植被曾十分繁盛，县志记载"翠云山在城北十里，即邙山最高处，以树木苍翠如云故名……上有唐元元皇帝庙俗名上清官。"而今的上清官附近树木已十分稀少，多开辟为农田，仅梯田埂坡可见一些旱生的草灌之类。

由于历代战乱和农业生产发展而带来的人为破坏，洛阳市的自然植被已十分少见，取而代之的是以农作物为主的人工植被。

（一）自然植被

洛阳市的自然植被只是在龙门山的文物保护区可见零星分布，也多为次生的草灌丛植被，主要为酸枣—荆条—黄背草群落。此外，在龙门风景区的裸岩沟坡上可见小面积点片分布已成群落的迎春和连翘。岩石缝中还可见散生的臭椿、苦楝、合欢等乡土树种。林间空地及坡上还生长着枸杞、野菊、柴胡、地丁、鬼针草等杂草丛。

在邙山、秦岭黄土丘陵区的梯田埂坡，可见由酸枣、荆条、枸杞、野豌豆、异叶败酱、鸦葱、白草等组成的草灌或杂草丛。

在田野、路旁可见由灰灰菜、猪毛菜、马齿苋、鸡眼草、野豌豆、黄蒿、蒲公英、苍耳、荠菜等组成的杂草丛。

在沟边、渠旁、河滩、湿地也常见由雨栖蓼、水蓼、雪见草、柳叶紫宛、阿尔泰紫宛、野茨菇、灯芯草、牛鞭草、狼尾草、芦草及野薄荷等组成的湿生杂草丛。

（二）人工植被

随着自然植被的破坏，代之而起的是人工栽培植被的繁衍。古代，洛阳人民就已经种植了种类极其繁多的栽培植物。据县志记载，当时在洛阳人工栽培的植物就有如下多种。

粮食作物：麦、稷（即谷子）、忝、稻、粱、菽、胡麻（俗名芝麻）、荞麦。

蔬菜作物：芥、姜、藕、菘（白菜）、葱、韭、蒜、秦椒、莱菔、芹苋、莴苣、茼蒿、菠菜、芫荽、莙达、萱花、蔓菁、山药、芋、豆荚、茄、苜蓿等。

瓜类：黄瓜、西瓜、南瓜、冬瓜、丝瓜、绞瓜、葫芦。

乡土树种：松、柏、桧、栝、梓、楸、梧桐、杞柳、蒲柳、柽柳、杨（大叶和小叶之分）、青棠（合欢）、棠棣、椴、榆、枋、椿、桑、楮（构树）、女贞、楝。

果树类：樱桃（共有紫樱桃、腊樱桃、朱皮樱桃等11种）；桃（共有小桃、十月桃、冬桃、蟠桃等30种）；李（共有御李、操李、珍珠李等27种）；杏（共有金杏、银杏、香白杏等16种）；梨（共有水梨、红梨、雨梨等27种）；石榴（共有千叶石榴、粉红石榴、黄石榴等9种）。

此外尚有李、林檎、柿、木瓜、枣、核桃、文官果、葡萄、橘、柑、柚、橙、枳（俗名铁篱寨）、花椒等。

古代的洛阳，园林之盛也曾"甲天下"，素有花城之称，古籍中关于洛阳树种，花木及园林的记载甚多。如北魏杨衒之所撰《洛阳伽蓝记》中写道："四门外，树以青槐、亘以绿水、京以行人，多庇其下。"又云："司农寺建春门内景阳山南为果园，有西王母枣、王母桃。正始寺……青松由绿桱、连枝交映。多有枳树而不中食。"宋代李格非所撰《洛阳名园记》苗帅园，有七叶二树，对高百尺……竹万余竿……桃、李、梅、杏、莲、菊各数十种，牡丹、芍药至百余种。可见古代洛阳以观赏为主的园林花卉植被之繁盛，难以尽书。

五、农林业与土壤发育

农林业生产活动对土壤的形成过程起着十分重要的作用，这个过程，也就是自然土壤逐渐演变为耕作土壤的过程。合理而科学的农业生产活动，会不断地改变土壤原来的不良性状，提高土壤肥力和土地的生产能力，从而获得农作物的高产稳产。反之，如果违犯自然发展规律，采用不适当的耕作方式，则往往导致土壤肥力的下降和土壤理化性状的变坏，也就难以达到农作物高产的目的。农林业生产活动对土壤产生影响的主要方面有：灌溉、平整土地、耕作、施肥和植树造林等。

（一）灌溉的影响

灌溉是调节土壤水分状况的重要农业措施之一，褐土地区的一个特点就是干旱，因而进行农田灌溉，改善土壤水分状况则是提高土地生产力的有效途径。洛阳市合并区农田灌溉有着悠久的历史，伊、洛河灌区是河南省有名的粮食高产区。

灌区土壤由于水分状况的改善，单位面积产量比旱岭区大为提高。灌区土壤集约化经营程度较高，土壤熟化好，肥力也比较高。尤其是洛南灌区的土壤多属潮褐土中的油黄土和潮红垆土，耕作历史悠久，经过千百年来劳动人民的耕作熟化，已经形成了20~30cm的熟土层，似乎已具备了关中地区的蝼土亚类的某些特征。灌溉加速了土壤的耕种熟化，尤其对耕作土壤的发育和培肥也起到了十分重要的作用。

（二）平整土地的影响

北部的邙岭，西部的秦岭和南部的龙门山属于豫西黄土丘陵区的一部分，表层均为黄土所覆盖，地面起伏，沟壑纵横，水土流失极为严重。新中国成立后，岭区人民在党和政府的领导下，持续开展了以兴修水平梯田为中心的农田基本建设活动，逐渐改变了生产条件，岭区的面貌也有所改观。截至目前，丘陵区已修筑水平梯田的耕地 9 万余亩，占丘陵区总耕地面积的 40%左右。

修筑水平梯田不但为渠灌和井灌打下了基础，同时也大大减轻了水土流失，增强了土壤的蓄水保墒能力，改善了土壤的水分状况，相应也提高了土壤肥力，增加了粮食产量。然而在没有修筑梯田的坡耕地，肥沃的表土被层层剥蚀；有的地段料礓满地，甚至表层的马兰黄土已全部剥蚀殆尽，露出下层的离石黄土和午城黄土，质地黏重料礓多，有机质含量低，土壤也极为贫瘠，粮食产量很低。所以，在丘陵地区，继续大搞平整土地，修筑梯田是一项重要的农田基本建设工作，对改善土壤的理化性状和水分状况，培肥地力，加速土壤的熟化过程，进而提高粮食单位面积产量，具有重要意义。

第二节　土壤分布规律

土壤的分布规律，是各种成土因素综合作用的结果，土壤由于受生物气候条件的影响，呈现出明显的水平地带性分布规律；同时，又由于地貌、地形部位、水文地质条件以及小气候的影响，土壤分布还表现出地域性的分布规律。再加之治山治水，修筑梯田，平整土地，灌溉施肥等人为生产活动的影响，使土壤种类的演变极为繁多，地域性的分布也极为复杂。

一、褐土的形成及其演变

洛阳市合并区地处豫西黄土丘陵的东北部，秦岭、邙岭及龙门山的大部分地区均为第四纪上更新统马兰黄土所覆盖，仅在局部水土流失严重地段，由于表层马兰黄土被剥蚀，中下更新统的离石，午城黄土出露地表。在这些地区分布着大面积的立黄土和红黄土，垆土、红黏土也有零星分布，白面土只在局部地段有所分布。在整个中部沉降堆积平原区，伊、洛河一二级阶地上皆为全新统的黄土状洪积、冲积物所覆盖，由于受到地下水升降活动的影响，主要分布着潮褐土亚类中的潮黄土属和潮垆土属的一些土种。在靠近伊、洛河河床的近河漫滩和部分一级阶地上，为近代河流冲积物所覆盖，黄潮土则呈断续分布。

洛阳市属暖温带半干旱大陆性季风气候，湿季也正处在 7—9 月的高温季节，此时土壤强烈进行着物理、化学及生物风化过程，矿物质颗粒进一步分解，黏粒增多；又由于集中降雨而发生的淋溶作用，促使了黏粒的下移。在观察褐土亚类一些土种的典型剖面时，可以看到在土层深 50cm 左右处，有一层厚 20~40cm 厚的棕褐色黏化层，该层的石灰反应相对较弱，通过对典型剖面的分层采样所进行的机械组成分析来看，从耕作层至黏化层，物理性黏粒有自上而下逐渐明显增多的趋势。与此同时，黄土母质中丰富的碳酸钙也由于淋溶作用，以重碳酸钙的形态溶解于水而沿土体结构面和土壤孔隙向下移动。但是，大陆性气候的一个突出特点是蒸发量大于降水量，使这种淋溶作用不能充分进行，通常在黏化层的下面，重碳酸盐又以碳酸钙的形态重新淀积，形成了大量菌丝状斑点、假菌丝或砂姜等新生体。这一层紧靠黏化层的下面，颜色为黄白色，结构紧密，土质坚硬，称为钙积层。这就是洛阳市合并区两岭地区的典型地带性土壤——褐土形成的一个基本特征。

在非典型的褐土剖面上，黏化层和钙积层并不明显，仔细观察，可发现土壤质地在黏化层应该出现的部位稍微变得黏重一些，且石灰反应有较明显的上强、中弱、下更强的变化。虽然钙积层并不典型，但由于重碳酸盐随降雨沿土体结构面和土壤孔隙向下淋溶而在垂直节理发育的结构面上，以白色假菌丝形态又重新淀积的现象则比比皆是，这也就成为野外鉴定褐土亚类的重要标志之一。

在黄土丘陵区的部分地段，由于微域地形和小气候的影响，尤其在降水量偏小，蒸发量偏大的干旱地段，土壤的淋溶作用十分微弱，碳酸钙的移动处在初期阶段、土壤剖面上仅可观察到一些石灰斑点或少量的假菌丝，石灰反应通体强烈，黏化现象极为不明显，因而就生成和发育着碳酸盐褐土亚类中的各个土种。

在丘陵下缘的冲积扇扇缘，以及河流的一二级地上，由于地下水埋藏深度显著变浅。如伊、洛河二级阶地以下的水埋藏深度为8~15m，由于地下水在干湿交替中产生的升降活动已参与了成土过程，因而在土壤剖面的底土层仔细分辨可观察到铁锈斑纹等氧化还原特征。因而就形成了大面积的潮褐土亚类中的各个土种。

前几年，在洛阳市郊褐土广泛分布的黄土丘陵地区，曾进行较大规模的平整土地，兴修水平梯田和水利设施，这无疑对改变生产条件、发展农业生产有着重要意义。但是，在里切外垫，平整土地的过程中，也出现了生土层（如黏化层、砂姜层）翻上，熟土层压底的现象，从而破坏了褐土的自然土体构型，尤其降低了耕层的土壤肥力，这对当年的作物生长会产生一定的不良影响，但从长远的观点看问题，由于改善了局部地形，减小了坡度，有利于土壤的蓄水保墒，也可进一步避免水土流失，因而对土壤的培肥还是有利的。

褐土的肥力随着亚类、土属、土种的差别甚大，丘陵区的褐土亚类，碳酸盐褐土亚类中的大多数土种，水分状况不佳，有机质含量很低，土壤肥力较差，属于河南省五大低产田之一的豫西黄土丘陵旱薄地的组成部分，而在伊洛河渠灌区大面积分布有潮褐土亚类，其土壤肥力较高，水利条件较好，这是千百年来当地劳动人民长期耕种熟化的结果，因而成为河南省伊、洛河流域高产稳产平原灌区的重要组成部分，在市郊素有"十万亩稳产高产田"之称。

二、潮土的形成及其演变

潮土是一种隐域性的半水成土壤，在洛阳市郊和吉利区主要沿伊、洛河两岸的二级阶地和黄河的高河漫滩呈断续分布。在古城乡西南部和李楼乡东部则分布着较大面积的潮土。

潮土的成土母质为河流的近代冲积物，这种母质由于受流水的分选作用，有着"紧砂漫淤"的特点，如同群众所说的"紧出砂，慢出淤，不紧不慢出两花"。因此潮土中的砂土、两合土、淤土等土属一般都是由河床向两侧递次出现。此外，在潮土的剖面中表现出十分明显的质地层次，每一质地层次的结构比较均一，与相邻的质地层次有着较明显的分界，这是由于冲积母质经河流多年沉积的结果。

潮土区一般地下水位在3m左右，地下水受干湿季节的影响有一定变幅，由于土体中的干湿交替，促进了母质中物质的溶解、移动和聚积，如铁锰等变价元素湿时还原作用强烈而在土体中移动，干时氧化作用强烈而又重新聚积，年复一年的这种规律性的变化，使铁锰等元素在土体中移动并沿结构面淀积，形成红褐色的铁锰锈纹锈斑。

此外，由于地下水埋藏很浅，土壤的毛细管作用较强，可使地下水沿毛管孔隙浸润到地表（有夜潮现象），所以对于潮土来说，地下水随干湿季节的变化和昼夜变化而产生的升降活动则是重要的成土因素之一，在潮土剖面上仔细观察时，除水域特征外，土壤的其他发育特征并不明显，但却能清楚地观察到明显的质地层次，这就是一种隐域性半水成土壤—潮土形成过程的基本特点。

潮土土类在沿伊、洛河只有黄潮土一个亚类，在吉利区出现了盐化潮土亚类和湿潮土亚类，但面积很小，呈点片分布。黄潮土亚类中的砂土属，其土壤质地为砂壤，虽耕性较好，但保水保肥能力差，养分状况不佳，肥力很低，这种土壤群众说是发小苗不发老苗，没有后劲，且漏水漏肥，必须加以改良。两合土属土壤质地为轻壤、中壤，质地适中，耕性好，适耕期长，肥力较高，是一种较理想的耕作土壤。淤土属质地黏重、耕性较差，但由于人为耕种熟化，有机质含量较高，土壤肥沃，虽然群众说养老苗不养小苗，但仍属较肥沃的一种耕作土壤。

沿河的潮土区，多以种植蔬菜为主。古城乡西南部正处于洛南灌区各大干渠的上游引水区，灌溉条件优越，且地势低洼，排水不良，多种植水稻，为稻麦两熟区。沿洛河两侧潮土分布呈半圆形环绕市区，交通便利，肥源充足，当地农民种植蔬菜的经验丰富，是洛阳市的重要蔬菜生产基地。

三、土壤地域性分布规律

洛阳合并区的土壤地域性分布规律与地貌类型、成土母质、地下水分布状况相一致。因为，在同一气候带下，土壤类型的变化往往与地形地貌、母质类型、成土年龄、水文地质状况、小气候因素等有着极密切的关系。若从市郊西北部黄土丘陵上的后李村开始到龙门山画一横断线，其土壤分布规律是：黄土丘陵上主要分布着立黄土，丘间洼地则可见有垆土分布，至涧河汇入洛河的入河口附近的七里河西岸的高阶地上分布着潮褐土亚类中的黄土，东岸的二级阶地上分布着砂性黄土，直到洛河以南的漫滩上仍有砂性黄土的分布，洛河南岸的一级阶地上为油黄土，二级阶地上分布着潮垆土，再向东南至伊河西岸的一级阶地又有油黄土的分布；在伊河两侧的河漫滩上则分布着黄潮土亚类中的灌淤土，再向东南到龙门丘陵区上又分布着堆垫褐土（立黄土）。

为了进一步阐述地貌、成土母质、水文地质条件与土壤分布规律的关系，以下按地貌分区分别加以论述。

（一）邙山侵蚀堆积黄土丘陵区

该区主要为马兰黄土所覆盖，地形起伏，沟壑纵横，土壤面蚀和沟蚀均较发育。多年来，虽整修了大量的水平梯田，水土流失有所控制，但现代加速侵蚀并未完全停止，沟头前进和黄土崩塌仍到处可见，从而形成了独特的黄土喀斯特地貌景观。在丘陵缓坡上大面积分布着立黄土，土层中砂姜很多，但分布并不均匀，时有时无，有多有少，砂姜层有薄有厚，因而形成了立黄土属中的许多土种。在局部的丘间洼地，由于洪积的影响，往往沉积了颗粒较细的黄土状物质，质地黏重，从而发育成垆土。在局部岭坡上，由于受微地形和小气候的影响，降水量和蒸发量相对有所变化，土壤的淋溶则相对减弱，成土过程中碳酸钙的分异和移动正处于初期阶段，零星分布着一些碳酸盐褐土，在水土流失严重的地段，表层马兰黄土已剥蚀殆尽，离石黄土出露地表，经人为耕种熟化后发育成红黄土。

（二）秦岭剥蚀堆积黄土丘陵区

该区土壤侵蚀极其严重，沟谷深，坡度大，自然植被稀疏，仅见于梯田埂坡和荒坡上。土地垦殖率高，且有大面积的坡耕地尚未修成水平梯田，因而水土流失并未得到有效的控制。孙旗屯乡丘陵上部分布的大面积红黄土就是由于表层马兰黄土被侵蚀，离石黄土出露地表后发育而成的。在局部土壤侵蚀严重地段，离石黄土也已流失，下层的午城黄土出露而发育成红土或暗红土。在丘间洼地常因地表经流携带泥沙的淤积，可见小面积的垆土分布。在坡度较缓的岭坡上也有立黄土的分布。辛店乡位于秦岭丘陵区的南半部，土壤侵蚀也十分严重，与孙其屯乡的北半部比较则相对较轻。地表的马兰黄土大部分尚有留存，但厚度已逐渐剥蚀变薄，侵蚀严重的地段，离石黄土已出露地表。其土壤分布规律与孙其屯乡略有差异。从马赵营至竹园的土壤分布断面图上可以清楚地看出，洛河两岸主要分布着冲积母质上发育的砂性黄土，向腹地依次出现潮红垆土、油黄土等潮褐土亚类中的一些土种。越过洛宜公路后，地貌上已进入丘陵的下缘，多开垦为梯田，有较大面积的薄层堆垫褐土（立黄土）的分布；上部岭坡上仍然分布着立黄土，侵蚀严重的地段出现了红黄土，绝大部分坡上仍广泛分布着立黄土。

（三）龙门山剥蚀构造基岩丘岭区

在龙门文物保护区，基岩裸露，以石灰岩和灰质页岩为主，在残积和坡积母质上发育而成为灰石土（现应归入始成褐土亚类）。草灌自然植被保护较好，但有较大面积的侧柏人工林覆盖，水土流失已基本得到控制，在文物保护区周围的山麓半坡已为黄土覆盖，基岩很少出露，水土流失仍相当严重，呈现出黄土丘岭独具的地貌景观。丘陵半坡仍以立黄土为主，局部土壤侵蚀的严重地段，离石、午城黄土已出露地表，经耕种熟化而发育成红黄土。丘陵下部骤然向坦荡的阶地过渡的交接洼地及伊河二阶地上分布着油黄土，河漫滩及一级阶地上多为引洪灌淤区，土壤则以灌淤土为主。

（四）中部沉降堆积平原区

洛阳合并区的地貌，自燕山运动以后，形成一断裂下陷盆地。其底部有洛、伊两条黄河的支流穿境而过，沉积了全新统的松散物质。由于历史上洛、伊河的几次改道，沿河流向在整个中部沉降堆积平原区留下了两条长形的黄土残岗。目前相对高差级小，但土壤却保留着立黄土的典型特征。这两条残岗：一在安乐村东南向的东岗、中岗、西岗3个村一带；另一在古城和关林之间。两条残岗形状，面积皆很相似，长约4km，宽不到1km，呈东西走向。其余皆受到地下水的影响而表现出不同程度的潮化现象。除河漫滩和沿河一级阶地上发育着黄潮土以外，在其余的一、二级阶地上广泛分布着潮褐土亚类中的油黄土和潮红垆土。

（五）吉利黄河阶地黄土丘陵区

吉利区在黄河北岸，与孟津县隔河相望。在黄河的河漫滩及一、二级阶地，分布着大面积的黄潮土亚类中的砂土，两合土和淤土。此外，尚有小面积的盐化潮土以及湿潮土和固定砂丘风砂土的零星分布，北半部为黄土丘，土壤类型以立黄土为主，此外还分布着小面积的红黄土和碳酸盐褐土亚类中的白面土。在局部灰质砂页岩裸露地段，在残积、坡积母质上发育着灰石土（现应归属于始成褐土亚类）。

第三节　土壤类型

一、土壤分类

洛阳市合并区耕地面积 31 204.21hm²，其中水浇地面积 20 541.35hm²，占总耕地面积的 65.8%；旱地面积 10 662.86hm²，占 34.2%。洛阳市合并区土壤分为褐土、潮土、红黏土 3 个土类。褐土主要分布在南部丘陵区、西部秦岭剥蚀堆积黄土丘陵区、北部邙山侵蚀堆积黄土丘陵区，分为典型褐土、石灰性褐土、褐土性土、淋溶褐土、潮褐土 5 个亚类；潮土全部分布在中部沉降堆积平原区，只有典型潮土 1 个亚类；红黏土分布在南部丘陵地带，为典型红黏土亚类。根据成土母质等因素典型褐土划分为黄土质褐土、泥砂质褐土 2 个土属；潮褐土只有泥砂质潮褐土 1 个土属；石灰性褐土根据成土母质和发育状况可分为黄土质石灰性褐土和泥砂质石灰性褐土 2 个土属；褐土性土根据母质类型可分为红黄土质褐土性土、堆垫褐土性土、泥砂质褐土性土 3 个土属；淋溶褐土只有泥质淋溶褐土 1 个土属。典型潮土根据母质和质地类型分为石灰性潮壤土、石灰性潮砂土、石灰性潮黏土 3 个土属。钙质粗骨土只有灰泥质钙质粗骨土 1 个土属。中性石质土有硅质石质土和泥质石质土 2 个土属。典型红黏土只有红黏土 1 个土属。石质土、淋溶褐土、粗骨土主要为山地土壤，只有很少量的耕地。根据剖面结构的不同，如质地、砾石含量、土体构型等因素，土属以下又分为不同的土种，土种是土壤分类的基本单元，第二次土壤普查洛阳市合并区土壤共分为 33 个土种，根据新的标准，重新划分为 25 个土种，新旧土种划分情况见表 10-1、表 10-2。

表 10-1　洛阳市合并区 1984 年土壤分类系统

土类	亚类	土属	土　　　种
褐土	褐土	立黄土	立黄土、少量砂姜立黄土、浅位少量砂姜立黄土、浅位中层砂姜立黄土、深位多量砂姜立黄土、浅位中层砂姜立黄土、深位薄层砂姜立黄土
		垆土	红垆土、黑垆土
		红黄土	油红黄土、红黄土、少量砂姜红黄土、多量砂姜红黄土、深位少量砂姜红黄土、浅位中层砂姜红黄土
		红土	红土、暗红土
		堆垫褐土	薄层堆垫褐土、厚层堆垫褐土
	碳酸盐褐土	白面土	白面土、少量砂姜白面土
		堆垫碳酸盐褐土	薄层堆垫碳酸盐褐土、厚层堆垫碳酸盐褐土
	潮褐土	潮黄土	油黄土、黄土、砂性黄土、鸡粪土
		潮垆土	潮红垆土
	山地褐土	灰石土	中层灰石土
潮土	黄潮土亚类	砂土	细砂土、青砂土、浅位多量卵石砂土
		两合土	小两合土、腰砂小两合土、腰粘小两合土、体砂小两合土、体粘小两合土、底砂小两合土、两合土、底砂两合土
		淤土	淤土、体壤淤土
		灌淤土	薄层灌淤土、厚层灌淤土

表 10-2　洛阳市合并区土种与省土种对接情况

省土类名称	省亚类名称	省土属名称	省土种名称	市土种名称
潮土	典型潮土	洪积潮土	壤质洪积潮土	洪积壤质潮土
			黏质洪积潮土	黏质洪积潮土
		石灰性潮壤土	底砂两合土	底砂中壤质潮土
			两合土	底砂两合土
				两合土
				中壤质潮土
			浅位厚黏小两合土	浅位厚黏轻壤质潮土
			浅位砂两合土	腰砂两合土
			浅位砂小两合土	浅位夹砂轻壤质潮土
				腰砂小两合土
			小两合土	轻壤质潮土
				砂壤土
				小两合土
		石灰性潮砂土	浅位砾层砂土	浅位砾层砂质潮土
			砂壤土	砂壤质潮土
			砂质潮土	细砂土
		石灰性潮黏土	淤土	淤土
				黏质潮土
	灌淤潮土	淤潮黏土	薄层黏质灌淤潮土	薄层黏质灌淤潮土
	湿潮土	湿潮黏土	底砾层冲积湿潮土	底砾黏质冲积湿潮土
粗骨土	钙质粗骨土	灰泥质钙质粗骨土	薄层钙质粗骨土	少砾薄层钙质褐土性土
				少砾质薄层灰石土
	中性粗骨土	泥质中性粗骨土	薄层泥质中性粗骨土	泥砾粗骨土
褐土	潮褐土	泥砂质潮褐土	壤质潮褐土	潮黄土
				壤质洪积潮褐土、中壤质废墟潮褐土
				油黄土
			黏质潮褐土	潮红垆土
				黏质洪积潮褐土
	典型褐土	黄土质褐土	红黄土质褐土	红黄土
				红黄土质褐土
				油红黄土
			黄土质褐土	赤金土
				黄土质褐土
				立黄土
				少量砂姜立黄土
			浅位多量砂姜红黄土质褐土	浅位多量砂姜红黄土质褐土、多量砂姜红黄土质褐土
			浅位少量砂姜红黄土质褐土	少量砂姜红黄土质褐土
		泥砂质褐土	黏质洪积褐土	红垆土
				黏质洪积褐土

（续表）

省土类名称	省亚类名称	省土属名称	省土种名称	市土种名称
		堆垫褐土性土	薄层堆垫褐土性土	薄层堆垫褐土性土
			厚层堆垫褐土性土	厚层堆垫褐土性土
		黄土质褐土性土	红黄土质褐土性土	红黄土质褐土性土
				红黄土质始成褐土
			浅位多量砂姜红黄土质褐土性土	多量砂姜红黄土质褐土性土
				浅位中层砂姜红黄土
			浅位少量砂姜红黄土质褐土性土	浅位少量砂姜红黄土
褐土性土				少量砂姜红黄土质褐土性土
			中层红黄土质褐土性土	中层红黄土质褐土性土
	灰泥质褐土性土	中层钙质褐土性土	少砾中层钙质褐土性土
				中层灰石土
		砂泥质褐土性土	中层砂泥质褐土性土	薄层砂石土
				多砾质薄层砂石土
				多砾质中层褐土性土
				多砾质中层砂石土
	石灰性褐土	黄土质石灰性褐土	红黄土质石灰性褐土	红黄土壤质碳酸盐褐土
				红黄土质石灰性褐土
			浅位少量砂姜红黄土质石灰性褐土	少量砂姜红黄土
红黏土	典型红黏土	典型红黏土	红黏土	红黏土
				浅位厚淀积层红黏土
			浅位钙盘砂姜石灰性红黏土	浅位厚层砂姜石灰性红黏土
			浅位少量砂姜石灰性红黏土	红黏土少量砂姜始成褐
			石灰性红黏土	石灰性红黏土

二、主要类型土壤的主要性状及面积分布

（一）立黄土属

立黄土属主要有立黄土、少量砂姜立黄土、浅位少量砂姜立黄土、深位多量砂姜立黄土、深位薄层砂姜立黄土等 6 个土种，是洛阳市合并区南部龙门剥蚀构造基岩丘陵区、西部秦岭剥蚀堆积黄土丘陵区、北部邙山侵蚀堆积黄土丘陵区的主要土壤类型，成土母质为马兰黄土，土质疏松，有垂直节理发育，颜色灰黄，表层多为轻壤或中壤，耕性较好，经人工耕种熟化后，是丘陵区较为肥沃的一种土壤。但是抗侵蚀能力较差，若为坡耕地时，受径流的冲刷常常发生严重的土壤面蚀和细沟侵蚀，肥沃的表层易遭流失。立黄土中碳酸钙的淋溶和淀积已十分明显，黏位的下移和聚集，在仔细观察剖面时均明显可辨，黏化层常出现在剖面的 50cm 处上下，厚度 20~30cm，棕色，质地多为重壤，该层石灰反应相对较弱。其下与钙积层紧紧相连，厚度不一，多数剖面中钙积层直达底部，皆为钙质胶结、色灰白，有大量新生石灰结核和密布石灰斑点，该层极坚实，硬度大，小刀不宜扎入。

（二）垆土属

垆土属成土母质多为冲积、洪积黄土，地形部位多在黄土丘陵的丘间洼地或岭脚下的冲积扇的扇

缘一带。由于径流中携带的土壤黏粒在这些部位的沉降,致使垆土属的表层土壤质地黏重而均一。

(三) 红黄土属

红黄土属的成土母质系离石黄土,在水土流失较为严重的地段,表层的马兰黄土被剥蚀流失,下层的离石黄土露出地表,再经人为垦殖发育而成。红黄土质地黏重,表层多为中壤,剖面下层为中壤或重壤,代换量高,矿质养分含量较低,耕性很差。

(四) 红土属

主要分布在孙旗屯和辛店乡的岗邱地带,A 层已侵蚀殆尽,红色风化壳裸露地表。虽土层深厚,尚无明显发育层次。成土母质系第三纪、第四纪红色黏土或石灰岩风化物上的红土,石灰反应强烈。发育在午城黄土上的红土,石灰反应较弱。

(五) 堆垫褐土属

在较老的水平梯田上逐渐培肥的堆垫褐土,由于水土流失减轻,土壤的蓄水保墒能力增强,水、热状况及养分含量已有明显改善。

(六) 白面土属

白面土属是属褐土类、碳酸盐褐土亚类,成土母质为马兰黄土,地形部位多处于地势高干燥的红土丘陵沟壑区,并往往形成独特的小气候条件,其突出特点就是降水量相对偏少,蒸发量较大。在这局部地段,褐土中碳酸钙的淋溶和淀积都进行得十分微弱,土壤剖面中新生体发育弱,有时在 30~40cm 处也能观察到少量的假菌丝或石灰斑点。整个剖面的发育层次不明显,表层质地多为轻壤至中壤,颜色灰黄色,石灰反应通体强烈。

(七) 堆垫碳酸盐褐土属

主要指在碳酸盐褐土亚类分布区,由于采用起高垫低,里切外垫修筑水平梯田,打乱了土层而重新耕种熟化的土壤,归于该土属。对于碳酸盐褐土亚类来说,整修水平梯田对减少地表径流,控制水土流失,蓄水保墒,具有重要的意义,这对加速白面土属的培肥和熟化土壤作用甚大。

(八) 潮黄土属

潮黄土属成土母质系冲洪积黄土状物质。燕山运动之后,洛阳盆地,因断裂坳陷而形成,伊、洛河从盆地穿流而过,历史上也有过多次改道,沿河谷伸展的阶地,几经升降而形成堆积阶地,除了现在仍存留下来的两带黄土残岗外,一级阶地的古河流漫流沉积区集中分布着该土属的各个土种。该土属水分状况较好,地下水埋深 8m 左右,土壤质地适中,多为轻壤至中壤。该土属的成土母质皆系全新统 (Q4) 的沉积物,发育层次不甚明显。由于受到地下水升降活动的影响,有时在剖面下层可观察到铁锈斑纹。

(九) 潮垆土属

潮垆土属的成土母质系次生黄土,为古河流的漫流和静水沉积所形成,其部位多分布在二级阶地上。在土壤断面上很易观察出潮垆土属的分布规律,由于流水的分选作用,沉积了大量黏粒,土壤质地较为黏重,多为重壤质。该土壤虽因质地黏重,易起坷垃,耕性较差,但肥力很高。

(十) 灰石土属

该土属原属于褐土性土 (始成褐土) 亚类,主要发育在石灰岩 (包括灰质砂页岩) 浅山丘岭地带,成土母质系残积或坡积的石灰质岩类风化物。分布在龙门镇的龙门文物保护区以内,由于风化物的水流冲积和坡积的结果,往往在岭坡上土层很薄,而局部的山间洼地或沟谷坡脚地带土层较厚且夹杂少量的石砾碎块。除个别地块已开垦为坡耕地,种植一些红薯、豆类等耐干旱、瘠薄的作物以外,大都为自然植被所覆盖。

(十一) 砂土属

在洛阳市合并区的伊、洛河的高河漫滩一带,其成土母质系冲积黄土状物质,质地为砂或砂壤质,主要沿河漫滩顺河床平行分布。是近代河流的漫流沉积区,母质中含黏粒较少而以砂粒为主。剖面中发育层次并不明显,但质地层次分明,地下水位在 3m 左右,下层有时可观察到锈斑。

（十二）两合土属

两合土属是伊、洛河两岸潮土分布区的一个主要土属，集中分布在古城乡的西南部和李楼乡的东部沿河一带。其成土母质为近代河流的冲积物。沉积物的流水分选作用明显，近河岸的主流沉积物质地较粗，向河岸两侧伸展，依次质地由粗变细，漫流沉积物以黏粒和粉砂粒为主，所以两合土属表层质地多为轻壤—中壤质。由于河流的泛滥和河床的摆动，同一时期的沉积物其质地也有明显的差异，故剖面中质地层次界线清楚。两合土属由于质地适中，耕性较好，适耕期较长。

（十三）淤土属

集中分布在洛阳市合并区古城乡西南部的洛河东岸和李楼乡东部洛、伊河之间的一级阶地上。成土母质系近代河流的漫流和静水沉积物，黏粒含量丰富，质地黏重，地下水位在 3m 左右，耕层有夜潮现象。

（十四）灌淤土属

集中分布在洛阳市合并区龙门镇裴村、郜庄两村伊河东岸的高河漫滩一带。灌淤土均系在卵石漫滩上经人工改洪淤灌而成，土壤发育年龄很轻，由于淤灌层有厚有薄，故划分为两个土种。灌淤土的成土母质系河流引洪期的泥沙沉积物，具一定的自然肥力，但因培肥时间尚短，熟化程度不高，土壤结构不十分理想，土壤养分含量还需通过不断地人为耕作而加以培肥。

第四节　耕地改良利用与生产现状

一、耕地资源现状、特征

按全国耕地利用现状分类，耕地是指能种植农作物的土地，以种植农作物为主，不含园地，耕地分为水田，旱地。水田指筑有田埂，可经常蓄水，用以种植水稻等水生植物的用地，包括水旱轮作田。旱地指水田以外旱作耕地，包括水浇地。

按照以上分类原则，洛阳市合并区现有耕地 32 146.71 hm^2，全部为旱地，其中，水浇地 20 541.35hm^2，占耕地面积63.9%，旱地 11 605.36hm^2，占耕地面积的 36.1%。

历史上，洛阳市水浇地以一年两熟为主，旱地以一年一熟为主，改革开放以来，随着水浇地面积的不断增加，农业投入的不断增多，农作物播种面积不断扩大，复种指数不断提高，种植制度多为一年两熟，少为一年一熟和一年三熟，由于作物种植种类多，作物种植模式也多，主要有：小麦—玉米、小麦—红薯、小麦—棉花、小麦—花生、小麦—大豆、小麦—谷子一年两熟，油菜—粮食类、油料类一年两熟；麦菜瓜（棉）一年三熟，少部分旱地有红薯、花生、小麦一年一熟。

二、耕地土壤改良实践与效果

1985 年以来，洛阳市合并区依托国家农业综合开发项目、吨粮田建设项目、小麦玉米高产开发项目等，实施中低产田改造和节水灌溉农业及高产开发，大力调整农业结构，不断加快农业产业化进程，耕地生产能力稳步提高。

1. 中低产田改造

1997—2000 年，围绕"农业丰收、农民增收、农村小康"目标，实施伊洛河地区农业综合开发和邙岭节水灌溉项目，建设了一批高标准的"田成方，树成网，渠相通，路相连"的园田化示范区。共改造中低产田 10 333.3hm^2，增加有效灌溉面积 2 000hm^2。

2. 吨粮田建设

1998—1999 年，市农业局实施 25 万亩吨粮田项目，通过科技承包、培育典型、增加投入、推广优良品种和高产配套栽培技术等一系列措施取得了小麦平均亩产 461.7kg、玉米平均亩产 560.6kg 的好收成，超额完成目标任务。

第十一章　耕地土壤养分

　　土壤养分是土壤理化性状的组成部分，也是构成其肥力的重要因素之一。土壤养分的含量及其供应速度直接影响植物的生长，最终影响其产量。因此，了解和掌握各种土壤的养分状况，对于正确利用和管理土壤，制定不同土壤改良利用方向及培肥措施，提高土壤肥力，进而提高生产力保证高产优质稳产，均具有极为重要的意义。本次耕地地力评价合并区共划分了 11 581 个评价单元。利用 GIS 的空间插值法，为每一评价单元赋值了有机质、全氮、有效磷、速效钾、缓效钾、有效硫、有效钼、水溶性硼、有效铜、锌、铁、锰及 pH 值共 13 项。土壤养分背景值的表达方式以各统计单元养分汇总结果的算术平均数和标准来表示。表示单位：全氮、有机质用 g/kg 表示，其他养分含量用 mg/kg 表示。通过调查分析，充分了解了各个营养元素的含量状况及不同地力等级的面积分布，以及与不同土壤类型、质地、地貌等因素的相关关系。2009 年至今，洛阳市合并区依托测土配方施肥项目，共采集分析 25 713 个土样，经过对化验数据审核筛选，大量元素保留 1 106 组土样化验数据，中微量元素保留 332 组土样化验数据。

　　参考河南省二次土壤普查养分分级表，在洛阳市合并区测土配方项目大量田间试验数据基础上，经有关专家研商，提出洛阳市合并区土壤养分分级标准（表 11-1、表 11-2），现以此标准将洛阳市合并区耕地土壤养分进行详细分析。

表 11-1　河南省二次土壤普查养分分级

土壤养分	1	2	3	4	5	6
有机质（g/kg）	>40	30.1~40	20.1~30	10.1~20	6.1~10	≤6.0
全氮（g/kg）	>2	1.51~2	1.01~1.50	0.76~1	0.51~0.75	≤0.50
有效磷（mg/kg）	>40	21~40	11~20	6~10	4~5	≤3
速效钾（mg/kg）	>200	151~200	101~150	51~100	30~50	≤30
有效铁（mg/kg）	>20	10~20	4.6~10	2.6~4.5	≤2.5	
有效锰（mg/kg）	>30	15.1~30	5.1~15	1.1~5	≤1.0	
有效铜（mg/kg）	>1.8	1.01~1.8	0.21~1	0.11~0.2	≤0.1	
有效锌（mg/kg）	>3	1.01~3	0.51~1	0.31~0.5	≤0.3	
有效钼（mg/kg）	>0.3	0.21~0.3	0.18~0.2	0.11~0.18	≤0.1	
水溶态硼（mg/kg）	>2	1.01~2	0.51~1	0.21~0.5	≤0.2	

表 11-2　洛阳市合并区最新土壤养分分级

土壤养分	高	较高	中	较低	低
有机质（g/kg）	>30	20.1~30	17.1~20	15.1~17	≤15
全氮（g/kg）	>1.5	1.21~1.5	1.1~1.2	0.81~1.0	≤0.80
有效磷（mg/kg）	>40.0	20.1~40.0	15.1~20.0	10.1~15.0	≤10.0
缓效钾（mg/kg）	>900	851~900	801~850	701~800	≤700
速效钾（mg/kg）	>200	170.1~200	150.1~170	130.1~150	≤130
有效铁（mg/kg）	>20.0	15.1~20.0	10.1~15.0	8.51~10.0	≤8.50
有效锰（mg/kg）	>30	20.1~30	15.1~20	10.1~15	≤10
有效铜（mg/kg）	>3.5	2.51~3.5	1.81~2.5	1.31~1.8	≤1.30
有效锌（mg/kg）	>3.5	3.1~3.5	1.51~3.0	1.21~1.50	≤1.20
有效钼（mg/kg）	>0.3	0.21~0.3	0.16~0.20	0.11~0.15	≤0.10
有效硫（mg/kg）	>45	35.1~45	20.1~35	15.1~20.0	≤15
水溶态硼（mg/kg）	>1.0	0.81~1	0.51~0.8	0.41~0.5	≤0.4
pH 值	>8.0	7.9~8.0	7.7~7.8	7.5~7.6	≤7.4

一、土壤养分现状、变化与评价

（一）土壤养分现状分析

洛阳市合并区 3 156 个土样测试结果，汇总、统计分析如下。

1. 土壤养分分级汇总（表 11-3 至表 11-7）

表 11-3　土壤有机质测试结果统计　　　　单位：g/kg

合计		<6	6~10	10~20	20~30	30~40	40~60	>60
样品数	平均值	样品数	样品数	样品数	样品数	样品数	样品数	样品数
3 156	20.46	6	42	1 516	1 500	144	0	0

表 11-4　土壤全氮测试结果统计　　　　单位：g/kg

合计		<0.5	0.5~1.0	1.0~1.5	1.5~2.0	2.0~2.5	2.5~3.0	>3.0
样品数	平均值	样品数	样品数	样品数	样品数	样品数	样品数	样品数
3 156	1.18	0	784	1 732	492	0	0	0

表 11-5　土壤有效磷测试结果统计（P）　　　　单位：mg/kg

合计		<5	5~10	10~20	20~40	40~60	60~80	>80
样品数	平均值	样品数	样品数	样品数	样品数	样品数	样品数	样品数
3 156	20.67	48	762	1 426	954	288	30	0

表 11-6　土壤速效钾测试结果统计（K）　　　　单位：mg/kg

合计		<50	50~100	100~150	150~200	200~250	250~300	>300
样品数	平均值	样品数	样品数	样品数	样品数	样品数	样品数	样品数
3 156	175	0	36	1 128	1 220	528	258	35

表 11-7　土壤 pH 值测试结果统计

合计		<4.5	4.6~5.5	5.6~6.5	6.6~7.5	7.6~8.5	8.6~9.0	>9.0
样品数	平均值	样品数	样品数	样品数	样品数	样品数	样品数	样品数
3 156	8.1	0	0	0	30	3136	42	0

2. 各分乡镇土壤养分含量（表 11-8）

表 11-8　各分乡镇土壤养分含量

乡镇	全氮（g/kg）			有机质（g/kg）			P₂O₅（mg/kg）			K₂O（mg/kg）			pH 值		
	平均	最高	最低	平均	最高	最低	平均	最高	最低	平均	最高	最低	平均	最高	最低
吉利乡	0.93	1.87	0.52	15.0	25.1	5.8	19.3	56.8	5.7	169	286	102	8.2	8.8	7.9
邙山镇	1.19	1.89	0.69	21.2	32.4	10.6	30.7	73.0	5.1	146	252	96	8.2	8.5	7.7
辛店镇	1.13	1.78	0.7	19.8	38.5	6.9	14.8	48.0	7.1	168	251	82	8.2	8.6	7.8
孙旗屯	0.89	1.46	0.56	14.4	21.6	8.7	10.9	47.2	4.5	165	247	88	8.2	8.6	7.9
龙门镇	1.17	1.94	0.55	20.2	28.0	7.0	12.9	50.1	4.4	185	295	98	8.0	8.4	7.6
关林镇	1.38	1.87	1.08	24.6	31.3	19.7	12.8	28.2	5.8	192	253	106	8.0	8.3	7.7

（续表）

乡镇	全氮（g/kg）			有机质（g/kg）			P₂O₅（mg/kg）			K₂O（mg/kg）			pH 值		
	平均	最高	最低	平均	最高	最低	平均	最高	最低	平均	最高	最低	平均	最高	最低
安乐镇	1.55	1.9	0.9	27.4	35.8	21.0	15.8	45.6	2.6	218	307	127	8.0	8.4	7.4
李楼乡	1.46	1.91	1.07	25.7	35.5	15.9	22.4	68.3	9.1	208	310	114	8.1	8.4	7.4
古城乡	1.21	1.99	0.71	20.3	32.4	10.5	20.3	64.0	4.7	171	277	110	8.1	8.6	7.5
白马寺	1.06	1.76	0.79	18.3	25.6	12.6	28.3	66.6	8.3	180	309	114	8.2	8.6	7.9
红山乡	1.24	1.75	0.91	22.4	28.8	12.8	31.3	48.8	8.1	163	243	112	8.1	8.6	7.7
工农乡	1.16	1.45	0.8	21.0	28.2	14.2	12.4	18.0	6.6	172	305	122	8.1	8.2	7.7
廛河乡	1.1	1.58	0.66	18.4	25.6	7.8	19.7	61.8	4.9	140	216	107	8.1	8.5	7.7

3. 不同耕地类型土壤养分含量（表 11-9）

表 11-9　不同耕地类型土壤养分含量

耕地类型	全氮（g/kg）			有机质（g/kg）			P₂O₅（mg/kg）			K₂O（mg/kg）			pH 值		
	平均	最高	最低	平均	最高	最低	平均	最高	最低	平均	最高	最低	平均	最高	最低
一级阶地	1.24	1.91	0.52	21.7	35.5	5.8	20.6	68.3	5.7	184	310	98	8.1	8.5	7.4
二级阶地	1.24	1.99	0.7	21.6	35.8	6.9	18.2	66.6	2.6	193	309	82	8.1	8.8	7.4
黄土性阶地	1.08	1.94	0.55	18.7	32.0	7.0	22.6	59.6	4.6	161	305	102	8.2	8.5	7.7
丘岭缓坡	1.13	1.76	0.56	19.5	28.8	7.8	23.6	73.0	4.5	156	252	88	8.2	8.6	7.7
丘岭低谷地	0.99	0.99	0.99	14.5	14.5	14.5	11.2	11.2	11.2	176	176	176	8.2	8.2	8.2
丘陵坡地	1.09	1.71	0.71	17.8	28.9	10.5	19.3	64.0	4.7	154	213	110	8.1	8.6	7.5

4. 不同海拔高度土壤养分含量（表 11-10）

表 11-10　不同海拔高度土壤养分含量

海拔（m）		≤100	101~150	151~200
全氮（g/kg）	平均	1	1.24	1.2
	最高	1.1	1.9	2
	最低	1	0.5	0.7
有机质（g/kg）	平均	16.8	21.7	21
	最高	17.8	35.8	32.4
	最低	15.7	5.8	6.9
P₂O₅（mg/kg）	平均	24.7	20.8	18.8
P₂O₅（mg/kg）	最高	30.8	68.3	66.6
	最低	18.5	5.7	2.6
K₂O（mg/kg）	平均	167	191	175
	最高	199	310	305
	最低	134	98	82
pH 值	平均	8.2	8.1	8.1
	最高	8.3	8.8	8.6
	最低	8	7.4	7.5

（二）土壤养分变化趋势

洛阳市合并区 3 156 个土样化验结果汇总平均，有机质含量 20.46g/kg，全氮 1.18g/kg，有效磷（P）20.67mg/kg，速效钾（K）175.0mg/kg。与 1986 年第二次土壤普查时平均有机质 12.9g/kg、全氮 0.8g/kg、有效磷 11.2mg/kg、速效钾 144.0mg/kg 相比，土壤中各种养分含量都有增加，其中有机质增加 7.56g/kg、全氮增加 0.38g/kg，有效磷增加 9.47mg/kg，速效钾增加 31.0mg/kg。

第十二章　耕地地力评价指标体系

第一节　参评因素的选取及其权重确定

正确地进行参评因素的选取并确定其权重，是科学地评价耕地地力的前提，它直接关系到评价结果的正确性、科学性和社会可接受性。

一、参评因子的选取原则

影响耕地地力的因素很多，在评价工作中不可能将其所包含的全部信息提出来，由于影响耕地质量的因子间普遍存在着相关性，甚至信息彼此重叠，故进行耕地质量评价时没有必要将所有因子都考虑进去。为了排除人为主观性对选择评价因子的影响，使筛选的主导评价因子能较全面客观地反映评价区域耕地质量的现实状况，参评因素选取时应遵循稳定性、主导性、综合性、差异性、定量性和现实性原则。

二、评价指标体系

洛阳市城市合并区的评价因子选取由河南省土壤肥料站程道全研究员、河南农业大学陈伟强博士、洛阳市农技站席万俊研究员、郭新建高级农艺师和参加第二次土壤普查工作的老专家张玉平及洛阳市城市合并区土地、水利、区划、土壤、栽培等方面的专家13人，在专家组的帮助下，本次耕地地力评价采用特尔斐法，结合城市合并区当地的实际情况，进行了影响耕地地力的剖面性状、立地条件、耕层理化性状等定性指标的筛选。最终从全国耕地地力评价指标体系全集中，选取了9项因素作为耕地地力评价的参评因子，分别是：速效钾、有机质、有效磷、质地、质地构型、有效土层厚度、田面坡度、地貌类型、灌溉保证率等，建立起了城市合并区耕地地力评价指标体系。评价指标分组情况见表12-1、合并区层次分析见图12-1。

表 12-1　评价指标分组情况

洛阳市城市合并区耕地地力评价指标体系	耕层理化	速效钾
		有效磷
		有机质
	剖面性状	有效土层厚度
		质地
		质地构型
	立地条件	田面坡度
		地貌类型
		灌溉保证率

三、确定参评因子权重的方法

本次洛阳市城市合并区耕地地力评价采用层次分析法，它是一种对较为复杂和模糊的问题做出决策的简易方法，特别适用于那些难于完全定量分析的问题。它的优点在于定性与定量的方法相结合，通过参评专家分组打分、汇总评定、结果验证等步骤，既考虑了专家经验，又避免了人为影响，具有高度的逻辑性、系统性和实用性。各评价因子得分情况见表12-2。

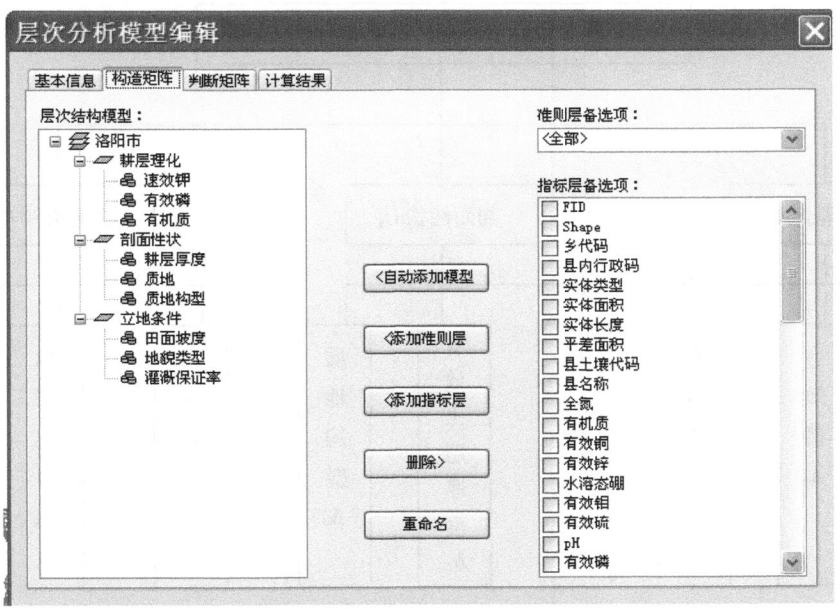

图 12-1　合并区层次分析

表 12-2　评价因子得分情况

名称	准则层	得分（%）	指标层	得分（%）
洛阳市城市合并区耕地地力评价指标体系	耕层理化	20	速效钾	20
			有效磷	35
			有机质	45
	剖面性状	35	有效土层厚度	20
			质地	40
			质地构型	40
	立地条件	45	田面坡度	15
			地貌类型	35
			灌溉保证率	50

确定参评因素的具体步骤如下。

（一）建立层次结构

耕地地力为目标层（G 层），影响耕地地力的立地条件、物理性状、化学性状为准则层（C 层），再把影响准则层中各元素的项目作为指标层（A 层），其结构关系如图 12-2 所示。

（二）构造判断矩阵

省级专家组评估的初步结果经合适的数学处理后（包括实际计算的最终结果-组合权重）反馈给城市合并区各位专家，重新修改或确认，确定 C 层对 A 层以及 A 层对 C 层的相对重要程度，共构成 A、C_1、C_2、C_3 共 4 个判断矩阵，如图 12-3 至图 12-5 所示。

（三）层次单排序及一致性检验

建立比较矩阵后，就可以求出各个因素的权值，采取的方法是用和积法计算出各矩阵的最大特征根 λ_{max} 及其对应的特征向量 W，得到的各权数值及一致性检验的结果如表 12-3，并用 $CR = CI / RI$ 进行一致性检验。

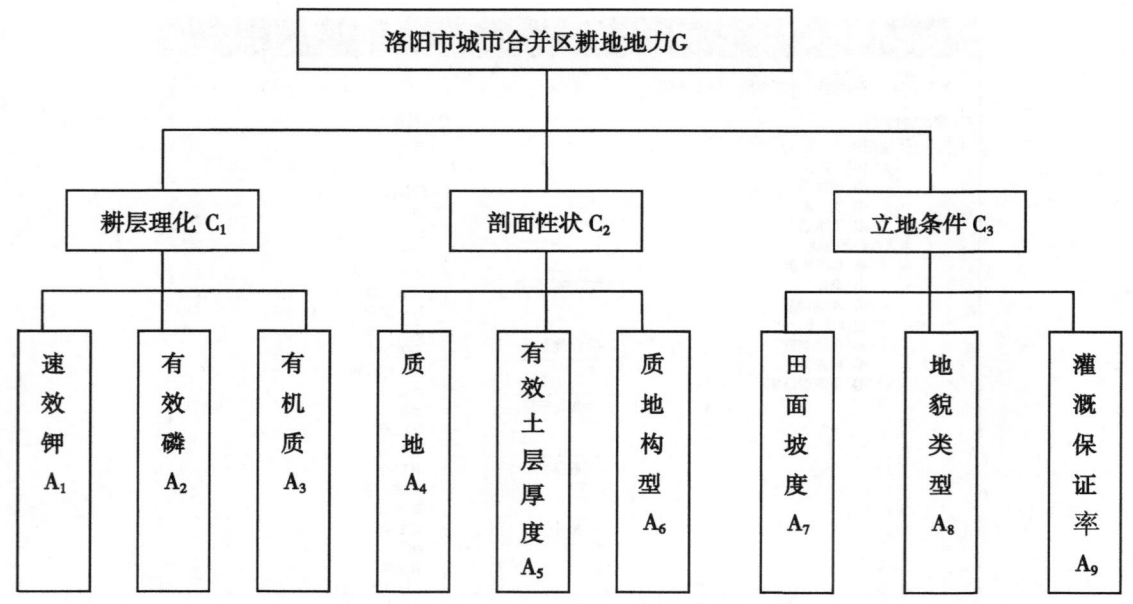

图 12-2 耕地地力影响因素层次结构

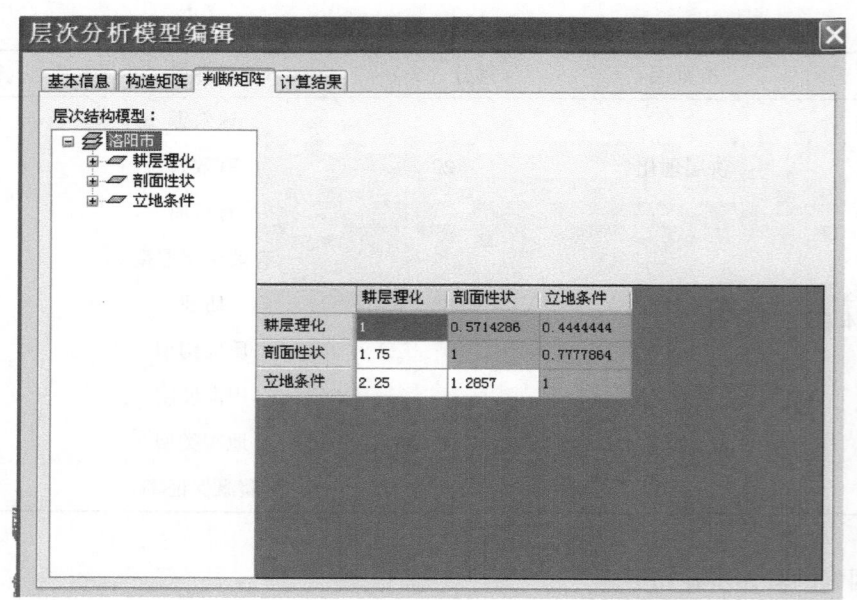

图 12-3 目标层 G 判别矩阵

表 12-3 权数值及一致性检验结果

矩阵	特征向量			CI	RI	CR
目标层 A	0.2000	0.3500	0.4500	−2.20903253285165E−05	0.58	0.00003809
准则层 C_1	0.2000	0.3500	0.4500	−2.20903253285165E−05	0.58	0.00003809
准则层 C_2	0.2000	0.4000	0.4000	0	0.58	0
准则层 C_3	0.1500	0.3500	0.5000	1.03965946072204E−05	0.58	0.00001793

从表中可以看出，$CR<0.1$，具有很好的一致性。

（四）层次总排序及一致性检验

计算同一层次所有因素对于最高层相对重要性的排序权值，称为层次总排序，这一过程是最高层

216

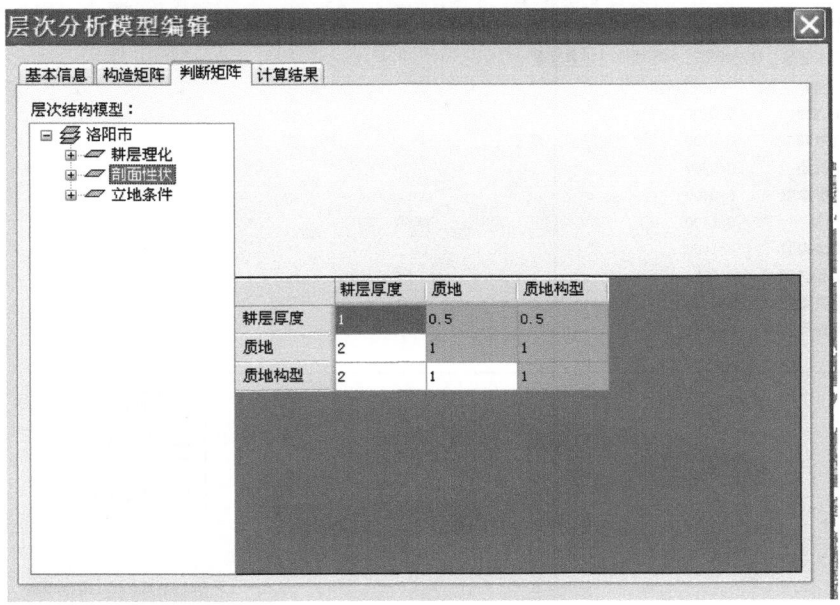

图 12-4　剖面性状（C_1）判别矩阵

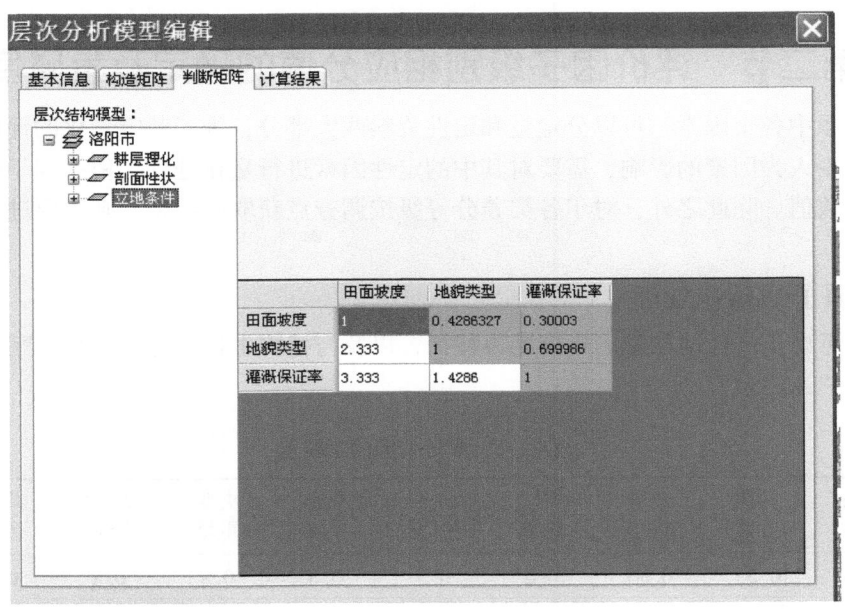

图 12-5　立地条件（C_2）判别矩阵

次到最低层次逐层进行的。经层次总排序，并进行一致性检验，结果为 $CI = 2.60608255507917 \times 10^7$，$RI = 0.58$，$CR = CI/RI = 0.00000045 < 0.1$，认为层次总排序结果具有满意的一致性，否则需要重新调整判断矩阵的元素取值，最后计算得到各因子的权重如表 12-4，各评价因子的权重如图 12-6。

表 12-4　各评价因子的权重

指标名称	速效钾	有效磷	有机质	耕层厚度	质地	质地构型	田面坡度	地貌类型	灌溉保证率
指标权重	0.0400	0.0700	0.0900	0.0700	0.1400	0.1400	0.0675	0.1575	0.2250

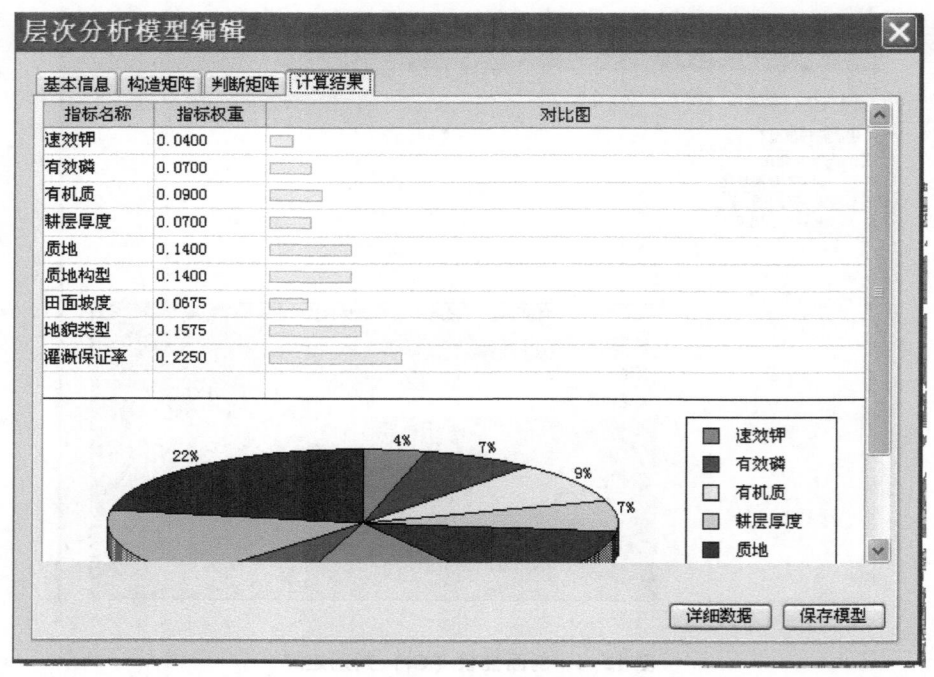

图 12-6　各评价因子的权重图

第二节　评价因子级别相应分值的确定及隶属度

评价指标体系中各个因素，可以分定量和定性资料两大部分，为了裁定量化的评价方法和自动化的评价手段，减少人为因素的影响，需要对其中的定性因素进行量化处理，根据因子的级别状况赋予其相应的分值或数值。除此之外，对于各类养分等级按调查点获取的数据，则需要进行插值处理，生成各类养分图。

一、定性因子的量化处理

质地构型：考虑不同质地构型的土壤肥力特征，以及与植物生长发育的关系，赋予不同质地构型以相应的分值（表 12-5）。

表 12-5　质地构型的隶属度

质地构型	黏底轻壤	夹壤砂壤	夹壤重壤	夹砂轻壤	夹砂中壤	夹黏中壤	夹黏重壤	均质轻壤	均质砂壤	均质砂土
隶属度	0.85	0.55	0.85	0.6	0.5	0.8	0.8	0.8	0.7	0.1
质地构型	均质中壤	均质重壤	黏底中壤	黏身重壤	壤身砂壤	壤身黏土	壤身重壤	砂底中壤	腰砂中壤	
隶属度	1	1	1	0.9	0.7	0.95	0.9	0.5	0.6	

质地：根据不同土壤的质地对植物生长发育的影响，赋予不同质地以相应的分值（表 12-6）。

表 12-6　质地的隶属度

质地	轻黏土	轻壤土	砂壤土	松砂土	中壤土
隶属度	1	0.6	0.2	0.1	1

田面坡度：根据不同的田面坡度对耕地地力及作物生长的影响，赋予其相应的分值（表 12-7）。

表 12-7　田面坡度的隶属度

田面坡度	0	0~1	1~2	2~3	≥4
隶属度	1	1	0.6	0.4	0.2

灌溉保证率：根据不同的灌溉保证率对耕地地力及作物生长的影响，赋予其相应的分值（表 12-8）。

表 12-8　灌溉保证率的隶属度

灌溉保证率（%）	>75	50~75	30~50	≤30
隶属度	1	0.8	0.5	0.2

有效土层厚度：根据不同的有效土层厚度对耕地地力及作物生长的影响，赋予不同有效土层厚度以相应的分值（表 12-9）。

表 12-9　有效土层厚度的隶属度

有效土层厚度（cm）	>20	18~20	15~18	≤15
隶属度	1	0.7	0.55	0.2

地貌类型：根据不同的地貌类型对耕地地力及作物生长的影响，赋予不同地貌类型以相应的分值（表 12-10）。

表 12-10　地貌类型的隶属度

地貌类型	河漫滩	黄土地貌	平原	倾斜洪积平原	丘陵	山地
隶属度	0.8	0.4	1	0.9	0.6	0.3

二、定量化指标的隶属函数

我们将评价指标与耕地生产能力的关系分为戒上型函数、戒下型函数、峰型函数、概念型函数和直线型函数 5 种类型。对障碍层类型、障碍层位置、排涝能力、灌溉保证率、质地构型、地形部位等概念型定性因子采用专家打分法，经过归纳、反馈、逐步收缩、集中，最后产生获得相应的隶属度。而对有效磷、速效钾、有机质等定量因子，则根据洛阳市城市合并区有效磷、速效钾、有机质的空间分布的范围及养分含量级别，结合肥料试验获取的数据，由专家划段给出相应的分值，然后在计算机中绘制这两组数值的散点图，再根据散点图进行曲线模拟，寻求参评因素实际值与隶属度关系方程从而建立起隶属函数。各参评概念型评价因子的隶属度如表 12-11 所示。

表 12-11　定量化指标的隶属度

名称	分值					A 值	C 值	U1 值	U2 值
有机质（g/kg）	>25	20~25	15~20	10~15	<10	0.016804	18.20878	0	18
隶属度	1	0.9	0.8	0.7	0.6				
有效磷（mg/kg）	>25	20~25	15~20	5~15	<5	$1.12×10^2$	23.1285	0	23
隶属度	1	0.9	0.8	0.5	0.2				
速效钾（mg/kg）	>200	160~200	120~160	100~120	<100	$4.33×10^4$	164.8816	10	160
隶属度	1	0.9	0.8	0.7	0.6				

　　本次洛阳市城市合并区耕地地力评价，通过模拟得到速效钾、有机质、有效磷属于戒上型隶属函数，然后根据隶属函数计算各参评因素的单因素评价评语。有机质、速效钾、有效磷与隶属度关系曲线如图12-7至图12-9所示。

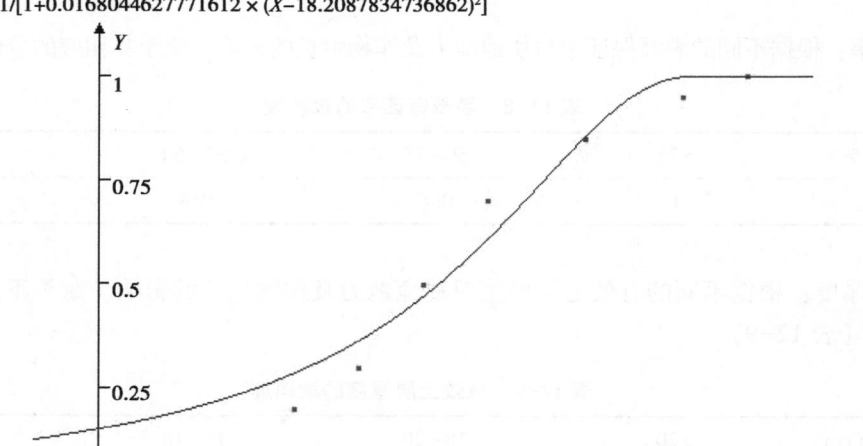

图12-7　有机质与隶属度关系曲线图

（注：X值为数据点有机质含量值，Y值表示函数隶属度）

　　其隶属函数为戒上型，形式为：

$$y=\begin{cases}0, & x\leqslant x_t \\ 1 / \left[1 + A\times (x - C)^2\right] & x_t<x<c \\ 1, & c\leqslant x\end{cases}$$

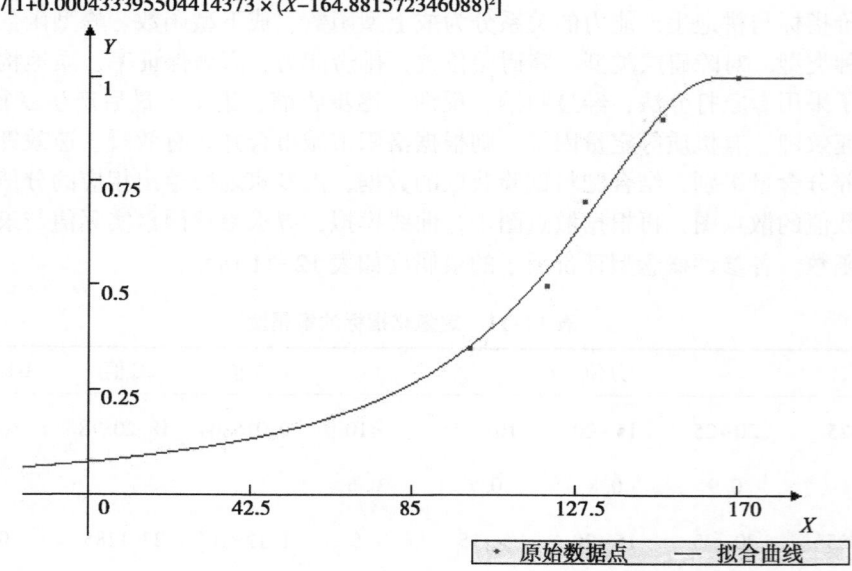

图12-8　速效钾与隶属度关系曲线图

（注：X值为数据点有机质含量值，Y值表示函数隶属度）

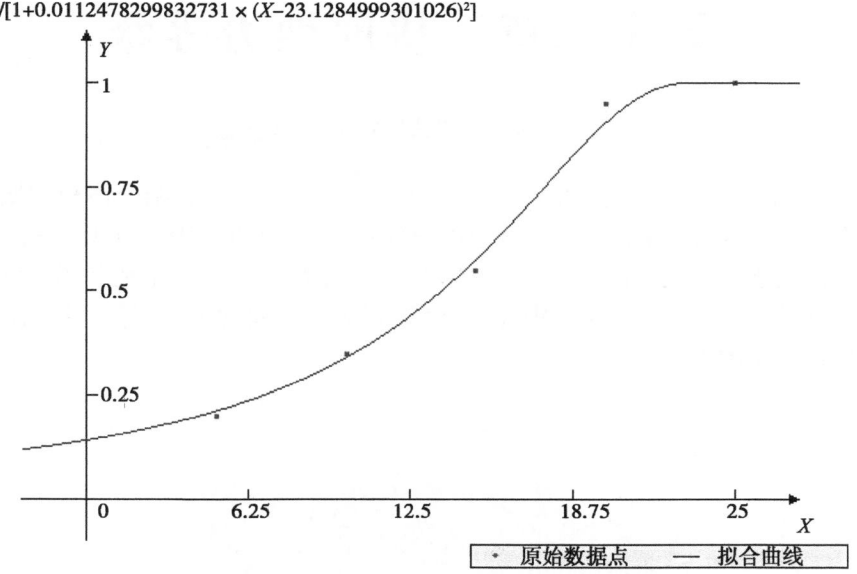

Y=1/[1+0.0112478299832731 × (*X*–23.1284999301026)²]

图 12-9　有效磷与隶属度关系曲线图
（注：*X* 值为数据点有机质含量值，*Y* 值表示函数隶属度）

第十三章 耕地地力等级

第一节 耕地地力等级

耕地地力是耕地具有的潜在生物生产能力。这次耕地地力调查，结合洛阳市城市合并区实际情况，选取了9个对耕地地力影响比较大，区域内的变异明显、在时间序列上具有相对稳定性、与农业生产有密切关系的因素，建立评价指标体系。以1：5万土壤类型图、土地利用现状图叠加形成的图斑为评价单元，共计11 581个，应用模糊综合评判方法对全市耕地进行评价。把洛阳市城市合并区耕地地力分6个等级，见图13-1。

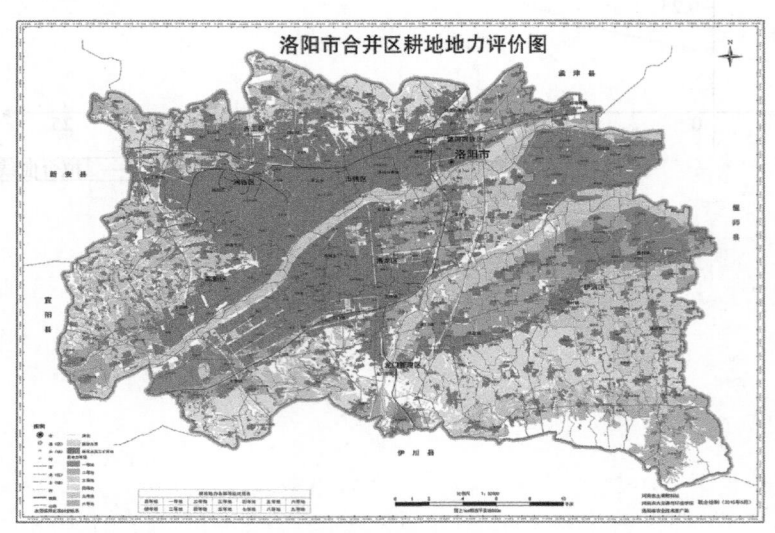

图13-1　洛阳市城市合并区耕地地力等级评价图

一、耕地地力等级面积统计

洛阳市城市合并区耕地总面积为31 204.21hm²，共分为6个等级，其中一等地4 078.88hm²，占全区耕地面积的13.1%，二等地6 549.43hm²，占全区耕地面积的21.0%，三等地6 131.81hm²，占全区耕地面积的19.7%，四等地7 106.64hm²，占全区耕地面积的22.8%，五等地5 611.88hm²，占全区耕地面积的18.0%，六等地1 725.57hm²，占全区耕地面积的5.5%，见表13-1。

表13-1　洛阳市城市合并区各等级面积统计

等级	一等地	二等地	三等地	四等地	五等地	六等地	总计
面积（hm²）	4 078.88	6 549.43	6 131.81	7 106.64	5 611.88	1 725.57	31 204.21
占耕地面积的比例（%）	13.1	21.0	19.7	22.8	18.0	5.5	100

二、洛阳市城市合并区地力等级与国家对接方法与结果

耕地地力的另一种表达方式，即以产量表达耕地地力水平。农业部于1997年颁布了"全国耕地类型区耕地地力等级划分"农业行业标准（NY/T 309—1996），将全国耕地地力根据粮食单产水平划分为十个等级。在对洛阳市城市合并区1 106个耕地地力调查点的3年实际年平均产量调查数据分析的基础上，筛选了50个点的产量与地力综合指数值（IFI）进行了相关分析，建立直线回归方程：$y=803.05x+6.4626$（$R=0.9771$**，达到极显著水平）。式中y代表自然产量，x代表综合地力指数。根据其对应的相关关系，将用自然要素评价的耕地地力等级分别归入相应的概念型产量表示的地力等

级体系。对接结果见表 13-2。

可以看出，洛阳市城市合并区的耕地地力等级差异较大，涵盖了国家 4~9 级耕地，主要受到耕层理化、立地条件、土壤质地、质地构型等因素的影响，形成了洛阳市城市合并区粮食单产较高而总产不突出的特点，这与洛阳市城市合并区的实际基本吻合。

表 13-2　洛阳市城市合并区耕地地力等级与国家耕地地力等级对照

洛阳市城市合并区		全国耕地类型区耕地地力等级	
耕地地力等级	年产量水平（kg/亩）	对接入国家地力等级	年产量水平（kg/亩）
一等地	>600	四等地	>600
二等地	500~600	五等地	500~600
三等地	400~500	六等地	400~500
四等地	300~400	七等地	300~400
五等地	200~300	八等地	200~300
六等地	100~200	九等地	200<

三、洛阳市城市合并区各等级耕地特点及存在的主要问题

（一）耕地地力等级的地域分布

从耕地地力等级分布图中可以看出，一、二级地集中分布在洛阳市城市合并区的中部伊洛河平原地区，地势平坦，土层深厚，耕作历史悠久。土壤属潮土类型，质地中壤到轻黏，保肥保水能力高，耕作性强，地下水资源丰富，灌溉保证率大于 75%，农田设施齐全，机械化程度高等特点，主要种植小麦、玉米、蔬菜，是城市区粮食高产稳产地区。

三、四等地主要分布在中部冲积平原的边缘地带、北部邙岭和南部洪积倾斜平原及相邻地区，土层深厚，质地轻壤到中壤，有少部分耕地地面有一定的坡度，水利设施中等，地下水资源一般，在南部主要利用渠水灌溉，灌溉保证率在 30%~50%，小麦、玉米种植面积大，是城市区粮食的主要产区。

五、六等地主要分布在北部邙岭地势较高的位置和南部丘陵区，土层较薄，地面坡度大，农田设施不配套，地下水资源贫乏，灌溉保证率低于 30%，土壤养分含量低，部分耕地质地黏重，适耕期短，种植有一定面积的小麦、玉米，同时还有其他豆类、薯类等作物种植，部分地区发展有林果业。

另外，从等级的地域分布看，等级的高低与地貌类型、土壤类型之间存在着密切关系，呈现出中间高两边低的分布规律。随着耕地地力等级的变化，地貌类型变化为丘陵—倾斜洪积平原—河流阶地—河漫滩—平原—河流阶地。土壤类型变化为石质土—红黏土—褐土—潮土。

（二）耕地地力的行政区域分布

将洛阳市城市合并区耕地地力等级图和行政区划图叠加后，从属性数据库中按照权属字段检索，统计各等级耕地在每个乡镇的分布情况，见表 13-3。

表 13-3　洛阳市城市合并区耕地地力等级行政区域分布　　　　单位：hm²

乡名称	一等地	二等地	三等地	四等地	五等地	六等地	总计
安乐镇		502.53	9.41	57.52			569.46
白马寺镇		911.53	64.37	227.22			1 203.12
瀍河回族乡	32.82	2.09	413.38		16.09		464.38
佃庄镇	2 085.73	51.99	19.03				2 156.75
丰李镇	552.52	369.29	167.15	954.27			2 043.23

（续表）

乡名称	一等地	二等地	三等地	四等地	五等地	六等地	总计
工农办			18.27	111.77	19.36		149.4
古城乡		152.88	128.8	88.35	518.96	7.42	896.41
关林镇		290.38	34.65	20.79			345.82
红山乡		48.27	204.06	571.95	310.68	99.07	1 234.03
涧西区		2.56	3.78	29.9	362.26	0.52	399.02
寇店镇			1 584.34	474.83	280.78	1 214.73	3 554.68
李村镇	425.29	1 122.78	873.54	1 218.36	574.87	181.89	4 396.73
李楼乡	73.48	462.03	1 123.75	0.71			1 659.97
龙门管理区	298.93	39.12	354.85	146.45	47.83	887.18	
龙门镇		169.85	74.38	63.78	177.32		485.33
洛浦办事处			8.09				8.09
邙山镇		16.94	52.47	724.48	747.31	21.41	1 562.61
庞村镇	798.02	487.8	664.71				1 950.53
孙旗屯乡		1.53	94.23	43.19	1 000.92	55.66	1 195.53
辛店镇		804.94	511.61	111.63	1 027.81	22.14	2 478.13
杨文办事处		5.57	240.36			245.93	
诸葛镇	143.84	822.38	456.48	1 391.21	445.16	58.81	3 317.88
合计	4 078.88	6 549.43	6 131.81	7 106.64	5 611.88	1 725.57	31 204.21

第二节　一等地主要属性

一等地主要位于洛河冲积平原，地貌类型以平原、河流阶地、河漫滩为主，有少量倾斜洪积平原。土壤类型主要是两合土、淤土，质地主要是重壤土、中壤土。质地构型以均质中壤、均质重壤为主，黏底中壤、壤身黏土也有一定面积。土层深厚，无明显障碍层，有效土层厚度在 22cm，地势平坦，灌溉保证率大于 75%。

一等地是洛阳市城市合并区最好的耕地，粮食高产稳产，地貌类型是平原，质地中壤—重壤，保水保肥，耕层 22cm，灌溉保证率大于 75%，全氮含量在 Ⅲ 级，有机质含量在 Ⅳ 级，有效磷含量在 Ⅱ-Ⅲ 级，速效钾含量在 Ⅰ-Ⅱ 级，都属中等偏上，微量元素的含量都在中等左右，没有低于临界值，土地利用方面基本没有限制，适宜各种作物生长。一等地主要属性数据见表 13-4。

表 13-4　一等地在各乡分布情况

县名称	乡名称	面积（hm²）
瀍河回族区	瀍河回族乡	0
	杨文办事处	0
高新区	孙旗屯乡	0
	辛店镇	0
涧西区	工农办	0
	涧西区	0
龙门管理区	龙门管理区	0

县名称	乡名称	面积（hm²）
洛龙区	安乐镇	0
	白马寺镇	0
	丰李镇	552.52
	古城乡	0
	关林镇	0
	李楼乡	73.48
	龙门镇	0
老成区	洛浦办事处	0
西工区	红山乡	0
	邙山镇	0
伊滨区	佃庄镇	2 085.73
	寇店镇	0
	李村镇	425.29
	庞村镇	798.02
	诸葛镇	143.84
合计		4 078.88

第三节　二等地主要属性

　　二等地主要位于洛河、伊河冲积平原边缘，地貌类型以倾斜洪积平原、平原、河流阶地为主，有少量河漫滩。土壤类型主要是黄土质褐土、黏质洪积褐土、小两合土，质地主要是重壤土—中壤土—轻黏土。质地构型以均质中壤、壤身黏土、均质轻壤为主，黏底中壤、均质重壤也有一定面积。地势略有起伏，土层深厚，无明显障碍层，有效土层厚度在 20~22cm，灌溉保证率大于 50%。

　　二等地是洛阳市城市合并区较好的耕地，粮食高产稳产，地貌类型是倾斜洪积平原、平原、河流阶地，质地轻壤—中壤—重壤，除轻壤土外，保水保肥性良好，耕层 20~22cm，低于一等地，灌溉保证率大于 50%，低于一等地，全氮含量、有机质含量、有效磷含量、速效钾含量，都低于一等地，微量元素的含量都在中等左右，没有低于临界值，土地利用方面基本没有限制，适宜各种作物生长。在提高灌溉保证率、有效土层厚度、土壤养分后，大部分二等地可以提升为一等地，见表 13-5。

表 13-5　二等地在各乡分布情况

县名称	乡名称	面积（hm²）
瀍河回族区	瀍河回族乡	32.82
	杨文办事处	0
高新区	孙旗屯乡	1.53
	辛店镇	804.94
涧西区	工农办	0
	涧西区	2.56
龙门管理区	龙门管理区	298.93

（续表）

县名称	乡名称	面积（hm²）
洛龙区	安乐镇	502.53
	白马寺镇	911.53
	丰李镇	369.29
	古城乡	152.88
	关林镇	290.38
	李楼乡	462.03
	龙门镇	169.85
老成区	洛浦办事处	0
西工区	红山乡	48.27
	邙山镇	16.94
伊滨区	佃庄镇	51.99
	寇店镇	0
	李村镇	1 122.78
	庞村镇	487.8
	诸葛镇	822.38
合计		6 549.43

第四节　三等地主要属性

　　三等地主要位于洛河、伊河冲积平原边缘，地貌类型以倾斜洪积平原、丘陵、河漫滩为主，有少量黄土地貌。土壤类型主要是黄土质褐土、中壤质黄土质石灰性褐土、小两合土，质地主要是中壤土、砂壤土和少量重壤土。质地构型以均质中壤、黏底中壤、夹壤砂壤为主，砂底中壤、均质重壤也有一定面积。地势明显有起伏，土层较厚，无明显障碍层，田面坡度在1°~3°，有效土层厚度在18~22cm，灌溉保证率大于50%，见表13-6。

表13-6　三等地在各乡分布情况

县名称	乡名称	面积（hm²）
瀍河回族区	瀍河回族乡	2.09
	杨文办事处	5.57
高新区	孙旗屯乡	94.23
	辛店镇	511.61
涧西区	工农办	18.27
	涧西区	3.78
龙门管理区	龙门管理区	39.12
洛龙区	安乐镇	9.41
	白马寺镇	64.37
	丰李镇	167.15
	古城乡	128.8
	关林镇	34.65

县名称	乡名称	面积（hm²）
	李楼乡	1 123.75
	龙门镇	74.38
老成区	洛浦办事处	
西工区	红山乡	204.06
	邙山镇	52.47
伊滨区	佃庄镇	19.03
	寇店镇	1 584.34
	李村镇	873.54
	庞村镇	664.71
	诸葛镇	456.48
合计		6 131.81

第五节　四等地主要属性

四等地主要位于洛河、伊河冲积平原边缘，地貌类型以丘陵、黄土地貌为主，有少量山地。土壤类型主要是黄土质褐土、中壤质黄土质石灰性褐土、浅位少量砂姜红黄土质褐土、红黄土质褐土，质地主要是中壤土、少量重壤土。质地构型以均质中壤、均质重壤为主，黏底中壤、黏身重壤也有一定面积。地势明显有较大起伏，土层较厚，无明显障碍层，田面坡度在 2°~3°，有效土层厚度在 15~18cm，灌溉保证率 30%~50%。见表 13-7。

表 13-7　四等地在各乡分布情况

县名称	乡名称	面积（hm²）
瀍河回族区	瀍河回族乡	413.38
	杨文办事处	240.36
高新区	孙旗屯乡	43.19
	辛店镇	111.63
涧西区	工农办	111.77
	涧西区	29.9
龙门管理区	龙门管理区	354.85
洛龙区	安乐镇	57.52
	白马寺镇	227.22
	丰李镇	954.27
	古城乡	88.35
	关林镇	20.79
	李楼乡	0.71
	龙门镇	63.78
老成区	洛浦办事处	8.09
西工区	红山乡	571.95
	邙山镇	724.48
伊滨区	佃庄镇	0
	寇店镇	474.83

（续表）

县名称	乡名称	面积（hm²）
	李村镇	1 218.36
	庞村镇	0
	诸葛镇	1 391.21
合计		7 106.64

四等地是洛阳市城市合并区增产潜力较大的耕地，地貌类型是丘陵、黄土地貌，质地重壤—中壤，保水保肥性略低于一等地、二等地，耕层 15～18cm，灌溉保证率 30%～50%，有效磷含量较低，其他养分含量中等，微量元素的含量都在中等左右，没有低于临界值，各种作物都能生长。灌溉保证率是本地级耕地的主要限制因素，由于受水资源的限制，大幅度提高地力等级难度较大，在提高灌溉保证率、增加土壤养分后，大部分四等地可以提高到三等地。

第六节　五等地主要属性

五等地主要位于南部山区和丘陵区的结合部和北部地势较高的部分，地貌类型是丘陵、山地、黄土地貌。土壤类型主要是中壤质黄土质石灰性褐土、浅位少量砂姜红黄土质褐土、红黄土质褐土，有少量红黏土、石质土、粗骨土。质地主要是中壤土、少重壤土。质地构型以均质中壤、均质重壤为主，黏身重壤也有一定面积。地势落差较大，土层较浅，部分有障碍层，田面坡度在 3°～4°，有效土层厚度在 15～18cm，灌溉保证率 30%～50%，见表 13-8。

表 13-8　五等地在各乡分布情况

县名称	乡名称	面积（hm²）
瀍河回族区	瀍河回族乡	0
	杨文办事处	0
高新区	孙旗屯乡	1 000.92
	辛店镇	1 027.81
涧西区	工农办	19.36
	涧西区	362.26
龙门管理区	龙门管理区	146.45
洛龙区	安乐镇	0
	白马寺镇	0
	丰李镇	0
	古城乡	518.96
	关林镇	0
	李楼乡	0
	龙门镇	177.32
老成区	洛浦办事处	0
西工区	红山乡	310.68
	邙山镇	747.31
伊滨区	佃庄镇	0
	寇店镇	280.78
	李村镇	574.87
	庞村镇	0
	诸葛镇	445.16
合计		5 611.88

五等地分布的地势较高，水资源缺乏，是主要限制性因素。质地重壤—中壤，耕层 15～18cm，

灌溉保证率 30%~50%，有效磷、有机质含量较低，其他养分含量中等，微量元素的含量都在中等左右。在大幅度提高地力等级难度较大的前提下，增施有机肥，发展节水型农业、开展坡改梯、种植业调整等是发展的主要方向。

第七节　六等地主要属性

六等地主要位于南部山区，地貌类型是山地。土壤类型主要是中层砂泥质褐土性土、中层泥质淋溶褐土、浅位少量砂姜红黄土质褐土，还有少量红黏土、石质土、粗骨土。质地主要是中壤土、重壤土。质地构型以均质中壤、均质重壤为主，均质轻壤也有一定面积。土壤发育较差，土层浅，部分有障碍层，田面坡度在 4°以上，有效土层厚度在 15cm，灌溉保证率小于 30%，见表 13-9。

表 13-9　六等地在各乡分布情况

县名称	乡名称	面积（hm²）
瀍河回族区	瀍河回族乡	16.09
	杨文办事处	0
高新区	孙旗屯乡	55.66
	辛店镇	22.14
涧西区	工农办	0
	涧西区	0.52
龙门管理区	龙门管理区	47.83
洛龙区	安乐镇	0
	白马寺镇	0
	丰李镇	0
	古城乡	7.42
	关林镇	0
	李楼乡	0
	龙门镇	0
老成区	洛浦办事处	0
西工区	红山乡	99.07
	邙山镇	21.41
伊滨区	佃庄镇	0
	寇店镇	1 214.73
	李村镇	181.89
	庞村镇	0
	诸葛镇	58.81
合计		1 725.57

六等地分布在山区，水资源缺乏，属非耕作土壤，各种养分含量都较低，改造难度巨大。在国家相关政策规定里都属于退耕还林、还牧，减少水土流失的范围，不建议继续从事粮食生产。

第十四章 耕地资源合理利用的对策与建议

通过对洛阳市城市合并区耕地地力评价工作的开展，全面摸清了合并区耕地地力状况和质量水平，初步查清了洛阳市城市合并区在耕地管理和利用、生态环境建设等方面存在的问题。为了将耕地调查和评价成果及时指导农业生产，发挥科技推动作用，有针对性地解决当前农业生产管理中存在的问题，本章从耕地地力与改良利用、耕地资源合理配置与种植业结构调整、科学施肥、耕地质量管理等方面提出对策与建议。

第一节 耕地地力建设与土壤改良利用

一、邙山侵蚀丘岭果粮区

（一）加强以水土保持为中心的农田水利基本建设

平整土地搞好坡地水平梯田，防止地面径流，达到水不出田，蓄住天上水，栏住地面径流。有条件的地方修建集雨水窖。

（二）对有水源条件的地方

可打井开发地下水资源、发展井灌，改进灌溉技术，发展喷灌、滴灌，千方百计扩大水浇地面积。

（三）走有机旱作农业道路

本区水资源有限，70%～80%耕地还要靠旱作农业，要采取综合措施，推广有机农业旱作技术，在增施有机肥，加深耕层的同时，扩种耐旱作物和耐旱品种，喷打抗旱药剂，推广地膜覆盖和覆盖秸秆、麦糠等旱作技术。

（四）增施肥料，搞好配方施肥

该区土壤养分化验速效钾、缓效钾在全市属低水平，其他养分含量也较低，除有土壤母质原因外，灌溉无保证、粮食靠天收，农民在化肥上投入少也是一方面因素。因此，建议要加大化肥特别是配方肥的使用，增施磷钾肥。

（五）广开肥源

推广绿肥掩底，发展畜牧业、沼气业，开展秸秆还田，增施有机肥料，提高地力。

（六）陡坡耕地还林还牧

二、伊河洛河冲积平原粮作区

（一）进一步培肥地力

虽然本区耕地在城市区属最肥沃的一个区，但由于该区人多地少，人均0.8亩左右、复种指数高，土壤产出量大，若不注意培肥，肥力很快就会下降，所以仍要重视增施有机肥，提倡小麦、玉米秸秆还田，提高潜在肥力，在化肥施用中要注意氮磷钾科学配比，大中微量元素科学配比，协调耕地土壤养分。

（二）进一步改善水利条件

应加强对现有水利设施进行完善，搞好配套。对井灌区机电井布局不合理，无灌溉条件的河滩地，要新打配套机电井。搞好排涝设施建设，实现耕地旱涝保收。

（三）改革种植制度，提高对光能和耕地的利用率

根据本区人均耕地少，耕地肥沃的有利条件，进一步改革种植制度，变一年两熟为一年多熟，在继续实行麦套玉米的基础上，进一步推广麦瓜菜等一年多熟制，积极发展温室塑料大棚，实行立体种植，充分利用地力和光能，提高光能增值能力。

（四）提高科学种田水平

普及平衡施肥技术，降低化肥用量。通过测土，配方，生产不同作物专用肥供农民施用，防止化

肥的过量施用，把科学施肥落到实处。

（五）　对长期免耕播种的田块定期深耕，改善土壤理化结构

（六）　搞好集约粮食基地建设，增加农民收入

三、南部丘岭林粮区

（一）　对于坡度 25°以上的浅山区

要逐步退耕还林、还牧，以林果为主，林灌草相结合，林木以松、柏、槐树、栎树为主、山坡上种植紫穗槐、荆条。果树以核桃、柿子、山楂、板栗为主，建立土特产基地。

（二）　采取有效措施减少水土流失，改善耕地生态环境

对坡度小于 10°的耕地，利用冬闲维修田埂，对坡度大于 10°的搞水平梯田，减少水、土、肥流失，提高耕地保水、保肥、保土能力。

（三）　增施有机肥料

利用秸秆还田、积沤农家肥、家畜粪便等多种途径增施有机肥料，改良土壤结构，增加土壤地力。

（四）　搞好配方施肥

该区土壤养分化验除有效磷较低外，其他养分含量较高。农民在生产实践中偏重于氮肥的投入，因此，要普及配方施肥，减少单一肥料大量使用，降低施肥成本，协调土壤氮、磷、钾比例。

（五）　维修渠道，增打机井

最大限度地利用水资源。

（六）　发展滴灌、渗灌等节水灌溉措施

发挥水源的最大效益，提高本区的抗旱能力。

（七）　耕地用养结合改革种植制度

改一年两熟多熟为二年三熟，降低复种指数，使耕地得到休闲，扩种轻茬作物和养地作物，使耕地用养结合。

第二节　平衡施肥对策与建议

平衡施肥就是根据作物对各种营养成分的需求，以及土壤自身向作物提供各种养分的能力，来配置施用肥料的种类和数量。实行平衡施肥，可解决目前施肥中存在的问题，减少因施肥不当而带来的不利影响，是发展高产、高效、优质农业的保证，可减少化肥使用量，提高肥料利用率，增加农产品产量，改善农产品品质，改良环境，具有明显的经济、社会和生态效益。

一、施肥中存在的主要问题

（一）　有机肥施用量少

部分群众重视化肥轻视有机肥，有机肥与无机肥失衡，少数钾肥施用不足。

（二）　施肥品种结构不合理

重视氮肥、轻视磷钾肥及微量元素，不重视营养的全面性。

（三）　肥料配比比例不合理

部分农户年化肥使用量折合纯 N 30kg，P_2O_5 4.5kg，K_2O 2.5kg，N：P_2O_5：K_2O 为 1：0.14：0.08，氮肥施量偏大，氮磷钾比例不协调。特别是部分蔬菜田，施肥用量盲目偏高，大量使用有机肥和化肥，有的是粮田的 3~4 倍，造成资源浪费和环境污染。

（四）　施肥方法不科学

图省事尿素、复合肥撒施、肥料利用率低。

（五）　部分群众不会熟练应用测土结果影响配方肥使用面积

二、施肥不当的危害

（一）　生产成本加大

施肥不合理影响到经济效益。化肥用量少、比例不协调，作物产量上不去，经济效益低。用量过

大，盲目偏施会造成投入增大，甚至产量降低，也影响经济效益的提高。

（二）农产品品质降低

施肥不合理，各种养分不平衡，影响产品的外观和内在品质。

（三）不利于土壤培肥

施肥不当，造成土壤养分比例不协调，进而影响土壤的综合肥力。

（四）对环境造成不良影响

过量施用氮肥，会造成地下水硝态氮的积累，不但影响水质，而且污染环境。

三、平衡施肥的对策和建议

（一）普及平衡施肥知识，提高广大农民科学施肥水平

增加技术人员的培训力度，搞好农民技术培训，把科技培训作为一项重要工作来抓，提高广大农民科学种田水平。

（二）技术人员深入基层把技术宣传到千家万户，给农民提出合理、操作性方便的施肥配方

（三）扩大取土化验数量，重点扶持一批种粮大户，真正实现测土施肥

（四）加强配方施肥应用系统建设

在施肥试验基础上，加强配方施肥应用系统的硬件建设和软件开发，建立全市不同土壤类型的科学施肥数据库，指导农民科学施肥。

（五）在高产田、超高产田地区重点推广配方施肥、分次施肥，提高肥料利用率

（六）加大资金投入，扶持配方肥生产企业，大力推广配方肥料

（七）政策上加大对有机肥利用的支持力度

建议政府在政策和资金上支持有关农作物秸秆还田推广工作。增施有机肥和微肥。

第三节 耕地质量管理建议

洛阳市城市合并区人多地少耕地资源匮乏，要想获得更多的产量和效益，提高粮食综合生产能力，实现农业可持续性，就必须提高耕地质量，依法进行耕地质量管理。现就加强耕地管理提出以下对策和建议。

一、建立依法管理耕地质量的体制

（一）与时俱进完善家庭承包经营体制，逐步发展耕地规模经营

以耕地为基本生产资料的家庭联产承包经营体制在农村已经实施 30 多年，实践证明，家庭联产经营体制不但促进农村生产力发展，稳定社会基本政策，也是耕地质量得以有效保护的前提。农民注重耕地保养和投入，避免了耕地掠夺经营行为。有条件的地方可按照依法、自愿、有偿的原则进行土地经营权流转，逐步发展规模经营。土地规模经营有利于耕地质量保护、技术的推广和质量保护法规的实施。

（二）执行并完善耕地质量管理法规

依法管理耕地质量，首先要执行国家和地方颁布的法规，严格依照《土地法》管理。国务院颁布的《基本农田保护条例》中，关于耕地质量保护的条款，对已造成耕地严重污染和耕地质量严重恶化的违法行为，通过司法程序进行处罚。其次，根据洛阳市城市合并区社会和自然条件制定耕地质量保护地方性法规，以弥补上述法规注重耕地数量保护，忽视质量保护的不足。在耕地质量保护地方法规中，要规定耕地承包者和耕地流转的使用者，对保护耕地质量应承担的责任和义务，各级政府和耕地所有者保护耕地质量的职责，以及对于造成耕地质量恶化的违法行为的惩处等条款。

（三）要建立耕地质量定点定期监测体系、加强农田质量预警制度

利用地力评价成果加强地块档案建设，由专门人员定期进行化验、监测，并提出改良意见，确保耕地质量，促进农业生产。

（四）制定保护耕地质量的鼓励政策

区乡镇政府应制定政策，鼓励农民保护并提高耕地质量的积极性。例如，对于实施绿色食品和无公害食品生产成绩突出的农户，利用作物秸秆和工业废弃物（不含污染物质）生产合格有机肥的生产者、举报并制止破坏耕地质量违法行为的人员给予名誉和物质奖励。

（五）对免耕播种法进行深入研究

研究免耕对土壤结构、病虫发生的影响，研究免耕与深耕合理的交替时间。

（六）加大对耕地肥料投入的质量管理，防止工业废弃物对农田的为害

农业行政执法部门加强肥料市场监管，严禁无证无照产品进入市场，对假冒伪劣产品加强抽查化验查处力度，保护农民利益。

（七）推广农业标准化生产

实施农业标准化生产可以规范农民的栽培措施，避免不正确的农事行为对耕地质量带来危害，目前，国家农业部和河南省已经分别颁布作了农作物标准化生产的行业标准和地方标准，这些标准应该首先在农业示范园、绿色食品和无公害食品生产基地实施，取得经验后逐步推广。

（八）调整农业和农村经济结构

调整农业和农村经济结构，应遵循可持续发展原则，以土地适应性为主要因素，决定其利用途径和方法，使土地利用结构比例合理，才能实现经济发展与土壤环境改善的统一。从全市土地利用现状和自然条件分析，现有耕地占总面积的52%，林地面积仅占总面积的0.2%，林地所占比例较少，不利于耕地保护和环境改善。从调整林地与耕地比例相适应性分析，对开垦的耕地坡较大于5°以上，应退耕还林。在确保粮食种植的前提下发展多种经营。

二、扩大绿色食品和无公害农产品生产规模

扩大绿色食品和无公害农产品生产符合农业发展方向，它使生产利益的取向与保护耕地质量及其环境的目的达到了统一。目前，分户经营模式与绿色食品、无公害农产品规模化经营要求的矛盾十分突出，解决矛盾的方法就是发展规模经营，建立以出口企业或加工企业为龙头的绿色食品集约化生产基地，实行标准化生产。

三、加强农业技术培训

一是结合"绿色证书制度"和"跨世纪培训工程"及"科技入户工程"，制定中长期农业技术培训计划，对农民进行较系统的培训。

二是完善区乡镇农技推广体系，发挥区乡镇农技推广队伍的作用，利用建立示范户（田）、办培训班、电视讲座等形式进行实用技术培训。

三是加强科技宣传，提高农民科技水平和科技意识。

第三篇　孟津县耕地地力评价

第十五章　农业生产与自然资源概况

第一节　地理位置与行政区划

一、地理位置

孟津县位于豫西丘陵山区，地理坐标在北纬34°43′~34°57′，东经112°12′~112°40′。东连偃师、巩义市，西临新安县，南依洛阳市区，北接济源市、吉利区和孟州市。东西长55.5km，南北宽26.9km，总面积758.7km²，距洛阳市区10km，距省会郑州134km。

县境中西部为邙山，属黄土高原的一部分，邙山南接洛阳盆地，北至黄河谷地，由西向东贯穿全境，全长55km，宽17km，占全县总面积74.8%。境内主要河流属黄河水系，有黄河、金水河及瀍河等。交通四通八达，207、310国道和开（封）洛（阳）高速公路等主要干线南北纵横，洛（阳）孟（津）引线与洛（阳）三（门峡）高速公路相连，基本形成了以国道、省道为骨架的公路交通网络。焦枝铁路经县境32km，国家二类航空口岸洛阳飞机场在孟津麻屯镇境内。

二、行政区划

以2006年孟津县统计年鉴为准，全县辖9镇，1乡，227个行政村，2 215个村民小组。总人口45.4万人，其中农业人口39.8万人，非农业人口5.6万人，城镇人口13.06万人；人口密度558人/km²。

第二节　农业生产与农村经济

一、农村经济情况

孟津是一个以农业为主要经济成分的县，农村人口占全县85%以上。全县人民在县委、县政府的领导下，坚持以经济建设为中心，不断深化改革，努力扩大对外开放，促进了国民经济和社会事业的迅速发展，大力推进农业和农村经济结构的战略性调整，农村面貌发生了显著变化。

以2006年孟津县统计年鉴为准：2006年，全县全年完成农林牧渔总产值188 433万元，其中，农业产值90 729万元，占总产值的48.15%；林业产值3 081万元，占总产值的1.64%；牧业产值80 075万元，占总产值的42.50%；渔业产值8 010万元，占总产值的4.25%；农林牧渔服务业产值6 538万元，占总产值的3.47%。

农民家庭总收入人均达到4 701.36元。其中工资性收入1 273.49元、家庭经营收入3 243.8元、财产性收入28.95元、转移性收入155.11元。

全年农民家庭纯收入人均达到2 990.08元。其中工资性收入1 273.49元、家庭经营纯收入1 567.55元、财产性纯收入28.95元、转移性纯收入120.08元。全年家庭现金支出人均3 835.26元。其中生产费用支出1 638.57元、购置生产性固定资产支出39.56元、税费支出0.54元、生活消费支出2 100.34元、财产性支出4.01元、转移性支出91.79元。

二、农业生产现状

以2006年孟津县统计年鉴为准：2006年全县总户数134 151户，总人口45.4万人，男性22.9万人，女性22.5万人，其中农业人口39.8万人，非农业人口5.6万人。有村委会227个，乡村户数101 898户，通汽车村数227个，通电话村数227个。农业从业人员225 687人。

（一）产业结构趋向合理

近几年来，孟津县按照战略性结构调整的要求，加大农业结构调整力度，形成了以粮食生产为主线，油料、瓜果、蔬菜及其他作物合理配置，种植、养殖、加工和劳务输出一体化的综合农业产业链条。

1. 粮食生产情况

粮食作物播种面积 47 455hm²，占总播种面积的 79.09%，其中，夏粮播种面积 24 951hm²，总产 111 342t，秋粮播种面积 22 504hm²，总产量 97 177t。

2. 油料生产情况

油料作物播种面积 4 228hm²，占 7.05%，总产 111 342t。

3. 棉花生产情况

棉花播种面积 270hm²，占 0.45%，总产 203t。

4. 烟叶生产情况

烟叶作物播种面积 1 226hm²，占 2.04%，总产 2 315t。

5. 蔬菜生产情况

蔬菜面积 4 735hm²，占 7.89%，总产 142 050t。

6. 药材生产情况

药材播种面积 323hm²，占 0.54%。

7. 瓜果生产情况

瓜果类播种面积 367hm²，占 0.61%，总产 9 126t。

8. 其他作物生产情况

其他作物播种面积 1 400hm²，占 2.33%。

9. 果树生产情况

全县果树种植面积 1 589hm²，总产 39 590t。其中苹果 651hm²，占总种植面积 40.97%，总产 13 344t；梨 453hm²，占 28.51%，总产 14 904t；葡萄 186hm²，占 11.71%，总产 4 552t；桃 251hm²，占 15.8%，总产 6 384t；其他 48hm²，占 3.02%，总产 11 342t。

（二）农产品质量受到重视

随着农业市场经济的不断发展，以及国家各项农产品质量标准的颁布实施，广大基层干部和农民的质量意识、市场意识逐步提高，农业生产已经开始从过去的单纯产量型向产量和质量并重型的方向发展。经河南省无公害农产品产地认证和产品认证的有 4 个生产基地，累计面积达 5 000 亩。其产品有姚娌梨、常袋红提葡萄、梁凹韭菜、番茄等优质农产品已经开始走向市场。无公害绿色产品已销往全国各地。

（三）生态农业建设初见成效

孟津县是一个农业县，土地长期耕作造成了一定的农业生态问题。化肥、农膜、农药的大量使用，导致农业生态环境恶化。特别是农村垃圾废弃物处理滞后，卫生状况堪忧。随着家庭养殖规模逐步扩大，产生的大量畜禽粪便越来越不能得到及时有效处理，导致农民居住环境和生产环境污染加剧。畜禽粪便的随意排放导致有害病毒病菌扩散和传播，成为疾病增多和一些传染性疾病流行的重要根源之一，直接威胁广大农民群众的身心健康。所以搞好农业生态建设迫在眉睫。

近几年来，县委县政府非常重视生态农业建设，采取了多种措施，取得了显著的成效。

1. 实施测土配方施肥项目，合理施肥，减少肥料对土壤和地下水的污染

通过测土配方施肥项目的实施，2005 年以来，全县共节约氮素（折纯量）化肥施用量 300t。对改善农业生态环境起到了一定的作用。

2. 对农作物禁止施用高毒、残效期长的农药

3. 实施生态家园富民沼气工程

2005—2007 年，孟津县新增沼气用户共 41 000 户，每年可消耗废弃秸秆 2 万余吨，全县有沼气

的村 227 个，占全县总村数的 100%。孟津县农业局成立了孟津县沼气服务大厅，为全县沼气用户提供产品、维修、技术全方位服务。全县已经建立了 10 个乡镇沼气服务站，90 个村级服务站。为改善农村卫生环境起到了重要作用。

（四）农业信息化已经开始起步

针对当前信息技术高速发展的特点，孟津县农业局成立了"农业信息服务中心"，并建立了孟津农业信息网、孟津兴农网和农技 110 服务热线，重点抓了农业市场、科技成果、科研动态、项目开发、农业栽培技术、农产品加工、贮藏、保鲜等栏目信息源建设，以扩充信息量。充分利用广播电视网、固定电话、移动通信和互联网等载体，把政策、科技等信息送到涉农企业和农民手中，不断满足社会需求。

（五）畜牧业生产势头较好

畜牧业和家庭养殖业：年末大牲畜存栏数 59 069 头，生猪存栏数 182 300 头，羊存栏数 54 971 只，家禽存养量 1 352 800 只。

第三节　农业自然资源条件

孟津县地处东亚中纬度地带，属暖温带半湿润季风区半干旱气候。温差明显、四季分明，其气候特点是：春季多风常干旱，夏季炎热雨充沛，秋高气爽日照长，冬季寒冷雨雪稀。

一、气温

以《孟津县志》（1986—2000）数据为准：孟津县年平均气温为 14.1℃，1 月气温最低，平均为 0.2℃；7 月气温最高，平均为 26.4℃。在作物生长发育的 4—10 月，日照差 5 月最大为 12.7℃，8 月最小为 8.6℃，有利于作物物质的积累及种子果实优良品质的形成（表 15-1）。

表 15-1　孟津县 1986—2000 年各月平均气温　　单位：℃

月份	1	2	3	4	5	6	7	8	9	10	11	12	全年
平均气温	0.2	3.0	7.4	15.1	20.5	25.0	26.4	25.0	21.0	15.1	7.9	2.5	14.1

表 15-2　孟津县 1986—2000 年各月平均气温对照　　单位：℃

时段	1986—1990 年	1991—2000 年	1986—2000 年
气温	13.7	14.2	14.0

从气候趋势变化看（表 15-2）：孟津县年平均气温逐年升高，1991—2000 年与 1986—1990 年相比平均气温升高了 0.5℃。

二、光照与热量

以《孟津县志》（1986—2000）数据为准：孟津县年平均日照 2 293.5h（表 15-3），5 月日照最长，平均为 241.4h/月，年总辐射量平均为 116.0kcal/cm²，有效光辐射量 56.8kcal/cm²，全年 ≥0℃ 的积温 5072℃，≥10℃ 积温为 4 526℃，孟津县光热资源较为丰富，有利于作物的光合作用，进而提高产量，改善品质。可满足孟津县小麦、玉米等农作物生长发育的需要。

表 15-3　孟津县 1986—2000 年各月日照时数　　单位：h/月

月份	1	2	3	4	5	6
日照时数	163.2	152.8	167.5	211.9	241.4	225.7
月份	7	8	9	10	11	12	全年
日照时数	211.3	209.9	189.1	181.5	169.6	169.7	2 293.5

表 15-4　孟津县 1986—2000 年各月日照时数　　　　　　　单位：h/月

时段	1986—1990 年	1986—2000 年	1991—2000 年
日照时数	2219.3	2 249.5	2 279.7

从气候变化趋势看（表 15-4）：孟津县逐年日照时数增多，日照时间增长，有利于孟津县秋作物产量提高和棉花吐絮。

三、降水量

以《孟津县志》（1986—2000）数据为准：年平均降水量 586.9mm，具体各月降水量分布情况见表 15-5。

表 15-5　孟津县 1986—2000 年各月降水量　　　　　　　单位：mm

月份	1	2	3	4	5	6	7	8	9	10	11	12	全年
降水量	9.1	15.0	30.6	39.4	54.0	61.3	128.3	106.5	69.0	43.0	23.2	7.7	586.9

以《孟津农牧志》（2001）数据为准：在全年降水中，春季占全年降水量的 19.3%，夏季占 48.9%，秋季占 27.4%，冬季占 4.4%。降水量在年内时空分布不均，往往造成短期的涝灾和干旱，影响农作物的产量，但旱多于涝。降水量最多年份为 1 035.0mm（1964 年），最少年份 406.0mm（1965 年）。年降水量的地区分布情况，大体由东南向西北逐渐增多，送庄以东在 600mm 以下，送庄至城关（长华）一带 600~650mm，全县多雨中心在横水、小浪底一带，降水量 670mm 左右。总的情况是邙山为多雨地带，邙山南坡和黄河谷地为少雨地带，由于孟津县地处豫西丘陵地带，灌溉设施不健全，往往干旱条件成为产量增长的制约因素。

四、地表水资源

以《孟津县志》（1986—2000）数据为准：1986—2000 年，15 年平均径流深 150mm，年均地表水资源为 1 亿 m³。降水时分布不均。

过境水河道有黄河、金水河及瀍河等。黄河自新安县入境，向东流入巩义市。常年流量为每秒 2 600m³，流量较大，利用率较低。1994 年，黄河小浪底水利枢纽工程的兴建，改变了黄河孟津段的面貌，使黄河水回流 130km，形成 272.3km² 的湖面。小浪底水库总容量为 126.5 亿 m³，每年为下游增加水量 40 亿 m³。金水河、瀍河的均流量随季节变化，雨季较大，旱季较小。人为控制的有黄河渠、中州渠。中州渠在孟津有效灌溉面积 1 467hm²。按其实际用水量推算（黄河渠的客水资源按干渠实际进水量扣除排灌溉季节的弃水），中州渠、黄河渠的客水资源分别为 2 075 万 m³ 和 5 610 万 m³，总计 7 685 万 m³。

（一）河流

以《孟津县志》（1986—2000）数据为准：孟津河流属于黄河水系。黄河系境内北部界河，焦枝铁路桥以西河床较窄，以东河床较宽，水流变缓。黄河水面及滩区面积约 77.8km²。河床坡度西段为 1/1 000，东段为 1/2 000~1/1 500。据小浪底水文站资料，黄河多年平均流量为 948m³/s，最大流量为 17 000m³/s，相应最高水位为 144.88m；最小流量为 10.7m³/s，相应最低水位为 133.44m。泥沙最大含量 919kg/m³。黄河水位低于地下水位，是地下水的排泄场所。

金水河从县西南流过，向南流入涧河汇入洛河，流量较小，为 0.3~0.6m³/s。瀍河在县中部，由西北流入洛河，水量更小，中段经常干涸。境内煤窑（现属小浪底）、河清、小浪底一带有几条小河，流量小，直接流入黄河。孟津县 2000 年地面小河流调查见表 15-6。

表 15-6　孟津县 2000 年地面小河流调查统计

分区	流域水系	河流名称	发源地	长度（km）	纵坡（km）	流量（m³/s）	流域面积（km²）	备注
西部基岩浅山区	黄河	煤窑河	横水镇官庄	6.75	0.03	0.037	29.7	
	黄河	小浪底河	横水镇官庄	11.25	0.022	0.19	33.7	
	黄河	河清河	白鹤镇苇园	5.5	0.02	0.057	26.3	
中部黄土丘陵区	洛河	瀍河	横水镇会瀍	18.5	0.005	0.016	13.5	
	洛河	单寨河	横水镇友好水库	12.7	0.012	0.019	52.5	
	洛河	金水河	新安县境内	6.5	0.001	0.623	10.5	过境

（二）泉水

以《孟津县志》（1986—2000）数据为准：黄土丘陵区泉水流出量约 31.73L/s，每年约 100.22 万 m³；基岩浅山区泉水流出量约 25.35L/s，每年约 79.94 万 m³。

（三）过境水

以《孟津土壤》（1987）数据为准：过境水主要是黄河、金水河和引用洛河水的中州渠。黄河流经孟津县 59.7km，多年平均流量为 936m³/s，年平均过境总量为 443 亿 m³（小浪底水文站），其中，黄河渠引用 5 610 万 m³，占过境总量的 0.12%。灌溉老城（现并入会盟镇）、白鹤两个乡镇的 6.7 万亩耕地。金水河来自新安县，经孟津县进入洛阳市区汇入涧河，常年流量为 0.3～0.5m³/s，年平均过境量 1261.4 万 m³，年利用量为 80 万～100 万 m³，灌溉麻屯镇 4 000 多亩土地。中州渠在孟津县境内每年引用洛河水 2 075 万 m³。以上河流和渠系对孟津县地下水位的变化，土壤母质的分布和土壤的演变都有较大的影响，使两河阶地的土壤多发育为非地带性土壤——潮土。

五、地下水资源

以《孟津县志》（1986—2000）数据为准：1993 年 12 月，河南省水利厅对孟津县水资源进行了调查评估。按山、丘、平、洼不同地区和含水量程度（日单井出水量），把地下水资源分布状况分为 4 个区域。

（一）黄河阶地区

分布在会盟镇的 20 个行政村，白鹤镇的 10 个行政村，面积 93.09km²。在黄河渠灌区内，水资源丰富，是孟津的鱼米之乡。该区可开发的水资源总量 10 102 万 m²，有 8 102 万 m³ 待开发。

（二）洛河阶地区

分布在平乐镇南部的 8 个行政村，面积 93.09km²，系洛河中州渠灌区。地下水 617 万 m³，已开发 611 万 m³，水资源条件比较好。

（三）黄土丘陵区

面积最大，分布在 9 个乡镇的 137 个行政村。其中平乐镇北部 11 个村，送庄镇 16 个村，白鹤镇南部 8 个村，朝阳镇 26 个村，城关镇 12 个村，小浪底镇 12 个村，麻屯镇 25 个村，常袋乡 18 个村，横水镇 9 个村。面积 373.57km²，地下水 2 891m³。地下水已基本得到开发利用。

（四）基岩浅山区

涉及 5 个乡镇的 43 个行政村。其中城关镇 10 个村，白鹤镇 12 个村，小浪底镇 15 个村，横水镇 6 个村。面积 198.95km²，地下水 456 万 m³，已开发 330 万 m³。

六、农业气象灾害

影响孟津县农业生产的气象灾害主要是干旱、干热风、冰雹、暴雨、霜冻等。

（一）干旱

干旱是经常发生而且影响范围最广的气象灾害。孟津县以春旱和初夏旱的次数为最多。

（二）干热风

干热风几乎年年都有发生，集中出现在 5 月下旬至 6 月上旬，每年平均干热风天数 1 周左右。干热风严重影响小麦灌浆，进而影响产量。

（三）冰雹

冰雹也是经常发生的气象灾害之一，对农业生产破坏性极大，常发生于 6—7 月。主要危害秋苗和果树。有的年份因冰雹灾害不得不重种秋苗，但对果树果实危害无法补救。

（四）暴雨

暴雨出现最早在 3 月，最晚在 10 月，全年以 7 月暴雨最多。

（五）霜冻

孟津县初霜期平均在 11 月 7 日，终霜期平均为 3 月 16 日，无霜期较长，平均达 235 天，使作物的有效生长时间获得保证，热量得以充分利用。但偶尔也出现初霜期过早或终霜期过迟造成对农作物危害。

第四节　农业基础设施

一、农业水利设施

以《孟津县志》（1986—2000）数据为准：1986 年前，孟津先后建成小型一类水库 7 座，二类 7 座。至 2000 年，尚存小型水库 12 座。1984 年后，在孟津西北部浅山区农村利用地理优势，建成水窖 200 眼，发展果园 26.7hm²。1998 年，小浪底镇崔岭村，打水窖 200 眼，建起大棚 2 个。据 1989 年普查，机电井有 1 496 眼，灌溉面积 4 846.7hm²。2000 年全县有机电井 1 846 眼，已配套 1 696 眼，装机容量 28 850kW，灌溉面积 7 000hm²，占全县有效灌溉面积的 60%。据 2006 年孟津县统计局资料，全县灌溉面积 14 880hm²，机电井 1 941 眼，配套数 1 688 套，水土流失治理面积 40.06 万 hm²，小流域治理 19.34 万 hm²。

1986 年，在送庄、十里等村铺设地埋软管 700m，发展灌溉面积 6.7hm²。至 1989 年，共计铺设地埋软管 63.8km，发展灌溉面积 533hm²。1990 年后，在平乐铺设地埋带压管道 70km，发展灌溉面积 667hm²。至 2000 年，全县共铺设地埋管道 566km，扩大灌溉面积 3 400hm²。1996 年，白鹤镇白鹤、范村、崔窑等村搞半固定式喷灌和渗灌试点，发展喷灌面积 57hm²。

1997 年，县政府为加快喷灌的发展，当年发展喷灌面积 733hm²。1998 年常袋乡实施 200hm² 高标准节灌示范项目和麻屯镇 333.3hm² 节灌示范项目两大工程。至 2000 年全县共发展节灌面积 3 449hm²。

据孟津县水利局统计，全县灌溉保证率 50%～75% 的面积 5 865.77hm²，占耕地面积的 14.93%；30%～50% 的面积 4 819.67hm²，占耕地面积的 12.26%；10%～30% 的面积 6 492.75hm²，占耕地面积的 16.52%；10% 以下的面积 22 123.55hm²，占耕地面积的 56.29%（表 15-7）。

表 15-7　孟津县灌溉保证率分布情况

灌溉保证率	50%～75%	30%～50%	10%～30%	10%
面积（hm²）	5 865.77	4 819.67	6 492.75	22 123.55
比重（%）	14.93	12.26	16.52	56.29

二、农业生产机械

据 2006 年孟津县统计局资料，全县农业机械拥有量折合总动力 296 472kW，其中，大中型拖拉机 413 台，小型及手扶拖拉机 10 306 台，农用排灌动力机械 2 855 台，农用水泵 2 370 台，联合收割机 532 台，农用运输车 4 792 辆，机耕面积达 3.08 万 hm²，机播面积达 46.8 万亩，机播小麦面积 38.1 万亩，机播玉米面积 8.7 万亩，机械植保面积 2.231 万 hm²，机收小麦面积 36.8 万亩。

第五节　农业生产简史

以《孟津县志》（1986—2000）数据为准：新中国成立后，经过土地改革，农业生产得到了较快的恢复和发展。1950年党中央号召农民"组织起来，由穷变富"，经过农业社会主义改造，生产关系进一步得到改善。1952年粮食总产达到5.381万t，较1949年总产4.078万t增长32%。1957年粮食总产达到5.7395万t，较1952年增长6.7%。1958—1960年，大跃进导致了生产的下降，1960年粮食总产仅5.162万t，较1957年下降10%，造成了严重的经济困难。1961年贯彻中央"调整、巩固、充实、提高"八字方针，恢复发展了生产。1965年粮食总产回升到6.276万t，较1960年增长21.6%，创历史最高水平。"文化大革命"时期，农民群众坚持生产，粮食产量仍有提高。

1978年党的十一届三中全会之后，国家进行改革开放，农村实行家庭联产承包责任制，大大解放了生产力，1984年粮食总产达到19.004万t，较1976年增长50%。加上科技含量增加，实行配方施肥，采用优良品种，农业机械化进度加快，水浇地逐年增加，农业生产飞速发展。1949年全县人均土地2.73亩，1999年人均耕地1.4亩，但粮食总产仍达18.413万t，比1949年4.078万t增加14.335万t，增长351.5%。2006年粮食总产20.8519万t，较1999年增加2.4389万t，增长13.25%。1949年水浇地面积780hm²，1999年14 437.1hm²，增加13 657.1hm²，增长1 750.9%。

第六节　农业生产上存在的主要问题

孟津县农业生产上存在的主要问题是粮食产量相对较低，产品质量有待提高。其主要限制因素有以下几个方面。

一、种植结构调整比例不协调

粮经作物种植比例不协调，2000—2007年，在农作物播种面积中，粮食作物播种面积占87.2%，经济作物播种面积只占12.8%。经过近几年围绕农民增收，适应市场需求，大力发展林果、花卉、蔬菜、中药材、烟叶等为主的特色农业，经济作物种植面积虽然不断增加，但所占比例仍较小，2007年，在农作物播种面积中，粮食作物播种面积占82.4%，经济作物播种面积占17.4%。

二、农业服务体系不健全

首先是2005年乡镇体制改革后，原来归农业局管理的乡镇农业技术推广站划归各乡镇管理，这样造成在农业技术推广上农业局指挥不灵，有的乡镇的"农业服务中心"人员不足，有的素质较差，有的根本是外行，还有的人员去干别的工作，总之，不能满足农业技术及时推广的需要。其次是村级技术人员很少，有很多村根本没有农业技术推广人员，不能将农业技术及时推广到广大农民手中。

三、经营管理粗放、病虫害防治不力

随着改革开发的步伐，越来越多的农民进城务工，留下妇女在家种田，这样势必影响作物田间管理质量，另外，作物病虫害防治技术不能推广到农民中去，以致延误有效防治时期，影响作物产量和品质，给生产造成不必要的经济损失。

四、配方施肥技术应用不够

虽然测土配方施肥技术推广多年了，但仍然有部分农民盲目施肥，重施氮肥、磷肥，不施钾肥和微肥的现象依然存在。有的农民仍然认识不到有机肥对土壤的改良作用和对作物的增产作用，有的虽然有一定认识，但认为现在有钱了，施用化肥省事，不愿意费力气去积造有机肥料，在化学肥料的施用上不加选择。这样致使有的土壤越来越板结，土地质量下降，不但影响作物的产量和品种，同时影响了农业的可持续发展。

第七节　农业生产施肥

一、历史施肥数量与粮食产量的变化趋势

孟津县是一个以农业生产为主的县，农业生产水平的高低，是直接关系到国计民生的大问题，因

此，孟津县历来重视农业生产的发展，尤其重视施肥问题。历史证明，施肥水平的高低直接影响到农业生产的产量。

新中国成立初期的50—60年代，孟津县政府曾多次下达文件，号召农民开辟肥源，广积肥料。大力提倡种植绿肥，推广应用化肥。孟津县使用化肥始于1953年，当时由供销社供应硫酸铵、硝酸铵和氯化铵。但由于农民不认识化肥的增产作用，所以施用量很少，农民仅仅使用很少的农家肥，每亩地750~1 000kg，生产力水平很低。据孟津县统计局资料记载：50年代平均粮食单产只有69.88kg/亩；60年代平均粮食单产79.83kg/亩。

到了70年代，农民对化肥的增产作用有了一定的认识，1971年后，县磷肥厂、化肥厂相继建成，为全县农田施肥提供了保障。作物产量大大提高，70年代平均单产达到了139.91kg/亩。

进入80年代后，由于十一届三中全会的召开，国家对农村政策实施改革，极大地调动了农民的生产积极性，土地生产力水平大大提高，农民认识到了氮肥、磷肥在生产中的增产作用。因而，氮肥、磷肥施用量逐年增加，1981年亩施碳酸氢铵由20kg增加到35kg以上，磷肥由15kg增加到25kg以上，尿素由5kg增加到10kg以上。所以，80年代孟津县粮食单产达到了195.82kg/亩。

由于孟津县和我国的国情一样，人多地少，但人们对土地的产出期望值越来越高，所以，大大提高了土地的复种指数，这样土壤养分入不敷出，特别是孟津县到1984年第二次土壤普查时，有机质和有效磷已成了孟津县粮食生产的限制因素。因此，我们大力提倡施用有机肥料和磷肥，到了90年代，农民施用过磷酸钙约50kg/亩，磷酸二铵在生产上也大量施用，施用量40~50kg/亩，90年代粮食单产平均达到了220.23kg/亩。复种指数高了，粮食产量高了，农民为了追求更高的产量，盲目加大氮肥、磷肥的施用量，而不注重施用钾肥和微量元素肥料的施用，使土壤养分严重失调，为了平衡土壤养分，增强农业发展后劲，根据农业部及河南省土肥站的指示精神，我们实施了"沃土工程""补钾工程""增微工程"等。使粮食产量大大提高，到了2000年，孟津县粮食单产已经达到248.11kg。

2000年以来，农民施肥水平不断提高，农业生产突飞猛进的发展，粮食产量逐年提高，特别是2005年以来我们实施了农业部"测土配方施肥项目"，做了大量宣传培训工作，使农民施肥观念得到根本转变，测土配方施肥技术得到普及，多数农民能平衡施肥，据对农民施肥情况调查：一般年施肥数量为有机肥1 500kg/亩、复合肥或配方肥料60~80kg/亩、尿素30~40kg/亩。2008年，粮食单产已达到360kg，比20世纪90年代的220.23kg/亩，提高了139.77kg/亩。

二、有机肥施肥现状

孟津县有机肥种类分为堆沤肥、厩肥、土杂肥、秸秆肥等。其中堆沤肥106 235.36t，厩肥580 962.1t，土杂肥170 167.8t，秸秆资源总量为359 291.25t，其他22 876.82t（表15-8）。

表15-8　孟津县有机肥资源统计　　　　　　　　　　　　　　　单位：t

项目	堆沤肥	厩肥	土杂肥	秸秆肥	其他
数量	106 235.36	580 962.1	170 167.8	359 291.25	22 876.82

孟津县施用有机肥料主要形式为：秸秆直接还田、过腹还田、秸秆堆沤还田等。2007年孟津县小麦播种面积为24 810hm²，小麦秸秆直接还田面积为17 496.7hm²，直接还田面积占70.5%，过腹还田量为40 589t，占29.5%；玉米播种面积为15 567hm²，玉米秸秆直接还田面积为6 763.3hm²，占43.5%，堆沤还田面积为1 009.7hm²，占6.5%，过腹还田数量为64 300.28t，占50%。全县总秸秆直接还田面积为24 260hm²，占总播种面积的48.7%，秸秆堆沤还田面积为1 457.7hm²，占2.9%。

三、化肥施用现状

（一）全县化肥施用现状

2007年孟津县农用化肥施用量62 551t，其中氮肥施用量29 495t，所占比例为47.15%；磷肥施用量 16 211t，所占比例为 25.92%；钾肥施用量 5 320t，所占比例为 8.5%；复合肥施用量 11 525t，所占比例为 18.43%。

全年农作物施肥面积 61 149 hm²，其中粮食作物施肥面积 50 397 hm²（夏收作物施肥面积 26 513hm²、秋收作物施肥面积 23 884hm²），油料合计施肥面积 4 089hm²，棉花施肥面积 284hm²，烟叶施肥面积 641hm²，药材施肥面积 249hm²，蔬菜施肥面积 4 300hm²，瓜果类施肥面积 359hm²，其他农作物（青饲料等）施肥面积 830hm²（以上数据来源于 2007 年孟津统计年鉴）。

全县化肥施用品种主要为：尿素、碳酸氢铵、颗粒过磷酸钙、磷酸二铵、国产氯化钾、复合肥、配方肥、有机—无机复混肥及部分有机肥、绿肥、微量元素肥。

施肥方式主要是：撒施、穴施、沟施、冲施（蔬菜）等。

（二）主要作物小麦、玉米施肥现状

孟津县土肥站按照河南省土肥站《2005 年、2006 年、2007 年测土配方施肥项目实施方案》和孟津县《2005 年、2006 年、2007 年测土配方施肥项目实施方案》的要求，2005—2007 年对 6 495 个农户进行了农户施肥情况调查。通过孟津县土肥站对 634 个农户小麦施肥情况和 514 个农户玉米施肥情况调查分析，得出以下结果。

1. 施肥品种及所占比例（表 15-9）

表 15-9　小麦、玉米施肥品种及所占比例

主要作物	样本数	二铵（%）	配方肥（%）	过磷酸钙（%）	复合肥（%）	尿素（%）	碳铵（%）	有机肥（%）	其他（%）
小麦	634	1.74	58.2	6.47	15.39	10	6.31	1.42	0.48
玉米	514		54.09		14	20.16	11.36		0.38

2. 施肥数量（表 15-10）

表 15-10　小麦、玉米施肥数量　　单位：kg/亩

主要作物	样本数		二铵	配方肥	复合肥	尿素	碳铵	有机肥
小麦	634	最小值	15	15	20	5	20	1 000
		最大值	50	75	78	60	75	2 000
		平均值	23.64	42.45	44.52	28.28	47.63	1 500
玉米	514	最小值		8	11	5	30	
		最大值		50	53	75	100	
		平均值		33.15	34.26	30.47	57.14	

小麦施肥品种主要为配方肥，所占比例为 58.2%，亩平均使用量为 42.45kg，不同产量水平使用量不同；其次为复合肥，所占比例为 15.39%，亩平均使用量为 44.52kg，尿素所占比例为 10%，亩平均使用量为 28.28kg，尿素主要与过磷酸钙及磷酸二铵搭配使用，过磷酸钙所占比例为 6.47%，磷酸二铵所占比例为 1.74%，亩平均使用量为 23.64kg；碳酸氢铵所占比例为 6.31%，亩平均使用量为 47.63kg，主要与过磷酸钙搭配使用。有机肥所占比例较低，仅为 1.42%，亩平均使用量为 1 500kg。

玉米施肥品种主要为配方肥、尿素及复合肥，配方肥所占比例为 54.09%，亩平均使用量为 33.15kg，不同产量水平使用量不同；尿素所占比例为 20.16%，亩平均使用量为 30.47kg，复合肥所占比例为 14%，亩平均使用量为 34.26kg，碳酸氢铵所占比例为 11.36%，亩平均使用量为 57.14kg。

四、其他肥料施用现状

孟津县种植的绿肥品种为紫花苜蓿，播种面积为 19 710亩，资源总量为 6 898.5t。紫花苜蓿在丘

陵地、沙荒地播种较为适宜，宜在夏末秋初播种，一般多在 9 月上、中旬播种，播种量每亩 1~1.5kg 条播或撒播均可，第二年至第五年生长旺盛，每年可刈割 3~4 次，每次每亩可刈割鲜量 1 000 余 kg，利用方式为先将绿肥作为奶牛饲料，再以厩肥还田。

孟津县磷肥厂生产的有机无机复混肥料，年设计能力为 10 000t，年实际生产量为 3 000t，年实际应用量为 3 000t，有机无机复混肥料可应用于各种作物。

五、氮、磷、钾比例、利用率

通过对 2005—2007 年的 634 个样本数据汇总分析，得出：冬小麦氮、磷、钾施肥比例为 2.73∶1.61∶1；通过对 514 个样本数据汇总分析，得出：夏玉米氮、磷、钾施肥比例为 3.59∶0.95∶1（表15-11）。

表 15-11　孟津县主要作物氮磷钾施肥比例

主要作物	样本数	N（kg/亩）	P_2O_5（kg/亩）	K_2O（kg/亩）	N∶P_2O_5∶K_2O
小麦	634	10.17	5.94	3.7	2.73∶1.61∶1
玉米	514	11.16	2.95	3.11	3.59∶0.95∶1

通过对 2005—2007 年田间肥效试验的 37 个样本数据汇总分析，得出：冬小麦平均肥料利用率 N、P_2O_5、K_2O 分别为 28.40%、14.24%、20.16%；夏玉米平均肥料利用率 N、P_2O_5、K_2O 分别为 20.61%、11.33%、29.74%（表 15-12）。

表 15-12　孟津县主要粮食作物肥料利用率

主要作物	样本数	N（%）	P_2O_5（%）	K_2O（%）
小麦	20	28.4	14.24	20.16
玉米	17	20.61	11.33	29.74

六、实施测土配方施肥对农户施肥的影响

自 2005 年实施测土配方施肥项目以来，孟津县委、县政府对测土配方施肥项目工作高度重视，3 年来，通过狠抓宣传培训，采取多种手段下乡进村入户发放施肥建议卡，开展多层次、多形式、多渠道的技术服务，小麦、玉米田间试验示范，让广大农户切实感受并看到了测土配方施肥的实际效果，实施测土配方施肥对农户施肥产生了极大的影响，农户的施肥观念发生了明显转变，配方肥的使用量逐年加大，单一施肥的现象逐渐减少。

（一）小麦施肥品种及数量的变化

小麦施肥主要品种为配方肥、复合肥、单质肥料，配方肥所占比例达到 58.2%，亩平均使用量为 42.45kg；复合肥所占比例为 15.39%，亩平均使用量为 44.52kg。有机肥主要为秸秆还田和秸秆过腹还田、堆沤肥，有机肥与氮肥、磷肥按施肥建议卡搭配使用，改变了过去施肥品种多而杂，配方比例不适宜的状况。小麦施肥次数、时期、比例及使用方法的变化：小麦施肥由过去在播种前整地时做基肥一次性施入、施肥方法为撒施的做法，变为氮肥采用部分做底肥、部分做追肥的方法，追肥一般在小麦拔节期进行，高产田及中产田将氮肥总量的 60%~70% 做底肥，30%~40% 做追肥；磷肥的施用方法为将 70% 的磷肥于耕地前均匀撒施于地表，然后耕地翻入地下，30% 的磷肥于耕地后撒于垡头，耙平，利于苗期吸收。

（二）玉米施肥品种及数量的变化

玉米施肥品种主要为配方肥、尿素及复合肥，配方肥所占比例为 54.09%，亩平均使用量为 33.15kg，不同产量水平使用量不同；尿素所占比例为 20.16%，亩平均使用量为 30.47kg；复合肥所占比例为 14%，亩平均使用量为 34.26kg。改变了过去的玉米施肥单施氮肥的不合理现象，高产田配

方肥使用量明显增加，但中低产田单一施用氮肥（尿素）、不施磷钾肥的现象仍占一定比例，原因为旱地多、玉米生长期天气干旱影响产量，导致农户不愿过多投入肥料成本。玉米施肥次数、时期、比例及使用方法的变化：玉米施肥时期由过去的玉米定苗后或玉米5~6片叶时，一次性将肥料全部施入，变为30%的氮肥于玉米定苗后或玉米5~6片叶时施用，余下70%的氮肥在玉米大喇叭口期施用。施肥方法多为裸施，所占比例为70%，穴施覆土所占比例仅为30%。实施测土配方施肥后变为沟施或穴施，施肥深度在15cm左右，施后及时覆土；对缺锌土壤每亩补施锌肥1kg。

七、施肥实践中存在的主要问题

（一）有机肥用量偏少

20世纪70年代以来，随着化肥工业的高速发展，化肥高浓缩的养分、低廉的价格、快速的效果得到广大农民的青睐，化肥用量逐年增加，有机肥的施用则逐渐减少，进入80年代，实行土地承包责任制后，随着农村劳动力的大量外出转移，农户在施肥方面重化肥施用，忽视有机肥的投入，人畜粪尿及秸秆沤制大量减少，造成了土壤有机质下降，有机肥和无机肥施用比例严重失调。

（二）氮磷钾三要素施用比例失调

有一些农民对作物需肥规律和施肥技术认识和理解不足，存在氮磷钾施用比例不当的问题，部分中低产田玉米单一施用氮肥（尿素）、不施磷钾肥的现象仍占一定比例，原因为无灌溉条件、怕玉米生长期内天气干旱影响产量，导致农户不愿过多投入肥料成本。部分农户使用氮磷钾比例为15-15-15的复合肥，不补充氮肥，造成氮肥不足，磷钾肥浪费的现象，影响作物产量的提高。

（三）化肥施用方法不当

1. 氮肥表施

农民为了省时、省力，玉米追施化肥时将化肥撒于地表，使化肥在地表裸露时间太长，造成氮素挥发损失，降低了肥料的利用率。

2. 磷肥撒施

由于大多数农民对磷肥的性质了解较少，普遍将磷肥撒施、浅施，造成磷素被固定和作物吸收困难，降低了磷肥利用率，使当季磷肥效益降低。

3. 钾肥使用比例过低

第二次土壤普查结果表明，孟津县耕地土壤速效钾含量较高，能够满足作物生长的需要，随着耕地生产能力的提高，土壤有效钾素被大量消耗，而补充土壤钾素的有机肥用量却大幅度减少，导致了土壤影响作物特别是喜钾作物的正常生长和产量提高。虽然经过3年的测土配方施肥项目的实施，土壤有效钾含量大大提高，但从氮磷钾肥施用比例上来看，钾肥用量仍然较少。

4. 种肥使用技术较少

在调查的农户中，基本没有农民施用种肥，忽视了种肥的增产作用。

第十六章　土壤与耕地资源特征

第一节　孟津县耕地土壤状况

一、耕地土壤分类及面积分布

孟津县有褐土土类和潮土土类 2 个大类，褐土、碳酸盐褐土、始成褐土、潮褐土、黄潮土、褐潮土 6 个亚类，共 16 个土属。其中褐土根据成土母质可划分为立黄土、红黄土质褐土、垆土和覆盖褐土 4 个土属；潮褐土只有潮黄土 1 个土属；碳酸盐褐土根据成土母质和发育状况可分为白面土和白垆土 2 个土属；始成褐土根据母质类型可分为红黄土质始成褐土、红黏土始成褐土、老黄土质始成褐土、紫色岩始成褐土 4 个土属；黄潮土根据母质类型分为砂土、两合土、灌淤土、洪积潮土 4 个土属；褐潮土只有褐土化两合土 1 个土属。

根据土体构型划分土种，全县总共有土种 47 个，详见表 16-1。

表 16-1　土种面积统计

县土类名称	县亚类名称	县土属名称	县土种名称	县土壤代码	面积
潮土	褐潮土	褐土化两合土	褐土化两合土	3020201	693.05
潮土	黄潮土	废墟潮土	废墟潮土	3010601	260.58
潮土	黄潮土	灌淤土	薄层灌淤土	3010502	114.3
潮土	黄潮土	灌淤土	底砂厚层灌淤土	3010508	30.63
潮土	黄潮土	灌淤土	灌淤土	3010501	42.86
潮土	黄潮土	灌淤土	厚层灌淤土	3010503	490.9
潮土	黄潮土	灌淤土	体砂薄层灌淤土	3010505	28.36
潮土	黄潮土	洪积潮土	洪积黏质潮土	3010404	257.25
潮土	黄潮土	两合土	底砂小两合土	3010206	46.61
潮土	黄潮土	两合土	两合土	3010208	17.66
潮土	黄潮土	两合土	体砂两合土	3010210	226.8
潮土	黄潮土	两合土	体砂小两合土	3010204	26.87
潮土	黄潮土	两合土	腰砂小两合土	3010202	139.79
潮土	黄潮土	砂土	细砂土	3010102	125.59
褐土	褐土	潮黄土	潮黄土	2050201	561.28
褐土	褐土	复盖褐土	红黄土质红黏土底褐土	2040601	191.41
褐土	褐土	复盖褐土	黄土质红黄土底褐土	2040602	243.63
褐土	褐土	红黄土质褐土	红黄土质多量砂姜褐土	2040504	276.27
褐土	褐土	红黄土质褐土	红黄土质褐土	2040501	1908.7
褐土	褐土	红黄土质褐土	红黄土质浅位多量砂姜褐土	2040506	491.83
褐土	褐土	红黄土质褐土	红黄土质浅位少量砂姜褐土	2040505	531.27
褐土	褐土	红黄土质褐土	红黄土质少量砂姜褐土	2040503	654.24

（续表）

县土类名称	县亚类名称	县土属名称	县土种名称	县土壤代码	面积
褐土	褐土	红黄土质褐土	红黄土质深位多量砂姜褐土	2040508	271.56
褐土	褐土	红黄土质褐土	红黄土质深位少量砂姜褐土	2040507	98.58
褐土	褐土	立黄土	多量砂姜立黄土	2040104	1 876.79
褐土	褐土	立黄土	立黄土	2040101	15 364.06
褐土	褐土	立黄土	浅位多量砂姜立黄土	2040106	101.86
褐土	褐土	立黄土	浅位少量砂姜立黄土	2040105	310.61
褐土	褐土	立黄土	少量砂姜立黄土	2040103	1 327.28
褐土	褐土	立黄土	深位多量砂姜立黄土	2040108	347.22
褐土	褐土	立黄土	深位少量砂姜立黄土	2040107	250.13
褐土	褐土	垆土	黑垆土	2040202	319.03
褐土	褐土	垆土	红垆土	2040201	730.95
褐土	始成褐土	红黄土质始成褐土	红黄土质少量砂姜始成褐土	2021102	255.49
褐土	始成褐土	红黄土质始成褐土	红黄土质始成褐土	2021101	705.06
褐土	始成褐土	红黏土始成褐土	红黏土灰质始成褐土	2021221	660.49
褐土	始成褐土	红黏土始成褐土	红黏土少量砂姜始成褐土	2021206	390.77
褐土	始成褐土	红黏土始成褐土	红黏土始成褐土	2021201	3 389.09
褐土	始成褐土	老黄土质始成褐土	老黄土质始成褐土	2020701	538.96
褐土	始成褐土	紫色岩砾质始成褐土	紫色岩砾质始成褐土	2020401	3.12
褐土	碳酸盐褐土	白垆土	壤质白垆土	2030201	502.71
褐土	碳酸盐褐土	白面土	白面土	2030101	3 342.44
褐土	碳酸盐褐土	白面土	浅位少量砂姜白面土	2030105	136.16
褐土	碳酸盐褐土	白面土	砂性白面土	2030102	607.31
褐土	碳酸盐褐土	白面土	少量砂姜白面土	2030103	150.04
褐土	碳酸盐褐土	白面土	深位多量砂姜白面土	2030108	88.4
褐土	碳酸盐褐土	白面土	深位少量砂姜白面土	2030107	173.77

　　根据农业部和河南省土肥站的要求，将县土种与省土种进行对接，对接后共有35个省土种，对接与土种合并情况见表16-2。

表16-2　孟津县土种对照

县土种名称	县土壤代码	省土种名称	省土壤代码
褐土化两合土	3020201	脱潮两合土	23051216
废墟潮土	3010601	两合土	23011539

（续表）

县土种名称	县土壤代码	省土种名称	省土壤代码
薄层灌淤土	3010502	薄层黏质灌淤潮土	23031313
底砂厚层灌淤土	3010508	厚层黏质灌淤潮土	23031312
灌淤土	3010501	厚层黏质灌淤潮土	23031312
厚层灌淤土	3010503	厚层黏质灌淤潮土	23031312
体砂薄层灌淤土	3010505	薄层黏质灌淤潮土	23031313
洪积黏质潮土	3010404	黏质洪积潮土	23011715
底砂小两合土	3010206	底砂小两合土	23011558
两合土	3010208	两合土	23011539
体砂两合土	3010210	浅位砂两合土	23011541
体砂小两合土	3010204	浅位厚砂小两合土	23011542
腰砂小两合土	3010202	浅位砂小两合土	23011542
细砂土	3010102	砂质潮土	23011424
潮黄土	2050201	壤质潮褐土	14011224
红黄土质红黏土底褐土	2040601	红黄土质褐土性土	14031122
黄土质红黄土底褐土	2040602	红黄土质褐土性土	14031122
红黄土质多量砂姜褐土	2040504	浅位多量砂姜红黄土质褐土	14021133
红黄土质褐土	2040501	红黄土质褐土	14021121
红黄土质浅位多量砂姜褐土	2040506	浅位多量砂姜红黄土质褐土	14021133
红黄土质浅位少量砂姜褐土	2040505	浅位少量砂姜红黄土质褐土	14021132
红黄土质少量砂姜褐土	2040503	浅位少量砂姜红黄土质褐土	14021132
红黄土质深位多量砂姜褐土	2040508	深位多量砂姜红黄土质褐土	14021134
红黄土质深位少量砂姜褐土	2040507	深位少量砂姜红黄土质褐土	14021135
多量砂姜立黄土	2040104	黄土质褐土	14021119
立黄土	2040101	黄土质褐土	14021119
浅位多量砂姜立黄土	2040106	黄土质褐土	14021119
浅位少量砂姜立黄土	2040105	黄土质褐土	14021119
少量砂姜立黄土	2040103	黄土质褐土	14021119
深位多量砂姜立黄土	2040108	黄土质褐土	14021119
深位少量砂姜立黄土	2040107	黄土质褐土	14021119
黑垆土	2040202	黏质洪积褐土	14021212
红垆土	2040201	黏质洪积褐土	14021212
红黄土质少量砂姜始成褐土	2021102	浅位少量砂姜红黄土质褐土性土	14031115
红黄土质始成褐土	2021101	红黄土质褐土性土	14031122
红黏土灰质始成褐土	2021221	石灰性红黏土	15010021
红黏土少量砂姜始成褐土	2021206	浅位少量砂姜红黏土	15010026
红黏土始成褐土	2021201	红黏土	15010019
老黄土质始成褐土	2020701	红黏土	15010019
紫色岩砾质始成褐土	2020401	厚层砂质石灰性紫色土	18021111
壤质白垆土	2030201	壤质洪积石灰性褐土	14051214
白面土	2030101	中壤质黄土质石灰性褐土	14051128
浅位少量砂姜白面土	2030105	浅位少量砂姜黄土质石灰性褐土	14051141

（续表）

县土种名称	县土壤代码	省土种名称	省土壤代码
砂性白面土	2030102	轻壤质黄土质石灰性褐土	14051139
少量砂姜白面土	2030103	浅位少量砂姜黄土质石灰性褐土	14051141
深位多量砂姜白面土	2030108	深位多量砂姜黄土质石灰性褐土	14051143
深位少量砂姜白面土	2030107	深位少量砂姜黄土质石灰性褐土	14051142

二、不同类型土壤的主要性状及面积分布

孟津县土壤根据成土条件和土体发育程度以及分类原则，褐土可分为褐土亚类、碳酸盐褐土、始成褐土和潮褐土4个亚类。根据地形、水文条件对土壤发育的影响及附加成土过程，潮土分为黄潮土和褐潮土2个亚类。

（一）褐土亚类

褐土亚类是褐土土类中的一个典型亚类，面积538 462亩，占褐土土类的67.2%，占全县土壤面积的62.7%。该亚类具有明显的发育层次，土壤剖面的主要特征是在32~68cm出现暗褐色或红褐色的黏化层，黏化层以下是石灰斑点假菌丝体或砂姜形态出现的碳酸盐淀积层。通体有石灰反应，黏化层反应相对较弱，下部反应强烈，表层因耕作影响复钙作用明显反应亦较强。土壤结构表层多为团粒状结构，中层多为棱柱状结构，下层多为块状结构。根据成土母质可划分为立黄土、红黄土质褐土、垆土和复盖褐土4个土属。

（二）碳酸盐褐土亚类

面积123 114亩，占褐土土类的15.3%，占全县土壤面积的14.3%。多数分布在邙山丘陵南北边缘台地上，少数分布在邙山山麓洪积扇的中上部，在褐土亚类分布的局部缓岗上和带状沟谷阶地上也有零星分布。遍布全县10个乡镇。面积较大的有白鹤、城关、送庄、平乐、朝阳等乡（镇）。所处地带海拔高度150~350m。坡度较陡，水土流失严重，降水量小，干燥度大，一般地下水贫乏，埋深达30~50m。山麓洪积平原上地下水也深达7~10m。地面水奇缺，植被稀疏，沟蚀和面蚀都比较明显。母质为马兰黄土和离石、午城黄土及其洪积物。

性态特征：碳酸盐褐土最为干旱瘠薄，土壤形成不断为侵蚀所中断，而在洪积母质上发育的则成土历史晚短，故碳酸钙淋洗较弱，属钙积型土壤，加之多发育在富含碳酸钙的黄土丘陵及其洪积扇上，所以通体碳酸钙高达9%~15%。心底土层都发育有粉末状假菌丝体，有些底土层有直立小砂姜，该层碳酸钙可高达11%~14%。由于气候干燥，侵蚀严重，碳酸钙含量高，淋洗作用弱，剖面仅有轻度黏化，故土壤发育层次不明显，大体可分为耕层、心土弱黏化钙积层和底土层三个基本层段。

（三）始成褐土亚类

始成褐土母质为离石、午城黄土和第三纪保德红土的残积、坡积、洪积物，极少数为基岩丘陵的残积坡积物。一般分布在海拔350~450m处。地表剥蚀严重，地下水很深，通常为15~30m，土壤形成不受地下水影响。成土时间甚短，剖面构型为A-C型。层次发育不明显，而母质特征显著。这是始成褐土的基本特征。根据母质类型，可分为红黄土质始成褐土、红黏土始成褐土、老黄土质始成褐土和紫色岩始成褐土4个土属。

（四）潮褐土亚类

是褐土向潮土过渡的类型，以褐土过程为主，附加潮化过程。有碳酸钙淋洗和黏化现象。心土层颜色浅褐色，黏化程度不大明显。剖面下部微受地下水影响，有轻微潮化过程。根据母质类型，本县只有一个潮褐土土属。其性态特征同亚类所述，按剖面构型只有一个潮黄土土种。

（五）黄潮土亚类

剖面质地层次不清，通体有较强石灰反应。下部有红褐色锈纹锈斑，受水渍作用强烈时有铁锰结核出现。一般无假菌丝体。根据母质类型，分为砂土、两合土、灌淤土、洪积潮土和废墟潮土5个

土属。

（六）褐潮土亚类

本亚类大多在 34~48cm 层段有轻微褐土过程，出现石灰斑或零星假菌丝体。黏化过程微弱。碳酸钙有轻微淋洗，其含量多为 5.8%~6.9%，pH 值 8.2~8.5，呈碱性反应。60cm 以下受地下水作用，有铁锈斑等潮化特征。质地多数为中壤，少数轻壤。

各个亚类土壤面积及在各乡镇分布情况，详见表 16-3。

表 16-3　各乡镇土壤亚类面积统计　　　　　　　　　　　　　单位：hm²

权属名称	总计	潮土		褐土		
		褐潮土	黄潮土	褐土	始成褐土	碳酸盐褐土
白鹤镇	6 298.48		344.7	4 326.63	364.18	1 262.97
常袋乡	2 661.97			1 916.94	703.2	41.83
朝阳镇	4 201.12	67.51		3 778.5		355.11
城关镇	4 740.96			3 813.38	319.35	608.23
横水镇	3 355.4			1 572.09	1 783.31	
会盟镇	3 721.76	185.21	949.89	1 736.25		850.41
麻屯镇	2 621.63			2 203.33	104.44	313.86
平乐镇	4 264.68	436.95	516.42	2 626.48		684.83
送庄镇	2 844.28			2 361.72		482.56
小浪底镇	4 591.19			1 526.18	2 669.04	395.97
总计	39 301.47	689.67	1 811.01	25 861.5	5 943.52	4 995.77

三、土壤障碍因素分析

（一）影响农业生产的土壤障碍因素

孟津县土壤有褐土土类和潮土土类 2 个大类，影响农业生产的土壤障碍因素有褐土类中红黄土质褐土及部分立黄土存在砂姜层；潮土类黄潮土亚类中的两合土土种存在砂漏层；褐土类始成褐土亚类部分土属存在黏盘层；褐土类始成褐土亚类紫色岩砾质始成褐土土属存在砂砾层。

（二）障碍层土壤的生产性状

1. 砂姜层土壤

此类土壤质地以中壤土为主，质地构型为均质中壤；剖面构型为表层多为团粒状结构，中层多为棱柱状结构，下层多为块状结构；生产性状表现为：一般养分含量不高，由于含砂姜层，带来耕作不便，通透性不良，水利条件差，平时易遭干旱。

2. 砂漏层土壤

此类土壤质地以轻壤土为主，质地构型为均质砂壤；生产性状表现为：此类土壤通透性好，供肥性能好，土性温暖，耕作方便，宜耕期长，发小苗不发老苗，但漏水漏肥和后期脱肥早衰为该土壤主要问题。

3. 黏盘层土壤

此类土壤质地以重壤土为主，质地构型为均质重壤；土壤结构多为块状结构；生产性状表现为土质黏重，板结紧实，耕性很差，易起坷垃，通透性差，干时坚硬，湿时泥泞，易发生旱象不发小苗，发老苗。

4. 砂砾层土壤

此类土壤质地以轻壤土为主，质地构型为砂底轻壤；土壤全剖面为单粒状结构；生产性状表现为紫色岩砾质始成褐土砂粒含量达 70% 以上，粒间空隙大，通透性好，作物易发根和深扎，耕性好，适耕期长，土壤温差大，故称热性土，作物出苗早，齐、全。但中后期易脱肥，所以发小苗不发老苗。

第二节 耕地立地条件状况

一、地貌类型

据河南省地质部门的研究资料表明，孟津县地貌分为3个类型：构造侵蚀基岩丘陵区、侵蚀堆积黄土台塬区和河流堆积阶地区。主要分布乡镇见表16-4。

表16-4 地貌类型及面积统计表

地貌类型	面积（km²）	占总面积（%）	主要土壤类型	分布乡镇
基岩丘陵区	198.95	26.4	始成褐土和碳酸盐褐土	白鹤镇西北部，小浪底镇北部
黄土台塬区	368.07	48.9	典型褐土	各乡镇都有
河流阶地区	186.18	24.7	黄潮土	平乐镇、白鹤镇、会盟镇
合计	753.2	100		

（一）构造侵蚀基岩丘陵区

该区主要包括小浪底镇（原煤窑乡）、白鹤镇（原王良乡）两个乡镇，及小浪底镇（原马屯）、城关的北部，面积约198.95km²，占全县总面积的26.4%，切割强烈，冲沟多且发育，深度100~150m。丘陵上部呈浑圆状，多为第四纪的中更新统与上更新统风积相黄土覆盖。中部以下二迭系岩石裸露，由紫红色砂质泥岩，紫红色、灰白色、黄白色厚层中粗粒长石，石英砂岩，灰质砾岩，砂页岩等组成。其岩性均为沉积岩。该区地貌多以梁的形态出现，山梁和沟谷走向一致。沟谷多呈"V"形。沟底多有泉水出露。

（二）侵蚀堆积黄土台塬区

该区面积368.07km²，占全县总面积的48.9%。根据地貌特征又分两个亚区，即黄土丘陵和黄塬土。

1. 黄土丘陵亚区

本亚区面积206.01km²，占全县总面积的27.4%。主要包括孟津县西南部横水、小浪底（原马屯）、麻屯、常袋、城关、朝阳等乡镇。地质构造上部系第四纪中更新统风积相黄土，厚度约20~60m，为棕黄色或灰黄色粉土质亚黏土。具有较好的垂直节理和大孔隙，富含钙质结核。夹多层棕黄色或橘红色古土壤层，其下多为钙质结核层。南部麻屯镇一带地表为第四纪中更新统冲洪积黄土状亚黏土。小浪底（原马屯）、横水一带则因剥蚀作用强烈，多有第三纪保德红土裸露地衰，局部有古土壤层出露。该区由于地质构造运动，有多条断裂带，因冲此沟发育，切割密度较大，地貌多呈梁峁形态。

2. 黄土塬亚区

本亚区面积162.06km²，占全县总面积的21.5%。包括送庄镇和平乐、会盟（原老城）、白鹤三个镇的丘陵部分以及朝阳镇的东部。表层5~20m层段为上更新统（Q_3）风积相黄土，呈灰黄色粉土质轻亚黏土或亚砂土，西部含少量钙质结核，有良好的垂直节理和大孔隙。该区地势平缓，地貌呈塬的形态。冲沟发育，沟谷多为"U"形，沟壁陡直，沟长800~5 000m，宽80~140m，深30~50m。冲沟两侧多见黄土柱、黄土桥、黄土崩塌等喀斯特地形。

（三）河流堆积阶地

该区位于孟津县东部黄河与洛河阶地，面积186.18km²，占全县总面积的24.7%。因多次受地质构造运动的影响及河流泛滥沉积作用，地面上升，河床下切，形成了较开阔的河漫滩及一、二级阶地。黄河一级阶地分布的近代河流沉积物，为淡黄色轻亚黏土、亚砂土、砂土及少量砂卵石。黄河与洛河二级阶地则为上更新统的褐黄色的洪冲积亚黏土，含零星钙质核结。

黄河阶地向北倾斜，南部与邙岭陡坎相连，北部延伸至河漫滩，沿邙岭山麓有一条明显的洪积扇、裙。洛河二级阶地属伊洛盆地一角，邙山丘陵与伊洛盆地成坡面相接．其衔接部为一断裂带。

该区有些低洼地，目前尚处于堆积状态，地下水位较浅，土体质地构型多种多样，加大了土壤的变异性。

地质地貌对土壤的形成和分布关系密切，它影响着地面物质与能量的再分配，支配着地表径流和地下水活动。基岩丘陵区主要分布有始成褐土和碳酸盐褐土，黄土台塬区则多形成典型褐土，河流阶地则以黄潮土为主。

二、成土母质

成土母质是土壤形成的物质基础。孟津县成土母质主要有以下几种类型。

（一）风积物

孟津县邙山岭上大部分为马兰黄土所覆盖，以送庄黄土塬较为典型，为上更新统（Q_3）的沉积物，由风力搬运沉积而成。厚度 $5\sim20m$，颜色灰黄，疏松多孔，具垂直节理，富含碳酸钙。孟津县广泛分布的立黄土，白面土均发育在该类母质上。

孟津县西部黄土丘陵区的离石、午城黄土，系第四纪中更新统（Q_2）风积相黄土。在完整的地层分布中，离石黄土位于马兰黄土之下，颜色为棕黄色；午城黄土位于离石黄土之下，颜色为红黄色。在侵蚀严重地段，马兰黄土、离石黄土依次被剥蚀殆尽，离石午城黄土裸露地表，成为主要成土母质。在该类母质上发育的土壤即为红黄土质褐土或红黄土质始成褐土。马屯，横水一带，由于强烈的剥蚀作用，第三纪保德红土（N）裸露地表，该类母质颜色暗红，质地黏重。一般无石灰反应，发育的土壤为红黏土始成褐土。该土壤区内，有些地段有棕黄色的古土壤层出现，发育的土壤为老黄土质始成褐土。

（二）洪积冲积物

该母质分为两种类型，一种是离石黄土，属中更新统（Q_2）的老洪积冲积物，位于马兰黄土之下。但在侵蚀严重的地段，马兰黄土被剥蚀殆尽，离石黄土成了重要的成土母质。孟津县麻屯镇分布的红黄土就发育在该类母质上。还有一种是新的洪积冲积物，属全新统（Q_4）的沉积物，邙岭局部丘间洼地和南北麓洪积扇、裙都分布有该类母质。其机械组成由上而下逐渐变细，洪水分选作用明显，棕褐色或黄红杂色相间，在该类母质上发育的土壤多为褐土亚类中的垆土属或碳酸盐褐土亚类中的白垆土属。洪积黏质潮土也发育在该类母质上。

（三）残积、坡积物

分布在侵蚀基岩丘陵区，主要为二迭系紫色岩风化碎屑所组成，颗粒间夹有石砾，未经分选，该类母质上发育的土壤为紫色岩砾质始成褐土。

（四）冲积物

系近代河流的沉积物，主要分布在黄河、洛河的河漫滩及一、二级阶地上。该冲积母质由于受河流多次沉积的影响，分选作用十分明显，其质地由河漫滩向一、二级阶地依次变细。由于黄河多次泛滥改道，流速大小不一，时间长短各异，故沉积层次明显，发育的土壤多属黄潮土亚类。

（五）废墟母质

分布在平乐镇金村一带的汉魏古城遗址上，其特点是土体中含有砖头瓦片等侵入体。由于地下水的作用，发育的土壤为废墟潮土。

三、地形部位

孟津县土壤分布随海拔高度由低到高表现了明显的规律性，县有清晰的垂直地带性，展示了各土壤亚类间的过渡性。由低到高，从东到西总的分布趋势是黄潮土—褐潮土—褐土—碳酸盐褐土—始成褐土。孟津县东部由于中间高、南北低的地貌形态，土壤南北分布则表现了明显的对称性，自北向南总的分布情况是：黄潮土—潮褐土—碳酸盐褐土—褐土—碳酸盐褐土—褐土—褐潮土—黄潮土。由于各地自然条件的差异和人为因素的影响，土壤分布具有明显的地区性差异。

西部丘陵区，沟壑纵横，干旱严重，海拔高度350~481m，有保德红土和黄土出露，土壤分布以始成褐土为主，地势相对平坦部位覆盖的马兰黄土，则发育为碳酸盐褐土。城关东、北部黄土丘陵区，海拔高度300~350m，地貌为梁峁形态，降水多以径流形式泻入沟河，淋溶作用不明显，多为碳酸盐褐土覆盖。

黄土塬区，海拔高度150~250m，地势较平坦，降水量600~610mm，马兰黄土覆盖深厚，多发育为典型褐土。南北边缘台地则为碳酸盐褐土覆盖。

在黄河阶地和伊洛盆地，海拔120~150m。土壤母质为河流沉积物，由于地下水的影响，多发育为黄潮土，随着距河道由近及远，依次分布有细砂土、两合土。低洼地段因人工引黄淤灌，则形成灌淤土。盆地边缘和阶地较高部位，因地下水作用变化，则分布着潮褐土和褐潮土。

第三节　耕地土壤改良实践效果

一、西部基岩丘陵区

（一）土壤状况

地处孟津县西北部，主要分布乡镇为横水镇西北部，原黄鹿山乡，白鹤镇西北部包括原王良乡，主要障碍因素坡耕地多坡度大，坡度大于25°的坡耕地面积为2.8万亩，基本没有灌溉设施，干旱质地黏重，基本上属于靠天吃饭区域，经济条件较差，农民的科学施肥意识较淡薄，施肥基本以碳酸氢铵与过磷酸钙肥为主，地力水平较低，常年产量水平为300kg/亩。1985年土壤普查时土壤养分含量为：有机质平均含量9.21g/kg、全氮0.53g/kg、有效磷3.8mg/kg、速效钾139.25mg/kg，微量元素Cu平均1.46mg/kg、Fe平均6.34mg/kg、Mn平均12.6mg/kg、Zn平均0.66mg/kg、pH值平均8.27。

（二）改良实践效果

多年来通过陡坡耕地还林还牧，缓坡地整修水平梯田，1986—2000年孟津县积极治山治水，大搞水土保持，治理水土流失面积293km²，占水土流失面积50.44%，至2000年全县修建梯田面积16 800hm²，造林8 925hm²，逐年深耕，加厚活土层，有条件的地方修建集雨水窖，利用地膜覆盖技术，秸秆覆盖技术充分利用一切水资源来抵抗干旱。增施有机肥，提倡磷钾肥的施入，地力水平与第二次土壤普查相比较养分有了较大的提高。坡耕地面积大幅度减少，坡度一般在15°以下，修建水窖250眼，机井10眼，现在地力水平与第二次土壤普查相比，有机质增加4.89g/kg、全氮增加0.35g/kg、有效磷增加9.38mg/kg、速效钾增加58.79mg/kg，微量元素Cu增加0.82mg/kg、Fe增加4.14mg/kg、Mn增加8.23mg/kg、Zn增加1.2mg/kg、pH值降低-0.13。

二、河流阶地

（一）土壤状况

河流阶地又分为黄河阶地和洛河阶地两个亚区，黄河阶地涉及乡镇主要为会盟镇、白鹤镇，以果树、蔬菜经济作物种植为主，此区地势平坦，灌溉条件良好，农民经济条件好，重视科学施肥，地力水平偏高，常年产量水平为500kg/亩。存在问题：主要表现在土壤质地多为砂壤土，漏水漏肥现象严重。

（二）改良实践效果

针对这种现象，我们多年来通过植树造林，固定沙土流失，增施有机肥，改良土壤，大力提倡秸秆还田技术，少量多次施肥，通过后期追肥满足作物生长需要等措施取得一定效果，从土壤质地看土壤砂质化程度有所减轻，从土壤养分看：黄河阶地土壤有机质平均含量15.09g/kg、全氮0.81g/kg、有效磷34.21mg/kg，速效钾230.51mg/kg，微量元素Cu平均2.55mg/kg、Fe平均12.26mg/kg、Mn平均17.43mg/kg、Zn平均2.42mg/kg，pH值平均8.05。与第二次土壤普查相比，有机质增加6.82g/kg、全氮增加0.17g/kg、有效磷增加27.93mg/kg、速效钾增加99.5mg/kg，微量元素Cu增加1.09mg/kg、Fe增加5.92mg/kg、Mn增加5.13mg/kg、Zn增加1.76mg/kg、pH值降低-0.22。

洛河阶地土壤有机质平均含量 18.16g/kg、全氮 1.06g/kg、有效磷 15.66mg/kg、速效钾 145.34mg/kg，微量元素 Cu 平均 4.53mg/kg、Fe 平均 19.40mg/kg、Mn 平均 41.69mg/kg、Zn 平均 1.48mg/kg、pH 值平均 7.88，与第二次土壤普查相比，有机质增加 4.6g/kg 全氮增加 0.41g/kg、有效磷增加 10.31mg/kg、速效钾增加 0.74mg/kg，微量元素 Cu 增加 3.07mg/kg、Fe 增加 13.06mg/kg、Mn 增加 29.39mg/kg、Zn 增加 0.82mg/kg、pH 值降低-0.39。

三、黄土台塬区

（一）土壤状况

该区又分为两个亚区，即黄土丘陵亚区和黄土塬亚区。黄土丘陵亚区涉及乡镇主要为横水镇、常袋乡、城关镇、麻屯镇、小浪底镇南部和朝阳镇西部，黄土塬亚区主要涉及乡镇主要为平乐镇、会盟镇、送庄镇、白鹤镇 4 个乡镇的丘陵区域、朝阳镇东部。此区面积占据孟津县第一，地处丘陵缓坡地带，灌溉能力低，机井 200 余眼，农民经济条件一般，土壤质地多为中壤，耕性较好，易干旱，地力水平中等，常年产量水平为 350~400kg/亩。第二次土壤普查时土壤养分有机质平均含量 11.4g/kg、全氮 0.56g/kg、有效磷 5.09mg/kg、速效钾 138.17mg/kg、微量元素 Cu 平均 1.46mg/kg、Fe 平均 6.34mg/kg、Mn 平均 12.3mg/kg、Zn 平均 0.66mg/kg、pH 值平均 8.27。农业上制约产量的障碍因素主要表现为砂姜土层面积大、干旱。

（二）改良实践效果

针对此，多年来我们通过退耕还林还牧或不间断清除砂姜，增施有机肥，扩种绿肥，合理轮作，适种烟草和红薯、谷子等耐旱作物，进一步改善农田水利设施，水位低的区域，尽量修建机井，增加灌溉保证率等措施，取得很大成效。目前，机井 500 余眼，砂姜面积、砂姜量明显减小。从土壤养分含量看：黄土丘陵亚区土壤有机质平均含量 16.55g/kg、全氮 1.05g/kg、有效磷 15.03mg/kg、速效钾 147.25mg/kg、微量元素 Cu 平均 2.24mg/kg、Fe 平均 9.81mg/kg、Mn 平均 16.54mg/kg、Zn 平均 1.95mg/kg、pH 值平均 7.98。与第二次土壤普查相比，有机质增加 5.15g/kg、全氮增加 0.49g/kg、有效磷增加 9.94mg/kg、速效钾增加 9.09mg/kg，微量元素 Cu 增加 0.78mg/kg、Fe 增加 3.47mg/kg、Mn 增加 4.24mg/kg、Zn 增加 1.29mg/kg、pH 值降低-0.29。

黄土塬亚区土壤有机质平均含量 14.16g/kg、全氮 0.92g/kg、有效磷 12.47mg/kg、速效钾 128.52mg/kg，微量元素 Cu 平均 2.93mg/kg、Fe 平均 11.70mg/kg、Mn 平均 19.02mg/kg、Zn 平均 2.0mg/kg、pH 值平均 8.07。与第二次土壤普查相比，有机质增加 3.2g/kg、全氮增加 0.34g/kg、有效磷增加 7.35mg/kg、速效钾增加 8.88mg/kg，微量元素 Cu 增加 1.47mg/kg、Fe 增加 5.36mg/kg、Mn 增加 6.72mg/kg、Zn 增加 1.34mg/kg、pH 值降低-0.2。

第四节　耕地保养管理的简要回顾

1958 年，孟津县进行了第一次土壤普查，较详细地分析了各种土壤类型，全面总结了当时农业生产的先进经验，对当时的深翻改土、氮素化肥的施用起到了积极推动作用。1984 年，孟津县进行了第二次土壤普查，系统地划分了本地的土壤类型，详细地评述了各种土壤类型的形成与演变、理化性状及分布、土壤肥力和生产性能。在此基础上进行了土壤资源评价，制定了土壤改良利用方向，提出了改土培肥技术措施，推动了磷肥的广泛施用，农作物产量有了较大幅度地提高。

1984 年，根据第二次土壤普查结果，进行了农业区划。农业区划遵循四个原则：第一，本着一定区域内农业自然条件和社会经济条件的相对一致性，以地形地貌为主导因素，参考海拔高程、土壤、水资源及其生产技术条件；第二，根据农业生产的特点和发展方向的相对一致性；第三，考虑建设途径和关键措施的共同性；第四，保持行政村界的完整性。通过对农业自然资源、社会经济条件、农业生产现状等进行全面调查，基本上查清了水、土、气、热等资源现状。全区共划分了三个农业区，分别提出了发展方向和改良措施。

东部平川以粮、棉为主的综合区。该区特点是劳力充足，地势平坦，交通方便，地力较肥，水资源比较丰富，地下水位浅。存在主要问题有：产业结构不协调，粮、经种植比例不合理，粮食生产不均衡，林、牧、渔业发展缓慢，畜牧业生产单调（以养猪为主），多种经营没有全面展开，水土资源尚未充分发挥。农业生产发展方向是在稳定粮食面积，保证总产逐年上升的同时，调整五业结构和粮、经比例；适当扩大棉花蔬菜、瓜果等经济作物面积；充分发挥水利条件好，河滩面积大等自然优势，大力发展林、牧、副、渔业生产。主要措施有挖掘水土资源潜力，改变生产条件；调整粮、经结构，扩大经济作物面积；积极发展林业，提高土地利用率；搞好畜牧业生产，增加经济效益；利用农副产品优势，开展多种经营；发展渔业生产。

中部丘陵农、桐兼作区。该区特点是地域辽阔，坡度较缓，土地连片，土层深厚，适宜机耕。有一定的地下水资源，但埋深一般均在百米以下，开采代价高。现虽有一定数量的水浇地，但十年九旱仍是本区农业生产的主要障碍。主要问题是产业结构比例失调，土地资源潜力没有充分发挥，土地利用率不高，林业发展缓慢，经济收入低，开展再生产能力不足，干旱和土壤肥力不高，是此区农业生产的最大限制因素。农业生产发展方向是积极搞好以打井建站为主的农田基本建设，努力改变生产条件，在逐步扩大水浇地面积和保证粮食不断增长，满足自给有余的前提下，适当扩大烟叶面积和瓜果、蔬菜面积，大力发展农、桐间作，栽植培根桐、地边桐，并开展以社员家庭副业为主的多种经营。主要措施有搞好水利和水土保持，提高抗旱防旱能力；大搞农桐间作，积极发展林业；走旱作农业道路，发挥传统农业的作用；调整种植业结构布局；积极发展家庭副业为主的多种经营。

西部浅山粮、烟、林、牧区。该区特点是山丘起伏，沟壑纵横，地形复杂，水土流失严重，水资源缺乏，部分地区人畜吃水相当困难，农业生产条件和生产水平均较差。但有一定的荒山、荒坡、荒沟可供植树造林和发展畜牧业。主要问题有很多地区岩石裸露，土地耕作层薄而瘦，农业产量低而不稳，群众生活水平不高，尚有少数村组仍处于解决温饱问题。农业生产发展方向应该是在积极抓好小麦、红薯为主的粮食生产的同时，有计划地种好烟草，增加收入，并充分利用荒山、荒坡、荒沟大力进行植树造林和发展饲养业，走农、林、牧、副全面发展的道路。主要增产措施有搞好水土保持，提高抗旱防涝能力；大力发展林业，促进生态平衡；抓好烟草生产，提高烟叶质量；搞好旱作农业，提高粮食产量。

2002 年，开展了孟津县农用地分等定级工作，根据农用地自然和经济两方面属性，对农用地的质量优劣进行综合评定。农用地分等结果表明，孟津县农用地等级集中于 5~7 等，其中 9 等地 968.35hm²，占农用地面积的 2.46%；8 等地 2 888.31hm²，占农用地面积的 7.33%；7 等地 10 578.09hm²，占农用地总面积的 26.84%；6 等地 8 838.31hm²，占农用地总面积的 22.42%；5 等地 16 140.34hm²，占农用地总面积的 40.95%。农用地分等结果在全国范围内是可比的，分等序列是反常规的，即 1 等地是最差的。从各等地的面积比重看，孟津县质量最好的 9 等地仅占 2.46%，而质量最差的 5 等地面积占 40.95%，所以孟津县耕地质量特征是：高质量耕地面积较小，以中低质量耕地为主。

2003 年，随着农业产业结构调整，作物种植布局有了较大改变，孟津县县委、县政府组织县直有关单位和 12 个乡镇，编制了《孟津县农业产业化发展规划》。提出了以奶牛养殖为重点的畜牧业、以优质农产品为主的种植业和龙头企业与中介组织的建设发展目标。平乐、横水、常袋、麻屯、朝阳、送庄、城关、白鹤、会盟等乡镇大力发展奶牛养殖业；津高引线、小浪底专用线、洛常公路和陆横公路作为农业开发、发展观光旅游农业的重点；建立年示范面积 20 万亩的国家优质专用小麦示范基地；重点在横水镇、黄鹿山乡、常袋乡和小浪底镇发展烟叶生产；在平乐镇、横水镇和麻屯镇的部分乡村发展林草、林药种植业。

通过本次调查发现，全区不同程度地存在盲目施肥、乱用农药、不讲科学的生产方式，带来了耕地污染、农产品污染等问题，为社会广大群众所关注。粮田有机肥投入量普遍偏少，蔬菜地特别是保护地蔬菜地有机肥以及化肥大量投入，在一定程度上降低了生产效益。因此，开展耕地地力调查与质量评价，摸清全县土壤和农业生产状况，利用广播、电视、举办培训班等形式进行宣传，推广平衡配套施肥技术，将施肥配方发放至乡镇街道、村及调查户。这对提高人们的生活质量和健康水平、保持耕地持续利用、农业持续发展具有重要意义，也为本县走出一条科技含量高、经济效益好、成本投入低、产品及环境污染少、耕地资源能得到充分利用的新型农业路子，提供了可靠依据。

第十七章　耕地土壤养分

本次耕地地力评价共划分了 5 143个评价单元。利用 GIS 的空间插值法，为每一评价单元赋值了全氮、有机质、有效磷、速效钾、缓效钾、有效铜、锌、铁、锰共 9 项。土壤养分背景值的表达方式以各统计单元养分汇总结果的算术平均数和标准来表示，表示单位：全氮、有机质用 g/kg 表示，其他养分含量用 mg/kg 表示。通过调查分析，充分了解了各个营养元素的含量状况及不同含量级别的面积分布，不同土壤类型、质地、地貌等土壤属性。现将耕地土壤养分进行详细分析。

第一节　有机质

土壤有机质是土壤的重要组成成分，与土壤的发生、演变，土壤肥力水平和许多土壤的其他属性有密切的关系。土壤有机质含有作物生长所需的多种营养元素，分解后可直接为作物生长提供营养元素；有机质具有改善土壤理化性状，影响和制约土壤结构形成及通气性、渗透性、缓冲性、交换性能和保水保肥性能，是评价耕地地力的重要指标。对耕作土壤来说，培肥的中心环节就是增施各种有机肥，实行秸秆还田，保持和提高土壤有机质含量。

一、孟津县耕地土壤有机质的基本状况

表 17-1　耕层土壤有机质分级

有机质分级	含量范围（g/kg）	平均值（g/kg）
一级	≥20.1	20.52
二级	18.1~20	18.77
三级	15.1~18	16.01
四级	12.1~15	13.98
五级	≤12	11.71

孟津县耕地土壤有机质含量变化范围为 10 ~ 20.9g/kg，平均值 14.86g/kg，属三级水平（表17-1）。①不同行政区域：城关镇最高平均值为 16.08g/kg，最低是送庄镇 13.94g/kg；②不同地形部位：丘陵缓坡最高平均值为 14.90g/kg，最低为河流一级阶地、二级阶地平均值为 14.61g/kg；③不同土壤种类：最高为薄层黏质灌淤潮土平均值为 16.48g/kg，最低为浅位砂小两合土平均值为 13.39g/kg（表 17-2、表 17-3、表17-4）。

表 17-2　孟津县耕地土壤有机质按乡镇统计结果　　　　　　　　　　　　单位：g/kg

乡镇	平均值	最大值	最小值	标准差	变异系数
白鹤镇	14.59	19.00	10.80	1.28	8.78%
常袋乡	15.58	19.80	12.10	1.22	7.81%
朝阳镇	14.64	17.60	10.20	1.14	7.78%
城关镇	16.08	20.90	12.40	1.72	10.71%
横水镇	15.11	19.40	11.70	1.84	12.15%
会盟镇	14.28	18.20	10.00	0.86	6.02%
麻屯镇	15.88	20.00	13.50	1.44	9.07%
平乐镇	14.54	16.70	12.30	0.73	5.01%
送庄镇	13.94	17.80	11.30	1.13	8.08%
小浪底镇	14.50	19.80	10.30	2.14	14.75%

表 17-3　孟津县耕地土壤有机质按地形部位统计结果　　　　单位：g/kg

地形部位	平均值	最大值	最小值	标准差	变异系数
河流一级阶地、河流二级阶地	14.61	19.00	11.70	1.06	7.27%
丘陵缓坡	14.90	20.90	10.30	1.68	11.29%
丘陵缓坡、冲、洪积扇前缘	14.85	20.50	10.00	1.44	9.67%

表 17-4　孟津县耕地土壤有机质按土壤类型统计结果　　　　单位：g/kg

土壤类型	平均值	最大值	最小值	标准差	变异系数
薄层黏质灌淤潮土	16.48	19.00	14.50	1.49	9.04%
底砂小两合土	15.24	16.70	14.00	0.83	5.48%
红黄土质褐土	15.11	19.30	11.80	2.01	13.33%
红黄土质褐土性土	15.41	20.10	11.90	2.39	15.52%
红黏土	14.95	19.80	11.70	1.85	12.40%
厚层砂质石灰性紫色土	13.63	15.60	12.50	1.71	12.54%
厚层黏质灌淤潮土	14.37	17.90	12.90	1.02	7.07%
黄土质褐土	14.85	20.50	10.00	1.44	9.67%
两合土	14.48	15.20	14.00	0.43	2.94%
浅位多量砂姜红黄土质褐土	15.95	19.60	12.90	1.55	9.71%
浅位厚砂小两合土	14.35	16.90	11.80	3.61	25.13%
浅位砂两合土	13.88	15.20	13.30	0.35	2.55%
浅位砂小两合土	13.39	13.90	11.70	0.70	5.25%
浅位少量砂姜红黄土质褐土	15.68	20.90	10.30	1.79	11.45%
浅位少量砂姜红黏土	15.71	19.30	13.10	1.32	8.38%
浅位少量砂姜黄土质石灰性褐土	13.86	15.40	11.20	1.21	8.74%
轻壤质黄土质石灰性褐土	14.17	17.50	11.50	0.98	6.91%
壤质潮褐土	15.05	18.40	12.00	1.29	8.56%
壤质洪积石灰性褐土	14.14	16.60	12.10	0.86	6.10%
砂质潮土	15.50	17.30	14.70	0.64	4.15%
深位多量砂姜红黄土质	15.15	16.60	14.40	0.67	4.44%
深位多量砂姜黄土质石灰性褐土	14.73	15.90	13.90	0.62	4.22%
深位少量砂姜红黄土质褐土	15.28	16.70	13.90	1.04	6.82%
深位少量砂姜黄土质石灰性褐土	14.33	15.30	13.30	0.70	4.87%
石灰性红黏土	14.34	15.70	11.60	0.86	5.97%
脱潮两合土	14.67	15.80	13.50	0.53	3.59%
黏质洪积潮土	14.87	15.10	14.30	0.34	2.28%
黏质洪积褐土	15.91	19.80	12.00	1.86	11.72%
中壤质黄土质石灰性褐土	14.37	18.30	11.10	1.15	8.02%

二、分级论述

1. 一级

土壤有机质含量大于等于 20.1g/kg，分布在城关镇，占地面积 44.81hm²，主要土壤类型为浅位少量砂姜红黄土质，所占比例为 88.73%。

2. 二级

土壤有机质含量范围为 18.1~20g/kg，分布在城关镇与小浪底镇，占地面积分别为 475.65hm²、398.46hm²，主要土壤类型为黄土质褐土与红黏土，所占比例分别为 38.51%与 20%。

3. 三级

土壤有机质含量范围为 15.1~18g/kg，各个乡镇均有分布，城关镇分布面积最大，占地面积 2 751.7hm²，主要土壤类型为黄土质褐土，所占比例为 51.11%。

4. 四级

土壤有机质含量范围为 12.1~15g/kg，各个乡镇均有分布，主要分布在白鹤镇，占地面积 4 372.92hm²，主要土壤类型为黄土质褐土，所占比例为 50%。

5. 五级

土壤有机质含量小于等于 12g/kg，主要分布在小浪底镇，占地面积 296.68hm²，主要土壤类型为黄土质褐土，所占比例为 54.04%。

三、增加土壤有机质含量的途径

土壤有机质的含量取决于其年生产量和矿化量的相对大小，当生产量大于矿化量时，有机质含量逐步增加，反之，将会逐步减少。土壤有机质矿化量主要受土壤温度、湿度、通气状况、有机质含量等因素影响。一般来说土壤温度低，通气性差，湿度大时，土壤有机质矿化量较低；相反，土壤温度高，通气性好，湿度适中时则有利于土壤有机质的矿化。分析孟津县土壤有机质含量偏低的原因有两个，一是孟津县砂质土壤面积大，通透性较好，不利于有机物的积累。二是有机肥料施用有限，使相当一部分有机质未能返回土壤。

农业生产中应注意创造条件，减少土壤有机质的矿化量。日光温室、塑料大棚等保护地栽培条件下，土壤长期处于高温多湿的条件下有机质易矿化，含量提高较慢，有机质相比含量普遍偏低。适时通风降温，尽量减少盖膜时间将有利于土壤有机质的积累。

增加有机肥的施用量，是人为增加土壤有机质含量的主要途径，其方法首先是秸秆还田、增施有机肥、施用有机无机复合肥；其次是大量种植绿肥，还要注意控制与调节有机质的积累与分解，做到既能保证当季作物养分的需要，又能使有机质有所积累，不断提高土壤肥力。灌排和耕作等措施，也可以有效的控制有机质的积累与分解。

第二节　氮、磷、钾

一、孟津县耕地土壤全氮的基本状况

表 17-5　耕层土壤全氮分级

全氮分级	含量范围（g/kg）	平均值（g/kg）
一级	≥1.01	1.07
二级	0.96~1.00	0.98
三级	0.86~0.95	0.91
四级	0.76~0.85	0.84
五级	≤0.75	0.75

孟津县耕地土壤全氮含量变化范围为 0.74~1.25g/kg，平均值 0.95g/kg，属三级水平。①不同行政区域：横水镇最高平均值为 1.03g/kg，最低是送庄镇 0.89g/kg；②不同地形部位：丘陵缓坡最高平均值为 0.97g/kg，最低为丘陵缓坡、冲、洪积扇前缘平均值为 0.93g/kg；③不同土壤种类：最高为厚层砂质石灰性紫色土平均值为 1.04g/kg，最低为浅位厚砂小两合土平均值为 0.87g/kg（表 17-6、表 17-7、表17-8）。

表 17-6　孟津县耕地土壤全氮按乡镇统计结果　　　　　单位：g/kg

乡镇	平均值	最大值	最小值	标准差	变异系数
白鹤镇	0.92	1.10	0.79	0.06	6.93%
常袋乡	0.97	1.21	0.81	0.08	8.30%
朝阳镇	0.90	1.04	0.74	0.04	4.86%
城关镇	0.98	1.18	0.79	0.08	8.42%
横水镇	1.03	1.24	0.86	0.09	8.47%
会盟镇	0.97	1.20	0.84	0.06	5.92%
麻屯镇	0.95	1.07	0.82	0.05	5.47%
平乐镇	0.91	1.07	0.81	0.04	4.83%
送庄镇	0.89	1.07	0.78	0.04	4.80%
小浪底镇	0.99	1.25	0.82	0.09	8.84%

表 17-7　孟津县耕地土壤全氮按地形部位统计结果　　　　　单位：g/kg

地形部位	平均值	最大值	最小值	标准差	变异系数
河流一级阶地、河流二级阶地	0.96	1.07	0.82	0.06	6.31%
丘陵缓坡	0.97	1.25	0.75	0.09	8.83%
丘陵缓坡、冲、洪积扇前缘	0.93	1.20	0.74	0.06	6.77%

表 17-8　孟津县耕地土壤全氮按土壤类型统计结果　　　　　单位：g/kg

土壤类型	平均值	最大值	最小值	标准差	变异系数
薄层黏质灌淤潮土	0.92	0.98	0.88	0.03	3.28%
底砂小两合土	0.89	0.96	0.84	0.04	4.05%
红黄土质褐土	1.01	1.25	0.86	0.08	8.17%
红黄土质褐土性土	1.01	1.21	0.84	0.09	8.88%
红黏土	1.00	1.23	0.84	0.08	8.22%
厚层砂质石灰性紫色土	1.04	1.10	1.00	0.05	4.92%
厚层黏质灌淤潮土	0.99	1.07	0.87	0.04	4.49%
黄土质褐土	0.93	1.20	0.74	0.06	6.77%
两合土	0.90	0.94	0.88	0.02	2.16%
浅位多量砂姜红黄土质褐土	0.95	1.16	0.81	0.09	9.75%
浅位厚砂小两合土	0.87	0.90	0.84	0.04	4.88%
浅位砂两合土	1.01	1.07	0.83	0.06	5.50%
浅位砂小两合土	0.99	1.00	0.98	0.01	1.01%
浅位少量砂姜红黄土质褐土	0.98	1.18	0.84	0.08	7.84%
浅位少量砂姜红黏土	1.01	1.20	0.91	0.08	7.96%
浅位少量砂姜黄土质石灰性褐土	0.93	1.05	0.84	0.06	6.46%
轻壤质黄土质石灰性褐土	0.98	1.20	0.82	0.08	7.93%
壤质潮褐土	0.92	1.01	0.83	0.05	5.11%
壤质洪积石灰性褐土	0.99	1.08	0.83	0.05	5.33%
砂质潮土	0.93	1.01	0.86	0.05	5.76%
深位多量砂姜红黄土质褐土	0.97	1.01	0.92	0.02	2.12%
深位多量砂姜黄土质石灰性褐土	0.94	0.98	0.90	0.02	2.16%

（续表）

土壤类型	平均值	最大值	最小值	标准差	变异系数
深位少量砂姜红黄土质褐土	0.95	1.06	0.88	0.06	6.50%
深位少量砂姜黄土质石灰性褐土	0.95	1.00	0.91	0.03	3.36%
石灰性红黏土	0.96	1.10	0.83	0.06	6.74%
脱潮两合土	0.96	1.07	0.82	0.06	6.73%
黏质洪积潮土	0.93	1.00	0.90	0.04	4.32%
黏质洪积褐土	1.02	1.24	0.82	0.09	9.14%
中壤质黄土质石灰性褐土	0.89	1.11	0.75	0.06	6.19%

（一）分级论述

1. 一级

土壤全氮含量大于等于1.01g/kg，各个乡镇均有分布，主要分布在横水镇与小浪底镇，占地面积分别为2 070.63hm²、1 903.98hm²，主要土壤类型为红黏土与黄土质褐土，所占比例分别为24.07%与21.6%。

2. 二级

土壤全氮含量范围为0.96～1.00g/kg，各个乡镇均有分布，主要分布在白鹤镇，占地面积为1 538.15hm²，主要土壤类型为黄土质褐土，所占比例为43.04%。

3. 三级

土壤全氮含量范围为0.86～0.95g/kg，各个乡镇均有分布，平乐镇分布面积最大，占地面积12 472.65hm²，主要土壤类型为黄土质褐土，所占比例为59.88%。

4. 四级

土壤全氮含量范围为0.76～0.85g/kg，除横水镇外，各个乡镇均有分布，主要分布在白鹤镇，占地面积1 399.5hm²，主要土壤类型为黄土质褐土，所占比例为70.47%。

5. 五级

土壤全氮含量小于等于0.75g/kg，只分布在朝阳镇，占地面积0.89hm²，主要土壤类型为中壤质黄土质石灰性褐土，所占比例为66.29%。

（二）增加土壤氮素的途径

（1）豆科作物和豆科绿肥能提高土壤氮素的含量，在轮作中多安排豆科作物，能明显提高土壤氮素的含量。

（2）施用有机肥和秸秆还田是维持土壤氮素平衡的有效措施，各种有机肥和秸秆都含有大量的氮素，这些氮素直接或间接来源于土壤，把它们归还给土壤，有利于土壤氮素循环的平衡。

（3）用化肥补足。土壤氮素平衡中年亏损量，用化肥来补足也是维持土壤氮素平衡的重要措施之一。

二、孟津县耕地土壤有效磷基本状况

表17-9　耕层土壤有效磷分级

有效磷分级	含量范围（mg/kg）	平均值（mg/kg）
一级	≥21	23.58
二级	16～20	16.84
三级	13～16	13.71
四级	10～12	11.1
五级	≤10	9.01

　　孟津县耕地土壤有效磷含量变化范围为 4.1~26.6mg/kg，平均值 12.12mg/kg，属三、四级水平。①不同行政区域：横水镇最低平均值为 9.63mg/kg，最高是朝阳镇 13.13mg/kg；②不同地形部位：丘陵缓坡最低平均值为 12.09mg/kg，最高为河流一级阶地，二级阶地平均值为 12.41mg/kg；③不同土壤种类：最高为厚层砂质石灰性紫色土平均值为 16.20mg/kg，最低为深位多量砂姜红黄土质平均值为 9.69mg/kg（表 17-10、表 17-11、表 17-12）。

表 17-10　孟津县耕地土壤有效磷按乡镇统计结果　　　　　单位：mg/kg

乡镇	平均值	最大值	最小值	标准差	变异系数
白鹤镇	10.92	17.60	7.10	2.02	18.48%
常袋乡	12.11	18.80	8.30	1.63	13.44%
朝阳镇	13.13	26.50	8.30	2.11	16.03%
城关镇	12.46	16.70	7.30	2.01	16.11%
横水镇	9.63	17.50	4.10	2.54	26.38%
会盟镇	12.88	18.70	6.90	1.70	13.20%
麻屯镇	12.92	19.40	7.20	2.00	15.50%
平乐镇	12.73	26.60	8.40	2.18	17.14%
送庄镇	10.85	17.00	6.90	1.72	15.89%
小浪底镇	12.83	16.70	6.20	2.48	19.31%

表 17-11　孟津县耕地土壤有效磷按地形部位统计结果　　　　　单位：mg/kg

地形部位	平均值	最大值	最小值	标准差	变异系数
河流一级阶地、河流二级阶地	12.41	16.50	8.50	1.79	14.43%
丘陵缓坡	12.09	19.20	4.10	2.41	19.91%
丘陵缓坡、冲、洪积扇前缘	12.12	26.60	6.90	2.16	17.78%

表 17-12　孟津县耕地土壤有效磷按土壤类型统计结果　　　　　单位：mg/kg

土壤类型	平均值	最大值	最小值	标准差	变异系数
薄层黏质灌淤潮土	10.47	11.90	8.60	0.88	8.43%
底砂小两合土	10.21	10.50	9.80	0.23	2.25%
红黄土质褐土	11.78	16.50	4.30	2.70	22.89%
红黄土质褐土性土	12.19	16.60	7.50	2.15	17.66%
红黏土	11.36	17.50	4.10	3.18	27.96%
厚层砂质石灰性紫色土	16.20	16.60	15.80	0.40	2.47%
厚层黏质灌淤潮土	12.45	15.20	8.50	2.21	17.75%
黄土质褐土	12.12	26.60	6.90	2.16	17.78%
两合土	12.07	12.50	11.90	0.21	1.78%
浅位多量砂姜红黄土质褐土	12.58	16.70	9.80	1.46	11.64%
浅位厚砂小两合土	11.15	13.40	8.90	3.18	28.54%
浅位砂两合土	13.24	14.50	10.00	1.16	8.77%
浅位砂小两合土	13.64	15.80	13.00	0.88	6.42%
浅位少量砂姜红黄土质褐土	12.92	17.50	6.30	2.15	16.62%
浅位少量砂姜红黏土	11.81	14.70	8.30	1.52	12.83%

（续表）

土壤类型	平均值	最大值	最小值	标准差	变异系数
浅位少量砂姜黄土质石灰性褐土	10.25	16.10	7.30	1.83	17.90%
轻壤质黄土质石灰性褐土	12.86	18.30	7.80	2.36	18.37%
壤质潮褐土	11.09	16.20	6.90	2.20	19.82%
壤质洪积石灰性褐土	13.02	16.10	10.40	1.17	8.96%
砂质潮土	10.27	11.20	9.10	0.70	6.78%
深位多量砂姜红黄土质褐土	9.69	14.20	5.50	1.28	13.24%
深位多量砂姜黄土质石灰性褐土	10.98	13.10	9.80	1.11	10.08%
深位少量砂姜红黄土质褐土	9.03	11.80	4.40	2.96	32.74%
深位少量砂姜黄土质石灰性褐土	10.83	12.40	9.20	1.08	9.98%
石灰性红黏土	14.27	16.40	8.90	1.39	9.77%
脱潮两合土	12.95	16.50	9.80	1.47	11.35%
黏质洪积潮土	12.00	12.50	11.60	0.33	2.74%
黏质洪积褐土	12.15	18.00	6.80	2.11	17.41%
中壤质黄土质石灰性褐土	12.01	19.20	8.30	2.08	17.36%

（一）分级论述

1. 一级

土壤有效磷含量大于等于 21mg/kg，主要分布在平乐镇，占地面积 10.08hm²，土壤类型为黄土质褐土，所占比例为 100%。

2. 二级

土壤有效磷含量范围为 16～20mg/kg，各个乡镇均有分布，主要分布在朝阳镇，占地面积为 393.16hm²，主要土壤类型为黄土质褐土，所占比例为 65.17%。

3. 三级

土壤有效磷含量范围为 13～16mg/kg，各个乡镇均有分布，小浪底镇分布面积最大，占地面积 3 250.85hm²，其次为会盟镇，主要土壤类型为黄土质褐土，所占比例为 51.11%。

4. 四级

土壤有效磷含量范围为 10～12mg/kg，各个乡镇均有分布，主要分布在白鹤镇，占地面积 4 372.92hm²，主要土壤类型为黄土质褐土，其次为红黄土质褐土性土。

5. 五级

土壤有效磷含量小于等于 10mg/kg，主要分布在白鹤镇，占地面积 3 166.09hm²，主要土壤类型为黄土质褐土，所占比例为 43.68%。

（二）增加土壤有效磷的途径

1. 增施有机肥料

土壤中难溶性磷素需要在磷细菌的作用下，逐渐转化成有效磷，供作物吸收利用。土壤有机质有利于微生物的繁殖和微生物活性的提高，增强磷素转化速度。同时有效性的磷素与有机物质结合，减弱了土壤磷素的矿化作用，有利于有效磷贮存积累。

2. 与有机肥料混合使用

在土壤中，难溶性磷酸盐与生物呼吸作用产生的二氧化碳、有机肥料分解时产生的有机酸作用，可逐渐转变成为弱酸溶性或水溶性磷酸盐，提高磷素的利用率。

三、孟津县耕地土壤速效钾基本状况

表 17-13　耕层土壤速效钾分级

速效钾分级	含量范围（mg/kg）	平均值（mg/kg）
一级	≥176	188.09
二级	150~175	159.92
三级	126~150	138.85
四级	101~125	118.58
五级	≤100	93.86

　　孟津县耕地土壤速效钾含量变化范围为 89~227mg/kg，平均值 143.05mg/kg，属三级水平。①不同行政区域：横水镇最高平均为 151.03mg/kg，最低是朝阳镇为 131.07mg/kg；②不同地形部位：丘陵缓坡最高平均值为 145.83mg/kg，最低为丘陵缓坡、冲、洪积扇前缘平均值为 139.94mg/kg；③不同土壤种类：最高为薄层黏质灌淤潮土平均为 176.94mg/kg，最低为两合土平均为 126.27mg/kg（表17-14、表 17-15、表 17-16）。

表 17-14　孟津县耕地土壤速效钾按乡镇统计结果　　　　单位：mg/kg

乡镇	平均值	最大值	最小值	标准差	变异系数
白鹤镇	138.64	227.00	94.00	19.36	13.97%
常袋乡	142.67	188.00	107.00	15.56	10.91%
朝阳镇	131.07	170.00	103.00	13.30	10.15%
城关镇	147.49	190.00	89.00	16.87	11.44%
横水镇	151.03	176.00	123.00	13.35	8.84%
会盟镇	146.78	197.00	111.00	16.30	11.10%
麻屯镇	138.91	165.00	109.00	10.49	7.55%
平乐镇	143.63	183.00	113.00	10.59	7.37%
送庄镇	139.15	179.00	96.00	10.47	7.53%
小浪底镇	150.93	196.00	91.00	15.13	10.02%

表 17-15　孟津县耕地土壤速效钾按地形部位统计结果　　　　单位：mg/kg

地形部位	平均值	最大值	最小值	标准差	变异系数
河流一级阶地、河流二级阶地	144.43	227.00	108.00	19.71	13.64%
丘陵缓坡	145.83	197.00	96.00	15.25	10.46%
丘陵缓坡、冲、洪积扇前缘	139.94	220.00	89.00	16.50	11.79%

表 17-16　孟津县耕地土壤速效钾按土壤类型统计结果　　　　单位：mg/kg

土壤类型	平均值	最大值	最小值	标准差	变异系数
薄层黏质灌淤潮土	176.94	227.00	124.00	32.87	18.58%
底砂小两合土	127.13	130.00	124.00	1.73	1.36%
红黄土质褐土	149.42	185.00	123.00	14.27	9.55%
红黄土质褐土性土	149.03	188.00	105.00	18.05	12.11%
红黏土	149.16	196.00	118.00	14.72	9.87%

（续表）

土壤类型	平均值	最大值	最小值	标准差	变异系数
厚层砂质石灰性紫色土	172.33	176.00	165.00	6.35	3.69%
厚层黏质灌淤潮土	149.12	210.00	124.00	17.84	11.96%
黄土质褐土	139.94	220.00	89.00	16.50	11.79%
两合土	126.27	131.00	119.00	3.64	2.88%
浅位多量砂姜红黄土质褐土	144.45	189.00	117.00	14.23	9.85%
浅位厚砂小两合土	148.00	188.00	108.00	56.57	38.22%
浅位砂两合土	143.13	160.00	123.00	10.37	7.25%
浅位砂小两合土	138.50	146.00	135.00	3.29	2.37%
浅位少量砂姜红黄土质褐土	144.10	186.00	121.00	13.91	9.65%
浅位少量砂姜红黏土	146.82	173.00	124.00	11.21	7.64%
浅位少量砂姜黄土质石灰性褐土	147.32	169.00	120.00	16.93	11.49%
轻壤质黄土质石灰性褐土	148.69	172.00	112.00	13.75	9.25%
壤质潮褐土	151.39	197.00	96.00	20.54	13.57%
壤质洪积石灰性褐土	144.15	174.00	107.00	16.29	11.30%
砂质潮土	151.50	198.00	125.00	23.97	15.82%
深位多量砂姜红黄土质褐土	132.64	157.00	122.00	7.33	5.53%
深位多量砂姜黄土质石灰性褐土	135.33	145.00	130.00	5.27	3.89%
深位少量砂姜红黄土质褐土	128.64	140.00	123.00	5.29	4.11%
深位少量砂姜黄土质石灰性褐土	145.77	151.00	142.00	3.14	2.15%
石灰性红黏土	143.59	160.00	125.00	8.61	5.99%
脱潮两合土	138.37	161.00	111.00	12.39	8.95%
黏质洪积潮土	140.33	143.00	136.00	3.01	2.15%
黏质洪积褐土	151.62	194.00	113.00	12.73	8.40%
中壤质黄土质石灰性褐土	138.47	185.00	96.00	13.60	9.82%

（一）分级论述

1. 一级

速效钾的含量大于等于176mg/kg，主要分布在白鹤镇，占地面积为582.61hm²，所占比例为56.61%，主要土壤类型为黄土质褐土，占地面积为482.33hm²，所占比例为46.86%。

2. 二级

速效钾含量范围为150~175mg/kg，各个乡镇均有分布，以横水镇分布面积最大，所占面积为1 889.73hm²，所占比例为19.62%，主要土壤类型为黄土质褐土，所占面积为3 396.83hm²，所占比例为35.27%。

3. 三级

速效钾含量范围为126~150mg/kg，各乡镇均有分布，以白鹤镇为主，占地面积为4 445.64hm²，所占比例为19.08%，其次为平乐镇，占地面积为3 303.33hm²，所占比例为14.18%，主要土壤类型为黄土质褐土，所占面积为11 598.72hm²，所占比例为49.79%。

4. 四级

速效钾含量范围为 101~125mg/kg，各乡镇均有分布，以朝阳镇为主，所占面积为 1 406.34hm²，所占比例为 26.36%，主要土壤类型为黄土质褐土，所占面积为 4 135.83hm²，所占比例为 77.53%。

5. 五级

速效钾的含量小于等于 100mg/kg，主要分布在城关镇，占地面积为 10.84hm²，所占比例为 86.86%，主要土壤类型为黄土质褐土 93.35%。

（二）提高土壤速效钾含量的途径

1. 增施有机肥料
2. 大力推广秸秆还田技术
3. 增施草木灰、含钾量高的肥料

四、孟津县耕地土壤缓效钾基本状况

表 17-17　耕层土壤缓效钾分级

缓效钾分级	含量范围（mg/kg）	平均值（mg/kg）
一级	≥951	993.82
二级	851~950	892.01
三级	751~850	812.63
四级	601~750	702.23
五级	≤600	551.67

孟津县耕地土壤缓效钾含量变化范围为 501~1 181mg/kg，平均值 847.53mg/kg，属三级水平。①不同行政区域：会盟镇最高平均值为 899.86mg/kg，最低是横水镇 772.22mg/kg；②不同地形部位：河流一级阶地、河流二级阶地最高平均值为 877.06mg/kg，最低为丘陵缓坡平均值为 842.64mg/kg；③不同土壤种类：最高为两合土平均值为 916.64mg/kg，最低为红黄土质褐土性土平均值为 791.01mg/kg（表 17-18、表 17-19、表 17-20）。

表 17-18　孟津县耕地土壤缓效钾按乡镇统计结果　　　　　单位：mg/kg

乡镇	平均值	最大值	最小值	标准差	变异系数
白鹤镇	843.73	1 065.00	541.00	59.04	7.00%
常袋乡	841.71	1 181.00	501.00	155.65	18.49%
朝阳镇	887.29	1 008.00	668.00	48.87	5.51%
城关镇	795.40	1 026.00	464.00	105.04	13.21%
横水镇	772.22	974.00	622.00	52.81	6.84%
会盟镇	899.86	1 170.00	740.00	47.94	5.33%
麻屯镇	772.93	1 052.00	502.00	113.14	14.64%
平乐镇	899.12	1 027.00	794.00	32.48	3.61%
送庄镇	888.59	1 052.00	672.00	54.24	6.10%
小浪底镇	829.27	946.00	632.00	48.84	5.89%

表 17-19 孟津县耕地土壤缓效钾按地形部位统计结果 单位：mg/kg

地形部位	平均值	最大值	最小值	标准差	变异系数
河流一级阶地、河流二级阶地	877.06	1 011.00	713.00	46.60	5.31%
丘陵缓坡	842.64	1 153.00	501.00	84.87	10.07%
丘陵缓坡、冲、洪积扇前缘	849.79	1 181.00	464.00	99.50	11.71%

表 17-20 孟津县耕地土壤缓效钾按土壤类型统计结果 单位：mg/kg

土壤类型	平均值	最大值	最小值	标准差	变异系数
薄层黏质灌淤潮土	857.44	973.00	750.00	70.28	8.20%
底砂小两合土	807.88	823.00	772.00	19.25	2.38%
红黄土质褐土	821.91	1 021.00	532.00	81.73	9.94%
红黄土质褐土性土	791.01	1006.00	532.00	101.81	12.87%
红黏土	796.55	952.00	632.00	62.68	7.87%
厚层砂质石灰性紫色土	884.33	899.00	876.00	12.74	1.44%
厚层黏质灌淤潮土	863.58	970.00	713.00	36.44	4.22%
黄土质褐土	849.79	1 181.00	464.00	99.50	11.71%
两合土	916.64	937.00	876.00	21.58	2.35%
浅位多量砂姜红黄土质褐土	878.76	980.00	632.00	84.90	9.66%
浅位厚砂小两合土	835.50	935.00	736.00	140.71	16.84%
浅位砂两合土	866.34	898.00	820.00	15.49	1.79%
浅位砂小两合土	866.67	877.00	859.00	5.99	0.69%
浅位少量砂姜红黄土质褐土	851.04	1 143.00	533.00	97.45	11.45%
浅位少量砂姜红黏土	894.02	1 028.00	704.00	87.17	9.75%
浅位少量砂姜黄土质石灰性褐土	805.44	873.00	618.00	57.79	7.17%
轻壤质黄土质石灰性褐土	892.37	1 030.00	784.00	36.06	4.04%
壤质潮褐土	881.35	1 088.00	686.00	78.51	8.91%
壤质洪积石灰性褐土	892.56	1 153.00	827.00	45.62	5.11%
砂质潮土	843.83	888.00	783.00	41.40	4.91%
深位多量砂姜红黄土质褐土	884.47	986.00	765.00	54.81	6.20%
深位多量砂姜黄土质石灰性褐土	833.72	866.00	807.00	14.42	1.73%
深位少量砂姜红黄土质褐土	836.43	955.00	692.00	95.77	11.45%
深位少量砂姜黄土质石灰性褐土	868.69	1 002.00	759.00	89.13	10.26%
石灰性红黏土	852.24	946.00	714.00	52.04	6.11%
脱潮两合土	904.04	1 011.00	794.00	43.45	4.81%
黏质洪积潮土	891.17	909.00	868.00	16.58	1.86%
黏质洪积褐土	800.83	1 032.00	569.00	80.79	10.09%
中壤质黄土质石灰性褐土	854.04	1144.00	501.00	88.77	10.39%

分级论述

1. 一级

缓效钾的含量大于等于 951mg/kg，主要分布在会盟镇，占地面积为 678.65hm²，所占比例为 30.63%，主要土壤类型为黄土质褐土，占地面积为 1 376.943hm²，所占比例为 62.15%。

2. 二级

缓效钾含量范围为 851～950mg/kg，各个乡镇均有分布，以平乐镇分布面积最大，所占面积为 3 851.97hm²，所占比例为 20.68%，主要土壤类型为黄土质褐土，所占面积为 10 451.37hm²，所占比例为 56.11%。

3. 三级

缓效钾含量范围为 751～850mg/kg，各乡镇均有分布，以白鹤镇为主，占地面积为 3 646.79hm²，所占比例为 27.64%，主要土壤类型为黄土质褐土，所占面积为 5 444.51hm²，所占比例为 41.27%。

4. 四级

缓效钾含量范围为 601~750mg/kg，以横水镇为主，所占面积为 1 346.58hm²，所占比例为 29.79%，主要土壤类型为黄土质褐土，所占面积为 1 750.37hm²，所占比例为 38.73%。

5. 五级

缓效钾的含量小于等于 600mg/kg，主要分布在城关镇，占地面积为 288.2hm²，所占比例为 38.62%，主要土壤类型为黄土质褐土 80.7%。

第三节　微量元素

一、有效铜

（一）孟津县耕地土壤有效铜的基本状况

表 17-21　耕层土壤有效铜分级

有效铜分级	含量范围（mg/kg）	平均值（mg/kg）
一级	≥3.1	3.38
二级	2.7~3.0	2.77
三级	2.3~2.6	2.38
四级	1.9~2.2	2.03
五级	≤1.8	1.59

孟津县耕地土壤有效铜含量变化范围为 1.14~5.49mg/kg，平均值 2.18mg/kg，属四级水平。①不同行政区域：朝阳镇最高平均为 2.63mg/kg，最低是横水镇 1.88mg/kg；②不同地形部位：最高河流一级阶地，二级阶地平均值为 2.26mg/kg，最低为丘陵缓坡平均值为 2.10mg/kg；③不同土壤种类：最高为底砂小两合土平均值为 2.69mg/kg，最低为厚层砂质石灰性紫色土平均值为 1.60mg/kg（表 17-22、表 17-23、表 17-24）。

表 17-22　孟津县耕地土壤有效铜按乡镇统计结果　　　　　　　　单位：mg/kg

乡镇	平均值	最大值	最小值	标准差	变异系数
白鹤镇	2.34	4.10	1.39	0.42	18.12%
常袋乡	1.95	4.32	1.26	0.33	17.17%
朝阳镇	2.63	3.60	1.59	0.33	12.73%
城关镇	1.99	3.39	1.17	0.38	19.14%
横水镇	1.88	3.30	1.14	0.40	21.35%
会盟镇	2.29	4.38	1.39	0.34	14.91%
麻屯镇	2.03	5.49	1.19	0.73	36.18%
平乐镇	2.31	3.56	1.51	0.29	12.70%
送庄镇	2.21	3.10	1.17	0.38	17.09%
小浪底镇	1.90	3.16	1.31	0.26	13.90%

表 17-23　孟津县耕地土壤有效铜按地形部位统计结果　　　　　　　　单位：mg/kg

地形部位	平均值	最大值	最小值	标准差	变异系数
河流一级阶地、河流二级阶地	2.26	3.12	1.75	0.27	11.79%
丘陵缓坡	2.10	4.80	1.14	0.44	21.02%
丘陵缓坡、冲、洪积扇前缘	2.25	5.49	1.17	0.47	21.11%

表17-24 孟津县耕地土壤有效铜按土壤类型统计结果　　　　单位：mg/kg

土壤类型	平均值	最大值	最小值	标准差	变异系数
薄层黏质灌淤潮土	2.32	2.87	2.03	0.29	12.47%
底砂小两合土	2.69	2.92	2.34	0.21	7.92%
红黄土质褐土	1.88	3.30	1.20	0.33	17.54%
红黄土质褐土性土	1.87	2.71	1.22	0.37	19.73%
红黏土	1.92	2.89	1.14	0.33	17.37%
厚层砂质石灰性紫色土	1.60	1.92	1.43	0.27	17.13%
厚层黏质灌淤潮土	2.19	2.70	1.75	0.21	9.54%
黄土质褐土	2.25	5.49	1.17	0.47	21.11%
两合土	2.28	2.50	1.98	0.16	7.21%
浅位多量砂姜红黄土质褐土	2.05	3.87	1.59	0.34	16.39%
浅位厚砂小两合土	2.29	2.46	2.12	0.24	10.50%
浅位砂两合土	2.07	2.38	1.87	0.11	5.34%
浅位砂小两合土	2.13	2.43	1.94	0.15	7.01%
浅位少量砂姜红黄土质褐土	2.14	4.80	1.30	0.57	26.68%
浅位少量砂姜红黏土	1.83	2.86	1.28	0.28	15.28%
浅位少量砂姜黄土质石灰性褐土	2.17	3.36	1.44	0.54	24.62%
轻壤质黄土质石灰性褐土	2.23	3.06	1.39	0.27	12.01%
壤质潮褐土	2.23	2.96	1.60	0.31	14.11%
壤质洪积石灰性褐土	2.20	3.37	1.44	0.27	12.12%
砂质潮土	2.39	2.92	2.04	0.37	15.29%
深位多量砂姜红黄土质褐土	2.31	3.00	1.41	0.36	15.46%
深位多量砂姜黄土质石灰性褐土	2.22	2.45	1.81	0.15	6.77%
深位少量砂姜红黄土质褐土	1.63	2.05	1.15	0.34	21.18%
深位少量砂姜黄土质石灰性褐土	2.21	2.98	1.62	0.55	24.76%
石灰性红黏土	2.00	2.80	1.48	0.27	13.44%
脱潮两合土	2.33	3.12	1.99	0.29	12.32%
黏质洪积潮土	2.19	2.31	2.14	0.06	2.93%
黏质洪积褐土	2.08	3.76	1.31	0.43	20.58%
中壤质黄土质石灰性褐土	2.34	4.10	1.29	0.54	22.99%

（二）分级论述

1. 一级

土壤有效铜含量大于等于3.1mg/kg，各个乡镇均有分布，主要分布在朝阳镇，占地面积611.12hm²，所占比例37.02%，其次为白鹤镇，占地面积为500.64mg/kg，所占比例为30.33%，土壤类型为黄土质褐土，占地面积为1 036.68hm²，所占比例为62.8%。

2. 二级

土壤有效铜含量范围为2.7~3.0mg/kg，各个乡镇均有分布，主要分布在朝阳镇，占地面积为1 972.95hm²，所占比例为44.55%，主要土壤类型为黄土质褐土，所占面积为3 273.08hm²，所占比例为44.55%。

3. 三级

土壤有效铜含量范围为2.3~2.6mg/kg，各个乡镇均有分布，平乐镇分布面积最大，占地面积

2 937.68hm²，所占比例为26.54%，其次为白鹤镇，所占面积为2 390.36hm²，主要土壤类型为黄土质褐土，所占面积为6 207.85hm²，所占比例为56.08%。

4. 四级

土壤有效铜含量范围为1.9~2.2mg/kg，各个乡镇均有分布，主要分布在小浪底镇，占地面积2 651.76hm²，主要土壤类型为黄土质褐土，所占面积6 450.66hm²，其次为红黏土，所占面积为2 364.11hm²。

5. 五级

土壤有效铜含量小于等于1.8mg/kg，主要分布在城关镇，占地面积1 477.24hm²，主要土壤类型为黄土质褐土，所占比例为16.57%。

二、有效铁

（一）孟津县耕地土壤有效铁的基本状况

表17-25　耕层土壤有效铁分级

有效铁分级	含量范围（mg/kg）	平均值（mg/kg）
一级	≥16.1	17.06
二级	13.1~16	14.09
三级	10.1~13	10.97
四级	7.1~10.0	8.96
五级	≤7.0	6.20

孟津县耕地土壤有效铁含量变化范围为4.7~18.4mg/kg，平均值9.9mg/kg，属三级水平。①不同行政区域：平乐镇最高平均值为12.14mg/kg，最低是麻屯镇8.63mg/kg；②不同地形部位：河流一级阶地，二级阶地最高平均值为10.7mg/kg，最低为丘陵缓坡平均值为9.72mg/kg；③不同土壤种类：最高为黏质洪积潮土平均值为14.15mg/kg，最低为厚层砂质石灰性紫色土平均值为8.03mg/kg（表11-26、表11-27、表11-28）。

表17-26　孟津县耕地土壤有效铁按乡镇统计结果　　　　　单位：mg/kg

乡镇	平均值	最大值	最小值	标准差	变异系数
白鹤镇	10.36	14.90	7.10	1.33	12.86%
常袋乡	9.84	15.60	4.70	2.30	23.38%
朝阳镇	10.54	15.60	8.30	1.14	10.85%
城关镇	9.30	13.00	5.80	1.31	14.08%
横水镇	10.02	16.90	6.80	1.90	18.99%
会盟镇	10.14	15.20	6.00	0.86	8.49%
麻屯镇	8.63	10.60	5.80	0.71	8.17%
平乐镇	12.14	18.40	9.10	1.80	14.83%
送庄镇	9.89	12.10	7.10	0.66	6.66%
小浪底镇	8.56	12.30	5.40	1.01	11.79%

表17-27　孟津县耕地土壤有效铁按地形部位统计结果　　　　　单位：mg/kg

地形部位	平均值	最大值	最小值	标准差	变异系数
河流一级阶地、河流二级阶地	10.70	15.10	7.40	1.51	14.12%
丘陵缓坡	9.72	18.40	4.70	1.58	16.28%
丘陵缓坡、冲、洪积扇前缘	10.00	17.50	4.80	1.55	15.47%

表 17-28　孟津县耕地土壤有效铁按土壤类型统计结果　　　　　　单位：mg/kg

土壤类型	平均值	最大值	最小值	标准差	变异系数
薄层黏质灌淤潮土	10.60	13.00	9.20	1.31	12.38%
底砂小两合土	11.24	12.00	10.20	0.64	5.71%
红黄土质褐土	9.28	14.90	5.40	1.90	20.43%
红黄土质褐土性土	9.33	16.90	5.00	1.54	16.51%
红黏土	9.24	15.40	4.70	1.54	16.69%
厚层砂质石灰性紫色土	8.03	8.30	7.90	0.23	2.87%
厚层黏质灌淤潮土	10.02	12.50	7.40	0.92	9.18%
黄土质褐土	10.00	17.50	4.80	1.55	15.47%
两合土	12.35	13.70	11.90	0.54	4.39%
浅位多量砂姜红黄土质褐土	9.59	12.00	8.00	1.20	12.48%
浅位厚砂小两合土	10.55	11.40	9.70	1.20	11.39%
浅位砂两合土	9.98	12.90	8.20	0.88	8.78%
浅位砂小两合土	10.13	12.90	8.60	1.25	12.34%
浅位少量砂姜红黄土质褐土	9.24	15.60	5.90	1.48	16.05%
浅位少量砂姜红黏土	10.96	14.60	4.80	2.00	18.26%
浅位少量砂姜黄土质石灰性褐土	10.03	12.90	6.60	1.85	18.47%
轻壤质黄土质石灰性褐土	10.13	12.20	7.80	0.65	6.41%
壤质潮褐土	9.84	12.10	8.10	0.77	7.86%
壤质洪积石灰性褐土	9.99	11.20	7.90	0.77	7.75%
砂质潮土	10.45	12.00	9.30	1.09	10.40%
深位多量砂姜红黄土质褐土	10.49	12.10	8.70	0.60	5.75%
深位多量砂姜黄土质石灰性褐土	9.52	10.40	8.60	0.53	5.53%
深位少量砂姜红黄土质褐土	8.65	10.30	6.80	1.35	15.57%
深位少量砂姜黄土质石灰性褐土	9.18	11.40	7.60	1.61	17.58%
石灰性红黏土	8.85	13.00	7.30	0.98	11.13%
脱潮两合土	11.12	15.10	9.10	1.73	15.60%
黏质洪积潮土	14.15	14.90	13.10	0.72	5.11%
黏质洪积褐土	9.33	13.90	5.70	1.52	16.25%
中壤质黄土质石灰性褐土	10.45	18.40	5.80	1.87	17.85%

（二）分级论述

1. 一级

土壤有效铁含量大于等于 16.1mg/kg，主要分布在平乐镇，占地面积为 44.96hm²，所占比例 72.55%，土壤类型为中壤质黄土质石灰性褐土，占地面积为 41.96hm²，所占比例为 67.71%。

2. 二级

土壤有效铁含量范围为 13.1~16mg/kg，主要分布在平乐镇，占地面积为 1 127.88hm²，所占比例为 57.29%，主要土壤类型为黄土质褐土，所占面积为 645.73hm²，所占比例为 32.8%。

3. 三级

土壤有效铁含量范围为 10.1~13mg/kg，各个乡镇均有分布，白鹤镇分布面积最大，占地面积 3 701.77hm²，所占比例为 21.22%，其次为平乐镇，所占面积为 2 706.35hm²，主要土壤类型为黄土质褐土，所占面积 9 577.15hm²，所占比例为 54.55%。

4. 四级

土壤有效铁含量范围为 7.1~10mg/kg，各个乡镇均有分布，主要分布在城关镇，占地面积 3 418.06hm²，主要土壤类型为黄土质褐土，所占面积 9 137.15hm²。

5. 五级

土壤有效铁含量小于等于 7.0mg/kg，主要分布在常袋乡，占地面积 315.05hm²，主要土壤类型为黄土质褐土，所占比例为 46.45%。

三、有效锰

（一）孟津县耕地土壤有效锰的基本状况

表 17-29 耕层土壤有效锰分级

有效锰分级	含量范围（mg/kg）	平均值（mg/kg）
一级	≥21.1	22.05
二级	18.1~21.0	19.19
三级	15.1~18.0	16.62
四级	12.1~15.0	13.80
五级	≤12.0	10.61

孟津县耕地土壤有效锰含量变化范围为 7.8~26.5mg/kg，平均值 16.45mg/kg，属三级水平。①不同行政区域：平乐镇最高平均值为 18.14mg/kg，最低是朝阳镇 14.64mg/kg；②不同地形部位：河流一级阶地，二级阶地最高平均值为 16.89mg/kg，最低为丘陵缓坡、冲、洪积扇前缘平均值为 16.26mg/kg；③不同土壤种类：最高为厚层砂质石灰性紫色土平均值为 19.77mg/kg，最低为薄层黏质灌淤潮土平均值为 13.94mg/kg（表 17-30、表 17-31、表 17-32）。

表 17-30 孟津县耕地土壤按乡镇有效锰按乡镇统计结果　　　　　　　　单位：mg/kg

乡镇	平均值	最大值	最小值	标准差	变异系数
白鹤镇	16.58	23.50	9.80	2.76	16.63%
常袋乡	15.78	26.50	7.80	3.70	23.44%
朝阳镇	14.64	25.50	9.90	1.91	13.05%
城关镇	15.63	24.00	10.20	2.50	16.00%
横水镇	16.04	21.80	8.90	3.17	19.78%
会盟镇	17.43	21.50	12.40	1.37	7.86%
麻屯镇	16.54	20.80	8.90	2.91	17.58%
平乐镇	18.14	20.60	8.50	1.67	9.21%
送庄镇	16.09	22.20	12.00	1.42	8.79%
小浪底镇	17.51	21.70	8.40	2.63	14.99%

表 17-31　孟津县耕地土壤有效锰按地形部位统计结果　　　　单位：mg/kg

地形部位	平均值	最大值	最小值	标准差	变异系数
河流一级阶地、河流二级阶地	16.89	20.60	11.90	1.93	11.41%
丘陵缓坡	16.59	24.00	7.80	2.77	16.71%
丘陵缓坡、冲、洪积扇前缘	16.26	26.50	7.90	2.54	15.62%

表 17-32　孟津县耕地土壤有效锰按土壤类型统计结果　　　　单位：mg/kg

土壤类型	平均值	最大值	最小值	标准差	变异系数
薄层黏质灌淤潮土	13.94	17.80	12.10	1.87	13.44%
底砂小两合土	19.14	20.60	16.10	1.63	8.51%
红黄土质褐土	16.41	21.50	8.30	3.04	18.55%
红黄土质褐土性土	15.57	21.50	8.10	3.13	20.12%
红黏土	16.57	21.80	7.80	3.23	19.48%
厚层砂质石灰性紫色土	19.77	20.60	19.30	0.72	3.66%
厚层黏质灌淤潮土	16.92	18.90	12.60	1.35	7.96%
黄土质褐土	16.26	26.50	7.90	2.54	15.62%
两合土	18.68	20.60	17.60	0.94	5.03%
浅位多量砂姜红黄土质褐土	16.41	20.60	10.40	2.67	16.29%
浅位厚砂小两合土	13.95	14.60	13.30	0.92	6.59%
浅位砂两合土	17.13	18.30	15.40	0.56	3.25%
浅位砂小两合土	16.55	17.50	15.20	0.65	3.95%
浅位少量砂姜红黄土质褐土	15.14	20.30	8.90	2.39	15.78%
浅位少量砂姜红黏土	16.05	21.70	7.90	3.48	21.69%
浅位少量砂姜黄土质石灰性褐土	17.86	24.00	14.00	2.76	15.44%
轻壤质黄土质石灰性褐土	17.56	21.50	13.60	1.49	8.50%
壤质潮褐土	15.50	19.10	12.60	1.63	10.53%
壤质洪积石灰性褐土	17.64	19.20	15.30	0.85	4.82%
砂质潮土	16.97	20.50	12.30	3.37	19.86%
深位多量砂姜红黄土质褐土	19.37	22.30	12.10	2.34	12.10%
深位多量砂姜黄土质石灰性褐土	17.44	20.70	13.80	2.49	14.26%
深位少量砂姜红黄土质褐土	15.65	20.00	9.10	4.10	26.23%
深位少量砂姜黄土质石灰性褐土	15.42	19.10	13.70	2.12	13.76%
石灰性红黏土	18.50	20.60	15.00	1.28	6.94%
脱潮两合土	16.99	20.20	11.90	1.92	11.28%
黏质洪积潮土	17.83	19.40	16.70	0.99	5.57%
黏质洪积褐土	16.72	21.40	9.30	2.78	16.64%
中壤质黄土质石灰性褐土	16.45	22.70	8.50	2.86	17.40%

(二) 分级论述

1. 一级

土壤有效锰含量大于等于 21.1mg/kg，主要分布在白鹤镇，占地面积 257.93hm²，所占比例 43.62%，土壤类型为黄土质褐土，占地面积为 201.99hm²，所占比例为 34.16%。

2. 二级

土壤有效锰含量范围为 18.1~21mg/kg，各个乡镇均有分布，主要分布在小浪底镇，占地面积为 1 127.88hm²，所占比例为 57.29%，主要土壤类型为黄土质褐土，所占面积为 2 952.42hm²，所占比例为 25.25%。

3. 三级

土壤有效锰含量范围为 15.1~18mg/kg，各个乡镇均有分布，白鹤镇分布面积最大，占地面积 2 902.55hm²，所占比例为 17.19%，其次为会盟镇，所占面积为 2 580.16hm²，主要土壤类型为黄土质褐土，所占面积为 9 577.15hm²，所占比例为 54.55%。

4. 四级

土壤有效锰含量范围为 12.1~15mg/kg，各个乡镇均有分布，主要分布在城关镇，占地面积 3 418.06hm²，主要土壤类型为黄土质褐土，所占面积 9 165.49hm²。

5. 五级

土壤有效锰含量小于等于 12mg/kg，主要分布在横水镇，占地面积 426.32hm²，主要土壤类型为黄土质褐土，所占比例为 24.91%。

四、有效锌

(一) 孟津县耕地土壤有效锌的基本状况

表 17-33　耕层土壤有效锌分级

有效锌分级	含量范围（mg/kg）	平均值（mg/kg）
一级	≥2.6	2.85
二级	2.1~2.5	2.17
三级	1.6~2.0	1.75
四级	1.1~1.5	1.33
五级	≤1.0	0.89

孟津县耕地土壤有效锌含量变化范围为 0.72~4.06mg/kg，平均值 1.87mg/kg，属三级水平。①不同行政区域：麻屯镇最高平均值为 2.25mg/kg，最低是横水镇 1.37mg/kg；②不同地形部位：河流一级阶地，二级阶地最高平均值为 2.25mg/kg，最低为丘陵缓坡平均值为 1.78mg/kg；③不同土壤种类：最高为浅位砂小两合土平均值为 2.8mg/kg，最低为深位少量砂姜红黄土质平均值为 0.86mg/kg（表 17-34、表 17-35、表 17-36）。

表 17-34　孟津县耕地土壤有效锌按乡镇统计结果　　　　　　　　单位：mg/kg

乡镇	平均值	最大值	最小值	标准差	变异系数
白鹤镇	2.10	3.31	1.34	0.42	20.27%
常袋乡	1.62	2.27	0.84	0.25	15.25%
朝阳镇	1.77	3.21	1.06	0.29	16.67%
城关镇	1.74	3.91	1.21	0.41	23.45%
横水镇	1.37	3.14	0.72	0.47	34.57%
会盟镇	2.22	3.60	1.43	0.40	18.19%

（续表）

乡镇	平均值	最大值	最小值	标准差	变异系数
麻屯镇	2.25	4.06	1.04	0.64	28.34%
平乐镇	1.92	3.33	1.19	0.44	22.89%
送庄镇	1.77	2.44	1.19	0.24	13.69%
小浪底镇	1.53	2.81	0.80	0.40	26.16%

表 17-35　孟津县耕地土壤有效锌按地形部位统计结果　　　　单位：mg/kg

地形部位	平均值	最大值	最小值	标准差	变异系数
河流一级阶地、河流二级阶地	2.25	3.29	1.54	0.45	19.99%
丘陵缓坡	1.78	3.91	0.72	0.51	28.79%
丘陵缓坡、冲、洪积扇前缘	1.92	4.06	0.89	0.44	22.74%

表 17-36　孟津县耕地土壤有效锌按土壤类型统计结果　　　　单位：mg/kg

土壤类型	平均值	最大值	最小值	标准差	变异系数
薄层黏质灌淤潮土	2.07	2.58	1.79	0.26	12.38%
底砂小两合土	2.52	2.63	2.22	0.14	5.47%
红黄土质褐土	1.49	2.75	0.79	0.44	29.81%
红黄土质褐土性土	1.73	3.25	0.82	0.58	33.46%
红黏土	1.51	2.95	0.77	0.56	36.74%
厚层砂质石灰性紫色土	1.25	1.51	1.10	0.23	18.33%
厚层黏质灌淤潮土	2.56	3.27	1.80	0.48	18.87%
黄土质褐土	1.92	4.06	0.89	0.44	22.74%
两合土	2.07	2.24	1.73	0.17	8.26%
浅位多量砂姜红黄土质褐土	2.08	3.67	1.42	0.48	23.15%
浅位厚砂小两合土	2.57	3.29	1.84	1.03	39.97%
浅位砂两合土	2.37	3.14	1.91	0.41	17.47%
浅位砂小两合土	2.80	3.15	2.40	0.21	7.57%
浅位少量砂姜红黄土质褐土	1.89	3.91	0.86	0.59	31.31%
浅位少量砂姜红黏土	1.60	2.04	1.08	0.23	14.57%
浅位少量砂姜黄土质石灰性褐土	1.70	2.01	1.46	0.17	9.87%
轻壤质黄土质石灰性褐土	2.08	3.02	1.06	0.38	18.34%
壤质潮褐土	2.13	3.60	1.44	0.50	23.28%
壤质洪积石灰性褐土	2.09	2.76	1.10	0.26	12.68%
砂质潮土	2.56	3.19	2.09	0.30	11.73%
深位多量砂姜红黄土质褐土	1.65	1.86	1.09	0.14	8.46%
深位多量砂姜黄土质石灰性褐土	1.60	1.72	1.45	0.07	4.18%
深位少量砂姜红黄土质褐土	0.86	0.97	0.72	0.08	9.18%
深位少量砂姜黄土质石灰性褐土	1.60	1.92	1.43	0.18	11.33%
石灰性红黏土	1.79	2.76	0.78	0.40	22.16%
脱潮两合土	1.92	2.13	1.54	0.17	8.63%
黏质洪积潮土	1.69	1.79	1.57	0.08	4.96%
黏质洪积褐土	1.74	3.89	0.80	0.67	38.35%
中壤质黄土质石灰性褐土	1.80	2.91	1.12	0.34	19.05%

（二）分级论述

1. 一级

土壤有效锌含量大于等于 2.6mg/kg，主要分布在白鹤镇，占地面积 1 230.61hm²，所占比例 36.59%，土壤类型为黄土质褐土，占地面积为 1 358.51hm²，所占比例为 40.4%。

2. 二级

土壤有效锌含量范围为 2.1~2.5mg/kg，各个乡镇均有分布，主要分布在白鹤镇，占地面积为 2 350.84hm²，所占比例 26.87%，主要土壤类型为黄土质褐土，所占面积为 4 851.7hm²，所占比例 为 55.45%。

3. 三级

土壤有效锌含量范围为 1.6~2.0mg/kg，各个乡镇均有分布，城关镇分布面积最大，占地面积 3 102.25hm²，所占比例 16.66%，主要土壤类型为黄土质褐土，所占面积为 10 721.45hm²，所占比 例为 57.58%。

4. 四级

土壤有效锌含量范围为 1.1~1.5mg/kg，各个乡镇均有分布，主要分布在小浪底镇，占地面积 1 783.81hm²，主要土壤类型为黄土质褐土，所占面积 2 666.39hm²。

5. 五级

土壤有效锌含量小于等于 1.0mg/kg，主要分布在横水镇，占地面积 929.33hm²，主要土壤类型 为红黏土，所占比例 53.16%。

第十八章　耕地地力评价指标体系

第一节　耕地地力评价指标

一、指标选取的原则

正确地进行参评因素的选取并确定其权重，是科学地评价耕地地力的前提，直接关系到评价结果的正确性、科学性和社会可接受性。

参评因素是指参与评定耕地地力等级的耕地诸属性。影响耕地地力的因素很多，在本次耕地地力评价中，根据孟津县的特点，遵循主导因素原则、差异性原则、稳定性原则、敏感性原则，采用定量和定性方法结合，进行了参评因素的选取。因素选取类型包括气候、立地条件、剖面性状、耕层土壤理化性状、耕层土壤养分状况、障碍因素、土壤管理7个方面，又可细分为64个因子，选取时原则上不突破指南中提供的因子范围。

二、指标的确定

采用特尔斐法，进行了影响耕地地力的立地条件、物理性状等定性指标的筛选。评价与决策涉及价值观、知识、经验和逻辑思维能力，因此专家的综合能力是十分可贵的。评价与决策中经常要有专家的参与，例如给出一组障碍层厚度，评价不同厚度对作物生长影响的程度通常由专家给出。这个方法的核心是充分发挥专家对问题的独立看法，然后归纳、反馈，逐步收缩、集中，最终产生评价与判断。基本包括以下几个步骤。

（一）确定提问的提纲

列出调查的提纲应当用词准确，层次分明，集中于要判断和评价的问题。为了使专家易于回答问题，通常还在提出调查提纲的同时提供有关背景材料。

（二）选择专家

为了得到较好的评价结果，我们选择了对问题了解较多的专家11人。

（三）调查结果的归纳、反馈和总结

收集到专家对问题的判断后，应作一归纳。定量判断的归纳结果通常符合正态分布。在仔细听取了持极端意见专家的理由后，去掉两端各25%的意见，寻找出意见最集中的范围，然后把归纳结果反馈给专家，让他们再次提出自己的评价和判断。反复3~5次后，专家的意见会逐步趋近一致，这时就可作出最后的分析报告。

采用特尔斐法，分别召开了省和县两级的耕地地力评价指标筛选专家研讨会。省级研讨会选择省内的知名土壤学、农学、农田水利学、土地资源学、土壤农业化学等专家进行指标筛选，县级研讨会由省站专家、市站专家、河南农业大学专家、县内长期从事农业生产和技术研究的专家组成专家组，在国家级和省级评价指标的指导下，筛选切合项目县实际的耕地地力评价指标体系。

2008年7月21日，我们确定了河南农业大学博士陈伟强、邢雷雷及省土肥站高级农艺师程道全、洛阳市农业局高级农艺师席万俊、郭新建、孟津县农业局农技推广研究员牛惠民、高级农艺师李玛瑙、农艺师秦传锋、助理农艺师李静丽、张永辉、孟津县水利局高级工程师宋红銮组成的专家组，首先对指标进行分类，在此基础上进行指标的选取。各位专家结合自身专业特长，按照《测土配方施肥技术规范》的要求，就孟津县农业生产实际情况，展开了热烈的讨论，对影响孟津县耕地地力评价的因子、权重逐项进行分析评定。

当时共选出六大项12小项指标，六大项12小项指标分别为：剖面构型（质地构型、剖面构型、有效土层厚度）、障碍因素（障碍层类型、障碍层厚度、障碍层位置）、耕地养分（速效钾、有效磷、有机质）、立地条件（地形部位、土壤侵蚀程度）、土壤管理（灌溉保证率）。

根据各因素对耕地地力影响的稳定性，以及显著性，最后一致选取了灌溉保证率、质地、剖面构

型、质地构型、障碍层厚度、障碍层类型、障碍层位置、有机质、有效磷、速效钾、有效土层厚度、地形部位 12 项因素作为耕地地力评价的参评指标。

三、评价单元确定

评价单元是由对土地质量具有关键影响的各土地要素组成的基本空间单位，同一评价单元的内部质量均一，不同单元之间，既有差异性，又有可比性。耕地地力评价就是要通过对每个评价单元的评价，确定其地力级别，并编绘耕地地力等级图。

目前，对土地评价单元的划分尚无统一方法，我们以土壤图和土地利用现状图叠加生成的土地类型图作为基本评价单元图。其中，土壤类型划分到土种，土地利用现状类型划分到二级利用类型，制图区界以最新土地利用现状图为准。为了保证土地利用现状的现实性，基于野外的实地调查，对耕地利用现状进行了修正。评价单元内的土壤类型相同，利用方式相同，交通、水利、经营管理方式等基本一致。用这种方法划分评价单元，不但可以反映单元之间的空间差异性，而且使土地利用类型有了土壤基本性质的均一性，又使土壤类型有了确定的地域边界线，使评价结果更具综合性、客观性，可以较容易地将评价结果落实到实地。通过图件的叠置和检索，我们将孟津县耕地地力划分了 5 143 个评价单元。

表 18-1　各乡镇评价单元数量所占比例

乡名称	评价单元数量	占总数百分比
白鹤镇	417	8.11%
常袋乡	472	9.18%
朝阳镇	526	10.23%
城关镇	591	11.49%
横水镇	326	6.34%
黄鹿山乡	174	3.38%
会盟镇	875	17.01%
麻屯镇	363	7.06%
平乐镇	284	5.52%
送庄镇	405	7.87%
王良乡	342	6.65%
小浪底镇	368	7.16%
总计	5 143	100.00%

四、评价单元赋值

影响耕地地力的因子非常多，并且它们在计算机中的存储方式也不相同，因此如何准确地获取各评价单元评价信息，是评价中的重要一环。鉴于此，舍弃直接从键盘输入参评因子值的传统方式，从建立的基础数据库中提取专题图件，利用 ArcGis 系统的空间叠加分析、分区统计、空间属性联接等功能为评价单元提取属性。

采用空间插值法生成的各类养分图是 GRID 格网格式，利用 ArcGis 的分区统计功能，统计每个评价单元所包含网格的平均值，得到每个评价单元的养分平均值。与评价有关的灌溉条件、排涝条件、地貌条件、成土母质等因素指标，根据空间位置提取属性，将单因子图中的属性按空间位置赋值给评价单元。

五、综合性指标计算

利用建立的隶属函数，计算每个评价单元的评价因素分值，再结合因素权重计算评价单元的综合分值。综合分值的计算采用加法模型。

$$IFI = \sum F_i \times C_i \quad (i=1, 2, 3, \cdots, n)$$

式中，IFI（Integrated Fertility Index）代表耕地地力数；F_i 为第 i 个因素的隶属度；C_i 为第 i 个因素的组合权重。

第二节　评价指标权重

在选取的耕地地力评价指标中，各个指标对耕地质量的影响程度是不相等的，因此需要结合专家意见，采用科学方法，合理确定各评价指标的权重。

确定权重的方法很多，如主成分分析、多元回归分析、逐步回归分析、灰色关联分析、层次分析等，本评价中采用层次分析法（AHP）来确定各参评因素的权重。层次分析法（AHP），是在定性方法基础上发展起来的定量确定参评因素权重的一种系统分析方法。这种方法，可将人们的经验思维数量化，用以检验决策者判断的一致性，有利于实现定量化评价。

用层次分析法作为系统分析，首先要把问题层次化，根据问题的性质和要达到的目标，将问题分解为不同的组成因素，并按照因素间的相互关联影响以及隶属关系将各因素按不同层次聚合，形成一个多层次的分析结构模型，并最终把系统分析归结为最低层相对于最高层的相对重要性权值的确定或相对优劣次序的排序问题。

在排序计算中，每一层次的因素相对上一层次某一因素的单排序问题又可简化为一系列成对因素的判断比较。为了将比较判断定量化，层次分析法引入 $1\sim9$ 比率标度法，并写成矩阵形式，即构成所谓的判断矩阵。形成判断矩阵后，即可通过计算判断矩阵的最大特征根及其对应的特征向量，计算出某一层元素相对于上一层次某一元素的相对重要性权值。在计算出某一层次相对于上一层次各个因素的单排序权值后，用上一层次因素本身的权值加权综合，即可计算出某层因素相对于上一层整个层次的相对重要性权值，即层次总排序权值。

AHP 法确定参评因素的步骤如下。

一、建立层次结构

耕地地力为目标层（G 层），影响耕地地力的立地条件、物理性状、化学性状为准则层（C 层），再把影响准则层中各元素的项目作为指标层（A 层）。其结构关系如下图所示。

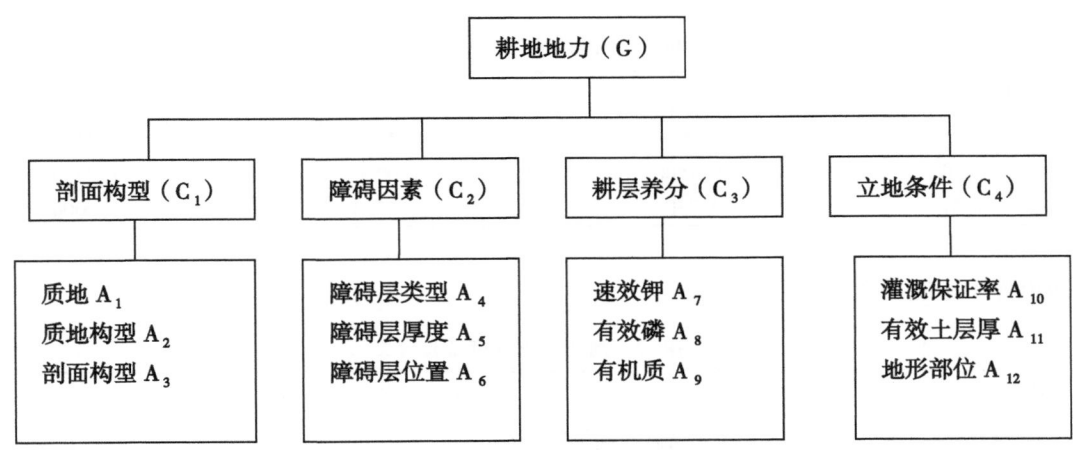

图　耕地地力影响因素层次结构

二、构造判断矩阵

采用专家评估法，比较同一层次各因素对上一层次的相对重要性，给出数量化的评估。专家评估的初步结果经合适的数学处理后（包括实际计算的最终结果——组合权重）反馈给专家，请专家重新修改或确认。经多轮反复形成最终的判断矩阵。

根据专家经验，确定 C 层对 G 层以及 A 层对 C 层的相对重要程度，共构成 G、C_1、C_2、C_3、C_4

共 5 个判别矩阵。

表 18-2　目标层 G 判别矩阵

项目	C_1	C_2	C_3	C_4
剖面构型（C_1）	1.0000	1.3333	1.0417	0.6849
障碍因素（C_2）	0.7500	1.0000	0.7813	0.5155
耕层养分（C_3）	0.9600	1.2800	1.0000	0.6579
立地条件（C_4）	1.4600	1.9400	1.5200	1.0000

表 18-3　土壤管理（C_1）判别矩阵

项目	A_1	A_2	A_3
质地 A_1	1.0000	1.5873	1.6129
质地构型 A_2	0.6300	1	1.0101
剖面构型 A_3	0.6200	0.9900	1.0000

表 18-4　土壤物理（C_2）判别矩阵

项目	A_4	A_5	A_6
障碍层类型 A_4	1.0000	1.3889	0.5291
障碍层厚度 A_5	0.7200	1.0000	0.3802
障碍层位置 A_6	1.8900	2.6300	1.0000

表 18-5　耕层养分（C_3）判别矩阵

项目	A_7	A_8	A_9
速效钾 A_7	1.0000	0.8264	0.9709
有效磷 A_8	1.2100	1.0000	1.1765
有机质 A_9	1.0300	0.8500	1.0000

表 18-6　耕层养分（C_4）判别矩阵

项目	A_{10}	A_{11}	A_{12}
灌溉保证率 A_{10}	1.0000	1.3333	1.3333
有效土层厚 A_{11}	0.7500	1.0000	1.3333
地形部位 A_{12}	0.7500	0.7500	1.0000

判别矩阵中标度的含义见表 18-7。

表 18-7　判断矩阵标度及其含义

标度	含义
1	表示两个因素相比，具有同样重要性
3	表示两个因素相比，一个因素比另一个因素稍微重要
5	表示两个因素相比，一个因素比另一个因素明显重要
7	表示两个因素相比，一个因素比另一个因素强烈重要
9	表示两个因素相比，一个因素比另一个因素极端重要
2、4、6、8	上述两相邻判断的中值
倒数	因素 i 与 j 比较得判断 b_{ij}，则因素 j 与 i 比较的判断 $b_{ji} = 1/b_{ij}$

三、层次单排序及一致性检验

求取 A 层对 C 层的权数值，可归结为计算判断矩阵的最大特征根 λ_{max} 对应的特征向量 W。并用 $CR = CI/RI$ 进行一致性检验。计算方法如下。

1. 将比较矩阵每一列正规化（以矩阵 C 为例）

$$\hat{c}_{ij} = \frac{c_{ij}}{\sum_{i=1}^{n} c_{ij}}$$

2. 每一列经正规化后的比较矩阵按行相加

$$\bar{W}_i = \sum_{j=1}^{n} \hat{c}_{ij}, \quad j = 1, 2, \cdots, n$$

3. 向量正规化

$$W_i = \frac{\bar{W}_i}{\sum_{i=1}^{n} \bar{W}_i}, \quad i = 1, 2, \cdots, n$$

所得到的 $W_i = [W_1, W_2, \cdots, W_n]^T$ 即为所求特征向量，也就是各个因素的权重值。

4. 计算比较矩阵最大特征根 λ_{max}

$$\lambda_{max} = \sum_{i=1}^{n} \frac{(CW)_i}{nW_i}, \quad i = 1, 2, \cdots, n$$

式中，C 为原始判别矩阵，$(CW)_i$ 表示向量的第 i 个元素。

5. 一致性检验

首先计算一致性指标 CI

$$CI = \frac{\lambda_{max} - n}{n - 1}$$

式中，n 为比较矩阵的阶，也即因素的个数。

然后根据表 18-7 查找出随机一致性指标 RI，由下式计算一致性比率 CR。

$$CR = \frac{CI}{RI}$$

表 18-8　随机一致性指标 RI 值

n	1	2	3	4	5	6	7	8	9	10	11
RI	0	0	0.58	0.9	1.12	1.24	1.32	1.41	1.45	1.49	1.51

根据以上计算方法可得以下结果见表 18-9。

表 18-9　权数值一致性检验结果

矩阵	特征向量				λ_{max}	CI	CR
G	0.2398	0.1800	0.2303	0.3498	4.0000	0.00001	0.00001
C_1	0.4444	0.2794	0.2761		3.0000	0.000001	0.000002
C_2	0.2770	0.1993	0.5238		3.0000	-0.00001	0.00002
C_3	0.3086	0.3736	0.3177		3.0000	0	0
C_4	0.3987	0.3293	0.2720		3.0092	0.0045	0.0079

从表中可以看出，CR 均小于 0.1，具有很好的一致性。

6. 层次总排序及一致性检验

计算同一层次所有因素对于最高层相对重要性的排序权值，称为层次总排序。这一过程是最高层次到最低层次逐层进行的，层次总排序的结果见表 18-10。

表 18-10　层次总排序表

层次 C	土壤管理	土壤物理	耕层养分	立地条件	总排序
层次 A	0.3391	0.1569	0.2520	0.2520	
质地	0.4444				0.1066
质地构型	0.2794				0.0670
剖面构型	0.2761				0.0662
障碍层类型		0.2770			0.0499
障碍层厚度		0.1993			0.0359
障碍层位置		0.5238			0.0943
速效钾			0.3086		0.0711
有效磷			0.3736		0.0860
有机质			0.3177		0.0732
灌溉保证率				0.3987	0.1395
有效土层厚				0.3293	0.1152
地形部位				0.2720	0.0952

层次总排序的一致性检验也是从高到低逐层进行的。如果 A 层次某些因素对于 C_j 单排序的一致性指标为 CI_j，相应的平均随机—致性指标为 CR_j，则 A 层次总排序随机一致性比率为：

$$CR = \frac{\sum_{j=1}^{n} c_j CI_j}{\sum_{j=1}^{n} c_j RI_j} = \frac{0.00096}{0.3178} = 0.003 < 0.1$$

经层次总排序，并进行一致性检验，结果为 $CI = 0.0016$，$RI = 0.58$，CR 小于 0.00276，具有满意的一致性，最后计算 A 层对 G 层的组合权数值，得到各因子的权重，见表 18-11。

表 18-11　各因子的权重

参评因素	质地	质地构型	剖面构型	障碍层类型	障碍层厚度	障碍层位置	速效钾	有效磷	有机质	灌溉保证率	有效土层厚	地形部位
权重	0.11	0.07	0.07	0.05	0.04	0.09	0.07	0.09	0.07	0.14	0.12	0.10

第三节　评价因子隶属度的确定

评价因子对耕地地力的影响程度是一个模糊性概念问题，可以采用模糊数学的理论和方法进行描述。隶属度是评价因素的观测值符合该模糊性的程度（即某评价因子在某观测值时对耕地地力的影响程度），完全符合时隶属度为 1，完全不符合时隶属度为 0，部分符合时隶属度为 0~1 的任一数值。隶属函数则表示评价因素的观测值与隶属度之间的解析函数。根据评价因子的隶属函数，对于某评价因子的每一观测值均可计算出其对应的隶属度。本次评价中，孟津县选定的评价指标与耕地生产能力的关系分为戒上型函数、戒下型函数、峰型函数以及概念型 3 种类型的隶属函数。此三种函数的函数模型为

$$y_i = \begin{cases} 0 & u_i < u_t(\text{戒上}),\ u_i > u_t(\text{戒下}),\ u_i > u_{t1}\ or\ u_i < u_{t2}(\text{峰值}) \\ 1/[1 + a_i \times (u_i - c_i)^2] & u_i < c_i(\text{戒上}),\ u_i > c_i(\text{戒下}),\ u_i < u_{t1}\ and\ u_i > u_{t2}(\text{峰值}) \\ 1 & u_i > c_i(\text{戒上}),\ u_i < c_i(\text{戒下}),\ u_i = c_i(\text{峰值}) \end{cases}$$

以上方程采用非线性回归，迭代拟合法得到。

对概念型的指标，比如质地，则采用分类打分法，确定各种类型的隶属度。

以下是各个评价指标隶属函数的建立和标准化结果。

一、质地

孟津县中壤土面积为 26 600.82hm²，轻壤土面积为 823.7hm²，重壤土面积为 11 708.79hm²，紧砂土面积为 125.59hm²，轻黏土面积为 42.86hm²。土壤的通气、透水、保肥、保水、耕作及养分含量等农业生产性状都受质地支配。不同质地对耕地地力水平的影响依次为：中壤土>轻壤土>重壤土>紧砂土>轻黏土。专家打出评估分数（表 18-12）。

表 18-12　质地分类及其隶属度专家评估

指标	中壤土	轻壤土	重壤土	紧砂土	轻黏土
隶属度	1	0.9	0.8	0.6	0.7

二、质地构型

影响质地构型的主要因素有土壤母质、质地、结构以及耕作、灌溉、施肥等农业生产措施，质地构型对土壤的水、肥、气、热等因子有制约和调节作用。

孟津质地构型可分为通体型和夹层型两种，通体型即全剖面质地均匀一致或差异不大的质地构型，可分为通体砂质型（相应土种为细砂土、腰砂小两合土、体砂小两合土、底砂小两合土等）、通体壤质型（相应土种有立黄土、白面土、砂性白面土、壤质白垆土、潮黄土、两合土、褐土化两合土、褐土化小两合土、废墟潮土、老黄土始成褐土以及部分红黄土质褐土）、通体黏质型（主要包括红黏土始成褐土、红黏土灰质始成褐土、灌淤土、垆土、红黄土质褐土和红黄土质始成褐土等）；夹层型主要发育在河流冲积母质上，其特点是质地层次明显，砂黏悬殊，厚薄不一。

不同质地构型耕地地力水平不同，均质型耕地地力水平依次为：均质中壤>均质重壤>均质黏土>均质砂壤>均质砂土，夹层型耕地地力水平依次为：砂底重壤>壤底黏土>砂底黏土>砂底中壤>夹砂轻壤>砂底轻壤，以此专家进行了评价打分（表 18-13）。

表 18-13　质地构型分类及其隶属度专家评估

指标	均质中壤	均质重壤	均质黏土	砂底重壤	壤底黏土	砂底黏土	砂底中壤	夹砂轻壤	砂底轻壤	均质砂壤	均质砂土
隶属度	1	0.9	0.75	0.73	0.7	0.5	0.45	0.4	0.2	0.2	0.1

三、剖面构型

孟津县土壤类型为旱耕土，土类为潮土土类、褐土土类，依据主要剖面构型确定褐土化小两合土（A11n-C1-C2-Cu）、灌淤土（A11n-C-Cu）、白垆土（A11-AB-Bt-BK）、潮黄土（A11-AB-BK-Cu）、立黄土、白面土、红黄土质褐土（A11-A12-Bt-Bk-BCk）、红黄土质始成褐土（A11-A12-Bt-C）、覆盖褐土（A11-A12-Bt-Cu）、红黏土始成褐土（A11-A12-Bt-Cu）、紫色岩砾质始成褐土（A11-AB-BK-CK）为评价因子，依据不同剖面构型对耕地地力水平的影响，专家进行了评价打分（表 18-14）。

表 18-14　剖面构型分类及其隶属度专家评估

指标	A11-A12-Bt-Bk-BCk	A11-A12-Bt-C	A11-A12-Bt-Cu	A11-AB-BK-CK	A11-AB-BK-Cu	A11-AB-Bt-BK	A11-BK-Cu	A11n-C-Cu	A11n-C1-C2-Cu
隶属度	0.85	0.8	0.75	0.5	0.9	0.92	0.7	0.95	1.0

四、障碍层类型

孟津土壤障碍层褐土土类主要为黏盘层（面积 6 879.84hm²）、砂姜层（面积 7 907.81hm²），砂砾层（面积 3.12hm²）所占比例较小；潮土土类主要为砂漏层（面积 1 231.96hm²）。不同障碍层对耕地地力的影响依次为黏盘层>砂漏层>砂姜层>砂砾层（表 18-15）。

表 18-15　障碍层类型及其隶属度专家评估

指标	无	黏盘层	砂漏层	砂姜层	砂砾层
隶属度	1	0.9	0.85	0.7	0.3

五、障碍层厚度

孟津土壤障碍层的厚度依次为：小于 13cm、13~20cm、30~45cm、45~55cm、55~70cm、70~83cm、83cm 以上，障碍层厚度越小，对耕地地力的影响越小，反之，障碍层厚度越大，对耕地地力的影响越大（表 18-16）。

表 18-16　障碍层厚度分类及其隶属度专家评估

指标	<13	≥30, <45	≥13, <20	≥45, <55	≥55, <70	≥70, <83	>83
隶属度	1	0.8	0.9	0.6	0.5	0.4	0.2

六、障碍层位置

孟津土壤障碍层出现的位置依次为：小于 13cm、13~20cm、20~31cm、31~49cm、49~65cm、65~70cm、大于 70cm，障碍层出现的位置越深，对耕地地力的影响越小，反之，障碍层出现的位置越浅，对耕地地力的影响越大（表 18-17）。

表 18-17　障碍层位置分类及其隶属度专家评估

指标	≥70	≥65, <70	≥49, <65	≥31, <49	≥20, <31	<20	<13
隶属度	1	0.95	0.85	0.7	0.5	0.4	0.1

七、灌溉保证率

孟津县绝大部分是旱地，无灌溉条件，有效灌溉面积仅有 15 185hm²，所占比例为 40%；灌溉保证率 75% 以上的耕地面积只有 5 865.77hm²，灌溉保证率 50%~75% 的耕地面积只有 4 819.67hm²。由于灌溉保证率差异较大，对耕地地力影响差异亦大（表 18-18）。

表 18-18　灌溉保证率及其隶属度专家评估

指标	≥75	<75, ≥50	<50, ≥30	<30
隶属度	1	0.85	0.55	0.1

八、有效土层厚度

有效土层厚度与障碍层出现的部位是相关的，有效土层厚度依次为：大于 70cm、60~70cm、50~60cm、40~50cm、30~40cm、20~30cm，有效土层厚度数值大，对耕地地力影响相对小，有效土层厚度数值小，对耕地地力影响相对大（表 18-19）。

表 18-19　有效土层厚及其隶属度专家评估

指标	≥70	≥60, <70	≥50, <60	≥40, <50	≥30, <40	≥20, <30
隶属度	1	0.95	0.9	0.85	0.7	0.65

九、地形部位

孟津县的地形部位主要为：河流一级阶地、河流二级阶地和丘陵缓坡、冲、洪积扇前缘及丘陵缓坡，不同的地形部位对应的耕地地力为：河流一级阶地、河流二级阶地>丘陵缓坡、冲、洪积扇前缘>丘陵缓坡（表18-20）。

表18-20　地形部位及其隶属度专家评估

指标	河流一级阶地、河流二级阶地	丘陵缓坡、冲、洪积扇前缘	丘陵缓坡
隶属度	1	0.75	0.6

耕层养分中对耕地地力影响比较大的因子是：有机质、速效钾、有效磷。

十、有机质

有机质含量对提高土壤保肥蓄水能力，改善土壤理化性状，调节土壤水、肥、气、热状况均具有重要作用。孟津有机质含量偏低，有机质含量平均值一等地14.60g/kg、二等地14.46g/kg、三等地15.15g/kg、四等地14.93g/kg、五等地15.14g/kg。建立隶属函数（表18-21）。

表18-21　有机质隶属函数

函数类型	隶属函数	a值	c值	下限	上限	相关系数
戒上型	$1/[1+a \times (u-c)^2]$	0.02	17.98	7	17.98	0.993

十一、速效钾

孟津土壤速效钾含量能够满足作物生长发育的需要，但是也有个别地方因施肥量少和水土流失，土壤钾素含量得不到补充而有缺钾现象出现。速效钾含量平均值一等地147.4mg/kg、二等地137.98mg/kg、三等地141.87mg/kg、四等地141mg/kg、五等地148.23mg/kg。建立隶属函数（表18-22）。

表18-22　速效钾隶属函数

函数类型	隶属函数	a值	c值	下限	上限	相关系数
戒下型	$1/[1+a \times (u-c)^2]$	0.0002	181.99	60	181.99	0.978

十二、有效磷

有效磷是土壤供应磷素水平的重要指标，与土壤肥沃程度及保肥性能也有一定关系。有效磷含量平均值一等地12.18mg/kg、二等地12.29mg/kg、三等地12.27mg/kg、四等地11.7mg/kg、五等地12.0mg/kg。建立隶属函数（表18-23）。

表18-23　有效磷隶属函数

函数类型	隶属函数	a值	c值	下限	上限	相关系数
戒上型	$1/[1+a \times (u-c)^2]$	0.0048	32.82	4	32.82	0.924

第十九章 耕地地力分析

本次耕地地力调查，结合当地实际情况，选取 12 个对耕地地力影响比较大，区域内的变异明显、在时间序列上具有相对稳定性、与农业生产有密切关系的因素，建立评价指标体系。采取累积曲线分级法划分耕地地力等级，将孟津县耕地地力划分为五级。

第一节 耕地地力数量及空间分布

一、耕地地力等级及面积统计（表 19-1）

表 19-1 孟津县耕地地力等级划分

等别	一级地	二级地	三级地	四级地	五级地
指数范围	≥0.8	0.74~0.8	0.675~0.74	0.6~0.675	<0.6

经计算，孟津县一级农用地面积为 5 794.38 hm²，占耕地总面积的 14.74%；二级耕地面积 8 277.93 hm²，占耕地总面积的 21.06%；三级耕地面积 12 189.782 hm²，占耕地总面积的 31.02%；四级耕地面积 6 843.89 hm²，占耕地总面积的 17.41%；五级耕地面积 6 195.49 hm²，占耕地总面积的 15.76%。详见表 19-2。

表 19-2 孟津县各级耕地面积与比重

项目	一级	二级	三级	四级	五级	总计
耕地面积（hm²）	5 794.38	8 277.93	12 189.78	6 843.89	6 195.49	39 301.47
比重（%）	14.74	21.06	31.02	17.41	15.76	100.00

二、归入全国耕地地力体系

耕地地力的另一种表达方式，即以产量表达耕地地力水平。农业部于 1997 年颁布了"全国耕地类型区耕地地力等级划分"农业行业标准（NY/T 309—1996），将全国耕地地力根据粮食单产水平划分为 10 个等级。在对孟津县 500 个耕地地力调查点的 3 年实际年平均产量调查数据分析的基础上，筛选了 50 个点的产量与地力综合指数值（IFI）进行了相关分析，建立直线回归方程：$y = 803.05x + 6.4626$（$R = 0.9771^{**}$，达到极显著水平）。式中 y 代表自然产量，x 代表综合地力指数。根据其对应的相关关系，将用自然要素评价的耕地地力等级分别归入相应的概念型产量表示的地力等级体系，见表 19-3 和表 19-4。

表 19-3 耕地地力（国家级）分级统计

国家级	产量（kg/亩）
三	700~800
四	600~700
五	500~600
六	400~500
七	300~400

表 19-4　孟津县分级等级与国家耕地地力等级对接

县级划分等级	国家耕地地力等级
一	三
二	四
三	五
四	六
五	七

三、耕地地力空间分布分析

从等级分布图上可以看出：一级地和二级地主要分布在会盟镇、平乐镇、送庄乡、白鹤镇，地势平坦，水利条件好，排水系统完善，会盟镇和白鹤镇岭下区域处于黄河阶地区土壤类型为黄潮土，另外平乐镇土壤还有部分褐潮土，送庄乡土壤类型都以褐土类褐土亚类为主，耕层多为壤质，耕层养分含量较高。三级地占总耕地面积的31.02%，是全县最大的地力分级块。主要分布在白鹤镇部分岭上区域、朝阳镇、城关镇、麻屯镇，土壤类型以褐土为主，有部分碳酸盐褐土，排、灌设施较健全，土壤养分含量也较高，耕层多为中壤土，耕性较好。四级地主要分布白鹤镇西北部、横水镇、小浪底镇，以始成褐土和典型褐土为主，白鹤镇西北部有部分碳酸盐褐土。灌水条件较差，土壤质地以红黏土为主，耕性较差。五级地主要分布在横水镇、小浪底镇，土壤以始成褐土和典型褐土为主，养分含量偏低，土壤质地黏重，耕性差，无灌溉条件，属于靠天吃饭区域。各乡镇每级地分布面积见表19-5。

表 19-5　各乡镇耕地地力分级分布　　　　　　　　单位：hm²

权属名称	总计	一级	二级	三级	四级	五级
白鹤镇	6 298.48	798.87	1 269.07	2 715.79	1 230.23	284.52
常袋乡	2 661.97		23.21	1 392.69	997.54	248.53
朝阳镇	4 201.12	4	1 511.29	2 050.6	419.88	215.35
城关镇	4 740.96		245.57	2 669.45	927.78	898.16
横水镇	3 355.4			148.36	1 588	1619.04
会盟镇	3 721.76	2 656.79	503.71	561.26		
麻屯镇	2 621.63		454.44	1 258.27	658.95	249.97
平乐镇	4 264.68	2 044.05	2 118.23	102.4		
送庄镇	2 844.28	290.67	2 152.41	401	0.2	
小浪底镇	4 591.19			889.96	1 021.31	2 679.92
总计	39 301.47	5 794.38	8 277.93	12 189.78	6 843.89	6 195.49

第二节　耕地地力等级分述

一、一级地

（一）面积与分布

一级地在孟津县面积为 5 794.38hm²，占全县耕地面积的 14.74%，主要分布会盟镇与平乐镇、白鹤镇岭下区域，地形部位多为河流一级阶地、二级阶地为主，地势平坦，水利条件好，现以种粮、蔬菜为主。

（二）主要属性分析

一级地土壤理化性状好，耕层养分平均含量：有机质 14.60g/kg、全氮 0.94g/kg、有效磷

12. 18mg/kg、速效钾 147.40mg/kg、缓效钾 886.93mg/kg、有效铜 2.31mg/kg、有效铁 10.50mg/kg、有效锰 16.95mg/kg、有效锌 2.13mg/kg、pH 值 7.63，耕层土壤质地多为中壤和重壤，其中中壤占比例为 87.34%，重壤为 12.08%，剩余一小部分轻黏土。质地构型以均质中壤为主，均质中壤所占比例为 88.88%，有效土层厚度以 1m 居多，基本无障碍类型，基本土种以黄土质褐土为主，所占比例为 60.98%。土壤以微团粒结构为主。灌溉保证率达 50%~75% 的为 100%。主要属性见表 19-6、表 19-7、表 19-8、表 19-9、表 19-10、表 19-11、表 19-12。

表 19-6 孟津县一级地耕层养分含量统计

项目	平均值	最大值	最小值	标准差
有机质（g/kg）	14.60	19	11.7	1.06
全氮（g/kg）	0.94	1.08	0.74	0.06
有效磷（mg/kg）	12.18	26.6	6.9	2.1
缓效钾（mg/kg）	886.93	1 170	686	59.57
速效钾（mg/kg）	147.40	227	110	18.34
有效铜（mg/kg）	2.31	4.38	1.39	0.36
有效铁（mg/kg）	10.50	17.5	6	1.35
有效锰（mg/kg）	16.95	25.5	10.5	1.92
有效锌（mg/kg）	2.13	3.6	1.19	0.41
pH 值	7.63	8.2	7.2	0.23

表 19-7 孟津县一级地质地类型所占面积统计　　　　单位：hm²

质地	一级地
紧砂土	
轻壤土	
轻黏土	42.86
中壤土	6 454.83
重壤土	893.08
总计	7 390.77

表 19-8 孟津县一级地质地构型所占面积统计　　　　单位：hm²

质地构型	一级地
夹砂轻壤	
均质黏土	42.86
均质砂壤	
均质砂土	
均质中壤	6 569.13
均质重壤	257.25
壤底黏土	490.9
砂底黏土	
砂底轻壤	
砂底中壤	
砂底重壤	30.63
总计	7 390.77

表 19-9　孟津县一级地有效土层厚度所占面积统计　　　　单位：hm²

有效土层厚（cm）	一级地
51	
52	
55	
67	30.63
99	7 360.14
总计	7 390.77

表 19-10　孟津县一级地障碍类型所占面积统计　　　　单位：hm²

障碍层类型	一级地
黏盘层	
砂姜层	
砂砾层	
砂漏层	30.63
无	7 360.14
总计	7 390.77

表 19-11　孟津县一级地土种所占面积统计　　　　单位：hm²

省土种名称	一级地
薄层黏质灌淤潮土	114.3
厚层黏质灌淤潮土	564.39
黄土质褐土	4 506.88
两合土	278.24
壤质潮褐土	480.6
壤质洪积石灰性褐土	381.44
脱潮两合土	625.57
黏质洪积潮土	257.25
黏质洪积褐土	
中壤质黄土质石灰性褐土	182.1
总计	7 390.77

表 19-12　孟津县一级地灌溉保证率所占面积统计　　　　单位：hm²

灌溉保证率（%）	一级地
10	
30	0.3
50	2 468.58
75	4 921.89
总计	7 390.77

（三）合理利用

一级地做为全县的粮食稳产高产田，应进一步完善排灌工程，合理施肥，适当减少氮肥用量，多施磷、钾肥，重施有机肥，大力推广秸秆还田技术，补充微量元素肥料。

二、二级地

（一）面积与分布

二级地在孟津县的面积为 8 277.93hm²，占全县耕地总面积的 21.06%，排居孟津县第二位，主要分布在白鹤镇、平乐镇、送庄镇、朝阳镇的部分地区。地形部位以丘陵缓坡为主，地形较为平缓，排灌条件优良，土壤结构多为微团粒结构，土壤质地以中壤为主，中壤土所占比例为 93.8%，以粮田和蔬菜田为主。

（二）主要属性分析

主要土壤类型以黄土质褐土为主，所占比例为 73.05%。质地构型以均质中壤为主，所占比例为 93.8%。有效土层厚度以 1m 为主，有部分为 46~52cm，此级地大多数为无障碍类型，有部分砂姜层和砂漏层，所占比例为 14.97%，此地灌溉保证率 30%~50% 的所占比例为 93.24%。土壤养分含量较高，有机质平均含量 14.46g/kg，有效磷平均含量 12.29mg/kg，全氮含量平均 0.92g/kg，速效钾含量平 137.98mg/kg，有效铜含量平均为 2.37mg/kg，有效铁平均 10.26mg/kg，有效锰 16.52mg/kg，有效锌 1.89mg/kg，pH 值 7.73。主要属性见表 19-13、表 19-14、表 19-15、表 19-16、表 19-17、表 19-18、表 19-19。

表 19-13　孟津县二级地耕层养分含量所占面积统计

项目	平均值	最大值	最小值	标准差
有机质（g/kg）	14.46	20	10	1.39
全氮（g/kg）	0.92	1.2	0.78	0.07
有效磷（mg/kg）	12.29	19.4	6.9	2.13
缓效钾（mg/kg）	845.69	1 052	501	95.68
速效钾（mg/kg）	137.98	198	96	14.12
有效铜（mg/kg）	2.37	4.92	1.17	0.49
有效铁（mg/kg）	10.26	18.4	5.9	1.52
有效锰（mg/kg）	16.52	26.5	8.5	2.59
有效锌（mg/kg）	1.89	3.74	1.12	0.41
pH 值	7.73	8.4	7.2	0.27

表 19-14　孟津县二级地质地所占面积统计　　　　单位：hm²

质地	二级地
紧砂土	
轻壤土	494.33
轻黏土	
中壤土	7 872.91
重壤土	26.47
总计	8 393.71

表 19-15　孟津县二级地质地构型所占面积统计　　　　单位：hm²

质地构型	二级地
夹砂轻壤	166.19
均质黏土	

（续表）

质地构型	二级地
均质砂壤	281.53
均质砂土	
均质中壤	7 872.91
均质重壤	9.37
壤底黏土	
砂底黏土	17.1
砂底轻壤	46.61
砂底中壤	
砂底重壤	
总计	8 393.71

表 19-16　孟津县二级地有效土层厚度所占面积统计　　　　单位：hm²

有效土层厚（cm）	二级地
33	17.1
35	
38	
46	139.79
51	26.4
52	46.61
99	8 163.81
总计	8 393.71

表 19-17　孟津县二级地障碍类型所占面积统计　　　　单位：hm²

障碍层类型	2
黏盘层	
砂姜层	745.32
砂砾层	
砂漏层	511.43
无	7 136.96
总计	8 393.71

表 19-18　孟津县二级地土种所占面积统计　　　　单位：hm²

省土种名称	二级地
薄层黏质灌淤潮土	17.1
底砂小两合土	46.61
红黄土质褐土	
红黄土质褐土性土	9.37
红黏土	
厚层砂质石灰性紫色土	
厚层黏质灌淤潮土	

（续表）

省土种名称	二级地
黄土质褐土	6 131.36
两合土	
浅位多量砂姜红黄土质褐土	
浅位厚砂小两合土	26.4
浅位砂两合土	
浅位砂小两合土	139.79
浅位少量砂姜红黄土质褐土	
浅位少量砂姜红黏土	
浅位少量砂姜黄土质石灰性褐土	
轻壤质黄土质石灰性褐土	281.53
壤质潮褐土	80.68
壤质洪积石灰性褐土	
砂质潮土	
深位多量砂姜红黄土质褐土	
深位多量砂姜黄土质石灰性褐土	
深位少量砂姜红黄土质褐土	
深位少量砂姜黄土质石灰性褐土	
石灰性红黏土	
脱潮两合土	5.94
黏质洪积潮土	
黏质洪积褐土	22.07
中壤质黄土质石灰性褐土	1 632.86
总计	8 393.71

表 19-19　孟津县二级地灌溉保证率所占面积统计　　　　单位：hm²

灌溉保证率（%）	二级地
10	2.29
30	5 675.86
50	2 150.37
75	565.19
总计	8 393.71

（三）合理利用

土壤耕层有效磷含量与速效钾含量偏低，施肥过程应以磷钾肥施用为主，结合有机肥的施用，深翻耕层，改良土壤，继续搞好秸秆还田，在作物生长过程中应喷施微量元素肥料，特别是锌肥的使用，积极改造此地农田水利基础设施建设，大力推广秸秆覆盖技术和地膜覆盖技术。

三、三级地

（一）面积与分布

三级地在孟津县的面积为 12 189.78hm²，占全县耕地总面积的 31.02%，排序居孟津县第一位，主要分布在白鹤镇、朝阳镇、城关镇、麻屯镇等地区。地形为丘陵缓坡，土壤以黄土质褐土为主，所占比例为 72.31%，有一定量排灌设备，灌溉保证率达 10% 的所占比例为 87.51%，土壤结构多为微团粒结构，土壤质地以中壤为主，所占比例为93.68%，分布有部分紧砂土、轻壤土、重壤土，耕性较好，以粮田为主，有部分果园。

（二）主要属性分析

三级地也是全县较好的土地，理化性状较好，耕层厚度适中，有效土层厚度以1m居多，所占比例94.45%，通透性也较好，质地构型以均质中壤为主，所占比例为91.53%，此级地大部分无障碍层次类型，有部分砂姜层，所占比例为25.96%，另外有小部分沙漏层分布。此耕层土壤有机质含量平均为15.15g/kg，有效磷为12.27mg/kg，全氮为0.94g/kg，速效钾为141.87mg/kg，有效铜含量平均为2.15mg/kg，有效铁平均9.75mg/kg，有效锰16.12mg/kg，有效锌1.85mg/kg。主要属性见表19-20、表19-21、表19-22、表19-23、表19-24、表19-25、表19-26。

表19-20　孟津县三级地耕层养分含量所占面积统计

项目	平均值	最大值	最小值	标准差
有机质（g/kg）	15.15	20.50	11.50	1.52
全氮（g/kg）	0.94	1.21	0.78	0.07
有效磷（mg/kg）	12.27	18.80	6.80	2.17
缓效钾（mg/kg）	838.48	1 181.00	464.00	103.41
速效钾（mg/kg）	141.87	198.00	89.00	15.59
有效铜（mg/kg）	2.15	5.49	1.17	0.48
有效铁（mg/kg）	9.75	15.60	4.80	1.53
有效锰（mg/kg）	16.12	23.00	7.90	2.69
有效锌（mg/kg）	1.85	4.06	0.95	0.45
pH值	7.82	8.40	7.20	0.231

表19-21　孟津县三级地质地所占面积统计　　　　　　　单位：hm^2

质地	三级地
紧砂土	125.59
轻壤土	215.76
轻黏土	
中壤土	9 884.33
重壤土	325.74
总计	10 551.42

表19-22　孟津县三级地质地构型所占面积统计　　　　　　　单位：hm^2

质地构型	三级地
夹砂轻壤	
均质黏土	
均质砂壤	215.76
均质砂土	125.59
均质中壤	9 657.53
均质重壤	314.48
壤底黏土	
砂底黏土	11.26
砂底轻壤	
砂底中壤	226.8
砂底重壤	
总计	10 551.42

表 19-23　孟津县三级地有效土层厚度所占面积统计　　　　单位：hm²

有效土层厚（cm）	三级地
21	226.8
33	11.26
35	24.76
50	323.12
55	
67	
99	9 965.48
总计	10 551.42

表 19-24　孟津县三级地障碍类型所占面积统计　　　　单位：hm²

障碍层类型	三级地
黏盘层	
砂姜层	2 739.02
砂砾层	
砂漏层	579.41
无	7 232.99
总计	10 551.42

表 19-25　孟津县三级地土种所占面积统计　　　　单位：hm²

省土种名称	三级地
薄层黏质灌淤潮土	11.26
底砂小两合土	
红黄土质褐土	
红黄土质褐土性土	326.37
红黏土	
厚层砂质石灰性紫色土	
厚层黏质灌淤潮土	
黄土质褐土	7 629.42
两合土	
浅位多量砂姜红黄土质褐土	18.51
浅位厚砂小两合土	
浅位砂两合土	226.8
浅位砂小两合土	
浅位少量砂姜红黄土质褐土	119.84
浅位少量砂姜红黏土	
浅位少量砂姜黄土质石灰性褐土	49.77
轻壤质黄土质石灰性褐土	215.76
壤质潮褐土	

（续表）

省土种名称	三级地
壤质洪积石灰性褐土	121.27
砂质潮土	125.59
深位多量砂姜红黄土质褐土	
深位多量砂姜黄土质石灰性褐土	36.48
深位少量砂姜红黄土质褐土	
深位少量砂姜黄土质石灰性褐土	
石灰性红黏土	
脱潮两合土	61.54
黏质洪积潮土	
黏质洪积褐土	306.54
中壤质黄土质石灰性褐土	1 302.27
总计	10 551.42

表 19-26　孟津县三级地灌溉保证率所占面积统计　　　　单位：hm²

灌溉保证率（%）	三级地
10	9 233.65
30	738.36
50	200.72
75	378.69
总计	10 551.42

（三）改良利用措施

三级地地力水平不高，应加强培肥地力措施，重施有机肥，收获玉米小麦时可把秸秆直接还田，推广秸秆还田技术。果树地一定要做到科学施肥，根据土壤分析结果有的放矢，缺啥补啥，此类土壤易缺微量元素中的锌、铁，根据实际情况适当施用微肥，每亩基施用量 1~2kg。加快改善农田水利设施，扩大农田灌溉面积，深翻土壤，逐步加深耕层厚度。

四、四级地

（一）面积与分布

四级地在孟津县的面积为 6 843.89hm²，占全县耕地总面积的 17.41%，主要分布在孟津县白鹤镇西北部（原王良乡）、横水镇、小浪底镇等地区。地形为丘陵缓坡地带，基本无排灌设备，灌溉保证率 10% 的地块所占比例为 98.76%，土壤结构多为块状结构，土壤质地以重壤为主，所占比例为 66.41%，耕性较差，以粮田为主，有部分地区零星种植烟草。

（二）主要土壤属性

四级地主要分布孟津县西北部地区，质地构型以均质重壤为主，所占比例为 72.29%，此地障碍类型以砂姜层为主，所占比例为 45%，土种以红黄土质褐土为主，所占比例为 27.67%，其次，是黄土质褐土，所占比例为 18.64%，四级地土壤养分含量较低。有机质含量平均为 14.89g/kg，有效磷含量平均 11.67mg/kg，全氮含量平均 0.97g/kg，速效钾含量平均 140.89mg/kg，有效铜含量平均为 2.00mg/kg，有效铁平均 9.60mg/kg，有效锰 16.30mg/kg，有效锌 1.74mg/kg。主要属性见表 19-27、表 19-28、表 19-29、表 19-30、表 19-31、表 19-32、表 19-33。

表 19-27 孟津县四级地耕层养分含量所占面积统计

项目	平均值	最大值	最小值	标准差
有机质（g/kg）	14.9276376	20.9	10.3	1.7585167
全氮（g/kg）	0.97146789	1.25	0.75	0.0803045
有效磷（mg/kg）	11.6995413	17.5	4.3	2.260828
缓效钾（mg/kg）	835.771789	1143	509	97.161054
速效钾（mg/kg）	140.998853	185	91	15.772384
有效铜（mg/kg）	2.00072248	4.75	1.14	0.4403983
有效铁（mg/kg）	9.64862385	16.9	4.8	1.7094316
有效锰（mg/kg）	16.3082569	24	7.9	2.9599975
有效锌（mg/kg）	1.74747706	3.71	0.72	0.508131
pH 值	7.86926606	8.4	7.2	0.2320881

表 19-28 孟津县四级地质地所占面积统计 单位：hm²

质地	四级地
紧砂土	
轻壤土	39.79
轻黏土	
中壤土	2 075.17
重壤土	4 181.29
总计	6 296.25

表 19-29 孟津县四级地质地构型所占面积统计 单位：hm²

质地构型	四级地
夹砂轻壤	
均质黏土	
均质砂壤	39.79
均质砂土	
均质中壤	1 705.03
均质重壤	4 551.43
壤底黏土	
砂底黏土	
砂底轻壤	
砂底中壤	
砂底重壤	
总计	6 296.25

表 19-30 孟津县四级地有效土层厚度所占面积统计 单位：hm²

有效土层厚度（cm）	四级地
21	8.15
35	394.33
49	1 742.34

（续表）

有效土层厚度（cm）	四级地
50	900.69
55	124.00
67	
99	3 126.74
总计	6 296.25

表 19-31 孟津县四级地障碍类型统计　　　　　　　单位：hm²

障碍层类型	四级地
黏盘层	1 874.49
砂姜层	2 833.03
砂砾层	
砂漏层	39.79
无	1 548.94
总计	6 296.25

表 19-32 孟津县四级地土种所占面积统计　　　　　　　单位：hm²

省土种名称	四级地
薄层黏质灌淤潮土	
底砂小两合土	
红黄土质褐土	1 742.34
红黄土质褐土性土	847.75
红黏土	538.96
厚层砂质石灰性紫色土	
厚层黏质灌淤潮土	
黄土质褐土	1 173.70
两合土	
浅位多量砂姜红黄土质褐土	210.58
浅位厚砂小两合土	
浅位砂两合土	
浅位砂小两合土	
浅位少量砂姜红黄土质褐土	536.13
浅位少量砂姜红黏土	390.77
浅位少量砂姜黄土质石灰性褐土	106.85
轻壤质黄土质石灰性褐土	39.79
壤质潮褐土	
壤质洪积石灰性褐土	
砂质潮土	
深位多量砂姜红黄土质褐土	271.56
深位多量砂姜黄土质石灰性褐土	75.42
深位少量砂姜红黄土质褐土	98.58

（续表）

省土种名称	四级地
深位少量砂姜黄土质石灰性褐土	76.21
石灰性红黏土	
脱潮两合土	
黏质洪积潮土	
黏质洪积褐土	8.15
中壤质黄土质石灰性褐土	179.46
总计	6 296.25

表 19-33　孟津县四级地灌溉保证率所占面积统计　　　单位：hm²

灌溉保证率（%）	四级地
10	6 218.02
30	78.23
50	
75	
总计	6 296.25

（三）改良利用措施

四级地区一般地处丘陵地带，灌溉无保障，要大力推广秸秆覆盖技术和水窖蓄水缓解旱情，减少水土流失，另外要加大秸秆还田量，此区灌溉无保障，秸秆直接还田难度大，可提倡饲养大牲畜，秸秆堆沤等技术，综合利用秸秆培肥地力，改良土壤耕性，在施肥方面要重施磷、钾肥用量，在烟草种植区域为提高烟草品质要多施硫酸钾肥料。

五、五级地

（一）面积与分布

五级地在孟津县的面积为 6 195.49hm²，占全县耕地总面积的 15.76%，主要分布在孟津县横水镇西部、小浪底镇西北部（原黄鹿山乡）等地区。地形为丘陵缓坡地带，基本无排灌设备，灌溉保证率 10% 的地块占 100%，土壤结构多为块状结构，土壤质地以重壤为主，所占比例为 94.19%，耕性较差，以粮田为主。

（二）主要属性分析

五级地主要分布孟津县西北部地区，质地构型以均质黏土和均质重壤为主，所占比例为94.19%，耕层有效厚度以 21cm 为主，所占比例为 71.55%，障碍类型以黏盘层为主，所占比例为75.05%，土种以红黏土为主，所占比例为 50.81%，地力水平差，有机质含量平均为 15.14g/kg，有效磷含量平均 12mg/kg，全氮含量平均 0.99g/kg，速效钾含量平均 148.23mg/kg，有效铜含量平均为1.99mg/kg，有效铁平均 9.15mg/kg，有效锰 16.48mg/kg，有效锌 1.65mg/kg。主要属性见表 19-34、表 19-35、表 19-36、表 19-37、表 19-38、表 19-39、表 19-40。

表 19-34　孟津县五级地耕层养分含量所占面积统计

项目	平均值	最大值	最小值	标准差
有机质（g/kg）	15.14	19.8	10.2	1.91
全氮（g/kg）	0.99	1.24	0.83	0.09
有效磷（mg/kg）	12	17.5	4.1	2.76

（续表）

项目	平均值	最大值	最小值	标准差
缓效钾（mg/kg）	825.32	1 032	588	68.95
速效钾（mg/kg）	148.23	196	108	15.09
有效铜（mg/kg）	1.99	4.8	1.17	0.37
有效铁（mg/kg）	9.13	15.6	4.7	1.44
有效锰（mg/kg）	16.48	22.5	7.8	2.96
有效锌（mg/kg）	1.65	3.91	0.77	0.56
pH 值	7.79	8.4	7.3	0.21

表 19-35 孟津县五级地质地所占面积统计　　单位：hm²

质地	五级地
紧砂土	
轻壤土	73.82
轻黏土	
中壤土	313.58
重壤土	6 282.21
总计	6 669.61

表 19-36 孟津县五级地质地构型所占面积统计　　单位：hm²

质地构型	五级地
夹砂轻壤	0.47
均质黏土	3 389.09
均质砂壤	70.23
均质砂土	
均质中壤	313.58
均质重壤	2 893.12
壤底黏土	
砂底黏土	
砂底轻壤	3.12
砂底中壤	
砂底重壤	
总计	6 669.61

表 19-37 孟津县五级地有效土层厚度所占面积统计　　单位：hm²

有效土层厚度（cm）	五级地
21	4 772.38
35	1 590.16
38	3.12
49	165.56
50	0.28
51	0.47

（续表）

有效土层厚度（cm）	五级地
55	67.41
99	70.23
总计	6 669.61

表 19-38　孟津县五级地障碍类型所占面积统计　　　　单位：hm²

障碍层类型	五级地
黏盘层	5 005.35
砂姜层	1 590.44
砂砾层	3.12
砂漏层	70.7
无	
总计	6 669.61

表 19-39　孟津县五级地土种所占面积统计　　　　单位：hm²

省土种名称	五级地
薄层黏质灌淤潮土	
底砂小两合土	
红黄土质褐土	165.56
红黄土质褐土性土	67.41
红黏土	3 389.09
厚层砂质石灰性紫色土	3.12
厚层黏质灌淤潮土	
黄土质褐土	184
两合土	
浅位多量砂姜红黄土质褐土	491.83
浅位厚砂小两合土	0.47
浅位砂两合土	
浅位砂小两合土	
浅位少量砂姜红黄土质褐土	785.03
浅位少量砂姜红黏土	
浅位少量砂姜黄土质石灰性褐土	129.58
轻壤质黄土质石灰性褐土	70.23
深位少量砂姜红黄土质褐土	
深位少量砂姜黄土质石灰性褐土	
石灰性红黏土	660.49
脱潮两合土	
黏质洪积潮土	
黏质洪积褐土	722.8
中壤质黄土质石灰性褐土	
总计	6 669.61

（续表）

表 19-40　孟津县五级地灌溉保证率所占面积统计　　　　　　　单位：hm²

灌溉保证率（%）	五级地
10	6 669.61
30	
50	
75	
总计	6 669.61

（三）改良利用措施

五级地的主要障碍因素是干旱，无灌溉设备，土壤质地黏重，农民的经济条件较差，在施肥上多年习惯"1 袋碳酸氢铵+1 袋过磷酸钙"的单一施肥模式，针对以上问题提出改良措施为：要大力推广秸秆覆盖技术和水窖蓄水来缓解旱情，通过秸秆过腹还田，种植绿肥，补充有机肥料来改良土壤耕性，改以往的单一施肥模式为氮、磷、钾、复合肥综合利用，适当补施微量元素铁、锌肥料。

第二十章 耕地资源利用类型分区

一、土壤改良利用分区原则

孟津地形复杂，农业历史悠久，各地气候特点、地貌特征、水文地质、母质类型，以及土壤肥力、耕作制度各不相同。土壤改良利用分区，不是简单地把上述诸因素进行排列组合，而是按照综合性和主导因素原则，根据区域土壤组合特征，自然生态条件及改良利用方向和措施的一致性而划分的。它体现了土壤分布与地貌区域的相对一致性；土壤类型的相对一致性；农业生产主要矛盾限制因素和发展方向的相对一致性；土壤改良利用方向和措施的相对一致性。反映了上述诸因素的内在联系。

孟津县土壤改良利用分区采用二级分区制，即土区和亚区。土区是根据地貌类型和土壤亚类组合而划分，不同土区具有不同的利用方式和改良方向；亚区是根据小地貌类型，土壤母质类型和相应的土属组合而划分的，不同亚区反映土壤属性和土壤肥力的地方性特点以及主要障碍因素和改良利用措施，并对生产条件的变化可能带来的问题体现预见性。

分区命名采用"方位（或地名）—地貌类型—土壤组合—利用方向"的连续名命法。全县共分五个土区：Ⅰ东部两河阶地黄潮土综合高产区，Ⅱ西南黄土丘陵褐土、始成褐土粮烟瓜果区，Ⅲ东部黄土塬褐土粮油瓜菜区，Ⅳ西北基岩丘陵碳酸盐褐土始成褐土粮烟林牧区，Ⅴ东部河漫滩黄潮土防风固沙区。鉴于有些土区内小地貌类型、土壤组合和改良利用方向不同，把东部的两河阶地土区分为北部黄河一级阶地灌淤土稻麦亚区和南北洪积扇褐土化两合土、白垆土、潮黄土粮果菜亚区；把西南丘陵土区分为南部垆土、立黄土粮油瓜菜亚区和北部红黏土、红黄土粮烟亚区。

二、区界论证

（1）Ⅰ区（东部两河阶地黄潮土综合高产区）与Ⅲ区（东部黄土塬褐土粮油瓜菜区）分界为邙山丘陵与洪积冲积扇的地貌界线。

（2）Ⅲ区与Ⅱ区（西南黄土丘陵褐土、始成褐土粮烟瓜果区）分界是黄土塬与黄土丘陵的地貌界线，黄土塬地势平缓，以立黄土、白面土为主，丘陵区地势起伏以红黄土、红垆土及红黏土、红黄土质始成褐土为主。

（3）Ⅱ区与Ⅳ区（西北基岩丘陵始成褐土、碳酸盐褐土、粮烟林牧区）分界是基岩丘陵与黄土丘陵的地貌界线，基岩丘陵沟壑密布，切割严重，以始成褐土、碳酸盐褐土为主，黄土丘陵岗丘垄起，洼地分布其间，以始成褐土为主。

（4）Ⅳ区与Ⅲ区 以白鹤镇七里村西深沟为界，沟东以褐土为主，沟西以碳酸盐褐土为主。

（5）Ⅴ区（东部河漫滩黄潮土防风固砂区）南岸以黄河老河堤为界，北岸直至县界。

三、各个分区自然状况

（一）北部黄河一级阶地灌淤土稻麦亚区

该区位于本县东部黄河一、二级阶地和洛河二级阶地，包括会盟镇和平乐、白鹤两个镇的部分村，共计 39 个行政村，农业人口 93 912 人，占全县 25.3%，土壤面积 8 859 hm²，其中，耕地773hm²，占全县总耕地面积的 15.5%，人均耕地 0.83 亩，属人多地少地区。

本区海拔 110~210m，年平均气温 14.2~14.3℃，年降水量 530~610mm，地下水埋深 1~7m，地势平坦，交通方便，水资源丰富，黄河、中州两大干渠贯穿全境，农田灌溉以渠灌为主，大部地区井渠双保险。

本区土壤大部为黄潮土、褐潮土亚类，土种以灌淤土和褐土化两合土居多。还有部分壤质白垆土和潮黄土，分别属碳酸盐褐土亚类和潮褐土亚类。耕层质地灌淤土和淤土为重壤，其他多为中壤。黄河阶地经济作物土壤养分含量为：有机质 15.09g/kg、全氮 0.81g/kg、有效磷 34.21mg/kg、速效钾230.51mg/kg、微量元素 Cu 3.35mg/kg、Fe 7.55mg/kg、Mn 16.57mg/kg、Zn 3.48mg/kg。

种植制度一般为一年两熟，复种指数195%以上，粮食生产以小麦、水稻、玉米为主，年亩产平均375~600kg，经济作物以花生为主，亩产350~400kg，会盟镇东部为著名的孟津梨产区。孟津梨个大、皮薄、质脆、味甜为本县一大优势。

（二）西南丘陵褐土始成褐土粮烟瓜果区

该区位于本县西南部邙山丘陵区，包括麻屯镇和常袋乡的全部以及小浪底、横水、朝阳、城关等镇的部分村，共计77个行政村，土壤面积277 321亩，其中，耕地面积241 994亩，占全县总耕地面积32.3%。

1. 资源条件

本区海拔高度250~446m，年平均气温13.5~14℃，年降水量630~670mm，地下水埋深70~100m，光热资源较充足，土层深厚，地域辽阔，有一定的地下水资源。

本区土壤类型多为褐土和始成褐土亚类，土种以红垆土、立黄土、红黄土、红黏土和红黄土质始成褐土为主。土壤质地北部以重壤为主，南部以中壤居多。土壤养分平均结果为有机质16.55g/kg、全氮为1.05g/kg、有效磷15.03mg/kg、速效钾147.25mg/kg、微量元素Cu 2.24mg/kg、Fe 9.81mg/kg、Mn 16.54mg/kg、Zn 1.95mg/kg、pH值7.98。

种植制度为一年两熟和一年一熟，粮食作物以小麦、玉米、谷子、红薯为主，年亩产250~300kg，经济作物有烟叶、芝麻、花生等。

2. 土壤的主要问题

质地黏重，通气性不良，植被稀疏，干旱缺水，灌溉条件差，耕层浅，养分含量偏低。旱、瘠、薄、黏是本区生产发展的主要限制因素。

（三）东部黄土塬褐土粮油瓜菜区

该区位于邙山丘陵东部黄土塬上，包括送庄和平乐、会盟、白鹤、朝阳的部分村，共计58个行政村，土壤面积13 070hm²，其中耕地面积11 405hm²，占全县总耕地面积的22.8%。

1. 资源条件

本区海拔高度150~250m，年平均气温14℃左右，年降水量508~620mm，土壤疏松，土层深厚，坡度平缓。光热资源充足，水资源基本自足，但埋藏太深，一般100~130m，开采困难。地域辽阔，交通方便，有一定水浇地面积。

本区土壤类型以褐土为主，少量碳酸盐褐土，土种主要是立黄土、白面土。耕层质地一般为中壤。土壤养分含量中等，土壤养分平均结果为有机质14.16g/kg、全氮为0.92g/kg、有效磷12.47mg/kg、速效钾128.52mg/kg、微量元素Cu 2.93mg/kg、Fe 11.70mg/kg、Mn 19.02mg/kg、Zn 2.0mg/kg、pH值8.07。

种植制度一般以一年两熟和二年三熟为主，也有一定面积的一年一熟（晒旱地、红薯地）。粮食作物以小麦、玉米、红薯为主，年亩产平均240~270kg，经济作物以西瓜为主，油料作物以芝麻、花生为主。

2. 土壤的主要问题

本区土壤方面的主要问题是干旱和有机质、有效磷含量偏低，粮经种植比例不大合理，林牧业发展相对缓慢。土壤有轻度侵蚀。

（四）西北基岩丘陵始成褐土碳酸盐褐土粮烟林牧区

该区位于本县西部基岩丘陵区。包括原煤窑乡和原王良乡的大部，横水、小浪底以及城关镇的部分地区。共计49个行政村，总土地面积16 858hm²，其中耕地面积14 711hm²，占全县耕地面积的29.4%。

1. 资源条件

本区海拔高度150~481m，年平均气温13℃左右，年降水量610~670mm，为本县降水量最多区，但沟壑纵横，密度已达3km/km²以上，山高坡陡，水土流失严重，达1 722t/km²·年。大于25°的坡耕地2.8万亩，水资源缺乏，为全县最干旱区，部分地区人畜吃水困难。地形复杂，交通不便，农业生产条件和生产水平较差。

本区土壤类型多为始成褐土，有少量碳酸盐褐土，土种以红黏土、灰质红黏土，红黄土质始成褐土为主，有部分砂性白面土和白面土。土壤养分含量低下，土壤养分平均结果为：有机质13.23g/kg、全氮0.98g/kg、有效磷12.78mg/kg、速效钾154.15mg/kg、微量元素Cu 2.28mg/kg、Fe 10.44mg/kg、Mn 20.53mg/kg、Zn 1.86mg/kg、pH值8.14。本区种植制度以一年一熟和一年两熟为主，少部分二年三熟，粮食作物以小麦、谷子、玉米、红薯为主，年亩产平均180kg左右，经济作物以烟叶为主。

2. 土壤的主要问题

本区土壤方面主要问题是干旱，瘠薄，坡耕地面积大，沟蚀、面蚀严重，土壤肥力偏低。

（五）东部河漫滩黄潮土防风固砂区

该区位于本县东部黄河两岸河漫滩，为会盟镇黄河沿岸各村所辖。土地面积4 299.4hm²，占全县土壤面积5.7%。

1. 资源条件

本区海拔高度110~125m，年平均气温14.5℃，年降水量530~580mm，光热资源充足，水资源丰富。地势平坦开阔，气候条件优越。

本区土壤类型以黄潮土为主，个别低洼地为湿潮土。土种以细砂土和底砂小两合土为主，局部为黏质湿潮土。表层养分含量有机质7~8g/kg，平均7.42g/kg，全氮0.3~0.5g/kg，平均0.35g/kg，有效磷4~10mg/kg，平均5.28mg/kg，速效钾80~100mg/kg，平均95mg/kg，pH值8.3~8.5，平均8.4。

2. 土壤的主要问题

本区土壤存在的主要问题是旱、砂、瘠、蚀。漏水漏肥，水、肥、气、热因素极不协调，土壤肥力低劣。

第二十一章　耕地资源合理利用的对策与建议

通过对孟津县耕地地力评价工作的开展，全面摸清了全县耕地地力状况和质量水平，初步查清了孟津县在耕地管理和利用、生态环境建设等方面存在的问题。为了将耕地调查和评价成果及时指导农业生产，发挥科技推动作用，有针对性地解决当前农业生产管理中存在的问题，本章从耕地地力与改良利用、耕地资源合理配置与种植业结构调整、科学施肥、耕地质量管理等方面提出对策与建议。

第一节　耕地地力建设与土壤改良利用对策与建议

一、北部黄河一级阶地灌淤土稻麦亚区改良措施

应选用早熟品种，防止因晚熟而形成恶性循环。增施有机肥，施用化肥注意氮磷配合。

低洼地应排灌分设，疏通排水系统，防止返盐，或开挖池塘发展渔业生产，并试验示范稻田养鱼。

南北洪积冲积扇褐土化两合土、白垆土、潮黄土粮菜亚区，充分利用本地区水利资源，搞好井渠双保险，机电双配套。有计划平整土地，硬化渠道，实现园田化。达到旱涝保收，稳产高产。在保证粮食生产不断增加的情况下，调节粮经比例。适当发展蔬菜、瓜果，供应城市，活跃市场。搞好集约经营，充分利用时间、空间，提高经济效益。在老城东部壤质白垆土区，加速孟津梨生产基地的恢复和发展。

二、西南丘陵褐土始成褐土粮烟瓜果区改良措施

开发地下水资源，发展井灌，搞好土地平整，同时抓好现有井站挖潜配套，千方百计扩大水浇地面积。

本区水资源有限，60%~70%耕地还要靠旱作农业，要采取综合措施，蓄水保墒。

在南部垆土、立黄土、红黄土亚区，大力发展农桐间作，栽植路边桐、地边桐，其他"四旁"和荒沟荒坡要适地适树乔灌结合，发展林业，丘陵岗地也要注意苹果、梨、山楂等果品生产的发展。

在北部红黏土、红黄土质始成褐土粮烟亚区要注意发展柿子、核桃、苹果、大枣等干鲜果品生产，其他乔灌树种应以桐树和紫穗槐为主，千方百计提高植被覆盖率，涵养水源，调节气候。

豆科作物和禾本科作物合理轮作、间作，扩种绿肥，种地养地，增施有机肥，改善土壤结构，提高土壤肥力。

在作物布局上：

南部垆土、立黄土、红黄土粮烟瓜菜亚区，粮食作物以小麦、玉米、红薯为主；经济作物要面向洛阳服务城市以瓜果蔬菜为主，活跃市场。红黄土所在的边远地区，可发展烟叶生产。油料作物以芝麻、花生为主。

北部红黏土、红黄土质始成褐土粮烟亚区，要逐年加厚活土层，注意修堰补壑，防止水土流失，粮食作物以小麦、谷子、玉米、红薯为主，经济作物以烟叶为主。烟叶生产要树立以质量求发展的观点，建立优质烟生产基地。县城周围也要适当发展蔬菜，服务城镇市场。

牧业生产要以饲养草食动物牛、羊为主，建立肉牛、奶山羊基地。有些稀疏草地无放牧价值可有计划地建立人工草场，以供割草舍饲。严防毁坏林木。

三、东部黄土塬褐土粮油瓜菜区改良措施

不断调整农业结构，增大经济作物比重。粮食作物以小麦、玉米、谷子、红薯为主。经济作物以瓜果、蔬菜为主，稳定油料种植面积。保证一定面积的晒旱地。

合理安排井站布局，开发利用地下水。对现有井站搞好挖潜配套，硬化渠道，节约用水，扩大水浇地面积。

广开肥源，增施有机肥，发展养牛、养猪、养羊，秸秆"过腹"还田。合理轮作，扩种绿肥，

施用化肥氮磷配合，提高保水保肥能力。

充分利用"四旁""四荒"和沟谷台地，发展林果业，经济林和用材林并重，乔灌结合，用材林以桐树，沙兰杨为主，并注意发展楝树、榆树、刺槐等当地树种；果树以苹果、梨、山楂为主；灌木以紫穗槐、白蜡祭为主，并可种植药材和黄花菜等。

充分利用现有水浇地，搞大棚集约经营，发展淡季蔬菜，如春黄瓜，蕃茄和茄子等。麦后栽种秋蕃茄、西瓜地套种蕃茄和花生都是比较好的种植方式。

四、西北基岩丘陵始成褐土碳酸盐褐土粮烟林牧区改良措施

沟坝地和沟谷川地，坡度15°以下的缓坡谷地，以粮为主，主要搞好有机旱作农业，修堰补壑，闸沟淤地，整修水平梯田，逐年深翻，加厚活土层，增施有机肥，有条件的地方修建蓄水工程，尽量发展水浇地，粮食以小麦、红薯为主，选用耐旱早熟品种。

碳酸盐褐土区25°以上的坡耕地和窄条地，要逐步退耕还林、还牧，以林果为主，乔灌草相结合，乔木以朝槐、毛白杨等喜钙树种为主；果树以核桃、柿子、大枣等木本粮油和苹果等喜钙果树为主，建立土特产基地。山坡以紫穗槐荆条等为主，不仅可以保持水土，也可提高植被覆盖率，涵养水源，调节小气候.

在红黏土和红黄土质始成褐土地区，陡坡耕地也要还林还牧，缓坡耕地要工程措施、生物措施和农业措施相结合，根治水土流失，以烟叶为主，特别注意烟叶质量的提高。

在发展林业、植树种草，提高植被覆盖率的基础上，进一步发展以草食动物为主的饲养业，养牛、羊、鸡，不仅可以增加肉、蛋、奶的生产，而且可以多积优质有机肥. 改善土壤结构，提高土壤肥力，促进粮食生产，建立良好的生态循环。

大力发展以林牧产品加工贮藏为主的乡镇企业，原木加工为成品，柿子加工为柿饼，价值可以提高一倍，苹果贮藏2~3个月，价值可成倍增加，如果搞水果罐头，经济效益也将大幅度提高，肉、蛋、奶的加工都有广阔的前途。

五、东部河漫滩黄潮土防风固沙区改良措施

北岸细沙土关键是采取防风固沙措施。选用耐旱耐瘠耐沙的沙打旺、草木樨、紫穗槐等草灌植物作先锋，提高覆盖度，防风固砂。然后乔、灌、草结合建立防风围砂林和薪炭林。覆盖较好无风蚀的地方可辟为果园，亦可种物花生，豆类等作物。

南岸低洼湿潮土区可开挖鱼塘，或放牧鸭鹅，亦可作为草场发展养羊、养牛，这是该区的一大优势。

离河岸较近的黄潮土，可以营造防护林，树种以杨树，柳树为主，离河岸较远的底砂小两合土，可以逐步辟为农田，种植花生、棉花等耐旱作物。施肥要注意少量多次，氮磷钾配合。

第二节　耕地资源合理配置与种植业结构调整对策与建议

孟津县总耕地面积75 866hm²，分为褐土类和潮土土类2个大类，褐土、碳酸盐褐土、始成褐土、潮褐土、黄潮土、褐潮土6个亚类，共16个土属。其中褐土根据成土母质可划分为立黄土、红黄土质褐土、垆土和覆盖褐土4个土属；潮褐土只有潮黄土1个土属；碳酸盐褐土根据成土母质和发育状况可分为白面土和白垆土2个土属；始成褐土根据母质类型可分为红黄土质始成褐土、红黏土始成褐土、老黄土质始成褐土、紫色岩始成褐土4个土属；黄潮土根据母质类型分为砂土、两合土、灌淤土、洪积潮土4个土属；褐潮土只有褐土化两合土1个土属。进行种植业结构的调整，适应市场需要势在必行，它对合理利用资源，提高经济效益，增加农民收入，保护生态环境有重要意义。本次研究依据耕地地力评价结果，按照孟津县地貌形态、土壤类型、自然生态条件、耕作制度和传统耕作习惯，对孟津县农业生产概况进行了系统分析和研究，在保证粮食产量不断增加的前提下，积极发展多种经营。

一、稻麦鱼生产基地

会盟、白鹤两个镇的黄河一级阶地灌淤土区,土地肥沃,水资源丰富,面积 1 060hm²,实行稻麦两熟制,年亩产可达 650~700kg,并可发展稻田养鱼,商品率和经济效益高。另外河漫滩局部低洼地段,坑塘多、水域面积大。可以发展池塘养鱼,并可种植莲菜和芦苇。黄河两岸牧草充足,可发展草食家禽和家畜,应逐步把该区建成鱼米之乡。

二、孟津梨生产基地

会盟镇东部,邙山丘陵北麓洪积扇,土壤类型为壤质自垆土,土质疏松,碳酸钙含量高,水利条件好。而梨是喜钙果树,生态环境很适宜梨树生长,是著名的伏梨之乡,应该积极抓好孟津梨的恢复和发展,把该区建成孟津梨生产基地,增加经济收入。目前万亩孟津梨规划,正在实施中。

三、优质烟生产基地

本县西部的横水、小浪底、常袋、城关等乡镇分布大量的红黏土和红黄土,质地黏重,保水保肥性能好,全氮含量略低,全氮 0.88g/kg、有效磷 12.78mg/kg、速效钾含量高,一般 142~166mg/kg,平均 154mg/kg,最适宜优质烟的生产。该区应本着"主攻质量、以质量求发展"的指导思想,建成优质烟生产基地。

四、柿、枣、苹果、核桃、山楂、土特产基地

邙山丘陵北端,广泛分布碳酸盐褐土,碳酸钙含量 5.9%~11.2%。平均含量 8.9%,地形复杂,沟壑纵横,水土流失严重,气候干旱,适合发展柿子、枣、桃、苹果等喜钙耐旱果树,既可保持水土,又能增加经济收入。应该树立长远战略观点,在发展农牧业生产的同时,积极发展果树,未成林前,果树间可以种豆类、花生和绿肥。以短养长,长短结合。逐步建成干鲜果生产基地,造福子孙后代。

五、粮菜瓜果基地

全县广大立黄土和垆土区,包括邙山岭上县城以东会盟,白鹤、平乐、送庄、朝阳、麻屯、城关等乡镇,土层深厚,土壤肥沃,耕性优良,保水保肥性能好。应在抓好粮食生产的同时,发展蔬菜瓜果生产,服务城市,提高经济效益。

另外,孟津县的烟草区划和沿黄 5km 青年防护林的规划都应用了土壤普查成果资料。

在孟津烟草区划研究工作中,我们对土壤类型、理化性状和生产性能作了综合分析,并与优质烟对土壤理化性状的要求作了对比,发现孟津县西部广泛分布的红黏土和红黄土,完全具备生产优质烟的条件。所以我们提出在该区建立优质烟生产基地。

在全国黄河青年防护林孟津段规划时,根据土壤普查成果资料按照不同树种对立地条件的要求,提出了各个地段具体树种的安排意见,在小浪底、白鹤(原王良)基岩丘陵地段,分布碳酸盐褐土,应以毛白杨、刺槐等喜钙树种为主,结合栽植苹果、核桃、柿子、大枣等喜钙果树,以水土保持林为主结合发展薪炭林。在白鹤、会盟黄河灌区主要土壤为砂质黄潮土,土壤肥力低下,水、肥、气、热状况协调能力差,有些湿潮土还有盐碱为害,建议乔灌草相结合,营造防风固砂林,乔木以杨树、柳树等耐瘠树种为主,灌木以紫穗槐、白蜡条为主,草类以沙打旺、草木樨为主。

第三节　平衡施肥对策与建议

平衡施肥就是根据作物对各种营养成分的需求,以及土壤自身向作物提供各种养分的能力,来配置施用肥料的种类和数量。目前推广的测土配方施肥技术,就是对作物实施平衡施肥的技术体系。这项技术可以有效的提高作物产量,提高肥料利用率,降低生产成本,增加农民收入,同时可以培肥地力,保证农业可持续发展。目前这项技术已经得到政府主管部门和各级领导的高度重视,推广应用这项技术也已经取得了显著的成效。这项技术的大面积推广应用,使孟津县的科学施肥水平提高到了一个新的阶段。

第四节　耕地质量管理建议

据 2007 年孟津县统计局统计，孟津县现有耕地 37 915hm²，人均 0.095hm²，人多地少，后备资源匮乏。要获得更多的产量和效益，提高粮食综合生产能力，实现农业可持续性，就必须提高耕地质量，依法进行耕地质量管理。现就加强耕地管理提出以下对策和建议。

一、建立依法管理耕地质量的体制

（一）制定保护耕地质量的鼓励政策

县、乡镇政府应制订政策，鼓励农民保护并提高耕地质量的积极性。例如，对于实施绿色食品和无公害食品生产成绩突出的农户、利用作物秸秆和工业废弃物（不含污染物质）生产合格有机肥的生产者、举报并制止破坏耕地质量违法行为的人给予名誉和物质奖励。物质奖励可以包括减免公益劳动金额，减免部分税收，优先提供贷款和技术服务等。

（二）推广农业标准化生产

实施农业标准化生产可以规范农民的栽培措施，避免不正确的农事行为对耕地质量带来的危害。目前，国家农业部已经分别颁布了部分作物标准化生产的行业标准和地方标准，这些标准应该首先在县、乡镇农业示范园、绿色食品和无公害食品生产基地实施，取得经验后逐步推广。

（三）调整农业和农村经济结构

调整农业和农村经济结构，应遵循可持续发展原则，以土地适应性为主要因素，决定其利用途径和方法，使土地利用结构比例合理，才能实现经济发展与土壤环境改善的统一。从全县土地利用现状和自然条件分析，现有耕地 70 963hm²，占总面积的 63%，林地面积仅 2 239hm²，占总面积的 2%，明显低于全省平均水平，林地所占比例太少，不利于耕地保护和环境改善。全县目前还有未利用的土地 5 261hm²（土管局数据），占总面积的 7%。从调整林地与耕地比例和未利用地相适应性分析，这些未利用土地应全部利用起来发展林业、牧草、水产业。根据这次耕地质量调查资料和全县种植业经济状况以及中央一号文件精神，应把粮食生产放到重要位置，保证 13 亿人口的吃粮问题是基本国策。目前全县的蔬菜面积不应再扩大，要发展果林经济应以与粮食间作为主。

二、扩大绿色食品和无公害农产品生产规模

扩大绿色食品和无公害农产品生产符合农业发展方向，它使生产利益的取向与保护耕地质量及其环境的目的达到了统一。目前，分户经营模式与绿色食品、无公害农产品规模化经营要求的矛盾十分突出，解决矛盾的方法就是发展规模经营，建立以出口企业或加工企业为龙头的绿色食品集约化生产基地，实行标准化生产，根据目前全县绿色食品和无公害农产品产量、出口和市场需求量，以及本次耕地质量调查和评价结果分析，"十五"期间，全县建设绿色食品、无公害农产品生产基地 3.3 万 hm²，生产绿色食品 40 万 t，无公害农产品 60 万 t。

三、加强农业技术培训

第一，结合"绿色证书制度"和"跨世纪培训工程"，制订中长期农业技术培训计划，对农民进行系统的培训；第二，发挥县、乡镇农技推广队伍的作用，利用建立示范户（田）、办培训班、电视讲座等形式进行实用技术培训；第三，加强科技宣传。

第四篇　新安县耕地地力评价

第二十二章　农业生产与自然资源概况

第一节　地理位置与行政区划

一、地理位置

新安县位于我国黄土高原东南端，河南省洛阳市西部，黄河中游的南岸，介于东经 111°53′~ 112°19′，北纬 34°36′~35°05′。北以黄河为界，与我省济源、山西省垣曲县隔河相望；南依秦岭与宜阳接壤；西邻渑池县；东与洛阳市郊、孟津县交界。全县南北长 46km，东西宽 36km，境内陇海铁路、310 国道纵贯东西，连霍高速公路沿城北而过。境内有黄河、涧河、畛河、青河（季节河）、金水河、磁河 6 条河流，荆紫山、青要山、邙山、郁山 4 座山脉。位于县域东北部的黄河小浪底水利枢纽工程蓄水后形成的黄河新安万山湖，水域面积达 168km²。县城位于县境南部，东距洛阳市 20km，距省会郑州 173km，为全县政治、经济、文化、交通的中心。

二、行政区划

2007 年年底，全县辖 5 镇（城关、铁门、磁涧、石寺、五头），6 乡（正村、南李村、曹村、北冶、石井、仓头，2009 年 1 月 18 日河南省民政厅批准南李村、北冶撤乡建镇），1 局（洛新工业管理服务局），297 个行政村，143 198 户，总人口 519 539 人，其中农业人口 400 813 人，占总人口的 77.1%，乡村从业人员 279 544 人，农业从业人员 172 699 人（新安县各乡镇主要情况见表 22-1、表 22-2）。

表 22-1　新安县各乡（镇）主要情况（统计局资料）

乡镇名称	村（居委会）数（个）	人口数（2007 年年底）	农业人口（2007 年年底）	人口数（2007 年年底）	土地总面积（hm²）	耕地面积（hm²）
城关	29	89 132	36 366	89 132	7 640	2 193
铁门	31	72 564	65 516	72 564	11 650	3 941
磁涧	36	65 175	48 727	65 175	10 860	3 249
石寺	19	34 563	30 442	34 563	6 880	1 232
五头	27	56 726	54 881	56 726	8 950	3 742
正村	21	37 106	34 327	37 106	6 670	2 689
南李村	30	35 441	30 518	35 441	9 020	3 716
曹村	23	20 870	20 623	20 870	14 230	992
北冶	32	43 860	38 870	43 860	10 220	1 706
石井	29	28 867	28 502	28 867	18 590	1 695
仓头	20	27 976	24 759	27 976	8 230	2 064

表 22-2　新安县各乡（镇）所属村（居）委会

乡镇名称	村委会名称
城关	北关　河南　上河　南庄　寨湾　厥山　大章　王庄　马沟　陈湾　宋村　石庙　后峪　塔地　牌楼 林庄　古路　杨岭　上杨　王沟　西高　东高　尤坟咀　赵沟　安乐　刘村　火虫驿　城关　暖泉
铁门	铁门　玉梅　芦院　沟头　蔡庄　韩都　龙涧　崔家庄　董沟　庙头　云顶　薛村　高沟　高平寨 东窑　省庄　辛庄　克昌　盐仓　土古洞　槐林　老君洞　陈村　蔡东　晃村　高庄　郭沟　刘河 杨树洼　刘岭　刘杨

（续表）

乡镇名称	村委会名称
石寺	嵩子沟　李村　芦家沟　磨窝　石寺　西沟　孟庄　谷堆　胡岭　高庄　林岭　窑院　上灯　下灯　渠里　贾沟　北岭　西沙　畛河
磁涧	柴湾　掌礼　礼河　下园　奎门　杨镇　南窑　赵洼　八里　尤彰　游沟　八陡山　杨家洼　兰洼　申洼　东皇　黄洼　李子沟　小河口　闫湾　陈古洞　五里岭　江沟　姚家岭　石人洼　前洼　岭东　寺沟　龙渠　梨园　老井　寒鸦　何庄　磁涧　孝水
五头	仝沟　蔡庄　马头　独树　大洼　尚庄　孙家坡　二郎庙　寨前　王府庄　五头　河北　仓上　庙上　马荆扒　梁村　亮坪　胡沟　包沟　堰寺沟　北沟　神堂　小庄　党家沟　胡张沟　官岭　望头
石井	石井　台上　前口　山头　南腰　印头　庙上　井沟　元古洞　太平庄　黑扒　胡庄　山沃　杨家庄　龙潭沟　寺坡山　五庆　栓马　介庄　庄头　安里　郭洼　西岭　莲花　峪里　南沟　黛眉　东山底　王家沟
仓头	新仓　河西　王村　陈湾　河窑　东岭　郭庄　云水　南街　东沟　黄洼　寨上　养士　张村　曲墙　中沟　庙东　赵沟　范沟　孙都
北冶	北冶　马行沟　张官岭　滩子沟　岭后　甘泉　核桃园　柿树岭　裴岭　贾岭　刘黄　刘沟　骆岭　元码　关址　碾坪　杨沟　涧沟　望古垛　王岭　仓西　平王　安桥　东沟　下玉　石山　西地　崔沟　五元沟　高庄　三王庄　竹园
曹村	曹村　纸房　下村　圪塔　小沟　山查　老庄　田岭　山碧　仓田　田园　岸上　城崖地　大扒　前河　黄北岭　石板岭　庙岭　马尾岭　袁山　小寨岭　北庄　二峪
正村	尚庄　北岳　中岳　南岳　许洼　王庄　石泉　正村　北沟　古村　后地　金溪　郭峪　东郭　刁咀　十万　太平　白墙　西沟　西白　上坡
南李村	李村　赵峪　林庄　挂沟　郭庄　任窑　江村　十里　孙洼　梭罗　花沟　刘邦　郁山仙桃　陈屯　马沟　张村　苏屯　韦庄　李沟　窑场　铁李　东花沟　荒坡　懒寺　晁庄　石渠　王坟　江峪　下坂玉

第二节　农业生产与农村经济

一、农村经济情况

新安县以农业为主要经济成分，农村人口占全县77%以上。全县人民在县委、县政府的领导下，坚持以经济建设为中心，不断深化改革，努力扩大对外开放，促进了国民经济和社会事业的迅速发展，大力推进农业和农村经济结构的战略性调整，农村面貌发生了显著变化。

据2007年新安县统计年鉴资料，2007年全县农林牧渔业总产值233 283万元，其中农业产值153 145万元，包括粮食作物42 469万元，经济作物49 650万元，其他作物49 792万元，副产品11 234万元；林业产值17 990万元，牧业产值2 813万元，农林牧渔服务业11 550万元。农民家庭总收入人均达到6 461.24元。其中工资性收入2 384.02元、家庭经营收入3 739.91元、财产性收入79.11元、转移性收入258.20元，农民人均纯收入4 125.11元，农民人均消费支出3 006元。农村经济总收入从20世纪80年代的每年7 847.3万元上升到现在的每年13.9969亿元，农民人均年纯收入也由1980年的296元上升到2008年的4 701元。

二、农业生产现状

（一）农业生产的总体情况

新安地处丘陵山区，耕地土壤瘠薄，水源奇缺，十年九旱，可灌溉耕地面积少，农业生产受到严重制约，不同地块常年粮食产量差异较大，最高年产量900~1 200kg，最低年产量200~400kg。

据新安县统计局资料表明：2007年全县414 255亩耕地中，旱地面积34.48万亩，占全县耕地面积的83.22%，水浇地面积6.95万亩，占耕地面积的16.77%，其中旱涝保收面积4.9425万亩，占全县耕地面积的11.9%。全年粮食总产量203 250t，与2006年相比，下降2.1%，人均粮食产量

391.2kg。其中夏粮产量 88 418t，下降 1.1%；秋粮产量 114 832t，与 2006 年相比下降 2.9%。畜牧业生产稳定发展。全年出栏生猪 158 129 头、牛 33 446 头、羊 158 129 只、家禽 1 745 000 只。

近年来，新安县紧密围绕增加农民收入这个中心，把提高粮食生产能力作为农业生产的重中之重来抓，认真落实国家扶持粮食生产的政策，稳定粮食播种面积，推广优良品种和先进适用生产技术，有效地提高了粮食的生产能力，取得了显著成效。其生产特征主要表现在以下几个方面。

1. 产业结构趋向合理

近几年来，新安县按照战略性结构调整的要求，加大农业结构调整力度，形成了以粮食生产为主线，油料、蔬菜及其他作物合理配置，种植、养殖、加工一体化的综合农业产业链条。

2. 区域生产特色初步形成

根据新安县的农业自然资源，初步形成了北东部中药材、南部朝天椒、烟叶，东部樱桃、中部川区菜的区域特色，粮食生产面积稳定，粮食生产持续稳产高产。2007 年农作物播种面积 64 100hm²，主要农产品有小麦、玉米、豆类、红薯、油料、棉花、烟叶等。其中粮食作物播种面积 47 670hm²，产量 203 250t，其中，夏粮总产量 88 418t，秋粮总产量 114 832t；蔬菜面积 788hm²，总产量 1 278 128t；油料面积 3 550hm²，总产量 14 834t；棉花面积 320hm²，总产量 326t；中药材面积 3 330hm²，总产量 14 067t，烟叶 730hm²，总产量 2 471t。

3. 粮食品种结构不断优化，商品化程度不断提高

近年来，新安县积极调整优化粮食品种结构，大力推广优质高产品种，粮食生产的优质化程度不断提高。自 2000 年以来，全县小麦主推了"豫麦 49""豫麦 49-198""中原 98-68""开麦 18""豫麦 25""豫麦 58"等品种；玉米主推了"郑单 17""农大 108""沈单 10""沈单 16""中科 4 号"等品种；大豆主推了"豫豆 22""豫豆 25"等品种，这些品种耐旱能力强，成为本县粮食丰产丰收、优化品种结构的主导品种。随着粮食连年丰收，新安农民粮食的商品化程度越来越高。

4. 农产品质量受到重视

随着农业市场经济的不断发展，以及国家各项农产品质量标准的颁布实施，广大农村基层干部和农民的质量意识、市场意识逐步提高，农业生产已经开始从过去的单纯产量型向产量和质量并重型的方向发展。经河南省无公害农产品产地认证和产品认证的有 3 个生产基地，累计面积达 1 万余亩。其产品有铁门朝天椒、五头樱桃、城关蔬菜等优质农产品已经开始走向市场，产品已销往全国各地。

（二）农业生产区划分

农业生产区划分是在资源调查和农业生产调查的基础上，以农业气候、土壤条件、地形、灌溉条件等指标为依据，结合地形地貌、水文特点、农业生产等综合因素，将同类型地区划出或合并，将全县划分为三个农业生产区，现将各区特点评述如下。

1. 涧河畛河沿岸灌溉农业区

本区包括铁门、城关、磁涧、石寺、五头等乡镇沿河两岸，土壤质地多为砂壤、轻壤、中壤，地势平坦，耕作方便，地下水较丰富，是新安县农业生产旱涝保收区。该区海拔高度为 200~300m，热量资源丰富，大于 0℃积温 4 900~5 200℃，无霜期 210~320 天，初霜日一般在 10 月 28 日前后，终霜日在 4 月 30 日前后，年降水量 640mm 左右，多集中在 7—9 月。农作物种植以小麦、夏玉米为主，兼有蔬菜种植。本区光、热、水综合气候资源优势强，是新安县的高产高效集约农业区。

2. 红土丘陵干旱区

本区面积占全县一半左右，多为丘陵岗地，间有小块沟平地，海拔 300~400m，包括正村、北冶、李村全部，铁门、城关、五头、石寺大部。该区热量资源比较丰富，年大于 0℃积温为 4 700~5 200℃，无霜期 200~210 天，初日 10 月 24 日前后，终日在 4 月 7 日左右，年降水量 600mm 左右，多在 7—9 月，因丘陵地土壤黏重，耕层薄，蓄水能力差，易受旱涝灾害危害。大雨季节地表径流大，水土容易流失，降水量较少季节，常因旱灾导致歉收或绝收。该区一方面可通过加深耕层厚度，改变土壤质地，增强土壤蓄水能力。另一方面对丘陵区坡度大、水土流失严重的田块，采用平整土地，提高地边高度，大雨季节既能减少水土流失，又能蓄纳利用自然降水，提高降水利用率。该区是新安县

的粮食生产中产区。

3. 浅山丘陵低产区

该区包括石井乡及曹村乡的大部分行政村。海拔在 500m 以上山陵居多，沟平地很少，热量资源稍差，大于 0℃积温为 4 300~4 600℃，无霜期 190~200 天，初霜日 10 月 10 日前后，终霜日在 4 月 10 日左右，年降水量为 670~730mm，多在 7—9 月。该区降水量虽较多，但坡度大，径流急，常年易受干旱，土层薄常有石块埋伏，地下水利用困难，遇旱人畜用水困难，更无灌溉条件，改变粮食作物产量低的现状难度大，是新安县的粮食生产低产区。

第三节　光热资源

新安县属北暖温带大陆性季风气候。由于受太阳辐射、地形地势和季风影响，各种气象因素变化明显，四季分明，冬季盛行偏北风，干燥而寒冷；夏季盛行偏南风，炎热多雨。可以用四句话概括："春季少雨天干旱，夏热雨大伏旱多，秋高气爽寒来早，冬冷风多雨雪少。"境内气候的突出特点是：光热资源充足，大气降水时空分配不均，以干旱为主的灾害性天气时常出现。光热水的时空组合状况基本能满足农作物生长的需要。

一、气温

全县热量充足，昼夜温差大。2004—2008 年标准气候值年平均气温为 14.9℃，年际变化不大。月平均气温变化大，以 7 月最高，为 26.3℃，1 月最低，为 0.20℃（表 22-3）。从 1 月到 7 月气温是递增的，春季各月升温最快，一般增 4.2~8.3℃；从 7 月到翌年 1 月气温则是递减的，以秋季各月降温最快，一般降 1.8~6.6℃；冬、夏两季的月际差值较小，特别以 7 月、8 月差值最小，分别为 1.8℃和-2.1℃。日均温≥0℃的初日平均在 2 月 13 日，终日在 12 月 19 日，初终日间隔 302 天；日均温≥10℃的初日平均在 4 月 2 日，早晚相差 1 个月，最早 3 月 5 日，最晚 4 月 22 日，终日平均在 11 月 2 日，最早 10 月 9 日，最晚 11 月 13 日，早晚相差 1 个月，间隔日数为 215 天。无霜期较长，平均为 216 天，最长 265 天，最短 189 天。

热量资源区划分

新安县位于河南西部属丘陵山区，南北跨度大，海拔高度相差 1 200 余米，各地热量资源差异较大。从年平均温度来看，从西北部曹村乡青要山到东南部涧河川区，年平均温度相差 3℃以上，年积温相差 1 000℃。根据各地年平均气温高低，以 13.0℃、13.5℃、14.0℃为分界线从西北到东南将全县划分为四个热量区，从冷区到暖区自西向东呈阶梯分布。各区年平均气温相差 0.5℃，冷区主要分布在西北部曹村乡、石井乡部分深山区，年平均温度在 13℃以下。较冷区包括西北部石井部分地区，浅山区北冶、石寺，中部丘陵区正村到西南部丘陵区的铁门、南李村部分地区，年平均气温在 13.1~13.5℃。较暖区包括北部北冶、仓头，中部正村、五头，南部城关、南李村部分地区，年平均气温在 13.6~14.0℃。暖区包括磁涧镇和城关、五头部分地区，年平均气温在 14.1℃以上（表 22-3）。

表 22-3　各月平均气温对照

（2004—2008 年气候标准值）

	月份	1	2	3	4	5	6	7	8	9	10	11	12	全年
	平均	0.2	4.8	9.9	17.2	21.6	25.8	26.3	24.5	20.3	15.1	9.5	2.3	14.9
气温	极端最高	15.2	21.9	29.3	39	38.6	41.7	38.7	38.1	32.6	29.8	25.2	17.2	15.2
	极端最低	-9.9	-7.9	-3.9	1.6	7.4	14.5	18	15.3	10.5	3	-2	-8.2	-9.9

二、光照与热量

全县日照充足，据多年资料统计，年平均日照时数为 2 186.9h，年日照率 49%。一年中各月日照时数变化较大，以 4 月为最多，12 月最少（表 22-4）。全年太阳辐射总量 115.3kcal，光合有效辐射 56.49kcal，农耕期（即≥0℃积温期间）光合有效辐射为 49.8kcal，占全年总量的 88%；稳定通过 10℃的作物生长活跃期内，有效辐射量为 32.7kcal，占全年的 66%，从小麦生育期的 10 月到翌年的 5 月有效辐射量为 32.7kcal，占全年总量的 58%；在夏玉米生育期的 6—9 月为 23.7kcal，占全年总量 的 42%。从气候要素的组合来看，光合有效辐射量最大的时期基本上是气温最高、降水量最多的时 期，这对于作物的生长是有利的。

气温≥10℃的初日一般出现在 4 月 2 日，终日出现在 11 月 2 日，期间相差 216 天。气温≥10℃ 的积温为 4 465℃，常见农作物如小麦、玉米、谷子、大豆等几种主要农作物对活动积温的要求范围 是 3 700~4 300℃，由此可见，积温条件是可以满足的。

表 22-4　各月日照时数
（2004—2008 年气候标准值）　　　　　　　　单位：h

月份	1	2	3	4	5	6	7	8	9	10	11	12	全年
日照时数	4.5	5.7	6.5	8.0	7.6	7.5	5.4	5.1	5.6	5.4	5.8	4.0	5.9

第四节　水资源与灌排

一、水资源总量

新安水资源包括地表径流、地下水和过境水，但数量较少，利用差，各农业区的供需矛盾大。

（一）地表水

多年平均为 1.86 亿 m³。中等干旱年（P=75%）为 1.02 亿 m³。

（二）地下水

多年平均地下水量为 0.799 亿 m³。中等干旱年（P=75%）为 0.704 亿 m³。主要分布于涧河和畛 河川区（两地区面积占全县总面积的 16.1%，而地下水占总储量的 52.4%）。

（三）过（入）境水

主要来源是涧河。据县水文站多年资料统计，年平均过境水流量为 0.94 亿 m³，多为汛期洪水， 可利用量很小，仅有 0.18 亿 m³。

（四）泉水

新安县有较丰富的地下水排汇源——泉水。据对全县 616 眼水泉实地调查，其中上升泉 4 眼，下 降泉 612 眼，总流量 470.62L/s，年平均排出量 1 484 万 m³。

全县水资源总量扣除重复量 0.23 亿 m³ 外，实为 2.61 亿 m³，按中等干旱年（P=75%）计算， 仅有 1.66 亿 m³，其分区不同保证率水资源总量见表 22-5。

据 1998 年前资料，新安县多年平均水资源总量 2.613 亿 m³，其中地表水 1.867 亿 m³，地下水 0.799 亿 m³，过境水 0.181 亿 m³，重复量 0.234 亿 m³，是一个典型的贫水区。

表 22-5　新安县水资源总量计算　　　　　　　单位：万 m³

分区名称	面积（km²）	水资源类型	多年平均	20%保证率	50%保证率	75%保证率	95%保证率
总计	1 160.3	总量	26 128.88	35 166.27	24 092.15	16 551.85	10 604.24
		地表水	18 673.88	26 436.57	16 773.55	10 200.85	5 388.24
		过境水	1 812	1 812	1 812	1 812	1 812
		地下水	7 985.94	9 179.05	7 849.34	7 038.59	5 946.29
		重复量	2 342.74	2 261.35	2 342.74	2 499.59	2 542.29

（续表）

分区名称	面积（km²）	水资源类型	多年平均	20%保证率	50%保证率	75%保证率	95%保证率
涧南丘陵区	192.1	总量	4 096.35	5 678.43	3 578.62	2 601.87	1 463.29
		地表水	2 879.03	4 118.31	2 571.59	1 639.75	765.57
		过境水	100	100	100	100	100
		地下水	1 199.49	1 531.62	1 169.29	968.61	710.48
		重复量	82.17	71.5	82.17	106.49	112.76
涧河川区	102	总量	4 211.7	4 950.96	4 024.82	3 383.94	2 750.79
		地表水	1 579.04	2 251	1 412.96	907.08	433.03
		过境水	1 412	1 412	1 412	1 412	1 412
		地下水	3 156.48	2 300.27	3 135.68	3 044.79	2 901.72
		重复量	1 935.82	1 912.31	1 935.85	1 979.93	1 995.96
涧北丘陵区	278.3	总量	6 389.03	8 723.75	5 896.77	4 192.91	2 518.69
		地表水	4 343.11	6 159.03	3 897.05	2 527.19	1 244.17
		过境水	300	300	300	300	300
		地下水	1 913.73	2 410.94	1 867.53	1 583.33	1 204.91
		重复量	167.81	146.22	167.81	217.61	230.39
畛河川区	84.5	总量	2 341.1	3 060.24	2 184.51	1 542.31	1 088.63
		地表水	1 387.1	1 957.24	1 247.51	723.81	408.93
		地下水	1 029.05	1 166.16	1 012.05	911.38	776.35
		重复量	75.05	63.16	75.05	92.88	96.65
县北山区	503.4	总量	9 090.7	12 752.89	8 227.43	4 830.82	2 782.84
		地表水	8 485.4	11 950.99	7 644.53	4 403.02	2 536.54
		地下水	687.19	870.06	644.79	530.48	352.83
		重复量	81.89	68.16	81.89	102.68	106.58

二、地表水资源

（一）降水量

新安县平均年降水量 640mm，最高年份达 1 097.3mm（1964 年），最低年份 294.1mm（1997年），年际变化大，且时空分配不均，7—9 月雨量集中，占全年降水量的 60.0%；12 月至翌年 2 月雨雪量少，仅占全年降水量的 6.9%（表 22-6）。从降雨的时空分布与农作物各生育期的配合看，在春播时期、小麦灌浆期、夏播期、秋作物旺盛生长期以及秋播的关键时刻，往往缺墒少雨，即使在降水集中的季节，也往往出现数十天少雨，使作物减产绝收。如小麦生长在 10 月上旬至翌年 6 月上旬，全部生长期共需水 400mm，但在这个时期实际降水量只有 219.5mm，只能满足需求量的一半，特别是 3 月上旬至 4 月中旬这段时间，正值小麦生长旺期，对水的反应十分敏感，但这期间的降水量与小麦的需求量之间相差很大，这是造成小麦减产的一个重要原因。降水量不足和分配不均，是造成新安"十年九旱"、农业低产的主要原因之一（表 22-6）。

表 22-6　各月平均降水量对照
（2004—2008 年气候标准值）　　　　　　　　　　　　　　　单位：mm

月份	1	2	3	4	5	6	7	8	9	10	11	12	全年
降水量	13.5	18.6	19.7	9.8	64.3	91.5	173.9	121.8	109.1	22.1	16.5	14.6	675.2

降水资源区划分：

降水是影响新安县农业生产发展、农村经济进步最主要的气候因子。新安县各地年平均降水量从 600mm 到 700mm 相差较大，根据各地年降水量多少，将全县划分为 5 个降水资源区，分别是一个多雨区、一个次多雨区、两个中雨区、一个少雨区。从多雨区、次多雨区、中雨区到少雨区，各区年降水量相差 50mm，累积相差 120mm 以上。多雨区位于西北部，包括曹村乡和石井乡西部山区。次多雨区一个位于西北部，包括石井和北冶、石寺的一部分。少雨区位于中部丘陵区，包括正村、五头、铁门大部分丘陵地区。两个中雨区分别位于中南部和中北部，主要是涧河川区和畛河川区。

（二）地表河流

地表径流

境内有黄河、涧河、畛河、青河（季节河）、金水河、磁河 6 条河流，均属黄河水系。黄河主流由渑池入境，东至孟津，过境 37km，小浪底水利枢纽工程形成的广阔水域面积 168km²；畛河、青河分别注入黄河；涧河过境 42km，汇金水河、磁河后入洛河，再注入黄河。

邙山为黄河与洛河的分水岭。邙山以北，直接注入黄河的流域面积为 625.3km²，占全县总面积的 53.9%；邙山以南，属于洛河的流域面积为 535km²，占全县总面积的 46.1%。各河流有主要支流 88 条，2～三级以上支流 469 条，其他三级以上川、沟、涧、溪 621 条，多为季节性河沟。基本特点是小河多，流量小，"旱时干，涝时淹"，季节变化大。因地区分布不均，全县多数地方地表水很少。

（1）黄河。为新安与垣曲、济源间之界河。西自渑池县关家村入境，流经石井、北冶、石寺、仓头 4 个乡（镇），长 37km。流向自西向东南。河床宽度 100～800m。常年较大流量为 6 000m³/s 左右，较小流量为 300～500m³/s，最大流量为 16 700m³/s（1958 年 7 月 15 日），最小流量为 145m³/s（1958 年 1 月 17 日）。小浪底水利枢纽工程蓄水之前，由于河床狭窄，水流湍急，沿河有硬石窝、盘马碛、八里胡同、滚锅碛（又名"搅旋缸"）、乱滩花、夫人�␣、狂口渡等激流险滩，航运不便，利用率极低。仅在个别地方有船摆渡。新安正在修建机电灌站，引黄上山，灌溉农田。

境内有直接注入的支流 9 条，即于家沟水、王家沟水、麻峪水、峪里河、南沟水、塔地西沟水、安里河、青河及畛河。流向多由西南向东北，且多为季节性河流。其中较大的支流为畛河和青河。

（2）青河。发源于石井乡郑家洼村，主流经过石井、北冶两个乡，注入黄河，全长 24km，流域面积 133.9km²。因南临青要山之麓，故名。主要支流有龙潭沟水、白信沟水、车箱沟水、漏明河、太平川水等。属季节性河流，常年流量下游仅有 0.3m³/s，中上游多形成潜流，河水时隐时现，旱季基本断流，雨季最大流量为 450m³/s。1975 年，下游修成 8km 长的顺水坝及柏油公路，将河床控制在 80～100m，小浪底蓄水后淹没。

（3）畛河。发源于曹村乡西北的城崖地，主流经过曹村、石寺、仓头 3 个乡（镇），注入黄河，全长 51km，为境内最长河流，流域面积 370.5km²。最大洪水量为 4 280m³/s（1958 年 7 月），最小流量仅 0.21～0.25m³/s 甚至断流成季节河。其流向先由西北向东南，至石寺折而向东，至畛河新村又折向东北，大致呈"漏斗形"。沿河有支流 24 条汇入。其源头有二：一为城崖地下水（下段称景阳川水），沿河纳入黑鱼沟水、螃蟹夹水、白龙潭水、岸上水（旧称猪嘴岩水）、曹村南沟水、常沟水、圪塔后沟水等；二为马陵川水，上游又分陶沙河与河沟水 2 支。景阳川、马陵川二水汇于石寺后，又有棠子沟水、山岔口水、芦家沟水、石涧河（纳杨沟、涧沟、石板沟、马行沟诸水）、河窑水、大石头沟水、张沟水、李家沟水、石板河（纳宣沟、瓦沟之水）、仙人沟水、刘村沟水等先后注入。

（4）金水河。属涧河支流，发源于正村乡上坡村，经五头东入孟津及洛阳市郊区后，注入涧河。全长约 30km，流域面积 226km²；县境内长约 20km，流域面积 143km²。因其水源主要受泉水补给，故常年流量较稳定，一般为 0.2m³/s，最大流量为 280m³/s。境内主要支流有：流水沟水、杨沟水、外沟水、舜王庙沟水、马荆扒水、北沟水、薛庄水、楝树洼水等；另有党家沟水、洛河水至孟津境注入，独树之水至洛阳市郊区注入。

（5）涧河。古名谷水，由渑池吴庄入境，流经铁门、城关、磁涧3个乡（镇），至孝水出境，入洛阳市郊后入洛河。过境部分长42km，流域面积273.5km²。常年流量3～5m³/s，最大流量4 590m³/s（1958年7月），最小流量0.01m³/s。河道最宽处达千米以上，最窄处不足百米。境内有主要支流27条，由西向东依次为：段家沟水、玉梅河、洪涧水（即洪阳川水，古称广阳川水、北涧河）、土古洞水（古称石默溪、练峪水）、龙涧水、井沟水（古称宋水）、长垣河、泥河、暖泉沟水、花沟水、梭罗沟水、皂涧水（即后峪水，又称东小河）、石桥沟水（古称爽水、桑爽水）、火虫驿水、洪沟水、寨沟水、侯沟水、二郎庙沟水、郭沟水、八里桥沟水、三里河、礼河沟水、掌礼沟水、磁河（详后）、老井水、孝水（古称俞隋水、澡孝水）、江沟水等。

（6）磁河。为涧河支流，古称少水，又称涧水（古以涧河为谷水，磁涧以下通名涧水）。源于南李村乡仙桃沟，流经南李村、磁涧两个乡（镇），全长20km，流向由西向东，流域面积84.8km²。沿河有张村水、挂涧水、竹园沟水、江洼水、寺沟水、上下张沟水等18条支流汇入，至磁涧汇入涧河。常年水流量0.3m³/s，有时断流成季节河，最大流量160m³/s。

除以上6条河流外，还有直接注入洛河的小支流15条。如红蓼涧（古称共水，出长石山）、龙潭沟水（古称惠水，出白石山）、铁李沟水（古称豪水，出密山）、南赵洼水（古称瞻水，出娄涿山）、马沟水（古称谢水，出瞻诸山）等，均南流经宜阳注入洛河。各河道特征见表22-7。

表22-7　各主要河道特征值

河流名称（Ⅰ级沟）	干流长度（km）		流域面积（km²）		流量（m³/s）			2～三级沟（条）	
	总长	县境内长	总面积	县境内面积	最大	一般	最小	总条数	其中有水
总计		194		1 160.3	16 700	1 400.00	80.00	469	175
黄河		37		120.9	450	0.00	0.00	48	14
青河	24	24	138.5	133.9	4 280	0.41	0.21	43	15
畛河	51	51	398.0	370.5	300	0.25	0.15	125	55
金水河	30	20	226.0	143.1	4 590	2.05	0.10	78	20
涧河	104	42	1 430.0	273.5	2 300	0.20	0.10	124	48
磁河	20	20	84.8	84.8				36	20
洛河				33.6				15	3

三、地下水资源

新安县地势西高东低，北高南低，构成一个由北西向南东倾斜的中低山丘陵区，间夹河谷川地。由于地貌和地质构造条件的差异，地下水的分布、埋藏、水量和运动规律各具特色。按地质构造条件和水分布分类，全县分3个区分述如下。

1. 县北山区

县西北为大面积基岩构成的中低山地区，基岩构成主要为震旦系的石英岩、砂、岩（属基岩贫水区）和寒武系、奥陶系的碳酸盐类（主要为石灰岩、白云岩、白云质灰岩），厚度800～1 000m。岩石性脆，裂隙发育，既是良好含水层，又是强透水层。地下水多为裂隙溶洞水，勘测、开采难度较大。低山区为裸露的石炭系——二迭系的砂页含煤岩层。有层间厚层砂岩裂隙3～8层。总面积503.4km²，包括曹村、石井2个乡的大部分，多为石质中低山区，地下水多为裂隙溶洞水，勘测、开采难度较大。

2. 涧河南北丘陵区

总面积 470.4km²，分布于涧河南北二岭及畛河北岸等广大地区，为大面积黄土覆盖区，表层覆盖大面积黄土，覆盖厚度一般为 10~30m，最厚可达 60m。受新构造运动的影响，地形切割严重，切深一般在 30~60m，最深可达 100m 左右。第四系下伏的上第三系洛阳组，为半胶结状厚度达 80m 左右的页岩、粉砂石、粗砂及砾卵石互层的含水岩层。地层的部分储水顺切割深谷成泉水排出，形成谷底基流。地下水埋藏较深，可以成深井（150~200m）。

3. 涧、畛河谷川地

总面积 186.5km²。两区均呈带状平行河床分布，宽度一般在 1km 左右。河床阶地上有流砂、砂和卵石层，厚度 4~8m，含水性良好。多数地区可以成井（10~30m），水量可达 30~50t/h。为本县地下水富水区。

地下水资源主要是靠大气降水补给，其次是灌溉回补及地表水的侧渗补给。初步计算，每年平均降水补给量为 5 643.2万 m³；灌溉回补量为 643.74 万 m³；地表水体渗补量为 1 699万 m³。总计地下水资源为 7 885.94万 m³。如包括同地表水的重复量，地下水资源储量为 1.21 亿 m³，中等干旱年（P＝75%）为 1.05 亿 m³。允许开采量 0.799 亿 m³，目前实开采利用量为 0.13 亿 m³，占 16.5%。按水利化区划分区调查结果，全县浅层地下水资源情况如表 22-8 所示。

表 22-8　新安县浅层地下水资源调查统计

地区	面积（km²）	计算方法	含水层厚度（m）	地下水埋深（m）	岩性	地下水主要补给源（万 m³）				允许开采量（万 m³/年）	开采利用量（万 m³/年）
						降水补给	地表水体渗补	田间灌溉补给	合计		
总计	1 160.3	均衡				5 643.2	1 699.00	643.74	7 985.94	7 985.94	1 318.40
涧南丘陵区	192.1	均衡	2~4	10~80	灰岩、砂岩、砾岩	1 336.1	−218.78	82.17	1 199.49	1 199.49	123.76
涧河川区	102.1	均衡	2~5	4~30	砂岩、砂、砾石	799.3	2 120.36	236.82	3 156.48	3 156.48	546.43
涧北丘陵区	278.3	均衡	2~4	10~90	砂岩、灰岩、砾石	1 948.5	−202.58	167.81	1 913.73	1 913.73	144.20
畛河川区	84.5	均衡	2~6	4~30	砂岩、砂、砾石	676.6	277.4	75.05	1 029.05	1 029.05	235.02
县北山区	503.4	均衡	1~3	20~100	灰岩、砂岩、砾石	882.7	−277.4	81.89	687.19	687.19	268.99

四、过境水

1998 年前，过境水主要来源是涧河，年平均过境水流量为 0.94 亿 m³，多为汛期洪水，可利用量很少，仅有 0.18 亿 m³。1999 年后，随着小浪底库区的下闸蓄水，境内黄河水容量急剧增加，形成 168km² 的宽阔水面，全县水资源贫乏状况有所改善。总的来看，新安有一定水利资源，水质良好。

但水资源数量较少，地区分布上很不平衡，大部分丘陵山区均为不同程度的贫水区。

五、开发利用

全县截至 1982 年年底，农田灌溉、工业用水、人畜用水，共开发利用水资源 0.49 亿 m^3，占水资源总量的 18.7%。其中地表水 0.36 亿 m^3（包括利用过境水 0.18 亿 m^3），地下水 0.13 亿 m^3。在开发利用水资源中，农业用水 0.4 亿 m^3，工业用水 0.04 亿 m^3，人畜用水 0.05 亿 m^3。各区开发利用现状见下表 22-9。

（一）水质评价

经抽样化验，新安地表及地下水资源大部分地区水质较好，属中性淡水，矿化度低，适合于农田灌溉和人畜饮用。但个别地方已出现不同程度的污染。如涧河川区上游，三废未经处理，对农田灌溉、人畜用水都有一定污染。个别地方有氟病发生，或因水中缺少某种无机元素，引起甲状腺病、布氏病、克汀病。随着城乡工业的发展，水的污染问题日趋严重，已引起了有关方面的重视。新安县在涧河中下游先后已组建成立了新中安污水处理有限公司、洛新园区污水处理厂，每天污水处理能力分别达到 10 000~11 000t 和 1 500~2 000t。

（二）水资源评价

新安县有一定水利资源，水质良好，是发展农业生产的有利条件。但是，由于地形地质的差异性和大气降水的时空不均衡性，使得新安水资源呈现出分布不均，余缺兼有的特点。以涧河川和畛河川为主的平川河谷地区，面积占全县的 10% 左右，人口集中，水资源比较丰富，地下水开采条件简单，过境水利用方便，能够保证这些地区的工农业用水。广大的丘陵地区（包括涧河以南的涧南丘陵区，以及涧河以北、畛河以南的涧北丘陵区），人口和土地面积均占全县的 40% 以上，人均水资源量 560 m^3 左右。这些地区水资源基本上可以满足农业和生活用水的需求，只是在春冬少雨季节，个别乡村会出现缺水情况。县境西北部和北部一部分乡村，由于地表水外渗严重，地下水埋藏较深，开采难度大，这些地区大部分季节缺水，不仅生产用水无保障，就连生活用水也有一定困难。

表 22-9　新安县水资源开发利用现状　　　　　　　　　　　　单位：万 m^3

分区项目		总计	涧南丘陵区	涧河川区	涧北丘陵区	畛河川区	县北山区
总计	小计	4 881.71	615.86	2 344.13	819.52	478.4	623.8
	地表水	3 563.31	491.9	1 797.7	675.32	243.38	354.81
	地下水	1 318.4	123.76	546.43	144.2	235.02	268.89
农业用水	小计	3 974.39	537.53	1 883.2	676.68	392.1	484.38
	地表水	3 288.66	461.43	1 753.3	618.86	181.7	273.37
	地下水	685.73	76.1	129.9	57.82	210.4	211.51
工业用水	小计	394.83		358.6		35.44	0.79
	地表水	48.34		12.8		35.44	0.1
	地下水	346.49		345.8			0.69
人畜用水	小计	512.49	78.33	102.33	142.84	50.86	138.13
	地表水	226.31	30.67	31.6	56.46	26.24	81.34
	地下水	286.18	47.66	70.73	86.38	24.62	56.79

总的来看，新安水资源数量较少，亩均、人均水量都远远低于全国、全省及洛阳市水平。同时，

降水时空分布不均，多集中于每年7—9月。由于调蓄能力小，地表径流总量的80%以上经河流下泄出境。在地区分布上也很不平衡，除涧河、畛河川区外，其他丘陵山区均为不同程度的贫水区。目前由于开发利用受工程代价和技术装备的限制，年开发利用量仅占水资源总量的18.7%。总之，新安水源的基本估价是工业用水基本可以得到保障，而农业用水和生活用水有一定不足，因此，水源较丰富的川区，应合理利用水资源，维持资源的相对平衡；水源贫乏的丘陵山区，应采取生物措施和工程措施相结合的方法，广蓄天上水，深挖地下水，尽可能利用有限的水源，为人们的生产、生活服务。

由于气候条件复杂，新安县常出现灾害性天气，主要有旱灾、水灾、风灾、冰雹、霜冻等，尤以旱灾、水灾发生最为频繁，危害也最大。据1986—2000年气象资料统计：旱灾年年都有发生，较严重的大旱有7年，即1986年、1991年、1992年、1995年、1996年、1997年、1998年；季节分布上，春旱9次，出现年率69%，平均1.4年一遇；初夏旱6次，出现年率46%，平均2年一遇；秋旱4次，出现年率31%，平均4.3年一遇；共计出现季节性干旱27次，平均每年2次；其中3季以上连旱的全年性干旱3次，平均4.3年一遇，比1985年前的30年中干旱发生频率（平均10年一遇）加速一倍以上。水灾大都因暴雨造成山洪暴发，1986—2000年共出现暴雨17次，其中成灾7次，平均1.9年一遇。严重的干旱、洪涝灾害，已成为阻碍新安发展的一大顽症。

第五节　农业机械

在农村经济体制改革过程中，农业机械由原来侧重于粮食生产的耕耙作业，扩展到播种、收割、脱粒、排灌、植保、农副产品加工、农用运输等各个方面，逐步形成了多种所有制与多种经营形式并存，而以个体所有、个体经营居多数的局面。据2007年新安县统计年鉴，2007年全县农业机械总动力36.2543万kW，其中柴油发动机动力28.7469万kW，汽油发动机动力2 347kW，电机动力72 227kW。农业生产机械种类与数量有：拖拉机15 095台，143 536kW，拖拉机配套农具15 096部；排灌机械4 867台，35 533kW，包括柴油机2 084台，14 383kW，电动机2 783台，23 532kW，农用水泵3 562台，节水灌溉机械24套；收获机械包括联合收获机57台，1 225kW，机动割晒机4 242台，24 900kW；植保用的机动喷雾（粉）机982台，2 067kW；农副产品动力机械7 895台，49 241kW；畜牧业机械681台，3 060kW；农用运输车5 524辆，83 762kW。农业机械总动力各乡镇拥有量占全县的分量是：铁门31.75%、磁涧18.54%、城关10.03%、北冶6.57%、五头6.56%、正村6.42%、李村5.16%、石寺4.84%、曹村4.45%、石井3.46%、仓头2.22%，各乡镇农业机械拥有量详见表22-10。

第六节　农业生产施肥

一、肥料品种的演变

（1）20世纪50年代以前，新安县农业生产的农田施肥一直用农家肥料，主要施用人粪尿、厩肥、绿肥等有机肥。农家各建厕所，积存人粪尿；伏天割青沤肥；发展家畜家禽，开发厩肥绿肥源；实行豆科绿肥掩青；施用饼肥。1955年改干厕所为湿厕所，修建"瓦瓮式"茅池，村村有厕所，户户有茅池。

（2）50年代初开始推广化肥，但举步艰难。1953年推广氮素化肥硫酸铵，群众叫"肥田粉"。开始推广时，群众传统保守思想严重，对施用化肥不接受，一年才推广硫酸铵50t，到1959年，全县推广化肥才71.5t。

（3）60年代推广化肥步伐缓慢，农业用肥以有机肥为主，化肥为辅，提倡绿肥掩青。1963年试种草木樨掩青，到1966年全县种植1万余亩。据试验，草木樨掩青可增加土壤有机质二三成，土壤含氮量增加三四成，相当于每亩施硫酸铵15kg，小麦平均可增产74%。三年自然灾害创伤了农业生产的元气，全县长时间处于重建家园，恢复生产中。1965年推广施用化学肥料，当年平均每亩施用量仅0.9kg。1966年"文化大革命"开始，各级领导班子瘫痪，农业生产无人问津，吃粮靠统销，花钱靠救济，化肥推广速度缓慢。

表22-10 2007年新安县各乡（镇）农业机械种类数量统计

乡（镇）名称	农业机械总动力（kW）				一、拖拉机及配套机械						二、灌溉机械				农用水泵（台）	节水灌溉机械（套）
	合计	柴油发动机动力	汽油发动机动力	电机动力	拖拉机		拖拉机配套机具		合计		1. 柴油机		2. 电动机			
					台	kW	大中型（部）	小型（部）	台	kW	台	kW	台	kW		
总计	36 2543	287 469	2 347	72 227	15 095	143 536	246	14 850	4 867	35 533	2 084	14 383	2 783	23 532	3 562	240
曹村	16 144	11 192	15	4 937	610	6 600	11	590	160	1 417	100	920	60	497	160	
铁门	115 095	102 746	1 205	11 144	3 888	43 568	41	3 827	386	7 575	79	697	307	6 878	360	21
北冶	23 823	14 399	114	9 310	810	7 542	8	808	784	5 877	49	412	735	5 465	208	
五头	23 784	21 846	126	1 812	1 380	15 900	30	1 358	1 400	815	850	215	550	600	630	50
城关	36 364	26 713	250	9 401	1 745	16 083	25	1 728	331	4 407	85	765	246	3 642	230	108
李村	18 709	15 468	30	3 211	1 395	8 328	23	1 378	34	371	8	40	26	331	45	8
石寺	17 537	13 722	75	3 740	673	5 550	12	662	395	2 580	101	930	294	1 650	390	
仓头	8 061	6 781	250	530	501	4 023	15	486	145	614	45	2 646	100	350	145	
正村	23 283	19 918	55	3 310	1 223	13 411	41	1 183	106	1 120	57	670	49	450	98	28
石井	12 538	10 406	155	1 977	850	4 994	6	850	75	475	10	88	65	387	65	10
磁涧	67 205	44 278	72	22 855	2 020	17 537	34	1 980	1 051	10 282	700	7 000	351	3 282	1 231	15

（4）70年代全县化肥施用快速发展，但仍局限于氮素化肥。1970年，推广腐植酸铵，即利用碳化氨水和风化煤（俗称熏煤）合制而成，是一种有机肥料，具有养分高、肥效长又可改良土壤等特点，用作底肥、追肥、浸种或叶面喷洒，效果都很好。据试验，每亩施用"腐肥"40~50kg，粮食作物增产15%~25%，薯菜类增产20%~35%，1970年全县化肥施用量才108t。1973年石寺公社建成一座年产3 000t的腐肥厂。1974年洛阳地区科委投资，在县化肥厂建成腐肥生产车间（1976年停产）。1975年全县腐肥施用量达12 245t。

（5）进入70年代后期，全国小氮肥工业方兴未艾，1974年新安县建成了年产合成铵1.5万t的化肥厂，全县推广碳酸氢铵，代替了硫酸铵。碳酸氢铵价格便宜，运输方便，施肥省工省事，哪地施哪地增产，化学肥料施用量逐年增加，到1980年全县化肥施用量达到1 921.5t。一度出现过"拉关系，开后门"争相抢购尿素的局面。但群众也认识到，碳铵增产效果好，但易烧苗。此期间，农技部门又开始推广磷肥，而群众认为磷肥是"石头面，没肥效"，迟迟推广不开。在大集体生产年代，生产积极性不高，土地贫瘠，土壤主要是缺氮，氮磷比例失调状况不彰显。1979年，每亩耕地平均施用化肥33.3kg，但同时又出现重视氮、磷等无机肥料，对有机肥料有所忽视的偏向。

（6）80年代，化肥推广进入氮、磷并用阶段。1984年，全县开展了第二次土壤普查，通过对789个土样化验，查清了全县土壤养分含量。土样化验结果表明，农村联产承包责任制实行后，全县土壤养分状况发生了重大变化，缺氮、少磷、氮磷比例失调已成为制约农业生产发展的主要矛盾。大张旗鼓宣传磷肥，提出"高产田氮磷配合、中低产田增氮增磷"推广措施，收到显著效果。全县施用化肥3 804.85t。施用化肥品种发展到碳酸氢铵、尿素、氯化铵、硫酸铵、过磷酸钙、钙镁磷肥等。

（7）90年代，氮、磷、钾大量元素及硼、锌微量元素配比施用。随着杂交玉米、杂交油菜、优质小麦"两杂一优"高产耗作物大面积推广种植，全县化肥投入量显著增加。同时，微量元素硼、锌开始大面积在油菜和玉米及小麦上应用。化肥结构发生了很大变化，氮、磷、钾、硼、锌配比施用，高浓度复合型化肥开始被群众接收。

（8）21世纪，化肥施用朝着优化节能、高效方面发展。随着市场经济的发展，高产优质，节能高效，无公害、绿色产品已成为当代农业生产新的特色，随之孕育而生的测土配方施肥，缺啥补啥，缺多少补多少，减少了因过量施肥造成的面源污染。优化了化肥品种结构，化肥品由低浓度、单质型，向高浓度、复合型、专用型转变，促进了农业生产的发展。

二、化肥用量与粮食产量变化

1949年全县粮食总产4 763.3万kg，平均亩产69kg；1983年全县化肥施用量3 101万kg，每亩耕地49.2kg，粮食总产14 901.7万kg，平均亩产269kg。1988年全县化肥施用量35 164t，每亩耕地68.7kg，粮食总产152 544.4万kg，平均亩产298kg。新安县不同年代化肥用量与粮食总产变化见表22-11。

表22-11　1949—1988年新安县化肥用量及粮食产量统计

年份	耕地面积（亩）	化肥施用（实物）总量（万kg）	亩施肥实物量（kg）	亩产（kg）
1949	748 334	—	—	69
1950	748 278	—	—	80
1951	747 441	—	—	93
1952	760 217	—	—	85
1953	760 393	5	0.1	107
1954	759 300	17.5	0.2	92
1955	758 052	13	0.2	96
1956	754 896	29.5	0.4	119

（续表）

年份	耕地面积（亩）	化肥施用（实物）总量（万 kg）	亩施肥实物量（kg）	亩产（kg）
1957	749 014	50	0.7	88
1958	693 940	84.5	1.2	111
1959	696 510	71.5	1	98
1960	696 230	49	0.7	80
1961	671 687	91	1.4	60
1962	678 797	6.5	0.1	88
1963	677 992	25.5	0.4	111
1964	677 992	16	0.2	96
1965	670 868	61	0.9	86
1966	665 811	90.5	1.4	129
1967	657 197	72.5	1.1	134
1968	654 149	71	1.1	111
1969	657 304	83.5	1.3	88
1970	657 714	108	1.6	136
1971	652 731	472	7.2	155
1972	651 674	480	7.4	110
1973	647 288	496.5	7.7	155
1974	645 311	1 015	15.7	150
1975	643 315	1 033	16.1	183
1976	639 906	1 504	23.5	193
1977	638 754	2 037	31.9	168
1978	637 470	2 124	33.3	187
1979	637 367	2 009.5	31.5	200
1980	636 685	1 921.5	30.2	217
1981	635 599	2 694.5	42.4	198
1982	634 057	2 801.5	44.2	161
1983	630 215	3 101	49.2	269
1984	626 782	3 804.85	60.7	282
1988	511 894	3 516.4	68.7	298

从表22-11中可以看出3点：一是半个多世纪，新安县粮食总产的提升是随着化肥用量的增加而增加的，说明化肥是一种重要的、不可完全代替的农业生产资料。二是当氮素施用到一定程度后需要不断调整化肥结构，增施磷肥，调整氮、磷用肥比例，粮食生产才能不断发展。当氮磷用量平衡后，又会出现新矛盾，土壤缺钾彰显出来，补充钾肥后，粮食总产得到新的提升。农业生产的发展过程就是不断打破养分最小限制的过程。三是随着取消农业税、粮食加价、良种补贴等一系列惠农政策的实施，极大地调动了农民种粮积极性。

三、有机肥施用演变与现状

有机肥又叫农家肥，泛指农家积造沤制的各种粪便、秸秆、杂什而成的肥料，也包括饼肥和绿肥。

（一）有机肥料种类及演变

有机肥是传统肥料，但随着新安农业生产的发展，其种类不断演变。

1. 人粪尿

是一种养分含量高，作物利用快的速效肥料，沤制腐熟后，直接泼浇于土壤表面作秧苗的底肥，泼浇秧芽作为催芽肥，用于蔬菜和小麦作提苗肥。

2. 猪粪

一是随放牧收集，二是圈猪清圈，然后将粪倒入茅缸或堆积腐熟，作底肥或追肥。

3. 牛粪

20世纪70年代前，白天随放牧收粪，夜间牛栏垫灰铺草，次日清除沤制，待腐熟后作底肥。70年代曾推广"猪上圈，牛垫栏"大积有机肥，但坚持不长，又恢复了原样。

4. 土杂肥

以杂草、树叶、秸秆、垃圾等有机物质，加入人粪尿、污水、掺拌泥土，堆积沤制，翻倒2~3次，作底肥。

5. 厩肥

一般在宅旁，路边挖个土坑，将枯枝落叶、杂什、草木灰堆积坑中，平日泼浇污水，待发酵腐熟后作底肥。现在推广建造的沼气池，沼渣、沼液肥也属于此类厩肥。

6. 塘泥

大集体时代，农村盛行冬春之间，抽干塘水，挖挑塘泥，上秧底，上麦田。现已灭迹。

7. 陈墙土

80年代前，新安有土坯墙房，每年都有大量的民房拆迁，陈墙旧坯，打碎作肥。现在砖瓦房，小洋楼代替了土坯草房，陈墙土肥已不存在。

8. 草木灰

过去曾是农村主要肥源之一，现在农村普遍炉灶改造，烧煤、烧气、烧电，草木灰基本灭迹。

9. 饼肥

有菜籽饼、花生饼、芝麻饼、黄豆饼、棉饼等。80年代前，曾是新安农业生产的补充性肥源。80年代后，随着畜禽养殖业的发展，饼粕都用作饲料工业的原料，不再作肥料使用了。

（二）有机肥施用现状

新安县农业生产中施用有机肥总体数量比重偏小。当前，有机肥利用现状如下。

（1）有机肥积造及利用情况。新安县农家肥资源总量为1950 344t，其中堆肥和厩肥的数量分别为357 244t和1 593 100t，土杂肥数量1 343 725t；全县有机肥的总用量为1 360 000t，施用面积561 085亩，平均亩用量2 420kg。

（2）秸秆资源利用情况。经调查，新安县主要农作物播种面积为738 270亩，秸秆资源总量为357 244t。主要作物有小麦、玉米、豆类、油菜及花生、棉花等。其中，小麦、玉米、秸秆主要通过直接还田和堆沤还田的利用方式；薯类、蔬菜主要通过过腹还田的利用方式。秸秆直接还田的方式是收割机收割小麦、玉米时将秸秆及根茬粉碎翻入田中，随着机耕机收面积逐年扩大，该种秸秆直接还田的方式已被广大群众认可，2008年已占小麦、玉米播种面积的65%以上，这一方式今后还会继续扩大。

（3）人粪尿及养殖场有机废弃物利用情况。新安县养殖畜禽数为159.31万头（只），主要有猪16万头，鸡127.01万只，牛、马、骡7.8万头，羊8.5万只，养殖场有机废弃物资源总量为249 375t；全县10万个厕所和4万余个沼气池，年产人粪尿43万 m^3 和沼气渣液30余万 m^3；养殖场有机肥、人畜粪尿和沼液沼渣肥基本都用在了农业生产上。

（4）商品有机肥料生产和使用情况。新安县有两个有机无机复混肥生产厂，其中，洛阳农得乐化肥有限公司，主要生产有机无机复混肥料，年设计能力3万t，实际生产能力2万t，2006年实际生产销售有机肥 350t，主要应用于蔬菜生产。新安县国光农资配肥中心，年设计能力 1 万 t，2006 年实际生产销售莲花宝有机无机复混肥料 1 080t，主要应用于小麦、玉米两大作物。

（三）存在问题

（1）新安县有机肥料的利用率偏低。新安县有机肥资源利用率仅为 69.7%，利用率偏低。

（2）利用作物不平衡。据调查，蔬菜生产普遍施用有机肥，且数量大，质量高，而大田作物小麦、玉米等施用有机肥数量少，比例小，肥质低。秋作物播种时边收麦边种秋，"春争日，夏争时"，顾不上施有机肥，秋作物有机肥使用数量少。

（3）利用方式不够合理。如烧掉的秸秆比例过大，既造成了氮素的损失，又失去了有机肥培肥地力的作用。

（4）城镇人口的人粪尿没有得到有效利用，城镇人口的人粪尿大部分随水流入河流，损失严重。

四、化肥施用现状

全县化肥施用现状

2007 年新安县农用化肥施用量 18 660t，其中氮肥施用量 6 864t，所占比例为 36.8%；磷肥施用量 4 328t，所占比例为 23.2%；钾肥施用量 3 422t，所占比例为 18.3%；复合肥施用量 4 046t，所占比例为 21.7%。

全年农作物施肥面积 64 100hm²，其中粮食作物施肥面积 47 670hm²（夏收作物施肥面积 21 130hm²、秋收作物施肥面积 26 540hm²），油料合计施肥面积 3 550hm²，棉花施肥面积 320hm²，烟叶施肥面积 730hm²，药材施肥面积 3 330hm²，蔬菜施肥面积 7 880hm²，瓜果类施肥面积 470hm²，其他农作物（青饲料等）施肥面积 70hm²（以上数据来源于 2007 年新安县统计年鉴）。

全县化肥施用品种主要为：尿素、碳酸氢铵、钙镁磷肥、过磷酸钙、磷酸一铵、磷酸二铵、氯化钾、复合肥、配方肥、有机—无机复混肥及部分有机肥、绿肥、微量元素肥。

施肥方式主要是：撒施、穴施、沟施、冲施（蔬菜）等。

五、其他肥料施用现状

其他肥料主要有磷酸二氢钾、微量元素叶面肥料、氨基酸叶面肥料、腐植酸叶面肥料等，小麦、玉米应用面积较大约占其总量的 80%。

六、大量元素氮、磷、钾比例、利用率

在 2005 年农户施肥调查中，农户小麦施肥的方式一般为基肥每亩施碳铵 50kg，钙镁磷肥 50kg，采用这种施肥方式的农户占调查农户的 65.5%；配合使用钾肥的农户仅占调查农户的 21.3%；只施用 50kg 碳铵作基肥不施磷肥和钾肥的占 0.2%；施用 N、P、K 复合肥和配方肥的农户占调查农户的 13.0%；小麦施用肥料养分的比例 N∶P∶K=1∶0.61∶0.09。玉米每亩追施碳铵 50kg 或尿素 20kg 占被调查农户的绝大多数；玉米施用肥料养分的比例 N∶P∶K=1∶0.07∶0.02。全县平均每亩施肥 N∶P∶K=1∶0.33∶0.06，存在严重的 N、P、K 施用比例失调。

通过 2006—2008 年测土配方施肥项目的实施，新安县农业施肥的品种及数量发生了大的变化，氮、磷、钾比例基本合理，肥料利用率提高。

1. 小麦施肥品种及数量的变化

主要品种为配方肥，复合肥、单质肥料，配方肥所占比例达到 54.6%，亩平均使用量为 30.5kg，有机肥主要为秸秆还田和秸秆过腹还田、堆沤肥，（与氮肥、磷肥按施肥建议卡搭配使用，改变了过去施肥品种多而杂，配方比例不适宜的状况。小麦施肥次数、时期、比例及使用方法的变化：小麦施肥由过去在播种前整地时作基肥一次性施入、施肥方法为撒施的做法，变为在播种前整地时作基肥一次施入；氮肥采用部分作底肥、部分作追肥的方法，追肥一般在小麦拔节期进行，高产田及中产田将氮肥总量的 60%~70% 作底肥，40%~30% 做追肥；磷肥的施用方法：将 70% 的磷肥于耕地前均匀撒施于地表，然后耕地翻入地下；30% 的磷肥于耕地后撒于垡头，耙平，利于苗期吸收。

2. 玉米施肥品种及数量的变化

玉米施肥品种主要为配方肥、尿素、碳铵及复合肥，改变了过去的玉米施肥单施氮肥的不合理现象，高产田配方肥使用量明显增加，但中低产田单一施用氮肥（尿素）、不施磷钾肥的现象仍占一定比例，原因为新安县旱地多、玉米生长期天气干旱影响产量，导致农户不愿过多投入肥料成本。玉米施肥次数、时期、比例及使用方法的变化：玉米施肥时期由过去的玉米定苗后或玉米5~6片叶时，一次性将肥料全部施入，变为30%的氮肥于玉米定苗后或玉米5~6片叶时施用，余下70%的氮肥在玉米大喇叭口期施用。施肥方法多为裸施，所占比例为70%，穴施覆土所占比例仅为30%。实施测土配方施肥后变为沟施或穴施，施肥深度在15cm左右，施后及时覆土；对缺锌土壤每亩补施锌肥1kg。

通过3 414个试验和丰缺指标试验，新安县主要粮食作物肥料利用率见表22-12。

表22-12　主要粮食作物肥料利用率

主要作物	样本数	N（%）	P_2O_5（%）	K_2O（%）
冬小麦	14	39.58	27.02	25.79
夏玉米	9	15.07	22.71	20.76

七、施肥实践中存在的主要问题

（一）有机肥用量偏少

20世纪70年代以来，随着化肥工业的高速发展，化肥养分全、见效快、使用方便，得到了广大农民的青睐，化肥用量逐年增加，有机肥的施用则逐渐减少，进入80年代后，实行了土地承包责任制，随着农村劳动力的大量外出转移，农户在施肥方面重化肥施用，轻视有机肥的投入，有机肥集造、使用大量减少。

（二）氮磷钾三要素施用比例失调

有一些农民对作物需肥规律和施肥技术认识和理解不足，存在氮磷钾施用比例不当的问题，部分中低产田玉米单一施用氮肥（尿素）、不施磷钾肥的现象仍占一定比例，原因为无灌溉条件、怕玉米生长期内天气干旱影响产量，导致农户不愿过多投入肥料成本。部分农户使用氮、磷、钾比例为15：15：15的复合肥，不补充氮肥，造成氮肥不足，磷钾肥浪费的现象，影响作物产量的提高。

（三）化肥施用方法不当

1. 氮肥表施

农民为了省时、省力，玉米追施化肥时将化肥撒于地表，使化肥在地表裸露时间太长，造成氮素挥发损失，降低了肥料的利用率。

2. 磷肥撒施

由于大多数农民对磷肥的性质了解较少，普遍将磷肥撒施、浅施，造成磷素被固定和作物吸收困难，降低了磷肥利用率，使当季磷肥效益降低。

3. 钾肥使用比例过低

第二次土壤普查结果表明，新安县耕地土壤速效钾含量较高，能够满足作物生长的需要，随着耕地生产能力的提高，土壤速效钾素被大量消耗，而补充土壤钾素的有机肥用量却大幅度减少，导致了土壤影响作物特别是喜钾作物的正常生长和产量提高。虽然经过3年的测土配方施肥项目的实施，土壤速效钾含量大大提高，但从氮磷钾肥施用比例上来看，钾肥用量仍然较少。

第七节　农业生产中存在的主要问题

新中国成立60多年来，虽然新安县农业生产条件有了很大改变，科学种田水平得到很大提高，但要解决新安县农业生产上存在的粮食产量低而不稳的问题，需解决以下几个方面的问题。

一、肥料施用中的问题

在农业生产中，化肥的大量投入，对提高粮食产量、促进农业增效农民增收发挥了巨大作用，但还存在着诸多问题。

1. 地区间和作物间肥料用量不平衡

从全县情况看，各地化肥的分配和使用不均，施用量最低的为北部山区，平均施用量为11.8kg/亩（纯量），而施用量最高的涧河川区已经达到了40.5kg/亩，比最低的北部山区高出了3倍。经济条件好的高产地区肥料投入量大，比例不合理，效益低，而经济条件相对较差的中低产地区肥料效益尚未充分发挥，还有较大的增产潜力；一些高产区单季小麦或玉米施氮量高达20多kg，但有的不足10kg。作物间不平衡，表现为蔬菜作物施肥量大约为粮食作物的10倍，小麦的投肥量普遍高于玉米。

2. 肥料养分使用比例不平衡

目前有机肥和无机肥施用比例为2.5：7.5，而正常比例应是4：6，小麦氮肥用量普遍偏高，土壤磷素积累明显，钾肥用量不足，中微量元素未受到重视，影响了化肥增产作用的发挥。

3. 施肥方法不科学

据调查，氮肥一次性施用面积较大，小麦占80%左右，玉米占90%左右，氮肥仍有撒施和施肥后大水漫灌现象，导致氮肥损失大，利用率低，肥效得不到充分发挥。

4. 肥料生产结构不合理

目前，绝大数肥料企业生产的复混肥都是通用型的产品，没有按照"缺啥补啥，缺多少补多少"生产作物专用肥，针对性差，效果不好。

二、耕作层浅，影响作物生长

近年来，由于深松机械不配套，种植小麦的田块约有80%都是旋耕，耕深仅10~15cm，甚至更浅。常年旋耕，使耕层下面形成了一个比较坚硬的犁底层，严重影响作物根系发育、下扎，大大缩小了根系吸收养分的范围；土壤保水保肥性能下降，抗旱防涝能力降低。长期不深耕，土壤的增产潜力不能充分挖掘，已成为新安县农业进一步高产稳产的一大障碍因素。因此，实施农田深耕耕作已成为全县粮食生产再上新台阶的重要措施。

三、农民对在农业生产的认识不足，经营管理粗放、病虫害防治不力

随着改革开放的深入，越来越多的农民进城务工或经商，留下来从事农业生产的农民大部分文化程度低，对农业生产技术了解不多，加上基层农业技术推广服务网络断层，向农民宣传培训不够，农民对科学施肥普遍认识不到位，往往按习惯、凭经验盲目生产，作物病虫害防治不及时，影响作物产量和品质。

四、农业服务体系不健全

首先是2005年乡镇体制改革后，原来归农业局管理的乡镇农业技术推广站划归各乡镇管理，这样造成在农业技术推广上农业局指挥不灵，有的乡镇的"农业服务中心"人员不足，有的素质较差，有的根本是外行，还有的人员去干别的工作，总之，不能满足农业技术及时推广的需要。其次是村级技术人员很少，有很多村根本没有农业技术推广人员，造成技术棚架，不能将农业技术及时推广到广大农民手中。

五、土壤肥力仍然较低

从这次对耕地地力评价结果看，新安县一、二级耕地仅占总耕地12.7%，三级地以下仍占耕地总面积的87.3%，需要进一步改良培肥。按全县耕地地力等级划分标准。新安县一级地相当于国家所划定的三级地，新安县三级以下耕地相当于国家五级地以下标准，所以新安县大部分的耕地肥力较低。

六、自然灾害

1. 干旱

新安县旱灾频繁，以春旱和初夏旱的次数为最多。新安县的水浇地面积小，旱地因干旱而不能播种或不能及时播种、玉米出现"卡脖旱"的情况时常发生，干旱是影响新安粮食高产的主要问题。

324

2. 霜冻

霜冻分秋霜冻（又称早霜冻）和春霜冻（又称晚霜冻）。春霜冻常常给小麦带来危害。霜冻灾害主要指晚霜冻（4月）造成危害，4月正值天气温暖，小麦拔节，果树开花的时候，突然降温，出现霜冻对农作物为害很大。

3. 冰雹

冰雹虽然范围小，时间短，但对作物生长是一种破坏性较大的灾害天气，境内冰雹多出现在5月下旬至8月上旬，其中以6月为多，历史上也有"春雨雹"和"秋雨雹"的记载。冰雹季节正值作物生长或成熟收获时期，每次降雹不一定都成灾，但严重时，所及之处几乎绝收。

4. 干热风

一般出现在5月下旬至6月5日，对小麦晚熟品种造成一定的危害。

第二十三章　土壤与耕地资源特征

第一节　地貌类型

新安地处豫西浅山丘陵区，地形有山地、丘陵、河谷等多种类型。地势西北高，东南低，海拔高度由西北至东南递减。西北部峰峦重叠，山势陡峭，岩石裸露；东南部丘陵起伏，沟壑纵横，多为黄土覆盖。综观全貌，黄河横于北，秦岭障于南，中间四山（荆紫山、青要山、邙山、郁山）夹三川（青河川、畛河川、涧河川）。总的特征是："山高、岭多、河谷碎，七岭、二山、一分川"。境内最高峰为青要山的西大源，海拔 1 384.6m，最低点为洛新局的寒鸦村，海拔 176m，境内相对高差 1 208.6m。地形地貌在本县农业生产中的主要作用，一方面表现为土壤质地进行再分配，另一方面表现为土壤接受光、热、降水方面的差别。不同地形地貌影响耕地土壤的土层厚度、保水保肥性能及土体构型，从而影响耕地的生产能力。

在新安县范围内，土壤类型常随地形地貌而变化，地形地貌不仅是一个成土因素，也是农田基本建设、土壤改良利用规划的重要依据。它对气候因素中水热条件可起重新再分配的作用，在不同的地形部位，由于高低起伏变化，接受降水和辐射热量均有明显差异，坡地降水后，一部分渗入土壤，大部分沿着斜坡流向低洼处。低洼处不仅接受降水，而且汇集上部来水，土壤水分比较丰富。据科学测定，随地形升高地面散热辐射增强，每升高 100m，气温平均降低 0.6~1℃。因此，山坡地气温低，平地气温高，山地夏季较凉爽，冬季较寒冷。因而能促进和推迟气候因素对成土过程的影响。

（一）山地

新安县诸山属秦岭崤山余脉，由渑池入境，大致为西东走向，可分为北、中、南三大山脉。畛北山脉：由新安、渑池交界的西大源入境，分为荆紫山、青要山两条山脉，北临黄河，东至小浪底水利枢纽工程淹没区，全长40km；涧北山脉：西起新安、渑池交界的方山，东入孟津，长 35km，以邙山为主脉；涧南山脉：西起新安、渑池、宜阳、义马四县（市）交界的长石山，东接周山，长 38km，以郁山为主脉。山势一般北坡较为陡峭，南坡则较为平缓。这里群山绵亘，峰峦重叠，岩石裸露，沟谷幽深。多为石质的中、低山区，一般海拔 600~1 000m。山地总面积 222.6km²，占全县总面积的 19.2%。

山地农业生产的特点：大部分植被覆盖良好，荒山荒地面积大，耕地耕层薄，气温低，无霜期短，影响种植业发展；文化教育事业落后，科学种田水平低，交通相对不便，是全县粮食生产落后的区域。

（二）丘陵

丘陵为全县主要地形，分布于涧河南北二岭及畛河北岸等广大地区。这里岭坡连绵，沟壑纵横，地势起伏，切割严重，多为黄土覆盖。一般海拔 300~400m。面积 833.6km²，占全县总面积的 71.8%。该区农业生产的特点是：土地资源丰富，人少地多，耕作粗放，水资源缺乏，干旱发生频繁，粮食生产具有较大潜力。

（三）河谷川地

境内自北向南有黄河、青河、畛河、金水河、涧河等主要河流，其沿岸均有河谷川地分布。除涧河川平地较为宽阔外，其余河谷均比较狭窄，一般海拔200~300m，川平地面积104.1km²，占全县总面积的9%。黄河、畛河川平地大都被小浪底库区蓄水所淹没。该区农业生产的特点是：人多地少，劳动力充足，土壤较肥沃，质地较好，地下水位较低，对发展灌溉有利，这里地势平坦，河渠纵横，为农作物主要产区。

由于新安县各地区地形地貌的不同，影响到土壤类型的发生与发展过程及土壤在时间与空间上分布的规律性。所以在不同的地区就有不同的土壤。例如，在山区，植被以天然次生林为主，林下有灌木草本植物，植被覆盖率较大，气温较低，湿度较大，土壤冲刷不太严重，在地质大循环与生物小循环矛盾统一过程中，提供了土体中物质淋溶与淀积的条件，因而在这种地形部位上多形成棕壤。而在河谷川地上，由于接受了山区与丘陵区大量的水土，形成较厚的沉积层，地势平坦，地下水位较高，在自然条件下往往影响排水，土壤内外排水不畅，多形成潮土、典型褐土。

第二节 土壤类型

新安县土壤有褐土、红黏土、紫色土、粗骨土、潮土和棕壤6个土类，典型褐土、石灰性褐土、淋溶褐土、潮褐土、褐土性土、典型红黏土、中性紫色土、石灰性紫色土、钙质粗骨土、典型潮土、脱潮土、典型棕壤、棕壤性土13个亚类，共21个土属。其中褐土可划分为黄土质褐土、泥砂质石灰性褐土、泥砂质褐土、泥砂质淋溶褐土、硅质淋溶褐土、黄土质石灰性褐土、泥砂质石灰性褐土、泥砂质潮褐土、黄土质褐土性土、堆垫褐土性土、灰砂质褐土性土、硅质褐土性土12个土属；潮土里有石灰性潮沙土、石灰性潮壤土、脱潮壤土3个土属；红黏土可分为典型红黏土1个土属；紫色土里有紫砾砂土和灰紫砾砂土2个土属；粗骨土里有灰泥质钙质粗骨土1个土属；棕壤里有黄土质棕壤、硅质棕壤性土2个土属。全县共有土种32个，详见表23-1。

表23-1 新安县耕地土壤分类及面积

土类	亚类	土属	省土种代码	河南省定代号及土种名称	第二次土壤普查县级名称	主要分布地区及部位	耕地面积（hm²）
褐土	典型褐土	泥砂质褐土	C2111212	71. 黏质洪积褐土	红垆土、黑垆土	丘陵区岭坡脚下局部地形较平坦的部位及河川地等	188.82
		黄土质褐土	C2111119	63. 黄土质褐土	立黄土、少量砂姜立黄土	石井、北冶、仓头、五头乡（镇）的丘陵下部	1 416.58
			C2111121	77. 红黄土质褐土	红黄土质褐土	涧河南北丘陵中上部水土流失严重的缓坡地带	1 301.76
			C2111132	79. 浅位少量砂姜红黄土质褐土	红黄土质少量砂姜褐土		226.7
	石灰性褐土	黄土质石灰性褐土	C2121139	100. 轻壤质黄土质石灰性褐土	砂性白面土	石井、北冶、仓头乡的黄河阶地及丘陵中下部和五头镇的丘陵中下部	9.04
			C2121128	101. 中壤质黄土质石灰性褐土	白面土、黄土质始成褐土		2 517.19
			C2121141	104. 浅位少量砂姜黄土质石灰性褐土	少量砂姜白面土、黄土质少量砂姜始成褐土		466.76
			C2121131	107. 红黄土质石灰性褐土	红黄土质碳酸盐褐土	涧河南北丘陵水土流失严重的缓坡地带	1 868.09

（续表）

土类	亚类	土属	省土种代码	河南省定代号及土种名称	第二次土壤普查县级名称	主要分布地区及部位	耕地面积（hm²）
褐土	石灰性褐土	黄土质石灰性褐土	C2121132	108. 浅位少量砂姜红黄土质石灰性褐土	少量砂姜红黄土质碳酸盐褐土		1 905.76
			C2121214	113. 壤质洪积石灰性褐土	白垆土	五头、铁门、城关	405.62
		泥砂质石灰性褐土	C2121213	70. 壤质洪积褐土	壤垆土、壤油土	丘陵区岭坡脚下局部地形较平坦的部位及河川地等	2 998.91
	淋溶褐土	泥砂质淋溶褐土	C2131211	86. 壤质洪冲积淋溶褐土	洪积壤质淋溶褐土	县西北部海拔650m 以上	162.02
		硅质淋溶褐土	C2131413	97. 中层硅质淋溶褐土	石英质岩中层淋溶褐土		40.83
	潮褐土	泥砂质潮褐土	C2141224	127. 壤质潮褐土	潮黄土	涧河两岸	144.57
	褐土性土	黄土质褐土性土	C2171122	139. 红黄土质褐土性土	红黄土质始成褐土	畛河南北丘陵区	1 384.99
			C2171115	140. 浅位少量砂姜红黄土质褐土性土	红黄土质少量砂姜始成褐土		2 605.81
		堆垫褐土性土	C2171813	153. 厚层堆垫褐土性土	堆垫厚层始成褐土、废墟厚层始成褐土	畛河、清河沿岸	96.91
		砂泥质褐土性土	C2171611	161. 中层砂泥质褐土性土	泥质岩中层砾质始成褐土	西北部低山丘陵区	1 403.44
			C2171612	162. 厚层砂泥质褐土性土	少砾厚层始成褐土、红砂岩厚层砾质始成褐土、卵砾始成褐土		1 921.68
		灰泥质褐土性土	C2171513	163. 中层钙质褐土性土	石灰质岩中层砾质始成褐土	石井、曹村、石寺、北冶	1 207.54
		硅质褐土性土	C2171414	166. 厚层硅质褐土性土	石英质岩中层砾质始成褐土		640.18
棕壤	典型棕壤	黄土质棕壤	B2111123	37. 黄土质棕壤	少砾厚层棕黄土	县西北部海拔800m 以上	9.27
	棕壤性土	硅质棕壤性土	B2141313	61. 硅质棕壤性土	石英质岩中层始成棕壤		26.83
红黏土	典型红黏土	典型红黏土	G1210019	171. 红黏土	油红黏土始成褐土、红黏土始成褐土、溅水红黏土始成褐土、硅铝斑红黏土始成褐土、黄黏土始成褐土	全县各乡（镇）	11 975.05

（续表）

土类	亚类	土属	省土种代码	河南省定代号及土种名称	第二次土壤普查县级名称	主要分布地区及部位	耕地面积（hm²）
红黏土	典型红黏土	典型红黏土	G1210026	173. 浅位少量砂姜红黏土	红黏土浅位少量砂姜始成褐土		2 610.45
紫色土	中性紫色土	紫砾泥土	G2321111	197. 厚层砂质中性紫色土	紫色岩厚层砾质始成褐土	曹村、石寺、石井	475.9
	石灰性紫色土	灰紫砾泥土	G2331111	202. 厚层砂质石灰性紫色土	紫色岩厚层石渣始成褐土		96.29
粗骨土	钙质粗骨土	灰泥质钙质粗骨土	G2531117	219. 薄层钙质粗骨土	凝灰岩薄层砾质始成褐土		359.65
潮土	典型潮土	石灰性潮砂土	H2111424	261. 砂质潮土	细砂土	黄河一级阶地上	97.76
		石灰性潮壤土	H2111542	275. 浅位厚砂小两合土	体砂小两合土	畛河川地	
			H2111539	280. 两合土	两合土		4.11
	脱潮土	脱潮壤土	H2131216	359. 脱潮两合土	褐土化两合土		11.39

第三节　耕地土壤

一、耕地土壤类型及面积

暖温带半干旱半湿润气候在新安县占有广大区域，在季风气候影响下，褐土耕地面积 22 913.2 hm²，占全县面积的 59%，有机质含量一般不高。其次是红黏土，面积 14 585.5hm²，占全县面积的 38%，有机质含量和肥力较高。紫色土是本县耕地的第三土类，面积 572.19hm²，占全县面积的 1.48%，主要分布在曹村、石井、仓头 3 个乡；粗骨土土类面积 359.65hm²，占全县耕地面积的 0.91%，主要分布在南李村、磁涧两乡镇；潮土分布在涧河和畛河两岸，小浪底水库淹没后，畛河面积已很小，主要分布在涧河沿岸，面积仅 113.26hm²。棕壤分布在北冶、曹村、石井 3 个乡，面积很小，仅 36.1hm²（表 23-2）。

二、成土母质

岩石矿物经各种风化作用使之成为疏松、粗细不同的矿物颗粒，因为它是形成土壤的物质基础，故称之为成土母质，或土壤母质。成土母质与岩石矿物相比发生了质的变化，成土母质获得了新的特性。首先母质具有了分散性，物理风化使大块岩石崩解成碎屑，化学风化和生物风化进而促进碎屑变成较细的颗粒，于是颗粒表面积增大，同时粒间存在着大小不同的孔隙，使母质初步具备了透水透气、蓄水和吸附物质的性能。另外又在各种风化作用下，使不溶状态的营养元素从岩石矿物中释放出来，形成可溶性物质，如钙、镁、钾、钠的碳酸盐，硫酸盐等。成土母质的这些性质标志着肥力因素的发生和发展，因而为形成土壤创造了条件。

成土母质是土壤发育的基础。因此，母质影响着土壤的发展方向与速度以及肥力特性和利用改良方向。成土母质又在很大程度上决定着土壤质地。

新安县成土母质的类型、分布及其特征。

岩石矿物的风化产物很少残留在原地，往往在重力、风、水等的搬运沉积下产生各种地表沉积物，形成不同类型成土母质，新安县成土母质根据产生的特点概括为以下类型。

1. 马兰黄土

马兰黄土母质在新安县分布广泛，以五头镇丘陵区较为典型。

表 23-2　新安县各乡镇土种面积统计　　　　　单位：hm²

土种名称＼乡名	北冶乡	仓头乡	曹村乡	城关镇	磁涧镇	洛新局	南李村乡	石井乡	石寺镇	铁门镇	五头镇	正村乡
薄层钙质粗骨土					96.06	1.09	262.5					
红黄土质褐土	15.36	155		188.4	118.2	21.78	47.33	24.9	47.48	382.1	80.64	220.8
红黄土质褐土性土		86.8	34.1	209.4	312.8	54.75	166.58	70.05	39.65	101.2	222.3	87.3
红黄土质石灰性褐土		456		298.8	259.7	133.6	218.41				316.8	184.9
红黏土	1 354	717	655	884	314.2	18.42	2 009.46	911.1	627.6	2 776	168.4	1 540
厚层堆垫褐土性土	85.67	1.15							1.35	8.74		
厚层硅质褐土性土			107	18.8	2.65		6.95	382.5		122		
厚层砂泥质褐土性土	384.3	142	268	16.84	112.5	44.4	72.21	331	355.3	161.8	29.86	3.69
厚层砂质石灰性紫色土		11.8			1.61			82.89				
厚层砂质中性紫色土			425					50.24	0.19			
黄土质褐土	55.68	107		12.7	564.3	201.1	114.51	274.3	14.37		58.97	14.07
黄土质棕壤			4.57					4.7				
两合土		4.11										
浅位少量砂姜红黄土质褐土	269.9	169	1.8	511.7	983.2		181.6	327.5	9.28	293.6	1615	376.2
浅位少量砂姜红黏土	2	106		761.4	576.3		216.58	46.7	222.7	26.15	385.1	267.7
浅位少量砂姜黄土质石灰性褐土	71.31	17.3			79.68			71.49			199.9	27.11
轻壤质黄土质石灰性褐土								9.04				
壤质潮褐土				88.71			0.16			35.3	20.4	
壤质洪冲积淋溶褐土		0.96	132					28.55	0.5			
壤质洪积褐土	41.84	90	94.3	238.6	483.3	262.3	145.05	4.17	305.5	1 020	163.8	150.2
壤质洪积石灰性褐土					14.29	35.81					347.9	7.61
砂质潮土				63.82						33.94		
脱潮两合土				11.39								
黏质洪积褐土					0.14	23.73			89.26	75.69		
中层钙质褐土性土	78.19	22.4	365	49.73	23.32		155.47	465.8	27.28	3.49		16.56
中层硅质淋溶褐土			40.8									
中层硅质棕壤性土	26.83											
中层砂泥质褐土性土	535.1	250	9.17		21.23				12.92	517.6	52.63	5.36
中壤质黄土质石灰性褐土	81.84	217		25.04	586.2		415.83	173.8			967.8	49.23
总计	3 002	2 552	2 138	3 379	4 573	773.3	4 012.64	3 362	2 176	5084	4 577	2 950

新安县邙岭上覆盖的第四纪风积相马兰黄土，一般土层厚度为 5～25m，层次不明显，土体疏松，

质地为轻壤—中壤。有明显的垂直节理。邙岭上沟壑纵横，说明易被流水浸蚀。马兰黄土含有丰富的碳酸钙，一般为9.6%左右，石灰反应强烈，pH值在8.3上下，其上发育的土壤为普通褐土，碳酸盐褐土。

2. 红黄土质母质（即离石、午城黄土）

大多为风成及水成坡积物，离石黄土在垂直节理中位于马兰黄土之下，颜色为棕黄色。午城黄土位于离石黄土之下，为红黄色。由于上部马兰黄土被剥蚀，红黄土质母质出露地表，土体紧实，质地较重，含有6.7%左右的碳酸钙，并有石灰结核层。石灰反应中等。pH值8.2左右。新安县红黄土质母质多分布在畛河以南丘陵区。

3. 保德红土

系第三纪较古老的土壤，发育在二迭系砂岩上，质地黏重，棱块状结构，棱角明显，颜色暗红，结构面上具有黑褐色铁锰斑纹及结核。新安县保德红土无石灰反应，土层含有砂姜，pH值8.1左右。其上发育的土壤为红黏土。主要分布在全县的丘陵地区。

4. 洪积物

洪积母质是山区丘陵地表岩层经风化后的疏松物质或土壤表层由洪水挟带沉积而成。多分布在山前沟沿或山谷间的谷间洼地。沿山前有一条明显的洪积扇裙，其前沿参差不齐，其物质组成由顶部到扇缘逐渐由粗变细，并有一定倾斜。沿河的冲积物，由于水的分选作用使土地有较明显的质地层次，冲洪积物一般质地较重，但随原生母质的不同而有一定的差异。其上形成的土壤多为砂砾褐土和垆土。

5. 残积母质

主要分布在县西北部侵蚀基岩丘陵区。新安县岩石属沉积岩，较易风化，主要为二迭系紫色砂岩经风化后形成的残积物。残积物母质由于受到流水的影响，细粒多被带走，又因风化时间短，所以形成的母质质地较粗，并含有较多的石砾，且层次较薄，一般为30~50cm，低凹处局部也有达1m以上者。残积母质形成的土壤养分含量较低，基本无发育，属褐土。

受地形、地貌、生物、气候和母质等因素的综合影响，全县呈南东、北西向土壤水平分布，从县最南东部的岭东村到北西部的王家沟村的黄河一线，主要由涧河河谷阶地，石质与黄土相间的丘陵和浅山组成，成土母质为马兰黄土、离石午城黄土、次生黄土、保德红土和泥质岩、石灰岩等残积坡积物。土壤分布规律由南东向北西依次为：涧南丘陵区，海拔250~450m，有红黏土、黄土质褐土性土、钙质粗骨土等；涧河河谷阶地，海拔200~250m，有石灰性褐土、潮土等；涧北丘陵区，海拔250~470m，有典型褐土、石灰性褐土、褐土性土等；畛北浅山区，海拔600~650m，有典型褐土、砂泥质褐土性土等；位于最北西部的石井，地形复杂，中山、浅山、丘陵皆有。西部最高点黛眉寨海拔1 100~1 346.4m，分布着黄土质棕壤，海拔700~1 100m的中低山分布着洪积壤质淋溶褐土；低于700m的丘陵坡地分布着典型褐土、石灰性褐土及紫色土。

三、土壤的形成

（一）褐土的形成

1. 褐土形成的气候特点

新安县褐土分布最广。其形成的特点是季风影响明显，春季干旱多风，夏季高温多雨，冬季寒冷干燥少雪，一年中干湿季节交替十分明显，历年平均气温在13.4~15.1℃，年降水量在600~690mm，其中50%以上集中于7—9月，干燥度为1.0~1.5，年蒸发量在2 000mm左右，土层冷结深度在10~40cm，无霜期为130~240天。褐土的天然植被以旱生林木、灌丛和草本植物为主。

2. 褐土的形成过程

（1）黏化过程。褐土是处在季风影响下的半干旱半湿润地区，土体中矿物质的化学风化，由于干湿季节变化，上下土层强弱不一，冬春干旱季节，化学风化只能在一定深度水热条件比较稳定的土层内进行，土壤中原有矿物分解，形成次生黏土矿物，使土壤中的黏粒含量增高，这种黏化称为残积黏化。而在夏秋季高温多雨时，不仅上下层都进行着强烈的化学风化，而且表层风化形成的次生矿物随降水有明显的机械淋移，使下层土壤较上层的黏粒大大增加，在土体中的一定部位出现了淀积黏化特征。由于季节性的干湿交替变化，黏粒表面的铁发生还原淋溶和氧化淀积而表现出轻微的移动，附着在结构体表面形成褐色胶膜。

（2）碳酸盐淋溶淀积过程。土壤中有机物质的分解和矿物质的风化产生了许多无机盐，在夏秋多雨季节发生显著的淋溶作用。但由于各种盐类溶解度不同，在淋溶中发生分离现象。一价盐类能全部被淋洗到深处，而二价的碳酸盐因溶解度较小，随水下移到一定深度就发生沉淀，而在冬春旱季沉淀在较深处的碳酸盐，又可能转变为重碳酸盐，随毛管水上升积聚，在一定深度的土体中积累，季节性的干湿交替，使得碳酸钙在心土层以下的土体结构表面上形成淀积，多呈白色的假菌丝状，有部分形成斑状或粉末状淀积，有时形成石灰结核，即"砂姜"。这就是新安县褐土形成的基本特征。

此外，进入褐土中的有机物质，在微生物活动比较旺盛的情况下矿质化速度加快，因此土壤中的有机质含量一般不高。几千年来，褐土大多被开垦为耕地，使土壤的形成条件和成土过程都发生了大的变化。

（二）棕壤的形成

1. 棕壤的形成条件

棕壤是在暖温带湿润型气候及落叶林植被条件下形成的森林土壤。新安县西北部属中山区，其气候条件主要是夏季炎热多雨，冬季寒冷干旱，是明显受季风气候影响的地区。年平均气温16℃左右，积温为3 200～3 900℃，无霜期为160～230天，年降水量500～1 000mm，最多可达1 200mm，干燥度为0.5～1.0，季节性冻土层明显。植被基本良好，以阔叶混交林为主，目前多为栎树次生林，荒山荒坡面积大，灌木和草本植物繁多。

棕壤所处的地形山势陡峭，切割较深，峰峦重叠，地貌多姿，这种地形条件，决定了棕壤的自然排水条件良好，土壤中物质的转化和迁移不受地下水的影响。但地形的变化，如坡向不同，海拔高低会直接影响土壤的水热条件和植被，从而间接地引起成土过程的变化。故在不同地形部位往往会形成不同的土壤类型，呈现土壤复区现象。

棕壤可以发育在各种岩性母质上，也可以发生在黄土状物质、黏质或砂质的沉积物上。发育在石灰岩、页岩及黄土状物质上的棕壤，其自然肥力较高。因植被条件优越，土壤积聚较多数量的有机质。

2. 棕壤形成过程及特点

新安县棕壤是在由阔叶林和真菌、好气性细菌组成的生物群落下形成的土壤。土壤具有明显的黏化作用，生物小循环的速度和强度都比较大，这是和棕壤所处的特定成土条件分不开的。

阔叶林的枝叶在地面上形成的枯枝落叶层，经真菌和好气性细菌的分解产生富里酸、胡敏酸和大量的盐基。腐殖质酸和盐基结合形成富里酸盐和胡敏酸盐，中和了富里酸的强酸性，但表土以下的土壤由于进行酸性风化作用，故呈微酸性反应，盐基饱和度也有下降。

多雨时，土壤重力水把易溶于水的富敏酸盐和一价胡敏酸盐以及其他可溶性盐一并带到土壤下层，造成明显的淋溶作用。

棕壤由于夏季暖热多雨，土壤发生强烈风化，形成大量黏土矿物。黏土矿物由土壤重力水进行机械淋移，使棕壤淀积层黏粒含量较高，质地比上层更加黏重，呈现明显的黏化过程。

棕壤由原生矿物分解生成的活动性 Si、Al、Fe 等的氧化物，在适宜的温湿条件下，互相结合成新的铝硅酸盐和铁硅酸盐的黏土矿物，被释放的铁就以各种次生的氧化铁矿物存在于土壤中。次生黏土矿物主要是以水云母和蛭石为主，另外还含有大量的针铁矿（$Fe_2O_3-H_2O$）、褐铁矿（$Fe_2O_3NH_2O$）和绿高岭石（$Fe_2O_34SiO_2NH_2O$），从而使棕壤土体出现黏化现象。

（三）潮土的形成过程及特点

1. 沉积物的影响

潮土是河流冲积母质在地下水参与下经过旱耕熟化形成的农业土壤，母质和地下水对土壤形成有极大的影响。新安县潮土面积很小，主要分布在涧河、畛河两岸，并以城关镇和铁门镇为主，黄河沿岸亦有分布。

历史上由于河流多次泛滥沉积：每次泛滥时河水挟带泥沙的粗细和数量都不同，靠主流处水流急，沉积物以沙土为主；缓斜坡地流速减缓，沉积物以壤土为主，浅平洼地静水沉积，沉积物以黏土为主。群众把河流冲积物的沉积规律形容为"紧出沙，慢出淤，不紧不慢出两合"。由于河流多次泛滥，交互沉积，所以，不仅在水平分布上，不同地形部位质地有明显差异，而且同一部位，上下层质地也有一定差异，形成不同质地相间的层状土。如蒙金地（上沙下黏）、漏风淤（上黏下沙）、千层土（沙黏相间）等质地层次，对土壤理化性状都有显著影响。

2. 地下水的影响

潮土是在地下水参与下形成的土壤，潮土地区一般水位相对较高，使土壤剖面出现一个季节性处于土壤毛管水饱和状态干湿交替的土层，经常进行着氧化还原的交替过程。在低水位期间，该层以氧化过程为主，在高水位季节，该层水分饱和，产生还原过程。由于氧化还原过程的交替进行，影响土壤中物质的溶解、移动和淀积。特别是铁锰化合物，当高水位土壤过湿时，铁锰处于还原状态，可随水在土壤中移动并在局部地方聚积。当低水位土壤变干时，铁、锰又转入氧化状态，形成铁锈斑纹或结核。在该层以下长期水浸的层次，铁锰形成低价化合物，使土壤呈现青灰或灰蓝色的潜育层。

3. 人为耕作的影响

潮土区人们通过长时期的耕作、施肥、排灌、栽培作物等一系列的措施创造了适宜作物生长的土壤条件，同时也创造了旱耕熟化土壤——潮土。但在熟化过程中如果措施不当，潮土就会受旱涝等灾害的威胁。因此，潮土的熟化过程，一方面要搞好农田基本建设，加固河堤、疏通河道，合理利用水资源，植树造林等，消除不利因素；另一方面通过耕作、施肥和合理种植，培肥土壤，加速土壤熟化，促使土壤有机质增加，养分提高，使土壤更适合于作物生长。

据《中国土壤》报道：土壤熟化程度不同，结合的腐殖质形态也不同，随着其熟化程度的提高，紧结态腐殖质含量随之增高，游离松结态含量则降低。另报道：土壤熟化程度越高，腐殖质中容易转化为有效态的氮素含量就越高，而存在于土壤残渣中的不易分解的氮素就越少，故熟化程度越高的潮土，肥力也越高。

四、各类耕地土壤的形态特征及理化性状

褐土土类

新安县属暖温带大陆性半干旱的季风气候，年均温 13.4~15.1℃，年降水量为 600~690mm，且大部集中在夏季，形成冬春干旱寒冷而夏秋暖温湿润的气候特点，是褐土发育的主要条件。

在夏秋温暖湿润季节，土壤中的物理及生物化学过程强烈进行，特别是在剖面 40~60cm 土层中温湿度比较稳定，矿物质颗粒充分分解，由粗变细，黏粒和胶粒逐渐增加，加之表层受雨水淋溶使黏粒下移，久而久之，便形成了黏化层。

在褐土区的生物、气候条件下，黄土母质中含有大量的碳酸钙，在土壤中有机酸与无机酸的作用下，变为可溶性的重碳酸钙沿孔隙随水下渗，至土壤下层酸性逐渐被中和，水分减少，重碳酸钙重新变为碳酸钙积聚于土壤空隙中或涂敷于结构面上，从而产生了菌丝状的石灰淀积即"白筋"。经过年复一年长时间的淀积，由菌丝逐渐积聚而胶结成黄白色的大小不一的块状物，即"砂姜"。土体中砂姜的出现，就意味着土壤肥力的下降。由于碳酸钙的不断淋溶淀积积累，就出现了厚薄不一的"砂姜层"。

由于季节性的干湿交替变化，黏化层中黏土矿物的不断收缩和膨胀，使土体沿结构面产生裂缝，在植物根系穿插和土体中重力水下渗的情况下，使黏化层纵裂缝加大，成为水分下渗的通道，随水下渗的黏粒及溶于土壤中的钙镁等物质涂敷于结构面上，久而久之凝结而成胶膜，水分不易渗入结构体内，而成为比较稳定的棱柱状或拟柱状结构。即群众所称的"立茬土"，在分类上多为典型褐土。

褐土分布在新安县除北部山地棕壤以外的广大区域，山地、丘陵、河川等各种地貌类型均有分布。根据其发育程度，石灰淋溶淀积及地下水影响等方面，划分为典型褐土、淋溶褐土、石灰性褐土、潮褐土和褐土性土 5 个亚类。

1. 典型褐土亚类

典型褐土亚类是褐土的典型亚类，具有明显的发育层次，土壤剖面主要特征是在 50cm 左右出现

褐色的黏化层。碳酸盐在土体中下部以假菌丝或砂姜形态淀积。通体有石灰反应，黏化层反应较弱，呈微碱性，pH 值 8~8.5，下部石灰反应强烈，表层由于耕作施肥影响，反应亦较强，呈碱性，不受地下水影响，面积 3 133.86hm²，占全县总耕地面积的 8.12%。根据母质不同，分为泥砂质褐土、黄土质褐土 2 个土属。

（1）黄土质褐土土属。面积 2 945.04hm²，占全县总土壤面积的 7.63%，土壤肥力中等，保水保肥性能较好，绝大部分为耕作土壤。分布在丘陵下部谷间和河流阶地上。母质为马兰黄土。根据特殊土层，下分黄土质褐土、红黄土质褐土、浅位少量砂姜黄土质褐土 3 个土种。

（2）黄土质褐土。面积 1 416.58hm²，占总土壤面积的 3.67%。地下水埋藏深，灌溉条件差。发育层次明显，表层壤质，粒状或块状结构，心土层重壤以上，柱状或棱柱状结构，有石灰淀积，黏化现象明显，黏化层在 40cm 以下出现，黏化层中碳酸钙含量较低而物理性黏粒较高。属中等肥力土壤，适种小麦、玉米等多种作物。其剖面性态特征和理化性质见五头镇河北村 23-3 号剖面（表23-3）。

表 23-3　黄土质褐土性态特征及理化性状（23-3 号剖面）

层次（cm）	颜色	结构	松紧度	根系	容重（g/cm³）	石灰反应	新生体或侵入体
0~15	棕色	粒状	松	多	1.17	强	煤渣，小砂姜5%
15~25	棕色	碎块状	较紧	多		强	小砂姜5%
25~43	淡棕	块状	紧	少		弱	假菌丝
43~62	淡棕	块状	紧	有		强	假菌丝，粉状淀积
62~100	淡棕	块状	紧	有		强	假菌丝

表 23-3（续）　黄土质褐土机械组成（23-3 号剖面）

层次（cm）	不同粒径（mm）颗粒含量（%）							质地
	砂粒>0.05	粗粉砂0.01~0.05	物理性砂粒>0.01	粉砂粒		黏粒<0.001	物理性黏粒<0.01	
				0.005~0.01	0.001~0.005			
0~15	22.92	38.74	61.66	9.18	17.33	11.83	38.34	中壤
15~25	40.25	18.36	58.61	8.15	17.33	15.91	41.39	中壤
25~43	31.12	28.53	59.65	4.08	19.36	16.91	40.35	中壤
43~100	29.04	23.45	52.49	11.21	18.36	17.94	47.51	重壤

（3）红黄土质褐土。面积 1 301.76hm²，占全县土壤总面积的 3.37%。母质为离石午城黄土，发育较好，分布在缓坡或沟沿，土壤肥力较低。质地中壤或重壤。其剖面性态特征和理化性质见正村乡十万村 23-4 号剖面（表23-4）。

表 23-4　红黄土质褐土性态特征及理化性质（23-4 号剖面）

层次（cm）	颜色	容重（g/cm³）	结构	松紧度	根系	石灰反应	新生体或侵入体
0~14	淡棕	1.31	粒状	松	多	强	炉渣
14~41	棕		块状	松	多	强	炉渣
40~53	棕		块状	较紧	少	强	炉渣，砂姜5%
53~66	淡红黄		块状	紧	有	弱	粉状石灰淀积，砂姜5%
66~93	红黄		块状	紧	有	弱	砂姜5%
93~100	灰黄		块状	极紧	有	强	砂姜5%

表 23-4（续）　红黄土质褐土机械组成（23-4 号剖面）

层次 (cm)	不同粒径（mm）颗粒含量（%）							质地
	砂粒 >0.05	粗粉砂 0.01~0.05	物理性砂粒 >0.01	粉砂粒		黏粒 <0.001	物理性黏粒 <0.01	
				0.005~0.01	0.001~0.005			
0~14	2.56	51.29	53.85	10.68	19.23	19.24	46.15	重壤
14~40	13.90	40.41	54.31	10.34	18.81	18.81	45.69	中壤
40~53	6.10	53.54	59.64	10.29	17.71	17.71	40.36	中壤
53~66	3.46	51.79	55.25	9.32	16.78	16.78	44.79	中壤
66~93	4.61	51.73	56.34	10.35	16.76	16.76	43.66	中壤
93~100	9.48	51.32	60.80	9.23	16.63	16.63	39.20	中壤

（4）浅位少量砂姜红黄土质褐土。与红黄土质褐土的区别是通体砂姜含量 10%~30%，面积 226.7hm²，占总土壤面积的 0.58%，其剖面性态特征和理化性质见城关镇杨岭村 23-5 号剖面（表 23-5）。

表 23-5　浅位少量砂姜红黄土质褐土性态特征及理化性状（23-5 号剖面）

层次 (cm)	颜色	结构	容重 (g/cm³)	松紧度	根系	石灰反应	新生体或侵入体
0~18	淡棕	粒状	1.00	松	多	强	炉渣，砂姜 10%
18~26	淡棕黄	碎块状		较紧	多	弱	砂姜 15%
26~54	红棕	块状		紧	少	弱	砂姜 15%，假菌丝
54~78	棕	块状		紧	有	弱	砂姜 20%，假菌丝
78~100	棕	块状		紧	有	强	砂姜 25%，假菌丝

表 23-5（续）　浅位少量砂姜红黄土质褐土机械组成（23-5 号剖面）

层次 (cm)	不同粒径（mm）颗粒含量（%）							质地
	砂粒> 0.05	粗粉砂 0.01~0.05	物理性砂粒 >0.01	粉砂粒		黏粒 <0.001	物理性黏粒 <0.01	
				0.005~0.01	0.001~0.005			
0~18	41.34	16.88	58.22	8.44	21.10	12.24	41.78	中壤
18~26	21.93	30.76	52.69	12.73	20.15	14.43	47.31	重壤
26~54	29.09	26.62	55.71	12.47	23.92	7.90	44.29	中壤
54~78	32.21	19.76	51.97	17.67	25.99	4.37	48.03	重壤
78~100	16.56	39.34	55.90	14.49	21.74	7.87	44.10	中壤

（5）泥砂质褐土土属。泥砂质褐土土属只有黏质洪积褐土 1 个土种。红垆土，色红、黑灰或黄，质地重壤以上，或下部有鸡粪土层，面积 188.82hm²，占总耕地面积的 0.44%。其剖面性态特征和理化性质见铁门镇东窑村 23-6 号剖面和石井乡许庄村 23-7 号剖面（表 23-6、表 23-7）。

表 23-6　黏质洪积褐土性态特征及理化性状（23-6 号剖面）

层次 (cm)	颜色	结构	容重 (g/cm³)	松紧度	根系	石灰反应	新生体或侵入体
0~17	灰黄	粒状	1.12	松	多	强烈	炉渣，石砾 5%

（续表）

层次 （cm）	颜色	结构	容重 （g/cm³）	松紧度	根系	石灰反应	新生体或侵入体
17～50	淡黄棕	块状		较紧	多	强烈	炉渣，石砾5%
50～70	红棕	块状		较紧	少	强烈	炉渣，石砾<5%
70～78	暗红棕	块状		较紧	有	弱	炉渣，石砾<5%
78～100	暗红棕	块状		较紧	有	强	粉状石灰沉淀

表23-6（续）　黏质洪积褐土机械组成（23-6号剖面）

层次 （cm）	不同粒径（mm）颗粒含量（%）							质地
	砂粒 >0.05	粗粉砂 0.01～0.05	物理性 砂粒 >0.01	粉砂粒		黏粒 <0.001	物理性黏粒 <0.01	
				0.005～ 0.01	0.001～ 0.005			
0～17	9.18	41.22	43.30	13.40	22.67	14.63	54.70	重壤
17～50	5.90	43.34	49.24	12.38	19.60	18.78	50.76	重壤
50～70	9.52	40.47	49.99	12.45	16.60	20.96	50.11	重壤
70～78	3.34	42.52	45.86	13.48	15.56	25.10	54.14	重壤
78～100	2.87	36.22	49.09	11.38	21.73	17.80	50.91	重壤

表23-7　黏质洪积褐土性态特征及理化性状（23-7号剖面）

层次 （cm）	颜色	容重 （g/cm³）	结构	松紧度	根系	石灰反应	新生体或侵入体
0～19	暗棕	1.15	粒状	松	多	强	炉渣
19～40	黑棕		粒状	松	多	微	炉渣，瓦片
40～79	棕		块状	紧	少	无	炉渣
79～90	淡棕		块状	紧	有	强	
90～100	暗黄棕		块状	较紧	无	强	

表23-7（续）　黏质洪积褐土机械组成（23-7号剖面）

层次 （cm）	不同粒径（mm）颗粒含量（%）							质地
	砂粒 >0.05	粗粉砂 0.01～ 0.05	物理性 砂粒 >0.01	粉砂粒		黏粒 <0.001	物理性黏粒 <0.01	
				0.005～ 0.01	0.001～ 0.005			
0～19	35.76	32.84	68.60	11.29	17.44	2.67	31.40	中壤
19～40	39.86	9.4	49.26	11.48	21.93	17.33	50.74	重壤
40～79	10.41	40.35	50.76	11.38	23.79	14.07	49.24	重壤
79～90	36.76	23.61	60.37	13.35	14.37	11.91	39.63	中壤
90～100	25.69	35.82	61.51	9.22	15.35	13.92	38.49	中壤

2. 淋溶褐土亚类

淋溶褐土亚类主要分布在海拔650m以上的土地，自然植被较好，常年雨量较多，淋溶作用较强，全剖面无石灰反应，pH值6.5～7，上与棕壤相接，下与始成褐土相连，呈复区分布。面积202.85hm²，占全县总土壤面积的0.53%。根据母质不同，分为泥砂质淋溶褐土和硅质淋溶褐土2个土属。

（1）泥砂质淋溶褐土土属，母质为洪积物（黄土及各种岩石风化物），只有壤质洪积淋溶褐土 1 个土种，面积 162.02hm²，占全县土壤总面积的 0.04%，质地中壤或轻壤。其剖面性态特征和理化性质见曹村乡城崖地村 23-8 号剖面（表 23-8）。

表 23-8　壤质洪积淋溶褐土性态特征及理化性状（23-8 号剖面）

层次 （cm）	颜色	容重 （g/cm³）	结构	松紧度	根系	石灰反应	新生体或侵入体
0~17	灰黄棕	1.20	粒状	松	少	无	炉渣，炭渣
17~34	灰棕		块状	紧	有	无	炭渣
34~60	淡棕		块状	紧	有	无	无
60~70	黑棕		块状	较紧	无	无	卵石

表 23-8（续）　　壤质洪积淋溶褐土机械组成（23-8 号剖面）

层次 （cm）	不同粒径（mm）颗粒含量（%）							质地
	砂粒 >0.05	粗粉砂 0.01~0.05	物理性 砂粒 >0.01	粉砂粒		黏粒 <0.001	物理性黏粒 <0.01	
				0.005~ 0.01	0.001~ 0.005			
0~17	16.26	41.67	57.93	13.37	11.02	17.68	42.07	中壤
17~34	19.06	42.82	61.88	10.19	15.29	12.64	38.12	中壤
34~60	15.02	42.80	57.82	11.20	11.21	19.77	42.18	中壤
60~70	26.06	30.63	56.72	13.27	13.27	16.74	43.28	中壤

（2）硅质淋溶褐土土属，母质为石英质岩残积坡积物，新安县只有中层硅质淋溶褐土 1 个土种，分布在新安县西北部中山地带。面积 40.83hm²，占全县总土壤面积的 0.16%。

3. 石灰性褐土亚类

石灰性褐土亚类是发育在马兰黄土、离石午城黄土和次生黄土母质上的土壤，成土年龄较典型褐土亚类短，淋溶作用较弱，碳酸钙多呈粉末状或假菌丝状淀积，石灰反应通体强烈，pH 值在 8.2 以上，黏土层不明显，有时有砂姜出现。面积 10 171.37hm²，占全县土壤总面积的 26.36%。分布在谷间阶地和丘陵坡地上，土壤侵蚀严重，质地壤质。根据母质不同，有黄土质石灰性褐土和泥砂质石灰性褐土两个土属。

（1）黄土质石灰性褐土土属，面积 6 766.84hm²，占全县土壤总面积的 17.54%，主要分布在以新安县黄河沿岸及五头镇的黄土丘陵区。该土属质地轻，肥力较低。根据质地和障碍层次及部位可分为中壤质黄土质石灰性褐土、红黄土质石灰性褐土、浅位少量砂姜红黄土质石灰性褐土、浅位少量砂姜黄土质石灰性褐土、轻壤质黄土质石灰性褐土 5 个土种。

（2）中壤质黄土质石灰性褐土，见表 23-9。

表 23-9　中壤质黄土质石灰性褐土理化性质

层次 （cm）	颜色	结构	松紧度	容重 （g/cm³）	根系	石灰反应	新生体或侵入体
0~15	淡黄	粒状	松	1.17	多	强烈	炉渣
15~27	淡黄	块状	较紧		多	强烈	炉渣
27~46	淡黄棕	块状	较紧		多	强烈	假菌丝
46~85	淡黄棕	块状	较紧		多	强烈	假菌丝
85~100	淡黄棕	块状	紧		有	强烈	假菌丝

表 23-9（续）　　中壤质黄土质石灰性褐土机械组成

| 层次
（cm） | 不同粒径（mm）颗粒含量（%） | | | | | | | 质地 |
| | 砂粒
>0.05 | 粗粉砂
0.01~0.05 | 物理性
砂粒
>0.01 | 粉砂粒 | | 黏粒
<0.001 | 物理性黏粒
<0.01 | |
				0.005~ 0.01	0.001~ 0.005			
0~15	14.44	45.51	59.95	9.10	16.18	14.77	40.05	中壤
15~27	14.18	44.64	58.82	9.12	15.22	16.84	41.18	中壤
27~46	42.64	20.27	62.91	7.09	15.20	14.80	37.09	中壤
46~85	34.52	27.37	6.89	9.12	15.21	13.78	38.11	中壤
85~100	23.50	42.50	66.00	7.08	13.16	13.76	34.00	中壤

（3）轻壤质黄土质石灰性褐土，面积 9.04hm²，占总耕地面积的 0.02%。质地通体轻壤或砂壤，黏化层不明显，石灰反应强烈，淀积较中壤质石灰性褐土更弱，易耕，保水保肥能力差。其剖面性态特征和理化性质见石井乡原麻峪村 23-10 号剖面（表 23-10）。

表 23-10　轻壤质黄土质石灰性褐土性态特征（23-10 号剖面）

层次 （cm）	颜色	结构	容重 （g/cm³）	松紧度	根系	石灰反应	新生体或侵入体
0~24	灰白	粒状	1.45	松	多	强烈	炉渣
24~41	灰白	粒状		较紧	多	强烈	炉渣
41~67	灰黄	碎块状		较紧	多	强烈	假菌丝，砂粒
67~100	灰黄	碎块状		较紧	少	强烈	假菌丝

表 23-10（续）　轻壤质黄土质石灰性褐土机械组成（23-10 号剖面）

| 层次
（cm） | 不同粒径（mm）颗粒含量（%） | | | | | | | 质地 |
| | 砂粒
>0.05 | 粗粉砂
0.01~0.05 | 物理性
砂粒
>0.01 | 粉砂粒 | | 黏粒
<0.001 | 物理性黏粒
<0.01 | |
				0.005~ 0.01	0.001~ 0.005			
0~24	35.89	44.35	80.24	4.03	6.05	9.68	19.76	轻壤
24~41	32.20	48.03	80.23	4.04	5.04	10.69	19.77	轻壤
41~67	32.18	48.42	81.23	4.04	4.04	10.69	18.77	砂壤
67~100	36.46	43.32	79.78	5.16	4.13	10.93	20.22	轻壤

（4）浅位少量砂姜黄土质石灰性褐土，面积 466.76hm²，占土壤总面积的 1.21%。质地轻壤或中壤，通体砂姜含量 10%~30%，石灰反应强烈，分布部位一般较白面土高。其剖面性态特征和理化性质见石井乡庄头村 23-11 号剖面（表 23-11）。

表 23-11　浅位少量砂姜黄土质石灰性褐土性态特征及理化性质（23-11 号剖面）

层次 （cm）	颜色	结构	松紧度	容重 （g/cm³）	根系	石灰 反应	新生体或侵入体
0~17	淡黄棕	粒状	松	1.20	多	强烈	炉渣，砂姜 10%
17~36	淡黄	碎块状	较松紧		少	强烈	砂姜 15%
36~60	黄棕	块状	紧		有	强烈	砂姜 20%，假菌丝
60~100	黄棕	块状	紧		有	强烈	砂姜 20%，假菌丝

表 23-11（续） 浅位少量砂姜黄土质石灰性褐土机械组成（23-11 号剖面）

| 层次（cm） | 不同粒径（mm）颗粒含量（%） | | | | | | | 质地 |
| | 砂粒 >0.05 | 粗粉砂 0.01~0.05 | 物理性砂粒 >0.01 | 粉砂粒 | | 黏粒 <0.001 | 物理性黏粒 <0.01 | |
				0.005~0.01	0.001~0.005			
0~17	4.73	65.56	70.29	3.08	18.43	8.2	29.71	轻壤
17~36	1.82	68.52	70.34	8.51	10.92	10.23	29.66	轻壤
36~60	2.74	67.57	70.31	9.23	10.04	10.24	29.69	轻壤
60~100	7.96	58.79	66.25	10.07	12.43	11.25	33.75	中壤

（5）红黄土质石灰性褐土，分布在低山丘陵，母质为离石午城黄土，土色较红，质地重壤，碳酸钙呈粉末状或假菌丝状淀积，有时有砂姜，通体石灰反应强烈，质地重壤，面积 1 868.09hm²，占全县耕地总面积的 4.84%。其剖面性态特征和理化性质见磁涧镇何庄村 23-12 号剖面（表 23-12）。

表 23-12 红黄土质石灰性褐土性态特征及理化性状（23-12 号剖面）

层次（cm）	颜色	结构	容重（g/cm³）	松紧度	根系	石灰反应	新生体或侵入体
0~20	棕	粒状	1.11	松	多	强	砂姜 5%
20~45	棕	碎块状		松	多	强	粉状石灰淀积
45~74	暗红棕	块状		较紧	多	强	粉状石灰淀积
74~100	红棕	块状		较紧	少	强	假菌丝

表 23-12（续） 红黄土质石灰性褐土机械组成（23-12 号剖面）

| 层次（cm） | 不同粒径（mm）颗粒含量（%） | | | | | | | 质地 |
| | 砂粒 >0.05 | 粗粉砂 0.01~0.05 | 物理性砂粒 >0.01 | 粉砂粒 | | 黏粒 <0.001 | 物理性黏粒 <0.01 | |
				0.005~0.01	0.001~0.005			
0~20	6.67	37.50	44.17	11.45	28.13	16.25	55.83	重壤
20~45	2.23	42.38	44.61	12.40	26.87	16.12	55.39	重壤
45~74	14.16	30.13	44.29	12.48	25.98	17.25	55.71	重壤
74~100	8.64	34.41	43.04	11.48	27.11	18.36	56.96	重壤

（6）泥砂质石灰性褐土土属。泥砂质石灰性褐土土属母质为次生黄土，分布在河川地区和岭坡脚下局部地形较平坦的部位，面积 3 404.53hm²，占全县土壤总面积的 8.82%，发育较好，有壤质洪积石灰性褐土和壤质洪积褐土 2 个土种，见 23-13 号剖面（表 23-13）。

表 23-13 泥砂质石灰性褐土特征及理化性状（23-13 号剖面）

层次（cm）	颜色	结构	容重（g/cm³）	松紧度	根系	石灰反应	新生体或侵入体
0~20	淡棕	粒状	1.26	松	多	强	砂姜 10%，炉渣
20~43	淡棕	块状		较紧	少	强	砂姜 20%
43~69	红棕	块状		紧	有	强	砂姜 20%
69~100	淡棕	块状		紧	有	强	砂姜 25%

表 23-13（续）　泥砂质石灰性褐土机械组成（23-13 号剖面）

层次 （cm）	不同粒径（mm）颗粒含量（%）							质地
	砂粒 >0.05	粗粉砂 0.01~0.05	物理性 砂粒 >0.01	粉砂粒		黏粒 <0.001	物理性黏粒 <0.01	
				0.005~ 0.01	0.001~ 0.005			
0~20	11.61	43.22	54.83	10.29	20.58	14.70	45.57	中壤
20~43	11.55	39.13	50.68	13.39	19.56	16.37	49.32	重壤
43~69	3.16	40.16	43.32	12.39	26.84	17.45	56.69	重壤
69~100	3.97	41.35	45.32	10.37	28.91	15.40	54.68	重壤

（7）壤质洪积石灰性褐土，面积 405.62hm²，占总耕地面积的 1.05%，分布部位一般较中壤质黄土质石灰性褐土低，多在坡脚下平坦部位，质地也较中壤质黄土质石灰性褐土偏重，肥力较高。其剖面性态特征及理化性质见五头镇仓上村 23-14 号剖面（表 23-14）。

表 23-14　壤质洪积石灰性褐土性态特征及理化性状（23-14 号剖面）

层次 （cm）	颜色	结构	容重 （g/cm³）	松紧度	根系	石灰反应	新生体或侵入体
0~26	灰黄	粒状	1.36	松	多	强烈	炉渣
26~42	灰黄	碎块状		较紧	少	强烈	砂姜 10%
42~64	暗黄棕	碎块状		较紧	有	强烈	砂姜 5%
64~100	黄棕	碎块状		较紧	有	强烈	粉状石灰淀积

表 23-14（续）　壤质洪积石灰性褐土机械组成（23-14 号剖面）

层次 （cm）	不同粒径（mm）颗粒含量（%）							质地
	砂粒 >0.05	粗粉砂 0.001~0.05	物理性 砂粒 >0.01	粉砂粒		黏粒 <0.001	物理性黏粒 <0.01	
				0.005~ 0.01	0.001~ 0.005			
0~26	13.95	39.75	53.7	13.71	21.09	11.50	46.30	重壤
26~42	9.55	44.25	53.80	12.63	23.15	10.42	46.20	重壤
42~64	20.02	31.60	51.62	14.77	24.23	9.33	48.38	重壤
64~100	9.45	35.84	45.29	12.65	27.41	14.65	54.71	重壤

（8）壤质洪积褐土。壤质洪积褐土，质地中壤或轻壤，面积 2 998.91hm²，占总土壤面积的 7.77%，主要发育在山间和丘陵洼地及河流沿岸，土层深厚，肥力较高，发育层次明显。其剖面性态特征及理化性质见石寺镇上孤灯村 23-15 号剖面和磁涧镇尤彰村 23-16 号剖面（表 23-15、表 23-16）。

表 23-15　壤质洪积褐土性质态特征及理化性状（23-15 号剖面）

层次 （cm）	颜色	结构	容重 （g/cm³）	松紧度	根系	石灰反应	新生体或侵入体
0~20	暗棕	粒状	1.02	松	多	强	瓦砾
20~37	棕色	块状		紧	多	强	瓦砾
37~60	棕色	块状		较紧	少	强	瓦砾
60~100	棕色	块状		较紧	少	强	瓦砾

表 23-15（续）　壤质洪积褐土机械组成（23-15 号剖面）

层次（cm）	不同粒径（mm）颗粒含量（%）							质地
	砂粒>0.05	粗粉砂0.01~0.05	物理性砂粒>0.01	粉砂粒		黏粒<0.001	物理性黏粒<0.01	
				0.005~0.01	0.001~0.005			
0~20	39.58	27.84	67.42	10.31	20.62	1.65	32.58	中壤
20~37	38.51	24.76	63.27	19.60	9.29	7.84	36.73	中壤
37~60	59.20	6.81	66.01	16.49	8.24	9.89	33.99	中壤
60~100	40.72	19.55	60.27	8.24	19.55	11.94	39.73	中壤

表 23-16　壤质洪积褐土性质态特征及理化性状（23-16 号剖面）

层次（cm）	颜色	结构	容重（g/cm³）	松紧度	根系	石灰反应	新生体或侵入体
0~15	灰棕	粒状	1.16	松	多	微	炉渣瓦砾石块
15~46	灰黄棕	碎块状		散	少	微	炉渣瓦砾河石砂姜
46~74	灰棕	块状		紧	有	微	炉渣　瓦砾
74~100	暗灰棕	块状		紧	无	微	炉渣　瓦砾

表 23-16（续）　壤质洪积褐土机械组成（23-16 号剖面）

层次（cm）	不同粒径（mm）颗粒含量（%）							质地
	砂粒>0.05	粗粉砂0.01~0.05	物理性砂粒>0.01	粉砂粒		黏粒<0.001	物理性黏粒<0.01	
				0.005~0.01	0.001~0.005			
0~15	21.52	42.23	63.75	9.00	16.39	10.86	36.25	中壤
15~46	20.61	41.94	62.55	8.19	17.39	11.87	37.45	中壤
46~74	16.48	33.16	49.64	12.43	16.58	21.35	50.36	重壤
74~100	20.2	37.02	57.22	8.23	14.39	20.16	42.78	重壤

4. 褐土性土亚类

褐土性土亚类有黄土质褐土性土、堆垫褐土性土、砂泥质褐土性土、灰泥质褐土性土、硅质褐土性土 5 个土属。

（1）黄土质褐土性土土属，面积 3 990.8hm²，占全县耕地面积的 10.34%，是在第四纪离石午城黄土及其洪积坡积物上发育的土壤，质地重壤，剖面发育不明显，土层较厚。根据质地和砂姜含量划分为红黄土质褐土性褐土和浅位少量砂姜红黄土质褐土性土 2 个土种，其剖面性态特征和理化性质见磁涧镇李子沟村 23-17 号剖面和五头镇党家沟村 23-18 号剖面（表 23-17、表 23-18）。

表 23-17　红黄土质褐土性褐土性态特征及理化性状（23-17 号剖面）

层次（cm）	颜色	结构	容重（g/cm³）	松紧度	根系	石灰反应	新生体或侵入体
0~22	棕	粒状	1.26	松	多	强	炉渣
22~35	淡棕	粒状		较紧	多	强	炉渣
35~52	暗红棕	块状		紧	少	强	炉渣
52~76	暗红棕	块状		紧	有	强	炉渣
76~100	红棕	块状		紧	有	强	炉渣，砂姜5%

表 23-17（续） 红黄土质褐土性褐土机械组成（23-17 号剖面）

层次 （cm）	不同粒径（mm）颗粒含量（%）							质地
	砂粒 >0.05	粗粉砂 0.01~0.05	物理性 砂粒 >0.01	粉砂粒		黏粒 <0.001	物理性黏粒 <0.01	
				0.005~ 0.01	0.001~ 0.005			
0~22	11.15	28.40	49.55	411.42	23.88	15.15	50.41	重壤
22~35	1.91	33.55	45.46	11.40	26.96	16.18	54.54	重壤
35~52	1.91	35.62	47.53	11.41	23.85	17.21	52.47	重壤
52~76	15.56	29.76	45.32	12.48	23.90	18.30	54.68	重壤
76~100	12.26	38.56	50.82	12.40	17.56	19.22	49.18	重壤

表 23-18 浅位少量砂姜红黄土质褐土性土性态特征及理化性状（23-18 号剖面）

层次 （cm）	颜色	结构	容重 （g/cm³）	松紧度	根系	石灰反应	新生体或侵入体
0~20	暗棕红	粒状	1.18	松	多	强	砂姜5%，炉渣
20~49	暗棕红	粒状		松	多	强	砂姜15%
49~72	红棕	块状		较紧	少	强	砂姜20%
72~100	暗红棕	块状		较紧	有	强	砂姜20%

表 23-18（续） 浅位少量砂姜红黄土质褐土性土机械组成（23-18 号剖面）

层次 （cm）	不同粒径（mm）颗粒含量（%）							质地
	砂粒 >0.05	粗粉砂 0.01~0.05	物理性 砂粒 >0.01	粉砂粒		黏粒 <0.001	物理性黏粒 <0.01	
				0.005~ 0.01	0.001~ 0.005			
0~20	9.67	43.31	52.98	10.31	20.62	16.09	47.02	重壤
20~49	13.5	36.07	49.92	11.33	21.64	17.11	50.08	重壤
49~72	11.75	35.46	47.21	13.57	21.86	17.36	52.79	重壤
72~100	13.85	34.42	48.27	12.51	20.86	18.36	51.73	重壤

（2）堆垫褐土性土土属。堆垫褐土性土土属仅有厚层堆垫褐土性土 1 个土种，面积 96.91hm²，占全县耕地面积的 0.25%。一种是在古代废墟上发育起来的土壤。另一种是分布在畛河、青河两岸，为人工堆垫母质，成土年龄短，发育很弱，土体下部为原来的河床或河漫滩地，有些年份有过水现象，土层厚度随堆垫程度不同而异。由于堆垫的土源和时间早晚不同，其土壤肥力差异很大。其剖面性态特征和理化性质见石寺镇石寺村 23-19 号剖面（表 23-19）。

表 23-19 厚层堆垫褐土性土性态特征及理化性状（23-19 号剖面）

层次 （cm）	颜色	结构	容重 （g/cm³）	松紧度	根系	石灰反应	新生体或侵入体
0~20	棕	碎块状	1.21	松	少	强	无
20~36	棕	块状		较紧	少	强	无
36~54	暗棕	块状		较紧	有	强	无

表 23-19（续） 厚层堆垫褐土性土机械组成（23-19 号剖面）

层次 （cm）	不同粒径（mm）颗粒含量（%）							质地
	砂粒 >0.05	粗粉砂 0.01~0.05	物理性 砂粒 >0.01	粉砂粒		黏粒 <0.001	物理性黏粒 <0.01	
				0.005~ 0.01	0.001~ 0.005			
0~20	11.23	47.15	58.38	8.20	17.43	15.99	41.62	中壤
20~36	7.19	46.61	53.80	11.14	15.20	19.86	46.20	重壤
36~54	9.99	45.21	55.20	11.30	15.42	18.08	44.80	中壤
54~100	81.13	7.10	88.23	1.02	5.07	5.68	11.77	轻壤

（3）砂泥质褐土性土土属。砂泥质褐土性土土属面积 3 324.82hm²，占全县耕地面积的 8.62%，有中层砂泥质褐土性土和厚层砂泥质褐土性土 2 个土种。

中层砂泥质褐土性土，母质为泥质砂页岩、板岩等残积坡积物，分布在低山丘陵的石寺、北冶和仓头等乡镇。面积亩 1 403.44hm²，占全县总耕地面积的 3.64%。其剖面性态特征和理化性质见石寺镇贾沟村 23-20 号剖面（表 23-20）。

表 23-20 泥质岩中层砾质始成褐土性态特征（23-20 号剖面）

层次 （cm）	颜色	结构	容重 （g/cm³）	松紧度	根系	石灰反应	新生体或侵入体
0~20	暗灰黄	粒	1.20	松	多	微	炉渣，石砾 5%
20~35	灰棕	碎块状		较紧	少	微	炉渣，石砾 20%
35~58	暗棕灰	碎块状		较紧	有	弱	炉渣，石砾 30%

表 23-20（续） 泥质岩中层砾质始成褐土机械组成（23-20 号剖面）

层次 （cm）	不同粒径（mm）颗粒含量（%）							质地
	砂粒 >0.05	粗粉砂 0.01~0.05	物理性 砂粒 >0.01	粉砂粒		黏粒 <0.001	物理性黏粒 <0.01	
				0.005~ 0.01	0.001~ 0.005			
0~20	55.21	17.46	72.67	4.11	13.36	9.86	27.33	轻壤
20~35	58.14	12.37	70.51	5.16	14.43	9.90	29.49	轻壤
35~58	58.19	12.36	70.55	7.20	14.42	7.83	29.45	轻壤
58~100								砾石

厚层砂泥质褐土性土，面积 1 921.68hm²，占全县总耕地面积的 4.98%。母质为红砂岩，砂砾岩等残积坡积物或洪积扇中上部洪积坡积物及古代海滨洪积物，中低山地和畛河南北丘陵区分布较多。其剖面性态特征和理化性质见仓头乡仓西村 23-21 号剖面和石井乡太平庄村 23-22 号剖面（表 23-21、表 23-22）。

表 23-21 厚层砂泥质褐土性土性态特征及理化性状（23-21 号剖面）

层次 （cm）	颜色	结构	容重 （g/cm³）	松紧度	根系	石灰反应	新生体或侵入体
0~23	黄棕	粒状	1.23	松	多	强烈	砾石 5%，砂姜 5%
23~49	黄棕	碎块状		较紧	多	强烈	砂姜 10%
49~70	暗棕	碎块状		较紧	少	强烈	砂姜 10%，石灰粉末
70~100	淡棕	碎块状		较紧	有	强烈	砂姜 10%，石灰粉末

表 23-21（续）　厚层砂泥质褐土性土机械组成（23-21 号剖面）

层次 （cm）	不同粒径（mm）颗粒含量（%）							质地
	砂粒 >0.05	粗粉砂 0.01~0.05	物理性 砂粒 >0.01	粉砂粒		黏粒 <0.001	物理性黏粒 <0.01	
				0.005~ 0.01	0.001~ 0.005			
0~23	33.78	30.66	64.44	7.15	15.33	13.08	35.56	中壤
23~49	43.01	23.49	66.50	7.15	14.30	12.05	33.50	中壤
49~70	31.57	28.68	60.25	8.20	15.36	16.19	39.75	中壤
70~100	39.63	17.45	57.08	8.22	18.48	16.22	42.92	中壤

表 23-22　厚层砂泥质褐土性土性态特征及理化性状（23-22 号剖面）

层次 （cm）	颜色	结构	容重 （g/cm³）	松紧度	根系	石灰反应	新生体或侵入体
0~16	暗棕	粒状	1.07	松	多	无	卵石 5%
16~33	棕	碎块状		较紧	少	无	卵石 10%
33~46	暗红棕	块状		紧	有	无	卵石 15%
46~100	暗棕红	块状		紧	无	无	卵石 20%，铁锰胶膜

表 23-22（续）　厚层砂泥质褐土性土机械组成（23-22 号剖面）

层次 （cm）	不同粒径（mm）颗粒含量（%）							质地
	砂粒 >0.05	粗粉砂 0.01~0.05	物理性 砂粒 >0.01	粉砂粒		黏粒 <0.001	物理性黏粒 <0.01	
				0.005~ 0.01	0.001~ 0.005			
0~16	19.47	25.94	45.41	12.46	18.68	23.45	54.59	重壤
16~33	13.54	31.40	44.41	10.47	20.93	23.66	55.06	重壤
33~46	12.48	31.94	43.89	11.51	20.94	23.66	56.11	重壤
46~100	7.72	40.19	47.91	10.80	18.55	22.74	52.09	重壤

（4）灰泥质褐土性土土属。灰泥质褐土性土土属仅有中层钙质褐土性土 1 个土种，面积 1 207.54hm²，占全县耕地面积的 3.13%。母质为石英质岩残积坡积物，分布以渑北山地为主，铁门镇也有分布。其剖面性态特征和理化性质见石井乡寺坡山村 23-23 号剖面（表 23-23）。

表 23-23　中层钙质褐土性土性态特征及理化性状（23-23 号剖面）

层次 （cm）	颜色	结构	容重 （g/cm³）	松紧度	根系	石灰反应	新生体或侵入体
0~5	黑棕	粒状	1.28	松	多	无	石块 25%
5~18	暗棕	粒状		松	多	无	石块 20%
18~29	棕	碎块状		松	多	无	石块 35%
29~50	淡棕	碎块状		散	多	无	石块 35%

表 23-23（续）　中层钙质褐土性土机械组成（23-23 号剖面）

| 层次
（cm） | 不同粒径（mm）颗粒含量（%） | | | | | | | 质地 |
| | 砂粒
>0.05 | 粗粉砂
0.01~0.05 | 物理性
砂粒
>0.01 | 粉砂粒 | | 黏粒
<0.001 | 物理性黏粒
<0.01 | |
				0.005~ 0.01	0.001~ 0.005			
0~5	14.34	47.14	61.48	11.27	16.39	10.86	38.52	中壤
5~18	12.69	45.90	58.59	9.18	19.38	12.85	41.41	中壤
18~29	17.57	38.86	56.43	10.23	18.41	14.93	43.57	中壤
29~50	28.41	31.44	59.85	10.05	19.26	10.75	40.15	中壤

（5）硅质褐土性土土属。硅质褐土性土土属母质为石英质岩残积坡积物，仅有厚层硅质褐土性土 1 个土种，分布以畛北山地为主，铁门镇也有分布，面积 640.18hm²，占全县耕地面积的 1.66%。其剖面性态特征和理化性质见石井乡寺坡山村 23-24 号剖面（表 23-24）。

表 23-24　厚层硅质褐土性土性态特征及理化性状（23-24 号剖面）

层次 （cm）	颜色	结构	容重 （g/cm³）	松紧度	根系	石灰反应	新生体或侵入体
0~5	黑棕	粒状	1.28	松	多	无	石块 25%
5~18	暗棕	粒状		松	多	无	石块 20%
18~29	棕	碎块状		松	多	无	石块 35%
29~50	淡棕	碎块状		散	多	无	石块 35%

表 23-24（续）　厚层硅质褐土性土机械组成（23-24 号剖面）

| 层次
（cm） | 不同粒径（mm）颗粒含量（%） | | | | | | | 质地 |
| | 砂粒
>0.05 | 粗粉砂
0.01~0.05 | 物理性
砂粒
>0.01 | 粉砂粒 | | 黏粒
<0.001 | 物理性黏粒
<0.01 | |
				0.005~ 0.01	0.001~ 0.005			
0~5	14.34	47.14	61.48	11.27	16.39	10.86	38.52	中壤
5~18	12.69	45.90	58.59	9.18	19.38	12.85	41.41	中壤
18~29	17.57	38.86	56.43	10.23	18.41	14.93	43.57	中壤
29~50	28.41	31.44	59.85	10.05	19.26	10.75	40.15	中壤

5. 红黏土土类

红黏土土类只有典型红黏土 1 个亚类和典型红黏土 1 个土属，面积 14 585.5hm²，占全县耕地面积的 37.81%，有红黏土和浅位少量砂姜红黏土 2 个土种。

（1）红黏土，面积 11 975.05hm²，占全县总耕地面积的 31.04%，全县各乡镇均有分布，但主要分布在涧河南北丘陵上。母质为保德红土或保德红土洪积坡积物，一般无石灰反应，上层由于覆盖其他母质土壤和人工耕作等因素的影响，部分有石灰反应，但一般微弱，质地重壤以上，耕层较浅，土壤肥力低。生产上的问题主要是黏、旱、薄等。其剖面性态特征和理化性质见正村乡王庄村 23-25 号剖面、铁门镇庙头村 23-26 号剖面、南李村镇韦庄村 23-27 号剖面、石井乡前口村 23-28 号剖面和石寺镇高庄村 23-29 号剖面（表 23-25 至表 23-29）。

表 23-25　红黏土始成褐土性态特征及理化性状（23-25 号剖面）

层次 （cm）	颜色	结构	容重 （g/cm³）	松紧度	根系	石灰反应	新生体或侵入体
0~20	淡棕红	粒状	1.18	松	多	弱	砂姜 5%，炉渣
20~35	暗棕红	碎块状		较紧	少	弱	砂姜 10%
35~100	红	碎块状		紧	有	微	铁锰胶膜，砂姜 10%

表 23~25（续）　红黏土机械组成（23-25 号剖面）

层次 （cm）	不同粒径（mm）颗粒含量（%）							质地
	砂粒 >0.05	粗粉砂 0.01~0.05	物理性 砂粒 >0.01	粉砂粒		黏粒 <0.001	物理性黏粒 <0.01	
				0.005~ 0.01	0.001~ 0.005			
0~20	4.94	28.95	33.59	11.67	36.07	18.67	66.41	轻黏
20~35	4.35	27.44	31.83	10.41	29.69	28.07	68.14	轻黏
35~100	8.12	18.26	26.36	9.66	22.55	41.43	73.64	轻黏

表 23-26　红黏土始成褐土性态特征及理化性状（23-26 号剖面）

层次 （cm）	颜色	结构	容重 （g/cm³）	松紧度	根系	石灰反应	新生体或侵入体
0~18	暗棕	粒状	1.08	松	多	微	砂姜 5%
18~24	暗棕	粒状		较紧	有	弱	砂姜 5%
24~40	暗棕	碎块状		较紧	有	弱	砂姜 10%
40~60	暗棕	碎块状		较紧	有	微	砂姜 5%
60~100	暗棕	碎块状		紧	有	微	砂姜 10%

表 23-26（续）　红黏土机械组成（23-26 号剖面）

层次 （cm）	不同粒径（mm）颗粒含量（%）							质地
	砂粒 >0.05	粗粉砂 0.01~0.05	物理性 砂粒 >0.01	粉砂粒		黏粒 <0.001	物理性黏粒 <0.01	
				0.005~ 0.01	0.001~ 0.005			
0~18	11.97	41.33	53.30	9.30	20.66	16.74	46.70	重壤
18~24	7.74	42.40	50.14	10.35	22.75	16.76	49.86	重壤
24~40	7.83	41.33	49.16	10.34	21.69	18.81	50.84	重壤
40~60	11.84	36.21	48.05	8.28	20.70	22.97	51.95	重壤
60~100	6.28	41.42	47.70	9.37	21.95	19.98	52.30	重壤

表 23-27　红黏土始成褐土性态特征及理化性状（23-27 号剖面）

层次 （cm）	颜色	结构	容重 （g/cm³）	松紧度	根系	石灰反应	新生体或侵入体
0~16	棕	粒状	1.27	松	多	微	砂姜 5%
16~28	棕	碎块状		较紧	多	微	砂姜 5%
28~46	淡棕	碎块状		紧	少	无	砂姜 10%，铁锰胶膜和结核
46~100	淡棕	碎块状		紧	有	无	砂姜 10%，铁锰胶膜和结核

表 23-27（续） 红黏土机械组成（23-27 号剖面）

层次 （cm）	不同粒径（mm）颗粒含量（%）							质地
	砂粒 >0.05	粗粉砂 0.01～0.05	物理性 砂粒 >0.01	粉砂粒		黏粒 <0.001	物理性黏粒 <0.01	
				0.005～ 0.01	0.001～ 0.005			
0～16	58.8	32.42	38.30	14.64	35.56	11.50	61.70	轻黏
16～28	11.39	26.37	37.76	12.66	31.65	17.93	62.24	轻黏
28～46	28.75	8.51	37.26	7.44	26.59	28.71	62.74	轻黏
46～100	19.49	21.13	39.62	10.59	31.78	19.01	60.38	轻黏

表 23-28 红黏土性态特征及理化性状（23-28 号剖面）

层次 （cm）	颜色	结构	容重 （g/cm³）	松紧度	根系	石灰反应	新生体或侵入体
0～13	暗棕	粒状	1.03	松	多	强	砂姜10%
13～24	暗棕红	块状		紧	少	强	砂姜10%，铁锰胶膜
24～69	暗棕红	块状		紧	少	强	砂姜15%，铁锰胶膜
69～100	暗棕红	块状		极紧	无	弱	砂姜10%，铁锰胶膜

表 23-28（续） 红黏土机械组成（23-28 号剖面）

层次 （cm）	不同粒径（mm）颗粒含量（%）							质地
	砂粒 >0.05	粗粉砂 0.01～0.05	物理性 砂粒 >0.01	粉砂粒		黏粒 <0.001	物理性黏粒 <0.01	
				0.005～ 0.01	0.001～ 0.005			
0～13	21.65	21.82	43.47	8.95	26.93	20.65	56.53	重壤
13～24	10.56	27.55	38.11	9.54	29.67	22.68	61.89	轻黏
24～69	14.92	25.40	40.32	9.52	28.51	22.65	60.68	轻黏
69～100	18.16	20.09	38.25	9.5	30.68	21.57	61.75	轻黏

表 23-29 红黏土性态特征及理化性状（23-29 号剖面）

层次 （cm）	颜色	结构	容重 （g/cm³）	松紧度	根系	石灰反应	新生体或侵入体
0～15	淡棕	粒状	1.02	松	多	无	砂姜5%，铁锰胶膜和结核
15～24	红黄	块状		较紧	有	无	砂姜5%，铁锰胶膜和结核
24～59	红黄	块状		紧	无	无	砂姜10%，铁锰胶膜和结核
59～100	淡红黄	粒状		紧	无	无	砂姜10%，铁锰胶膜和结核

表 23-29（续） 红黏土机械组成（23-29 号剖面）

层次 （cm）	不同粒径（mm）颗粒含量（%）							质地
	砂粒 >0.05	粗粉砂 0.01～0.05	物理性 砂粒 >0.01	粉砂粒		黏粒 <0.001	物理性黏粒 <0.01	
				0.005～ 0.01	0.001～ 0.005			
0～15	24.99	10.62	35.61	11.69	29.75	22.95	64.39	轻黏
15～24	19.74	18.24	37.98	10.73	21.46	29.83	62.02	轻黏
24～59	8.66	28.81	37.47	9.61	22.4	30.52	62.53	轻黏
59～100	6.16	22.75	28.91	10.84	20.59	39.66	71.09	轻黏

（2）浅位少量砂姜红黏土，通体砂姜含量 10%～30%，面积 2 610.45hm²，占总耕地面积的 6.77%。其剖面性质态特征和理化性质见城关镇上杨沟村 23-30 号剖面（表 23-30）。

表 23-30　浅位少量砂姜红黏土性态特征及理化性状（23-30 号剖面）

层次（cm）	颜色	结构	容重（g/cm³）	松紧度	根系	石灰反应	新生体或侵入体
0～16	暗棕红	粒状	1.09	松	多	强	砂姜 10%
16～33	暗棕红	块状		较紧	少	弱	砂姜 20%
33～50	暗棕红	块状		紧	有	弱	砂姜 30%
50～61	暗棕红	块状		较紧	有	微	砂姜 5%
61～100	红	块状		紧	有	无	铁锰胶膜，砂姜 5%

表 23-30（续）　浅位少量砂姜红黏土机械组成（23-30 号剖面）

层次（cm）	砂粒 >0.05	粗粉砂 0.01～0.05	物理性砂粒 >0.01	粉砂粒 0.005～0.01	粉砂粒 0.001～0.005	黏粒 <0.001	物理性黏粒 <0.01	质地
0～16	23.12	23.96	47.08	7.29	25.00	20.63	52.92	重壤
16～33	15.02	24.09	39.11	8.23	19.87	32.79	60.89	轻黏
33～50	19.08	18.99	38.07	9.39	21.10	31.44	61.93	轻黏
50～61	14.90	18.04	32.94	8.36	26.97	31.73	67.06	轻黏
61～100	17.62	11.01	28.63	7.71	18.73	44.93	71.37	轻黏

6. 紫色土土类

紫色土土类有中性紫色土和石灰性紫色土 2 个亚类，母质为紫色岩残积坡积物，主要分布在曹村、石井和石寺 3 个乡镇，面积 572.19hm²，占全县耕地面积的 1.48%。

（1）中性紫色土亚类只有紫砾泥土 1 个土属，厚层砂质中性紫色土 1 个土种，面积 475.9hm²，占全县耕地面积的 1.23%。其剖面性态特征和理化性质见曹村乡大扒村 23-31 号剖面（表 23-31）。

表 23-31　厚层砂质中性紫色土性态特征及理化性状（23-31 号剖面）

层次（cm）	颜色	结构	容重（g/cm³）	松紧度	根系	石灰反应	新生体或侵入体
0～16	紫棕	粒状	1.19	松	多	无	石砾 15%
16～35	暗灰棕	碎块状		较紧	少	无	石砾 20%
35～100	暗棕	块状		紧	有	无	石砾 25%

表 23-31（续）　厚层砂质中性紫色土机械组成（23-31 号剖面）

层次（cm）	砂粒 >0.05	粗粉砂 0.01～0.05	物理性砂粒 >0.01	粉砂粒 0.005～0.01	粉砂粒 0.001～0.005	黏粒 <0.001	物理性黏粒 <0.01	质地
0～16	57.91	17.37	75.28	4.08	12.26	8.38	24.72	轻壤
16～35	47.05	19.42	66.47	6.13	14.31	13.09	33.53	中壤
35～100	46.31	16.33	62.64	7.15	14.33	15.88	37.36	轻壤

（2）石灰性紫色土亚类只有紫灰紫砾泥土1个土属，厚层砂质石灰性紫色土1个土种，面积96.29hm²，占全县耕地面积的0.25%。其剖面性态特征和理化性质见石井乡五顷村23-32号剖面（表23-32）。

表23-32　紫色岩厚层石渣始成褐土性态特征及理化性状（23-32号剖面）

层次（cm）	颜色	结构	容重（g/cm³）	松紧度	根系	石灰反应	新生体或侵入体
0~10	暗灰棕	碎块状	1.43	较紧	多	强	10%碎石片
10~23	暗灰棕	碎块状		较紧	多	强	30%碎石片
23~37	暗灰棕	碎块状		紧	少	强	50%石砾
37~100	暗红	块状		紧	少	强	50%石砾

表23-32（续）　紫色岩厚层石渣始成褐土机械组成（23-32号剖面）

层次（cm）	不同粒径（mm）颗粒含量（%）							质地
	砂粒>0.05	粗粉砂0.01~0.05	物理性砂粒>0.01	粉砂粒 0.005~0.01	0.001~0.005	黏粒<0.001	物理性黏粒<0.01	
0~10	57.16	14.21	71.37	3.05	14.21	11.37	28.63	轻壤
10~23	55.45	16.89	72.34	4.47	13.83	9.36	27.66	轻壤
23~37	56.98	7.55	64.53	6.11	13.87	15.49	35.47	中壤
37~100	32.13	14.57	46.70	4.16	19.78	29.36	53.30	重壤

7. 粗骨土土类

粗骨土土类只有钙质粗骨土1个亚类灰泥质钙质粗骨土1个土属，薄层钙质粗骨土1个土种，母质为凝灰岩残积坡积物，主要分布在北冶、曹村、石井等乡镇的山地，铁门镇和南李村镇也有分布。面积359.65hm²，占全县耕地总面积的0.93%。其剖面性态特征和理化特性与中层钙质褐土性土相似。

8. 潮土土类

潮土是发育在河流沉积物上，受地下水影响，经过耕种熟化而形成的农业土壤。地下水位一般在1.5~3m。潮土是非地带性土壤，成土过程短，发育微弱，多分布在涧、畛河两川区及黄河沿岸，土层较厚，层次明显，土层的质地和色泽均一，剖面下层有铁锈斑纹，有时有细小的铁锰结构。土壤呈中性至微碱性，pH值7~8.5，通体有石灰反应，分布在铁门、城关和磁涧等乡镇，潮土划分为典型潮土和脱潮土2个亚类。

（1）典型潮土亚类。典型潮土亚类，地下水位1.5~3m，有潮化现象和石灰反应，有时剖面下部出现红褐色铁锈斑纹。土层深厚，质地层次明显，而发育层次不明显，有机质含量较低，土壤颜色较浅，以黄色为主，表层多呈灰黄色。pH值8~8.5，偏碱性。土层结构因质地不同而异。面积101.87hm²，占全县总耕地面积的0.26%。根据沉积规律划分为石灰性潮砂土、石灰性潮壤土2个土属。

石灰性潮砂土土属。石灰性潮砂土是在河流冲积物上发育而成，主要组成为砂粒，黏粒含量很少，质地疏松，利于根系下扎，但过砂时根系固着不牢，通透性好，土温升降快，温差大，土性燥，保蓄性差，养分转化快，后劲短，易耕作。只有砂质潮土1个土种，面积97.76hm²，占全县耕地总面积的0.25%，在新安县的石井、北冶黄河沿岸有砂质潮土分布，在1米土体内通体细砂，疏松易耕，其剖面性态特征和理化性质，见铁门镇东窑村23-33号剖面（表23-33）。

表 23-33　砂质潮土性态特征及理化性状（23-33 号剖面）

层次（cm）	颜色	结构	容重（g/cm³）	松紧度	根系	石灰反应	新生体或侵入体
0~26	灰白	单粒	1.68	松	多	强	砂
26~43	灰黄	单粒		松	多	强	砂
43~61	暗黄	碎块状		较紧	多	强	铁锈斑纹
61~100	黄	碎块状		较紧	少	强	卵石，铁锈斑

表 23-33（续）　砂质潮土机械组成（23-33 号剖面）

层次（cm）	不同粒径（mm）颗粒含量（%）							质地
	砂粒 >0.05	粗粉砂 0.01~0.05	物理性砂粒 >0.01	粉砂粒		黏粒 <0.001	物理性黏粒 <0.01	
				0.005~0.01	0.001~0.005			
0~26	81.12	83.0	88.15	2.01	1.00	8.84	11.85	砂壤
26~43	78.13	10.03	88.16	2.01	2.00	7.83	11.84	砂壤
43~61	91.13	9.03	89.16	1.01	2.00	7.83	10.84	砂壤
61~100	79.16	8.42	87.58	2.10	1.06	9.26	12.42	砂壤

　　石灰性潮壤土土属，新安县只有两合土 1 个土种，是在壤质冲积物上发育起来的土壤，通体中壤，间有轻壤，石灰反应强，土体中下部有铁锈斑纹，地下水位 4m 左右，主要分布在各种低洼地和涧、畛河滩区，面积 4.11hm²，占全县总土壤面积的 0.01%。其剖面性态特征和理化性质见仓头乡陈湾村 23-34 号剖面（表 23-34）。

表 23-34　两合土性态特征及理化性状（23-34 号剖面）

层次（cm）	颜色	结构	容重（g/cm³）	松紧度	根系	石灰反应	新生体或侵入体
0~19	淡棕	粒状	1.24	松	多	强	炉渣
19~44	淡棕	碎块状		较紧	少	强	炉渣
44~65	棕	块状		较紧	有	强	炉渣
65~78	棕	块状		较紧	无	强	铁锈斑纹
78~100	淡棕	块状		较紧	无	强	炉渣

表 23-34（续）　两合土机械组成（23-34 号剖面）

层次（cm）	不同粒径（mm）颗粒含量（%）							质地
	砂粒 >0.05	粗粉砂 0.01~0.05	物理性砂粒 >0.01	粉砂粒		黏粒 <0.001	物理性黏粒 <0.01	
				0.005~0.01	0.001~0.005			
0~19	30.11	45.72	75.83	8.12	15.24	0.81	24.17	轻壤
19~44	17.16	44.56	61.72	6.07	15.20	17.01	38.28	中壤
44~65	14.29	50.54	64.83	5.05	13.14	16.98	35.17	中壤
65~78	22.52	45.40	67.92	4.03	12.11	15.94	32.08	中壤
78~100	22.28	49.59	71.87	3.03	9.11	15.99	28.13	轻壤

（2）脱潮土亚类。脱潮土亚类分布部位较高，其母质为河流沉积物，有较明显的沉积层次，剖面中有粉末状或假菌丝状石灰淀积，下部有锈斑，是潮土向褐土过渡的类型。只有脱潮壤土1个土属的脱潮两合土1个土种。通体中壤到重壤，块状或团粒结构，土体中有黏粒下移现象，石灰反应中等，面积11.39hm²，占全县耕地总面积的0.03%，其剖面性态特征和理化性质见城关镇河南村23-35号剖面（表23-35）。

表23-35　脱潮两合土性态特征及理化性状（23-35号剖面）

层次 （cm）	颜色	结构	容重 （g/cm³）	松紧度	根系	石灰 反应	新生体或侵入体
0~27	暗棕黄	粒状	1.42	松	多	强	砂姜5%
27~35	暗棕黄	碎块状		较紧	少	强	炉渣
35~50	棕	碎块状		较紧	有	强	砂姜5%
50~100	淡棕	碎块状		较紧	有	强	假菌丝

表23-35（续）　脱潮两合土机械组成（23-35号剖面）

层次 （cm）	不同粒径（mm）颗粒含量（%）							质地
	砂粒 >0.05	粗粉砂 0.01~0.05	物理性 砂粒 >0.01	粉砂粒		黏粒 <0.001	物理性黏粒 <0.01	
				0.005~ 0.01	0.001~ 0.005			
0~27	50.94	6.21	57.15	11.25	14.41	17.19	42.85	中壤
27~35	48.85	7.21	56.06	11.27	17.51	15.16	43.94	中壤
35~50	47.91	7.20	55.11	11.26	16.36	17.27	44.89	中壤
50~100	48.72	4.26	52.98	8.21	17.45	21.36	47.02	重壤

9. 棕壤土类

棕壤主要分布在西北部中山区的北冶、石井和曹村3个乡，面积36.1hm²，占全县耕地面积的0.09%。自然植被茂密，主要是落叶阔叶林，在稀疏林下的空矿地段生长有繁茂的灌木丛和草本植物等。由于自然植被茂密，光照不足，气候湿润。温度较低，有机质分解缓慢，水分含量高，黏粒聚积作用明显，有黏化现象，可溶性盐类和钙物质都被淋洗，表层的盐基饱和度高于下层全剖面，无石灰反应，pH值在6.5以下，呈微酸性，根据发育程度划分为典型棕壤和棕壤性土2个亚类。

（1）典型棕壤亚类。棕壤亚类是棕壤土类的典型亚类，土层厚，心土层为鲜棕色，发育明显，有枯枝落叶层、腐殖质层、淀积层和母质层。腐殖质层多呈黑色或棕黑色，团粒状结构。淀积层有明显的黏粒淀积，多呈核状或块状结构，结构面上有红棕色铁锰胶膜。主要分布在曹村乡。面积9.27hm²，占全县总耕地面积的0.02%。仅有一个黄土质棕壤1个土属的黄土质棕壤1个土种，其母质为坡积洪积物，是棕壤通过耕作熟化而形成的农业土壤。土层大于60cm，石砾含量小于10%。其剖面性态特征和理化性质见曹村乡伙壕园村23-36号剖面（表23-36）。

表23-36　黄土质棕壤性态特征及理化性状（23-36号剖面）

层次 （cm）	颜色	结构	容重 （g/cm³）	松紧度	根系	石灰反应	新生体或侵入体
0~14	棕	碎块状	1.26	较紧	多	无	石渣5%
14~34	暗棕	碎块状		紧	少	微	石渣5%
34~60	棕	碎块状		紧	有	无	无

（续表）

层次（cm）	颜色	结构	容重（g/cm³）	松紧度	根系	石灰反应	新生体或侵入体
60~83	淡棕	碎块状		紧	有	无	无
83~100	淡棕	块状		紧	无	无	铁锰胶膜

表 23-36（续）　黄土质棕壤机械组成（23-36 号剖面）

层次（cm）	不同粒径（mm）颗粒含量（%）							质地
	砂粒 >0.05	粗粉砂 0.01~0.05	物理性砂粒 >0.01	粉砂粒		黏粒 <0.001	物理性黏粒 <0.01	
				0.005~0.01	0.001~0.005			
0~14	0.90	46.17	47.07	15.03	26.84	11.06	52.93	重壤
14~34	2.58	46.24	48.82	21.13	16.50	13.55	51.18	重壤
34~60	2.66	45.13	47.79	16.11	21.49	14.61	52.21	重壤
60~83	2.14	45.18	47.32	14.38	23.62	14.68	52.68	重壤
83~100	2.80	46.39	49.19	14.45	22.65	13.71	51.81	重壤

（2）棕壤性土亚类。棕壤性土亚类，只有硅质棕壤性土土属的硅质棕壤性土 1 个土种，其母质是石英岩、石英砂岩和石英质砾岩等残积坡积物，面积 26.83hm²，占全县总耕地面积的 0.07%。有机质层薄，土体中石砾含量大于 10%，无明显发育层次。新安县剖面性态特征和理化性质见曹村乡二峪村 23-37 号剖面（表 23-37）。

表 23-37　硅质棕壤性土性态特征及理化性状（23-37 号剖面）

层次（cm）	颜色	结构	容重（g/cm³）	松紧度	根系	石灰反应	新生体或侵入体
0~19	灰棕	粒状	1.29	松	多	无	石砾5%
19~46	紫棕	粒状		松	少	无	石砾5%

表 23-37（续）　硅质棕壤性土机械组成（23-37 号剖面）

层次（cm）	不同粒径（mm）颗粒含量（%）							质地
	砂粒 >0.05	粗粉砂 0.01~0.05	物理性砂粒 >0.01	粉砂粒		黏粒 <0.001	物理性黏粒 <0.01	
				0.005~0.01	0.001~0.005			
0~19	59.57	21.28	81.85	3.19	9.58	6.38	19.15	砂壤
19~46	66.12	15.93	81.95	2.12	10.62	5.31	18.05	砂壤

五、土壤障碍因素分析

1. 影响农业生产的土壤障碍因素

新安县土壤有褐土、红黏土、紫色土、粗骨土、潮土和棕壤 6 个土类，影响农业生产的土壤障碍因素有褐土类中存在砂姜层；潮土类存在砂漏层；红黏土类存在土壤黏重，通透性差；紫色土、粗骨土、棕壤存在砂砾。

2. 障碍因素的土壤生产性状

（1）砂姜土壤。此类土壤质地以中壤土为主，表层多为粒状结构，中层多为棱柱状结构，下层多为块状结构；生产性状表现为：一般养分含量不高，由于含砂姜，耕作不方便，易遭干旱。

（2）砂漏土壤。此类土壤质地为砂壤土，通透性好，供肥性能好，耕作方便，宜耕期长，漏水漏肥，养小苗不养老苗。

（3）黏重土壤。此类土壤质地重壤以上，土壤结构多为块状；生产性状表现为土质黏重，板结紧实，耕性差，易起坷垃，通透性差，干时坚硬，湿时泥泞，不易发小苗，易养老苗。

（4）砂砾土壤。此类土壤质地以轻壤为主，单粒状结构；砂粒含量大，粒间空隙大，通透性好，耕性好，适耕期长，土壤温差大，作物出苗早、齐、全，但保水保肥性差，中后期易脱肥，养小苗不养老苗。

第四节　耕地改良利用与生产现状

一、耕地资源概况

新安县地处豫西丘陵浅山区，耕地土壤瘠薄，水源奇缺，十年九旱，可灌溉耕地面积少，农业生产受到严重制约。全县总面积 1 160.3km²，折合 116 033hm²，但山坡地占了绝大部分。全县位于海拔 500m 以上的山区占 50.8%，高 400~500m 的丘陵区占 40.2%，这两者共占 91%，其他河谷平川地仅占 9% 左右。据新安县国土资源局提供的土地利用现状图，全县耕地面积 38 579.93hm²，占土地总面积的 33.25%，包括果园地 626.20hm²，占耕地总面积的 1.62%；菜地 180.59hm²，占耕地总面积的 0.47%。详情见表 23-38。

表 23-38　新安县耕地利用现状统计

土地利用类型	面积（hm²）	所占比例（%）
总土地面积	116 033	
1 耕地	38 579.93	33.25
2 有林地	35 166.67	91.15
3 灌溉水田	4.26	0.01
4 水浇地	2 588.36	6.71
5 菜地	180.59	0.47
6 果园	626.2	1.62
7 其他	13.5	0.04

二、中低产土壤类型特征

中低产田，泛指那些存在着各种制约农业生产的障碍因素，产量相对低而不稳的耕地。新安县主要存在土壤质地不适，耕地不平整，有轻微侵蚀，排灌水设施不完善，有旱涝威胁，障碍层影响作物生长等类型，即分为坡改梯型、干旱灌溉型、障碍层次型和瘠薄培肥型 4 种类型。

三、改良利用

近年来，新安县因地制宜，先后采取了多种行之有效的措施进行土壤改良，取得了明显的成效。

改良模式及效果。一是采取拖拉机深耕，扩大秸秆还田力度，逐年打破黏盘层厚度，扩大耕层库容，提高蓄水保肥能力。二是物理改良，即客土改良，黏掺沙，沙掺黏，改善质地的沙黏比例，使黏土变沙松，沙土变黏结。三是通过测土配方施肥，摸清土壤养分状况，缺啥补啥，缺多少补多少。改善化肥供需结构，改变化肥品种，变单一元素型为多元素复合型，达到改善土壤养分失调状况。四是建立合理的轮作制度，扩大豆科作物（花生、大豆）种植面积，充分发挥根瘤菌固氮作用，做到用地养地相结合。五是大力发展沼气，狠抓沼气池建设，利用广泛的生物资源，沤制优质农家肥料，改良土壤。六是进行平整土地，加强农田水利基本建设，蓄水保墒，增强抗旱、防涝减灾能力，实行退耕还林或林粮间作、套种，都是不可缺少的防灾减灾措施。

近年来，新安县采取综合土壤改良措施，取得了良好效果，特别是新安县针对旱地、坡地面积大，在农田建设方面，以小流域为单元，在坡度大的耕地上进行坡改梯，1985年以来，全县累计建立水平梯田面积达11 066hm²，深翻改土5 213.3hm²，治理水土流失面积274km²，占总水土流失面积的29.3%，有效解决了水、肥流失现象，加上深翻，加厚活土层，提高了土壤保水保肥能力和抗旱能力，提高了作物产量和土壤肥力。据调查在相同土质，相同管理条件下，正常年景作物产量提高8%~10%，干旱年份在20%以上，土壤肥力可提高一个等级。

2002—2008年，新安县在实施国家农业综合开发中累计完成土地治理3 100hm²，其中，中低产田改造2 833hm²；农业生态工程133hm²；节水示范33.3hm²，完成优质粮食基地66.7hm²、优质饲料基地333.3hm²。新打机电井47眼，修复机电井21眼；修建排灌站34座；衬砌渠道35.11km；埋设管道157.4km；新修及拓宽机耕道路78.69km；完成了2 500hm²农田防护林网的栽植任务；新增粮食生产能力740.2万kg。

四、耕地利用程度与耕作制度

第二次土壤普查以来，农作物播种面积不断扩大，由1984年的58 904hm²扩大到2007年的64 100hm²，增加8.8%；复种指数不断提高，由1984年的1.40增加到2007年的2.32；作物单产不断提高，由1984年的2 835kg/hm²增加到2007年的9 541.5kg/hm²，增加336.5%。种植制度多数为一年两熟，少数为一年一熟和两年三熟。由于作物种植种类多，作物种植模式也多，主要有：麦—玉（花生、豆类、芝麻）、麦/棉间作套种一年两熟；麦菜瓜一年三熟，麦菜瓜（棉）两年五熟；小麦—玉米—小麦—大豆—小麦—花生—小麦—芝麻一年两熟轮换种植，岗坡地还有春薯（烟）—小麦—夏薯—冬闲的两年三熟制。

第五节　耕地保养管理的简要回顾

做好耕地保养管理工作是农业可持续发展的重要保证。新中国成立以来，在耕地保养管理上，新安县可划分为4大阶段。

一、1947—1958年

解放初期，随着土改运动的结束，农民有了自己的土地，对土地的渴望与热爱使广大农民对待土地热爱有加。除了辛勤的劳动耕作外，在技术人员的指导下，各地轰轰烈烈开展了用动物骨头制造磷肥运动，使耕地含磷量有一定的提高。

二、1958—1984年

1958年，新安县进行了第一次土壤普查，较详细地分析了各种土壤类型，全面总结了当时农业生产的先进经验，对当时的深翻改土、氮素化肥的施用起到了积极推动作用。在此期间，尤其是20世纪60年代开始的氮素化肥的使用，给农业生产和科学施肥带来了伟大的革命，使土地养分和农作物产量有了明显的提高。

三、1984—2006年

1984年，新安县进行了第二次土壤普查，系统地划分了本地的土壤类型，详细地评述了各种土壤类型的形成与演变、理化性状及分布、土壤肥力和生产性能。在此基础上进行了土壤资源评价，制定了土壤改良利用方向，提出了改土培肥技术措施，推动了磷肥的广泛施用，农作物产量有了较大幅度的提高。期间，国家于1986年颁布实施了《中华人民共和国土地管理法》，河南省于1987年颁布实施了《河南省土地管理实施办法》，新安县制定了相应的办法，对乱占滥用耕地现象进行了有效的遏制。20世纪80年代实施的家庭联产承包责任制，1993年开始实施的农村耕地30年不变，对提高农民种植养地的积极性起到了极大的推动作用。20世纪80年代末开始推广配方施肥活动，90年代开始的秸秆还田技术，经多年推广应用，在有机质提高的同时，先是耕地氮，后是耕地磷得到有效的补充，土壤肥力进一步得到提高。

四、2006 年至今

2006 年新安县开始实施国家测土配方施肥资金补贴项目。在各级政府的大力支持和省土肥站的指导下，新安通过加强领导、宣传培训、站企合作、发建议卡、示范引导等形式，极大地推动了广大农民测土配方施肥意识的提高，推动了测土配方施肥技术的广泛应用。与此同时，通过田间肥效试验和校正试验，通过化验 6 363 个土壤样品养分，通过认真的分析研究，提出了适合新安不同地域的小麦和玉米施肥配方和配方肥配方，为广大农民方便快捷地选用配方肥提供了科学合理的保障。测土配方施肥项目的实施，对促进土壤肥力的提高，特别是促进土壤养分的进一步平衡，起到了极大的推动作用。

将 2006—2008 年的耕层土壤养分化验结果与 1984 年的耕层土壤养分化验结果对比，土壤有机质、全氮、有效磷、有效锌、水溶态硼、有效钼、有效铜含量均有所上升，速效钾、有效铁含量下降，耕层土壤养分的变化状况是：有效磷上升幅度最大，比 1984 年上升 40.88%，有机质与 1984 年相比上升 32.75%，全氮与 1984 年相比上升 23.53%，速效钾与 1984 年相比下降 11.95%。耕层土壤水溶态硼、有效锌、有效钼、有效锰、有效铜上升幅度分别是 86.95%、232.76%、166.67%、212.89%、44.17%；有效铁含量下降 4.71%。土壤 pH 值下降 5.31%（表 23-39）。

表 23-39　新安县耕层土壤养分含量变化状况

年度或变幅	有机质	全氮	有效磷	速效钾	有效锌	水溶态硼	有效钼	有效锰	有效铁	有效铜	pH 值
	（g/kg）					（mg/kg）					
1984	13.5	0.85	6.8	192.9	0.58	0.23	0.06	12.8	13.6	1.2	8.28
2006—2008	17.92	1.05	9.58	169.85	1.93	0.43	0.16	40.05	12.96	1.73	7.84
变幅（%）	32.75	23.53	40.88	-11.95	232.76	86.96	166.67	212.89	-4.71	44.17	-5.31

第二十四章　耕地土壤养分

耕地土壤养分是影响耕地地力等级的重要因素，在一定程度上决定了作物产量的高低，是确定肥料施用量的主要依据。新安县2006—2008年对全县耕地有机质、大量元素、微量元素以及土壤物理属性进行了调查分析，充分了解了各个营养元素的含量状况及不同含量级别的面积分布，不同土壤类型、质地各个耕地土壤属性的现状，获取了大量的调查数据，为耕地地力评价创造了条件。

第一节　有机质

土壤有机质是土壤的重要组成部分，对提高土壤保水保肥能力，改善土壤理化性状，调节土壤水、肥、气、热状况具有重要作用，土壤有机质含有作物生长所需的多种营养元素，分解后可直接为作物生长提供营养元素，是土壤养分的重要来源。土壤有机质含量的高低，是衡量土壤肥力水平的重要指标之一，是评价耕地地力的重要指标。在无障碍因素情况下，土壤有机质与土壤肥力呈正相关，有机质含量高土壤就比较肥沃。土壤有机质与土壤的发生、演变，土壤肥力水平和许多土壤的其他属性有密切的关系。对耕作土壤来说，培肥的中心环节就是增施各种有机肥，实行秸秆还田，保持和提高土壤有机质含量。

一、新安县耕地土壤有机质的基本状况

新安县耕地土壤有机质含量变化范围为7.8~36.6g/kg，平均值为17.92g/kg。①不同行政区域：北冶镇最高平均值为21.26g/kg，最低是磁涧镇15.09g/kg；②不同地形部位：河漫滩最高平均值为23.74g/kg，最低为丘（岗）间洼地平均值为16.85g/kg；③不同土壤种类：最高为厚层堆垫褐土性土平均为23.74g/kg，最低为薄层钙质粗骨土平均为13.77g/kg（表24-1、表24-2、表24-3）。

表24-1　新安县耕地土壤有机质按乡镇统计结果　　　　　　　　单位：g/kg

乡镇名称	平均值	最大值	最小值	标准差	变异系数
北冶镇	21.26	32.70	9.30	3.65	17.18%
仓头乡	16.87	25.70	11.60	2.17	12.89%
曹村乡	19.21	32.80	9.90	3.94	20.52%
城关镇	16.30	28.90	7.80	3.67	22.53%
磁涧镇	15.09	25.10	8.90	2.45	16.25%
洛新工业园	17.08	22.40	13.80	1.84	10.80%
南李村镇	16.31	29.80	10.60	2.99	18.32%
石井乡	17.82	28.70	9.30	2.48	13.92%
石寺镇	19.61	36.60	10.40	4.49	22.88%
铁门镇	19.26	34.80	11.10	4.27	22.17%
五头镇	15.64	20.80	9.40	1.75	11.16%
正村乡	16.73	23.20	9.80	1.97	11.78%
总计	17.92	36.60	7.80	3.75	20.91%

表24-2　新安县耕地土壤有机质按地形部位统计结果　　　　　　单位：g/kg

地形部位	平均值	最大值	最小值	标准差	变异系数
岗顶部	18.71	34.00	9.30	3.65	19.53%
河漫滩	23.74	32.70	16.00	3.55	14.94%
阶地	20.28	36.60	9.80	5.08	25.03%
丘（岗）间洼地	16.85	28.00	9.40	3.09	18.33%
丘（岗）坡面	17.38	34.80	7.80	3.39	19.51%

表 24-3　新安县耕地土壤有机质按土壤类型统计结果　　　　单位：g/kg

省土种名称	平均值	最大值	最小值	标准差	变异系数
薄层钙质粗骨土	13.77	17.20	10.80	1.53	11.10%
红黄土质褐土	17.66	32.80	10.40	2.67	15.09%
红黄土质褐土性土	16.28	27.30	9.80	2.84	17.46%
红黄土质石灰性褐土	16.32	26.30	7.80	2.61	15.99%
红黏土	18.63	32.30	8.90	3.63	19.47%
厚层堆垫褐土性土	23.74	32.70	16.00	3.55	14.94%
厚层硅质褐土性土	18.89	27.30	12.20	2.84	15.04%
厚层砂泥质褐土性土	18.94	34.80	11.10	3.84	20.25%
厚层砂质石灰性紫色土	19.63	23.70	15.10	2.63	13.41%
黄土质褐土	16.17	26.40	9.40	2.60	16.05%
黄土质棕壤	18.38	21.50	16.20	2.47	13.46%
两合土	15.93	16.10	15.80	0.15	0.94%
浅位少量砂姜红黄土质褐土	16.12	23.90	11.60	2.46	15.23%
浅位少量砂姜红黄土质褐土性土	16.01	26.70	9.30	2.18	13.60%
浅位少量砂姜红黄土质石灰性褐土	15.66	20.00	11.20	2.09	13.37%
浅位少量砂姜红黏土	15.64	29.30	7.90	2.47	15.80%
浅位少量砂姜黄土质石灰性褐土	15.75	19.80	13.60	1.37	8.70%
轻壤质黄土质石灰性褐土	14.98	16.20	14.20	0.59	3.95%
壤质潮褐土	20.97	29.40	13.60	5.07	24.19%
壤质洪冲积淋溶褐土	17.60	23.90	12.20	2.82	16.05%
壤质洪积褐土	20.22	36.60	9.80	5.08	25.13%
壤质洪积石灰性褐土	16.22	22.70	13.40	1.76	10.86%
砂质潮土	20.31	25.90	16.40	2.58	12.70%
脱潮两合土	21.53	24.10	17.80	3.31	15.36%
黏质洪积褐土	20.80	34.80	13.60	5.61	26.99%
中层钙质褐土性土	18.72	30.30	9.80	3.56	18.99%
中层硅质淋溶褐土	13.81	16.40	13.20	0.84	6.10%
中层硅质棕壤性土	21.95	22.90	20.80	0.91	4.15%
中层砂泥质褐土性土	19.37	34.00	9.30	4.00	20.65%
中层砂质中性紫色土	18.71	26.30	12.90	2.94	15.70%
中壤质黄土质石灰性褐土	15.55	24.30	10.30	2.40	15.43%

二、分级论述

土壤有机质分级标准见表 24-4，各乡镇有机质分级面积见表 24-5，各土种有机质分级面积见表 24-6。

表 24-4　耕层土壤有机质分级

有机质分级	含量范围（g/kg）	平均值（g/kg）
一级	>24	26.53
二级	20.1~24	21.74
三级	16.1~20	17.80
四级	14.1~16	15.13
五级	≤14	12.83

表 24-5 各乡镇土壤有机质分级面积统计　　　　单位：hm²

乡镇名称	一级	二级	三级	四级	五级
北冶镇	592.64	1 535.96	669.59	192.45	11.43
仓头乡	26.47	155.79	1 722.17	550.25	97.33
曹村乡	249.65	685.48	756.23	287	159.51
城关镇	100.13	131.31	1 281.79	930.68	935.52
磁涧镇	6.36	110.64	1 135	1 800.78	1 520.43
洛新工业园		4.18	666.2	102.19	0.74
南李村镇	20.18	101.85	1 382.45	1 679.82	828.34
石井乡	41.83	369.47	2 022.02	763.08	165.91
石寺镇	325.33	544.92	962.57	302.09	41.30
铁门镇	494.16	823.66	2 334.04	1 160.41	271.67
五头镇		7.62	1 962.37	2 094.65	511.87
正村乡		138.06	1 973.06	779.59	59.71
总计	1 856.75	4 608.94	16 867.49	10 642.99	4 603.76

表 24-6 各土种土壤有机质分级面积统计　　　　单位：hm²

省土种名称	一级	二级	三级	四级	五级
薄层钙质粗骨土			11.38	113.61	234.66
红黄土质褐土	12.91	156.06	843.25	257.86	31.68
红黄土质褐土性土	6.26	85.66	545.56	486.49	261.02
红黄土质石灰性褐土	2.50	126.13	1 105.46	401.75	232.25
红黏土	515.94	1 833.35	5 372.18	3 342.75	910.83
厚层堆垫褐土性土	23.24	38.65	33.87	1.15	
厚层硅质褐土性土	51.62	104.35	437.67	31.93	14.61
厚层砂泥质褐土性土	176.90	485.17	744.93	443.57	71.11
厚层砂质石灰性紫色土		43.50	34.98	17.81	
黄土质褐土	1.36	121.40	592.17	456.84	244.81
黄土质棕壤		4.57	4.70		
两合土			0.59	3.52	
浅位少量砂姜红黄土质褐土		19.59	89.14	73.22	44.78
浅位少量砂姜红黄土质褐土性土	11.19	15.50	951.11	1 037.04	590.97
浅位少量砂姜红黄土质石灰性褐土			718.44	912.70	274.62
浅位少量砂姜红黏土	6.45	6.25	972.59	1 005.38	619.78
浅位少量砂姜黄土质石灰性褐土			298.58	138.65	29.53
轻壤质黄土质石灰性褐土			0.64	8.40	
壤质潮褐土	29.98	31.87	62.32	2.75	17.65
壤质洪冲积淋溶褐土		30.18	98.71	27.04	6.09
壤质洪积褐土	643.83	509.88	1 324.46	265.93	254.81
壤质洪积石灰性褐土		14.25	186.18	203.91	1.28
砂质潮土	11.44	23.58	62.74		
脱潮两合土	0.18	0.83	10.38		
黏质洪积褐土	75.83	10.70	66.27	34.04	1.98

（续表）

省土种名称	一级	二级	三级	四级	五级
中层钙质褐土性土	61.32	310.65	488.77	205.04	141.76
中层硅质淋溶褐土			2.73	6.16	31.94
中层硅质棕壤性土		26.83			
中层砂泥质褐土性土	209.46	381.58	529.15	260.56	22.69
中层砂质中性紫色土	16.30	176.62	222.49	46.86	13.63
中壤质黄土质石灰性褐土	0.04	51.79	1 056.05	858.03	551.28

1. 一级

土壤有机质含量大于 24g/kg，面积为 1 856.75hm²，占全县耕地面积的 4.81%。分布在 9 个乡镇，其中北冶镇面积最大，达 592.6hm²，所占比例为 31.92%；主要土壤类型为壤质洪积褐土和红黏土，面积分别为 643.83hm² 和 515.94hm²，所占比例分别为 34.68% 和 27.79%。

2. 二级

土壤有机质含量范围 20.1~24g/kg，面积为 4 608.94hm²，占全县耕地面积的 11.95%。全县各个乡镇均有分布，其中北冶镇与铁门镇面积分别为 1 535.96hm²、823.66hm²，所占比例分别为 33.33% 和 17.87%。主要土壤类型为红黏土、壤质洪积褐土与厚层砂泥质褐土性土，面积分别为 1 833.35 hm²、509.88hm² 和 485.17hm²，所占比例分别为 39.78%、11.06%和 10.53%。

3. 三级

土壤有机质含量范围为 16.1~20g/kg，面积为 16 867.49hm²，占全县耕地面积的 43.72%。各个乡镇均有分布，铁门镇分布面积最大为 2 334.04hm²；主要土壤类型为红黏土，面积为 5 372.18hm²，所占比例为 39.78%。

4. 四级

土壤有机质含量范围为 14.1~16g/kg，面积为 10 642.99hm²，占全县耕地面积的 27.59%。各个乡镇均有分布，五头镇、磁涧镇、南李村镇面积分别为 2 094.65hm²、1 800.78hm²、1 679.82hm²，所占比例分别为 19.68%、16.92%、15.78%；主要土壤类型为红黏土，面积为 3 342.75hm²，所占比例为 31.41%。

5. 五级

土壤有机质含量小于等于 14g/kg，面积为 4 603.76hm²，占全县耕地面积的 11.93%。主要分布在磁涧镇和南李村镇，面积分别为 1 520.43hm² 和 828.34hm²，所占比例分别为 33.03%和 17.99%；主要土壤类型为红黏土、浅位少量砂姜红黏土和浅位少量砂姜红黄土质褐土性土。

三、增加土壤有机质含量的途径

土壤有机质的含量取决于其年生产量和矿化量的相对大小，当生产量大于矿化量时，有机质含量逐步增加，反之，将会逐步减少。土壤有机质矿化量主要受土壤温度、湿度、通气状况、有机质含量等因素影响。一般来说土壤温度低，通气性差，湿度大时，土壤有机质矿化量较低；相反，土壤温度高，通气性好，湿度适中时则有利于土壤有机质的矿化。影响新安县土壤有机质的主要因素是有机肥料施用有限，从而使相当一部分有机质未能返回土壤。农业生产中应注意创造条件，减少土壤有机质的矿化量。日光温室、塑料大棚等保护地栽培条件下，土壤长期处于高温多湿的条件下有机质易矿化，含量提高较慢，有机质相比含量普遍偏低。适时通风降温，尽量减少盖膜时间将有利于土壤有机质的积累。增加有机肥的施用量，是人为增加土壤有机质含量的主要途径，其方法首先是秸秆还田、增施有机肥、施用有机无机复合肥；其次是大量种植绿肥，还要注意控制与调节有机质的积累与分解，做到既能保证当季作物养分的需要，又能使有机质有所积累，不断提高土壤肥力。灌排和耕作等措施，也可以有效地控制有机质的积累与分解。

第二节　氮、磷、钾

一、新安县耕地土壤全氮的基本状况

土壤全氮是土壤中有机态氮与无机态氮的总和，其含量指标不仅能体现土壤氮素的基础肥力，而且还能反映土壤的供氮能力，其含量与土壤有机质含量呈正相关。新安县耕地土壤全氮含量变化范围为0.46~1.61g/kg，平均值为1.05g/kg。①不同行政区域：北冶镇最高平均为1.15g/kg，最低是磁涧镇0.95g/kg；②不同地形部位：河漫滩最高平均值为1.18g/kg，最低为丘（岗）间洼地平均值为1.02g/kg；③不同土壤种类：最高为厚层砂质石灰性紫色土平均为1.18g/kg，最低为薄层钙质粗骨土平均为0.93g/kg（表24-7、表24-8、表24-9）。

表24-7　新安县耕地土壤全氮按乡镇统计结果　　　　　单位：g/kg

乡镇名称	平均值	最大值	最小值	标准差	变异系数
北冶镇	1.15	1.61	0.64	0.14	11.91%
仓头乡	1.00	1.38	0.71	0.12	12.39%
曹村乡	1.08	1.53	0.62	0.17	15.77%
城关镇	0.98	1.38	0.63	0.13	12.99%
磁涧镇	0.95	1.23	0.65	0.09	9.51%
洛新工业园	1.01	1.18	0.89	0.06	5.74%
南李村镇	1.00	1.45	0.74	0.08	8.40%
石井乡	1.12	1.59	0.72	0.11	10.05%
石寺镇	1.01	1.55	0.68	0.13	12.96%
铁门镇	1.10	1.56	0.46	0.13	11.67%
五头镇	1.00	1.35	0.59	0.09	9.22%
正村乡	1.01	1.35	0.63	0.09	8.55%
总计	1.05	1.61	0.46	0.14	13.05%

表24-8　新安县耕地土壤全氮按地形部位统计结果　　　　　单位：g/kg

地形部位	平均值	最大值	最小值	标准差	变异系数
岗顶部	1.06	1.61	0.46	0.14	13.31%
河漫滩	1.18	1.56	0.97	0.11	9.58%
阶地	1.09	1.56	0.63	0.15	13.42%
丘（岗）间洼地	1.02	1.45	0.59	0.13	12.68%
丘（岗）坡面	1.04	1.60	0.56	0.13	12.76%

表24-9　新安县耕地土壤全氮按土壤类型统计结果　　　　　单位：g/kg

省土种名称	平均值	最大值	最小值	标准差	变异系数
薄层钙质粗骨土	0.93	1.08	0.74	0.07	7.32%
红黄土质褐土	1.05	1.47	0.72	0.12	11.08%
红黄土质褐土性土	0.99	1.45	0.69	0.12	11.72%
红黄土质石灰性褐土	1.01	1.38	0.63	0.12	12.20%
红黏土	1.08	1.61	0.56	0.14	12.75%
厚层堆垫褐土性土	1.18	1.56	0.97	0.11	9.58%

（续表）

省土种名称	平均值	最大值	最小值	标准差	变异系数
厚层硅质褐土性土	1.17	1.41	0.89	0.11	9.29%
厚层砂泥质褐土性土	1.06	1.60	0.46	0.15	13.95%
厚层砂质石灰性紫色土	1.18	1.31	0.98	0.09	7.72%
黄土质褐土	0.99	1.29	0.59	0.12	11.91%
黄土质棕壤	1.09	1.19	1.03	0.06	5.76%
两合土	0.96	0.98	0.95	0.02	1.62%
浅位少量砂姜红黄土质褐土	0.99	1.19	0.79	0.09	8.95%
浅位少量砂姜红黄土质褐土性土	1.02	1.40	0.67	0.12	11.37%
浅位少量砂姜红黄土质石灰性褐土	1.00	1.47	0.74	0.12	12.42%
浅位少量砂姜红黏土	0.96	1.30	0.68	0.10	10.02%
浅位少量砂姜黄土质石灰性褐土	1.02	1.19	0.88	0.09	8.73%
轻壤质黄土质石灰性褐土	0.97	1.07	0.89	0.05	5.25%
壤质潮褐土	1.10	1.40	0.92	0.13	11.36%
壤质洪冲积淋溶褐土	1.00	1.27	0.86	0.10	10.09%
壤质洪积褐土	1.09	1.55	0.63	0.15	13.49%
壤质洪积石灰性褐土	1.01	1.20	0.84	0.07	7.25%
砂质潮土	1.08	1.26	0.97	0.09	8.61%
脱潮两合土	1.14	1.21	1.05	0.08	7.20%
黏质洪积褐土	1.16	1.56	0.88	0.16	13.44%
中层钙质褐土性土	1.09	1.59	0.62	0.14	13.17%
中层硅质淋溶褐土	0.96	1.09	0.89	0.04	4.32%
中层硅质棕壤性土	1.15	1.20	1.10	0.04	3.79%
中层砂泥质褐土性土	1.05	1.48	0.64	0.14	13.00%
中层砂质中性紫色土	1.06	1.43	0.77	0.13	12.24%
中壤质黄土质石灰性褐土	1.00	1.43	0.75	0.11	10.94%

（一）分级论述

土壤全氮分级标准见表 24-10，各乡镇全氮分级面积见表 24-11，各土种全氮分级面积见表 24-12。

表 24-10 耕层土壤全氮分级

全氮分级	含量范围（g/kg）	平均值（g/kg）
一级	>1.20	1.28
二级	1.11~1.20	1.15
三级	1.01~1.10	1.05
四级	0.91~1.00	0.96
五级	≤0.90	0.84

表 24-11　各乡镇土壤全氮分级面积统计　　　　　　　　　　　　单位：hm²

乡镇名称	一级	二级	三级	四级	五级
北冶镇	1 079.51	1 018.24	462.02	416.52	25.78
仓头乡	70.94	634.29	832.61	770.32	243.85
曹村乡	616.36	305.74	395.31	530.8	289.66
城关镇	74.53	312.23	1 120.52	1 051.37	820.78
磁涧镇	32.04	119.01	892.6	2 463.14	1 066.42
洛新工业园		2.18	597.95	172.89	0.29
南李村镇	18.95	193	1 513.69	2 025.8	261.2
石井乡	720.9	1 177.64	962.62	348.57	152.58
石寺镇	185.77	261.46	677.22	813.05	238.71
铁门镇	734.8	1 642.2	1 936.57	747.64	22.73
五头镇	27.52	579.6	1 540.3	1 885.46	543.63
正村乡	13.67	474.88	1 258.62	1 115.45	87.8
总计	3 574.99	6 720.47	12 190.03	12 341.01	3 753.43

表 24-12　各土种土壤全氮分级面积统计　　　　　　　　　　　　单位：hm²

省土种名称	一级	二级	三级	四级	五级
薄层钙质粗骨土			12.58	186.06	161.01
红黄土质褐土	84.72	145.46	673.76	348.03	49.79
红黄土质褐土性土	37.47	224.89	310.67	664.02	147.94
红黄土质石灰性褐土	40.04	412.04	827.19	458.35	130.47
红黏土	1 354.84	2 404.95	4 401.12	3 304.10	510.04
厚层堆垫褐土性土	21.23	32.15	42.38	1.15	
厚层硅质褐土性土	299.95	154.86	149.75	35.08	0.54
厚层砂泥质褐土性土	236.53	455.81	593.18	373.08	263.08
厚层砂质石灰性紫色土	42.52	34.35	17.81	1.61	
黄土质褐土	67.71	183.84	472.53	411.26	281.24
黄土质棕壤		0.11	9.16		
两合土				4.11	
浅位少量砂姜红黄土质褐土		12.76	81.26	87.30	45.41
浅位少量砂姜红黄土质褐土性土	43.61	267.97	697.85	1 213.79	382.59
浅位少量砂姜红黄土质石灰性褐土	73.48	221.25	398.68	886.50	325.85
浅位少量砂姜红黏土	10.41	142.14	376.52	1 465.61	615.77
浅位少量砂姜黄土质石灰性褐土		164.99	98.38	194.17	9.22
轻壤质黄土质石灰性褐土			1.86	7.03	0.15
壤质潮褐土	25.66	34.30	24.24	60.37	
壤质洪冲积淋溶褐土	20.98	9.08	42.94	61.18	27.84
壤质洪积褐土	569.88	789.76	1 040.99	499.68	98.60
壤质洪积石灰性褐土		59.51	179.52	166.02	0.57
砂质潮土	12.66	8.70	75.94	0.46	

（续表）

省土种名称	一级	二级	三级	四级	五级
脱潮两合土	0.18	0.83	10.38		
黏质洪积褐土	79.62	36.21	49.07	21.94	1.98
中层钙质褐土性土	245.53	298.03	242.81	268.02	153.15
中层硅质淋溶褐土			6.11	26.32	8.40
中层硅质棕壤性土		26.42	0.41		
中层砂泥质褐土性土	203.59	267.08	354.76	479.71	98.30
中层砂质中性紫色土	65.88	68.56	171.95	153.28	16.23
中壤质黄土质石灰性褐土	38.50	264.42	826.23	962.78	425.26

1. 一级

土壤全氮含量大于 1.20g/kg，面积为 3 574.99hm²，占全县耕地面积的 9.27%。北冶镇、铁门镇、石井乡面积分别为 1 079.51 hm²、734.8hm²、720.9hm²，所占比例分别为 30.2%、20.55%、20.17%；主要土壤类型为红黏土和壤质洪积褐土，面积分别为 1 354.84hm² 和 569.88hm²，所占比例分别为 37.9% 和 15.94%。

2. 二级

土壤全氮含量范围为 1.11~1.20g/kg，面积为 6 720.47hm²，占全县耕地面积的 17.42%。全县各个乡镇均有分布，其中铁门镇与石井乡面积分别为 1 642.2 hm²、1 177.64hm²，所占比例分别为 24.44% 和 17.52%。主要土壤类型为红黏土，面积为 2 404.95hm²，所占比例为 35.79%。

3. 三级

土壤全氮含量范围为 1.01~1.10g/kg，面积为 12 190.03hm²，占全县耕地面积的 31.6%。各个乡镇均有分布，铁门镇分布面积最大为 1 936.57hm²；主要土壤类型为红黏土，面积为 4 401.12hm²，所占比例为 36.1%。

4. 四级

土壤全氮含量范围为 0.91~1.00g/kg，面积为 12 341.01hm²，占全县耕地面积的 31.99%。各个乡镇均有分布，磁涧镇、南李村镇、五头镇面积分别为 2 463.14hm²、2 025.8hm²、1 885.46hm²，所占比例分别为 19.96%、16.42%、15.28%；主要土壤类型为红黏土，面积为 3 304.1hm²，所占比例为 26.77%。

5. 五级

土壤全氮含量小于等于 0.9g/kg，面积为 3 753.43hm²，占全县耕地面积的 9.73%。主要分布在磁涧镇和城关镇，面积分别为 1 066.42hm² 和 820.78hm²，所占比例分别为 28.41% 和 21.87%；主要土壤类型为浅位少量砂姜红黏土和红黏土，面积分别为 615.77hm² 和 510.04hm²，所占比例分别为 16.41% 和 13.59%

（二）增加土壤氮素的途径

1. 豆科作物和豆科绿肥

能提高土壤氮素的含量，在轮作中多安排豆科作物，能明显提高土壤氮素的含量。

2. 施用有机肥和秸秆还田

是维持土壤氮素平衡的有效措施，各种有机肥和秸秆都含有大量的氮素，这些氮素直接或间接来源于土壤，把它们归还给土壤，有利于土壤氮素循环的平衡。

3. 用化肥补足

土壤氮素平衡中年亏损量，用化肥来补足也是维持土壤氮素平衡的重要措施之一。

二、新安县耕地土壤有效磷基本状况

新安县耕地土壤有效磷含量变化范围为 1.6~33.5mg/kg，平均值为 9.58mg/kg。①不同行政区域：最高是城关镇平均为 10. 27mg/kg，仓头乡最低平均为 7. 65mg/kg；②不同地形部位：最高是阶地平均值为 10. 58mg/kg，河漫滩最低平均值为 8. 9mg/kg；③不同土壤种类：最高为脱潮两合土平均 16. 7mg/kg，最低为两合土平均 6. 13mg/kg（表 24-13、表 24-14、表 24-15）。

表 24-13 新安县耕地土壤有效磷按乡镇统计结果　　　　　　　　　单位：mg/kg

乡镇名称	平均值	最大值	最小值	标准差	变异系数
北冶镇	8. 78	26. 50	1. 60	2. 89	32. 87%
仓头乡	7. 65	20. 30	2. 70	2. 32	30. 32%
曹村乡	10. 18	24. 70	3. 90	3. 23	31. 74%
城关镇	10. 27	24. 00	4. 50	3. 06	29. 83%
磁涧镇	9. 63	20. 30	3. 50	2. 58	26. 80%
洛新工业园	9. 86	14. 20	6. 00	1. 59	16. 13%
南李村镇	9. 41	26. 40	3. 60	2. 34	24. 89%
石井乡	10. 21	29. 80	5. 20	3. 26	31. 89%
石寺镇	8. 66	33. 50	2. 70	2. 83	32. 68%
铁门镇	10. 20	25. 00	3. 50	3. 11	30. 46%
五头镇	10. 04	21. 70	4. 80	2. 78	27. 72%
正村乡	10. 03	16. 30	5. 30	1. 82	18. 11%
总计	9. 58	33. 50	1. 60	2. 96	30. 91%

表 24-14 新安县耕地土壤有效磷按地形部位统计结果　　　　　　　　单位：mg/kg

地形部位	平均值	最大值	最小值	标准差	变异系数
岗顶部	9. 35	28. 10	1. 80	3. 02	32. 32%
河漫滩	8. 90	15. 70	3. 80	2. 78	31. 19%
阶地	10. 58	29. 80	4. 60	3. 64	34. 41%
丘（岗）间洼地	9. 37	22. 50	3. 50	2. 53	26. 95%
丘（岗）坡面	9. 56	33. 50	1. 60	2. 86	29. 91%

表 24-15 新安县耕地土壤有效磷按土壤类型统计结果　　　　　　　　单位：mg/kg

省土种名称	平均值	最大值	最小值	标准差	变异系数
薄层钙质粗骨土	8. 19	12. 00	5. 30	1. 67	20. 42%
红黄土质褐土	10. 25	33. 50	3. 60	3. 56	34. 69%
红黄土质褐土性土	9. 68	20. 30	2. 70	2. 68	27. 72%
红黄土质石灰性褐土	9. 24	20. 30	4. 50	2. 37	25. 63%
红黏土	9. 53	26. 50	1. 60	2. 86	30. 01%
厚层堆垫褐土性土	8. 90	15. 70	3. 80	2. 78	31. 19%
厚层硅质褐土性土	11. 30	28. 10	6. 60	2. 62	23. 19%
厚层砂泥质褐土性土	9. 69	23. 90	3. 50	3. 22	33. 23%
厚层砂质石灰性紫色土	14. 16	22. 60	10. 10	3. 44	24. 27%
黄土质褐土	9. 17	20. 10	3. 50	2. 47	26. 89%

（续表）

省土种名称	平均值	最大值	最小值	标准差	变异系数
黄土质棕壤	9.56	10.70	9.20	0.64	6.68%
两合土	6.13	6.40	6.00	0.19	3.09%
浅位少量砂姜红黄土质褐土	10.47	16.60	5.20	2.47	23.58%
浅位少量砂姜红黄土质褐土性土	8.74	20.20	4.50	2.56	29.25%
浅位少量砂姜红黄土质石灰性褐土	9.20	20.80	4.80	2.84	30.89%
浅位少量砂姜红黏土	9.09	18.10	3.60	2.39	26.32%
浅位少量砂姜黄土质石灰性褐土	8.82	15.50	4.50	2.47	28.00%
轻壤质黄土质石灰性褐土	10.50	11.10	8.80	0.65	6.15%
壤质潮褐土	10.60	14.80	6.50	1.92	18.09%
壤质洪冲积淋溶褐土	9.64	16.40	4.90	2.75	28.57%
壤质洪积褐土	10.49	24.70	4.60	3.43	32.66%
壤质洪积石灰性褐土	8.56	14.30	5.10	1.59	18.61%
砂质潮土	8.67	16.60	6.20	2.90	33.51%
脱潮两合土	16.70	19.60	12.70	3.58	21.43%
黏质洪积褐土	11.93	29.80	6.80	5.56	46.64%
中层钙质褐土性土	10.08	25.70	3.90	3.08	30.50%
中层硅质淋溶褐土	7.87	10.00	6.30	0.87	11.03%
中层硅质棕壤性土	7.63	8.10	7.30	0.34	4.46%
中层砂泥质褐土性土	8.11	27.20	1.80	2.48	30.53%
中层砂质中性紫色土	10.60	20.60	6.60	2.70	25.47%
中壤质黄土质石灰性褐土	9.43	21.70	4.90	2.50	26.46%

（一）分级论述

土壤有效磷分级标准见表24-16，各乡镇有效磷分级面积见表24-17，各土种有效磷分级面积见表24-18。

表24-16　耕层土壤有效磷分级

有效磷分级	含量范围（mg/kg）	平均值（mg/kg）
一级	>14	16.68
二级	10.1~14.0	11.48
三级	7.1~10.0	8.51
四级	5.1~7.0	6.28
五级	≤5.0	4.48

表24-17　各乡镇土壤有效磷分级面积统计　　单位：hm²

乡镇名称	一级	二级	三级	四级	五级
北冶镇	70.89	681.45	1 505.21	712.87	31.65
仓头乡	58.39	576.38	1 114.54	660.58	142.12
曹村乡	299.74	626.11	1 039.84	148.29	23.89

（续表）

乡镇名称	一级	二级	三级	四级	五级
城关镇	227.69	1 338.36	1 509.75	283.57	20.06
磁涧镇	260.87	1 296.98	2 553.81	458.44	3.11
洛新工业园	1.1	501.94	269.22	1.05	
南李村镇	48.48	913.22	2 663.95	386.8	0.19
石井乡	242.55	1 093.45	1 481.06	545.25	
石寺镇	81.82	303.17	1 179.58	579.17	32.47
铁门镇	429.15	2 119.22	2 355.89	158.22	21.46
五头镇	481.33	2 147.09	1 535.96	411.3	0.83
正村乡	55.92	1 343.77	1 483	67.73	
总计	2 257.93	12 941.14	18 691.81	4 413.27	275.78

表 24-18　各土种土壤有效磷分级面积统计　　　　　单位：hm²

省土种名称	一级	二级	三级	四级	五级
薄层钙质粗骨土		45.57	252.18	61.90	
红黄土质褐土	142.97	480.25	445.83	141.42	91.29
红黄土质褐土性土	50.06	569.85	621.53	139.06	4.49
红黄土质石灰性褐土	128.58	771.06	724.68	236.96	6.81
红黏土	478.52	3 444.24	7 245.41	772.10	34.78
厚层堆垫褐土性土	8.47	16.89	39.23	30.85	1.47
厚层硅质褐土性土	86.40	348.98	204.18	0.62	
厚层砂泥质褐土性土	139.45	442.64	1 025.08	277.82	36.69
厚层砂质石灰性紫色土	43.51	52.78			
黄土质褐土	49.95	506.74	623.93	232.88	3.08
黄土质棕壤		0.11	9.16		
两合土				4.11	
浅位少量砂姜红黄土质褐土	1.28	147.04	41.53	36.88	
浅位少量砂姜红黄土质褐土性土	201.97	1 024.80	816.15	550.42	12.47
浅位少量砂姜红黄土质石灰性褐土	137.43	679.19	826.73	257.30	5.11
浅位少量砂姜红黏土	71.17	881.19	1 194.25	450.99	12.85
浅位少量砂姜黄土质石灰性褐土	0.72	273.40	108.42	75.65	8.57
轻壤质黄土质石灰性褐土		8.65	0.39		
壤质潮褐土	0.08	79.34	63.40	1.75	
壤质洪冲积淋溶褐土	28.23	56.62	51.32	10.19	15.66
壤质洪积褐土	345.01	1 344.48	1 172.49	118.94	17.99
壤质洪积石灰性褐土	12.34	65.58	296.67	31.03	
砂质潮土	11.44	8.48	21.95	55.89	

（续表）

省土种名称	一级	二级	三级	四级	五级
脱潮两合土	1.01	10.38			
黏质洪积褐土	78.47	43.03	65.79	1.53	
中层钙质褐土性土	95.82	448.05	561.88	93.49	8.30
中层硅质淋溶褐土			26.57	14.26	
中层硅质棕壤性土			26.83		
中层砂泥质褐土性土	25.39	139.30	694.49	528.37	15.89
中层砂质中性紫色土	56.96	170.20	218.05	30.69	
中壤质黄土质石灰性褐土	62.70	882.30	1 313.69	258.17	0.33

1. 一级

土壤有效磷含量大于14mg/kg，面积为2 257.93hm²，占全县耕地面积的5.85%。全县各个乡镇均有分布，五头镇、铁门镇面积分别为481.33hm²、429.15hm²，所占比例分别为21.32%、19.01%；主要土壤类型为红黏土和壤质洪积褐土，面积分别为478.52hm²和345.01hm²，所占比例分别为21.19%和15.28%。

2. 二级

土壤有效磷含量范围为10.1~14.0mg/kg，面积为12 941.14hm²，占全县耕地面积的33.54%。各个乡镇均有分布，其中五头镇、铁门镇面积分别为2 147.09hm²、2 119.22hm²，所占比例分别为16.59%和16.38%。主要土壤类型为红黏土，面积为3 444.24hm²，所占比例为26.61%。

3. 三级

土壤有效磷含量范围为7.1~10.0mg/kg，面积为18 691.81hm²，占全县耕地面积的48.45%。各个乡镇均有分布，其中南李村镇、磁涧镇、铁门镇分布面积较大，分别为2 663.95hm²、2 553.81hm²、2 355.89hm²，所占比例分别为14.25%、13.66%、12.6%；主要土壤类型为红黏土，面积为7 245.41hm²，所占比例为38.76%。

4. 四级

土壤有效磷含量范围为5.1~7.0mg/kg，面积为4 413.27hm²，占全县耕地面积的11.44%。各个乡镇均有分布，北冶镇面积最大为712.87hm²，所占比例为16.15%；主要土壤类型为红黏土、浅位少量砂姜红黄土质褐土性土和浅位少量砂姜红黏土，面积分别为772.1hm²、550.42hm²和450.99hm²，所占比例分别为17.49%、12.47%和10.22%。

5. 五级

土壤有效磷含量小于等于5mg/kg，面积为275.78hm²，占全县耕地面积的0.71%。主要分布在仓头乡，面积为142.12hm²，所占比例为51.53%；主要土壤类型为红黄土质褐土，面积为91.29hm²，所占比例为33.1%。

（二）增加土壤有效磷的途径

1. 增施有机肥料

土壤中难溶性磷素需要在磷细菌的作用下，逐渐转化成有效磷，供作物吸收利用。土壤有机质有利于微生物的繁殖和微生物活性的提高，增强磷素转化速度。同时有效性的磷素与有机物质结合，减弱了土壤磷素的矿化作用，有利于有效磷贮存积累。

2. 与有机肥料混合使用

在土壤中，难溶性磷酸盐与生物呼吸作用产生的二氧化碳、有机肥料分解时产生的有机酸作用，可逐渐转变为弱酸溶性或水溶性磷酸盐，提高磷素的利用率。

三、新安县耕地土壤速效钾基本状况

新安县耕地土壤速效钾含量变化范围为 86~291mg/kg，平均值为 169.85mg/kg。①不同行政区域：仓头乡最高平均值为 192.81mg/kg，最低是洛新工业园平均值为 154.85mg/kg；②不同地形部位：河漫滩最高平均值为 180.65mg/kg，最低是阶地平均值为 159.25mg/kg；③不同土壤种类：最高为厚层砂质石灰性紫色土平均值为 186.01mg/kg，最低为砂质潮土平均值为 145.62mg/kg（表 24-19、表 24-20、表 24-21）。

表 24-19　新安县耕地土壤速效钾按乡镇统计结果　　　　单位：mg/kg

乡镇名称	平均值	最大值	最小值	标准差	变异系数
北冶镇	167.08	277.00	89.00	27.12	16.23%
仓头乡	192.81	281.00	148.00	18.87	9.78%
曹村乡	170.26	258.00	93.00	23.04	13.53%
城关镇	174.74	230.00	125.00	18.17	10.40%
磁涧镇	157.94	242.00	86.00	18.25	11.56%
洛新工业园	154.85	203.00	117.00	18.60	12.01%
南李村镇	173.47	281.00	121.00	18.75	10.81%
石井乡	174.52	291.00	97.00	21.18	12.14%
石寺镇	158.05	251.00	106.00	24.73	15.65%
铁门镇	167.38	261.00	111.00	19.92	11.90%
五头镇	163.64	237.00	100.00	20.91	12.78%
正村乡	173.58	246.00	135.00	16.12	9.29%
总计	169.85	291.00	86.00	23.11	13.61%

表 24-20　新安县耕地土壤速效钾按地形部位统计结果　　　　单位：mg/kg

地形部位	平均值	最大值	最小值	标准差	变异系数
岗顶部	168.62	291.00	89.00	26.02	15.43%
河漫滩	180.65	270.00	140.00	26.49	14.66%
阶地	159.25	261.00	91.00	24.69	15.50%
丘（岗）间洼地	165.62	246.00	103.00	20.53	12.39%
丘（岗）坡面	171.90	281.00	86.00	21.52	12.52%

表 24-21　新安县耕地土壤速效钾按土壤类型统计结果　　　　单位：mg/kg

土壤类型	平均值	最大值	最小值	标准差	变异系数
薄层钙质粗骨土	171.86	281.00	121.00	25.32	14.73%
红黄土质褐土	168.37	268.00	106.00	21.76	12.92%
红黄土质褐土性土	171.91	232.00	100.00	17.56	10.21%
红黄土质石灰性褐土	177.86	237.00	86.00	18.20	10.23%
红黏土	175.35	281.00	112.00	22.37	12.76%
厚层堆垫褐土性土	180.65	270.00	140.00	26.49	14.66%

（续表）

土壤类型	平均值	最大值	最小值	标准差	变异系数
厚层硅质褐土性土	183.11	291.00	141.00	22.89	12.50%
厚层砂泥质褐土性土	167.02	268.00	97.00	24.99	14.96%
厚层砂质石灰性紫色土	186.01	226.00	147.00	17.29	9.30%
黄土质褐土	163.65	242.00	103.00	20.37	12.45%
黄土质棕壤	174.40	177.00	170.00	2.97	1.70%
两合土	175.00	179.00	173.00	2.83	1.62%
浅位少量砂姜红黄土质褐土	180.48	221.00	129.00	18.59	10.30%
浅位少量砂姜红黄土质褐土性土	163.14	218.00	109.00	17.04	10.45%
浅位少量砂姜红黄土质石灰性褐土	170.71	240.00	124.00	21.07	12.34%
浅位少量砂姜红黏土	176.01	268.00	114.00	19.51	11.08%
浅位少量砂姜黄土质石灰性褐土	168.19	207.00	140.00	13.97	8.31%
轻壤质黄土质石灰性褐土	154.46	166.00	145.00	5.50	3.56%
壤质潮褐土	169.89	206.00	158.00	13.86	8.16%
壤质洪冲积淋溶褐土	170.67	206.00	128.00	23.74	13.91%
壤质洪积褐土	157.22	261.00	91.00	24.54	15.61%
壤质洪积石灰性褐土	149.35	198.00	101.00	21.48	14.38%
砂质潮土	145.62	185.00	111.00	23.20	15.93%
脱潮两合土	151.33	161.00	146.00	8.39	5.54%
黏质洪积褐土	178.37	240.00	136.00	21.57	12.09%
中层钙质褐土性土	176.19	276.00	120.00	20.70	11.75%
中层硅质淋溶褐土	154.57	162.00	151.00	2.73	1.77%
中层硅质棕壤性土	150.00	156.00	144.00	5.89	3.93%
中层砂泥质褐土性土	159.55	251.00	89.00	26.73	16.76%
中层砂质中性紫色土	168.31	258.00	93.00	22.02	13.08%
中壤质黄土质石灰性褐土	166.01	231.00	118.00	19.83	11.94%

（一）分级论述

土壤速效钾分级标准见表24-22，各乡镇速效钾分级面积见表24-23，各土种速效钾分级面积见表24-24。

1. 一级

土壤速效钾含量大于200mg/kg，面积为2 528.54hm²，占全县耕地面积的6.55%。全县各个乡镇均有分布，仓头乡面积最大为1 085.71hm²，所占比例为42.94%；主要土壤类型为红黏土，面积为712.67hm²，所占比例为28.19%。

2. 二级

土壤速效钾含量范围181~200mg/kg，面积8 688.34hm²，占全县耕地面积的22.52%。全县各个乡镇均有分布，其中石井乡与南李村镇面积分别为1 258.74hm²、1 238.07hm²，所占比例分别为14.49%和14.25%。主要土壤类型为红黏土，面积为3 464.01hm²，所占比例为39.87%。

3. 三级

土壤速效钾含量范围 161~180mg/kg，面积为 16 197.41hm²，占全县耕地面积的 41.98%。各个乡镇均有分布，铁门镇分布面积较大为 3 023.62hm²，所占比例为 18.67%；主要土壤类型为红黏土，面积为 5 649.59hm²，所占比例为 34.88%。

4. 四级

土壤速效钾含量范围 141~160mg/kg，面积为 8 507.94hm²，占全县耕地面积的 22.05%。各个乡镇均有分布，磁涧镇面积最大为 2 034.9hm²，所占比例为 23.92%；主要土壤类型为红黏土，面积为 1 700.36hm²，所占比例 19.99%。

5. 五级

土壤速效钾含量小于等于 140mg/kg，面积为 2 657.7hm²，占全县耕地面积的 6.89%。各个乡镇均有分布，石寺镇、五头镇和北冶镇面积较大，分别为 545.35hm²、462.54hm² 和 436.59hm²，所占比例分别为 20.52%、17.4% 和 16.43%；主要土壤类型为壤质洪积褐土、红黏土和中层砂泥质褐土性土，面积分别为 634.1hm²、448.42hm² 和 426.31hm²，所占比例分别为 23.86%、16.87% 和 16.04%。

表 24-22 耕层土壤速效钾分级

速效钾分级	含量范围（mg/kg）	平均值（mg/kg）
一级	>200	213.23
二级	181~200	189.10
三级	161~180	170.65
四级	141~160	151.73
五级	≤140	130.62

表 24-23 各乡镇土壤速效钾分级面积统计 单位：hm²

乡镇名称	一级	二级	三级	四级	五级
北冶镇	170.72	823.73	768.48	802.55	436.59
仓头乡	1 085.71	1 081	369.89	15.41	
曹村乡	285.03	509.29	637.05	407.91	298.59
城关镇	270.69	1 017.32	1 678.59	267.64	145.19
磁涧镇	14.78	454.54	1 648.06	2 034.9	420.93
洛新工业园	1.09	60.68	203.94	473.39	34.21
南李村镇	100.8	1 238.07	1 944.31	661.76	67.70
石井乡	239.52	1 258.74	1 063.07	744.27	56.71
石寺镇	65.09	369.32	506.44	690.01	545.35
铁门镇	131.05	573.83	3 023.62	1 170.26	185.18
五头镇	61.09	747.38	2 338.08	967.42	462.54
正村乡	102.97	554.44	2 015.88	272.42	4.71
总计	2 528.54	8 688.34	16 197.41	8 507.94	2 657.70

表 24-24 各土种土壤速效钾分级面积统计 单位：hm²

省土种名称	一级	二级	三级	四级	五级
薄层钙质粗骨土	12.63	38.57	193.12	79.97	35.36
红黄土质褐土	114.32	348.46	417.50	367.72	53.76
红黄土质褐土性土	78.34	215.24	774.46	275.56	41.39

（续表）

省土种名称	一级	二级	三级	四级	五级
红黄土质石灰性褐土	314.84	549.99	712.48	267.81	22.97
红黏土	712.67	3 464.01	5 649.59	1 700.36	448.42
厚层堆垫褐土性土	28.54	8.32	44.57	15.18	0.30
厚层硅质褐土性土	99.39	258.02	209.74	73.03	
厚层砂泥质褐土性土	112.81	542.90	460.46	622.90	182.61
厚层砂质石灰性紫色土	22.49	32.79	36.37	4.64	
黄土质褐土	29.57	234.09	397.87	693.34	61.71
黄土质棕壤			9.27		
两合土			4.11		
浅位少量砂姜红黄土质褐土	25.01	68.54	132.34	0.74	0.10
浅位少量砂姜红黄土质褐土性土	68.42	358.45	1 442.72	639.53	96.69
浅位少量砂姜红黄土质石灰性褐土	104.91	421.71	949.24	409.04	20.86
浅位少量砂姜红黏土	127.07	571.33	1 365.05	437.89	109.11
浅位少量砂姜黄土质石灰性褐土	8.49	11.38	356.03	90.11	0.75
轻壤质黄土质石灰性褐土			0.64	8.40	
壤质潮褐土	19.85	6.76	98.36	19.60	
壤质洪冲积淋溶褐土	43.77	31.26	47.45	13.44	26.10
壤质洪积褐土	138.87	272.89	1 041.17	911.88	634.10
壤质洪积石灰性褐土		4.98	65.22	187.55	147.87
砂质潮土		8.48	11.44	21.95	55.89
脱潮两合土			10.38	1.01	
黏质洪积褐土	72.01	50.46	40.37	3.87	22.11
中层钙质褐土性土	151.39	366.92	400.04	251.68	37.51
中层硅质淋溶褐土			6.11	34.72	
中层硅质棕壤性土				26.83	
中层砂泥质褐土性土	128.13	169.73	239.17	440.10	426.31
中层砂质中性紫色土	35.43	158.66	159.04	66.27	56.50
中壤质黄土质石灰性褐土	79.59	494.40	923.10	842.82	177.28

（二）提高土壤速效钾含量的途径

1. 增施有机肥料
2. 大力推广秸秆还田技术
3. 增施草木灰、含钾量高的肥料

四、新安县耕地土壤缓效钾基本状况

新安县耕地土壤缓效钾含量变化范围为 278～1 200mg/kg，平均值为 739.99mg/kg。①不同行政区域：铁门镇最高平均值为 841.8mg/kg，最低是北冶镇 658.32mg/kg；②不同地形部位：阶地最高平均值为 786.83mg/kg，最低为河漫滩，平均值为 635.56mg/kg；③不同土壤种类：最高是黄土质棕壤，平均值为 866mg/kg，最低是中层硅质淋溶褐土，平均值为 611.86mg/kg（表24-25、表24-26、表24-27）。

分级论述

土壤缓效钾分级标准见表24-28，各乡镇缓效钾分级面积见表24-29，各土种缓效钾分级面积见表24-30。

1. 一级

土壤缓效钾含量大于900mg/kg，面积为1 539.55hm²，占全县耕地面积的3.99%。铁门镇、仓头乡面积分别为522.07hm²、430.87hm²，所占比例分别为33.91%、27.99%；主要土壤类型为红黏土和壤质洪积褐土，面积分别为393.89hm²和300.37hm²，所占比例分别为25.58%和19.51%。

2. 二级

土壤缓效钾含量范围801~900mg/kg，面积为9 373.28hm²，占全县耕地面积的24.3%。其中铁门镇、石井乡和城关镇面积分别为3 182.05hm²、1 655.77hm²和1 502.74hm²，所占比例分别为33.95%、17.66%和16.03%。主要土壤类型为红黏土，面积3 821.42hm²，所占比例为40.77%。

3. 三级

土壤缓效钾含量范围701~800mg/kg，面积为14 651.75hm²，占全县耕地面积的37.98%。各个乡镇均有分布，五头镇分布面积较大为2 387.33hm²，所占比例16.29%；主要土壤类型为红黏土，面积为4 587.64hm²，所占比例为31.31%。

4. 四级

土壤缓效钾含量范围为601~700mg/kg，面积为10 708.99hm²，占全县耕地面积的27.76%。各个乡镇均有分布，磁涧镇、五头镇和北冶镇面积较大，分别为2 555.31hm²、1 991.66hm²、1 719.75hm²，所占比例分别为23.86%、18.6%、16.06%；主要土壤类型为红黏土，面积为2 639.77hm²，所占比例为24.65%。

5. 五级

土壤缓效钾含量小于等于600mg/kg，面积为2 306.36hm²，占全耕地面积的5.98%。主要分布在北冶镇和南李村镇，面积分别为765.09hm²和740.37hm²，所占比例分别为33.17%和30.54%；主要土壤类型为红黏土，面积为1 700.36hm²，所占比例为23.08%。

表24-25　新安县耕地土壤缓效钾按乡镇统计结果　　　　单位：mg/kg

乡镇名称	平均值	最大值	最小值	标准差	变异系数
北冶镇	658.32	1 184.00	278.00	94.62	14.37%
仓头乡	827.29	1 132.00	624.00	78.36	9.47%
曹村乡	707.01	1 024.00	446.00	86.15	12.19%
城关镇	787.67	1 086.00	552.00	75.95	9.64%
磁涧镇	687.86	958.00	484.00	69.35	10.08%
洛新工业园	680.68	789.00	598.00	46.59	6.84%
南李村镇	680.85	940.00	434.00	89.26	13.11%
石井乡	804.05	1 123.00	391.00	75.39	9.38%
石寺镇	722.84	1 033.00	384.00	87.62	12.12%
铁门镇	841.80	1 200.00	616.00	84.55	10.04%
五头镇	718.89	981.00	560.00	56.12	7.81%
正村乡	745.99	950.00	542.00	71.54	9.59%
总计	739.99	1 200.00	278.00	100.37	13.56%

表24-26　新安县耕地土壤缓效钾按地形部位统计结果　　　　单位：mg/kg

地形部位	平均值	最大值	最小值	标准差	变异系数
岗顶部	720.66	1 123.00	278.00	111.82	15.52%
河漫滩	635.56	847.00	459.00	93.80	14.76%
阶地	786.83	1 122.00	515.00	95.00	12.07%
丘（岗）间洼地	745.62	1 096.00	473.00	86.20	11.56%
丘（岗）坡面	741.54	1 200.00	379.00	95.44	12.87%

表 24-27　新安县耕地土壤缓效钾按土壤类型统计结果　　　　单位：mg/kg

省土种名称	平均值	最大值	最小值	标准差	变异系数
薄层钙质粗骨土	621.80	860.00	491.00	71.59	11.51%
红黄土质褐土	787.74	1 200.00	495.00	103.10	13.09%
红黄土质褐土性土	755.92	1 096.00	505.00	74.97	9.92%
红黄土质石灰性褐土	770.14	1 132.00	534.00	81.26	10.55%
红黏土	744.96	1 196.00	386.00	102.59	13.77%
厚层堆垫褐土性土	635.56	847.00	459.00	93.80	14.76%
厚层硅质褐土性土	786.51	1 123.00	502.00	99.88	12.70%
厚层砂泥质褐土性土	727.45	1 071.00	384.00	100.54	13.82%
厚层砂质石灰性紫色土	849.78	993.00	684.00	54.20	6.38%
黄土质褐土	741.44	934.00	525.00	84.71	11.43%
黄土质棕壤	866.00	930.00	763.00	70.20	8.11%
两合土	767.50	802.00	739.00	28.20	3.67%
浅位少量砂姜红黄土质褐土	822.16	962.00	690.00	70.18	8.54%
浅位少量砂姜红黄土质褐土性土	713.72	902.00	379.00	86.60	12.13%
浅位少量砂姜红黄土质石灰性褐土	732.14	1 002.00	561.00	87.80	11.99%
浅位少量砂姜红黏土	748.16	1 079.00	484.00	79.98	10.69%
浅位少量砂姜黄土质石灰性褐土	732.84	958.00	570.00	82.52	11.26%
轻壤质黄土质石灰性褐土	825.00	842.00	798.00	13.03	1.58%
壤质潮褐土	820.74	1 071.00	703.00	84.19	10.26%
壤质洪冲积淋溶褐土	708.90	991.00	582.00	93.36	13.17%
壤质洪积褐土	785.17	1 122.00	540.00	95.43	12.15%
壤质洪积石灰性褐土	718.06	874.00	564.00	60.58	8.44%
砂质潮土	737.08	828.00	649.00	49.97	6.78%
脱潮两合土	833.67	837.00	830.00	3.51	0.42%
黏质洪积褐土	798.84	1 031.00	515.00	102.69	12.85%
中层钙质褐土性土	737.33	1 123.00	470.00	98.14	13.31%
中层硅质淋溶褐土	611.86	654.00	592.00	12.03	1.97%
中层硅质棕壤性土	798.25	811.00	783.00	13.89	1.74%
中层砂泥质褐土性土	696.89	1 030.00	278.00	110.77	15.90%
中层砂质中性紫色土	741.79	998.00	446.00	90.26	12.17%
中壤质黄土质石灰性褐土	700.83	1 079.00	473.00	92.92	13.26%

表 24-28　耕层土壤缓效钾分级

缓效钾分级	含量范围（mg/kg）	平均值（mg/kg）
一级	>900	958.89
二级	801~900	840.10

（续表）

缓效钾分级	含量范围（mg/kg）	平均值（mg/kg）
三级	701~800	749.71
四级	601~700	659.63
五级	≤600	556.27

表 24-29　各乡镇土壤缓效钾分级面积统计　　　　　　　　　　单位：hm²

乡镇名称	一级	二级	三级	四级	五级
北冶镇	21.87	82.32	413.04	1 719.75	765.09
仓头乡	430.87	1 266.07	669.11	185.96	
曹村乡	29.91	311.31	704.61	999.9	92.14
城关镇	101.26	1 502.74	1 468.96	294.76	11.71
磁涧镇	31.9	118.57	1 491.03	2 555.31	376.4
洛新工业园			117.34	627.69	28.28
南李村镇	19.92	398.84	1 667.48	1 222.03	704.37
石井乡	334.92	1 655.77	1 261.79	79.95	29.88
石寺镇	19.97	191.91	1 204.48	551.59	208.26
铁门镇	522.07	3 182.05	1 328.89	50.93	
五头镇	3.05	184.41	2 387.33	1 991.66	10.06
正村乡	23.81	479.29	1 937.69	429.46	80.17
总计	1 539.55	9 373.28	14 651.75	10 708.99	2 306.36

表 24-30　各土种土壤缓效钾分级面积统计　　　　　　　　　　单位：hm²

省土种名称	一级	二级	三级	四级	五级
薄层钙质粗骨土		0.58	31.36	109.81	217.90
红黄土质褐土	75.10	654.67	317.22	195.85	58.92
红黄土质褐土性土	26.50	274.98	792.98	274.16	16.37
红黄土质石灰性褐土	93.97	464.40	805.66	478.31	25.75
红黏土	393.89	3 821.42	4 587.64	2 639.77	532.33
厚层堆垫褐土性土		9.82	9.76	41.11	36.22
厚层硅质褐土性土	100.51	294.74	133.21	109.31	2.41
厚层砂泥质褐土性土	73.77	337.45	773.63	453.81	283.02
厚层砂质石灰性紫色土	12.14	53.25	29.92	0.98	
黄土质褐土	41.22	255.92	554.90	482.77	81.77
黄土质棕壤	3.20	1.61	4.46		
两合土		1.88	2.23		
浅位少量砂姜红黄土质褐土	22.44	125.63	53.60	25.06	
浅位少量砂姜红黄土质褐土性土	0.71	453.98	915.32	984.50	251.30

（续表）

省土种名称	一级	二级	三级	四级	五级
浅位少量砂姜红黄土质石灰性褐土	62.74	169.02	629.41	1 023.11	21.48
浅位少量砂姜红黏土	35.28	317.04	1 455.97	734.18	67.98
浅位少量砂姜黄土质石灰性褐土	9.06	8.17	170.50	258.86	20.17
轻壤质黄土质石灰性褐土		8.89	0.15		
壤质潮褐土	25.58	82.31	36.68		
壤质洪冲积淋溶褐土	3.73	39.75	11.86	100.05	6.63
壤质洪积褐土	300.37	1 157.24	1 067.03	460.09	14.18
壤质洪积石灰性褐土		35.03	162.11	206.39	2.09
砂质潮土		11.44	33.72	52.60	
脱潮两合土		11.39			
黏质洪积褐土	44.38	70.44	48.08	24.74	1.18
中层钙质褐土性土	88.65	249.08	460.38	254.31	155.12
中层硅质淋溶褐土				29.35	11.48
中层硅质棕壤性土		0.51	26.32		
中层砂泥质褐土性土	30.46	146.02	612.86	318.59	295.51
中层砂质中性紫色土	0.82	106.25	196.98	159.37	12.48
中壤质黄土质石灰性褐土	95.03	210.37	727.81	1 291.91	192.07

第三节　中微量元素

一、有效硫

（一）新安县耕地土壤有效硫的基本状况

新安县耕地土壤有效硫含量变化范围为17.5~49.3mg/kg，平均值为29.40mg/kg。①不同行政区域：曹村乡最高平均值为32.97mg/kg，最低平均值是铁门镇24.20mg/kg；②不同地形部位：最高是河漫滩平均值为30.72mg/kg，最低是阶地平均值为27.72mg/kg；③不同土壤种类：最高为壤质洪冲积淋溶褐土平均值为34.18mg/kg，最低是壤质潮褐土平均为24.85mg/kg（表24-31、表24-32、表24-33）。

表24-31　新安县耕地土壤有效硫按乡镇统计结果　　　　单位：mg/kg

乡镇名称	平均值	最大值	最小值	标准差	变异系数
北冶镇	30.02	42.10	21.00	3.17	10.55%
仓头乡	32.42	44.60	22.20	3.63	11.21%
曹村乡	32.97	47.70	17.50	6.32	19.18%
城关镇	31.91	43.40	21.30	3.85	12.06%
磁涧镇	30.04	45.70	17.70	4.14	13.78%
洛新工业园	32.74	42.00	22.30	4.68	14.28%
南李村镇	28.01	49.30	18.30	3.69	13.16%

（续表）

乡镇名称	平均值	最大值	最小值	标准差	变异系数
石井乡	29.54	38.00	20.10	2.13	7.22%
石寺镇	24.95	29.30	18.40	2.05	8.22%
铁门镇	24.20	34.30	18.50	2.56	10.58%
五头镇	28.65	36.70	19.10	2.99	10.43%
正村乡	28.37	37.50	22.50	3.03	10.67%
总计	29.40	49.30	17.50	4.43	15.08%

表 24-32 新安县耕地土壤有效硫按地形部位统计结果　　单位：mg/kg

地形部位	平均值	最大值	最小值	标准差	变异系数
岗顶部	29.60	47.70	18.00	4.94	16.68%
河漫滩	30.72	36.50	23.20	3.52	11.47%
阶地	27.72	45.10	18.90	4.26	15.37%
丘（岗）间洼地	30.34	43.00	18.30	3.54	11.67%
丘（岗）坡面	29.42	49.30	17.50	4.31	14.64%

表 24-33 新安县耕地土壤有效硫按土壤类型统计结果　　单位：mg/kg

省土种名称	平均值	最大值	最小值	标准差	变异系数
薄层钙质粗骨土	29.63	47.40	20.30	5.46	18.43%
红黄土质褐土	28.65	38.80	19.30	4.48	15.62%
红黄土质褐土性土	29.77	46.70	19.40	5.63	18.92%
红黄土质石灰性褐土	30.51	45.10	19.10	4.01	13.13%
红黏土	28.87	47.70	17.50	4.53	15.70%
厚层堆垫褐土性土	30.72	36.50	23.20	3.52	11.47%
厚层硅质褐土性土	29.61	46.40	20.90	4.33	14.62%
厚层砂泥质褐土性土	27.48	46.50	18.00	4.67	16.98%
厚层砂质石灰性紫色土	28.49	35.40	26.00	1.56	5.48%
黄土质褐土	30.70	43.00	22.00	3.34	10.88%
黄土质棕壤	32.90	37.50	29.90	3.98	12.08%
两合土	31.25	31.50	31.00	0.24	0.76%
浅位少量砂姜红黄土质褐土	30.43	35.90	21.80	3.29	10.80%
浅位少量砂姜红黄土质褐土性土	30.40	38.40	21.10	2.88	9.47%
浅位少量砂姜红黄土质石灰性褐土	31.84	41.60	20.50	3.62	11.38%
浅位少量砂姜红黏土	28.81	38.90	19.90	3.60	12.49%
浅位少量砂姜黄土质石灰性褐土	30.60	40.40	24.40	3.94	12.86%

省土种名称	平均值	最大值	最小值	标准差	变异系数
轻壤质黄土质石灰性褐土	28.74	29.60	28.40	0.45	1.55%
壤质潮褐土	24.85	30.90	21.60	2.32	9.35%
壤质洪冲积淋溶褐土	34.18	44.50	22.50	4.65	13.59%
壤质洪积褐土	27.86	45.10	18.90	4.42	15.88%
壤质洪积石灰性褐土	31.00	36.60	23.50	1.94	6.25%
砂质潮土	28.72	36.90	23.90	4.70	16.36%
脱潮两合土	30.10	30.20	30.00	0.10	0.33%
黏质洪积褐土	26.99	30.90	22.80	2.21	8.17%
中层钙质褐土性土	29.97	47.70	20.10	4.04	13.46%
中层硅质淋溶褐土	33.24	37.10	29.40	1.83	5.49%
中层硅质棕壤性土	30.08	30.40	29.80	0.28	0.92%
中层砂泥质褐土性土	28.32	43.70	18.40	4.04	14.25%
中层砂质中性紫色土	33.83	45.50	18.10	5.17	15.27%
中壤质黄土质石灰性褐土	28.95	49.30	17.70	3.95	13.63%

（二）分级论述

土壤有效硫分级标准见表24-34，各乡镇有效硫分级面积见表24-35，各土种有效硫分级面积见表24-36。

1. 一级

土壤有效硫含量大于35mg/kg，面积为2 731.22hm²，占全县耕地面积的7.08%。曹村乡、城关镇面积较大，分别为899.09hm²、662.87hm²，所占比例分别为32.92%、24.27%；主要土壤类型为红黏土、中层砂质中性紫色土和浅位少量砂姜红黏土，面积分别为533.18hm²、309.34hm²和295.16hm²，所占比例分别为19.52%、11.13%和10.81%。

2. 二级

土壤有效硫含量范围为31~35mg/kg，面积为10 257.89hm²，占全县耕地面积的26.59%。其中磁涧镇面积较大为2 012.6hm²，所占比例为19.62%。主要土壤类型为红黏土和浅位少量砂姜红黄土质褐土性土，面积分别为1 797.13hm²和1 139.87hm²，所占比例为17.52%和11.11%。

3. 三级

土壤有效硫含量范围为26~30mg/kg，面积为18 979.33hm²，占全县耕地面积的49.19%。各个乡镇均有分布，南李村镇分布面积最大为3 092.61hm²，占16.29%；主要土壤类型为红黏土，面积为7 026.43hm²，所占比例为37.02%。

4. 四级

土壤有效硫含量范围为21~25mg/kg，面积为6 470.1hm²，占全县耕地面积的16.77%。各个乡镇均有分布，铁门镇面积最大为2 759.2hm²，所占比例为42.65%；主要土壤类型为红黏土，面积为2 549.11hm²，所占比例为39.4%。

5. 五级

土壤有效硫含量小于等于20mg/kg，面积为141.39hm²，仅占全县耕地面积的0.37%。主要分布在铁门镇、曹村乡和石寺镇；主要土壤类型为红黏土和厚层砂泥质褐土性土，所占比例分别为48.94%和26.18%。

表 24-34　耕层有效硫分级

有效硫分级	含量范围（mg/kg）	平均值（mg/kg）
一级	>35	38.34
二级	31~35	32.01
三级	26~30	27.69
四级	21~25	23.34
五级	≤20	19.04

表 24-35　各乡镇土壤有效硫分级面积统计　　　　　　　　　　　单位：hm²

乡镇名称	一级	二级	三级	四级	五级
北冶镇	44.58	1 448.2	1 312.1	197.19	
仓头乡	418.92	1 164	960.6	8.53	
曹村乡	899.09	429.92	604.45	162.61	41.8
城关镇	662.87	1 580.6	1 053.6	82.38	
磁涧镇	349.64	2 012.6	1 787.4	421.28	2.25
洛新工业园	159.28	316.8	161.26	135.97	
南李村镇	71.82	244.63	3 092.6	596.6	6.98
石井乡	44.81	980.18	2 324.2	13.13	
石寺镇			930.61	1 204.5	41.08
铁门镇		76.04	2 204.7	2 759.2	44.02
五头镇	24.91	1 490.2	2 673.2	382.94	5.26
正村乡	55.3	514.79	1 874.6	505.75	
总计	2 731.22	10 257.89	18 979.33	6 470.1	141.39

表 24-36　各土种土壤有效硫分级面积统计　　　　　　　　　　　单位：hm²

省土种名称	一级	二级	三级	四级	五级
薄层钙质粗骨土	44.09	12.23	249.64	53.69	
红黄土质褐土	99.10	392.50	520.86	280.64	8.66
红黄土质褐土性土	259.45	314.65	488.51	321.85	0.53
红黄土质石灰性褐土	125.38	803.14	846.90	87.94	4.73
红黏土	533.18	1 797.13	7 026.43	2 549.11	69.20
厚层堆垫褐土性土	6.82	41.37	40.25	8.47	
厚层硅质褐土性土	39.35	176.69	292.37	131.77	
厚层砂泥质褐土性土	92.59	572.77	742.61	476.69	37.02
厚层砂质石灰性紫色土	0.98	12.55	82.76		
黄土质褐土	192.42	583.31	439.75	201.10	
黄土质棕壤	4.57	1.69	3.01		
两合土		4.11			
浅位少量砂姜红黄土质褐土	0.66	84.73	123.22	18.12	
浅位少量砂姜红黄土质褐土性土	45.03	1 139.87	1 125.79	295.12	

（续表）

省土种名称	一级	二级	三级	四级	五级
浅位少量砂姜红黄土质石灰性褐土	196.01	844.55	863.20	2.00	
浅位少量砂姜红黏土	295.16	728.65	1 140.05	446.34	0.25
浅位少量砂姜黄土质石灰性褐土	17.26	233.79	182.17	33.54	
轻壤质黄土质石灰性褐土			9.04		
壤质潮褐土		0.07	63.96	80.54	
壤质洪冲积淋溶褐土	86.46	43.76	27.41	4.39	
壤质洪积褐土	87.72	751.27	1 440.92	707.17	11.83
壤质洪积石灰性褐土	0.66	278.76	116.43	9.77	
砂质潮土	1.22	61.31	11.65	23.58	
脱潮两合土		11.21	0.18		
黏质洪积褐土		4.13	120.00	64.69	
中层钙质褐土性土	122.88	208.05	844.98	31.63	
中层硅质淋溶褐土	11.08	23.64	6.11		
中层硅质棕壤性土		0.51	26.32		
中层砂泥质褐土性土	95.05	411.76	407.58	485.06	3.99
中层砂质中性紫色土	309.34	79.25	62.25	22.13	2.93
中壤质黄土质石灰性褐土	64.76	640.44	1 674.98	134.76	2.25

二、有效铜

（一）新安县耕地土壤有效铜的基本状况

新安县耕地土壤有效铜含量变化范围为 0.83~4.46mg/kg，平均值为 1.73mg/kg。①不同行政区域：铁门镇最高平均值为 2.08mg/kg，最低是磁涧镇 1.37mg/kg；②不同地形部位：最高是河漫滩平均值为 1.97mg/kg，最低值是丘（岗）间洼地平均值为 1.61mg/kg；③不同土壤种类：最高是砂质潮土平均值为 2.39mg/kg，最低是薄层钙质粗骨土平均值为 1.07mg/kg（表 24-37、表 24-38、表 24-39 及新安县土壤有效铜含量分布图）。

表 24-37　新安县耕地土壤有效铜按乡镇统计结果　　　　单位：mg/kg

乡镇名称	平均值	最大值	最小值	标准差	变异系数
北冶镇	1.98	4.46	0.97	0.41	20.61%
仓头乡	1.93	3.20	1.01	0.27	14.21%
曹村乡	1.86	3.34	0.83	0.44	23.58%
城关镇	1.74	3.53	0.93	0.42	24.14%
磁涧镇	1.37	3.68	0.83	0.47	34.10%
洛新工业园	1.44	1.82	0.88	0.18	12.83%
南李村镇	1.43	3.34	0.86	0.40	27.65%
石井乡	1.68	2.61	1.02	0.26	15.53%
石寺镇	1.82	2.98	0.96	0.35	19.25%

（续表）

乡镇名称	平均值	最大值	最小值	标准差	变异系数
铁门镇	2.08	3.84	1.10	0.40	19.39%
五头镇	1.54	3.76	0.88	0.57	37.04%
正村乡	1.46	3.39	0.88	0.38	25.90%
总计	1.73	4.46	0.83	0.45	25.94%

表 24-38　新安县耕地土壤有效铜按地形部位统计结果　　单位：mg/kg

地形部位	平均值	最大值	最小值	标准差	变异系数
岗顶部	1.83	4.46	0.83	0.42	22.77%
河漫滩	1.97	2.69	1.65	0.25	12.95%
阶地	1.86	3.84	0.88	0.51	27.46%
丘（岗）间洼地	1.61	3.31	0.92	0.40	24.65%
丘（岗）坡面	1.68	4.03	0.83	0.45	26.46%

表 24-39　新安县耕地土壤有效铜按土壤类型统计结果　　单位：mg/kg

省土种名称	平均值	最大值	最小值	标准差	变异系数
薄层钙质粗骨土	1.07	1.32	0.91	0.12	11.09%
红黄土质褐土	1.79	3.28	0.86	0.42	23.36%
红黄土质褐土性土	1.64	2.85	0.88	0.37	22.70%
红黄土质石灰性褐土	1.59	3.26	0.88	0.51	32.05%
红黏土	1.77	4.03	0.83	0.45	25.26%
厚层堆垫褐土性土	1.97	2.69	1.65	0.25	12.95%
厚层硅质褐土性土	1.88	3.20	0.93	0.29	15.29%
厚层砂泥质褐土性土	1.84	2.94	0.94	0.32	17.46%
厚层砂质石灰性紫色土	1.81	2.28	1.26	0.23	12.55%
黄土质褐土	1.55	3.31	0.92	0.35	22.67%
黄土质棕壤	1.89	2.67	1.41	0.63	33.37%
两合土	1.93	1.93	1.92	0.01	0.30%
浅位少量砂姜红黄土质褐土	1.77	2.21	0.83	0.29	16.18%
浅位少量砂姜红黄土质褐土性土	1.56	3.39	0.89	0.44	28.52%
浅位少量砂姜红黄土质石灰性褐土	1.51	2.89	0.87	0.48	32.04%
浅位少量砂姜红黏土	1.57	3.68	0.86	0.44	27.64%
浅位少量砂姜黄土质石灰性褐土	1.46	2.74	0.85	0.38	25.98%
轻壤质黄土质石灰性褐土	1.32	1.42	1.23	0.06	4.36%
壤质潮褐土	1.96	2.32	1.40	0.27	13.84%
壤质洪冲积淋溶褐土	2.10	2.91	1.31	0.43	20.40%
壤质洪积褐土	1.83	3.40	0.88	0.50	27.52%
壤质洪积石灰性褐土	1.40	3.20	0.94	0.46	32.79%
砂质潮土	2.39	3.09	2.14	0.24	10.22%
脱潮两合土	1.49	1.61	1.36	0.13	8.43%

（续表）

省土种名称	平均值	最大值	最小值	标准差	变异系数
黏质洪积褐土	2.04	3.84	1.22	0.63	30.79%
中层钙质褐土性土	1.76	3.19	1.01	0.31	17.65%
中层硅质淋溶褐土	1.89	2.18	1.57	0.17	9.00%
中层硅质棕壤性土	1.75	1.77	1.74	0.01	0.72%
中层砂泥质褐土性土	1.84	4.46	0.86	0.38	20.79%
中层砂质中性紫色土	2.01	3.10	0.83	0.49	24.34%
中壤质黄土质石灰性褐土	1.51	3.76	0.85	0.53	35.29%

（二）分级论述

土壤有效铜分级标准见表24-40，各乡镇有效铜分级面积见表24-41，各土种有效铜分级面积见表24-42。

1. 一级

土壤有效铜含量大于2.2mg/kg，面积为5 093.01hm²，占全县耕地面积的13.2%。铁门镇面积最大为1 620.39 hm²，所占比例31.82%；主要土壤类型为红黏土和壤质洪积褐土，面积分别为1 589.68hm²和962.17hm²，所占比例分别为31.2%和18.89%。

2. 二级

土壤有效铜含量范围为1.9~2.2mg/kg，面积为9 751.06hm²，占全县耕地面积的25.27%。全县各个乡镇均有分布，其中铁门镇与北冶镇面积较大，分别为1 689.15hm²、1 613.39hm²，所占比例分别为17.32%和16.55%。主要土壤类型为红黏土，面积为3 150.4hm²，所占比例为32.31%。

3. 三级

土壤有效铜含量范围为1.5~1.8mg/kg，面积为11 364.79hm²，占全县耕地面积的29.46%。各个乡镇均有分布，面积最大的是南李村镇1 639.34hm²，所占比例为14.42%；主要土壤类型为红黏土，面积4 449.63hm²，所占比例为39.15%。

4. 四级

土壤有效铜含量范围为1.1~1.4mg/kg，面积为10 638.73hm²，占全县耕地面积的27.58%。各个乡镇均有分布，磁涧镇面积最大为2 687.26hm²，所占比例为25.26%；主要土壤类型为红黏土，面积为2 403.94hm²，所占比例为22.6%。

5. 五级

土壤有效铜含量小于等于1.0mg/kg，面积为1 732.34hm²，占全县耕地面积的4.49%。主要分布在磁涧镇和南李村镇，面积分别为789.25hm²和471.98hm²，所占比例分别为45.56%和27.25%；主要土壤类型为红黏土，面积为381.4hm²，所占比例为22.02%。

表24-40　耕层有效铜分级

有效铜分级	含量范围（mg/kg）	平均值（mg/kg）
一级	>2.2	2.50
二级	1.9~2.2	1.97
三级	1.5~1.8	1.62
四级	1.1~1.4	1.23
五级	≤1.0	0.95

表 24-41　各乡镇土壤有效铜分级面积统计

单位：hm²

乡镇名称	一级	二级	三级	四级	五级
北冶镇	523.11	1 613.39	578.53	286.93	0.11
仓头乡	572.13	1 253.83	625.33	100.72	
曹村乡	477.35	472.65	969.41	217.61	0.85
城关镇	490.04	1 173.20	851.62	857.67	6.90
磁涧镇	314.33	265.93	516.44	2 687.26	789.25
洛新工业园		1.11	533.63	237.52	1.05
南李村镇	59.74	264.27	1 639.34	1 577.31	471.98
石井乡	29.55	1 143.05	1 379.01	810.70	
石寺镇	297.30	642.63	1 029.94	203.98	2.36
铁门镇	1 620.39	1 689.15	1 437.40	337.00	
五头镇	594.56	931.69	632.81	2 078.19	339.26
正村乡	114.51	300.16	1 171.33	1 243.84	120.58
总计	5 093.01	9 751.06	11 364.79	10 638.73	1 732.34

表 24-42　各土种土壤有效铜分级面积统计

单位：hm²

省土种名称	一级	二级	三级	四级	五级
薄层钙质粗骨土				196.39	163.26
红黄土质褐土	205.11	548.52	284.65	247.44	16.04
红黄土质褐土性土	56.31	201.58	637.87	395.58	93.65
红黄土质石灰性褐土	293.80	399.74	295.76	709.84	168.95
红黏土	1 589.68	3 150.40	4 449.63	2 403.94	381.40
厚层堆垫褐土性土	10.24	57.62	29.05		
厚层硅质褐土性土	37.98	468.84	115.35	15.62	2.39
厚层砂泥质褐土性土	222.07	816.26	692.24	188.06	3.05
厚层砂质石灰性紫色土	1.61	44.88	39.08	10.72	
黄土质褐土	48.08	144.68	625.58	523.23	75.01
黄土质棕壤	4.57		4.70		
两合土		4.11			
浅位少量砂姜红黄土质褐土	14.37	163.09	23.86	0.35	25.06
浅位少量砂姜红黄土质褐土性土	220.83	494.59	732.46	1 120.82	37.11
浅位少量砂姜红黄土质石灰性褐土	230.03	253.20	223.13	975.67	223.73
浅位少量砂姜红黏土	54.64	490.64	580.66	1 255.46	229.05
浅位少量砂姜黄土质石灰性褐土	1.39	63.84	152.71	169.14	79.68
轻壤质黄土质石灰性褐土			0.54	8.50	
壤质潮褐土	63.11	56.74	23.93	0.79	
壤质洪冲积淋溶褐土	57.73	53.33	32.12	18.84	
壤质洪积褐土	962.17	574.12	865.55	554.14	42.93
壤质洪积石灰性褐土	36.52	20.74	82.72	264.13	1.51
砂质潮土	88.06	9.70			
脱潮两合土			10.56	0.83	

（续表）

省土种名称	一级	二级	三级	四级	五级
黏质洪积褐土	75.83	37.41	51.85	23.73	
中层钙质褐土性土	61.78	351.89	546.27	247.60	
中层硅质淋溶褐土		28.03	12.80		
中层硅质棕壤性土			26.83		
中层砂泥质褐土性土	157.57	692.50	342.22	189.92	21.23
中层砂质中性紫色土	258.33	98.28	72.24	46.20	0.85
中壤质黄土质石灰性褐土	341.20	526.33	410.43	1 071.79	167.44

三、有效铁

（一）新安县耕地土壤有效铁的基本状况

新安县耕地土壤有效铁含量变化范围为 4.3~34.4mg/kg，平均值为 12.96mg/kg。①不同行政区域：最高是曹村乡平均值为 16.73mg/kg，最低是五头镇 9.06mg/kg；②不同地形部位：最高是河漫滩平均值为 15.49mg/kg，最低是丘（岗）坡面平均值为 12.12mg/kg；③不同土壤种类：最高是中层砂质中性紫色土平均值为 17.97mg/kg，最低是薄层钙质粗骨土平均为 8.49mg/kg（表 24-43、表 24-44、表 24-45 及新安县土壤有效铁含量分布图）。

表 24-43　新安县耕地土壤有效铁按乡镇统计结果　　　　单位：mg/kg

乡镇名称	平均值	最大值	最小值	标准差	变异系数
北冶镇	15.74	34.40	8.40	3.20	20.31%
仓头乡	10.59	17.40	8.50	1.02	9.64%
曹村乡	16.73	30.80	8.90	3.66	21.90%
城关镇	11.21	21.40	6.30	2.45	21.83%
磁涧镇	12.68	26.90	4.90	2.98	23.55%
洛新工业园	10.84	16.70	7.40	2.02	18.61%
南李村镇	9.89	21.40	4.30	1.94	19.59%
石井乡	12.02	19.80	6.70	2.75	22.87%
石寺镇	16.08	30.50	7.40	3.58	22.29%
铁门镇	13.65	27.00	5.80	3.26	23.91%
五头镇	9.06	13.90	6.60	0.92	10.19%
正村乡	10.95	19.40	7.50	1.59	14.52%
总计	12.96	34.40	4.30	3.75	28.95%

表 24-44　新安县耕地土壤有效铁按地形部位统计结果　　　　单位：mg/kg

地形部位	平均值	最大值	最小值	标准差	变异系数
岗顶部	15.24	34.40	4.30	3.95	25.92%
河漫滩	15.49	25.00	10.50	2.99	19.31%
阶地	13.73	30.50	5.80	4.01	29.22%
丘（岗）间洼地	12.28	26.90	7.30	3.49	28.37%
丘（岗）坡面	12.12	28.50	4.90	3.30	27.22%

表 24-45　新安县耕地土壤有效铁按土壤类型统计结果　　　　　单位：mg/kg

省土种名称	平均值	最大值	最小值	标准差	变异系数
薄层钙质粗骨土	8.49	19.00	4.30	2.27	26.76%
红黄土质褐土	11.60	20.60	7.10	2.29	19.75%
红黄土质褐土性土	11.44	22.60	6.60	2.83	24.78%
红黄土质石灰性褐土	10.03	17.30	6.60	1.57	15.64%
红黏土	13.13	29.10	7.30	3.35	25.48%
厚层堆垫褐土性土	15.49	25.00	10.50	2.99	19.31%
厚层硅质褐土性土	15.24	22.70	6.70	1.88	12.36%
厚层砂泥质褐土性土	14.95	30.80	7.90	3.62	24.19%
厚层砂质石灰性紫色土	13.03	15.30	9.20	1.83	14.03%
黄土质褐土	11.90	26.90	7.30	3.17	26.64%
黄土质棕壤	14.54	19.60	11.10	4.57	31.46%
两合土	10.60	10.70	10.50	0.08	0.77%
浅位少量砂姜红黄土质褐土	11.84	18.80	9.90	1.90	16.05%
浅位少量砂姜红黄土质褐土性土	10.75	21.90	4.90	3.15	29.30%
浅位少量砂姜红黄土质石灰性褐土	10.48	20.50	7.00	2.88	27.45%
浅位少量砂姜红黏土	11.42	22.80	6.50	3.35	29.31%
浅位少量砂姜黄土质石灰性褐土	9.95	14.70	7.60	1.94	19.51%
轻壤质黄土质石灰性褐土	10.25	10.70	9.40	0.41	3.99%
壤质潮褐土	12.14	18.20	8.30	2.39	19.69%
壤质洪冲积淋溶褐土	17.25	25.30	10.80	3.52	20.38%
壤质洪积褐土	13.81	30.50	5.80	4.11	29.75%
壤质洪积石灰性褐土	9.67	15.10	7.40	1.29	13.39%
砂质潮土	12.78	17.80	11.10	1.98	15.52%
脱潮两合土	12.57	14.10	10.30	2.00	15.94%
黏质洪积褐土	14.19	24.90	9.20	3.93	27.71%
中层钙质褐土性土	13.43	28.50	7.30	3.07	22.89%
中层硅质淋溶褐土	15.32	18.40	13.40	1.15	7.54%
中层硅质棕壤性土	13.78	14.10	13.60	0.22	1.61%
中层砂泥质褐土性土	14.97	34.40	8.70	3.90	26.05%
中层砂质中性紫色土	17.97	27.70	9.60	4.11	22.87%
中壤质黄土质石灰性褐土	10.85	24.80	6.10	2.92	26.93%

（二）分级论述

土壤有效铁分级标准见表 24-46，各乡镇有效铁分级面积见表 24-47，各土种有效铁分级面积见表 24-48。

1. 一级

土壤有效铁含量大于 20.0mg/kg，面积为 1 076.69hm²，占全县耕地面积的 2.79%。分布在 7 个乡镇，曹村乡、石寺镇面积较大，分别为 405.46hm²、340.31hm²，所占比例分别为 37.66%、31.61%；主要土壤类型为红黏土、中层砂质中性紫色土和中层砂泥质褐土性土，面积分别为 234.1hm²、196.98hm² 和 189.83hm²，所占比例分别为 21.74%、18.29% 和 17.63%。

2. 二级

土壤有效铁含量范围为 14.1 ~ 20.0mg/kg，面积为 8 322.78hm²，占全县耕地面积的 21.57%。北冶镇面积最大，为 1 860.4hm²，所占比例为 22.35%。主要土壤类型为红黏土，面积为 2 707.64hm²，所占比例为 32.53%。

3. 三级

土壤有效铁含量范围为 10.1 ~ 14.0mg/kg，面积为 16 991.03hm²，占全县耕地面积的 44.04%。

各个乡镇均有分布，铁门镇分布面积最大为 2 980.03hm²，所占比例为 17.54%；主要土壤类型为红黏土，面积为 6 564.32hm²，所占比例为 38.63%。

4. 四级

土壤有效铁含量范围为 8.1~10.0mg/kg，面积为 10 845.31hm²，占全县耕地面积的 28.11%。各个乡镇均有分布，五头镇面积最大为 4 054.75hm²，所占比例为 37.39%；主要土壤类型为红黏土，面积为 2 133.83hm²，所占比例为 19.68%。

5. 五级

土壤有效铁含量小于等于 8mg/kg，面积为 1 344.12hm²，占全县耕地面积的 3.48%。主要分布在南李村镇，面积为 758.06hm²，所占比例 56.4%；主要土壤类型为红黏土，面积为 335.16hm²，所占比例为 24.94%。

表 24-46　耕层有效铁分级

有效铁分级	含量范围（mg/kg）	平均值（mg/kg）
一级	>20.0	22.33
二级	14.1~20.0	16.28
三级	10.1~14.0	11.77
四级	8.1~10.0	9.14
五级	≤8.0	7.54

表 24-47　各乡镇有效铁分级面积统计　　　　　　　　　　单位：hm²

乡镇名称	一级	二级	三级	四级	五级
北冶镇	233.86	1 860.40	712.40	195.41	
仓头乡		28.34	1 759.56	764.11	
曹村乡	405.46	1 248.05	443.19	41.17	
城关镇	33.85	368.98	1 873.17	937.57	165.86
磁涧镇	25.98	1 077.14	2 779.84	677.33	12.92
洛新工业园		2.74	258.14	503.35	9.08
南李村镇	0.36	38.44	1 714.51	1 501.27	758.06
石井乡		739.72	1 616.66	850.11	155.82
石寺镇	340.31	1 399.54	423.05	13.15	0.16
铁门镇	36.87	1 504.27	2 980.03	559.30	3.47
五头镇			283.12	4 054.75	238.64
正村乡		55.16	2 147.36	747.79	0.11
总计	1 076.69	8 322.78	16 991.03	10 845.31	1 344.12

表 24-48　各土种土壤有效铁分级面积统计　　　　　　　　　　单位：hm²

省土种名称	一级	二级	三级	四级	五级
薄层钙质粗骨土		14.64	30.24	148.77	166.00
红黄土质褐土	0.70	193.60	756.30	335.12	16.04
红黄土质褐土性土	3.94	278.13	686.86	373.90	42.16
红黄土质石灰性褐土		4.00	740.47	944.07	179.55
红黏土	234.10	2 707.64	6 564.32	2 133.83	335.16

（续表）

省土种名称	一级	二级	三级	四级	五级
厚层堆垫褐土性土	9.36	69.35	18.20		
厚层硅质褐土性土	12.26	466.16	161.21		0.55
厚层砂泥质褐土性土	142.23	766.95	891.68	112.67	8.15
厚层砂质石灰性紫色土		34.97	49.40	11.92	
黄土质褐土	12.33	261.20	598.61	535.64	8.80
黄土质棕壤		4.57	4.70		
两合土			4.11		
浅位少量砂姜红黄土质褐土		19.68	172.20	34.85	
浅位少量砂姜红黄土质褐土性土	7.92	266.12	939.15	1 211.18	181.44
浅位少量砂姜红黄土质石灰性褐土	43.44	155.40	528.13	1 058.41	120.38
浅位少量砂姜红黏土	21.96	185.03	1 065.66	1 242.74	95.06
浅位少量砂姜黄土质石灰性褐土		2.06	120.86	341.76	2.08
轻壤质黄土质石灰性褐土			6.94	2.10	
壤质潮褐土		35.23	88.94	20.40	
壤质洪冲积淋溶褐土	21.14	107.90	32.98		
壤质洪积褐土	147.41	976.29	1 340.23	522.71	12.27
壤质洪积石灰性褐土		0.28	75.85	327.49	2.00
砂质潮土		11.66	86.10		
脱潮两合土		0.18	11.21		
黏质洪积褐土	4.47	107.70	59.13	17.52	
中层钙质褐土性土	5.46	459.38	601.38	132.75	8.57
中层硅质淋溶褐土		37.52	3.31		
中层硅质棕壤性土		2.36	24.47		
中层砂泥质褐土性土	189.83	679.55	432.08	101.98	
中层砂质中性紫色土	196.98	228.43	40.99	9.50	
中壤质黄土质石灰性褐土	23.16	246.80	855.32	1 226.00	165.91

四、有效锰

（一）新安县耕地土壤有效锰的基本状况

新安县耕地土壤有效锰含量变化范围为10.9~118.7mg/kg，平均值为40.05mg/kg。①不同行政区域：曹村乡最高平均值为64.06mg/kg，最低是磁涧镇27.98mg/kg；②不同地形部位：岗顶部最高平均值为47.93mg/kg，最低为丘（岗）间洼地平均值为34.52mg/kg；③不同土壤种类：最高为中层砂质中性紫色土平均值为67.53mg/kg，最低为薄层钙质粗骨土平均值为23.53mg/kg（表24-49、表24-50、表24-51）。

表24-49　新安县耕地土壤按乡镇有效锰按乡镇统计结果　　　　　单位：mg/kg

乡镇名称	平均值	最大值	最小值	标准差	变异系数
北冶镇	49.14	114.50	24.20	12.38	25.19%
仓头乡	32.18	55.60	22.90	4.12	12.80%
曹村乡	64.06	118.70	28.20	14.80	23.11%

（续表）

乡镇名称	平均值	最大值	最小值	标准差	变异系数
城关镇	31.42	87.20	18.80	6.48	20.63%
磁涧镇	27.98	55.70	18.50	4.96	17.72%
洛新工业园	30.66	36.50	24.80	2.48	8.08%
南李村镇	30.23	64.00	10.90	7.48	24.75%
石井乡	40.41	80.10	22.70	9.93	24.57%
石寺镇	39.42	77.30	21.90	7.56	19.17%
铁门镇	43.63	88.70	23.30	12.02	27.55%
五头镇	29.57	40.70	22.80	3.13	10.59%
正村乡	35.37	57.80	19.30	5.53	15.64%
总计	40.05	118.70	10.90	14.26	35.60%

表 24-50　新安县耕地土壤有效锰按地形部位统计结果　　　　单位：mg/kg

地形部位	平均值	最大值	最小值	标准差	变异系数
岗顶部	47.93	118.70	10.90	17.76	37.05%
河漫滩	47.52	69.90	28.60	8.17	17.19%
阶地	36.84	87.60	19.30	11.82	32.09%
丘（岗）间洼地	34.52	72.90	21.30	10.09	29.24%
丘（岗）坡面	38.22	105.10	15.90	12.47	32.62%

表 24-51　新安县耕地土壤有效锰按土壤类型统计结果　　　　单位：mg/kg

省土种名称	平均值	最大值	最小值	标准差	变异系数
薄层钙质粗骨土	23.53	46.00	10.90	5.49	23.35%
红黄土质褐土	33.76	61.80	20.80	6.30	18.65%
红黄土质褐土性土	34.66	68.40	20.90	7.97	22.99%
红黄土质石灰性褐土	31.34	46.90	20.90	5.42	17.31%
红黏土	42.67	105.10	18.50	13.58	31.82%
厚层堆垫褐土性土	47.52	69.90	28.60	8.17	17.19%
厚层硅质褐土性土	51.87	86.60	25.50	11.02	21.25%
厚层砂泥质褐土性土	46.71	106.50	20.60	13.95	29.87%
厚层砂质石灰性紫色土	39.40	45.50	26.70	4.93	12.51%
黄土质褐土	31.62	61.20	21.30	6.45	20.41%
黄土质棕壤	53.04	85.20	31.60	29.18	55.01%
两合土	28.95	29.00	28.80	0.10	0.35%
浅位少量砂姜红黄土质褐土	33.00	43.20	23.80	4.96	15.02%
浅位少量砂姜红黄土质褐土性土	33.03	64.00	20.50	8.60	26.04%
浅位少量砂姜红黄土质石灰性褐土	31.57	59.40	18.80	7.48	23.70%

（续表）

省土种名称	平均值	最大值	最小值	标准差	变异系数
浅位少量砂姜红黏土	34.92	87.30	20.90	10.42	29.84%
浅位少量砂姜黄土质石灰性褐土	30.33	46.10	24.30	4.08	13.47%
轻壤质黄土质石灰性褐土	30.78	33.40	28.60	1.37	4.47%
壤质潮褐土	34.77	46.10	26.80	5.33	15.33%
壤质洪冲积淋溶褐土	65.45	88.10	26.60	16.42	25.08%
壤质洪积褐土	36.79	87.60	19.30	12.46	33.88%
壤质洪积石灰性褐土	28.97	34.70	22.90	2.53	8.75%
砂质潮土	35.08	43.40	31.00	3.37	9.62%
脱潮两合土	26.20	27.30	24.90	1.21	4.63%
黏质洪积褐土	39.89	52.80	26.10	7.15	17.93%
中层钙质褐土性土	45.58	81.30	22.60	12.60	27.64%
中层硅质淋溶褐土	63.02	73.00	50.30	7.00	11.11%
中层硅质棕壤性土	31.10	31.30	30.90	0.18	0.59%
中层砂泥质褐土性土	40.87	114.50	24.60	12.38	30.29%
中层砂质中性紫色土	67.53	118.70	28.10	20.34	30.12%
中壤质黄土质石灰性褐土	30.21	72.90	15.90	8.69	28.78%

（二）分级论述

土壤有效锰分级标准见表24-52，各乡镇有效锰分级面积见表24-53，各土种有效锰分级面积见表24-54。

1. 一级

土壤有效锰含量大于60mg/kg，面积为2 326.67hm²，占全县耕地面积的6.03%。曹村乡、铁门镇分布面积较大，分别为1 187.18hm²、631.31hm²，所占比例分别为51.02%和27.13%；主要土壤类型为红黏土和中层砂质中性紫色土，面积分别为871.76hm²和392.57hm²，所占比例分别为37.47%和16.87%。

2. 二级

土壤有效锰含量范围为41~60mg/kg，面积为8 842.49hm²，占全县耕地面积的22.92%。除洛新工业园无分布外，其他乡镇均有分布，铁门镇、北冶镇面积分别为1 880.11hm²、1 703.21hm²，所占比例分别为21.26%、19.26%；主要土壤类型为红黏土，面积为4 150.37hm²，所占比例为46.94%。

3. 三级

土壤有效锰含量范围为31~40mg/kg，面积为15 906.87hm²，占全县耕地面积的41.23%。各个乡镇均有分布，铁门镇面积最大为2 427.49hm²，所占比例为15.26%；主要土壤类型为红黏土，面积为5 682.14hm²，所占比例为35.72%。

4. 四级

土壤有效锰含量范围为26~30mg/kg，面积为9 383.48hm²，占全县耕地面积的24.32%。各个乡镇均有分布，五头镇、磁涧镇面积分别为2 423.85hm²、2 387.11hm²，所占比例分别为25.83%、25.44%；主要土壤类型为中壤质黄土质石灰性褐土、浅位少量砂姜红黏土、红黏土，面积分别为1 423.46hm²、1 245.16hm²、1 170.01hm²，所占比例为15.17%、13.27%、12.47%。

5. 五级

土壤有效锰含量小于等于25mg/kg，面积为2 120.42hm²，占全县耕地面积的5.5%。主要分布在磁涧镇，面积为 1 173.25hm²，所占比例为 55.33%；主要土壤类型为中壤质黄土质石灰性褐土、浅位少量砂姜红黏土，面积分别为 393.33hm² 和 332.56hm²，所占比例分别为 18.55% 和 15.68%。

表 24-52　耕层土壤有效锰分级

有效锰分级	含量范围（mg/kg）	平均值（mg/kg）
一级	>60	72.69
二级	41～60	48.57
三级	31～40	34.29
四级	26～30	27.81
五级	≤25	22.81

表 24-53　各乡镇土壤有效锰分级面积统计　　　　单位：hm²

乡镇名称	一级	二级	三级	四级	五级
北冶镇	288.43	1 703.21	956.92	52.32	1.19
仓头乡		391.53	1 480.98	667.86	11.64
曹村乡	1 187.18	889.39	60.58	0.72	
城关镇	51.70	226.22	1 736.58	1 226.80	138.13
磁涧镇		49.78	963.07	2 387.11	1 173.25
洛新工业园			605.46	167.56	0.29
南李村镇	0.84	719.18	1 161.91	1 498.73	631.98
石井乡	110.34	1 268.45	1 375.60	592.02	15.90
石寺镇	56.87	1 038.07	952.25	119.13	9.89
铁门镇	631.31	1 880.11	2 427.49	144.20	0.83
五头镇		7.19	2 040.11	2 423.85	105.36
正村乡		669.36	2 145.92	103.18	31.96
总计	2 326.67	8 842.49	15 906.87	9 383.48	2 120.42

表 24-54　各土种土壤有效锰分级面积统计　　　　单位：hm²

省土种名称	一级	二级	三级	四级	五级
薄层钙质粗骨土		13.55	2.40	61.10	282.60
红黄土质褐土	0.34	134.88	831.39	287.71	47.44
红黄土质褐土性土	0.28	272.34	595.50	501.80	15.07
红黄土质石灰性褐土		211.07	884.10	549.94	222.98
红黏土	871.76	4 150.37	5 682.14	1 170.01	100.77
厚层堆垫褐土性土	7.24	76.06	12.46	1.15	
厚层硅质褐土性土	95.32	493.65	40.86	10.35	
厚层砂泥质褐土性土	283.64	860.89	554.24	181.90	41.01
厚层砂质石灰性紫色土		56.50	38.05	1.74	
黄土质褐土	0.42	34.43	777.24	466.13	138.36
黄土质棕壤	4.57		4.70		
两合土				4.11	

（续表）

省土种名称	一级	二级	三级	四级	五级
浅位少量砂姜红黄土质褐土		24.41	101.75	100.27	0.30
浅位少量砂姜红黄土质褐土性土	6.60	146.56	1 595.14	605.51	252.00
浅位少量砂姜红黄土质石灰性褐土		75.63	865.60	825.45	139.08
浅位少量砂姜红黏土	19.32	260.38	753.03	1245.16	332.56
浅位少量砂姜黄土质石灰性褐土		1.38	169.08	295.55	0.75
轻壤质黄土质石灰性褐土			6.94	2.10	
壤质潮褐土		61.21	77.22	6.14	
壤质洪冲积淋溶褐土	126.06	14.88	20.55	0.53	
壤质洪积褐土	279.03	787.81	976.89	835.92	119.26
壤质洪积石灰性褐土			116.66	285.87	3.09
砂质潮土		0.22	97.54		
脱潮两合土				11.21	0.18
黏质洪积褐土		68.43	96.66	23.73	
中层钙质褐土性土	129.45	531.88	264.63	252.44	29.14
中层硅质淋溶褐土	26.74	14.09			
中层硅质棕壤性土			26.83		
中层砂泥质褐土性土	33.20	497.68	642.60	227.46	2.50
中层砂质中性紫色土	392.57	34.38	42.21	6.74	
中壤质黄土质石灰性褐土	50.13	19.81	630.46	1 423.46	393.33

五、有效锌

（一）新安县耕地土壤有效锌的基本状况

新安县耕地土壤有效锌含量变化范围为 1.36~3.78mg/kg，平均值为 1.93mg/kg。①不同行政区域：曹村乡最高平均值为 2.21mg/kg，最低是仓头乡 1.65mg/kg；②不同地形部位：阶地最高平均值为 2.02mg/kg，最低为河漫滩平均值为 1.77mg/kg；③不同土壤种类：最高为壤质洪冲积淋溶褐土平均值为 2.41mg/kg，最低为壤质洪积石灰性褐土平均值为 1.72mg/kg（表 24-55、表 24-56、表 24-57）。

表 24-55　新安县耕地土壤有效锌按乡镇统计结果　　　　　　单位：mg/kg

乡镇名称	平均值	最大值	最小值	标准差	变异系数
北冶镇	1.90	3.07	1.38	0.21	11.28%
仓头乡	1.65	2.31	1.36	0.13	7.89%
曹村乡	2.21	3.78	1.45	0.37	16.56%
城关镇	2.06	3.47	1.45	0.34	16.56%
磁涧镇	1.95	3.47	1.41	0.33	16.84%
洛新工业园	1.80	2.30	1.44	0.14	7.56%
南李村镇	1.99	3.63	1.46	0.33	16.67%
石井乡	1.76	2.55	1.36	0.15	8.76%

（续表）

乡镇名称	平均值	最大值	最小值	标准差	变异系数
石寺镇	2.10	3.21	1.57	0.26	12.20%
铁门镇	1.84	3.59	1.38	0.33	18.15%
五头镇	1.91	3.25	1.46	0.33	17.40%
正村乡	1.80	2.52	1.44	0.22	12.24%
总计	1.93	3.78	1.36	0.32	16.50%

表 24-56　新安县耕地土壤有效锌按地形部位统计结果　　单位：mg/kg

地形部位	平均值	最大值	最小值	标准差	变异系数
岗顶部	2.00	3.78	1.38	0.36	17.84%
河漫滩	1.77	2.76	1.46	0.27	15.04%
阶地	2.02	3.59	1.41	0.35	17.15%
丘（岗）间洼地	1.84	3.41	1.42	0.26	14.37%
丘（岗）坡面	1.90	3.51	1.36	0.30	15.64%

表 24-57　新安县耕地土壤有效锌按土壤类型统计结果　　单位：mg/kg

省土种名称	平均值	最大值	最小值	标准差	变异系数
薄层钙质粗骨土	1.75	2.32	1.56	0.17	9.83%
红黄土质褐土	1.94	3.13	1.44	0.34	17.43%
红黄土质褐土性土	1.89	3.02	1.38	0.30	16.10%
红黄土质石灰性褐土	1.85	3.47	1.36	0.36	19.42%
红黏土	1.92	3.63	1.39	0.33	17.09%
厚层堆垫褐土性土	1.77	2.76	1.46	0.27	15.04%
厚层硅质褐土性土	2.01	3.37	1.54	0.36	17.77%
厚层砂泥质褐土性土	1.96	3.47	1.38	0.29	14.83%
厚层砂质石灰性紫色土	1.79	2.28	1.43	0.16	8.98%
黄土质褐土	1.83	3.41	1.42	0.27	14.90%
黄土质棕壤	2.14	2.72	1.82	0.38	17.65%
两合土	1.90	1.90	1.89	0.00	0.26%
浅位少量砂姜红黄土质褐土	1.96	2.75	1.59	0.29	14.73%
浅位少量砂姜红黄土质褐土性土	1.92	2.78	1.45	0.26	13.75%
浅位少量砂姜红黄土质石灰性褐土	1.88	3.13	1.47	0.26	14.09%
浅位少量砂姜红黏土	1.89	3.07	1.36	0.28	14.86%
浅位少量砂姜黄土质石灰性褐土	1.81	2.48	1.52	0.21	11.66%
轻壤质黄土质石灰性褐土	1.74	1.77	1.73	0.01	0.75%
壤质潮褐土	1.99	2.79	1.52	0.39	19.41%
壤质洪冲积淋溶褐土	2.41	3.55	1.75	0.43	17.87%
壤质洪积褐土	2.03	3.59	1.41	0.34	16.93%
壤质洪积石灰性褐土	1.72	2.59	1.51	0.19	10.78%
砂质潮土	2.02	2.47	1.61	0.26	13.04%

（续表）

省土种名称	平均值	最大值	最小值	标准差	变异系数
脱潮两合土	2.21	2.22	2.20	0.01	0.52%
黏质洪积褐土	1.94	2.73	1.48	0.39	19.94%
中层钙质褐土性土	1.94	2.68	1.40	0.25	12.86%
中层硅质淋溶褐土	2.34	2.59	2.22	0.09	3.81%
中层硅质棕壤性土	1.93	1.94	1.91	0.01	0.78%
中层砂泥质褐土性土	1.92	3.17	1.38	0.23	12.04%
中层砂质中性紫色土	2.18	3.78	1.62	0.43	19.56%
中壤质黄土质石灰性褐土	1.83	3.25	1.43	0.30	16.45%

（二）分级论述

土壤有效锌分级标准见表24-58，各乡镇有效锌分级面积见表24-59，各土种有效锌分级面积见表24-60。

1. 一级

土壤有效锌含量大于2.5mg/kg，面积为1 746.12hm²，占全县耕地面积的4.53%。南李村镇、曹村乡、五头镇面积分别为347.41hm²、333.92hm²、292.48hm²，所占比例分别为19.9%、19.12%、16.75%；主要土壤类型为红黏土，面积为678.81hm²，所占比例为38.88%。

2. 二级

土壤有效锌含量范围为2.1~2.5mg/kg，面积为10 412.95hm²，占全县耕地面积的26.99%。全县各个乡镇均有分布，其中磁涧镇面积最大为1 604.31hm²，所占比例为15.41%。主要土壤类型为红黏土，面积为3 135.26hm²，所占比例为30.11%。

3. 三级

土壤有效锌含量范围为1.8~2.0mg/kg，面积为15 001.52hm²，占全县耕地面积的38.88%。各个乡镇均有分布，铁门镇分布面积最大为1 963.92hm²，所占比例为13.09%；主要土壤类型为红黏土，面积为4 422.1hm²，所占比例为29.48%。

4. 四级

土壤有效锌含量范围为1.6~1.7mg/kg，面积为10 176.93hm²，占全县耕地面积的26.38%。各个乡镇均有分布，仓头乡面积最大为1 882.49hm²，所占比例为18.5%；主要土壤类型为红黏土，面积为3 175.58hm²，所占比例为31.2%。

5. 五级

土壤有效锌含量小于等于1.5mg/kg，面积为1 242.41hm²，占全县耕地面积的3.22%。主要分布在铁门镇，面积为700.71hm²，所占比例为56.4%；主要土壤类型为红黏土，面积为563.3hm²，所占比例为45.34%。

表24-58　耕层土壤有效锌分级

有效锌分级	含量范围（mg/kg）	平均值（mg/kg）
一级	>2.5	2.77
二级	2.1~2.5	2.21
三级	1.8~2.0	1.84
四级	1.6~1.7	1.62
五级	≤1.5	1.46

表 24-59　各乡镇土壤有效锌分级面积统计　　　　单位：hm²

乡镇名称	一级	二级	三级	四级	五级
北冶镇	160.63	479.77	1 781.84	531.59	48.24
仓头乡		47.72	419.46	1 882.49	202.34
曹村乡	333.92	1 144.85	553.16	100.29	5.65
城关镇	255.55	1 258.55	1 324.76	536.50	4.07
磁涧镇	99.10	1 604.31	1 261.67	1 438.06	170.07
洛新工业园		6.40	598.64	167.16	1.11
南李村镇	347.41	987.38	1 741.46	923.43	12.96
石井乡	16.45	167.41	1 895.85	1 236.55	46.05
石寺镇	121.08	1 264.67	732.54	57.92	
铁门镇	119.12	1 203.98	1 963.92	1 096.21	700.71
五头镇	292.48	1 259.16	1 939.37	1 082.10	3.40
正村乡	0.38	988.75	788.85	1 124.63	47.81
总计	1 746.12	10 412.95	15 001.52	10 176.93	1 242.41

表 24-60　各土种土壤有效锌分级面积统计　　　　单位：hm²

省土种名称	一级	二级	三级	四级	五级
薄层钙质粗骨土		53.85	64.58	241.22	
红黄土质褐土	73.36	535.71	358.20	256.28	78.21
红黄土质褐土性土	10.32	211.82	713.76	371.11	77.98
红黄土质石灰性褐土	112.95	379.38	495.05	769.05	111.66
红黏土	678.81	3 135.26	4 422.10	3 175.58	563.30
厚层堆垫褐土性土	4.12	11.03	38.70	40.03	3.03
厚层硅质褐土性土	45.83	157.56	387.13	49.66	
厚层砂泥质褐土性土	59.04	633.07	761.81	456.93	10.83
厚层砂质石灰性紫色土		9.83	62.03	12.83	11.60
黄土质褐土	26.76	113.21	658.47	583.69	34.45
黄土质棕壤	0.11	4.46	4.70		
两合土			4.11		
浅位少量砂姜红黄土质褐土	3.18	112.94	31.83	78.78	
浅位少量砂姜红黄土质褐土性土	115.20	829.17	1 013.22	619.49	28.73
浅位少量砂姜红黄土质石灰性褐土	49.94	198.45	1 221.85	433.91	1.61
浅位少量砂姜红黏土	32.78	553.20	804.94	1 126.78	92.75
浅位少量砂姜黄土质石灰性褐土		113.57	190.66	162.53	
轻壤质黄土质石灰性褐土			9.04		
壤质潮褐土	22.23	65.80	21.24	35.30	
壤质洪冲积淋溶褐土	52.42	88.52	21.08		
壤质洪积褐土	95.10	1 320.88	1 077.39	409.69	95.85
壤质洪积石灰性褐土	0.28	19.84	132.59	252.91	
砂质潮土		36.68	51.38	9.70	
脱潮两合土		11.39			
黏质洪积褐土	61.98	31.96	47.52	46.78	0.58

（续表）

省土种名称	一级	二级	三级	四级	五级
中层钙质褐土性土	22.56	373.23	595.96	186.83	28.96
中层硅质淋溶褐土	11.08	29.75			
中层硅质棕壤性土			26.83		
中层砂泥质褐土性土	13.04	378.33	777.54	174.88	59.65
中层砂质中性紫色土	143.75	196.75	129.81	5.59	
中壤质黄土质石灰性褐土	111.28	807.31	878.00	677.38	43.22

六、有效钼

（一）新安县耕地土壤有效钼的基本状况

新安县耕地土壤有效钼含量变化范围为 0.11~0.28mg/kg，平均值为 0.16mg/kg。①不同行政区域：最高是洛新工业园平均值为 0.23mg/kg，最低是仓头乡 0.13mg/kg；②不同地形部位：最高是丘（岗）间洼地平均值为 0.18mg/kg，最低是岗顶部平均值为 0.15mg/kg；③不同土壤种类：最高是黄土质褐土平均值为 0.18mg/kg，最低是中层硅质淋溶褐土平均值为 0.12mg/kg（表 24-61、表 24-62、表 24-63 及新安县土壤有效钼含量分布图）。

表 24-61　新安县耕地土壤有效钼按乡镇统计结果　　单位：mg/kg

乡镇名称	平均值	最大值	最小值	标准差	变异系数
北冶镇	0.17	0.28	0.12	0.03	15.87%
仓头乡	0.13	0.15	0.11	0.01	5.98%
曹村乡	0.14	0.17	0.11	0.01	10.23%
城关镇	0.16	0.19	0.13	0.01	8.83%
磁涧镇	0.21	0.28	0.14	0.03	13.76%
洛新工业园	0.23	0.28	0.16	0.03	12.30%
南李村镇	0.15	0.21	0.12	0.02	11.15%
石井乡	0.16	0.20	0.12	0.01	8.63%
石寺镇	0.16	0.19	0.12	0.01	5.95%
铁门镇	0.15	0.18	0.12	0.01	7.00%
五头镇	0.16	0.22	0.12	0.02	14.56%
正村乡	0.14	0.17	0.12	0.01	7.06%
总计	0.16	0.28	0.11	0.03	16.88%

表 24-62　新安县耕地土壤有效钼按地形部位统计结果　　单位：mg/kg

地形部位	平均值	最大值	最小值	标准差	变异系数
岗顶部	0.15	0.27	0.11	0.02	15.54%
河漫滩	0.17	0.24	0.14	0.02	12.85%
阶地	0.16	0.24	0.12	0.02	14.72%
丘（岗）间洼地	0.18	0.28	0.12	0.04	23.76%
丘（岗）坡面	0.16	0.28	0.11	0.02	15.89%

表 24-63　新安县耕地土壤有效钼按土壤类型统计结果　　　　　单位：mg/kg

省土种名称	平均值	最大值	最小值	标准差	变异系数
薄层钙质粗骨土	0.17	0.27	0.12	0.03	18.91%
红黄土质褐土	0.15	0.21	0.11	0.02	12.25%
红黄土质褐土性土	0.16	0.27	0.12	0.03	20.70%
红黄土质石灰性褐土	0.15	0.23	0.12	0.02	16.35%
红黏土	0.15	0.27	0.11	0.02	12.86%
厚层堆垫褐土性土	0.17	0.24	0.14	0.02	12.85%
厚层硅质褐土性土	0.14	0.20	0.12	0.01	8.50%
厚层砂泥质褐土性土	0.16	0.27	0.12	0.02	13.86%
厚层砂质石灰性紫色土	0.15	0.17	0.13	0.01	4.74%
黄土质褐土	0.18	0.28	0.12	0.04	22.94%
黄土质棕壤	0.13	0.14	0.12	0.01	8.30%
两合土	0.14	0.14	0.14	0.00	0.00%
浅位少量砂姜红黄土质褐土	0.14	0.19	0.11	0.02	10.82%
浅位少量砂姜红黄土质褐土性土	0.16	0.25	0.12	0.03	17.11%
浅位少量砂姜红黄土质石灰性褐土	0.18	0.28	0.12	0.04	19.81%
浅位少量砂姜红黏土	0.16	0.23	0.12	0.02	13.42%
浅位少量砂姜黄土质石灰性褐土	0.16	0.20	0.12	0.02	13.67%
轻壤质黄土质石灰性褐土	0.15	0.15	0.15	0.00	0.00%
壤质潮褐土	0.15	0.18	0.13	0.02	9.89%
壤质洪冲积淋溶褐土	0.13	0.15	0.12	0.01	6.50%
壤质洪积褐土	0.16	0.24	0.12	0.02	15.14%
壤质洪积石灰性褐土	0.15	0.22	0.12	0.02	15.07%
砂质潮土	0.15	0.15	0.14	0.01	3.46%
脱潮两合土	0.14	0.14	0.14	0.00	0.00%
黏质洪积褐土	0.17	0.23	0.14	0.02	11.11%
中层钙质褐土性土	0.15	0.23	0.12	0.01	8.30%
中层硅质淋溶褐土	0.12	0.12	0.12	0.00	2.95%
中层硅质棕壤性土	0.16	0.16	0.15	0.00	3.17%
中层砂泥质褐土性土	0.16	0.27	0.11	0.03	15.44%
中层砂质中性紫色土	0.14	0.16	0.11	0.01	10.26%
中壤质黄土质石灰性褐土	0.17	0.28	0.12	0.04	20.98%

（二）分级论述

土壤有效钼分级标准见表 24-64，各乡镇有机质分级面积见表 24-65，各土种有机质分级面积见表 24-66。

1. 一级

土壤有效钼含量大于 0.20mg/kg，面积为 2 996.3hm²，占全县耕地面积的 7.77%。分布在北冶、磁涧等 5 个乡镇，其中磁涧镇分布面积最大为 2 329.97hm²，所占比例为 77.76%；主要土壤类型为黄土质褐土和中壤质黄土质石灰性褐土，面积分别为 548.8hm² 和 461.09hm²，所占比例分别为 18.32% 和 15.39%。

2. 二级

土壤有效钼含量范围为 0.19~0.20mg/kg，面积为 2 686.16hm²，占全县耕地面积的 6.96%。磁涧镇与五头镇面积较大，分别为 1 235.47hm²、824.84hm²，所占比例分别为 45.99% 和 30.71%。主要土壤类型为浅位少量砂姜红黄土质石灰性褐土、壤质洪积褐土和浅位少量砂姜红黏土，面积分别为 488.22hm²、482.01hm² 和 446.64hm²，所占比例分别为 18.18%、17.94% 和 16.63%。

3. 三级

土壤有效钼含量范围为 0.16~0.18mg/kg，面积为 11 171.69hm²，占全县耕地面积的 28.96%。除仓头乡无分布外，其他各个乡镇均有分布，其中北冶镇面积最大 1 876.78hm²，所占比例为 16.8%；主要土壤类型为红黏土，面积为 3 396.15hm²，所占比例为 30.4%。

4. 四级

土壤有效钼含量范围为 0.13~0.15mg/kg，面积为 19 888.28hm²，占全县耕地面积的 51.55%。除洛新工业园外，其余 11 个乡镇均有分布，铁门镇面积最大为 4 349.67hm²，所占比例为 21.87%；主要土壤类型为红黏土，面积为 7 697.62hm²，所占比例为 38.7%。

5. 五级

土壤有效钼含量小于等于 0.12mg/kg，面积为 1 837.5hm²，占全县耕地面积的 4.76%。主要分布在仓头乡、曹村乡和正村乡，面积分别为 840.19hm²、442.18hm² 和 419.91hm²，所占比例分别为 45.72%、24.06% 和 22.85%；主要土壤类型为红黏土，面积 419.23hm²，所占比例为 22.85%。

表 24-64 耕层土壤有效钼分级

有效钼分级	含量范围（mg/kg）	平均值（mg/kg）
一级	>0.20	0.23
二级	0.19~0.20	0.19
三级	0.16~0.18	0.17
四级	0.13~0.15	0.14
五级	≤0.12	0.12

表 24-65 各乡镇土壤有效钼分级面积统计　　　　　　　　单位：hm²

乡镇名称	一级	二级	三级	四级	五级
北冶镇	180.21	307.29	1 876.78	636.12	1.67
仓头乡				1 711.82	840.19
曹村乡			390.32	1 305.37	442.18
城关镇		57.09	1 329.44	1 992.90	
磁涧镇	2 329.97	1 235.47	989.35	18.42	
洛新工业园	454.61	178.69	140.01		
南李村镇	0.64	36.77	1 257.40	2 679.83	38.00
石井乡		41.68	1 586.32	1 732.56	1.75
石寺镇		4.33	1 542.93	627.03	1.92
铁门镇			731.48	4 349.67	2.79
五头镇	30.87	824.84	1 213.50	2 418.21	89.09
正村乡			114.16	2 416.35	419.91
总计	2 996.30	2 686.16	11 171.69	19 888.28	1 837.50

表 24-66　各土种土壤有效钼分级面积统计　　　　　　　单位：hm²

省土种名称	一级	二级	三级	四级	五级
薄层钙质粗骨土	37.52	94.70	86.94	139.19	1.30
红黄土质褐土	0.67	24.92	384.23	731.57	160.37
红黄土质褐土性土	354.19	4.06	499.43	473.59	53.72
红黄土质石灰性褐土	54.02	186.30	494.26	1 010.90	122.61
红黏土	218.43	243.62	3 396.15	7 697.62	419.23
厚层堆垫褐土性土	5.75	1.67	69.81	19.68	
厚层硅质褐土性土		2.65		614.53	23.00
厚层砂泥质褐土性土	103.70	90.56	1 061.04	588.95	77.43
厚层砂质石灰性紫色土			4.32	91.97	
黄土质褐土	548.80	210.40	362.11	228.27	67.00
黄土质棕壤				4.70	4.57
两合土				4.11	
浅位少量砂姜红黄土质褐土		25.06		164.79	36.88
浅位少量砂姜红黄土质褐土性土	447.55	36.55	636.41	1 335.90	149.40
浅位少量砂姜红黄土质石灰性褐土	357.83	488.22	617.27	409.69	32.75
浅位少量砂姜红黏土	1.85	446.64	944.07	1 189.28	28.61
浅位少量砂姜黄土质石灰性褐土		13.07	251.63	184.89	17.17
轻壤质黄土质石灰性褐土				9.04	
壤质潮褐土			32.86	111.71	
壤质洪冲积淋溶褐土				89.10	72.92
壤质洪积褐土	334.61	482.01	654.94	1 513.05	14.30
壤质洪积石灰性褐土	15.70	33.96	3.52	344.94	7.50
砂质潮土				97.76	
脱潮两合土				11.39	
黏质洪积褐土	23.73	0.67	76.80	87.62	
中层钙质褐土性土	3.30	4.78	173.70	971.79	53.97
中层硅质淋溶褐土				9.42	31.41
中层硅质棕壤性土			26.42	0.41	
中层砂泥质褐土性土	27.56	56.47	887.57	248.11	183.73
中层砂质中性紫色土			8.64	230.25	237.01
中壤质黄土质石灰性褐土	461.09	239.85	499.57	1 274.06	42.62

七、水溶态硼

（一）新安县耕地土壤水溶态硼的基本状况

新安县耕地水溶态硼含量变化范围为 0.06~1.2mg/kg，平均值为 0.43mg/kg。①不同行政区域：最高是城关镇平均值为 0.54mg/kg，最低是仓头乡平均值为 0.31mg/kg；②不同地形部位：最高是阶地平均值为 0.50mg/kg，最低是河漫滩平均值为 0.40mg/kg；③不同土壤种类：最高是脱潮两合土平均值为 0.82mg/kg，最低是薄层钙质粗骨土平均值为 0.29mg/kg（表 24-67、表 24-68、表 24-69）。

表 24-67　新安县耕地土壤水溶态硼按乡镇统计结果　　　　　单位：mg/kg

乡镇名称	平均值	最大值	最小值	标准差	变异系数
北冶镇	0.36	0.54	0.14	0.07	20.23%
仓头乡	0.31	0.61	0.06	0.06	18.34%
曹村乡	0.43	0.66	0.22	0.06	13.55%
城关镇	0.54	0.87	0.20	0.11	20.44%
磁涧镇	0.44	0.86	0.21	0.15	33.38%
洛新工业园	0.44	0.58	0.25	0.08	18.11%
南李村镇	0.40	0.72	0.12	0.10	25.52%
石井乡	0.42	0.80	0.22	0.09	21.08%
石寺镇	0.44	0.79	0.32	0.06	12.99%
铁门镇	0.49	1.20	0.23	0.12	24.37%
五头镇	0.46	0.75	0.28	0.07	15.99%
正村乡	0.44	0.77	0.21	0.07	15.50%
总计	0.43	1.20	0.06	0.10	24.51%

表 24-68　新安县耕地土壤水溶态硼按地形部位统计结果　　　　　单位：mg/kg

地形部位	平均值	最大值	最小值	标准差	变异系数
岗顶部	0.42	0.80	0.12	0.09	21.32%
河漫滩	0.40	0.46	0.24	0.06	14.16%
阶地	0.50	1.20	0.21	0.14	27.71%
丘（岗）间洼地	0.40	0.77	0.19	0.10	24.88%
丘（岗）坡面	0.42	0.87	0.06	0.10	23.87%

表 24-69　新安县耕地土壤水溶态硼按土壤类型统计结果　　　　　单位：mg/kg

省土种名称	平均值	最大值	最小值	标准差	变异系数
薄层钙质粗骨土	0.29	0.42	0.12	0.05	17.70%
红黄土质褐土	0.45	0.81	0.27	0.11	24.06%
红黄土质褐土性土	0.44	0.71	0.21	0.10	22.18%
红黄土质石灰性褐土	0.44	0.72	0.21	0.13	28.76%
红黏土	0.42	0.87	0.06	0.09	22.34%
厚层堆垫褐土性土	0.40	0.46	0.24	0.06	14.16%
厚层硅质褐土性土	0.50	0.80	0.27	0.07	13.97%
厚层砂泥质褐土性土	0.42	0.80	0.17	0.09	22.23%
厚层砂质石灰性紫色土	0.49	0.74	0.33	0.08	15.79%
黄土质褐土	0.39	0.77	0.23	0.09	24.18%

（续表）

省土种名称	平均值	最大值	最小值	标准差	变异系数
黄土质棕壤	0.49	0.50	0.48	0.01	2.04%
两合土	0.30	0.31	0.30	0.00	1.65%
浅位少量砂姜红黄土质褐土	0.47	0.80	0.21	0.12	25.31%
浅位少量砂姜红黄土质褐土性土	0.40	0.79	0.23	0.11	28.16%
浅位少量砂姜红黄土质石灰性褐土	0.43	0.69	0.23	0.13	29.36%
浅位少量砂姜红黏土	0.42	0.65	0.19	0.08	18.83%
浅位少量砂姜黄土质石灰性褐土	0.40	0.70	0.26	0.11	28.06%
轻壤质黄土质石灰性褐土	0.45	0.46	0.43	0.01	2.48%
壤质潮褐土	0.56	0.80	0.43	0.10	18.11%
壤质洪冲积淋溶褐土	0.45	0.50	0.32	0.04	8.10%
壤质洪积褐土	0.50	1.09	0.21	0.13	25.19%
壤质洪积石灰性褐土	0.41	0.55	0.33	0.06	13.29%
砂质潮土	0.60	0.95	0.48	0.12	19.25%
脱潮两合土	0.82	0.85	0.79	0.03	3.66%
黏质洪积褐土	0.48	1.20	0.27	0.23	48.47%
中层钙质褐土性土	0.42	0.75	0.13	0.07	17.06%
中层硅质淋溶褐土	0.45	0.46	0.41	0.01	3.14%
中层硅质棕壤性土	0.32	0.32	0.32	0.00	0.00%
中层砂泥质褐土性土	0.38	0.74	0.20	0.08	21.34%
中层砂质中性紫色土	0.46	0.66	0.32	0.04	8.62%
中壤质黄土质石灰性褐土	0.37	0.75	0.14	0.10	28.13%

（二）分级论述

土壤水溶态硼分级标准见表 24-70，各乡镇有机质分级面积见表 24-71，各土种有机质分级面积见表 24-72。

1. 一级

土壤水溶态硼含量大于 0.60mg/kg，面积为 2 492.78hm²，占全县耕地面积的 6.46%。城关镇、铁门镇、磁涧镇分布面积较大，分别为 811.03hm²、738.33hm²、626.35hm²，所占比例分别为 32.54%、29.62%、25.13%；主要土壤类型为壤质洪积褐土和红黏土，面积分别为 608.28hm² 和 605.68hm²，所占比例分别为 24.4% 和 24.3%。

2. 二级

土壤水溶态硼含量范围为 0.51~0.60mg/kg，面积为 5 956.38hm²，占全县耕地面积的 15.44%。全县各个乡镇均有分布，其中城关镇与五头镇面积较大，分别为 1 380.69hm²、1 293.83hm²，所占比例分别为 23.18% 和 21.72%。主要土壤类型为红黏土和壤质洪积褐土，面积分别为 1 727.07hm² 和 727.68hm²，所占分别比例为 29%、12.22%。

3. 三级

土壤水溶态硼含量范围为 0.41~0.50mg/kg，面积为 15 049.06hm²，占全县耕地面积的 39.01%。各个乡镇均有分布，铁门镇分布面积最大为 3 052.64hm²，所占比例为 20.28%；主要土壤类型为红黏土，面积为 5 221.14hm²，所占比例为 34.69%。

4. 四级

土壤水溶态硼含量范围为 0.31~0.40mg/kg，面积为 11 204.17hm²，占全县耕地面积的 29.04%。

各个乡镇均有分布，磁涧镇、北冶镇面积较大，分别为 2 210.13hm²、1 692.02hm²，所占比例分别为 19.73%、15.1%；主要土壤类型为红黏土，面积为 3 404.17hm²，所占比例为 30.38%。

5. 五级

土壤水溶态硼含量小于等于 0.30mg/kg，面积为 3 877.54hm²，占全县耕地面积的 10.05%。主要分布在仓头乡和磁涧镇，面积分别为 1 407.37hm² 和 734.87hm²，所占比例分别为 36.3% 和 18.95%；主要土壤类型为红黏土和中壤质黄土质石灰性褐土，面积分别为 1 016.99hm² 和 648.69hm²，所占比例分别为 26.23% 和 16.73%。

表 24-70　耕层土壤水溶态硼分级

水溶态硼分级	含量范围（mg/kg）	平均值（mg/kg）
一级	>0.60	0.68
二级	0.51~0.60	0.55
三级	0.41~0.50	0.45
四级	0.31~0.40	0.36
五级	≤0.30	0.27

表 24-71　各乡镇土壤水溶态硼分级面积统计　　　　　　　单位：hm²

乡镇名称	一级	二级	三级	四级	五级
北冶镇		15.59	835.13	1 692.02	459.33
仓头乡	0.20	8.33	110.26	1 025.85	1 407.37
曹村乡	5.17	129.66	1 273.58	628.74	100.72
城关镇	811.03	1 380.69	801.35	377.14	9.22
磁涧镇	626.35	395.60	606.26	2 210.13	734.87
洛新工业园		319.21	301.79	151.22	1.09
南李村镇	80.28	520.19	1 471.38	1 360.89	579.90
石井乡	61.23	425.26	1 336.74	1 153.16	385.92
石寺镇	25.39	256.97	1 489.43	404.42	
铁门镇	738.33	542.93	3 052.64	627.81	122.23
五头镇	136.87	1 293.83	2 111.44	1 032.17	2.20
正村乡	7.93	668.12	1 659.06	540.62	74.69
总计	2 492.78	5 956.38	15 049.06	11 204.17	3 877.54

表 24-72　各土种土壤水溶态硼分级面积统计　　　　　　　单位：hm²

省土种名称	一级	二级	三级	四级	五级
薄层钙质粗骨土			12.13	109.33	238.19
红黄土质褐土	212.15	175.37	579.47	287.51	47.26
红黄土质褐土性土	49.68	337.48	412.11	525.63	60.09
红黄土质石灰性褐土	229.90	415.81	459.08	491.14	272.16
红黏土	605.68	1 727.07	5 221.14	3 404.17	1 016.99
厚层堆垫褐土性土			58.27	32.68	5.96
厚层硅质褐土性土	45.66	220.76	319.16	39.24	15.36

（续表）

省土种名称	一级	二级	三级	四级	五级
厚层砂泥质褐土性土	71.20	142.80	917.62	567.34	222.72
厚层砂质石灰性紫色土	8.67	35.63	40.20	11.79	
黄土质褐土	39.72	253.59	307.93	640.04	175.30
黄土质棕壤			9.27		
两合土				0.59	3.52
浅位少量砂姜红黄土质褐土	19.68	25.87	94.07	75.58	11.53
浅位少量砂姜红黄土质褐土性土	49.66	375.14	1 048.62	764.42	367.97
浅位少量砂姜红黄土质石灰性褐土	74.69	430.81	690.10	336.18	373.98
浅位少量砂姜红黏土	79.69	459.76	728.02	1 272.14	70.84
浅位少量砂姜黄土质石灰性褐土	55.01	68.15	183.54	135.28	24.78
轻壤质黄土质石灰性褐土			9.04		
壤质潮褐土	84.48	20.86	39.23		
壤质洪冲积淋溶褐土			128.43	33.59	
壤质洪积褐土	608.28	727.68	1 366.33	245.03	51.59
壤质洪积石灰性褐土		43.81	76.54	285.27	
砂质潮土	13.16	83.38	1.22		
脱潮两合土	11.39				
黏质洪积褐土	75.83	29.71		81.45	1.83
中层钙质褐土性土	36.52	137.65	640.28	360.46	32.63
中层硅质淋溶褐土			40.83		
中层硅质棕壤性土				26.83	
中层砂泥质褐土性土	8.99	62.72	549.41	546.17	236.15
中层砂质中性紫色土	1.04	71.39	387.43	16.04	
中壤质黄土质石灰性褐土	111.70	110.94	729.59	916.27	648.69

第四节　土壤 pH 值

新安县耕地土壤 pH 值含量变化范围为 6.8~8.4，平均值为 7.84。①不同行政区域：磁涧镇最高平均值为 8.06，最低是曹村乡平均值为 7.47；②不同地形部位：丘（岗）间洼地最高平均值为7.95，最低为岗顶部平均值为 7.74；③不同土壤种类：最高是脱潮两合土平均值为 8.1，最低是中层硅质淋溶褐土平均值为 7.36（表 24-73、表 24-74、表 24-75）。

表 24-73　新安县耕地土壤 pH 值按乡镇统计结果

乡镇名称	平均值	最大值	最小值	标准差	变异系数
北冶镇	7.83	8.20	7.10	0.16	2.02%
仓头乡	8.00	8.20	7.70	0.07	0.91%
曹村乡	7.47	8.10	6.80	0.19	2.52%

（续表）

乡镇名称	平均值	最大值	最小值	标准差	变异系数
城关镇	7.93	8.20	7.50	0.11	1.38%
磁涧镇	8.06	8.40	7.70	0.10	1.18%
洛新工业园	8.05	8.20	7.90	0.06	0.74%
南李村镇	7.95	8.20	7.50	0.12	1.55%
石井乡	7.83	8.10	7.10	0.15	1.97%
石寺镇	7.74	8.30	7.30	0.19	2.44%
铁门镇	7.71	8.20	7.00	0.20	2.53%
五头镇	8.00	8.20	7.50	0.08	0.95%
正村乡	7.89	8.10	7.30	0.11	1.43%
总计	7.84	8.40	6.80	0.22	2.81%

表 24-74　新安县耕地土壤 pH 值按地形部位统计结果

地形部位	平均值	最大值	最小值	标准差	变异系数
岗顶部	7.74	8.30	6.80	0.26	3.34%
河漫滩	7.82	8.00	7.60	0.09	1.13%
阶地	7.87	8.40	7.10	0.19	2.46%
丘（岗）间洼地	7.95	8.30	7.30	0.17	2.08%
丘（岗）坡面	7.86	8.30	7.00	0.20	2.57%

表 24-75　新安县耕地土壤 pH 值按土壤类型统计结果

省土种名称	平均值	最大值	最小值	标准差	变异系数
薄层钙质粗骨土	8.02	8.10	7.80	0.08	0.98%
红黄土质褐土	7.90	8.20	7.30	0.12	1.54%
红黄土质褐土性土	7.87	8.20	7.00	0.20	2.50%
红黄土质石灰性褐土	8.00	8.30	7.50	0.10	1.24%
红黏土	7.80	8.20	7.00	0.21	2.64%
厚层堆垫褐土性土	7.82	8.00	7.60	0.09	1.13%
厚层硅质褐土性土	7.72	8.10	7.20	0.20	2.58%
厚层砂泥质褐土性土	7.75	8.30	7.00	0.21	2.76%
厚层砂质石灰性紫色土	7.88	8.10	7.70	0.08	1.02%
黄土质褐土	7.99	8.30	7.30	0.14	1.70%
黄土质棕壤	7.80	8.10	7.20	0.42	5.44%
两合土	8.00	8.00	8.00	0.00	0.00%
浅位少量砂姜红黄土质褐土	7.91	8.10	7.70	0.12	1.55%
浅位少量砂姜红黄土质褐土性土	7.95	8.20	7.50	0.11	1.34%
浅位少量砂姜红黄土质石灰性褐土	7.99	8.20	7.70	0.09	1.16%

（续表）

省土种名称	平均值	最大值	最小值	标准差	变异系数
浅位少量砂姜红黏土	7.85	8.20	7.20	0.22	2.82%
浅位少量砂姜黄土质石灰性褐土	7.98	8.10	7.60	0.09	1.19%
轻壤质黄土质石灰性褐土	8.02	8.10	8.00	0.04	0.55%
壤质潮褐土	7.89	8.00	7.60	0.13	1.68%
壤质洪冲积淋溶褐土	7.49	8.10	7.20	0.24	3.16%
壤质洪积褐土	7.88	8.40	7.10	0.20	2.52%
壤质洪积石灰性褐土	8.00	8.20	7.80	0.10	1.28%
砂质潮土	7.84	8.00	7.60	0.12	1.52%
脱潮两合土	8.10	8.10	8.10	0.00	0.00%
黏质洪积褐土	7.78	8.10	7.50	0.16	2.05%
中层钙质褐土性土	7.73	8.20	7.20	0.21	2.75%
中层硅质淋溶褐土	7.36	7.50	7.20	0.07	0.91%
中层硅质棕壤性土	7.90	7.90	7.90	0.00	0.00%
中层砂泥质褐土性土	7.84	8.30	7.10	0.18	2.33%
中层砂质中性紫色土	7.46	8.10	6.80	0.28	3.77%
中壤质黄土质石灰性褐土	7.98	8.20	7.30	0.14	1.75%

第二十五章　耕地地力评价指标体系

第一节　耕地地力评价指标体系内容

综合《测土配方施肥技术规范》《耕地地力评价指南》和"县域耕地资源管理信息系统 3.0"的技术规定与要求，我们将选取评价指标、确定各指标权重和确定各评价指标的隶属度三项内容归纳为建立耕地地力评价指标体系。

首先，根据一定原则，结合新安县农业生产实际、农业生产自然条件和耕地土壤特征从全国耕地地力评价因子集中选取，建立县域耕地地力评价指标集。其次，利用层次分析法，建立评价指标与耕地潜在生产能力间的层次分析模型，计算单指标对耕地地力的权重。最后，采用特尔斐法组织专家，使用模糊评价法建立各指标的隶属度。

第二节　耕地地力评价指标

一、耕地地力评价指标选取原则

1. 重要性原则

影响耕地地力的因素、因子很多，农业部测土配方施肥技术规范中列举了六大类 66 个指标。这些指标是针对全国范围的，具体到新安县的行政区域，必须在其中挑选对本地耕地地力影响最为显著的因子，而不能全部选取。新安县选取的指标只有土壤有机质、有效磷、速效钾、质地、灌溉保证率、障碍层位置、地形部位、耕层厚度 8 个因子。新安县地处暖温带半干旱半湿润气候，所形成的地带性土壤是红黏土、褐土、潮土和棕壤。土壤质地对生产性能影响很大，必须选为评价指标。坡度、坡向、土层厚度等虽然在较大的区域范围对整个耕地地力有很大的影响，但具体到新安县则可以不选。

2. 稳定性原则

选择的评价因子在时间序列上必须具有相对的稳定性。选择时间序列上易变指标，则会造成评价结果在时间序列上的不稳定，指导性和实用性差，而耕地地力若没有较为剧烈的人为等外部因素的影响，在一定时期内是稳定的。

3. 差异性原则

差异性原则分为空间差异性和指标因子的差异性。耕地地力评价的目的之一就是通过评价找出影响耕地地力的主导因素，指导耕地资源的优化配置。评价指标在空间和属性没有差异，就不能反映耕地地力的差异。因此，在县级行政区域内，没有空间差异的指标和属性没有差异的指标，不能选为评价指标。如 ≥0℃积温、≥10℃积温、降水量、日照指数、光能辐射总量、无霜期都对耕地地力有很大的影响，但在新安县县域范围内，这些因素差异很小，不能选为评价指标。

4. 易获取性原则

通过常规的方法即可以获取，如土壤养分含量、耕层厚度、灌排条件、排涝条件等。某些指标虽然对耕地生产能力有很大影响，但获取比较困难，或者获取的费用比较高，当前不具备条件。如土壤生物的种类和数量、土壤中某种酶的数量等生物性指标。

5. 精简性原则

并不是选取的指标越多越好，选取的太多，工作量和费用都要增加，还不能揭示出影响耕地地力的主要因素。一般 8~15 个指标能够满足评价的需要。新安县选择的指标只有 8 个。

6. 全局性与整体性原则

所谓全局性，要考虑到全县所有的耕地类型，不能只关注面积大的耕地，只要能在 1：5 万比例尺的图上能形成图斑的耕地地块的特性都需要考虑，而不能搞"少数服从多数"。新安县选择障碍层位置只是为了更好地反映各种土壤类型耕地间的差异。

所谓整体性原则，是指在时间序列上，会对耕地地力产生较大影响的指标。如灌溉保证率对耕地地力影响很大，新安县由于地形复杂，地下水埋藏深浅不一，各地的灌溉保证率差异较大，所以这两因素选择为评价指标。

二、评价单元确定

评价单元是由对土地质量具有关键影响的各土地要素组成的基本空间单位，同一评价单元的内部质量均一，不同单元之间，既有差异性，又有可比性。耕地地力评价就是要通过对每个评价单元的评价，确定其地力级别，并编绘耕地地力等级图。

目前，对土地评价单元的划分尚无统一方法，有以土壤类型、土地利用类型、行政区划单位、方里网等多种方法，基于以上几种基础图件各自的优势和缺陷，本次耕地地力评价我们以新安县土壤图和新安县的土地利用现状图叠加生成的图斑作为基本评价单元。其中，土壤类型划分到土种，土地利用现状类型划分到二级利用类型。制图区界以土地利用现状图为准。为了保证土地利用现状的现实性，基于野外的实地调查，对耕地利用现状进行了修正。评价单元内的土壤类型相同，利用方式相同，交通、水利、经营管理方式等基本一致。用这种方法划分评价单元，不但可以反映单元之间的空间差异性，而且使土地利用类型有了土壤基本性质的均一性，又使土壤类型有了确定的地域边界线，使评价结果更具综合性、客观性，可以较容易地将评价结果落实到实地。通过上述方法，将新安县耕地地力评价单元划分为 8 965个（表 25-1）。

表 25-1　各乡镇评价单元数量统计

乡镇名称	评价单元个数	占总数比例（%）
城关镇	655	7.31
铁门镇	559	6.24
磁涧镇	776	8.66
石寺镇	864	9.64
五头镇	583	6.50
正村乡	436	4.86
南李村	775	8.64
曹村乡	1 007	11.23
北冶镇	1 097	12.24
石井乡	1 548	17.27
仓头乡	585	6.53
洛新工业园	80	0.89
总计	8 965	100.00

三、评价单元赋值

影响耕地地力的因子非常多，并且它们在计算机中的存储方式也不相同，因此如何准确地获取各评价单元评价信息，是评价中的重要一环。鉴于此，舍弃直接从键盘输入参评因子值的传统方式，从建立的基础数据库中提取专题图件，利用 ArcGIS 系统的空间叠加分析、分区统计、空间属性连接等功能为评价单元提取属性。

采用空间插值法生成的各类养分图是 GRID 格网格式，利用 ArcGIS 的分区统计功能，统计每个评价单元所包含网格的平均值，得到每个评价单元的养分平均值。与评价有关的灌溉条件、排涝条件、地貌条件、成土母质等因素指标，根据空间位置提取属性，将单因子图中的属性按空间位置赋值给评价单元。

四、综合性指标计算

利用建立的隶属函数，计算每个评价单元的评价因素分值，再结合因素权重计算评价单元的综合分。综合分值的计算采用加法模型：

$$IFI = \sum F_i \times C_i \quad (i=1,\ 2,\ 3\cdots,\ n)$$

式中，IFI（Integrated Fertility Index）代表耕地地力数；F_i为第i个因素的隶属度；C_i为第i个因素的组合权重。

第三节　参评因素的选取

新安县在2006—2008年实施国家测土配方施肥项目工作中，取得了大量的调查、试验、测试数据，包括以下内容：统一编号、采样序号、调查组号、采样目的、采样日期、省（市）名称、地（市）名称、县（旗）名称、乡（镇）名称、村组名称、邮政编码、农户名称、地块名称、地块方位、距村距离、经度、纬度、海拔高度、地貌类型、地形部位、地面坡度、田面坡度、坡向、通常地下水位、最高地下水位、最低地下水位、常年降水量、常年有效积温、常年无霜期、农田基础设施、排水能力、灌溉能力、水源条件、输水方式、灌溉方式、熟制、典型种植制度、常年产量水平、土类、亚类、土属、土种、俗名、成土母质、土壤结构、土体构型、土壤质地、障碍因素、侵蚀程度、耕层厚度、采样深度、田块面积、代表面积等。这些内容中包括了耕地的立地条件和基本的土壤物理性状，这些数据根据性质的不同可以分为定性数据和定量数据。土壤样品，分析化验了全氮、有效磷、缓效钾、速效钾、有机质、pH值、铜、铁、锰、锌和钼共11项内容。充分利用这些数据和县域耕地资源管理信息系统，并结合第二次土壤普查以来的历史资料，开展本次耕地地力评价工作。

影响耕地地力的因素很多，正确地进行参评因素的选取并确定其权重，是科学地评价耕地地力的前提，它直接关系到评价结果的正确性、科学性和社会可接受性。在评价工作中不可能将其所包含的全部信息提出来，由于影响耕地质量的因子间普遍存在着相关性，甚至信息彼此重叠，故进行耕地质量评价时没有必要将所有因子都考虑进去。为了排除人为主观性对选择评价因子的影响，使筛选的主导评价因子能较全面客观地反映评价区域耕地质量的现实状况，参评因素选取时应遵循稳定性、主导性、综合性、差异性、定量性和现实性原则。本次耕地地力评价采用特尔斐法，进行了影响耕地地力的立地条件、物理性状等定性指标的筛选。评价与决策涉及价值观、知识、经验和逻辑思维能力，因此专家的综合能力是十分可贵的。评价与决策中经常要有专家的参与，例如给出一组障碍层厚度，评价不同厚度对作物生长影响的程度通常由专家给出。这个方法的核心是充分发挥专家对问题的独立看法，然后归纳、反馈，逐步收缩、集中，最终产生评价与判断。基本包括以下几个步骤。

（一）确定提问的提纲

列出调查的提纲应当用词准确，层次分明，集中于要判断和评价的问题。为了使专家易于回答问题，通常还在提出调查提纲的同时提供有关背景材料。

（二）选择专家

为了得到较好的评价结果，我们选择了对问题了解较多的专家11人。

（三）调查结果的归纳、反馈和总结

收集到专家对问题的判断后，应作一归纳。定量判断的归纳结果通常符合正态分布。在仔细听取了持极端意见专家的理由后，去掉两端各25%的意见，寻找出意见最集中的范围，然后把归纳结果反馈给专家，让他们再次提出自己的评价和判断。反复3~5次后，专家的意见会逐步趋近一致，这时就可作出最后的分析报告。

采用特尔斐法，分别召开了省和县两级的耕地地力评价指标筛选专家研讨会。省级研讨会选择省内的知名土壤学、农学、农田水利学、土地资源学、土壤农业化学等专家进行指标筛选，县级研讨会

由省站专家、市站专家、河南农业大学专家、县内长期从事农业生产和技术研究的专家组成专家组，在国家级和省级评价指标的指导下，筛选切合新安县实际的耕地地力评价指标体系。

2009年3月12日，我们组织洛阳市农业局农技推广研究员席万俊、高级农艺师郭新建，新安县农业局高级农艺师贾建修、赵景春，农艺师李建设、邵铁信，新安县水利局工程师李新阳参加的新安县耕地地力评价因子筛选会，结合新安当地实际情况，首先对全国耕地地力评价66种因子中选择其中的气候、立地条件、地形部位、田间持水量、潜水埋深、质地、容重、有机质、有效磷、速效钾、有效锌、水溶态硼、有效铁、有效锰、有效钼、土层厚度、耕层厚度、灌溉保证率、设施类型等20项因子指标进行分类，从河南省测土配方施肥耕地地力评价指标体系中对耕地地力的立地条件、耕地理化性状等指标进行筛选，作为新安县耕地地力评价的拟选因子，逐一进行分析，采用特尔斐法，对下列因子进行了排除，原因如下。

（1）气候。全县基本一样，不作为评价因子。

（2）田间持水量。数据不易获取，不作为评价因子。

（3）潜水埋深。全县有一定差异性，但不影响灌溉保证率，不作为评价因子。

（4）容重。数据少、无法划分区域，不作为评价因子。

（5）有效铁、有效锰、有效钼。全县土壤有效铁、锰含量丰富；有效钼含量虽然较低，但在生产实践中对农作物生长没有明显不良影响，不作为评价因子。

（6）设施类型。面积小，不连片，不具有代表性，不作为评价因子。

（7）土层厚度。虽然对耕地地力影响较大，但由于新安县各土壤土层厚度没有具体的数据，不便于操作，不作为评价因子。

（8）全氮。新安县土壤全氮含量，虽然对农作物生长影响较大，但土壤全氮含量与土壤有机质含量成正相关，因此不作为评价因子。

经专家反复论证初步确定耕地的灌溉保证率、有机质、有效磷、速效钾、障碍层类型、障碍层位置、障碍层厚度、质地、地形部位、耕层厚度10项指标作为新安县耕地地力评价的参评因子，其原因如下。

（1）灌溉保证率。灌溉保证率是反映水浇地抗旱能力的重要指标，新安县十年九旱，灌溉在新安县的农业生产中起着非常重要的作用，灌溉保证率的高低是决定新安粮食生产的重要因素。所以应选为耕地地力评价指标。

（2）有机质。有机质可以提供植物生长必要的营养元素；可以改善土壤的结构性能以及生物、物理和化学性质。有机质含量的多少，可以反映耕地地力水平的高低。有机质是决定新安县土壤肥力高低的重要因素。

（3）有效磷。磷是植物需要的三大营养元素之一，有效磷在植物生长中起着重要的作用，新安县耕层土壤有效磷含量是影响土壤肥力重要因素之一。

（4）速效钾。钾也是植物需要的三大营养元素之一，土壤速效钾被植物吸收利用，对作物生长及品质起着重要作用，其含量的高低反映了土壤供钾能力的程度。土壤速效钾含量的多少直接决定土壤肥力的高低，是耕地地力评价的重要因子。

（5）障碍层。新安县土壤各类型中的障碍层主要有黏盘层、砂姜层、砂砾层、砂漏层，各种障碍层出现的位置和厚度不同，对植物的生长影响不同。砂姜层、黏盘层对植物根系生长有影响，它阻碍植物根系的下扎，同时对土壤耕翻以及田间管理也有影响；砂砾层既影响植物根系的生长、田间农事操作，同时不利于保水保肥；砂漏层主要是保水保肥能力差，植物苗期生长旺盛，中后期生长不良。因此障碍层的影响在新安农业生产占有重要位置。所以应选为耕地地力评价指标。

（6）质地。新安县土壤类型多，土壤质地也多，但主要的有黏土、重壤土、中壤土、轻壤土。不同的土壤质地，土壤养分含量不同，对作物影响也不一样，农事操作也有差别。新安县的不同土壤质地直接影响着新安农业的发展，因此土壤质地在新安的耕地地力评价中占有重要地位。

（7）地形部位。新安县丘陵、山区耕地面积大，地形部位不同的耕地，其接受光、热、水的多少不同，进而影响作物的生长，影响作物的产量和品质。

（8）耕层厚度。影响作物根系生长和抗旱能力，严重影响作物的产量。

2009年4月14—16日，河南省洛阳、焦作、三门峡片区耕地地力培训会在新安县召开，省土肥站农技推广研究员程道全、河南农业大学耕地地力评价专家邢雷雷及洛阳市农业局农技推广研究员席万俊、高级农艺师郭新建，新安县农业局高级农艺师贾建修、李俊伟、赵景春，农艺师李建设、邵铁信、赵健飞组成的新安县耕地地力评价专家组，首先对指标进行分类，在此基础上进行指标的选取。各位专家结合自身专业特长，按照《测土配方施肥技术规范》的要求，就新安县农业生产实际情况，展开了热烈的讨论认为：障碍层类型涉及面太广，不便于操作，障碍层出现的位置是影响新安县作物根系生长的重要因素，作为评价因子较为合适，最终确定灌溉保证率、有机质、有效磷、速效钾、障碍层位置、质地、地形部位、耕层厚度8项因素作为新安县耕地地力评价的参评因子，各位专家对影响新安县耕地地力评价的因子、权重逐项进行了分析评定。

第四节　评价指标权重的确定

一、评价指标权重确定原则

耕地地力受所选指标的影响程度并不一致，确定各因素的影响程度大小时，必须遵从全局性和整体性的原则，综合衡量各指标的影响程度，不能因一年一季的影响或对某一区域的影响剧烈或无影响而形成极端的权重。在确定两个评价因素的权重时，首先考虑两个因素在全县的差异情况和这种差异造成的耕地生产能力的差异大小。其次，考虑其发生频率，发生频率较高，则权重应较高，频率低则应较低。最后，排除特殊年份的影响。

二、评价指标权重确定方法

在选取的耕地地力评价指标中，各个指标对耕地质量的影响程度是不相等的，因此需要结合专家意见，采用科学方法，合理确定各评价指标的权重。

计算单因素权重的方法有很多，如主成分分析法、多元回归分析法、逐步回归分析法、灰色关联分析法、层次分析法等，本评价中采用层次分析法（AHP）来确定各参评因素的权重。

（一）层次分析法

将所选指标根据其对耕地地力的影响方面和其固有的特征，分为几个组，形成目标层——耕地地力评价，准则层——因子组，指标层——每一准则下的评价指标。化繁为简，先其确定每一准则层内各因子对准则层的权重，再确定每一准则层对目标层的权重。每一指标对准则层的权重乘以所在准则层对目标的权重即为该指标对目标的权重。层次分析法（AHP），它是一种对较为复杂和模糊的问题做出决策的简易方法，是在定性方法基础上发展起来的定量确定参评因素权重的一种系统分析方法。这种方法，可将人们的经验思维数量化，特别适用于那些难于完全定量分析的问题，用以检验决策者判断的一致性，有利于实现定量化评价。它的优点在于定性与定量的方法相结合，既考虑了专家经验，又避免了人为影响，具有高度的逻辑性、系统性和实用性。

（二）指标权重确定过程与结果

用层次分析法作为系统分析，首先要把问题层次化，根据问题的性质和要达到的目标，将问题分解为不同的组成因素，并按照因素间的相互关联影响以及隶属关系将各因素按不同层次聚合，形成一个多层次的分析结构模型，并最终把系统分析归结为最低层相对于最高层的相对重要性权值的确定或相对优劣次序的排序问题。在每一准则层或目标层中确定所属指标或准则的权重时，使用大家所熟悉的百分数法。即将每一准则层内各指标的权重用百分数表示，总的分为一百份，各指标所占份额总和为一百份。各专家的平均值即为这一指标在该准则层内的权重。准则层在目标层的权重确定同理。专家意见须经多轮的集中和反馈，才能形成较为统一的意见，即为特尔斐法。

在排序计算中，每一层次的因素相对上一层次某一因素的单排序问题又可简化为一系列成对因素的判断比较。为了将比较判断定量化，层次分析法引入 1~9 比率标度法，并写成矩阵形式，即构成所谓的判断矩阵。形成判断矩阵后，即可通过计算判断矩阵的最大特征根及其对应的特征向量，计算出某一层元素相对于上一层次某一元素的相对重要性权值。在计算出某一层次相对于上一层次各个因素的单排序权值后，用上一层次因素本身的权值加权综合，即可计算出某层因素相对于上一层整个层次的相对重要性权值，即层次总排序权值。

AHP 法确定参评因素的具体步骤如下。

1. 建立层次结构

耕地地力为目标层（A），影响耕地地力的立地条件、耕层理化为准则层（B），再把影响准则层中各元素的项目作为指标层（C），其结构关系如图 25-1 所示。

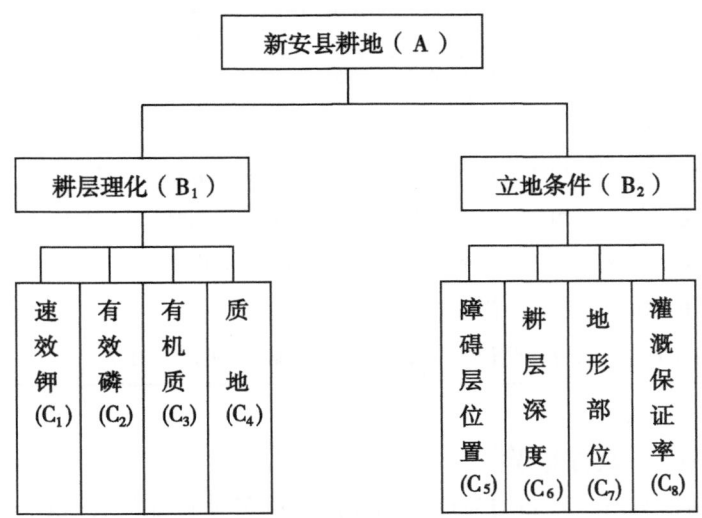

图 25-1　耕地地力影响因素层次结构

2. 构造判断矩阵

采用专家评估法，比较同一层次各因素对上一层次的相对重要性，给出数量化的评估。专家评估的初步结果经合适的数学处理后（包括实际计算的最终结果——组合权重）反馈给专家，请专家重新修改或确认。经多轮反复形成最终的判断矩阵。

根据专家经验，确定 B 层对 A 层以及 C 层对 B 层的相对重要程度，共构成 A、C_1、B_2 共 3 个判别矩阵。

判别矩阵中标度的含义见表 25-2 至表 25-5。

表 25-2　目标层 A 判别矩阵

项目	B_1	B_2
耕层理化（B_1）	1.0000	0.6667
立地条件（B_2）	1.5000	1.0000

表 25-3　耕层理化（C_1）判别矩阵

项目	C_1	C_2	C_3	C_4
速效钾 C_1	1.0000	0.4545	0.4348	0.2222
有效磷 C_2	2.2000	1.0000	0.9565	0.4889
有机质 C_3	2.3000	1.0455	1.0000	0.5111
质地 C_4	4.5000	2.0455	1.9565	1.0000

表 25-4　立地条件（B₂）判别矩阵

项目	C_5	C_6	C_7	C_8
障碍层位置 C_5	1.0000	0.4545	0.3571	0.2500
耕层厚度 C_6	2.2000	1.0000	0.7857	0.5500
地形部位 C_7	2.8000	1.2727	1.0000	0.7000
灌溉保证率 C_8	4.0000	1.8182	1.4286	1.0000

表 25-5　判断矩阵标度及其含义

标度	含　义
1	表示两个因素相比，具有同样重要性
3	表示两个因素相比，一个因素比另一个因素稍微重要
5	表示两个因素相比，一个因素比另一个因素明显重要
7	表示两个因素相比，一个因素比另一个因素强烈重要
9	表示两个因素相比，一个因素比另一个因素极端重要
2、4、6、8	上述两相邻判断的中值
倒数	因素 i 与 j 比较得判断 b_{ij}，则因素 j 与 i 比较的判断 $b_{ji}=1/b_{ij}$

三、层次单排序及一致性检验

求取 C 层对 B 层的权数值，可归结为计算判断矩阵的最大特征根 λ_{max} 对应的特征向量 W。并用 $CR=CI/RI$ 进行一致性检验。计算方法如下。

A. 将比较矩阵每一列正规化（以矩阵 C 为例）

$$\hat{c}_{ij}=\frac{c_{ij}}{\sum_{i=1}^{n} c_{ij}}$$

B. 每一列经正规化后的比较矩阵按行相加

$$\bar{W}_i=\sum_{j=1}^{n}\hat{c}_{ij},\ j=1,\ 2,\ \cdots,\ n$$

C. 向量正规化

$$W_i=\frac{\bar{W}_i}{\sum_{i=1}^{n}\bar{W}_i},\ i=1,\ 2,\ \cdots,\ n$$

所得到的 $W_i=[W_1,\ W_2,\ \cdots,\ W_n]^T$ 即为所求特征向量，也就是各个因素的权重值。

D. 计算比较矩阵最大特征根 λ_{max}

$$\lambda_{max}=\sum_{i=1}^{n}\frac{(CW)_i}{nW_i},\ i=1,\ 2,\ \cdots,\ n$$

式中，C 为原始判别矩阵，$(CW)_i$ 表示向量的第 i 个元素。

E. 一致性检验

首先计算一致性指标 CI

$$CI=\frac{\lambda_{max}-n}{n-1}$$

式中，n 为比较矩阵的阶，也即因素的个数。

然后根据表 25-6 查找出随机一致性指标 RI，由下式计算一致性比率 CR。

$$CR = \frac{CI}{RI}$$

表 25-6　随机一致性指标 RI 值

n	1	2	3	4	5	6	7	8	9	10	11
RI	0	0	0.58	0.9	1.12	1.24	1.32	1.41	1.45	1.49	1.51

根据以上计算方法可得以下结果（表 25-7）。

表 25-7　新安县评价指标权数值及一致性检验结果

矩阵	特征向量				CI	CR
矩阵 C	0.4000	0.6000			$2.49996875076874 \times 10^5$	0.00000000
矩阵 B_1	0.1000	0.2200	0.2300	0.4500	$1.05959175433767 \times 10^5$	0.00001177
矩阵 B_2	0.1000	0.2200	0.2800	0.4000	$-1.9134378761887 \times 10^5$	0.00002126

从表中可以看出，CR 均小于 0.1，具有很好的一致性。

F. 层次总排序及一致性检验

计算同一层次所有因素对于最高层相对重要性的排序权值，称为层次总排序。这一过程是最高层次到最低层次逐层进行的，层次总排序结果见表 25-8。

表 25-8　新安县评价指标权数值层次分析结果

层次 A	层次 C		
	耕层理化 0.4000	立地条件 0.6000	组合权重 $\sum CiAi$
速效钾	0.1000		0.0400
有效磷	0.2200		0.0880
有机质	0.2300		0.0920
质地	0.4500		0.1800
障碍层位置		0.1000	0.0600
耕层厚度		0.2200	0.1320
地形部位		0.2800	0.1680
灌溉保证率		0.4000	0.2400

层次总排序的一致性检验也是从高到低逐层进行的。如果 C 层次某些因素对于 C_j 单排序的一致性指标为 CI_j，相应的平均随机一致性指标为 CR_j，则 A 层次总排序随机一致性比率为：

$$CR = \frac{\sum_{j-1}^{n} c_j CI_j}{\sum_{j-1}^{n} c_j RI_j} = \frac{0.00096}{0.3178} = 0.003 < 0.1$$

经层次总排序，并进行一致性检验，结果为 $CI = -1.57189430447402 \times 10^5$，$RI = 0.9$，$CR = CI/RI =$

0.00001747<0.1，认为层次总排序结果具有满意的一致性，否则需要重新调整判断矩阵的元素取值，最后计算 C 层对 A 层的组合权数值，得到各因子的权重，见表 25-9。

表 25-9　新安县各评价因子权重

评价因子	速效钾	有效磷	有机质	质地	障碍层位置	耕层厚度	地形部位	灌溉保证率
权重	0.040	0.088	0.092	0.180	0.060	0.132	0.168	0.240

第五节　评价指标隶属度的确定

一、指标特征

耕地内部各要素之间及其与耕地的生产能力之间关系十分复杂，此外，评价中也存在着许多不严格、模糊性的概念，因此我们采用模糊评价方法来进行耕地地力等级的确定。本次评价中，根据指标的性质分为概念型指标和数据型指标两类。新安县的耕地地力评价概念型指标为质地、障碍层位置、地形部位、耕层厚度、灌溉保证率；数字型指标为速效钾、有效磷、有机质。

二、概念型指标隶属度

概念型指标的性状是定性的、综合的，与耕地生产能力之间是一种非线性关系，在评价时，概念型因素的描述一般是通过专家的经验或应用某种数量化方法转换为定量的描述。在确定每个要素对地力的贡献时，也依赖于专家的经验。这类指标采用特尔斐法给出隶属度。

三、数据型指标隶属度

数据型指标是指可以用数字表示的指标，数量的高低比较直观，一般是通过专家应用某种数量化方法进行定量的描述。对于数据型的指标也可以用适当的方法进行离散化（也即数据分组），然后对离散化的数据作为概念型的指标来处理。

四、参评因素隶属函数的建立

评价因子对耕地地力的影响程度是一个模糊性概念问题，可以采用模糊数学的理论和方法进行描述。隶属度是评价因素的观测值符合该模糊性的程度（即某评价因子在某观测值时对耕地地力的影响程度），完全符合时隶属度为 1，完全不符合时隶属度为 0，部分符合时隶属度为 0~1 的任一数值。隶属函数则表示评价因素的观测值与隶属度之间的解析函数。根据评价因子的隶属函数，对于某评价因子的每一观测值均可计算出其对应的隶属度。本次评价中，选定的评价指标与耕地生产能力的关系分为戒上型函数、戒下型函数、峰型函数以及概念型函数。前 3 种函数的函数模型为

$$y_i = \begin{cases} 0 & u_i < u_t(\text{戒上}),\ u_i > u_t(\text{戒下}),\ u_i > u_{t1}\ or\ u_i < u_{t2}(\text{峰值}) \\ 1/[1 + a_i \times (u_i - c_i)^2] & u_i < c_i(\text{戒上}),\ u_i > c_i(\text{戒下}),\ u_i < u_{t1}\ and\ u_i > u_{t2}(\text{峰值}) \\ 1 & u_i > c_i(\text{戒上}),\ u_i < c_i(\text{戒下}),\ u_i = c_i(\text{峰值}) \end{cases}$$

以上方程采用非线性回归，迭代拟合法得到。

我们将评价指标与耕地生产能力的关系利用上述 5 种类型函数。对概念型定性因子譬如质地、地形部位等采用专家打分法，经过归纳、反馈、逐步收缩、集中，最后产生获得相应的隶属度。而对有机质、有效磷、速效钾等定量因子则采用特尔斐法根据一组分布均匀的实测值评估出对应的一组隶属度，然后在计算机中绘制这两组数值的散点图，再根据散点图进行曲线模拟，寻求参评因素实际值与隶属度关系方程从而建立起隶属函数。

以下是各个评价指标隶属函数的建立和标准化结果。

1. 质地：属概念型，无量纲

依据 1984 年土壤普查资料：新安县中壤土耕地面积 9 255.78hm²，占耕地总面积的 23.99%；轻

壤土耕地面积 2 148.75hm²，占耕地总面积的 5.57%；重壤土耕地面积 15 431.65hm²，占耕地总面积的 40.00%；轻黏土耕地面积 11 610.69hm²，占耕地总面积的 30.10%；砂壤土耕地面积 133.06hm²，占耕地总面积的 0.34%。土壤质地不同，其养分含量、耕性、保水保肥能力、供水供肥能力均有明显的差异。新安县生产实践表明，在施肥水平相同、管理水平相似的情况下，耕地地力水平依次为：中壤土>轻壤土>重壤土>轻黏土>砂壤土。以此专家打分情况见表 25-10。

表 25-10　质地分类及其隶属度专家评估

质地	中壤土	轻壤土	重壤土	轻黏土	砂壤土
隶属度	1	0.8	0.7	0.4	0.2

2. 地形部位：属概念型，无量纲

新安县主要地形部位及耕地面积情况是：阶地，耕地面积 3 445.36 hm²，占总耕地面积的 8.93%；丘（岗）间洼地，耕地面积 2 058.22hm²，占总耕地面积的 5.33%；丘（岗）坡面，耕地面积 28 737.36 hm²，占总耕地面积的 74.49%；河漫滩地，耕地面积 96.91hm²，占总耕地面积的 0.25%；岗顶部，耕地面积 4 241.88hm²，占总耕地面积的 11.00%。耕地地力为：阶地>丘（岗）间洼地>丘（岗）坡面>河漫滩>岗顶部。因此专家打分情况见表 25-11。

表 25-11　地形部位及其隶属度专家评估

地形部位	阶地	丘（岗）间洼地	丘（岗）坡面	河漫滩	岗顶部
隶属度	1	0.9	0.6	0.4	0.2

3. 障碍层位置：属概念型，无量纲

新安县土壤障碍层主要为砂姜层、石砾层和黏盘层，其出现离表土的位置及耕地面积状况是：无障碍层耕地面积 31 468.28hm²，占总耕地面积的 81.57%；40~50cm 的耕地面积 822.73hm²，占总耕地面积的 2.13%；30~40cm 的耕地面积 8.60hm²，占总耕地面积的 8.60%；0~30cm 的耕地面积 2 970.1hm²，占总耕地面积的 7.70%。耕地地力为：无障碍层>40~50cm>30~40cm>0~30cm。即障碍层出现的位置越深，对耕地地力的影响越小，反之，障碍层出现的位置越浅，对耕地地力的影响越大。以此专家打分为情况见表 25-12。

表 25-12　障碍层位置及其隶属度专家评估

障碍层位置（cm）	无	50	40	30
隶属度	1	0.8	0.5	0.2

4. 耕层厚度：属概念型，无量纲

新安县耕地的耕层厚度及面积状况是：≥20cm 的耕地面积是 2 816.81hm²，占总面积的 7.30%；18~20cm 的耕地面积是 20 856.94hm²，占总面积的 54.06%；16~18cm 的耕地面积是 2 114.78hm²，占总面积的 5.48%；14~16cm 的耕地面积是 9 517.41hm²，占总面积的 24.67%；<14cm 的耕地面积是 3 273.99hm²，占总面积的 8.49%；耕地地力为：20cm 以上>18~20cm>16~18cm>14~16cm>14cm 以下。以此专家打分为情况见表 25-13。

表 25-13　耕层厚度及其隶属度专家评估

耕层厚度（cm）	≥20	18	16	14	<14
隶属度	1	0.8	0.6	0.4	0.2

5. 灌溉保证率：属概念型，无量纲

新安县耕地的灌溉保证率及面积状况是：>75%的耕地面积是 1 888.17hm²，占总面积的 4.89%；50%～75%的耕地面积是 2 542.81hm²，占总面积的 6.59%；30%～50%的耕地面积是 2 147.34hm²，占总面积的 5.57%；<30%的耕地面积是 32 001.61hm²，占总面积的 82.95%。耕地地力为：75%以上>50%～75%>30%～50%>30%以下。以此专家打分情况见表 25-14。

表 25-14　灌溉保证率及其隶属度专家评估

灌溉保证率（%）	≥75	50	30	<30
隶属度	1	0.8	0.5	0.2

6. 有机质：属数据型，单位 g/kg

有机质是土壤肥力高低的重要指标，一般而言，有机质含量越高耕地地力水平越高，在进行耕地地力评价时，把有机质含量分为 5 个等级，依次为大于等于 22g/kg、22～18g/kg、18～16g/kg、16～14g/kg、14g/kg 以下。以此专家打分情况见表 25-15。

表 25-15　有机质及其隶属度专家评估

有机质（g/kg）	≥22	18	16	14	<14
隶属度	1	0.9	0.7	0.5	0.2

7. 有效磷：属数据型，单位 mg/kg

磷是农作物生长的必需养分元素，对耕地地力有直接和明显的影响，在进行耕地地力评价时，把有效磷含量分为 5 个等级，依次为大于等于 12mg/kg、10～12mg/kg、8～10mg/kg、6～8mg/kg、6mg/kg 以下。以此专家打分情况见表 25-16。

表 25-16　有效磷及其隶属度专家评估

有效磷（mg/kg）	≥12	10	8	6	<6
隶属度	1	0.8	0.6	0.4	0.2

8. 速效钾：属数据型，单位 mg/kg

钾是农作物生长的三大营养元素之一，对提高农产品品质和作物抗逆性有着重要作用，对耕地地力影响明显。在进行耕地地力评价时，把速效钾含量分为 5 个等级，依次为大于 200mg/kg、180～200mg/kg、160～180mg/kg、140～160mg/kg、140mg/kg 以下。以此专家打分情况见表 25-17。

表 25-17　速效钾及其隶属度专家评估

速效钾（mg/kg）	≥200	180	160	140	<140
隶属度	0.9	0.8	0.7	0.6	0.5

本次新安县耕地地力评价，通过模拟得到有机质、速效钾、有效磷属于戒上型隶属函数，然后根据隶属函数计算各参评因素的单因素评价评语。以有机质为例，模拟曲线如上图 25-2 所示。

其隶属函数为戒上型，形式为：

$$y = \begin{cases} 0, & x \leq x_t \\ 1 / [1 + A \times (x - C)^2] & x_t < x < c \\ 1, & c \leq x \end{cases}$$

$Y=1/[1+0.24417\times(X-22.814817)^2]$

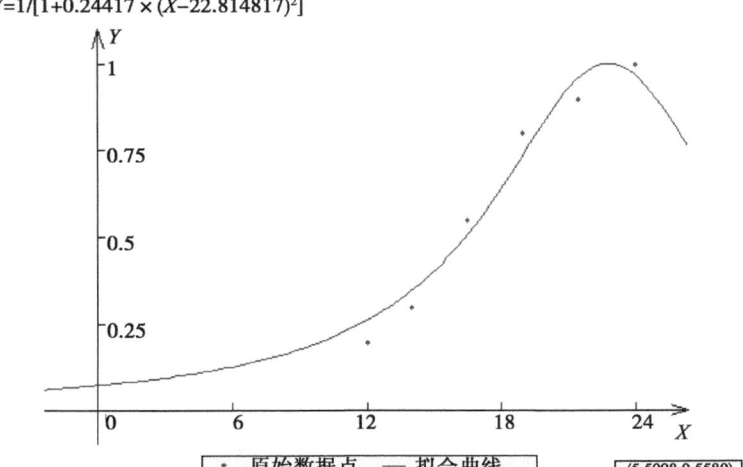

图 25-2　有机质与隶属度关系曲线图
(注：X 值为数据点有机质含量图，Y 值表示函数隶属度)

各参评因素类型及其隶属函数如表 25-18 所示。

表 25-18　参评因素类型及其隶属函数

函数类型	参评因素	隶属函数	a	c	u_t
戒上型	速效钾（mg/kg）	$Y=1/[1+A\times(x-C)^2]$	0.0014700580	197.5071	80
戒上型	有效磷（mg/kg）	$Y=1/[1+A\times(x-C)^2]$	0.0244167300	22.81482	6
戒上型	有机质（g/kg）	$Y=1/[1+A\times(x-C)^2]$	13.66761	17.22839	3

五、耕地地力等级的确定

（一）计算耕地地力综合指数

用指数和法来确定耕地的综合指数，模型公式如下：

$$IFI = \sum F_i \times C_i \quad (i=1,\ 2,\ 3,\ \cdots,\ n)$$

式中，IFI（Integrated Fertility Index）代表耕地地力综合指数；F＝第 i 个因素评语；Ci＝第 i 个因素的组合权重。

具体操作过程：在县域耕地资源管理信息系统（CLRMIS）中，在"专题评价"模块中导入隶属函数模型和层次分析模型，然后选择"耕地生产潜力评价"功能进行耕地地力综合指数的计算。

（二）确定最佳的耕地地力等级数目

根据综合指数的变化规律，在耕地资源管理系统中我们采用累积曲线分级法进行评价，根据曲线斜率的突变点（拐点）来确定等级的数目和划分综合指数的临界点，将新安县耕地地力共划分为 6 等，各等级耕地地力综合指数如表 25-19 及图 25-3 所示。

表 25-19　新安县耕地地力等级综合指数

IFI	≥0.8333	0.6667~0.8333	0.5000~0.6667	0.3333~0.5000	0.1667~0.3333	<0.1667
耕地地力等级	一等	二等	三等	四等	五等	六等

六、评价结果检验

耕地地力评价涉及相互关联的许多自然要素和部分人为因素，这些要素有些是可以定量的，如有

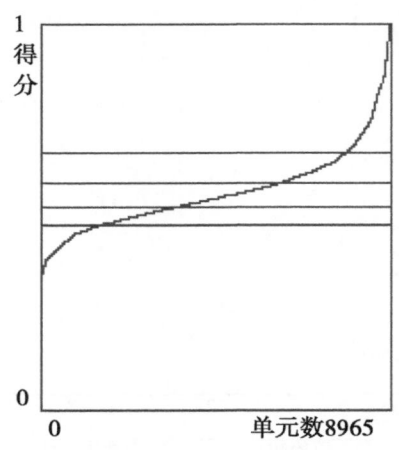

单元得分情况累积曲线（R）

图 25-3　综合指数分布图

机质。有些要素是概念型的，如地形部位、土壤质地等，在评价时，概念型因素的描述一般是通过专家的经验或应用某种数量化方法转换为定量的描述。在确定每个要素对地力的贡献时，也依赖于专家的经验。由于专家认识程度的分歧以及数学方法的局限，第一轮评价结果与耕地的实际生产能力难免会发生一定的偏差。在第一轮评价工作完成后，邀请新安县熟悉农业生产的专家对评价结果进行验证，对于不命题的评价结果，认真分析原因，进行指标、权重的调整，经过多次反复，可最终达到专家满意的结果。

七、归入全国耕地地力体系

对各级别的耕地粮食产量进行专项调查，每个级别调查 20 个以上评价单元近 3 年的平均粮食产量，再根据该级土地稳定的立地条件（例如质地、耕层厚度等）状况，进行潜力修正后，作为该级别耕地的粮食产量，然后与国家的耕地地力分级体系进行对接，归入全国耕地地力体系。

八、评价成果图编辑输出

1. 图件的编制

为了提高制图的效率和准确性，在地理信息系统软件 ArcGIS 的支持下，进行耕地地力评价图及相关图件的自动编绘处理。新安县的行政区划、河流水系、大型交通干道等作为基础信息，然后叠加上各类专题信息，得到各类专题图件。专题地图的地理要素内容是专题图的重要组成部分，用于反映专题内容的地理分布，并作为图幅叠加处理等的分析依据。地理要素的选择应与专题内容相协调，考虑图面的负载量和清晰度，选择基本的、主要的地理要素。

对于有机质含量、速效钾、有效磷、有效锌等其他专题要素地图，按照各要素的分级分别赋予相应的颜色，同时标注相应的代号，生成专题图层，之后与地理要素图复合，编辑处理生成专题图件，并进行图幅的整饰处理。

耕地地力评价图以耕地地力评价单元为基础，根据各单元的耕地地力评价等级结果，对相同等级的相临评价单元进行归并处理，得到各耕地地力等级图斑。在此基础上，用颜色表示不同耕地地力等级。

图外要素绘制了图名、图例、坐标系高程系说明、成图比例尺、制图单位全称、制图时间等。

2. 图件输出

图件输出采用两种方式，一是打印输出，按照 1:5 万的比例尺，在大型绘图仪的支持下打印输出。二是电子输出，按照 1:5 万的比例尺，300dpi 的分辨率，生成 *.jpg 光栅图，以方便图件的使用。

416

第六节　成果图编制及面积量算

一、图件的编制

为了提高制图的效率和准确性，在地理信息系统软件 MAPGIS 的支持下，进行新安县耕地地力评价图及相关图件的自动编绘处理，其步骤大致分以下几步：扫描矢量化各基础图件→编辑点、线→点、线校正处理→统一坐标系→区编辑并对其赋属性→根据属性赋颜色→根据属性加注记→图幅整饰输出。此外还充分利用了 ARCVIEW 和 ArcGIS 强大的空间分析功能，将评价图与其他图件进行叠加，从而生成其他专题图件；将评价图与行政区划图叠加，进而计算各行政区划单位内的耕地地力等级面积等。

1. 专题图地理要素底图的编制

专题地图的地理要素内容是专题图的重要组成部分，用于反映专题内容的地理分布，并作为图幅叠加处理等的分析依据。地理要素的选择应与专题内容相协调，考虑图面的负载量和清晰度，应选择基本的、主要的地理要素。

我们以新安县的土地利用现状图为基础，对此图进行了制图综合处理，选取主要的居民点、交通道路、水系、境界线等及其相应的注记，进而编辑生成 1∶5 万各专题图地理要素底图。

2. 耕地地力评价图的编制

以耕地地力评价单元为基础，根据各单元的耕地地力评价等级结果，对相同等级的相临评价单元进行归并处理，得到各耕地地力等级图斑。在此基础上，分 2 个层次进行图面耕地地力等级的表示：一是颜色表示，即赋予不同耕地地力等级以相应的颜色，其次是代号，用罗马数字Ⅰ、Ⅱ、Ⅲ、Ⅳ、Ⅴ、Ⅵ表示不同的耕地地力等级，并在评价图相应的耕地地力图斑上注明。将评价专题图与以上的地理要素图复合，整饰得到新安县耕地地力评价图。

3. 其他专题图的编制

对于有机质含量、速效钾、有效磷等其他专题要素地图，则按照各要素的分级分别赋予相应的颜色，同时标注相应的代号，生成专题图层。之后与地理要素图复合，编辑处理生成专题图件，并进行图幅的整饰处理。

二、面积量算

面积的量算可通过与专题图相对应的属性库的操作直接完成。对耕地地力等级面积的量算，则可在 FOXPRO 数据库的支持下，对图件属性库进行操作，检索相同等级的面积，然后汇总得各类耕地地力等级的面积，根据新安县图幅理论面积进行平差，得到准确的面积数值。对于不同行政区划单位内部、不同的耕地利用类型等的耕地地力等级面积的统计，则通过耕地地力评价图与相应的专题图进行叠加分析，由其相应属性库统计获得。

第二十六章　耕地地力等级

本次耕地地力调查，结合新安县实际情况，选取了8个对耕地地力影响比较大，区域内的变异明显、在时间序列上具有相对稳定性，与农业生产有密切关系的因素，建立评价指标体系。采取累积曲线分级法划分耕地地力等级，将新安县耕地地力划分为五级。

第一节　耕地地力数量及空间分布

一、耕地地力等级及面积统计

用"县域耕地资源管理信息系统"统计，新安县一级耕地面积为4 727.05hm²，占耕地总面积的12.25%；二级耕地面积8 433.94hm²，占耕地总面积的21.86%；三级耕地面积10 293.28hm²，占耕地总面积的26.68%；四级耕地面积9 908.53 hm²，占耕地总面积的25.68%；五级耕地面积5 217.13hm²，占耕地总面积的13.53%。详见表26-1。

表26-1　新安县各级耕地面积统计

项　目	一级	二级	三级	四级	五级	总计
耕地面积（hm²）	4 727.05	8 433.94	10 293.28	9 908.53	5 217.13	38 579.93
比重（%）	12.25	21.86	26.68	25.68	13.53	100.00

二、归入全国耕地地力体系

耕地地力的另一种表达方式，即以产量表达耕地地力水平。农业部于1997年颁布了"全国耕地类型区耕地地力等级划分"农业行业标准（NY/T 309—1996），将全国耕地地力根据粮食单产水平划分为10个等级。对新安县各级别的耕地粮食产量进行调查，统计各级地前三年粮食实际年平均产量，再根据该级耕地的立地条件进行修正后作为该级别耕地的粮食产量，然后与国家的耕地地力分级体系进行对接，归入全国耕地地力体系，见表26-2。

表26-2　新安县分级等级与国家耕地地力等级对接

国家级	产量（kg/亩）	县级划分等级	产量（kg/亩）
一	>900	一级	>900
二	800~900	二级	800~900
三	700~800	三级	700~800
四	600~700	四级	600~700
五	500~600	五级	500~600

三、耕地地力空间分布分析

从等级分布图上可以看出：各级地呈零星分散分布，一级地较集中的在铁门镇、城关镇、磁涧镇、五头镇、南李村镇。该类耕地地势平坦，有一定的水利条件，土壤类型以褐土为主，土壤质地多为中壤，养分含量较高；二级地、三级地、四级地占总耕地面积的74.22%，是全县面积最大的地力分级块，各乡镇均有分布，全部为旱作区，土壤类型以褐土为主。二级地土壤质地以重壤和中壤为主，耕性较好，土壤养分含量比较高。三级地土壤质地以重壤和中壤为主，耕性较好，土壤养分含量一般。四级地土壤质地以红黏土为主，耕性较差。五级地养分含量偏低，土壤质地黏重，耕层厚度较小，且耕性差，属于靠天吃饭区域。

1. 耕地地力行政区划分布情况

新安县各级耕地各乡镇均有分布。各乡镇耕地地力分级面积分布情况见表26-3。

表26-3 各乡镇耕地地力分级分布　　　　　　　　　　　　单位：hm²

乡（镇）名称	总计	一级地	二级地	三级地	四级地	五级地
北冶乡	3 002.07	124.77	692.30	1 254.33	550.46	380.21
仓头乡	2 552.01	231.75	605.97	801.90	593.75	318.64
曹村乡	2 137.87	203.18	218.38	430.31	618.16	667.84
城关镇	3 379.43	600.79	624.47	877.45	517.25	759.47
磁涧镇	4 573.21	600.98	931.39	1399.70	989.38	651.76
洛新工业园	773.31	311.35	389.60	49.49	21.78	1.09
南李村乡	4 012.64	400.83	529.95	922.07	1 630.87	528.92
石井乡	3 362.31	73.84	354.51	1 032.34	1 255.12	646.50
石寺镇	2 176.21	367.54	216.11	219.45	586.72	786.39
铁门镇	5 083.94	1 132.65	1 466.36	690.36	1 692.84	101.73
五头镇	4 576.51	534.01	17 92.06	1 405.09	754.08	91.27
正村乡	2 950.42	145.36	612.84	1 210.79	698.12	283.31
总计	38 579.93	4 727.05	8 433.94	10 293.28	9 908.53	5 217.13

2. 不同地力等级灌溉保证率各级别分布情况

土壤水分的重要意义正如农谚所说"有收无收在于水，收多收少在于肥"，在土壤形成与肥力发展变化中，水分同样也是极为重要的活跃因素。在土壤质地形成的大循环中，矿物岩石的风化、母质的形成与转移，水分是主要因子。在成土过程中，有机质在成土母质中的合成与分解，使植物营养元素不断在土壤中积累，从而发育成土壤，是生物参与下进行的成土过程，同样也离不开水分，总之土壤水分不仅直接影响作物生长，同样控制着土壤形成与肥力的发展变化，因此灌溉保证率是评价地力等级的重要指标之一。结合新安县实际，将其耕地灌溉保证率化为四个级别，灌溉保证率在75%以上的一、二、三级地面积是1 888.17hm²，占耕地总面积的4.89%；灌溉保证率在50%~75%的耕地面积是2 542.81hm²，占总面积的6.59%；灌溉保证率介于30%~50%的耕地面积是2 147.34hm²，占总面积的5.56%；灌溉保证率在30%以下即无灌溉条件的旱地耕地面积是32 001.61hm²，占总面积的82.95%；具体情况见表26-4。

3. 耕地地力在不同质地上的分布情况

重壤土面积15 431.65hm²，占耕地总面积的40%；轻黏土面积11 610.69hm²，占耕地总面积的30.1%；中壤土面积9 255.78hm²，占耕地总面积的23.99%；轻壤土面积2 148.75hm²，占耕地总面积的5.57%；砂壤土面积133.06hm²，占耕地总面积的0.34%。具体情况见表26-5。

表26-4 新安县耕地各灌溉保证率耕地地力分布　　　　　　　　单位：hm²

县地力等级	保证率	20	30	50	75	总计
1		967.31	377.1	1 670.22	1 712.42	4 727.05
2		6 226.25	1 246.35	794.75	166.59	8 433.94
3		9 884.43	322.47	77.22	9.16	10 293.28
4		9 712.74	195.17	0.62		9 908.53
5		5 210.88	6.25			5 217.13
总计		32 001.61	2 147.34	2 542.81	1 888.17	38 579.93
占（%）		82.95	5.56	6.59	4.89	

表 26-5　新安县耕地各土壤质地地力等级分布　　　　单位：hm²

县地力等级	轻壤土	轻黏土	砂壤土	中壤土	重壤土	总计
1	58.22	180.72	96.54	3 071.95	1 319.62	4 727.05
2	46.76	1 600.06	8.47	3 283.77	3 494.88	8 433.94
3	317.87	3 617	1.22	1 557.20	4 799.99	10 293.28
4	1 102.34	4 855.01		1 010.36	2 940.82	9 908.53
5	623.56	1 357.90	26.83	332.50	2 876.34	5 217.13
总计	2 148.75	11 610.69	133.06	9 255.78	15 431.65	38 579.93
占（%）	5.57	30.10	0.34	23.99	40	100.00

4. 耕地地力在不同地形部位上的分布情况

新安县的耕地中丘（岗）坡面面积 28 737.36 hm²，占总耕地面积的 74.49%；岗顶部面积 4 241.88 hm²，占总耕地面积的 11%；阶地面积 3 445.56 hm²，占总耕地面积的 8.93%；丘（岗）间洼地面积 2 058.22 hm²，占总耕地面积的 5.33%；河漫滩面积 96.91 hm²，占总耕地面积的 0.25%。见表 26-6。

表 26-6　新安县耕地各地形部位耕地地力分布　　　　单位：hm²

县地力等级	岗顶部	河漫滩	阶地	丘（岗）间洼地	丘（岗）坡面	总计
1	58.22	6.57	2 646.2	448.72	1 567.34	4 727.05
2	89.58	86.47	770.21	1 145.93	6 341.75	8 433.94
3	432.4	3.87	29.15	463.57	9 364.29	10 293.28
4	1 390.78				8 517.75	9 908.53
5	2 270.9				2 946.23	5 217.13
总计	4 241.88	96.91	3 445.56	2 058.22	28 737.36	38 579.93
占（%）	11	0.25	8.93	5.33	74.49	

5. 耕地地力在不同土种上的分布情况

不同的土壤有不同的土壤结构，土壤结构的好坏，对土壤肥力因素、微生物的活动、耕性等都有很大的影响，因此人们常常把土壤种类和土壤质地构型作为评价耕地地力等级的重要指标。新安县耕地土种有 31 个，不同土种的地力等级分布情况见表 26-7。

表 26-7　新安县耕地各土种耕地地力分布　　　　单位：hm²

省土种名称	1	2	3	4	5	总计	占（%）
薄层钙质粗骨土			27.96		331.69	359.65	0.93
红黄土质褐土	43.04	158.43	366.87	499.81	233.61	1 301.76	3.37
红黄土质褐土性土	98.71	355.97	861.87	68.44		1 384.99	3.59
红黄土质石灰性褐土	155.61	881.38	827.05	4.05		1 868.09	4.84
红黏土	396.75	1 892.6	3 656.74	4 809.64	1 219.32	11 975.05	31.04
厚层堆垫褐土性土	6.57	86.47	3.87			96.91	0.25
厚层硅质褐土性土			95.76	226.94	317.48	640.18	1.66
厚层砂泥质褐土性土	199.63	760.02	435.08	361.98	164.97	1 921.68	4.98
厚层砂质石灰性紫色土	3.14			43.25	49.9	96.29	0.25
黄土质褐土	195.22	804.18	417.18			1 416.58	3.67

（续表）

省土种名称	1	2	3	4	5	总计	占（%）
黄土质棕壤					9.27	9.27	0.02
两合土		4.11				4.11	0.01
浅位少量砂姜红黄土质褐土	46.67	117.69	62.37			226.73	0.59
浅位少量砂姜红黄土质褐土性土	42.41	877.02	1 318.89	367.49		2 605.81	6.75
浅位少量砂姜红黄土质石灰性褐土	218.97	292.11	688.19	706.49		1 905.76	4.94
浅位少量砂姜红黏土	33.37	316.81	112.46	563.94	1 583.87	2 610.45	6.77
浅位少量砂姜黄土质石灰性褐土	56.48	250.31	71.39	88.58		466.76	1.21
轻壤质黄土质石灰性褐土		1.86	7.18			9.04	0.02
壤质潮褐土	112.02	32.55				144.57	0.37
壤质洪冲积淋溶褐土		25.54	59.52	65.07	11.89	162.02	0.42
壤质洪积褐土	2 287.36	695.43	16.12			2 998.91	7.77
壤质洪积石灰性褐土	157.36	147.25	61.38	39.63		405.62	1.05
砂质潮土	96.54		1.22			97.76	0.25
脱潮两合土	11.39					11.39	0.03
黏质洪积褐土	138.89	38.12	11.81			188.82	0.49
中层钙质褐土性土	35.26	21.65	84.76	374.36	691.51	1 207.54	3.13
中层硅质淋溶褐土				37.7	3.13	40.83	0.11
中层硅质棕壤性土					26.83	26.83	0.07
中层砂泥质褐土性土	45.14	40.79	153.48	760.36	403.67	1 403.44	3.64
中层砂质中性紫色土	9.94		85.82	210.15	169.99	475.9	1.23
中壤质黄土质石灰性褐土	336.58	633.65	866.31	680.65		2517.19	6.52
总计	4 727.05	8 433.94	10 293.28	9 908.53	5 217.13	38 579.93	

6. 耕地地力在不同耕层厚度上的分布情况

新安县耕地耕层厚度 20cm 的面积最大 18 836.96hm²，占总面积的 48.83%，其次是 15cm 和 16cm，面积分别是 5 446.7hm² 和 4 070.71hm²，分别占总面积的 14.12% 和 10.55%。具体见表 26-8。

表 26-8　新安县耕地各种耕层厚度耕地地力分布　　单位：cm、hm²

耕层厚度	1	2	3	4	5	总计	占（%）
5			95.76	226.94	317.48	640.18	1.66
10	38.4	21.65	84.76	417.61	741.41	1 303.83	3.38
13			3.21		15.74	18.95	0.05
14	43.04	158.43	366.87	499.81	242.88	1 311.03	3.40
15	1 161.32	1 606.44	1 262.54	682.4	734	5 446.7	14.12
16	156.42	412.73	587.43	1 090.89	1 823.24	4 070.71	10.55
17	93.92	278.14	179.79	153.65	11.89	717.39	1.86
18	262.7	456.73	146.58	45.37	486.01	1 397.39	3.62
19	264.13	334.34	688.19	706.49	26.83	2 019.98	5.24
20	2 144.58	3 987	5 910.43	5 977.3	817.65	18 836.96	48.83
22	98.71	355.97	861.87	68.44		1 384.99	3.59

（续表）

耕层厚度	1	2	3	4	5	总计	占（%）
23	86.52	640.85	36.07			763.44	1.98
24		1.86	7.18			9.04	0.02
26	253.9	147.25	62.6	39.63		503.38	1.3
27	11.39					11.39	0.03
28	112.02	32.55				144.57	0.37
总计	4 727.05	8 433.94	10 293.28	9 908.53	5 217.13	38 579.93	

7. 耕地地力在不同障碍层位置上的分布情况

新安县 81.57% 的耕地无障碍层，障碍层位置位于 30cm 以内的耕地 2 970.1hm²，占总耕地面积的 7.7%；在 30~40cm 的耕地 3 318.82hm²，占总耕地面积的 8.6%；在 40~50cm 的耕地 822.73hm²，占总耕地面积的 2.13%。见表 26-9。

表 26-9　新安县耕地各障碍层位置耕地地力分布　　　　单位：hm²

障碍层位置	1	2	3	4	5	总计	占（%）
0	4 600.2	8 022.97	9 723.18	7 646.46	1 475.47	31 468.28	81.57
30	33.37	316.81	140.42	563.94	1 915.56	2 970.1	7.7
40	80.4	62.44	334	1 399.36	1 442.62	3 313.82	6.6
50	13.08	31.72	95.68	298.77	383.48	822.73	2.13
总计	4 727.05	8 433.94	10 293.28	9 908.53	5 217.13	38 579.93	

第二节　耕地地力等级分述

一、一级地

（一）面积与分布

全县一级地的面积为 4 727.05hm²，占全县耕地面积的 12.25%，主要分布在铁门镇、城关镇、磁涧镇的涧河两岸和五头镇的金水河以及其他各乡镇的水域附近，地形部位多为河流一、二级阶地，地势较平坦，有一定的水利条件，现以种植粮食和蔬菜为主。见表 26-10。

表 26-10　新安县一级地分乡（镇）面积统计

乡镇名	北冶镇	仓头乡	曹村乡	城关镇	磁涧镇	洛新工业园
面积（hm²）	124.77	231.75	203.18	600.79	600.98	311.35
比重（%）	2.64	4.90	4.30	12.71	12.71	6.59
乡镇名	南李村镇	石井乡	石寺镇	铁门镇	五头镇	正村乡
面积（hm²）	400.83	73.84	367.54	1 132.65	534.01	145.36
比重（%）	8.48	1.56	7.78	23.96	11.30	3.08

（二）主要属性分析

一级地耕层土壤质地多为中壤和重壤，其中中壤占 64.99%，重壤 27.92%。此类地的 57.27% 耕层厚度在 20cm 以上，大部分灌溉条件较好，71.56% 的灌溉保证率在 50% 以上。

耕层养分中大量元素较低,平均含量为:有机质 20.44g/kg、全氮 1.10g/kg、有效磷 11.20mg/kg、速效钾 165.45mg/kg、缓效钾 784.70mg/kg;中、微量元素含量丰富:有效硫 28.73mg/kg,有效铜 1.88mg/kg、有效铁 13.87mg/kg、有效锰 37.43mg/kg、有效锌 2.01mg/kg、水溶态硼 0.49mg/kg、有效钼 0.17mg/kg。主要属性见表 26-11、表 26-12、表 26-13、表 26-14、表 26-15、表 26-16、表 26-17。

(三)合理利用

一级地作为全县的粮食稳产高产田,应进一步完善排灌工程,合理施肥,适当减少氮肥用量,多施磷、钾肥,重施有机肥,大力推广秸秆还田技术。

表 26-11 新安县一级地耕层养分含量统计

项目	平均值	最大值	最小值	标准差
有机质（g/kg）	20.44	36.60	9.80	4.61
全氮（g/kg）	1.10	1.56	0.63	0.15
有效磷（mg/kg）	11.20	29.80	3.50	3.54
速效钾（mg/kg）	165.45	270.00	86.00	25.45
缓效钾（mg/kg）	784.70	1 196.00	459.00	92.44
铜（mg/kg）	1.88	3.84	0.89	0.49
铁（mg/kg）	13.87	30.50	5.80	3.90
锰（mg/kg）	37.43	88.00	18.80	13.01
锌（mg/kg）	2.01	3.59	1.37	0.36
硼（mg/kg）	0.49	1.20	0.16	0.15
钼（mg/kg）	0.17	0.28	0.12	0.03
硫（mg/kg）	28.73	45.10	18.40	4.68
pH 值	7.89	8.40	7.10	0.19

表 26-12 新安县一级地各种地形部位所占面积统计 单位:hm²

地形部位	面积	占（%）
岗顶部	58.22	1.23
河漫滩	6.57	0.14
阶地	2 646.2	55.98
丘（岗）间洼地	448.72	9.49
丘（岗）坡面	1 567.34	33.16
总计	4 727.05	

表 26-13 新安县一级地质地类型所占面积统计 单位:hm²

轻壤土	58.22	1.23
轻黏土	180.72	3.82
砂壤土	96.54	2.04
中壤土	3 071.95	64.99
重壤土	1 319.62	27.92
总计	4 727.05	

表 26-14 新安县一级地各种耕层厚度所占面积统计

耕层厚度（cm）	面积	占（%）
5		
10	38.4	0.81
13		0.00
14	43.04	0.91
15	1 161.32	24.57
16	156.42	3.31
17	93.92	1.99
18	262.7	5.56
19	264.13	5.59
20	2 144.58	45.37
22	98.71	2.09
23	86.52	1.83
24		0.00
26	253.9	5.37
27	11.39	0.24
28	112.02	2.37
总计	4 727.05	

表 26-15 新安县一级地障碍层出现位置所占面积统计 单位：hm²

障碍层位置（cm）	面积	占（%）
0	4 600.2	97.32
30	33.37	0.71
40	80.4	1.70
50	13.08	0.28
总计	4 727.05	

表 26-16 新安县一级地各种灌溉保证率所占面积统计

灌溉保证率	面积（hm²）	占（%）
20	967.31	20.46
30	377.10	7.98
50	1 670.22	35.33
75	1 712.42	36.23
总计	4 727.05	

表 26-17 新安县一级地各土种所占面积统计 单位：hm²

省土种名称	面积	占（%）
薄层钙质粗骨土		
红黄土质褐土	43.04	0.91
红黄土质褐土性土	98.71	2.09
红黄土质石灰性褐土	155.61	3.29

（续表）

省土种名称	面积	占（%）
红黏土	396.75	8.39
厚层堆垫褐土性土	6.57	0.14
厚层硅质褐土性土		0.00
厚层砂泥质褐土性土	199.63	4.22
厚层砂质石灰性紫色土	3.14	0.07
黄土质褐土	195.22	4.13
黄土质棕壤		
两合土		
浅位少量砂姜红黄土质褐土	46.67	0.99
浅位少量砂姜红黄土质褐土性土	42.41	0.90
浅位少量砂姜红黄土质石灰性褐土	218.97	4.63
浅位少量砂姜红黏土	33.37	0.71
浅位少量砂姜黄土质石灰性褐土	56.48	1.19
轻壤质黄土质石灰性褐土		0.00
壤质潮褐土	112.02	2.37
壤质洪冲积淋溶褐土		
壤质洪积褐土	2 287.36	48.39
壤质洪积石灰性褐土	157.36	3.33
砂质潮土	96.54	2.04
脱潮两合土	11.39	0.24
黏质洪积褐土	138.89	2.94
中层钙质褐土性土	35.26	0.75
中层硅质淋溶褐土		
中层硅质棕壤性土		
中层砂泥质褐土性土	45.14	0.95
中层砂质中性紫色土	9.94	0.21
中壤质黄土质石灰性褐土	336.58	7.12
总计	4 727.05	

二、二级地

（一）面积与分布

新安县二级地的面积为 8 433.94hm²，占全县耕地总面积的 21.86%，排序居第 3 位。主要分布在五头镇、铁门镇、磁涧镇、北冶乡，地形部位以丘陵缓坡、丘间洼地和阶地为主，以粮田和蔬菜田为主。

（二）主要属性分析

二级地主要土壤类型以褐土为主，土壤质地以重壤和中壤为主，所占比例分别为 41.44% 和 38.94%。此级地的 95.13% 为无障碍类型，46.52% 耕层厚度不到 17cm，灌溉保证率在 30% 以上的仅占 26.18%；土壤养分含量：有机质平均值为 18.58g/kg，全氮平均值为 1.08g/kg，有效磷平均值为 10.76mg/kg，速效钾平均值为 172.82mg/kg。此级耕地耕层薄和有效磷含量低是限制农业生产的主要因子。属性详见表 26-18、表 26-19、表 26-20、表 26-21、表 26-22、表 26-23。

表 26-18 新安县二级地耕层养分含量统计

项目	平均值	最大值	最小值	标准差
有机质 g/kg	18.58	32.90	7.80	3.77
全氮 g/kg	1.08	1.60	0.63	0.13
有效磷 mg/kg	10.76	33.50	4.30	3.13
速效钾 mg/kg	172.82	281.00	91.00	24.44
缓效钾 mg/kg	747.85	1 184.00	459.00	92.52
铜 mg/kg	1.77	3.76	0.83	0.47
铁 mg/kg	12.76	28.10	6.30	3.70
锰 mg/kg	39.10	93.80	19.30	13.17
锌 mg/kg	1.92	3.47	1.36	0.33
硼 mg/kg	0.43	0.83	0.17	0.10
钼 mg/kg	0.16	0.28	0.12	0.03
硫 mg/kg	29.02	46.70	17.70	4.58
pH 值	7.86	8.30	7.00	0.20

表 26-19 新安县二级地地形部位类型所占面积统计

地形部位	面积（hm²）	占（%）
岗顶部	89.58	1.06
河漫滩	86.47	1.03
阶地	770.21	9.13
丘（岗）间洼地	1 145.93	13.59
丘（岗）坡面	6 341.75	75.19
总计	8 433.94	

表 26-20 新安县二级地各种耕层厚度所占面积统计

耕层厚度（cm）	面积（hm²）	占（%）
5		
10	21.65	0.46
13		
14	158.43	3.35
15	1 606.44	33.98
16	412.73	8.73
17	278.14	5.88
18	456.73	9.66
19	334.34	7.07
20	3 987	84.34

耕层厚度 （cm）	面积（hm²）	占（%）
22	355.97	7.53
23	640.85	13.56
24	1.86	0.04
26	147.25	3.12
27		0.00
28	32.55	0.69
总计	8 433.94	

表 26-21　新安县二级地障碍层出现位置所占面积统计

障碍层位置 （cm）	面积（hm²）	占（%）
0	8 022.97	95.13
30	316.81	3.76
40	62.44	0.74
50	31.72	0.38
总计	8 433.94	

表 26-22　新安县二级地各土种所占面积统计

省土种名称	面积（hm²）	占（%）
薄层钙质粗骨土		
红黄土质褐土	158.43	1.88
红黄土质褐土性土	355.97	4.22
红黄土质石灰性褐土	881.38	10.45
红黏土	1 892.60	22.44
厚层堆垫褐土性土	86.47	1.03
厚层硅质褐土性土		
厚层砂泥质褐土性土	760.02	9.01
厚层砂质石灰性紫色土		
黄土质褐土	804.18	9.54
黄土质棕壤		
两合土	4.11	0.05
浅位少量砂姜红黄土质褐土	117.69	1.40
浅位少量砂姜红黄土质褐土性土	877.02	10.40
浅位少量砂姜红黄土质石灰性褐土	292.11	3.46
浅位少量砂姜红黏土	316.81	3.76
浅位少量砂姜黄土质石灰性褐土	250.31	2.97

（续表）

省土种名称	面积（hm²）	占（%）
轻壤质黄土质石灰性褐土	1.86	0.02
壤质潮褐土	32.55	0.39
壤质洪冲积淋溶褐土	25.54	0.30
壤质洪积褐土	695.43	8.25
壤质洪积石灰性褐土	147.25	1.75
砂质潮土		
脱潮两合土		
黏质洪积褐土	38.12	0.45
中层钙质褐土性土	21.65	0.26
中层硅质淋溶褐土		
中层硅质棕壤性土		
中层砂泥质褐土性土	40.79	0.48
中层砂质中性紫色土		
中壤质黄土质石灰性褐土	633.65	7.51
总计	8 433.94	

表 26-23　新安县二级地各种灌溉保证率所占面积统计

灌溉保证率	面积（hm²）	占（%）
20	6 226	73.82
30	1 246	14.78
50	795	9.42
75	167	1.98
总计	8 434	

（三）合理利用

土壤耕层有效磷含量偏低，应增加磷肥施用量，结合有机肥的施用，深翻加大耕层，改良土壤，继续搞好秸秆还田，积极改造此地的农田水利基础设施建设，大力推广秸秆覆盖技术和地膜覆盖技术。

三、三级地

（一）面积与分布

三级地在我县的面积为 10 293.28hm²，占全县耕地总面积的 26.68%，排居新安县第一位，主要分布在五头镇、磁涧镇、正村乡、北冶镇等。地形部位为丘坡面、丘间洼地缓坡、丘顶部平地，土壤以褐土和红黏土为主，所占比例分别为 62.26% 和 36.62%，无排灌设施，土壤质地以重壤土和轻黏土为主，所占比例分别为 46.63% 和 35.14%，耕性较差，以粮田为主，有部分果园。

（二）主要属性分析

三级地也是全县较好的土地，理化性状较好，耕层厚度适中，厚度在 15~20cm 的占 86.38%，此级地大部分无障碍层次类型。耕层土壤养分平均含量为：有机质为 7.77g/kg，有效磷为 9.976mg/kg，全氮为 1.05g/kg，速效钾为 173.44mg/kg，有效铜含量平均为 1.71mg/kg，有效铁为 12.42mg/kg，有效锰为 39.30mg/kg，有效锌为 1.92mg/kg。主要属性见表 26-24 至表 26-30。

表 26-24 新安县三级地耕层养分含量统计

项目	平均值	最大值	最小值	标准差
有机质 g/kg	17.77	31.80	9.20	3.53
全氮 g/kg	1.05	1.51	0.59	0.13
有效磷 mg/kg	9.77	25.70	3.80	2.80
速效钾 mg/kg	173.44	291.00	97.00	22.30
缓效钾 mg/kg	742.50	1 200.00	384.00	97.91
铜 mg/kg	1.71	4.46	0.83	0.48
铁 mg/kg	12.42	30.00	6.60	3.55
锰 mg/kg	39.30	105.10	16.80	13.73
锌 mg/kg	1.92	3.78	1.38	0.32
硼 mg/kg	0.42	0.80	0.14	0.10
钼 mg/kg	0.16	0.28	0.11	0.03
硫 mg/kg	29.88	49.30	19.00	4.40
pH 值	7.86	8.30	7.00	0.20

表 26-25 新安县三级地地形部位类型所占面积统计

地形部位	面积（hm²）	占（%）
岗顶部	432.4	4.20
河漫滩	3.87	0.04
阶地	29.15	0.28
丘（岗）间洼地	463.57	4.50
丘（岗）坡面	9 364.29	90.97
总计	10 293.28	

表 26-26 新安县三级地各质地类型所占面积统计

质地	面积（hm²）	占（%）
轻壤土	317.87	3.09
轻黏土	3 617	35.14
砂壤土	1.22	0.01
中壤土	1 557.2	15.13
重壤土	4 799.99	46.63
总计	10 293.28	

表 26-27　新安县三级地各耕层厚度所占面积统计

耕层厚度（cm）	面积（hm²）	占（%）
5	95.76	
10	84.76	0.81
13	3.21	0.00
14	366.87	0.91
15	1 262.54	24.57
16	587.43	3.31
17	179.79	1.99
18	146.58	5.56
19	688.19	5.59
20	5 910.43	45.37
22	861.87	2.09
23	36.07	1.83
24	7.18	0.00
26	62.6	5.37
27		0.24
28		2.37
总计	10 293.28	

表 26-28　新安县三级地各障碍层出现位置所占面积统计

障碍层位置（cm）	面积（hm²）	占（%）
0	9 723.18	94.46
30	140.42	1.36
40	334	3.24
50	95.68	0.93
总计	10 293.28	

表 26-29　新安县三级地各土种所占面积统计

省土种名称	面积（hm²）	占（%）
薄层钙质粗骨土	27.96	0.27
红黄土质褐土	366.87	3.56
红黄土质褐土性土	861.87	8.37
红黄土质石灰性褐土	827.05	8.03
红黏土	3 656.74	35.53
厚层堆垫褐土性土	3.87	0.04
厚层硅质褐土性土	95.76	0.93
厚层砂泥质褐土性土	435.08	4.23

（续表）

省土种名称	面积（hm²）	占（%）
厚层砂质石灰性紫色土		
黄土质褐土	417.18	4.05
黄土质棕壤		
两合土		
浅位少量砂姜红黄土质褐土	62.37	0.61
浅位少量砂姜红黄土质褐土性土	1 318.89	12.81
浅位少量砂姜红黄土质石灰性褐土	688.19	6.69
浅位少量砂姜红黏土	112.46	1.09
浅位少量砂姜黄土质石灰性褐土	71.39	0.69
轻壤质黄土质石灰性褐土	7.18	0.07
壤质潮褐土		
壤质洪冲积淋溶褐土	59.52	0.58
壤质洪积褐土	16.12	0.16
壤质洪积石灰性褐土	61.38	0.60
砂质潮土	1.22	0.01
脱潮两合土		
黏质洪积褐土	11.81	0.11
中层钙质褐土性土	84.76	0.82
中层硅质淋溶褐土		
中层硅质棕壤性土		
中层砂泥质褐土性土	153.48	1.49
中层砂质中性紫色土	85.82	0.83
中壤质黄土质石灰性褐土	866.31	8.42
总计	10 293.28	

表 26-30　新安县三级地各种灌溉保证率所占面积统计

灌溉保证率	面积（hm²）	占（%）
20	9 884	96.03
30	322	3.13
50	77	0.75
75	9	0.09
总计	10 293	

（三）改良利用措施

三级地地力水平不高，应加强培肥地力措施，重施有机肥，收获玉米小麦时可把秸秆直接还田，推广秸秆还田技术。加快改善农田水利设施，扩大农田灌溉面积，深翻土壤，逐步加深耕层厚度。果树地一定要做到科学施肥，根据土壤分析结果有的放矢，平衡施肥。

四、四级地

（一）面积与分布

四级地的面积为 9 908.53hm²，占全县耕地总面积的 25.68%，主要分布在铁门镇、南李村镇、石井乡、磁涧镇等。地形部位为丘坡面和丘顶部，无排灌设备，灌溉保证率仅占 20% 的地块所占比例为 98.02%，土壤结构多为块状结构，土壤质地以重壤为主，所占比例为 66.41%，耕性较差，以粮田和朝天椒为主，有部分地区种植烟草。

（二）主要土壤属性

四级地主要分布新安县西北部地区，质地构型以均质重壤为主，所占比例为 72.29%；此地障碍类型以砂姜层为主，所占比例为 45%；土种以红黄土质褐土为主，所占比例为 27.67%，其次是黄土质褐土，所占比例为 18.64%，四级地土壤养分含量较低。有机质含量平均为 17.64g/kg，有效磷含量平均为 8.94mg/kg，全氮含量平均为 1.04g/kg，速效钾含量平均为 169.09mg/kg，有效铜含量平均为 1.71mg/kg，有效铁平均为 13.0mg/kg，有效锰平均为 40.55mg/kg，有效锌平均为 13.0mg/kg。主要属性见表 26-31 至表 26-37。

表 26-31　新安县四级地耕层养分含量统计

项目	平均值	最大值	最小值	标准差
有机质 g/kg	17.64	32.30	9.30	3.52
全氮 g/kg	1.04	1.59	0.67	0.14
有效磷 mg/kg	8.94	28.10	1.60	2.68
速效钾 mg/kg	169.09	276.00	109.00	23.09
缓效钾 mg/kg	734.52	1 096.00	379.00	100.82
铜 mg/kg	1.71	4.40	0.83	0.43
铁 mg/kg	13.00	30.80	4.90	3.71
锰 mg/kg	40.55	109.50	15.90	14.69
锌 mg/kg	1.91	3.59	1.36	0.31
硼 mg/kg	0.41	0.80	0.06	0.09
钼 mg/kg	0.16	0.27	0.11	0.03
硫 mg/kg	29.22	46.50	17.50	4.32
pH 值	7.83	8.20	6.90	0.22

表 26-32　新安县四级地地形部位类型所占面积统计

地形部位	面积（hm²）	占（%）
岗顶部	1 390.78	14.04
河漫滩		
阶地		
丘（岗）间洼地		
丘（岗）坡面	8 517.75	85.96
总计	9 908.53	

表 26-33　新安县四级地质地类型所占面积统计

质地	面积（hm²）	占（%）
轻壤土	1 102.34	11.13

（续表）

质地	面积（hm²）	占（%）
轻黏土	4 855.01	49.00
砂壤土		0.00
中壤土	1 010.36	10.20
重壤土	2 940.82	29.68
总计	9 908.53	

表 26-34　新安县四级地各种耕层厚度所占面积统计

耕层厚度（cm）	面积（hm²）	占（%）
5	226.94	
10	417.61	0.81
13		0.00
14	499.81	0.91
15	682.4	24.57
16	1 090.89	3.31
17	153.65	1.99
18	45.37	5.56
19	706.49	5.59
20	5 977.3	45.37
22	68.44	2.09
23		1.83
24		0.00
26	39.63	5.37
27		0.24
28		2.37
总计	9 908.53	

表 26-35　新安县四级地障碍层出现位置所占面积统计

障碍层位置（cm）	面积（hm²）	占（%）
0	7 646.46	77.17
30	563.94	5.69
40	1 399.36	14.12
50	298.77	3.02
总计	9 908.53	

表 26-36　新安县四级地各种灌溉保证率所占面积统计

灌溉保证率（%）	面积（hm²）	占（%）
20	9 713	98.02
30	195	1.97

（续表）

（续表）

灌溉保证率（%）	面积（hm²）	占（%）
50	1	0.01
75		0.00
总计	9 909	

表 26-37　新安县四级地各土种所占面积统计

省土种名称	面积（hm²）	占（%）
薄层钙质粗骨土		
红黄土质褐土	499.81	5.04
红黄土质褐土性土	68.44	0.69
红黄土质石灰性褐土	4.05	0.04
红黏土	4 809.64	48.54
厚层堆垫褐土性土		
厚层硅质褐土性土	226.94	2.29
厚层砂泥质褐土性土	361.98	3.65
厚层砂质石灰性紫色土	43.25	0.44
黄土质褐土		
黄土质棕壤		
两合土		
浅位少量砂姜红黄土质褐土		
浅位少量砂姜红黄土质褐土性土	367.49	3.71
浅位少量砂姜红黄土质石灰性褐土	706.49	7.13
浅位少量砂姜红黏土	563.94	5.69
浅位少量砂姜黄土质石灰性褐土	88.58	0.89
轻壤质黄土质石灰性褐土		
壤质潮褐土		
壤质洪冲积淋溶褐土	65.07	0.66
壤质洪积褐土		
壤质洪积石灰性褐土	39.63	0.40
砂质潮土		
脱潮两合土		
黏质洪积褐土		
中层钙质褐土性土	374.36	3.78
中层硅质淋溶褐土	37.70	0.38
中层硅质棕壤性土		0.00
中层砂泥质褐土性土	760.36	7.67
中层砂质中性紫色土	210.15	2.12
中壤质黄土质石灰性褐土	680.65	6.87
总计	9 908.53	

（续表）

（三）改良利用措施

四级地为旱地，土壤耕性差，耕层浅，应推广平整梯田、秸秆覆盖和深耕技术，减少水土流失，也可采取建水窖蓄水等措施解决干旱问题，另外可提倡饲养大牲畜，秸秆堆沤等技术，要加大秸秆还田量，综合利用秸秆培肥地力，改良土壤耕性，在施肥方面要重施磷、钾肥。

五、五级地

（一）面积与分布

五级地的面积为 5 217.13hm²，占全县耕地总面积的 13.52%，主要分布在石寺镇、城关镇、磁涧镇、曹村乡、石井乡。见表 26-38。

表 26-38　新安县五级地分乡镇面积统计

乡镇名称	面积（hm²）	占（%）	乡镇名称	面积（hm²）	占（%）
北冶乡	380.21	7.29	南李村乡	528.92	10.14
仓头乡	318.64	6.11	石井乡	646.5	12.39
曹村乡	667.84	12.8	石寺镇	786.39	15.07
城关镇	759.47	14.56	铁门镇	101.73	1.95
磁涧镇	651.76	12.49	五头镇	91.27	1.75
洛新工业园	1.09	0.02	正村乡	283.31	5.43

（二）主要属性分析

五级地主要分布新安县西北部地区，地形部位为岗顶部或丘（岗）坡面，无灌溉条件，土壤结构多为块状结构，质地以重壤为主，所占比例为 55.31%，耕性较差。耕层有效厚度以 16cm 为主，所占比例为 34.95%，土种以红黏土和浅位少量砂姜红黏土为主，所占比例为 53.73%，地力水平差，有机质含量平均为 16.51g/kg，有效磷含量平均为 8.21mg/kg，全氮含量平均为 1.00g/kg，速效钾含量平均为 166.07mg/kg，有效铜含量平均为 1.65mg/kg，有效铁含量平均为 13.29mg/kg，有效锰含量平均为 42.63mg/kg，有效锌含量平均为 1.93mg/kg，有效硼含量平均为 0.41mg/kg（表26-39 至表26-43）。

（三）改良利用措施

五级地的主要障碍因素是干旱，无灌溉条件，土壤质地黏重，农民的经济条件较差，在施肥上多年习惯 1 袋碳酸氢铵+1 袋过磷酸钙的单一施肥模式，针对以上问题提出改良措施为：要大力推广秸秆覆盖技术和水窖蓄水来缓解旱情，通过秸秆过腹还田，种植绿肥，补充有机肥料来改良土壤耕性，改以往的单一施肥模式为氮、磷、钾肥综合利用，适当补施微量元素铁、锌肥料。

表 26-39　新安县五级地耕层养分含量统计

项目	平均值	最大值	最小值	标准差
有机质 g/kg	16.51	30.40	7.90	2.83
全氮 g/kg	1.00	1.61	0.46	0.13
有效磷 mg/kg	8.21	15.70	1.80	1.97
速效钾 mg/kg	166.07	281.00	89.00	20.54
缓效钾 mg/kg	712.68	1 046.00	278.00	103.84
铜 mg/kg	1.65	3.68	0.83	0.35
铁 mg/kg	13.29	34.40	4.30	3.89
锰 mg/kg	42.63	118.70	10.90	15.47

（续表）

项目	平均值	最大值	最小值	标准差
锌 mg/kg	1.93	3.63	1.41	0.28
硼 mg/kg	0.41	0.72	0.12	0.08
钼 mg/kg	0.15	0.27	0.11	0.02
硫 mg/kg	29.66	47.70	18.00	4.25
pH 值	7.77	8.20	6.80	0.25

表 26-40 新安县五级地各质地类型所占面积统计　　　　单位：hm²

质地	面积（hm²）	占（%）
轻壤土	623.56	11.95
轻黏土	1 357.9	26.03
砂壤土	26.83	0.51
中壤土	332.5	6.37
重壤土	2 876.34	55.13
总计	5 217.13	

表 26-41 新安县五级地各地形部位类型所占面积统计

地形部位	面积（hm²）	占（%）
岗顶部	2 270.9	43.53
河漫滩		
阶地		
丘（岗）间洼地		
丘（岗）坡面	2 946.23	56.47
总计	5 217.13	

表 26-42 新安县五级地各土种所占面积统计　　　　单位：hm²

省土种	面积（hm²）	占（%）
薄层钙质粗骨土	331.69	6.36
红黄土质褐土	233.61	4.48
红黏土	1 219.32	23.37
厚层硅质褐土性土	317.48	6.09
厚层砂泥质褐土性土	164.97	3.16
厚层砂质石灰性紫色土	49.9	0.96
黄土质棕壤	9.27	0.18
浅位少量砂姜红黏土	1 583.87	30.36
壤质洪冲积淋溶褐土	11.89	0.23
中层钙质褐土性土	691.51	13.25

（续表）

省土种	面积（hm²）	占（%）
中层硅质淋溶褐土	3.13	0.06
中层硅质棕壤性土	26.83	0.51
中层砂泥质褐土性土	403.67	7.74
中层砂质中性紫色土	169.99	3.26

表26-43　新安县五级地各耕层厚度面积分布

耕层厚度（cm）	5	10	13	14	15	16	17	18	19	20
面积（hm²）	317.48	741.41	15.74	242.88	734	1 823.24	11.89	486.01	26.83	817.65
占（%）	6.09	14.21	0.3	4.66	14.07	34.95	0.23	9.32	0.51	15.67

第三节　中低产田类型及改良措施

一、中低产田面积及分布

此次耕地地力评价结果，新安县将耕地划分为5个等级，其中一级地、二级地为高产田，耕地面积13 160.99hm²，占全县总耕地面积的34.11%；三级地为中产田，面积10 293.28hm²，占全县总耕地面积的26.68%；四级地、五级地为低产田，面积15 125.66hm²，占全县总耕地面积的39.21%。

按照这个级别划分，新安县中低产田面积合计为25 418.94hm²，占全县耕地总面积的65.89%。其中：中产田面积为10 293.28hm²，占中低产田总面积的40.49%；低产田面积15 125.66hm²，占中低产田总面积的59.51%。

新安县的中低产田在全县的分布区域为：中低产田面积比例最大的乡镇是石井乡和曹村乡，分别占全乡耕地面积的87.26%和80.28%。中低产田面积数量最大的乡镇是南李村镇、磁涧镇和石井乡，面积分别是3 081.86hm²、3 040.84hm²和2 933.96hm²，分别占全县中低产田总面积的12.12%、11.96%和11.54%。详情见表26-44、表26-45。

表26-44　新安县各乡镇中低产田面积及所占比例

乡镇名称	中低产田面积（hm²）	总耕地面积（hm²）	中低产田面积占本乡镇耕地面积的%	本乡镇耕地中低产田占全县中低产田的%
北冶乡	2 185	3 002.07	72.78	8.60
仓头乡	1 714.29	2 552.01	67.17	6.74
曹村乡	1 716.31	2 137.87	80.28	6.75
城关镇	2 154.17	3 379.43	63.74	8.47
磁涧镇	3 040.84	4 573.21	66.49	11.96
洛新工业园	72.36	773.31	9.36	0.28
南李村乡	3 081.86	4 012.64	76.8	12.12
石井乡	2 933.96	3 362.31	87.26	11.54
石寺镇	1 592.56	2 176.21	73.18	6.27
铁门镇	2 484.93	5 083.94	48.88	9.78
五头镇	2 250.44	4 576.51	49.17	8.85
正村乡	2 192.22	2 950.42	74.3	8.62
总计	25 418.94	38 579.93		

表 26-45 　新安县各乡镇中低产田类型及面积　　　　　　　　　　　　单位：hm²

乡名称	干旱灌溉型	瘠薄培肥型	坡地梯改型	总计
北冶乡			2 185	2 185
仓头乡	775.55	911.34	27.4	1 714.29
曹村乡			1 716.31	1 716.31
城关镇	2 029.88	124.29		2 154.17
磁涧镇	433.83	2 607.01		3 040.84
洛新工业园	51.08	21.28		72.36
南李村镇		3 081.86		3 081.86
石井乡			2 933.96	2 933.96
石寺镇	28.5	15.04	1 549.02	1 592.56
铁门镇	934.95	1 541.47	8.51	2 484.93
五头镇	2 250.44			2 250.44
正村乡	2 139.76	52.46		2 192.22
总计	8 643.99	8 354.75	8 420.2	25 418.94

二、改良措施

改造中低产田，要摸清低产原因，分析障碍因素，根据具体情况抓住主要矛盾，消除障碍因素，要因地制宜采取措施，认真总结过去中低产田改造经验，采取政策措施和技术措施相结合，农业措施和工程措施相配套，技术落实和物化补贴相统一的办法，做到领导重视，政府支持，资金有保障，技术有依托，使中低产田改造达到短期有改观，长期大变样的目的。根据中华人民共和国农业行业标准NY/T 310—1996，结合新安县的具体情况可将耕地障碍类型分为干旱灌溉型、瘠薄培肥型和坡地梯改型。

1. 干旱灌溉型

（1）干旱灌溉型的概念。由于降雨不足或季节分配不合理，缺少必要的调蓄工程，以及由于地形、土壤原因造成的保水蓄水能力缺陷等原因，在作物生长季节不能满足正常水分需要，同时又具备水资源开发条件，可以通过发展灌溉加以改造的耕地。指可以开发水源，提高水源保证率，可以发展为水浇地的旱地，增强抗旱能力的旱地。其主导障碍因素为干旱缺水，以及与其相关的水资源开发潜力、开发工程量及现有田间工程配套情况等。

（2）划分依据。根据小浪底库区新安提黄灌区总体设计规划和干旱灌溉型的概念，铁门、正村、五头、磁涧、仓头、洛新工业园的部分中低产田的旱地，可以发展为水浇地，所以将这部分中低产田划分为干旱灌溉型，具体各乡镇分布面积见表 26-45。

（3）改良措施。

①搞好土地平整，开发利用地上、地下水资源，发展井灌、渠灌、滴灌、喷灌，同时抓好现有井站挖潜配套，千方百计扩大水浇地面积。

②对于地下水位较深，水利设施修建难度大的地区，利用修建集雨水窖接纳雨水，在干旱季节缓解旱情。

③大力推广旱作节水技术，采用秸秆覆盖，地膜覆盖进行保墒。

2. 瘠薄培肥型

（1）瘠薄培肥型的概念。受气候、地形等难以改变的大环境（干旱、无水源、高寒）影响，以及距离居民点远，施肥不足，土壤结构不良，养分含量低，产量低于当地高产农田，当前又无见效快、大幅度提高产量的治本性措施（如发展灌溉），只能通过长期培肥加以逐步改良的耕地。如山地丘陵雨养型梯田、坡耕地以及很多产量中等的旱耕地。

（2）改良措施。

①增施有机肥，充分开发有机肥肥源，包括牲畜粪便、人粪尿等合理利用，对不能秸秆还田的地区，提倡秸秆堆沤，过腹还田等形式大积大造有机肥。

②大力推广秸秆覆盖技术，提倡利用大型机械提高秸秆还田质量，积极引进新技术，例如使用秸秆腐熟剂等技术，加快秸秆还田技术推广步伐。

③种植绿肥，培肥地力。如种植苜蓿等养地作物，作为绿色优质肥源，通过深翻覆盖掩底，熟化土壤，改良其耕性，培肥地力。

④建立合理的耕作制度，晒旱地通过耕翻晒垡，可以加速土壤熟化，并且可以接纳夏季降水，做到伏雨冬春用，战胜干旱，保证粮食稳产。另外，应该实行轮作倒茬，注意耗地作物、自养作物和养地作物相结合培肥地力，如粮食作物与豆科、油料作物轮作。

3. 坡地梯改型

（1）坡地梯改型的概念。通过修筑梯田梯埂等田间水保工程加以改良治理的坡耕地。其他不宜或不需修筑梯田、梯埂，只需通过耕作与生物措施治理或退耕还林还牧的缓坡、陡坡耕地，列入瘠薄培肥型与农业结构调整范围。坡地梯改型的主导障碍因素为土壤侵蚀，以及与其相关的地形、地面坡度、土体厚度、土体构型与物质组成、耕作熟化层厚度等。

据新安县国土资源局资料，2006 年年底，新安县有坡耕地 38 002.06hm²，其中坡度小于 15°的耕地 36 981.35hm²（包括坡地 18 457.34hm²，梯田 18 524.01hm²），坡度 15°～25°的耕地 1 020.71hm²（包括坡地 407.87hm²，梯田 612.84hm²）。

（2）改良措施。

①修筑水平梯田，增加土层及耕层熟化层厚度，减少水土流失。梯田建设技术标准见表 26-46。

表 26-46　梯田工程技术标准

坡度（℃）	机耕条件	梯田面宽（m）	梯田距（高）（m）	梯田埂占地（%）
5～10	大型拖拉机	15	1～5	2～5
10～15	中型拖拉机	10	1.5～2	5～8
>15	畜力或小型拖拉机	<5	>2	8～11

a）高标准：土层厚度大于 100cm，耕层熟化层厚度大于 25cm；

b）一般标准：土层厚度大于 80cm，耕层熟化层厚度大于 20cm；

c）低标准：土层厚度大于 50cm，耕层熟化层厚度大于 15cm

②微集节灌，结合梯田工程，在有条件的地方建微集水工程，推广节灌保苗促收技术。

③秸秆还田，增施有机肥，推广测土配方施肥技术，提高土壤肥力。

④降低复种指数，扩种养地作物。

⑤林带植被建设（乔灌木合计）占地面积 15%。

第二十七章　耕地资源利用类型区

第一节　耕地资源类型划分原则

为揭示土壤的地域性差异，合理利用自然资源，科学调整种植业结构，提高土壤肥力，因地制宜地指导、发展农业生产，以不打乱行政村界限的前提下，按照土壤形成的自然条件和社会经济技术条件的相对一致性，地貌、土壤类型及土壤分布的相对集中性和性质上的联系性，农林牧布局和发展方向的相对一致性，存在问题和改良利用方向措施的相对一致性的原则，在综合分析研究的基础上，将新安县划分为五大耕地利用区，其中分出五个亚区，共八个区。（见耕地利用分区图和分区范围统计表）采用分布方位—地貌—主要土壤土类、亚类或土属—改良利用方向四级连续命名法。各区的名称分别如下所示。

Ⅰ 涧河、畛河川潮土、砂泥质褐土粮菜区

Ⅰ₁涧河川亚区、Ⅰ₂畛河川亚区

Ⅱ 涧河南北部丘岭红黏土、石灰性褐土粮烟果牧区

Ⅱ₁涧南丘岭亚区、Ⅱ₂涧北瘠薄培肥丘岭亚区、Ⅱ₃涧北中东部丘岭亚区

Ⅲ 畛北丘岭红黏土、黄土质褐土粮果矿牧区

Ⅳ 畛北低山褐土性土粮林牧区

Ⅴ 西北部中山棕壤、淋溶褐土林牧土特产区

各区行政村分区范围见表 27-1。

表 27-1　新安县耕地利用类型分区范围

区号		乡镇	村数	范围（行政村）
Ⅰ	Ⅰ₁	铁门镇	13	沟头、西蔡庄村、铁门村、芦院村、韩都、玉梅、辛庄、克昌、省庄、东窑、高平、庙头、龙涧
		城关镇	10	厥山、寨湾、上河、江庄、河南、北关、城关街、火虫驿、刘村、安乐
		磁涧镇	12	八陡山、游沟、侯沟、尤彰、杨镇、八里、奎门、礼河、下园、南窑、磁涧、柴湾
		洛新工业园	3	寒鸦、何庄、老井
	Ⅰ₂	曹村乡	4	曹村、纸房、下村、疙瘩
		石寺镇	9	谷堆、上灯、下灯、渠里、西沙、石寺、磨窝、李村、畛河
Ⅱ	Ⅱ₁	南李村镇	30	李沟、铁李、窑场、韦庄、任窑、挂沟、苏屯、南张村、林庄、江村、十里、孙洼、赵峪、仙桃、陈屯、马沟、南李村、南郭庄、梭罗、花沟、刘邦、郁山、东花沟、荒坡、懈寺、晁庄、石渠、王坟、江峪、下坂玉
		磁涧镇	17	岭东、前洼、寺沟、闫湾、石人洼、姚家岭、江沟、五里岭、小河口、李子沟、黄洼、陈古洞、申洼、兰洼、杨家洼、赵洼、东皇
		城关镇	1	暖泉
		铁门镇	12	土古洞、盐仓、老君洞、陈村、蔡东、晁村、高庄、郭沟、刘河、杨树洼、刘岭、刘杨
	Ⅱ₂	铁门镇	2	崔家庄、董沟
		仓头乡	6	郭庄、河窑、东岭、王村、范沟、中沟

440

（续表）

区号	乡镇	村数	范围（行政村）
II₃	仓头乡	12	新仓、河西、南街、东沟、黄洼、寨上、养士、张村 曲墙、庙东、赵沟、孙都
	正村乡	21	尚庄、中岳、南岳、北岳、西白、上坡、西沟、白墙、太平、十万、刁咀、东郭、郭峪、金溪、后地、古村、北沟、正村、石泉、王庄、许洼
	铁门镇	4	槐林、云顶、薛村、高沟
	城关镇	19	东高村、刘村、尤坟咀、赵沟、古路、上杨、林庄、牌楼、大章、王庄、马沟、陈湾、宋村、石庙、后峪、塔地、王沟、杨岭、西高
	五头镇	27	仝沟、蔡庄、马头、独树、大洼、尚庄、孙家、二郎庙、寨前、王府庄、五头、河北、仓上、庙上 马荆扒、梁村、亮坪、胡沟、包沟、堰寺、北沟、神堂、小庄、党家沟、胡张沟、官岭、望头
	磁涧镇	3	掌礼、龙渠、梨园
III	北冶乡	31	安桥、东沟、下玉、石山、竹园、崔沟、五元沟、仓西、平王、高庄、三王庄、涧沟、望古垛、王岭、张官岭、滩子沟、岭后、马行沟、北冶、甘泉、核桃园、裴岭、柿树岭、贾岭、刘黄、刘沟、骆岭、元码、关址、碾坪、杨沟
	石井乡	14	莲花、郭洼、西岭、安里、庄头、介庄、栓马、石井、台上、山头、南腰、印头、庙上、太平庄
	石寺镇	8	高庄、胡岭、林岭、窑院、贾沟、北岭、孟庄、西沟
IV	曹村乡	7	蒿子沟、芦家沟、田岭、老庄、山碧、马尾岭、田园
	石井乡	2	前口、五庆
	北冶乡	1	西地
	曹村乡	4	仓田、山查、石板岭、袁山
V	石井乡	13	井沟、元古洞、黑扒、胡庄、山沃、杨家庄、龙潭沟 寺坡山、峪里、南沟、黛眉、东山底、王家沟
	曹村镇	10	岸上、城崖地、大扒、前河、黄北岭、庙岭、小寨岭、北庄、二峪、小沟

第二节　改良利用分区概述

I 涧河、畛河川潮土、砂泥质（潮、石灰性）褐土粮菜区

I₁涧河川亚区

本区包括铁门、城关、磁涧三个镇及洛新园区沿涧河两岸的 38 个行政村，总耕地面积 2 758.3hm²，占全县总耕地面积的 7.15%。

（一）自然经济技术条件

该区地理位置优越，涧河由西向东，陇海铁路、310 国道穿境而过，是全县政治、经济、文化、交通运输的中心地带。地势较平坦，土层深厚，地貌类型属冲积小平川，土壤类型主要是潮土和褐土。

本区水利条件优越，土地肥沃、土壤养分含量丰富，耕层土壤养分含量为有机质 19.45g/kg，全氮 1.06g/kg，有效磷 10.83mg/kg，速效钾 160.79mg/kg，pH 值 7.95。劳力充足，农业技术条件，机械化程度及农田灌溉等社会经济条件较好，精耕细作，其土地利用率和生产率居全县之首，是全县粮食高产区，主要作物有小麦、玉米、蔬菜，亦有少量红薯、豆类等。

（二）改良利用方向与措施

本区改良利用方向是：搞好农田集约经营，提高灌溉技术，增施有机肥料，建设高产稳产农田，努力建成商品粮菜生产基地。其具体措施如下。

（1）广开有机肥源，增施有机肥料，使土壤有机质提高到 20.00g/kg 以上，控氮增磷补钾，调整土壤营养比例。本区人口密度大，作物秸秆多，有丰富的有机质肥源，应注重高温堆肥和秸秆过腹还田，提高肥料质量。

（2）搞好现有水利设施的管理配套，完善农田灌溉系统，合理开发利用地下水资源，搞好机井布局、配套和用水管水制度，积极推广小畦浅浇和喷灌滴灌等先进灌溉技术，提高灌溉效益。

（3）要有计划、有步骤地疏通河道，搞好护地坝工程，把良田损失压缩到最低限度，保护好河岸肥沃良田。

（4）在保证粮食生产的同时，利用交通、区位优势，调节粮经比例，适当发展蔬菜、瓜果，供应城镇市场，提高经济效益。

I_2 畛河川亚区

本区包括曹村、石寺两个乡镇夹河川的 13 个行政村，耕地面积 730.04hm^2，占全县总耕地面积的 1.89%。

（一）自然经济技术条件

该区处于浅山畛河夹川地带，海拔 250~500m，雨量较多，无霜期较长，光热条件可以满足农作物一年两熟需要，地下水资源也较丰富。

本区耕地除夹川平地外，部分在岭坡上。主要土壤类型有潮土、砂泥质（潮、石灰性）褐土。土壤较肥沃，土壤中的养分比较丰富，耕层有机质含量 22.15g/kg，全氮 1.09g/kg，有效磷 11.21mg/kg，速效钾 151.53mg/kg。

该区水利条件较好，交通比较方便，矿藏丰富，有煤、铝等，是全县工矿企业基地，农业机械化程度和社会经济技术条件不亚于涧河川区，发展前景广阔。

（二）改良利用方向与措施

本区改良利用方向是：努力搞好农田基本建设，积极开发地下水资源，扩大水浇地面积，逐步实现农田园田化，提高科学种田水平，向集约经营方向发展，要搞好粮食生产，注意发展蔬菜生产。其具体措施如下。

（1）牢固树立以农业为基础的指导思想，增加农田基本建设投资，首先要搞好井渠配套工程，不断扩大水浇地面积，然后把重点转移到山前坡陵旱地的改良治理，努力提高单位面积产量。

（2）注重土壤的改良。岭坡旱地要以土地平整为中心，建造水平梯田，搞好水土保持，减少水土流失，河滩堆垫地要不断增厚耕层，对黏质土壤要增施砂质粗肥，煤渣粪，砂质土壤要增施黏土粗肥，改善土壤耕性。

（3）充分利用自然资源，广开有机肥源，增施有机肥料，使土壤有机质含量进一步提高。

（4）发展蔬菜、瓜果生产，满足市场供应。

Ⅱ 涧河南北丘陵始成褐土、石灰性褐土粮烟果牧区

本区是全县最大的土壤改良利用农业区。它包括南李村、五头、正村三个乡镇的全部和铁门、磁涧、城关、仓头 4 个乡镇的一部分。共 154 个行政村，耕地面积 25 194.73hm^2，占全县总耕地面积的 65.31%。

该区尽管在地貌类型、土壤类型、气候、水文地质等方面有较大的一致性，但在农林牧布局和社会经济技术条件方面，还存在着一定的差异性，应作为三个亚区对待。

（一）基本情况及改良利用方向

Ⅱ$_1$ 涧南丘陵亚区

该亚区包括南李村镇的全部及铁门、磁涧、城关的南岭，共 60 个行政村，总耕地面积

9 832.81hm²，占全区的 39.03%，占全县的 25.49%。

地貌类型以郁山为主脉的涧南山系，丘陵起伏，沟壑纵横，海拔 300~500m，光热条件可以满足一年两熟的需要，地下水埋藏深，属贫水区。由于年降水时空分布不均，常受干旱威胁和夏季干热风的危害。

该区内大部分耕地在岭坡和岭岗上，有少量沟坪地。主要土壤类型为红黏土石灰性褐土，土层较深厚，但土壤瘠薄，其耕层土壤养分含量有机质为 15.87g/kg，全氮 0.99g/kg，有效磷 9.53mg/kg，速效钾 168.49mg/kg。

该区内水利条件差，人畜吃水较困难，社会经济技术条件比较薄弱，耕作粗放，粮食产量低而不稳，但人均耕地面积大，耕地数量多，发展农林牧有广阔前景。

Ⅱ₂ 涧北瘠薄培肥丘岭亚区

该亚区包括铁门、仓头两个乡镇的部分地区，共 8 个行政村，耕地面积 7 851.4hm²，占全区 31.16%，占全县耕地面积的 20.35%。

该亚区是以邙山为主脉的涧北山系，丘陵起伏，沟壑纵横，海拔 300~500m，年降水量偏少，为新安县少雨地区，地下水埋藏较深，亦属次贫水区。

本区耕地遍岭头，坡腰。主要土壤类型为红黏土、褐土，土层深厚，土壤肥力略优于涧南区。其耕层土壤有机质为 16.32g/kg，全氮 0.98g/kg，有效磷 8.90mg/kg，速效钾 178.03mg/kg。

该区内水利条件较差，人畜吃水困难，农业机械化程度和社会经济技术条件有一定基础，耕作较粗放，粮食亩产中等。以种植业为主，主产小麦、红薯、烟叶、玉米、谷子、豆类、油料等，森林覆盖率低，水土流失严重。

改良利用方向是：搞好水土保持，深翻改土，培肥地力，种植牧草，建立粮烟小杂果基地。

Ⅱ₃ 涧北中东部丘岭亚区

该亚区包括五头和正村全部、城关、磁涧、铁门、仓头一部分，共 86 个行政村耕地面积 7 510.52hm²，占全区总耕地面积的 29.81%，占全县总耕地面积的 19.47%。

该亚区，属邙山黄土丘陵区，海拔 300~500m，主要土壤类型为石灰性褐土，土壤质地较好，土壤有机质为 16.04g/kg，全氮 1.02g/kg，有效磷 9.89mg/kg，速效钾 171.34mg/kg，水源较丰富，经济条件较好，该区以种植业为主，以种植小麦、玉米、红薯、油料、烟叶为主，是全县的主要产粮区，是全县较大的农业区。

改良利用方向是：牢固树立农林牧综合发展的战略思想，大搞以深翻改土为中心的农田基本建设，走有机与无机相结合的旱作农业道路，调整农林牧结构，充分利用水土资源，建成粮、烟、油、果、牧商品生产基地。

（二）改良利用措施

（1）突出抓好以深翻平整为中心的农田基本建设，加深土壤耕作层，提高抗旱保墒能力，同时搞好统一规划，对山、水、田、林、路综合治理，做到井、渠、路、林、机、电六配套。

（2）广开肥源，增施有机肥料，提高土壤肥力，改善土壤结构，主要方法是：加强人畜粪尿管理，大搞高温堆肥，秸秆还田，种植绿肥，扩种油料作物，以饼还田等。

（3）加强生物措施，减轻水土流失。坡度大的岭坡地要退耕还林还牧，种草种树发展林牧业。地埂广种黄花菜、白腊条和柿树等，为农业生产创造一个良好的生态环境。

（4）调整作物结构和布局，多种小麦、红薯、谷子、烟叶等耐旱抗灾作物，合理间套轮作，提高经济效益。

（5）加强对现有水利设施的管理，维修和配套，搞好小浪底库区提黄工程建设，积极开发利用地表水和地下水，增加耕地的有效灌溉面积，改善农业生产基本条件，努力发展喷灌和滴灌，节约用水，扩大浇地面积。

（6）科学施肥，提高肥效。注意有机与无机相结合，搞好因土施肥和配方施肥。

（7）发挥果牧优势，建立商品生产基地。针对土地面积大的特点，积极发展桃、杏、梨、樱桃、苹果等果树生产，结合小流域治理种植牧草，搞好青贮和麦秸氨化，发展以肉牛为主的畜牧业。

（8）搞好技术培训，不断提高科学种田水平。

Ⅲ畛北丘岭红黏土、黄土质褐土粮果矿牧区

该亚区包括北冶的大部和石寺、曹村、石井三个乡镇的一部分，共60个行政村，耕地面积6 637.75hm²，占全县总耕地面积的17.21%。

（一）自然经济技术条件

该区山岭起伏，沟壑纵横，海拔在500m左右，年降水量偏多，光热条件可满足一年两熟制需要。地下水埋藏深，属严重贫水区。耕地大部分在浅山中下部，主要土壤类型是红黏土、黄土质褐土和泥质岩褐土，土层较薄。土壤有机质为19.67g/kg，全氮为1.10g/kg，有效磷为8.54mg/kg，速效钾为168.36mg/kg。主要种植小麦、玉米、豆类等。

该区内水利条件很差，大部分村庄人畜吃水极为困难，交通不便，工副业门路较广，矿藏资源丰富，农业机械化程度和社会经济技术条件比较差，人平耕地少，荒山荒坡面积大，发展农、牧、矿前景十分广阔。

（二）改良利用方向和措施

改良利用方向是：以水土保持为主，努力改造坡耕地，加强科学种植，提高单位面积产量，建立小杂果、中药材基地，积极发展以采矿业为主的工副业生产。其主要措施如下。

（1）搞好荒山荒坡荒沟的综合治理，加深耕层，培肥地力。

（2）加强科学种植，改变旧的耕作习惯，实行集约经营，提高科学种田水平。

（3）加强对现有果树的管理，有计划地发展中药材、小杂果苹果等，建立商品生产基地。

（4）积极创造条件，强力开发矿藏资源，大力发展工副业。

Ⅳ畛北低山褐土性土坡地梯改型林牧区

本区包括曹村、石井2个乡低山地带的一少部分。共7个行政村，耕地面积822.48hm²，占全县总耕地面积的2.13%。

（一）自然经济技术条件

该区属畛北青要山、荆紫山的低山地带。山陵起伏，交错相见，海拔在600~750m，年降雨偏多，属多雨区，无霜期短，春季多低温，夏季多暴雨。

该区内多为石质山地，荒山面积大，耕地少，主要土壤为紫色土，石灰质褐土性土，间有红黏土，土壤瘠薄，有机质为19.49g/kg，全氮1.09g/kg，有效磷10.07mg/kg，速效钾167.78mg/kg。耕地多分布在山谷中或岭坡上。水土流失相当严重，影响种植业的发展。文化教育事业比较落后，科学种田水平低，农业技术装备差，能源缺乏，交通相当不便，经济技术薄弱，扩大再生产能力差，是个贫困落后地区。

（二）改良利用方向与措施

本区改良利用方向是：努力抓好粮食生产，力争做到自给有余，树立"靠山吃山，吃山养山"的战略思想，大力发展林牧业及中草药生产，尽快改变贫困落后面貌。其主要措施如下。

（1）切实搞好水土保持工作，因地制宜地修造石堰水平梯田和反坡梯田，减轻水土流失。

（2）全面规划，全理布局，有计划有步骤地将25°以上的坡地退耕还林还牧，改良和引进优良适生树种草种，发展林、牧生产。

（3）大力发展桃树、柿树、油桐、核桃等价值高的经济树种，尽快形成商品优势。

Ⅴ西北部中山棕壤、淋溶褐土坡地梯改型林牧土特产区

该区包括曹村乡和石井乡的一部分，共23个行政村，耕地面积2 436.63hm²，占全县总耕地面积的6.32%。

（一）自然经济技术条件

该区属新安县西北部的深山区，海拔在800m以上，年平均气温11℃左右，无霜期短，年降雨偏

多，林地面积大，植被覆盖良好，林地占本区面积大，主要土壤类型有棕壤、淋溶褐土，农用耕地多呈零星状态，分布在山谷中或陡坡上，种植作物有小麦，玉米、豆类等。

该区人口稀少，居住分散，交通不方便，文化教育，农业技术相对落后，是全县最边远最落后的深山林区。

（二）改良利用方向与措施

根据本区自然条件和资源优势，在稳定宜粮耕地的前提下，逐步将坡度大的坡地退耕还林还牧，充分利用山区资源优势，大力发展林、牧业及中草药生产，坚持林牧为主的发展方向。利用多种动植物土特产资源，积极开展多种经营。其主要措施如下。

（1）大力发展林业生产，调整林种结构，严格控制林木过伐，搞好封山育林。

（2）积极营造水源涵养林、防护林、用材林和特种经济林，如柿树和木本粮油树种。

（3）利用自然资源，大力发展养殖业。

（4）引进先进科学技术，开展林牧工商综合经营，提高经济效益。

（5）大力发展林牧产品为主的加工储藏业，如将原木加工为成品、柿子加工为柿饼，提高经济效益。

第二十八章 对策与建议

通过对新安县耕地地力评价工作的开展，全面摸清了全县耕地地力状况和质量水平，初步查清了新安县在耕地管理和利用、生态环境建设等方面存在的问题。为了将耕地调查和评价成果及时指导农业生产，发挥科技推动作用，有针对性地解决当前农业生产管理中存在的问题，本章从耕地地力与改良利用、耕地资源合理配置与种植业结构调整、科学施肥、耕地质量管理等方面提出对策与建议。

第一节 耕地地力建设与土壤改良利用

一、耕地利用现状

新安县总土地面积 116 033hm²，耕地面积 38 579.93hm²，占土地总面积 33.25%，总人口 51.9万，其中农业人口 42.6 万人，人均耕地 0.074hm²，农作物播种面积 64 100hm²，粮食作物常年种植面积 47 670hm²。全县常年小麦种植面积稳定在 21 330hm² 左右，玉米 18 660hm²，2007 年，全县粮食产量达到 2.033 亿 kg，实现连续 4 年增产，全县人均粮食产量 398.5kg，比全国平均水平多18.9kg，高出 4.98%。

二、耕地改良利用意见

新安县地处豫西丘陵山区，由于耕地本身存在障碍因子，如土壤养分含量偏低，灌溉条件差等，严重影响作物的正常生长，导致中低产田面积大，基础产量低，给作物产量由中、低产向高产稳产上升造成了困难。改良好作物生长的这些限制因素，新安农业生产发展的潜力很大。

（一）生产上存在的主要问题

1. 干旱

新安县旱地面积大，降水分布时间极不均匀，降水集中，多集中在夏季，多暴雨，在缺乏塘、库等蓄水条件下，水土流失严重，降水年际变幅大，目前由于开发利用受工程代价和技术装备的限制，调蓄能力甚小，地表径流总量的 80%以上经河流下泄出境，经常发生干旱，有"十年九旱"之说。干旱是限制新安农业发展的重要因素。

2. 土壤耕层养分含量低

新安县 59.4%的土地为褐土，37.8%的土为红黏土，二者占全县耕地面积的 97.2%。由于连年耕作，施入的有机肥又偏少，偏面强调作物高产，忽视用养结合、土壤肥力较低，全县耕层有机质平均17.92g/kg，全氮 1.05g/kg，有效磷 9.58mg/kg，速效钾 169.85mg/kg，土壤肥力的基本特点是：缺氮少磷有机质不足。

3. 某些土壤本身存在着障碍因子

黏质土面积占一定比例，这部分土壤质地黏重，通透性能差，且不易耕作，土壤本身存在的障碍因子直接影响作物的生长发育，给作物的高产稳产造成困难。

4. 种植结构不够合理

过去由于偏面强调粮食生产，忽视经济作物的种植，致使粮经比例失调，回报生产率低，近几年，种植结构日趋合理，但仍有些土地不能因地制宜，扬长避短，发挥其优势。

（二）土壤改良利用措施

1. 分区改良利用措施

（1）涧、畛河川区。新安县涧、畛河川区，土地比较平整，水资源丰富，地力基础较好。今后培养地力的方针是继续保持土壤有机质稳中有升，主要措施是继续实施小麦、玉米秸秆全部还田，辅之以增施农家肥。化肥使用上继续实施测土配方施肥，达到高产稳产低成本的目的。充分利用天上水、河水、地下水发展灌溉，做到旱涝保收，高产稳产。

（2）涧河南北丘陵区。土壤与农业生产的主要障碍因素是干旱、水土流失和土壤质地黏重。今后在耕作上以防旱保墒，防止水土流失为重点，在农业设施建设上还应继续加强水利工程建设，一是修复原有的水利工程；二是引小浪底水库水进行灌溉；三是在集水方便与集水量稍大处建立水窖、池塘等，蓄纳降水，发展灌溉。同时，继续大力推广秸秆还田和增施农家肥。

（3）北部浅山区。农业生产的主要限制因子为灌溉用水和较为平整的地块面积不大。土壤改良的主要方针是应当逐步进行土地平整，实行小块并大块工程，同时逐步加厚耕层土壤，以增强保水保肥能力，同时仍需继续大力推广秸秆还田和增施农家肥。

2. 分土壤类型改良利用措施

（1）褐土的改良利用。新安县褐土耕地面积22 913.2hm²，占总耕地面积的59%，褐土农业生产上的主要障碍因素是干旱与水土流失两大问题，由于地形复杂，黄土母质过松，出现暴雨后，水土流失严重；气候干旱，降水分布不均，又无水源，旱灾频繁。此外土质过松，加之耕作粗放，肥力较低，同时由于传统生产影响，农业生产结构极不合理，造成黄土丘陵植被破坏，农业生态环境日益恶化，农业生产发展受到严重抑制。

今后改良利用的方向应当从宏观着手，调整农业生产结构，丘陵顶部及沟壑侵蚀严重地区应以林为主，丘陵半坡与坡度稍缓部位以果为主，重点发展苹果、樱桃，丘陵下部耕作方便地区以发展农业为主，总的原则是在保证粮食自给而略有余裕的前提下大力发展果树及林牧业生产，彻底防止土壤侵蚀现象，使之逐步达到生态上的良性循环，防旱保墒，充分利用自然降水是保证农业生产方向性问题，群众在长期与干旱做斗争的过程中，都积累了一整套的丰富经验，如耕、耙、耱、压、种植耐旱作物，改良土质采取一系列的水保工程措施等，都是行之有效的成功经验，应进一步总结提高。

（2）红黏土的改良利用。新安县红黏土耕地面积14 585.5hm²，占总耕地面积的37.8%，红黏土农业生产的主要问题及改良利用意见有以下几点。

①深耕结合施用有机肥，改良土壤水分物理性质。红黏土土质黏重，通透性差，耕作困难，耕作质量差，适耕期短，"发老苗，不发小苗"，不适于作物生长，为此，必须进行晒垡冻垡，加速土壤风化，改变红黏土不良的大块状结构，增加其通透性，增施有机肥料，不仅可以供应植物养料，同时可以改变其不良的水分物理性质，使黏结、黏着，可塑性变小，改变土壤中的空隙状况，调整大小空隙比，以利通透性，增加其保水、蓄水性能，从而提高其供水性，减轻旱灾。

②调整农业生产结构，调整作物布局，做到因地制宜，充分发挥土壤增产潜力。红黏土区以往仅着眼于粮食生产，长期以来广种薄收，产量始终处于低而不稳的状态，本着因地制宜，充分发挥土壤增产潜力的原则，必须调整农、林、果、牧业生产结构。在部位较高的丘陵顶部，可发展林业，如经济林；在坡度较小的缓岗应发展果树，如苹果、核桃、杏、柿等，亦可引种良种牧草，发展草食家畜，如牛、羊、兔等；在平缓地段，大搞农田基本建设，因地形与土壤肥力不同，种植不同作物。在水肥条件较好处，种植粮食作物，如小麦、玉米、豆类等，在水肥条件稍差的半坡地可种植甘薯、烟叶等。

③大搞农田基本建设，防止水土流失。红黏土地处丘陵，植被覆盖差，水土流失严重，由于红黏土质地较黏，在水保措施上不论在坡面或冲沟中均应以梯田建设为主，而田面宽窄因地形不同而异。在沟头防护方面，除应挖沟缓冲山洪冲刷外，并将洪水引入坑塘蓄水，同时大量种植刺槐与紫穗槐，以保护沟头，防止冲沟进一步发展。

④引种优良绿肥牧草，发展畜牧业。红黏土地区，地广人稀，人均耕地稍多，可将边远坡地种植牧草，作为饲草基地，发展草食家畜，如牛、羊、兔等，这样不仅增加人们的肉食供应，而且可以多积优质厩圈肥，改良土壤，对增加农民经济收入，活跃市场经济均极为有利。

⑤客土。过黏过砂的土壤，均可通过客土掺砂或掺黏，改善其耕性。客土可与施有机肥料结合进行，用砂土或炉渣灰垫圈施入黏土地，用黏土垫圈施入砂土地，这既能节约劳力，又能改良土壤耕性。新安县广大红土丘陵区，应以砂土，炉渣灰垫圈积肥作为一项措施长期坚持下去，红黏土"干时铁疙瘩，湿时泥疙瘩，不干不湿肉疙瘩"的耕性一定能得到彻底改变。

第二节　耕地资源合理利用与种植业结构调整

一、农业发展的区域规划

根据新安县的自然地域特点和区域优势，结合农民的种植习惯，将新安县划分为四个产业区域，实施农业的区域化生产战略，即南大岭旱作农业种植区域；中部涧川高效农业区域；北部山岭地特种种植、养殖区域和万山湖水产养殖区域。

1. 南大岭旱作农业种植区

包括南李村全部及铁门、磁涧南部。该区发展方向是：大力推广先进的旱作农业配套技术，探索旱作立体种植模式，以发展朝天椒、烟叶等经济作物为主，走农、林、牧和农副产品加工相结合道路。

2. 川地无公害高效农业生产区

磁涧、城关、铁门、五头四乡镇沿河川区，在抓好粮食生产的同时大力发展优质果蔬的高效无公害生产及花卉、绿化苗木生产。

3. 北部丘陵地特种种植区

包括五头、正村、仓头及山下各乡镇。该区重点利用退耕还林和宜林荒山优势向养殖和中药材种植转移。一是退耕还林还草，发展草食家畜和养蜂业；二是大力发展中药材等耐旱作物种植。

4. 万山湖水产养殖区

主要是小浪底库区水域及82.7万 km² 的临库区面积，该区以发展养鱼、水禽等水产养殖为主，使其成为临库区农民发展经济的主导产业。

二、以规模化发展为重点，逐步壮大四大优质农产品产业带

1. 铁门、南李村、磁涧朝天椒产业带

以铁磁公路沿线的铁门、磁涧、南李村三个乡镇为重点，科学规划，规模种植，使朝天椒种植面积稳中有升。

2. 涧河川区无公害高效农业产业带

在五头、磁涧、城关、铁门、石寺等乡镇重点以温棚瓜菜无公害生产为主建设无公害蔬菜生产基地，要在扩大规模的前提下提高生产品位，形成规模及品位优势，实现促销增值目标。

3. 磁涧、五头大粒樱桃产业带

以磁涧北部、五头南部为重点发展大粒樱桃生产。

4. 北冶、石井林药、粮药间作产业带

以石井、北冶为重点，在石井、北冶、石寺、曹村、仓头等乡镇发展林药、粮药间作。

第三节　科学施肥对策与建议

土壤是农业的基础，肥料是作物的粮食，要获得优质高产的农产品，必须合理施用肥料，即科学施肥或叫平衡施肥，平衡施肥可以达到以下效果：一是减少能源消耗。由于用肥结构不合理，一般肥料的流失率都达到了60%以上。二是节本增收。测土配方施肥比传统施肥粮食作物平均增产5%以上，棉花、油料、蔬菜等经济作物平均增产10%以上。三是改善环境。测土配方施肥可使肥料利用率提高5~10个百分点，有效减少养分被蒸发、渗入地下或流入河流，减轻化肥面源污染，提高土壤肥力。四是减轻病害。研究表明，大部分农作物病害是因为养分不平衡所致，特别是缺少钾肥和中微量元素。测土配方施肥后，可大大减轻农作物病害的发生。五是改善农产品品质。测土配方施肥可以改变偏施氮肥的习惯，降低蔬菜硝酸盐含量，防止水果变酸，改善皮厚、色淡以及内在品质指标。

一、施肥中存在的主要问题

据调查当前新安县在施肥中存在有以下三个方面的的问题，一是部分农民重无机轻有机的倾向还相当严重，总认为拉一车有机肥不如扛一袋化肥，有机肥施用面积和施用数量都很少，有机肥资源浪

费现象相当突出，秸秆还田量近几年虽有所增加，但秸秆还田量还不够，还田潜力还很大；二是部分农民在化肥品种选择上存在习惯性，确定肥料用量上带有盲目性，过去用什么肥今年还用什么肥，过去用多少，今年还用多少，凭经验施肥，不顾虑作物的需要和土壤供肥能力，不顾虑各种元素的合理搭配，只考虑经济条件不考虑作物需要，常常导致养分比例失调，产量不高；三是施肥方法不当，如尿素、复合肥裸施，降低了肥料利用率。

二、实施平衡施肥的措施建议

（一）有机肥的平衡施用

土壤有机质的平衡，取决于两个因素，一是土壤矿质化，二是有机质腐殖化。如果土壤有机质矿质化过程大于腐殖化过程，土壤有机质则下降，反之则升高，矿质化过程是相对稳定的，所以必须每年施入土壤一定数量的有机肥，才能维持土壤有机质平衡，增施有机肥是培肥地力的重要措施，我们必须重视有机肥的应用，要广开肥源，多积多造有机肥，组织城肥下乡，推广秸秆还田，使有机肥的施用量逐渐增加，根据当前新安县耕地肥力，一般有机肥施用量应达到 $30\,000 \sim 45\,000 kg/hm^2$。

（二）氮、磷、钾化肥的平衡施用

氮、磷、钾化肥的平衡施用就是按不同作物的需求，按照缺什么补什么，缺多少补多少的原则，算出氮磷钾化肥的施用量，其计算公式是：

某种养分的施肥量 = （作物目标产量需肥量–土壤供肥量）/（肥料养分含量 × 肥料利用率）

注：作物目标产量需肥量=作物的生物学产量×某养分在作物体内的平均含量；土壤供肥量由不施该养分时，作物吸收的养分量来推算；肥料利用率根据在该地块上进行的田间试验结果计算而得。

下面就是假设一块地需用肥量为每亩纯氮 8.5kg，五氧化二磷 4.8kg，氧化钾 6.5kg。可分为单项施肥和施用复合肥两种施肥方法，其计算方法分别为：

单项施肥：计算公式为：（推荐施肥量÷化肥的有效含量）×100＝应施肥数量。

计算查得如下结果：

施入尿素（尿素含氮量一般为 46%）应为（8.5÷46）×100＝18.4kg。

施入过磷酸钙（过磷酸钙中五氧化二磷的含量一般为 12%～18%）应为（4.8÷12）×100＝40kg。

施入硫酸钾（硫酸钾中氧化钾的含量一般为 50%）应为（6.5÷50）×100＝13kg。

施用复合肥：用量要先以推荐施肥量最少的肥计算，然后添加其他两种肥。

如某种复合肥袋上标示的氮、磷、钾含量为 15：15：15，那么，该地块应施这种复合肥：（4.8÷15）×100＝32kg。

由于复合肥养分比例固定，难以同时满足不同作物不同土壤对各种养分的需求，因此，需添加单质肥料加以补充，计算公式为：

（推荐施肥量–已施入肥量）÷准备施入化肥的有效含量=增补施肥数量。

如该地块施入了 32kg 氮磷钾含量各为 15% 的复合肥，相当于施入土壤中纯氮 32×15%＝4.8kg，五氧化二磷和氧化钾也各为 4.8kg。根据上面推荐施用纯氮 8.5kg，氧化钾 6.5kg 的要求，还需要增施：尿素（8.5-4.8）÷46%＝8kg，硫酸钾（6.5-4.8）÷50%＝3.4kg。

（三）微量元素的平衡施用

根据土壤样品的化验结果，当前新安县耕地土壤中中微量元素一般能满足作物的需求。但不同的作物对中微量元素需求量不同，具体到某一种作物，对哪种中微量元素需量较大时要考虑施用，如油菜要考虑施硼，玉米要适当施用锌肥，一般亩施用量不能超过 1kg。

三、对策与建议

要使科学施肥即平衡施肥落到实处，特提出如下对策和建议。

（1）普及平衡施肥知识，提高广大农民的科学种田水平，让农民了解什么是平衡施肥，如何进行平衡施肥，平衡施肥对培肥地力，保证农业高产稳产和农业持续发展的战略意义。

（2）切实搞好技术服务，土肥部门要认真搞好土壤肥力，土壤供肥能力的检测，调查研究有机肥施用数量、面积和种类，掌握不同有机肥各种养分含量及变化，生产不同作物的专用肥，供农民直接施用，同时制订不同类型区、不同作物的各种元素平衡施肥建议卡印发给农民，指导农民进行平衡施肥。

（3）加强土肥设施和化验人员的配备和培训，保证及时为平衡施肥提供准确的土壤养分含量数据，为农民平衡施肥提供依据。

（4）大讲有机肥对培肥地力的作用，对保证农业持续发展的战略意义，教育农民克服重化肥轻有机肥的不良倾向，在全县形成重视有机肥，大积大造有机肥的氛围，政府制定积造施用有机肥和培肥地力的奖励政策，使增施有机肥和提高地力的措施落到实处。

（5）加强科技教育，开展平衡施肥和培肥地力的基础性研究工作。

（6）加强无公害农产品基地建设，提高农产品质量，取得较好效益，保持耕地不受污染。

第四节 加强耕地管理的对策与建议

新安县现有人均耕地 0.074hm²，人多地少，后备资源匮乏，要提高粮食综合生产能力，实现农业可持续发展，就必须加强耕地管理，保证耕地数量，提高耕地质量。

一、建立依法管理耕地质量的体制

（一）巩固完善家庭承包经营体制，逐步发展耕地规模经营

以耕地为基本生产资料的家庭联产承包经营体制在农村已经实施 20 多年，在家庭承包经营体制下，农民注重耕地保养和投入，避免或减少了耕地掠夺经营行为，促进了农村生产力的发展，有效保护了耕地质量。当前，我们要认真贯彻落实党的十七届三中全会精神，巩固完善家庭承包经营体制，逐步发展耕地规模经营。要按照"十七届三中全会"的要求，必须毫不动摇地坚持以家庭承包经营为基础、统分结合的双层经营体制。根据新安县近年经济发展较快、农村劳动力转移较多的特点，应当认真做好调查研究，做好科学规划，加快农村耕地流转的速度，使土地向种田能手集中，充分发挥土地应有的效益，充分发挥测土配方施肥等科学技术这个第一生产力的作用，推动农村经济又好又快发展。

（二）认真贯彻执行耕地质量管理法规

严格依照《中华人民共和国土地法》《河南省基本农田保护条例》等有关法律法规关于耕地质量保护的条款，依法有效保护耕地，加大耕地保护力度，对已造成耕地严重污染和耕地质量严重恶化的违法行为，依法严肃处理。

（三）制定保护耕地质量的鼓励政策

县、乡（镇）、村应根据本区情况，制定政策，鼓励农民保护并提高耕地质量的积极性，对举报并制止破坏耕地质量违法行为的人给予名誉和物质奖励。

（四）大力推广农业标准化生产

实施农业标准化生产可以规范农民的栽培措施，避免不正确的农事行为对耕地质量带来的危害。目前，新安县已经取得有关部门认定并颁发证书的无公害农产品生产基地和无公害农产品有朝天椒和大粒樱桃两个农产品，今后还要继续加强管理，加大技术培训和扶持力度，不断提高无公害农产品的生产水平，使无公害农产品生产再上新台阶，并发挥好示范带动作用，推动全县农产品生产向无公害标准化生产迈进。

（五）调整农业和农村经济结构

调整农业和农村经济结构，应遵循可持续发展原则，以土地适应性为主要因素，决定其利用途径和方法，把粮食生产放到重要位置，在保证粮食安全的前提下，调整作物种植结构，发展多种经营，宜林则林，宜牧则牧，使土地利用结构比例合理，实现经济发展与土壤环境改善的统一。

二、扩大绿色食品和无公害农产品生产规模

扩大绿色食品和无公害农产品生产，符合现代农业发展方向，它可以使生产利益与保护耕地质量

及其环境达到有机的统一。目前，分户经营模式与绿色食品、无公害农产品规模化经营要求的矛盾十分突出，解决矛盾的方法就是建立无公害食品、绿色食品集约化生产基地，实行标准化生产，规模化经营。

三、加强农业技术培训

一是结合"绿色证书制度"和"跨世纪培训工程"及"科技入户工程"，对农民进行培训；二是完善县乡镇农技推广体系，发挥县乡（镇）农技推广队伍的作用，通过办培训班、电视讲座，建立示范户（田）等形式，对农民进行实用技术培训；三是加强新技术研发、宣传和使用，为耕地质量管理、利用提供技术支撑。

第五篇 偃师市耕地地力评价

第二十九章 农业生产与自然资源概况

第一节 地理位置与行政区划

偃师市位于河南省西部，东邻巩义市，西接洛阳市郊区和孟津县，南依嵩山，接登封、伊川两地，北临黄河，与孟州市隔河相望，属豫西丘陵山区。地理坐标介于东经 112°26′15″～113°00′00″和北纬 34°27′30″～34°50′00″。偃师市南临嵩山，北靠邙岭，中部有伊河、洛河，自西向东贯穿全境，东西长约 44km，南北宽约 34km，总面积 948.4km²，其中平原面积占 31.4%，丘陵占 51.9%，山区占 16.7%。偃师地处中原腹地，位于陇海经济发展带和河南省"三点一线"旅游热线上，东距郑州 90km，西距洛阳 30km，与龙门石窟、白马寺、少林寺等风景名胜区毗邻。陇海铁路和连霍、二广高速公路穿境而过，国道 310、207 线和省道 314、320 线在此交会贯通；偃师市城乡公路里程达 723km，在全省率先实现了村村通公路。

2007 年年底，偃师市辖城关、首阳山、岳滩、顾县、翟镇、佃庄、李村、庞村、寇店、高龙、缑氏、府店、诸葛 13 个镇，邙岭、山化、大口等 3 个乡和 1 个工业区，共 332 个行政村，3 525 个村民组，85.4 万人，包括汉、回、藏、维、苗、侗、纳西、满、裕固、蒙古、白、壮、瑶 13 个民族，其中汉族占 99.4%；偃师市是全省首批 10 个小康达标县（市），也是河南省委、省政府确定的全省 26 个城镇化发展重点县（市）、35 个扩权县（市）和第二批对外开放重点县（市）之一，综合经济实力居全省前列。2007 年，偃师市完成地区生产总值 270 亿元，增长 14.2%，其中一二三产业增加值分别达到 23.4 亿元、176.2 亿元、70.4 亿元，三次产业之比由上年的 9.2：64.9：25.9 调整为 8.7：65.3：26；财政一般预算收入 90 169 万元，增长 24.5%；全社会固定资产投资 70 亿元，增长 30%；社会消费品零售总额 63.1 亿元，增长 17%；城镇居民人均可支配收 11 148 元，增长 14.9%；农民人均纯收入 6 030 元，增长 16%。

各地貌类型区的粮食单产存在较大差异，冲积平原、河流阶地、山前洪积平原地貌类型区的产量较高，山地类型区的产量最低，这主要与所处的地貌类型位置、灌溉保证率、耕层厚度、田面坡度、质地构型、土壤养分存在较大关系。

第二节 农业生产与农村经济

偃师市市政府始终把发展农业和农村经济、增加农民收入放在经济发展的首位，改善农业生产条件，依靠科学技术，以市场为导向、农产品基地为依托，使农业生产经济效益稳步提高，"十五"期间偃师农业生产的增加值由 2001 年 8.37 亿元增长到 2005 年的 18.6 亿元，净增加 10 个亿。这期间农业生产的增长靠的是调整作物种植结构，发展畜牧养殖业。根据偃师市 2008 年统计年鉴的数据，2006 年农林牧渔业总产值 340 575 万元，同比增长 8.4%，其中，农业产值 153 123 万元，林业产值 607 万元，牧业产值 170 745 万元，渔业产值 150 万元，农林牧渔服务业产值 15 950 万元，同比分别增长 13.9%、35.4%、0.9%、5.6%、14.1%；2007 年农林牧渔业总产值 358 128 万元，同比增长 4.6%，其中，农业产值 188 641 万元，林业产值 1 837 万元，牧业产值 151 495 万元，渔业产值 153 万元，农林牧渔服务业产值 16 002 万元，同比分别增长 4.5%、6.2%、4.9%、1.4%、3.1%。农民人均纯收入由 1987 年的 79 元增长到 2007 年的 6 030 元，平均每年递增 16.1%；2006 年农民人均现金收入 6 160 元，同比增长 15.5%、2007 年农民人均现金收入 7 349 元，同比增长 19.3%；2006 年农民人均生活消费支出 3 041 元，同比增长 22.5%、2007 年农民人均生活消费支出 3 446 元，同比增长 13.3%。

第三节　光热资源

偃师市地处暖温带，属暖温带季风性大陆性气候，南有嵩山，北靠邙岭，中部伊河、洛河横贯其间，形成南北高中间低的地形特征；夏季，南来的暖湿气流受到南部山地的影响，这是偃师市降水偏少的原因，冬季，北来的冷气流受太行山脉的影响，气温较高，1 月较同纬度的郑州市高 0.2℃，增加了偃师市干旱的现象，形成了偃师市春季天气多变，春旱十年四五遇，夏季高温多雨，降水量占全年的 50% 左右，秋季冷暖适宜，有时秋雨连绵，冬季多东北风，干旱少雨的特征。

一、气温

1961—1979 年偃师市平均气温 14.2℃，年际间变化较大。最暖的 1961 年为 15.4℃，最冷的 1969 年为 13.4℃，相差 2.0℃（表 29-1）。

表 29-1　偃师市 1961—1979 年年平均气温

年份	1961	1962	1963	1964	1965	1966	1967	1968	1969	1970
年平均气温（℃）	15.4	14.5	14.2	13.8	14.7	14.7	14	14.4	13.4	13.9
年份	1971	1972	1973	1974	1975	1976	1977	1978	1979	
年平均气温（℃）	13.9	13.9	14.5	14.1	14.4	13.5	14.4	14.5	14.4	

一年中，1 月最冷，7 月最热，年较差为 27.8℃，极端最高气温为 43.4℃，出现在 1966 年 6 月 22 日，极端最低气温为零下 19.5℃，出现在 1969 年 1 月 31 日，极端年较差为 59.8℃，出现在 1969 年（表 29-2）。

表 29-2　偃师市 1961—1979 年月平均气温

月份	1	2	3	4	5	6	7	8	9	10	11	12	全年
气温平均值	-0.2	2.3	8.5	14.7	20.5	26.4	27.6	26.1	20.6	15.2	7.6	1.5	14.2
气温月变差	-1.7	2.5	6.2	6.2	5.8	5.9	1.2	-1.5	-5.5	-5.4	-7.6	-6.1	
气温月极端最高值	20.2	23.9	30.7	33.7	38	43.4	41.1	39.1	37.2	34.5	34.7	19.7	43.4
气温月极端最低值	-19.5	-19.1	-8.8	-3	2.8	16	15.6	10.1	3.8	-1.8	-1.8	-18.5	-19.5
气温日较差	11.5	11.6	12.9	12.9	14.3	14.0	10.0	9.9	11.1	12.1	12.0	11.6	

从表 29-2 得知，偃师市春末夏初的日较差最大，非常有利于小麦的灌浆成熟；秋季日较差大，对晚秋农作物的成熟有利。

偃师市无霜期 212 天，年平均地表温度 17.4℃，年平均 5cm 地温 15.9℃，年平均 10cm 地温 15.9℃，年平均 15cm 地温 15.9℃，年平均 20cm 地温 16.1℃，地下各层年均地温相差不大（表 29-3）。

表 29-3　偃师市 1950—1980 年积温统计

积温级别	≥0℃	≥3℃	≥5℃	≥10℃	≥15℃	≥20℃
年平均积温（℃）	5 249.8	5 161.9	5 062.2	4 701.5	3 997.8	3 106.1
年积温最大值（℃）	5 659.3	5 589.4	5 237.3	5 109.8	4 491.6	3 526.4
发生的年份	1961	1961	1977	1961	1961	1965
年积温最小值（℃）	4 944.8	4 815.8	4 630.6	4 392.3	3 650.4	2 508.6
发生的年份	1976	1976	1976	1976	1960	1976

二、光照

全年日照、热辐射量，作物生长阶段日照、热辐射量。主要说明对光照与辐射是否满足作物的正常生长。极端值也需说明，并说明发生的频率。

偃师市全年太阳总辐射可达 115.6kcal/cm^2，生理辐射即光和有效辐射年总量约 56.67kcal/cm^2，全年日照时数 2 248.3h，全年日照率为 51%。

从表 29-4、表 29-5 中可以看出，偃师市的光照、热量资源都比较丰富，适合发展农业生产。大部分地区都适合小麦、玉米等大宗农作物的轮作种植，如果采用间作、套种、立体栽培模式，光热资源的增产潜力更大。

表 29-4　偃师市主要农作物生育期辐射、有效辐射量

项目	辐射总量（kcal/cm^2）	有效辐射量（kcal/cm^2）	占全年总量的（%）
≥0℃	105.74	51.81	91
≥10℃	83.26	40.8	72
小麦全生育期	66.05	32.36	57
玉米全生育期	49.62	24.31	43
棉花全生育期	67.15	32.9	68
水稻全生育期	79.15	38.78	55

表 29-5　偃师市各月日照时数、日照百分率、太阳辐射及有效辐射

月份	1	2	3	4	5	6	7	8	9	10	11	12	全年
日照时数（h）	153.1	146.8	174.8	193.4	230.3	238.1	220.1	216.2	180.1	185.1	151.4	158.9	2 248.3
日照百分率（%）	49	49	48	49	54	57	50	53	49	54	49	52	51
太阳辐射（kcal/cm^2）	5.92	6.23	6.21	10.55	13.62	14.23	13.22	12.81	9.36	8.88	5.86	5.78	115.67
有效辐射（kcal/cm^2）	2.9	3.05	4.51	5.17	6.67	6.97	6.48	6.28	4.59	4.35	2.87	2.83	56.67

第四节　水资源与灌排

一、地表水资源

（一）降水量

偃师市 1951 年至 1985 年 35 年间，年平均降水量 543.5mm，地区间差异不大，南部为最多，北部较多，中部最少。其中最多年份是 1964 年，降水量为 924.2mm，最少年份是 1965 年，降水量为 309.1mm，两者相差 651.1mm，超过了 35 年的平均值，可见偃师市降水量变化幅度之大。35 年间，降水量在 400~600mm 的年份有 19 年，属于正常年份；大于 600mm 的年份有 11 年，属于降水较多年份；小于 400mm 的年份有 5 年，属于降水较少的年份。由于受季风影响，各个季节差异较大，全年以夏季（6—8 月）降水量为最多，历年平均 247.3mm，占全年降水量的 47.8%，其次是秋季（9—11 月），历年平均 143.8mm，占全年降水量的 27.7%，春季（3—5 月）平均 107.5mm，占全年降水量的 20.8%，降水量最少的是冬季（12 月至翌年 2 月），平均仅 18.9mm，占全年降水量的 3.7%，从降水量的旬月分布来看，4 月降水较多，以 4 月下旬降水的概率更高，这对小麦拔节孕穗十分有利，7月降水量达到高峰，正是夏玉米的拔节期，也是需水的临界期，9月降水较多，是坡岭旱地积蓄小麦底墒水的有利时机，10月降水较少，利于棉花吐絮和秋作物收获后的晾晒（表29-6）。

表29-6　偃师市1959—1979年城关镇历年逐旬平均降水量分布　　　　单位：mm

月份	1	2	3	4	5	6	7	8	9	10	11	12
上旬	0.5	2.4	6.9	8.9	12.8	11.5	42.2	28.5	36.2	16.2	12.4	1.9
中旬	1.7	3.1	6.2	15.8	10	12.7	33.2	20.3	23.8	12.1	6	1.6
下旬	2.5	3	7.9	19.9	19	31.9	39.2	28	26.4	9.8	4.6	2.2

（二）地表河流

偃师市境内的河流，除太子沟河属淮河水系以外，其余均属黄河水系。黄河在境北沿邙岭北麓流过，跨境仅1km多。伊河、洛河是境内流程最长的两条河流，都具有明显季节性特征，夏秋两季时常涨水，冬季消落。其他河流有滑城河、马涧河、洪江寺河、公路涧河、浏河、东沙沟河、沙河、酒流沟河、诸葛沟河、太子沟河。规模较大的引水灌溉工程有陆浑东一干渠、伊东渠，另外还有中州渠、天义渠、跃进渠、飞跃渠等小型引水工程。境内小型水库有：陶化店水库、九龙角水库、酒流沟水库、沙河三水库、沙河五水库、擂鼓台水库、马涧河水库、二龙沟水库、浏河一水库、浏河二水库、沙河一水库、杨树湾水库、夏后寺水库，现存较著名的泉水有双泉、珍珠泉、马刨泉、古龙泉等。

1. 洛河

发源于陕西省洛南县洛源乡木岔沟，流经陕西省洛南县入河南省境，流经卢氏、洛宁、宜阳和洛阳市入偃师市，在顾县镇杨村有伊河汇入，东至巩义市神堤村北注入黄河。洛河偃师段全长31km，流域面积255km²，占偃师市面积的27%，1965—1978年平均年径流量19.15亿m³。

2. 伊河

发源于熊耳山南麓的河南省栾川县张家村，流经栾川、嵩县、伊川和洛阳市入偃师市，在顾县镇杨村汇入洛河。伊河偃师段全长37km，流域面积565km²，占偃师市面积的59.9%，1965—1978年平均年径流量12.2亿m³。

3. 陆浑水库东一干渠

陆浑水库东一干渠偃师市段全长39.6km，设计流量50m³/s，横贯诸葛镇、李村镇、寇店镇、大口镇、缑氏镇、府店镇6个镇，配套支渠、干斗、干农渠43条，设计灌溉8个乡镇127个行政村的1.8万hm²耕地。

4. 伊东渠

伊东渠引用伊河水，渠首位于伊川县西草店村，干渠流经东草店村，穿越龙门大峡谷折向东北经洛阳市郊区的裴村进入偃师市，向东跨诸葛镇、李村镇、庞村镇、至缑氏镇崔河村入陶化店水库，全长31.5km，实际引水能力13m³/s，实际灌溉5 333hm²。

偃师市地表水年平均径流量为12 018.06万m³，其中北部邙岭区年均为1 925.17万m³，中部伊洛川区年平均为3 676.88万m³，南部山区年均为2 905.88万m³；境内客水资源总量为10 103万m³；过境水总量11.47亿m³。偃师市地表水资源总量有117 883.27万m³，实际利用的地表水资源总量约为13 660.37万m³。

二、地下水资源

（一）地下水储量

偃师市地下水资源总量年均12 240.81万m³，其中北部邙岭区年均384.59万m³，中部伊洛川区年均7 427.88万m³，伊南坡岭区年均3 581.17万m³，南部山区年均为782.80万m³，各区域差别巨大，直接影响到各区的农业生产，地下水资源的多少与粮食产量成正比。

（二）地下水埋深

偃师市地下水资源可分为浅层地下水和深层地下水两部分，目前利用的主要是浅层地下水。在伊洛河一级阶地和河漫滩区为水量极丰富区，含水层一般厚 40~56m，最深达 70m，水位埋深小于 5m；在伊洛河二级阶地和洛河北岸及伊洛河沿岸为水量丰富区，含水层厚 10~50m，水位埋深小于 10m；在南部山区冲洪积倾斜坡地区为水量中等区，含水层厚 10~15m，水位埋深一般为 30~40m；在北部邙岭及南部白云岭一带，为弱富水区，水位埋深一般 30~40m，其中邙岭乡牛庄村以东，地下水埋深 70~100m；南部山区水位埋深差异较大，有的以泉水出露，有的埋深 100m 以上，富水性不一。

表 29-7　偃师市地下水类型及埋深

分布区域	松散岩类空隙水	碎屑岩类裂隙水	碳酸盐岩类裂隙溶洞水
伊、洛河一级阶地和河漫滩区	<5m		
伊河二级阶地和洛河北岸及伊、洛河沿岸	<10m		
南部山前冲洪积斜坡地	30~40m		
北部邙岭和南部白云岭一带	30~40m		
南部山区		70~100m	>100m 或有泉水涌出，差异大
邙岭地区牛庄以东		70~100m	

三、农田灌溉

偃师市的水资源分布不平衡，中部伊河、洛河两岸包括岳滩镇、翟镇镇、佃庄镇的全部和首阳山、城关镇、山化乡、顾县镇、高龙镇、庞村镇、李村镇、诸葛镇的一部分，面积占偃师市的 35%，水资源却占偃师市总量的 67%，灌溉保证率大于 75%，以井灌为主；中南部的山前倾斜洪积平原包括顾县镇、高龙镇、庞村镇、李村镇、诸葛镇、寇店镇、大口镇、缑氏镇、府店镇的部分地区，面积占偃师市的 25%，水资源占偃师市的 17.8%，灌溉保证率在 50%~75%，以渠水灌溉为主、井水为辅；北部的邙岭属黄土地貌，包括邙岭乡的全部和山化乡的大部，面积占偃师市的 14%，水资源占偃师市的 7.6%，灌溉保证率在 30%~50%，绝大部分为井灌；南部的浅山区包括府店镇、大口乡、寇店镇、李村镇、诸葛镇的一部分，面积占偃师市的 26%，水资源占偃师市的 7.6%，灌溉保证率小于 30%，以水库、季节性河流的自流灌溉为主。

第五节　农业机械

根据 2008 年偃师市统计年鉴计算，共拥有农业机械总动力 72.10 万 kW，其中拖拉机 2.88 万台，大中型配套农机具 3 179 部，小型配套农机具 38 120 部；各种耕地及种植机械 3.74 万台，各种农用动力排灌机械 1.43 万台，植保机械 0.14 万台，联合收获机械 0.09 万台，机械脱粒机 0.93 万台。2007 年，偃师市机械化耕作面积 4.55 万 hm²，其中，机械化播种 5.59 万 hm²，机电灌溉 3.05 万 hm²，机械化植保作业 4.55 万 hm²，机械化收获 3.55 万 hm²。

第六节　农业生产施肥

一、历史施用化肥数量、粮食产量的变化趋势

偃师市古称西亳，历史悠久，周朝末年即设为县，远在新石器的中晚期，我们的祖先就在这里过着以农耕为主、兼有畜牧业的生活，传统农业比较发达，农业生产具有悠久的历史。但在新中国成立前由于长期受封建统治，历代战乱，天灾人祸的影响，农业发展极为缓慢。新中国成立以来，在党和人民政府的领导下，偃师市认真贯彻落实以农业为基础，以粮为纲和决不放松粮食生产，积极开展多种经营等发展农业的一系列方针政策，努力改变生产条件，大力推广农业先进科学技术，积极加大对

农业生产的投入，使农业得到快速发展，1985年和1952年相比，农业总产值增长6.8倍。纵观新中国成立60多年来，偃师市农业经历了由缓慢发展阶段到快速发展阶段的曲折发展过程。

新中国成立初期的20世纪50—60年代，经过土地改革和社会主义改造，激发了农民生产积极性。大规模兴建农田水利工程，引进国外小麦，玉米、棉花、红薯等品种，在肥料施用上以有机肥为主，少量使用硫酸铵、硝酸铵、氯化铵等化肥，所以这个时期农业生产稳步上升。1952年，偃师市粮食总产8 009万kg，1957年粮食总产11 266kg，比1952年增产40.67%。1958年"大跃进"和人民公社化，高指标、瞎指挥、浮夸风泛滥，打乱了正常的生产秩序，破坏了林业资源，加之自然灾害，粮食产量曲折发展，1961年，偃师市粮食产量降为6 292万kg。

20世纪60—70年代偃师农业稳步发展，在耕作制度上充分利用偃师充足的光热资源，由过去丘陵旱地一年一熟和两年三熟为主、少数一年两熟，伊洛川区一年两熟或两年三熟、少数一年三熟改为坡岭地区一年两熟和两年三熟并重，伊洛川区以一年两熟为主，复种指数提高15%~20%；在水利设施方面开展打井、修渠等农田基本建设引水灌溉；种植技术方面，推广合理密植、优良品种和杂交品种；化肥施用方面，偃师市化肥厂1958年筹建，当时只是一座以生产土硫酸为主的小型化肥厂。1961年1月下马，1964年2月，国家投资500万元重建，设计年产合成氨4 000t，折碳酸氢铵1 600t。由于农民开始认识化肥的增产作用，所以施用量逐步增加，有机肥以土杂肥为主，每亩施量1 500~2 000kg。1972年8月，偃师市磷肥厂建成，设计能力年产钙镁磷肥1万t，当年生产磷肥2 976t，为偃师市农田施肥提供了保障。作物产量大大提高，据统计，1965年偃师市粮食产量达到12 348.5万kg，1976年偃师市粮食总产量达到24 141万kg，20世纪70年代中后期，由于农民科学施肥水平比较低，出现部分农民施肥品种单一，单施氮肥，造成土地板结，肥料使用不均衡等现象。

进入20世纪80年代后，由于十一届三中全会的召开，国家对农村政策实施改革，农村推行家庭联产承包责任制，极大地调动了农民的生产积极性，土地生产力水平大大提高。偃师农业也经历了快速发展过程，农技队伍迅速加强，为农业技术推广提供了基础保证，作物按叶龄指标施肥技术，氮磷配比技术，叶面喷洒磷酸二氢钾技术等农业先进技术得到推广；偃师农科所先后培育出"偃师四号""偃师九号"等优良小麦品种而名扬全国；随着商品经济的发展，偃师市党政领导指导农民根据市场需求种植市场畅销经济效益高的作物，带动和搞活了农副产品市场。特别是1980年开展第二次土壤普查，通过对土壤养分状况初步分析化验，根据偃师市土壤普遍缺磷情况，开展了增施磷肥，氮磷配合肥料试验、示范，农民认识到了氮肥、磷肥在生产中的增产作用，因而，氮肥、磷肥施用量逐年增加，1979年偃师市17.4万亩施磷肥698.72万kg，平均亩施40.2kg，施磷面积占麦播面积的38.2%；1980年偃师市27.5万亩施磷肥1 029.7万kg，平均亩施37.45kg，施磷面积占麦播面积的60.4%；1981年偃师市38.5万亩施磷肥1 156.3万kg，平均亩施30.1kg，施磷面积占麦播面积的84.6%；施磷增产幅度为2.5%~50%，平均增产13.8%；1980年偃师市小麦平均每亩施碳铵36.5kg，钙镁磷肥22.5kg，较上年平均增产小麦31.4kg，增产8.3%，水稻平均增产10.3%，红薯平均增产5.1%，共计增产粮食9 557.4kg。20世纪80年代初期，偃师市农业由于投入增加，粮食持续增产，1983年达到28 162.2kg，为历史最高水平。其中小麦单产296kg。但在施肥过程中也出现了因追求劳动效益和产量，重视化肥、轻视有机肥生产和使用的现象。

1980年第二次土壤普查时，有机质和有效磷已成了偃师市粮食生产的限制因素。因此，我们大力提倡施用有机肥料和磷肥，到了20世纪80年代末90年代初，农民施用过磷酸钙约50kg/亩，磷酸二铵在生产上也大量施用，施用量40~50kg/亩，93年偃师市粮食单产平均产量达到了306kg/亩。由于偃师市人多地少，人们对土地的产出期望值越来越高，复种指数不断提高，农民为了追求更高的产量，盲目加大氮肥、磷肥的施用量，而不注重施用有机肥、钾肥和微量元素肥料，使土壤养分失调，粮食产量一度徘徊不前，为了平衡土壤养分，增强农业发展后劲，根据农业部及河南省土肥站的指示精神，我们实施了"沃土工程""补钾工程""增微工程"等。使粮食产量大大提高，到了2000年，偃师市粮食单产已经达到338.2kg。

2000年以来，农民施肥水平不断提高，农业生产突飞猛进的发展，粮食产量逐年提高，特别是

2005 年以来我们实施了农业部"测土配方施肥项目",做了大量宣传培训工作,使农民施肥观念得到根本转变,测土配方施肥技术得到普及,多数农民能平衡施肥,据对农民施肥情况调查:一般年施肥数量为有机肥 1 500kg/亩、复合肥或配方肥料 60~80kg/亩、尿素 30~40kg/亩。小麦施用复合肥数量占施肥总量的 70%~80%,玉米施用复合肥数量占施肥总量的 60%~70%。2008 年,粮食单产已达到 360kg,比 20 世纪 90 年代的 220.23kg/亩,提高了 139.77kg/亩。

二、有机肥施肥现状:比例、面积、数量、方式

偃师市有机肥种类分为秸秆肥、厩肥、堆沤肥、土杂肥等。2006—2008 年从农户施肥情况调查中看出,偃师市农业生产中施用有机肥,总体数量,从比重偏小逐步提高。当前,有机肥利用现状如下。

(1)以牛粪、猪粪、鸡鸭粪便为主的厩肥土杂肥,以三种粪便为主堆积沤制的土杂肥,每年达到 95 万 m³ 左右。全年积造的有机肥集中施在小麦等秋播作物上,亩平均施底肥 1.2m³ 左右。

(2)人粪尿和沼液沼渣肥。偃师市 25.7 万个厕所和 15 000 个沼气池,年产人粪尿 38 万 m³ 和沼气渣液 38.5 万 m³,基本上可以满足 15 万亩无公害绿色农产品需要。

(3)机械秸秆还田。小型收割机收割小麦,用拖拉机和旋耕机将麦秸秆及根茬翻耕入田,培肥了土壤,已被群众广泛共识。机耕机收面积逐年扩大,2008 年小麦秸秆综合利用率达到 99%,今后,这一改土培肥有效措施,还会继续扩大和坚持。

其中堆沤肥 106 235.36t,厩肥 580 962.1t,土杂肥 170 167.8t,秸秆资源总量为 359 291.25t,其他 22 876.82t。

2008 年偃师市施用有机肥料主要形式为:秸秆直接还田、过腹还田、秸秆堆沤还田及土杂肥等,2008 年偃师市小麦播种面积为 33 860hm²,小麦秸秆直接还田面积为 24 210hm²,直接还田面积占 61.5%,过腹还田量为 33 521t,占 27.5%,玉米播种面积为 33 170hm²,玉米秸秆直接还田面积为 18 243hm²,占 75%,堆沤还田面积 3 317hm²,占 10%,过腹还田数量为 4 975.5t,占 15%。

2008 年偃师市总秸秆还田面积 42 453hm²,秸秆还田量 150 167t,厩肥 58 496t,土杂肥及堆沤肥 46 948t,沼液及人粪尿等其他肥料 25 948t。见表 29-8。

表 29-8　偃师市有机肥资源统计　　　　　　　　　　　　　　　　　　单位:t

项目	厩肥	土杂肥	秸秆肥	其他
数量	58 496	46 948	150 167	25 948

2008 年偃师市 530 户调查结果显示:有机肥投入量较过去明显提高,有机肥投入途径以秸秆还田、秸秆过腹还田为主,沼液等新型有机肥源施用量明显增加,近几年小麦收获机械化程度逐年提高,禁烧力度逐年加大,小麦秸秆综合利用率达到 99%,但有机肥使用不均衡,随着畜牧业和沼气的发展,有施肥条件的农户大量施用有机肥料,这类农户占耕地总面积的 20.7%,小麦平均底施有机肥 2 500kg/亩,偃师市有 38% 的农户施有机肥,平均施用量 1 550kg/亩,玉米田施用有机肥户数较少,施用面积占耕地总面积的 9.5%,90% 以上实行机械化秸秆还田,平均亩秸秆还田量(干重)达 520kg/亩。

三、化肥施用现状:比例、面积、数量、方式、品种

据偃师市统计局 2007 年统计数据,2008 年化肥施用面积 127.5 万亩,占偃师市农作物播种面积的 98.9%,全年化肥养分斤纯施用总量 3.2974 万 t,其中,氮肥 1.6892 万 t,占 51.2%,磷肥 0.5924 万 t,占 18%,钾肥 0.1310 万 t,占 4%,复合肥料 0.8848 万 t,占 26.8%;单位耕地面积化肥用量 16kg/亩,单位播种面积化肥用量 104kg/亩,氮磷钾施用比为 1:035:0.08。从作物施肥情况看,小麦施化肥纯氮 7 654.4t、纯磷 3 041.3t、氧化钾 1 602.56t,氮、磷、钾亩施用量分别为 14.95kg、5.94kg 和 3.13kg,氮、磷、钾比例为 1:0.40:0.21;玉米施化肥纯氮 6 933.6t、纯磷 1 555.2t、氧

化钾 1 019.5t，氮、磷、钾亩施用量为 16.05kg、3.6kg 和 2.36kg，氮、磷、钾比例为 1：0.22：0.15。今年根据对项目区 530 户农户施肥数据汇总分析，冬小麦平均亩施分别为纯氮 12.87kg、纯磷 6.5kg、氧化钾 3.19kg，氮、磷、钾比例为 1：0.51：0.25，小麦施肥呈现"氮减磷稳钾增"态势，施肥结构得到进一步优化，其中氮肥亩均较上年减少用量 2.15kg，磷肥减少用量 0.35kg，钾肥亩均增加 0.51kg；项目区亩均减少不合理施肥（纯量）1.99kg，累计减少化肥用量（纯量）838t。说明随着偃师市测土配方施肥项目的不断开展，农户的测土配方施肥意识逐渐形成，实行测土配方施肥农户经济效益明显增加，氮、磷、钾肥施用比例趋于合理。

偃师市化肥施用品种主要为：尿素、碳酸氢铵、颗粒过磷酸钙、磷酸二铵、国产氯化钾、复合肥、配方肥、有机—无机复混肥及部分有机肥，微量元素肥。施肥方式主要是：撒施、穴施、沟施、冲施（蔬菜）等。

四、其他肥料施用现状

偃师市目前农民除使用以上肥料品种外，在不同地区、不同作物及作物不同生长时期也有不同肥料品种的应用，在养殖发达地区为解决粪便常年生产和集中利用矛盾出现了干有机肥加工厂，沼气产业和食用菌产业发展促进了沼液的应用和有机肥的还田。在伊洛河流域蔬菜集中种植区，群众舍得投资，购买价位较高的高浓度冲施肥比较多。在经济作物葡萄、果树上微量元素肥料铜、硫应用较多。在小麦、玉米、大豆等作物上微量元素锌、锰施用有相当面积。从叶面喷肥种类看偃师市农民有小麦、蔬菜喷洒叶面肥的习惯，喷洒肥料品种主要有磷酸二氢钾、氨基酸叶面肥料、腐植酸叶面肥等。

五、大量元素氮、磷、钾比例、利用率

1. 粮食作物化肥施用量

小麦和玉米是偃师市主要的粮食作物。小麦、玉米化肥施用量见表 29-9、表 29-10。

表 29-9　小麦不同产量水平化肥用量（折纯）

产量水平（kg）	调查样本	N（kg/亩）	P_2O_5（kg/亩）	K_2O（kg/亩）	N：P_2O_5：K_2O
300~400	180	10.5	5.5	2.77	1：0.52：0.26
400~500	205	13.41	6.6	3.2	1：0.49：0.24
>500	145	14.7	7.4	3.6	1：0.48：0.25
合计平均	530	12.87	6.5	3.19	1：0.5：0.25

表 29-10　玉米不同产量水平化肥用量（折纯）

产量水平（kg）	调查样本	N（kg/亩）	P_2O_5（kg/亩）	K_2O（kg/亩）	N：P_2O_5：K_2O
350~450	150	13.2	1.7	1.5	1：0.13：0.11
450~550	206	14.2	2.5	2.4	1：0.18：0.17
>550	174	17	3	2.8	1：0.18：0.16
合计平均	530	14.8	2.4	2.2	1：0.16：0.15

小麦亩产 300~400kg，亩施氮、磷、钾的平均数值分别为 10.5kg、5.5kg、2.77kg，N：P_2O_5：K_2O 为 1：0.52：0.26；小麦亩产 400~500kg，亩施氮、磷、钾平均数值分别为 13.41kg、6.6kg、3.2kg，N：P_2O_5：K_2O 为 1：0.49：0.24；小麦亩产 500kg 以上，亩施氮、磷、钾平均数量分别为 14.7kg、7.4kg、3.6kg，N：P_2O_5：K_2O 为 1：0.48：0.25。综上所述小麦高、中产田氮肥、磷肥施用量变化不大、数量偏高，低产田氮肥施量较少。钾肥施量变化不大、数量偏低。

玉米亩产 350～450kg，亩平均施氮、磷、钾分别为 13.2kg、1.7kg、1.5kg，N：P_2O_5：K_2O 为 1：0.13：0.11；亩产 450～550kg，平均亩施氮、磷、钾分别为 14.2kg、2.5kg、2.4kg，N：P_2O_5：K_2O 为 1：0.18：0.17；亩产 550kg 以上，平均亩施氮、磷、钾分别为 17kg、3kg、2.8kg，N：P_2O_5：K_2O 为 1：0.16：0.15。以上分析得出，玉米高产田氮肥施量较大，高、中、低产田磷、钾肥用量较小，增施磷钾肥，可以提高玉米产量。

数据汇总分析，得出：通过对 2007—2008 年的 530 个样本，冬小麦氮、磷、钾施肥比例为：1：0.5：0.25；通过对 530 个样本数据汇总分析，得出夏玉米氮、磷、钾施肥比例为 1：0.16：0.15。

2. 肥料利用率

通过对 2007—2008 年田间肥效试验的样本数据汇总分析，得出：冬小麦平均肥料利用率 N、P_2O_5、K_2O 分别为 38.50%、22.3%、35.5%；夏玉米平均肥料利用率 N、P_2O_5、K_2O 分别为 35.4%、19.3%、43.9%，见表 29-11。

表 29-11　偃师市主要粮食作物肥料利用率

主要作物	样本数	N（%）	P_2O_5（%）	K_2O（%）
小麦	12	38.5	22.3	35.5
玉米	7	35.4	19.3	43.9

六、施肥实践中存在的主要问题

根据偃师市耕地施肥现状看，在施肥实践中存在以下 4 个方面的问题需要解决。

（一）耕地重用轻养现象较严重

偃师市是粮食高产地区，农作物复种指数比较高，对土地的产出要求也较高，实践证明要保证耕地肥力持续提高，必须用地与养地相结合、走农业持续发展的道路，才有利于耕地土壤肥力的提高。有针对性地施用氮、磷、钾化肥、增施有机肥、秸秆还田是提高土壤肥力的有效途径，但在部分地区，存在施用化肥单一、有机肥使用量少、秸秆还田面积小等现象。由于种粮与务工比较效益较低，目前部分农民受经济利益驱使，不重视积沤农家肥，影响地力培肥。另外奶牛饲养业及沼气产业的发展，由于对秸秆的收购和集中，造成有机肥施用不均衡。

（二）在施肥上重无机轻有机倾向仍很突出

从偃师市的施肥现状看，重无机、轻有机的倾向仍很突出，优质有机肥施用面积仅占耕地面积的20%左右，秸秆还田量虽然逐渐增加，但当前的还田面积玉米占播种面积的 75%、小麦占播种面积的89%、潜力仍很大。农民只重视无机肥的施用，化肥施用量在逐年增多，有机肥的施用面积和数量长期稳定不前，甚至倒退，造成部分土壤缺乏有机质，影响土壤肥力的提高。偃师市有机肥资源丰富，种类齐全，浪费现象比较突出。究其原因，主要是广大农民对有机肥的作用认识肤浅。首先是由于有机肥当季利用率低，认为施用后没化肥肥效快，误认为有机肥作用不大；其次是随着城镇的发展，农村劳动力向城镇转移较多，形成农村种地老年化，种地图省事，没有广开肥源积造有机肥的积极性；最后，大型秸秆还田机作用价格较贵，种粮比较效益低，影响秸秆还田数量和质量。

（三）施肥品种时期及方法不合理

少数耕地施肥不按缺啥补啥，缺多少补多少的原则，氮、磷、钾配比不十分科学。部分地区小麦用肥偏重于施底肥，追肥比例偏小。部分需要氮肥后移拔节期追肥的麦田没有达到施肥要求。玉米施肥上，二次追肥比例偏低，施肥方法上，由于施肥机械不配套，一部分出现肥料裸施现象，施肥方法需要改进。以上原因，造成施肥效应减小，肥料利用率降低。

（四）农资价格上升、影响农民对化肥的投入

部分农户受化肥价格影响，化肥投入积极性下降，放弃施用价格较高的复合肥，改用价格偏低的单质肥料，影响了肥料的施肥结构。

第七节　农业生产中存在的主要问题

偃师市农业生产中存在的主要问题是不同地区间地力条件差异较大造成粮食产量差异较大，影响了粮食总产量的提高；施肥结构不合理，施肥水平间差异大，农业生产主要存在以下几个方面问题。

一、作物布局不够合理，经济作物在整个种植业中比例很小

2007 年偃师市种植业统计可以看出，经济作物（油料、蔬菜、瓜果）种植面积仅占偃师市复播作物面积的 17.9%，这样，尽管偃师市复种指数高达 174.3%，但是农业经济还是处于较低水平。

二、地区间农业生产条件差异较大，造成产量不一致

偃师市南北坡岭旱地水源缺乏，交通不便，施用有机肥面积小，化肥施用量少，造成地力水平差异，影响粮食生产水平提高。

三、经营管理粗放、精耕细作投入成本大

当前粮食效益相对较低，影响投入积极性，耕作技术粗放造成土壤板结，耕作层浅。影响粮食生产创高产。

四、配方施肥技术应用不够全面

虽然测土配方施肥技术推广多年了，但近几年主要在大面积农作物上应用。粮食效益比较低，部分农民积极性不高。而在高效经济作物葡萄、黄杨、大棚蔬菜上推广施用面积较小，群众接受和采用测土配方施肥积极性较高。

五、耕地化肥投入两极分化

在经济发达地区和高产区域，化肥、复合肥投入偏大，但也有少部分养分含量低的地块，在欠发达的中低产地区复合肥施量偏低，但也有养分含量过高的田块。

六、有机肥投入数量减少

部分地区秸秆还田机械缺乏，有焚烧秸秆现象，沼液利用及养殖户粪便利用需研究好的解决办法，新型有机肥加工生产企业少，需加强引导和创建。解决有机肥投入数量减少问题。

七、优质有机肥使用不足

优质有机肥使用不足，施氮肥多、磷钾肥少，大量元素与微量元素结构不尽合理，影响产量进一步提高。

第三十章　土地与耕地资源特征

第一节　地貌类型

一、地形特征

偃师市南部为石质山地，是嵩山、万安山区的一部分，自南向北依次为低山丘陵、山前倾斜平地、伊河、洛河冲积平原，北部为黄土丘陵。偃师市山地占 16.7%、丘陵 51.9%、平原占 31.4%。

1. 南部低山区

指伊南倾斜平地以南的石质山区，一般海拔 250~900m，由一系列低山丘陵组成。地形复杂。

2. 伊南倾斜平地

位于伊河南面高出伊洛平原 4~8m 陡坎和南部山麓之间，整个地面受到流水作用不同程度的切割，沟壑深度可达 5~15m，一般海拔 130~150m，相对高度 10~40m，地势平坦，略有起伏，由南向北呈单一方向倾斜。

3. 中部伊河、洛河冲积平原

北至邙岭、南到伊河南陡坎之下，海拔 115~135m，地势平坦，地面由西向东微斜。

4. 北部邙岭

为黄土丘陵余脉延伸部分，长约 24km，宽 4~8km，海拔 140~400m，为伊河、洛河和黄河的分水岭。市区以西为由南向北单面岭，南坡陡峭，基岩裸露，北坡缓，表层黄土覆盖。东段南部和北部侵蚀严重，沟壑密布，呈破碎的黄土丘陵地形。

二、成土母质

邙岭一带主要为马兰黄土母质，也有部分红土母质裸露。伊河、洛河冲积平原为河流冲积洪积物；伊南倾斜平地为黄土和次生黄土所组成的坡地、岗丘；在南部山区与伊南倾斜平地之间的丘陵地带多为离石午城黄土母质和部分保德红土；侵蚀严重地区，有第三纪保德红土和三叠纪砂岩出露；南部山区多石灰岩、砂岩残坡积物、洪积坡积物，间有保德红土、离石午城黄土和次生黄土。

第二节　土壤类型

一、土壤分类

偃师市土壤分为褐土、潮土、红黏土、石质土、粗骨土 5 个土类。褐土主要分布在南北两坡丘陵山地、黄土地貌地带，中部平原部位较高的地带也有分布，分为典型褐土、石灰性褐土、褐土性土、淋溶褐土、潮褐土 5 个亚类；潮土全部分布在伊洛河冲积平原，只有典型潮土 1 个亚类；红黏土分布在南部丘陵地带，为典型红黏土亚类；粗骨土为钙质粗骨土亚类，石质土为中性石质土亚类，两者均位于南部山区。根据成土母质等因素典型褐土划分为黄土质褐土、泥砂质褐土 2 个土属；潮褐土只有泥砂质潮褐土 1 个土属；石灰性褐土根据成土母质和发育状况可分为黄土质石灰性褐土和泥砂质石灰性褐土 2 个土属；褐土性土根据母质类型可分为红黄土质褐土性土、堆垫褐土性土、泥砂质褐土性土 3 个土属；淋溶褐土只有泥质淋溶褐土 1 个土属。典型潮土根据母质和质地类型分为石灰性潮壤土、石灰性潮砂土、石灰性潮黏土 3 个土属。钙质粗骨土只有灰泥质钙质粗骨土 1 个土属。中性石质土有硅质石质土和泥质石质土 2 个土属。典型红黏土只有红黏土 1 个土属。石质土、淋溶褐土、粗骨土主要为山地土壤，只有很少量的耕地。根据剖面结构的不同，如质地、砾石含量、土体构型等因素，土属以下又分为不同的土种，土种是土壤分类的基本单元，第二次土壤普查偃师土壤共分为 33 个土种，根据新的标准，重新划分为 25 个土种，新旧土种划分情况见表 30-1。

表 30-1　土壤分类

土类	亚类	土属	土种	偃师市原土种名称
潮土	典型潮土	石灰性潮壤土	底砂小两合土	底砂小两合土
			两合土	两合土、底砂两合土
			浅位砂两合土	腰砂两合土、体砂两合土
			浅位砂小两合土	腰砂小两合土
			小两合土	小两合土、砂壤土
		石灰性潮砂土	砂质潮土	细砂土
		石灰性潮黏土	浅位厚壤淤土	体壤淤土
			淤土	淤土
粗骨土	钙质粗骨土	灰泥质钙质粗骨土	薄层钙质粗骨土	少砾质薄层灰石土
褐土	潮褐土	泥砂质潮褐土	壤质潮褐土	油黄土
			黏质潮褐土	潮红垆土
	典型褐土	黄土质褐土	红黄土质褐土	红黄土
			黄土质褐土	立黄土、赤金土、少量砂礓立黄土
		泥砂质褐土	黏质洪积褐土	红垆土
	褐土性土	堆垫褐土性土	厚层堆垫褐土性土	厚层堆垫褐土
		黄土质褐土性土	浅位多量砂姜红黄土质褐土性土	浅位中层砂礓红黄土
			浅位少量砂姜红黄土质褐土性土	浅位少量砂礓红黄土
		灰泥质褐土性土	中层钙质褐土性土	中层灰石土
		砂泥质褐土性土	中层砂泥质褐土性土	中层砂石土、多砾质中层褐土性土、
	淋溶褐土	泥质淋溶褐土	中层泥质淋溶褐土	中层砂岩淋溶褐土、薄层砂岩淋溶褐土
	石灰性褐土	黄土质石灰性褐土	浅位少量砂姜红黄土质石灰性褐土	少量砂礓红黄土
			浅位少量砂姜黄土质石灰性褐土	少量砂礓白面土
			中壤质黄土质石灰性褐土	白面土
		泥砂质石灰性褐土	壤质洪积褐土	废墟土、废墟黑土
红黏土	典型红黏土	典型红黏土	红黏土	红黏土
石质土	中性石质土	泥质中性石质土	泥质中性石质土	薄层灰石渣土
总计	9	16	25	

二、不同类型土壤的主要性状及面积分布

（一）典型褐土亚类

典型褐土亚类是褐土土类中的典型亚类，面积 33 816.4hm²，占偃师市土壤面积的 43.2%。该亚类具有明显的发育层次，土壤剖面的主要特征是在 50cm 左右出现明显的黏化层，黏化层以下是石灰淀积层，多以斑点假菌丝体或砂姜形态出现。通体有石灰反应，黏化层反应相对较弱，

下部反应强烈，表层因耕作影响复钙作用明显反应亦较强。土壤结构表层多为团粒状结构，中层多为棱柱状结构，下层多为块状结构。根据成土母质可划分为分为黄土质褐土、泥砂质褐土2个土属。

黄土质褐土成土母质为第四纪马兰黄土、离石午城黄土和次生黄土。马兰黄土因垂直节理发育易发生崩塌和湿陷，故该区沟蚀明显，主要分布在北部邙岭和顾县岭上部；离石午城黄土分布在南部山前丘陵地带，沟蚀面蚀严重，主要分布在南李村、府店等乡镇；次生黄土区主要分布在伊南倾斜平地，地面起伏较小，间有起伏小岭和深浅不同的切割沟。

泥砂质褐土位于岗丘和平地的交接地带，成土母质为次生黄土，黏化层有一定的发育，但不太明显，上层质地较黏，中下层质地较轻，土体中常夹有小碎石，主要分布在南李村、诸葛，高龙，缑氏也有一定面积。

（二）石灰性褐土亚类

面积12 431.93hm²，占偃师市土壤面积的16.2%。集中分布在山化、邙岭、首阳山、缑氏、城关、顾县6个乡镇，其地貌类型主要为丘陵坡地，马兰黄土为其主要成土母质，地面坡度较大，沟蚀严重，发育为黄土质石灰性褐土；还有少量废墟物为其不同母质，发育为泥砂质石灰性褐土。石灰性褐土其主要特征通体石灰反应强烈，一般还有石灰淀积出现。按成土母质不同分为黄土质石灰性褐土和泥砂质石灰性褐土2个土属。

黄土质石灰性褐土成土母质主要为马兰黄土，其次为离石午城黄土，最为干旱瘠薄，土壤形成不断为侵蚀所中断，而在洪积母质上发育的则成土历史较短，故石灰淋洗较弱，属钙积型土壤，加之多发育在富含碳酸钙的黄土丘陵，所以通体碳酸钙高达9%～15%。心底土层都发育有粉末状假菌丝体，有些底土层有直立小砂姜，该层碳酸钙可高达11%～14%。由于气候干燥，侵蚀严重，碳酸钙含量高，淋洗作用弱，剖面仅有轻度黏化，故土壤发育层次不明显，大体可分为耕层、心土弱黏化钙积层和底土层3个基本层段。

泥砂质石灰性褐土母质为古城废墟，分布在首阳山镇的李密城遗址，缑氏镇的灰嘴遗址和府店镇的滑城遗址。土壤层次不明显，通体石灰反应强烈，石灰淀积明显。

（三）褐土性土亚类

褐土性土亚类面积5 676.13hm²，占偃师市总耕地土壤面积的4.8%，成土母质主要为残坡积物、坡积洪积物、离石午城黄土、人工堆垫物等不同的成土母质形成不同的土属，其共同特征是发育层次不明显或没有发育层次。按成土母质划分为砂泥质褐土性土、黄土质褐土性土、堆垫褐土性土3个土属。

砂泥质褐土性土成土母质为山地残坡积和洪积物，大部为南部林地和山地自然土壤，北部邙岭也有一定面积，侵蚀严重，土体没有发育层次。

黄土质褐土性土土属母质为离石午城黄土，分布于南部山前丘陵，地面起伏较大，土体发育不明显，有石灰淀积和石灰结核层出现。南李村、诸葛、府店、寇店、大口等乡镇都有分布。

堆垫褐土性土面积较小，只有厚层堆垫褐土性土1个土种。

（四）潮褐土亚类

面积2 558.13hm²，占偃师市土壤面积的3.3%，是褐土向潮土过渡的类型，以褐土过程为主，附加潮化过程。有石灰淋洗和黏化现象。心土层颜色浅褐色，黏化程度不大明显。剖面下部微受地下水影响，有轻微潮化过程，全剖面石灰反应较强。根据母质类型，只有泥砂质潮褐土1个土属，主要分布在首阳山，城关、佃庄等乡镇。

（五）淋溶褐土亚类

淋溶褐土亚类面积6 690hm²，占偃师市土壤面积的8.7%，常年降水量较多，气温较低淋溶作用较强，无石灰反应，土体结构面上有时有铁锰胶膜，pH值6.5～7。只有泥质淋溶褐土1个土属，中层硅铝质淋溶褐土1个土种。

（六）典型潮土亚类

面积 12 390.93hm²，潮土类只有这 1 个亚类，占偃师市土壤面积的 16.1%。典型潮土是发育在近代河流沉积物上、受地下水影响经耕种熟化而形成的典型土壤类型，具有潮土的基本特征。该亚类土壤剖面质地层次明显，通体有石灰反应。下部有红褐色锈纹锈斑，受水渍作用强烈时有铁锰结核出现。一般无假菌丝体。根据质地类型和距河流远近的不同，分为石灰性潮壤土、石灰性潮砂土、石灰性潮黏土 3 个土属。石灰性潮壤土质地轻壤到中壤，根据剖面质地不同构型分为底砂小两合土、两合土、浅位砂两合土、小两合土 4 个土种；石灰性潮砂土距河流最近，土壤含砂量大，质地砂壤到砂土，只有砂壤土 1 个土种；石灰性潮黏土距河流较远，质地黏重，一般为重壤到黏土，分为淤土和浅位厚壤淤土 2 个土种。

（七）典型红黏土亚类

红黏土类只有典型红黏土 1 个亚类，典型红黏土 1 个土属，红黏土 1 个土种，面积 2 079.8hm²，占偃师市总土壤面积的 2.7%，成土母质为第三纪保德红土，由于长期耕作，使表层覆钙作用明显，石灰反应中等，分布在府店、缑氏、大口、寇店等乡镇。

（八）粗骨土亚类

分布在南部山区的府店、大口、缑氏、寇店等乡镇，绝大多数为非耕地，发育在白云质灰岩风化物上，基岩由白云质灰岩构成，岩石裸露。

（九）中性石质土亚类

石质土类只有中性石质土 1 个亚类，分布于南部山区，母质为基岩上风化分解的残坡积物，土层薄剖面没有发育层次，土体种石砾较多，适合林牧业生产，只有泥质中性石质土 1 个土属，泥质中性石质土 1 个土种。

第三节　耕地土壤

偃师市耕地面积 55 462.27 hm²，占总土地面积 77 036.37 hm² 的 72%；其中水浇地面积 26 100.29hm²，占总耕地面积的 46.8%；旱地面积 29 361.98hm²，占 53.2%。偃师市耕地主要分布在伊洛河冲积平原，伊南倾斜平地，北部邙岭，南部山前丘陵地带。南部万安山区和嵩山余脉地带山高沟深，耕地面积较小。偃师因受其地形地貌特征的影响限制，水浇地主要分布在伊洛河冲积平原，伊南倾斜平地，旱地全部分布在北部邙岭、南部山区和山前丘陵地带。

一、耕地土壤类型

偃师市耕地土壤有 5 个土类、9 个亚类、16 个土属、25 个土种。潮土类占耕地面积的 21.5%，褐土占 74.1%，红黏土占 2.6%，粗骨土和石质土占 1.8%。

（一）潮土土类

耕地潮土是一种区域性土壤，发育在近代河流冲积物上，受地下水影响经耕种熟化而形成的土壤。面积 11 936.29hm²，占偃师市总耕地面积的 21.5%，根据质地分为石灰性潮壤土、石灰性潮砂土、石灰性潮黏土 3 个土属。

1. 石灰性潮砂土属

分布在伊河、洛河的沿河一带，面积 343.39hm²，占偃师市总耕地面积的 0.62%，分布在南李村、庞村、诸葛、高龙、城关、首阳山、翟镇等乡镇，其主要特征是质地粗，通体紧砂，保水保肥性能差，漏水漏肥，但通气性能好，易耕作。

2. 石灰性潮壤土属

分布在距河较远的沿河阶地上，面积 8 492.48hm²，占总耕地面积的 15.3%，通体壤质或有砂间层，下有铁锈斑纹，保水保肥、供水供肥性能均较理想，适合多种作物生长，城关、山化、岳滩、翟镇、佃庄、顾县、首阳山、诸葛、南李村、庞村等沿河乡镇都有分布。按不同质地构型分为两合土、浅位砂两合土、小两合土、底砂小两合土 4 个土种。两合土通体中壤；小两合土通体轻壤；浅位砂两合土 20~50cm 以下出现 20~50cm 的砂土层，保水保肥性能较差；小两合土通体轻壤，供水供肥能力较强，保水保肥性能较差；底砂小两合土在 50cm 以下有大于 20cm 的砂土层。

3. 石灰性潮黏土属

分布在距河更远的沿河阶地上，面积 3 100.42hm²，占偃师市总耕地面积的 5.6%，通体重壤以上，质地偏黏，保水保肥性能强，适宜多种作物生长，但适耕期短，城关、首阳山、岳滩、翟镇、佃庄、庞村、顾县都有分布。按剖面形态分为淤土和体壤淤土 2 个土种。淤土通体重壤以上；体壤淤土 20cm 以下出现大于 20cm 的中壤以下土层，面积较小。

（二）褐土土类

褐土是在半干旱、半湿润温带气候下形成的地带性土壤。偃师市耕地土壤中褐土面积 41 076.71hm²，占总耕地面积的 74.1%，是偃师市的主要土壤类型，除岳滩、翟镇外其他乡镇都有分布。褐土分为 5 个亚类，9 个土属，13 个土种。

1. 潮褐土亚类

面积 1 940.45hm²，占总耕地面积的 4.7%，为潮土向褐土过渡地带土壤类型，剖面发育层次不明显，具有潮土和褐土的共同特征，下层有时出现锈斑，不易受旱灾和内涝的威胁，是偃师市的理想土壤分布地带。只有泥砂质潮褐土一个土属，分布在首阳山、佃庄、顾县、山化等乡镇，按不同质地类型分为壤质潮褐土、黏质潮褐土两个土种。壤质潮壤土通体质地中壤，耕作性能良好，土壤供保水肥能力均强，是偃师的重要粮食基地；黏质潮壤土质地重壤，适耕期较短，注意适时耕作，也是偃师市的高产土壤类型。

2. 典型褐土亚类

面积 22 957.04hm²，占偃师市耕地面积的 41.4%，是占偃师市耕地土壤比例最大的一个亚类，土壤剖面主要特征是黏化层明显，土体中下部出现以假菌丝或砂姜形态的石灰淀积，根据母质不同分为黄土质褐土和泥砂质褐土 2 个土属。

（1）黄土质褐土属。母质为马兰黄土和离石午城黄土，耕地面积 20 048.06hm²，分为黄土质褐土和红黄土质褐土 2 个土种。

黄土质褐土面积 18 574.75hm²，占偃师市总耕地面积的 33.49%，是偃师市最大的一个土种，主要分布在伊南倾斜平地、北部邙岭，成土母质为第四纪马兰黄土，土体深厚，上虚下实，熟化层达 21~38cm，表层质地中壤到重壤，50cm 以下出现棕褐色黏化层，表层多为块状或粒状结构，下层多为柱状或棱柱状结构，农业生产水平受水利条件的影响较大。伊南倾斜平地是偃师市的主要种植区域粮食产量较高，北部邙岭和南部丘陵地带因不能灌溉产量不稳，缑氏、府店、寇店、高龙、大口、南李村、邙岭、山化、首阳山、城关、顾县都有分布。

红黄土质褐土面积 1 379.42hm²，占偃师市总耕地面积的 2.48%，成土母质为离石午城黄土，集中分布在南李村、诸葛、府店、寇店、大口等乡镇，其地貌类型为南部山前丘陵，地面坡地较大，侵蚀严重，土体深厚，土色以浅棕色和红棕色为主，通体质地黏重，剖面有石灰反应，还有一定的石灰淀积，不易耕作，经过长年的人为作用，也有部分改造成高产田。

（2）泥砂质褐土。只有黏质洪积褐土 1 个土种，地貌为岗丘和平地的交接地带，面积 2 908.98hm²，分布于南李村、诸葛、高龙、缑氏等乡镇。成土母质为次生黄土，质地黏重，不易耕作，但保水保肥能力强，适宜多种作物。

3. 石灰性褐土亚类

面积 11 881.27hm²，占偃师市耕地面积的 21.4%，主要分布在山化、邙岭、首阳山、缑氏、城关、顾县 6 个乡镇，其地貌类型主要为丘陵坡地。石灰性褐土其主要特征是通体弱，属钙积型土壤，加之多发育在富含碳酸钙的黄土丘陵，碳酸钙高达 9%~15%。由于气候干燥，侵蚀严重，碳酸钙石灰反应强烈，一般还有石灰淀积出现。按成土母质不同分为黄土质石灰性褐土和泥砂质石灰性褐土 2 个土属。

（1）黄土质石灰性褐土。成土母质主要为马兰黄土，其次是离石午城黄土，最为干旱瘠薄，土壤形成不断为侵蚀所中断，而在洪积母质上发育的则成土历史晚短，故石灰淋洗含量较高，剖面仅有轻度黏化，故土壤发育层次不明显，质地比较均一，疏松，保水保肥能差，肥劲短，干旱瘠薄是该土壤的特征，该土壤面积 11 286.42hm²，占总耕地面积的 20.35%。按土壤含砂姜数量不同分为中壤质黄土质石灰性褐土、浅位少量砂姜黄土质石灰性褐土和浅位少量砂姜红黄土质石灰性褐土 3 个土种。中壤质黄土质石灰性褐土发育在马兰黄土母质上，通体中壤，一般无灌溉条件，肥力低，水土流失严重；浅位少量砂姜黄土质石灰性褐土与中壤质石灰性褐土基本一样，所不同的是所处位置更加偏僻，地形更为复杂，土体中含有 10% 以下的砂姜，肥力更低，分布于首阳山、邙岭、城关交界处；浅位少量砂姜红黄土质石灰性褐土成土母质为离石午城黄土，主要分布在府店、寇店、诸葛等乡镇，质地重壤以上，表层含有少量砂姜，不易耕作，障碍因素主要是耕层薄，植物根系不能很好下扎，干旱缺水，土体表面还受侵蚀的威胁。

(2) 泥砂质石灰性褐土土属。面积 595.33hm²，母质为古城遗址，分布在南李村，首阳山、府店等乡镇，土壤层次不明显，通体石灰反应强烈，石灰淀积明显，土层深厚，质地中壤到重壤，排灌条件好，肥力水平较高。只有壤质洪积褐土 1 个土种。

4. 褐土性土亚类，按成土母质耕地土壤分为砂泥质褐土性土、黄土质褐土性土、堆垫褐土性土、灰泥质褐土性土 4 个土属。总耕地面积 3 881.27hm²，占偃师市总耕地面积的 7%。

(1) 砂泥质褐土性土。发育在残坡积及洪坡积物上，耕地面积 1 293.42hm²，主要位于南部山区，土层薄，剖面没有发育层次，粮食产量低而不稳，只有中层沙泥质褐土性土 1 个土种。

(2) 黄土质褐土性土土属。成土母质为离石午城黄土，面积 2 343.18hm²，占偃师市总耕地面积的 4.22%，集中在诸葛、南李村、大口、缑氏、府店等乡镇，其地貌为南部山前丘陵，地面坡度大，沟蚀、面蚀严重，有大小不等的砂姜，质地重壤以上，适耕期短，保老苗不保小苗，养分含量低，只有浅位少量砂姜红黄土质褐土性土 1 个土种，其特征是表层土体中含有 10% 以下的砂姜。

(3) 堆垫褐土性土土属。只有厚层堆垫褐土性土 1 个土种，面积仅 18.63hm²，分布在府店九龙角水库上游的河边，为人工堆垫母质，堆积层厚度超过 1m，层次不明显，通体有少量石砾，排灌条件好，适宜多种作物。

(4) 灰泥质褐土性土土属。只有中层钙质褐土性土 1 个土种，成土母质为石灰岩类风化物，土层薄，质地黏重，面积 226.04hm²，主要分布在府店、南李村、诸葛等乡镇的南部山区，受土层薄、地面坡度较大、无灌水条件等因素的影响，粮食产量低而不稳。

5. 淋溶褐土亚类

耕地面积 416.2hm²，分布于南部中低山地上部，土层薄，养分含量低，侵蚀严重，今后要逐步退耕还林。

(三) 红黏土土类

面积 1 452.56hm²，占偃师市总耕地面积的 2.6%，其地形地貌为山前丘陵和山间丘陵，成土母质为第三纪保德红土，质地黏重，底土层坚硬，根系很难下扎，耕层薄，肥力水平低，由于长期耕作，不断施入农家肥，使表层覆钙作用明显，有石灰反应，但心土层无石灰反应，本土类只有典型红黏土 1 个亚类，典型红黏土 1 个土属，红黏土 1 个土种，分布在府店、缑氏、大口、寇店等乡镇。

(四) 粗骨土类

面积 306.96hm²，该土类位于南部山区，土层薄，质地粗糙，不适合耕种，必须退耕还林。

(五) 石质土类

只有中性石质土亚类，泥质中性石质土属，泥质中性石质土种，分布于南部山区，面积 689.75hm²，土层薄，地面坡度大，不适合耕种，要逐步退耕还林。

各乡镇土种分布面积见表 30-2。

表 30-2　偃师市耕地土壤分类面积统计

乡镇名称	土种名称	面积（hm²）
城关镇	黄土质褐土	51.93
	两合土	107.66
	浅位砂两合土	11.66
	壤质潮褐土	190.03
	砂质潮土	100.55
	小两合土	598.29
	淤土	250.42
	中层砂泥质褐土性土	91.41
	中壤质黄土质石灰性褐土	767.90
大口乡	薄层钙质粗骨土	303.60
	红黏土	673.86
	黄土质褐土	3 048.12
	泥质中性石质土	47.59
	浅位少量砂姜红黄土质石灰性褐土	76.32
	壤质洪积褐土	0.61
	黏质洪积褐土	37.00
	中层泥质淋溶褐土	5.17
	中层砂泥质褐土性土	68.06
佃庄镇	两合土	1 235.97
	浅位砂两合土	55.20
	浅位砂小两合土	72.34
	壤质潮褐土	220.48
	小两合土	67.17
	淤土	462.04
	黏质潮褐土	676.16
府店镇	红黄土质褐土	404.08
	红黏土	77.59
	厚层堆垫褐土性土	18.63
	黄土质褐土	2 106.52
	泥质中性石质土	510.03
	浅位少量砂姜红黄土质石灰性褐土	921.47
	壤质洪积褐土	65.58
	中层钙质褐土性土	127.74
	中层泥质淋溶褐土	411.03
	中层砂泥质褐土性土	415.02

（续表）

乡镇名称	土种名称	面积（hm²）
高龙镇	黄土质褐土	2 050.49
	两合土	132.05
	砂质潮土	2.78
	小两合土	34.10
	黏质洪积褐土	454.00
猴氏镇	红黏土	355.83
	黄土质褐土	3 777.91
	泥质中性石质土	132.13
	浅位少量砂姜红黄土质石灰性褐土	15.34
	壤质洪积褐土	155.21
	黏质洪积褐土	86.83
	中壤质黄土质石灰性褐土	930.87
顾县镇	黄土质褐土	870.28
	两合土	545.09
	砂质潮土	14.70
	小两合土	338.16
	淤土	214.54
	黏质潮褐土	175.43
	中壤质黄土质石灰性褐土	655.33
寇店镇	薄层钙质粗骨土	3.36
	红黏土	345.28
	黄土质褐土	1 938.11
	浅位少量砂姜红黄土质石灰性褐土	726.13
	中层钙质褐土性土	10.20
	中层砂泥质褐土性土	544.04
南李村镇	红黄土质褐土	56.27
	黄土质褐土	1 049.84
	两合土	712.09
	浅位多量砂姜红黄土质石灰性褐土	17.00
	浅位少量砂姜红黄土质褐土性土	1 600.31
	砂质潮土	132.06
	小两合土	82.28
	黏质洪积褐土	1 131.70
	中层钙质褐土性土	20.26
	中层砂泥质褐土性土	100.22

（续表）

乡镇名称	土种名称	面积（hm²）
邙岭乡	黄土质褐土	1 803.11
	浅位少量砂姜黄土质石灰性褐土	152.05
	中层砂泥质褐土性土	6.79
	中壤质黄土质石灰性褐土	1 977.37
庞村镇	黄土质褐土	1 078.46
	两合土	558.47
	砂质潮土	93.30
	小两合土	26.30
	淤土	527.06
山化乡	底砂小两合土	172.77
	黄土质褐土	642.27
	壤质潮褐土	51.42
	小两合土	413.41
	淤土	126.26
	黏质潮褐土	30.88
	中层钙质褐土性土	16.73
	中壤质黄土质石灰性褐土	2 893.47
首阳山镇	底砂小两合土	2.47
	黄土质褐土	151.64
	两合土	40.36
	浅位砂小两合土	1.01
	浅位少量砂姜黄土质石灰性褐土	10.45
	壤质潮褐土	596.05
	壤质洪积褐土	373.93
	小两合土	78.07
	淤土	252.41
	中层砂泥质褐土性土	16.55
	中壤质黄土质石灰性褐土	1 805.09
岳滩镇	底砂小两合土	15.72
	两合土	601.57
	浅位厚壤淤土	43.70
	浅位砂两合土	139.66
	小两合土	619.75
	淤土	461.80

（续表）

（续表）

乡镇名称	土种名称	面积（hm²）
翟镇镇	底砂小两合土	18.96
	两合土	685.72
	浅位砂两合土	2.58
	小两合土	571.38
	淤土	762.19
诸葛镇	红黄土质褐土	919.07
	黄土质褐土	6.07
	两合土	552.22
	浅位多量砂姜红黄土质褐土性土	76.89
	浅位少量砂姜红黄土质石灰性褐土	1 097.50
	黏质洪积褐土	1 199.45
	中层钙质褐土性土	51.11
	中层砂泥质褐土性土	51.33
总计		55 462.27

二、耕地立地条件

（一）地貌类型

根据偃师市地形地貌特征，共分为 7 种地貌类型。

1. 山地

全部分布于南部山区。大口、府店、缑氏、寇店面积较大，南李村、诸葛等乡镇也有分布，占偃师市总土地面积的 18% 左右，该地貌类型的特征是垂直高度变化大，海拔 350~1 302m，地形复杂，以石质山地为主，间有部分红土、黄土分布，土壤类型以褐土性土为主，间有部分淋溶褐土、红黏土、粗骨土和石质土。土层薄，水土流失严重，粮食产量低。

2. 黄土地貌

分布于北部邙岭地带，包括邙岭乡的全部、山化乡的大部，城关、首阳山的北部丘陵地带，占偃师市总土地面积的 14.6% 左右，表面大部分为黄土覆盖，也有极少量岩石裸露，南部边缘部分沟壑纵横，水土流失严重，北部形成宽 2~4km 的塬地，地下水埋藏较深，土壤类型为典型褐土和石灰性褐土，也有少量的褐土性土分布。干旱缺水是影响该区粮食生产的主要因素。

3. 河流阶地

分布于伊洛河冲积平原的边缘，主要分布在首阳山、城关两乡镇，诸葛、南李村也有少量分布，占偃师市总土地面积的 4.5% 左右，主要土壤类型为典型褐土和潮褐土，也有少量的石灰性褐土，该地带地下水埋藏较浅又不受涝灾的威胁，适宜各种作物生长，是偃师市的高产稳产地区。

4. 平原

主要位于伊洛河冲积平原的中上部，主要分布在岳滩、翟镇、佃庄等乡镇，诸葛、南李村两镇也有一定面积，占偃师市面积的 19.6%，该地带地面平坦，地下水埋藏浅，土壤类型主要为典型潮土，在佃庄镇西部有少量的潮褐土，是偃师市高产农业的中心地区。

5. 河漫滩

分布于伊河、洛河两岸距河流较近地带，沿河流各乡镇都有一定面积，占偃师市面积的 13.2%，该地带由于距河流较近受河流的影响，地下水丰富，土壤质地变化较大，粮食产量受质地和质地构型影响较大，土壤类型全部为潮土。

6. 倾斜洪积平原

位于伊河南岸陡坎之上，南部低山丘陵之下，主要分布在缑氏、高龙、大口、寇店等乡镇。占偃师市总面积的 12.2%，地形由南向北倾斜，地势平坦，地下水埋藏较深，土壤类型主要为黄土质褐土，是偃师市农业的重要地区。

7. 丘陵

位于南部山区和倾斜洪积平原之间，顾县、大口、府店、缑氏、寇店、南李村、诸葛等乡镇都有分布，占偃师市面积的 17.3%，地面起伏较大、地下水埋藏深、灌溉条件差，部分地带土壤质地黏重、耕作困难，粮食产量低而不稳，土壤类型有红黏土、石灰性褐土、红黄土质褐土性土。

（二）质地

土壤质地是指土壤的砂黏程度，是影响土壤肥力水平高低的因素之一。耕层土壤质地主要分为砂壤土、轻壤土、中壤土、重壤土和轻黏土。

1. 砂壤土

主要分布在伊洛河两岸潮土区的河漫滩地带，面积 1 832.97hm²，占偃师市耕地面积的 3.3%，以顾县、城关、岳滩、翟镇、南李村等乡镇面积较大，该质地土壤耕作性好，供肥能力强，但养分含量低，保水保肥性差，易受旱灾影响。主要土种为砂壤土和小两合土。

2. 轻壤土

主要分布在伊洛河两岸潮土区的河漫滩地带，南部山区也有一定数量，面积 2 159.5hm²，占偃师市耕地面积的 3.9%，该质地土壤耕作性好，供肥能力较强，适宜各种作物生长，以城关、山化、岳滩、翟镇、寇店等乡镇面积较大，主要土种为小两合土、底砂小两合土、中层砂泥质褐土性土。

3. 中壤土

主要分布在北部丘陵、南部倾斜平地和伊洛川区的近河地带，该质地类型土壤供水供肥和保水保肥性能均好，是较理想的土壤质地类型，代表面积 36 684.2hm²，占偃师市耕地面积的 66.1%，是偃师市粮食生产主要地区。土壤类型以黄土质褐土、两合土、中壤质黄土质，石灰性褐土面积较大，在各乡镇都有一定量的分布。

4. 重壤土

主要分布在南部的低山丘陵和距河流较远的平原地带，该类型土壤养分含量较丰富，但耕作性较差，适耕期较短，肥力后劲足，代表面积 11 876.62hm²，占偃师市耕地面积的 21.4%，也是偃师市重要的产粮基地。主要土壤类型为淤土、浅位少量砂姜红黄土质褐土性土，以诸葛、南李村、寇店、大口等乡镇面积较大。

5. 轻黏土

主要分布在南部丘陵地带，该类型土壤质地黏重，养分含量虽丰富，但适耕期短、耕作性差，根系下扎困难，代表面积 2 908.98hm²，占偃师市耕地面积的 5.2%，以诸葛、南李村面积较大，主要土壤类型为黏质洪积褐土，见表30-3。

表30-3　各乡镇土壤质地面积　　　　　　　　　　　　　　单位：hm²

乡镇名称	轻黏土	重壤土	中壤土	轻壤土	砂壤土
城关镇		341.83	1 129.18	374.54	324.30
大口乡	37.00	1 101.98	3 053.29	68.06	
佃庄镇		1 138.20	1 511.65	72.34	67.17
府店镇		2 028.42	3 029.27		
高龙镇	454.00	640.01	2 182.54		36.88

（续表）

乡镇名称	轻黏土	重壤土	中壤土	轻壤土	砂壤土
缑氏镇	86.83	389.97	4 727.28		
顾县镇		1 084.97	2 070.70	84.63	268.23
寇店镇		1 637.57	2 164.86	317.29	
南李村镇	1 131.70		1 818.20	100.22	214.34
邙岭乡		6.79	3 932.53		
庞村镇		527.06	1 636.93		119.60
山化乡		173.87	3 587.16	491.93	94.25
首阳山镇		268.96	2977.52	81.55	
岳滩镇		505.50	741.23	148.21	487.26
翟镇镇		762.19	688.30	369.40	220.94
诸葛镇	1 199.45	1 269.30	1 433.56	51.33	
合计	2 908.98	11 876.62	36 684.20	2 159.50	1 832.97
占耕地总面积的比例（%）	5.24	21.41	66.14	3.89	3.30

（三）质地构型

质地构型是指不同质地在土体剖面中的垂直排列位置，不同的土壤类型有着不同的质地构型，质地构型对作物生长有着不同的影响。偃师市主要质地构型分为均质中壤、均质重壤、黏底中壤、壤身黏土、黏身重壤、砂底中壤、夹壤砂壤、均质轻壤、底砂轻壤、腰砂中壤、砂身中壤、夹砂轻壤等。其中以均质中壤、均质重壤、黏底中壤、砂底中壤、均质轻壤、夹壤砂壤面积较大。

1. 均质中壤

主要土壤类型为黄土质石灰性褐土、两合土、黄土质褐土、壤质洪积褐土、中壤质黄土质石灰性褐土，耕地面积 32 572.71hm²，占总耕地面积 58.73%，是偃师市主要土壤质地构型。该类构型上下质地均一，土壤供水供肥、保水保肥能力均强，是比较好的质地构型，以缑氏、山化、首阳山、邙岭等乡镇面积较大。

2. 均质重壤

主要土种为红黄土质褐土、浅位少量砂礓红黄土质褐土性土，浅位多量砂礓红黄土质褐土性土、淤土，耕地面积 10 265.61hm²，占总耕地面积 18.51%，该构型土壤保水保肥能力强，后劲足，作物生长有劲，以南李村、诸葛、府店、翟镇等面积较大。

3. 黏底中壤

主要土种为黄土质褐土、壤质洪积褐土，耕地面积 3 041.56hm²，占总耕地面积 5.4%，该质地构型是比较理想的土体构型，以大口、寇店面积较大。

4. 壤身黏土

主要土种为黏质洪积褐土，耕地面积 2 908.98hm²，占总耕地面积 5.2%，以诸葛、南李村面积较大。

5. 砂底中壤

主要土种为两合土、耕地面积 615.84hm²，占总耕地面积 1.1%，以诸葛面积较大。

6. 夹壤砂壤

主要土种为砂质潮土、小两合土，耕地面积 1 832.97hm²，占总耕地面积 3.3%，以顾县、岳滩、翟镇面积较大。

7. 均质轻壤

主要土种为小两合土，中层砂泥质褐土性土，耕地面积 1 990.98hm²，占总耕地面积 3.6%，该类型质地疏松，通透性好，适宜多种作物生长，但保水保肥能力不如质地较重的土壤类型，以城关、寇店、山化、翟镇面积较大。

8. 黏身重壤

主要土种为红黏土，耕地面积 1 452.56hm²，占总耕地面积 2.6%，该土体构型质地黏重，不利于作物根系下扎，要深耕翻土，增加活土层厚度，提高作物产量，该构型以大口、缑氏面积较大。

第四节　耕地改良利用与生产现状

一、耕地资源现状、特征

按全国耕地利用现状分类，耕地是指能种植农作物的土地，以种植农作物为主，不含园地，耕地分水田、旱地。①水田指筑有田埂，可经常蓄水，用以种植水稻等水生植物的用地，包括水旱轮作田；②旱地指水田以外旱作耕地，包括水浇地。

按照以上分类原则，偃师市现有耕地 55 462.27hm²，全部为旱地，其中水浇地 36 059.18hm²，占耕地面积 65%，旱地 19 403.09hm²，占耕地面积的 35%。

历史上，偃师市水浇地以一年两熟为主，旱地以一年一熟为主，改革开放以来，随着水浇地面积的不断增加，农业投入的不断增多，农作物播种面积不断扩大，复种指数不断提高。2008 年农作物播种面积为 85 581hm²，复种指数为 167%，其中粮食作物 68 124.2hm²，占总播种面积 79.7%。粮食作物中小麦 33 860 hm²，水稻 0.2hm²，玉米 28 700hm²，大豆 1 546 hm²，红薯 1 515 hm²，谷子 1 170hm²；经济作物 4 920hm²，占复种面积的 20.4%，其中棉花 480hm²，油料 4 440hm²，其他作物 1 253.68万 hm²，粮、经、其他作物比例为 1：0.07：0.18。

种植制度多数为一年两熟，少数为一年一熟和一年三熟，由于作物种植种类多，作物种植模式也多，主要有：小麦—玉米、小麦—红薯、小麦—棉花、小麦—花生、小麦—大豆、小麦—谷子一年两熟，油菜—粮食类、油料类一年两熟；麦菜瓜（棉）一年三熟，少部分旱地有红薯、花生、小麦一年一熟。

从不同耕地的投入产出情况看，小麦种植：伊河、洛河冲积平原的潮土区一般每公顷投入纯氮 215kg 左右，纯磷（P_2O_5）100kg 上下，纯钾（K_2O）40kg。按当地现行价计算投入 2 000元左右，可产小麦 7.5t 以上，折款 13 000元，产出投入比为 6.5：1；在伊南倾斜平地区每公顷投入纯氮 195kg 左右，纯磷（P_2O_5）90kg 上下，纯钾（K_2O）35kg，投入 1 900元左右，可产小麦 6.9t，折款 12 400元以上，产出投入比为 6.3：1；在北部邙岭的黄土质褐土、石灰性褐土地带每公顷投入纯氮 150kg 左右，纯磷（P_2O_5）60kg 上下，纯钾（K_2O）15kg，按当地现行价计算投入 1 400元左右，可产小麦 3.7t，折款 6 500元，产出投入比为 4.5：1；在南部山区的红黄土地带、红黏土地带，每公顷投入纯氮 160kg 左右，纯磷（P_2O_5）80kg 上下，纯钾（K_2O）40kg，投入 1 600元左右，可产小麦 4.5t，折款 8 000元，产出投入比为 5：1。不同的土壤类型，不同的地形地貌产出、投入比是不同的，以伊河、洛河川区产投比最高，北部邙岭区最低。

从耕地开发潜力看，第二次土壤普查偃师市耕地 59 071.07hm²，现有耕地 55 462.27hm²，净减少 3 608.8hm²。第二次土壤普查以来，偃师市交通用地、城镇、城市扩建用地，企业用地增长很快，还有一部分退耕还林。偃师市地域有限，所有能开发利用的土地基本上都已利用，以后耕地新开发的潜力很小。

二、耕地土壤改良实践与效果

1985 年以来，偃师市依托国家农业综合开发项目、吨粮田建设项目、小麦玉米高产开发项目等，实施中低产田改造和节水灌溉农业及高产开发，大力调整农业结构，不断加快农业产业化进程，耕地生产能力稳步提高。

1. 中低产田改造

1997—2000 年，围绕"农业丰收、农民增收、农村小康"目标，实施伊河、洛河地区农业综合开发和邙岭节水灌溉项目，在偃师市大口、寇店、南李村、邙岭等乡镇建设了一批高标准的"田成方，树成网，渠相通，路相连"的园田化示范区。共改造中低产田 10 333.3hm²，增加有效灌溉面积 2 000hm²。2001 年至今，利用世行贷款进行农业综合开发第二、三期项目，截至目前，共完成土地治理面积 6 600hm²，开挖砌护渠道 88km，铺设低压地埋管 601km，整修机耕路 258km，营造防护林网 198.6hm²。该项目的实施，使偃师市耕地有效灌溉面积由 1982 年的 28 000hm² 上升到 2000 年的 34 199hm² 和现在的 35 061.6hm²，粮食生产水平由 1982 年每公顷 2.952t 提高到 2000 年的每公顷 5.268t 和 2007 年的每公顷 5.55t。

2. 吨粮田建设

1998—1999 年，偃师市农业局实施 25 万亩吨粮田项目，通过科技承包、培育典型、增加投入、推广优良品种和高产配套栽培技术等一系列措施，使项目区涉及的 14 个乡镇 150 余个行政村的 25.7 万亩耕地，取得了小麦平均亩产 461.7kg、玉米平均亩产 560.6kg 的好收成，超额完成目标任务。

3. 标粮田建设项目

2008—2009 年，偃师市承担国家优质粮食产业工程偃师市 2008 年标准粮田建设项目，据统计，共新打机井 48 眼，铺设低压管灌工程 8 000 亩，土地平整 2 000 亩，为农业丰收奠定了坚实基础。

（一）北部邙岭区

1. 土壤状况

地处偃师市北部，包括邙岭乡的全部，山化乡的大部，首阳山、城关镇的北部。主要障碍因素为塬地多，坡耕地多坡度大，只有极少量耕地可以灌溉，土壤保水保肥能力差，基本上属于靠天吃饭区域，地力水平较低，常年产量水平为 400kg/亩左右。

2. 改良实践效果

20 世纪 80 年代以来偃师市积极开展小流域治理，利用地膜覆盖技术，节水灌溉技术，充分利用一切水资源来抵抗干旱。增施有机肥，提倡磷钾肥的施入，地力水平与第二次土壤普查相比较有了较大的提高。

（二）伊河、洛河冲积平原区

1. 土壤状况

包括翟镇、岳滩、佃庄 3 镇的全部，城关、山化、首阳山的南部，诸葛、南李村、庞村、高龙、顾县的北部。地势平坦，灌溉条件良好，历史上就有精耕细作的传统，农民经济条件好，重视科学种植，地力水平偏高，以小麦—玉米一年两熟为主要种植制度为主，间有部分蔬菜、花卉苗木，大部分地区常年粮食产量水平超过 1 000kg/亩。存在问题：主要表现在土壤质地复杂，黏土地带适耕期短，常影响小麦的适时播种，沿河地带的砂土地区保水保肥性差，易受旱。该区部分年份还受内涝的危害。

2. 改良实践效果

针对这种现象，我们多年来通过增施有机肥，改良土壤，大力提倡秸秆还田技术、分次施肥，通过后期追肥满足作物生长需要等措施，取得明显效果。

（三）伊南倾斜平地

1. 土壤状况

该区涉及乡镇主要为高龙、缑氏的大部，诸葛、南李村的中部，庞村、顾县的南部，大口、寇店、府店的北部。土壤质地为中壤到重壤，该区大部分地带地下水位小于 25m，南部有渠水可以灌溉，北部以井水灌溉为主，灌水成本高于伊洛川区，种植作物以小麦—玉米一年两熟为主，还有相当面积的果树、蔬菜，常年产量水平为 700~900kg/亩。农业上制约产量的障碍因素主要表现为红黄土母质上发育的土壤质地黏重，活土层薄，耕层浅，植物根系下扎困难，马兰黄土上发育的石灰性褐土，结构疏松，保水保肥能力差，植物生长后劲不足。

2. 改良实践效果

针对此状况,多年来我们通过增施有机肥,进一步改善农田水利设施,针对水位低的区域,尽量修建机井,增加灌溉保证率、加快中低产田改造步伐等措施,取得很大成效。

(四) 南部山区

1. 土壤状况

涉及该区的有诸葛、南李村、大口、寇店、缑氏、府店等乡镇的南部山区和山前丘陵地带,是偃师市地形最为复杂、生产条件最差、农业产量最低的地带。该区成土母质一部分为残坡积物,所发育的土壤土层薄,石块含量多,一部分为红土母质和红黄土母质,质地黏重,活土层薄,植物根系不能下扎,该区土壤地面坡度大,沟蚀、面蚀强,水土流失严重,养分含量低。

2. 改良实践效果

针对该区的实际情况,我们通过多种方式对土壤进行改造,对石质山地、田面坡度大、不适合农业种植的坚决进行退耕还林还牧,对土层深厚坡度大的耕地,一部分通过修建水平梯田,增施有机肥,提高土壤肥力,一部分通过植树造林,种植牧草减少水土流失。通过多种措施,土壤肥力有了很大提高,粮食产量大幅度增加。

第五节　耕地保养管理的简要回顾

偃师市 1982 年完成第二次土壤普查,查清了各土壤类型,理化性状及其分布,找到了当时制约农业生产的土壤问题,制定了相对改良利用措施,并认真落实改良利用措施,对土壤进行保养管理。1984 年,根据第二次土壤普查结果,进行了农业区划。首先,本着一定区域内农业自然条件和社会经济条件的相对一致性,以地形地貌为主导因素,参考海拔高程、土壤、水资源及其生产技术条件;其次,根据农业生产的特点和发展方向的相对一致性;第三,考虑建设途径和关键措施的共同性;第四,保持行政村界的完整性。通过对农业自然资源、社会经济条件、农业生产现状等进行全面调查,基本上查清了水、土、气、热等资源现状。偃师市共划分了 4 个农业区,分别提出了发展方向和改良措施。

一、北部邙岭区

该区特点是耕地面积较多,地域辽阔,坡度较缓,土地连片,土层深厚,是农业生产条件的有利方面,存在主要问题是水源缺乏,水土流失严重,易受旱灾,农作物产量低而不稳。主要问题是产业结构比例失调,土地资源潜力没有充分发挥,土地利用率不高,林业发展缓慢,经济收入低,开展再生产能力不足,干旱和土壤肥力不高,是此区农业生产的最大限制因素。农业生产发展方向是,努力改变生产条件,保证粮食不断增长,满足自给有余的前提下,适当扩大经济作物种植面积,增加农民收入。主要措施有搞好水利和水土保持,提高抗旱防旱能力;走旱作农业道路,发挥传统农业的作用;调整种植业结构布局。

二、中部伊洛川区

该区农业生产特点是土壤肥沃生产水平高,水源丰富,有利灌溉,劳力充裕,农业机械化程度和科学种田水平较高。农业生产发展方向是在稳定粮食面积,保证总产逐年上升的同时,调整产业结构,适当扩大蔬菜等经济作物面积,充分发挥水利条件好的优势,大力发展多种作物种植。主要措施有挖掘水土资源潜力,改变生产条件;继续发展粮食生产,提高土地利用率;搞好农田基本建设,提高园田化标准。

三、伊南倾斜平原区

农业生产特点是水利条件较好,面积大,生产水平差异大。农业生产发展方向和主要增产措施是:加速农田基本建设,尽快改善生产条件,发展林业生产,改善农业生产环境;积极开展多种经营。

四、南部浅山丘陵区

农业生产特点是荒山荒坡面积较大，发展林牧业生产有一定潜力，土壤质地差，肥力低；水资源缺乏，粮食产量低而不稳。农业发展的方向和主要增产措施：落实山区政策，发展生产；发挥山区优势，大力发展林业生产；合理规划，综合治理，坚持走旱作农业为主的道路；合理布局，充分利用自然资源，提高农业产量，增加农业收入。

通过20多年的努力，偃师市农业生产水平有了极明显的提高，肥料使用量、有效灌溉面积、农业机械总动力等都有大幅度的增加，农业生产条件有了极大改善，为农业增产、农民增收打下了坚实的基础，粮食产量大幅度增加，各项指标见表30-4。

表30-4　各乡镇2008年与1982年各项农业指标对比表　　单位：t、hm²、马力

乡镇	年份	耕地面积	粮食总产	单产	化肥用量	有效灌溉面积	农业机械总动力
总计	1982	51 915.6	190 176	2.96	14 385.50	28 003.07	320 799
	2007	5 3791.0	372 595	5.43	32 979	35 061.60	721 001
城关镇	1982	2 431.5	10 812	3.27	441	1 601.20	26 824
	2007	2 169.9	12 781	5.78	1 010	1 777.40	41 315
大口乡	1982	4 135.1	10 264	2.10	1 583	1 816.27	16 285
	2007	4 260.3	28 190	4.77	3 627	2 242.00	32 536
佃庄镇	1982	2 273.9	14 363	4.13	1 200	2 140.27	18 366
	2007	2 789.4	24 457	7.31	2 747	2 151.12	33 724
高龙镇	1982	2 803.1	11 710	3.84	656	2 332.00	18 523
	2007	2 673.4	27 354	6.41	1 502	2 606.98	43 001
缑氏镇	1982	5 437.3	21 973	3.53	1 378	3 217.60	28 285
	2007	5 454.1	35 871	5.45	3 160	3 942.38	68 339
顾县镇	1982	2 805.0	9 299	2.65	1 339	1 957.33	28 576
	2007	2 813.5	21 018	4.88	3 068	2 088.80	72 051
府店镇	1982	3 981.3	12 726	2.74	1 126	1 403.13	18 230
	2007	5 057.7	23 393	4.68	2 578	1 677.74	70 224
寇店镇	1982	5 173.4	16 700	2.49	521	2 274.20	22 363
	2007	3 567.1	18 581	4.64	1 724	2 233.97	26 413
南李村镇	1982	4 520.3	19 231	3.32	1 132	2 198.80	20 767
	2007	4 902.0	37 019	5.43	2 593	3 446.46	57 052
邙岭乡	1982	3 801.5	6 888	1.80	845	699.87	17 364
	2007	3 939.3	9 666	3.44	1 935	1 251.30	25 659
山化乡	1982	4 157.2	9 012	1.79	548	1 051.00	20 595
	2007	4 347.2	16 889	3.77	1 255	1 478.33	32 571
首阳山镇	1982	3 438.8	14 324	3.60	988	2 247.27	26 777
	2007	3 328.0	27 081	5.87	2 263	0.00	67 471
岳滩镇	1982	1 710.3	7 370	2.74	745	1 676.80	20 005
	2007	1 882.2	21 273	7.32	1 705	1 809.17	21 357
翟镇镇	1982	1 754.7	10 546	3.75	848	1 701.87	19 810
	2007	2 040.8	21 294	7.19	1 941	1 610.60	35 006
诸葛镇	1982	3 455.9	14 882	3.51	1 143	1 656.07	17 794
	2007	3 953.6	28 363	5.52	2 618		56 087
庞村镇	1982						
	2007	2 283.6	17 960	6.36	1 219	1 793.69	37 975

第三十一章　耕地土壤养分

根据2006—2008年3年来偃师市农化样化验分析结果来看,偃师市耕地土壤养分含量（平均值）现状是:有机质16.5g/kg,全氮1.01g/kg,有效磷16.1g/kg,速效钾169.2mg/kg,缓效钾854.44mg/kg,有效硫14.39mg/kg,有效铜1.41mg/kg,有效硼0.55mg/kg,有效锌1.72mg/kg,有效铁9.27mg/kg,有效锰11.4mg/kg,pH值8.08。

养分的分级标准采用第二次土壤普查时全国统一标准,便于分析从第二次土壤普查到现在20多年土壤养分变化的规律,等级划分详见表31-1。

表31-1　第二次土壤普查土壤养分分级标准

级别	一级	二级	三级	四级	五级	六级
有机质（g/kg）	>40	30.1~40	20.1~30	10.1~20	6.1~10	≤6
全氮（g/kg）	>2	1.51~2	1.01~1.5	0.76~1	0.51~0.75	≤0.5
有效磷（mg/kg）	>40	20.1~40	10.1~20	5.1~10	3.1~5	≤3
速效钾（mg/kg）	>200	151~200	101~150	51~100	31~50	≤30
缓效钾	>					
有效锌（g/kg）	≤0.3	0.31~0.5	0.51~1	1.01~3	>3	
有效铜（g/kg）	≤0.1	0.11~0.2	0.21~1	1.01~1.8	>1.8	
有效铁（g/kg）	≤2.5	2.6~4.5	4.6~10	10~20	>20	
有效锰（g/kg）	≤1.0	1.1~5	5.1~15	15.1~30	>30	
有效钼（g/kg）	≤0.1	0.11~0.15	0.15~0.2	0.21~0.3	>0.3	
有效硼（g/kg）	≤0.2	0.21~0.5	0.51~1	1.01~2	>2	

因偃师市土壤养分含量有机质绝大部分集中在四级,全氮集中在三、四级,有效磷集中在三、四级,速效钾集中在二、三级。为便于与第二次土壤普查结果进行比较,将这三个级别有机质、全氮、有效磷、速效钾进行细分为Ⅲ₁、Ⅲ₂、Ⅳ₁、Ⅳ₂、Ⅴ₁、Ⅴ₂,具体分级情况见表31-2。

表31-2　土壤养分分级

级别	三级		四级		五级	
	Ⅲ₁	Ⅲ₂	Ⅳ₁	Ⅳ₂	Ⅴ₁	Ⅴ₂
有机质（g/kg）	25.1~30	20.1~25	15.1~20	10.1~15	8.1~10	6.1~8
全氮（g/kg）	1.26~1.5	1.01~1.25	0.86~1	0.76~0.85	0.61~0.75	0.51~0.6
有效磷（mg/kg）	15.1~20	10.1~15	7.1~10	5.1~7	—	—
速效钾（mg/kg）	126~150	101~125	76~100	51~75		

第一节　有机质

土壤有机质是土壤的重要组成成分,与土壤的发生、演变,土壤肥力水平和许多土壤的其他属性有密切的关系。土壤有机质含有作物生长所需的多种营养元素,分解后可直接为作物生长提供营养元素;有机质具有改善土壤理化性状,影响和制约土壤结构形成及通气性、渗透性、缓冲性、交换性能和保水保肥性能,是评价耕地地力的重要指标。对耕作土壤来说,培肥的中心环节就是增施各种有机肥，实行秸秆还田，保持和提高土壤有机质含量。

（一）有机质含量情况

偃师市耕地土壤有机质含量变化范围为10.6~24.1g/kg，平均值16.5g/kg，为三、四级水平。其中三级846.1hm²，占总耕地面积的9.53%，四级54 616.17hm²，占总耕地面积的98.47%。①不同行政区域：高龙镇最高平均为18.11g/kg，最低是寇店镇14.66g/kg；②不同地貌类型：平原最高平均值为17.68g/kg，最低南部山区平均值为15.2g/kg；③不同土种：淤土最高平均为18.4g/kg，最低为中层砂泥质质褐土性土平均为14.33g/kg（表31-3、表31-4）。

表31-3　各乡镇土壤有机质含量分级

乡镇	面积（hm²）	三级别面积（hm²）（20.1~30g/kg）	占总面积（%）	四级别面积（hm²）（10~20g/kg）	占总面积（%）
城关镇	2 169.85	7.55	0.35	2 162.30	99.65
大口乡	4 260.33	5.29	0.12	4 255.04	99.88
佃庄镇	2 789.36	26.14	0.94	2 763.22	99.06
府店镇	5 057.69	290.03	5.73	4 767.66	94.27
高龙镇	2 673.42			2 673.42	100.00
缑氏镇	5 454.12			5 454.12	100.00
顾县镇	2 813.53	155.43	5.52	2658.10	94.48
寇店镇	3 567.12			3 567.12	100.00
南李村镇	4 902.03			4 902.03	100.00
邙岭乡	3 939.32			3 939.32	100.00
庞村镇	2 283.59			2 283.59	100.00
山化乡	4 347.21			4 347.21	100.00
首阳山镇	3 328.03			3 328.03	100.00
岳滩镇	1 882.2	6.00	0.32	1 876.20	99.68
翟镇镇	2 040.83	93.16	4.56	1 947.67	95.44
诸葛镇	3 953.64	262.50	6.64	3 691.14	93.36
合计	55 462.27	846.10	1.53	54 616.17	98.47

表31-4　各土种土壤有机质含量分级

土种名称	面积（hm²）			占耕地面积比例（%）
	三级（20.1~30g/kg）	四级（10~20g/kg）	合计	
黄土质褐土	295.32	18 279.43	18 574.75	33.5
中壤质黄土质石灰性褐土		9 030.03	9 030.03	16.3
两合土	97.88	5 073.32	5 171.20	9.3
浅位少量砂姜红黄土质石灰性褐土		4 437.07	4 437.07	8.0
淤土	142.75	2 913.97	3 056.72	5.5
黏质洪积褐土	235.80	2 673.18	2 908.98	5.2
小两合土		2 828.91	2 828.91	5.1
红黏土		1 452.56	1 452.56	2.6

（续表）

土种名称	面积（hm²）			占耕地面积比例（%）
	三级（20.1~30g/kg）	四级（10~20g/kg）	合计	
红黄土质褐土	26.70	1 352.72	1 379.42	2.5
中层砂泥质褐土性土		1 293.42	1 293.42	2.3
壤质潮褐土		1 057.98	1 057.98	1.9
黏质潮褐土	47.65	834.82	882.47	1.6
泥质中性石质土		689.75	689.75	1.2
壤质洪积褐土		595.33	595.33	1.1
中层泥质淋溶褐土		416.20	416.20	0.8
砂质潮土		343.39	343.39	0.6
薄层钙质粗骨土		306.96	306.96	0.6
中层钙质褐土性土		226.04	226.04	0.4
底砂小两合土		209.92	209.92	0.4
浅位砂两合土		209.10	209.10	0.4
浅位少量砂姜黄土质石灰性褐土		162.50	162.50	0.3
浅位多量砂姜红黄土质褐土性土		93.89	93.89	0.2
浅位砂小两合土		73.35	73.35	0.1
浅位厚壤淤土		43.70	43.70	0.1
厚层堆垫褐土性土		18.63	18.63	0.0
合计	846.10	54 616.17	55 462.27	100.0

（二）增加土增加壤有机质含量的途径

土壤有机质的含量取决于其年生产量和矿化量的相对大小，当生产量大于矿化量时，有机质含量逐步增加，反之，将会逐步减少。土壤有机质矿化量主要受土壤温度、湿度、通气状况、有机质含量等因素影响。一般说来土壤温度低，通气性差，湿度大时，土壤有机质矿化量较低；相反，土壤温度高，通气性好，湿度适中时则有利于土壤有机质的矿化。农业生产中应注意创造条件，减少土壤有机质的矿化量。日光温室、塑料大棚等保护地栽培条件下，土壤长期处于高温多湿的条件下有机质易矿化，含量提高较慢，有机质相对含量普遍偏低。适时通风降温，尽量减少盖膜时间将有利于土壤有机质的积累。

增加有机肥的施用量，是人为增加土壤有机质含量的主要途径，其方法首先是秸秆还田、增施有机肥、施用有机—无机复合肥；其次是大量种植绿肥，还要注意控制与调节有机质的积累与分解，做到既能保证当季作物养分的需要，又能使有机质有所积累，不断提高土壤肥力。灌排和耕作等措施，也可以有效地控制有机质的积累与分解。

（三）土壤有机质变化情况

1980年有机质集中在Ⅵ二级（含量10~15g/kg）和五级（含量8~10g/kg），2008年则集中在Ⅵ一级（含量15~20g/kg），2008年与1980年相比总体提高了半个级别。1980年有机质含量10~15g/kg，面积41 854.27hm²，占耕地面积的70.85%，2008年面积10 521.29hm²，占耕地面积的18.52%；2008年比1980年面积减少31 332.98hm²，比例降低52.33%。1980年有机质含量15~20g/kg，面积4 922.27hm²，占总耕地面积的8.33%，2008年面积44 103.6hm²，占耕地面积的79.52%。2008年比1980年面积增加39 181.33hm²，比例提高71.19%。1980年10g/kg以下的面积11 819.39hm²，占总耕地面积的20.1%，2008年基本消失。

第二节　氮、磷、钾

一、土壤全氮

（一）偃师市土壤全氮基本情况

偃师市耕地土壤全氮含量变化范围为 1.352~0.707g/kg，平均值 1.01g/kg。大部分为三、四级水平，其中三级面积 32 622.78hm²，占总耕地面积的 58.82%，四级面积 22 837.6hm²，占总耕地面积的 41.18%，五级有极少量的，面积为 1.89hm²，基本不存在。①不同行政区域：佃庄镇最高，平均为 1.07g/kg，最低是府店镇和寇店镇，为 0.95g/kg；②不同地形地貌：最高为河漫滩和平原，平均值为 1.06g/kg，最低为山地，平均值为 0.92g/kg；③不同土壤种类：最高为淤土和两合土，平均为 1.08g/kg，最低为厚层堆垫褐土，平均值为 0.88g/kg（表 31-5、表 31-6）。

表 31-5　各乡镇土壤全氮含量分级

乡镇	面积（hm²）	三级别面积（hm²）10.1~1.5（g/kg）	占面积（%）	四级别面积（hm²）0.76~1（g/kg）	占面积（%）	五级别面积（hm²）0.51~0.75（g/kg）
城关镇	2 169.85	1 581.76	72.90	587.89	27.09	0.20
大口乡	4 260.33	2 140.78	50.25	2 118.83	49.73	0.72
佃庄镇	2 789.36	2 766.54	99.18	22.82	0.82	
府店镇	5 057.69	2 277.14	45.02	2 780.55	54.98	
高龙镇	2 673.42	1 864.25	69.73	809.17	30.27	
缑氏镇	5 454.12	3 603.22	66.06	1 850.90	33.94	
顾县镇	2 813.53	2 025.84	72.00	787.69	28.00	
寇店镇	3 567.12	899.71	25.22	2 667.41	74.78	
南李村镇	4 902.03	1 501.45	30.63	3 400.58	69.37	
邙岭乡	3 939.32	1 461.92	37.11	2 477.40	62.89	
庞村镇	2 283.59	1 919.64	84.06	363.95	15.94	
山化乡	4 347.21	2 656.47	61.11	1 690.74	38.89	
首阳山镇	3 328.03	2 236.55	67.20	1 090.51	32.77	0.97
岳滩镇	1 882.20	1 814.47	96.40	67.73	3.60	
翟镇镇	2 040.83	1 917.07	93.94	123.76	6.06	
诸葛镇	3 953.64	1 955.97	49.47	1 997.67	50.53	
总计	55 462.27	32 622.78	58.82	22 837.60	41.18	1.89

表 31-6　各土种土壤全氮含量分级

级别	土种	面积（hm²）	占该级别面积比例（%）	占总面积面积比例（%）
三级（1.01~1.5g/kg）	薄层钙质粗骨土	1.19	0.00	0.00
	底砂小两合土	165.37	0.49	0.30
	红黄土质褐土	566.65	1.69	1.02
	红黏土	1 075.38	3.22	1.94
	黄土质褐土	12 739.63	38.11	22.97

（续表）

级别	土种	面积（hm²）	占该级别面积比例（%）	占总面积面积比例（%）
	两合土	4 110.74	12.30	7.41
	泥质中性石质土	468.02	1.40	0.84
	浅位厚壤淤土	43.70	0.13	0.08
	浅位砂两合土	209.10	0.63	0.38
	浅位砂小两合土	73.35	0.22	0.13
	浅位少量砂姜红黄土质石灰性褐土	844.20	2.53	1.52
	浅位少量砂姜黄土质石灰性褐土	0.16	0.00	0.00
	壤质潮褐土	651.29	1.95	1.17
三级（1.01~	壤质洪积褐土	499.60	1.49	0.90
1.5g/kg）	砂质潮土	264.17	0.79	0.48
	小两合土	2 547.29	7.62	4.59
	淤土	2 901.32	8.68	5.23
	黏质潮褐土	879.58	2.63	1.59
	黏质洪积褐土	1 870.05	5.59	3.37
	中层钙质褐土性土	16.44	0.05	0.03
	中层泥质淋溶褐土	37.01	0.11	0.07
	中层砂泥质褐土性土	10.06	0.03	0.02
	中壤质黄土质石灰性褐土	3 458.22	10.34	6.24
三级合计		33 432.52	100.00	60.28
	薄层钙质粗骨土	305.77	1.39	0.55
	底砂小两合土	44.55	0.20	0.08
	红黄土质褐土	812.77	3.69	1.47
	红黏土	377.18	1.71	0.68
	厚层堆垫褐土性土	18.63	0.08	0.03
	黄土质褐土	5 831.03	26.48	10.51
	两合土	1 060.46	4.82	1.91
四级（0.76~	泥质中性石质土	221.73	1.01	0.40
1g/kg）	浅位多量砂姜红黄土质褐土性土	93.89	0.43	0.17
	浅位少量砂姜红黄土质石灰性褐土	3 592.87	16.32	6.48
	浅位少量砂姜黄土质石灰性褐土	162.34	0.74	0.29
	壤质潮褐土	406.69	1.85	0.73
	壤质洪积褐土	95.73	0.43	0.17
	砂质潮土	79.22	0.36	0.14
	小两合土	281.62	1.28	0.51
	淤土	155.40	0.71	0.28

（续表）

级别	土种	面积（hm²）	占该级别面积比例（%）	占总面积面积比例（%）
四级（0.76~1g/kg）	黏质潮褐土	2.89	0.01	0.01
	黏质洪积褐土	1 038.93	4.72	1.87
	中层钙质褐土性土	209.60	0.95	0.38
	中层泥质淋溶褐土	379.19	1.72	0.68
	中层砂泥质褐土性土	1 279.01	5.81	2.31
	中壤质黄土质石灰性褐土	5 571.20	25.30	10.05
四级合计		22 020.70	100.00	39.70
五级（0.76~1g/kg）	黄土质褐土	4.09	45.19	0.01
	中层砂泥质褐土性土	4.35	48.07	0.01
	中壤质黄土质石灰性褐土	0.61	6.74	0.00
五级合计		9.05	100.00	0.02
总计		55 462.27		100.00

（二）增加土壤氮素的途径

1. 施用有机肥和秸秆还田

是维持土壤氮素平衡的有效措施，各种有机肥和秸秆都含有大量的氮素，这些氮素直接或间接来源于土壤，把它们归还给土壤，有利于土壤氮素循环的平衡。

2. 用化肥补足

土壤氮素平衡中年亏损量，用化肥来补足也是维持土壤氮素平衡的重要措施之一。

（三）土壤全氮变化情况

1980 年全氮集中在 IV_1 级（含量 0.85~1g/kg）、IV_2 级（含量 0.75~0.85kg）和五级（含量 0.6~0.75g/kg），2008 年则集中在 IV_1 级和 III_2 级（含量 1~1.25g/kg）。2008 年与 1980 年相比，1980 年全氮含量 0.85~1g/kg 的面积为 17 002hm²，占耕地面积的 28.73%，2008 年面积 24 420.04hm²，占耕地面积的 44.03%；1980 年全氮含量 1~1.25g/kg 的面积为 4 657.2hm²，占耕地面积的 7.88%，2008 年面积 29 234.16hm²，占耕地面积的 52.718%。1980 年 0.75g/kg（五级、六级）以下的面积为 20 853hm²，占耕地面积的 35.3%，2008 年面积为 49.92hm²，占耕地面积的 0.09%。

二、土壤有效磷

（一）偃师市耕地有效磷基本情况

土壤中的磷一般以无机态磷和有机态磷形式存在，通常有机态磷占全磷量的 35% 左右，无机态磷占全磷量的 65% 左右。无机态磷中易溶性磷酸盐和土壤胶体中吸附的磷酸根离子，以及有机形态磷中易矿化的部分，被视为有效磷，约占土壤总含量的 10%。偃师市耕层土壤有效磷含量平均 15.4mg/kg，为二级、三级、四级水平，在各乡镇分布等级见表 31-7、表 31-8。

表 31-7 各乡镇土壤有效磷含量分级

乡镇	面积（hm²）	二级别面积（hm²）21~40（mg/kg）	占面积比例（%）	三级别面积（hm²）11~20（mg/kg）	占面积比例（%）	四级别面积（hm²）6~10（mg/kg）	占面积比例（%）
城关镇	2 169.85	378.46	17.44	1 791.39	82.56		
大口乡	4 260.33	79.02	1.85	3 646.88	85.60	534.43	12.54
佃庄镇	2 789.36	1 720.44	61.68	1 068.92	38.32		

（续表）

乡镇	面积（hm²）	二级别面积（hm²）21~40（mg/kg）	占面积比例（%）	三级别面积（hm²）11~20（mg/kg）	占面积比例（%）	四级别面积（hm²）6~10（mg/kg）	占面积比例（%）
府店镇	5 057.69	9.02	0.18	4 533.06	89.63	515.61	10.19
高龙镇	2 673.42	60.50	2.26		0.00		
缑氏镇	5 454.12	214.39	3.93	5 140.91	94.26	98.82	1.81
顾县镇	2 813.53	717.94	25.52	2 095.59	74.48		
寇店镇	3 567.12	355.13	9.96	3 211.87	90.04	0.12	0.00
南李村镇	4 902.03	157.94	3.22		0.00		
邙岭乡	3 939.32	23.16	0.59	3 916.16	99.41		
庞村镇	2 283.59	601.68	26.35	1 681.91	73.65		
山化乡	4 347.21	408.55	9.40	3 937.81	90.58	0.85	0.02
首阳山镇	3 328.03	1.63	0.05	3 324.30	99.89	2.10	0.06
岳滩镇	1 882.20	1 636.28	86.93	245.92	13.07		
翟镇镇	2 040.83	470.11	23.04	1 570.72	76.96		
诸葛镇	3 953.64	2.65	0.07	2 872.96	72.67	1 078.03	27.27
总计	55 462.27	6 836.90	12.33	39 038.40	70.39	2 229.96	4.02

表 31-8　分土种土壤有效磷含量分级

级别	土种	面积（hm²）	占该级别面积比例（%）	占总面积面积比例（%）
	底砂小两合土	19.35	0.23	0.03
	红黄土质褐土	166.67	2.00	0.30
	红黏土	177.02	2.12	0.32
	黄土质褐土	2 616.66	31.37	4.72
	两合土	1 533.34	18.38	2.76
	泥质中性石质土	32.40	0.39	0.06
	浅位厚壤淤土	30.38	0.36	0.05
	浅位砂两合土	51.13	0.61	0.09
二级（21~40mg/kg）	浅位砂小两合土	50.45	0.60	0.09
	浅位少量砂姜红黄土质褐土性土	52.78	0.63	0.10
	壤质潮褐土	226.60	2.72	0.41
	壤质洪积褐土	16.13	0.19	0.03
	砂质潮土	97.64	1.17	0.18
	小两合土	735.50	8.82	1.33
	淤土	1 243.34	14.91	2.24
	黏质潮褐土	376.64	4.52	0.68
	黏质洪积褐土	891.43	10.69	1.61
	中壤质黄土质石灰性褐土	24.19	0.29	0.04
二级合计		8 341.65	100.00	15.04

（续表）

级别	土种	面积（hm²）	占该级别面积比例（%）	占总面积面积比例（%）
三级 （11～20mg/kg）	薄层钙质粗骨土	306.96	0.66	0.55
	底砂小两合土	190.57	0.41	0.34
	红黄土质褐土	1 170.73	2.53	2.11
	红黏土	1 248.66	2.70	2.25
	厚层堆垫褐土性土	18.63	0.04	0.03
	黄土质褐土	15 683.07	33.94	28.28
	两合土	3 637.86	7.87	6.56
	泥质中性石质土	657.35	1.42	1.19
	浅位多量砂姜红黄土质	92.42	0.20	0.17
	浅位厚壤淤土	13.32	0.03	0.02
	浅位砂两合土	157.97	0.34	0.28
	浅位砂小两合土	22.90	0.05	0.04
	浅位少量砂姜红黄土质石灰性褐土	4 295.84	9.30	7.75
	浅位少量砂姜黄土质石灰性褐土	159.97	0.35	0.29
	壤质潮褐土	828.63	1.79	1.49
	壤质洪积褐土	579.20	1.25	1.04
	砂质潮土	245.75	0.53	0.44
	小两合土	2 093.41	4.53	3.77
	淤土	1 813.38	3.92	3.27
	黏质潮褐土	505.83	1.09	0.91
	黏质洪积褐土	2 016.98	4.37	3.64
	中层钙质褐土性土	226.04	0.49	0.41
	中层泥质淋溶褐土	416.20	0.90	0.75
	中层砂泥质褐土性土	883.28	1.91	1.59
	中壤质黄土质石灰性褐土	8 939.18	19.35	16.12
三级合计		46 204.13	100.00	83.31
四级 （6～10mg/kg）	红黄土质褐土	42.02	4.58	0.08
	红黏土	26.88	2.93	0.05
	黄土质褐土	275.02	30.01	0.50
	浅位多量砂姜红黄土质褐土性土	1.47	0.16	0.00
	浅位少量砂姜红黄土质石灰性褐土	88.45	9.65	0.16
	浅位少量砂姜黄土质石灰性褐土	2.53	0.28	0.00
	壤质潮褐土	2.75	0.30	0.00
	黏质洪积褐土	0.57	0.06	0.00
	中层砂泥质褐土性土	410.14	44.75	0.74
	中壤质黄土质石灰性褐土	66.66	7.27	0.12
四级合计		916.49	100.00	1.65
总计		55 462.27		100.00

　　第二次土壤普查以来，由于磷肥的大量施用，使耕层土壤有效磷含量逐渐增加，偃师市平均值为

16.05mg/kg，较1982年增加6.5mg/kg。偃师市耕地土壤有效磷含量变化范围为6.6~32.9mg/kg，平均值为16.05mg/kg。为二、三、四级水平，其中二级面积6 836.9hm²，占总耕地面积的12.33%，三级面积46 241.82hm²，占总耕地面积的83.4%，四级面积2 383.55hm²，占总耕地面积的4.3%。①不同行政区域：诸葛镇最低平均值为12.52mg/kg，最高是岳滩镇18.36mg/kg；②不同地貌类型：山地最低，平均值为12.66mg/kg，最高为河漫滩，平均值为19.98mg/kg；③不同土壤种类：最高为浅位厚壤淤土，平均值为24.56mg/kg，最低为浅位钙盘红黄土质褐土性土，平均值为9.88mg/kg。

（二）影响土壤磷素有效性的因素：

土壤中的有效磷含量占全磷量的10%，了解土壤磷素有效性的影响因素，有利于人为调节土壤理化性状，提高土壤有效性含量。

1. 有机质

有机质含量高有利于磷素的转化和有效磷的贮存。土壤有机质有利于微生物的繁殖和微生物活性的提高，增强磷素转化速度。同时有效性的磷素与有机物质结合，减弱了土壤磷素的矿化作用。有利于有效磷贮存积累。在农业生产中推广秸秆还田增施有机肥可提高土壤有效磷含量。

2. pH值

在土壤中，难溶性磷酸盐与生物呼吸作用产生的二氧化碳、有机肥料分解时产生的有机酸作用，可逐渐转变成为弱酸溶性或水溶性磷酸盐，因此，土壤中pH值的高低与土壤磷素的有效性有密切关系。低pH值环境下有利于土壤有效磷含量的提高，反之则降低。

3. 耕作深度

亚耕层土壤有效磷含量与耕作层深度有直接关系，加深耕作层可大大提高亚耕层土壤有效磷含量，有利于提高作物对磷素的吸收利用率。

（三）增加土壤有效磷的途径

1. 增施有机肥料

土壤中难溶性磷素需要在磷细菌的作用下，逐渐转化成有效磷，供作物吸收利用。土壤有机质有利于微生物的繁殖和微生物活性的提高，增强磷素转化速度。同时有效性的磷素与有机物质结合，减弱了土壤磷素的矿化作用，有利于有效磷贮存积累。

2. 与有机肥料混合使用

在土壤中，难溶性磷酸盐与生物呼吸作用产生的二氧化碳、有机肥料分解时产生的有机酸作用，可逐渐转变成为弱酸溶性或水溶性磷酸盐，提高磷素的利用率。

（四）土壤有效磷变化情况

1980年有效磷四级以下（10mg/kg以下）的面积19 511.01hm²，占总耕地面积的32.9%，2008年面积为1 808.07hm²，占总耕地面积的3.26%。2008年与1980年三级水平（10~20mg/kg）耕地面积：1980年面积31 433.2hm²，占总耕地面积的53.2%，2008年面积为45 928.31hm²，占总耕地面积的82.81%；二级水平（20~40mg/kg）：1980年面积7 556.4hm²，占总耕地面积的12.8%，2008年面积为7 725.89hm²，占总耕地面积的13.93%。

三、土壤速效钾

（一）偃师市耕地土壤速效钾基本状况

钾是作物生长发育所需三要素之一。速效钾可被作物当季吸收利用。对作物钾素营养有直接影响，偃师市耕地土壤速效钾含量变化范围为287~101mg/kg，平均值为169.19mg/kg。①不同行政区域：庞村镇最高，平均值为186mg/kg，最低是邙岭乡为137.92mg/kg；②不同地貌类型：河流阶地最高平均值为187.94mg/kg，最低为黄土地貌，平均值为147.95mg/kg；③不同土壤种类：最高为中壤质黄土质石灰性褐土，平均值为196.92mg/kg，最低为薄层钙质粗骨土，平均值为136.54mg/kg；④按级别划分：一级面积5 841.23hm²，占总耕地面积的10.53%；二级面积39 151.61hm²，占总耕地面积的70.59%；三级面积10 469.43hm²，占总耕地面积的18.88%

（表31-9至表31-10）。

表 31-9 各乡镇土壤速效钾含量分级

乡镇	面积（hm²）	一级别面积（hm²）>200（mg/kg）	占面积（%）	二级别面积（hm²）151~200（mg/kg）	占面积（%）	三级别面积（hm²）101~150（mg/kg）	占面积（%）
城关镇	2 169.85	297.88	13.73	1 200.97	55.35	671.00	30.92
大口乡	4 260.33	18.25	0.43	3 088.51	72.49	1153.57	27.08
佃庄镇	2 789.36	365.59	13.11	2 240.01	80.31	183.76	6.59
府店镇	5 057.69	429.29	8.49	3 509.71	69.39	1 118.69	22.12
高龙镇	2 673.42	209.38	7.83	2 285.39	85.49	178.65	6.68
缑氏镇	5 454.12	27.54	0.50	4 872.84	89.34	553.74	10.15
顾县镇	2 813.53	774.92	27.54	1 869.31	66.44	169.30	6.02
寇店镇	3 567.12	176.25	4.94	3 322.63	93.15	68.24	1.91
南李村镇	4 902.03	37.95	0.77	4 157.88	84.82	706.20	14.41
邙岭乡	3 939.32	0.33	0.01	711.41	18.06	3 227.58	81.93
庞村镇	2 283.59	678.38	29.71	1 603.19	70.20	2.02	0.09
山化乡	4 347.21	0.66	0.02	3 168.24	72.88	1 178.31	27.10
首阳山镇	3 328.03	1 180.01	35.46	1 810.37	54.40	337.65	10.15
岳滩镇	1 882.20	453.55	24.10	1 342.65	71.33	86.00	4.57
翟镇镇	2 040.83	504.11	24.70	1 389.15	68.07	147.57	7.23
诸葛镇	3 953.64	687.14	17.38	2 579.35	65.24	687.15	17.38
总计	55 462.27	5 841.23	10.53	39 151.61	70.59	10 469.43	18.88

表 31-10 各土种土壤速效钾含量分级

级别	土种	面积（hm²）	占该级别面积比例（%）	占总面积面积比例（%）
一级	底砂小两合土	15.18	0.27	0.03
	红黄土质褐土	66.46	1.19	0.12
	红黏土	54.27	0.97	0.10
	黄土质褐土	1 962.81	35.15	3.54
	两合土	1 111.99	19.91	2.00
	浅位厚壤淤土	27.81	0.50	0.05
	浅位砂两合土	31.22	0.56	0.06
	浅位砂小两合土	50.45	0.90	0.09
	浅位少量砂姜红黄土质石灰性褐土	52.13	0.93	0.09
	壤质潮褐土	100.79	1.80	0.18
	壤质洪积褐土	5.31	0.10	0.01
	砂质潮土	59.29	1.06	0.11
	小两合土	321.71	5.76	0.58
	淤土	936.10	16.76	1.69
	黏质潮褐土	266.62	4.77	0.48
	黏质洪积褐土	513.39	9.19	0.93
	中壤质黄土质石灰性褐土	8.56	0.15	0.02
一级合计		5 584.09	100.00	10.07

（续表）

级别	土种	面积（hm²）	占该级别面积比例（%）	占总面积面积比例（%）
	薄层钙质粗骨土	242.58	0.59	0.44
	底砂小两合土	194.74	0.47	0.35
	红黄土质褐土	616.10	1.50	1.11
	红黏土	1 203.31	2.93	2.17
	厚层堆垫褐土性土	2.17	0.01	0.00
	黄土质褐土	14 473.88	35.22	26.10
	两合土	3 750.26	9.13	6.76
	泥质中性石质土	602.81	1.47	1.09
	浅位多量砂姜红黄土质褐土性土	0.29	0.00	0.00
	浅位厚壤淤土	15.89	0.04	0.03
	浅位砂两合土	177.88	0.43	0.32
	浅位砂小两合土	22.90	0.06	0.04
二级	浅位少量砂姜红黄土质石灰性褐土	3 000.52	7.30	5.41
	浅位少量砂姜黄土质石灰性褐土	142.50	0.35	0.26
	壤质潮褐土	826.91	2.01	1.49
	壤质洪积褐土	562.60	1.37	1.01
	砂质潮土	239.78	0.58	0.43
	小两合土	2 491.20	6.06	4.49
	淤土	2 105.12	5.12	3.80
	黏质潮褐土	615.85	1.50	1.11
	黏质洪积褐土	1 836.18	4.47	3.31
	中层钙质褐土性土	145.63	0.35	0.26
	中层泥质淋溶褐土	48.88	0.12	0.09
	中层砂泥质褐土性土	176.21	0.43	0.32
	中壤质黄土质石灰性褐土	7 598.80	18.49	13.70
二级合计		41 092.99	100.00	74.09
	薄层钙质粗骨土	64.38	0.73	0.12
	红黄土质褐土	696.86	7.93	1.26
	红黏土	194.98	2.22	0.35
	厚层堆垫褐土性土	16.46	0.19	0.03
	黄土质褐土	2 138.06	24.34	3.85
	两合土	308.95	3.52	0.56
	泥质中性石质土	86.94	0.99	0.16
三级	浅位多量砂姜红黄土质褐土性土	93.60	1.07	0.17
	浅位少量砂姜红黄土质石灰性褐土	1 384.42	15.76	2.50
	浅位少量砂姜黄土质石灰性褐土	20.00	0.23	0.04
	壤质潮褐土	130.28	1.48	0.23
	壤质洪积褐土	27.42	0.31	0.05
	砂质潮土	44.32	0.50	0.08
	小两合土	16.00	0.18	0.03

（续表）

（续表）

级别	土种	面积（hm²）	占该级别面积比例（%）	占总面积面积比例（%）
三级	淤土	15.50	0.18	0.03
	黏质洪积褐土	559.41	6.37	1.01
	中层钙质褐土性土	80.41	0.92	0.14
	中层泥质淋溶褐土	367.32	4.18	0.66
	中层砂泥质褐土性土	1 117.21	12.72	2.01
	中壤质黄土质石灰性褐土	1 422.67	16.19	2.57
三级合计		8 785.19	100.00	15.84
总计		55 462.27		100.00

（二）提高土壤速效钾含量的途径

1. 增施有机肥料
2. 大力推广秸秆还田技术
3. 增施草木灰、含钾量高的肥料
4. 配方施肥

（三）土壤速效钾变化情况

2008 年速效钾平均值为 169.2mg/kg，比 1980 年的 154mg/kg 增加 15.2mg/kg，增加幅度为 9.9%。由表 31-11 可以知道，1980 年速效钾三级水平（100~150mg/kg）的面积为 25 342.51hm²，占总耕地面积的 41.4%，2008 年为面积 11 586.07hm²，占总耕地面积的 20.89%；四级水平以下 （100mg/kg 以下）1980 年面积为 4 760.33hm²，占总耕地面积的 8.1%，2008 年基本消失；二级水平 （150~200mg/kg）1980 年面积为 21 794.2hm²，占总耕地面积的 36.9%，2008 年面积为 38 341.1 hm²，占总耕地面积的 69.13%。

表 31-11　2008 年与 1980 年土壤耕层（0~20cm）养分含量比较

项目	养分级别		I	II	III1	III2	IV1	IV2	V1	V2	VI
有机质	含量标准（g/kg）		≥4	30.1~40	25.1~30	20.1~25	15.1~20	10.1~15	8.1~10	6.1~8	≤6
	占耕地比例（%）	1980 年	0	0.23	0.58		8.33	70.85	16.19	3.04	0.78
	面积（hm²）			133.3	341.6		4 922.27	41 854.27	9 563.6	1 796.12	459.67
	占耕地比例（%）	2008 年	0	0	1.51		79.52	18.97			
	面积（hm²）				837.48		44 103.60	10 521.19			
全氮	含量标准（g/kg）		≥2	1.51~2	1.26~1.5	1.01~1.25	0.86~1	0.76~0.85	0.61~0.75	0.51~0.6	≤0.5
	占耕地比例（%）	1980 年	0	0.07	0.8	7.88	28.78	27.16	24.7	6.5	4.1
	面积（hm²）			42	471.47	4 657.20	17 002.00	16 045.40	14 577.67	3 856.40	2 418.93
	占耕地比例（%）	2008 年	0	0	0.13	52.71	44.03	3.04	0.09		0
	面积（hm²）				72.10	29 234.16	24 420.04	1 686.05	49.92		
有效磷	含量标准（mg/kg）		≥40	20.1~40	15.1~20	10.1~15	7.1~10	5.1~7	3.1~5		≤3
	占耕地比例（%）	1980 年	1.1	12.8	22.2	31	21.4	8	3.2		0.3
	面积（hm²）		627.80	7 556.40	13 123.13	18 310.07	12 644.60	5 036.67	1 630.07		199.67
	占耕地比例（%）	2008 年	0	13.93	41.25	41.56	3.24	0.02			
	面积（hm²）			7 725.89	22 878.19	23 050.12	1 796.98	11.09			

（续表）

项目	养分级别		Ⅰ	Ⅱ	Ⅲ		Ⅳ		Ⅴ		Ⅵ
					$Ⅲ_1$	$Ⅲ_2$	$Ⅳ_1$	$Ⅳ_2$	$Ⅴ_1$	$Ⅴ_2$	
速效钾	含量标准（mg/kg）		≥200	151~200	126~150	101~125	76~100	51~75	31~50	≤30	
	占耕地比例（%）	1980 年	13.7	36.9	23.1	18.3	6.7	1.4			
	面积（hm^2）		8 082.4	21 794.2	13 625.6	11 716.91	3 942.33	818			
	占耕地比例（%）	2008 年	9.98	69.13	18.91	1.98					
	面积（hm^2）		5 535.13	38 341.10	10 487.92	1 098.15					

（四）耕地土壤养分变化原因

通过上述分析可知，从 1980 年到 2008 年土壤中有机质、全氮、有效磷、速效钾都有不同程度的增加。

1. 有机质和全氮增加的原因

有机质含量和全氮含量具有一定的相关性，一般有机质含量高的土壤全氮含量也相应较高。20 世纪 80 年代以前虽然也大造农家肥，但由于生产力水平较低，多为黄土搬家，改革开放以后，土地承包到户，农民科学种地积极性提高，土地投入大幅度增加，所施农家肥、有机肥质量有质的提高，随着粮食产量的大幅度提高，秸秆产量也相应增加，80 年代以前秸秆多做燃料焚烧，或运回造肥，有机质损失过多，农村实行土地承包以来大力推广秸秆还田技术，种地与养地有机的结合，无机氮肥用量也较以前有较大量的增长，再加上畜牧业的发展，优质农家肥数量也逐年增加，所以土壤中的有机质、全氮含量逐年提高。

2. 有效磷、速效钾增加的原因

有效磷增加的原因主要是磷肥用量的逐年提高，农民越来越认识到磷肥的重要性，与 1982 年相比，2008 年偃师市磷肥总量增加了 1.4 倍，单位用量增加了 1.2 倍，随着磷肥用量的不断增加，一部分被作物吸收，一部分留在土壤中，从而增加了土壤中磷素的含量。速效钾增加的主要原因是秸秆还田力度的不断加大，面积的不断增加，再加上钾肥的作用不断被农民认识，无机钾肥，三元复合肥用量的迅速增长，都在不断补充土壤中速效钾的来源。与 1982 年相比，2008 年偃师市复合肥料用量从 86.4t 增加到了 8 848t，增加了 101.4 倍，单质钾肥用量从 539.1t 增加到 1 310t，增加了 1.43 倍。

有机质、全氮、有效磷、速效钾含量的不断提高，使土壤肥力不断提高，为粮食增产、农业丰收奠定了坚实的物质基础，偃师市粮食单产从 1982 年的每公顷 2.96t 提高到每公顷 5.55t，平均单产增加了 87.5%，见表 31-12。

表 31-12　1982 年、1993 年、2008 年化肥用量比较

日期	合计（t）	氮肥		磷肥		钾肥		复合肥		粮食产量
		总量（t）	单位用量（t/hm^2）	总量（t）	单位用量（t/hm^2）	总量（t）	单位用量（t/hm^2）	总量（t）	单位用量（t/hm^2）	单产（t/hm^2）
1982 年	16 963	9 590.89	0.18	2 476.6	0.05	539.1	0.01	86.4	0.002	2.96
1990 年	20 341	12 302	0.25	5 364	0.11	975	0.02	1 700	0.034	4.05
2008 年	32 974	16 892	0.31	5 924	0.11	1 310	0.024	8 848	0.16	5.55

第三节　中微量元素

一、有效铜

偃师市耕地土壤有效铜含量变化范围为 0.26~4.1mg/kg，平均值为 1.41mg/kg。①不同行政区域：邙岭乡最高，平均值为 1.76mg/kg，最低是诸葛镇，平均值为 0.99mg/kg；②不同地貌类型：最高为河漫滩，平均值为 1.6mg/kg，最低为丘陵，平均值为 1.23mg/kg；③不同土壤种类：最高为厚层堆垫褐土性土，平均值为 2.41mg/kg，最低浅位多量砂姜红黄土质褐土性土，平均值为 1.60mg/kg。

二、有效铁

偃师市耕地土壤有效铁含量变化范围为 21.3～3.1mg/kg，平均值为 9.27mg/kg。①不同行政区域：庞村镇最高，平均值为 13.48mg/kg，最低是山化乡，平均值为 6.91mg/kg；②不同地貌类型：倾斜洪积平原最高，平均值为 10.15mg/kg，最低为黄土地貌，平均值为 7.85mg/kg；③不同土壤种类：最高为薄层钙质粗骨土，平均值为 12.58mg/kg，最低为浅位少量砂姜黄土质石灰性褐土，平均值为 3.83mg/kg。

三、有效锌

偃师市耕地土壤有效锌含量变化范围 3.77～0.7mg/kg，平均值 1.71mg/kg。①不同行政区域：南李村镇最高，平均值为 2.15mg/kg，最低是缑氏镇，平均值为 1.34mg/kg；②不同地貌类型：河漫滩最高，平均值为 1.88mg/kg，最低为黄土地貌，平均值为 1.56mg/kg；③不同土壤类型：最高浅位少量砂姜红黄土质褐土性土，平均值为 12.58mg/kg，最低为中层硅铝质淋溶褐土，平均值为 7.83mg/kg。

四、有效锰

偃师市耕地土壤有效锰含量变化范围为 22.1～4.4mg/kg，平均值 11.4mg/kg。①不同行政区域：缑氏镇最高，平均值为 12.56mg/kg，最低是山化乡，平均值为 11.75mg/kg；②不同地貌类型：山地最高，平均值为 12.13mg/kg，最低为河流阶地，平均值为 9.71mg/kg；③不同土壤类型：最高浅位多量砂姜红黄土质褐土性土，平均值为 14.23mg/kg，最低小两合土，平均值为 10.05mg/kg。

五、水溶态硼

偃师市耕地土壤水溶态硼含量变化范围为 0.84～0.29mg/kg，平均值为 0.55mg/kg。

第三十二章　耕地地力评价指标体系

第一节　参评因素的选取及其权重确定

正确地进行参评因素的选取并确定其权重，是科学地评价耕地地力的前提，它直接关系到评价结果的正确性、科学性和社会可接受性。

一、参评因子的选取原则

影响耕地地力的因素很多，在评价工作中不可能将其所包含的全部信息提出来，由于影响耕地质量的因子间普遍存在着相关性，甚至信息彼此重叠，故进行耕地质量评价时没有必要将所有因子都考虑进去。为了排除人为主观性对选择评价因子的影响，使筛选的主导评价因子能较为全面客观地反映评价区域耕地质量的现实状况，参评因素选取时应遵循稳定性、主导性、综合性、差异性、定量性和现实性原则。

二、评价指标体系

偃师市的评价因子选取由河南省土壤肥料站程道全研究员、河南农业大学陈伟强博士、洛阳市农技站席万俊研究员、郭新建高级农艺师和参加偃师市第二次土壤普查工作的老专家杨仁爱、偃师市农业局刘淑君研究员及偃师市土地、水利、区划、土壤、栽培等方面的专家 13 人，在各级专家组的帮助下，本次耕地地力评价采用特尔斐法，结合偃师市当地的实际情况，进行了影响耕地地力的剖面性状、立地条件、耕层理化性状等定性指标的筛选。最终从全国耕地地力评价指标体系全集中，选取了 9 项因素作为耕地地力评价的参评因子，分别是速效钾、有机质、有效磷、质地、质地构型、耕层厚度、田面坡度、地貌类型、灌溉保证率，建立起了偃师市耕地地力评价指标体系。见表 32-1。

表 32-1　评价指标分组情况

偃师市耕地地力评价指标体系	耕层理化	速效钾
		有效磷
		有机质
	剖面性状	耕层厚度
		质地
		质地构型
	立地条件	田面坡度
		地貌类型
		灌溉保证率

三、确定参评因子权重的方法

本次偃师市耕地地力评价采用层次分析法，它是一种对较为复杂和模糊的问题做出决策的简易方法，特别适用于那些难于完全定量分析的问题。它的优点在于定性与定量的方法相结合，通过参评专家分组打分，汇总评定，结果验证等步骤，既考虑了专家经验，又避免了人为影响，具有高度的逻辑性、系统性和实用性。各评价因子得分情况见表 32-2。

表 32-2　评价因子得分情况

名称	准则层	得分（%）	指标层	得分（%）
偃师市耕地地力评价指标体系	耕层理化	20	速效钾	20
			有效磷	35
			有机质	45

492

（续表）

名称	准则层	得分（%）	指标层	得分（%）
偃师市耕地地力评价指标体系	剖面性状	35	耕层厚度	20
			质地	40
			质地构型	40
	立地条件	45	田面坡度	15
			地貌类型	35
			灌溉保证率	50

确定参评因素的具体步骤如下。

（一）建立层次结构

耕地地力为目标层（G 层），影响耕地地力的立地条件、物理性状、化学性状为准则层（C 层），再把影响准则层中各元素的项目作为指标层（A 层），其结构关系如图 32-1 所示。

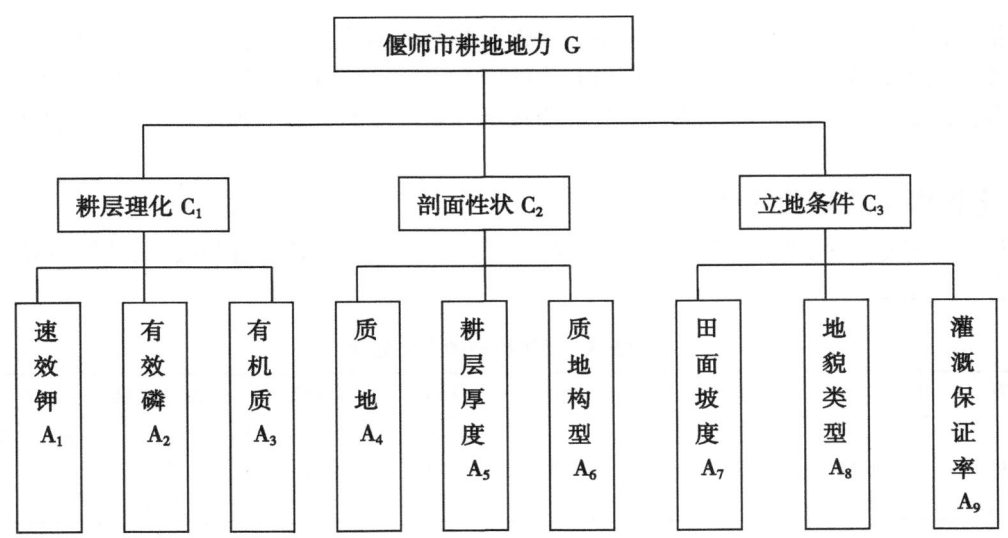

图 32-1　耕地地力影响因素层次结构

（二）构造判断矩阵

省级专家组评估的初步结果经合适的数学处理后（包括实际计算的最终结果—组合权重）反馈给偃师市各位专家，重新修改或确认，确定 C 层对 A 层以及 A 层对 C 层的相对重要程度，共构成 A、C_1、C_2、C_3 共 4 个判断矩阵。

（三）层次单排序及一致性检验

建立比较矩阵后，就可以求出各个因素的权值，采取的方法是用和积法计算出各矩阵的最大特征根 λ_{max} 及其对应的特征向量 W，得到的各权数值及一致性检验的结果如表 32-3 所示，并用 $CR=CI/RI$ 进行一致性检验。

表 32-3　权数值及一致性检验结果

矩阵	特征向量			CI	RZ	CR
目标层 A	0.2000	0.3500	0.4500	$-2.20903253285165×10^5$	0.58	0.00003809
准则层 C_1	0.2000	0.3500	0.4500	$-2.20903253285165×10^5$	0.58	0.00003809
准则层 C_2	0.2000	0.4000	0.4000	0	0.58	0
准则层 C_3	0.1500	0.3500	0.5000	$1.03965946072204×10^5$	0.58	0.00001793

从表中可以看出，CR<0.1，具有很好的一致性。

（四）层次总排序及一致性检验

计算同一层次所有因素对于最高层相对重要性的排序权值，称为层次总排序，这一过程是最高层次到最低层次逐层进行的。经层次总排序，并进行一致性检验，结果为 $CI=2.60608255507917\times10^{7}$，$RI=0.58$，$CR=CI/RI=0.00000045<0.1$，认为层次总排序结果具有满意的一致性，否则需要重新调整判断矩阵的元素取值，最后计算得到各因子的权重，如表32-4所示。

表32-4　各因子的权重

参评因素	质地	质地构型	耕层厚度	田面坡度	地貌类型	速效钾	有效磷	有机质	灌溉保证率（%）
权重	0.14	0.14	0.07	0.0675	0.1575	0.04	0.07	0.09	0.225

第二节　评价因子级别相应分值的确定及隶属度

评价指标体系中各个因素，可以分定量和定性资料两大部分，为了裁定量化的评价方法和自动化的评价手段，减少人为因素的影响，需要对其中的定性因素进行量化处理，根据因子的级别状况赋予其相应的分值或数值。除此，对于各类养分等级按调查点获取的数据，则需要进行插值处理，生成各类养分图。

一、定性因子的量化处理

质地构型：考虑不同质地构型的土壤肥力特征，以及与植物生长发育的关系，赋予不同质地构型以相应的分值（表32-5）。

表32-5　质地构型的量化处理

质地构型	黏底中壤	均质中壤	均质重壤	壤身黏土	壤身重壤	黏身重壤	均质轻壤
分值	1	1	1	0.95	0.9	0.9	0.8
质地构型	夹壤砂壤	砂底中壤	夹砂中壤	砂身中壤	砂底轻壤	均质砂土	
分值	0.55	0.5	0.5	0.4	0.4	0.1	

质地：根据不同土壤的质地对植物生长发育的影响，赋予不同质地以相应的分值（表32-6）。

表32-6　质地的量化处理

质地	中壤土	重壤土	轻黏土	轻壤土	砂壤土
分值	1	1	1	0.6	0.2

田面坡度：根据不同的田面坡度对耕地地力及作物生长的影响，赋予其相应的分值（表32-7）。

表32-7　田面坡度的量化处理

田面坡度	0	0~1	1~2	2~3	≥4
分值	1	1	0.6	0.4	0.2

灌溉保证率：根据不同的灌溉保证率对耕地地力及作物生长的影响，赋予其相应的分值（表32-8）。

表32-8　灌溉保证率的量化处理

灌溉保证率（%）	>75%	50%~75%	30%~50%	≤30%
分值	1	0.8	0.5	0.2

耕层厚度：根据不同的耕层厚度对耕地地力及作物生长的影响，赋予不同耕层厚度以相应的分值（表32-9）。

表32-9　耕层厚度的量化处理

耕层厚度（cm）	>20	18~20	15~18	≤15
分值	1	0.7	0.55	0.2

地貌类型：根据不同的地貌类型对耕地地力及作物生长的影响，赋予不同地貌类型以相应的分值（表32-10）。

表32-10　地貌类型的量化处理

地貌类型	平原	河流阶地	倾斜洪积平原	河漫滩	丘陵	黄土地貌	山地
分值	1	0.95	0.85	0.8	0.6	0.4	0.3

二、定量化指标的隶属函数

我们将评价指标与耕地生产能力的关系分为戒上型函数、戒下型函数、峰型函数、概念型函数和直线型函数5种类型。对障碍层类型、障碍层位置、排涝能力、灌溉保证率、水型、质地构型、地形部位等概念型定性因子采用专家打分法，经过归纳、反馈、逐步收缩、集中，最后产生获得相应的隶属度。而对有效磷、速效钾、有机质等定量因子，则根据偃师市有效磷、速效钾、有机质的空间分布的范围及养分含量级别，结合肥料试验获取的数据，由专家划段给出相应的分值，然后在计算机中绘制这两组数值的散点图，再根据散点图进行曲线模拟，寻求参评因素实际值与隶属度关系方程，从而建立起隶属函数。各参评概念型评价因子的隶属度如表32-11所示。

表32-11　参评因素的隶属度

名称	分值					a	c	u_t
有机质含量	18	16	14	12	11	4.33×10^4	17.1914	11
分值	1	0.9	0.5	0.35	0.2			
有效磷含量	20	17	15	12	10.	4.23×10^2	19.34854	10
分值	1	0.85	0.5	0.35	0.2			
速效钾含量	170	150	130	120	100	4.33×10^4	164.8816	100
分值	1	0.9	0.7	0.5	0.35			

本次偃师市耕地地力评价，通过模拟得到速效钾、有机质、有效磷属于戒上型隶属函数，然后根据隶属函数计算各参评因素的单因素评价评语。以有机质为例，模拟曲线如图32-2所示。

其隶属函数为戒上型，形式为：

$$y=\begin{cases}0, & x\leq x_t \\ 1 / [1+A\times(x-C)^2] & x_t<x<c \\ 1, & c\leq x\end{cases}$$

各参评因素类型及其隶属函数如表32-12所示。

表32-12　参评因素类型及其隶属函数

函数类型	参评因素	隶属函数	a	c	u_t
戒上型	速效钾（mg/kg）	$Y=1 / [1+A\times(x-C)^2]$	4.33×10^4	164.8816	100

（续表）

函数类型	参评因素	隶属函数	a	c	u_t
戒上型	有效磷（mg/kg）	$Y=1 / [1 + A \times (x - C)^2]$	4.23×10^2	19.34854	10
戒上型	有机质（g/kg）	$Y=1 / [1 + A \times (x - C)^2]$	4.33×10^4	17.1914	11

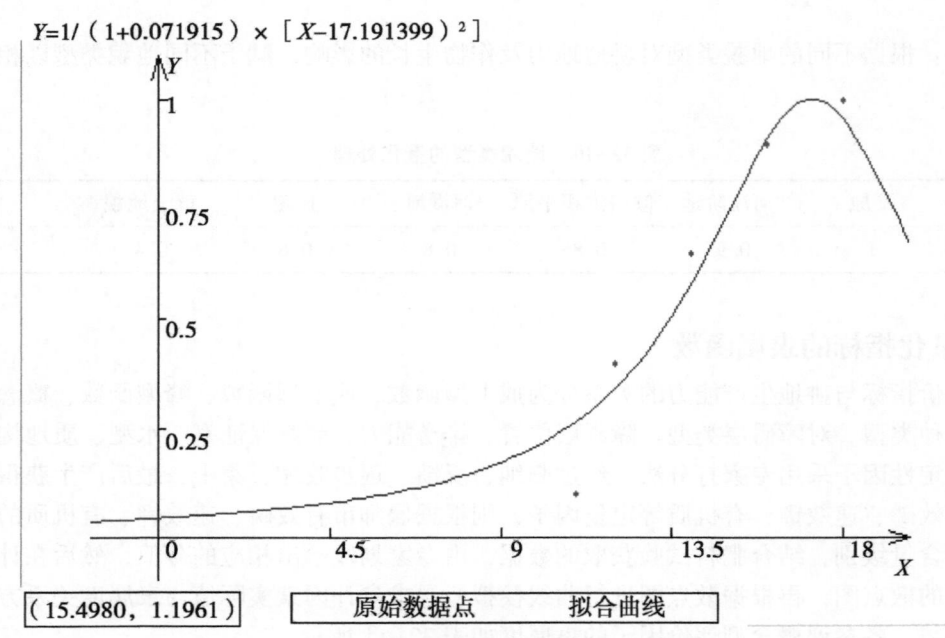

$Y=1/（1+0.071915）\times [X-17.191399)^2]$

（15.4980，1.1961）　　　原始数据点　　拟合曲线

图 32-2　有机质与隶属度关系曲线图
（注：X 值为数据点有机质含量值，Y 值表示函数隶属度）

第三十三章 耕地地力等级

第一节 耕地地力等级

耕地地力是耕地具有的潜在生物生产能力。这次耕地地力调查，结合偃师市实际情况，选取了9个对耕地地力影响比较大，区域内的变异明显，在时间序列上具有相对稳定性，与农业生产有密切关系的因素，建立评价指标体系。以1∶5万土壤类型图、土地利用现状图叠加形成的图斑为评价单元，应用模糊综合评判方法对偃师市耕地进行评价。把偃师市耕地地力共分6个等级。

一、耕地地力等级面积统计

偃师市耕地总面积为55 462.27hm²，占偃师市土地总面积94 840hm²的58.5%，共分6个等级，其中一等地9 557.28hm²，占偃师市耕地面积的17.2%，二等地8178.46hm²，占偃师市耕地面积的14.7%，三等地17 090.06hm²，占偃师市耕地面积的30.8%，四等地7 354.21hm²，占偃师市耕地面积的13.3%，五等地11 268.11hm²，占偃师市耕地面积的20.3%，六等地2 014.15hm²，占偃师市耕地面积的3.6%。见表33-1。

表33-1 偃师市各等级面积统计

等级	一等地	二等地	三等地	四等地	五等地	六等地	总计
面积（hm²）	9 557.28	8 178.46	17 090.06	7 354.21	11 268.11	2 014.15	55 462.27
占耕地面积的比例（%）	17.2	14.7	30.8	13.3	20.3	3.6	100%

二、偃师市地力等级与国家对接方法与结果

耕地地力的另一种表达方式，即以产量表达耕地地力水平。农业部于1997年颁布了"全国耕地类型区耕地地力等级划分"农业行业标准（NY/T 309—1996），将全国耕地地力根据粮食单产水平划分为10个等级。在对偃师市县500个耕地地力调查点的3年实际年平均产量调查数据分析的基础上，筛选了50个点的产量与地力综合指数值（IFI）进行了相关分析，建立直线回归方程：$y = 803.05x + 6.4626$（$R = 0.9771^{**}$，达到极显著水平）。式中 Y 代表自然产量，X 代表综合地力指数。根据其对应的相关关系，将用自然要素评价的耕地地力等级分别归入相应的概念型产量表示的地力等级体系。对接结果见表33-2。

表33-2 偃师市耕地地力等级与国家耕地地力等级对照

偃师市耕地地力等级	年产量水平（kg/亩）	对接入国家地力等级	年产量水平（kg/亩）
一等地	大于1 000	一等地	大于900
二等地	900~1 000		
三等地	700~800	三等地	700~800
四等地	500~600	五等地	500~600
五等地	300~400	七等地	300~400
六等地	200~300	八等地	200~300

可以看出，偃师市的耕地地力等级差异较大，涵盖了国家一、三、五、七、八级耕地，主要受到耕层理化、立地条件、土壤质地、质地构型等因素的影响，形成了偃师市粮食单产较高而总产不突出的特点，这与偃师市的实际相吻合。

三、偃师市各等级耕地特点及存在的主要问题

1. 耕地地力等级的地域分布

从耕地地力等级分布图中可以看出，一二等地集中分布在偃师市的中部伊河、洛河平原地区，地

497

势平坦，土层深厚，耕作历史悠久。土壤属潮土类型，质地中壤到轻黏，保肥保水能力高，耕作性强，地下水资源丰富，灌溉保证率大于75%，农田设施齐全，机械化程度高等特点，主要种植小麦、玉米，是偃师市粮食高产稳产地区。

三、四等地主要分布在中部冲积平原的边缘地带、北部邙岭和南部洪积倾斜平原及相邻地区，土层深厚，质地轻壤到中壤，有少部分耕地，地面有一定的坡度，水利设施中等，地下水资源一般，在南部主要利用渠水灌溉，灌溉保证率在30%~50%，小麦、玉米种植面积大，是偃师市粮食的主要产区。

五、六等地主要分布在北部邙岭地势较高的位置和南部山区及相邻的丘陵地区，土层较薄，地面坡度大，农田设施不配套，地下水资源贫乏，灌溉保证率低于30%，土壤养分含量低，部分耕地质地黏重，适耕期短，种植有一定面积的小麦、玉米，同时还有其他豆类、薯类等作物种植，部分地区发展有林果业。

另外，从等级的地域分布看，等级的高低与地貌类型、土壤类型之间存在着密切关系，呈现出中间高两边低的分布规律。随着耕地地力等级的变化，地貌类型变化为山地—丘陵—倾斜洪积平原—河流阶地—河漫滩—平原—河流阶地—黄土地貌。土壤类型变化为粗骨土—石质土—红黏土—褐土—潮土—褐土。

2. 耕地地力的行政区域分布

将偃师市耕地地力等级图和行政区划图叠加后，从属性数据库中按照权属字段检索，统计各等级耕地在每个乡镇的分布情况。见表33-3。

表33-3 偃师市耕地地力等级行政区域分布　　　　单位：hm²

等级 乡镇	一等地		二等地		三等地		四等地		五等地		六等地	
	面积	%	面积	%	面积	%	面积	%	面积	%	面积	%
佃庄镇	2 636.55	27.6	13.3	0.2	139.51	0.8	—	—	—	—	—	—
翟镇镇	1 423.66	14.9	377.27	4.6	239.9	1.4	—	—	—	—	—	—
岳滩镇	1 227.6	12.8	151.62	1.9	502.98	2.9	—	—	—	—	—	—
庞村镇	1 163.46	12.2	682.79	8.3	437.34	2.6	—	—	—	—	—	—
首阳山镇	1 100.7	11.5	548.19	6.7	628.73	3.7	36.99	0.5	999.8	8.9	13.62	0.7
顾县镇	528.25	5.5	615.96	7.5	1 604.84	9.4	64.48	0.9	—	—	—	—
南李村镇	506.72	5.3	1 332.65	16.3	1 253.56	7.3	1 103.47	15.0	590.7	5.2	114.93	5.7
城关镇	469.03	4.9	482.27	5.9	324.17	1.9	33.97	0.5	860.41	7.6	—	—
高龙镇	332.96	3.5	1 168.29	14.3	1 172.17	6.9	—	—	—	—	—	—
诸葛镇	139.08	1.5	1 049.03	12.8	585.81	3.4	1 503.84	20.4	597.34	5.3	78.54	3.9
山化乡	29.27	0.3	479.53	5.9	303.86	1.8	1 029.78	14.0	2 504.77	22.2	—	—
大口乡	—	—	751.33	9.2	1 885.57	11.0	456.67	6.2	1 046.72	9.3	120.04	6.0
缑氏镇	—	—	507.34	6.2	4 351.95	25.5	307.21	4.2	287.62	2.6	—	—
寇店镇	—	—	18.89	0.2	2 025.04	11.8	362.61	4.9	500.05	4.4	660.53	32.8
府店镇	—	—	—	—	1 634.63	9.6	571.64	7.8	1 825.31	16.2	1 026.11	50.9
邙岭乡	—	—	—	—	—	—	1 883.55	25.6	2 055.39	18.2	0.38	0.0
偃师市	9 557.28	17.2	8 178.46	14.7	17 090.06	30.8	7 354.21	13.3	11 268.11	20.6	2 014.15	3.6

3. 各土种上耕地地力等级的分布

偃师市耕地地力等级在土种上分布有着明显的差异，一等地主要分布在潮土和褐土的黏质潮褐土、壤质潮褐土、壤质洪积褐土，中壤质黄土质石灰性褐土上也有少量分布，而四、五、六等地主要分布在红黏土、粗骨土、石质土上，具体分布情况见表33-4。

表 33-4　各土种上耕地地力等级的分布

土类	亚类	土属	省土种名称	对应的偃师市地力等级
褐土	石灰性褐土	黄土质石灰性褐土	中壤质黄土质石灰性褐土	一级、四级、五级
			浅位少量砂姜黄土质石灰性褐土	五级
		泥砂质石灰性褐土	壤质洪积褐土	一级、三级
	潮褐土	泥砂质潮褐土	壤质潮褐土	一级、二级
			黏质潮褐土	一级
	褐土性土	黄土质褐土性土	浅位少量砂姜红黄土质褐土性土	四级、五级
			浅位多量砂姜红黄土质褐土性土	四级
		堆垫褐土性土	厚层堆垫褐土性土	五级
		泥砂质褐土性土	中层沙泥质褐土性土	六级
		灰泥质褐土性土	中层钙质褐土性土	五级
	典型褐土	黄土质褐土性土	黄土质褐土	二级、三级、四级、五级
			红黄土质褐土	四级、五级、六级
		泥砂质褐土性土	黏质洪积褐土	二级
	淋溶褐土	泥质淋溶褐土	中层泥质淋溶褐土	六级
潮土	典型潮土	石灰性潮砂土	砂质潮土	三级
		石灰性潮壤土	小两合土	二级、三级
			浅位砂小两合土	三级
			底砂小两合土	三级
			两合土	一级
			浅位砂两合土	一级
			浅位砂两合土	一级
		石灰性潮黏土	淤土	一级
			浅位厚壤淤土	一级
粗骨土	钙质粗骨土	灰泥质钙质粗骨土	薄层钙质粗骨土	五级
石质土	中性石质土	泥质中性石质土	泥质中性石质土	五级
红黏土	典型红黏土	典型红黏土	红黏土	四级、五级

第二节　一等地主要属性

一等地主要位于伊洛河冲积平原，地貌类型以平原、河流阶地、河漫滩为主，有少量倾斜洪积平原。土壤类型主要是两合土、淤土，质地主要是重壤土、中壤土。质地构型以均质中壤、均质重壤为主，黏底中壤、壤身黏土也有一定面积。土层深厚，无明显障碍层，耕层厚度在 22cm，地势平坦，灌溉保证率大于 75%。耕层养分全氮含量在Ⅲ级（1.01~1.5g/kg）的有 8 614.43hm²，占一等地面积的 90.1%，Ⅳ级（0.76~1g/kg）有 942.85hm²，占一等地面积的 9.9%；有机质含量在Ⅲ级（20.1~30g/kg）的有 321.2hm²，占一等地面积的 3.4%，Ⅳ级（10.1~20g/kg）有 9 236.08hm²，占一等地面积的 96.6%；有效磷含量在Ⅱ级（21~40mg/kg）的有 3 968.85hm²，占一等地面积的 41.5%，Ⅲ级（11~20mg/kg）有 5 588.43hm²，占一等地面积的 58.5%；速效钾含量在Ⅰ级（>200mg/kg）有 2 844.34hm²，占一等地面积的 29.8%，Ⅱ级（151~200mg/kg）的有 6 390.97hm²，占一等地面积的 66.9%。

一等地是偃师市最好的耕地，粮食高产稳产，地貌类型是平原，质地中壤—重壤，保水保肥，耕层 22cm，灌溉保证率大于 75%，全氮含量在Ⅲ级，有机质含量在Ⅳ级，有效磷含量在Ⅱ~Ⅲ级，速效钾含量在Ⅰ~Ⅱ级，都属中等偏上，微量元素的含量都在中等左右，没有低于临界值，土地利用方面基本没有限制，适宜各种作物生长。一等地主要属性数据见表 33-5。

表 33-5　一等地主要属性数据统计　　　　　　　　　　　　　单位：hm²

土种名称	面积	占一等地面积的（%）	质地构型	面积	占一等地面积的（%）
两合土	3 866.26	40.5	均质中壤	5 139.28	53.8
淤土	2 836.13	29.7	均质重壤	3 512.29	36.7
壤质潮褐土	808.62	8.5	黏底中壤	368.38	3.9
黏质潮褐土	676.16	7.1	壤身黏土	285.95	3.0
黄土质褐土	430.70	4.5	腰砂中壤	171.29	1.8
壤质洪积褐土	368.38	3.9	壤身重壤	43.7	0.5
黏质洪积褐土	285.95	3.0	砂底中壤	36.39	0.4
浅位砂两合土	171.29	1.8	—	—	—
中壤质黄土质石灰性褐土	70.09	0.7	—	—	—
浅位厚壤淤土	43.70	0.5	—	—	—
地貌类型	面积	占一等地面积的（%）	质地	面积	占一等地面积的（%）
平原	6 144.24	64.3	中壤土	5 715.34	59.8
河流阶地	1 547.54	16.2	重壤土	3 555.99	37.2
河漫滩	1 507.28	15.8	轻黏土	285.95	3.0
倾斜洪积平原	358.22	3.7	—	—	—
田面坡度	面积	占一等地面积的（%）	耕层厚度（cm）	面积	占一等地面积的（%）
0	9 517.47	99.6	22	9 557.28	100
1	39.81	0.4	—	—	—
灌溉保证率（%）	面积	占一等地面积的（%）	—	—	—
80	5 670.13	59.3	—	—	—
75	3 887.15	40.7	—	—	—
全氮分级（g/kg）	面积	占一等地的比例（%）	有机质分级（g/kg）	面积	占一等地的比例（%）
Ⅲ（1.01~1.5）	8 614.43	90.1	Ⅲ（20.1~30）	321.20	3.4
Ⅳ（0.76~1）	942.85	9.9	Ⅳ（10.1~20）	9 236.08	96.6
有效磷分级（mg/kg）	面积	占一等地的比例（%）	速效钾分级（mg/kg）	面积	占一等地的比例（%）
Ⅱ（21~40）	3 968.85	41.5	Ⅰ（>200）	2 844.34	29.8
Ⅲ（11~20）	5 588.43	58.5	Ⅱ（151~200）	6 390.97	66.9

第三节　二等地主要属性

　　二等地主要位于伊河、洛河冲积平原边缘，地貌类型以倾斜洪积平原、平原、河流阶地为主，有少量河漫滩。土壤类型主要是黄土质褐土、黏质洪积褐土、小两合土，质地主要是重壤土—中壤土—轻黏土。质地构型以均质中壤、壤身黏土、均质轻壤为主，黏底中壤、均质重壤也有一定面积。地势略有起伏，土层深厚，无明显障碍层，耕层厚度在 20~22cm，灌溉保证率大于 50%。耕层养分全氮含量在Ⅲ级（1.01~1.5g/kg）的有 5 516.3hm²，占二等地面积的 67.5%，Ⅳ级（0.76~1g/kg）有 2 660.99hm²，占二等地面积的 32.5%；有机质含量在Ⅲ级（20.1~30g/kg）的有 150.05hm²，占二等地面积的 1.8%，Ⅳ级（10.1~20g/kg）有 8 028.41hm²，占二等地面积的 98.2%；有效磷含量在Ⅱ级（21~40mg/kg）的有 841.86hm²，占二等地面积的 10.3%，Ⅲ级（11~20mg/kg）有 7 285.6hm²，占二等地面积的 89.1%，Ⅳ级（6~10mg/kg）有 51hm²，占二等地面积的 0.6%；速效钾含量在Ⅰ级

（>200mg/kg）有 962.77hm²，占二等地面积的 11.8%，Ⅱ级（151～200mg/kg）的有 6 927.79hm²，占二等地面积的 84.7%，Ⅲ级（101～150mg/kg）的有 287.9hm²，占二等地面积的 3.5%。

二等地是偃师市较好的耕地，粮食高产稳产，地貌类型是倾斜洪积平原、平原、河流阶地，质地为轻壤—中壤—重壤，除轻壤土外，保水保肥性良好，耕层 20～22cm，低于一等地，灌溉保证率大于 50%，低于一等地，全氮含量、有机质含量、有效磷含量、速效钾含量都低于一等地，微量元素的含量都在中等左右，没有低于临界值，土地利用方面基本没有限制，适宜各种作物生长。在提高灌溉保证率、耕层厚度、土壤养分后，大部分二等地可以提升为一等地。二等地主要属性数据见表 33-6。

表 33-6　二等地主要属性数据统计　　　　　单位：hm²

土种名称	面积	占二等地面积的（%）	质地构型	面积	占二等地面积的（%）
黄土质褐土	2 781.73	34.0	均质中壤	3 374.74	41.3
黏质洪积褐土	2 420.85	29.6	壤身黏土	2 420.85	29.6
小两合土	1 312.26	16.0	均质轻壤	1 312.26	16.0
两合土	759.44	9.3	黏底中壤	648.39	7.9
中壤质黄土质石灰性褐土	275.54	3.4	均质重壤	329.01	4.0
壤质潮褐土	249.36	3.0	砂底中壤	50.98	0.6
淤土	220.59	2.7	腰砂中壤	37.81	0.5
黏质潮褐土	91.90	1.1	底砂轻壤	4.42	0.1
浅位砂两合土	37.81	0.5	—	—	—
中层钙质褐土性土	15.19	0.2	—	—	—
壤质洪积褐土	6.88	0.1	—	—	—
底砂小两合土	4.42	0.1	—	—	—
红黄土质褐土	2.49	0.0	—	—	—

地貌类型	面积	占二等地面积（%）	质地	面积	占二等地面积（%）
倾斜洪积平原	3 420.34	41.8	中壤土	4 111.92	50.27744
平原	2 442.03	29.9	轻黏土	2 420.85	29.60032
河流阶地	1 156.09	14.1	轻壤土	1 316.68	16.09936
河漫滩	620.93	7.6	重壤土	329.01	4.022885
丘陵	331.25	4.1	—	—	—
黄土地貌	207.82	2.5	—	—	—

田面坡度	面积	占二等地面积（%）	耕层厚度（cm）	面积	占二等地面积（%）
0	5 190.08	63.5	22	6 120.58	74.83781
1	2 985.16	36.5	20	2 028.99	24.80895

灌溉保证率（%）	面积	占二等地面积（%）			
			15	16.27	0.198937
75	3 521.12	43.05358	18	12.62	0.154308
50	2 997.53	36.65152	—	—	—
80	1 659.81	20.2949	—	—	—

全氮分级（g/kg）	面积	占二等地的比例（%）	有机质分级（g/kg）	面积	占二等地的比例（%）
Ⅲ（1.01～1.5）	5 516.30	67.5	Ⅲ（20.1～30）	150.05	1.8
Ⅳ（0.76～1）	2 660.99	32.5	Ⅳ（10.1～20）	8 028.41	98.2

有效磷分级（mg/kg）	面积	占二等地的比例（%）	速效钾分级（mg/kg）	面积	占二等地的比例（%）
Ⅱ（21～40）	841.86	10.3	Ⅰ（>200）	962.77	11.8
Ⅲ（11～20）	7 285.60	89.1	Ⅱ（151～200）	6 927.79	84.7
Ⅳ（6～10）	51.00	0.6	Ⅲ（101～150）	287.9	3.5

第四节　三等地主要属性

　　三等地主要位于伊河、洛河冲积平原边缘，地貌类型以倾斜洪积平原、丘陵、河漫滩为主，有少量黄土地貌。土壤类型主要是黄土质褐土、中壤质黄土质石灰性褐土、小两合土，质地主要是中壤土、砂壤土和少量重壤土。质地构型以均质中壤、黏底中壤、夹壤砂壤为主，砂底中壤、均质重壤也有一定面积。地势明显有起伏，土层较厚，无明显障碍层，田面坡度在 1°～3°，耕层厚度在 18～22cm，灌溉保证率大于 50%。耕层养分全氮含量在Ⅲ级（1.01～1.5g/kg）的有 10 536.5hm²，占三等地面积的 61.7%，Ⅳ级（0.76～1g/kg）的有 6 553.61hm²，占三等地面积的 38.3%；有机质含量在Ⅲ级（20.1～30g/kg）的有 365.37hm²，占三等地面积的 10.1%，Ⅳ级（10.1～20g/kg）的有 16 724.7hm²，占三等地面积的 97.9%；有效磷含量在Ⅱ级（21～40mg/kg）的有 1 901.22hm²，占三等地面积的 11.1%，Ⅲ级（11～20mg/kg）的有 15 147.58hm²，占三等地面积的 88.6%，Ⅳ级（6～10mg/kg）的有 41.26hm²，占三等地面积的 0.3%；速效钾含量在Ⅰ级（>200mg/kg）的有 1 726.57hm²，占三等地面积的 10.1%，Ⅱ级（151～200mg/kg）的有 13 493.3hm²，占三等地面积的 79%，Ⅲ级（101～150mg/kg）的有 1 870.24hm²，占三等地面积的 10.9%。主要属性统计表见表33-7。

　　三等地是偃师市良好的耕地，粮食稳产。地貌类型是倾斜洪积平原、丘陵、河漫滩；质地为砂壤—中壤，保水保肥性低于一等地、二等地；耕层 18～22cm，低于一等地；灌溉保证率大于 50%，低于一等地；全氮含量、有机质含量、有效磷含量、速效钾含量，都低于一等地，微量元素的含量都在中等左右，没有低于临界值，适宜各种作物生长。在提高灌溉保证率、耕层厚度、土壤养分后，大部分三等地可以提升为二等地、一等地。三等地主要属性数据见表33-7。

表 33-7　三等地主要属性数据统计　　　　　单位：hm²

土种名称	面积	占三等地面积（%）	质地构型	面积	占三等地面积（%）
黄土质褐土	11 042.10	64.6	均质中壤	11 410.60	66.8
中壤质黄土质石灰性褐土	2 085.94	12.2	黏底中壤	1 838.94	10.8
小两合土	1 497.18	8.8	夹壤砂壤	1 741.27	10.2
浅位少量砂姜红黄土质褐土	864.03	5.1	均质重壤	1 093.28	6.4
两合土	545.50	3.2	砂底中壤	528.47	3.1
砂质潮土	270.42	1.6	底砂轻壤	205.5	1.2
壤质洪积褐土	217.40	1.3	壤身黏土	172.32	1.0
底砂小两合土	205.5	1.2	夹砂轻壤	73.35	0.4
黏质洪积褐土	172.32	1.0	均质轻壤	26.33	0.2
黏质潮褐土	91.72	0.5	—	—	—
浅位砂小两合土	73.35	0.4	—	—	—
红黄土质褐土	23.06	0.1	—	—	—
中层钙质褐土性土	1.54	0.0	—	—	—

地貌类型	面积	占三等地面积（%）	质地	面积	占三等地面积（%）
倾斜洪积平原	7 500.75	43.9	中壤土	13 778.01	80.6
丘陵	6 373.38	37.3	砂壤土	1 741.27	10.2
河漫滩	2 008.11	11.8	重壤土	1 093.28	6.4
黄土地貌	657.74	3.8	轻壤土	305.18	1.8
平原	386.52	2.3	轻黏土	172.32	1.0
河流阶地	163.56	1.0	—	—	—

（续表）

田面坡度	面积	占三等地面积（%）	耕层厚度（cm）	面积	占三等地面积（%）
1	12 495.90	73.1	20	7 235.60	42.3
0	3 330.18	19.5	18	6 219.81	36.4
3	1 259.48	7.4	22	3 609.83	21.1
灌溉保证率（%）	面积	占三等地面积（%）	—	—	—
50	13 836.90	81.0	—	—	—
80	1 731.89	10.1	—	—	—
75	1 521.20	8.9	—	—	—
全氮分级（g/kg）	面积	占三等地的比例（%）	有机质分级（g/kg）	面积	占三等地的比例（%）
Ⅲ（1.01~1.5）	10 536.50	61.7	Ⅲ（20.1~20）	365.37	2.1
Ⅳ（0.76~1）	6 553.61	38.3	Ⅳ（10.1~20）	16 724.70	97.9
有效磷分级（mg/kg）	面积	占三等地的比例（%）	速效钾分级（mg/kg）	面积	占三等地的比例（%）
Ⅱ（21~40）	1 901.22	11.1	Ⅰ（>200）	1 726.57	10.1
Ⅲ（11~20）	15 147.58	88.6	Ⅱ（151~200）	13 493.30	79.0
Ⅳ（6~10）	41.26	0.3	Ⅲ（101~150）	1 870.24	10.9

第五节　四等地主要属性

四等地主要位于伊河、洛河冲积平原边缘，地貌类型以丘陵、黄土地貌为主，有少量山地。土壤类型主要是黄土质褐土、中壤质黄土质石灰性褐土、浅位少量砂姜红黄土质褐土、红黄土质褐土，质地主要是中壤土、少量重壤土。质地构型以均质中壤、均质重壤为主，黏底中壤、黏身重壤也有一定面积。地势明显有较大起伏，土层较厚，无明显障碍层，田面坡度在2°~3°，耕层厚度在15~18cm，灌溉保证率30%~50%。耕层养分全氮含量在Ⅲ级（1.01~1.5g/kg）的有4 112.2hm²，占四等地面积的55.9%，Ⅳ级（0.76~1g/kg）的有3 242.01hm²，占三等地面积的44.1%；有机质含量在Ⅲ级（20.1~30g/kg）的有9.487hm²，占四等地面积的0.1%，Ⅳ级（10.1~20g/kg）的有7 344.73hm²，占四等地面积的99.9%；有效磷含量在Ⅱ级（21~40mg/kg）的有115.57hm²，占四等地面积的1.6%，Ⅲ级（11~20mg/kg）的有6 599.79hm²，占四等地面积的89.7%，Ⅳ级（6~10mg/kg）的有638.85hm²，占四等地面积的8.7%；速效钾含量在Ⅰ级（>200mg/kg）的有284.23hm²，占四等地面积的3.9%，Ⅱ级（151~200mg/kg）的有5 206.86hm²，占四等地面积的70.8%，Ⅲ级（101~150mg/kg）的有1 863.12hm²，占四等地面积的25.3%。主要属性统计表见表33-8。

四等地是偃师市增产潜力较大的耕地，地貌类型是丘陵、黄土地貌，质地为重壤—中壤，保水保肥性略低于一等地、二等地，耕层15~18cm，灌溉保证率30%~50%，有效磷含量较低，其他养分含量中等，微量元素的含量都在中等左右，没有低于临界值，各种作物都能生长。灌溉保证率是本地级耕地的主要限制因素，由于受水资源的限制，大幅度提高地力等级难度较大，在提高灌溉保证率、增加土壤养分后，大部分四等地可以提高到三等地。四等地主要属性数据见表33-8。

表33-8　四等地主要属性数据统计　　　　　　　　　　　　　　　单位：hm²

土种名称	面积	占四等地面积（%）	质地构型	面积	占四等地面积（%）
黄土质褐土	2 772.34	37.7	均质中壤	5 194.8	70.6
中壤质黄土质石灰性褐土	1 699.65	23.1	均质重壤	1 482.28	20.2
浅位少量砂姜红黄土质褐土	1 263.58	17.2	黏身重壤	378.87	5.2

（续表）

土种名称	面积	占四等地面积（%）	质地构型	面积	占四等地面积（%）
红黄土质褐土	905.99	12.3	黏底中壤	185.85	2.5
红黏土	378.87	5.2	夹壤砂壤	91.70	1.2
浅位多量砂姜红黄土质褐土	93.89	1.3	壤身黏土	19.97	0.3
砂质潮土	72.97	1.0	均质轻壤	0.74	0.0
泥质中性石质土	55.67	0.8	—	—	—
中层钙质褐土性土	46.45	0.6	—	—	—
黏质潮褐土	22.69	0.3	—	—	—
黏质洪积褐土	19.97	0.3	—	—	—
小两合土	19.47	0.3	—	—	—
壤质洪积褐土	2.67	0.0	—	—	—
地貌类型	面积	占四等地面积（%）	质地	面积	占四等地面积（%）
丘陵	3 394.07	46.2	中壤土	5 380.65	73.2
黄土地貌	2 969.39	40.4	重壤土	1 861.15	25.3
山地	885.11	12.0	砂壤土	91.7	1.2
河漫滩	90.87	1.2	轻黏土	19.97	0.3
河流阶地	14.77	0.2	轻壤土	0.74	0.0
田面坡度	面积	占四等地面积（%）	耕层厚度（cm）	面积	占四等地面积（%）
3	3 804.34	51.7	18	6 380.56	86.8
2	2 423.72	33.0	15	759.27	10.3
4	1 126.15	15.3	20	214.38	2.9
灌溉保证率（%）	面积	占四等地面积（%）	—	—	—
50	4 041.24	55.0			
30	3 220.53	43.8			
75	92.44	1.2			
全氮分级（g/kg）	面积	占四等地的比例（%）	有机质分级（g/kg）	面积	占四等地的比例（%）
Ⅲ（1.01~1.5）	4 112.20	55.9	Ⅲ（20.1~30）	9.48	0.1
Ⅳ（0.76~1）	3 242.01	44.1	Ⅳ（10.1~20）	7 344.73	99.9
有效磷分级（mg/kg）	面积	占四等地的比例（%）	速效钾分级（mg/kg）	面积	占四等地的比例（%）
Ⅱ（21~40）	115.57	1.6	Ⅰ（>200）	284.23	3.9
Ⅲ（11~20）	6 599.79	89.7	（151~200）	5 206.86	70.8
Ⅳ（6~10）	638.85	8.7	（101~100）	1 863.12	25.3

第六节　五等地主要属性

五等地主要位于南部山区和丘陵区的接合部和北部地势较高的部分，地貌类型是丘陵、山地、黄土地貌。土壤类型主要是中壤质黄土质石灰性褐土、浅位少量砂姜红黄土质褐土、红黄土质褐土，有少量红黏土、石质土、粗骨土。质地主要是中壤土、少量重壤土。质地构型以均质中壤、均质重壤为主，黏身重壤也有一定面积。地势落差较大，土层较浅，部分有障碍层，田面坡度在 3°~4°，耕层厚度在 15~18cm，灌溉保证率 30%~50%。耕层养分全氮含量在Ⅲ级（1.01~1.5g/kg）的有 3 799.52hm²，占五等地面积的 42.2%，Ⅳ级（0.76~1g/kg）有 7 468.59hm²，占五等地面积的

66.3%；有机质含量全部在Ⅳ级（10.1~20g/kg）的有 7 344.73hm²；有效磷含量在Ⅱ级（21~40 mg/kg）的有 9.4hm²，占五等地面积的 0.1%，Ⅲ级（11~20mg/kg）的有 10 165.21hm²，占五等地面积的 90.2%，Ⅳ级（6~10mg/kg）的有 1 093.5hm²，占五等地面积的 9.7%；速效钾含量在Ⅰ级（>200mg/kg）的有 23.12hm²，占五等地面积的 0.2%，Ⅱ级（151~200mg/kg）的有 5 726.63hm²，占五等地面积的 50.8%，Ⅲ级（101~150mg/kg）的有 5 518.36hm²，占五等地面积的 49%。

五等地分布的地势较高，水资源缺乏，是主要限制性因素，质地重壤—中壤，耕层 15~18cm，灌溉保证率 30%~50%，有效磷、有机质含量较低，其他养分含量中等，微量元素的含量都在中等左右。在大幅度提高地力等级难度较大的前提下，增施有机肥，发展节水型农业、开展坡改梯、种植业调整等是发展的主要方向。五等地主要属性数据见表 33-9。

表 33-9　五等地主要属性数据统计　　　　　　　　　单位：hm²

土种名称	面积	占五等地面积（%）	质地构型	面积	占五等地面积（%）
中壤质黄土质石灰性褐土	4 898.81	43.5	均质中壤	6 859.60	60.9
浅位少量砂姜红黄土质褐土	2 106.32	18.7	均质重壤	3 273.96	29.1
黄土质褐土	1 526.81	13.5	黏身重壤	993.91	8.8
红黏土	993.91	8.8	均质轻壤	130.75	1.2
泥质中性石质土	594.81	5.3	壤身黏土	9.89	0.1
中层砂泥质褐土性土	356.60	3.2	—	—	—
薄层钙质粗骨土	281.22	2.5	—	—	—
红黄土质褐土	164.33	1.5	—	—	—
浅位少量砂姜黄土质石灰性褐土	162.50	1.4	—	—	—
中层钙质褐土性土	139.77	1.2	—	—	—
厚层堆垫褐土性土	18.63	0.2	—	—	—
中层泥质淋溶褐土	14.51	0.1	—	—	—
黏质洪积褐土	9.89	0.1	—	—	—

地貌类型	面积	占五等地面积（%）	质地	面积	占五等地面积（%）
黄土地貌	6 420.37	57.0	中壤土	6 859.60	60.9
山地	4 793.38	42.5	重壤土	4 368.62	38.8
丘陵	54.36	0.5	轻壤土	30.00	0.3
			轻黏土	9.89	0.1

田面坡度	面积	占五等地面积（%）	耕层厚度（cm）	面积	占五等地面积（%）
4	4 755.67	42.2	15	7 967.45	70.7
3	3 252.78	28.9	18	3 300.66	29.3
2	3 259.66	28.9	—	—	—

灌溉保证率（%）	面积	占五等地面积（%）			
30	8 979.96	79.7	—	—	—
50	2 288.15	20.3	—	—	—

全氮分级（g/kg）	面积	占五等地的比例（%）	有机质分级（g/kg）	面积	占五等地的比例（%）
Ⅲ（1.01~1.5）	3 799.52	33.7	（10.1~20）	11 268.10	100
Ⅳ（0.76~1）	7 468.59	66.3	—	—	—

（续表）

有效磷分级（mg/kg）	面积	占五等地的比例（%）	速效钾分级（mg/kg）	面积	占五等地的比例（%）
Ⅱ（21~40）	9.40	0.1	Ⅰ（>200）	23.12	0.2
Ⅲ（11~20）	10 165.21	90.2	（151~200）	5 726.63	50.8
Ⅳ（6~10）	1 093.50	9.7	（101~151）	5 518.36	49.0

第七节　六等地主要属性

六等地主要位于南部山区，地貌类型是山地。土壤类型主要是中层砂泥质褐土性土、中层泥质淋溶褐土、浅位少量砂姜红黄土质褐土，还有少量红黏土、石质土、粗骨土。质地主要是中壤土、少量重壤土。质地构型以均质中壤、均质重壤为主，均质轻壤也有一定面积。土壤发育较差，土层浅，部分有障碍层，田面坡度在4°以上，耕层厚度在15cm，灌溉保证率小于30%。耕层养分全氮含量在Ⅲ级（1.01~1.5g/kg）的有43.88hm²，占六等地面积的2.2%，Ⅳ级（0.76~1g/kg）的有1 969.55hm²，占六等地面积的97.8%；有机质含量全部在Ⅳ级（10.1~20g/kg）的有2 014.15hm²；有效磷含量在Ⅲ级（11~20mg/kg）的有1 455.21hm²，占六等地面积的72.2%，Ⅳ级（6~10mg/kg）的有558.94hm²，占六等地面积的27.8%；速效钾含量在Ⅰ级、Ⅱ级（151~200mg/kg）的有1 406.11hm²，占六等地面积的69.8%，Ⅲ级（101~150mg/kg）的有607.84hm²，占六等地面积的30.2%。主要属性统计表见表33-10。

六等地分布在山区，水资源缺乏，属非耕作土壤，各种养分含量都较低，改造难度巨大。在国家相关政策规定里都属于退耕还林、还牧，减少水土流失的范围，不建议继续从事粮食生产。各土种上耕地地力等级的分布见表33-10。

表33-10　六等地主要属性数据统计　　　　　单位：hm²

土种名称	面积	占六等地面积（%）	质地构型	面积	占六等地面积（%）
中层砂泥质褐土性土	936.82	46.5	均质中壤	593.69	29.5
中层泥质淋溶褐土	401.69	19.9	均质重壤	574.79	28.5
红黄土质褐土	283.55	14.1	均质轻壤	520.9	25.9
浅位少量砂姜红黄土质褐土	203.14	10.1	砂身中壤	244.99	12.2
红黏土	79.78	4.0	黏身重壤	79.78	4.0
泥质中性石质土	39.27	1.9	—	—	—
薄层钙质粗骨土	25.74	1.3	—	—	—
中层钙质褐土性土	23.09	1.1	—	—	—
黄土质褐土	21.07	1.0	—	—	—

地貌类型	面积	占六等地面积（%）	质地	面积	占六等地面积（%）
山地	2 000.15	99.3	中壤土	838.68	41.6
黄土地貌	14.00	0.7	重壤土	668.57	33.2
			轻壤土	506.9	25.2

田面坡度	面积	占六等地面积（%）	耕层厚度（cm）	面积	占六等地面积（%）
4	2 000.15	99.3	15	2 014.15	100.0
3	14.00	0.7	—	—	—

（续表）

灌溉保证率（%）	面积	占六等地面积（%）	—	—	—
30	2014.15	100.0			
—	—	—			

全氮分级（g/kg）	面积	占六等地的比例（%）	有机质分级（g/kg）	面积	占六等地的比例（%）
Ⅲ（1.01~1.5）	43.88	2.2	Ⅳ（10.1~20）	2 014.15	100
Ⅳ（0.76~1）	1 969.55	97.8	—	—	—

有效磷分级（mg/kg）	面积	占六等地的比例（%）	速效钾分级（mg/kg）	面积	占六等地的比例（%）
Ⅲ（11~20）	1 455.21	72.2	Ⅱ（151~200）	1 406.11	69.8
Ⅳ（6~10）	558.94	27.8	Ⅲ（101~150）	607.84	30.2

第八节　中低产田类型

偃师市中低产田的类型主要包括北方潮土、砂姜黑土耕地类型区的干旱灌溉型，北方山地丘陵棕壤、褐土耕地类型区的干旱灌溉型、坡地梯改型，面积 37 726.53hm²，占耕地面积的 68%。

一、北方潮土、砂姜黑土耕地类型区的干旱灌溉型

该类型区主要分布在沿伊洛河两岸，主要包括城关、岳滩、山化、佃庄、翟镇、诸葛、顾县、南李村、庞村等乡镇，首阳山镇、高龙镇分布面积较小，总面积 2 641.25hm²，占耕地面积的 4.8%，包括潮土区的三、四等地，土种以小两合土、两合土、底砂小两合土、砂质潮土为主，占该区面积的 97.1%，地貌类型主要是河漫滩，面积 2 098.98hm²，占总面积的 79.5%，质地构型为夹壤砂壤、砂底中壤为主，面积 2 361.44hm²，占该区面积的 89.4%，耕层厚度 22cm。该类型区质地为砂壤—中壤，土体通透性好，疏松易耕，适耕期长，保水保肥稍差，土壤肥力中等偏低，耐涝易旱，作物发苗快，后劲差，适宜种植作物广泛，全年粮食产量在 700~800kg，稳产性好。在增加水利设施、改良土壤、分次合理施肥的基础上，能大幅提高该区粮食产量。

二、北方山地丘陵棕壤、褐土耕地类型区的干旱灌溉型

该类型区面积 21 289.81hm²，占中低产田面积的 70.15%，划分为偃师市地力等级中的三等、四等、五等地，其中三等地占 50.87%，四等地占 43.81%，五等地占 5.32%。土类以褐土为主，亚类以典型褐土和石灰性褐土为多，占该类型区面积的 91.17%，地貌类型主要是丘陵、黄土地貌，占总面积的 82%，质地构型为均质中壤为主，占总面积的 76.56%，灌溉保证率低于 30% 的占 99.06%，耕层厚度小于 20cm 的占 82.58%。该类型区质地适中，通气透水性好，坡度缓，地面径流小，水土流失轻，熟化程度高，适耕期长，易耕作，保水保肥性能强，土壤肥力中等偏低，由于地下水埋藏深，难以利用，年降水量偏少，分布不均，缺水是农业生产中的主要限制因素。但该区日照充足，适宜种植多种作物，解决水的问题后，增产潜力巨大，是增加偃师市粮食总产的主要区域。

三、北方山地丘陵棕壤、褐土耕地类型区的坡地梯改型

该类型区面积 8 294.72hm²，占中低产田面积的 27.33%，划分为偃师市地力等级中的三等、四等、五等地，其中三等地占 0.71%，四等地占 18.52%，五等地占 80.77%，包括褐土、红黏土、粗骨土、石质土，其中褐土占 72.96%，红黏土占 15.06%，石质土占 8.28%，粗骨土占 3.7%，地貌类型以山地为主，占总面积的 83.96%，质地以重壤为主，占 59.12%，质地构型为均质重壤为主。该类型区中褐土主要分布在黄土丘陵坡地，地面坡度大，水土流失严重，地下水埋藏深，水资源缺乏，无或缺灌溉条件，干旱是农业生产的主要问题；红黏土分布在丘陵坡耕地，通体质地黏重，土壤渗水

慢，跑墒快，旱、瘠、黏和水土流失是利用的主要障碍因素；石质土分布在南部低山、丘陵的顶部及陡坡，土层薄，土少石多，母岩裸露，土壤贫瘠，多为林地；粗骨土分布在南部山区，土体较薄，砾石含量较多，所处的地形部位坡度较缓，水土流失严重，目前已多数退耕还林。该区域在发展粮食生产的同时，应因地制宜发展多种经营，合理利用资源，保护生态平衡。

第三十四章　耕地资源利用类型区

第一节　耕地资源利用分区划分原则

偃师市地形复杂，各地气候特点、地貌特征、水文地质、母质类型以及土壤肥力、耕作制度各不相同。为了因地制宜，分区域进行耕地改良利用，根据地貌形态、成土母质、土壤类型、土壤肥力、改良利用方向和水利条件、农业生产有利条件与不利因子的相似性，采取同类性和同向性分区相结合的方法，把地貌类型、水热条件、土壤类型相同，农业生产条件与障碍因素相似，改良利用方向基本一致的地方，划为同一改良利用区。其名称，采取地形—土壤—改良利用措施连续命名法，以便一目了然。

第二节　耕地改良利用分区类型

偃师市耕地划分为 4 个不同类型的改良利用区。

一、北部邙岭黄土质石灰性褐土、黄土质褐土旱作区

该区位于本市北部邙山丘陵区，包括邙岭乡的全部、山化乡的北部，首阳山镇和城关镇北部，耕地面积 9 403.76hm²，占偃师市总耕地面积 55 462.27hm² 的 17%。

1. 总体情况

本区呈东西向延伸，岭顶宽 2~4km，西、中段南部岭脊突起，海拔最高 403.9m；中部高平，海拔 140~280m，坡度 3°~5°，年平均气温 13.8~14.5℃，年降水量 530~550mm，地下水埋深 30~50m，最深可达 100m 以上，光热资源较充足，人均耕地面积较多，土层深厚，土壤质地较好，但是水源贫乏，十年九旱，水土流失，农作物产量低而不稳。种植制度为一年两熟和一年一熟，粮食作物以小麦、玉米、谷子、红薯为主，年亩产 200~250kg。经济作物有芝麻、花生、西瓜、大葱及林果种植。

2. 地力等级及分布

本区地力等级包括四等地和五等地，其中四等地面积 2 969.39hm²，占该类型区面积的 31.6%，主要分布在山化乡西南部、东北部和邙岭乡东北部、西北部的缓坡地带；五等地面积 6 420.37hm²，占该类型区面积的 68.3%，主要分布在山化乡东南部、西北部和邙岭乡中南部坡岭地带，地面坡度大。

3. 土壤质地和养分

本区北部和西北部地势平坦，土壤发育为典型褐土，东部和南部地面坡度较大，分布着碳酸盐褐土。土种以中壤质黄土质石灰性褐土、黄土质褐土为主。土壤质地中壤，土壤养分含量平均有机质 15.99g/kg，全氮含量 0.99g/kg，有效磷含量 15.41mg/kg，速效钾含量 146.32mg/kg，缓效钾含量 764.69mg/kg，均低于偃师市平均水平。与中低产田区内不同地貌类型比较：有机质、全氮含量属一般水平，速效钾和缓效钾含量最低。

4. 灌溉保证率

本区大部分地区含水层薄，水量小，不能保证农田灌溉用水，仅供人畜饮用，灌溉保证率较低。按耕地面积计算土壤灌溉保证率30%的占98.92%，灌溉保证率在50%的占总面积的0.82%，灌溉保证率在75%和80%的占很小比例，仅占0.26%。而偃师市耕地按面积计算灌溉保证率在30%、50%、75%、80%所占面积百分比分别为26.67%、42.36%、14.99%和15.98%。偃师市按7个地貌类型16个乡镇的灌溉保证率平均为52.4%，而邙岭乡灌溉保证率为30%、山化乡为41.9%，在偃师市最低。

5. 土壤的主要问题

本区土壤方面的主要障碍因素是塬地多，坡耕地多坡度大，只有极少量耕地可以灌溉，土壤保水保肥能力差，地力水平较低，干旱缺水，灌溉条件差，土壤有轻度侵蚀。有机质偏低，速效钾、缓效钾含量较低，常年产量水平为300kg/亩左右。

二、中部伊洛冲积平原粮食高产区

该区位于本市中部，伊洛河从中穿过，面积 16 947.5hm²，占偃师市耕地面积的 30.6%，主要分布在伊洛河冲积平原及两岸一级阶地。具体分布在岳滩镇、翟镇镇、佃庄镇大部和城关镇、山化镇、首阳山镇南部，顾县镇、高龙镇、庞村镇、南李村镇北部以及诸葛镇西北部。

1. 总体情况

本区海拔 115~135m，年平均气温 14.0~14.8℃，年降水量 520~540mm，地下水埋深 3~6m，地势平坦，交通方便，水资源丰富，农田灌溉以井灌为主，农业机械化程度高，种植业发达，种植制度一般为一年两熟，复种指数 195% 以上。本区人多地少，人均耕地 0.86 亩，工副业发达，历史上就有精耕细作的传统，农民种田投入大，地力水平偏高。粮食生产以小麦、玉米为主，部分村发展蔬菜生产，年粮食亩产 550kg 左右，是偃师市的粮食高产区。

2. 地貌类型及地力分级

本区由于河流的冲积作用形成了河漫滩、冲积平原和河流阶地三种地貌类型，其中河流阶地 3 747.52hm²，占该类型区面积的 22.2%，河漫滩 4 227.19hm²，占该类型区面积的 24.9%，冲积平原 4 227.19hm²，占该类型区面积的 52.9%；地力等级主要为一等地和二等地，三等地和四等地所占比例较少，主要分布在沿河地区的沙质土壤上。其中一等地面积 9 199.06hm²，占该类型区面积的 54.3%，二等地面积 4 426.87hm²，占该类型区面积的 26.1%，三等地面积 3 215.93hm²，占该类型区面积的 19.0%，四等地面积 105.64hm²，占该类型区面积的 0.6%。

3. 土壤质地和养分

本区土壤主要由伊洛河多次泛滥、改道冲积而成，地貌类型为河漫滩和平原，土壤母质为近代河流冲积物，大部分为潮土类淤土，还有部分壤质潮褐土和黏质潮褐土，沿河地带有两合土和小两合土分布。土壤质地较好、耕层质地多为中壤，质地构型大部分为匀质中壤。地面坡度 98.8% 的面积为 0，田面坡度为 1 的仅占 1.2%。土壤养分含量为：有机质 17.51g/kg、全氮 1.05g/kg、有效磷 19.20mg/kg、速效钾 186.64mg/kg。土壤养分在偃师市属较高水平。

4. 灌溉保证率

本区靠近河流，地下含水丰富，能充分保证农田灌溉用水。农业机械化程度高，农田灌溉配套设施好、按耕地面积计算土壤灌溉保证率 75%~80% 的占 99.47%，灌溉保证率在 50% 的占总面积的 0.53%。偃师市按 7 个地貌类型灌溉保证率 16 个乡镇平均为 52.4%，而本区占主要面积的岳滩镇、翟镇镇和佃庄镇灌溉保证率平均为 80%，在偃师市最高。但灌溉条件差别较大，沿河周围大部分河滩地灌溉条件较差。

5. 存在问题

主要表现在土壤质地复杂，黏土地带适耕期短，常影响小麦的适时播种，沿河地带的砂土地区保水保肥性差，灌溉条件差易受旱。该区部分年份还受内涝的为害。

三、伊南倾斜平原粮产区

该区位于本市中部伊洛川区和南部丘陵浅山区之间，北部以伊河南岸阶地 1~3m 坡坎为界，包括顾县镇、高龙镇、缑氏镇大部、大口镇、府店镇、寇店镇北部、庞村镇大部和诸葛镇、南李村镇、顾龙镇公路以北地区。南部大致以陆浑水库东一干大渠为界。耕地面 21 432.37hm²，占偃师市总耕地面积 38.6%。人均耕地 0.95 亩，以小麦、玉米生产为主，粮食亩单产 300~400kg，本区是偃师市增产潜力较大的粮产区，还有少量蔬菜及林果种植。

1. 总体情况

本区海拔高度 130~200m，年平均气温 13.8~14.5℃，年降水量 540~580mm，地下水埋深 10~30m，光热资源较充足，土层深厚，土质好，地域辽阔。该区南部地势高，地势由南向北呈单一方向倾斜，地下水较丰富，该区大部分地带地下水位小于 25m，南部有渠水可以灌溉，北部以井水灌溉为主，灌水成本高于伊洛川区，西部地下水埋藏较深。造成区内生产条件的不同，构成产量水平的差异。

2. 地貌类型及地力分级

该区按地面坡度和海拔高度又划分为倾斜平原区和丘陵区，其中倾斜平原区面积 11 279.31hm²，占该类型区面积的 52.6%；丘陵区面积 10 153.06hm²，占该类型区面积的 47.4%。倾斜平原区北部以伊河南岸阶地 1~3m 坡坎为界，南接丘陵地带，地力分级大部分为四级和三级，三级地主要分布在庞村、大口、高龙、缑氏等乡镇。丘陵区分布在靠近南部山区的东西沿线，地力分级大部分为三级和四级，其中四级地主要分布在诸葛镇西部和南李村、寇店、大口、缑氏、府店等乡镇南部靠近浅山地带。

3. 土壤质地

本区倾斜平地为第四纪早更新世、中更新世及晚更新世时期沉积的黄土和次生黄土所组成的坡地、岗丘，土壤主要发育为典型褐土，局部地区坡度较大，土壤发育为石灰性褐土。土种以黄土质褐土、红土质褐土为主，另有少量黏质洪积褐土和浅位厚积红黏土。土壤质地以中壤为主。

4. 土壤养分含量

本区土壤养分含量平均有机质 16.8g/kg，全氮含量 1.02g/kg、有效磷含量 15.66mg/kg、速效钾含量 169.03mg/kg、缓效钾含量 865.18mg/kg。本区除有效磷稍低，其他养分均高于偃师市平均水平。

5. 灌溉保证率

本区地势较高，本区大部分地下水位深，工副业不发达，打井和灌溉成本较大，造成部分农田灌溉设施不配套。按耕地面积计算土壤灌溉保证率在 30% 的占总面积的 1.5%，溉保证率 50% 的占 94.73%，灌溉保证率在 75% 的占总面积的 3.77%。特别是丘陵区灌溉条件较差。

6. 土壤质地

伊南坡岭黄土质褐土、红土质褐土粮产区质地偏重，从统计看，中壤土、重壤土占面积比例分别为 73.6% 和 23.7%，偃师市平均分别为 66.1% 和 21.4%。面积均大于偃师市平均水平。

7. 生产中的主要问题

农业上制约产量的障碍因素主要表现为红黄土母质上发育的土壤质地黏重，活土层薄，耕层浅，植物根系下扎困难，土壤速效养分含量低，干旱缺水，部分农田水利灌溉设施不配套，部分地区施肥量偏大。

四、南部浅山粮林牧区

该区位于市的最南部，南接登封市和伊川县，在偃师市地势最高，全区包括府店、缑氏、大口、寇店、南李村、诸葛等乡镇的南部山区和山前丘陵地带，耕地面积 7 678.64hm²，占偃师市耕地面积的 13.8%。

1. 总体情况

本区海拔高度 200~900m，最高峰香炉寨 1 302m，年平均气温 13.8~14.4℃，年降水量 580~620mm。该区宜林宜牧面积占全区面积的 49.2%，而耕地面积只占全区总面积的 25%。该区自然条件的最大特点是地势高，起伏大。在潘沟—水泉—五龙—山张—佛光一线以北，绝大部分是水土流失严重的丘岭区，土层较厚，地形破碎，沟谷甚多，低山与丘岭交错，海拔高度在 400m 左右，大部分适宜农耕。界线以南，属水土流失强烈的浅山区，山高坡陡，坡积层薄，裸露岩石较多，农耕地较少，为本市降水量最多区，但沟壑纵横，山高坡陡，水土流失严重，为偃师市最干旱区，部分地区人畜饮水困难。本区种植制度以一年一熟和一年两熟为主，少部分两年三熟，是偃师市地形最为复杂，生产条件最差，农业产量最低的地带。粮食作物以小麦、谷子、玉米、红薯为主，亩产平均 200kg 左右。

2. 本区土壤类型褐土

土种以浅位少量砂姜红黄土质褐土、红黏土、中层砂泥质褐土性土为主，分别占本区面积的 33.4%、16.00% 和 14.90%，另有部分泥质中性石质土、黄土质褐土、红黄土质褐土、中层泥质淋溶褐土，分别占本区面积的 8.87%、8.89%、5.83% 和 5.42%。质地以重壤为主，据统计中壤和重壤分别占该区面积的 23.1% 和 70.1%。

3. 土壤养分含量

土壤养分含量平均为有机质 15.20g/kg，全氮含量 0.92g/kg，有效磷含量 12.66mg/kg，速效钾含量 161.27mg/kg，缓效钾含量 852.92mg/kg，除钾含量达到平均水平，其余均低于偃师市平均水平。

4. 田面坡度

本区地处山区，地面起伏变化很大，田面坡度为四级的占 93.56%，一级、三级分别占 0.79% 和 5.65%。而偃师市平均田面坡度零级、一级、二级、三级、四级分别占耕地面积的 30.08%、29.48%、10.32%、17.1% 和 13.02%。本区田面坡度明显增大，对水土保持非常不利。

5. 本区土壤方面主要问题

水源缺乏、水土流失、干旱，质地重、土层薄、砂姜多，地力瘠薄，坡耕地面积大，土壤肥力偏低。

第三十五章　耕地资源合理利用的对策与建议

通过对偃师市耕地地力评价工作的开展，全面摸清了偃师市耕地地力状况和质量水平，初步查清了偃师市在耕地管理和利用、生态环境建设等方面存在的问题。为了将耕地调查和评价成果及时指导农业生产，发挥科技推动作用，有针对性地解决当前农业生产管理中存在的问题，本章从耕地地力与改良利用、耕地资源合理配置与种植业结构调整、科学施肥、耕地质量管理等方面提出对策与建议。

第一节　耕地地力建设与土壤改良利用

一、北部邙岭黄土质石灰性褐土、黄土质褐土旱作区

1. 加强以水土保持为中心的农田水利基本建设

平整土地搞好坡地水平梯田，防止地面径流，达到水不出田，蓄住天上水，栏住地面径流。在有条件的地方修建集雨水窖。

2. 对有水源条件的地方

可打井开发地下水资源、发展井灌，改进灌溉技术，发展喷灌、滴灌，千方百计扩大水浇地面积。

3. 走有机旱作农业道路

本区水资源有限，70%~80%耕地还要靠旱作农业，要采取综合措施，推广有机农业旱作技术，在增施有机肥，加深耕层的同时，扩种耐旱作物和耐旱品种，喷打抗旱药剂，推广地膜覆盖和覆盖秸秆、麦糠等旱作技术。

4. 增施肥料，搞好配方施肥

该区土壤养分化验速效钾、缓效钾在偃师市属低水平，其他养分含量也较低，除有土壤母质原因外，灌溉无保证、粮食靠天收、农民在化肥上投入少也是一方面因素。因此，建议要加大化肥特别是配方肥的使用，增施磷钾肥。

5. 广开肥源，推广绿肥掩底，发展畜牧业、沼气业，开展秸秆还田，增施有机肥料，提高地力

6. 陡坡耕地还林还牧

二、中部伊洛冲积平原粮食高产区

1. 进一步培肥地力

虽然本区耕地在偃师市属最肥沃的一个区，但由于该区人多地少，人均0.8亩左右，复种指数高，土壤产出量大，若不注意培肥，肥力很快就会下降。所以仍要重视增施有机肥，提倡小麦、玉米秸秆还田，提高潜在肥力，在化肥施用中要注意氮磷钾科学配比，大中微量元素科学配比，协调耕地土壤养分。

2. 进一步改善水利条件

应加强对现有水利设施进行完善，搞好配套。对井灌区机电井布局不合理，无灌溉条件的河滩地，要新打配套机电井。搞好排涝设施建设，实现耕地旱涝保收。

3. 改革种植制度，提高对光能和耕地的利用率

根据本区人均耕地少，耕地肥沃的有利条件，进一步改革种植制度，变一年两熟为一年多熟，在继续实行麦套玉米的基础上，进一步推广麦、瓜、菜等一年多熟制，积极发展温室塑料大棚，实行立体种植，充分利用地力和光能，提高光能增值能力。

4. 提高科学种田水平

普及平衡施肥技术，降低化肥用量。通过测土配方，生产不同作物专用肥供农民施用，防止化肥的过量施用，把科学施肥落到实处。

5. 对长期免耕播种的田块定期深耕，改善土壤理化结构

6. 搞好集约粮食基地建设，增加农民收入

三、伊南倾斜平原粮产区

1. 增施有机肥料

利用秸秆还田、积沤农家肥、家畜粪便等多种途径增施有机肥料，改良土壤结构，增加土壤地力。

2. 搞好配方施肥

该区土壤养分化验除有效磷较低，其他养分含量较高，农民在生产实践中偏重于氮肥的投入。因此，要普及配方施肥，减少单一肥料的大量使用，降低施肥成本，协调土壤氮、磷、钾比例。

3. 维修渠道，增打机井

最大限度地利用水资源。

4. 发展滴灌、渗灌等节水灌溉措施，发挥水源的最大效益，提高本区的抗旱能力

5. 耕地用养结合改革种植制度

改一年两熟或一年多熟为两年三熟，降低复种指数，使耕地得到休闲，扩种轻茬作物和养地作物，使耕地用养结合。

四、南部浅山粮林牧区

1. 对于坡度25°以上的浅山区

要逐步退耕还林、还牧，以林果为主，林灌草相结合，林木以松、柏、槐树、栎树为主，山坡上种植紫穗槐、荆条。果树以核桃、柿子、山楂、板栗为主，建立土特产基地。

2. 采取有效措施减少水土流失

改善耕地生态环境，对坡度小于10°的耕地，利用冬闲维修田埂，对坡度大于10°的搞水平梯田，减少水土、肥流失，提高耕地保水、保肥、保土能力。

3. 采取综合措施减轻旱灾为害

千方百计用好水资源，以蓄为主，加深耕层，增施有机肥，扩大秸秆还田量，提高耕地纳雨保墒能力；拦住径流水，修筑蓄水池，蓄住天上水，提高降水利用率。

4. 走有机旱作农业道路

在抓好增施有机肥，加深耕层的同时，改革种植制度，扩种养地作物，推广抗旱作物和抗旱品种、地膜覆盖技术，改一年两熟为两年三熟，降低复种指数，减少耕地负荷。

5. 狠抓培肥地力

除增施有机肥和秸秆还田，降地复种指数，扩种养地作物外，要大力推广测土配方施肥，协调土壤养分，提高土壤肥力。

第二节 耕地资源合理配置与种植业结构调整对策与建议

偃师市总耕地面积 55 462.27hm²，偃师市耕地土壤划分为 5 个土类、9 个亚类、16 个土属、25 个土种。5 个土类分别是潮土、褐土、粗骨土、红黏土和石质土。褐土可分为典型褐土、石灰性褐土、褐土性土、淋溶褐土和潮褐土 5 个亚类。潮土只有典型潮土 1 个亚类，粗骨土只有钙质粗骨土 1 个亚类，红黏土只有典型红黏土 1 个亚类，石质土只有中性石质土 1 个亚类。本次研究依据耕地地力评价结果，按照偃师市地貌形态、土壤类型、自然生态条件、耕作制度和传统耕作习惯，对偃师市农业生产概况进行了系统分析和研究，在保证粮食产量不断增加的前提下，根据不同的土壤，不同的肥力，不同的环境条件，按照因地制宜、趋利避害、扬长避短的原则，因地制宜，调整种植业结构。宜粮则粮、宜菜则菜、宜果种果，发展区域、规模化种植，发挥土地优势，提高效益。提出适合当地的作物种植模式，合理调整种植结构和作物布局，对合理利用资源、提高经济效益、增加农民收入、保护生态环境有着重要意义。因此，我们依据耕地地力评价结果，根据地貌类型、土壤类型、自然生态条件、耕作制度和传统耕作习惯对偃师市农业生产概况进行了系统分析和研究。在保证粮食产量不断

增加的前提下，以积极发展多种经营和特色种植为原则，对偃师市四个耕地资源利用类型区，分区提出耕地资源合理配置与种植结构调整对策与建议。

一、北部邙岭黄土质石灰性褐土、黄土质褐土旱作区

本区除岭顶中部和西南部有少量砂泥质褐土性土、中层钙质褐土性土、中层砂泥质褐土性土和浅位少量砂姜黄土质石土较难利用外，大部分土层深厚，质地均一适中，易耕作，通透性好，耕层养分平均有机质 15.99g/kg、全氮 0.99g/kg、有效磷 15.41mg/kg、速效钾 146.32mg/kg，针对该区耕地瘠薄，水资源缺乏，水利条件差的问题，农业生产坚持走有机旱作的农业道路，为此根据种农作物种植现状，种植结构调整的指导思想是：稳定粮食作物，扩大经济作物，减小耗地需水作物，扩大耐旱养地作物，发展畜牧养殖业。具体调整意见如下。

（一）稳定粮食作物面积、推广抗旱品种

稳定小麦种植面积，提高单产，压缩玉米面积，发展谷子、花生、芝麻、大豆等抗旱作物。

（二）推广秸秆还田技术，大力提倡集造农家肥的优良传统

有条件的村及时发展喷灌技术，提高水分和化肥利用率。

（三）调整种植业结构，发展经济耐旱特色种植增加农民收入

（1）在东部山化光明一带白面土区以种植小麦、玉米、红薯、芝麻、花生为主，建立谷子生产基地。

（2）中段偏南部地区包括关窑西南、古路沟南部建立牧业生产基地，牧业生产要以饲养草食动物牛、羊为主，建立肉牛、奶山羊基地。

（3）中段偏北部地区包括周山南部、牛庄北部、申阳东部，利用水利条件较好的优势，建立蔬菜大葱、红萝卜生产基地。

（4）中段从杨庄至西界公路沿线可利用交通便利优势发展苗木黄杨和果树生产，建设全国黄杨生产基地。

（5）本区西南部岭顶不适合种植作物的陡坡地，要逐步退耕还林、还牧，以林果为主，灌草相结合，果树以核桃、柿子、大枣等木本粮油和苹果等喜钙果树为主，建立土特产基地。瘠薄地也可种植牧草和灌木，不仅可以保持水土，也可提高植被覆盖率，涵养水源，调节小气候。

二、中部伊洛冲积平原粮食高产区

该区人多地少，机械化和科学种田水平高，是本市的粮食高产区，耕层养分有机质 17.5g/kg、全氮 1.05g/kg、有效磷 19.2mg/kg、速效钾 186.64mg/kg，在偃师市最高。本区绝大多数土壤质地好，肥力高，水利条件较好，根据这些有利条件，种植业的发展方向，重点放在提高耕地生产能力上，实行技术、物资和劳动集约，最大限度地提高单位面积效益，开展高产高效种植，主攻单产、增加总产，实现农民增产增收。具体调整意见是：要保证粮食生产，充分发挥小麦优势，尽量扩大种植面积，实现集约种植，在市区附近要建立无公害蔬菜生产基地，确保城市居民需求，通过调整把该区建成以小麦玉米为主的优质粮商品基地。

（1）在条件许可情况下，以村片为单位尽量集中土地搞规模管理，由专家统一指导进行种植。

（2）在粮食核心区重点推广配方施肥及保优节本技术，有条件的村及时发展管灌、喷灌等节水灌溉技术，减少土壤养分流失，提高化肥利用率。

（3）在全区 15 万亩小麦种子基地的基础上，通过配方施肥项目和标准良田建设，建成全国小麦超高产示范基地。

（4）在市区东寺庄村北的轻壤质土上建设偃师市银条千亩生产基地。

（5）2007 年佃庄、翟镇、岳滩、首阳山 4 个乡镇蔬菜种植面积已达 3 243hm²，今后可在 4 个乡镇沿河流域建设春茄、黄瓜和大棚蔬菜生产基地。

三、伊南倾斜平原粮产区

由于该区土层深厚，耕地连片，交通方便，水利基础条件较好，人均耕地面积较大，有利于实行

集约化经营，所以今后要努力克服不利因素和存在问题，逐步建成粮食和农副产品商品生产基地。作物结构和布局调整的意见是：在现有种植结构下，搞好农田平整和渠系配套，提高粮食作物单产，适当扩大经济作物种植，发展葡萄、大棚蔬菜种植面积，通过调整作物种植结构和布局，逐步把该区建成以麦玉为主的商品粮生产基地和优质葡萄蔬菜生产基地。

（1）完善水利设施。搞好现有井、渠水利设施的保养维护，发挥灌溉效益。同时搞好新水利设施开发建设，提高灌溉保证率。

（2）该区北部包括府店、缑氏、高龙、大口、寇店、南李村等乡镇，土种主要为黄土质褐土。该区水源较好，养分含量高，质地中壤，粮食高产潜力大，种植作物以小麦玉米为主，建立粮食高产基地。也可发展蔬菜、瓜果、葡萄等经济作物种植。该区中部包括府店、缑氏、高龙、大口、寇店、南李村等乡镇，水源缺乏，种植作物以小麦、玉米、大豆、红薯为主。

（3）在该区南部府店、缑氏、大口寇店等乡镇南部靠近浅山区地带，地形为丘陵，土壤类型为浅位少量砂姜黄土、红黄土质褐土、黏质洪积褐土、红黏土，养分含量比较低，但速效钾含量比较高，适合种植烟叶。

四、南部浅山粮林牧区

根据该区地形特点，应充分发挥山区资源，发挥资源优势，本着宜农则农、宜林则林、宜牧则牧的原则，搞好农林牧合理布局，坡度在25°以上的耕地，要退耕还林，在适宜种草的地方，种植牧草，放牧家畜，在宜农的地方，搞好土地整修，深耕细作，蓄水防旱，并调整作物布局，种植耐旱作物。

（1）上徐马—水泉—山张—佛光以南，属于水土流失严重的浅山区，山高坡陡，坡积层薄，岩石裸露较多，适宜发展林牧业。在荒山上部植松树、柏树、栎树，下部种植核桃、山楂、板栗、柿子等果树，种植牧草，发展以养牛、羊为主的畜牧业，发挥山区优势，增加经济收入。

（2）上徐马—水泉—山张—佛光以北，属于水土流失严重的丘陵区，冲沟发育，低山丘陵交错，沟谷甚多单岩石裸露较少，部分适宜农耕。适合种植小麦、谷子、红薯、大豆、花生。

第三节 平衡施肥对策与建议

平衡施肥就是根据作物对各种营养成分的需求，以及土壤自身向作物提供各种养分的能力，来配置施用肥料的种类和数量。实行平衡施肥，可用解决目前施肥中存在的问题，减少因施肥不当而带来的不利影响，是发展高产、高效、优质农业的保证，可减少化肥使用量，提高肥料利用率，增加农产品产量，改善农产品品质，改良环境，具有明显的经济、社会和生态效益。

一、施肥中存在的主要问题

1. 有机肥施用量少

部分群众重视化肥，轻视有机肥，有机肥与无机肥失衡，少数钾肥施用不足。

2. 施肥品种结构不合理

重视氮肥，轻视磷钾肥及微量元素，不重视营养的全面性。

3. 肥料配比比例不合理

部分农户年化肥使用量折合纯 N 30kg，P_2O_5 4.5kg，K_2O 2.5kg，N：P_2O_5：K_2O 为 1：0.14：0.08，氮肥施量偏大，氮磷钾比例不协调。特别是部分蔬菜田，施肥用量盲目偏高，大量使用有机肥和化肥，有的是良田的3~4倍，造成资源浪费和环境污染。

4. 施肥方法不科学

图省事尿素、复合肥撒施、肥料利用率低。

5. 部分群众不会熟练应用测土结果影响配方肥使用面积

二、施肥不当的危害

1. 生产成本加大

施肥不合理影响到经济效益。化肥用量少、比例不协调，作物产量上不去，经济效益低。用量过大，盲目偏施会造成投入增大，甚至产量降低，也影响经济效益的提高。

2. 农产品品质降低

施肥不合理，各种养分不平衡，影响产品的外观和内在品质。

3. 不利于土壤培肥

施肥不当，造成土壤养分比例不协调，进而影响土壤的综合肥力。

4. 对环境造成不良影响

过量施用氮肥，会造成地下水硝态氮的积累，不但影响水质，而且污染环境。

三、平衡施肥的对策和建议

1. 普及平衡施肥知识，提高广大农民科学施肥水平

增加技术人员的培训力度，搞好农民技术培训，把科技培训作为一项重要工作来抓，提高广大农民科学种田水平。

2. 技术人员深入基层

把技术宣传到千家万户，给农民提出合理、操作性方便的施肥配方。

3. 扩大取土化验数量

重点扶持一批种粮大户，真正实现测土施肥。

4. 加强配方施肥应用系统建设

在施肥试验基础上，加强配方施肥应用系统的硬件建设和软件开发，建立偃师市不同土壤类型的科学施肥数据库，指导农民科学施肥。

5. 在高产田、超高产田地区重点推广配方施肥、分次施肥，提高肥料利用率

6. 加大资金投入，建立配方肥生产企业大力推广配方施肥

7. 政策上加大对有机肥利用的支持力度

建议政府在政策和资金上支持有关农作物秸秆还田推广工作。增施有机肥和微肥。

第四节　耕地质量管理建议

据 2007 年偃师市统计局统计，偃师市现有耕地 53 791hm²，人均耕地 0.063hm²，人多地少，耕地资源匮乏，要想获得更多的产量和效益，提高粮食综合生产能力，实现农业可持续性，就必须提高耕地质量，依法进行耕地质量管理。现就加强耕地管理提出以下对策和建议。

一、建立依法管理耕地质量的体制

（一）与时俱进完善家庭承包经营体制，逐步发展耕地规模经营

以耕地为基本生产资料的家庭联产承包经营体制在农村已经实施 20 多年，实践证明，家庭联产经营体制不但是促进农村生产力发展，稳定社会的基本政策，也是耕地质量得以有效保护的前提。农民注重耕地保养和投入，避免了耕地掠夺经营行为。当前，坚持党在农村的基本政策，长期稳定并不断完善以家庭承包为基础充分结合的双层经营体制。有条件的地方可按照依法、自愿、有偿的原则进行土地经营权流转，逐步发展规模经营。土地规模经营有利于耕地质量保护、技术的推广和质量保护法规的实施。

（二）执行并完善耕地质量管理法规

依法管理耕地质量，首先要执行国家和地方颁布的法规，严格依照《土地法》管理。国务院颁布的《基本农田保护条例》中，关于耕地质量保护的条款，对已造成耕地严重污染和耕地质量严重恶化的违法行为，通过司法程序进行处罚。其次，根据偃师市社会和自然条件制定耕地质量保护地方性法规，以弥补上述法规注重耕地数量保护而忽视质量保护的不足。在耕地质量保护地方法规中，要规定耕地承包者和耕地流转的使用者，对保护耕地质量应承担的责任和义务，各级政府和耕地所有者保护耕地质量的职责，以及对于造成耕地质量恶化的违法行为的惩处等条款。

（三）要建立耕地质量定点定期监测体系，加强农田质量预警制度

利用地力评价成果加强地块档案建设，由专门人员定期进行化验、监测，并提出改良意见，确保

耕地质量，促进农业生产。

（四）制定保护耕地质量的鼓励政策

市、乡镇政府应制定政策，鼓励农民保护并提高耕地质量的积极性。例如，对于实施绿色食品和无公害食品生产成绩突出的农户、利用作物秸秆和工业废弃物（不含污染物质）生产合格有机肥的生产者、举报并制止破坏耕地质量违法行为的人给予名誉和物质奖励。

（五）对免耕播种法进行深入研究

研究免耕对土壤结构、病虫发生的影响，研究免耕与深耕合理的交替时间。

（六）加大对耕地肥料投入的质量管理，防止工业废弃物对农田的为害

农业行政执法部门加强肥料市场监管，严禁无证无照产品进入市场，对假冒伪劣产品加强抽查化验力度，保护农民利益。

（七）推广农业标准化生产

实施农业标准化生产可以规范农民的栽培措施，避免不正确的农事行为对耕地质量带来危害。目前，农业农村部和河南省已经分别颁布了部分作物标准化生产的行业标准和地方标准，这些标准应该首先在市、乡镇农业示范园、绿色食品和无公害食品生产基地实施，取得经验后逐步推广。

（八）调整农业和农村经济结构

调整农业和农村经济结构，应遵循可持续发展原则，以土地适应性为主要因素，决定其利用途径和方法，使土地利用结构比例合理，才能实现经济发展与土壤环境改善的统一。从偃师市土地利用现状和自然条件分析，现有耕地占总面积的52%，林面积仅占总面积的0.2%，林地所占比例较少，不利于耕地保护和环境改善。从调整林地与耕地比例相适应性分析，对开垦的耕地坡度大于25°以上的，应退耕还林。在确保粮食种植的前提下发展多种经营。

二、扩大绿色食品和无公害农产品生产规模

扩大绿色食品和无公害农产品生产符合农业发展方向，它使生产利益的取向与保护耕地质量及其环境的目的达到了统一。目前，分户经营模式与绿色食品、无公害农产品规模化经营要求的矛盾十分突出，解决矛盾的方法就是发展规模经营，建立以出口企业或加工企业为龙头的绿色食品集约化生产基地，实行标准化生产，根据目前偃师市绿色食品和无公害农产品产量、出口和市场需求量，以及本次耕地质量调查和评价结果分析，到2010年，偃师市建设绿色食品、无公害农产品生产基地面积达3万 hm²，生产绿色食品20万 t以上，无公害农产品50万 t。

三、加强农业技术培训

（1）结合"绿色证书制度"和"跨世纪培训工程"及"科技入户工程"，制订中长期农业技术培训计划，对农民进行较系统的培训。

（2）完善市乡镇农技推广体系，发挥市乡镇农技推广队伍的作用，利用建立示范户（田）、办培训班、电视讲座等形式进行实用技术培训。

（3）加强科技宣传，提高农民科技水平和科技意识。

第六篇　宜阳县耕地地力评价

第三十六章　农业生产与自然资源概况

耕地土壤理化性状的发展变化与自然环境状况和农业生产的发展有直接关系，农业生产管理水平提高、施肥量增多、水利条件改善，土壤的理化性状也随之改善。因此，要对宜阳县耕地地力进行准确评价，首先应了解宜阳县自然环境状况和农业生产现状。

第一节　地理位置与行政区划

一、地理位置

宜阳位于河南省洛阳市西部，地跨东经111°45′~112°26′，北纬34°16′~34°42′，东连洛阳，西接洛宁，南与嵩县、伊川交界，北与新安、渑池为邻。东西长62.8km，南北宽47.5km。宜阳县总面积1 666.25km²，占河南省总面积的1%，洛阳市总面积的11%。全县平均海拔360m，县城海拔195m。

宜阳地处崤山和熊耳山余脉，属于豫西浅山丘陵区，地貌特征为"三山六陵一分川，南山北岭中为滩，洛河东西全境穿"。地理区划大致可分为洛河川区、宜北丘陵区、宜南丘陵区、白杨和赵堡盆地、宜西南山区五大区域。宜北属秦岭余脉，宜南属熊耳山系，境内有花果山、灵山、锦屏山等22座知名山峰。花果山主峰海拔1 831.8m，为全县最高峰。

宜阳水系属黄河流域，全县大小河流及山涧溪水360多条。境内主要河流有洛河及其九大支流，洛河自西向东横贯全境，县内干流长68km，常流量为50m³/s，最大流量为5 400m³/s。全县水资源4.49亿m³。全县大小水库19座，总库容2 910.3万m³。

宜阳交通发达，省道八官线、安虎线横穿东西，省道南车线、县道宜新路和宜白路贯穿南北，洛阳市西南环绕城高速和郑西铁路客运专线穿境而过，焦枝铁路洛宜支线直抵县城，境内已形成"两纵两横加一环"的公路网络，全县公路里程达2 578.697km。全县369个行政村基本实现了村村通砼路或油路的目标，形成了县级公路乡乡连、农村公路村村通的公路网络。

二、行政区划

宜阳县属洛阳市辖县，下辖城关镇、锦屏镇、白杨镇、寻村镇、柳泉镇、韩城镇、三乡镇7个镇和樊村乡、赵堡乡、董王庄乡、上观乡、莲庄乡、张午乡、穆册乡、盐镇乡、高村乡9个乡和1个工矿区办事处，369个行政村。2008年全县总人口730 667人，总户数184 726户，其中农业人口633 081人，农业劳动力416 955人，农业从业人口225 718人。

第二节　农业生产与农村经济

一、农村经济基本情况

宜阳农业基础较好，土地面积宽广，生产条件优越。农作物常年播种面积160万亩，粮食产量常年稳定在35万t以上，是全国优质粮食生产基地县、国家级烟叶标准化生产优秀示范区、河南省造林绿化模范县，获得河南省农建工作最高奖——"红旗渠精神杯"。党的十一届三中全会以来，农业生产得到了长足的发展。至2008年全县实现农业生产总值达到210 418万元，其中农业产值133 319万元、林业产值7 057万元、牧业产值57 290万元、渔业产值902万元、农林牧渔服务业11 850万元。

近年来，通过不断优化产业结构，大力发展现代特色种植，逐步形成了以现代烟草、畜牧养殖、花生及油料、黑色作物、蔬菜花卉、农副产品深加工6大农业主导产业，已发展烟叶10万亩、小麦58万亩、玉米37万亩、大豆10万亩、花生10万亩、无公害蔬菜2万亩、中药材3万亩、香花辣椒

4万亩，形成了优势突出、特色鲜明的农业种植新格局。

粮食产量稳步增长。2009年，粮食总产达到36.7万t，总产位居洛阳市第二位。上观乡、赵堡乡、董王庄乡实施了油料倍增计划花生高产示范基地建设项目，建设花生高产示范基地3万亩。

现代烟草农业加快推进。宜阳是"国家级烟叶标准化生产优秀示范区"和"全国第一批现代烟草农业建设整县推进单位"、河南省"崤山"牌烟叶主产区，全县共有14个植烟乡（镇）、242个行政村和10万烟农从事烟叶种植，常年植烟面积稳定在10万亩，收购量19万担以上。

蔬菜种植规模不断扩大。2009年，全县蔬菜种植面积12万亩，其中日光温室1 700余个、塑料大棚1 300余个、中小拱棚面积5 400亩，全年生产蔬菜总量达22万t，产值3亿元。全县无公害蔬菜基地5个，面积12 000亩，初步形成了以寻村镇为中心的洛河川区无公害蔬菜生产基地，涌现了寻村镇甘棠、柳泉镇东高、韩城镇官庄、莲庄乡上涧等一批蔬菜生产专业村，组建了"源泉"无公害蔬菜合作社、"万家"果蔬种植专业合作社等专业合作经济组织，成立了七宝生态农业公司、诚占农林开发公司等龙头企业，带动了全县蔬菜产业的较快发展。

畜牧业发展迅速。宜阳县拥有豫西地区最大的韩城肉牛交易市场。2009年，全县猪、牛、羊、禽饲养量分别达到63.53万头、21.4万头、43.7万只和410.5万只，肉、蛋、奶总产量分别达到3.48万t、1.75万t、2.32万t，畜牧业产值占农业产值比重达32.8%。建成养殖小区12个，注册资金50万元以上的养殖企业65家，养殖专业户发展到1 210户，养殖专业村17个，规模养殖比重已达到40%，形成了以民正牧业为龙头的商品猪基地、以河南德营禽业为龙头的肉鸡生产基地、以洛阳立丰牛业为龙头的肉牛生产基地，全县畜牧业逐步步入规模化集约化的发展格局。

林业生产蓬勃发展。林业用地面积77.4万亩，占全县土地总面积的31%，其中有林地面积47万亩、疏林地面积0.47万亩、灌木林地面积4.2万亩、宜林地17.6万亩。全县活立木蓄积量139.5万m³，森林覆盖率25.5%，是森林资源中等县、造林绿化大县。2008年以来，启动实施了山区生态林体系建设、城市周边绿化、生态廊道绿化、村镇绿化等重点造林工程。建成了香鹿山生态园、环城苗木花卉产业带、县城东部通道村庄一体绿化等一大批亮点工程，造林成绩得到了河南省、洛阳市领导的充分认可和肯定，先后荣获"河南省造林绿化模范县"和"洛阳市林业生态建设优秀县"等多项荣誉称号。香鹿山生态园绿化面积达到2.3万亩，形成了东西长达15km的绿色长廊，为全省最大的县级城郊森林公园。

新农村建设成效明显。宜阳县新农村建设以"村村整治百村达标暨示范工程"为切入点，以路容路貌和村容村貌整治为重点，不断完善基础设施建设，推动新农村建设持续深入开展，连续4年获得"洛阳市新农村建设先进县"荣誉称号。2009年，投入资金2 200余万元，高标准打造了环寻村镇、丰李镇、锦屏镇的"U"字形精品工程。基础设施建设取得明显进展，示范村建设亮点纷呈，保洁机制逐步完善，广大农村群众的生活环境明显改善、生活质量不断提高。

二、农业生产现状

（一）产业结构趋向合理

近几年来，宜阳县按照种植业结构调整的要求，形成了以粮食生产为主线，现代烟草、花生、黑色作物、香花辣椒、瓜菜及其他作物合理配置，种植、养殖、加工和劳务输出一体化的综合农业产业链条。据县统计局2008年统计资料，全县农作物播种面积182.66万亩，其中，粮食作物播种面积124.5万亩，油料23.58万亩，蔬菜16.04万亩。

宜阳县2008年粮食总产354 419t，油料总产53 654t，蔬菜总产489 790t，瓜类总产56 847t。在粮食作物中，小麦总产160 672t，玉米总产125 365t。在种植业获得快速发展的同时，其他产业也得到全面的发展。

（二）区域生产特色初步形成

（1）以崤山、熊耳山余脉为主的南北丘陵山区，形成河南省"崤山"牌烟叶主产区。该区土层深厚，土壤钾素含量高，灌排方便，人均耕地面积大，劳动力充裕。

（2）以上观、赵堡、董王庄为主的西南丘陵山区，形成优质花生种植基地。该区以轻壤、砂壤土为主，土质疏松，土壤钙素含量高，适宜花生生长。

（3）以洛河川区、南北浅山丘陵区为主，是宜阳县的优质粮食主产区。该区土壤肥力较高，土层深厚，灌溉条件好，机械化程度高，适宜小麦、玉米等粮食作物的种植。

（4）以寻村、韩城、柳泉、莲庄为中心的洛河川区，形成无公害蔬菜生产基地，带动了全县蔬菜产业的较快发展。

（5）以高村、盐镇为主的北部丘陵区，黑色作物种植初具规模，目前已引进种植"大穗黑玉米""黑小麦""黑绿豆""黑红薯"等系列品种。各类黑色作物种植面积稳定在 2 万亩以上，产量 600 万 kg。

第三节　光热资源

宜阳县属于暖温带大陆性季风气候，四季分明。其特点：冬长寒冷雨雪少，夏季炎热雨集中，春秋温暖季节短，春夏之交多干风，俗有"十年九旱"之称，降水分配不均，季节及年际变化较大。年积温 5 267.7℃，年均气温 14.8℃，地温平均 12.8℃，年降水量 500～800mm，无霜期 200天左右，全年日照在 1 847.1～2 313.6h，日照率为 47%，冬季因受蒙古高压控制，多偏北风。夏季多偏东风，平均风速为 25m/s。全年无霜期平均 228 天，可满足农作物一年两熟或三熟对温度条件的要求。

一、热量资源

（一）气温

据宜阳气象站 1959—1980 年 22 年的资料可知，全县平均气温 14.4℃，一般年份气温均在 14～15℃。年际变化不大，对农业生产较为适宜。宜阳县气温的日较差，年平均为 10.34℃，日较差最大值在 5—6 月，这对宜阳县小麦等作物生长、营养物质的积累、品质提高较为有利。如白天温度高，可促进光合作用，夜间温度低，可抑制作物的呼吸消耗。这样可以提高作物的产量（表 36-1、表36-2）。

表 36-1　历年各月平均气温变化　　　　　　单位：℃

月份	1	2	3	4	5	6	7	8	9	10	11	12	全年
月平均气温	0.5	2.7	8.6	14.9	20.9	26.2	27.3	26.0	20.4	15.0	8.1	2.3	14.4
月变差	-1.8	2.2	5.9	6.3	6.0	5.3	1.1	-1.3	-5.6	-5.4	-6.9	-5.8	—
平均最高气温	6.5	8.9	15.0	21.7	27.5	32.9	32.7	31.2	26.2	21.3	14.0	8.3	—
平均最低气温	-3.2	-2.2	3.1	8.9	14.2	19.5	22.6	21.8	15.9	10.1	3.7	-2.2	—
极端最高气温	22.3	25	32.8	35.5	39.4	43.7	42.6	41.4	35.8	33.7	25.7	20.2	43.7
极端最低气温	-18.4	-16.6	-9.2	-3.9	3.7	9.0	15.5	12.5	6.9	0.0	-6.1	-12.6	-18.4

表 36-2　历年各月气温日较差（1959—1980 年）　　　　　　单位：℃

月份	1	2	3	4	5	6	7	8	9	10	11	12
气温日较差	9.2	11.1	11.9	12.8	13.3	13.4	10.1	9.4	10.3	11.2	10.3	10.5

（二）积温

积温就是日平均气温的积累。它是衡量一个地区热量资源的主要指标。根据多年的气象资料，宜阳县每年通过0℃、3℃、5℃、10℃、15℃、20℃的积温分别为：5 267.7℃、5 201.0℃、5 078.5℃、4 654.0℃、3 953.2℃、3 001.9℃（表36-3）。

表36-3　宜阳县稳定通过各界限温度初终日及其积温　　　　　单位：℃

界限温度	0℃	3℃	5℃	10℃	15℃	20℃
初日（日/月）	9/2	26/2	8/3	3/4	25/4	21/5
终日（日/月）	22/12	8/12	24/11	5/11	8/10	14/9
持续日	317	285	263	217	167	117
积温	5 267.7	5 201.0	5 078.5	4 654.0	3 953.2	3 001.9

根据有关单位研究，如≥10℃积温在3 400℃以下是一年一熟制，3 400~4 000℃是一年两熟制。宜阳县川区达4 654℃，所以可以满足一年两熟对温度条件的要求。按照作物而言，在宜阳县生长的冬小麦，需要≥0℃的活动积温1 900~2 100℃，玉米、谷子、大豆（都指夏播）积温在2 500℃左右，红薯需要4 000℃左右，宜阳县种的大多数中熟陆地棉要求积温在4 000℃以上（以上均指≥0℃的活动积温）。根据计算，宜阳县大多数地方热量都基本能满足以上作物的需要。但对夏玉米来说必须进行麦垄套种或铁茬抢种，争取6月10日以前种上，才能取得较高的产量，6月10日以后播种，积温则显得不足，而且成熟较晚，影响种麦。对棉花来说，苗期常受低温的影响，生长迟缓，因此，地膜覆盖将会在一定程度上解决春季低温和缺墒问题，争取棉苗早发。

（三）地温

地温对作物播期，生长发育，尤其是对根系生长影响较大。宜阳县地面温度年平均为16.8℃，比气温平均高2.4℃，地中各层温度年平均值为15.8℃，地温与气温变化趋势基本一致（表36-4）。

表36-4　历年各月平均地温（1959—1980年）　　　　　单位：℃

深度 \ 月份	1	2	3	4	5	6	7	8	9	10	11	12	年平均
地面0cm	0.5	3.2	10.3	18.0	25.8	31.9	31.6	30.5	23.4	16.4	8.2	2.0	16.8
5cm	1.3	4.1	9.4	16.2	22.9	28.1	29.6	29.0	22.3	15.4	8.7	2.8	15.8
10cm	1.8	4.2	9.6	15.7	22.0	27.1	28.8	28.6	22.4	15.9	9.4	3.5	15.8
15cm	2.6	4.5	9.2	15.3	21.4	26.6	28.3	28.2	22.6	16.3	10.1	4.2	15.8
20cm	3.2	4.8	9.1	15.1	21.1	26.1	28.0	28.1	22.8	16.6	10.6	4.9	15.9

（四）霜期

宜阳县平均初霜日在11月1日，终日在翌年3月12日，无霜期224天（最长266天，最短198天），有霜期平均140天。以最低气温≤2℃作为霜冻指标，我县霜冻平均初日为11月4日，平均终日为3月30日，间隔146天，无霜冻日平均为219天。从农业看，对不抗霜冻的作物如棉花、红薯、水稻、芝麻、花生，都要在初霜日前后收获完毕，以减少收获损失。

综上所述，宜阳县热量资源一般可满足主要作物的生长需要。作物生长期较长无霜期224天，≥10℃的积温平均为4 654℃，持续日数217天，≥15℃的积温平均3 953.2℃，持续167天，这些条件对发展农业生产是比较有利的。

二、太阳辐射

宜阳县光热资源比较丰富，全年日照时数平均为2 098.5h。1966年最多达2 313.6h，1960

年最少为 1 847.1h，年日照百分率平均为 47%。全年太阳总辐射 112.55kcal/cm² （全国各地在 80~230kcal/cm²）。其中全年总有效辐射值为 55.17kcal/cm²（6 月最大为 6.73kcal/cm²，1 月最小为 2.86kcal/cm²），辐射量各季分配不均，夏季占 46%，春季占 33%，冬季占 21% （表 36-5）。

表 36-5　光合有效辐射的季节变化　　　　单位：kcal/cm²

季节	冬季（11月、12月、1月、2月）			夏季（5月、6月、7月、8月）			春秋季（3月、4月、9月、10月）		
项目	季总量	占年总量的百分比	月平均值	季总量	占年总量的百分比	月平均值	季总量	占年总量的百分比	月平均值
量值	11.58	21	2.90	25.41	46	6.35	18.18	33	4.55

宜阳县小麦全年生育期（10 月至翌年 5 月）辐射量 65.0kcal/cm²，占全年总辐射量的 50%，玉米生育期（6—9 月）辐射量 47.6kcal/cm²，占全年总辐射量的 42%，除个别年份外，一般都能满足农作物生长的需要（表 36-6、表 36-7、表 36-8）。

表 36-6　历年各月平均日照时数及日照百分率　　　　单位：h

月份	1	2	3	4	5	6	7	8	9	10	11	12	全年
日照时数	141.3	132.0	158.7	177.9	220.5	230.3	202.2	200.1	162.3	174.2	145.5	153.4	2 098.5
日照%	45	43	43	47	51	53	46	48	44	50	47	50	47

表 36-7　各月太阳总辐射量　　　　单位：kcal/cm²

月份	1	2	3	4	5	6	7	8	9	10	11	12	全年
总辐射量	5.83	5.95	8.82	10.57	13.26	13.73	12.69	12.16	8.99	8.71	5.96	5.88	112.55

表 36-8　各月光合有效辐射量　　　　单位：kcal/cm²

月份	1	2	3	4	5	6	7	8	9	10	11	12	全年
有效辐射量	2.86	2.92	4.32	5.18	6.50	6.73	6.22	5.96	4.41	4.27	2.92	2.88	55.17

第四节　水资源与灌排

宜阳县水资源总量为 4.49 亿 m³，至 2007 年年底已开发利用水资源 1.61 亿 m³。每年可供农业灌溉用水 1.28 亿 m³，城乡生活用水 0.10 亿 m³，工业用水 0.16 亿 m³，渔业用水 0.07 亿 m³。水资源的总体状况是：年际变幅大，时空分布不均，人均水资源拥有量偏低。

一、地表水资源

（一）降水量和蒸发量

宜阳县年平均降水量为 659.7mm，分配极不均匀（表 36-9），同时年际变化较大，夏季降水（6—8 月）为 297mm，占全年的 45%，冬季降水（12 月至翌年 2 月）为 36.4mm，仅占全年的 6%。春季降水（3—5 月）为 149.8mm，占全年的 23%，秋季降水（9—11 月）为 171.9mm，占全年的 26%。最多年降水量为 1 044.4mm（1964 年），最少年降水量为 440.2mm（出现在 1965 年），两者相差 2 倍多，降水这种分配不均匀的特点，造成明显的干湿季节，对土体中物质的淋溶、淀积、迁移、转化，产生了很大的影响，形成了特定的土壤剖面形态。

表 36-9　宜阳县月平均降水量和蒸发量对比　　　　　　　　单位：mm

项目 \ 月份	1	2	3	4	5	6	7	8	9	10	11	12	全年
降水	8	14.9	30.9	56.5	55.6	60.5	137	99.1	100	54.8	33.4	8.3	659.8
蒸发	77.5	83.4	138	166	239	296	218	192	141	122	90.1	83.2	1 856
蒸/降	9.7	5.6	4.5	2.9	4.3	4.9	1.6	1.9	1.4	2.2	2.7	10	2.8

　　年蒸发量为 1 856mm，为降水量的 2.8 倍（表 36-9），尤其是冬春两季，悬殊更甚，蒸发量远大于降水量是宜阳县气候的重要特征之一，它造成土体中的水分大量外逸，直接影响土壤的形成发育过程和作物的生长。

（二）地表河流

　　宜阳县属于黄河水系，伊、洛河流域，境内洛河流域面积 1 502.72km²，占全县总面积的 90.2%，伊河流域面积 160.1km²，占全县总面积的 9.3%，涧河流域面积 3.43km²，占全县总面积的 0.2%，洛河由西向东从宜阳县中部穿过。境内干流长约 68km，纵波约 0.0023，河床宽 470～570m。洛河支流均呈南北向汇入洛河，相对看，左岸河流源短流急，右岸河流源远流长。伊、洛河在宜阳县境内流域面积大于 5km² 的支流 34 条，其中洛河 30 条，伊河 4 条；流域面积大于 40km² 的支流 14 条，其中洛河 12 条，伊河 2 条。伊河支流多呈西北—东南向进入伊川汇入伊河。由此来看，宜阳县有丰富的过境水资源。

　　宜阳县多年来平均地表水资源为 3.601 亿 m³。流域分布情况是：洛河流域 3.363 亿 m³；伊河流域 0.238 亿 m³。分区情况是：宜西南山区 0.662 亿 m³，宜南山丘区 0.668 亿 m³，宜北丘陵区 0.897 亿 m³，洛河川区 1.374 亿 m³。已开发利用 0.324 亿 m³，开发利用率为 14.1%，灌溉面积 6.75 万亩（表 36-10）。

表 36-10　宜阳县主要河流基本情况统计

河流名称	支流名称	发源地	汇流处	干流长度（km）	干流纵坡	境内流域面积（km²）
洛河	郭坪河	新安县柳树凹	寻村镇锁营村南	18.57	0.009	33.93
	甘棠河	新安县韦庄	寻村镇甘棠村南	15.20	0.013	31.10
	水兑河	渑池县曹家洼	柳泉镇水兑村西南	24.80	0.006	124.26
	柳泉河	渑池县杨村	柳泉镇柳泉村东南	24.09	0.008	46.34
	汪洋河	渑池县西果园	柳泉镇鱼泉村西南	42.85	0.007	93.90
	韩城河	渑池县白草	韩城镇韩城南	28.50	0.004	65.85
	仁厚河	洛宁县程村	韩城镇仁厚村南	17.00	0.004	37.77
	连昌河	陕县马头山	三乡乡下庄村南	54.00	0.004	14.70
	甘水河	樊村乡铁炉村	丰李镇小作村东北	33.25	0.004	41.61
	李沟河	半坡山	宜阳城西关	15.45	0.020	41.04
	陈宅河	立顶山	城关乡陈宅村东北	30.40	0.011	124.45
	涧河	露宝寨山	莲庄乡莲庄村东北	29.45	0.015	104.43
	大崖沟	上观乡太山庙	张午乡通阳村北	15.75	0.037	35.17
	龙沃河	穆册乡石马岭	张午乡元过村西北	28.25	0.028	104.45
	七峪河	穆册乡花山	张午乡平泉村西北	17.95	0.044	35.98
		陕西省洛南县洛源乡	偃师市杨村	68.00	0.0023	1 502.72

（续表）

河流名称	支流名称	发源地	汇流处	干流长度（km）	干流纵坡	境内流域面积（km²）
	顺阳河	董王庄乡邓庄	伊川县鸣皋	14.75	0.013	96.55
伊河	干　河	立顶山	伊川县干河	24.40	0.006	42.09
		栾川县	偃师市杨村			160.10

二、地下水资源

宜阳县宜西南山区和宜南山丘区大部分为基岩山地，地下水排泄条件良好。宜北丘陵区含水岩组虽为新第三纪砂砾石，但大部分地区沟壑纵横，河流深切，地下水大都侧向流出补给河川径流，赋存条件不佳。

洛河川区，白杨、赵堡盆地是宜阳县地下水富集地区。含水岩组：洛河川区为第四纪砂砾石；白杨、赵堡盆地为新第三纪砂砾石。主要补给源：洛河川区是大气降水、田面灌溉、渠道侧渗、山前地下径流；白杨、赵堡盆地是大气降水、田面灌溉。

宜南山丘区的军屯原及宜北丘陵区的温村—郭坪向斜区。它们的含水岩组均为新第三纪砂砾石。主要补给源为大气降水，军屯原还有田面灌溉入渗补给。

全县地下水资源平均为 1.23 亿 m³，分区情况是：宜西南山区 0.01 亿 m³，宜南山丘区 0.12 亿 m³，宜北丘陵区 0.16 亿 m³，洛河川区 0.94 亿 m³。已开发利用 0.247 亿 m³，其中用于农灌的 0.119 亿 m³，灌溉面积 3.34 万亩。

第五节　农业机械

宜阳县在 20 世纪 40 年代大田耕作仍使用农家小犁，耕深只有 10cm，到 1957 年开始使用农业动力机械，当年只有 20 马力，到 1980 年农业机械总动力上升到 98 475 马力，大中型拖拉机 426 台/21 476 马力，小型拖拉机 471 台/5 594 马力，机耕面积达到 324 900 亩，多年来由于农业耕作机械的施用和发展，加深了耕层，改变了土壤的物理性状，耕层由原来的 10cm 增加到 20cm 左右，增加了耕层、疏松了土壤。

至 2007 年年末，全县农机总动力已达 42.35 万 kW，其中柴油发动机动力 33.41 万 kW，汽油发动机动力 0.09 万 kW，电机动力 8.85 万 kW。机具保有量达到近 12 万台（套），拥有拖拉机 21 300 台，配套大中型机具 1 100 部，小型机具 41 800 部；主要种植业机械有机引犁 19 876 台，机引耙 19 830 台，旋耕机 299 台，机引播种机 3 523 台，精少量播种机 3 456 台，免耕播种机 52 台，农用水泵 2 100 台，节水灌溉机械 400 套，机动喷雾机 400 台，联合收割机 200 台，机动割晒机 1 000 台，脱粒机 11 400 台，温室等设施农业 105 万 m²；主要农副产品加工作业机械有粮食加工机械 2 200 台，棉花加工机械 200 台，油料加工机械 400 台；主要畜牧业机械有青贮饲料收获机 100 台，饲料粉碎机 500 台；农用运输机械有三轮运输车 6 900 台，四轮运输车 1 600 台；农田基本建设机械有推土机 59 台。各类农业机械原值 1.64 亿元，净值 1.15 亿元。全县基层农机从业人员已达到 40 997名（其中拖拉机驾驶员 20 254 名，农用运输车司机 7 711 名，农机维修人员 268 名）。

2007 年争取到国家农机购置补贴资金 100 万元，成功推广大中型拖拉机 86 台，每台享受国家补贴 6 000~14 000元；推广配套农机具 93 套，每套享受国家补贴 500~1 500元。依靠"国家补贴为引导，农户投资为主体，地方补贴为补充"的发展机制，许多农户通过投资农机勤劳致富，促进了农机事业的快速发展。

2007 年共推广各种新型农机具 2 000 多台（套），主要是因地制宜地推广了 25 台小麦小型联合收割机和 93 套大型拖拉机配套机具。针对丘陵山区的地貌特征和手扶拖拉机拥有量大、分布广泛的实际情况，"三夏"之前，在白杨、赵保、三乡、韩城、盐镇、高村等山区乡镇推广小型联合收割机

25台，每台补贴1000元。这些小型收割机可以与8~20马力的手扶拖拉机配套使用，具有轻便、小巧、价格低廉，适宜丘陵山区中小地块作业的优越性，降低了山区群众的劳动强度，加快了小麦收获进度，具有较好的发展前景；在国家农机购置补贴项目的带动下，2006—2007年，大型拖拉机迅速增加了129台，保有量接近400台。在丰李、寻村、城关、柳泉、韩城等农机作业川区重点乡镇推广旋耕机、秸秆还田机、多功能播种机和铡草机93台，使这些大型拖拉机物尽其用，农业机械化耕、耙、播、收作业面积再上一个新台阶。

第六节　农业生产施肥

一、化肥施用的变化趋势

很早以前宜阳县人民开天辟地种植作物，连种几年后土壤养分消耗，产量减少，就实行撂荒，另辟新地，到了周朝创立井田制，才开始抛荒轮休，以恢复地力，以后以青草肥田，如西周时期的诗歌《周颂》中的《良篇》有"荼蓼朽止，禾稷茂止"的歌咏，就是说：荼蓼荒了，禾稷繁茂。战国时代在荀子的《富国篇》中讲道"多粪肥田"，那时候农民知道用肥了。从此以后，我国农民施用的肥料种类增多，积制的方法也有很多创造，在使用技术上既有垫地和接力之分，还按作物需要，土壤性质和气候条件安排肥料。

宜阳县从1953年起开始在莲庄乡石村试用肥田粉（硫酸铵），1956年县农场试用过磷酸钙颗粒肥，1958年在高桥建立了磷肥厂，1963年在下河头八队推广过磷酸钙，1964年又从开封引进氨水、碳铵，1965年在白草科研组试用，1968年开始在高桥南筹建河南省宜阳化肥厂，1970年6月建成投产，年产合成氨4万t，碳酸氢铵14万t，1975年锁营试用氯化钾化肥，在棉田并施用尿素硝铵，1977年推广栾川生产的钼酸铵和试用自制酸磷二氢钾，1980年推广磷酸二氢钾，1983年试用进口重过磷酸钙，1984年试验硼砂硫酸锌、高锰酸钾有机铁，以及多元微肥。

随着我国化肥工业的发展，近些年来农田施用化肥量增加较快，宜阳县施用化肥总量1983年为3.98万t，亩均42.3kg；2006年为7.1万t，亩均39.5kg。从1980年看，宜阳县亩均施用化肥42.3kg，超过同期河南省亩均36.4kg，也超过全国同期亩均施用化肥35kg的数量。因而农业产量由于化肥用量的增加也有了相应的增产。

从化肥结构说：以1983年为例，宜阳县施用总量3.9万t中，氮肥为2.9万t，占总量的74.36%；磷肥0.62万t，占总量的16.0%；钾肥0.22万t，占总量的5.64%；复合肥0.16万t，占总量的4.0%（按河南省1983年氮肥占78%，磷肥占17%，钾肥占0.6%）。1983年、2006年、2008年宜阳县化肥施用量，分品种列表如表36-11所示。

表36-11　化肥施用量对比

化肥品种	1983年		2006年	2008年
	实物量（t）	折纯量（t）	实物量（t）	折纯量（t）
氮肥	27 603.5	5 284.5	53 423	12 670
磷肥	11 545.5	1 732	6 007	6 075
钾肥	83	32.5	6 042	6 452
复合肥	575.5	257	5 600	12 527
合计	39 807.5	7 306	71 072	37 724

二、合理使用化肥，促进作物所需供求的平衡

宜阳县氮素化肥施用量逐年增加，特别是联产承包责任制后，施肥量大幅度增加，造成地力下降，土壤板结恶化。根据1979年土壤检测结果，宜阳县土壤氮、磷、钾之比为1：0.024：4，氮、磷比例严重失调。磷肥施用形成高潮，出现了部分群众重磷轻氮的倾向。

（一）氮肥的合理使用

氮肥使用的主要问题是克服盲目性和不合理使用，必须因土因作物的需求量施肥，注意防挥发，防渗漏。宜阳县在氮肥的使用上一直效果很佳，但由于近年来用量迅速增加，其他生产条件、技术条件不能相应跟上，特别氮磷配合施用，因重氮轻磷的倾向严重，所以增施氮肥"报酬递减"现象明显。部分地块过量施氮增产效果很低，增肥不增收，这就必须根据土壤氮素水平、作物需求量确定适当的施肥量，减少不必要的肥料投资，提高经济效益。根据多年的试验结果，在低产田每千克纯氮可增产小麦4.85kg，中产田每千克纯氮可增产小麦4.1kg，高产田每千克纯氮可增产小麦2.7kg。

（二）磷肥的合理施用

磷肥的施用效果与土壤有效磷的含量有关，70年代以来，随着氮肥用量增加和产量的不断提高，土壤中的磷大量被索取，造成亏损，使氮、磷比例失调，造成土壤生态恶化。80年代随着土壤普查工作的开展，对宜阳县土壤多次测定，土壤耕层有效磷的含量只有3mg/kg，从而大面积推广了磷肥。多点试验和大面积示范证明1kg磷肥可增产小麦3~6kg。因宜阳县多为石灰性土壤，又多习惯用迟效的钙镁磷肥，加之磷肥被土壤固定，应与有机肥堆放一处沤制1~3个月，分量施入。采用底施和撒垡头施用方法，因磷的移动量小，为满足作物的需要，应2/3底施，1/3撒垡头，施在根系部位最多的地位。对磷肥的施用一般一年一次，应当遵循晚施不如早施，追肥不如底施的经验，氮磷配合使用。在高产田小麦施用氮磷比以1:0.7为宜，亩施2 000~2 500kg有机肥的情况下，补施P_2O_5 6~7kg；在中产田氮磷比应1:0.5为宜，亩施1 250~1 750kg有机肥的情况下，补施P_2O_5 5kg左右；在低产田氮磷比应1:0.6为宜，在施有机肥1 500~2 500kg的情况下，应补施$P_2O_5$4kg左右。

（三）钾肥的合理使用

近年来随着氮、磷肥的施用量大幅度增加，部分地块钾素供应不足，小麦出现了枯叶病，特别是农业生产水平条件较高的地方，尤其缺钾，而且大多作物，从土壤中带走钾的数量，比氮磷多，所以，必须引起对施用钾肥的足够重视。

（四）微量元素硼、锌、铜的合理使用

微量元素宜阳县从1980年以来已推广应用，取得显著成效。特别是在氮、磷肥用量急剧增加的情况下，更应该引起对微肥的重视。根据宜阳县土壤微肥普查和南北山丘陵、洛河川区试验点化验的数据来看，铜、铁、锰不缺，而硼、锌、钼的含量均低于临界值，远远不能满足作物的需求。试验证明对锌敏感的作物小麦、玉米、苹果施锌肥；对硼敏感的作物油菜、棉花施硼肥；对钼敏感的作物大豆、花生等施钼酸铵，增产幅度大、效果好。一般小麦每千克种子拌58g硫酸锌可增产60~120kg。钼、硼多半用以根外喷施，浓度为0.05%~0.1%，喷施1次的应在初花期效果最佳。

三、有机肥资源及利用情况

宜阳县在农业生产方面，自古就有积造施用有机肥的良好习惯。90年代前在农闲季节，农民的主要任务就是利用各种作物秸秆、杂草、枯枝败叶、人畜粪尿等原料积造有机肥，重点施用于小麦底肥和部分春作物基肥，每亩用量2 000kg左右，全县施用面积90万亩以上。70年代以前农业生产主要靠有机肥来提高作物产量。70年代至90年代，则是有机肥、化肥兼施阶段。近些年来，农村生产管理发生了变化，青壮劳动力大部分外出务工，农村劳动力缺乏，有机肥施用锐减，施用很少或不施用，出现秸秆焚烧现象。有机肥施用主要分布在饲养户和个别劳动力充裕的农户当中，养殖户一般每亩基施用量在3 000kg左右，肥料质量很高。土壤有机质含量较高，土壤肥力相对较高，一般农户有机肥施用很少或不施用。宜阳县南北山丘陵区，绝大部分属红黄土母质、红黏土母质，质地黏重，土体坚实，需要施大量的有机肥料，以改变土体的物理性状。就是在川区，由于土体疏松，漏水肥，当施用大量有机肥后，不仅能使土壤物理性质改善，而且能促进大量微生物的繁殖，促使土壤养分释放，满足作物各个生育期的需要。

宜阳县的种植制度大部分是小麦—玉米或小麦—豆类，一年两熟制。一年中除腾茬整地之外，土壤都被作物覆盖，所以是两茬种植，一茬施肥（指有机肥底施），投入土壤中的肥料不能抵偿消耗，有机质得不到积累，有机质含量偏低，要大幅度提高作物产量是很困难的。

（一）农家肥资源

据调查，2008 年宜阳县农家肥总资源 47 万 t，其中堆沤肥 10 万 t，厩肥 12 万 t，土杂肥 15 万 t，总用量 18 万 t，施用面积 18 万亩，亩均用量 1 000kg。

1. 堆肥

堆肥以小麦、玉米秸秆和割青为主，掺入少量人畜粪尿，利用 7—8 月高温、多雨季节积制而成，一般作基肥使用，全县年积制量 5 万 t。施用面积 3.3 万亩。

2. 厩肥

厩肥以家畜粪尿掺入作物秸秆（麦秸、玉米秆等）积制而成，一般作基肥使用。宜阳县家畜年存栏量 215.06 万（头、只），粪便排泄量约 41.18 万 t。可利用量约 40 万 t。

3. 土杂肥

土杂肥以土为主，掺入各种粪便、树叶、垃圾等混合堆制而成。一般也作基肥使用。年积造 15 万 t。

4. 沼肥的积制和利用

沼肥是指沼气池中各种有机物质经微生物分解发酵，制取沼气后剩下的腐熟沼液和沼渣，它是一种优质全营养肥料，近几年来，宜阳县沼气建设迅速发展，沼气在宜阳县的应用已被广大群众接受，据统计，目前全县应用沼气户数达 7 万户，年产沼肥 4.2 万 t，主要作追肥用。

（二）秸秆资源及利用情况

宜阳县主要农作物年播种面积 7.61 万 hm²，秸秆资源总量 43.3 万 t，利用方式为直接还田、堆沤还田，过腹还田、燃料原料、其他等几部分。

1. 直接还田：作物的秸秆、叶直接施入田中

小麦留高茬，在收获时，将小麦秸秆的下部留 10~15cm 不收割、直接还入田中；小麦秸秆、麦糠直接还田，把秸秆、麦糠直接施入田间。据调查小麦作物直接还田达 14.55 万 t。

在玉米收获时，用机械将玉米秆、叶粉碎后，直接施入田中，据调查玉米秸秆直接还田达 2.2 万 t。

2. 堆沤还田

宜阳县人民在长期的生产实践中根据气候特点，每年在 7—8 月高温多雨季节作物秸秆粉碎后，再加入少量的人畜粪便堆压积肥，据调查年堆沤还田量 20 万 t。

3. 过腹还田

家禽家畜食料后排出的粪便通过人工积制而成然后施入田中。据调查宜阳县家禽家畜年存栏量达 215.06 万（头/只），其中猪 19.99 万头、牛 13.1 万头。可用资源总量 41.48t，利用量 40 万 t。

（三）商品有机肥料使用

商品有机肥料生产和使用情况。宜阳县现有有机—无机复混肥料生产企业 1 个——洛阳天霖肥业公司。该公司年设计生产能力 10 万 t，年实际生产量为 3 万 t，主要生产烟草、小麦等作物的专用肥，应用效果较好。

（四）存在问题

1. 技术方法落后，难以解决传统有机肥积造使用难的问题

据调查，目前农民不是不愿意使用有机肥，而是有机肥积造使用费时费工，劳动强度大，不卫生，而且有机肥尤其是作物秸秆分解慢，影响下茬整地播种和出苗生长。不如使用化学肥料，干净、增产效果明显。当前的有机肥积造使用技术很难解决有机肥大量积造的技术问题。

2. 缺少激励广大农民持续施用有机肥的机制

随着我国经济的发展，农业尤其是种植业收入占农民家庭收入比重逐步降低，加之传统的积造使用有机肥方法费时费工，并且不卫生，在有机肥积造技术没有提高前，继续依靠传统方法推广使用有机肥是很难进行的。

四、施肥实践中存在的主要问题

（一）有机肥用量减少

农家肥含有多种养分，营养全面，有机质含量丰富，能够改善土壤结构，增强土壤肥力。典型农户调查结果显示，除秸秆直接还田外，农家肥的施用面积不足调查面积的15%，每亩平均用量不足1 000kg。95%的农户一年积沤的农家肥数量不足1 000kg，有限的农家肥主要用于蔬菜等经济作物。过去农民有积攒畜禽粪便、秸秆鲜草等堆沤农家肥的习惯，现在由于对化肥的过分依赖，人们忽视了农家肥的积沤，加之外出务工人员的增多，导致农业生产中有机肥的用量逐年递减。多数农户普遍认为有机肥沤制麻烦，增产效果不明显，化肥施用方便，所以对有机肥的施用越来越少。

（二）化肥施用已成农业生产基础手段

施用化肥能够使农作物增产已成为广大农民的共识，宜阳县农业生产中施用化肥已经相当普遍。通过调查，全县100%的农户对95%以上的作物使用化肥，遍及小麦、玉米、蔬菜等各种农作物。化肥已经成为农业生产中不可缺少的重要生产资料。通过近几年"沃土工程""补钾、增微工程"的实施，部分农户已经认识到钾肥、微肥的作用，但总体上看，在化肥施用方面仍存在着重施氮磷肥、轻施钾肥和微肥的现象。据调查，农户在小麦上的施肥方式有几种情况：①基每亩施碳铵50kg，过磷酸钙50kg，采用这种施肥方式的农户占调查户的15%；②施用三元复合肥、配方肥的农户占调查农户的85%；③肥价上涨，配方肥价格偏高，直接影响了配方肥的推广。玉米施肥出现了减少钾磷肥用量或只施氮肥甚至不施任何肥料的现象。

（三）施肥方法、施肥品种、施肥方式不科学

在被调查的农户中，有60%的农户在施用氮肥特别是尿素、复合肥，对小麦、玉米追施时，撒施于地表，不重视氮肥的深施，导致氮肥利用率低，增加了农业生产成本，加重了农业环境的污染。大部分农户由于缺乏肥料知识，生产中施用什么肥料品种，自己拿不定主意，而是相信电视广告的宣传，不是需要什么肥料品种买什么肥料品种，而是电视上广告什么肥料品种买什么肥料品种施用，随大溜买肥料现象较为普遍。这一方面说明农户缺乏科学的施肥技术，另一方面也说明了加快推广测土配方施肥技术的重要性和必要性。

第七节　农业生产中存在的主要问题

宜阳县农业生产上存在的主要问题是不同地区间地力条件差异较大造成粮食产量差异较大，施肥结构不合理，施肥水平间差异大，影响了粮食总产量的提高。

一、存在问题

（一）连作面积大，缺乏合理轮作

宜阳县种植的农作物以小麦、玉米为主。这次调查显示，作物连作面积较大，占耕地面积95%的地块同一栽培模式、同一种植方法，长期连续种植，缺乏合理的轮作倒茬。造成土壤缺素症的发生和病虫草害的蔓延，对耕地的保护利用十分不利。

（二）重用地，轻养地，对土地进行掠夺式经营

宜阳县农作物复种指数比较高，对土地的产出要求也较高，实践证明要保证耕地肥力持续提高，必须用地与养地相结合、走农业可持续发展道路，才有利于耕地土壤肥力的提高。有针对性地施用氮、磷、钾化肥、增施有机肥、秸秆还田是提高土壤肥力的有效途径，但在部分地区，存在施用化肥单一、有机肥使用量少、秸秆还田面积小等现象。由于种粮与务工比较效益较低，目前部分农民受经济利益驱使，不重视积沤农家肥，影响地力培肥。

（三）地区间农业生产条件差异较大，造成产量不一致

宜阳县洛河川区地势平坦、土壤肥沃、灌排条件好，农业生产条件好，肥料施用从种类到数量普遍偏大，农产品产量较高；南北两山丘陵旱作区，水源缺乏，沟壑纵横，交通不便，化肥施用量少，地力水平低，生产条件差，农产品产量较低；介于两区之间的是白杨、赵堡两个盆地，地下水位高，

通过打井、配套提水设施，增加地下水资源的利用，提高灌溉率，农产品产量居中。西南中低山区地形复杂，农用耕地零星分布在山谷中或陡坡上，社会经济条件差，土地生产率低。

二、改进意见

（一）大力推广测土配方施肥技术

测土配方施肥是一项富民工程，前景广阔，深受农民欢迎，应长期坚定不移地坚持下去，让农民得到更多的实惠，我们将把测土配方施肥技术推广工作作为一项长期性、基础性的工作来抓，同时以示范户为基础，重点抓好推广示范农户的辐射作用，提升全县测土配方施肥的面积。

（二）要进一步完善土壤肥力监测体系建设和配套技术服务体系

充分搞好不同配比肥料肥效试验的调查与总结，提高测土配方施肥的精准性，还要完善测土配方施肥户的连续定点监测机制，准确把握不同作物、不同质地的土壤养分变化动态，以便灵活机动准确地搞好配方施肥，也不断提高自身的测土配方施肥技术水平。

（三）实行技物结合，提供合理的配方，搞好配方肥的供应

我们将充分发挥和利用自身的技术优势和声誉，吸纳肥料生产销售单位的资金，争取实现测—配—供—施一条龙服务，从而更大更好的发挥测土配方施肥的节本增效效果。

第三十七章　土壤与耕地资源特征

第一节　土壤分类

一、土壤分类的原则和依据

根据土壤类型之间的共性和个性，土壤分类以土壤形成的环境条件为前提，综合考虑成土条件，成土过程和土壤属性，进行系统归纳，使各个类型的土壤，在整个分类系统的各级分类单元中各得其位。在研究土壤分类时，自上而下进行，首先考虑土类，然后确定亚类，土属和土种。

（一）土类

土类是高级分类的基本单元，其划分主要根据：①生物气候条件。因为不同的生物气候条件，往往形成与其相适应的土壤，宜阳县属暖温带大陆性季风生物气候条件，因此，其相应的土壤为褐土，称之为地带性土壤。②特殊的土壤层次划分，如砂姜黑土。③综合因素的影响下，某一突出因素的作用，如地下水突出作用而形成的潮土。按以上依据，1984 年土壤普查，将宜阳土壤划分为棕壤、褐土、潮土、砂姜黑土 4 个土类。这 4 个土类之间存在着质的差别。

（二）亚类

亚类是土类范围内，土壤发育中的不同分段，有时表现为土类之间的过渡类型。如宜阳县褐土土类，划分有淋溶褐土和碳酸盐褐土，二者反映了碳酸盐的积累和淋溶的不同发育阶段。

（三）土属

土属是承上启下的分类单元，它既是亚类的续分，又是土种的归纳，同一土属其土壤特性更为接近，改良利用方向更趋一致，主要根据区域性因子对亚类产生的变异来划分。本县土属的划分主要依据成土母质类型：马兰黄土、离石午城黄土、保德红土，残积、坡积和洪积物，又按母岩的种类，酸性岩、基性岩、泥质岩等细分，将土壤从土属一级区别开来。

（四）土种

土种是基层分类的基本单元，它是在相同母质的基础上，具有类似的发育程度和土体构型的一群比较稳定的土壤，同一土种的剖面层次排列基本一致，理化性质基本相似，只是在量上有所差异，其划分的依据如下。

1. 有机质层厚度

一般小于 20cm 为薄腐，大于 20cm 为厚腐。

2. 土层厚度

一般小于 30cm 为薄层，30~60cm 为中层，大于 60cm 为厚层。

3. 砾石含量

小于 30% 为砾质，30%~70% 为石渣。土层小于 30cm，石砾含量小于 30% 为薄层砾质。土层 30~60cm，石砾含量小于 30% 为中层砾质。土层大于 60cm，石砾含量小于 30% 为厚层砾质。土层小于 30cm，石砾含量 30%~70% 为薄层石渣。土层 30~60cm，石砾含量 30%~70% 为中层石渣。

4. 土体构型

影响土体构型的因素如下。

（1）障碍层次。通体砂姜含量 10%~30% 为少量砂姜，20~50cm 土体出现大于 50cm 的砂姜层（砂姜含量大于 50%）为浅位厚层砂姜。50cm 以下出现大于 50cm 砂姜层（砂姜含量大于 50%）为低位厚层砂姜。

（2）质地层次。表层质地归并为五级，砂土、砂壤、轻壤、中壤和重壤。以上称黏土，通体质地按卡琴斯基制不隔级者为均质，相隔一级或以上者为间层，其间层厚度 10~20cm 为薄层，20~50cm 为中层，大于 50cm 为厚层。其层位小于 50cm 为浅位，大于 50cm 为深位，并把浅位薄层称为夹，浅位中层称为腰。浅位厚层称为体，深度中厚层称为底。

（3）特殊土层。如古土壤层出现，也影响土体构型，故亦作为划分土种的依据。

二、土壤的命名

宜阳县土壤命名采取分级处理连续命名法。

土类和亚类，两者均属高级分类单元，土类要反映出发生学和地带性土壤的特点，如褐土。亚类采用土类前冠以成土过程的形容词，如褐土中的始成褐土亚类，"始成"即形容褐土的成土过程时间短，是幼年土壤。

土属和土种：土属命名主要依据母质类型来命名，如红黏土始成褐土、红黄土始成褐土等。土种除采用连续命名法外，可采用当地群众的习用名称，如白面土、灰垆土等。

三、土壤分类

宜阳县土壤分为棕壤、褐土、潮土、红黏土、石质土、粗骨土、紫色土、砂姜黑土8个土类。棕壤分为典型棕壤和棕壤性土2个亚类。典型棕壤分为麻砂质棕壤和暗泥质棕壤2个土属；棕壤性土分为麻砂质棕壤性土和暗泥质棕壤性土2个土属。褐土分为典型褐土、石灰性褐土、褐土性土、淋溶褐土、潮褐土5个亚类。典型褐土分为黄土质褐土、泥砂质褐土2个土属；石灰性褐土分为泥砂质石灰性褐土、黄土质石灰性褐土2个土属；褐土性土分为黄土质褐土性土、麻砂质褐土性土、暗泥质褐土性土、砂泥质褐土性土、灰泥质褐土性土、硅质褐土性土6个土属；淋溶褐土分为黄土质淋溶褐土、麻砂质淋溶褐土2个土属；潮褐土只有泥砂质潮褐土1个土属。潮土只有典型潮土1个亚类。典型潮土分为洪积潮土、石灰性潮砂土、石灰性潮壤土3个土属。红黏土只有典型红黏土1个亚类和典型红黏土1个土属。石质土只有中性石质土1个亚类和硅质中性石质土1个土属。粗骨土分为中性粗骨土、钙质粗骨土2个亚类。中性粗骨土分为麻砂质中性粗骨土、暗泥质中性粗骨土、泥质中性粗骨土、硅质中性粗骨土4个土属；钙质粗骨土只有灰泥质钙质粗骨土1个土属。紫色土只有中性紫色土1个亚类和紫砾泥土1个土属。砂姜黑土只有石灰性砂姜黑土1个亚类和灰黑姜土1个土属。根据剖面结构的不同，如质地、砾石含量、土体构型等因素，土属以下又分为不同的土种，土种是土壤分类的基本单元，第二次土壤普查宜阳县土壤共分为197个土种（表37-2、表37-3），根据农业部和河南省土肥站的要求，将县土种与省土种进行对接，对接后共有60个土种，对接与土种合并情况见表37-1。

表37-1 1984年土壤普查宜阳土种

土类	亚类	土属	土种
棕壤	棕壤	酸性岩棕壤	酸性岩薄腐中层棕壤
			酸性岩薄腐厚层棕壤
		基性岩棕壤	基性岩薄腐中层棕壤
			基性岩薄腐厚层棕壤
	始成棕壤	酸性岩始成棕壤	酸性岩薄层始成棕壤
			酸性岩中层始成棕壤
		基性岩始成棕壤	基性岩薄层始成棕壤
褐土	始成褐土	酸性岩淋溶褐土	酸性岩薄层淋溶褐土
			酸性岩中层淋溶褐土
		红黄土质淋溶褐土	红黄土壤质淋溶褐土
		酸性岩始成褐土	酸性岩薄层砾质始成褐土
			酸性岩中层砾质始成褐土
			酸性岩薄层石渣始成褐土
			酸性岩中层石渣始成褐土
		中性岩始成褐土	中性岩薄层砾质始成褐土
			中性岩中层砾质始成褐土

（续表）

土类	亚类	土属	土种
		中性岩始成褐土	中性岩薄层石渣始成褐土
		基性岩始成褐土	基性岩薄层砾质始成褐土
			基性岩薄层石渣始成褐土
		紫色岩始成褐土	紫色岩薄层砾质始成褐土
		红砂岩始成褐土	红砂岩薄层砾质始成褐土
		石灰质岩始成褐土	石灰质岩薄层砾质始成褐土
			石灰质岩中层砾质始成褐土
		泥质岩始成褐土	泥质岩薄层砾质始成褐土
			泥质岩中层砾质始成褐土
		泥灰岩底始成褐土	泥灰岩底薄层砾质始成褐土
			泥灰岩底中层砾质始成褐土
	始成褐土		泥灰岩底厚层砾质始成褐土
		石英质岩始成褐土	石英质岩薄层砾质始成褐土
			石英质岩中层砾质始成褐土
			石英质岩薄层石渣始成褐土
			石英质岩中层石渣始成褐土
		砂砾始成褐土	砂砾薄层始成褐土
			砂砾中层始成褐土
			砂砾厚层始成褐土
		红黄土质始成褐土	红黄土质始成褐土
			红黄土质少量砂姜始成褐土
		红黏土	红黏土始成褐土
			红黏土灰质始成褐土
			红黏土少量砂姜始成褐土
			红黏土灰质少量砂姜始成褐土
	碳酸盐褐土	白面土	白面土
			少量砂姜白面土
		白垆土	壤质白垆土
		红黄土质碳酸盐褐土	红黄土质碳酸盐褐土
	褐土	立黄土	立黄土
			少量砂姜立黄土
		红黄土质褐土	红黄土质褐土
		垆土	黄垆土
			灰垆土
	废墟土	废墟土	灰废墟土
	潮褐土	潮褐土	潮黄土
潮土	黄潮土	砂土	腰壤砂土
			细砂土
		两合土	青砂土
			两合土
			底砂小两合土
			小两合土
		洪积潮土	洪积黏质潮土
砂姜黑土	砂姜黑土	灰质砂姜黑土	灰质低位厚层砂姜黑土
			灰质浅位厚层砂姜黑土

表 37-2　1984 年宜阳县遗漏土种对照

土类	亚类	土属	土种
褐土	新成褐土	红黄土	红黄土
			油红黄土
			少量砂姜红黄土
			多量砂姜红黄土
			低位多量砂姜红黄土
			低位厚层砂姜红黄土
			浅位薄层砂姜红黄土
			浅位中层砂姜红黄土
		坡红土	坡红土
			浅位少量砂姜坡红土
			浅位多量砂姜坡红土
			低位多量砂姜坡红土
			低位薄层砂姜坡红土
			低位厚层砂姜坡红土
			少量砂姜坡红土
		红黏土	红黏土
			油红黏土
			灰质红黏土
			灰质少量砂姜红黏土
			灰质多量砂姜红黏土
			灰质厚淀积层红黏土
			灰质中层砂姜红黏土
			灰质浅位厚淀积层红黏土
			低位厚淀积层红黏土
			低位薄淀积层红黏土
			低位少量砂姜红黏土
			低位中层砂姜红黏土
			浅位厚淀积层红黏土
			浅位少量砂姜红黏土
			少量砂姜红黏土
			多量砂姜红黏土
	淋溶褐土	基性岩淋溶褐土	基性岩薄层淋溶褐土
		酸性岩淋溶褐土	酸性岩厚层淋溶褐土
			酸性岩薄层石渣淋溶褐土
			酸性岩中层石渣淋溶褐土

（续表）

土类	亚类	土属	土种
褐土	淋溶褐土	红黄土质淋溶褐土	红黄土质淋溶褐土
		暗黄土	壤质暗黄土
		坡黄土	厚层坡黄土
	始成褐土	酸性岩始成褐土	酸性岩厚层砾质始成褐土
			酸性岩砾质始成褐土
		中性岩始成褐土	中性岩厚层砾质始成褐土
		基性岩始成褐土	基性岩中层砾质始成褐土
			基性岩厚层砾质始成褐土
		堆垫始成褐土	薄层堆垫土
			厚层堆垫土
		红砂岩始成褐土	红砂岩中层砾质始成褐土
		泥质岩始成褐土	泥质岩薄层始成褐土
			泥质岩中层始成褐土
			泥质岩厚层始成褐土
			泥质岩厚层砾质始成褐土
			泥质岩砾质始成褐土
			泥质岩始成褐土
			泥质岩薄层石渣始成褐土
			泥质岩中层石渣始成褐土
			泥质岩厚层石渣始成褐土
		泥灰岩底始成褐土	泥灰岩底中层砾质始成褐土
		红黏土	红黏土多量砂姜始成褐土
			红黏土浅位多量砂姜始成褐土
			红黏土低位中层砂姜始成褐土
			红黏土低位少量砂姜始成褐土
			油红黏土灰质始成褐土
		始成废墟土	始成废墟土
		石英质岩始成褐土	石英质岩厚层始成褐土
			石英质岩砾质始成褐土
		砂砾始成褐土	浅位砂砾薄层始成褐土
			浅位砂砾厚层始成褐土
			低位砂砾薄层始成褐土
			低位砂砾厚层始成褐土
		红黄土质始成褐土	红黄土质油始成褐土
			红黏土底红黄土质油始成褐土

（续表）

土类	亚类	土属	土种
褐土	始成褐土	红黄土质始成褐土	红黄土质多量砂姜始成褐土
			红黄土质低位多量砂姜始成褐土
			红黄土质浅位厚层砂姜始成褐土
	碳酸盐褐土	脱沼泽白土	壤质白土
		红黄土质碳酸盐褐土	中层碳酸盐砾质褐土
	褐土	山黄土	厚层山黄土
			多母厚层山黄土
			多砾中层山黄土
		立黄土	赤金土
			少量砂姜立黄土
			浅位少量砂姜立黄土
			洪积厚层少砾质立黄土
		红黄土质褐土	红黄土质油始成褐土
			红黏土底红黄土质始成褐土
			红黄土质低位厚层砾质始成褐土
			红黄土质浅位厚层砾质始成褐土
			红黄土质少砾质始成褐土
			红黄土质少量砂姜始成褐土
		垆土	红垆土
			黑垆土
			壤垆土
		白垆土	壤质白垆土
		白面土	白面土
		废墟土	厚层废墟土
潮土	湿潮土	湿潮土	砂质湿潮土
			壤质湿潮土
			黏质湿潮土
	黄潮土	灌淤土	厚层灌淤土
		砂姜潮土	壤质低位薄层砂姜潮土
			壤质浅位厚层砂姜潮土
			壤质浅位砂姜潮土
		两合土	腰壤青砂土
			体壤青砂土
			底砾青砂土
			体砾青砂土
	黄潮土	两合土	体砂两合土
			底砂两合土
			腰砂小两合土
			底砂淤土
砂姜黑土	砂姜黑土	灰质砂姜黑土	灰质低位少量砂姜黑土
水稻土	水稻土	育型水稻土	淹育型水稻土

表37-3　宜阳县84年土种与国家土种对照

土类	亚类	土属	土种代码	省代号、土种名称	宜阳县土种名称	宜阳县84年土种
棕壤	典型棕壤	麻砂质棕壤	B2111434	39. 中层硅铝质棕壤	酸性岩薄腐中层棕壤	酸性岩薄腐中层棕壤
棕壤	典型棕壤	麻砂质棕壤	B2111428	40. 厚层硅铝质棕壤	酸性岩薄腐厚层棕壤	酸性岩薄腐厚层棕壤
棕壤	典型棕壤	暗泥质棕壤	B2111314	41. 厚层硅铁质棕壤	基性岩薄腐厚层棕壤、基性岩薄腐中层棕壤	基性岩薄腐中层棕壤
棕壤	棕壤性土	麻砂质棕壤性土	B2141215	51. 薄层硅铝质棕壤性土	酸性岩薄层始成棕壤	酸性岩薄层始成棕壤
棕壤	棕壤性土	麻砂质棕壤性土	B2141216	52. 中层硅铝质棕壤性土	酸性岩中层始成棕壤	酸性岩中层始成棕壤
棕壤	棕壤性土	暗泥质棕壤性土	B2141611	54. 薄层硅镁铁质棕壤性土	基性岩薄层始成棕壤	基性岩薄层始成棕壤、中层基性岩始成棕壤
褐土	典型褐土	黄土质褐土	C2111119	63. 黄土质褐土	立黄土、少量砂姜立黄土	立黄土、少量砂姜立黄土、赤金土、浅位少量砂姜立黄土、洪积厚层少砾质立黄土、厚层立山黄土、多母厚层山黄土、多砾中层山黄土
褐土	石灰性褐土	泥砂质石灰性褐土	C2121213	70. 壤质洪积褐土	黄护土	黄护土、红护土、壤护土
褐土	典型褐土	泥砂质褐土	C2111212	71. 黏质洪积褐土	灰护土、灰废墟土	灰护土、黑护土、厚层废墟土、始成废墟土、黄废
褐土	典型褐土	黄土质褐土	C2111121	77. 红黄土质褐土	红黄土质褐土	红黄土、油红黄土、坡红土
褐土	淋溶褐土	黄土质淋溶褐土	C2131126	88. 红黄土壤质淋溶褐土	红黄土壤质淋溶褐土	红黄土壤质淋溶褐土
褐土	淋溶褐土	麻砂质淋溶褐土	C2131612	90. 厚层硅铝质淋溶褐土	酸性岩薄层淋溶褐土、酸性岩中层淋溶褐土	酸性岩薄层淋溶褐土、酸性岩厚层淋溶褐土、酸性岩薄层石渣淋溶褐土、酸性岩中层石渣淋溶褐土、基性岩薄层淋溶褐土
褐土	石灰性褐土	黄土质石灰性褐土	C2121128	101. 中壤质黄土质石灰性褐土	白面土	白面土、砂性白面土
褐土	石灰性褐土	黄土质石灰性褐土	C2121141	104. 浅位少量砂姜黄土质石灰性褐土	少量砂姜白面土	少量砂姜白面土、多量砂姜白面土、低位少量砂姜白面土

（续表）

土类	亚类	土属	土种代码	省代号、土种名称	宜阳县土种名称	宜阳县84年土种
褐土	石灰性褐土	黄土质石灰性褐土	C2121131	107. 红黄土质石灰性褐土	红黄土壤质碳酸盐褐土	红黄土壤质碳酸盐褐土、中层碳酸盐质褐土、薄层碳酸盐砾质褐土、薄层碳酸盐石渣褐土
褐土	石灰性褐土	泥砂质石灰性褐土	C2121214	113 壤质洪积石灰性褐土	壤质白炉土	壤质白炉土、壤质白土
褐土	潮褐土	泥砂质潮褐土	C2141224	127. 壤质潮褐土	潮黄土	潮黄土、壤质暗黄土、厚层坡黄土、薄层坡黄土、厚层堆垫土、砂性黄土、黄土、低砾黄土
褐土	褐土性土	黄土质褐土性土	C2171122	139. 红黄土质褐土性土	红黄土质始成褐土	红黄土质始成褐土、红黄土质油始成褐土、红黏土底红黄土质始成褐土
褐土	褐土性土	黄土质褐土性土	C2171115	140. 浅位少量砂姜红黄土质褐土性土	红黄土质少量砂姜始成褐土	红黄土质少量砂姜始成褐土、红黄土质多量砂姜始成褐土、红黄土质浅位厚层砂姜始成褐土、红黄土质浅位薄层砂姜始成褐土、红黄土质少量砂姜低位中层砂姜始成褐土、红黄土质浅位中层砂姜始成褐土、多量砂姜红黄土
褐土	褐土性土	麻砂质褐土性土	C2171711	157. 中层硅铝质褐土性土	酸性岩中层砾质始成褐土	酸性岩中层砾质始成褐土、酸性岩厚层砾质始成褐土
褐土	褐土性土	暗泥质褐土性土	C2171314	158. 中层硅钾质褐土性土	中性岩中层砾质始成褐土	中性岩中层砾质始成褐土、中性岩厚层砾质始成褐土
褐土	褐土性土	黄土质褐土性土	C2171115	140. 浅位少量砂姜红黄土质褐土性土	红黄土质少量砂姜始成褐土	低位多量砂姜红黄土、浅位中层砂姜红黄土、低位厚层砂姜红黄土、浅位薄层砂姜坡红土、低位多量砂姜坡红土、低位厚层砂姜坡红土、少量砂姜红黄土底红黄土质少量砂姜始成褐土、红黏土底红黄土质少量砂姜始成褐土
褐土	褐土性土	砂泥质褐土性土	C2171611	161. 中层砂泥质褐土性土	泥灰岩底中层砾质始成褐土	泥灰岩底中层砾质始成褐土、砂砾中层砾质始成褐土、泥质岩中层砾质始成褐土
褐土	褐土性土	砂泥质褐土性土	C2171612	162 厚层砂泥质褐土性土	泥灰岩底厚层砾质始成褐土	泥灰岩底厚层砾质始成褐土、低位砂砾厚层砾质始成褐土、泥质岩厚层砾质始成褐土、浅位砂砾厚层始成褐土

（续表）

土类	亚类	土属	土种代码	省代号、土种名称	宜阳县土种名称	宜阳县84年土种
褐土	褐土性土	灰泥质褐土性土	C2171513	163 中层钙质褐土性土	石灰质岩中层质始成褐土	石灰质岩中层质始成褐土
褐土	褐土性土	硅质褐土性土	C2171414	166. 厚层硅质褐土性土	石英质岩中层质始成褐土	石英质岩中层质始成褐土、石英质岩厚层质始成褐土
红黏土	典型红黏土	典型红黏土	G1210019	171. 红黏土	红黏土始成褐土	红黏土始成褐土、红黏土、油红黏土、低位薄层淀积层红黏土、浅位厚积层红黏土
红黏土	典型红黏土	典型红黏土	G1210021	177. 石灰性红黏土	红黏土灰质始成褐土	红黏土灰质始成褐土、油红黏土灰质始成褐土、灰质厚积层红黏土、灰质浅位低位厚积层红黏土
红黏土	典型红黏土	典型红黏土	G1210018	178. 浅位少量砂姜石灰性红黏土	红黏土灰质少量砂姜始成褐土，红黏土少量砂姜始成褐土	红黏土灰质少量砂姜始成褐土，红黏土少量砂姜始成褐土，红黏土多量砂姜始成褐土，红黏土低位中层砂姜红黏土，浅位少量砂姜红黏土，灰质中层砂姜始成褐土，灰质浅位厚层砂姜红黏土，灰质浅位薄层砂姜红黏土，灰质浅位少量砂姜红黏土
紫色土	中性紫色土	紫砾泥土	G2321114	195. 薄层砂质中性紫色土	紫色岩薄层质始成褐土	紫色岩薄层质始成褐土
石质土	中性石质土	硅质中性石质土	G2621212	208. 硅质中性石质土	酸性岩薄层石渣始成褐土，中性岩薄层石渣始成褐土，基性岩薄层石渣始成褐土，石英质岩薄层石渣始成褐土	酸性岩薄层石渣始成褐土，基性岩中层石渣始成褐土，中性岩薄层石渣始成褐土，泥质岩薄层石渣始成褐土
粗骨土	中性粗骨土	麻砂质中性粗骨土	G2521212	210. 薄层硅铝质中性粗骨土	酸性岩薄层砾质始成褐土	酸性岩薄层砾质始成褐土
粗骨土	中性粗骨土	暗泥质中性粗骨土	G2521115	214. 薄层硅镁铁质中性粗骨土	基性岩薄层砾质始成褐土	基性岩中层质始成褐土、基性岩厚层质始成褐土
粗骨土	中性粗骨土	暗泥质中性粗骨土	G2521118	217. 薄层硅钾质中性粗骨土	中性薄层砾质始成褐土	中性岩薄层质始成褐土

（续表）

土类	亚类	土属	土种代码	省代号、土种名称	宜阳县土种名称	宜阳县84年土种
粗骨土	中性粗骨土	泥质中性粗骨土	G2521412	218. 薄层泥质中性粗骨土	泥质岩薄层砾质始成褐土、砂砾薄层质始成褐土、泥质岩底薄层砾质始成褐土、红砂岩薄层砾质始成褐土	泥质岩始成褐土、泥质岩砾质始成褐土、泥质岩薄层砾质始成褐土、红砂岩底薄层砾质始成褐土、浅位砂砾质薄层砾质始成褐土、红砂岩中层砾质始成褐土
粗骨土	钙质粗骨土	灰泥质钙质粗骨土	G2531117	219. 薄层钙质粗骨土	石灰质岩薄层砾质始成褐土	石灰质岩薄层质始成褐土
粗骨土	中性粗骨土	硅质中性粗骨土	G2521311	224. 中层硅质粗骨土	石英岩薄层砾质始成褐土、石英质岩中层始成褐土、石渣始成褐土	石英质岩中层石渣始成褐土
砂姜黑土	石灰性砂姜黑土	灰黑姜土	H2221126	254. 浅位钙盘黏质洪积石灰性砂姜黑土	灰质浅位厚层砂姜黑土	灰质浅位厚层砂姜黑土
砂姜黑土	石灰性砂姜黑土	灰黑姜土	H2221117	256. 深位钙盘黏质洪积石灰性砂姜黑土	灰质底位厚层砂姜黑土	灰质低位厚层砂姜黑土、灰质低位少量砂姜黑土
潮土	典型潮土	石灰性潮砂土	H2111424	261. 砂质潮土	细砂土	细砂土
潮土	典型潮土	石灰性潮砂土	H2111435	262. 浅位壤砂质潮土	腰壤砂土	腰壤砂土、壤质低位薄层砂姜潮土、壤质浅位厚层砂姜潮土、壤质浅位薄层砂姜潮土
潮土	典型潮土	石灰性潮砂土	H2111557	273. 小两合土	小两合土、青砂土	小两合土、青砂土、腰壤青砂土、体壤青砂土、底砾青砂土
潮土	典型潮土	石灰性潮壤土	H2111542	275. 浅位厚砂小两合土	体砂小两合土	体砂小两合土
潮土	典型潮土	石灰性潮壤土	H2111558	276. 底砂小两合土	底砂小两合土	底砂小两合土、腰砂小两合土、底砂淤土
潮土	典型潮土	石灰性潮壤土	H2111539	280. 两合土	两合土	两合土、底砂两合土、体砂两合土
潮土	典型潮土	洪积潮土	H2111714	297. 壤质洪积潮土	洪积壤质潮土	洪积壤质潮土、厚层灌淤潮土、砂质湿潮土、壤质湿潮土、黏质湿潮土、湿潮土、淹育型水稻土、洪积黏质潮土、壤质浅位砂姜潮土、淤土、潮黄土

第二节　耕地立地条件

一、地形地貌

（一）地貌类型

宜阳地形较复杂，据统计：相对高差 30m 以上的山头 458 个。由中山、低山、丘陵、盆地、河谷川地平原组成多姿多态的自然景观。就总的地势来看：西部高，东部低，南、北部高，中部低。熊耳山东脉绵延于宜阳县西南部，由浅切割中山和浅切割低山组成。中山海拔一般在 1 000~1 400m，最高峰花山海拔 1 831.8m，相对高差 150~300m，低山海拔一般在 550~850m，相对高差 100~250m，山势由南向北倾斜，倾角 3°~6°，山脉由西向东延绵，渐降为丘陵。境内山峦重叠，河谷纵横，石厚土薄，林地荒坡居多。

熊耳山余脉横卧宜阳县洛河川地的东南缘，山脉由西向东绵延，属浅切割低山。海拔一般在 500~600m，最高峰半坡山海拔 810.8m，相对高差 90~260m。境内山峰起伏，岩石裸露，树木稀少，多为荒坡。

丘陵分南北两部分：宜南丘陵，西北部海拔 400~500m，东部海拔 220~280m，中西部多浅丘，东北部多中丘。宜北丘陵，海拔多在 340~420m，相对高差 30~80m，多中丘。地势北高南低，西高东低。沟壑纵横，地形破碎，土层深厚，陡坡垦植普遍。

全县较大的盆地有赵堡盆地和白杨盆地。赵堡盆地位于宜西南山地的东缘，盆地面积 10.75km²，四周向盆内倾斜，倾角 13°~20°，盆底地势较平缓，海拔多在 325~355m，陈宅河为盆地唯一的排水通道，由南向北流出盆地汇入洛河。白杨盆地位于宜阳县东南部，盆地面积 27.1km²，地势由西、南、北部向盆内倾斜，倾角 10°左右，东南部敞开，盆底地势开阔平缓，海拔 310m 左右。

洛河川地平原由一、二级阶地，背河滩地，洛河床地组成，面积 218.74km²，东西长约 62km，南北宽 3~6km，南北向中部倾斜，西部向东部倾斜。

（二）植被类型

宜阳县西南山区属阔叶针叶混交林林区，在花山、岳山分布有针叶天然次生林和阔叶灌木林。其他山区以青松科为主的杂木林与草本植物，全县植物资源丰富，种类繁多，自然人工植被皆有。野生木本类植物共有 450 种，其中灌木 220 种，木质藤本 30 种，其主要品种有椴、栎、桐、华山松、椿、杨、柳、榆、桑、漆、柿树等；灌木类植物主要有紫穗槐、荆芥、葛藤、山葡萄等；林下草木主要有羊胡子草、黄背草、山白草、蒿类等；药用植物主要有天花粉、蒲公英、半夏、柴胡、桔梗、地丁草、山药、山楂等；丘岭原川稀疏林木和四旁树种有杨、楸、椿、槐、桐、柏等；经济型树种有苹果、杏、桃、梨、枣等；瓜类蔬菜作物有西瓜、甜瓜、冬瓜、南瓜、萝卜、白菜、葱、蒜等；栽培作物主要有小麦、玉米、棉花、谷子、豆类、红薯、烟叶、油菜等 40 余种；田间旱生杂草有抓地龙、节节草、刺芥、茅草等。

不同的植被形成不同的土壤类型，例如，穆册的老母猪坑自然植被为阔叶林，林木与草本植物枯枝落叶覆盖于地表，土壤中累积着大量腐殖质，而且淋溶作用较为强烈，故形成了棕壤，而平原地区主要种植农作物，人为活动及耕作措施对土壤肥力及其发育起着主导作用，故山地与平原有着迥异的土壤类型。所以植被在土壤形成过程中起着异常重要的作用。

二、母岩与成土母质

（一）母岩

在漫长的地质历史时期内，地质构造活动频繁，各种类型的沉积及岩浆活动的千差万别，造成了宜阳县各地成土母岩的复杂性。现将宜阳县主要成土母岩略述于下。

1. 西南山区

本区以变质岩和火成岩为主，变质岩如太古界的花岗片麻岩，火成岩中如花岗岩、安山岩及玄武岩，在上观、穆册两个乡有出露。

2. 南部丘陵区

主要分布着沉积岩中的震旦系中上部的石英砂岩，页岩和寒武系的紫色页岩、灰岩，部分地区还分布有新生界下第三系的泥岩，局部分布有砂砾岩。

3. 北部丘陵区

指盐镇乡、高村乡的全部和寻村、柳泉、韩城、三乡镇的一部分，主要分布着新生界下第三系的泥岩，部分地区还分布有砂砾岩。

（二）成土母质

漫长的地质年代和复杂的变化过程，使矿物岩石经过物理、化学和生物风化过程形成土壤母质，不同的岩性，其风化后所形成的母质，在理化性质上有着明显的区别。成土母质是土壤形成发育的物质基础，因此，成土母质可影响土壤的发展方向与速度，以及肥力状况，理化性状和改良利用方向。

由于本县地形复杂、岩石种类多，因此在成土母质类型上也是多种多样的，岩石风化后所形成的母质，很少保留在原来形成的地方，大多数是受水、风、重力的作用搬运到其他地方沉积下来，根据搬运力的不同把宜阳县成土母质进一步划分为不同类型。

1. 残积坡积母质

酸性岩残积坡积母质：主要分布在宜阳县西南部山区，由花岗片麻岩风化形成，颗粒较粗，石砾较多，形成土壤矿质养分含量较低。

基性岩残积坡积母质：宜阳县基性岩主要指玄武岩，分布在上观、穆册两个乡，此岩易风化，而风化后的质地中等偏黏。

石英质岩残积坡积母质：石英砂岩不易风化，风化后形成砂质或砾质母质，颗粒粗糙，养分贫乏。

石灰质岩残积坡积母质：主要分布在半坡山一带，石灰质岩包括石灰岩和淡灰岩，石灰质岩易于风化，形成的母质稍黏重，但养分丰富。

砂砾岩残积坡积母质：宜阳县的砂砾岩，胶结极差，易风化破碎，风化物养分贫乏，石砾多，形成的土壤不易耕作，影响作物生长，但疏松，通透性好。

紫色岩残积坡积母质：分布面积不大，主要出现在锦屏镇的陈宅至大雨淋。出露岩石是紫色砂岩，该岩较易风化，在此母质上形成的土壤，质地壤质，养分一般。

中性岩残积坡积母质：在宜阳县裸露的中性岩主要是安山岩，分布在莲庄乡的石村、上涧一带，面积很小。安山岩较易风化，风化后产生黏土矿物，在此母质上风化形成的土壤，钙镁矿质养分较丰富。

泥质岩残积坡积母质：在宜阳县南北丘陵均有分布，主要指泥岩和页岩，风化形成的质地较细，偏黏，透水性差，但保水保肥能力强，矿物养分较丰富。

红砂岩残积坡积母质：分布面积很小，主要分布在锦屏镇的铁炉。红砂岩风化后形成的母质砂性强，养分贫乏。

2. 离石午城黄土母质

离石午城又称红黄土，在宜阳县分布在岗丘中下部，它所形成的土壤，色红黄，结构坚实而致密，多为块状，一般颗粒较细，部分地区含有数量不等的砂姜，质地中壤或重壤，较易耕作，保水保肥性好。

3. 马兰黄土母质

马兰黄土又称新黄土，主要分布在张午塬上，淡灰黄色较疏松，无层理，柱状节理发育，土体上下一致，在此母质上形成的土壤，质地轻壤，石灰含量高。

4. 保德红土母质

保德红土又称三趾马红土，发育在二迭系砂页岩上，质地为黏质，大块状或块状结构，风化后呈小块状，颜色为暗红或深红色。在宜阳县保德红土分有无石灰反应两种，大部分含数量不等的砂姜，结构面上均有铁锰胶膜和铁锰锈斑，个别地方还有铁锰结核。在保德红土母质上发育的红黏土质地黏重，不易耕作，通透性差，但保肥性能好，在宜阳县主要分布在樊村乡和赵堡乡的东部。

5. 洪积母质

大雨过后，将其携带的砾石、泥砂堆积在岭间出口处，称洪积母质，其特点是分选差，砾石、泥砂混杂堆积，其外形常呈以岭间出口处为尖端向四处分散的扇形称洪积扇。洪积扇上部砾石含量多，下部有砂砾层，漏水严重，洛河南北两岸阶地上由于洪积物来自岭间，表层土壤养分含量较高，土层较厚，易耕作。

6. 湖积母质

在白杨哈蚂洼由于有季节性积水的沉积物，特点是细粒，无层次因有机质较多而呈黑色，并因积水影响而呈潜育特征的灰白色土层，经过沼泽化，脱沼泽化和旱耕熟化发育成砂姜黑土。

三、地貌类型与土壤分布

宜阳县除河流阶地上分布着潮土，西南部分山区分布有棕壤和白杨盆地分布着砂姜黑土外，其余地方几乎全部是褐土。

(一) 土壤的分布概况

1. 西南山区土壤分布

西南山区主要分布着在各种岩类风化物上形成的土壤，主要以酸性岩淋溶褐土和酸性岩棕壤（始成棕壤）为主，还夹杂有基性岩、中性岩、红砂岩、砂砾和红黄土质始成褐土。这些土壤主要分布在穆册和上观 2 个乡。

2. 北部丘陵区土壤分布

北部丘陵区主要分布着红黄土质始成褐土，砂砾始成褐土和红黏土，还有少部分的红黄土质褐土和泥质岩始成褐土。

3. 南部丘陵区土壤分布

南部丘陵区主要分布着红黏土、泥质岩始成褐土、红黄土质始成褐土和砂砾始成褐土。红黏土主要分布在樊村乡和赵堡乡的东部，该区部分地区还分布着石灰质岩始成褐土、红黄土质褐土，在张午乡还分布着白面土，岗丘下部出现壤质白垆土。在锦屏镇、连庄分布小面积的中性岩、紫色岩和红砂岩始成褐土。

4. 洛河川区土壤分布

在洛河两岸主要分布着潮土、潮褐土。潮土分布在河流一级阶地的防洪堤内外，潮褐土分布在河流二级阶地上。在洪积扇上部还分布着始成褐土。

5. 白杨盆地的土壤分布

白杨盆地主要分布着红黄土质始成褐土、红黄土质褐土和砂姜黑土，砂姜黑土主要分布在白杨镇东哈蚂洼，有季节性积水，排水不畅，经过潜育化过程，形成了特殊的层次，发育成了砂姜黑土。

(二) 土壤的分布规律

土壤的分布规律是自然条件综合影响的结果，因为随着海拔的升高，温度、降水也会发生相应的变化，这些水热条件的差异，导致植被类型的不同，并呈现出了规律性的分布。生物气候条件在地理上的规律性分布，必然造成土壤分布的规律性。随海拔的不同，土壤的分布规律从上往下依次为棕壤—始成棕壤—淋溶褐土—砾质始成褐土—红黏土—红黄土质褐土—底砂小两合土。

在洛河以北由下往上同样依次分布着黄垆土—红黄土质始成褐土—红黏土。由此来看，红黏土分布在红黄土之上。红黏土分布在岗丘上部或中部，红黄土质始成褐土分布在岗丘的中、下部或岭间洼地。

(三) 土壤的物理性状

土壤的物理性状是指土壤中水分、空气、热量状况和影响这些因素的质地、土体构造、土壤结构、容量以及其他水分物理性质等。它对作物的水分、养分和空气的供应，具有直接的影响，同时对土壤微生物的活动以及土壤中养分释放的速度，也有重要的关系。

1. 土壤质地

土壤质地是土壤中各粒级土粒的配合比例，即土壤颗粒的粗细反映土壤的砂黏性。它主要决定于成土母质类型及其发育程度。宜阳县农民群众历来重视土壤质地，他们习惯用的土壤名称大多是反映土壤质地特点的，如砂土、黏土、垆土、鸡粪土等。农民在生产实践中对土壤质地重视的原因，主要是它直接影响土壤的农业性状。例如，通气、透水、保肥、保水、宜耕及养分含量等，在很大程度上是受质地支配的。农村用的质地名称地区性比较强，经常有同土异名和同名异土的现象。这就需要有一个科学的统一的质地划分标准，采用前苏联卡钦斯基的简化质地分类制（表37-4）。这个质地分类是以物理学黏粒含量为划分依据。1984 年土壤普查我们把松砂土和紧砂土合并为砂土，把轻黏土、中黏土和重黏土合并为黏土。根据质地分类标准，本县土壤分为：砂土、砂壤、轻壤、中壤、重壤、黏土等类型。

表 37-4　前苏联卡钦斯基质地分类制

类别	质地名称	物理性黏粒（<0.01mm）%	物理性黏粒（>0.01mm）%
砂土	松砂土	0~5	95~100
	紧砂土	5~10	90~95
壤土	砂壤土	10~20	80~90
	轻壤土	20~30	70~80
	中壤土	30~45	55~70
	重壤土	45~60	40~55
黏土	轻黏土	60~75	25~40
	中黏土	75~85	15~25
	重黏土	>85	<15

砂土以砂粒为主，砂粒的粒径大，粒间空隙也大，通气透水性能良好，无黏结性、黏着性，可塑性很小，宜耕期长，无坷垃。其保肥保水能力很差，土温变幅大，昼夜温差大，养分含量低。砂土易管理，发苗快，合理供水、施肥也能取得高产。但砂壤土除具备砂土的特点外，因物理性黏粒较砂土多，在保水保肥能力上有所改变，养分含量也比砂土高。但对作物生长发育来讲也还不能满足，必须注意少量多次施肥供水，以避免水肥漏失。轻壤在一定程度上保持着砂土的优点，而其保水、保肥能力及肥力状况也有所增加，必须在适宜含水量范围内进行耕作，避免颗粒满地。宜阳县中壤多分于川区，黏粒含量明显增加，透水变慢、通气减弱、黏结性、黏着性和可塑性都增加，宜耕期短，而且耕后易出现坷垃和犁条。黏土和重壤比中壤更难耕作，通气透水性更差，但保水保肥能力比其他质地的土壤强，养分含量也高。

2. 土体构造

土体构造是土壤外部形态的基本特征，也是划分土壤种类的重要依据之一。土体由若干土层组成，土层在土体中排列情况及其组合关系称为土体构造。它对土壤的水、肥、气、热等肥力因素有制约和调节作用。因此，良好的土体构造是耕作土壤的肥力基础。影响土体构造的因素主要是质地，土壤结构及土壤施肥、耕作、灌溉等农业措施。而其中的土壤质地是影响土体构造的物质基础。

宜阳地处豫西浅山丘陵，有洛河冲积平原，土体深厚有利于多种农作物的生长。由于母岩类型多，形成了多种的土体构造，对作物生长发育产生着不同的影响，但归纳起来可分为通体型、夹层型两大类。

（1）通体型。通体型的土体构造，即全剖面上下质地均匀一致，除有明显的犁底层外，层次分化无悬殊，通体型又分为 3 个类型。

通体砂质型：包括砂土、砂壤土、轻壤土等，通体质地砂土或间有砂土和轻壤土。

通体壤质型：包括小两合土、两合土、白面土、黄垆土等，通体轻壤或中壤或有相差一级质地的间层。

通体黏质型：包括淤土、红黄土、红黏土等，通体质地重壤，或有质地相差一级的间层。

（2）夹层型。夹层型的土体构造，即构成土体的各个土层质地的悬殊，松紧各异。其特点是土体中的砂黏交替层次十分明显，质地变化较大。因相异土层出现部位及厚度不同，其肥力的差别很大，这种土体构造可以归纳为"上松下紧"型和"上紧下松"型两类。

"上松下紧"型。即土体构造中土体质地排列为上轻下重。如腰壤砂土、棕壤、始成棕壤和淋溶褐土等，这种土体的构造，有利于土体中水肥的保蓄。

"上紧下松"型。即土体构造中质地排列上重下轻，如底砂小两合土等。这种类型与上述类型相反，表层质地重下层质地轻，耕作质量差，下层质地较易漏水漏肥。耕作层的厚度与作物营养和根系发育有着密切的关系。耕层越厚根系活动越广泛，有利于水肥的吸收和作物的发育，所以对于耕层厚度要逐年加深是一项十分重要的培肥地力和增产措施，并结合施有机肥料才能达到预期的效果。群众说的好"三犁九耙、上松下实"有利于幼苗出土，根系下扎，防止悬根吊死，而且根系扎实了才能防止倒伏，有利于水肥的吸收和保蓄。

3. 土壤结构

土壤结构是指土粒相互黏结而成的大小不同、形态各异的各种自然团聚体的状况。它对土壤肥力的因素，微生物的活动及耕性等都有很大影响。

宜阳县土体结构状况是：耕作层，由于有机质含量不高，团粒结构不明显，多为块状、碎块状结构，土壤结构优劣是土壤熟化程度的一般表现。由于农具长期耕作，在活土层下面可形成紧实的犁底层，结构性差，对通气透水，作物根系下扎有一定影响。心土层和底土层都是紧实的块状结构，主要决定于母质的性状，此外还由于土壤中缺乏腐殖质，加之长期灌溉，干湿交替所造成。

宜阳县土壤结构不良的主要表现是坷垃和土壤板结，除砂壤、轻壤以外，中壤以上的土壤有机质缺乏，耕性差，适耕期短，耕作稍不及时，容易形成大小不同的坷垃。特点是南北两岭多属红黄土、红黏土母质，土体质地黏重，耕作必须适时。

土壤结构的形成于土壤中有机、无机胶体的凝聚有关。因此施用有机肥料增加土壤腐殖质是重要农业技术措施。在目前土壤有机质含量不高的情况下，依靠精耕细作创造临时性的非水稳性团粒结构，在一定时期内能够调节土壤的水分和养分状况，对保证作物对水肥的要求、获得高产也具有很重要的意义。

土壤结构影响土壤容量、孔隙状况、土壤持水能力和土壤养分转化及保蓄等。所以，创造和改善土壤的结构是农业生产夺高产创优质不可缺少的重要条件之一。

第三节　耕地资源生产现状

按照全国耕地利用现状分类标准，2008 年宜阳县耕地 99.19 万亩，绝大部分都是旱地，水田只有 1407.9 亩。其中水浇地 13.86 万亩，占耕地面积 14%，旱地 85.05 万亩，占耕地面积的 85.7%。

历史上，宜阳县水浇地以一年两熟为主，旱地以一年一熟为主，改革开放以来，随着农业生产条件的改善，农业投入的不断增多，农作物播种面积不断扩大，复种指数不断提高，2008 年农作物播种面积为 182.66 万亩，复种指数为 184%。其中粮食作物 124.5 万亩，占总播种面积 68.2%。粮食作物中小麦 58.6 万亩，玉米 37.3 万亩，豆类 14.7 万亩，红薯 7.9 万亩，花生 14.5 万亩，谷子 5.4 万亩，烟叶 10.9 万亩，蔬菜 16.1 万亩，瓜果 3 万亩。

种植制度多数为一年两熟，少数为一年一熟和一年三熟，由于作物种植种类多，种植模式也多，主要有：小麦—玉米、小麦—谷子、小麦—花生、小麦—大豆等一年两熟；麦菜瓜（棉）一年三熟，少部分旱地有辣椒、红薯、花生、小麦、玉米一年一熟。

以小麦种植为例，从不同耕地的投入产出情况看：洛河川区一般每亩投入纯氮 13kg 左右，纯磷（P_2O_5）7kg 左右，纯钾（K_2O）3kg。按现行价计算亩投入 120 元左右，亩产小麦 400kg 以上，产值 800 元，投入产出比为 1/6.7；在白杨、赵堡盆每亩投入纯氮 12.5kg 左右，纯磷（P_2O_5）7.5kg 左右，纯钾（K_2O）2.5kg，投入 120 元左右，亩产小麦 350kg，产值 700 元以上，投入产出比为 1/5.8；

在南北两山丘陵区每亩投入纯氮 10kg 左右、纯磷（P_2O_5）5kg 左右、纯钾（K_2O）2.5kg，投入 100 元左右，亩产小麦 260kg，产值 520 元以上，投入产出比为 1/5.2。不同的土壤类型，不同的地形地貌产出、投入比是不同的，以洛河川区产投比最高，南北两山丘陵区最低。

第四节　耕地保养管理的历史回顾

新中国成立前，宜阳县仅有惠济渠、利济渠、协济渠、秦岭渠等，及沿河零星分布、支离破碎的小型水利工程，灌溉面积仅 4.63 万亩。由于天灾人祸频繁，粮、棉产量很低，人民过着衣不蔽体、食不果腹的生活。

新中国成立后，在中国共产党的领导下，广大干群流汗出力，兴修水利：50 年代打井、修渠，60 年代建库、修塘、小流域治理，70 年代建站、治河、平整土地，取得了很大的成绩。据统计，至 1980 年年底全县有库、渠、塘、井、站等水利工程 1 753 项。山丘区水土流失面积 1 260km²，已初步治理 255.48km²，占应治理面积的 20.28%。其中，修梯田 15.73 万亩，闸沟淤地及整修沟坪地 6.78 万亩，造水保林 15.82 万亩。已分别解决了 1.59 万人、0.18 万头大牲畜的吃水困难问题，分别占应解决总数的 25.1% 和 21.1%。兴建中、小型水库 65 座，总库容 6 217万 m³，兴利库容 3 858.3万 m³，控制集水面积 421.18km²。其中，中型水库一座，总库容 1 020万 m³，兴利库容 638 万 m³。小型一类水库 13 座，总库容 3 370万 m³，兴利库容 2 268.7万 m³。小型二类水库 51 座，总库容 1 820.4万 m³，兴利库容 951.6 万 m³。万亩以上自流灌区 5 个，万亩以下自流灌区 271 个，保证自流灌溉面积 14.93 万亩。塘 277 个，总塘容 1 047.5万 m³。机电井 616 眼，已配套 492 眼，其中电配 408 眼，装机 4 205.9kW；机配 84 眼，装机 1 164马力。机电灌固定站 287 处，其中电灌站 207 处，装机 8 295kW；机灌站 80 处，装机 2 587马力。流动提灌站 103 处。喷灌机 52 套，装机 624 马力。水电站 23 座，装机 1 726.5kW。洛河治理：修有效防洪堤 98.97km，防洪标准初步达到了 20 年一遇；河滩造地 3.7 万亩。低洼易涝地 2.18 万亩，已初步治理 1.243 万亩，占应治理面积的 57%。

1985 年以来，宜阳县依托国家农业综合开发项目、吨粮田建设项目、小麦玉米高产开发项目、农田水利基本建设项目、土地平整项目、温饱工程项目、沃土工程项目等，实施中低产田改造和节水灌溉农业及高产开发，大力调整农业结构，不断加快农业产业化进程，耕地生产能力稳步提高。

至 2007 年，中低产田改造项目 333hm²。项目区农业生产条件得到了明显改变，农业综合生产能力得到了显著提高，基本实现了"田成方、林成网、渠相通、路相连、旱能浇、涝能排"的园田化农业生产新格局，取得了良好的经济效益、生态效益和社会效益。

2007 年度农业综合开发中低产田改造项目，涉及张坞乡留召、下村、苏羊、平南、平北、严过 6 个行政村，开发面积 333hm²。总投资 339 万元，其中财政资金 241 万元，群众自筹 98 万元。施工高峰期，共投入运输机械 43 台，混凝土搅拌振捣机械 51 台，日出动推土机 3 台，装载机 2 台，挖掘机 1 台，挖穴机 1 台，压路机 1 台，日出工平均 230 个。截至年底，项目区整体工程已全面完成计划工程量。其中新建提灌站 4 座，修复提灌站 2 座；架设输变电线路 1.8km，购置变压器 3 台 150kVA；开挖疏浚沟渠 20km；衬砌渠道 15km；修建渠系建筑物 661 座；土壤改良 200hm²；整修机耕路 11km；营造农田防护林植杨树 1.5 万株；科技培训 2 500人次；科技示范推广测土配方施肥技术 66.67hm²。累计投工 2.3 万个，砼及钢筋砼 0.37 万方，土石方完成 9.13 万 m³。项目区通过开发治理，农作物复种指数由 1.40 提高到 1.60，年新增粮食生产能力 75 万 kg，项目区农民纯收入年增加总额 180 万元。增加林网防护面积 333hm²，控制水土流失面积 133hm²，生态环境得到有效改善。狭窄泥泞的田间小道变成了宽阔的机耕路；昔日旱地如今变成了旱涝保收田。产业结构的调整，使每亩经济效益由原来的不足 500 元上升到 1 300元，当地群众称赞是农业开发改变了当地的贫穷面貌。

546

第三十八章　土壤性态特征

土壤的性态特征，是指土壤的剖面形态，物理化学性质，生产性状等。本章依据 1984 年土普资料对全县各类土壤的性态特征，分别加以论述。

第一节　棕　壤

棕壤是发育在暖温带湿润的中、高山区的土壤，在宜阳县主要分布在海拔 1 000m 以上的上观、穆册两个乡，共计面积 69 625 亩，占全县总土壤面积的 2.89%。

棕壤的腐殖化、淋溶作用明显，全剖面无石灰反应，pH 值 7 以下，呈酸性至中性反应，其母质为酸性岩类和中性岩类的残积、坡积物。根据其发育程度不同，划分为棕壤和始成棕壤 2 个亚类。

一、棕壤亚类

棕壤亚类是棕壤土类的典型亚类，土层厚，较肥沃，植被茂密，根据其成土母岩不同，划分为酸性岩棕壤和基性岩棕壤 2 个土属。

（一）酸性岩棕壤土属

酸性岩棕壤土属是发育在花岗片麻岩风化物上的土壤，分布在海拔 1 520m 左右的穆册乡，面积 18 519 亩，占本土类面积的 26.6%。该土属有 2 个土种，酸性岩薄腐中层棕壤，面积 1 782 亩，占本土类面积的 2.6%，和酸性岩薄腐厚层棕壤，面积 16 737 亩，占本土类面积的 24.04%，其剖面性态以 6—52 号酸性岩薄腐厚层棕壤为例来说明。

1. 剖面形态

A_0 5cm 厚的枯枝落叶层

0~10cm：暗棕色，质地轻壤，粒状结构，散，无石灰反应。

10~27cm：暗棕色，质地轻壤，粒状结构，散，无石灰反应。

27~58cm：暗棕色，质地轻壤，粒状结构，散，无石灰反应。

58~82cm：暗棕色，质地轻壤，粒状结构，散，无石灰反应。

82cm 以下基岩。

2. 理化性质（表 38-1）

表 38-1　酸性岩薄腐厚层棕壤化学性质

剖面编号	采样深度（cm）	有机质（%）	全氮（%）	全磷（%）	全钾（%）	有效磷（mg/kg）	速效钾（mg/kg）	碳酸钙%	代换量 me/100g 土	pH 值
6—52	0~10	5.07	0.300	0.079	1.53	8.2	209.9	0.13	11.9	5.6
	10~27	3.49	0.148	0.052					11.2	4.2
	27~58	2.90	0.124	0.030					9.6	4.5
	58~82	1.04	0.053	0.022					7.7	4.3

3. 机械组成（表 38-2）

表 38-2　酸性岩薄腐厚层棕壤机械组成

剖面编号	采样深度（cm）	不同粒径（mm）颗粒含量（%）							质地
		砂	粗粉砂	物理性砂粒	粉砂		黏粒	物理性黏粒	
		0.05~1	0.01~0.05	>0.01	0.005~0.01	0.001~0.005	<0.001	<0.01	
	0~10	17.89	40.44	58.33	14.15	20.24	7.28	41.68	中壤

（续表）

剖面编号	采样深度（cm）	不同粒径（mm）颗粒含量（%）							质地
		砂	粗粉砂	物理性砂粒	粉砂		黏粒	物理性黏粒	
		0.05~1	0.01~0.05	>0.01	0.005~0.01	0.001~0.005	<0.001	<0.01	
6—52	10~27	41.63	16.72	58.35	12.95	16.59	12.17	41.71	中壤
	27~58	33.77	24.19	57.96	16.75	13.03	12.28	42.06	中壤
	58~82	62.41	13.22	75.63	6.61	17.76		24.37	轻壤

（二）基性岩棕壤土属

基性岩棕壤土属是发育在玄武岩风化物上的棕壤。主要分布在穆册乡的年沟一带，面积 13 576 亩，占本土类面积的 19.5%。该土属有 2 个土种，基性岩薄腐中层棕壤，面积 1 480 亩，占本土类面积的 2.1%，基性岩薄腐厚层棕壤，面积 12 096 亩，占本土类面积的 17.4%。剖面性态以基性岩薄腐厚层棕壤 6—11 号剖面说明。

1. 剖面形态

A_0 5cm 厚的枯枝落叶层

0~11cm：黑红色，粒状结构，质地中壤，散，零星砾石，无石灰反应。

11~44cm：暗灰棕色，碎屑状，质地中壤，散，零星砾石，无石灰反应。

44~70cm：灰黄色，块状，质地中壤，紧，零星砾石，无石灰反应。

70~90cm：红棕色，块状，质地重壤，紧，无石灰反应。

90cm 以下母岩。

2. 理化性质（表38-3）

表 38-3　基性岩薄腐厚层棕壤化学性质

剖面编号	采样深度（cm）	有机质（%）	全氮（%）	全磷（%）	全钾（%）	有效磷（mg/kg）	速效钾（mg/kg）	碳酸钙（%）	代换量 me/100g 土	pH 值
6—11	0~11	2.56	0.197	0.124	1.53	8.1	315.1	0.19	14.4	5.6
	11~44	1.89	0.139	0.025				0.10	14.7	5.5
	44~70	1.38	0.046	0.054				0.11	10.9	5.3
	70~90	0.73	0.039	0.029				0.10	7.7	5.6

3. 机械组成（表38-4）

表 38-4　基性岩薄腐厚层棕壤机械组成

剖面编号	采样深度（cm）	不同粒径（mm）颗粒含量（%）							质地
		砂	粗粉砂	物理性砂粒	粉砂		黏粒	物理性黏粒	
		0.05~1	0.01~0.05	>0.01	0.005~0.01	0.001~0.005	<0.001	<0.01	
6—11	0~11	21.79	42.98	64.77	14.99	13.99	6.25	35.23	中壤
	11~44	41.56	24.01	65.57	12.07	14.08	8.30	34.45	中壤
	44~70	10.95	46.41	57.36	20.18	16.14	6.32	42.64	中壤
	70~90	31.19	22.85	54.04	16.61	27.00	2.35	45.96	重壤

二、始成棕壤亚类

土层较薄，一般小于 55cm，有基质层薄，土体中石砾含量大于 10%，属 A—C 构型。始成棕壤亚类，根据其成土母岩的不同，划分为酸性岩始成棕壤和基性岩始成棕壤 2 个土属。

（一）酸性岩始成棕壤土属

酸性岩始成棕壤土属是由花岗片麻岩风化发育而成的土壤。主要分布在穆册乡的寺院村，面积 35 230 亩，占本土类面积的 50.6%。本土属分为酸性岩薄层始成棕壤，面积 3 178 亩，占本土类面积的 4.6%，和酸性岩中层始成棕壤，面积 32 052 亩，占本土类面积的 46.04%。剖面性态以 6—18 号酸性岩中层始成棕壤为例来说明。

1. 剖面形态

A_0 2cm 厚的枯枝落叶层

0~10cm：暗棕色，砂壤，粒状结构，散，5%砾石，无石灰反应。

10~32cm：棕色，松砂，碎屑状，散，1%砾石，无石灰反应。

32~55cm：淡棕色，紧砂，碎屑状，紧，7%砾石，无石灰反应。

55cm 以下母岩。

2. 理化性质（表 38-5）

表 38-5　酸性岩中层始成棕壤化学性质

剖面编号	采样深度（cm）	有机质（%）	全氮（%）	全磷（%）	全钾（%）	有效磷（mg/kg）	速效钾（mg/kg）	碳酸钙（%）	代换量 me/100g 土	pH 值
6—18	0~10	3.23	0.149	0.953	1.89	5.5	170.0	0.11	14.5	6.3
	10—32	1.35	0.089	0.748			0.07	15.7	6.2	
	32~55	0.64	0.029	0.974				0.06	13.0	5.7

3. 机械组成（表 38-6）

表 38-6　酸性岩中层始成棕壤机械组成

剖面编号	采样深度（cm）	不同粒径（mm）颗粒含量（%）							质地
		砂	粗粉砂	物理性砂粒	粉砂		黏粒	物理性黏粒	
		0.05~1	0.01~0.05	>0.01	0.005~0.01	0.001~0.005	<0.001	<0.01	
6—18	0~10	57.07	31.98	89.05	29.90	3.00	4.99	10.98	砂壤
	10~32	45.25	44.64	99.89		0.14		0.14	松砂
	32~55	46.61	47.02	93.63	2.04	2.00	2.34	6.38	紧砂

（二）基性岩始成棕壤土属

成土母质是玄武岩的风化物，该土属在宜阳县分布仅有 1 个基性岩薄层始成棕壤土种，面积 2 300 亩，占本土类面积的 3.30%。主要分布在穆册乡，剖面特征以 6—12 号剖面来说明。

1. 剖面形态

A_0 3cm 厚的枯枝落叶层

0~14cm：暗红棕色，质地中壤，粒状结构，散，30%砾石，无石灰反应。

14~24cm：红棕色，质地中壤，粒状结构，紧，60%砾石，无石灰反应。

24~28cm：红棕色，轻壤，碎屑状，紧，65%砾石，无石灰反应。

28cm 以下母岩。

2. 理化性质（表 38-7）

表 38-7   基性岩薄层始成棕壤的化学性质

剖面编号	采样深度（cm）	有机质（%）	全氮（%）	全磷（%）	全钾（%）	有效磷（mg/kg）	速效钾（mg/kg）	碳酸钙（%）	代换量me/100g土	pH值
	0~14	5.34	0.315	0.211	1.71	5.2	371.9	0.18	15.6	5.8
6—12	14~24	3.87	0.206	0.149				0.15	13.5	5.2
	24~28	4.74	0.226	0.153				0.17	13.2	5.6

3. 机械组成（表 38-8）

表 38-8   基性岩薄层始成棕壤的机械组成

剖面编号	采样深度（cm）	砂 0.05~1	粗粉砂 0.01~0.05	物理性砂粒 >0.01	粉砂 0.005~0.01	粉砂 0.001~0.005	黏粒 <0.001	物理性黏粒 <0.01	质地
	0~14	15.53	52.62	68.15	12.63	14.74	4.48	31.85	中壤
6—12	14~24	35.60	25.14	60.74	12.57	14.14	12.57	39.28	中壤
	24~28	55.77	16.59	72.36	6.64	9.96	11.07	27.67	轻壤

第二节 褐 土

褐土是暖温带半干旱半湿润地区的地带性土壤，宜阳县褐土面积为225.7347万亩，占全县总土壤面积的93.58%。褐土在宜阳县的分布面积最广，潜力最大，所以研究褐土，利用褐土，对发展宜阳县农业生产有着重要的意义。宜阳县的褐土，可分为淋溶褐土、碳酸岩褐土、始成褐土、褐土和潮褐土5个亚类。

一、淋溶褐土亚类

淋溶褐土，剖面构型为A—B（黏化层）—C型，B层黏化明显，称棱块状结构，结构面有明显胶膜，全剖面无石灰反应或仅C层有石灰反应。

（一）酸性岩淋溶褐土土属

此土壤发育在花岗片麻岩风化物上，分布在棕壤之下，淋溶作用较强，全剖面无石灰反应，水土流失严重，面积13 681亩，占本土类面积的0.7%。本土属有2个土种：酸性岩薄层淋溶褐土，面积1 605亩，占本土类面积的0.07%，酸性岩中层淋溶褐土，面积12 076亩，占本土类面积的0.53%。两者仅土层厚薄不同，故其剖面性态用酸性岩中层淋溶褐土6—34号剖面说明。

1. 剖面形态

A₀ 4cm厚的枯枝落叶层

0~8cm：暗红棕色，质地砂壤，粒状结构，疏松，5%砾石，无石灰反应。

8~31cm：淡棕色，质地轻壤，碎屑状结构，散，5%砾石，无石灰反应。

31~52cm：红棕色，质地中壤，块状结构，紧，5%砾石，无石灰反应。

52cm以下母岩。

2. 理化性质（表 38-9）

表 38-9   酸性岩中层淋溶褐土的化学性质

剖面编号	采样深度（cm）	有机质（%）	全氮（%）	全磷（%）	全钾（%）	有效磷（mg/kg）	速效钾（mg/kg）	碳酸钙（%）	代换量me/100g土	pH值
	0~8	6.37	0.263	0.190	2.27	11.3	141.1	0.37	14.3	7.3
6—34	8~31	0.95	0.060	0.107				0.15	11.8	7.1
	31~52	0.77	0.051	0.113				0.10	9.8	7.0

3. 机械组成（表 38-10）

表 38-10　酸性岩中层淋溶褐土的机械组成

剖面编号	采样深度（cm）	不同粒径（mm）颗粒含量（%）							质地
		砂	粗粉砂	物理性砂粒	粉砂		黏粒	物理性黏粒	
		0.05~1	0.01~0.05	>0.01	0.005~0.01	0.001~0.005	<0.001	<0.01	
6—34	0~8	64.20	22.03	86.23	3.15	6.29	4.33	13.77	砂壤
	8~31	63.56	15.35	78.91	6.14	4.64	10.32	21.10	轻壤
	31~52	27.54	32.48	60.02	10.13	12.16	17.69	39.98	中壤

（二）红黄土质淋溶褐土土属

成土母质为离石午城黄土，主要分布在木柴乡，该土土层较厚，质地中壤，淋溶作用强，全剖面无石灰反应，面积 3 027 亩，占该土类面积的 0.13%，只有红黄土质淋溶褐土 1 个土种。剖面性态如 6—40 号剖面。

1. 剖面形态

0~9cm：暗红棕色，质地中壤，粒状结构，散，无石灰反应。

9~23cm：暗红棕色，质地重壤，块状结构，紧，无石灰反应。

23~62cm：暗红棕色，质地重壤，块状结构，紧，无石灰反应。

62~110cm：暗红棕色，质地重壤，块状结构，紧，无石灰反应。

2. 理化性质（表 38-11）

表 38-11　红黄土质淋溶褐土的化学性质

剖面编号	采样深度（cm）	有机质（%）	全氮（%）	全磷（%）	全钾（%）	有效磷（mg/kg）	速效钾（mg/kg）	碳酸钙（%）	代换量 me/100g 土	pH 值
6—40	0~9	5.16	0.227	0.146	2.17	4.0	274.5	0.21	13.2	7.5
	9~23	1.22	0.271	0.118				0.15	15.8	7.3
	23~26	0.81	0.069	0.125				0.30	15.6	7.0
	62~110	0.66	0.045	0.146				0.25	15.3	7.2

3. 机械组成（表 38-12）

表 38-12　红黄土质淋溶褐土的机械组成

剖面编号	采样深度（cm）	不同粒径（mm）颗粒含量（%）							质地
		砂	粗粉砂	物理性砂粒	粉砂		黏粒	物理性黏粒	
		0.05~1	0.01~0.05	>0.01	0.005~0.01	0.001~0.005	<0.001	<0.01	
6—40	0~9	13.23	43.73	56.98	12.50	18.75	12.77	44.02	中壤
	9~23	11.73	35.62	41.35	14.67	29.33	8.65	52.65	重壤
	23~26	25.61	22.64	48.25	28.82	22.64	0.27	51.73	重壤
	62~110	14.06	33.43	47.49	14.63	16.71	21.17	52.51	重壤

二、始成褐土亚类

多分布在侵蚀区和堆积频繁的地形部位，成土年龄短，黏化钙积层不明显，剖面呈 A—（B）—C 构型。

（一）酸性岩始成褐土土属

该土属的成土母质为花岗片麻岩的风化物，主要分布在上观、穆册 2 个乡，面积 205 039 亩，占本土类面积的 9.08%。根据土层的厚薄和砾石的含量分为酸性岩薄层砾质始成褐土、酸性岩中层砾质始成褐土、酸性岩薄层石渣始成褐土和酸性岩中层石渣始成褐土 4 个土种。其面积分别为 159 539 亩，32 607 亩，5 932 亩和 6 961 亩。

性态特征：土层薄，石砾多，质地砂壤或轻壤，表层平均有机质 4.13%，全氮 0.169%，有效磷 5.7mg/kg，速效钾 62.1mg/kg，酸碱度中性至微碱性，石灰反应无或表层有微弱反应，具体以穆册乡酸性岩薄层砾质始成褐土 6—22 号剖面说明如下。

1. 剖面形态

0~10cm：灰棕色，质地砂壤，粒状结构，散，20%砾石，无石灰反应。

10~30cm：暗红棕色，质地砂壤，碎屑状结构，紧，25%砾石，无石灰反应。

30cm 以下母岩。

2. 理化性质（表38-13）

表 38-13　酸性岩薄层砾质始成褐土的化学性质

剖面编号	采样深度（cm）	有机质（%）	全氮（%）	全磷（%）	全钾（%）	有效磷（mg/kg）	速效钾（mg/kg）	碳酸钙（%）	代换量me/100g 土	pH 值
6—22	0~10	5.42	0.178	0.222	1.71	5.3	118.0	0.15	14.4	7.4
	10~30	1.65	0.047	0.223				0.16	11.6	7.4

3. 机械组成（表38-14）

表 38-14　酸性岩薄层砾质始成褐土的机械组成

剖面编号	采样深度（cm）	不同粒径（mm）颗粒含量（%）							质地
		砂	粗粉砂	物理性砂粒	粉砂		黏粒	物理性黏粒	
		0.05~1	0.01~0.05	>0.01	0.005~0.01	0.001~0.005	<0.001	<0.01	
6—22	0~10	49.33	36.12	85.45	3.59	5.37	5.60	14.56	砂壤
	10~30	40.98	43.91	84.89	3.86	5.80	6.05	15.11	砂壤

（二）中性岩始成褐土土属

成土母质为安山岩的风化物，面积 174 706 亩，占本土类面积的 7.74%，主要分布在董王庄和张午两个乡，按土层的薄、中分为 2 个土种，其面积分别为 123 371 亩和 28 354 亩。

性态特征：2 个土种的土层厚度分别为 24cm 和 44cm，质地砂壤至中壤，表层平均有机质 1.88%，全氮 0.77%，有效磷 7.7mg/kg，速效钾 50.8mg/kg，全剖面无石灰反应。现以中性岩中层砾质始成褐土 9—35 号说明如下。

1. 剖面形态

0~20cm：红棕色，质地中壤，粒状结构，散，10%砾石，无石灰反应。

20~44cm：棕红色，质地中壤，块状结构，紧，15%砾石，无石灰反应。

44cm 以下母岩。

2. 理化性质（表38-15）

表38-15 中性岩中层砾质始成褐土的化学性质

剖面编号	采样深度（cm）	有机质（%）	全氮（%）	全磷（%）	全钾（%）	有效磷（mg/kg）	速效钾（mg/kg）	碳酸钙（%）	代换量me/100g土	pH值
9—35	0~20	1.24	0.044	0.100	2.38	9.8	63.4	0.13	30.4	7.7
	20~44	0.77	0.029	0.078				0.51	28.3	7.8

3. 机械组成（表38-16）

表38-16 中性岩中层砾质始成褐土的机械组成

剖面编号	采样深度（cm）	砂 0.05~1	粗粉砂 0.01~0.05	物理性砂粒 >0.01	粉砂 0.005~0.01	粉砂 0.001~0.005	黏粒 <0.001	物理性黏粒 <0.01	质地
9—35	0~20	37.16	21.12	58.28	1.96	36.47	3.34	41.72	中壤
	20~44	46.67	17.43	64.10	10.46	25.69		36.15	中壤

（三）基性岩始成褐土土属

该土壤发育在玄武岩的风化物，面积70 190亩，占本土类面积的3.11%，仅有基性岩薄层砾质始成褐土1个土种，主要分布在上观、赵堡两个乡，现以赵堡乡剖面8—33号说明其性态。

1. 剖面形态

0~20cm：暗黄棕色，质地轻壤，碎屑状，散，15%砾石，石灰反应弱。

20~29cm：灰黄棕色，质地轻壤，碎屑状，紧，20%砾石，石灰反应微弱。

29cm以下母岩。

2. 理化性质（表38-17）

表38-17 基性岩薄层砾质始成褐土的化学性质

剖面编号	采样深度（cm）	有机质（%）	全氮（%）	全磷（%）	全钾（%）	有效磷（mg/kg）	速效钾（mg/kg）	碳酸钙（%）	代换量me/100g土	pH值
8—33	0~20	1.11	0.067	0.042	2.17	4.6	90.1	7.61	26.9	8.3
	20~29	0.92	0.047	0.523				5.42	24.2	8.4

3. 机械组成（表38-18）

表38-18 基性岩薄层砾质始成褐土的机械组成

剖面编号	采样深度（cm）	砂 0.05~1	粗粉砂 0.01~0.05	物理性砂粒 >0.01	粉砂 0.005~0.01	粉砂 0.001~0.005	黏粒 <0.001	物理性黏粒 <0.01	质地
8—33	0~20	51.96	23.52	75.48	23.52	1.05		24.57	轻壤
	20~29	62.81	15.23	78.04	15.23	6.73		21.96	轻壤

（四）紫色岩始成褐土土属

成土母质为紫色砂岩的风化物，面积 26 443 亩，占本土类面积的 1.17%，主要分布在城关乡，按其土层来分，只有紫色岩薄层砾质始成褐土 1 个土种，以剖面 2—100 号来说明其性态。

1. 剖面形态

0~10cm：棕红色，轻壤，粒状，散，15% 砾石，石灰反应弱。

10~30cm：暗棕色，中壤，碎屑状，紧，少量假菌丝，25% 砾石，石灰反应弱。

30cm 以下母岩。

2. 理化性质（表 38-19）

表 38-19 紫色岩薄层砾质始成褐土的化学性质

剖面编号	采样深度（cm）	有机质（%）	全氮（%）	全磷（%）	全钾（%）	有效磷（mg/kg）	速效钾（mg/kg）	碳酸钙（%）	代换量 me/100g 土	pH 值
2—100	0~10	2.40	0.145	0.082	2.00	1.8	153.6	2.22	12.1	8.1
	10~30	1.54	0.074	0.074				7.93	14.5	8.4

3. 机械组成（表 38-20）

表 38-20 紫色岩薄层砾质始成褐土的机械组成

剖面编号	采样深度（cm）	不同粒径（mm）颗粒含量（%）							质地
		砂	粗粉砂	物理性砂粒	粉砂		黏粒	物理性黏粒	
		0.05~1	0.01~0.05	>0.01	0.005~0.01	0.001~0.005	<0.001	<0.01	
2—100	0~10	34.57	41.23	75.80	18.55	5.65		24.10	轻壤
	10~30	48.85	14.51	63.36	10.47	20.17		36.65	中壤

（五）红砂岩始成褐土土属

该土壤的成土母质为红色砂岩的风化物，面积 4 631 亩，占本土类面积的 0.21%，分布在城关乡，只有 1 个红砂岩薄层砾质始成褐土土种，剖面性态以 2—42 号剖面说明之。

1. 剖面形态

0~20cm：红棕色，重壤，粒状，散，零星砾石，石灰反应强。

20~28cm：暗棕色，重壤，块状，紧，零星砾石，石灰反应强。

28cm 以下母岩。

2. 理化性质（表 38-21）

表 38-21 红砂岩薄层砾质始成褐土的化学性质

剖面编号	采样深度（cm）	有机质（%）	全氮（%）	全磷（%）	全钾（%）	有效磷（mg/kg）	速效钾（mg/kg）	碳酸钙（%）	代换量 me/100g 土	pH 值
2—42	0~20	0.67	0.060	0.122	1.77	2.6	125.3	45.60	21.5	8.4
	20~28	0.08	0.025	0.127				41.10	18.9	8.4

3. 机械组成（表 38-22）

表 38-22　红砂岩薄层砾质始成褐土的机械组成

剖面编号	采样深度（cm）	不同粒径（mm）颗粒含量（%）							质地
		砂	粗粉砂	物理性砂粒	粉砂		黏粒	物理性黏粒	
		0.05~1	0.01~0.05	>0.01	0.005~0.01	0.001~0.005	<0.001	<0.01	
2—42	0~20	27.73	25.98	53.71	6.93	39.39		46.32	重壤
	20~28	19.99	33.92	53.91	25.44	20.65		46.09	重壤

（六）石灰质岩始成褐土土属

成土母质为石灰岩或淡水灰岩风化物，面积 57 275 亩，占本土类面积的 2.54%，主要分布在董王庄、白杨、锦屏等乡镇，按其土层分为石灰质岩薄层砾质始成褐土，面积 45 867 亩，和石灰质岩中层砾质始成褐土，面积 11 408 亩，本土属大部分为农业土壤，下面分别以剖面 10—58 号和 9—6 号来说明。

1. 石灰质岩薄层砾质始成褐土

（1）剖面形态。

0~15cm：暗棕色，重壤，粒状，散，15%砾石，石灰反应中。

15~29cm：暗灰棕色，重壤，块状，紧，28%砾石，石灰反应中。

29cm 以下母岩。

（2）理化性质（表 38-23）。

表 38-23　石灰质岩薄层砾质始成褐土的化学性质

剖面编号	采样深度（cm）	有机质（%）	全氮（%）	全磷（%）	全钾（%）	有效磷（mg/kg）	速效钾（mg/kg）	碳酸钙（%）	代换量 me/100g 土	pH 值
10—58	0~15	6.00	0.383	0.237	2.43	5.6	137.6	0.28	12.7	8.1
	15~29	5.92	0.362	0.224				0.32	72.7	8.0

（3）机械组成（表 38-24）。

表 38-24　石灰质岩薄层砾质始成褐土的机械组成

剖面编号	采样深度（cm）	不同粒径（mm）颗粒含量（%）							质地
		砂	粗粉砂	物理性砂粒	粉砂		黏粒	物理性黏粒	
		0.05~1	0.01~0.05	>0.01	0.005~0.01	0.001~0.005	<0.001	<0.01	
10—58	0~15	6.51	45.79	52.30	18.72	20.79	8.19	47.70	重壤
	15~29	12.21	42.03	54.24	13.38	19.10	13.28	45.76	重壤

2. 石灰质岩中层砾质始成褐土（以剖面 9—6 为例）

（1）剖面形态。

0~20cm：淡棕色，中壤，碎屑状，散，15%砾石，零星砂姜，石灰反应强烈。

20~48cm：紫棕色，中壤，碎屑状，紧，20%砾石，15%砂姜，石灰反应强烈。

48cm 以下基岩。

（2）理化性质（表38-25）。

表38-25　石灰质岩中层砾质始成褐土的化学性质

剖面编号	采样深度（cm）	有机质（%）	全氮（%）	全磷（%）	全钾（%）	有效磷（mg/kg）	速效钾（mg/kg）	碳酸钙（%）	代换量me/100g土	pH值
9—6	0~20	1.25	0.076	0.225	1.72	6.9	135.0	26.60	21.9	8.1
	20~48	1.14	0.074	0.276				26.81	10.8	8.2

（3）机械组成（表38-26）。

表38-26　石灰质岩中层砾质始成褐土的机械组成

剖面编号	采样深度（cm）	不同粒径（mm）颗粒含量（%）							质地
		砂	粗粉砂	物理性砂粒	粉砂		黏粒	物理性黏粒	
		0.05~1	0.01~0.05	>0.01	0.005~0.01	0.001~0.005	<0.001	<0.01	
9—6	0~20	50.01	16.09	66.10	5.72	25.14	3.13	33.90	中壤
	20~48	51.28	14.86	66.14	6.86	24.00	3.13	33.90	中壤

（4）生产性状。水土流失严重，土层薄，石砾多，肥力低，不易耕作，在生产上应加深耕层，剔除石砾，增施肥料。

（七）泥质岩始成褐土土属

成土母质为页岩和其他泥质岩类风化物，面积25 332亩，占本土类面积的1.12%，主要分布在丰李、董王庄等乡镇的丘陵区，大部分为农业土壤，本土属根据土层的厚薄，分为泥质岩薄层砾质始成褐土，面积17 213亩，占本土类面积的0.76%，和泥质岩中层砾质始成褐土，面积8 119亩，占本土类面积的0.4%，现以泥质岩薄层砾质始成褐土剖面1—77说明其性态。

1. 剖面形态

0~10cm：黄橙色，轻黏，碎屑状，散，15%砾石，石灰反应中。

10~27cm：灰棕色，重壤，块状，紧，20%砾石，石灰反应中。

27cm以下基岩。

2. 理化性质（表38-27）

表38-27　泥质岩薄层砾质始成褐土的化学性质

剖面编号	采样深度（cm）	有机质（%）	全氮（%）	全磷（%）	全钾（%）	有效磷（mg/kg）	速效钾（mg/kg）	碳酸钙（%）	代换量me/100g土	pH值
1—77	0~10	0.54	0.061	0.068	2.28	2.4	61.7	7.14	14.0	8.3
	10~27	0.41	0.057	0.077				6.63	10.6	8.5

3. 机械组成（表38-28）

表38-28　泥质岩薄层砾质始成褐土的机械组成

剖面编号	采样深度（cm）	不同粒径（mm）颗粒含量（%）							质地
		砂	粗粉砂	物理性砂粒	粉砂		黏粒	物理性黏粒	
		0.05~1	0.01~0.05	>0.01	0.005~0.01	0.001~0.005	<0.001	<0.01	
1—77	0~10	26.45	12.34	38.79	14.41	46.80		61.21	轻黏
	10~27	29.76	18.61	48.37	9.31	42.31		51.62	重壤

4. 生产性状

土层薄，养分贫乏，石砾多，在生产上应逐年加厚耕层，增施有机肥，培肥土壤。

（八）泥灰岩底始成褐土土属

该土属面积57 180亩，占本土类面积的2.53%，有3个土种，泥灰岩底薄层砾质始成褐土，面积53 639亩，泥灰岩底中层砾质始成褐土，面积3 123亩，泥灰岩底厚层始成褐土，面积418 亩，现以泥灰岩底中层砾质始成褐土土种剖面13—108 号来说明。

1. 剖面形态

0~25cm：红棕色，碎屑状，散，10%砾石，石灰反应强烈。

25~50cm：红棕色，碎屑状，紧，15%砾石，石灰反应强烈。

50cm 以下母岩。

2. 理化性质（表38-29）

表38-29　泥灰岩底中层砾质始成褐土的化学性质

剖面编号	采样深度（cm）	有机质（%）	全氮（%）	全磷（%）	全钾（%）	有效磷（mg/kg）	速效钾（mg/kg）	碳酸钙（%）	代换量me/100g 土	pH 值
13—108	0~25	1.39	0.077	0.088	1.79	2.2	152.0	12.76	17.9	8.3
	25~50	1.09	0.073	0.100				18.28	17.7	8.4

3. 机械组成（表38-30）

表38-30　泥灰岩底中层砾质始成褐土的机械组成

剖面编号	采样深度（cm）	不同粒径（mm）颗粒含量（%）							质地
		砂 0.05~1	粗粉砂 0.01~0.05	物理性砂粒 >0.01	粉砂 0.005~0.01	0.001~0.005	黏粒 <0.001	物理性黏粒 <0.01	
13—108	0~25	45.56	17.24	62.80	26.64	10.56		37.20	中壤
	25~50	42.53	21.56	64.09	9.95	25.97		35.91	中壤

4. 生产性状

同泥质岩薄层砾质始成褐土。

（九）石英质岩始成褐土土属

该土的成土母质为石英岩的风化物，面积53 856亩，占本土类面积的2.39%，主要分布在锦屏镇，该土属根据土层的厚薄和砾石含量的多少，分为4个土种，石英质岩薄层砾质始成褐土，面积39 715亩；石英质岩中层砾质始成褐土，面积4 806亩；石英质岩薄层石渣始成褐土，面积4 325亩；石英质岩中层石渣始成褐土，面积5 010亩。土壤的剖面性态仅用石英质岩中层砾质始成褐土剖面2—89 来说明。

1. 剖面形态

0~10cm：灰棕色，中壤，粒状，散，20%砾石，无石灰反应。

10~30cm：淡灰棕色，轻壤，碎屑状，散，25%砾石，无石灰反应。

30cm 以下母岩。

2. 理化性质（表38-31）

表38-31　石英质岩中层砾质始成褐土的化学性质

剖面编号	采样深度（cm）	有机质（%）	全氮（%）	全磷（%）	全钾（%）	有效磷（mg/kg）	速效钾（mg/kg）	碳酸钙（%）	代换量me/100g 土	pH 值
2—89	0~10	5.37	0.273	0.093	1.81	4.1	181.3	0.20	15.8	7.1
	10~30	2.51	0.137	0.049				1.11	8.5	7.3

3. 机械组成（表38-32）

表38-32 石英质岩中层砾质始成褐土的机械组成

剖面编号	采样深度（cm）	不同粒径（mm）颗粒含量（%）							质地
		砂	粗粉砂	物理性砂粒	粉砂		黏粒	物理性黏粒	
		0.05~1	0.01~0.05	>0.01	0.005~0.01	0.001~0.005	<0.001	<0.01	
2—89	0~10	22.85	44.23	67.08	13.45	11.55	7.94	32.94	中壤
	10~30	37.96	32.55	70.51	11.39	11.39	6.72	29.50	轻壤

（十）砂砾始成褐土土属

该土属发育在砂砾岩和近代洪积物上，面积53 117亩，占本土类面积的2.35%，主要分布在连庄、董王庄、白杨3个乡，其他乡也有零星分布。按土层的薄、中、厚划分为3个土种，本土属绝大部分为农业土壤。各土种的剖面性态如下叙述和列表（表38-33、表38-34）。

1. 剖面形态

（1）砂砾薄层始成褐土4—101号剖面。

0~10cm：棕色，砂壤，粒状，散，15%砾石，石灰反应强。

10~29cm：棕色，轻壤，块状，紧，25%砾石，石灰反应强。

29cm以下母质层。

（2）砂砾中层始成褐土9—115号剖面。

0~19cm：棕色，中壤，碎屑状，散，10%砾石，石灰反应强。

19~31cm：棕色，中壤，碎屑状，紧，25%砾石，石灰反应强。

31cm以下母质层。

（3）砂砾厚层始成褐土9—94号剖面。

0~14cm：淡棕色，轻壤，碎屑状，散，10%砾石，无石灰反应。

14~28cm：淡棕色，砂壤，块状，紧，20%砾石，无石灰反应。

28~43cm：红棕色，砂壤，块状，紧，20%砾石，无石灰反应。

43~80cm：棕红色，轻壤，块状，紧，24%砾石，无石灰反应。

80cm以下母质层。

2. 理化性质（表38-33）

表38-33 砂砾始成褐土的化学性质

剖面编号	采样深度（cm）	有机质（%）	全氮（%）	全磷（%）	全钾（%）	有效磷（mg/kg）	速效钾（mg/kg）	碳酸钙（%）	代换量me/100g土	pH值
4—101	0~10	0.96	0.035	0.130	1.93	5.2	41.8	16.98	18.3	8.4
	10~29	1.14	0.048	0.173				12.82	23.2	8.1
9—115	0~19	1.68	0.101	0.033	1.90	3.9	210.7	9.47	23.1	8.4
	19~31	1.08	0.075	0.162				0.31	8.4	7.4
9—94	0~14	1.21	0.075	0.121	2.33	4.1	94.4	0.21	21.9	7.9
	14~28	0.79	0.064	0.191				0.19	18.6	8.2
	28~43	0.54	0.046	0.041				0.18	13.2	8.1
	43~80	0.55	0.043	0.060				0.13	12.2	8.1

3. 机械组成（表 38-34）

表 38-34　砂砾始成褐土的机械组成

剖面编号	采样深度（cm）	不同粒径（mm）颗粒含量（%）							质地
		砂	粗粉砂	物理性砂粒	粉砂		黏粒	物理性黏粒	
		0.05~1	0.01~0.05	>0.01	0.005~0.01	0.001~0.005	<0.001	<0.01	
4—101	0~10	52.98	35.71	88.69	19.00	9.36		11.60	砂壤
	10~29	58.86	14.52	73.38	6.22	16.58	3.82	16.62	轻壤
9—115	0~19	42.82	16.86	59.68	6.79	31.90	2.37	41.05	中壤
	19~31	44.26	15.27	59.53	4.17	16.66	19.65	40.48	中壤
9—94	0~14	48.58	30.34	78.92	15.17	5.69	0.27	21.13	轻壤
	14~28	48.60	38.12	86.72	11.16	1.01	1.16	13.33	砂壤
	28~43	49.75	34.32	84.07	1.44	11.53	2.98	15.95	砂壤
	43~80	36.40	36.19	72.59	3.72	13.62	10.08	27.42	轻壤

4. 生产性状

石砾含量多，土层薄，养分含量贫乏，不易耕作，在生产上应平整土地，剔除砾石，增施肥料，提高土壤肥力。

（十一）红黄土质始成褐土土属

成土母质为离石午城黄土，面积 208 760 亩，占本土类面积的 9.25%，宜北和宜南各乡均有分布，按土壤内砂姜含量的有无分为红黄土质始成褐土，面积 207 080 亩，和红黄土质少量砂姜始成褐土，面积 1 680 亩，下面分别加以叙述。

1. 红黄土质始成褐土

该土种分布面积 207 080 亩，占本土类面积的 9.17%。宜阳县各乡均有分布，其性态特征以石陵乡 14—12 号剖面加以说明。

（1）剖面形态。

0~20cm：紫棕色，中壤，碎屑状，散，零星砂姜，石灰反应强。

20~26cm：紫棕色，重壤，块状，紧，零星砂姜，石灰反应中。

26~54cm：暗红棕色，中壤，块状，紧，石灰反应中。

54~100cm：红棕色，重壤，块状，紧，石灰反应强烈。

（2）理化性质（表 38-35）。

表 38-35　红黄土质始成褐土的化学性质

剖面编号	采样深度（cm）	有机质（%）	全氮（%）	全磷（%）	全钾（%）	有效磷（mg/kg）	速效钾（mg/kg）	碳酸钙（%）	代换量me/100g 土	pH 值
	0~20	1.19	0.080	0.113	2.79	3.1	186.4	5.94	16.2	8.2
	20~26	1.04	0.064	0.121				5.21	15.4	8.3
14—12	26~54	1.05	0.062	0.105				5.42	15.0	8.2
	54~100	0.89	0.052	0.100				6.46	15.7	8.3

（3）机械组成（表38-36）。

表 38-36　红黄土质始成褐土的机械组成

剖面编号	采样深度（cm）	不同粒径（mm）颗粒含量（%）							质地
		砂	粗粉砂	物理性砂粒	粉砂		黏粒	物理性黏粒	
		0.05~1	0.01~0.05	>0.01	0.005~0.01	0.001~0.005	<0.001	<0.01	
14—12	0~20	13.70	42.66	56.36	14.72	27.62	1.36	43.70	中壤
	20~26	9.14	42.33	51.47	23.56	23.57	1.45	48.58	重壤
	26~54	21.34	34.86	56.20	16.44	26.07	1.29	43.80	中壤
	54~100	12.56	36.75	49.31	11.61	36.75	2.40	50.75	重壤

（4）生产性状。土壤疏松多孔，保水性好，抗旱能力较强，耕作特性较好，养分含量低，肥力不高，适合各种作物生长，如有水源保障，则为中等肥力土壤，所以在生产上，应以水利建设为主，增施有机、无机肥料，注意氮、磷、钾的配合使用。

2. 红黄土质少量砂姜始成褐土

分布面积 1 680 亩，占本土类面积的 0.07%。宜阳县各乡均有分布。其性态特征以柳泉乡 15—51 号剖面为例说明。

（1）剖面形态。

0~13cm：淡棕色，重壤，粒状，散，10%砂姜，石灰反应强烈。

13~27cm：淡棕色，重壤，块状，紧，15%砂姜，石灰反应强烈。

27~72cm：淡红棕，重壤，块状，紧，22%砂姜，石灰反应强烈。

72~100cm：淡棕色，重壤，块状，紧，28%砂姜，石灰反应强烈。

（2）理化性质（表38-37）。

表 38-37　红黄土质少量砂姜始成褐土的化学性质

剖面编号	采样深度（cm）	有机质（%）	全氮（%）	全磷（%）	全钾（%）	有效磷（mg/kg）	速效钾（mg/kg）	碳酸钙（%）	代换量me/100g土	pH值
15—51	0~13	1.17	0.059	0.165	1.66	4.5	184.6	23.51	20.1	8.3
	13~27	0.60	0.051	0.131				24.26	20.3	8.4
	27~72	0.37	0.036	0.099				25.43	18.5	8.5
	72~100	0.53	0.052	0.095				22.56	20.3	8.6

（3）机械组成（表38-38）。

表 38-38　红黄土质少量砂姜始成褐土的机械组成

剖面编号	采样深度（cm）	不同粒径（mm）颗粒含量（%）							质地
		砂	粗粉砂	物理性砂粒	粉砂		黏粒	物理性黏粒	
		0.05~1	0.01~0.05	>0.01	0.005~0.01	0.001~0.005	<0.001	<0.01	
15—51	0~13	14.48	33.16	47.64	9.76	39.94	1.64	52.36	重壤
	13~27	13.61	31.54	45.15	11.84	41.40	1.66	54.90	重壤
	27~72	18.86	31.69	50.55	9.90	39.60	1.66	51.16	重壤
	72~100	22.88	28.90	51.78	6.65	40.08	1.61	48.22	重壤

（4）生产性状。除土壤中 10%~30% 砂姜影响耕作和植物生长外，其他性状和红黄土质始成褐土相近似。

（十二）红黏土始成褐土土属

该土属在宜阳县的分布面积为 555 018 亩，占本土类面积的 24.59%。主要分布在赵堡、樊村、寻村、高村乡等丘陵上部，其成土母质为保德红土，棕红色至暗棕红色，质地重壤到轻黏，表层粒状或碎屑状结构。表层以下为块状结构，松紧度紧或极紧。20cm 以下有胶膜或黑斑状铁锰淀积，个别土壤中有铁子。

本土属根据砂姜的含量有无和石灰反应的有无，划分为红黏土始成褐土、红黏土灰质少量砂姜始成褐土和红黏土灰质始成褐土。下面以土种为单位分别叙述其性态特征。

1. 红黏土始成褐土

面积为 112 132 亩，占本土类面积的 4.97%。主要分布在赵堡、樊村、高村乡丘陵区。剖面性态以高村乡 16—37 号剖面为例说明：

（1）剖面形态。

0~18cm：红棕色，重壤，碎屑状，散，无石灰反应。

18~39cm：红棕色，轻黏，碎屑状，紧，无石灰反应。

39~65cm：红棕色，重壤，核状，紧，铁锰结核，无石灰反应。

65~100cm：红棕色，重壤，核状，紧，铁锰结核，无石灰反应。

（2）理化性质（表 38-39）。

表 38-39　红黏土始成褐土的化学性质

剖面编号	采样深度（cm）	有机质（%）	全氮（%）	全磷（%）	全钾（%）	有效磷（mg/kg）	速效钾（mg/kg）	碳酸钙（%）	代换量 me/100g 土	pH 值
16—37	0~18	1.21	0.076	0.068	1.98	1.1	154.2	0.94	21.5	6.4
	18~39	0.68	0.059	0.051				0.26	21.9	6.3
	39~65	0.28	0.037	0.056				0.34	20.4	6.2
	65~100	0.57	0.050	0.064				0.16	17.6	6.2

（3）机械组成（表 38-40）。

表 38-40　红黏土始成褐土的机械组成

剖面编号	采样深度（cm）	不同粒径（mm）颗粒含量（%）							质地
		砂 0.05~1	粗粉砂 0.01~0.05	物理性砂粒 >0.01	粉砂 0.005~0.01	0.001~0.005	黏粒 <0.001	物理性黏粒 <0.01	
16—37	0~18	10.95	29.87	40.82	12.65	46.23		59.18	重壤
	18~39	2.58	25.56	28.14	19.17	52.69		71.86	轻黏
	39~65	3.70	42.55	45.25	8.50	46.25		54.75	重壤
	65~100	1.39	50.64	52.03	12.80	35.17		47.97	重壤

（4）生产性状。水土流失严重，耕层薄，适耕期短，湿时泥泞，干时坚硬，不易耕作，通透性差，养分释放慢，保肥保水能力强，发老苗不发小苗。在生产上应平整土地，防止水土流失，逐年加厚耕层，实行垄埂种植，来提高土壤耕层通透性，增施有机肥料，改良土壤结构，注意磷、氮肥的配合使用。

2. 红黏土灰质少量砂姜始成褐土

面积为 46 571 亩，占本土类面积的 2.06%。主要分布在寻村、赵堡等乡，其他各乡也有零星分布。剖面性态以寻村乡 12—21 号剖面为例予以说明。

（1）剖面形态。

0～15cm：红棕色，重壤，块状，紧，10%砂姜，石灰反应弱。

15～30cm：暗红棕，重壤，块状，极紧，10%砂姜，铁锰淀积，无石灰反应。

30～67cm：暗红棕色，重壤，柱状，极紧，17%砂姜，铁锰淀积，无石灰反应。

67～84cm：暗红棕色，重壤，柱状，极紧，20%砂姜，铁锰淀积，石灰反应弱。

84～110cm：暗红棕色，重壤，棱柱状，极紧，23%砂姜，铁锰淀积，无石灰反应。

（2）理化性质（表 38-41）。

表 38-41　红黏土灰质少量砂姜始成褐土的化学性质

剖面编号	采样深度（cm）	有机质（%）	全氮（%）	全磷（%）	全钾（%）	有效磷（mg/kg）	速效钾（mg/kg）	碳酸钙（%）	代换量me/100g 土	pH 值
12—21	0～15	0.49	0.051	0.092	2.10	8.5	171.1	0.17	39.2	8.5
	15～30	0.37	0.035	0.093				1.65	38.2	8.2
	30～67	0.25	0.039	0.143				1.65	19.4	8.3
	67～84	0.18	0.038	0.084				0.59	19.1	8.4
	84～110	0.14	0.024	0.051				0.18	20.8	8.2

（3）机械组成（表 38-42）。

表 38-42　红黏土灰质少量砂姜始成褐土的机械组成

剖面编号	采样深度（cm）	不同粒径（mm）颗粒含量（%）						质地
		砂	粗粉砂	物理性砂粒	粉砂		黏粒	物理性黏粒
		0.05～1	0.01～0.05	>0.01	0.005～0.01	0.001～0.005	<0.001	<0.01	
12—21	0～15	7.30	35.53	42.83	12.54	44.64		57.18	重壤
	15～30	9.74	36.87	46.61	10.54	42.88		53.42	重壤
	30～67	7.14	39.80	46.94	8.38	44.69		53.07	重壤
	67～84	23.64	25.77	49.41	2.91	47.70		50.60	重壤
	84～110	15.55	25.63	41.18	2.13	56.69		58.82	重壤

（4）生产性状。土壤中 10%～30%砂姜，给植物的生长和耕作都带来困难，其他性状和红黏土始成褐土相近似。

3. 红黏土灰质始成褐土

分布面积 368 760 亩，占本土类面积的 16.34%。主要分布在樊村、赵堡、盐镇、董王庄四个乡，其他乡也有小面积分布。其剖面性态以樊村乡 11—9 号剖面说明之。

（1）剖面形态。

0～25cm：紫棕色，重壤，碎屑状，紧，石灰反应弱。

25～42cm：暗红色，中壤，块状，紧，石灰反应弱。

42～65cm：红棕色，砂壤，块状，紧，石灰反应弱。

65～94cm：淡红棕，轻黏，块状，紧，铁锰胶膜，石灰反应弱。

94~120cm：棕红色，轻黏，块状，紧，铁锰胶膜，石灰反应弱。

（2）理化性质（表38-43）。

表38-43　红黏土灰质始成褐土的化学性质

剖面编号	采样深度（cm）	有机质（%）	全氮（%）	全磷（%）	全钾（%）	有效磷（mg/kg）	速效钾（mg/kg）	碳酸钙（%）	代换量me/100g土	pH值
	0~25	1.16	0.077	0.200	2.20	2.3	146.2	0.54	22.0	7.8
	25~42	0.49	0.042	0.092				0.35	19.8	7.8
11—9	42~65	0.37	0.042	0.090				0.37	19.0	7.8
	65~94	0.35	0.042	0.174				0.87	21.6	7.8
	94~120	0.21	0.027	0.091				0.12	24.5	7.7

（3）机械组成（表38-44）。

表38-44　红黏土灰质始成褐土的机械组成

剖面编号	采样深度（cm）	不同粒径（mm）颗粒含量（%）							质地
		砂	粗粉砂	物理性砂粒	粉砂		黏粒	物理性黏粒	
		0.05~1	0.01~0.05	>0.01	0.005~0.01	0.001~0.005	<0.001	<0.01	
	0~25	8.84	41.95	50.79	6.37	34.61	8.25	49.22	重壤
	25~42	10.77	49.43	60.20	2.59	31.68	6.14	40.41	中壤
11—9	42~65	17.67	67.23	84.90	15.10			15.10	砂壤
	65~94	6.40	33.60	40.00	11.19	40.80	8.64	60.43	轻黏
	94~120	1.63	24.73	26.36	9.10	61.87	2.66	73.64	轻黏

（4）生产性状。生产性状同红黏土始成褐土。

三、碳酸盐褐土亚类

碳酸盐褐土，剖面为 A—B—C 构型，碳酸钙淀积多以假菌丝状，多出现在 30~50cm，全剖面呈中、强石灰反应，且较一致。

该亚类在宜阳县分布有白面土、白垆土和红黄土质碳酸盐褐土 3 个土属。下面分别以土属、土种逐一叙述。

（一）白面土土属

白面土土属的成土母质是马兰黄土，淋溶作用弱，从表层起即显强石灰反应，黏化层不明显。本土属有 2 个土种：白面土，面积 36 823 亩，少量砂姜白面土，面积 5 543 亩。两者在形态上仅有无砂姜之不同，故对剖面性态仅以柳泉乡白面土剖面 15—11 具体说明。

1. 剖面形态

0~18cm：黄橙色，中壤，粒状结构，散，石灰反应强烈。

18~32cm：淡红棕，重壤，碎屑状，紧，石灰反应强烈。

32~71cm：淡棕色，重壤，块状，紧，粉末状，石灰淀积，石灰反应强烈。

71~100cm：淡棕色，重壤，块状，紧，粉末状，石灰淀积，石灰反应强烈。

2. 理化性质（表38-45）

表38-45　白面土的化学性质

剖面编号	采样深度（cm）	有机质（%）	全氮（%）	全磷（%）	全钾（%）	有效磷（mg/kg）	速效钾（mg/kg）	碳酸钙（%）	代换量me/100g土	pH值
	0~18	0.93	0.067	0.169	1.81	6.8	113.4	13.68	10.5	8.2
15—11	18~32	0.75	0.062	0.152				15.00	10.4	8.3
	32~71	0.27	0.059	0.116				17.66	9.8	8.3
	71~100	0.23	0.027	0.126				16.12	10.3	8.3

3. 机械组成（表38-46）

表38-46　白面土的机械组成

剖面编号	采样深度（cm）	不同粒径（mm）颗粒含量（%）							质地
		砂	粗粉砂	物理性砂粒	粉砂		黏粒	物理性黏粒	
		0.05~1	0.01~0.05	>0.01	0.005~0.01	0.001~0.005	<0.001	<0.01	
	0~18	11.86	55.17	67.03	31.52		1.46	32.98	中壤
15—11	18~32	19.79	33.82	53.61	43.75	2.66		46.41	重壤
	32~71	10.45	38.96	49.41	33.97	15.33	1.34	50.63	重壤
	71~100	18.15	30.46	48.61	32.48	18.27	0.69	51.44	重壤

4. 生产性状

土层深厚，质地中壤至重壤，易耕作，肥力中等，适合各种作物生长，在岭区属上等地，在生产上主要以发展灌溉，防旱保墒，同时增施肥料以提高土壤肥力。

（二）白垆土土属

该土属发育在次生黄土母质上，面积55 540亩，占本土类面积的2.59%，主要分布在张午、三乡两个乡的岗丘下部，通体质地中壤，发育无层理，石灰反应强。现以张午乡壤质白垆土5—9号剖面加以说明。

1. 剖面形态

0~19cm：黄棕色，砂壤，粒状，散，石灰反应强烈。

19~39cm：暗棕色，轻壤，块状，散，石灰反应强烈。

39~62cm：黄棕色，中壤，块状，散，石灰反应强烈。

62~100cm：暗棕色，轻壤，块状，散，石灰反应强烈。

2. 理化性质（表38-47）

表38-47　壤质白垆土的化学性质

剖面编号	采样深度（cm）	有机质（%）	全氮（%）	全磷（%）	全钾（%）	有效磷（mg/kg）	速效钾（mg/kg）	碳酸钙（%）	代换量me/100g土	pH值
	0~19	1.54	0.088	0.355	2.16	10.5	454.9	9.48	8.7	8.4
5—9	19~39	1.19	0.068	0.367				9.70	9.6	8.5
	39~62	1.10	0.075	0.287				9.48	9.5	8.6
	62~100	0.97	0.047	0.294				8.07	9.2	8.5

3. 机械组成（表 38-48）

表 38-48　壤质白垆土的机械组成

剖面编号	采样深度 (cm)	不同粒径（mm）颗粒含量（%）							质地
		砂	粗粉砂	物理性砂粒	粉砂		黏粒	物理性黏粒	
		0.05~1	0.01~0.05	>0.01	0.005~0.01	0.001~0.005	<0.001	<0.01	
5—9	0~19	15.25	72.10	87.35	4.69	4.69	3.28	12.65	砂壤
	19~39	17.86	56.40	74.26	15.25	9.02	1.52	25.79	轻壤
	39~62	11.99	47.11	59.10	29.44	7.85	25.97	40.90	中壤
	62~100	17.31	58.30	75.61	17.21	5.74	1.61	24.56	轻壤

4. 生产性状

同白面土。

（三）红黄土质碳酸盐褐土

本土属仅有红黄土壤质碳酸盐褐土一个土种。面积 171 232 亩，占本土类面积的 7.59%。主要分布在石村、柳泉、高村等乡。剖面性态以石村乡 18—85 号剖面为例说明。

1. 剖面形态

0~22cm：暗棕红色，中壤，碎屑状，散，石灰反应强烈。

22~65cm：棕红色，中壤，棱柱状，紧，石灰反应强烈。

65~85cm：棕红色，中壤，块状，极紧，石灰淀积，石灰反应强烈。

85~110cm：棕红色，中壤，块状，极紧，石灰淀积，石灰反应强烈。

2. 理化性质（表 38-49）

表 38-49　红黄土壤质碳酸盐褐土的化学性质

剖面编号	采样深度 (cm)	有机质 (%)	全氮 (%)	全磷 (%)	全钾 (%)	有效磷 (mg/kg)	速效钾 (mg/kg)	碳酸钙 (%)	代换量 me/100g土	pH 值
18—85	0~22	0.97	0.062	0.109	1.87	4.0	104.0	7.50	17.6	8.5
	22~65	0.38	0.041	0.070				7.30	17.2	8.4
	65~85	0.38	0.036	0.071				13.15	15.2	8.4
	85~110	0.22	0.030	0.065				5.43	14.9	8.4

3. 机械组成（表 38-50）

表 38-50　红黄土壤质碳酸盐褐土的机械组成

剖面编号	采样深度 (cm)	不同粒径（mm）颗粒含量（%）							质地
		砂	粗粉砂	物理性砂粒	粉砂		黏粒	物理性黏粒	
		0.05~1	0.01~0.05	>0.01	0.005~0.01	0.001~0.005	<0.001	<0.01	
18—85	0~22	26.20	38.07	64.27	28.96	6.77		35.73	中壤
	22~65	28.00	30.81	58.81	8.09	33.13		41.22	中壤
	65~85	33.05	33.42	66.47	7.84	25.69		33.53	中壤
	85~110	19.43	35.81	55.24	11.29	33.47		44.76	中壤

4. 生产性状

同白面土。

四、褐土亚类

褐土剖面构型为 A—B（黏化、钙积）—C 型。B 层出现在 50~60cm，碳酸钙淀积明显，呈菌丝状。黏化层石灰反应相对较弱。

本亚类在宜阳县分布有立黄土、垆土和红黄土质褐土 3 个土属，立黄土、灰垆土、黄垆土和红黄土质褐土 4 个土种，下面分别作以叙述。

（一）立黄土土属

立黄土的成土母质为马兰黄土，在宜阳县主要分布在张午和连庄乡，面积 43 114 亩，占本土类面积的 1.9%。根据砂姜含量的有无分为立黄土，面积 40 835 亩，占本土类面积的 1.8%，少量砂姜立黄土，面积 2 279 亩，占本土类面积的 0.1%。现以张午乡 5—33 号剖面来说明立黄土的剖面性态。

1. 剖面形态

0~17cm：淡棕色，松砂壤，粒状，散，石灰反应中。

17~29cm：淡棕色，中壤，块状，紧，粉末状石灰淀积，石灰反应强烈。

29~45cm：暗棕色，重壤，块状，紧，粉末状石灰淀积，石灰反应中等。

45~100cm：暗棕色，重壤，块状，紧，粉末状石灰淀积，石灰反应强烈。

2. 理化性质（表 38-51）

表 38-51 立黄土的化学性质

剖面编号	采样深度（cm）	有机质（%）	全氮（%）	全磷（%）	全钾（%）	有效磷（mg/kg）	速效钾（mg/kg）	碳酸钙（%）	代换量 me/100g 土	pH 值
5—33	0~17	1.59	0.062	0.144	1.82	3.3	119.9	13.07	10.5	8.1
	17~29	1.52	0.063	0.164				17.07	11.2	8.4
	29~45	1.16	0.044	0.139				10.83	13.4	8.4
	45~100	0.98	0.033	0.128				15.62	12.8	8.4

3. 机械组成（表 38-52）

表 38-52 立黄土的机械组成

剖面编号	采样深度（cm）	不同粒径（mm）颗粒含量（%）							质地
		砂	粗粉砂	物理性砂粒	粉砂		黏粒	物理性黏粒	
		0.05~1	0.01~0.05	>0.01	0.005~0.01	0.001~0.005	<0.001	<0.01	
5—33	0~17	20.36	66.82	87.18	13.40			13.40	松砂
	17~29	17.64	49.33	66.97	31.57	1.46		33.03	中壤
	29~45	10.44	38.73	49.17	30.79	20.00		50.79	重壤
	45~100	13.24	35.34	48.58	24.94	26.48		51.42	重壤

4. 生产性状

土层深厚，质地中壤至重壤，易耕作，肥力中等，适合各种作物生长，在岭区属上等地，在生产上主要以发展灌溉，防旱保墒，同时增施肥料以提高土壤肥力。

（二）垆土土属

本土属发育在次生黄土母质上，在宜阳县主要分布在白杨、柳泉 2 个乡的川区，其他乡也有小面积分布，该土属在宜阳县分布有灰垆土和黄垆土 2 个土种，其面积分别为 5 391亩和 52 101亩，占本土类面积的 2.37%，剖面性态以柳泉乡黄垆土 15—39 号剖面说明。

1. 剖面形态

0~17cm：棕色，质地轻壤，粒状，散，石灰反应强。

17~26cm：棕色，质地轻壤，块状，紧，石灰反应中。

26~53cm：棕色，质地中壤，块状，紧，少量粉末状石灰淀积，石灰反应强。

53~100cm：棕色，质地中壤，块状，紧，少量粉末状石灰淀积，石灰反应强。

2. 理化性质（表 38-53）

表 38-53　黄垆土的化学性质

剖面编号	采样深度（cm）	有机质（%）	全氮（%）	全磷（%）	全钾（%）	有效磷（mg/kg）	速效钾（mg/kg）	碳酸钙（%）	代换量me/100g 土	pH 值
15—39	0~17	1.20	0.099	0.197	1.96	6.8	149.8	5.63	18.5	8.5
	17~26	0.90	0.089	0.205				6.25	15.5	8.4
	26~53	0.70	0.079	0.197				7.61	9.6	8.4
	53~100	0.60	0.070	0.197				6.04	8.7	8.3

3. 机械组成（表 38-54）

表 38-54　黄垆土的机械组成

剖面编号	采样深度（cm）	不同粒径（mm）颗粒含量（%）							质地
		砂	粗粉砂	物理性砂粒	粉砂		黏粒	物理性黏粒	
		0.05~1	0.01~0.05	>0.01	0.005~0.01	0.001~0.005	<0.001	<0.01	
15—39	0~17	7.24	53.91	61.15	33.75	5.14		38.89	轻壤
	17~26	6.33	57.42	63.75	25.15			36.25	中壤
	26~53	20.84	58.66	79.50	20.51	11.10		20.51	中壤
	53~100	27.86	53.78	81.64	16.22	2.14		18.36	中壤

4. 生产性状

土层厚，土壤肥沃，灌溉条件好，在生产上应加强科学施肥，注意氮、磷肥配合使用。

（三）红黄土质褐土土属

成土母质为离石午城黄土，分布面积318 160亩，占本土类面积的14.09%。主要分布在连庄、盐镇、高村 3 个乡，其他乡也有少量分布。现以盐镇乡红黄土质褐土剖面13—54 号说明其性态。

1. 剖面形态

0~20cm：暗棕红色，重壤，碎屑状，散，石灰反应中。

20~40cm：暗棕红色，中壤，碎屑状，紧，石灰反应中。

40~80cm：暗棕红色，中壤，碎屑状，紧，石灰反应中。

80~110cm：暗棕红色，重壤，碎屑状，紧，石灰反应中。

2. 理化性质（表 38-55）

表 38-55　黄垆土的化学性质

剖面编号	采样深度（cm）	有机质（%）	全氮（%）	全磷（%）	全钾（%）	有效磷（mg/kg）	速效钾（mg/kg）	碳酸钙（%）	代换量 me/100g 土	pH 值
13—54	0~20	1.62	0.070	0.096	2.02	3.7	101.2	1.16	15.3	8.2
	20~40	1.40	0.064	0.091				1.13	13.3	8.3
	40~80	1.10	0.045	0.133				0.70	14.2	8.4
	80~110	0.61	0.039	0.162				0.86	13.0	8.5

3. 机械组成（表 38-56）

表 38-56　黄垆土的机械组成

剖面编号	采样深度（cm）	不同粒径（mm）颗粒含量（%）							质地
		砂	粗粉砂	物理性砂粒	粉砂		黏粒	物理性黏粒	
		0.05~1	0.01~0.05	>0.01	0.005~0.01	0.001~0.005	<0.001	<0.01	
13—54	0~20	9.08	39.86		14.68	18.82	17.50	51.00	重壤
	20~40	17.50	39.44	56.94	41.52	1.54		43.06	中壤
	40~80	10.96	45.83	56.79	39.49	3.63		43.12	中壤
	80~110	13.46	41.46	54.92	18.66	26.42		45.08	重壤

4. 生产性状

在丘陵区属于上等地，在生产措施上要防旱保墒，增施肥料，培肥地力。

五、潮褐土亚类

成土母质为次生黄土，分布在河流阶地及山前洪积扇下缘。剖面 B 层淋淀碳酸钙呈假菌丝状，剖面底部因受地下水影响，有锈纹、锈斑。该亚类只有 1 个潮褐土土属，潮黄土 1 个土种。在宜阳县的分布面积为 43 052 亩，占本土类面积的 1.91%，出现在丰李、寻村 2 个乡。剖面性态以丰李乡 1—18 号剖面为例说明。

1. 剖面形态

0~20cm：淡红棕色，中壤，碎屑状，散，石灰反应强。

20~40cm：淡红棕色，重壤，块状，紧，石灰反应强。

40~100cm：黄棕色，中壤，块状，紧，少量铁锈斑纹，石灰反应强。

2. 理化性质（表 38-57）

表 38-57　潮黄土的化学性质

剖面编号	采样深度（cm）	有机质（%）	全氮（%）	全磷（%）	全钾（%）	有效磷（mg/kg）	速效钾（mg/kg）	碳酸钙（%）	代换量 me/100g 土	pH 值
1—18	0~20	1.65	0.095	0.171	2.02	11.8	165.8	4.38	13.7	8.4
	20~40	1.00	0.061	0.150				3.86	14.1	8.6
	40~100	0.47	0.030	0.120				4.59	13.0	8.4

3. 机械组成（表38-58）

表38-58　潮黄土的机械组成

剖面编号	采样深度（cm）	不同粒径（mm）颗粒含量（%）							质地
		砂	粗粉砂	物理性砂粒	粉砂		黏粒	物理性黏粒	
		0.05~1	0.01~0.05	>0.01	0.005~0.01	0.001~0.005	<0.001	<0.01	
1—18	0~20	17.21	43.75	60.95	37.50	1.54		39.04	中壤
	20~40	13.29	27.01	40.30	31.16	28.54		59.70	重壤
	40~100	2.95	47.76	50.71	10.38	31.14	7.77	41.52	中壤

4. 生产性状

耕层质地中等，土层深厚，排灌条件良好，保肥性能好，供肥力强，是宜阳县最好的土壤类型之一。

第三节　潮　土

潮土是一种非地带性的半水成土壤，地下水位在3m以上，因夜潮而得名。全县潮土面积8.1519万亩，占总土壤面积的3.38%，主要分布在洛河两岸阶地和洪积扇下缘。

潮土的成土母质系近代河流沉积物，经过人类的耕作熟化，同时受着地下水的明显影响，是较幼年的土壤。由于干湿季节的变化，引起地下水位上升和下降，土体的氧化还原反应也随之交替进行，从而在土体中、下部形成铁锈斑纹。

本亚类在宜阳县分别有黄潮土1个亚类，3个土属，6个土种，下面分别叙述。

一、砂土土属

该土属在宜阳县分布面积1 136亩，占本土类面积的1.39%。主要分布在锦屏镇，仅有1个细砂土土种，质地细而均匀，疏松，易耕，不怕涝，但是保水保肥力差。因此肥劲短，发苗不拔籽。若耕种年代较久，熟化程度高时，耕作层也有少量有机质积累，色暗而且有不稳定的微团粒结构。剖面性态以丰李镇1—58号细砂土剖面为例说明。

1. 剖面形态

0~32cm：灰黄棕色，松砂，粒状，散，石灰反应强烈。
32~68cm：灰黄棕色，松砂，粒状，散，石灰反应强烈。
68~100cm：灰黄色，松砂，粒状，散，石灰反应强烈。

2. 理化性质（表38-59）

表38-59　细砂土的化学性质

剖面编号	采样深度（cm）	有机质（%）	全氮（%）	全磷（%）	全钾（%）	有效磷（mg/kg）	速效钾（mg/kg）	碳酸钙（%）	代换量me/100g土	pH值
1—58	0~32	0.36	0.018	0.187	2.03	3.7	20.3	7.76	6.1	8.6
	32~68	0.30	0.013	0.916				5.71	6.4	8.5
	68~100	0.28	0.008	0.244				6.02	4.8	8.8

3. 机械组成（表38-60）

表38-60　细砂土的机械组成

剖面编号	采样深度（cm）	不同粒径（mm）颗粒含量（%）							质地
		砂	粗粉砂	物理性砂粒	粉砂		黏粒	物理性黏粒	
		0.05~1	0.01~0.05	>0.01	0.005~0.01	0.001~0.005	<0.001	<0.01	
1—58	0~32	57.74	38.53	96.27	2.03	1.70	0.00	3.73	松砂
	32~68	51.74	46.56	98.30			1.70	1.70	松砂
	68~100	84.36	15.64	100.00					松砂

二、两合土土属

两合土是砂粒、粉砂粒、黏粒含量比例适当，肥力较高的土壤。耐旱、耐涝，种啥成啥，发苗又拔籽，疏松易耕，通气透水，保水保肥。

两合土土属在宜阳县分布面积49 416亩，占本土类面积的60.62%，出现在丰李、寻村、连庄、张午、城关等乡镇。

两合土土属以其机械组成的差异及砂、黏层次排列不同而分为青砂土、小两合土、底砂小两合土、两合土4个土种。

（一）青砂土

面积4 361亩，占本土类面积的5.35%。主要分布在张午、寻村乡。质地细砂壤土或粉砂壤土，层次厚，透水性好。不怕涝，保水保肥性差，虽提苗较易，但肥劲短，所以肥力不如两合土好。现以张午乡5—70号剖面说明其性态。

1. 剖面形态

0~20cm：棕色，紧砂，粒状，散，石灰反应强。

20~29cm：淡灰黄色，紧砂，块状，紧，石灰反应强。

29~66cm：淡棕色，中壤，块状，紧，石灰反应强。

66~100cm：灰黄色，松砂，块状，松，石灰反应强。

2. 理化性质（表38-61）

表38-61　青砂土的化学性质

剖面编号	采样深度（cm）	有机质（%）	全氮（%）	全磷（%）	全钾（%）	有效磷（mg/kg）	速效钾（mg/kg）	碳酸钙（%）	代换量me/100g土	pH值
5—70	0~20	1.04	0.079	0.201	2.15	5.7	54.0	5.00	7.2	8.2
	20~29	0.46	0.054	0.150				4.90	7.5	8.3
	29~66	0.55	0.052	0.182				4.21	9.9	8.4
	66~100	0.52	0.013	0.240				5.00	5.7	8.5

3. 机械组成（表38-62）

表38-62　青砂土的机械组成

剖面编号	采样深度（cm）	不同粒径（mm）颗粒含量（%）							质地
		砂	粗粉砂	物理性砂粒	粉砂		黏粒	物理性黏粒	
		0.05~1	0.01~0.05	>0.01	0.005~0.01	0.001~0.005	<0.001	<0.01	
5—70	0~20	30.83	63.23	94.06	3.01	2.89		5.90	紧砂
	20~29	12.55	79.43	91.98	4.11	3.95		8.06	紧砂
	29~66	11.94	48.98	60.93	36.75	1.92		38.67	中壤
	66~100	77.81	20.28	98.09			1.91	1.91	松砂

（二）小两合土

面积 17 498 亩，占本土类面积的 21.46%。分布在连庄和丰李 2 个乡，1m 土体内通体轻壤，易耕，剖面性态如莲庄乡 4—14 号剖面。

1. 剖面形态

0~24cm：棕色，砂壤，粒状，散，石灰反应强。

24~100cm：棕灰色，砂壤，块状，散，锈纹锈斑，石灰反应强。

2. 理化性质（表 38-63）

表 38-63　小两合土的化学性质

剖面编号	采样深度（cm）	有机质（%）	全氮（%）	全磷（%）	全钾（%）	有效磷（mg/kg）	速效钾（mg/kg）	碳酸钙（%）	代换量 me/100g 土	pH 值
4—14	0~24	1.33	0.041	0.163	1.97	4.2	40.7	5.82	7.6	8.5
	24~100	1.11	0.034	0.175				5.94	7.9	8.3

3. 机械组成（表 38-64）

表 38-64　小两合土的机械组成

剖面编号	采样深度（cm）	不同粒径（mm）颗粒含量（%）							质地
		砂	粗粉砂	物理性砂粒	粉砂		黏粒	物理性黏粒	
		0.05~1	0.01~0.05	>0.01	0.005~0.01	0.001~0.005	<0.001	<0.01	
4—14	0~24	43.74	36.57	80.31	18.29	1.50		19.79	砂壤
	24~100	33.41	46.78	80.19	19.81			19.81	砂壤

（三）底砂小两合土

面积 12 737 亩，占本土类面积的 15.62%。主要分布在连庄、张午 2 个乡，表层轻壤，50cm 以下出现大于 20cm 厚的砂土层。其剖面性态如张午乡 5—81 号剖面。

1. 剖面形态

0~17cm：棕黄色，轻壤，粒状，疏松，石灰反应强烈。

17~27cm：灰黄色，砂壤，粒状，散，石灰反应强烈。

27~44cm：棕黄色，轻壤，块状，紧，石灰反应强烈。

44~60cm：灰黄色，轻壤，块状，紧，石灰反应强烈。

60~100cm：灰色，松砂，粒状，松，石灰反应强烈。

2. 理化性质（表 38-65）

表 38-65　底砂小两合土的化学性质

剖面编号	采样深度（cm）	有机质（%）	全氮（%）	全磷（%）	全钾（%）	有效磷（mg/kg）	速效钾（mg/kg）	碳酸钙（%）	代换量 me/100g 土	pH 值
5—81	0~17	1.27	0.059	0.205	2.02	2.3	70.9	5.21	9.4	8.3
	17~27	1.07	0.052	0.184				5.31	9.1	8.5
	27~44	0.68	0.029	0.200				5.31	8.2	8.6
	44~60	0.31	0.027	0.249				3.17	8.6	8.4
	60~100	0.08	0.012	0.265				5.41	5.8	8.6

3. 机械组成（表38-66）

表38-66 底砂小两合土的机械组成

剖面编号	采样深度（cm）	不同粒径（mm）颗粒含量（%）							质地
		砂	粗粉砂	物理性砂粒	粉砂		黏粒	物理性黏粒	
		0.05~1	0.01~0.05	>0.01	0.005~0.01	0.001~0.005	<0.001	<0.01	
5—81	0~17	36.81	37.94	74.75	23.66	1.59		25.25	轻壤
	17~27	35.23	50.99	86.22	12.22	1.56		13.78	砂壤
	27~44	47.46	30.59	78.05	21.95			21.95	轻壤
	44~60	63.65	12.27	75.92	24.08			24.08	轻壤
	60~100	77.99	20.19	98.18	0.13		1.69	1.82	松砂

（四）两合土

该土种在宜阳县的面积为14 920亩，占本土类面积的18.30%。主要分布在城关和寻村2个乡，剖面性态以城关乡2—34号剖面说明如下。

1. 剖面形态

0~20cm：淡棕色，轻壤，粒状，散，石灰反应强烈。

20~35cm：淡棕色，轻壤，碎屑状，散，石灰反应强烈。

35~60cm：淡棕色，中壤，碎屑状，紧，石灰反应强烈。

60~100cm：棕色，中壤，碎屑状，紧，石灰反应强烈。

2. 理化性质（表38-67）

表38-67 小两合土的化学性质

剖面编号	采样深度（cm）	有机质（%）	全氮（%）	全磷（%）	全钾（%）	有效磷（mg/kg）	速效钾（mg/kg）	碳酸钙（%）	代换量me/100g土	pH值
2—34	0~20	2.31	0.106	0.169	2.16	9.8	146.4	3.67	11.7	8.2
	20~35	2.26	0.103	0.166				2.84	10.9	8.3
	35~60	1.06	0.063	0.161				4.08	9.3	8.3
	60~100	1.27	0.065	0.179				4.19	9.3	8.4

3. 机械组成（表38-68）

表38-68 小两合土的机械组成

剖面编号	采样深度（cm）	不同粒径（mm）颗粒含量（%）							质地
		砂	粗粉砂	物理性砂粒	粉砂		黏粒	物理性黏粒	
		0.05~1	0.01~0.05	>0.01	0.005~0.01	0.001~0.005	<0.001	<0.01	
2—34	0~20	21.47	54.74	76.14	21.49	1.84	0.00	23.33	中壤
	20~35	13.44	60.89	74.33	20.64	3.10	1.94	25.68	中壤
	35~60	15.93	53.39	69.32	28.75	1.93	0.00	30.68	中壤
	60~100	13.64	55.84	69.48	29.05	2.03	0.00	31.08	中壤

4. 生产性状

不砂、不黏，耕性良好，保水保肥与供水供肥能力强，土壤养分状况较好，适宜种植各种作物。

三、洪积潮土土属

该土属仅有洪积黏质潮土 1 个土种。因地下水位过高，土壤含水量大，土壤空气少，温度上升慢，土温低，影响作物生长发育，只宜种植水稻等耐涝作物。

面积 30 023 亩，占本土类面积的 36.83%，主要分布在锦屏、丰李、韩城 3 个乡镇，剖面性态以锦屏镇 2—49 号剖面为例加以说明。

1. 剖面形态

0~18cm：棕色，重壤，碎屑状，散，石灰反应强烈。

18~55cm：淡棕色，轻黏，碎屑状，紧，锈纹锈斑，石灰反应强烈。

55~100cm：棕色，轻黏，块状，紧，锈纹锈斑，石灰反应强烈。

2. 理化性质（表 38-69）

表 38-69　洪积黏质潮土的化学性质

剖面编号	采样深度（cm）	有机质（%）	全氮（%）	全磷（%）	全钾（%）	有效磷（mg/kg）	速效钾（mg/kg）	碳酸钙（%）	代换量 me/100g 土	pH 值
2—49	0~18	1.75	0.092	0.129	2.03	4.0	105.3	6.77	12.3	8.3
	18~55	1.20	0.083	0.128				6.15	15.0	8.5
	55~100	1.34	0.094	0.142				5.94	16.1	8.3

3. 机械组成（表 38-70）

表 38-70　洪积黏质潮土的机械组成

剖面编号	采样深度（cm）	不同粒径（mm）颗粒含量（%）							质地
		砂	粗粉砂	物理性砂粒	粉砂		黏粒	物理性黏粒	
		0.05~1	0.01~0.05	>0.01	0.005~0.01	0.001~0.005	<0.001	<0.01	
2—49	0~18	14.25	34.26	48.51	21.80	29.76		51.57	重壤
	18~55	3.94	28.29	32.23	20.96	46.82		67.77	轻黏
	55~100	1.95	27.21	29.16		49.91		70.84	轻黏

4. 生产性状

同本土属。

第四节　砂姜黑土

砂姜黑土是本县最古老的耕作土壤，发育在湖相沉积母质上。全县面积 3 726 亩，占总土壤面积的 0.15%，分布在白杨镇哈蚂洼一带。

砂姜层一般出现在 50cm 以下，局部地段耕层以内即有出现。在季节性积水和旱湿交替的潜育条件小，不仅有碳酸钙淀积，同时也有铁锰淀积，形成锈斑和铁锰结核。并在结构面上有灰褐色胶膜，这是潜育化和有机质累积所致。该土属根据砂姜层出现的部位，而划分灰质浅位厚层砂姜黑土，面积 1 060 亩，和灰质低位厚层砂姜黑土，面积 2 666 亩，其剖面性态以灰质低位厚层砂姜黑土 10—23 号剖面说明如下。

1. 剖面形态

0~25cm：暗灰棕色，重壤，粒状结构，散，石灰反应强烈。

25~35cm：暗灰棕色，重壤，块状，紧，15%砂姜，石灰反应强烈。

35~55cm：暗灰棕色，重壤，块状，紧，20%砂姜，石灰反应强烈。

55cm 以下砂姜层。

2. 理化性质（表38-71）

表38-71　灰质低位厚层砂姜黑土的化学性质

剖面编号	采样深度（cm）	有机质（%）	全氮（%）	全磷（%）	全钾（%）	有效磷（mg/kg）	速效钾（mg/kg）	碳酸钙（%）	代换量 me/100g 土	pH 值
10—23	0~25	2.46	0.122	0.177	1.75	6.2	174.7	7.19	18.7	8.8
	25~35	1.56	0.095	0.132				6.77	20.1	8.7
	35~55	0.96	0.077	0.103				20.94	15.2	8.6

3. 机械组成（表38-72）

表38-72　灰质低位厚层砂姜黑土的机械组成

剖面编号	采样深度（cm）	不同粒径（mm）颗粒含量（%）							质地
		砂	粗粉砂	物理性砂粒	粉砂		黏粒	物理性黏粒	
		0.05~1	0.01~0.05	>0.01	0.005~0.01	0.001~0.005	<0.001	<0.01	
10—23	0~25	17.33	32.79	50.14	38.58	9.64	1.62	49.84	重壤
	25~35	9.81	40.00	49.81	23.16	27.03		50.19	重壤
	35~55	14.60	35.55	50.15	16.73	33.12		49.85	重壤

4. 生产性状

该土所处地势低洼，受涝渍威胁严重，受旱程度略轻。土壤质地较黏重，结构和水分物理状况不良，易漏风跑墒，耕性差，适耕期短，应随犁随耙，及时保墒。

第三十九章　耕地土壤养分

土壤养分是土壤理化性状的组成部分，也是构成其肥力的重要因素之一。土壤养分的含量及其供应速度直接影响植物的生长，最终影响其产量。因此，了解和掌握各种土壤的养分状况，对于正确利用和管理土壤，制定不同土壤改良利用方向及培肥措施，提高土壤肥力，进而提高生产力保证高产优质稳产，均具有极为重要的意义。

1984年第二次土壤普查时，按照河南省土壤养分含量等级标准，把宜阳县土壤分为3等9级，见表39-1。

宜阳县2007—2009年依托测土配方施肥项目，共采集分析6 366个土样，化验46 984项次。按照河南省土肥站要求，对化验数据进行了筛选整理，确定采用2 240个农化样点参与耕地地力评价，从2 240个农化样点分析结果来看，全县耕地土壤养分含量（平均值）现状是：有机质18.42g/kg、全氮1.08g/kg、有效磷12.38g/kg、速效钾154.29mg/kg、缓效钾742.23mg/kg、有效硫28.44mg/kg、有效铜1.24mg/kg、有效硼0.4mg/kg、有效锌1.02mg/kg、有效铁7.38mg/kg、有效锰16.53mg/kg、pH值7.86。宜阳县土壤养分含量与第二次土壤普查时的养分含量对比（表39-2），可以看出，宜阳县土壤中养分含量发生了很大变化，土壤中全氮、有机质、有效磷的含量普遍增加，但是土壤中速效钾的含量普遍下降，这与近几年的农民施肥习惯和施肥量有很大关系；各个乡镇的土壤养分含量变化不等，这与各乡镇的种植习惯和施肥习惯有很大关系，见表39-2。

表39-1　宜阳县土壤表层养分含量分级统计

含量及面积 项目		I 面积(亩)	%	II 面积(亩)	%	III$_1$ 面积(亩)	%	III$_2$ 面积(亩)	%	IV$_1$ 面积(亩)	%	IV$_2$ 面积(亩)	%	V$_1$ 面积(亩)	%	V$_2$ 面积(亩)	%	VI 面积(亩)	%
有机质	等级标准	>4		3~4		2.5~3		2~2.5		1.5~2		1~1.5		0.8~1		0.6~0.8		<0.6	
	(%)	7 620	0.7	9 302	0.8	9 442	0.8	30 257	2.6	156 484	14	601 228	52	233 073	20.1			22 637	2
全氮	等级标准	>0.2		0.15~0.2		0.125~0.15		0.1~0.125		0.085~0.1		0.075~0.085		0.06~0.075		0.05~0.06		<0.05	
	(%)	6 434	0.6	16 361	1.4	21 728	1.8	132 429	11	302 328	26	285 502	25	283 047	24	80 071	6.9	32 070	2.8
有效磷	等级标准	>40		20~40		15~20		10~15		7~10		5~7		3~5				<3	
	(mg/kg)	1 824	0.2	14 465	1.2	57 328	4.9	182 081	16	218 089	19	325 528	28	292 129	25			67 926	5.9
速效钾	等级标准	>200		150~200		125~150		100~125		75~100		50~75		30~50				<30	
	(mg/kg)	236 514	20	467 752	40	258 816	22	114 441	9.9	44 316	3.3	18 324	1.6	14 892	1.5			4 316	0.4
全县耕地面积								1 159 370											

表39-2　宜阳县现在土壤养分含量与第二次土壤普查结果对照

类别 乡镇	全氮（g/kg） 二次普查	现在测试	有机质（g/kg） 二次普查	现在测试	有效磷（mg/kg） 二次普查	现在测试	速效钾（mg/kg） 二次普查	现在测试
全县	0.91	1.08	15.5	18.4	9.5	12.38	158.7	154.3
樊村	0.94	1.26	13.2	24.7	5.5	9.9	216	184.6
白杨	0.87	1.22	14	21.3	8.3	12.0	123.2	177.2
董王庄	0.82	1.05	12.8	18.2	6.5	12.8	159.5	130.1
赵堡	0.83	1.07	14	18.2	7.7	13.7	159.5	154.7
张午	0.85	1.01	10.8	16.2	7.2	10.0	150.7	136.2
连庄	0.73	1.04	11	18.1	6.9	10.0	131.3	134.8

（续表）

类别 乡镇	全氮 （g/kg）		有机质 （g/kg）		有效磷 （mg/kg）		速效钾 （mg/kg）	
	二次普查	现在测试	二次普查	现在测试	二次普查	现在测试	二次普查	现在测试
锦屏镇	1.13	1.28	16.4	30.0	9	15.8	142.8	169.6
城关镇	1.3	1.33	35.9	30.2	46.4	24.3	165.3	230.0
丰李	0.44	1.22	12.7	22.2	8.3	16.0	176.6	178.7
寻村	0.84	1.03	11.5	17.8	8.8	10.1	178.6	142.6
盐镇	0.78	1.06	21.5	17.1	6.1	10.9	170.9	151.9
柳泉	0.94	1.04	12.9	17.5	6.7	13.6	170	193.3
韩城	0.88	1.07	12	17.6	8.4	11.3	179.7	159.4
高村	0.77	0.99	10.6	15.4	7.9	11.9	171.9	145.5
三乡	0.89	1.03	11.3	16.3	8	14.6	168.2	152.7
穆册	0.86	1.26	24.4	21.6	5	14.9	84	106.4
上观	0.94	0.91	25.4	15.2	7.6	13.0	99.6	82.4

第一节　有机质

有机质是土壤养分的重要组成部分，与土壤的发生、演变，土壤肥力水平和土壤的其他属性有密切的关系。土壤有机质分解后可直接为作物生长提供营养，对提高土壤肥力，保水保肥，改善土壤物理性状，调节土壤中水、肥、气、热等各种性状具有重要作用，因此有机质含量是评价土壤地力的重要指标。

一、耕层土壤有机质含量及面积分布

本次耕地地力评价土壤有机质平均含量为 18.4g/kg，变化范围 4.1~82.7g/kg，标准差 6.28。1984 年第二次土壤普查平均含量 15.5g/kg，变化范围 2.3~49.8g/kg，标准差 0.61。与 1984 年相比，现在土壤有机质平均含量增加了 2.9g/kg。

不同地力等级耕层土壤有机质含量不同，具有一定的相关性，地力等级高，土壤有机质含量高。各级别含量及面积见表 39-3。

表 39-3　各地力等级耕层土壤有机质含量及分布面积

级别	一级地	二级地	三级地	四级地	五级地	六级地
含量 （g/kg）	21.54	18.10	16.54	18.25	19.22	15.26
面积 （hm²）	9 408.22	27 398.98	2 2167.1	6 019.12	2 879.51	1 629.41
占总耕地 （%）	13.54	39.42	31.89	8.66	4.14	2.34

二、不同土壤类型有机质含量

不同土种类型土壤有机质含量的差异是人们社会活动对土壤影响的集中体现，不同土类，有机质含量有较大差异。宜阳县有机质含量较低的土类是紫色土和粗骨土，和有机质含量较高的棕壤相差 11g/kg 左右，见表 39-4。

三、耕层土壤有机质各级别状况

依据土壤养分分级标准，宜阳县土壤有机质划分为六个等级，四级占全部耕地的 77.96%，三级占 20.82%，说明宜阳县有机质水平多数处于稍缺和中级水平，缺和极缺水平没有分布。各级别面积见表 39-5。

表 39-4　不同土类有机质含量　　　　　　　　　　　　　　单位：g/kg

土类名称	平均值	最大值	最小值	标准差
潮土	22.08	57.4	10.1	7.42
褐土	18.44	82.7	4.1	6.23
红黏土	17.58	50.8	7.3	5.21
紫色土	15.66	19.5	9.3	3.69
粗骨土	16.91	71.5	6.7	7.83
砂姜黑土	25.98	32.9	20.4	4.55
石质土	17.28	30.5	7.6	6.46
棕壤	27.94	43.3	18.8	9.42

表 39-5　耕层土壤有机质各级别面积

有机质分级	分级标准	平均值	面积（hm²）	百分比
一级	>40	43.0526	66.54	0.10%
二级	30.1~40	34.0062	781.15	1.12%
三级	20.1~30	22.964	14 473.78	20.82%
四级	10.1~20	16.4786	54 180.87	77.96%
五级	6.1~10		0	0
六级	≤6		0	0
平均值/合计		18.05919	69 502.34	100.00%

第二节　大量元素

一、全氮

土壤全氮含量指标不仅能体现土壤氮素的基础肥力，而且还能反映土壤潜在肥力的高低，即土壤的供氮潜力。根据 2007—2009 年化验结果，全县耕层土壤全氮含量平均为 1.08g/kg，变化范围 0.31~2.3g/kg，标准差 0.24。1984 年第二次土壤普查时，全氮平均含量 0.91g/kg，变化范围 0.6~1.49g/kg，标准差 0.03。与 1984 年相比，现在土壤全氮平均增加了 0.17g/kg。

（一）不同地力等级耕层土壤全氮含量及分布面积

近年来，宜阳地区群众对氮肥的施用较为普遍，造成不同地力等级耕层土壤全氮含量差异不明显，各含量级别情况见表 39-6。

表 39-6　各地力等级耕层土壤全氮含量及分布面积

级别	一级地	二级地	三级地	四级地	五级地	六级地
含量（g/kg）	1.17	1.08	1.02	1.07	1.10	0.89
面积（hm²）	9 408.22	27 398.98	22 167.1	6 019.12	2 879.51	1 629.41
占总耕地（%）	13.54	39.42	31.89	8.66	4.14	2.34

（二）不同土壤类型全氮含量

不同土壤类型全氮含量差异较小。棕壤含量最高，各土壤类型全氮含量见表 39-7。宜阳县全氮含量较低的土类是紫色土和粗骨土，和全氮含量较高的棕壤相差 0.6g/kg 左右。

表 39-7 不同土类全氮含量　　　　　　　　　　　　　　　　单位：g/kg

土类名称	平均值	最大值	最小值	标准差
潮土	1.20	1.9	0.65	0.27
褐土	1.08	2.09	0.31	0.24
红黏土	1.06	1.83	0.44	0.20
紫色土	0.96	1.13	0.65	0.16
粗骨土	0.97	1.69	0.38	0.28
砂姜黑土	1.39	1.72	1.17	0.19
石质土	1.06	1.88	0.37	0.35
棕壤	1.54	2.3	0.96	0.51

（三）耕层土壤全氮含量及面积分布

宜阳县耕层土壤全氮含量与有机质含量具有非常强的相关性，中氮和稍缺氮级别占全县耕地面积的 99.09%。低山区全氮含量较低，需重视氮肥的施用。见表 39-8。

表 39-8 耕层土壤全氮含量各级别面积

全氮分级	分级标准	平均值	面积（hm²）	百分比
一级	>2	2.01	5.13	0.01%
二级	1.51~2	1.58	98.42	0.14%
三级	1.01~1.5	1.13	46 338.65	66.67%
四级	0.76~1	0.95	22 534.72	32.42%
五级	0.51~0.75	0.69	525.42	0.76%
六级	≤0.5		0	0
平均值/合计		1.06	69 502.34	100.00%

二、有效磷

土壤中的磷一般以无机态磷和有机态磷形式存在，通常有机态磷占全磷量的 35% 左右，无机态磷占全磷量的 65% 左右。无机态磷中易溶性磷酸盐和土壤胶体中吸附的磷酸根离子，以及有机形态磷中易矿化的部分，被视为有效磷，约占土壤全磷含量的 10%。有效磷含量是衡量土壤养分含量和供应强度的重要指标。根据 2007—2009 年 3 年化验结果，全县耕层土壤有效磷含量平均为 12.38mg/kg，变化范围 1.5~76.1mg/kg，标准差 8.27。1984 年第二次土壤普查时有效磷平均含量 9.5mg/kg，变化范围 2.46~21.22mg/kg，标准差 5.13。与 1984 年相比，现在土壤有效磷平均含量增加了 2.88mg/kg。

（一）不同地力等级耕层土壤有效磷含量及分布面积

宜阳县耕层土壤有效磷含量与地力等级有一定的相关性。但各级地平均含量差异不太明显。见表 39-9。

表 39-9 各地力等级耕层土壤有效磷含量及分布面积

级别	一级地	二级地	三级地	四级地	五级地	六级地
含量（mg/kg）	14.93	12.49	10.87	11.48	12.54	11.49
面积（hm²）	9 408.22	27 398.98	22 167.1	6 019.12	2 879.51	1 629.41
占总耕地（%）	13.54	39.42	31.89	8.66	4.14	2.34

（二）不同土壤类型有效磷含量状况

不同土壤类型由于受土壤母质、种植制度、作物施肥状况不同的影响，有效磷含量有较大差异。宜阳县有效磷含量较低的土类是紫色土，和有效磷含量较高的潮土相差 7.3mg/kg 左右。见表 39-10。

表 39-10 不同土类有效磷含量 单位：mg/kg

土类名称	平均值	最大值	最小值	标准差
潮土	14.95	63.5	2.4	11.48
褐土	12.59	76.1	1.5	8.32
红黏土	11.03	50.2	1.6	6.75
紫色土	7.66	10.5	2.2	3.00
粗骨土	12.53	41.9	3.3	8.44
砂姜黑土	10.15	13.8	6.9	2.58
石质土	13.36	47.4	1.8	8.94
棕壤	10.5	23.3	5.0	7.29

（三）耕层土壤有效磷含量及面积分布

宜阳县土壤有效磷含量居中的面积占全县耕地总面积的 69.37%，稍缺的占 27.56%，没有明显的地域性分布特点，磷肥的普遍施用是维持土壤有效磷含量的主要来源。见表 39-11。

表 39-11 耕层土壤有效磷含量各级别面积

有效磷分级	分级标准	平均值	面积（hm²）	百分比
一级	>40	47.4	7.32	0.01%
二级	20.1~40	23.7	1 847.5	2.66%
三级	10.1~20	13.13	48 212.44	69.37%
四级	6.1~10	8.62	19 157.94	27.56%
五级	3.1~6	5.79	277.14	0.40%
六级	≤3		0	0
平均值/合计		12.18	69 502.34	100.00%

三、速效钾

根据 2007—2009 年 3 年化验结果，全县耕层土壤速效钾含量平均为 154.3mg/kg，变化范围 20~524mg/kg，标准差 57.31。1984 年第二次土壤普查时速效钾平均含量 158.7mg/kg，变化范围 72.9~279.5mg/kg，标准差 45.96。与 1984 年相比，现在土壤速效钾平均含量减少 4.4mg/kg。宜阳县速效钾整体含量出现下降，主要是近年来复种指数在提高，作物产量在提高，高产品种在不断更新，氮磷肥施用量一直增加，农民轻视了农家肥和钾肥的施用引起的。

（一）不同地力等级耕层土壤速效钾含量及分布面积

宜阳县耕层土壤速效钾含量与耕地地力具有较强的相关性，地力等级高，速效钾含量高。见表39-12。

表 39-12　各地力等级耕层土壤速效钾含量

级　别	一级地	二级地	三级地	四级地	五级地	六级地
含量（mg/kg）	172.08	157.17	149.41	141.82	117.69	88.48
面积（hm²）	9 408.22	27 398.98	22 167.1	6 019.12	2 879.51	1 629.41
占总耕地（%）	13.54%	39.42%	31.89%	8.66%	4.14%	2.34%

（二）不同土壤类型耕层土壤速效钾含量

宜阳县速效钾含量较低的土类是棕壤，和速效钾含量较高的潮土相差 78.34mg/kg 左右。潮土、砂姜黑土、褐土速效钾含量均较高。见表39-13。

表 39-13　不同土类速效钾含量　　　　　　　　单位：mg/kg

土类名称	平均值	最大值	最小值	标准差
潮土	163.34	514	61	68.99
褐土	156.26	524	21	58.71
红黏土	159.72	370	67	43.60
紫色土	126.00	172	76	30.96
粗骨土	105.76	311	20	53.30
砂姜黑土	158.67	211	127	31.31
石质土	111.89	309	37	52.92
棕壤	85	112	59	21.64

（三）耕层土壤速效钾含量与面积分布

宜阳县土壤速效钾含量较为丰富，稍丰和中级水平的占全县耕地面积的 90.06%。中低山区土壤速效钾含量较低，洛河川区和白杨、赵堡盆地速效钾含量较高，见表39-14。

表 39-14　耕层土壤速效钾含量各级别面积　　　　　　单位：mg/kg

速效钾分级	分级标准	平均值	面积（hm²）	百分比
一级	>200	217.7	3 991.06	5.74%
二级	151~200	169.6	32 100.29	46.19%
三级	101~150	133.7	30 492.82	43.87%
四级	51~100	81.8	2 710.87	3.90%
五级	31~50	46.3	207.3	0.30%
六级	≤30		0	0
平均值/合计			69 502.34	100.00%

四、耕层土壤缓效钾含量与面积分布

土壤缓效钾含量状况同土壤速效钾基本一致，土壤缓效钾和速效钾间存在着良好的相关性。土壤缓效钾储备量差异非常大，低山区土壤缓效钾含量较低。见表39-15。

表39-15　耕层土壤缓效钾含量各级别面积　　　　单位：mg/kg

缓效钾分级	分级标准	平均值	面积（hm²）	百分比
一级	>750	814.9	36 304.49	52.23%
二级	501~750	671.9	30 036.65	43.22%
三级	331~500	437.6	2 860.71	4.12%
四级	171~330	287.4	300.49	0.43%
五级	131~170		0	0
六级	≤130		0	0
平均值/合计		728.2	69 502.34	100.00%

第三节　土壤中量元素

硫是作物生长发育所必需的中量营养元素，在植物体内参与重要的生理过程，是含硫氨基酸和蛋白质的必要组成元素。植物缺硫时，会导致蛋白质、叶绿素的合成受阻，出现生长停滞、植株矮小瘦弱、嫩叶褪绿黄化，产量降低等不良后果。土壤硫中易溶性硫、吸附性硫和部分有机态硫为土壤有效硫，较易为植物吸收利用，是植物硫素营养的主要来源。

近年来大量施用磷铵、尿素等高浓度无硫化肥，而过磷酸钙、硫铵等含硫化肥用量减少，有机肥及含硫农药用量也逐渐减少，致使每年施入土壤的硫量逐年减少。土地复种指数及作物产量提高，作物生长所需要的硫量以及随收获物带来的硫量增加；一些有机质含量少，质地粗的土壤，硫含量低；在雨水多的地区，从排水和渗漏水中流失的硫较多，使土壤硫含量下降。

宜阳县土壤有效硫从整体上看，多数处于中级以上水平，但张坞乡南部、上观乡、赵堡乡、锦屏镇浅山丘陵区有效硫含量偏低。见表39-16。

表39-16　耕层土壤有效硫含量各级别面积　　　　单位：mg/kg

有效硫分级	分级标准	平均值	面积（hm²）	百分比
一级	>35	39.85	15 213.32	21.89%
二级	25.1~35	29.57	36 374.98	52.34%
三级	20.1~25	22.84	14 570.02	20.96%
四级	12.1~20	18.46	3 339.34	4.80%
五级	≤12	10.8	4.68	0.01%
平均值/合计		29.80	69 502.34	100.00%

第四节　土壤微量元素

一、有效硼

宜阳县土壤中有效硼含量差异较大，多数土壤缺乏有效硼，稍缺级别的占全部耕地面积的89.55%，种植对硼敏感的作物，如油菜、甘蓝等应该重视施用硼肥。有效硼含量分布见表39-17。

表 39-17　耕层土壤有效硼含量各级别面积　　　　　　　　单位 mg/kg

有效硼分级	分级标准	平均值	面积（hm²）	百分比
一级	>2		0	0
二级	1.01~2	1.21	71.6	0.10%
三级	0.51~1	0.58	5 974.84	8.60%
四级	0.21~0.5	0.38	62 238.04	89.55%
五级	≤0.2	0.18	1 217.86	1.75%
平均值/合计		0.40	69 502.34	100.00%

二、有效钼

土壤中绝大部分是难溶性钼，存在于矿物晶格、铁锰结核内，是植物不能直接吸收的。宜阳县土壤中有效钼普遍缺乏，稍缺以下级别占全县耕地的 91.6%，种植豆科等作物，必须施用钼肥才能取得较高产量。有效钼含量分布见表 39-18。

表 39-18　耕层土壤有效钼含量各级别面积　　　　　　　　单位：mg/kg

有效钼分级	分级标准	平均值	面积（hm²）	百分比
一级	>0.3	0.41	447.56	0.64%
二级	0.21~0.3	0.24	2 113.76	3.04%
三级	0.16~0.2	0.17	3 273.98	4.71%
四级	0.11~0.15	0.12	30 276.99	43.56%
五级	≤0.1	0.09	33 390.05	48.04%
平均值/合计		0.11	69 502.34	100.00%

三、有效铁

宜阳土壤有效铁含量处于中等水平，在西南山区含量较为丰富，在寻村镇东北部、韩城镇北部丘陵区及高村乡石村等行政村含量较低。在小麦、玉米、花生、大豆等作物施用铁肥有不同程度的增产效果。有效铁含量分布见表 39-19。

表 39-19　耕层土壤有效铁含量各级别面积　　　　　　　　单位：mg/kg

有效铁分级	分级标准	平均值	面积（hm²）	百分比
一级	>20	22.27	1 930.92	2.78%
二级	10.1~20	15.07	4 183.7	6.02%
三级	4.6~10	6.32	58 147.47	83.66%
四级	2.6~4.5	4.30	5 240.25	7.54%
五级	≤2.5		0	0
平均值/合计		7.78	69 502.34	100.00%

四、有效锰

宜阳县土壤有效锰含量均处于中等偏上水平，不需要施用锰肥。有效锰含量分布见表 39-20。

表 39-20　耕层土壤有效锰含量各级别面积　　　　　　　　　　单位：mg/kg

有效锰分级	分级标准	平均值	面积（hm²）	百分比
一级	>30	34.02	1 441.42	2.07%
二级	15.1~30	18.61	42 919.36	61.75%
三级	5.1~15	13.24	25 141.56	36.17%
四级	1.1~5		0	0
五级	≤1		0	0
平均值/合计		17.08	69 502.34	100.00%

五、有效铜

宜阳县土壤有效铜含量均处于中等偏上水平，不需要施用铜肥。有效铜含量分布见表 39-21。

表 39-21　耕层土壤有效铜含量各级别面积　　　　　　　　　　单位：mg/kg

有效铜分级	分级标准	平均值	面积（hm²）	百分比
一级	>1.8	2.27	3 783.24	5.44%
二级	1.01~1.8	1.24	43 621.59	62.76%
三级	0.21~1.0	0.91	22 097.51	31.79%
四级	0.11~0.2		0	0
五级	≤0.1		0	0
平均值/合计		1.21	69 502.34	100.00%

六、有效锌

宜阳县土壤有效锌多数处于中上水平，仅高村乡部分地区有效锌含量低，对锌敏感作物玉米、水稻等应重视施用锌肥。见表 39-22。

表 39-22　耕层土壤有效锌含量各级别面积　　　　　　　　　　单位：mg/kg

有效锌分级	分级标准	平均值	面积（hm²）	百分比
一级	>3	6.75	755.39	1.09%
二级	1.01~3	1.29	26 842.66	38.62%
三级	0.51~1	0.79	40 222.46	57.87%
四级	0.31~0.5	0.46	1 681.65	2.42%
五级	≤0.3	0.3	0.18	0.0003%
平均值/合计		1.04	69 502.34	100.00%

第五节　pH 值

宜阳县土壤多发育在黄土类母质上，碳酸钙含量极为丰富，除穆册乡、上观乡的部分山地土壤和北部丘陵的红黏土外，大多呈中至弱碱性。

第四十章　耕地地力评价指标体系

第一节　评价因素的选取与权重

一、耕地地力评价指标的选择原则

耕地地力评价实质是评价地形地貌、土壤理化性状等自然要素对农作物生长限制的强弱，宜阳县选取指标时遵循了以下几个原则。

（一）重要性原则

要选取对耕地地力有较大影响的指标。宜阳县地形复杂，土壤类型多，十年九旱，对宜阳县耕地地力有较大的影响的指标是有效土层厚度、灌溉保证率、质地构型、有机质、质地、成土母质、有效磷、地貌类型、速效钾。

（二）差异性原则

差异性原则分为空间差异性和指标因子的差异性。耕地地力评价的目的之一就是通过评价找出影响耕地地力的主导因素，指导耕地资源的优化配置。评价指标在空间和属性没有差异，就不能反映耕地地力的差异。因此，在县级行政区域内，没有空间差异的指标和属性没有差异的指标，不能选为评价指标。例如气候条件，宏观上它是决定耕地生产力第一要素，但本次评价是以县域为对象的，县域内的气候条件差异很小，因此不作为评价指标。灌溉保证率是反映水浇地抗旱能力的重要指标，一般在旱作区都应选为评价指标，选取的指标在评价区域内的变异较大，便于划分耕地地力等级。

（三）稳定性原则

选取的评价指标在时间序列上具有相对稳定性，易变的指标尽可能少选。例如有效土层厚度、质地构型、成土母质、有机质含量等指标具有稳定性，选取这些指标，评价的结果能够有较长的有效期。

（四）独立性原则

选取的评价指标原则上是不相关的，也即相互不具有替代性。例如，有机质和全氮有替代性，在选取时仅选择其一。

（五）易获取性原则

通过常规的方法即可以获取，如土壤养分含量、有效土层厚度、灌溉保证率等。

二、评价指标选取方法

宜阳县的耕地地力评价指标选取过程中，采用的是特尔斐法，进行了影响耕地地力的立地条件、剖面性状、耕层理化性状、耕层养分状况、土壤管理等定性指标的筛选。我们确定了由参加过第二次土壤普查的专家和宜阳县农林水机等相关方面的技术人员组成的专家组，首先对指标进行分类，在此基础上进行指标的选取。经过反复筛选，共选出 5 大类 9 小项指标，分别为：立地条件包括成土母质、地貌类型；剖面性状包括有效土层厚度、质地构型；耕层理化性状包括质地；耕层养分状况包括有机质、有效磷、速效钾；土壤管理包括灌溉保证率。

为了平衡指标权重，避免个别指标权重过大影响评价结果，将上述选定的五大类 9 小项指标重新分组，立地条件与土壤管理合并为一组，剖面性状与耕层理化性状合并为一组，耕层养分状况单独设为一组。

为避免误判，经专家组协商，按每组、每项指标对耕地地力的影响程度进行排序，排序结果如表 40-1 所示。

表 40-1 宜阳县耕地地力评价体系

宜阳县耕地地力评价	剖面性状	有效土层厚度
		质地构型
		质地
	立地条件	灌溉保证率
		成土母质
		地貌类型
	土壤养分	有机质
		有效磷
		速效钾

第二节 指标权重的确定

在耕地地力评价中，需要根据各参评因素，对耕地地力的贡献确定权重。本评价中采用层次分析法（AHP）来确定各参评因素的权重。

层次分析法（AHP），是在定性方法基础上发展起来的定量确定参评因素权重的一种系统分析方法。这种方法，可将人们的经验思维数量化，用以检验决策者判断的一致性，有利于实现定量化评价。专家打分情况见表 40-2。

表 40-2 宜阳县耕地地力性评价得分情况

名称	准则层	得分（%）	指标层	得分（%）
宜阳县耕地地力评价	剖面性状	42	有效土层厚度	43
			质地构型	33
			质地	24
	立地条件	32	灌溉保证率	47
			成土母质	30
			地貌类型	23
	土壤养分	26	有机质	46
			有效磷	35
			速效钾	19

一、建立层次结构

耕地地力为目标层（G 层），影响耕地地力的剖面性状、立地条件、土壤养分为准则层（C 层），再把影响准则层中各元素的项目作为指标层（A 层）。其结构关系如图 40-1 所示。

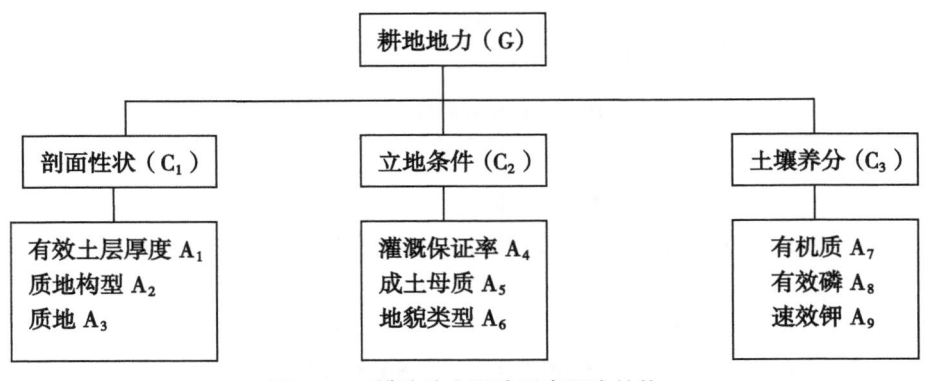

图 40-1 耕地地力影响因素层次结构

二、构造判断矩阵

采用专家评估法，比较同一层次各因素对上一层次的相对重要性，给出数量化的评估。专家评估的初步结果经合适的数学处理后（包括实际计算的最终结果—组合权重）反馈给专家，请专家重新修改或确认。经多轮反复形成最终的判断矩阵。

根据专家经验，确定 C 层对 G 层以及 A 层对 C 层的相对重要程度，共构成 G、C_1、C_2、C_3 共 4 个判别矩阵。

表 40-3　目标层 G 判别矩阵

项目	C_1	C_2	C_3
剖面性状（C_1）	1.0000	1.3053	1.6480
立地条件（C_2）	0.7661	1.0000	1.2626
土壤养分（C_3）	0.6068	0.7920	1.0000

表 40-4　剖面性状（C_1）判别矩阵

项目	A_1	A_2	A_3
有效土层厚度 A_1	1.0000	1.3158	1.7443
质地构型 A_2	0.7600	1.0000	1.3256
质地 A_3	0.5733	0.7544	1.0000

表 40-5　立地条件（C_2）判别矩阵

项目	A_4	A_5	A_6
灌溉保证率 A_4	1.0000	1.5941	2.0247
成土母质 A_5	0.6273	1.0000	1.2700
地貌类型 A_6	0.4939	0.7874	1.0000

表 40-6　土壤养分（C_3）判别矩阵

项目	A_7	A_8	A_9
有机质 A_7	1.0000	1.3238	2.4284
有效磷 A_8	0.7554	1.0000	1.8345
速效钾 A_9	0.4118	0.5451	1.0000

判别矩阵中标度的含义见表 40-7。

表 40-7　判断矩阵标度及其含义

标度	含　义
1	表示两个因素相比，具有同样重要性
3	表示两个因素相比，一个因素比另一个因素稍微重要
5	表示两个因素相比，一个因素比另一个因素明显重要
7	表示两个因素相比，一个因素比另一个因素强烈重要
9	表示两个因素相比，一个因素比另一个因素极端重要
2、4、6、8	上述两相邻判断的中值
倒数	因素 i 与 j 比较得判断 b_{ij}，则因素 j 与 i 比较的判断 $b_{ji} = 1/b_{ij}$

三、层次单排序及一致性检验

求取 A 层对 C 层的权数值，可归结为计算判断矩阵的最大特征根 λ_{max} 对应的特征向量 W。并用 $CR = CI/RI$ 进行一致性检验。计算方法如下。

A. 将比较矩阵每一列正规化（以矩阵 C 为例）

$$\hat{c}_{ij} = \frac{c_{ij}}{\sum\limits_{i=1}^{n} c_{ij}}$$

B. 每一列经正规化后的比较矩阵按行相加

$$\bar{W}_i = \sum_{j=1}^{n} \hat{c}_{ij}, \ j = 1, \ 2, \ \cdots, \ n$$

C. 向量正规化

$$W_i = \frac{\bar{W}_i}{\sum\limits_{i-1}^{n} \bar{W}_i}, \ i = 1, \ 2, \ \cdots, \ n$$

所得到的 $W_i = [W_1, \ W_2, \ \cdots, \ W_n]^T$ 即为所求特征向量，也就是各个因素的权重值。

D. 计算比较矩阵最大特征根 λ_{max}

$$\lambda_{max} = \sum_{i=1}^{n} \frac{(CW)_i}{nW_i}, \ i = 1, \ 2, \ \cdots, \ n$$

式中，C 为原始判别矩阵，$(CW)_i$ 表示向量的第 i 个元素。

E. 一致性检验

首先计算一致性指标 CI

$$CI = \frac{\lambda_{max} - n}{n - 1}$$

式中，n 为比较矩阵的阶，也即因素的个数。

然后根据表 40-8 查找出随机一致性指标 RI，由下式计算一致性比率 CR。

$$CR = \frac{CI}{RI}$$

表 40-8　随机一致性指标 RI 值

n	1	2	3	4	5	6	7	8	9	10	11
RI	0	0	0.58	0.9	1.12	1.24	1.32	1.41	1.45	1.49	1.51

根据以上计算方法可得以下结果（表 40-9）。

表 40-9　权数值一致性检验结果

矩阵	特征向量			λ_{max}	CI	CR
G	0.4214	0.3229	0.2557	3.0000	$-4.01147161621651 \times 10^6$	0.00000692
C_1	0.4286	0.3257	0.2457	3.0000	$7.97182341027991 \times 10^6$	0.00001374
C_2	0.4714	0.2957	0.2328	3.0000	$-3.95628854454877 \times 10^6$	0.00000682
C_3	0.4614	0.3486	0.1900	3.0000	$-6.81380030176371 \times 10^8$	0.00000012

从表中可以看出，CR 均小于 0.1，具有很好的一致性。

四、层次总排序及一致性检验

计算同一层次所有因素对于最高层相对重要性的排序权值，称为层次总排序。这一过程是最高层次到最低层次逐层进行的，层次总排序的结果见表40-10。

表40-10 层次总排序表

层次C 层次A	剖面性状 0.4214	立地条件 0.3229	土壤养分 0.2557	组合权重
有效土层厚	0.4286			0.1806
质地构型	0.3257			0.1373
质地	0.2457			0.1035
灌溉保证率		0.4714		0.1522
成土母质		0.2957		0.0955
地貌类型		0.2328		0.0752
有机质			0.4614	0.1180
有效磷			0.3486	0.0891
速效钾			0.1900	0.0486

层次总排序的一致性检验也是从高到低逐层进行的。如果A层次某些因素对于C_j单排序的一致性指标为CI_j，相应的平均随机一致性指标为CR_j，则A层次总排序随机一致性比率为：

$$CR = \frac{\sum_{j=1}^{n} c_j CI_j}{\sum_{j=1}^{n} c_j RI_j} = \frac{0.00096}{0.3178} = 0.003 < 0.1$$

经层次总排序，并进行一致性检验，结果为$CI = 2.06477356577173E-06$，$RI = 0.58$，$CR = 0.00000356 < 0.1$，具有满意的一致性，最后计算A层对G层的组合权数值，得到各因子的权重，见表40-11。

表40-11 各因子的权重

参评因素	有效土 层厚度	质地构型	质地	灌溉保 证率	成土母质	地貌类型	有机质	有效磷	速效钾
权重	0.1806	0.1373	0.1035	0.1522	0.0955	0.0752	0.1180	0.0891	0.0486

第三节　评价因子隶属度的确定

评价因子对耕地地力的影响程度是一个模糊性概念问题，我们采用模糊数学的理论和方法进行描述。隶属度是评价因素的观测值符合该模糊性的程度（即某评价因子在某观测值时对耕地地力的影响程度），完全符合时隶属度为1，完全不符合时隶属度为0，部分符合时隶属度为0~1的任一数值。隶属函数则表示评价因素的观测值与隶属度之间的解析函数。根据评价因子的隶属函数，对于某评价因子的每一观测值均可计算出其对应的隶属度。本次评价中，宜阳县选定的评价指标与耕地生产能力的关系分为戒上型函数和概念型2种类型的隶属函数。以下是各个评价指标隶属函数的建立和标准化结果。

一、有效土层厚度：属概念型，量纲

宜阳县划分土种有效土层厚度从16~120cm，跨度大，差异明显，对农作物生长的水、肥、气、热环境有重大影响。

表 40-12　有效土层厚及其隶属度专家评估

指标	≥100	≥60~100	≥40~60	≥20~40	<20
隶属度	1	0.88	0.67	0.34	0.10

二、质地构型：属概念型，无量纲

质地构型指在 1m 土体内不同质地土层的排列组合形式，根据 1984 年宜阳县第二次土壤普查资料，宜阳县的质地构型分为黏底中壤、均质中壤、壤身重壤、夹砂重壤、夹黏中壤、夹壤重壤、夹砂中壤、均质重壤、均质轻壤、夹砂轻壤、壤身砂壤、砂身轻壤、均质砂壤、夹壤砂土、均质砂土 15 种。影响质地构型的主要因素有土壤母质、质地、结构以及耕作、灌溉、施肥等农业生产措施。宜阳县质地构型可分为均质型和夹层型 2 种，不同质地构型耕地地力水平不同。专家打分如下（表 40-13）。

表 40-13　质地构型分类及其隶属度专家评估

指标	黏底中壤	均质中壤	壤身重壤	均质重壤	夹砂重壤	夹黏中壤	夹壤重壤	夹砂中壤
隶属度	1	0.95	0.89	0.85	0.81	0.77	0.72	0.67

指标	壤身砂壤	均质轻壤	夹砂轻壤	砂身轻壤	均质砂壤	夹壤砂土	均质砂土
隶属度	0.62	0.58	0.53	0.44	0.35	0.23	0.14

三、质地：属概念型，无量纲

质地指不同粒径的土粒在土壤中所占的相对比例或重量百分数。根据 1984 年宜阳县第二次土壤普查资料，宜阳县的质地分为中壤土、重壤土、轻壤土、砂壤土、紧砂土、松砂土 6 种。质地对土壤肥力具有多方面影响，常常是决定土壤蓄水、导水、保肥、供肥、保温、导温和耕性的重要因素。在施肥水平相同、管理水平相似的情况下，专家打出评估分数（表 40-14）。

表 40-14　质地分类及其隶属度专家评估

指标	中壤土	重壤土	轻壤土	砂壤土	紧砂土	松砂土
隶属度	1	0.88	0.79	0.60	0.37	0.20

四、灌溉保证率：属概念型，单位为%

灌溉保证率是灌溉工程在长期运行中，灌溉用水得到充分满足的年数占总年数的百分数。根据宜阳县实际情况，灌溉保证率分为低于 20%、20%~50%、50%~75%、大于 75% 4 个类型区。宜阳县绝大部分是旱地，无灌溉条件，有效灌溉面积低，由于灌溉成本的不断提高，耕地不能保证有效灌溉，使灌溉保证率差异较大。

表 40-15　灌溉保证率及其隶属度专家评估

指标值	≥75%	50%~75%	20%~50%	<20%
隶属度	1	0.84	0.57	0.15

五、成土母质：属概念型，无量纲

成土母质是形成土壤的原始物质，宜阳县地形复杂，母质种类较多，共分为黄土母质、离石黄土、马兰黄土、红土母质、洪积物、残积物、湖积物、坡积物 8 种。依据不同成土母质对耕地地力水平的影响，专家进行了评价打分。

表 40-16　成土母质分类及其隶属度专家评估

指标	洪积物	湖积物	黄土母质	离石黄土	马兰黄土	红土母质	残积物	坡积物
隶属度	1.0	0.93	0.85	0.75	0.66	0.57	0.44	0.27

六、地貌类型：属概念型，无量纲

宜阳县地貌类型分为平原、河漫滩、盆地、河流低阶地、丘陵、低山、中山 7 种。

表 40-17　地貌类型及其隶属度专家评估

指标	平原	河漫滩	盆地	河流低阶地	丘陵	低山	中山
隶属度	1	0.92	0.85	0.68	0.53	0.39	0.24

七、有机质：数值型

土壤有机质含量，代表耕地基本肥力，是土壤理化性状的重要因素，是土壤养分的主要来源，对土壤的理化、生物性质以及肥力因素都有较大影响。根据宜阳土壤有机质丰缺指标，建立隶属函数，对应的频数为 20g/kg、18g/kg、16g/kg、14g/kg、12g/kg（表 40-18）。

表 40-18　有机质隶属函数

函数类型	隶属函数	a 值	c 值	Ut
戒上型	$Y=1/[1+a\times(X-c)^2]$	0.034	19.29	10

八、有效磷：属数值型

磷是作物生长所必需的大量元素，土壤中磷含量的高低对作物产量构成直接影响。根据宜阳土壤有效磷丰缺指标，建立隶属函数，对应的频数为 18mg/kg、14mg/kg、10mg/kg、8mg/kg、4mg/kg。见表 40-19。

表 40-19　有效磷隶属函数

函数类型	隶属函数	a 值	c 值	Ut
戒上型	$Y=1/[1+a\times(X-c)^2]$	0.011	17.39	2

九、速效钾：属数值型

速效钾：钾是作物生长三要素之一，它对作物产品的质量具有重要作用。根据宜阳土壤速效钾丰缺指标，建立隶属函数，对应的频数为 120mg/kg、110mg/kg、100mg/kg、90mg/kg、80mg/kg（表 40-20）。

表 40-20　速效钾隶属函数

函数类型	隶属函数	a 值	c 值	Ut
戒下型	$Y=1/[1+a\times(X-c)^2]$	0.0007	119.68	30

第四十一章 耕地地力等级

耕地地力是耕地具有的能够充足、全面和持续供应作物生长以水、肥、气、热的能力，同时还具有协调它们之间的矛盾和抗拒恶劣自然条件影响的能力。这次耕地地力调查，结合宜阳县实际情况，选取了9个对耕地地力影响比较大，区域内的变异明显，在时间序列上具有相对稳定性，与农业生产有密切关系的因素，建立了评价指标体系。以1：5万土壤图、土地利用现状图、行政区划图3图叠加形成的图斑为评价单元，采用累积曲线分级法进行评价，根据曲线斜率的突变点（拐点）来确定等级的数目和划分综合指数的临界点，把宜阳县耕地地力共分6个等级。

耕地地力的另一种表达方式，即以产量表达耕地地力水平。农业部于1997年颁布了"全国耕地类型区耕地地力等级划分"农业行业标准（NY/T 309—1996），将全国耕地地力根据粮食单产水平划分为10个等级。宜阳县对各级别的耕地粮食产量进行专项调查，每个级别调查20个以上评价单元近3年的平均粮食产量，再根据该级土地稳定的立地条件（比如质地、有效土层厚度等）状况，进行潜力修正后，作为该级别耕地的粮食产量，然后与国家的耕地地力分级体系进行对接，归入全国耕地地力体系。见表41-1。

表 41-1 宜阳县分级等级与国家耕地地力等级对接

县级划分等级	国家耕地地力等级	产量（kg/亩）
1	三	700~800
2	四	600~700
3	五	500~600
4	六	400~500
5	七	300~400
6	八	200~300

第一节 耕地地力数量及空间分布

一、耕地地力等级面积统计

宜阳县耕地地力共分6个等级。其中一级地9 408.22hm²，占全县耕地面积的13.54%；二级地27 398.98hm²，占全县耕地面积的39.42%%；三级地22 167.10hm²，占全县耕地面积的31.89%；四级地6 019.12hm²，占全县耕地面积的8.66%；五级地2 879.51hm²，占全县耕地面积的4.14%；六级地1 629.41hm²，占全县耕地面积的2.34%。

表 41-2 宜阳县耕地地力评价等级综合指数

IFI	0.8333~1.0000	0.7300~0.8333	0.6750~0.7300
耕地地力等级	一级地	二级地	三级地
IFI	0.5500~0.6750	0.4800~0.5500	0.0000~0.4800
耕地地力等级	四级地	五级地	六级地

表 41-3 耕地地力评价结果面积统计

等级	一级地	二级地	三级地	四级地	五级地	六级地	总计
面积（hm²）	9 408.22	27 398.98	22 167.10	6 019.12	2 879.51	1 629.41	69 502.34
比重（%）	13.54	39.42	31.89	8.66	4.14	2.34	100

二、耕地地力空间分布

(一) 耕地地力行政区划分布情况

宜阳县一级地共有 9 408.22hm²，除樊村乡、穆册乡、上观乡外，其余乡镇均有分布。其中面积最大的是柳泉镇、丰李镇、寻村镇，有 3 688.31hm²，占一级地面积的 39.2%。二级、四级地全县各乡镇均有分布。五级、六级地面积较少，主要分布在南北丘陵及西南山区。具体行政区划分布情况见表 41-4。

表 41-4　各乡镇耕地地力分级分布　　　　　　单位：hm²

乡名称	一级地	二级地	三级地	四级地	五级地	六级地	总计
白杨镇	813.26	1 687.21	958.16	747.93	382.83		4 589.39
城关镇	58.16	17.76		2.69			78.61
董王庄乡	12.72	720.86	1 366.38	783.2	629.76	115.48	3 628.4
樊村乡		1 318.55	1 427.51	150.71	36.3		2 933.07
丰李镇	1 226.29	1 760.52	20.73	34.42			3 041.96
高村乡	177.53	3 855.52	4 258.58	386.71			8 678.34
韩城镇	1 232.6	2 076.34	1691.96	38.21			5 039.11
锦屏镇	583.96	324.65	31.57	519.67	270.25		1 730.1
莲庄乡	1 108.67	541.71	934.59	3.48	28.27	41.91	2 658.63
柳泉镇	1 283.85	2 461.32	2 320.62	281.92	43.04		6 390.75
穆册乡		144.47	72.71	207.78	402.05	129.04	956.05
三乡镇	632.15	2 616.19	306.24	46.72			3 601.3
上观乡		44.19	490.88	342.68	478.82	1 119.56	2 476.13
寻村镇	1 178.17	1 439.16	1 322.5	1 152.33	263.18		5 355.34
盐镇乡	0.14	4 986.01	4274.66	407.61			9 668.42
张坞乡	575.05	2 166.61	892.8	135.45	33.19	73.9	3 877
赵堡乡	525.67	1 237.91	1 797.21	777.61	311.82	149.52	4 799.74
总计	9 408.22	27 398.98	22 167.1	6 019.12	2 879.51	1 629.41	69 502.34

(二) 耕地地力在不同地貌类型上的分布情况

一级、二级地主要分布在平原、盆地、河漫滩及南北丘陵的水浇地。五级、六级地主要分布在低山、中山及南北丘陵的顶部。中山对应有部分二级、三级地，主要分布在穆册乡、赵堡乡、上观乡、董王庄乡的中低山台地，由于土层较厚，质地较好，生产潜力大，等级较高 (表 41-5)。

表 41-5　各地貌类型地力等级分布　　　　　　单位：hm²

地貌类型	一级地	二级地	三级地	四级地	五级地	六级地	总计
低山				215.18	348.43	14.27	577.88
河流低阶地		9.23	1.65	301.9			312.78
河漫滩	432.95	435.61	135.32	33.41			1 037.29
盆地	582.46	22.28					604.74
平原	4 725.92	586.79	25.35	6.24			5 344.3

地貌类型	一级地	二级地	三级地	四级地	五级地	六级地	总计
丘陵	3 666.89	26 167.51	20 397.36	4 810.25	1 630.7	290.21	56 962.92
中山		177.56	1 607.42	652.14	900.38	1 324.93	4 662.43
总计	9 408.22	27 398.98	22 167.1	6 019.12	2 879.51	1 629.41	69 502.34

（三）耕地地力在不同土种上的分布情况

不同的土壤有不同的土壤结构，土壤结构的好坏，对土壤肥力因素、微生物的活动、耕性等都有很大的影响，因此人们常常把土壤种类作为评价耕地地力等级的重要指标。宜阳县有 60 种土种，不同土种的地力等级分布情况是：一级、二级地对应的主要土种有白面土、潮黄土、底砂小两合土、红黄土壤质碳酸盐褐土、红黄土质褐土、红黄土质少量砂姜始成褐土、红黄土质始成褐土、洪积壤质潮土、黄垆土、灰废墟土、灰垆土、灰质低位厚层砂姜黑土、灰质浅位厚层砂姜黑土、立黄土、两合土、青砂土、壤质白垆土、小两合土、腰壤砂土，这些土种立地条件好，水利条件好。五级、六级地对应的主要土种有基性岩薄层砾质始成褐土、基性岩薄层石渣始成褐土、砂砾薄层始成褐土、石英质岩薄层石渣始成褐土、酸性岩薄层砾质始成褐土、酸性岩薄层淋溶褐土、酸性岩中层砾质始成褐土、酸性岩中层石渣始成褐土、中性岩中层石渣始成褐土、紫色岩薄层砾质始成褐土，这些土种的共性特点是有效土层厚度薄，多含砾质和砂姜，主要分布在中低山及丘陵顶部（表 41-6）。

表 41-6　各地力等级土种分布　　　　　　　　　　　　　　单位：hm²

土种名称	一级地	二级地	三级地	四级地	五级地	六级地	总计
白面土	173.28	780.36	421.06				1 374.7
潮黄土	1 699.48	28.24					1 727.72
底砂小两合土	430.4	40.46	46.67				517.53
红黄土壤质淋溶褐土		9.49					9.49
红黄土壤质碳酸盐褐土	749.28	690.18	2 963.66	844.24			5 247.36
红黄土质褐土	1 366.47	10 484.23	992.35				12 843.05
红黄土质少量砂姜始成褐土		52.27	199.35				251.62
红黄土质始成褐土	683.06	4 702.32	1 549.4	5.85			6 940.63
红砂岩薄层砾质始成褐土				58.6			58.6
红黏土灰质少量砂姜始成褐土	16.32	773.45	1 285.12	36.66			2 111.55
红黏土灰质始成褐土	183.98	4 691.63	8 367.44	807.52	0.33		14 050.9
红黏土少量砂姜始成褐土		788.53	7.31				795.84
红黏土始成褐土	33.84	890.79	3 046.18	232.22			4 203.03
洪积壤质潮土	996.98	44.17					1 041.15
黄垆土	1 660.64	570.15	0.61				2 231.4
灰废墟土		9.26					9.26
灰垆土	160.6	70.74					231.34
灰质低位厚层砂姜黑土	74.31	4.65					78.96
灰质浅位厚层砂姜黑土	40.65	5.82					46.47
基性岩薄层砾质始成褐土				69.31	589.52	139.49	798.32
基性岩薄层石渣始成褐土					130.87	74.44	205.31
基性岩薄层始成棕壤				1.2			1.2
基性岩薄腐厚层棕壤			1.08	9.98			11.06

（续表）

土种名称	一级地	二级地	三级地	四级地	五级地	六级地	总计
基性岩薄腐中层棕壤				0.52			0.52
立黄土	275.62	1 014.61	249.22				1 539.45
两合土	167.49	0.34					167.83
泥灰岩底薄层砾质始成褐土		12.15	64.14	265.89	102.69		444.87
泥灰岩底厚层砾质始成褐土				29.74			29.74
泥灰岩底中层砾质始成褐土			12.47	166.48			178.95
泥质岩薄层砾质始成褐土				444.41	3.07		447.48
泥质岩中层砾质始成褐土			9.42	95.21			104.63
青砂土	2.55	379.85	88.65	33.41			504.46
壤质白垆土	142.25	659.7	729.13	285.14			1 816.22
砂砾薄层始成褐土				7.25	658.37		665.62
砂砾厚层始成褐土		9.23	1.65	301.9			312.78
砂砾中层始成褐土		108.42	15.65	722.13			846.2
少量砂姜白面土		59.53	137.6				197.13
少量砂姜立黄土		90.91					90.91
石灰质岩薄层砾质始成褐土				357.17	6.28		363.45
石灰质岩中层砾质始成褐土			41.13	38.99			80.12
石英质岩薄层砾质始成褐土				193.86	22.95		216.81
石英质岩薄层石渣始成褐土					79.45	4.18	83.63
石英质岩中层砾质始成褐土				21.32	38.58		59.9
石英质岩中层石渣始成褐土				18.89	160.16		179.05
酸性岩薄层砾质始成褐土					43.28	103.23	146.51
酸性岩薄层淋溶褐土					211.26	15.15	226.41
酸性岩薄层石渣始成褐土					66.22		66.22
酸性岩薄腐厚层棕壤			71.14	5.65			76.79
酸性岩薄腐中层棕壤					1.06		1.06
酸性岩中层砾质始成褐土				7.39	391.78	1 122.45	1 521.62
酸性岩中层淋溶褐土				121.76	1.04		122.8
酸性岩中层石渣始成褐土					4.91	9.66	14.57
酸性岩中层始成棕壤				13.48	49.96		63.44
细砂土		15.3					15.3
小两合土	536.19	198.63	25.35	6.24			766.41
腰壤砂土	14.83	29.16					43.99
中性岩薄层砾质始成褐土		168.07	1 535.2	492.16			2 195.43
中性岩中层砾质始成褐土		16.34	306.12	321.85			644.31
中性岩中层石渣始成褐土				2.7	30.83	146.54	180.07
紫色岩薄层砾质始成褐土					286.9	14.27	301.17
总计	9 408.22	27 398.98	22 167.1	6 019.12	2 879.51	1 629.41	69 502.34

（四）不同地力等级灌溉保证率各级别分布情况

在土壤形成与肥力发展变化中，水分是极为重要的活跃因素。在土壤质地形成的大循环中，矿物岩石的风化、母质的形成与转移，水分是主要因子。在成土过程中，有机质在成土母质中的合成与分解，使植物营养元素不断在土壤中积累，从而发育成土壤，是生物参与下进行的成土过程，同样也离不开水分，因此灌溉保证率是评价地力等级的重要指标之一。结合宜阳县实际，将灌溉保证率分为4个级别，灌溉保证率在75%以上的一级地面积是 7 627.24hm²，占一级地总面积的81.1%；灌溉保证率大于20%所对应的耕地全部分布在一级、二级、三级地；四级、五级、六级地均是靠天吃饭的旱地；灌溉能力大于75%的耕地中零星分布有四级地，主要分布在张午乡中低山上中部，土层薄，质地较差。具体情况见表41-7。

表41-7 灌溉保证率各级别面积 单位：%　hm²

灌溉保证率（%）	一级地	二级地	三级地	四级地	五级地	六级地	总计
<20	777.33	25 260.06	22 064.64	6 009.03	2 879.51	1 629.41	58 619.98
20~50	238.83	259.94	28.12				526.89
50~75	764.82	534.63	65.79				1 365.24
>75	7 627.24	1 344.35	8.55	10.09			8 990.23
总计	9 408.22	27 398.98	22 167.1	6 019.12	2 879.51	1 629.41	69 502.34

（五）不同地力等级有效土层厚度面积分布情况

有效土层厚度是影响耕地地力的主要因素之一，土层越厚，生产潜力越大。宜阳县有效土层厚度从16~120cm变化幅度大，等级分布呈现一定的规律性。土层厚度在20cm以下，全部是五级、六级地；土层厚度大于100cm，主要是一级、二级、三级地。土层厚度为20~40cm，对应有部分二级、三级地，主要受灌溉能力影响较大，另外，该区人均耕地少，施肥量较大，土壤残留养分较多。土层厚度为40~60cm对应有一级、二级地和四级、五级地，一级、二级地主要分布在白杨盆地，灌溉能力较强，四级、五级地分布在穆册中山，灌溉能力低，土类为棕壤，土壤养分含量较高（表41-8）。

表41-8 不同地力等级有效土层厚度面积分布 单位：cm，hm²

有效土层厚度	一级地	二级地	三级地	四级地	五级地	六级地	总计
<20					79.45	4.18	83.63
20~40		120.57	79.79	2 151.23	2 587.84	1 625.23	6 564.66
40~60	114.96	26.81	369.14	776.66	212.22		1 499.79
60~100		9.23	73.87	318.05			401.15
≥100	9 293.26	27 242.37	21 644.3	2 773.18			60 953.11
总计	9 408.22	27 398.98	22 167.1	6 019.12	2 879.51	1 629.41	69 502.34

第二节　宜阳县一级地分布与主要特性

一、面积与分布

一级地面积为 9 408.22hm²，占全县耕地总面积的13.54%，主要是水浇地和旱肥地。一级地主要分布在除樊村乡、穆册乡、上观乡、盐镇乡外的所有乡镇，其中以柳泉镇、韩城镇、丰李镇、寻村镇、莲庄乡面积较大（表41-9）。

表 41-9　宜阳县一级地分乡情况统计

乡镇	面积（hm²）	百分比
白杨镇	813.26	8.64%
城关镇	58.16	0.62%
董王庄乡	12.72	0.14%
樊村乡	0	0.00%
丰李镇	1 226.29	13.03%
高村乡	177.53	1.89%
韩城镇	1 232.6	13.10%
锦屏镇	583.96	6.21%
莲庄乡	1 108.67	11.78%
柳泉镇	1 283.85	13.65%
穆册乡	0	0.00%
三乡镇	632.15	6.72%
上观乡	0	0.00%
寻村镇	1 178.17	12.52%
盐镇乡	0.14	0.00%
张坞乡	575.05	6.11%
赵堡乡	525.67	5.59%
总计	9 408.22	100.00%

二、一级地立地条件及土壤一般理化性状

一级地是宜阳县最好的土地，耕性好，通透性也较好，保水保肥性能好，主要分布在洛河两岸阶地和白杨、赵堡两个盆地。成土母质多为洪积物和湖积物，质地多为壤质土。从土壤组成情况看，宜阳县一级地包括3个土类，6个亚类，13个土属，20个土种。从有效土层厚度看，一级地土层厚度一般在100cm以上。灌溉保证率大于75%的占一级地面积的81.07%（表41-10）。

表 41-10　灌溉保证率一级地面积分布　　　　　　　　单位:%，hm²

灌溉保证率（%）	面积	百分比
<20	777.33	8.26%
20~50	238.83	2.54%
50~75	764.82	8.13%
>75	7 627.24	81.07%
总计	9 408.22	100.00%

三、一级地耕层养分状况

从统计结果看，一级地土壤有机质平均值21.54g/kg，比全县平均值18.42g/kg 高3.12g/kg；有效磷平均值14.94mg/kg，比全县平均值12.38mg/kg 高2.56mg/kg；速效钾平均值172.08mg/kg，比

全县平均值 154.29mg/kg 高 17.79mg/kg。具体养分含量情况如表 41-11 所示。

表 41-11　宜阳县一级地土壤养分测定结果统计

土壤养分	平均值	最大值	最小值	标准差	变异系数
全氮（g/kg）	1.17	1.6	0.74	0.135	0.115
有机质（g/kg）	21.54	41.2	13.9	4.252	0.197
有效铜（mg/kg）	1.52	4.48	0.78	0.507	0.333
有效锌（mg/kg）	1.26	9.78	0.48	0.611	0.485
水溶态硼（mg/kg）	0.43	0.95	0.11	0.080	0.186
有效钼（mg/kg）	0.14	1.12	0.08	0.067	0.466
有效硫（mg/kg）	29.11	59.4	12.8	7.617	0.262
pH 值	7.95	8.3	7.3	0.122	0.015
有效磷（mg/kg）	14.94	57.4	6.6	4.472	0.299
缓效钾（mg/kg）	800.25	1145	481	76.412	0.095
速效钾（mg/kg）	172.08	367	94	32.125	0.187
有效铁（mg/kg）	7.00	16.4	3.7	1.643	0.235
有效锰（mg/kg）	15.13	27.1	8.9	1.987	0.131

第三节　宜阳县二级地分布与主要特性

一、面积与分布

二级地在宜阳县各乡镇均有分布，面积为 27 398.98hm²，占全县耕地总面积的 39.42%，在各等级地中面积最大。其中以柳泉镇、盐镇乡、高村乡、三乡镇面积较大。

表 41-12　宜阳县二级地分乡情况统计

乡镇	面积（hm²）	百分比
白杨镇	1 687.21	6.16%
城关镇	17.76	0.06%
董王庄乡	720.86	2.63%
樊村乡	1 318.55	4.81%
丰李镇	1 760.52	6.43%
高村乡	3 855.52	14.07%
韩城镇	2 076.34	7.58%
锦屏镇	324.65	1.18%
莲庄乡	541.71	1.98%
柳泉镇	2 461.32	8.98%
穆册乡	144.47	0.53%
三乡镇	2 616.19	9.55%
上观乡	44.19	0.16%
寻村镇	1 439.16	5.25%
盐镇乡	4 986.01	18.20%

（续表）

乡镇	面积（hm²）	百分比
张坞乡	2 166.61	7.91%
赵堡乡	1 237.91	4.52%
总计	27 398.98	100.00%

二、二级地耕层养分状况

从统计结果看，二级地土壤有机质平均值与全县平均值持平；有效磷平均值12.49mg/kg，比全县平均值12.38mg/kg 高 0.11mg/kg；速效钾平均值157.17mg/kg，比全县平均值154.29mg/kg 高2.88mg/kg。具体养分含量情况如表41-13。

表41-13 宜阳县二级地土壤养分测定结果统计

土壤养分	平均值	最大值	最小值	标准差	变异系数
全氮（g/kg）	1.08	1.58	0.77	0.104	0.096
有机质（g/kg）	18.10	41.6	12.4	3.062	0.169
有效铜（mg/kg）	1.20	4.33	0.68	0.308	0.258
有效锌（mg/kg）	1.03	31.27	0.32	1.107	1.079
水溶态硼（mg/kg）	0.40	0.92	0.11	0.075	0.188
有效钼（mg/kg）	0.11	0.4	0.07	0.030	0.268
有效硫（mg/kg）	30.78	77.7	12.9	7.172	0.233
pH 值	7.89	8.3	6.5	0.183	0.023
有效磷（mg/kg）	12.49	54.3	5.4	3.357	0.269
缓效钾（mg/kg）	761.92	1 089	281	86.996	0.114
速效钾（mg/kg）	157.17	309	73	26.497	0.169
有效铁（mg/kg）	6.39	30.1	3.9	2.310	0.362
有效锰（mg/kg）	16.26	44	7.6	3.463	0.213

第四节　宜阳县三级地分布与主要特性

一、面积与分布

三级地面积为 22 167.1hm²，占全县耕地总面积的31.89%，仅次于二级地面积。主要分布在南北丘陵地，除城关镇外的所有乡镇，其中以盐镇乡、高村乡、柳泉镇面积较大。

表41-14 宜阳县三级地分乡情况统计

乡镇	面积（hm²）	百分比
白杨镇	958.16	4.32%
城关镇	0	0%
董王庄乡	1 366.38	6.16%
樊村乡	1 427.51	6.44%

乡镇	面积（hm²）	百分比
丰李镇	20.73	0.09%
高村乡	4 258.58	19.21%
韩城镇	1 691.96	7.63%
锦屏镇	31.57	0.14%
莲庄乡	934.59	4.22%
柳泉镇	2 320.62	10.47%
穆册乡	72.71	0.33%
三乡镇	306.24	1.38%
上观乡	490.88	2.21%
寻村镇	1 322.5	5.97%
盐镇乡	4 274.66	19.28%
张坞乡	892.8	4.03%
赵堡乡	1 797.21	8.11%
总计	22 167.1	100.00%

二、三级地耕层养分状况

从统计结果看，三级地土壤养分普遍低于全县平均值。土壤有机质平均值16.54g/kg，比全县平均值18.42g/kg低1.88g/kg；有效磷平均值10.87mg/kg，比全县平均值12.38mg/kg低1.51mg/kg；速效钾平均值149.41mg/kg，比全县平均值154.29mg/kg低4.88mg/kg。具体养分含量情况如表41-15所示。

表41-15　宜阳县三级地土壤养分测定结果统计

土壤养分	平均值	最大值	最小值	标准差	变异系数
全氮（g/kg）	1.02	1.65	0.73	0.093	0.091
有机质（g/kg）	16.54	36.6	11.3	2.705	0.164
有效铜（mg/kg）	1.07	2.84	0.54	0.192	0.179
有效锌（mg/kg）	0.98	38.37	0.3	1.212	1.237
水溶态硼（mg/kg）	0.39	1.72	0.12	0.110	0.284
有效钼（mg/kg）	0.11	0.53	0.06	0.029	0.269
有效硫（mg/kg）	29.87	86.9	12.1	6.384	0.214
pH值	7.87	8.3	6.2	0.258	0.033
有效磷（mg/kg）	10.87	27.9	5.5	2.419	0.222
缓效钾（mg/kg）	724.11	1 166	328	98.803	0.136
速效钾（mg/kg）	149.41	253	59	23.321	0.156
有效铁（mg/kg）	6.61	25.2	3.3	3.209	0.486
有效锰（mg/kg）	16.53	72.3	7.4	4.523	0.274

第五节　宜阳县四、五、六级地分布与主要特性

一、面积与分布

四、五、六级地面积为 10 528.04hm²，占全县耕地总面积的 15.15%。四级地在全县各乡镇均有分布，五级、六级地主要分布在中低山和南北山丘陵顶部，以上观乡、董王庄乡、穆册乡、赵堡乡分布较广，土层较薄，砾石、砂姜含量较多，土地贫瘠。

表 41-16　宜阳县四、五、六级地分乡情况统计　　　　　　单位：hm²

乡镇	四级地	五级地	六级地	合计	百分比
白杨镇	747.93	382.83		1 130.76	10.74%
城关镇	2.69			2.69	0.03%
董王庄乡	783.2	629.76	115.48	1 528.44	14.52%
樊村乡	150.71	36.3		187.01	1.78%
丰李镇	34.42			34.42	0.33%
高村乡	386.71			386.71	3.67%
韩城镇	38.21			38.21	0.36%
锦屏镇	519.67	270.25		789.92	7.50%
莲庄乡	3.48	28.27	41.91	73.66	0.70%
柳泉镇	281.92	43.04		324.96	3.09%
穆册乡	207.78	402.05	129.04	738.87	7.02%
三乡镇	46.72			46.72	0.44%
上观乡	342.68	478.82	1 119.56	1 941.06	18.44%
寻村镇	1 152.33	263.18		1 415.51	13.45%
盐镇乡	407.61			407.61	3.87%
张坞乡	135.45	33.19	73.9	242.54	2.30%
赵堡乡	777.61	311.82	149.52	1 238.95	11.77%
总计	6 019.12	2 879.51	1 629.41	10 528.04	100.00%

二、四、五、六级地耕层养分状况

从统计结果看，四、五、六级地土壤养分均低于全县平均值。具体养分含量情况如表 41-17、表 41-18、表 41-19 所示。

表 41-17　宜阳县四级地土壤养分测定结果统计

土壤养分	平均值	最大值	最小值	标准差	变异系数
全氮（g/kg）	1.07	1.7	0.72	0.157	0.147
有机质（g/kg）	18.25	51.6	10.3	4.944	0.271
有效铜（mg/kg）	1.20	4.17	0.38	0.482	0.403
有效锌（mg/kg）	1.06	3.73	0.35	0.415	0.392
水溶态硼（mg/kg）	0.37	1.2	0.12	0.128	0.344
有效钼（mg/kg）	0.12	0.25	0.06	0.022	0.190

（续表）

土壤养分	平均值	最大值	最小值	标准差	变异系数
有效硫（mg/kg）	28.40	72	10.4	7.199	0.254
pH 值	7.78	8.3	6.3	0.393	0.051
有效磷（mg/kg）	11.48	36.7	4.9	3.984	0.347
缓效钾（mg/kg）	676.82	1 107	183	128.378	0.190
速效钾（mg/kg）	141.82	274	55	30.654	0.216
有效铁（mg/kg）	9.22	29.3	3.5	6.049	0.656
有效锰（mg/kg）	18.72	68	8.7	6.597	0.352

表 41-18　宜阳县五级地土壤养分测定结果统计

土壤养分	平均值	最大值	最小值	标准差	变异系数
全氮（g/kg）	1.10	2.01	0.68	0.161	0.146
有机质（g/kg）	19.22	37.6	13	3.462	0.180
有效铜（mg/kg）	1.34	4.5	0.58	0.514	0.382
有效锌（mg/kg）	1.08	2.99	0.45	0.308	0.285
水溶态硼（mg/kg）	0.40	0.72	0.15	0.106	0.265
有效钼（mg/kg）	0.12	0.51	0.07	0.046	0.382
有效硫（mg/kg）	29.10	62.1	11.7	6.685	0.230
pH 值	7.49	8.3	6.5	0.466	0.062
有效磷（mg/kg）	12.54	27.9	5.1	3.383	0.270
缓效钾（mg/kg）	604.84	1 144	187	137.136	0.227
速效钾（mg/kg）	117.69	223	50	33.269	0.283
有效铁（mg/kg）	14.14	31.4	3.6	7.119	0.503
有效锰（mg/kg）	21.89	83.6	11.5	6.093	0.278

表 41-19　宜阳县六级地土壤养分测定结果统计

土壤养分	平均值	最大值	最小值	标准差	变异系数
全氮（g/kg）	0.89	1.32	0.56	0.145	0.163
有机质（g/kg）	15.26	22.5	10.7	2.249	0.147
有效铜（mg/kg）	1.20	2.47	0.71	0.309	0.258
有效锌（mg/kg）	0.89	1.56	0.39	0.146	0.164
水溶态硼（mg/kg）	0.46	0.72	0.12	0.109	0.236
有效钼（mg/kg）	0.10	0.13	0.08	0.012	0.117
有效硫（mg/kg）	27.52	58.1	12.9	5.171	0.188
pH 值	7.11	8.3	6.2	0.577	0.081
有效磷（mg/kg）	11.49	18.9	6.3	1.965	0.171
缓效钾（mg/kg）	558.38	1 053	192	131.896	0.236
速效钾（mg/kg）	88.48	165	38	31.632	0.358
有效铁（mg/kg）	17.36	35.9	6.3	5.596	0.322
有效锰（mg/kg）	22.60	36.6	13.1	4.769	0.211

第六节　中低产田类型及改良措施

一、中低产田面积及分布

此次耕地地力调查与质量评价结果，宜阳县将耕地划分为6个等级，其中一级地为高产田，耕地面积9 408.22hm²，占全县总耕地面积的13.54%；二级、三级地为中产田，面积49 566.08hm²，占全县总耕地面积的71.3%；四级以下为低产田，面积10 528.04hm²，占全县总耕地面积的15.15%。

按照这个级别划分，宜阳县中低产田面积合计为60 094.12 hm²，占全县基本农田总面积的86.46%。其中，中产田面积为49 566.08 hm²，占中低产田总面积的82.48%。低产田面积为10 528.04hm²，占中低产田总面积的17.52%。中低产田占其乡镇耕地面积比例较高的有上观乡、穆册乡、樊村乡、董王庄乡。见表41-20。

表41-20　各乡（镇）中低产田占其面积比例　　　　　　单位：hm²

乡镇名称	二级地	三级地	四级地	五级地	六级地	中低产田面积	百分比
白杨镇	1 687.21	958.16	747.93	382.83		3 776.13	82.28%
城关镇	17.76		2.69			20.45	26.01%
董王庄乡	720.86	1 366.38	783.2	629.76	115.48	3 615.68	99.65%
樊村乡	1 318.55	1 427.51	150.71	36.3		2 933.07	100.00%
丰李镇	1 760.52	20.73	34.42			1 815.67	59.69%
高村乡	3 855.52	4 258.58	386.71			8 500.81	97.95%
韩城镇	2 076.34	1 691.96	38.21			3 806.51	75.54%
锦屏镇	324.65	31.57	519.67	270.25		1 146.14	66.25%
莲庄乡	541.71	934.59	3.48	28.27	41.91	1 549.96	58.30%
柳泉镇	2 461.32	2 320.62	281.92	43.04		5 106.9	79.91%
穆册乡	144.47	72.71	207.78	402.05	129.04	956.05	100.00%
三乡镇	2 616.19	306.24	46.72			2 969.15	82.45%
上观乡	44.19	490.88	342.68	478.82	1 119.56	2 476.13	100.00%
寻村镇	1 439.16	1 322.5	1152.33	263.18		4 177.17	78.00%
盐镇乡	4 986.01	4 274.66	407.61			9 668.28	100.00%
张坞乡	2 166.61	892.8	135.45	33.19	73.9	3 301.95	85.17%
赵堡乡	1 237.91	1 797.21	777.61	311.82	149.52	4 274.07	89.05%
总计	27 398.98	22 167.1	6 019.12	2 879.51	1 629.41	60 094.12	86.46%

二、改良措施

改造中低产田，要根据具体情况抓住主要矛盾，消除障碍因素。认真总结过去中低产田改造经验，采取政策措施和技术措施相结合，农业措施和工程措施相配套，技术落实和物化补贴相统一的办法，做到领导重视，政府支持，资金有保障，技术有依托，使中低产田改造达到短期有改观，长期大变样的目的。根据中华人民共和国农业行业标准 NY/T 310—1996，结合宜阳县的具体情况可将耕地障碍类型分为干旱灌溉型、瘠薄培肥型、坡地梯改型。

（一）干旱灌溉型

由于降水量不足或季节分配不合理，缺少必要的调蓄工程，以及由于地形、土壤原因造成的保水蓄水能力缺陷等原因，在作物生长季节不能满足正常水分需要，同时又具备水资源开发条件，可以通过发展灌溉，提高水源保证率加以改造的耕地。其主导障碍因素为干旱缺水，以及与其相关的水资源开发潜力、开发工程量及现有田间工程配套情况等。其改良措施如下。

（1）开发利用地上、地下水资源，建设田间灌溉工程。

（2）搞好土地平整，适应各类灌溉需要。

（3）对于地下水位较深，水利设施修建难度大的地区，利用修建集雨水窖接纳雨水，在干旱季节缓解旱情。

（4）加强林带植被建设，减少水土流失。

（5）搞好耕作培肥工作，加大耕层深度，实施秸秆还田，增施有机肥，推广旱作节水技术，采用秸秆覆盖，地膜覆盖进行保墒，提高水分利用率。

（二）瘠薄培肥型

受气候、地形等难以改变的大环境（干旱、无水源、高寒）影响，以及距离居民点远，施肥不足，土壤结构不良，养分含量低，产量低于当地高产农田，当前又无见效快、大幅度提高产量的治本性措施（如发展灌溉），只能通过长期培肥加以逐步改良的耕地。其改良措施如下。

（1）实施土地平整，减少水土流失。

（2）深翻改土，加深耕作熟化层。

（3）建立合理的耕作制度，实行轮作倒茬，用养结合，培肥地力，如粮食作物与豆科、油料作物轮作。

（4）实施秸秆还田，增施有机肥。

（三）坡地梯改型

通过修筑梯田梯埂等田间水保工程加以改良治理的坡耕地。坡地梯改型的主导障碍因素为土壤侵蚀，以及与其相关的地形、地面坡度、土体厚度、土体构型与物质组成、耕作熟化层厚度等。其改良措施为：利用农田基本建设，农业综合开发及国土局的土地整理项目等，对宜阳县南北丘陵山区坡地梯改型农田进行土地平整，修建梯田，兴修水利，培肥地力，实行山、水、田、林、路综合治理，减少中低产田面积，提高土壤等级。

第四十二章　耕地资源利用类型区

第一节　耕地资源利用类型区的划分

宜阳县地形复杂，农业历史悠久，各乡镇之间的地形、气候、母质、水文和植被以及社会经济条件不同，人们的种植方式复杂多样，因此形成了土壤地域性差别。宜阳县耕地资源利用类型区的划分主要依据有4条：一是土壤形成的自然条件和社会经济条件的相对一致性。二是土壤类型的相对一致性。三是农、林、牧发展方向相对的一致性。四是改良利用方向和措施相对的一致性。

根据耕地地力评价选取的评价因子或评价指标，把宜阳县耕地划分为5个耕地资源利用类型区。各区的命名，主要反映四个方面：地理位置、地貌类型、主要土壤亚类或土属，以及土地利用现状方式。5个区的命名分别为宜北丘陵褐土、红黏土粮烟油料区，洛河川潮土、褐土粮油蔬菜区，宜南低山丘陵褐土、粗骨土粮油烟区，西南山区棕壤、石质土林牧土特产区，白杨、赵堡盆地砂姜黑土、褐土粮油蔬菜区。

第二节　耕地资源利用类型区

一、宜北丘陵褐土、红黏土粮烟油料区

本区是宜阳县面积最大的一个农业区，包括盐镇、高村两个乡的全部和寻村、柳泉、韩城、三乡4个镇北部的一部分，总计6个乡镇130个行政村。总土壤面积868 557亩，占全县总土壤面积的34.8%，其中耕地面积41.29万亩。耕地地力等级多为二级、三级地。

本区海拔一般在390m左右，降水量为600mm，年平均气温为13.14℃，无霜期年平均为224天，光照条件足够农作物一年两熟的需要，地下水资源比较丰富。本区水利设施为库、渠、塘、井、站共469项，其中水库29座，总库容为3 549.7m³，渠道113条，塘77个，提灌站181处，机井110眼。本区降水量低于川区和西南山区，以6—8月降水量最多，平均占年降水量的45%，12月至翌年3月降水量最少，平均占年降水量的10%左右。由于年降水量分布不均，常出现干旱天气，夏季依常有干热风为害。本区水资源开发困难，水浇地面积小。本区水资源总量平均为1.047亿m³，有效灌溉面积只有2.29万亩。其中地表水为0.887亿m³，地下水0.160亿m³，但开发利用很低，只有14.1%。气候特点是十年九旱，据气象资料统计，1959—1980年，22年内共出现伏旱20年，伏旱频率达90%以上。

本区主要作物，有小麦、玉米、棉花、烟叶、豆类、红薯、油菜等。

本区特点是地处丘陵，沟壑纵横，多岭多坡。据统计，境内长250m以上的沟壑876条，平均每平方公里1.45条，但也有部分平岭大洼。总的地势是北高南低，西高东低。因地形起伏不平，沟深坡陡，地表植被覆盖较差，水土流失相当严重，据水利部门统计该区水土流失面积为590km²，水蚀模数为2 000~4 000t/（y·km²）。

二、洛河川潮土、褐土粮油蔬菜区

本区包括城关镇的全部和锦屏、丰李、寻村、柳泉、韩城、三乡、张午、连庄的一部分，共113个行政村。本区总土壤面积407 601亩，占总面积的16.33%，其中耕地面积为23.3863万亩。耕地地力等级较高，多为一级地。

本区地处平川，洛河由西向东穿境而过，海拔多在190~300m，属暖温带大陆性季风气候，年平均气温为14.4℃，年平均降水量为698.4mm。光照充足，无霜期较长，是宜阳县粮棉、蔬菜优质产区。

本区特点是地势平坦，土质肥沃，机械化程度较高，水资源丰富，宜南、宜北两条大渠灌溉良田，水浇地面积较大。交通方便，公路、铁路四通八达，农副产品资源丰富，具有发展农、林、牧、

副、渔的许多有利条件，是宜阳县农业生产水平较高的一个农业区。

三、宜南低山丘陵褐土、粗骨土粮油烟区

本区包括樊村乡的全部和白杨、赵堡、连庄、锦屏、丰李、董王庄6个乡镇的一部分，共7个乡，85个行政村。总土壤面积669 118亩，占总耕地面积的26.81%。其中耕地24.3899万亩。耕地地力等级不高，多为三级以下地。

本区地处低山丘陵，年平均气温为14℃，海拔多在300~700m，年平均降水量600mm左右，无霜期为225天，光照时数适宜，而干旱的侵袭使农业受到不可估量的损失。

本区特点是地形复杂，丘陵、低山相间组成，山丘起伏、沟壑交错。同北丘相比土层较薄，没有北丘土壤疏松，总的水资源没有北丘丰富，但水利用率较高，现为33.6%，有效灌溉面积为7.69万亩，水利化程度比北丘较高，水土流失也比北丘较轻，水蚀模数为1 000~2 000t/（y·km²）。本区荒山面积大，牧草资源丰富。

四、西南山区棕壤、石质土林牧土特产区

本区包括上观、穆册两个乡的全部，赵堡、董王庄、张午乡的一部分，共5个乡，27个行政村。总土壤面积55 061亩，占总面积的22.6%，总耕地面积48 682亩。地力等级较低，多为四级以下地。

本区位于县西南部，属熊耳山东脉山系。中山海拔一般在1 000~1 400m，最高峰花山海拔1 831.8m，相对高差150~300m，低山海拔在550m左右，相对高差100~250m。其气候特点是气温低，昼夜温差大，热量不足，无霜期短，年平均气温12.5℃，年平均降水量700mm，无霜期为180~210天。

本区地形复杂，由浅切割中山和低山组成，沟壑纵横，多是石质山地，土壤除后山植被茂密之处的阴坡有部分棕壤外，其他地方石砾较多，植被不完全的阳坡多分布在酸性岩、基性岩等始成棕壤，而在浅山处分布着始成褐土和淋溶褐土。林区面积占全县林地面积的70%~80%，牧地也占全县总牧地面积30%~40%。农用耕地零星分布在山谷中或陡坡上，主要种植作物小麦、春玉米、花生、马铃薯、烟草，而花山因海拔太高种小麦不能成熟。交通不便，土地生产率较低，社会经济条件较差。

五、白杨、赵堡盆地砂姜黑土、褐土粮油蔬菜区

白杨、赵堡两个盆地包括11个行政村，面积56 775亩，本区年平均气温为14℃，海拔多在300~400m，年平均降水量600mm左右，无霜期为225天，光照时数适宜。该区地势平坦，土壤肥沃，水资源丰富，对发展农业比较有利。

该区位于白杨、赵堡两乡政府所在地及周边行政村，土壤多为砂姜黑土和黄垆土，土层较厚，灌排条件较好，多为一级地，少部分为二级地。

第四十三章　耕地资源合理利用的对策与建议

通过对宜阳县耕地地力评价工作的开展，全面摸清了全县耕地地力状况和质量水平，初步查清了宜阳县在耕地管理和利用、生态环境建设等方面存在的问题。为了将耕地地力评价成果及时用于指导农业生产，发挥科技推动作用，有针对性地解决当前农业生产管理中存在的问题，本章从发展宜阳农业的战略措施、耕地地力建设与土壤改良利用、科学施肥、耕地质量管理等方面提出对策与建议。

第一节　发展宜阳农业的战略措施

一、改变生产条件，提高抗灾能力

生产条件与农业生产是紧密相连的。人们的生产活动，从根本上说就是不断地改变其周围的生产条件，包括土地、农具、水利、肥料，甚至气候等。因此，从长远的、战略的观点来考虑，要想使宜阳县农业经济有比较大的发展，改变生产条件应当是我们的重要任务。

（1）加强水利工程的管理、续建、除险和配套工作。

（2）力争在农、林、牧、副、渔各业的繁重的操作项目上实现机械化。既要发挥大型农业机械的作用，更要因地制宜的发展中小型农业机械。

二、加强水土保持、搞好小流域综合治理

水土资源是人类赖以生存和发展的基本条件，它的情况的好坏直接影响着人类的生产活动。宜阳县地形复杂，沟壑纵横，水土流失严重，加强水土保持，搞好小流域综合治理是一项重要措施。

三、抓好旱地农业，有机、无机相结合

宜阳县丘陵面积大，有49万余亩中低产田。由于水资源缺乏，过境水又难以利用，发展水浇地相当困难，搞好旱地农业，采取综合性措施是必由之路。

（1）发展林业，建立新的生态平衡体系。

（2）加强测土配方施肥，坚持无机、有机相结合。

（3）搞好秸秆综合利用，以直接还田、堆沤还田、过腹还田以及农村沼气化提高农作物秸秆利用率。

（4）选择耐旱作物和耐旱品种，适应旱作农业需要。

四、加快土地流转，发展适度规模经营

由于土地承包经营成本高，收益低；非农建设项目的需要；农村二三产业的发展和劳动力的转移以及产业结构的调整，以多种形式流转土地承包经营权，发展适度规模经营，是自实行土地的家庭联产承包经营制以来乡村财产制度的一次重大变革，对农村经济、乡村治理都将产生重大影响。土地流转能够有效改善土地资源配置效率，进一步激活农业剩余劳动力的转移，为农业规模化、集约化、高效化经营提供广阔空间。另外，构建和规范农村集体建设用地的流转机制，可以使农民更充分地参与分享城市化、工业化的成果，显化集体土地资产价值，促进农民获得财产性增收。

五、优化产业结构，发展现代特色种植

逐步发展以现代烟草、畜牧养殖、花生及油料、黑色作物、蔬菜花卉、农副产品深加工6大农业主导产业，形成优势突出、特色鲜明的农业种植新格局。

第二节　耕地地力建设与土壤改良利用

一、宜北丘陵褐土、红黏土粮烟油料区

本区是宜阳县主要的中低产田开发地，应在搞好种植业的前提下，发展多种经营，充分利用水资源，挖掘土地潜力，建设高产稳产农田，提高作物产量。其发展方向如下。

（1）必须大力发展经济作物，推广先进农业科学技术。因本区是宜阳县的中低产区，面积大，收益大，具有发展粮食和经济作物的巨大潜力，但人贫地瘠，只有大力发展多种经营，改变贫穷落后面貌，应向土地投资，再加上先进科学技术。改变中、低产为高产，以挖掘土地潜力。只要因地制宜，合理利用，才能大幅度提高产量，比向高产区投资见效快，收益大。

（2）本区应着重发展旱作农业。在栽培技术、品种等方面都应适应旱作农业的需要。不宜扩大复种指数，应以晒旱地小麦、谷子、红薯、烟叶、油料、豆类等为主要种植作物，压缩玉米的种植面积。

（3）加强水利设施管理和配套，采取生物措施和工程措施相结合，抓紧小流域治理。因本区水浇地面积小，而且地下水资源不便开发，必须充分发挥现有水利设施的作用，加强水利设施的管理和配套，扬长避短，改变十年九旱的落后面貌。由于植被覆盖度低，生态恶化，水土流失严重，必须加强小流域治理，绿化荒坡，阻止水土向恶性循环方向发展。

（4）广辟肥源，增施有机肥料。因本区土地面积较大，土体较黏，通气性较差，土壤肥力瘠薄，氮肥不足，磷肥极缺，土地潜力虽大难以挖掘出来，只有多施农家肥，充分改良土壤，提高土地利用率，精耕细作，培肥地力，作物产量才会逐年提高。

（5）以河南华裕黑色作物科技开发有限公司为龙头，开展天然黑色五谷杂粮的引进、试验、示范、推广、深加工，形成规模经营，提高土地产出效益，增加农民收入。

二、洛河川潮土、褐土粮油蔬菜区

（1）充分发挥洛河川灌区优势。重视氮、磷配比，充分培肥地力，广泛采取先进农业科学技术，进一步提高各类作物的产量和品质，扩大复种指数，发挥土地潜力。

（2）大力发展农副产品加工业。目前重点发展粮食加工和食品加工，根据市场需要扩大到畜产品加工、工业品加工、林产品加工、饲料加工，满足人民的需要。

（3）发展农林间作，增大林木覆盖率，促进生态平衡，调节农田小气候。充分利用门前屋后、路边、空隙地植树造林。

（4）发展农区牧业，推广秸秆还田。利用荒滩发展奶山羊、肉牛等，同时也要发展养猪业，并且推广先进技术，加强防疫，提高经济效益。除作饲料外剩余的秸秆一律还田增加土壤有机质含量，改良土壤，培肥地力。

三、宜南低山丘陵褐土、粗骨土粮油烟区

（1）本区地力比较瘠薄，属于中低产区，是宜阳县投资少，收益大的地区，必须加强向土地投资，增施肥料，注意氮磷配比，以达到供求之平衡，满足作物需要。

（2）发展采矿业，增加人民经济收入。本区白杨、城关、樊村3个乡镇均有煤源，赵堡、董王庄两个乡有石英和重晶石等，都是重要的工业原料，要加强开发利用，提高开采量，增加本区人民收入。

（3）加强水利建设，扩大水浇地面积。本区主要河流有陈宅河、李沟河、干河、顺阳河等，已建成库、渠、塘、井、站共513处，其中水库34座，渠道72条，塘147个，井114眼，水电站10座，应进一步在本区加强水利设施的建设，以扩大水浇地面积，排除干旱的侵袭。

（4）加强小流域综合治理工作，绿化荒山荒坡，促进生态平衡。采取工程措施和生物措施相结合的办法，搞好水土保持，改善农业生产条件。

（5）本区有较好的草场牧坡，应发展养羊、养牛专业户，大力发展畜牧业，增加人民经济收入。

四、西南山区棕壤、石质土林牧土特产区

应以发展林业为主，重视山区牧业和土特产及药材的发展。在现有耕地适宜种植粮食的地方，还要大力发展种植业以满足山区人民的粮食之需。要因地制宜地发展立体结构农业。

（1）在切实搞好水土保持的前提下，进行全面规划，划分出宜林地、宜牧地。林业应以水资源涵养林和用材林为主，保护抚育现有林木，提高成材率，建设林业基地。在背岗处可种植核桃、山

楂，在沟底谷则应保护野生杏树、梨树等经济林，充分发挥土特产、野生药材的经济效益。制定政策，保护天然森林和野生动物，不予砍伐和为害。

（2）按照地区分异规律和经济规律办事，实事求是发展山丘经济，宜林则林、宜牧则牧，不应搞一刀切，按载草量载牧量的多少，有计划地发展山区牧区。反对陡坡开荒，已开发的25°以上的陡坡要退耕还林，在不能发展粮食的地方，或粮食不够的地方，政府给予补助，对毁林开荒者，要动员退耕还林。

（3）加强山丘林业管理和次生林的改造，落实林业政策和责任制，调动山区人民的积极性。

（4）该区上观、董王庄乡是宜阳县花生主产区，穆册乡是宜阳县优质烟叶专业种植区，面积大，品质优，应采用综合农业新技术，提高产量，提高农民收入。

五、白杨、赵堡盆地砂姜黑土、褐土粮油蔬菜区

（1）白杨、赵堡盆地是南山丘陵中地理位置、耕层土壤、灌排条件最好的区域，应优先发展设施蔬菜、新优农产品等高效农业。

（2）大力发展农副产品加工业。目前重点发展粮食加工和食品加工，根据市场需要扩大到畜产品加工、工业品加工、林产品加工、饲料加工，满足人民的需要。

（3）充分发挥盆地灌区优势。采取先进农业科学技术，进一步提高各类作物的产量和品质，扩大复种指数，发挥土地潜力。

第三节　科学施肥

肥料是农业生产的物质基础，是农作物的粮食。科学合理地施用肥料是农业科技工作的重要环节。为能最大限度地发挥肥料效应，提高经济效益，应按照作物需肥规律施肥，用地与养地相结合，不断培肥地力。但又必须考虑影响施肥的各个因素，如土壤条件、各作物需肥规律、肥料性质等，并结合相关的农业技术措施进行科学施肥。

一、提高土壤有机质含量、培肥地力

土壤肥力状况是决定作物产量的基础，土壤有机质含量代表土壤基本肥力情况，必须提高广大农民对施用有机肥的认识及施肥积极性，充分利用有机肥源积造、施用有机肥。推广小麦高留茬，麦秸、麦糠覆盖技术，充分利用秸秆还田机械，增加玉米秸秆还田面积及还田量，提高耕地土壤有机质含量，改善土壤结构，增强保水保肥能力。特别是中、低产田，更需要注重土壤有机质含量提高，培肥地力，提高土壤对化肥的保蓄能力及利用效率，以有机补无机，降低种植业成本，减少环境污染，保证农业持续发展，提高农业生产效益。

二、推广测土配方施肥技术

测土配方施肥是提高农业综合生产能力，促进粮食增产、农业增效、农民增收的一项重要技术，是国家的一项支农惠农政策。按照"增加产量、提高效益、节约资源、保护环境"的总体要求，围绕测土、试验、示范、制定配方、企业参与、施肥指导等环节开展一系列的工作。为建立健全施肥指标体系，指导农民合理施肥，提供科学依据。

（一）搞好土壤肥力监测

对全县耕地、各类土壤，按年度合理布置土样采集样点，按规程采集土壤样品，对土壤样品进行化验分析，摸清全县耕地肥力状况及分布规律，掌握耕地土壤供肥能力。

（二）引导企业参与项目的实施工作

测土配方施肥，最终目的是让农民科学地对农作物施用肥料，提高农产品产量。让企业参与项目的实施工作，充分发挥企业优势，选定好的肥料生产企业。土肥部门为生产企业提供配方，让企业根据配方制订方案，配制生产配方肥或复合肥料。组建配方肥配送中心，土肥技术部门配合配送中心进行宣传，提供技术指导，由配送中心按区域优惠供应农民施用配方肥或复合肥，形成测—配—产—供—施完整的施肥技术服务体系。

（三）加大测土配方施肥宣传力度

测土配方施肥技术是当前世界上先进的农业施肥技术的综合，是联合国向世界推行的重要农业技术，是农业生产中最复杂、最重要的技术之一。让广大农民完全理解接受这项技术有相当的难度。要组织全县各级农业技术人员，逐级培训宣传到广大农民，通过长期的下乡入户，田间地头，媒体宣传，印发施肥技术资料等方式对广大农民进行施肥技术指导，让农民按测土配方施肥技术进行科学施肥、合理施肥，形成对测土配方施肥广泛的社会共识，保证农业增产、农民增收。

第四节　耕地质量管理

耕地是社会经济发展最重要的基础资源之一，耕地质量是农产品质量安全的前提，不仅与农业生产相关，更与人民生活水平的提高、质量的改善相连。随着《中华人民共和国农产品质量安全法》的实施，对农产品质量安全进行监管，保证老百姓吃得安全、吃得放心，首先要求我们的土壤安全，肥料等投入合理。因此，要把耕地质量提到议事日程上来，充分发挥农业部门在耕地质量管理上的积极作用，为领导决策提供参考。

一、建立健全耕地质量监测体系和耕地资源管理信息系统，实行耕地质量数字化动态管理

（1）建立健全耕地质量监测体系。加强耕地地力监测网络建设，加快监测点配套建设。开展监测试验及测土配方施肥试验研究，在做好全县耕地地力监测、环境监测的基础上，全面跟踪耕地质量的动态变化，进一步健全耕地质量数据库，实现耕地质量的数字化，为耕地可持续利用服务。

（2）建立健全耕地地力信息网络系统。通过改进耕地地力信息技术、优化充实耕地资源管理信息功能、不断完善基础数据库，提高耕地地力信息系统的开发利用效率，为调整优化农业产业结构、发展区域性特色农业、建立无公害农产品基地、发展扩大绿色农产品规模提供科学依据和信息交流平台。

（3）建立耕地土壤质量预测预报系统。在研究、分析土壤障碍因子诊断指标的基础上，根据各种耕地质量实际状况，建立全县耕地土壤质量监控点，分析其土壤理化性状和土壤环境变化趋势，预测预报土壤障碍因子变化状况及土壤环境污染的发生、发展，提高先期预警预报能力，准确、及时地为农业生产提供针对性治理、预防措施、改良土壤、培肥地力的指导性意见。

二、认真贯彻落实耕地保护管理法律法规，依法加强耕地保护和耕地质量建设

认真贯彻落实《农业法》和《基本农田保护条例》等法律法规，加大土地执法力度，严肃查处各类严重污染、破坏耕地地力、耕地环境质量的事件。一是要加大对重点污染企业排污的监测力度，一经发现，立即制止，并要求落实整改，达标排放；二是要加大对涉及大片农田区块边的小企业排污的监管，防止偷排污染农田事件的发生；三是在农田重要排灌期间，要加大对主要河段的水质监测密度与频率，及时掌握水质情况；四是对屡排污染物的企业，经改造后仍未达标排放的，应实行关、停、转、迁；五是对严重毁坏耕地质量的有关企业和个人必须严肃查处，触犯国家法律的，要移交司法机关进行处理。

提高耕地质量是一项综合工程，是一项长期而艰巨的工作，其投资大，见效周期长，需要各级政府高度重视，相关部门密切配合，社会、舆论的大力支持，群众的积极参与，形成上下统一氛围与共识，合力推进。一是做好《土地法》和《基本农田保护条例》的舆论宣传工作，提高耕地质量培育与保护的认识，增强耕地质量危机意识；二是强化耕地质量培育，通过各种措施落实不断提高耕地质量；三是坚持耕地地力与生态环境质量的有机统一，树立以耕地质量建设为基础的理念；四是建立耕地质量建设的长效管理机制，落实责任，使耕地质量建设发挥持久长效作用。

三、实行严格的耕地占补平衡政策，加大对耕地质量建设的投入力度

目前我国在土地管理中，实行耕地占补平衡政策，即非农建设经批准占用耕地，按"占多少，垦多少"的原则，由占用耕地单位负责补充数量和质量相当的耕地，或缴纳耕地开垦费，专款用于

开发新的耕地。在实际在耕地占补平衡过程中，存在着"重视数量平衡、忽视质量平衡""占优补劣"等现象，占用的耕地往往是一些交通便利、地力水平较高的高产良田，而补充的一些新造耕地土层浅薄、耕地质量偏低，一些通过土地整理产生的新增耕地，由于大规模的客土移载，原有耕作层遭受一定程度破坏，熟地变生地，使耕地质量下降。因此，为确保耕地质量不下降，必须要实行严格的耕地占补平衡政策，即不仅要实行数量平衡，也要实行质量平衡，对于非农建设占用的耕地，必须补充同等数量和相同等级的耕地，补充的耕地达不到相同等级的，必须由用地单位投入资金进行地力培育，达到被占用耕地的等级标准。

四、加强新增耕地的后续管理，努力提高耕地综合生产能力

对于新增耕地要采取合理种植、增施肥料、改良土壤等综合措施，来提升地力，提高耕地地力等级，农业部门要做好技术指导和地力监测工作，水利部门要做好新增耕地的灌溉、排涝、防洪及水土保持等技术指导工作，财政部门要做好新增耕地后续管理所需资金拨付和使用监管工作。

第七篇　汝阳县耕地地力评价

第四十四章　农业生产与自然资源概况

第一节　地理位置与行政区划

一、地理位置

汝阳县位于河南省西部、洛阳市东南部，地处伏牛山区外方山北麓，地理坐标介于东径112°08′~112°38′，北纬33°49′~34°21′，北汝河从境内横穿而过，因县城居汝河之阳而得名。东接汝州，西邻嵩县，南界鲁山，北靠伊川，属豫西丘陵山区。全县东西宽约30km，南北长61km，总土地面积1 328km²；西北部113km²属黄河流域占8.5%，1 215km²属淮河流域、占91.5%。

县城距首都北京889km，距省会郑州180km，距洛阳市74km。焦（作）枝（城）铁路从县境东北部穿境而过；太（原）澳（门）高速、二广高速从北进入，过境分别向东、向西而出，设有3个出入口。据汝阳县交通局2009年统计，全县道路总里程609.88km，其中铁路4.60km，公路605.28km（高速34.48km，省道115.05km，县道216.15km，乡道239.60km）。

二、行政区划

汝阳县历史悠久，夏商时属豫州地，春秋战国时为曼氏国，历代建制几经变迁，到明成化十二年（1476年）正式设伊阳县，一直沿袭到新中国成立后，1959年经国务院批准更名为汝阳县，1986归洛阳市管辖。2007年全县设城关镇、上店镇、小店镇、付店镇、柏树乡、十八盘乡、靳村乡、王坪乡、三屯乡、刘店乡、陶营乡、内埠乡、蔡店乡和大安工业区等4镇9乡1个工业区，216个行政村2 364个自然村，118 358户（农村97 354户），总人口45.7万人，其中农业人口39.7万人。

第二节　农业生产与农村经济

一、农村经济情况

汝阳是以农业为主要经济成分的县，农村人口占总人口的87%。全县人民在县委、县政府的领导下，坚持以经济建设为中心，不断深化改革，努力扩大对外开放，促进了国民经济和社会事业的迅速发展，大力推进农业和农村经济结构的战略性调整，农村面貌发生了显著变化。

2007年汝阳县统计年鉴资料显示，全县完成地区生产总值48.52亿元，其中一二三产业分别占15.4%、56.7%和27.9%，财政收入2.73亿元。全县全年完成农林牧渔总产值122 329万元，其中农业产值70 126万元，占总产值的57.33%；林业产值18 360万元，占15.01%；牧业产值24 851万元，占20.31%；渔业产值62万元，占0.05%；农林牧渔服务业产值8 930万元，占7.30%。

全年农村家庭人均总收入4 146.73元，其中工资性收入2 311.26元，占总收入的55.74%；家庭经营收入1 636.72元，占39.47%；财产性收入10.49元，占0.25%；转移性收入188.26元，占4.54%。

全年农民家庭人均纯收入2 810元。

全年农村家庭现金人均支出3 631.66元，其中家庭经营费用支出606.23元、占人均支出的16.69%，购置生产性固定资产支出70.11元、占1.93%，生活消费支出2 100.34元、占79.81%，财产性支出4.01元、占0.02%，转移性支出91.79元、占1.55%。

二、农业生产现状

(一) 产业结构

近几年来，汝阳县按照战略性结构调整的思路，加大农业结构调整力度，形成了以粮食生产为主线，红薯产业、烟叶、油料、蔬菜及其他作物合理配置，种植、养殖、加工和劳务输出一体化的综合性农业产业链条。

1. 粮食生产情况

粮食作物播种面积 39 828hm²，占总播种面积 53 473hm² 的 74.60%、总产 167 072t，其中夏粮播种 18 620hm²（占粮食面积 46.68%）、总产 77 079t（占粮食总产 46.14%），秋粮播种 21 272hm²（占粮食面积 53.32%）、总产 89 993t（占粮食总产 53.86%）。

2. 油料生产情况

油料作物播种面积 4 334hm²、占 8.12%，总产 11 308t。

3. 棉花生产情况

棉花播种面积 297hm²、占 0.56%，总产 185t。

4. 烟叶生产情况

烟叶播种面积 2 360hm²、占 4.41%，总产 4 152t。

5. 蔬菜生产情况

蔬菜面积 980hm²、占 1.83%，总产 32 364t。

6. 中药材生产情况

中药材面积 5 510hm²、占 10.30%，总产 32 364t。

7. 瓜果生产情况

瓜果类播种面积 61hm²、占 0.61%，总产 2 158t。

8. 其他作物生产情况

其他作物播种面积 1 400hm²、占 0.07%。

(二) 农产品质量受到重视

随着农业市场经济的不断发展，以及国家各项农产品质量标准的颁布实施，广大农村基层干部和农民的质量意识、市场意识逐步提高，农业生产已经开始从过去的单纯产量型向产量和质量并重型的方向发展。经河南省无公害农产品产地认证和产品认证 8 个生产基地和 23 个产品，累计面积达 13.7万亩。其中汝阳县华龙实业公司无公害中药材产地、汝阳县云梦林果生态园、汝阳县绿园蔬菜专业合作社的天麻、山芋肉、杜仲茶、香菇、木耳、银耳、柿子、核桃、板栗、小杂粮、辣椒、番茄、芹菜、豆角等优质产品已经走向市场、销往全国各地。

(三) 生态农业建设初见成效

汝阳县是一个农业县，土地长期耕作造成了一定的农业生态问题。化肥、农膜、农药的大量使用，导致农业生态环境恶化。特别是农村垃圾废弃物处理滞后，卫生状况堪忧。随着家庭养殖规模逐步扩大，产生的大量畜禽粪便越来越不能得到及时有效处理，导致农民居住环境和生产环境污染加剧。畜禽粪便的随意排放导致有害病毒病菌扩散和传播，成为疾病增多和一些传染性疾病流行的重要根源之一，直接威胁广大农民群众的身心健康。所以搞好农业生态建设迫在眉睫。

近几年来，县委县政府非常重视生态农业建设，采取了多种措施，取得了显著的成效。

1. 测土配方施肥项目

通过测土配方施肥项目的实施，配方施肥、科学施肥在农业生产上得到比较广泛应用，减少化学肥料对土壤和地下水的污染。2010 年汝阳县农业局统计，2007—2010 年节约化肥（折纯）4 466t，对改善农业生态环境起到了一定的作用。

2. 禁止农作物施用高毒农药

实施禁止农作物施用高毒、残效期长农药政策，有效地保护了环境、保证了农产品质量。全县组建了 14 个统防统治机防队，拥有机动弥雾机 350 台、烟雾机 15 台、大型自走式喷杆喷雾机 5 台，其优点一是减少了农药污染环节，二是减少了用药量，三是控制了高毒农药的使用，四是提高了防效，五是提高了劳动效率。

3. 生态家园富民沼气工程

通过农村户用沼气建设、国债沼气和退耕还林沼气项目的实施，有力地促进了生态家园富民沼气工程的发展，为改善农村卫生环境起到了重要作用。截至 2010 年统计，全县 14 个乡镇区 216 个行政村沼气用户共 4.5 万户，其中大中型沼气工程 37 座，秸秆沼气示范村 25 个；成立了县级区域汝阳县惠农能源服务有限公司 1 个、乡级沼气服务站 14 个、村级服务站 113 个（其中全托服务村 83 个），为全县沼气用户提供产品、维修、技术全方位服务。

（四）农业信息化已开始服务

针对当前信息技术高速发展的特点，汝阳县农业局成立了"农业信息服务中心"，建立了"汝阳农业信息网"，开通了 12316 "三农"服务热线，重点抓了农业市场、科技成果、科研动态、项目开发、农业栽培技术、农产品加工、贮藏、保鲜等栏目信息源建设，以扩充信息量。充分利用广播电视网、固定电话、移动通信和互联网等载体，把政策、科技等信息送到涉农企业和农民手中，不断满足社会需求。

（五）畜牧业生产势头较好

畜牧业和家庭养殖业健康发展。2007 年汝阳县统计年鉴资料显示，年末牛存栏 16 900 头，马 104 匹，驴 501 头，生猪 88 000 头，羊 18 700 只，家禽类 770 900 只。

第三节　光热资源

汝阳县地处东亚中纬度地带，属暖温带半湿润季风区大陆性季风气候，光照充足，气候温和，四季分明。春季，大陆性气团频繁南下，但势力较弱，常与逐渐活跃的暖气流相遇，使气温逐渐升高，风向不定，天气多变，由于此时空气中含水量较小，降水机会不多，常出现春旱现象；夏季，随着气温升高，逐渐为大陆性热低压所控制，此时太平洋副热带高压势力加强北跃，常刮东南风，带来湿度大、温度高的暖湿气流，出现雷雨天气，尤其 7、8 月降雨较多；入秋后，大陆热低压消失，副热带高压势力南撤，北方冷空气加强南下，与西南暖湿气流相遇，常出现秋雨连绵天气；冬季，常受大陆性气团控制，天气干燥且多风，10 月以后强冷空气入侵，霜冻出现。其气候特征是春暖多风，夏季多雨，秋爽日照长，冬长雨雪少。

一、气温

据《汝阳县志》（1989—2000）资料，汝阳县气象站（局）1957—2000 年观测，全县年平均气温 14.1℃，极端最高气温 44.0℃，极端最低气温-21.0℃（表 44-1）。

表 44-1　汝阳县 1957—2000 年平均各月气温变化

月份	月平均气温（℃）	极端最高气温			极端最低气温		
		气温（℃）	出现年份	出现日期	气温（℃）	出现年份	出现日期
1	0.5	23.4	1960	3	-21.0	1969	31
2	2.7	24.5	1963	28	-19.5	1969	1
3	7.9	31.3	1963	30	-10.1	1958	3
4	14.8	36.8	1993	23	-5.0	1962	4
5	20.2	39.5	1969	28	2.1	1979	2
6	25.3	44.0	1966	20	10.2	1987	8
7	26.7	41.7	1966	19	14.4	1983	16
8	25.4	39.9	1986	12	12.3	1969	27
9	20.3	37.9	1997	8	4.0	1968	29

（续表）

月份	月平均气温（℃）	极端最高气温			极端最低气温		
		气温（℃）	出现年份	出现日期	气温（℃）	出现年份	出现日期
10	14.8	34.1	1987	6	−3.0	1986	29
11	8.2	27.1	1990	2	−8.5	1971	30
12	2.5	24.2	1989	3	−12.7	1973	25
全年	14.1	44.0	1966	6月20日	−21.0	1969	1月31日

汝阳气温年际变化较大，较暖的 2000 年年平均气温 15.3℃，较冷的 1984 年年平均气温仅 13.1℃，两者相差 2.2℃。以高于或低于平均气温（14.1℃）0.5~1.0℃为偏暖年或偏冷年的通行标准，汝阳县 1957—2000 年的 44 年中，有 8 年偏暖、11 年偏冷。

表 44-1 显示，月平均气温以 7 月 26.7℃为最高，1 月 0.5℃为最低。

据《汝阳气象与生态研究》（2004 年气象出版社出版）资料，日平均气温稳定通过≥0℃，平均初日期 2 月 8 日、终日期 12 月 18 日，间隔 314 天，活动积温 5 181℃，保证率 80%以上的积温在 5 000~5 100℃；最少年 4 888℃（1984 年），最多年 5 625℃，两者相差 737℃。

日平均气温稳定通过≥3℃，平均初日期 2 月 15 日、终日期 12 月 8 日，间隔 287 天，活动积温 5 094℃，保证率 80%以上的积温在 4 900~5 000℃。

日平均气温稳定通过≥5℃，平均初日期 3 月 11 日、终日期 11 月 25 日，间隔 259 天，活动积温 4 947℃。

日平均气温稳定通过≥10℃，平均初日期 4 月 2 日、终日期 11 月 4 日，间隔 216 天，活动积温 4 572℃。

日平均气温稳定通过≥15℃，平均初日期 4 月 25 日、终日期 10 月 13 日，间隔 172 天，活动积温 3 956℃。

日平均气温稳定通过≥20℃，平均初日期 5 月 27 日、终日期 9 月 13 日，间隔 110 天，活动积温 2 925℃（表 44-2、表 44-3）。

表 44-2　汝阳县各界限温度初终期和积温

界限温度	初日（日/月）			终日（日/月）			间隔天数（天）			活动积温（℃）		
	平均	最早	最晚	平均	最早	最晚	平均	最长	最短	平均	最多	最少
0℃	8/2	16/12	15/3	18/12	17/11	22/1	314	350	283	5 181	5 625	4 888
3℃	25/2	22/1	24/3	8/12	12/11	29/12	287	329	234	5 094	5 547	4 630
5℃	11/3	16/2	2/4	25/11	4/11	13/12	259	301	133	4 947	5 506	4 525
10℃	2/4	8/3	22/4	4/11	16/10	16/11	216	254	194	4 752	5 041	4 092
15℃	25/4	29/3	14/5	13/10	13/9	31/10	172	202	144	3 956	4 653	3 268
20℃	27/5	24/4	12/6	13/9	22/8	27/9	110	137	91	2 925	3 522	2 384

表 44-3　汝阳县区域界限温度初终期

界限温度	山北地区			河川滩区			浅山丘陵区			南部山区		
	初日（日/月）	终日（日/月）	间隔（天）	初日（日/月）	终日（日/月）	间隔（天）	初日（日/月）	终日（日/月）	间隔（天）	初日（日/月）	终日（日/月）	间隔（天）
0℃	8/2	18/2	314	7/2	18/12	315	17/2	17/12	303	27/2	28/11	275
3℃	25/2	8/12	287	24/2	8/12	288	26/2	6/12	284	12/3	21/11	254
10℃	2/4	4/11	216	2/4	4/11	216	5/4	3/11	213	14/4	25/10	194

（续表）

界限温度	山北地区			河川滩区			浅山丘陵区			南部山区		
	初日（日/月）	终日（日/月）	间隔（天）	初日（日/月）	终日（日/月）	间隔（天）	初日（日/月）	终日（日/月）	间隔（天）	初日（日/月）	终日（日/月）	间隔（天）
15℃	25/4	13/10	172	25/4	13/10	172	23/4	12/10	173	7/5	3/10	149
20℃	27/5	13/9	110	27/5	13/9	110	29/5	12/9	107	8/6	1/9	86

春季气温，平均为7.0~14.9℃；夏季最热，平均为18.0~26.3℃；秋季平均7.7~15.0℃；冬季最冷，平均为0.9~5.7℃。

表44-4　汝阳县历年四季仲月气温日较差平均值 （℃）

月　份	1	4	7	9
日较差	10.7	12.7	9.7	11.6

从统计资料和表44-4可以看出，汝阳县除7、8月日较差较小外，其他各月均在10℃以上；5、6月日较差最大，对小麦灌浆攻籽重和提高品质非常有利；9、10月日较差也较大，对玉米、豆类等秋作物灌浆和棉花纤维素的淀积都有利。

二、光照与热量

《汝阳气象与生态研究》资料显示，全县年平均日照2 164.1h（表44-5），多于同纬度的西安（1 722.8h）和徐州（2 086.0h），日照百分率为49%。一年之内，夏季日照充足，春季次之，冬季最差。冬季的1月，日照时数153.2h，占可照时数的49%；春季的4月，日照时数192.8h，占可照时数的50%；夏季的7月，日照时数201.4h，占可照时数的46%；秋季的10月，日照时数177.8h，占可照时数的51%。说明除12月、1月、2月、3月光照条件相对较差外，其余各月对农作物生长均有利。

表44-5　汝阳县日照和热量

月份	1	2	3	4	5	6	7	8	9	10	11	12	合计
日照（h）	153.2	140.5	161.7	192.8	219.4	223.4	201.4	205.6	169.5	177.8	160.4	158.4	2 164.1
日照率（%）	49	46	44	50	52	52	46	50	45	51	51	52	49
太阳辐射（kJ/cm²）	25.75	25.83	38.90	45.85	55.85	57.82	55.43	53.63	40.19	37.22	25.67	25.37	487.51
有效辐射（kJ/cm²）	12.60	12.64	19.05	22.48	27.38	28.34	27.17	26.29	19.68	18.25	12.56	12.43	238.87

表44-5显示，汝阳县太阳辐射年总量487.51kJ/cm²。夏季（6—8月），太阳角度大，辐射量最多为166.88kJ/cm²，占年辐射量的34.2%；冬季（12—2月），太阳角度小，辐射量最少为76.95kJ/cm²，占年辐射量的15.8%；春秋季居中，春季（3—5月）辐射量为140.60kJ/cm²、占年辐射量的28.8%，秋季（9—11月）辐射量为103.08kJ/cm²、占年辐射量的21.2%。

太阳辐射能的99%集中在波长0.3~4.0μm的光谱区内，而植物光合作用具有选择的特性，仅吸收0.38~0.71μm区间的可见光，这部分辐射称为光合有效辐射。华北地区的有效辐射是太阳总辐射的0.49倍，依此计算出汝阳县各界限温度期间和主要作物生育期的辐射量和有效辐射量（表44-6）。

表 44-6 汝阳县辐射量和有效辐射量

项目	太阳辐射量 （kJ/cm²）	占全年%	有效辐射量 （kJ/cm²）	占全年%
≥0℃	436.56	89.5	216.04	90
≥10℃	350.60	71.9	169.90	71
小麦生育期（10月至翌年5月）	280.43	57.5	137.43	58
玉米生育期（6—9月）	207.33	42.5	101.61	42
烟草生育期（4—9月）	308.78	63.3	151.35	63
红薯生育期（4—10月）	346.00	70.9	169.61	71

光的有效辐射在年内呈季节性变化，夏季月均值最大，冬季最小，春秋季居中、春季略高于秋季（表44-7）。

表 44-7 汝阳县光合有效辐射季节变化 （kJ/cm²）

季节	春季（3—5月）			春季（3—5月）			春季（3—5月）			春季（3—5月）			合计
	季总量	占年%	月均	季总量	占年%	月均	季总量	占年%	月均	季总量	占年%	月均	
有效辐射	68.91	28.8	22.94	41.80	34.2	27.26	50.49	21.1	16.83	37.67	15.8	12.56	238.87

从大于0℃、10℃的有效辐射看出，汝阳县日照充足，太阳辐射量大，光能资源较为丰富。由于受条件限制，在目前生产上光能利用率仅为1%～2%，如果提高到3%，农作物产量可提高5%，即农业生产有潜力可挖。

三、霜期

据《汝阳气象与生态研究》资料，汝阳县平均初霜日10月31日，终霜日3月26日；初霜日最早出现在10月10日（1981年），最迟出现在11月20日（1999年），南部山区初霜日比浅山丘陵区或川滩区提前10-15天；终霜日最早出现在1月4日（1999年），最迟在5月6日（1953年）。无霜期平均220天，最长达322天（1997年），最短仅179天（1963年）。

按农作物生育期内地面最低温度≤0℃作为霜冻指标，汝阳县霜冻平均初日在11月1日，终日在4月5日，间隔156天。

第四节　水资源与灌排

一、地表水资源

（一）降水量

据汝阳县气象局（站）提供的1957—2009年53年资料分析，平均年降水量673.1mm，最多年1 081.6mm（1983年），最少年399.1mm（1986年），两者相差682.5mm。降水量在500～800mm的有36年，占67.9%，属正常年；超过800mm的有10年，占18.9%，为丰年；不足500mm的有7年，占13.2%，属少雨年（表44-8）。

《汝阳气象与生态研究》资料，汝阳县受季风影响，平均降水量年内月份、季节性时空分布不均，悬殊较大。12个月比较，12月最少10.5mm，占平均年降水量的1.6%；7月最多137.2mm，占20.6%。4个季节比较，夏季的6—8月雨量最多，平均322.5mm，占全年的48.4%；秋季9—11月为159.3mm，占24.0%；春季的3—5月为145.0mm，占21.8%；冬季的12月至翌年2月最少，平均38.1mm，占5.8%（表44-9）。

表 44-8　汝阳县历年降水量

年份	1957	1958	1959	1960	1961	1962	1963	1964	1965	1966	1967	1968	1969	1970
降水量（mm）	741.9	758.4	493.4	539.1	565.5	770.4	629.8	1 040.0	513.5	407.3	1 030.0	590.8	539.0	657.0
年份	1971	1972	1973	1974	1975	1976	1977	1978	1979	1980	1981	1982	1983	1984
降水量（mm）	604.0	512.6	914.8	719.4	770.4	576.8	577.4	575.9	826.5	704.9	467.5	813.8	1081.6	954.1
年份	1985	1986	1987	1988	1989	1990	1991	1992	1993	1994	1995	1996	1997	1998
降水量（mm）	639.0	399.1	590.5	914.2	811.2	722.0	427.6	521.6	555.7	693.0	406.4	850.7	465.4	620.4
年份	1999	2000	2001	2002	2003	2004	2005	2006	2007	2008	2009			
降水量（mm）	667.2	686.0	547.9	731.1	985.3	745.4	784.3	633.5	698.8	582.9	621.7			

表 44-9　汝阳县四季降水分布

项目	春季（3—5月）	夏季（6—8月）	秋季（9—11月）	冬季（12月至翌年2月）
降水量（mm）	145.0	322.5	159.3	38.1
占年降水量（%）	21.8	48.4	24.0	5.8
最多年降水（mm）	319.9（1964年）	615.3（1988年）	359.3（1983年）	148.1（1989年）
最少年降水（mm）	15.3（2000年）	84.7（1997年）	19.7（1998年）	2.3（1963年）
平均相对变率（%）	31	31	37	49

　　就相对变率而言，相对变率越小，说明降水变化稳定；反之，亦然。年相对变率大于 25%，就容易发生旱涝不均现象。表 44-9 的平均相对变率值，就显示旱涝灾害是汝阳县农业生产中的主要灾害性天气。

　　通常以 80% 降水保证率作为安排农业生产的依据。汝阳县年降水量 501～600mm 保证率为 85%，601～700mm 保证率为 85%（表 44-10）。80% 以上保证率的降水量冬季 20mm 左右，春季 100mm 左右，夏季 201～250mm，秋季 100～130mm。日均气温稳定通过 0℃ 期间降水量 640mm，相对变率 19.2%，降水量 4 00～500mm 的保证率 80～90%；日均气温稳定通过 3℃ 期间降水量 620mm，相对变率 20%，降水量 400～500mm 的保证率 70%～90%；日均气温稳定通过 10℃ 期间降水量 570mm，相对变率 21%，降水量 400～500mm 的保证率 50%～90%。

表 44-10　汝阳县各级降水量（mm）保证率

保证率（%）	7	14	23	40	57	85	98	100
降水量级	1 001～1 100	901～1 000	801～900	701～800	601～700	501～600	401～500	301～400

（二）地表河流

　　汝阳县境内大小河流 16 360 条，其中流域面积 10km² 以上的河流 22 条，分属黄、淮两大水系。据汝阳县水利局《汝阳县农田水利建设规划（2010—2020）》资料，地表水资源总量为 3.15 亿 m³，其中过境水 0.11 亿 m³，陆浑客水 0.58 m³；P=20% 保证率地表水资源总量 4.65 亿 m³，P=50% 保证率地表水资源量 2.70 亿 m³，P=75% 保证率地表水资源量 1.62 亿 m³，P=90% 保证率地表水资源量 0.98 亿 m³，P=95% 保证率地表水资源量 0.65 亿 m³。地表水资源量具有明显的季节变化特征，河川径流主要集中在汛期6—9月，枯水期地表水量较小；春季（3—5月）0.62亿 m³，夏季（6—8月）1.56亿 m³，秋季（9—11月）0.74亿 m³，冬季（12月至翌年2月）0.23亿 m³；天然径流，汛期地表径流量约占全年49.4%。

二、地下水资源

据汝阳县水利局《汝阳县农田水利建设规划（2010—2020）》资料，汝阳县地下水资源总量1.24亿 m³，可利用量0.99万 m³。

由于地质构造复杂，大部分为岩基构成，适水性较差，地下水源不丰富，埋深不等（表44-11），水源有一定的差异。

表 44-11　汝阳县年地下水埋深

地理位置			枯水期埋深（m）	丰水期埋深（m）
地点	东经	北纬		
蔡店乡莽庄村西250m	112°28′	34°19′	13.36	12.26
小店镇车坊村东40m	112°35′	34°11′	3.10	2.60
蔡店乡郭村东南20m	112°26′	34°16′	14.26	15.25
三屯乡三屯村西北80m	112°29′	34°04′	1.30	0.72
上店镇西街西北140m	112°24′	34°07′	3.91	4.00
刘店乡财政所院内	112°34′	34°05′	6.60	4.95
大安工业区大安新村西	112°34′	34°19′	7.29	6.90
付店镇付店村街中心	112°21′	33°56′	2.78	2.95
县城水利局院内	112°27′	34°02′	7.82	7.23

三、农田灌溉

汝阳县水资源分布不平衡，《汝阳县统计年鉴》（2009年）资料，有效实灌面积6 120hm²，主要是自流、机井、提灌等方式。汝河灌区2 510hm²，包括柏树乡、上店镇、小店镇、城关镇部分和十八盘乡部分；马兰河灌区760hm²，包括三屯乡、城关镇部分；玉马水库灌区200hm²，包括刘店乡部分、三屯乡部分、上店镇部分；陆浑灌区2 200hm²，包括蔡店乡、内埠乡、陶营乡、大安工业区；山区的靳村乡、王坪乡、付店镇、十八盘乡部分灌溉面积450hm²，水源来自山间河流和小溪。

汝阳县水利局水利专家提供，灌溉保证率大于75%的耕地分布在汝河、马兰河、陆浑3大灌区的乡村；保证率在50%~75%的分布在大于75%的两侧，以及主要河流两侧；保证率在30%~50%的分布在3大灌区外沿的乡村，以及距3大灌区较远和玉马水库灌区覆盖的二三级提灌区；其他地区灌溉保证率小于30%，基本不能浇灌。

第五节　农业机械

据《汝阳县统计年鉴》（2009年）资料，汝阳县共拥有农业机械总动力36.46万 kW，其中拖拉机1.38万台，大中型配套农机具750部，小型配套农机具25 666部；各种耕地及种植机械1 926台，各种农用动力排灌机械6 464台，植保机械435台，联合收获机械229台，机械脱粒机7 273台；机械化耕作面积17 390hm²，机械化播种25 120hm²，机电灌溉9 990hm²，机械化植保作业8 340hm²，机械化收获15 060hm²。

第六节　农业生产施肥

一、历史施用化肥数量、粮食产量的变化趋势

汝阳县84%以上的土地为山丘沟壑，虽地处山区，但民族文化的发展已有悠久的历史，从多处

仰韶文化、龙山文化遗址发现，早在石器时代，人们已开始了耕耘。农业生产以农耕为主、兼有畜牧业。种植业是汝阳县的主要产业，以种植粮食为主，经济作物较少。

新中国成立前，由于长期受封建统治、历代战乱、天灾人祸的影响，大多数土地掌握在地主手里，加之生产方式陈旧、技术落后，作物产量低而不稳，农业发展极为缓慢。群众生活完全依靠种植业、畜牧业的收入，工业、商业、服务业零星无几。《汝阳县志》（生活读书新知三联书店 1995 年出版）农业编记载，民国 24 年（1935 年），全县粮食作物种植面积 36.1 万亩，总产 25 390t，亩产 35kg；经济作物面积 7 125 亩，总收入 45 329 元（银元），平均每亩收入 6.36 元。

新中国成立后，在党和人民政府的领导下，经过土地改革，实现耕者有其田，以及认真贯彻落实以农业为基础，以粮为纲和决不放松粮食生产，积极开展多种经营等发展农业的一系列方针政策，努力改变生产条件，大力推广农业先进技术，加大农业生产的投入，特别是化肥、良种的广泛应用，广大农民的生产积极性得到充分发挥，农作物产量大幅度提高。纵观新中国成立 50 多年来，宜阳县农业经历了由缓慢发展阶段到快速发展阶段的曲折发展过程。

新中国成立后，农民有了土地，开始认识到肥料的作用。当时主要是有机肥，肥源是人畜粪尿、作物秸秆、杂草树叶、绿肥、垃圾及饼肥等。1953 年后开始推广湿式厕所和瓦瓮茅池积肥。1960 年后，县成立了肥料办公室，很多地方实现了"人有厕所猪有圈，户户有茅坑"，肥料数量和质量有了很大提高。大力引种的毛叶苕子、草木樨、苜蓿等绿肥新品种，不仅使棉花增产 13.8%，而且对后茬小麦仍有增产作用。1970 年后，相继推广使用玉米秆、麦秸、青草高温积肥以及秸秆直接还田。

人们对肥料的生产和要求，一直不断在农业生产实践中探讨和改进。1958 年不少公社、大队自办化工厂，生产土制化肥、农药等，也推广细菌肥料。1967 年使用"萘乙酸铵"小麦浸种。后来土法制造"702、920、5406 激素"、以风化煤为主要原料生产"腐植酸铵"、小麦"钼酸铵"拌种、浸种和叶面喷洒等施肥技术得到应用。1974 年县在紫逻口东筹建县氨水厂，日产氨水 70t，后因质次价高、不易保存停办。1973 年 1 月县在原钢铁厂所在地改建磷肥厂，1977 年因滞销而停产。1975 年在小寺村北筹建县第二化肥厂，主要生产碳酸氢铵。1983 年扩建后，年合成氨能力达到 1.5 万 t，年产碳酸氢氨 4.8 万 t，是建厂初期的 4 倍。1987 年建成复合肥厂和一条年产万吨硫酸的生产线。1976—1988 年，全县共生产化肥 47 516t（其中氮肥 45 509t、磷肥 2 007t），纯碱 3 682t，为全县农田施肥提供了保障。

化学肥料的使用始于 20 世纪 50 年代初期，主要品种是硫酸铵、氨水。经过试验示范，肥效高而快，增产突出，群众称为"肥田粉"。1952 年全县氮肥使用量仅 7t，1966 年增至 2 255t。磷肥在 1960 年开始试用，后采取增磷降氮和磷氮配合"一炮轰"（即一次施足底肥，不再追肥）的施肥办法，粮食产量有了明显的提高。如内埠乡柳沟村 1981 年百亩示范区小麦增产 153kg。1976—1980 年氮磷用量比 10：1，1986—1988 年调整到 3.5：1。1988 年化肥使用量达到 17 755t，主要品种有碳酸氢铵、尿素、硝酸铵、氯化铵等。全县粮食总产 82 388t，亩均 160kg，分别是 1949 年的 2 倍和 3 倍；农业总产值 6 741 万元，比 1949 年增长 2.3 倍。

改革开放 30 年，确立了家庭承包经营为基础的双层经营制度，免除了农业税，一系列奖励补贴政策让农民得到了实惠，农村生产力得到解放和发展，农业生产条件得到极大改善，大力推广农业综合增产技术，加大农业生产的投入，特别是化肥、良种的广泛应用，广大农民的生产积极性得到充分发挥，农作物产量大幅度提高，粮食质量也发生了巨大变化。粮食产量由 8.54 万 t 增加到 17.79 万 t，增加 9.25 万 t，增长了 108.3%，年平均递增 3.61%；粮食亩产由 155.5kg 增加到 306.2kg，增长 96.9%；全县人均占有粮 413.7kg，比 1978 年人均增加 148.7kg，实现了粮食基本自给和区域粮食安全。2008 年全县农业化肥使用量达到 58 666t（折纯量 19 645t），比 1978 年增加了 18 倍。但在施肥上普遍存在"重化肥轻粗肥、重氮肥轻磷肥、重高产水肥地轻丘陵旱地"的问题，而且造成肥料的浪费和农业成本的增加。

2000 年以来，农民施肥水平不断提高，农业生产稳步增长，粮食产量逐年提高，特别是 2007 年以来实施了农业部"测土配方施肥项目"，通过大量宣传培训工作，使农民施肥观念得到根本转变，测土配方施肥技术得到普及，多数农民能平衡施肥。据对农民施肥情况调查：一般年施肥数量为有机肥1 350kg/亩、复合肥或配方肥料65～93kg/亩、尿素28～43kg/亩。"十一五"全县累计生产粮食862 781t，比"十五"的667 112t，增加195 669t，增长29.3%，其中2010年夏粮总产90 501t，2009年秋粮93 835t，均创历史最好水平。2010年全县粮食总产达到182 738t，比"十五"末的2005年150 950t增长21.1%，年均增长4.22%。

二、有机肥施肥现状

汝阳县有机肥种类分为秸秆肥、厩肥、堆沤肥、土杂肥等。从2007—2009年农户施肥情况调查中看出，全县农业生产上施用有机肥，总体数量，比重偏小。

（一）种类

1. 土杂肥

以牛、猪、鸡等粪便为主堆积沤制的土杂肥，每年达到25.5万m³。全年积造的有机肥主要施在秋播小麦和春播蔬菜、红薯、玉米、花生等作物上。

2. 沼液沼渣肥

全县4.5万座沼气池，年产沼气渣液112.5万m³，用在瓜菜类、玉米、小麦等作物上。

3. 秸秆还田

小型收割机收割小麦，用拖拉机和旋耕机将小麦秸秆及根茬翻耕入田，培肥了土壤，已被群众广泛认识，机耕机收面积逐年扩大。2009年小麦、玉米秸秆综合利用率达到80.1%。

（二）数量与比例

堆沤肥55 250t、厩肥92 083.3t、土杂肥184 166.7t、沼肥101 250t，秸秆资源总量为224 600t、利用180 000t，其他15 000t；比例1:1.7:3.3:0.3。

（三）施用面积和数量

小麦施用面积8万余亩、亩均施底肥1.5m³左右，春播红薯、玉米作物施用面积3m³亩、亩均2m³，蔬菜施用1.5万亩、亩均5m³。

（四）利用形式

汝阳县施用有机肥料主要形式为：秸秆直接还田、过腹还田、堆沤还田、土杂肥等。

2009年调查结果显示，有机肥投入量较过去明显提高，有机肥投入途径为秸秆还田、秸秆过腹还田为主，沼液等新型有机肥源施用量明显增加。小麦播种面积19 266.67hm²，秸秆利用15 210.52hm²，占播种面积78.9%；直接还田面积10 343.16hm²，占直接利用68.0%；过腹还田2 433.68hm²，占16.0%；堆沤还田2 433.68hm²，占直接利用16.0%。玉米播种面积14 466.67hm²，秸秆利用10 632.13hm²，占播种面积73.5%；直接还田面积68.00hm²，占直接利用1.6%；过腹还田5 228.92hm²，占49.2%；堆沤还田3 485.94hm²，占直接利用32.8%；能源化1 743.00hm²，占直接利用16.4%。

三、化肥施用现状

《汝阳县统计年鉴》（2009年）统计资料显示，全年化肥施用面积79.91万亩，占农作物播种面积的98.8%。全年实物化肥施用总量59 576t，其中氮肥21 581t，占36.2%；磷肥12 962t，占21.8%；钾肥1 555t，占2.6%；复合肥料23 559t，占39.5%。单位耕地面积化肥用量125.7kg/亩·年，单位播种面积化肥用量73.6kg/亩·年。

全年化肥施用总量（养分折纯）20 384t，其中氮肥4 524t，占22.2%；磷肥2 235t，占11.0%；钾肥715t，占3.5%；复合肥料12 910t，占63.3%。单位耕地面积化肥用量43.0kg/亩·年，单位播种面积化肥用量25.2kg/亩·年。氮磷钾施用比为1:0.49:0.16。

汝阳县化肥施用品种主要为：尿素、碳酸氢铵、颗粒过磷酸钙、磷酸二铵、国产氯化钾、复合肥、配方肥、有机—无机复混肥及部分有机肥，微量元素肥。施肥方式主要是：撒施、穴施、沟施、冲施（蔬菜）等。

四、其他肥料施用现状

汝阳县目前农民除使用以上肥料品种外，在不同地区、不同作物及作物不同生育时期，也有应用不同肥料品种的。沼气产业和食用菌产业的发展，促进了沼液的应用和有机肥的还田。在蔬菜集中种植区，群众舍得投资，购买价位较高的高浓度冲施肥比较多。在小麦、玉米、大豆等作物上，有施用锌、锰微量元素的。从叶面喷肥种类看，汝阳县农民有小麦、蔬菜喷洒叶面肥的习惯，喷洒肥料品种主要有磷酸二氢钾、氨基酸叶面肥料、腐植酸叶面肥等。

五、大量元素氮、磷、钾比例、利用率

小麦、玉米是汝阳县主要粮食作物。汝阳县农业局调查统计，2009 年小麦施化肥纯氮 3 392t、纯五氧化二磷 1 420t、氧化钾 520t，氮、磷、钾亩施用量为 11.31kg、4.73kg 和 1.73kg，氮、磷、钾比例为 1：0.42：0.15；2010 年玉米施化肥纯氮 2 946t、纯五氧化二磷 714t、氧化钾 340t，氮、磷、钾亩施用量为 14.03kg、3.40kg 和 1.62kg，氮、磷、钾比例为 1：0.24：0.12。仅看小麦，施肥呈现"氮减磷稳钾增"态势，说明随着测土配方施肥项目的不断开展，农户的测土配方施肥意识逐渐形成，实行测土配方施肥农户经济效益明显增加，施肥结构得到进一步优化，氮、磷、钾肥施用比例趋于合理。

通过对 2007—2010 年小麦、玉米 3414 田间试验和丰缺指标试验结果分析，汝阳县氮肥、磷肥、钾肥小麦平均利用率分别为 43.09%、7.07% 和 46.90%，玉米为 33.66%、15.13% 和 26.51%（表 44-12）。

表 44-12　汝阳县肥料利用率

项目	肥料利用率（%）		
	N	P_2O_5	K_2O
小麦			
平均	43.09	7.07	46.90
高产水平	60.92	12.13	47.89
中产水平	38.58	1.39	23.99
低产水平	33.32	8.72	29.01
玉米			
平均	33.36	15.13	26.51
高产水平	32.32	8.63	49.89
中产水平	36.01	30.94	29.95
低产水平	31.10	1.88	48.71

六、施肥实践中存在的主要问题

根据汝阳县耕地施肥现状看，在施肥实践中存在以下 4 个方面的问题需要解决。

（一）耕地重用轻养现象比较严重

汝阳县人多地少，农作物复种指数比较高，对土地的产出要求也较高，实践证明要保证耕地肥力持续提高，必须用地与养地相结合、走农业持续发展的道路，才有利于耕地土壤肥力的提高。有针对性地施用氮、磷、钾化肥、增施有机肥、秸秆还田是提高土壤肥力的有效途径，但在部分地区，存在施用化肥单一、有机肥使用量少、秸秆还田面积小等现象。由于种粮与务工比较效益较低，目前部分农民受经济利益驱使，不重视积沤农家肥，影响地力培肥。

（二）重无机轻有机倾向仍很突出

从汝阳县的施肥现状看，重无机、轻有机的倾向仍很突出，优质有机肥施用面积很小，秸秆还田量虽然逐渐增加，但玉米秸秆还田面积占播种面积的 13%、小麦占播种面积的 17%、潜力很大。农

民只重视无机肥的施用，化肥施用量在逐年增多，有机肥的施用面积和数量长期稳定不前，甚至倒退，造成部分耕地有机质低，影响土壤肥力的提高。汝阳县有机肥资源丰富，种类齐全，浪费现象比较突出。究其原因，主要是广大农民对有机肥的作用认识肤浅。首先是由于有机肥当季利用率低，认为施用后没化肥肥效快，误认为有机肥作用不大；其次是随着城镇的发展，农村劳动力向城镇转移较多，形成农村种地老年化，种地图省事，没有广开肥源积造有机肥的积极性；最后，大型秸秆还田机作业价格较贵，种粮比较效益低，影响秸秆还田数量和质量。

（三）施肥品种时期及方法不合理

少数耕地施肥不按缺啥补啥、缺多少补多少的原则，氮、磷、钾配比不十分科学。部分地区小麦用肥偏重于施底肥，追肥比例偏小；部分需要氮肥后移，拔节期追肥的麦田没有达到施肥要求。玉米施肥上，二次追肥比例偏低；施肥方法上，由于施肥机械不配套，一部分出现肥料裸施现象，施肥方法需要改进。以上原因，造成施肥效应减小，肥料利用率降低。

（四）农资价格上升，影响农民对化肥的投入

部分农户受化肥价格影响，化肥投入积极性下降，放弃施用价格较高的复合肥，改用价格偏低的单质肥料，影响了肥料的施肥结构。

第七节　农业生产中存在的主要问题

汝阳县农业生产上存在的主要问题是，不同地区间地力条件差异较大造成粮食产量差异较大，影响了粮食总产量的提高；施肥结构不合理，施肥水平间差异大。

一、作物布局不够合理，经济作物在整个种植业中比例很小

2009年汝阳县种植业统计可以看出，经济作物（油料、蔬菜、瓜果、烟叶）种植面积仅占全县农作物播种总面积的14.4%，尽管全县复种指数达1.70，但是农业经济还是处于较低水平。

二、地区间农业生产条件差异较大，造成产量不一致

全县丘陵旱地水源缺乏，交通不便，施用有机肥面积小，化肥施用量少，造成地力水平差异，影响粮食生产水平提高。

三、经营管理粗放、精耕细作投入成本大

当前粮食效益相对较低，影响投入积极性，耕作技术粗放造成土壤板结，耕作层浅，影响粮食生产创高产。

四、配方施肥技术应用不够全面

虽然测土配方施肥技术推广了多年，主要在大面积农作物上应用，粮食比较效益低，部分农民积极性不高。而在高效经济作物，比如果园、大棚蔬菜上，虽然群众接受和采用测土配方施肥积极性较高，但推广施用面积较小。

五、耕地化肥投入两极分化

在经济条件较好地区和高产区域，化肥、复合肥投入偏大，但也有少部分养分含量低的地块；在经济条件较差和中低产地区，复合肥施量偏低，但也有养分含量过高的田块。

六、有机肥投入数量减少

全县秸秆还田机械缺乏，焚烧秸秆现象严重，沼液和养殖户粪便的利用，需研究好的解决办法，解决有机肥投入数量减少问题。

七、优质有机肥使用不足

优质有机肥使用不足，施氮肥多、磷钾肥少，大量元素与微量元素结构不尽合理，影响产量进一步提高。

第四十五章　土地与耕地资源特征

第一节　地貌类型

一、地形特征

汝阳县地处秦岭余脉，伏牛山北麓、外方山区，山峦重叠、丘陵起伏、沟壑纵横、河川狭窄，相对高差大。南部鸡冠山主峰海拔1 602.2m，蔡店乡杜康河下游的窑湾村河底海拔220m，整个地势由南向北倾斜，北汝河由西向东从中部穿过，大虎岭横卧其间，将全县天然划分为山南、山北两大自然区域。

县内地质构造属华熊沉降带，主要有前震旦系、震旦系、寒武岩、白垩系、第三系地层，其中震旦系地层特别发育，尤其火山喷发岩分布范围广、厚度大；奥陶系至侏罗系，除有小面积的石炭系、二迭系地层外，其他地层缺失。

按全省大地貌类型，汝阳县属豫西复杂构造山地区中的熊耳山—伏牛山中山区和嵩山—箕山低山丘陵区。

根据汝阳地面高度调查，参考全国地貌分级标准，全县大体是"七山二陵一分川"，具体分为4种地貌类型。

（一）南部中山区

外方山由嵩县、鲁山县延伸至此，山势陡峭、沟狭谷深，海拔800~1 602m，坡度多在35°以上，相对高差大，自然植被较繁茂，山林面积大，耕地很少，为汝阳县林木、土特产区。地层构造主要是下元古界熊耳群含长石斑晶的安山玢岩，局部为夹条带状凝灰岩和零星分布的石英斑岩，西南端为中生界斑状花岗岩和黑云母花岗岩。

（二）中南部低山丘陵区

该区是中山到丘陵区的过渡区，山峰较低，海拔500~1 000m。人口较密，自然植被遭到破坏，水土流失严重，土壤瘠薄，作物产量低而不稳。出露岩层主要为震旦系的紫红色、灰白色石英砂岩、紫红、灰绿色砂质页岩，城北凤凰山一带为寒武系泥质条带灰岩、紫红色砂质页岩夹灰岩。

（三）中北部丘陵区

该区丘陵起伏、丘顶浑圆、坡度缓，一般在10°~25°，海拔在350~500m，相对高差小，沟宽而浅，人口分布较密，种植历史悠久，耕地面积较大，水土流失较严重，为汝阳县的主要旱作粮经产区。岩层多为第三系砂质黏土岩，有的地区有第三系的玄武岩覆盖其表，群众称为"黑石岭"。

（四）中北部平川区

该区位于中部汝河及其支流和北部内埠滩牛家河两岸。海拔220~350m，地势较平坦，呈"凹"字型，土层较厚，土壤潜在肥力大，地下水位低，灌溉条件好，为全县粮、棉、蔬菜主产区。地层为第四系亚黏土、砂质黏土等沉积物。

二、成土母质

汝阳县地质与地貌类型复杂，加上其他自然因素的综合影响形成不同的母质类型。主要成土母质有残积和残积—坡积母质、洪积和洪积—冲积母质、湖相沉积母质以及红黄土母质。一般讲残积和残积—坡积母质分布于山地和部分丘陵区，洪积母质分布在山前洪积扇上，洪积和洪积—冲积母质多分布在河川平地及滩地上沿，湖相沉积母质则分布在低洼盆地底部，红黄土母质多分布在丘陵区。

（一）残积和残积—坡积母质

残积母质是各类岩石风化后未经搬运而残留在原地的碎屑。坡积母质则是岩石的风化物，经重力作用搬运至山前缓坡地带堆积而成。因为移动距离较短，所以在同一地区往往与残积物同时存在。这种成土母质与母岩性质相似，砾石含量大，粗细颗粒混杂堆积，无明显层理，多分布在中南山区及中北部丘陵区，其母岩有中性岩、酸性岩、石英质岩、红砂岩、基性岩、石灰岩、泥质岩等。

（二）洪积和洪积—冲积母质

洪积母质是岩石风化物经过山洪搬运，随流速减低，山洪携带的物质在山前平原沉积形成洪积扇，扇顶分选型差，砾石、粗砂混存，无层理，而洪积扇的中下部和扇缘沉积物逐渐变细，水分条件好，养分也较丰富。洪积母质主要分布在大的洪积扇上，其他山体下部也有零星分布。

冲积母质是风化碎屑经河流搬运而在河流两岸沉积形成。在垂直分布上有明显的成层性；在水平分布上因水流的分选作用一般呈现上游粗、下游细，近河粗、远河细的分布规律。主要分布在汝河及支流沿岸。其中以小店镇面积较大。由于汝阳山峰群立、河谷狭窄，冲积与洪积往往同时同地发生，一般河流以冲积物为主，而近山前地段则以洪积物为主，因此二者仅有主次之分而没有截然界线。由于洪积、冲积二者在发生和堆积年代上往往相互交错，因此多形成洪积—冲积类型。在一些地方形成山前洪积扇，在另一些地方则形成缘下倾斜平原，大虎岭北侧的洪积扇就是此种类型的代表。

（三）湖相沉积母质

湖相沉积母质是静水沉积物，特点是以黏粒为主，质地均一，无明显层次，下层可见到灰蓝色潜育层，在低洼地边缘地带为近代洪积扇下缘的壤质、黏质洪积冲积物所覆盖，主要分布于内埠滩下缘低洼处。

（四）红黄土母质

红黄土母质一般认为由风力搬运堆积而成，颗粒较细，质密而较坚实，大多分布在中部及北部丘陵区，少数分布在中南山区。

第二节　土壤类型

一、土壤分类

第二次土壤普查，汝阳县依据土壤的发生类型与生物、气候条件，具有一定特征的成土过程，具有独特的剖面形态特征和相应属性、特别是诊断层次，在诸多成土因素中、其中某一因素的突出作用而形成的特定土壤类型等原则，共划分为5个土类9个亚类26个土属49个土种。

根据河南省土壤肥料站新的划分标准，汝阳县重新划分为6个土类12个亚类21个土属29个土种（表45-1）。褐土土类，面积12 096.65hm²，占全县总耕地土壤面积的36.3%（表45-2），为汝阳县分布最广泛的一种土壤类型，从南部山区到中北部的丘陵区均有分布，遍及全县14个乡镇区，土壤类型复杂，又分为典型褐土亚类、褐土性土亚类、淋溶褐土亚类、潮褐土亚类和石灰性褐土亚类。石质土土类，面积9 982.85hm²，占总的30.0%，也是分布较广的土壤类型，遍及全县14个乡镇区，由于汝阳县特殊的地质地形地貌，仅分为中性石质土亚类。粗骨土土类，面积6 032.50hm²，占总的18.1%，除付店镇、靳村乡、王坪乡、十八盘乡（除去合入的原竹园乡部分）外，其他10个乡镇区都有分布，细分为钙质粗骨土亚类和中性粗骨土亚类。潮土土类，面积3 932.39hm²，占总的11.5%，除山区的付店镇、王坪乡和基本没有河流的丘陵区刘店乡没有外，其他乡镇区均有面积多少的分布，又分为典型潮土亚类和湿潮土亚类。砂姜黑土土类，面积1 235.68hm²，占总的3.7%，仅分布在内埠滩区的内埠乡、陶营乡、大安工业区和蔡店乡与滩区的结合部，仅分为石灰性砂姜黑土亚类。红黏土土类，面积134.90hm²，占总的0.4%，仅分布在内埠乡、蔡店乡和大安工业区，仅有典型红黏土1个亚类。

表 45-1　汝阳县土壤分类系统表

土类	亚类	土属	土种	原县土种名称
褐土	潮褐土	泥砂质潮褐土	壤质潮褐土	潮黄土
	典型褐土	泥砂质褐土	黏质洪积褐土	灰废墟土
	褐土性土	红黄土质褐土性土	红黄土质褐土性土	红黄土质始成褐土
			浅位钙盘砂姜红黄土质褐土性土	红黄土质浅位厚层砾质始成褐土
			浅位少量砂姜红黄土质褐土性土	红黄土质少砾质始成褐土
			深位钙盘红黄土质褐土性土	红黄土质低位厚层砾质始成褐土
		灰泥质褐土性土	中层钙质褐土性土	石灰质岩中层砾质始成褐土
		泥砂质褐土性土	壤质洪积褐土性土	壤质始成褐土
		砂泥质褐土性土	厚层砂泥质褐土性土	泥质岩厚层砾质始成褐土、砂姜厚复始成褐土、砂砾底位厚层始成褐土、砂砾厚层始成褐土、砂砾浅位厚层始成褐土
			中层砂泥质褐土性土	泥质岩中层砾质始成褐土、砂姜中复始成褐土、砂砾中层始成褐土
	淋溶褐土	红黄土质淋溶褐土	红黄土质淋溶褐土	红黄土质壤质淋溶褐土
		泥砂质淋溶褐土	壤质洪冲积淋溶褐土	洪积壤质淋溶褐土
	石灰性褐土	泥砂质石灰性褐土	壤质洪积石灰性褐土	白土、灰废墟土
粗骨土	钙质粗骨土	灰泥质钙质粗骨土	薄层钙质粗骨土	石灰质岩薄层砾质始成褐土
	中性粗骨土	暗泥质中性粗骨土	薄层硅钾质中性粗骨土	中性岩薄层砾质始成褐土
			薄层硅镁铁质中性粗骨土	基性岩薄层砾质始成褐土
			中层硅镁铁质中性粗骨土	基性岩中层砾质始成褐土
		泥质中性粗骨土	薄层泥质中性粗骨土	红砂岩薄层砾质始成褐土、泥质岩薄层砾质始成褐土、砂姜薄复始成褐土、砂砾薄层始成褐土、砂砾浅位薄层始成褐土

（续表）

土类	亚类	土属	土种	原县土种名称
潮土	典型潮土	洪积潮土	壤质洪积潮土	洪积壤质潮土、洪积壤质黑底潮土
			深位钙盘洪积潮土	底位厚层砂姜潮土
		石灰性潮壤土	底砂小两合土	底砂小两合土
		石灰性潮黏土	淤土	两合土
	湿潮土	湿潮壤土	壤质洪积湿潮土	洪积壤质湿潮土
砂姜黑土	石灰性砂姜黑土	灰质黑老土	壤盖洪积石灰性砂姜黑土	壤质薄复黑老土、壤质厚复黑老土、壤质厚复灰质黑老土
		灰质砂姜黑土	浅位钙盘黏质洪积石灰性砂姜黑土	灰质浅位厚层砂姜黑土
			深位钙盘黏质洪积石灰性砂姜黑土	灰质底位厚层砂姜黑土
石质土	中性石质土	硅质中性石质土	硅质中性石质土	石灰质岩薄层石碴始成褐土、酸性岩薄层石碴始成褐土、中性岩薄层石碴始成褐土
		泥质中性石质土	泥质中性石质土	红砂岩薄层石碴始成褐土、石英岩薄层石碴始成褐土
红黏土	典型红黏土	典型红黏土	红黏土	砖红黏土

表 45-2　汝阳县土壤土类与面积分布　　　　　　　　单位：hm²

乡别与土类	褐土	石质土	粗骨土	潮土	砂姜黑土	红黏土	总计
合　计	12 096.65	9 982.85	6 032.50	3 832.39	1 235.68	134.90	33 314.97
城关镇	999.94	1 155.82	12.01	183.47			2 351.24
柏树乡	1 160.07	552.66	973.53	129.21			2 815.47
上店镇	798.50	782.11	272.67	242.65			2 095.93
十八盘乡	223.96	1 502.58	30.70	100.84			1 858.08
付店镇	1.65	617.14		75.76			694.55
靳村乡	334.58	699.99					1 034.57
王坪乡	97.81	945.79					1 043.60
三屯乡	648.33	1 575.76	61.20	578.74			2 864.03
刘店乡	720.57	1 324.21	1308.33				3 353.11
小店镇	1 169.97	637.11	253.52	896.37			2 956.97

（续表）

乡别与土类	褐土	石质土	粗骨土	潮土	砂姜黑土	红黏土	总计
陶营乡	1 332.56	25.98	271.32	1 256.51	350.80		3 237.17
内埠乡	848.39	50.81	691.59	145.50	660.88	47.68	2 444.85
蔡店乡	2 502.03	100.62	1 922.60	97.87	5.60	24.19	4 652.91
大安工业园	1 258.29	12.27	235.03	125.47	218.40	63.03	1 912.49

二、不同类型土壤的主要性状及面积分布

（一）典型褐土亚类

典型褐土亚类是褐土土类中的典型亚类，面积 115.51hm²，占全县耕地土壤面积的 0.3%（表 45-3）。该亚类具有明显的发育层次，土壤剖面的主要特征是在 50cm 左右出现明显的黏化层，黏化层以下是石灰淀积层，多以斑点假菌丝体或砂姜形态出现。通体有石灰反应，黏化层反应相对较弱，下部反应强烈，表层因耕作影响复钙作用明显反应亦较强。土壤结构表层多为团粒状结构，中层多为棱柱状结构，下层多为块状结构。根据成土母质，仅划分为泥砂质褐土土属。

泥砂质褐土土属，位于丘陵和平地的交接地带，成土母质为次生黄土，黏化层有一定的发育，但不太明显，上层质地较黏，中下层质地较轻，土体中常夹有小碎石，分布在内埠乡和蔡店乡。

（二）褐土性土亚类

褐土性土亚类面积 10 650.95hm²，占全县总耕地土壤面积的 32.0%。成土母质主要为残坡积物、坡积洪积物、人工堆垫物等，不同的成土母质形成不同的土属，其共同特征是发育层次不明显或没有发育层次。按成土母质划分为黄土质褐土性土、灰泥质褐土性土、泥砂质褐土性土、砂泥质褐土性土 4 个土属。

黄土质褐土性土土属，成土母质为红黄土，分布较广，地面起伏较大，土体发育不明显，有石灰淀积和石灰结核层出现。除付店镇没有，其他乡镇区都有分布。

灰泥质褐土性土土属，成土母质为泥质岩风化物，土体中部出现砾石。主要分布在柏树乡。

泥砂质褐土性土土属、砂泥质褐土性土土属，成土母质为山、坡残坡积和洪积物，侵蚀严重，土体没有发育层次。泥砂质褐土性土土属，分布在蔡店乡、陶营乡、内埠乡；砂泥质褐土性土土属，除上店镇、付店镇、靳村乡外，其他乡镇区都有分布。

（三）淋溶褐土亚类

淋溶褐土亚类面积 342.74hm²，占全县土壤面积的 1.0%。常年降水量较大，淋溶作用较强，一般无石灰反应，土体结构面上有时有铁锰胶膜，pH 值 6.5～7。山区的付店镇、靳村乡、十八盘乡、王坪乡有分布。依据成土母质划分为红黄土质淋溶褐土土属、泥砂质淋溶褐土土属。

红黄土质淋溶褐土土属，成土母质红黄土，表层质地重壤土，下层黏壤土。分布在山区的靳村乡、十八盘乡、王坪乡。

泥砂质淋溶褐土土属，发育在中低山区沟河两岸的洪积母质上，土层较厚，通体质地中壤土。主要分布在靳村乡。

（四）潮褐土亚类

潮褐土亚类面积 559.34hm²，占全县土壤面积的 1.7%。是褐土向潮土过渡的类型，地下水位 4～5m，全剖面石灰反应较强，土层下部有铁锈斑纹。分布在上店镇、小店镇，大安工业区、陶营乡也有分布。仅有泥砂质潮褐土土属。

泥砂质潮褐土土属，发育在冲洪积母质上，土壤剖面通体质地中壤土。

（五）石灰性褐土亚类

石灰性褐土亚类面积 428.11hm²，占全县土壤面积的 1.3%。分布在蔡店乡、大安工业区、内埠

乡和柏树乡。仅有泥砂质石灰性褐土土属。

泥砂质石灰性褐土土属,土壤剖面通体石灰反映强烈,石灰沉积明显,通体质地中壤土或重壤土。

(六) 中性石质土亚类

中性石质土亚类面积9 982.85hm²,占全县土壤面积的30.0%。全县14个乡镇区均有分布。依据成土母质划分为硅质中性石质土土属和泥质中性石质土土属。

硅质中性石质土土属,成土母质为花岗斑岩类、安山玢岩类、石灰岩类等残积坡积物,土层厚度一般小于30cm,砾石含量30%~70%。除小店镇、陶营乡、大安工业区外,其他乡镇均有分布。

泥质中性石质土土属,成土母质为红色砂岩类、砂砾岩类、石英岩类等残积坡积物,土层厚度一般小于30cm,砾石含量30%~70%。除付店镇、靳村乡、王坪乡、内埠乡外,其他乡镇均有分布。

(七) 钙质粗骨土亚类

钙质粗骨土亚类面积565.26hm²,占全县土壤面积的1.7%。主要分布在刘店乡、柏树乡,在小店镇、三屯乡、城关镇有少面积。仅有灰泥质钙质粗骨土土属。

灰泥质钙质粗骨土土属,成土母质为石灰岩类等残积坡积物,土层厚度一般小于30cm,砾石含量30%~70%。

(八) 中性粗骨土亚类

中性粗骨土亚类面积5 467.24hm²,占全县土壤面积的16.4%。除付店镇、靳村乡、王坪乡外,其他乡镇区均有分布。依据成土母质划分为暗泥质中性粗骨土土属和泥质中性粗骨土土属。

暗泥质中性粗骨土土属,成土母质为正长岩、闪长岩、安山岩、玄武岩等残积坡积物,土层厚度一般30~60cm,砾石含量小于30%。分布在柏树乡、蔡店乡、大安工业区、内埠乡、陶营乡、小店镇、上店镇和城关镇。

泥质中性粗骨土土属,成土母质为红色砂岩、砂砾岩、页岩、砂岩、云母岩、千枚岩、石英岩、石英砂岩、石英质砾岩等残积坡积物和湖相沉积物,土层厚度一般小于30cm,砾石含量小于30%。除付店镇、靳村乡、王坪乡、大安工业区外,其他乡镇均有分布。

(九) 典型潮土亚类

典型潮土亚类面积3 774.21hm²,占全县土壤面积的11.3%。成土母质为洪积、冲积母质,质地轻壤土或中壤土、剖面下部出现重壤土。除靳村乡、王坪乡、刘店乡外,其他乡镇区均有分布。依据成土母质质地划分为洪积潮土土属,石灰性潮壤土土属和石灰性潮黏土土属。

洪积潮土土属,质地轻壤土或中壤土、剖面下部出现重壤土,夏季水位1~3m。除付店镇、靳村乡、王坪乡、刘店乡外,其他乡镇区均有分布。

石灰性潮壤土土属,在壤质洪积冲积物母质上发育而成,夏季水位1~3m,通体剖面呈石灰反应,下部有铁锈斑纹,质地中壤土或重壤土。分布在小店镇、付店镇、十八盘乡、城关镇、柏树乡和上店镇。

石灰性潮黏土土属,在河流壤质沉积物与洪积物母质上发育而成,质地中壤土。分布在小店镇和柏树乡。

(十) 湿潮土亚类

湿潮土亚类面积58.18hm²,占全县土壤面积的0.2%。成土母质为洪积冲积物,通体剖面质地中壤土或重壤土,地下水位1m左右。仅有湿潮壤土土属。仅在小店镇有。

(十一) 石灰性砂姜黑土亚类

石灰性砂姜黑土亚类面积1 235.68hm²,占全县土壤面积的3.7%。发育在近代黄土性浅湖相沉积物母质上,经历了草甸潜育化和脱潜旱耕熟化两个发育阶段,所处地势低洼,无明显沉积层,质地黏重,18cm以下核状结构的黑土层和棱柱状结构的潜育层的结构面上有明显的铁锰胶膜。分布在内埠乡、陶营乡、大安工业区和蔡店乡。划分为灰质黑老土土属和灰质砂姜黑土土属。

灰质黑老土土属，土壤黑土层被近代河流冲积洪积物覆盖 30~60cm，剖面通体有石灰反应。分布在内埠乡、陶营乡。

灰质砂姜黑土土属，黑土层出露，剖面下部出现厚度 50cm 以上砂姜层，石灰反应强烈。分布在内埠乡、陶营乡、蔡店乡。

（十二）典型红黏土亚类

典型红黏土亚类面积 134.90hm²，占全县土壤面积的 0.4%。成土母质为出露的保德红土（上层多数受岩浆灼烧而变质），土色鲜红，质地轻黏土。仅有典型红黏土土属。仅分布在大安工业区、内埠乡和蔡店乡（表 45-3）。

表 45-3　汝阳县土壤亚类与面积分布　　　　单位：hm²

亚类与分布	柏树乡	蔡店乡	城关镇	大安工业园	付店镇	勒村乡	刘店乡	内埠乡	三屯乡	上店镇	十八盘乡	陶营乡	王坪乡	小店镇	合计
总计	2 815.47	4 652.91	2 351.24	1 912.49	694.55	1 034.57	3 353.11	2 444.85	2 864.03	2 095.93	1 858.08	3 237.17	1 043.60	2 956.97	33 314.97
潮褐土				9.08						288.45		9.40		252.41	559.34
典型潮土	129.21	97.87	183.47	125.47	75.76			145.50	578.74	242.65	100.84	1 256.51		838.19	3 774.21
典型褐土		18.01						97.50							115.51
典型红黏土		24.19		63.03				47.68							134.90
钙质粗骨土	85.25		0.44				469.42		2.45					7.70	565.26
褐土性土	1 133.17	2 247.49	999.94	1 142.10		18.27	720.57	693.32	648.33	510.05	217.41	1 323.16	79.58	917.56	10 650.95
淋溶褐土						1.65	316.31				6.55		18.23		342.74
湿潮土													58.18		58.18
石灰性褐土	26.90	236.53		107.11				57.57							428.11
石灰性砂姜黑土		5.60		218.40				660.88				350.80			1 235.68
中性粗骨土	888.28	1 922.60	11.57	235.03			838.91	691.59	58.75	272.67	30.70	271.32		245.82	5 467.24
中性石质土	552.66	100.62	1 155.82	12.27	617.14	699.99	1 324.21	50.81	1 575.76	782.11	1 502.58	25.98	945.79	637.11	9 982.85

第三节　耕地土壤

汝阳县国土资源局第二次调查资料，全县耕地面积 33 314.97hm²，占总土地面积 132 807.8hm² 的 25.1%；其中水浇地面积 4 039.13hm²，占总耕地面积的 12.1%；旱地面积 29 275.84hm²，占 87.9%。汝阳县耕地主要分布在南部中山区，中南部低山区，中北部丘陵，内埠滩区和汝河川区；因受其地形地貌特征的影响限制，水浇地主要分布在玉马灌区、陆浑渠灌区、汝河和马兰河沿岸、以及其他河流和山涧小溪两旁，旱地全部分布中北部丘陵和南部中山区、中南部低山区的山前、山间等地带。

一、耕地土壤类型

汝阳县耕地 6 个土类 12 个亚类 21 个土属 29 个土种，褐土土类占全县总耕地土壤面积的 36.3%，石质土土类占总面积的 30.0%，粗骨土土类占总面积的 18.1%，潮土土类占总面积的 11.5%，砂姜黑土土类占总面积的 3.7%，红黏土土类占总面积的 0.4%。

（一）褐土土类

1. 泥砂质潮褐土土属

泥砂质潮褐土土属面积 559.34hm²，占耕地总面积的 1.7%（表 45-4）。分布在河流阶地，一般质地适中，多为中壤土，保肥能力强，加上施肥水平较高、水利条件较好，为中高产粮区。仅分为壤质潮褐土土种。

2. 泥砂质褐土土属

泥砂质褐土土属面积115.51hm²，占总面积的0.3%。发育在废墟上的土壤，色灰，1m土体内有古砖瓦片，下部有鸡粪土层，质地适中，耕性较好。仅分为黏质洪积褐土土种。

3. 黄土质褐土性土土属

黄土质褐土性土土属面积5 231.53hm²，占总面积的15.3%。面积较大，分布零碎，一般土层较厚，剖面质地重壤土，保水保肥能力较强。依据砂姜出现部位，划分为红黄土质褐土性土土种、浅位钙盘砂姜红黄土质褐土性土土种、浅位少量砂姜红黄土质褐土性土土种和深位钙盘红黄土质褐土性土土种。

表45-4 汝阳县土壤土属与面积分布　　单位：hm²

土属名称	柏树乡	蔡店乡	城关镇	大安工业园	付店镇	勒村乡	刘店乡	内埠乡	三屯乡	上店镇	十八盘乡	陶营乡	王坪乡	小店镇	总计
合计	2815.47	4652.91	2351.24	1912.49	694.55	1034.57	3353.11	2444.85	2864.03	2095.93	1858.08	3237.17	1043.60	2956.97	33314.97
泥砂质潮褐土				9.08						288.45		9.40		252.41	559.34
泥砂质褐土		18.01						97.50							115.51
黄土质褐土性土	635.37	385.18	959.77	384.38		18.27	649.41	58.39	623.33	510.05	153.65	95.37	21.55	736.81	5231.53
灰泥质褐土性土	232.48		0.04												232.52
泥砂质褐土性土		268.94						14.53				124.58			408.05
砂泥质褐土性土	265.32	1593.37	40.13	757.72			71.16	620.40	25.00		63.76	1103.21	58.03	180.75	4778.85
黄土质淋溶褐土						82.07					6.55		18.23		106.85
泥砂质淋溶褐土				1.65	234.24										235.89
泥砂质石灰性褐土	26.90	236.53		107.11				57.57							428.11
硅质中性石质土	54.37	21.81	13.37		617.14	699.99	96.57		50.81	1202.14	296.91	1502.33	945.79		5501.23
泥质中性石质土	498.29	78.81	1142.45	12.27			1227.64		373.62	485.20	0.25	25.98		637.11	4481.62
灰泥质钙质粗骨土	85.25		0.44				469.42		2.45					7.70	565.26
暗泥质中性粗骨土	54.24	1252.44	4.73	235.03				690.45		13.36		62.59		239.88	2552.72
泥质中性粗骨土	834.04	670.16	6.84				838.91	1.14	58.75	259.31	30.70	208.73		5.94	2914.52
洪积潮土		97.87	130.03	125.47				145.50	578.74	225.71	28.05	1256.51		374.01	2961.89
石灰性潮壤土	26.93		53.44		75.76					16.94	72.79			280.82	526.68
石灰性潮黏土	102.28													183.36	285.64
湿潮壤土														58.18	58.18
灰质黑老土								200.61				350.80			551.41
灰质砂姜黑土		5.60	218.40					460.27							684.27
典型红黏土		24.19	63.03					47.68							134.90

4. 灰泥质褐土性土土属

灰泥质褐土性土土属面积232.52hm²，占总面积的0.7%。土层30~60cm，砾石含量少于30%。仅分为中层钙质褐土性土土种。

5. 泥砂质褐土性土土属

泥砂质褐土性土土属面积408.05hm²，占总面积的1.2%。成土母质为壤质洪积物，剖面通体质地均匀，为中壤土或重壤土，很少砾石，土层厚，一般物理性状较好，适耕期较长，宜于种植各种作物，但因灌溉条件差而限制了农作物产量的提高。仅分为壤质洪积褐土性土土种。

6. 砂泥质褐土性土土属

砂泥质褐土性土土属面积4 778.85hm²，占总面积的14.3%。成土母质为泥质岩残积物，砾石含量小于30%，宜种植耐旱耐瘠薄的红薯、花生、谷子等作物。依据土层厚度，划分为壤质洪积褐土性土土种、厚层砂泥质褐土性土土种、中层砂泥质褐土性土土种。

7. 黄土质淋溶褐土土属

黄土质淋溶褐土土属面积106.85hm²，占总面积的0.3%。土层较厚，质地较黏，保水保肥能力较强，属富含钾素土壤，宜种植烟草、红薯等作物。仅分为红黄土质淋溶褐土土种。

8. 泥砂质淋溶褐土土属

泥砂质淋溶褐土土属面积235.89hm²，占总面积的0.7%。成土母质为中低山区沟河两岸洪积物，土层较厚，剖面通体质地中壤土，土壤结构良好，保水保肥能力较强，适宜种植多种作物。仅分为壤质洪冲积淋溶褐土土种。

9. 泥砂质石灰性褐土土属

泥砂质石灰性褐土土属面积428.11hm²，占总面积的1.3%。土层较厚，剖面通体质地中壤土或重壤土。仅分为壤质洪积石灰性褐土土种。

（二）石质土土类

1. 硅质中性石质土土属

硅质中性石质土土属面积5 501.23hm²，占总面积的16.5%。为自然土壤，土层一般小于30cm，砾石含量30%~70%，肥力较低，适宜种植耐旱耐瘠薄作物。仅分为硅质中性石质土土种。

2. 泥质中性石质土土属

泥质中性石质土土属面积4 481.62hm²，占总面积的13.5%。土层厚度一般小于30cm，砾石含量30%~70%，水土流失较严重，肥力较低，适宜种植耐旱耐瘠薄作物。仅分为泥质中性石质土土种。

（三）粗骨土土类

1. 灰泥质钙质粗骨土土属

灰泥质钙质粗骨土土属面积565.26hm²，占总面积的1.7%。土层厚度小于30cm，砾石含量小于30%。仅分为薄层钙质粗骨土土种。

2. 暗泥质中性粗骨土土属

暗泥质中性粗骨土土属面积2 552.72hm²，占总面积的7.7%。土层厚度30~60cm不等，砾石含量小于30%，土壤质地中壤土，种植制度多为一年两熟制。依据砾石出现位置，划分为薄层硅钾质中性粗骨土土种、薄层硅镁铁质中性粗骨土土种、中层硅镁铁质中性粗骨土土种。

3. 泥质中性粗骨土土属

泥质中性粗骨土土属面积2 914.52hm²，占总面积的8.7%。土层厚度小于30cm，土体50cm以内出现大于20cm厚的砾石层。仅分为薄层泥质中性粗骨土土种。

（四）潮土土类

1. 洪积潮土土属

洪积潮土土属面积2 961.89hm²，占总面积的8.9%。成土母质为洪积、冲积物，土体上部质地轻壤土、中壤土或重壤土，下部出现黑土层。土壤疏松，耕性适中，结构良好，地力肥沃，适合种植蔬菜和多种作物。依据土壤质地、砂姜层出现位置，划分为壤质洪积潮土土种、深位钙盘洪积潮土土种。

2. 石灰性潮壤土土属

石灰性潮壤土土属面积526.68hm²，占总面积的1.6%。分布在河流缓慢的河滩边，质地中壤土，保肥蓄肥性能好，适耕期长，水肥气热状况协调，适宜种植各种作物。仅分为底砂小两合土土种。

3. 石灰性潮黏土土属

石灰性潮黏土土属面积285.64hm²，占总面积的0.9%。土壤质地黏重，物理性状较差，湿耕黏韧、干耕坚硬，通透性差，但保水保肥能力较强，生产能力后劲足、发老苗，作物不宜早衰，结实率和籽粒重都高。仅分为淤土土种。

4. 湿潮壤土土属

湿潮壤土土属面积58.18hm²，占总面积的0.2%。成土母质为洪积物，土体上部质地中壤土，

50cm 以下出现铁锈斑纹。土壤疏松，耕性适中，结构良好，地力肥沃，适合种植蔬菜和多种作物。仅分为壤质洪积湿潮土土种。

（五）砂姜黑土土类

1. 灰质黑老土土属

灰质黑老土土属面积 551.41hm²，占总面积的 1.7%。剖面通体有石灰反应，表层质地中壤土，下部覆盖黑土层和砂姜层，易旱易涝。仅分为壤盖洪积石灰性砂姜黑土土种。

2. 灰质砂姜黑土土属

灰质砂姜黑土土属面积 684.27hm²，占总面积的 2.1%。剖面表层质地重壤土、下层轻黏土，表层经耕作颜色变浅，剖面 50cm 以下出现厚度大于 50cm 砂姜层，不易耕作，受旱涝威胁大，有"干时一把刀，湿时一团糟"之说，应种植小麦、高粱、豆类等作物。依据砂姜层出现位置，划分为浅位钙盘黏质洪积石灰性砂姜黑土土种、深位钙盘黏质洪积石灰性砂姜黑土土种。

（六）红黏土土类

典型红黏土土属

典型红黏土土属面积 134.90hm²，占总面积的 0.4%。通体质地轻黏土，保水保肥能力强，富含钾素，应大量使用有机改良土壤，可种植烟草、红薯等喜钾作物。仅分为红黏土土种。

（七）汝阳县土壤土种与分布

汝阳县各乡镇区土种与分布见表45-5。

表45-5 汝阳县各乡镇区土种与面积分布

乡镇区	土种名称	面积（hm²）
柏树乡	薄层钙质粗骨土	85.25
	薄层硅钾质中性粗骨土	54.24
	薄层泥质中性粗骨土	834.04
	底砂小两合土	26.93
	硅质中性石质土	54.37
	红黄土质褐土性土	395.09
	厚层砂泥质褐土性土	202.93
	泥质中性石质土	498.29
	浅位少量砂姜红黄土质褐土性土	240.28
	壤质洪积石灰性褐土	26.9
	淤土	102.28
	中层钙质褐土性土	232.48
	中层砂泥质褐土性土	62.39
蔡店乡	薄层硅镁铁质中性粗骨土	773.46
	薄层泥质中性粗骨土	670.16
	硅质中性石质土	21.81
	红黄土质褐土性土	204.67
	红黏土	24.19
	厚层砂泥质褐土性土	1487.58
	泥质中性石质土	78.81
	浅位少量砂姜红黄土质褐土性土	180.51
	壤质洪积潮土	97.87
	壤质洪积褐土性土	268.94
	壤质洪积石灰性褐土	236.53
	深位钙盘黏质洪积石灰性砂姜黑土	5.6
	黏质洪积褐土	18.01
	中层硅镁铁质中性粗骨土	478.98
	中层砂泥质褐土性土	105.79

（续表）

乡镇区	土种名称	面积（hm²）
城关镇	薄层钙质粗骨土	0.44
	薄层硅钾质中性粗骨土	4.73
	薄层泥质中性粗骨土	6.84
	底砂小两合土	53.44
	硅质中性石质土	13.37
	厚层砂泥质褐土性土	40.13
	泥质中性石质土	1 142.45
	浅位少量砂姜红黄土质褐土性土	959.77
	壤质洪积潮土	130.03
	中层钙质褐土性土	0.04
大安工业园	薄层硅镁铁质中性粗骨土	235.03
	红黏土	63.03
	厚层砂泥质褐土性土	266.19
	泥质中性石质土	12.27
	浅位钙盘黏质洪积石灰性砂姜黑土	36.13
	浅位少量砂姜红黄土质褐土性土	384.38
	壤质潮褐土	9.08
	壤质洪积潮土	72.23
	壤质洪积石灰性褐土	107.11
	深位钙盘洪积潮土	53.24
	深位钙盘黏质洪积石灰性砂姜黑土	182.27
	中层砂泥质褐土性土	491.53
付店镇	底砂小两合土	75.76
	硅质中性石质土	617.14
	壤质洪冲积淋溶褐土	1.65
靳村乡	硅质中性石质土	699.99
	红黄土质褐土性土	18.27
	红黄土质淋溶褐土	82.07
	壤质洪冲积淋溶褐土	234.24
刘店乡	薄层钙质粗骨土	469.42
	薄层泥质中性粗骨土	838.91
	硅质中性石质土	96.57
	厚层砂泥质褐土性土	3.59
	泥质中性石质土	1 227.64
	浅位少量砂姜红黄土质褐土性土	649.41
	中层砂泥质褐土性土	67.57

（续表）

乡镇区	土种名称	面积（hm²）
内埠乡	薄层硅镁铁质中性粗骨土	411.92
	薄层泥质中性粗骨土	1.14
	硅质中性石质土	50.81
	红黏土	47.68
	厚层砂泥质褐土性土	0.04
	浅位钙盘黏质洪积石灰性砂姜黑土	63
	浅位少量砂姜红黄土质褐土性土	58.39
	壤盖洪积石灰性砂姜黑土	200.61
	壤质洪积潮土	145.5
	壤质洪积褐土性土	14.53
	壤质洪积石灰性褐土	57.57
	深位钙盘黏质洪积石灰性砂姜黑土	397.27
	黏质洪积褐土	97.5
	中层硅镁铁质中性粗骨土	278.53
	中层砂泥质褐土性土	620.36
三屯乡	薄层钙质粗骨土	2.45
	薄层泥质中性粗骨土	58.75
	硅质中性石质土	1 202.14
	泥质中性石质土	373.62
	浅位少量砂姜红黄土质褐土性土	623.33
	壤质洪积潮土	578.74
	中层砂泥质褐土性土	25
上店镇	薄层泥质中性粗骨土	259.31
	底砂小两合土	16.94
	硅质中性石质土	296.91
	红黄土质褐土性土	344.31
	泥质中性石质土	485.2
	浅位少量砂姜红黄土质褐土性土	165.74
	壤质潮褐土	288.45
	壤质洪积潮土	225.71
	中层硅镁铁质中性粗骨土	13.36
十八盘乡	薄层泥质中性粗骨土	30.7
	底砂小两合土	72.79
	硅质中性石质土	1 502.33
	红黄土质褐土性土	100.76
	红黄土质淋溶褐土	6.55
	厚层砂泥质褐土性土	63.76
	泥质中性石质土	0.25
	浅位少量砂姜红黄土质褐土性土	52.89
	壤质洪积潮土	28.05

（续表）

（续表）

乡镇区	土种名称	面积（hm²）
陶营乡	薄层硅镁铁质中性粗骨土	43.6
	薄层泥质中性粗骨土	208.73
	厚层砂泥质褐土性土	1 071.22
	泥质中性石质土	25.98
	浅位钙盘砂姜红黄土质褐土性土	3.95
	浅位少量砂姜红黄土质褐土性土	91.42
	壤盖洪积石灰性砂姜黑土	350.8
	壤质潮褐土	9.4
	壤质洪积潮土	1 256.51
	壤质洪积褐土性土	124.58
	中层硅镁铁质中性粗骨土	18.99
	中层砂泥质褐土性土	31.99
王坪乡	硅质中性石质土	945.79
	红黄土质褐土性土	21.55
	红黄土质淋溶褐土	18.23
	中层砂泥质褐土性土	58.03
小店镇	薄层钙质粗骨土	7.7
	薄层硅钾质中性粗骨土	239.88
	薄层泥质中性粗骨土	5.94
	底砂小两合土	280.82
	厚层砂泥质褐土性土	180.75
	泥质中性石质土	637.11
	浅位钙盘砂姜红黄土质褐土性土	229.11
	浅位少量砂姜红黄土质褐土性土	438.44
	壤质潮褐土	252.41
	壤质洪积潮土	374.01
	壤质洪积湿潮土	58.18
	深位钙盘红黄土质褐土性土	69.26
	淤土	183.36
	总计	33 314.97

三、耕地立地条件

（一）地貌类型

根据汝阳县地形地貌特征，分6类地貌类型。

1. 河谷阶地

河谷阶地面积3 585.19hm²，占总耕地面积的10.8%（表45-6）。除王坪乡、付店镇、靳村乡、蔡店乡等山区之外，其他乡镇区均有分布。土壤类型有潮土、粗骨土、褐土、砂姜黑土、石质土。土壤质地有砂壤土、中壤土、重壤土。障碍层类型有无、黏盘层、砂砾层。该类耕地，水肥条件较好，土地肥沃，是粮食高产区。

2. 河网平原低洼地

河网平原低洼地面积334.48hm²，占总耕地面积的1.0%。分布在内埠乡、陶营乡的滩区，牛家河两侧，地势低洼，易涝。土壤类型有潮土、砂姜黑土。土壤质地有中壤土、重壤土。障碍层类型有无、黏盘层。该类耕地，是粮食高产区，同时种植蔬菜。

表45-6　汝阳县地貌类型与面积分布　　　　　　单位：hm²

乡名称	河谷阶地	河网平原低洼地	丘陵低谷地	丘陵坡地中、上部	山谷谷底	中低山上、中部坡腰	总计
柏树乡	91.23		75.47	2 619.23		29.54	2 815.47
蔡店乡			544.41	3 763.77		344.73	4 652.91
城关镇	332.15		129.16	1 224.22		665.71	2 351.24
大安工业园			743.59	1 168.90			1 912.49
付店镇					32.25	662.30	694.55
靳村乡					89.08	945.49	1 034.57
刘店乡	0.08		524.67	2 538.14		290.22	3 353.11
内埠乡	33.96	274.84	466.76	1 669.29			2 444.85
三屯乡	368.52		246.36	815.94	39.34	1 393.87	2 864.03
上店镇	320.91			1 529.86		245.16	2 095.93
十八盘乡	163.72			96.27	24.01	1 574.08	1 858.08
陶营乡	1 281.39	59.64		1 349.18		546.96	3 237.17
王坪乡					68.50	975.10	1 043.60
小店镇	993.23		213.37	1 573.55		176.82	2 956.97
总计	3 585.19	334.48	2 943.79	18 348.35	253.18	7 849.98	33 314.97

3. 丘陵低谷地

丘陵低谷地面积8 621.79hm²，占总耕地面积的25.9%。除王坪乡、付店镇、靳村乡、十八盘乡、上店镇、陶营乡外，其他乡镇区均有分布。土壤类型有潮土、粗骨土、褐土、红黏土、砂姜黑土、石质土。土壤质地有轻黏土、重壤土、中壤土。障碍层类型有无、砂姜层、砂砾层。该类耕地，种植蔬菜或小麦—玉米一年两熟、也有种植一季的春播或夏播作物的生产方式。

4. 山谷谷底

山谷谷底面积253.18hm²，占总耕地面积的0.8%。主要分布在王坪乡、付店镇、靳村乡、十八盘乡，以及靠山的三屯乡部分村。土壤类型有潮土、褐土、石质土。土壤质地有砂壤土、中壤土、重壤土。障碍层类型有无或砂砾层。该类耕地，多是小麦—玉米一年两熟、也有种植一季春播或夏播作物的生产方式。

5. 丘陵坡地中、上部

丘陵坡地中、上部面积18 348.35hm²，占总耕地面积的55.1%。除王坪乡、付店镇、靳村乡外，其他乡镇区均有分布。土壤类型有潮土、褐土、石质土。土壤质地有轻黏土、重壤土、中壤土、砂壤土。障碍层类型有无、黏盘层、砂姜层、砂砾层。该类耕地，多种植蔬菜或小麦—玉米一年两熟、也有种植一季的春播或夏播作物的生产方式。

6. 中低山上、中部坡腰

中低山上、中部坡腰面积7 849.98hm²，占总耕地面积的23.6%。除大安工业区、内埠乡外，其他邻山乡镇均有分布。土壤类型有潮土、褐土、粗骨土、石质土。土壤质地有重壤土、中壤土、砂壤土。障碍层类型有无、砂砾层。该类耕地，多是种植一季春播或夏播作物、也有小麦—玉米一年两熟的生产方式。

（二）质地

土壤质地是指土壤的砂黏程度，是影响土壤肥力水平高低的因素之一。耕层土壤质地主要分为砂壤土、中壤土、重壤土和轻黏土。

1. 砂壤土

砂壤土面积 526.68hm²，占总耕地面积的 1.6%（表 45-7）。分布在小店镇、城关镇、十八盘乡、付店镇、柏树乡和上店镇。该质地土壤耕作性好，供肥能力强，但养分含量低，保水保肥性差，易受旱灾影响。仅有底砂小两合土土种。

2. 中壤土

中壤土面积 23 311.77hm²，占总耕地面积的 70.0%。各乡镇区都有分布，面积最大，是粮食生产的主要质地。土种有薄层钙质粗骨土土种、薄层硅钾质中性粗骨土土种、薄层硅镁铁质中性粗骨土土种、薄层泥质中性粗骨土土种、硅质中性石质土土种、厚层砂泥质褐土性土土种、泥质中性石质土土种、壤质潮褐土土种、壤质洪冲积淋溶褐土土种、壤质洪积潮土土种、壤质洪积湿潮土土种、淤土土种、中层钙质褐土性土土种、中层硅镁铁质中性粗骨土土种、中层砂泥质褐土性土土种。

3. 重壤土

重壤土面积 9 341.62hm²，占总耕地面积的 28.0%。除付店镇外，其他各乡镇区都有分布，面积位居第二。该类型质地，保水保肥能力强，是种植粮食作物的优良质地。土种有薄层泥质中性粗骨土土种、红黄土质褐土性土土种、红黄土质淋溶褐土土种、厚层砂泥质褐土性土土种、浅位钙盘砂姜红黄土质褐土性土土种、浅位钙盘黏质洪积石灰性砂姜黑土土种、浅位少量砂姜红黄土质褐土性土土种、壤盖洪积石灰性砂姜黑土土种、壤质洪积褐土性土土种、壤质洪积石灰性褐土土种、深位钙盘红黄土质褐土性土土种、深位钙盘洪积潮土土种、深位钙盘黏质洪积石灰性砂姜黑土土种、黏质洪积褐土土种、中层砂泥质褐土性土土种。

表 45-7　汝阳县土壤质地与面积分布　　　　　　　　　　　　　单位：hm²

质地	砂壤土	中壤土	重壤土	轻黏土	总计
柏树乡	26.93	2 126.27	662.27		2 815.47
蔡店乡		3 210.20	1 418.52	24.19	4 652.91
城关镇	53.44	1 338.03	959.77		2 351.24
大安工业园		366.14	1 483.32	63.03	1 912.49
付店镇	75.76	618.79			694.55
靳村乡		934.23	100.34		1 034.57
刘店乡		2 703.70	649.41		3 353.11
内埠乡		970.10	1 427.07	47.68	2 444.85
三屯乡		2 240.70	623.33		2 864.03
上店镇	16.94	1 568.94	510.05		2 095.93
十八盘乡	72.79	1 625.09	160.20		1 858.08
陶营乡		2 666.42	570.75		3 237.17
王坪乡		1 003.82	39.78		1 043.60
小店镇	280.82	1 939.34	736.81		2 956.97
总计	526.68	23 311.77	9 341.62	134.90	33 314.97

4. 轻黏土

轻黏土面积 134.90hm²，占总耕地面积的 0.4%。分布在大安工业区、内埠乡、蔡店乡。该类型质地黏重，钾素含量丰富，但适耕期短、耕作性差、根系下扎困难。仅有红黏土土种。

（三）障碍层次类型

汝阳县耕地土壤障碍层次类型有无、黏盘层、砂姜层、砂砾层。

1. 无障碍层次

无障碍层次耕地土壤面积13 093.03hm²，占总耕地面积的39.3%（表45-8）。各乡镇区均有分布。属于优质耕地。土种有红黄土质淋溶褐土土种、红黏土土种、厚层砂泥质褐土性土土种、浅位钙盘砂姜红黄土质褐土性土土种、浅位钙盘黏质洪积石灰性砂姜黑土土种、浅位少量砂姜红黄土质褐土性土土种、壤盖洪积石灰性砂姜黑土土种、壤质潮褐土土种、壤质洪冲积淋溶褐土土种、壤质洪积潮土土种、壤质洪积褐土性土土种、壤质洪积湿潮土土种、壤质洪积石灰性褐土土种、深位钙盘红黄土质褐土性土土种、深位钙盘黏质洪积石灰性砂姜黑土土种、淤土土种。土壤组成质地有轻黏土、重壤土、中壤土、砂壤土。由所处位置决定，种植蔬菜、小麦—玉米一年两熟或是种植一季春播或夏播作物的生产方式。

表45-8　汝阳县耕地土壤障碍层次类型与面积分布　　　　　　　单位：hm²

障碍层类型	无	黏盘层	砂姜层	砂砾层	总计
柏树乡	994.41			1 821.06	2 815.47
蔡店乡	1 129.09		504.26	3 019.56	4 652.91
城关镇	1 183.37			1 167.87	2 351.24
大安工业园	1 082.89		544.77	284.83	1 912.49
付店镇	77.41			617.14	694.55
靳村乡	334.58			699.99	1 034.57
刘店乡	649.41			2 703.70	3 353.11
内埠乡	1 082.05		538.20	824.60	2 444.85
三屯乡	1 202.07			1 661.96	2 864.03
上店镇	1 041.15			1 054.78	2 095.93
十八盘乡	324.80			1 533.28	1 858.08
陶营乡	2 066.43	29.69		1 141.05	3 237.17
王坪乡	39.78			1 003.82	1 043.60
小店镇	1 885.59			1 071.38	2 956.97
总　计	13 093.03	29.69	1 587.23	18 605.02	33 314.97

2. 黏盘层

黏盘层障碍层次类型耕地土壤面积29.69hm²，占总耕地面积的0.1%。仅分布在陶营乡。土种仅有壤盖洪积石灰性砂姜黑土。土壤组成质地有重壤土。农业种植制度多是小麦—玉米一年两熟的生产方式。

3. 砂姜层

砂姜层障碍层次类型耕地土壤面积1 587.23hm²，占总耕地面积的4.8%。分布在蔡店乡、陶营乡、大安工业区。土种有薄层泥质中性粗骨土土种、深位钙盘洪积潮土土种、中层砂泥质褐土性土土种。土壤组成质地有重壤土。生产方式多是小麦—玉米一年两熟种植制度。

4. 砂砾层

砂砾层障碍层次类型耕地土壤面积18 605.02hm²，占总耕地面积的55.8%，面积最大。各乡镇区均有分布。土种有薄层钙质粗骨土土种、薄层硅钾质中性粗骨土土种、薄层硅镁铁质中性粗骨土土种、薄层泥质中性粗骨土土种、硅质中性石质土土种、厚层砂泥质褐土性土土种、泥质中性石质土土种、中层钙质褐土性土土种、中层硅镁铁质中性粗骨土土种、中层砂泥质褐土性土土种。由所处位置决定，种植蔬菜、小麦—玉米一年两熟或是种植一季春播或夏播作物的生产方式。

（四）高程

由于汝阳县地貌复杂，把耕地划分为高程小于290m、290～375m、375～500m、500～800m、大于800m 5 种类型。

1. 小于290m

高程小于290m 耕地面积 5 284.46hm²，占总耕地面积的 15.9%（表45-9）。主要分布在蔡店乡、内埠乡、陶营乡、小店镇。由于汝阳地形复杂，土种有薄层硅钾质中性粗骨土土种、薄层硅镁铁质中性粗骨土土种、薄层泥质中性粗骨土土种、底砂小两合土土种、硅质中性石质土土种、红黄土质褐土性土土种、红黏土土种、厚层砂泥质褐土性土土种、泥质中性石质土土种、浅位钙盘砂姜红黄土质褐土性土土种、浅位钙盘黏质洪积石灰性砂姜黑土土种、浅位少量砂姜红黄土质褐土性土土种、壤盖洪积石灰性砂姜黑土土种、壤质潮褐土土种、壤质洪积潮土土种、壤质洪积褐土性土土种、壤质洪积湿潮土土种、壤质洪积石灰性褐土土种、深位钙盘红黄土质褐土性土土种、深位钙盘黏质洪积石灰性砂姜黑土土种、淤土土种、中层硅镁铁质中性粗骨土土种、中层砂泥质褐土性土土种。土壤组成质地有轻黏土、砂壤土、中壤土、重壤土。耕地障碍层次类型有无、黏盘层、砂姜层、砂砾层。不同土种性质决定农业生产方式有种植蔬菜、小麦—玉米和种植一季春播或夏播作物等制度的。

表45-9　汝阳县不同高程耕地与面积分布　　　　　　　　　　单位：hm²

乡别和高程	<290	290～375	375～500	500～800	>800	总计
柏树乡		1 349.19	1 320.71	145.57		2 815.47
蔡店乡	1 563.45	2 912.42	139.93	37.11		4 652.91
城关镇	40.97	1 450.19	542.70	317.38		2 351.24
大安工业园		940.29	972.20			1 912.49
付店镇					694.55	694.55
靳村乡					1 034.57	1 034.57
刘店乡		2 819.98	408.14	124.99		3 353.11
内埠乡	1 072.97	1 371.88				2 444.85
三屯乡		1 533.26	168.07	653.51	509.19	2 864.03
上店镇		1 654.42	282.08	159.43		2 095.93
十八盘乡		413.85	494.70	861.18	88.35	1 858.08
陶营乡	1 569.57	1 519.24	148.36			3 237.17
王坪乡			146.90		896.70	1 043.60
小店镇	1 037.50	1 595.33	324.14			2 956.97
总计	5 284.46	17 560.05	4 947.93	2 299.17	3 223.36	33 314.97

2. 290～375m

高程在290～375m 耕地面积 17 560.05hm²，占总耕地面积的 52.7%。除靳村乡、付店镇、王坪乡外，其他乡镇区均有分布。由于汝阳地形复杂，土种有薄层钙质粗骨土土种、薄层硅钾质中性粗骨土土种、薄层硅镁铁质中性粗骨土土种、薄层泥质中性粗骨土土种、底砂小两合土土种、硅质中性石质土土种、红黄土质褐土性土土种、红黏土土种、厚层砂泥质褐土性土土种、泥质中性石质土土种、浅位钙盘砂姜红黄土质褐土性土土种、浅位钙盘黏质洪积石灰性砂姜黑土土种、浅位少量砂姜红黄土质褐土性土土种、壤盖洪积石灰性砂姜黑土土种、壤质潮褐土土种、壤质洪积潮土土种、壤质洪积褐土性土土种、壤质洪积石灰性褐土土种、深位钙盘洪积潮土土种、深位钙盘黏质洪积石灰性砂姜黑土土种、淤土土种、黏质洪积褐土土种、中层钙质褐土性土土种、中层硅镁铁质中性粗骨土土种、中层砂泥质褐土性土土种。土壤组成质地有轻黏土、砂壤土、中壤土、重壤土。耕地障碍层次类型有无、黏盘层、砂姜层、砂砾层。不同土种性质决定农业生产方式有种植蔬菜、小麦—玉米和种植一季春播或夏播作物等制度的。

3. 375~500m

高程在375~500m耕地面积4 947.93hm²，占总耕地面积的14.9%。除靳村乡、付店镇、内埠乡外，其他乡镇区均有分布。土种有薄层钙质粗骨土土种、薄层硅钾质中性粗骨土土种、薄层硅镁铁质中性粗骨土土种、薄层泥质中性粗骨土土种、底砂小两合土土种、硅质中性石质土土种、红黄土质褐土性土土种、红黏土土种、厚层砂泥质褐土性土土种、泥质中性石质土土种、浅位钙盘砂姜红黄土质褐土性土土种、浅位少量砂姜红黄土质褐土性土土种、壤质潮褐土土种、壤质洪积潮土土种、壤质洪积石灰性褐土土种、深位钙盘洪积潮土土种、中层钙质褐土性土土种、中层砂泥质褐土性土土种。土壤组成质地有轻黏土、砂壤土、中壤土、重壤土。耕地障碍层次类型有无、砂姜层、砂砾层。不同土种性质决定农业生产方式有种植小麦—玉米和种植一季春播或夏播作物等制度的。

4. 500~800m

高程在500~800m耕地面积2 299.17hm²，占总耕地面积的6.9%。分布在柏树乡、蔡店乡、城关镇、刘店乡、三屯乡、上店镇、十八盘乡。土种有薄层钙质粗骨土土种、薄层泥质中性粗骨土土种、硅质中性石质土土种、红黄土质褐土性土土种、厚层砂泥质褐土性土土种、泥质中性石质土土种、浅位少量砂姜红黄土质褐土性土土种、壤质洪积潮土土种、中层钙质褐土性土土种、中层砂泥质褐土性土土种。土壤组成质地有中壤土、重壤土。耕地障碍层次类型有无、砂砾层。不同土种性质决定农业生产方式有种植小麦—玉米和种植一季春播或夏播作物等制度的。

5. 大于800m

高程大于800m耕地面积3 223.36hm²，占总耕地面积的9.7%。分布在付店镇、靳村乡、三屯乡、十八盘乡、王坪乡。土种有底砂小两合土土种、硅质中性石质土土种、红黄土质褐土性土土种、红黄土质淋溶褐土土种、泥质中性石质土土种、壤质洪冲积淋溶褐土土种、中层砂泥质褐土性土土种。土壤组成质地有砂壤土、中壤土、重壤土。耕地障碍层次类型有无、砂砾层。农业生产方式一般是种植一季春播或夏播作物。

（五）灌溉保证率

汝阳县耕地灌溉保证率，划分为大于75%、50%~75%、30%~50%、小于30%四级。

表45-10　汝阳县灌溉保证率与面积分布　　　　　单位：hm²

乡别与灌溉保证率	小于30%	30%~50%	50%~75%	大于75%	总计
柏树乡	1 553.02	1 012.73	249.72		2 815.47
蔡店乡	1 117.53	1 744.11	906.15	885.12	4 652.91
城关镇	1 626.07	21.53	457.22	246.42	2 351.24
大安工业园		1 396.45	423.29	92.75	1 912.49
付店镇	694.55				694.55
靳村乡	1 034.57				1 034.57
刘店乡	2 775.04	524.16	53.91		3 353.11
内埠乡		549.68	470.64	1 424.53	2 444.85
三屯乡	1 085.41	313.12	742.55	722.95	2 864.03
上店镇	258.50	823.56	401.32	612.55	2 095.93
十八盘乡	1 301.83	556.25			1 858.08

（续表）

乡别与灌溉保证率	小于30%	30%~50%	50%~75%	大于75%	总计
陶营乡	509.33	2 464.85		262.99	3 237.17
王坪乡	1 043.60				1 043.60
小店镇	396.15	1 457.33		1 103.49	2 956.97
总计	13 395.60	10 863.77	3 704.80	5 350.80	33 314.97

汝阳县灌溉保证率小于30%的面积13 395.60hm²，占总耕地面积40.2%；30%~50%的面积10 863.77 hm²、占 32.6%；50% ~ 75% 的面积 3 704.80 hm²、占 11.1%；大于 75% 的面积 5 350.80hm²、占 16.1%。结果符合"七山二岭一分川"地形和灌区、河流的分布实际。各乡镇区的分布面积见表45-10。

第四节　耕地改良利用与生产现状

一、耕地资源现状与特征

按全国耕地利用现状分类，耕地是指能种植农作物的土地，以种植农作物为主，不含园地，耕地分水田，旱地。水田指筑有田埂，可经常蓄水，用以种植水稻等水生植物的用地，包括水旱轮作田。旱地指水田以外旱作耕地，包括水浇地。

按照以上分类原则，汝阳县现有耕地33 314.97hm²，全部为旱地，其中水浇地6 120hm²，占耕地面积18.4%；旱地27 194.97hm²，占耕地面积的81.6%。

历史上，宜阳县水浇地以一年两熟为主，旱地以一年一熟为主。改革开放以来，随着水浇地面积的不断增加，农业投入的不断增多，农作物播种面积不断扩大，复种指数不断提高。据2009年统计资料，农作物播种面积为53 941hm²，复种指数为171%，其中粮食作物41 408hm²，占总播种面积76.8%。粮食作物中小麦19 381hm²，水稻137hm²，玉米14 871hm²，大豆2 338hm²，红薯4 148hm²，谷子526hm²，高粱7hm²；经济作物11 568 hm²，占复种面积21.4%，其中棉花298hm²，油料3 989hm²，烟草2 859hm²，药材4 422hm²。粮：经：其他作物为1：0.28：0.02。

种植制度多为一年两熟，少为一年一熟和一年三熟，由于作物种植种类多，作物种植模式也多，主要有：小麦—玉米、小麦—红薯、小麦—棉花、小麦—花生、小麦—大豆、小麦—谷子一年两熟，油菜—粮食类、油料类一年两熟；麦菜瓜（棉）一年三熟，少部分旱地有红薯、花生、小麦一年一熟。

从耕地开发潜力看，第二次土壤普查全县耕地34 463.33hm²，现有耕地33 314.97hm²，净减少1 148.36hm²。第二次土壤普查以来，汝阳县交通用地、城镇、城市扩建用地，企业用地增长很快，还有一部分退耕还林。汝阳县地域有限，所有能开发利用的土地基本上都已利用，以后耕地新开发的潜力很小。

二、耕地土壤改良实践与效果

1985年以来，汝阳县利用第二次土壤普查成果，依托国家农业综合开发项目，实施中低产田改造、微集水（节水）灌溉、农业高产开发，通过推广新品种、改革耕作制度、大力调整农业结构、模式化栽培，进行土壤改良，不断加快农业产业化进程，耕地生产能力稳步提高。

（一）农业综合开发

据《汝阳县志》（1989—2000）资料，汝阳县被列入1995年国家对伊洛河实施的以"改造中低产田，改善农业基本生产条件"为重点的农业综合开发。汝阳县采取"国家引导，配套投入，民办公助，滚动发展"的投资机制，至2009年在内埠乡、蔡店乡、大安工业区、陶营乡、小店镇累计投入 4 457 万元，改造中低产田 14 万亩，实施万亩小麦高产示范方 4 个，建立 500 亩高效农业示范园 1 个，修建电灌站 36 座，开挖、硬化渠道 39.5 万 m，栽植田间防护林 42 万株，修筑田间道路 400km。改造后的中低产田，每年增产粮食 16 580t、棉花 220t、油料 550t、肉类 1 650t。

其中，1995—1996 年在蔡店乡、陶营乡涉及 19 个行政村，投资 1 232.5 万元，改造中低田 4 万亩，新增有效灌溉面积 2.3 万亩，改善灌溉面积 1.7 万亩，开挖、硬化渠道 8.77 万 m，栽植田间防护林 14.8 万株，修筑田间道路 96km，建提灌站 4 座，修建桥、涵、闸等田间建筑 332 座，实施科技项目 5 项。项目区年增产粮食 5 850t。

1997 年在内埠乡、小店镇，投资 511.6 万元，改造中低田 2.16 万亩，开挖、硬化渠道 7.7 万 m，栽植田间防护林 6.8 万株，修筑田间道路 67km，建提灌站 10 座，修建桥、涵、闸等田间建筑 580 座，实施万亩小麦高产示范方 2 项，引进新品种 2 个。项目区农民人均纯收入增加 478 元。

1998 年农业综合开发转入利用世界银行贷款加强灌溉农业二期项目开发。在内埠乡、大安工业区，投资 525.7 万元，改造中低田 2.05 万亩，建设灌溉渠系 5.9 万 m，栽植田间防护林 6 万株，修筑田间道路 76km，建提灌站 8 座，建立 1 个 500 亩的现代化高效农业示范园，园内建温室大棚 586 个，引进中华寿桃、油桃、美国七彩山鸡、鸳鸯鸭等种养新品种，新办 3 个肉牛育肥场，建立 2 个小麦万亩高产示范方、2 个千亩玉米制种基地。使昔日的秃岭荒坡变成了"田成方，林成网，渠相同，路相连，旱能浇，涝能排"的高产、丰产田。

1999 年在陶营乡、蔡店乡、大安工业区，投资 1 159 万元，改造中低田 3 万亩，建设灌溉渠系 8.5 万 m，栽植田间防护林 8 万株，修筑田间道路 90km，建提灌站 7 座，修建桥、涵、闸等田间建筑 1 450 处，示范小麦优良品种 750hm²，并投资配备了东方红 82-802、上海 50、淮拖 250、中原 2 号联合收割机等一批先进实用的农业机械。项目区人均旱涝保收田 1.1 亩，粮食生产能力年增加 4 500t，农民收入人均增加 280 元。

2000 年在内埠乡、蔡店乡、大安工业区，投资 867.8 万元，完成改造中低田 3 万亩、及配套设施建设。

（二）旱作农业示范区建设

根据河南省计委计投（1999）1037 号、河南省农业厅豫农文字（1999）84 号文件，由汝阳县承担了国家旱作农业汝阳示范区建设项目，2000 年 3 月开始实施，至 2001 年 9 月全面完成。

项目总投资 455 万元，在核心示范区，平整土地 3 100 亩，达到了田面平整，宽度 3m 以上，活土层 30cm 以上，可保证一次 50mm 以内的降水不出田标准。在示范区内的大安乡上岗底村建设抗旱良种繁育基地 600 亩、年产种子 20 万 kg，建设占地 10 亩大型种子加工厂一座、配备大型种子精选包衣设备 1 套、形成年加工能力 400 万 kg 的生产规模。新建 BB 肥配肥站一座，形成年生产复混肥 1.5 万 t 的加工能力，保证 30 万亩次旱作农田配方施肥。在大安工业区、内埠乡的 6 个村建设水塘、集雨池等集水工程 230 处，蓄水能力 31 000m³，配套节水喷灌设备 28 台套，发展节水喷灌面积 1 200 亩。同时，配置新疆 2 号、上海 50 大中型收割机，及其与之匹配的旋耕耙、地膜覆盖播种机、沟播机、秸秆还田机等机械设备 51 台（部）。

通过旱作农业示范项目的实施，示范区 1.2 万亩农田基本上实现了良种化；结合机械化深耕，推广秸秆还田 6 500 亩，其中秸草覆盖 4 300 亩，实行机械深耕 4 500 亩，推广地膜覆盖 2 100 亩；结合集雨设施建设，发展节水灌溉面积 1 200 亩，建设高效温棚 40 座，设施面积 42 亩，累计增产粮食 1 800t，增加经济收入 189 万元。

（三）成效

通过农业设施建设，汝阳县农业生产水平有了明显的提高，肥料使用量、有效灌溉面积、农业机械总动力等都有大幅度的增加，农业生产条件有了极大改善，为农业增产、农民增收打下了坚实的基础，粮食产量大幅度增加（表 45-11）。

表 45-11 汝阳县农业指标对比

项目		粮食总产量（t）	单产（kg/亩）	农用化肥（t）		有效灌溉面积（hm²）	农业机械总动力（马力）
				实物量	折纯量		
汝阳县	1984 年	39 800	186.0		887	8 394.9	69 708
	1990 年	115 272	214.0	43 449		12 287.5	71 523
	1995 年	57 758	107.3	49 125	13 077	13 421.8	99 393
	2005 年	150 950	258.2	56 275		13 514.2	311 188
	2009 年	173 873	279.9		20 384	13 751.0	364 562
城关镇	1984 年	2 920	190.5		54.8	563.9	6 761
	1990 年	10 369	257.0	3 136		665.9	9 656
	1995 年	6 232	141.7	4 921	1 279	537.8	9 793
	2005 年	10 839	273.2	5 449		628.0	19 353
	2009 年	11 538	279.1	5 339		1 035.0	23 924
柏树乡	1984 年	1 920	134.5		49.2	248.3	2 989
	1990 年	8 224	203.0	3 946		251.8	3 508
	1995 年	4 074	96.3	2 347	617	278.8	5 392
	2005 年	11 549	264.9	3 692		415.1	9 419
	2009 年	13 269	291.1	4 141		415.0	16 497
上店镇	1984 年	3 545	245.5		77	612.1	6 909
	1990 年	9 900	256.0	4 021		664.2	7 535
	1995 年	4 481	132.5	4 042	1 087	1 101.3	8 635
	2005 年	9 949	303.4	4 440		532.9	15 257
	2009 年	12 109	286.9	5 094		500.0	15 142
十八盘乡	1984 年	1 585	198.5		41.1	282.5	3 518
	1990 年	5 075	242.0	1 997		379.1	2 915
	1995 年	2 449	119.0	2 083	642	473.0	3 528
	2005 年	6 068	202.8	3 084		513.3	9 169
	2009 年	7 064	230.7	3 082		489.0	14 288
靳村乡	1984 年	930	179.0		16.1	96.4	1 498
	1990 年	3 059	213.0	1122		182.0	2 465
	1995 年	1 481	108.4	1 566	398	209.3	1 723
	2005 年	3 034	195.8	1 981		291.7	4 422
	2009 年	4 802	270.4	2 170		282.0	4 994
付店镇	1984 年	870	157.0		16.8	170.3	2 170
	1990 年	2 915	185.0	1 157		224.1	3 345
	1995 年	1 284	87.8	1 368	369	276.1	5 430
	2005 年	3 933	197.7	1 968		226.9	10 032
	2009 年	4 985	259.0	1224		203.0	13 440
王坪乡	1984 年	905	154.5		15.1	88.9	1 434
	1990 年	2 350	149.0	804		70.6	1 006
	1995 年	1 048	71.1	612	154	79.6	1 341
	2005 年	3 815	191.7	866		114.9	4 148
	2009 年	5 688	256.0	1 215		119.0	5 835

（续表）

项目		粮食总产量（t）	单产（kg/亩）	农用化肥（t）		有效灌溉面积（hm²）	农业机械总动力（马力）
				实物量	折纯量		
三屯乡	1984 年	3 515	199.5		67.1	807.5	5 299
	1990 年	10 686	261.0	3 449		971.8	6 681
	1995 年	5 918	146.1	5 733	1 494	726.9	8 335
	2005 年	13 986	312.5	4 707		683.6	14 953
	2009 年	12 749	294.9	3 500		642.0	22 803
刘店乡	1984 年	2 905	176.0		58	555.5	3 851
	1990 年	10 069	222.0	3 221		1 103.1	3 974
	1995 年	4 427	91.7	6 000	1534	727.4	6 250
	2005 年	12 144	257.4	4 883		755.4	15 186
	2009 年	12 025	296.5	4 250		655.0	18 661
小店镇	1984 年	6 205	296.5		91.5	1 334.9	7 511
	1990 年	14 246	270.0	4 138		1 750.4	8 449
	1995 年	5 594	111.9	4 588	1344	1 674.7	12 698
	2005 年	15 381	285.7	5 052		1 640.7	29 648
	2009 年	18 738	290.6	5 882		1 667.0	33 046
陶营乡	1984 年	4 620	170.5		123.4	1 107.0	6 282
	1990 年	9 922	172.0	4 011		1 493.1	5 676
	1995 年	5 779	97.8	3 799	1 002	1679.1	7 608
	2005 年	15 105	265.7	5 324		2082.3	43 929
	2009 年	17 652	295.8	5 890		2211.0	49 501
内埠乡	1984 年	4 690	145.5		151.8	1 055.3	13 930
	1990 年	12 651	168.0	6 237		2 071.5	10 087
	1995 年	4 907	119.9	4 389	1 196	1 609.9	13 674
	2005 年	12 212	280.6	3 915		3 341.3	73 853
	2009 年	13 049	299.4	4 642		1 432.0	77 511
蔡店乡	1984 年	5 120	165.5		123.1	1 434.9	7 198
	1990 年	15 684	198.0	6 139		2 459.9	6 226
	1995 年	6 226	77.9	5 321	1371	3 142.6	8 950
	2005 年	21 456	223.7	7 900		1 472.5	31 119
	2009 年	27 579	262.1	10 005		3 361.0	37 445
大安工业区	1995 年	3 668	105.4	2 196	550	905.9	6 036
	2005 年	11 352	277.0	2 975		815.6	30 700
	2009 年	12 415	277.8	3 082		740.0	31 475
农场	1984 年	70	175.0		2	37.5	358.00
	1990 年	122	174.0	71			
	1995 年	190	204.3	160	40		
	2005 年	127	313.6	39			
	2009 年	211	299.3	60			

第五节　耕地保养管理的简要回顾

汝阳县 1985 年完成第二次土壤普查，查清了各土壤类型，理化性状及其分布，找到了当时制约农业生产的土壤问题，制定了相对改良利用措施，并认真落实改良利用措施，对土壤进行保养管理。并根据第二次土壤普查结果，进行了农业区划。第一，本着一定区域内农业自然条件和社会经济条件的相对一致性，以地形地貌为主导因素，参考海拔高程、土壤、水资源及其生产技术条件；第二，根据农业生产的特点和发展方向的相对一致性；第三，考虑建设途径和关键措施的共同性；第四，保持行政村界的完整性。通过对农业自然资源、社会经济条件、农业生产现状等进行全面调查，基本上查清了水、土、气、热等资源现状。全县共划分了 4 个农业区，分别提出了发展方向和改良措施。

一、中北部粮棉区

本区包括汝河及其支流和内埠滩牛家河两岸的部分乡、村。由于土壤类型，改良利用途径等不同又分为两个亚区。

（一）汝河川粮菜亚区

本亚区西起上店镇西庄村、布河村，东到小店镇付庄村、黄屯村，南至三屯乡南堡，包括柏树乡、上店镇、城关镇、三屯乡、小店镇的部分村。本区地势平坦，土层深厚，灌溉条件较好，光热资源丰富。年日照 2 200~2 400 h，占可照时数的 49%~54%，平均气温 14.0~14.1℃，≥℃积温 5 050~5 150℃，无霜期 210~220 天，年降水量 600~700mm。洪涝几率 38.0%。海拔 260~414m，主要是冲洪积母质形成不同质地的土壤。地下水位多数在 3m 左右。这里多为小麦—玉米（水稻或水稻旱直播，棉花）一年两熟，也有粮食（油料）—蔬菜、瓜类一年三熟。

本区人口密集，经济条件较好。部分耕地由于氮肥用量偏大，肥料经济效益差，再加上大水、大肥，作物群体高，光能利用率差，部分作物因倒伏造成减产，同时病虫害发生也较严重。生产上要适当增磷控氮，普及配方施肥技术，积极推广间作套种技术，搞好集约经营，千方百计提高光能利用率。此外还要搞好蔬菜良种、塑料大棚等新技术的应用推广，以提高产量和质量，并改善城乡蔬菜供应；还要进一步搞好土地平整，克服大水漫灌，及时中耕松土，提高灌溉质量。汝河沿岸要继续搞好沿河堤坝的修复和建设，统一规划栽植护岸林以保护农田并应特别注意严格控制非生产性用地。

（二）内埠滩粮棉区

本亚区位于汝阳县山北，当地称谓内埠滩，地处牛家河两侧，海拔 300m 左右，包括内埠乡、陶营乡部分村。年降水量为 668mm，冬春多风，土壤风蚀严重，地下水一般 2m 上下，汛期不到 1m，局部洼地出现短时期地面渍水。滩底为浅湖相沉积母质形成的砂姜黑土，滩上缘为冲洪积母质形成的黑底潮土。种植方式多为小麦—玉米（大豆、高粱）一年两熟制。

本亚区阻碍农业发展的主要因素是涝、黏、瘠、浅。地势低洼，雨季排水不畅；土壤质地黏重，土壤黏结力、黏着力强，结构不良，耕作阻力大，耕作质量差，适耕期短，易旱、易涝，群众素有"早上软、上午硬、到了下午刨不动"的说法。由于耕层较浅，从而阻碍作物根系的生长发育。

改良利用途径，应以治水为本，改土培肥相结合，实行农林畜综合利用。首先，根据砂姜黑土易旱易涝的特点，以水治水，变害为利，以排为主，排灌结合，统一规划集中治理。进一步搞好牛家河干、支排水沟的加深扩宽，疏通渠道，并加设节制闸。这样既可迅速排除地面积水，减轻土体内涝，又能相对稳定地下水位，改善根系活动层水分补给状况。为了提高灌溉质量和经济效益，还必须加强灌溉渠系建设和土地平整，改变灌、排不分，闷灌和大水漫灌的做法。在规划和治理过程中还应该搞好防风、护渠林带建设，以解决滩区冬春风蚀土壤的问题。

其次，增施有机肥。下滩的低、中产区，土壤黏重、耕性差，要多施粗肥，以增加土壤有机质，改善土壤结构。

第三，深耕改土。耕层下的菱块状土壤结构是影响土壤耕性、供肥强度、水热状况和根系伸展的主要障碍。应采用机引深耕以破除障碍层，改善土壤结构，调节水热状况，提高熟化程度。每年要适当安排些大秋作物，结合增施粗肥，并在冬前进行深翻，以便土垡冬融胀缩而粉碎、熟化，力争增产。秋耕要先灭茬保墒然后深翻。为防止灌水后土壤板结，对玉米、豆类、棉花、高粱等作物要及时中耕松土。

第四，合理轮作倒茬。在种好小麦、玉米优势作物的同时，适当安排蔬菜、瓜类和豆科作物。

二、中北部丘陵经粮区

本区包括中部的柏树乡、刘店乡、城关镇、小店镇、三屯乡、上店镇、十八盘乡和北部蔡店乡、内埠乡、陶营乡的广大丘陵区。海拔在 300~500m。本区光热资源丰富，年平均气温 13.0~13.9℃，≥0℃积温 4 900~5 049℃，无霜期 220 天左右，年降水量 700~790mm，干旱几率为 75%，冰雹发生几率大，为害也重。成土母质主要是石英砂岩、砂质页岩、玄武岩、石灰岩等风化物、洪积冲积及部分红黄土母质等，土壤类型复杂，小溪岸边和山前小平地有潮土出现。多数耕地土层薄、土壤肥力不高。该区是汝阳县花生、烟草的主要产区，粮食作物有红薯、小麦、玉米、谷子等。坡脊多为一年一熟，缓坡地多为二年三熟制，少部分坡平地多是小麦—玉米的一年两熟制。本区耕地面积较大，灌溉条件仍较差，又分为旱地和水浇地两个亚区。

这里发展农业生产的主要障碍因素是什么？重点应放在哪里？长时间认识不一。农田水利建设的主攻方向几经改变，一时认为应以改土为宜，一时又说应以治水为主。一般讲，农作物产量水平决定于气候、土壤和作物等多方面因素。目前作物栽培技术、良种推广均有提高，并非限制产量的因素。本区降水量 700mm 左右也并不算很少，只是分布不均匀。大量实践也证明，在同样降水条件下产量悬殊很大。如内埠乡柳沟等村，1970 年代只施用氮素化肥，很少施用粗肥、磷肥，氮磷营养失调，小麦亩产量百斤左右，年亩产量 150kg 上下。1981 年以来由于重视粗肥与磷肥的施用，小麦亩产达 175kg 以上，年亩产超过了 300kg。这就说明土壤肥力低下，土壤中氮磷营养元素比例失调是阻碍农业生产的主要因素，另外土壤瘠薄也影响了作物根系对土壤水分的吸收利用。因此，重视培养地力，提高作物对水、肥的利用率，是发展旱地农业生产的重要措施。从长远来看，发展畜牧业，适当种植花生等豆科作物，合理轮作倒茬，实行秸秆还田或饲草"过腹"还田，有条件的地方发展绿肥作物等措施都是积极可行的。还要注意搞好农田基本建设，改革耕作技术，增施有机肥料，以增强土壤保肥和抗御干旱的能力。

干旱是广大丘陵地区农业生产发展主要障碍因素。引起干旱的主要原因，多数年份不是降水不足，而是降水分配不匀，春季降雨少蒸发量大、水分损失多，夏季降雨多、不能很好储存、多以地表径流损失掉，致使降水不能很好利用。为解决降水与作物生育期需水的矛盾，首先，搞好以改土蓄水为主的农田基本建设，深耕、平整结合增施粗肥，为作物创造一个疏松、深厚的土壤环境，据试验培肥的红黄土类，每米土层可蓄 200~300mm。在平整修造梯田时，下边有障碍层次还应该倒石深翻。

其二，大搞水平梯田有困难，可修好地边埝，实行水平种植。汝阳县农民种红薯时随地势水平打埝，并在沟间打节（群众称谓水布袋），用以蓄水并间作豆类是条好经验。全县夏休闲地很少，冬闲大秋地占一部分，应及早冬耕、冬耙和早春顶凌耙地，以提高秋、冬降水的利用率。还要大力推广地膜复盖栽培新技术。

其三，因地制宜进行合理轮作倒茬。保持一定面积红薯、谷子、高粱等耐旱杂粮，随着生产条件的改善稳步发展小麦等优质稳产作物，以保证丘陵区农民生活与饲料用粮。另外应适当扩大花生、烟草等经济作物。要立足当前，放眼长远，用地养地相结合，做到粮作、经作全面发展。

其四，要重视水利建设。农村实行责任制后，由于水利工程管理工作跟不上，加上水利工程老化，年久失修，特别是新灌溉工程破坏尤甚，应健全水利工程管理机构，搞好工程复修、配套和土地平整工作，以充分发挥工程效益。陆浑、玉马两大灌区均在此区，延伸、配套后发展潜力很大。

三、南中部低山林牧果品区

本区南片包括王坪乡、付店镇、靳村乡、十八盘乡大部分、三屯乡和刘店乡的一部分，中片主要是大虎岭林场及两侧的柏树乡、城关镇、小店乡、陶营乡、蔡店乡的荒山林地和部分陵坡耕地。该区海拔 500~950m，系中山到丘陵的过渡带，山峰较矮，坡度稍缓，多在 25°左右。年平均气温 12.8~13.6℃，年平均降水量 700~850mm，无霜期 185 天左右。土壤母质为安山玢岩、紫红或灰白色石英砂岩、紫红和灰绿砂质页岩、泥质岩夹灰岩等风化物，土层一般不超过 30cm，并含有较多砾石。除县林场之外，多数地方植被破坏严重，分布不匀，林木覆盖度 49.9%，木材蓄积量占全县的 16.1%。多数植被为灌木与草本植物。本区耕地较中山区稍多，但林木资源少，经济条件更差。在多年治山中也积累了不少经验，如十八盘乡蒿坪村注意加强林木管理、使残幼林重新复茂，青山村坚持专业队与群众造林相结合、荒山基本实现绿化。这里林业生产上，以营造水保林为主，并大力发展薪炭林与经济林，在山坡荒地造林时要大力推广水平沟、水平阶、鱼鳞坑栽植，以利水土保持。以栎类为主的多代萌生幼林和中龄林，继续作为水保林加强管护。宜林荒山，可营造和补填刺槐、栎类、侧柏、油松等。在土层较厚的地方大力发展杜仲、油桐、柿子、核桃、红果、漆树和苹果、梨等，以提高林业产值。在解决好群众吃粮的基础上，对林间空地和 25°以上陡坡耕地，应退耕还林、还牧。在 25°以上镢耕地，沟凹营造泡桐等用材林，凸坡上发展干果和油桐等。不仅直接经济效益显著，而且生态效益非常可观，搞好此项工作每年将减少径流量 15 257m³，减少冲刷量 20 335t。

本区还是汝阳县灌木草丛、草本草丛草场的主要分布区，对现有草场也应象林地一样加强责任制，以利林牧业协调发展。并按草场等级、类型、面积，饲料产量、质量和作物秸秆确定畜种和数量，防止过度放牧，破坏草场。还要特别注意在土层稍厚的缓坡地种植苜蓿、草木樨、沙打旺等优良牧草，并提倡饲草"过腹"还田，两次利用，尽量避免割青压肥。

本区耕地少，要因地制宜推广本县登山村修造水平梯田的经验，逐步建设高水平的固定农田。此区位于汝阳县汝河上游，加速治理步伐，搞好水土保持，不仅对全县，而且对整个中下游地区逐步实现农业生态良性循环都有十分重要的作用。经努力，林草群落植被，由过去的 14.4%提高到50.60%。全流域人均口粮由治理前的 205kg 提高到 282kg，农业总产值增长 82.4%。

四、南部中山土特产区

本区位于汝阳县南部，南与鲁山县、嵩县的外方山主脉相连，北边以覆盖度较高的天然林地为界，包括王坪乡、付店镇、靳村乡、十八盘乡大部分和三屯乡小部分。该区由外方山主脉绵延至此形成，处于汝河支流马兰河、斜纹河、靳村河上游，山势陡峭、沟峡谷深，海拔多在 800~1 602m、相对高差大，坡度多在 35°左右。气候冷凉多雨，年平均气温 11.9~12.8℃，≥0℃积温4 300℃左右，无霜期 170 天上下，年日照时数 2 000~2 100h、占可照时数 44%~46%，年平均降水量 850~950mm，湿润度大，干燥指数为 0.86，且多冰雹。山体多为花岗岩、安山玢岩及零星石英斑岩。

本区植被较茂盛，分布着天然次生林、灌丛林及草本植物和地衣等低等植物，林木覆盖度74.5%，林木蓄积量 47.6 万 m³，占全县蓄积总量的 71.23%。耕地的特点，一是耕地比重小，质量差，分布零星。据对王坪乡、付店镇、靳村乡部分村调查，人均耕地 0.96 亩，其中谷平地 0.31亩，梯田 0.17 亩，镢耕地 0.48 亩。镢耕地坡度在 20°~35°，还有超过 40°的"挂牌地"，土层薄、施肥少、蓄水保墒能力差，产量低而不稳。二是沿小河流有条带状小片耕地，其中部分在凸岸的耕地田块较大，20~30 亩常见，大的可达近百亩（坡度在 3°~5°）。如火神庙村、太山庙村，附近大片河川耕地，沿河谷两岸窄长条带状分布的耕地，坡度在 5°~10°，面积不大。

本区经济文化相对落后，交通相对不便，目前不少地方粮食不能自给，群众温饱问题尚未解决。由于陡坡种地、毁林开荒，乱砍滥伐，植被破坏，水土流失，形成越垦越穷，越穷越垦的恶性循环。解决吃粮问题，要采取送技术上山，并帮助他们培养土生土长的农民技术队伍，采用优良品种、先进栽培、植保和科学施肥技术等，提高单位面积产量。立足当前，着眼长远，面向 90%以上的山林，搞好林业生产，利用当地优势发展养牛、养羊、养禽等畜牧业，以草养畜，畜粪养田。引导群众发展食用菌和编织、采矿等工副业生产。林业生产中，重视恒续林的经营，提高异龄林的管理水平，对天然更新林加强抚育保护，使之尽快形成森林。对分布不均匀、密度不够价值低的疏林、杂灌林，实行改造，采取补植造林、林冠下造林等措施，加快改造速度。对现有的水源涵养林，严禁砍伐，提倡在不影响森林效应的前提下，间伐和抚育间伐。普及推广林木保护技术，以及发展林果业生产，从保护植被、保护森林入手，保护土壤资源。

第四十六章　耕地土壤养分

依据土样化验分析技术规程，2007—2009 年汝阳县对 6748 个土样化验了有机质、全氮、有效磷、缓效钾、速效钾和 pH 值 6 个项目，700 个土样化验了铁、锌、铜、锰 4 个项目，517 个土样化验了硼、钼、硫 3 个项目，计 42 819 项次。

为保证耕地地力评价质量，对土样化验数据进行了技术分析，选定 6 447 个土样的有机质、全氮、有效磷、缓效钾、速效钾和 pH 值 6 个项目，700 个土样的铁、锌、铜、锰 4 个项目，517 个土样的硼、钼、硫 3 个项目，进行汝阳县耕地地力评价。

从选定的土样化验分析结果来看，全县耕地土壤养分含量现状是，平均有机质 18.4g/kg、全氮 1.24g/kg、有效磷 15.1mg/kg、速效钾 130mg/kg、缓效钾 642mg/kg、有效铁 22.1mg/kg、有效锰 25.8mg/kg、有效铜 1.73mg/kg、有效锌 2.14mg/kg、水溶性硼 0.47mg/kg、有效钼 0.08mg/kg、有效硫 21.2mg/kg，pH 值 7.3（表 46-1）。

表 46-1　汝阳县耕地土壤养分含量

项　目	平　均	最　小	最　大
有机质（g/kg）	18.4	1.8	31.3
全氮（g/kg）	1.24	0.54	2.75
有效磷（mg/kg）	15.1	5.6	33.4
速效钾（mg/kg）	130	51	378
缓效钾（mg/kg）	642	293	1 037
有效铁（mg/kg）	22.1	3.6	54.1
有效锰（mg/kg）	25.8	3.0	38.2
有效铜（mg/kg）	1.73	0.57	25.99
有效锌（mg/kg）	2.14	0.70	9.48
水溶态硼（mg/kg）	0.47	0.14	1.13
有效钼（mg/kg）	0.08	0.01	0.31
有效硫（mg/kg）	21.2	8.4	41.3
pH 值	7.3	6.4	8.4

与第二次土壤普查比较，有机质增加 1.8g/kg、增 11.0%，全氮增加 0.3g/kg、增 26.6%，有效磷增加 7.3mg/kg、增 94.0%，速效钾降低 16.4mg/kg、降 11.2%（表 46-2）。

表 46-2　汝阳县耕地土壤养分现状与第二次土壤普查比较

项目	现状	土普	现状较土普±	
			量	%
有机质（g/kg）	18.4	16.6	1.8	11.0
全氮（g/kg）	1.24	0.98	0.3	26.6
有效磷（mg/kg）	15.1	7.8	7.3	94.0
速效钾（mg/kg）	130	146	-16.4	-11.2

养分的分级标准采用第二次土壤普查时全国统一标准（表 46-3），便于分析从第二次土壤普查到现在 20 多年土壤养分变化的规律。

汝阳县土壤养分，有机质、全氮、有效磷大部分集中在Ⅲ、Ⅳ、Ⅴ级，速效钾集中在Ⅱ、Ⅲ、Ⅳ

级。为便于分析，并与第二次土壤普查结果进行比较，将有机质、全氮、有效磷、速效钾进行细分为一、二、三、四级（表46-4）。

表46-3　第二次土壤普查土壤养分分级标准

级别	I级	II级	III级	IV级	V级	VI级
有机质（g/kg）	>40	30.1~40	20.1~30	10.1~20	6.1~10	≤6
全氮（g/kg）	>2	1.51~2	1.01~1.5	0.76~1	0.51~0.75	≤0.5
有效磷（mg/kg）	>40	20.1~40	10.1~20	5.1~10	3.1~5	≤3
速效钾（mg/kg）	>200	151~200	101~150	51~100	31~50	≤30
有效锌（g/kg）	≤0.3	0.31~0.5	0.51~1	1.01~3	>3	
有效铜（g/kg）	≤0.1	0.11~0.2	0.21~1	1.01~1.8	>1.8	
有效铁（g/kg）	≤2.5	2.6~4.5	4.6~10	10~20	>20	
有效锰（g/kg）	≤1.0	1.1~5	5.1~15	15.1~30	>30	
有效钼（g/kg）	≤0.1	0.11~0.15	0.15~0.2	0.21~0.3	>0.3	
有效硼（g/kg）	≤0.2	0.21~0.5	0.51~1	1.01~2	>2	

表46-4　土壤养分分级

汝阳县分级		一级	二级	三级	四级	五级
有机质（g/kg）	二次土普级		III级	IV级	V级	
	划分	>22	15.01~22	10.01~15	<10	
全氮（g/kg）	二次土普级		III级	IV级	V级	
	划分	>2	1.501~2	1.001~1.5	0.7~1.0	<0.7
有效磷（mg/kg）	二次土普级		III级	IV级	IV级	V级
	划分	>20	16.01~20	10.01~16	6.01~10	<6
速效钾（mg/kg）	二次土普级		II级	III级	IV级	
	划分	>150	100.1~150	75~100	<75	

第一节　有机质

一、含量与分级

汝阳县耕地土壤有机质含量范围为1.8~31.3g/kg，平均值18.4g/kg。一级面积4 721.20hm²、占耕地总面积14.17%，二级14 577.70 hm²、占43.76%，三级12 737.30 hm²、占38.23%，四级1 216.01hm²、占3.65%，五级62.76hm²、占0.19%。

（一）不同行政区含量与分级

平均有机质含量，柏树乡最低为14.4g/kg，小店镇最高为20.7g/kg，由低到高顺序依次是柏树乡、蔡店乡、城关镇、大安工业区、付店镇、靳村乡、刘店乡、内埠乡、三屯乡、上店镇、十八盘乡、陶营乡、王坪乡、小店镇（表46-5）。

分五个级别，不同乡镇各级别面积不同，所占比例不一；例如，柏树乡含四个级别，三、四级面积大；蔡店乡含三个级别，一、二级面积大；三屯乡含五个级别，二、三级面积大（表46-5）。

表 46-5　汝阳县各乡镇区有机质含量与分级情况

乡名称	有机质（g/kg）			分级面积（hm²）				
	平均	最小	最大	一级	二级	三级	四级	五级
柏树乡	14.4	6.8	20.2		56.87	1 969.59	780.72	8.29
蔡店乡	20.1	16.3	25.9	571.52	3 873.52	207.87		
城关镇	17.5	12.9	23.2	106.93	627.05	1 615.40	1.86	
大安工业园	18.7	15.7	23.6	265.72	1 144.81	501.96		
付店镇	19.2	3.4	31.3	161.17	335.10	167.09	24.38	6.81
靳村乡	19.2	6.0	27.2	157.79	538.94	292.75	42.81	2.28
刘店乡	16.9	11.8	22.4	15.54	651.99	2 652.79	32.79	
内埠乡	20.7	15.4	27.5	1 037.26	1 052.11	355.48		
三屯乡	20.0	8.2	28.7	319.11	1 539.07	971.41	31.55	2.89
上店镇	18.6	13.0	25.2	163.22	920.53	1 012.18		
十八盘乡	17.1	9.2	28.1	65.02	575.23	1 093.55	117.62	6.66
陶营乡	19.2	10.9	25.3	1 017.72	1 561.85	538.18	119.42	
王坪乡	18.5	1.8	30.0	334.42	356.64	251.85	64.86	35.83
小店镇	19.3	14.4	26.4	505.78	1 343.99	1 107.20		
总计	18.4	1.8	31.3	4 721.20	14 577.70	12 737.30	1 216.01	62.76

（二）不同土类含量与分级

不同土类平均有机质含量，石质土最低为 18.3g/kg，红黏土最高为 20.6g/kg，由低到高顺序依次是石质土、砂姜黑土、褐土、粗骨土、潮土、红黏土（表 46-6）。

不同土类各级别面积不同，所占比例不一；例如，石质土含五个级别，一二三级面积大；红黏土含三个级别，二三级面积大；砂姜黑土含三个级别，一级面积最多（表 46-6）。

表 46-6　汝阳县各土类有机质含量与分级情况

土类名称	有机质（g/kg）			分级面积（hm²）				
	平均	最小	最大	一级	二级	三级	四级	五级
潮土	20.5	22.9	19.0	1 418.15	1 887.54	499.93	25.09	1.68
粗骨土	20.4	25.7	16.7	567.11	2 860.07	2 217.18	386.95	1.19
褐土	20.3	25.9	16.3	675.01	6 513.11	4 448.29	456.79	3.45
红黏土	20.6	21.5	19.5	5.27	87.22	42.41		
砂姜黑土	19.8	20.3	18.7	1 039.89	191.65	4.14		
石质土	18.3	20.7	16.5	1 015.77	3 038.11	5 525.35	347.18	56.44

不同土种所含有机质级别不一，同一土种不同级别面积和比重有异（表 46-7）。

表 46-7　汝阳县各土种有机质分级与面积情况　　　　单位：hm²

土种名称	一级	二级	三级	四级	五级
薄层钙质粗骨土	15.54	295.37	249.61	4.74	
薄层硅钾质中性粗骨土	18.1	144.34	136.41		
薄层硅镁铁质中性粗骨土	190.82	1 065.86	207.33		
薄层泥质中性粗骨土	46.12	897.78	1 587.22	382.21	1.19
底砂小两合土	101.56	279.57	139.27	6.28	
硅质中性石质土	998.7	2 154.09	2 034.83	262.56	51.05

（续表）

土种名称	一级	二级	三级	四级	五级
红黄土质褐土性土	15.22	356.74	598.79	111.88	2.02
红黄土质淋溶褐土	13.76	44.27	48.66	0.16	
红黏土	5.27	87.22	42.41		
厚层砂泥质褐土性土	191.25	2 332.54	615.08	177.29	0.03
泥质中性石质土	17.07	884.02	3 490.52	84.62	5.39
浅位钙盘砂姜红黄土质褐土性土	2.18	223.26	7.62		
浅位钙盘黏质洪积石灰性砂姜黑土	69	30.13			
浅位少量砂姜红黄土质褐土性土	48.5	1 443.99	2 230.33	121.74	
壤盖洪积石灰性砂姜黑土	469.56	77.71	4.14		
壤质潮褐土	168.54	263.91	126.89		
壤质洪冲积淋溶褐土	4.17	123.57	108.15		
壤质洪积潮土	1 219.31	1 558.03	131.31		
壤质洪积褐土性土	100.04	262.15	45.86		
壤质洪积湿潮土	44.04	14.14			
壤质洪积石灰性褐土	15.44	302.21	110.25	0.21	
深位钙盘红黄土质褐土性土	69.26				
深位钙盘洪积潮土	53.24				
深位钙盘黏质洪积石灰性砂姜黑土	501.33	83.81			
淤土		35.8	229.35	18.81	1.68
黏质洪积褐土		111.85	3.66		
中层钙质褐土性土			227.1	5.42	
中层硅镁铁质中性粗骨土	296.53	456.72	36.61		
中层砂泥质褐土性土	46.65	1 048.62	325.9	40.09	1.4

二、增加土壤有机质含量的途径

土壤有机质的含量，取决于其年生产量和矿化量的相对大小，当生产量大于矿化量时，有机质含量逐步增加，反之，将会逐步减少。土壤有机质矿化量，主要受土壤温度、湿度、通气状况、有机质含量等因素影响。一般说来，土壤温度低，通气性差，湿度大时，土壤有机质矿化量较低；相反，土壤温度高，通气性好，湿度适中时，则有利于土壤有机质的矿化。农业生产中应注意创造条件，减少土壤有机质的矿化量。日光温室、塑料大棚等保护地栽培条件下，土壤长期处于高温多湿的条件下有机质易矿化，含量提高较慢，有机质相比含量普遍偏低。适时通风降温，尽量减少盖膜时间将有利于土壤有机质的积累。

增加有机肥的施用量，是人为增加土壤有机质含量的主要途径，其方法首先是秸秆还田、增施有机肥、施用有机无机复合肥；其次是大量种植绿肥，还要注意控制与调节有机质的积累与分解，做到既能保证当季作物养分的需要，又能使有机质有所积累，不断提高土壤肥力。灌排和耕作等措施，也可以有效的控制有机质的积累与分解。

第二节　氮、磷、钾

一、土壤全氮

（一）含量与分级

汝阳县耕地土壤全氮含量范围为 0.54~2.75g/kg，平均值 1.24g/kg。一级面积 110.85hm²、占耕地总面积 0.33%，二级 1 933.47 hm²、占 5.80%，三级 22 605.00 hm²、占 67.85%，四级 8 642.10hm²、占 25.94%，五级23.55hm²、占 0.07%。

　1. 不同行政区含量与分级

　平均全氮含量，柏树乡最低为 0.88g/kg，王坪乡最高为 1.67g/kg，由低到高顺序依次是柏树乡、刘店乡、城关镇、大安工业园、陶营乡、上店镇、十八盘乡、内埠乡、靳村乡、三屯乡、付店镇、王坪乡（表46-8）。

　分五个级别，不同乡镇各级别面积不同，所占比例不一；例如，柏树乡含3个级别，四级面积最大；付店镇含3个级别，三四面积大；十八盘乡含4个级别，三级面积最大（表46-8）。

表46-8　汝阳县各乡镇区全氮含量与分级情况

乡名称	全氮（g/kg）			分级面积（hm²）				
	平均	最小	最大	一级	二级	三级	四级	五级
柏树乡	0.88	0.54	1.14			283.60	2 508.32	23.55
蔡店乡	1.13	0.91	1.40			4 495.38	157.53	
城关镇	1.03	0.78	1.41			1 462.03	889.21	
大安工业园	1.06	0.83	1.40			1 464.36	448.13	
付店镇	1.38	0.83	1.99		186.96	477.61	29.98	
靳村乡	1.24	0.84	1.71		40.46	903.73	90.38	
刘店乡	0.96	0.71	1.33			1 205.09	2 148.02	
内埠乡	1.20	0.95	1.60		480.04	1 845.18	119.63	
三屯乡	1.28	0.76	1.89		309.22	2 177.28	377.53	
上店镇	1.15	0.88	1.56		224.41	1 607.36	264.16	
十八盘乡	1.19	0.76	2.21	6.97	84.77	1 344.61	421.73	
陶营乡	1.06	0.70	1.44			2 470.02	767.15	
王坪乡	1.67	1.00	2.75	103.88	600.98	338.74		
小店镇	1.11	0.84	1.58		6.63	2 530.01	420.33	
总计	1.24	0.54	2.75	110.85	1 933.47	22 605.00	8 642.10	23.55

　2. 土类含量与分级

　不同土类平均全氮含量，石质土最低为 1.04g/kg，潮土最高为 1.16g/kg，由低到高顺序依次是石质土、砂姜黑土、褐土、粗骨土、红黏土、潮土（表46-9）。

　不同土类各级别面积不同，所占比例不一；例如，褐土含5个级别，三四级面积大；红黏土含2个级别，三级面积大；砂姜黑土含3个级别，二级面积最大（表46-9）。

　不同土种全氮含级别不一，同一土种不同级别面积和比重有异（表46-10）。

表46-9　汝阳县各土类全氮含量与分级情况

土类名称	全氮（g/kg）			分级面积（hm²）				
	平均	最小	最大	一级	二级	三级	四级	五级
潮土	1.16	1.04	1.33		67.86	3 458.83	305.7	
粗骨土	1.14	0.93	1.38			3 743.13	2 278.07	11.3
褐土	1.14	0.91	1.40	8.91	91	8 747.32	3 237.17	12.25
红黏土	1.12	1.08	1.17			102.4	32.5	
砂姜黑土	1.11	1.08	1.13		480.04	743.5	12.14	
石质土	1.04	0.97	1.12	101.94	1 294.57	5 809.82	2 776.52	

表 46-10　汝阳县各土种全氮分级与面积（hm²）情况

土种名称	一级	二级	三级	四级	五级
薄层钙质粗骨土			315.61	249.65	
薄层硅钾质中性粗骨土			218.87	79.98	
薄层硅镁铁质中性粗骨土			1 304.19	159.82	
薄层泥质中性粗骨土			1 114.60	1 788.62	11.30
底砂小两合土		13.94	414.53	98.21	
硅质中性石质土	101.94	1 294.14	3 617.46	487.69	
红黄土质褐土性土	2.02	1.96	547.70	520.79	12.18
红黄土质淋溶褐土	1.52	18.07	80.71	6.55	
红黏土			102.40	32.50	
厚层砂泥质褐土性土		10.75	2 554.61	750.76	0.07
泥质中性石质土		0.43	2 192.36	2 288.83	
浅位钙盘砂姜红黄土质褐土性土		1.09	227.22	4.75	
浅位钙盘黏质洪积石灰性砂姜黑土	57.02	42.11			
浅位少量砂姜红黄土质褐土性土		0.13	2 485.14	1 359.29	
壤盖洪积石灰性砂姜黑土		142.15	397.12	12.14	
壤质潮褐土		5.54	493.01	60.79	
壤质洪冲积淋溶褐土		1.65	195.58	38.66	
壤质洪积潮土		53.92	2 790.95	63.78	
壤质洪积褐土性土			362.98	45.07	
壤质洪积湿潮土			58.18		
壤质洪积石灰性褐土			380.64	47.47	
深位钙盘红黄土质褐土性土			69.26		
深位钙盘洪积潮土			53.24		
深位钙盘黏质洪积石灰性砂姜黑土	280.87	304.27			
淤土			141.93	143.71	
黏质洪积褐土			115.51		
中层钙质褐土性土			16.27	216.25	
中层硅镁铁质中性粗骨土			789.86		
中层砂泥质褐土性土	5.37	51.81	1 218.69	186.79	

（二）增加土壤氮素的途径

施用有机肥和秸秆还田，是维持土壤氮素平衡的有效措施，各种有机肥和秸秆都含有大量的氮素，这些氮素直接或间接来源于土壤，把它们归还给土壤，有利于土壤氮素循环的平衡。

用化肥补足土壤氮素平衡中年亏损量，用化肥来补足也是维持土壤氮素平衡的重要措施之一。

二、土壤有效磷

（一）含量与分级

汝阳县耕地土壤有效磷含量范围为 5.6~33.4g/kg，平均值 15.1g/kg。一级面积 2 219.52hm²、占耕地总面积 6.66%，二级 2 580.35 hm²、占 7.75%，三级 16 517.51 hm²、占 49.58%，四级 11 789.59hm²、占 35.39%，五级 208.00hm²、占 0.62%。

1. 不同行政区含量与分级

平均有效磷含量，大安工业区最低为 11.9g/kg，付店镇最高为 16.7g/kg，由低到高顺序依次是大安工业园、刘店乡、内埠乡、蔡店乡、城关镇、三屯乡、小店镇、柏树乡、上店镇、十八盘乡、靳村乡、陶营乡、王坪乡、付店镇（表46-11）。

表46-11　汝阳县各乡镇区有效磷含量与分级情况

乡名称	有效磷（mg/kg）			分级面积（hm²）				
	平均	最小	最大	一级	二级	三级	四级	五级
柏树乡	15.2	7.3	27.3	113.60	203.48	2 082.57	415.40	0.42
蔡店乡	13.8	7.8	23.1	121.36	194.03	2 797.39	1 534.23	5.90
城关镇	13.9	7.4	30.8	85.03	75.41	1 317.90	867.51	5.39
大安工业园	11.9	6.5	22.8	7.37	0.16	388.41	1 504.83	11.72
付店镇	16.7	5.8	32.2	130.78	83.98	339.56	132.80	7.43
靳村乡	16.2	6.7	30.6	193.64	128.24	518.91	184.02	9.76
刘店乡	12.8	6.6	25.6	11.50	32.43	978.77	2 305.32	25.09
内埠乡	13.1	6.5	22.9	46.48	185.53	974.11	1 226.82	11.91
三屯乡	14.1	5.8	28.7	179.89	485.49	1 280.47	863.56	54.62
上店镇	15.4	5.6	27.7	211.91	228.69	1 207.95	429.05	18.33
十八盘乡	15.4	7.3	33.4	137.44	180.15	685.22	836.92	18.35
陶营乡	16.4	7.5	29.5	352.02	455.43	2 205.04	215.33	9.35
王坪乡	16.6	6.3	30.8	266.90	121.52	418.25	218.21	18.72
小店镇	15.0	6.7	28.0	361.60	205.81	1 322.96	1 055.59	11.01
总计	15.1	5.6	33.4	2 219.52	2580.35	16 517.51	11 789.59	208.00

分五个级别，不同乡镇各级别面积不同，所占比例不一；例如，柏树乡含 5 个级别，三级面积最大；大安工业区含 5 个级别，四级面积大；小店镇含 5 个级别，三四级面积大（表46-11）。

2. 土类含量与分级

不同土类平均有效磷含量，砂姜黑土最低为 10.7mg/kg，褐土最高为 14.2mg/kg，由低到高顺序依次是砂姜黑土、潮土、红黏土、粗骨土、石质土、褐土（表46-12）。

不同土类各级别面积不同，所占比例不一；例如，褐土含 5 个级别，三四级面积大；红黏土含 2 个级别，四级面积大；砂姜黑土含 4 个级别，四级面积最大（表46-12）。

表46-12　汝阳县各土类有效磷含量与分级情况

土类名称	有效磷（mg/kg）			分级面积（hm²）				
	平均	最小	最大	一级	二级	三级	四级	五级
潮土	12.0	7.8	17.7	638.86	873.06	1 703.30	609.55	7.62
粗骨土	13.1	8.3	21.4	126.23	305.39	3 006.48	2 569.72	24.68
褐土	14.2	7.9	23.1	491.17	714.83	6 691.78	4 135.76	63.11
红黏土	12.6	10.3	13.4			39.83	95.07	
砂姜黑土	10.7	9.5	11.4	136.36	124.58	421.94	552.80	
石质土	13.8	12.2	14.9	826.90	562.49	4 654.18	3 826.69	112.59

不同土种有效磷含级别不一，同一土种不同级别面积和比重有异（表46-13）。

表46-13　汝阳县各土种有效磷分级与面积情况　　　　　　　　单位：hm²

土种名称	一级	二级	三级	四级	五级
薄层钙质粗骨土	0.12	1.64	81.69	481.81	
薄层硅钾质中性粗骨土	6.22	95.08	197.55		
薄层硅镁铁质中性粗骨土	76.87	6.12	822.36	558.66	
薄层泥质中性粗骨土	37.70	278.35	1 447.17	1 126.62	24.68
底砂小两合土	99.37	58.40	224.31	141.65	2.95
硅质中性石质土	709.14	499.91	2 436.85	1 768.43	86.90
红黄土质褐土性土	60.27	23.24	656.87	343.50	0.77
红黄土质淋溶褐土	38.28	26.27	15.70	22.30	4.30
红黏土			39.83	95.07	
厚层砂泥质褐土性土	54.81	107.55	2 577.11	552.20	24.52
泥质中性石质土	117.76	62.58	2 217.33	2 058.26	25.69
浅位钙盘砂姜红黄土质褐土性土	5.02	29.85	194.79	3.40	
浅位钙盘黏质洪积石灰性砂姜黑土	4.64		51.49	43.00	
浅位少量砂姜红黄土质褐土性土	77.40	326.43	1 903.32	1 528.15	9.26
壤盖洪积石灰性砂姜黑土	122.41	107.91	197.07	124.02	
壤质潮褐土	134.66	63.36	296.54	59.79	4.99
壤质洪冲积淋溶褐土	21.63	10.86	169.07	34.33	
壤质洪积潮土	518.25	723.17	1 294.02	371.30	1.91
壤质洪积褐土性土	45.03	58.97	182.57	121.48	
壤质洪积湿潮土	10.08	20.67	22.81	4.62	
壤质洪积石灰性褐土	7.43	6.20	105.84	307.18	1.46
深位钙盘红黄土质褐土性土	8.67	0.06	60.53		
深位钙盘洪积潮土			53.24		
深位钙盘黏质洪积石灰性砂姜黑土	9.31	16.67	173.38	385.78	
淤土	11.16	70.82	162.16	38.74	2.76
黏质洪积褐土		69.28	45.83	0.40	
中层钙质褐土性土	19.98	35.69	170.88	5.97	
中层硅镁铁质中性粗骨土	11.54	13.06	560.18	205.08	
中层砂泥质褐土性土	17.99	26.35	289.28	1 111.63	17.41

（二）增加土壤氮素的途径

1. 增施有机肥料

土壤中难溶性磷素需要在磷细菌的作用下，逐渐转化成有效磷，供作物吸收利用。土壤有机质有利于微生物的繁殖和微生物活性的提高，增强磷素转化速度。同时有效性的磷素与有机物质结合，减弱了土壤磷素的矿化作用，有利于有效磷贮存积累。

2. 与有机肥料混合使用

在土壤中，难溶性磷酸盐与生物呼吸作用产生的二氧化碳、有机肥料分解时产生的有机酸作用，可逐渐转变成为弱酸溶性或水溶性磷酸盐，提高磷素的利用率。

三、土壤速效钾

(一) 含量与分级

汝阳县耕地土壤速效钾含量范围为 51~378mg/kg，平均值 130mg/kg。一级面积 8 979.17hm²、占耕地总面积 26.95%，二级 13 908.94 hm²、占 41.75%，三级 9 201.15 hm²、占 27.62%，四级 1 044.80hm²、占 3.14%，五级 180.91hm²、占 0.54%。

1. 不同行政区含量与分级

平均速效钾含量，付店镇最低为 101mg/kg，内埠乡最高为 158g/kg，由低到高顺序依次是付店镇、陶营乡、十八盘乡、三屯乡、王坪乡、靳村乡、大安工业园、柏树乡、上店镇、小店镇、刘店乡、蔡店乡、城关镇、内埠乡（表46-14）。

表 46-14 汝阳县各乡镇区速效钾含量与分级情况

乡名称	速效钾（mg/kg）			分级面积（hm²）				
	平均	最小	最大	一级	二级	三级	四级	五级
柏树乡	139	80	210	540.01	1971.18	294.39	9.89	
蔡店乡	149	95	222	1 426.62	1 591.18	1 635.11		
城关镇	156	109	259	1 434.73	887.69	28.82		
大安工业园	138	104	173	544.63	862.80	505.06		
付店镇	101	51	276	69.65	102.07	205.26	188.15	129.42
靳村乡	131	85	207	198.00	498.46	330.71	7.40	
刘店乡	147	112	324	833.94	2 315.58	203.59		
内埠乡	158	85	299	1 488.11	465.49	414.58	76.67	
三屯乡	119	62	216	358.41	1 104.60	1 083.19	276.97	40.86
上店镇	144	79	255	744.58	1 045.70	303.22	2.43	
十八盘乡	118	75	213	54.01	567.21	1 145.57	91.29	
陶营乡	114	72	184	121.53	793.51	2 115.67	197.11	9.35
王坪乡	123	67	378	149.77	258.52	475.22	158.81	1.28
小店镇	146	80	305	1 015.18	1 444.95	460.76	36.08	
总计	130	51	378	8 979.17	13 908.94	9 201.15	1 044.80	180.91

分五个级别，不同乡镇各级别面积不同，所占比例不一；例如，柏树乡含 3 个级别，二级面积最大；付店镇含 5 个级别，三四级面积大；蔡店乡含 3 个级别，面积差别不大（表46-14）。

2. 土类含量与分级

不同土类平均速效钾含量，粗骨土最低为 143mg/kg，潮土最高为 168mg/kg，由低到高顺序依次是粗骨土、红黏土、褐土、石质土、砂姜黑土、潮土（表46-15）。

不同土类各级别面积不同，所占比例不一；例如，褐土含 5 个级别，二级面积最大；红黏土含 3 个级别，二三级面积大；砂姜黑土含 3 个级别，一级面积最大（表46-15）。

表 46-15 汝阳县各土类速效钾含量与分级情况

土类名称	速效钾（mg/kg）			分级面积（hm²）				
	平均	最小	最大	一级	二级	三级	四级	五级
潮土	168	116	202	882.25	1 620.60	1 304.53	22.29	2.72
粗骨土	143	101	205	1 401.93	2 669.67	1 852.60	108.30	
褐土	150	95	222	3 638.90	5 125.72	3 090.44	232.24	9.35

（续表）

土类名称	速效钾（mg/kg）			分级面积（hm²）				
	平均	最小	最大	一级	二级	三级	四级	五级
红黏土	147	144	153	28.19	53.53	53.18		
砂姜黑土	167	157	172	823.56	395.37	16.75		
石质土	154	107	215	2 204.34	4 044.05	2 883.65	681.97	168.84

不同土种速效钾含级别不一，同一土种不同级别面积和比重有异（表46-16）。

表46-16 汝阳县各土种速效钾分级与面积情况 　　单位：hm²

省土种名称	一级	二级	三级	四级	五级
薄层钙质粗骨土	467.72	97.54			
薄层硅钾质中性粗骨土		132.02	135.54	31.29	
薄层硅镁铁质中性粗骨土	214.89	189.26	983.19	76.67	
薄层泥质中性粗骨土	518.56	1 910.87	484.75	0.34	
底砂小两合土	74.60	295.02	144.67	9.67	2.72
硅质中性石质土	574.89	1 495.67	2 582.29	679.54	168.84
红黄土质褐土性土	248.13	658.56	161.96	16.00	
红黄土质淋溶褐土	17.27	74.71	14.87		
红黏土	28.19	53.53	53.18		
厚层砂泥质褐土性土	391.37	953.97	1 835.73	125.77	9.35
泥质中性石质土	1 629.45	2 548.38	301.36	2.43	
浅位钙盘砂姜红黄土质褐土性土	30.56	171.96	30.54		
浅位钙盘黏质洪积石灰性砂姜黑土	69.99	29.14			
浅位少量砂姜红黄土质褐土性土	1 248.84	2 002.87	579.37	13.48	
壤盖洪积石灰性砂姜黑土	216.80	317.86	16.75		
壤质潮褐土	259.72	181.64	117.98		
壤质洪冲积淋溶褐土	71.21	129.49	35.19		
壤质洪积潮土	697.89	1 117.34	1 080.80	12.62	
壤质洪积褐土性土	49.18	87.88	220.35	50.64	
壤质洪积湿潮土	16.83	21.03	20.32		
壤质洪积石灰性褐土	297.67	118.06	12.38		
深位钙盘红黄土质褐土性土	3.02	57.57	8.67		
深位钙盘洪积潮土	5.37	47.87			
深位钙盘黏质洪积石灰性砂姜黑土	536.77	48.37			
淤土	87.56	139.34	58.74		
黏质洪积褐土	87.30	0.40	27.81		
中层钙质褐土性土	95.81	136.71			
中层硅镁铁质中性粗骨土	200.76	339.98	249.12		
中层砂泥质褐土性土	838.82	551.90	45.59	26.35	

（二）提高土壤速效钾含量的途径

增施有机肥料，大力推广秸秆还田技术，增施草木灰、含钾量高的肥料，配方施肥。

第三节　中微量元素

一、铁锌铜锰元素含量

（一）现状

汝阳县耕地土壤铁锌铜锰元素含量现状是：有效铁 0.8～56.5mg/kg，平均 19.1mg/kg；有效锰 0.5～38.6mg/kg，平均 23.2mg/kg；有效铜 0.06～36.44mg/kg，平均 1.72mg/kg；有效锌 0.17～12.60mg/kg，平均 2.04mg/kg（表46-17）。

（二）各行政区现状

表46-17 显示，各乡（镇、区）耕地土壤铁锌铜锰元素平均含量，有效铁低于全县平均的有 6 个乡镇：即城关镇 9.5mg/kg、柏树乡 9.5mg/kg、小店镇 14.3mg/kg、内埠乡 10.9mg/kg、大安工业区 6.8mg/kg、蔡店乡 18.4mg/kg，高于的有 8 个乡镇：即上店镇 23.7mg/kg、十八盘乡 26.3mg/kg、付店镇 30.1mg/kg、靳村乡 22.5mg/kg、王坪乡 34.8mg/kg、刘店乡 30.9mg/kg、三屯乡 26.5mg/kg、陶营乡 25.7mg/kg。

表46-17　汝阳县耕地土壤各行政区微量元素含量分析

乡别		有效铁（mg/kg）	有效锰（mg/kg）	有效铜（mg/kg）	有效锌（mg/kg）
平均	平均	19.1	23.2	1.72	2.04
	最高	56.5	38.6	36.44	12.60
	最低	0.8	0.5	0.06	0.17
城关镇	平均	9.5	18.6	1.30	2.26
	最高	33.9	32.2	7.60	7.30
	最低	5.5	9.9	0.60	0.69
柏树乡	平均	9.5	18.9	1.12	1.23
	最高	25.0	33.9	9.12	5.19
	最低	4.2	8.4	0.25	0.52
上店镇	平均	23.7	25.4	1.97	2.29
	最高	38.1	29.5	6.45	8.90
	最低	3.3	5.3	0.65	0.26
十八盘乡	平均	26.3	32.5	1.98	2.86
	最高	46.5	37.4	5.81	9.33
	最低	8.8	17.7	0.40	0.81
付店镇	平均	30.1	28.4	1.55	2.91
	最高	39.4	30.7	3.64	8.14
	最低	16.4	22.5	0.58	0.79
靳村乡	平均	22.5	28.1	4.83	3.27
	最高	42.4	36.9	36.44	12.60
	最低	1.9	4.4	0.27	0.30
王坪乡	平均	34.8	31.3	1.83	3.77
	最高	56.5	38.2	2.79	9.26
	最低	18.7	19.8	1.13	0.98
刘店乡	平均	30.9	33.4	2.30	2.36
	最高	30.9	33.4	2.30	2.36
	最低	1.7	6.8	0.26	0.42
三屯乡	平均	26.5	26.6	1.65	1.72
	最高	29.6	29.7	4.78	5.53
	最低	11.6	11.1	0.11	0.17

（续表）

乡别		有效铁 （mg/kg）	有效锰 （mg/kg）	有效铜 （mg/kg）	有效锌 （mg/kg）
小店镇	平均	14.3	20.6	1.64	2.05
	最高	33.4	25.1	3.32	7.90
	最低	5.6	14.0	0.74	0.31
陶营乡	平均	25.7	22.4	1.94	1.81
	最高	32.2	22.9	2.67	3.88
	最低	12.3	20.0	1.20	0.59
内埠乡	平均	10.9	19.2	1.61	1.53
	最高	17.9	23.9	2.77	4.05
	最低	5.8	15.6	0.98	0.66
大安区	平均	6.8	9.4	1.02	1.86
	最高	21.1	28.7	1.82	8.13
	最低	0.8	0.5	0.06	0.36
蔡店乡	平均	18.4	24.9	1.63	1.77
	最高	48.0	38.6	6.04	4.07
	最低	4.5	9.5	0.82	0.71

有效锰低于全县平均的有 6 个乡镇：即城关镇 18.6mg/kg、柏树乡 18.9mg/kg、小店镇 20.6mg/kg、陶营乡 22.4mg/kg、内埠乡 19.2mg/kg、大安工业区 9.4mg/kg，高于的有 8 个乡镇：即上店镇 25.4mg/kg、十八盘乡 32.5mg/kg、付店镇 28.4mg/kg、靳村乡 28.1mg/kg、王坪乡 31.3mg/kg、刘店乡 33.4mg/kg、三屯乡 26.6mg/kg、蔡店乡 24.9mg/kg。有效铜低于全县平均的有 8 个乡镇：即城关镇 1.30mg/kg、柏树乡 1.12mg/kg、付店镇 1.55mg/kg、三屯乡 1.65mg/kg、小店镇 1.64mg/kg、内埠乡 1.61mg/kg、大安工业区 1.02mg/kg、蔡店乡 1.63mg/kg，高于的有 6 个乡镇：即上店镇 1.97mg/kg、十八盘乡 1.98mg/kg、靳村乡 4.83mg/kg、王坪乡 1.83mg/kg、刘店乡 2.30mg/kg、陶营乡 1.94mg/kg。

有效锌低于全县平均的有 6 个乡镇：即柏树乡 1.23mg/kg、三屯乡 1.72mg/kg、陶营乡 1.81mg/kg、内埠乡 1.53mg/kg、大安工业区 1.86mg/kg、蔡店乡 1.77mg/kg，高于的有 8 个乡镇：即城关镇 2.26mg/kg、上店镇 2.29mg/kg、十八盘乡 2.86mg/kg、付店镇 2.91mg/kg、靳村乡 3.27mg/kg、王坪乡 3.77mg/kg、刘店乡 2.36mg/kg、小店镇 2.05mg/kg。

（三）不同土类现状

耕地土壤铁锌铜锰元素含量现状，褐土土类是：有效铁 0.8~56.5mg/kg，平均 18.3mg/kg；有效锰 0.5~38.6mg/kg，平均 22.7mg/kg；有效铜 0.06~36.44mg/kg，平均 1.71mg/kg；有效锌 0.17~12.60mg/kg，平均 1.92mg/kg（表46-18，下同）。

石质土土类是：有效铁 1.9~54.1mg/kg，平均 22.1mg/kg；有效锰 4.4~37.4mg/kg，平均 25.8mg/kg；有效铜 0.26~29.52mg/kg，平均 1.69mg/kg；有效锌 0.30~10.20mg/kg，平均 2.40mg/kg。

粗骨土土类是：有效铁 1.9~42.7mg/kg，平均 14.7mg/kg；有效锰 4.8~38.5mg/kg，平均 21.2mg/kg；有效铜 0.25~3.06mg/kg，平均 1.39mg/kg；有效锌 0.46~8.13mg/kg，平均 1.77mg/kg。

砂姜黑土土类是：有效铁 0.8~27.9mg/kg，平均 12.2mg/kg；有效锰 1.6~28.7mg/kg，平均 17.6mg/kg；有效铜 1.00~2.77mg/kg，平均 1.77mg/kg；有效锌 0.52~2.84mg/kg，平均 1.80mg/kg。

红黏土土类是：有效铁 9.0~9.9mg/kg，平均 9.5mg/kg；有效锰 16.8~17.3mg/kg，平均 17.1mg/kg；有效铜 1.52~1.63mg/kg，平均 1.58mg/kg；有效锌 1.44~1.47mg/kg，平均 1.46mg/kg。

潮土土类是：有效铁 4.5~46.5mg/kg，平均 23.4mg/kg；有效锰 11.1~37.4mg/kg，平均

24.3mg/kg；有效铜 0.74～7.60mg/kg，平均 2.09mg/kg；有效锌 0.31～8.90mg/kg，平均 2.27mg/kg。

表 46-18　汝阳县耕地土壤各土类微量元素含量分析

土类		有效铁（mg/kg）	有效锰（mg/kg）	有效铜（mg/kg）	有效锌（mg/kg）
平均	平均	19.1	23.2	1.72	2.04
	最高	56.5	38.6	36.44	12.60
	最低	0.8	0.5	0.06	0.17
褐土	平均	18.3	22.7	1.71	1.92
	最高	56.5	38.6	36.44	12.60
	最低	0.8	0.5	0.06	0.17
石质土	平均	22.1	25.8	1.69	2.40
	最高	54.1	37.4	29.52	10.20
	最低	1.9	4.4	0.26	0.30
粗骨土	平均	14.7	21.2	1.39	1.77
	最高	42.7	38.5	3.06	8.13
	最低	1.9	4.8	0.25	0.46
砂姜黑土	平均	12.2	17.6	1.77	1.80
	最高	27.9	28.7	2.77	2.84
	最低	0.8	1.6	1.00	0.52
红黏土	平均	9.5	17.1	1.58	1.46
	最高	9.9	17.3	1.63	1.47
	最低	9.0	16.8	1.52	1.44
潮土	平均	23.4	24.3	2.09	2.27
	最高	46.5	37.4	7.60	8.90
	最低	4.5	11.1	0.74	0.31

二、硼钼硫元素含量现状

（一）全县现状

汝阳县耕地土壤硼钼硫元素含量现状是：有效硼 0.07～2.97mg/kg，平均 0.56mg/kg；有效钼 0.01～0.43mg/kg，平均 0.09mg/kg；有效硫 2.6～57.9mg/kg，平均 22.0mg/kg（表 46-19）。

表 46-19　汝阳县耕地土壤中量元素含量分析

项目		有效硼（mg/kg）	有效钼（mg/kg）	有效硫（mg/kg）
平均	平均	0.56	0.09	22.0
	最高	2.97	0.43	57.9
	最低	0.07	0.01	2.6
城关镇	平均	0.87	0.11	13.8
	最高	1.30	0.31	26.4
	最低	0.19	0.01	2.6

（续表）

项目		有效硼（mg/kg）	有效钼（mg/kg）	有效硫（mg/kg）
柏树乡	平均	0.52	0.06	21.5
	最高	1.38	0.29	47.3
	最低	0.07	0.01	4.0
上店镇	平均	0.50	0.15	26.5
	最高	2.86	0.43	47.3
	最低	0.08	0.01	8.6
十八盘乡	平均	0.33	0.04	20.2
	最高	0.64	0.14	30.3
	最低	0.12	0.01	11.8
付店镇	平均	0.55	0.10	21.2
	最高	1.21	0.28	50.5
	最低	0.15	0.01	11.8
靳村乡	平均	0.29	0.07	19.8
	最高	0.60	0.25	28.6
	最低	0.12	0.01	13.5
王坪乡	平均	0.39	0.04	18.1
	最高	1.20	0.12	27.3
	最低	0.12	0.01	8.6
刘店乡	平均	0.48	0.09	19.7
	最高	1.15	0.19	36.3
	最低	0.15	0.01	5.6
三屯乡	平均	0.43	0.08	19.8
	最高	1.20	0.38	57.9
	最低	0.13	0.01	8.6
小店镇	平均	0.78	0.07	24.0
	最高	2.97	0.21	55.3
	最低	0.21	0.01	11.7
陶营乡	平均	0.64	0.11	25.0
	最高	1.08	0.32	47.6
	最低	0.15	0.01	12.6
内埠乡	平均	0.62	0.10	23.3
	最高	1.07	0.36	39.4
	最低	0.17	0.02	7.9
大安区	平均	0.55	0.11	21.5
	最高	1.05	0.19	57.3
	最低	0.14	0.01	12.1

（续表）

项目		有效硼（mg/kg）	有效钼（mg/kg）	有效硫（mg/kg）
蔡店乡	平均	0.57	0.10	23.5
	最高	1.14	0.39	55.9
	最低	0.21	0.01	2.6

（二）各行政区现状

表46-19显示，各乡（镇、区）耕地土壤硼钼硫元素平均含量，有效硼低于全县平均的有9个乡（镇、区）：即柏树乡0.52mg/kg、上店镇0.50mg/kg、十八盘乡0.33mg/kg、付店镇0.55mg/kg、靳村乡0.29mg/kg、王坪乡0.39mg/kg、刘店乡0.48mg/kg、三屯乡0.43/kg、大安工业区0.55mg/kg，高于的有5个乡镇：即城关镇0.87mg/kg、小店镇0.78mg/kg、陶营乡0.64mg/kg、内埠乡0.62mg/kg、蔡店乡0.57mg/kg。

有效钼低于全县平均的有6个乡镇：即柏树乡0.06mg/kg、十八盘乡0.04mg/kg、靳村乡0.07mg/kg、王坪乡0.04mg/kg、三屯乡0.08mg/kg、小店镇0.07mg/kg，高于的有8个乡（镇、区）：即城关镇0.11mg/kg、上店镇0.15mg/kg、付店镇0.10mg/kg、刘店乡0.09mg/kg、陶营乡0.11mg/kg、内埠乡0.10mg/kg、大安工业区0.11mg/kg、蔡店乡0.10mg/kg。

有效硫低于全县平均的有9个乡（镇、区）：即城关镇13.8mg/kg、柏树乡21.5mg/kg、十八盘乡20.2mg/kg、付店镇21.2mg/kg、靳村乡19.8mg/kg、王坪乡18.1mg/kg、刘店乡19.7mg/kg、三屯乡19.8mg/kg、大安工业区21.5mg/kg，高于的有5个乡镇：即上店镇26.5mg/kg、小店镇24.0mg/kg、陶营乡25.0mg/kg、内埠乡23.3mg/kg、蔡店乡23.5mg/kg。

（三）不同土类现状

耕地土壤硼钼硫元素含量现状，褐土土类是：有效硼0.07~2.86mg/kg，平均0.55mg/kg；有效钼0.01~0.39mg/kg，平均0.08mg/kg；有效硫4.0~57.3mg/kg，平均21.8mg/kg（表46-20，下同）。

石质土土类是：有效硼0.10~2.97mg/kg，平均0.48mg/kg；有效钼0.01~0.39mg/kg，平均0.08mg/kg；有效硫2.6~47.3mg/kg，平均20.9mg/kg。

粗骨土土类是：有效硼0.15~1.14mg/kg，平均0.60mg/kg；有效钼0.01~0.39mg/kg，平均0.08mg/kg；有效硫2.6~55.9mg/kg，平均20.9mg/kg。

表46-20　汝阳县耕地土壤分土类中量元素含量分析

项目		有效硼（mg/kg）	有效钼（mg/kg）	有效硫（mg/kg）
平均	平均	0.56	0.09	22.0
	最高	2.97	0.43	57.9
	最低	0.07	0.01	2.6
褐土	平均	0.55	0.08	21.8
	最高	2.86	0.39	57.3
	最低	0.07	0.01	4.0
石质土	平均	0.48	0.08	20.9
	最高	2.97	0.39	47.3
	最低	0.10	0.01	2.6

（续表）

项目		有效硼（mg/kg）	有效钼（mg/kg）	有效硫（mg/kg）
粗骨土	平均	0.60	0.08	20.9
	最高	1.14	0.39	55.9
	最低	0.15	0.01	2.6
砂姜黑土	平均	0.64	0.13	22.8
	最高	1.08	0.36	34.7
	最低	0.14	0.01	7.9
红黏土	平均	0.70	0.05	22.9
	最高	0.82	0.06	26.8
	最低	0.58	0.04	18.9
潮土	平均	0.61	0.14	24.8
	最高	1.20	0.43	57.9
	最低	0.08	0.01	8.6

砂姜黑土土类是：有效硼 0.14 ~ 1.08mg/kg，平均 0.64mg/kg；有效钼 0.01 ~ 0.36mg/kg，平均 0.13mg/kg；有效硫 7.9~34.7mg/kg，平均 22.8mg/kg。

红黏土土类是：有效硼 0.58 ~ 0.82mg/kg，平均 0.70mg/kg；有效钼 0.04 ~ 0.06mg/kg，平均 0.05mg/kg；有效硫 18.9~26.8mg/kg，平均 22.9mg/kg。

潮土土类是：有效硼 0.08 ~ 1.20mg/kg，平均 0.61mg/kg；有效钼 0.01 ~ 0.43mg/kg，平均 0.14mg/kg；有效硫 8.6-57.9mg/kg，平均 24.8mg/kg。

第四十七章 耕地地力评价指标体系

第一节 参评因素的选取及其权重确定

正确地进行参评因素的选取并确定其权重、隶属度,是科学地评价耕地地力的前提,它直接关系到评价结果的正确性、科学性和社会可接受性。

一、参评因子的选取原则

影响耕地地力的因素很多,在评价工作中不可能将其所包含的全部信息提出来,由于影响耕地质量的因子间普遍存在着相关性,甚至信息彼此重叠,故进行耕地质量评价时没有必要将所有因子都考虑进去。为了排除人为主观性对选择评价因子的影响,使筛选的主导评价因子能较全面客观地反映评价区域耕地质量的现实状况,参评因素选取时应遵循稳定性、主导性、综合性、差异性、定量性和现实性原则。

二、评价指标体系

汝阳县的评价因子选取,在河南省土壤肥料站程道全研究员和洛阳市农技站宁宏兴研究员、席万俊研究员、郭新建高级农艺师帮助、指导下,由参加汝阳县第二次土壤普查工作的老专家王德勤和周文琪,汝阳县农业技术推广中心土壤、栽培、植保和水利局、气象局等方面的专家19人组成的"汝阳县耕地地力评价指标体系建立专家评审组",于2010年9月6—7日在嵩县天池山宾馆进行评价因子选取、确定权重和隶属度打分量化。本次耕地地力评价采用特尔斐法,结合汝阳县当地的实际情况,进行了影响耕地地力的立地条件、剖面性状、理化性状、土壤管理等定性指标的筛选。最终从全国耕地地力评价指标体系全集中,选取了10项因素作为耕地地力评价的参评因子,分别是:高程、地形部位、有效土(层)厚度、质地、障碍层类型、有机质、有效磷、速效钾、灌溉保证率、(典型)种植制度,建立起了汝阳县耕地地力评价指标体系(表47-1)。

表 47-1 汝阳县耕地地力评价指标体系

目标层	准则层	指标层
汝阳县耕地地力评价指标体系	立地条件	高程
		地形部位
		有效土厚度
	剖面性状	质地
		障碍层类型
	理化性状	有机质
		有效磷
		速效钾
	土壤管理	灌溉保证率
		种植制度

三、确定参评因子权重的方法

本次汝阳县耕地地力评价采用层次分析法,它是一种对较为复杂和模糊的问题,做出决策的简易方法,特别适用于那些难于完全定量分析的问题。它的优点在于定性与定量的方法相结合。通过参评专家分组打分、汇总评定、结果验证等步骤,得出各评价因子的得分情况(表47-2),既考虑了专家经验,又避免了人为影响,具有高度的逻辑性、系统性和实用性。

表 47-2　汝阳县评价因子得分情况

目标层	准则层		指标层	
	因素	分值（%）	因素	分值（%）
汝阳县耕地地力评价指标体系	立地条件	31.2105	高程	33.4211
			地形部位	66.5789
	剖面性状	29.8947	有效土厚度	47.8421
			质地	32.3684
			障碍层类型	19.7895
	理化性状	18.7895	有机质	48.0000
			有效磷	35.4211
			速效钾	16.5789
	土壤管理	20.1053	灌溉保证率	67.8947
			种植制度	32.1053

四、确定参评因素的具体步骤

（一）建立层次结构

汝阳县耕地地力为目标层（G 层），把影响耕地地力的立地条件、剖面性状、耕层养分、土壤管理作为准则层（C 层），再把影响准则层中各元素作为指标层（A 层），建立汝阳县耕地地力评价层次结构（图 47-1）。

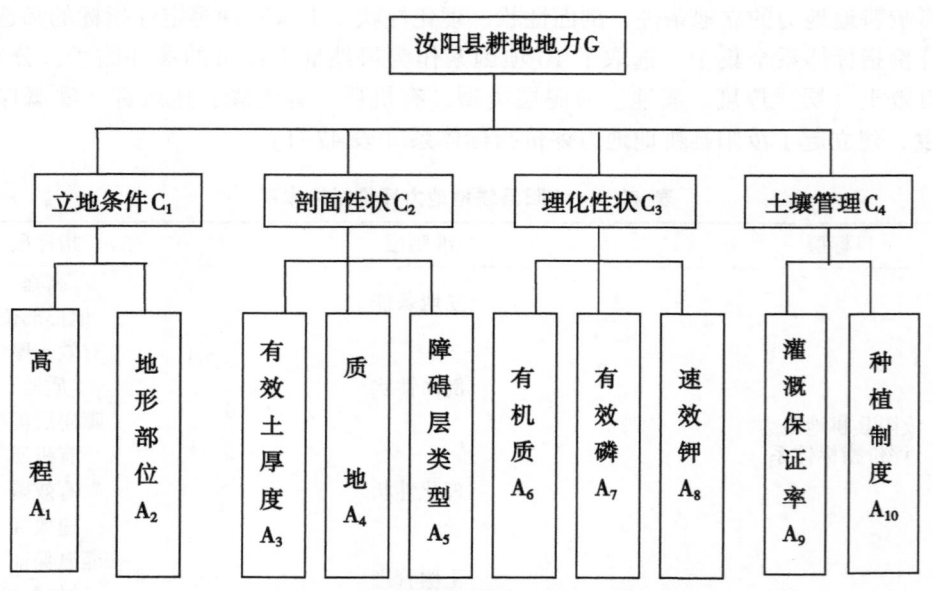

图 47-1　汝阳县耕地地力评价层次结构

（二）构造判断矩阵

省级专家组评估的初步结果经合适的数学处理后（包括实际计算的最终结果-组合权重）反馈给汝阳县各位专家，重新修改或确认，确定 C 层对 A 层、A 层对 C 层的相对重要程度，构成 A、C_1、C_2、C_3、C_4 共 5 个判断矩阵。

（三）层次单排序及一致性检验

建立比较矩阵后，就可以求出各个因素的权值，采取的方法是用和积法计算出各矩阵的最大特征根 λ_{max} 及其对应的特征向量 W，得到的各权数值及一致性检验的结果（表 47-3），并用 $CR=CI/RI$ 进行一致性检验。

表 47-3　汝阳县权重值及一致性检验结果

矩阵	特征向量				CI	RI	CR
目标层 A	0.1879	0.2011	0.2989	0.3121	-9.40×10^6	0.58	0.00001044 < 0.1
准则层 C_1	0.3342	0.6658			1.71×10^5	0.282366361	0.00004286 < 0.1
准则层 C_2	0.1979	0.3237	0.4784		-1.00×10^5	0.58	0.00001724 < 0.1
准则层 C_3	0.1658	0.3542	0.4800		1.04×10^5	4.34×10^6	0.00000748 < 0.1
准则层 C_4	0.3211	0.6789			4.45×10^5	0	0.00000000 < 0.1

从表 47-3 中可以看出，CR<0.1，具有很好的一致性。

（四）层次总排序及一致性检验

计算同一层次所有因素对于最高层相对重要性的排序权值，称为层次总排序，这一过程是最高层次到最低层次逐层进行的。经层次总排序，并进行一致性检验，结果为 $CI = 1.21011146199973\times10^5$，$RI = 0.282366361412483$，$CR = CI/RI = 0.00004286 < 0.1$，认为层次总排序结果具有满意的一致性，否则需要重新调整判断矩阵的元素取值，最后计算得到各因子的权重（表 47-4）。

表 47-4　汝阳县各因子的权重

层次 A	层次 C				组合权重
	理化性状	土壤管理	剖面构型	立地条件	
	0.1879	0.2011	0.2989	0.3121	ΣC_iA_i
速效钾	0.1658				0.0312
有效磷	0.3542				0.0666
有机质	0.4800				0.0902
种植制度		0.3211			0.0645
灌溉保证率		0.6789			0.1365
障碍层类型			0.1979		0.0592
质地			0.3237		0.0968
有效土厚度			0.4784		0.1430
高程				0.3342	0.1043
地形部位				0.6658	0.2078

本报告由《县域耕地资源管理信息系统 V3.2》分析提供

第二节　评价因子级别相应分值的确定及隶属度

评价指标体系中各个因素，可以分为定量和定性资料两大部分，为了裁定量化的评价方法和自动化的评价手段，减少人为因素的影响，需要对其中的定性因素进行量化处理，根据因子的级别状况赋予其相应的分值或数值。除此，对于各类养分等级按调查点获取的数据，则需要进行插值处理，生成各类养分图。

一、定性因子的量化处理

（一）高程

根据不同高程的土壤肥力特征、积温，以及与植物生长发育的关系，赋予不同高程相应的分值（表 47-5）。

表 47-5　汝阳县不同高程量化处理

高程（m）	<290	290~375	375~500	500~800	>800
分值	1.0000	0.9158	0.6553	0.3868	0.1105

（二）地形部位

根据土壤的不同地形部位对耕地地力及作物生长发育的影响，赋予不同地形部位以相应的分值（表 47-6）。

表 47-6　汝阳县不同地形部位量化处理

地形部位	河谷阶地	河网平原低洼地	丘陵低谷地	山谷谷底	丘陵坡地中上部	中低山上中部坡腰
分值	1.0000	0.9574	0.7079	0.6858	0.3374	0.3011

（三）有效土（层）厚度

根据土壤的不同有效土（层）厚度对耕地地力及作物生长发育的影响，赋予不同有效土（层）厚度以相应的分值（表 47-7）。

表 47-7　汝阳县不同有效土（层）厚度量化处理

有效土层厚度（cm）	>60	30~60	20~30	<20
分值	1.0000	0.8637	0.3521	0.1074

（四）质地

根据土壤的不同质地对植物生长发育的影响，赋予不同质地以相应的分值（表 47-8）。

表 47-8　汝阳县不同有效土（层）厚度量化处理

质地	轻黏土	重壤土	中壤土	砂壤土
分值	1.0000	0.8500	0.6537	0.1521

（五）障碍层类型

根据土壤的不同障碍层类型对植物生长发育的影响，赋予不同障碍层类型以相应的分值（表 47-9）。

表 47-9　汝阳县不同障碍层类型量化处理

障碍层类型	无	黏盘层	砂姜层	砂砾层
分值	1.0000	0.7684	0.6184	0.2032

（六）灌溉保证率

根据土壤的不同灌溉保证率对耕地地力及作物生长发育的影响，赋予不同灌溉保证率以相应的分值（表 47-10）。

表 47-10　汝阳县不同灌溉保证率量化处理

灌溉保证率（%）	>75	50~75	30~50	<30
分值	1.0000	0.8505	0.4026	0.1063

（七）种植制度

根据土壤的不同种植制度对植物生长发育的影响，赋予不同种植制度以相应的分值（表47-11）。

表47-11　汝阳县不同种植制度量化处理

典型种植制度	蔬菜	小麦—玉米	其他（含小麦—豆、菜）
分值	1.0000	0.8584	0.4553

二、定量化指标的隶属函数

我们将评价指标与耕地生产能力的关系，分为戒上型函数、戒下型函数、峰型函数、概念型函数和直线型函数5种类型。对高程、地形部位、有效土（层）厚度、质地、障碍层类型、灌溉保证率、（典型）种植制度等概念型定性因子采用专家打分法，经过归纳、反馈、逐步收缩、集中，最后产生获得相应的隶属度。而对有机质、有效磷、速效钾等理化性状定量因子，则根据汝阳县有机质、有效磷、速效钾的空间分布范围及养分含量级别，结合肥料试验获取的数据，由专家划段给出相应的分值，然后在计算机中绘制这两组数值的散点图，再根据散点图进行曲线模拟，寻求参评因素实际值与隶属度关系方程从而建立起定量因子的隶属函数（表47-12）。

表47-12　汝阳县参评定量因子的隶属度

				项　目			A值	C值	Ut值
有机质（g/kg）	含量	22	18	13	10		0.00050	141.85380	55.0
	分值	1.0000	0.8842	0.5421	0.2074				
有效磷（mg/kg）	含量	20	18	13	8	6	0.02272	20.63834	6.0
	分值	1.0000	0.9026	0.6579	0.3563	0.1511			
速效钾（mg/kg）	含量	150	125	90	75		0.01780	18.99256	5.5
	分值	1.0000	0.8868	0.5053	0.2084				

本次汝阳县耕地地力评价，通过模拟得到有机质、有效磷、速效钾的戒上型隶属函数，然后根据隶属函数计算各参评因素的单因素评价评语。以有机质为例，模拟曲线见图47-2。

其隶属函数为戒上型，形式为：

$$y = \begin{cases} 0, & x \leqslant xt \\ 1 / [1 + A \times (x - C)^2] & xt < x < c \\ 1, & c \leqslant x \end{cases}$$

有机质、有效磷、速效钾等数值型参评因素的函数类型及其隶属函数（表47-13）。

表47-13　汝阳县参评因素类型与隶属函数

函数类型	参评因素	隶属函数	a	c	相关性	ut
戒上型	有机质（g/kg）	$Y = 1 / [1 + A \times (x - C)^2]$	2.48×10^2	20.450472	0.9342	6
戒上型	有效磷（mg/kg）	$Y = 1 / [1 + A \times (x - C)^2]$	2.37×10^2	18.693355	0.9201	5.5
戒上型	速效钾（mg/kg）	$Y = 1 / [1 + A \times (x - C)^2]$	6.96×10^4	140.48792	0.9075	65

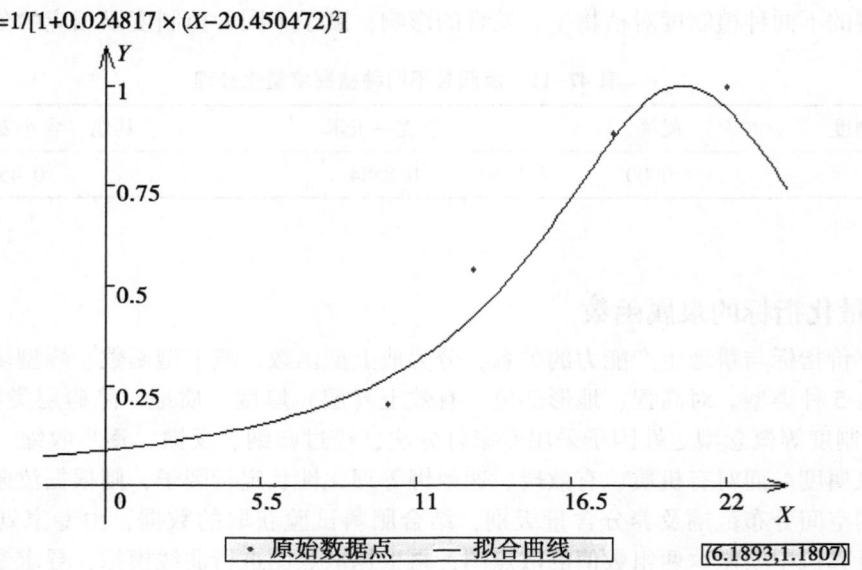

$$Y=1/[1+0.024817 \times (X-20.450472)^2]$$

图 47-2 汝阳县有机质与隶属度关系曲线图
注：X 值为数据点有机质含量值，Y 值表示函数隶属度

第四十八章　耕地地力等级

第一节　耕地地力等级

耕地地力是耕地具有的潜在生物生产能力。这次耕地地力调查，结合汝阳县实际情况，选取了10个对耕地地力影响比较大，区域内的变异明显、在时间序列上具有相对稳定性、与农业生产有密切关系的因素，建立评价指标体系。以1∶5万土壤类型图、土地利用现状图叠加形成的图斑为评价单元，应用模糊综合评判方法对全县耕地进行评价。把汝阳县耕地地力共分7个等级。

一、耕地地力等级及面积统计

把10个对耕地地力影响比较大的因素，按准则层、指标层输入《县域耕地资源管理信息系统V3.2》，经计算得知，汝阳县一级地1 643.56hm²，占总耕地面积4.93%，二级地4 465.90hm²、占13.41%，三级地5 701.94hm²、占17.12%，四级地7 510.88hm²、占22.55%，五级地5 817.87hm²、占17.46%，六级地5 292.44hm²、占15.89%，七级地2 882.38hm²、占8.65%。

按汝阳县习惯分法，高产田（包含1、二级）6 109.46hm²，占总耕地面积18.34%；中产田（包含三、四、五级）19 030.69hm²，占57.12%；低产田（包含六、七级）8 174.82hm²，占24.54%（表48-1）。

表48-1　汝阳县各等级面积

习惯法			评价法		
级　别	面积（hm²）	比例（%）	级别	面积（hm²）	比例（%）
高产田	6 109.46	18.34	一级	1 643.56	4.93
			二级	4 465.90	13.41
			三级	5 701.94	17.12
中产田	19 030.69	57.12	四级	7 510.88	22.55
			五级	5 817.87	17.46
低产田	8 174.82	24.54	六级	5 292.44	15.89
			七级	2 882.38	8.65

二、汝阳县地力等级与国家对接方法与结果

耕地地力的另一种表达方式，即以产量表达耕地地力水平。农业部于1997年颁布了"全国耕地类型区耕地地力等级划分"农业行业标准（NY/T 309—1996），将全国耕地地力根据粮食单产水平划分为10个等级。汝阳县按照耕地产量水平，直接与全国标准对接（表48-2）。

表48-2　汝阳县耕地地力等级与国家耕地地力等级对照

国家标准		汝阳县标准	
级别	kg/亩·年	评价法	习惯法
一级	>900	一级	高产田
二级	800~900	二级	
三级	700~800	三级	
四级	600~700	四级	中产田
五级	500~600	五级	
六级	400~500	六级	
七级	300~400	七级	低产田

三、汝阳县各等级耕地特点及存在的主要问题

（一）耕地地力等级的地域分布

从耕地地力等级的地形部位分布（表48-3）上可以看出，一二级地集中分布在汝阳县的河谷阶地、河网平原低洼地、丘陵低谷地等地区，地势平坦，土层深厚，耕作历史悠久。土壤属潮土、褐土、砂姜黑土类型，质地为砂壤土、中壤土、重壤土，具有理化性状较好，保肥保水能力较高，耕作性强，地下水资源丰富，灌溉保证率大于75%，农田设施齐全，机械化程度高等特点，主要种植小麦、玉米和蔬菜，是汝阳县粮食高产稳产地区。

三、四、五等地主要分布在灌区边缘地带的丘陵低谷地、丘陵坡地中、上部和中低山上、中部坡腰地区，土壤属褐土类型，土层较厚，质地主要是中壤土、重壤土，水利设施中等，地下水资源一般，灌溉保证率在30%~50%，小麦、玉米种植面积大，是汝阳县粮食的主要产区。

六、七等地主要分布在中低山上、中部坡腰，主要是粗骨土、石质土土类，地势较高，土层较薄，农田设施差，地下水资源贫乏，灌溉保证率低于30%，土壤养分含量低，种植有一定面积的小麦、玉米，同时还有其他豆类、薯类等作物种植，部分地区发展有林果业。

表48-3　汝阳县耕地地力等级地形与面积分布　　单位：hm²

地形部位	一级	二级	三级	四级	五级	六级	七级
河谷阶地	1 502.60	1 806.87	152.23	96.34	27.15		
河网平原低洼地	79.78	254.70					
丘陵低谷地	61.18	1 342.20	1 112.30	249.46	178.65		
丘陵坡地中、上部		1 047.85	4 264.02	6 080.98	4 676.06	2 222.03	57.41
山谷谷底				55.98	71.81	125.39	
中低山上、中部坡腰		14.28	173.39	1 028.12	864.20	2 945.02	2 824.97
总计	1 643.56	4 465.90	5 701.94	7510.88	5 817.87	5 292.44	2 882.38

（二）耕地地力的行政区域分布

将汝阳县耕地地力等级图和行政区划图叠加后，从属性数据库中按照权属字段检索，统计各等级耕地在每个乡镇的分布情况（表48-4）。

表48-4　汝阳县耕地地力等级行政区域与面积分布　　单位：hm²

乡名称	一级	二级	三级	四级	五级	六级	七级
柏树乡	13.63	77.22	145.64	793.61	956.24	766.25	62.88
蔡店乡	9.09	446.82	1 408.72	2 263.23	445.55	79.11	0.39
城关镇	133.10	160.66	495.12	527.56	82.84	820.35	131.61
大安工业园		390.04	671.87	638.94	210.79	0.85	
付店镇				1.65	56.54	173.98	462.38
靳村乡				148.33	217.68	229.58	438.98
刘店乡		0.08	318.80	441.35	1 489.13	1 067.76	35.99
内埠乡	165.83	707.60	946.59	479.11	145.72		
三屯乡	325.27	460.72	404.98	83.95	490.88	488.36	609.87
上店镇	294.07	292.96	338.28	311.34	536.13	321.75	1.40
十八盘乡		30.78	82.63	245.79	176.02	792.79	530.07

（续表）

乡名称	一级	二级	三级	四级	五级	六级	七级
陶营乡	189.58	1 107.03	528.33	1 122.02	171.28	118.93	
王坪乡				26.11	84.01	324.67	608.81
小店镇	512.99	791.99	360.98	427.89	755.06	108.06	
总计	1 643.56	4 465.90	5 701.94	7 510.88	5 817.87	5 292.44	2 882.38

（三）各土种上耕地地力等级的分布

汝阳县耕地地力等级在土种上分布有着明显的差异（表48-5）。一、二级地主要分布在底砂小两合土、壤质洪积潮土、壤质洪积湿潮土、深位钙盘洪积潮土、淤土、壤盖洪积石灰性砂姜黑土、深位钙盘黏质洪积石灰性砂姜黑土、壤质潮褐土、壤质洪积褐土性土、深位钙盘红黄土质褐土性土等土种上，三、四、五等地主要分布在薄层硅镁铁质中性粗骨土、红黄土质褐土性土、红黄土质淋溶褐土、厚层砂泥质褐土性土、浅位钙盘砂姜红黄土质褐土性土、壤质洪冲积淋溶褐土、黏质洪积褐土、中层钙质褐土性土、中层砂泥质褐土性土、红黏土、泥质中性石质土等土种上，六、七等地主要分布在硅质中性石质土土种上。

表 48-5　汝阳县各土种耕地地力主要等级分布

土类名称	土种名称	主要地力等级
潮土	底砂小两合土	2
	壤质洪积潮土	1、2、3
	壤质洪积湿潮土	1
	深位钙盘洪积潮土	2
	淤土	1、2
粗骨土	薄层钙质粗骨土	5、6
	薄层硅钾质中性粗骨土	4、5
	薄层硅镁铁质中性粗骨土	4、5
	薄层泥质中性粗骨土	4、5、6
	中层硅镁铁质中性粗骨土	3、4
褐土	红黄土质褐土性土	2、3、4、5
	红黄土质淋溶褐土	4、5
	厚层砂泥质褐土性土	3、4
	浅位钙盘砂姜红黄土质褐土性土	1、2
	浅位少量砂姜红黄土质褐土性土	2、3、4
	壤质潮褐土	1、2、3、4
	壤质洪冲积淋溶褐土	4、5
	壤质洪积褐土性土	2、3、4
	壤质洪积石灰性褐土	2、3
	深位钙盘红黄土质褐土性土	1、2
	黏质洪积褐土	3
	中层钙质褐土性土	4、5
	中层砂泥质褐土性土	3、4、5
红黏土	红黏土	2、3、4
砂姜黑土	浅位钙盘黏质洪积石灰性砂姜黑土	1、2
	壤盖洪积石灰性砂姜黑土	1、2
	深位钙盘黏质洪积石灰性砂姜黑土	1、2
石质土	硅质中性石质土	5、6、7
	泥质中性石质土	4、5、6、7

第二节 一级地主要属性

一、面积与分布

一级耕地全县面积为 1 643.56hm²，占全县耕地面积的 4.93%，主要分布在河谷阶地，河网平原低洼地、丘陵低谷地等处有少量分布。土壤养分含量高，平均有机质 21.9g/kg、全氮 1.25g/kg、有效磷 18.0mg/kg、速效钾 147.9mg/kg、缓效钾 664.0mg/kg、有效铁 18.6mg/kg、有效锰 23.2mg/kg、有效铜 2.04mg/kg、有效锌 2.55mg/kg、水溶态硼 0.66mg/kg、有效钼 0.11mg/kg、有效硫 22.9mg/kg、pH 值 7.4（表 48-6）。

表 48-6 汝阳县一级耕地养分含量

项目	平均	最小	最大
有机质（g/kg）	21.9	15.7	26.9
全氮（g/kg）	1.25	0.89	1.58
有效磷（mg/kg）	18.0	9.3	27.7
速效钾（mg/kg）	147.9	95.0	252.0
缓效钾（mg/kg）	664.0	475.0	917.0
有效铁（mg/kg）	18.6	7.9	28.4
有效锰（mg/kg）	23.2	16.7	28.9
有效铜（mg/kg）	2.04	1.14	3.53
有效锌（mg/kg）	2.55	1.18	5.30
水溶态硼（mg/kg）	0.66	0.36	0.82
有效钼（mg/kg）	0.11	0.04	0.21
有效硫（mg/kg）	22.9	14.3	28.3
pH 值	7.3	6.5	8.3

二、主要属性分析

一级耕地有效土层厚度 60cm 以上，海拔 375m 以下，无障碍层，灌溉保证率 75% 以上，主要种植蔬菜、粮食，质地主要是中壤土、重壤土，土种主要是壤质潮褐土、壤质洪积潮土、浅位少量砂姜红黄土质褐土性土、壤盖洪积石灰性砂姜黑土（表 48-7）。土层厚，地势平坦，水利条件好，现以种粮、蔬菜为主。

三、合理利用

一级地做为全县的粮食稳产高产田，应进一步完善排灌工程，合理施肥，适当减少氮肥用量，多施磷、钾肥，重施有机肥，大力推广秸秆还田技术，补充微量元素肥料。

表 48-7 汝阳县一级耕地属性面积 单位：hm²

地形部位	指标	河谷阶地	河网平原低洼地	丘陵低谷地
	面积	1 502.60	79.78	61.18
有效土厚度（cm）	指标	>60	30~60	
	面积	1 611.43	32.13	
高程（m）	指标	<290	290~375	
	面积	757.31	886.25	

（续表）

障碍层类型	指标	无			
	面积	1 643.56			
灌溉保证率（%）	指标	50~75	>75		
	面积	225.71	1 417.85		
种植制度	指标	其他	蔬菜	小麦—玉米	
	面积	91.54	275.73	1 276.29	
质地	指标	砂壤土	中壤土	重壤土	
	面积	8.48	1 372.58	262.50	
土种	指标	底砂小两合土	红黄土质褐土性土	浅位钙盘砂姜红黄土质褐土性土	浅位钙盘黏质洪积石灰性砂姜黑土
	面积	8.48	9.09	32.13	6.85
土种	指标	浅位少量砂姜红黄土质褐土性土	壤盖洪积石灰性砂姜黑土	壤质潮褐土	壤质洪积潮土
	面积	92.43	71.89	224.85	1 058.92
土种	指标	壤质洪积湿潮土	深位钙盘红黄土质褐土性土	深位钙盘黏质洪积石灰性砂姜黑土	淤土
	面积	58.18	2.69	47.42	30.63

第三节　二级地主要属性

一、面积与分布

二级耕地全县面积为 4 465.90hm²，占全县耕地面积的 13.41%，主要分布在河谷阶地，河网平原低洼地，丘陵低谷地，丘陵坡地中、上部等处。土壤养分含量较高，平均有机质 20.2g/kg、全氮 1.16g/kg、有效磷 15.2mg/kg、速效钾 149.9mg/kg、缓效钾 649.6mg/kg、有效铁 17.0mg/kg、有效锰 22.3mg/kg、有效铜 1.81mg/kg、有效锌 2.03mg/kg、水溶态硼 0.63mg/kg、有效钼 0.12mg/kg、有效硫 23.5mg/kg、pH 值 7.5（表 48-8）。

表 48-8　汝阳县二级耕地养分含量

项　目	平　均	最　小	最　大
有机质（g/kg）	20.2	12.0	27.5
全氮（g/kg）	1.16	0.78	1.60
有效磷（mg/kg）	15.2	7.1	27.7
速效钾（mg/kg）	149.9	91.0	299.0
缓效钾（mg/kg）	649.6	400.0	1028.0
有效铁（mg/kg）	17.0	6.0	29.6
有效锰（mg/kg）	22.3	7.4	32.3
有效铜（mg/kg）	1.81	0.93	4.95
有效锌（mg/kg）	2.03	0.88	5.83
水溶态硼（mg/kg）	0.63	0.34	1.13
有效钼（mg/kg）	0.12	0.03	0.31
有效硫（mg/kg）	23.5	13.0	36.3
pH 值	7.5	6.5	8.3

二、主要属性分析

二级耕地绝大部分有效土层厚度 60cm 以上、海拔 375m 以下、无障碍层、灌溉保证率 45% 以上，主要种植蔬菜、粮食、或粮食和豆类、蔬菜间作，质地主要是中壤土、重壤土，土种主要是红黄土质褐土性土、浅位钙盘砂姜红黄土质褐土性土、浅位少量砂姜红黄土质褐土性土、壤盖洪积石灰性砂姜黑土、壤质洪积潮土、深位钙盘黏质洪积石灰性砂姜黑土、底砂小两合土、淤土（见表48-9）。土层较厚，有一定水利条件，现以种粮、蔬菜为主。

三、合理利用

二级地是全县粮食主产区，施肥过程应磷钾肥配合氮肥施用，结合有机肥的施用，深翻耕层，改良土壤，积极搞好秸秆还田，在作物生长过程中应喷施微量元素肥料，特别是锌肥的使用，积极改造此地农田水利基础设施建设，大力推广秸秆覆盖技术。

表48-9　汝阳县二级耕地属性面积　　　　单位：hm²

地形部位	指标	河谷阶地	河网平原低洼地	丘陵低谷地	丘陵坡地中上部	中低山上中部坡腰
	面积	1 806.87	254.70	1 342.20	1 047.85	14.28
有效土厚度（cm）	指标	>60	60~30	<20		
	面积	4 138.45	323.56	3.89		
高程（m）	指标	<290	290~375	375~500	500~800	
	面积	2 184.35	2 183.07	97.93	0.55	
障碍层类型	指标	黏盘层	砂姜层	砂砾层	无	
	面积	15.87	58.73	87.71	4 303.59	
灌溉保证率（%）	指标	<30	30~50	50~75	>75	
	面积	11.99	1 794.02	862.78	1 797.11	
种植制度	指标	其他	蔬菜	小麦—玉米		
	面积	470.81	281.89	3 713.20		
质地	指标	轻黏土	砂壤土	中壤土	重壤土	
	面积	23.33	328.45	1 565.90	2 548.22	
土种	指标	红黄土质褐土性土	红黏土	厚层砂泥质褐土性土	泥质中性石质土	浅位钙盘砂姜红黄土质褐土性土
	面积	160.83	23.33	76.19	3.89	165.14
土种	指标	浅位钙盘黏质洪积石灰性砂姜黑土	浅位少量砂姜红黄土质褐土性土	壤盖洪积石灰性砂姜黑土	壤质潮褐土	壤质洪积潮土
	面积	92.28	646.69	465.70	78.64	1 182.20
土种	指标	壤质洪积褐土性土	壤质洪积石灰性褐土	深位钙盘红黄土质褐土性土	深位钙盘洪积潮土	深位钙盘黏质洪积石灰性砂姜黑土
	面积	180.36	167.08	66.57	53.24	528.44
土种	指标	淤土	中层硅镁铁质中性粗骨土	中层砂泥质褐土性土	底砂小两合土	
	面积	217.32	7.08	22.47	328.45	

第四节　三级地主要属性

一、面积与分布

三级耕地全县面积为 5 701.94hm²，占全县耕地面积的 17.12%，主要分布在丘陵低谷地和丘陵坡地中、上部处，在河谷阶地和中低山上中部坡腰处有少量分布。土壤养分平均含量：有机质 18.7g/kg、全氮 1.07g/kg、有效磷 13.9mg/kg、速效钾 141.3mg/kg、缓效钾 643.1mg/kg、有效铁 14.8mg/kg、有效锰 20.7mg/kg、有效铜 1.48mg/kg、有效锌 1.64mg/kg、水溶态硼 0.59mg/kg、有效钼 0.10mg/kg、有效硫 23.4mg/kg、pH 值 7.6（表 48-10）。

表 48-10　汝阳县三级耕地养分含量

项目	平　均	最　小	最　大
有机质（g/kg）	18.7	12.0	25.9
全氮（g/kg）	1.07	0.75	1.40
有效磷（mg/kg）	13.9	6.5	25.6
速效钾（mg/kg）	141.3	83.0	233.0
缓效钾（mg/kg）	643.1	397.0	1 037.0
有效铁（mg/kg）	14.8	4.3	29.2
有效锰（mg/kg）	20.7	3.9	32.3
有效铜（mg/kg）	1.48	0.68	2.82
有效锌（mg/kg）	1.64	0.75	5.26
水溶态硼（mg/kg）	0.59	0.29	1.03
有效钼（mg/kg）	0.10	0.02	0.23
有效硫（mg/kg）	23.4	13.2	41.3
pH 值	7.6	6.7	8.4

二、主要属性分析

三级耕地绝大部分有效土层厚度 30cm 以上、海拔 375m 以下、无障碍层，有障碍层主要是砂姜层、砂砾层，灌溉保证率 45%以上，主要种植蔬菜、粮食、或粮食和豆类、蔬菜间作，质地主要是中壤土、重壤土，土种主要是浅位少量砂姜红黄土质褐土性土、厚层砂泥质褐土性土、红黄土质褐土性土、壤质洪积褐土性土、壤质洪积潮土、中层砂泥质褐土性土、中层硅镁铁质中性粗骨土、黏质洪积褐土（表 48-11）。土层较厚，有一定水利条件，现以种粮、蔬菜为主。

三、合理利用

三级地是全县粮食主要产区，应加强培肥地力措施，重施有机肥，收获玉米小麦时可把秸秆直接还田，推广秸秆还田技术。生产上做到科学施肥，根据土壤分析结果有的放矢，缺啥补啥，在作物生长过程中应喷施微量元素肥料，特别是锌肥的使用。加快改善农田水利设施，扩大农田灌溉面积，深翻土壤，逐步加深耕层厚度。

表 48-11　汝阳县三级耕地属性面积　　　　　　　　　单位：hm²

地形部位	指标	河谷阶地	丘陵低谷地	丘陵坡地中上部	中低山上中部坡腰
	面积	152.23	1 112.30	4 264.02	173.39
有效土厚度（cm）	指标	>60	30~60	20~30	<20
	面积	3 705.48	1 787.75	105.14	103.57

（续表）

高程（m）	指标	<290	290~375	375~500	500~800
	面积	1 512.16	3 671.23	403.16	115.39
障碍层类型	指标	黏盘层	砂姜层	砂砾层	无
	面积	1.68	665.38	1 301.98	3 732.90
灌溉保证率（%）	指标	<30	30~50	50~75	>75
	面积	538.65	2 340.94	1 270.80	1 551.55
种植制度	指标	其他	蔬菜	小麦—玉米	
	面积	2 112.06	1.33	3 588.55	
质地	指标	轻黏土	砂壤土	中壤土	重壤土
	面积	58.39	66.67	2 204.50	3 372.38
土种	指标	薄层硅镁铁质中性粗骨土	薄层泥质中性粗骨土	底砂小两合土	硅质中性石质土
	面积	67.34	103.67	66.67	0.01
土种	指标	红黄土质褐土性土	红黏土	厚层砂泥质褐土性土	泥质中性石质土
	面积	269.41	58.39	903.87	37.69
土种	指标	浅位钙盘砂姜红黄土质褐土性土	浅位少量砂姜红黄土质褐土性土	壤盖洪积石灰性砂姜黑土	壤质潮褐土
	面积	27.42	1 766.08	1.68	163.07
土种	指标	壤质洪积潮土	壤质洪积褐土性土	壤质洪积石灰性褐土	深位钙盘黏质洪积石灰性砂姜黑土
	面积	575.07	180.43	230.97	9.28
土种	指标	淤土	黏质洪积褐土	中层硅镁铁质中性粗骨土	中层砂泥质褐土性土
	面积	15.87	115.51	438.15	671.36

第五节 四级地主要属性

一、面积与分布

四级耕地全县面积为 7 510.88hm²，占全县耕地面积的 22.55%，主要分布在丘陵坡地中、上部和中低山上、中部坡腰处，在丘陵低谷地、河谷阶地、山谷谷底处有少量分布。土壤养分平均含量：有机质 17.4g/kg、全氮 1.04g/kg、有效磷 14.6mg/kg、速效钾 137.4mg/kg、缓效钾 669.8mg/kg、有效铁 16.0mg/kg、有效锰 22.1mg/kg、有效铜 1.57mg/kg、有效锌 1.73mg/kg、水溶态硼 0.54mg/kg、有效钼 0.08mg/kg、有效硫 21.6mg/kg、pH 值 7.5（表 48-12）。

表 48-12 汝阳县四级耕地养分含量

项 目	平 均	最 小	最 大
有机质（g/kg）	17.4	8.9	25.5
全氮（g/kg）	1.04	0.64	1.77
有效磷（mg/kg）	14.6	5.6	32.5

（续表）

项　目	平　均	最　小	最　大
速效钾（mg/kg）	137.4	75.0	305.0
缓效钾（mg/kg）	669.8	318.0	1037.0
有效铁（mg/kg）	16.0	3.8	36.9
有效锰（mg/kg）	22.1	3.0	36.6
有效铜（mg/kg）	1.57	0.57	25.99
有效锌（mg/kg）	1.73	0.84	9.48
水溶态硼（mg/kg）	0.54	0.16	1.02
有效钼（mg/kg）	0.08	0.03	0.22
有效硫（mg/kg）	21.6	9.2	32.5
pH 值	7.5	6.5	8.4

二、主要属性分析

四级耕地，有效土层厚度 60cm 以上、占本级地 40%，30～60cm、占 37%，30cm 以下、占不到 23%；海拔 375m 以下；无障碍层占 40.5%，砂砾层障碍层类型占 47.9%，砂姜层类型占 11.5%；该类型仅有 14.8% 耕地的灌溉保证率 50% 以上，50% 耕地的灌溉保证率在 30%～50%，35.4% 耕地的灌溉保证率在 30% 以下；主要种植粮食、或粮食和豆类、蔬菜间作；质地主要是中壤土、重壤土；土种主要是厚层砂泥质褐土性土、浅位少量砂姜红黄土质褐土性土、薄层硅镁铁质中性粗骨土、薄层泥质中性粗骨土、泥质中性石质土、中层砂泥质褐土性土、红黄土质褐土性土、中层硅镁铁质中性粗骨土、壤质洪积潮土（表 48-13）。有一定水利条件、但不配套，现以种粮、蔬菜为主。

表 48-13　汝阳县四级耕地属性面积　　　　　　　　　　　　　单位：hm²

地形部位	指标	河谷阶地	丘陵低谷地	丘陵坡地中上部	山谷谷底	中低山上中部坡腰
	面积	96.34	249.46	6 080.98	55.98	1 028.12
有效土厚度（cm）	指标	>60	30～60	20～30	<20	
	面积	3 033.32	2 812.14	856.06	809.36	
高程（m）	指标	<290	290～375	375～500	500～800	>800
	面积	657.07	4 956.32	1 633.64	93.52	170.33
障碍层类型	指标	黏盘层	砂姜层	砂砾层	无	
	面积	8.00	863.12	3 598.07	3 041.69	
灌溉保证率（%）	指标	<30	30～50	50～75	>75	
	面积	2 660.89	3 737.62	569.59	542.78	
种植制度	指标	其他	小麦—玉米			
	面积	5 250.49	2 260.39			
质地	指标	轻黏土	砂壤土	中壤土	重壤土	
	面积	53.18	47.32	4 364.70	3 045.68	

（续表）

土种	指标	薄层钙质粗骨土	薄层硅钾质中性粗骨土	薄层硅镁铁质中性粗骨土	薄层泥质中性粗骨土	中层砂泥质褐土性土
	面积	0.75	35.21	628.20	647.74	633.95
土种	指标	硅质中性石质土	红黄土质褐土性土	红黄土质淋溶褐土	红黏土	厚层砂泥质褐土性土
	面积	128.70	618.01	77.96	53.18	2 152.19
土种	指标	泥质中性石质土	浅位钙盘砂姜红黄土质褐土性土	浅位少量砂姜红黄土质褐土性土	壤盖洪积石灰性砂姜黑土	壤质潮褐土
	面积	486.81	8.37	1 286.86	8.00	92.78
土种	指标	壤质洪冲积淋溶褐土	壤质洪积潮土	壤质洪积褐土性土	壤质洪积石灰性褐土	淤土
	面积	67.47	92.46	47.26	30.06	21.82
土种	指标	中层钙质褐土性土	中层硅镁铁质中性粗骨土	底砂小两合土		
	面积	1.15	344.63	47.32		

三、合理利用

四级地是全县粮食主要产区，相对三级以上耕地中、微量营养元素含量稍高，应加强培肥地力措施，重施有机肥，收获玉米小麦时可把秸秆直接还田，推广秸秆还田技术。生产上做到科学施肥，根据土壤分析结果有的放矢，缺啥补啥。加快改善农田水利设施，扩大农田灌溉面积，深翻土壤，逐步加深耕层厚度。

第六节　五级地主要属性

一、面积与分布

五级耕地全县面积为 5 817.87hm²，占全县耕地面积的 17.46%，主要分布在丘陵坡地中、上部和中低山上、中部坡腰处，在丘陵低谷地、河谷阶地、山谷谷底处有少量分布。土壤养分平均含量：有机质 17.6g/kg、全氮 1.11g/kg、有效磷 14.6mg/kg、速效钾 134.1mg/kg、缓效钾 645.6mg/kg、有效铁 18.9mg/kg、有效锰 24.5mg/kg、有效铜 1.73mg/kg、有效锌 1.80mg/kg、水溶态硼 0.49mg/kg、有效钼 0.08mg/kg、有效硫 21.6mg/kg、pH 值 7.4（表 48-14）。

表 48-14　汝阳县五级耕地养分含量

项　目	平　均	最　小	最　大
有机质（g/kg）	17.6	6.8	27.3
全氮（g/kg）	1.11	0.54	2.09
有效磷（mg/kg）	14.6	6.6	28.7
速效钾（mg/kg）	134.1	67.0	324.0
缓效钾（mg/kg）	645.6	299.0	1 009.0
有效铁（mg/kg）	18.9	4.0	42.5
有效锰（mg/kg）	24.5	9.0	37.5
有效铜（mg/kg）	1.73	0.64	20.88

（续表）

项　目	平　均	最　小	最　大
有效锌（mg/kg）	1.80	0.80	7.98
水溶态硼（mg/kg）	0.49	0.20	0.95
有效钼（mg/kg）	0.08	0.03	0.20
有效硫（mg/kg）	21.6	11.8	30.2
pH 值	7.4	6.6	8.3

二、主要属性分析

五级耕地，有效土层厚度小于20cm、占本级地81%，20～30cm、占9.4%，30cm以上约占不到10%；海拔在290～800m；无障碍层仅占6.1%，砂砾层障碍层类型占93.8%；该类型仅有14.0%耕地的灌溉保证率50%以上，42.6%耕地的灌溉保证率在30%～50%，43.4%耕地的灌溉保证率在30%以下；主要种植红薯、花生、或杂粮；质地主要是中壤土；土种主要是泥质中性石质土、薄层钙质粗骨土、薄层硅钾质中性粗骨土、薄层硅镁铁质中性粗骨土、薄层泥质中性粗骨土、硅质中性石质土、厚层砂泥质褐土性土、壤质洪冲积淋溶褐土、中层钙质褐土性土、中层砂泥质褐土性土（表48-15）。灌溉条件差，现以种植红薯、花生或杂粮为主。

表 48-15　汝阳县五级耕地属性面积　　　　　　　　　　　单位：hm²

地形部位	指标	河谷阶地	丘陵低谷地	丘陵坡地中上部	山谷谷底	中低山上中部坡腰
	面积	27.15	178.65	4 676.06	71.81	864.20
有效土厚度（cm）	指标	>60	30～60	20～30	<20	
	面积	19.22	6.43	547.18	4 719.61	
高程（m）	指标	<290	290～375	375～500	500～800	>800
	面积	0.33	1 570.75	1 855.68	1 103.41	762.27
障碍层类型	指标	黏盘层	砂砾层	无		
	面积	4.14	5 461.66	352.07		
灌溉保证率（%）	指标	<30	30～50	50～75	>75	
	面积	2 523.23	2 477.21	775.92	41.51	
种植制度	指标	其他	小麦—玉米			
	面积	5314.59	503.28			
质地	指标	砂壤土	中壤土	重壤土		
	面积	56.54	5 648.49	112.84		
土种	指标	薄层钙质粗骨土	薄层硅钾质中性粗骨土	薄层硅镁铁质中性粗骨土	薄层泥质中性粗骨土	底砂小两合土
	面积	397.43	263.64	731.09	633.05	56.54
土种	指标	硅质中性石质土	红黄土质褐土性土	红黄土质淋溶褐土	厚层砂泥质褐土性土	泥质中性石质土
	面积	412.97	27.31	28.89	183.94	2 498.13

(续表)

土种	指标	浅位少量砂姜红黄土质褐土性土	壤盖洪积石灰性砂姜黑土	壤质洪冲积淋溶褐土	中层钙质褐土性土	中层砂泥质褐土性土
	面积	52.50	4.14	168.42	231.37	128.45

三、合理利用

五级耕地的性质决定，为全县红薯、杂粮主要生产区，相对四级以上耕地中、微量营养元素含量稍高，条件许可采用客土方式增厚土层，提高生产能力。生产上做到缺啥补啥，有的放矢，科学施肥。根据实际种植耐瘠薄作物红薯、谷子等。

第七节　六级地主要属性

一、面积与分布

六级耕地全县面积为 5 292.44 hm²，占全县耕地面积的 15.89%，在中低山上中部坡腰分布55.6%，在丘陵坡地中上部分布 42.0%，在山谷谷底仅分布 2.4%。土壤养分平均含量：有机质19.2g/kg、全氮 1.28g/kg、有效磷 16.4mg/kg、速效钾 132.6mg/kg、缓效钾 681.9mg/kg、有效铁23.2mg/kg、有效锰 27.2mg/kg、有效铜 1.67mg/kg、有效锌 2.12mg/kg、水溶态硼 0.42mg/kg、有效钼 0.06mg/kg、有效硫 20.6mg/kg、pH 值 7.3（表 48-16）。

表 48-16　汝阳县六级耕地养分含量

项　目	平　均	最　小	最　大
有机质（g/kg）	19.2	8.8	30.0
全氮（g/kg）	1.28	0.72	2.11
有效磷（mg/kg）	16.4	7.2	33.4
速效钾（mg/kg）	132.6	62.0	264.0
缓效钾（mg/kg）	681.9	363.0	1 029.0
有效铁（mg/kg）	23.2	3.6	48.3
有效锰（mg/kg）	27.2	7.5	38.0
有效铜（mg/kg）	1.67	0.61	14.45
有效锌（mg/kg）	2.12	0.70	6.83
水溶态硼（mg/kg）	0.42	0.14	0.96
有效钼（mg/kg）	0.06	0.02	0.18
有效硫（mg/kg）	20.6	8.4	27.6
pH 值	7.3	6.4	8.3

二、主要属性分析

六级耕地，有效土层厚度小于 20cm、占本级地 89.2%，20~30cm、占 10.3%；海拔在 290~800m；障碍层类型为砂砾层；灌溉保证率在 30%以下；主要种植杂粮、红薯、或花生；质地主要是中壤土；土种主要是硅质中性石质土、薄层泥质中性粗骨土、泥质中性石质土、薄层钙质粗骨土（表 48-17）。没有灌溉条件，现以种植红薯、花生、或杂粮为主。

表 48-17　汝阳县六级耕地属性面积　　　　　　　单位：hm²

地形部位	指标	丘陵坡地中上部	山谷谷底	中低山上中部坡腰		
	面积	2 222.03	125.39	2 945.02		
有效土厚度（cm）	指标	>60	30~60	20~30	<20	
	面积	19.22	6.43	547.18	4 719.61	
高程（m）	指标	<290	290~375	375~500	500~800	>800
	面积	0.33	1 570.75	1 855.68	1 103.41	762.27
障碍层类型	指标	砂砾层	无			
	面积	5 273.22	19.22			
灌溉保证率（%）	指标	<30	30~50			
	面积	4 779.28	513.16			
种植制度	指标	其他	小麦—玉米			
	面积	5 213.60	78.84			
质地	指标	砂壤土	中壤土			
	面积	19.22	5 273.22			
土种	指标	薄层钙质粗骨土	薄层硅镁铁质中性粗骨土	薄层泥质中性粗骨土	底砂小两合土	硅质中性石质土
	面积	167.08	37.38	1 446.40	19.22	2 329.62
土种	指标	泥质中性石质土	中层砂泥质褐土性土			
	面积	1 286.31	6.43			

三、合理利用

六级耕地的性质决定，多为只能种植红薯、杂粮等耐瘠薄作物，相对地说中、微量营养元素含量稍高，条件许可采用客土方式增厚土层，提高生产能力。生产上做到针对种植的作物，缺啥补啥，有的放矢，科学施肥。根据实际种植耐瘠薄作物红薯、土豆等。

第八节　七级地主要属性

一、面积与分布

七级耕地全县面积为 2 882.38hm²，占全县耕地面积的 8.65%，主要分布在中低山上、中部坡腰。土壤养分平均含量：有机质 17.8g/kg、全氮 1.43g/kg、有效磷 14.7mg/kg、速效钾 112.1mg/kg、缓效钾 591.8mg/kg、有效铁 29.0mg/kg、有效锰 29.7mg/kg、有效铜 1.90mg/kg、有效锌 2.64mg/kg、水溶态硼 0.39mg/kg、有效钼 0.06mg/kg、有效硫 19.9mg/kg、pH 值 7.0（表 48-18）。

表 48-18　汝阳县七级耕地养分含量

项　目	平　均	最　小	最　大
有机质（g/kg）	17.8	1.8	31.3
全氮（g/kg）	1.43	0.59	2.75

（续表）

项　目	平　均	最　小	最　大
有效磷（mg/kg）	14.7	5.8	32.2
速效钾（mg/kg）	112.1	51.0	378.0
缓效钾（mg/kg）	591.8	293.0	962.0
有效铁（mg/kg）	29.0	6.4	54.1
有效锰（mg/kg）	29.7	6.7	38.2
有效铜（mg/kg）	1.90	0.69	8.86
有效锌（mg/kg）	2.64	0.92	7.49
水溶态硼（mg/kg）	0.39	0.17	0.97
有效钼（mg/kg）	0.06	0.01	0.24
有效硫（mg/kg）	19.9	12.9	38.0
pH 值	7.0	6.4	8.1

二、主要属性分析

七级耕地，有效土层厚度小于 20cm；海拔在 290~800m，其中大于 800m、占 67.0%；障碍层类型为砂砾层；灌溉保证率在 30%以下；主要种植杂粮、或土豆、红薯；质地是中壤土；土种主要是硅质中性石质土（表 48-19）。没有灌溉条件，现以种植杂粮或红薯、花生为主。

表 48-19　汝阳县七级耕地属性面积　　　　　　　　　　　　　单位：hm²

地形部位	指标	丘陵坡地中上部	中低山上中部坡腰		
	面积	57.41	2 824.97		
有效土厚度（cm）	指标	<20			
	面积	2 882.38			
高程（m）	指标	290~375	375~500	500~800	>800
	面积	2.74	130.83	817.01	1 931.80
障碍层类型	指标	砂砾层			
	面积	2 882.38			
灌溉保证率（%）	指标	<30	30-50		
	面积	2 881.56	0.82		
种植制度	指标	其他			
	面积	2 882.38			
质地	指标	中壤土			
	面积	2 882.38			
土种	指标	薄层泥质中性粗骨土	硅质中性石质土	泥质中性石质土	
	面积	83.66	2 629.93	168.79	

三、合理利用

七级耕地的性质决定，多为只能种植红薯、杂粮等耐瘠薄作物，相对地说，中、微量营养元素含量高于其他级别的耕地，条件许可采用客土方式增厚土层，提高生产能力。生产上做到针对种植的作物，缺啥补啥，有的放矢，科学施肥。根据实际种植耐瘠薄作物红薯、土豆等。

第九节　中低产田类型

在汝阳县，除一、二级耕地、即年亩产 800kg 以上的外，其余均属中低产田类，面积 27 205.51hm²，占总耕地面积的 81.66%。

一、分布

（一）各乡镇分布

中低产田各乡镇均有分布，刘店乡、付店镇、靳村乡、王坪乡的耕地 100% 是中低产田，超过全县平均比例的还有柏树乡、蔡店乡、城关镇、十八盘乡，小店镇中低产田比例最小（表48-20）。

表48-20　汝阳县各乡镇区中低产田分布

乡名称	总面积（hm²）	中低产田	
		面积（hm²）	占总面积（%）
柏树乡	2 815.47	2 724.62	96.77
蔡店乡	4 652.91	4 197.00	90.20
城关镇	2 351.24	2 057.48	87.51
大安工业园	1 912.49	1 522.45	79.61
付店镇	694.55	694.55	100.00
靳村乡	1 034.57	1 034.57	100.00
刘店乡	3 353.11	3 353.03	100.00
内埠乡	2 444.85	1 571.42	64.27
三屯乡	2 864.03	2 078.04	72.56
上店镇	2 095.93	1 508.90	71.99
十八盘乡	1 858.08	1 827.30	98.34
陶营乡	3 237.17	1 940.56	59.95
王坪乡	1 043.60	1 043.60	100.00
小店镇	2 956.97	1 651.99	55.87
总计	33 314.97	27 205.51	81.66

（二）各乡村面积

各乡村中低产田面积，与地形地貌、成土母质、经济发展水平等自然、人文因素有密切相关性（表48-21）。

表48-21　汝阳县各乡村中低产田面积

乡名称	村名称	面积（hm²）
柏树乡	柏树村	241.15
	布岭村	269.63
	华沟村	196.59
	黄路村	151.54
	康扒村	57.3
	孔龙村	217.07
	漫流村	164.13
	秦停村	150.17
	石门村	188.75
	水磨村	294.47
	五龙村	90.97
	杨沟村	186.45
	枣林村	516.4
	合计	2 724.62

（续表）

乡名称	村名称	面积（hm²）
	鲍村	86.56
	蔡店村	346.32
	草营村	139.34
	常岭村	165.94
	常渠村	362.28
	崔庄村	97.69
	大虎岭林场二区	3.52
	大虎岭林场一区	14.86
	杜康村	132.18
	郭村	352.5
	何村	90.7
	库头村	144.94
	老庄村	98.65
	冷铺村	186.69
	楼庄村	84.38
蔡店乡	蟒庄村	250.01
	孟脑村	198.91
	妙东村	129.57
	妙西村	131.14
	汝阳县杜康集团	7.51
	山上村	40.31
	仝沟村	199.44
	下蔡店村	98.76
	肖庄村	166.95
	辛店村	173.42
	辛庄村	180.83
	闫村	86.83
	张沟村	129.33
	纸坊村	97.44
	合计	4 197
	北街村	22.2
	城东村	21.4
	城关镇林场	2.03
	城关镇羊场	3.55
	大虎岭林场二区	107.06
	大虎岭林场三区	45.22
	大虎岭林场一区	54.29
	东街村	23.91
	郜元村	187.01
	古严村	92.03
	河西村	133.16
	洪涧村	166.21
城关镇	井沟村	294.24
	罗沟村	136.92
	洛峪村	81.43
	南街村	15.21
	清气村	102.03
	三角村	38.57
	寺湾村	2.75
	武湾村	53.53
	西街村	35.76
	杨庄村	218.95
	云梦村	22.43
	张河村	197.59
	合计	2 057.48

（续表）

（续表）

乡名称	村名称	面积（hm²）
大安工业园	大安村	470.26
	杜庄村	310.09
	高河村	165.05
	刘庄村	166.22
	罗凹村	69.17
	茹店村	341.66
	合计	1 522.45
付店镇	拨菜村	70.69
	东沟村	72.73
	付店村	55.72
	河庄村	59.78
	后坪村	21.54
	火庙村	67.63
	马庙村	60.53
	牌路村	16.18
	石柱村	65.52
	松门村	40.69
	太山村	39.71
	苇园村	64.03
	西坪村	27.46
	银鹿村	32.34
	合计	694.55
靳村乡	椿树村	128.36
	靳村	137.56
	七里村	58.13
	沙沟村	86.79
	石寨村	85.39
	双寺村	35.09
	太平村	138.74
	西沟村	40.94
	小白村	159.67
	杨坪村	56.57
	鱼山村	107.33
	合计	1 034.57
刘店乡	昌村	190.67
	二郎村	470.16
	红里村	285.62
	洪岭村	271.56
	刘店村	316.8
	刘店乡林场	25.72
	七贤村	180.46
	沙坪村	250.8
	滕岭村	307.63
	岘山村	163.8
	邢坪村	237.44
	油坊村	431.2
	枣园村	221.17
	合计	3 353.03

（续表）

（续表）

乡名称	村名称	面积（hm²）
内埠乡	池子头村	74.55
	东金庄村	156.34
	黄湾村	13.64
	柳沟村	200.51
	马坡村	41.76
	内埠村	227.21
	南坡村	217.99
	上岗底村	236.22
	双泉村	41.11
	湾寨村	42.83
	西金庄村	166.58
	下岗底村	152.68
	合计	1 571.42
三屯乡	北保村	0.44
	丁沟村	59.05
	东保村	3.43
	东局村	222.44
	杜沟村	102.01
	耿沟村	57.08
	郭庄村	37.45
	红军村	111.25
	花东村	120.47
	花西村	197.45
	黄营村	81.31
	六湖村	89.21
	六竹村	87.42
	庙湾村	72.77
	南保村	112.78
	秦岭村	56.83
	三屯村	14.33
	上河村	83.73
	武沟村	152.7
	下河村	56.9
	小寺河村	83.86
	新建村	57.55
	玉马村	81.57
	员沟村	136.01
	合计	2 078.04
上店镇	八沟村	41.6
	布河村	68.91
	圪塔村	118.9
	桂柳村	191.27
	李庄村	256.17
	庙岭村	110.55
	南拐村	198.74
	任庄村	215.36
	汝南村	39.56
	西局村	194.01
	西庄村	38.41
	下店村	23.17
	新庄村	12.25
	合计	1 508.9

（续表）

（续表）

乡名称	村名称	面积（hm²）
十八盘乡	登山村	91. 65
	蒿坪村	77. 73
	刘沟村	102. 53
	刘坑村	95. 85
	刘坡村	157. 7
	马寺村	84. 34
	木庄村	122. 01
	千里村	76. 29
	青山村	130. 75
	汝河村	185. 51
	申庄村	155. 46
	十八盘村	125. 84
	斜纹村	101. 08
	鸭兰村	49. 71
	赵庄村	114. 74
	竹园村	156. 11
	合计	1 827. 3
陶营乡	大北西村	48. 14
	大虎岭林场二区	30. 28
	大虎岭林场三区	11. 28
	范滩村	240. 59
	罗营村	100. 3
	南寺村	172. 58
	南庄村	119. 07
	上坡村	84. 39
	柿园村	303. 51
	陶营村	184. 13
	铁炉营村	195. 67
	魏村	87. 71
	小北西村	131. 24
	姚沟村	231. 67
	合计	1 940. 56
王坪乡	宝丰村	22. 95
	大庄村	38. 76
	洞沟村	149. 22
	孤石村	89. 76
	合村	75. 18
	椒沟村	112. 43
	两河村	57. 9
	柳树村	164. 47
	孟村	76. 01
	聂坪村	116. 01
	王坪村	79. 13
	响地村	61. 78
	合计	1 043. 6

（续表）

（续表）

乡名称	村名称	面积（hm²）
	板棚村	187.56
	车坊村	26.33
	大虎岭林场二区	0.09
	大虎岭林场三区	52.06
	高庄村	127.46
	关帝村	69.46
	胡村	41.85
	黄屯村	44.78
	李村	54.02
小店镇	龙泉村	223.9
	马沟村	187.29
	马庄村	26.31
	秦洼村	215.61
	圣王台村	45.69
	双丰村	123.72
	小店村	26.57
	小寺村	13.08
	赵村	100.42
	紫罗村	85.79
	合计	1 651.99

二、类型分析

地形部位

中低产田在不同地形部位，分布面积不同，主要在丘陵坡地中上部，中低山上中部坡腰和丘陵低谷地，河谷阶地和山谷谷底有 1.94% 的分布。其生产能力，是由几个因素相互作用的结果，如果一项、二项、或者三项不利因子有优势，即使其他因子占的比重大，那么生产水平同样低下。

1. 丘陵坡地中、上部类耕地

面积 17 300.50hm²，占 63.59%。本类地中，高程小于 290m 的 2 087.97hm²、占 12.07%，290~375m 的 12 221.88 hm²、占 70.64%，375 ~ 500m 的 2 803.47 hm²、占 16.20%，500 ~ 800m 的 187.18hm²、占 1.08；种植小麦—玉米 5 532.04hm²、占 31.98%，种植蔬菜 1.33hm²、占 0.01%，种植小麦、玉米、花生、烟叶、红薯或小麦—花生（豆类、蔬菜）等其他的 11 767.13 hm²、占 68.02%；灌溉保证率小于 30% 的 5 651.64hm²、占 32.67%，30%~50% 的 7 414.27hm²、占 42.86%，50%~75% 的 2 345.54hm²、占 13.56%，大于 75% 的 1 889.05hm²、占 10.92%；有效土层厚度小于 20cm 的 3 744.01hm²、占 21.64%，20~30cm 的 4 032.74hm²、占 23.31%，30~60cm 的 4 572.97hm²、占 26.43%，大于 60cm 的 4 950.78hm²、占 28.62%；障碍层类型属黏盘层的 13.82hm²、占 0.08%，砂姜层的 1 268.61hm²、占 7.33%，砂砾层的 11 035.45hm² 占 63.79%，无障碍层 4 982.62hm²、占 28.80%；土壤质地属轻黏土的 111.57hm²、占 0.64%，砂壤土的 26.67hm²、占 0.15%，中壤土的 12 296.01hm²、占 71.07%，重壤土的 4 866.25hm²、占 28.13%。

该类地有 22 个土种，主要土种是薄层泥质中性粗骨、厚层砂泥质褐土性土、泥质中性石质土、浅位少量砂姜红黄土质褐土性土（表48-22）。

表48-22　汝阳县中低产田丘陵坡地中上部耕地类土种分布

土种	面积（hm²）	比例（%）
薄层钙质粗骨土	565.26	3.27
薄层硅钾质中性粗骨土	205.68	1.19
薄层硅镁铁质中性粗骨土	1 249.59	7.22
薄层泥质中性粗骨土	2 199.15	12.71
底砂小两合土	26.67	0.15
硅质中性石质土	344.89	1.99
红黄土质褐土性土	593.4	3.43
红黏土	111.57	0.64
厚层砂泥质褐土性土	2 771.87	16.02
泥质中性石质土	3 369.45	19.48
浅位钙盘砂姜红黄土质褐土性土	31.84	0.18
浅位少量砂姜红黄土质褐土性土	2 284.09	13.20
壤盖洪积石灰性砂姜黑土	13.82	0.08
壤质潮褐土	240.79	1.39
壤质洪积潮土	507.85	2.94
壤质洪积褐土性土	227.69	1.32
壤质洪积石灰性褐土	214.65	1.24
深位钙盘黏质洪积石灰性砂姜黑土	9.28	0.05
淤土	37.69	0.22
黏质洪积褐土	115.51	0.67
中层钙质褐土性土	232.52	1.34
中层硅镁铁质中性粗骨土	779.12	4.50
中层砂泥质褐土性土	1 168.12	6.75

养分级别，有机质一五级仅占4.69%，二三四级占绝大部分面积；一级面积803.29 hm²、占4.64%，二级7 748.18 hm²、占44.79%，三级7 835.79 hm²、占45.29%，四级904.95hm²、占5.23%，五级8.29hm²、占0.05%。有效磷一二五级占6.20%，三四级占绝大部分面积；一级面积364.8 hm²、占2.11%，二级647.06hm²、占3.74%，三级8 914.12hm²、占51.53%，四级7 314.71 hm²、占42.28%，五级59.73hm²、占0.35%。速效钾四五级仅占1.25%，一二三级占绝大部分面积；一级面积4 942.32hm²、占28.57%，二级7 787.39hm²、占45.01%，三级4 354.23hm²、占25.17%，四级207.21hm²、占1.20%，五级9.35hm²、占0.05%。

2. 中低山上中部坡腰类耕地

面积7 835.70hm²，占28.80%。本类地中，高程290~375m的1 144.04hm²、占14.60%，375~500m的1 592.02 hm²、占20.32%，500~800m的2 069.88 hm²、占26.42%，大于800m的3 029.76hm²、占38.67%；种植小麦—玉米189.36hm²、占2.42%，种植小麦、玉米、花生、烟叶、红薯或小麦—花生（豆类、蔬菜）等其他的7 646.34hm²、占97.58%；灌溉保证率小于30%的6 799.22hm²、占86.77%，30%~50%的878.20hm²、占11.21%，大于75%的158.28hm²、占

2.02%；有效土层厚度小于20cm的5 859.80hm²、占74.78%，20~30cm的358.75hm²、占4.58%，30~60cm的341.03hm²、占4.35%，大于60cm的1 276.12hm²、占16.29%；障碍层类型属砂砾层的6 555.63hm²占83.66%，无障碍层的1 280.07hm²、占16.34%；土壤质地属砂壤土的96.41hm²、占1.23%，中壤土的7 040.27hm²、占89.85%，重壤土的699.02hm²、占8.92%。

该类地有14个土种，主要土种是硅质中性石质土、泥质中性石质土、薄层泥质中性粗骨土（表48-23）。

养分级别，有机质一、四、五级仅占15.70%，二三级绝大部分面积；一级面积939.01hm²、占11.98%，二级面积3 386.39hm²、占43.22%，三级面积3 219.39hm²、占41.09%，四级面积236.44hm²、占3.02%，五级面积54.47hm²、占0.70%。有效磷一、二、五级面积占20.55%，三、四级面积占绝大部分面积；一级面积830.05hm²、占10.59%，二级面积652.17hm²、占8.32%，三级面积4 002.77hm²、占51.08%，四级面积2 222.59hm²、占28.36%，五级面积128.12hm²、占1.64%。速效钾一、四、五级面积占28.25%，二三级面积占绝大面积；一级面积1 317.78hm²、占16.82%，二级面积2 416.03hm²、占30.83%，三级面积3 206.11hm²、占40.92%，四级面积732.69hm²、占9.35%，五级面积163.09hm²、占2.08%。

表48-23　汝阳县中低产田中低山上中部坡腰耕地类土种分布

土种	面积（hm²）	比例（%）
薄层硅钾质中性粗骨土	93.17	1.19
薄层硅镁铁质中性粗骨土	22.97	0.29
薄层泥质中性粗骨土	462.57	5.90
底砂小两合土	96.41	1.23
硅质中性石质土	4 902.85	62.57
红黄土质褐土性土	308.18	3.93
红黄土质淋溶褐土	56.72	0.72
厚层砂泥质褐土性土	281.23	3.59
泥质中性石质土	876.49	11.19
浅位钙盘砂姜红黄土质褐土性土	3.95	0.05
浅位少量砂姜红黄土质褐土性土	330.17	4.21
壤质潮褐土	9.4	0.12
壤质洪冲积淋溶褐土	235.89	3.01
壤质洪积潮土	54.76	0.70
中层砂泥质褐土性土	100.94	1.29

3. 丘陵低谷地类耕地

面积1 540.41hm²，占5.66%。本类地中，高程小于290m的253.67hm²、占16.47%，290~375m的889.63hm²、占57.75%，375~500m的393.98hm²、占25.58%，500~800m的3.13hm²、占0.20%；种植小麦—玉米563.75hm²、占36.60%，种植小麦、玉米、花生、烟叶、红薯、或小麦—花生（豆类、蔬菜）等其他的976.66hm²、占63.40%；灌溉保证率小于30%的654.16hm²、占42.47%，30%~50%的566.10hm²、占36.75%，50%~75%的265.84hm²、占17.26%，大于75%的54.31hm²、占3.53%；有效土层厚度小于20cm的320.58hm²、占20.81%，20~30cm的263.32hm²、占17.09%，30~60cm的196.33hm²、占12.75%，大于60cm的760.18hm²、占49.35%；障碍层类型属砂姜层的259.89hm²占16.87%，砂砾层的520.34hm²占33.78%，无障碍层的760.18hm²、占49.35%；土壤质地属中壤土的630.68hm²、占40.94%，重壤土的909.73hm²、占59.06%。

该类地有 11 个土种，主要土种是薄层硅镁铁质中性粗骨土、薄层泥质中性粗骨土、泥质中性石质土、浅位少量砂姜红黄土质褐土性土、中层砂泥质褐土性土（表 48-24）。

表 48-24　汝阳县中低产田丘陵低谷地类耕地土种分布

土种	面积（hm²）	比例（%）
薄层硅镁铁质中性粗骨土	191.45	12.43
薄层泥质中性粗骨土	229.03	14.87
红黄土质褐土性土	7.38	0.48
厚层砂泥质褐土性土	140.91	9.15
泥质中性石质土	163.42	10.61
浅位少量砂姜红黄土质褐土性土	491.18	31.89
壤质潮褐土	5.66	0.37
壤质洪积潮土	104.48	6.78
壤质洪积石灰性褐土	46.38	3.01
中层硅镁铁质中性粗骨土	3.66	0.24
中层砂泥质褐土性土	156.86	10.18

养分级别，有机质一四级仅占 7.83%，二三级占绝大部分面积；一级面积 64.13hm²、占 4.16%，二级 638.25hm²、占 41.43%，三级 781.52hm²、占 50.73%，四级 56.51hm²、占 3.67%。有效磷一二级仅占 3.39%，三四级占绝大部分面积；一级面积 20.39hm²、占 1.32%，二级 31.90hm²、占 2.07%，三级 584.59hm²、占 37.95%，四级 903.53hm²、占 58.66%。速效钾一级面积 532.87hm²、占 34.59%，二级 794.21hm²、占 51.56%，三级 213.33hm²、占 13.85%。

4. 河谷阶地类耕地

面积 275.72hm²，占 1.01%。本类地中，高程小于 290m 的 1.16hm²、占 0.42%，290~375m 的 235.18hm²、占 85.30%，375~500m 的 39.38hm²、占 14.28%；种植小麦—玉米 145.91hm²、占 52.92%，种植小麦—花生（豆类、蔬菜）等其他的 129.81hm²、占 47.08%；灌溉保证率小于 30% 的 25.41hm²、占 9.22%，30%~50% 的 211.18hm²、占 76.59%，50%~75% 的 4.93hm²、占 1.79%，大于 75% 的 34.20hm²、占 12.40%；有效土层厚度小于 20cm 的 150.63hm²、占 54.63%，20~30cm 的 11.99hm²、占 4.35%，30~60cm 的 45.99hm²、占 16.68%，大于 60cm 的 67.11hm²、占 24.34%；障碍层类型属砂砾层的 208.61hm² 占 75.66%，无障碍层的 67.11hm²、占 24.34%；土壤质地属砂壤土的 66.67hm²、占 24.18%，中壤土的 209.05hm²、占 75.82%。

该类地有 6 个土种，主要土种是底砂小两合土、硅质中性石质土、厚层砂泥质褐土性土、泥质中性石质土（表 48-25）。

表 48-25　汝阳县中低产田河谷阶地类耕地土种分布

土种	面积（hm²）	比例（%）
薄层泥质中性粗骨土	23.77	8.62
底砂小两合土	66.67	24.18
硅质中性石质土	70.48	25.56
厚层砂泥质褐土性土	45.99	16.68
泥质中性石质土	68.37	24.80
壤质洪积潮土	0.44	0.16

养分级别，有机质一级面积 21.46hm²、占 7.78%，二级 71.75hm²、占 26.02%，三级

173.75hm²、占 63.02%，四级 8.76hm²、占 3.18%。有效磷二级面积 7.24hm²、占 2.63%，三级 147.19hm²、占 53.38%，四级 108.42hm²、占 39.32%，五级 12.87hm²、占 4.67%。速效钾一级面积 45.79hm²、占 16.61%，二级 91.22hm²、占 33.08%，三级 138.42hm²、占 50.20%，四级 0.29hm²、占 0.11%。

5. 山谷谷底类耕地

面积 253.18hm²，占 0.93%。本类地中，高程 375~500m 的 21.15hm²、占 8.35%，500~800m 的 38.43hm²、占 15.18%，高于 800m 的 193.60hm²、占 76.47%；全是种植小麦、玉米、花生、土豆、豆类等其他的，计 253.18hm²；灌溉保证率均小于 30%；有效土层厚度小于 20cm 的 183.01hm²、占 72.28%，30~60cm 的 14.27hm²、占 5.64%，大于 60cm 的 55.90hm²、占 22.08%；障碍层类型属砂砾层的 197.28hm² 占 77.92%，无障碍层的 55.90hm²、占 22.08%；土壤质地属中壤土的 197.28hm²、占 77.92%，重壤土的 55.90hm²、占 22.08%。

该类地有 4 个土种（表 48-26）。

表 48-26　汝阳县中低产田山谷谷底类耕地土种分布

土　　种	面积（hm²）	比例（%）
硅质中性石质土	183.01	72.28
红黄土质褐土性土	5.77	2.28
红黄土质淋溶褐土	50.13	19.80
中层砂泥质褐土性土	14.27	5.64

养分级别，有机质一级面积 93.20hm²、占 36.81%；二级 103.03hm²、占 40.69%；三级 56.95hm²、占 22.49%。有效磷一级面积 37.57hm²、占 14.84%；二级 33.60hm²、占 13.27%；三级 93.58hm²、占 36.96%；四级 87.66hm²、占 34.62%；五级 0.77hm²、占 0.30%。速效钾一级面积 35.67hm²、占 14.09%；二级 65.33hm²、占 25.80%；三级 39.10hm²、占 15.44%；四级 104.61hm²、占 41.32%；五级 8.47hm²、占 3.35%。

第四十九章　耕地资源利用类型区

第一节　耕地资源利用分区划分原则

汝阳县地形复杂，各区气候特点、地貌特征、水文地质、母质类型、以及土壤肥力、耕作制度各不相同。为了因地制宜，分区域进行耕地改质良利用，按照主导因素与综合性相结合的原则，根据地貌形态，成土母质，土壤类型，土壤肥力，改良利用方向和水利条件等农业生产有利条件与不利因子的相似性，采取同类性和同向性分区相结合的方法，把地貌类型，水热条件，土壤类型相同，农业生产条件与障碍因素相似，改良利用方向基本一致性划分。例如，山区照顾山体基本完整、森林植被相近，平原区注意流域的完整性。同一利用区具有优势的土壤类型、近似的土壤组合和气候、植被等环境条件以及生产上的主要限制因素与改良利用方向等基本相同。

分区命名采用，本区的地理位置—地貌类型—主要土壤（亚类和土属）及土壤利用方式的连续命名法。全县分南部中山石质土褐土林土特产区、南中部低山褐土粗骨土石质土林牧果品区、中北部丘陵褐土粗骨土经粮区、汝河川褐土潮土粮菜区、内埠滩砂姜黑土潮土褐土粮棉区5个区。

第二节　南部中山石质土褐土林土特产区

南部中山石质土褐土林土特产区，包括靳村乡、付店镇、十八盘乡、王坪乡、三屯乡5个乡镇的55个行政村，面积4 877.72hm²。

一、土壤养分现状

土壤养分平均含量：有机质19.0g/kg、全氮1.45g/kg、有效磷16.0mg/kg、速效钾117mg/kg、有效铁29.2mg/kg、有效锰30.2mg/kg、有效铜2.02mg/kg、有效锌2.65mg/kg、水溶态硼0.37mg/kg、有效钼0.06mg/kg、有效硫20.1mg/kg、pH值7.0（表49-1）。

表49-1　汝阳县南部中山石质土褐土林土特产区耕地土壤养分含量

项　目	平　均	最　小	最　大
有机质（g/kg）	19.0	1.8	31.3
全氮（g/kg）	1.45	0.76	2.75
有效磷（mg/kg）	16.0	5.8	33.4
速效钾（mg/kg）	117	51	378
有效铁（mg/kg）	29.2	9.7	54.1
有效锰（mg/kg）	30.2	6.7	38.2
有效铜（mg/kg）	2.02	0.68	25.99
有效锌（mg/kg）	2.65	0.70	9.48
水溶态硼（mg/kg）	0.37	0.14	0.97
有效钼（mg/kg）	0.06	0.01	0.24
有效硫（mg/kg）	20.1	13.2	38.0
pH值	7.0	6.4	7.7

二、土类土种分布

该区3个土类，其中潮土75.76hm²、占1.55%，褐土568.64hm²，占11.66%，石质土4 233.32hm²、占86.79%。土种9个，面积、比例见表49-2。

表 49-2　汝阳县南部中山石质土褐土林土特产区耕地土种分布

土种名称	面积（hm²）	比例（%）
底砂小两合土	75.76	1.55
硅质中性石质土	4 156.54	85.21
红黄土质褐土性土	58.63	1.20
红黄土质淋溶褐土	106.85	2.19
厚层砂泥质褐土性土	31.35	0.64
泥质中性石质土	76.78	1.57
浅位少量砂姜红黄土质褐土性土	52.89	1.08
壤质洪冲积淋溶褐土	235.89	4.84
中层砂泥质褐土性土	83.03	1.70
总计	4 877.72	100.00

三、主要属性

质地含砂壤土、中壤土、重壤土 3 个，面积、比例见表 49-3。

表 49-3　汝阳县南部中山石质土褐土林土特产区耕地土壤质地情况

质地	面积（hm²）	比例（%）
砂壤土	75.76	1.55
中壤土	4 583.59	93.97
重壤土	218.37	4.48

障碍层类型，砂砾层面积 4 316.35hm²，占 88.49%；无障碍层面积 561.37hm²，占 11.51%。农田灌溉主要是山间河流、小溪和微积水工程，保证率绝大部分面积在 50% 以下（表 49-4）。

表 49-4　汝阳县南部中山石质土褐土林土特产区耕地灌溉情况

灌溉保证率（%）	面积（hm²）	比例（%）
<30	4 699.42	96.34
30~50	167.85	3.44
>75	10.45	0.21

种植制度主要是小麦、玉米、土豆、杂粮，有少部分小麦—玉米（花生、大豆、或菜类）轮作等。

耕地分布高程主要在 500m 以上（表 49-5）。

表 49-5　汝阳县南部中山石质土褐土林土特产区耕地高程分布情况

高程（m）	面积（hm²）	比例（%）
290~375	171.42	3.51
375~500	2 98.02	6.11
500~800	1194.17	24.48
>800	3 214.11	65.89

耕地有效土厚度绝大部分在 20cm 以下（表 49-6）。

表 49-6　汝阳县南部中山石质土褐土林土特产区耕地有效土层厚度情况

有效土厚度（cm）	面积（hm²）	比例（%）
<20	4 179.60	85.69
30~20	53.72	1.10
60~30	83.03	1.70
>60	561.37	11.51

汝阳县耕地地力等级主要是六、七级，含四至七级（表 49-7）。

表 49-7　汝阳县南部中山石质土褐土林土特产区耕地地力等级情况

县地力等级	面积（hm²）	比例（%）
4	259.57	5.32
5	573.37	11.75
6	1 511.96	31.00
7	2 532.82	51.93

第三节　南中部低山褐土粗骨土石质土林牧果品区

南中部低山褐土粗骨土石质土林牧果品区，包括十八盘乡、三屯乡、刘店乡、上店镇、柏树乡、城关镇、小店镇、陶营乡、蔡店乡 9 个乡镇的 42 个行政村，面积 7 305.20hm²。

一、土壤养分现状

土壤养分平均含量：有机质 16.5g/kg、全氮 1.00g/kg、有效磷 14.2mg/kg、速效钾 142mg/kg、有效铁 14.5mg/kg、有效锰 22.4mg/kg、有效铜 1.33mg/kg、有效锌 1.54mg/kg、水溶态硼 0.53mg/kg、有效钼 0.07mg/kg、有效硫 20.8mg/kg、pH 值 7.6（表 49-8）。

表 49-8　汝阳县南中部低山褐土粗骨土石质土林牧果品区耕地土壤养分含量

项目	平均	最小	最大
有机质（g/kg）	16.5	6.8	24.3
全氮（g/kg）	1.00	0.54	1.56
有效磷（mg/kg）	14.2	6.6	30.8
速效钾（mg/kg）	142	75	324
有效铁（mg/kg）	14.5	5.6	33.9
有效锰（mg/kg）	22.4	9.7	37.3
有效铜（mg/kg）	1.33	0.57	2.66
有效锌（mg/kg）	1.54	0.83	5.19
水溶态硼（mg/kg）	0.53	0.17	0.96
有效钼（mg/kg）	0.07	0.03	0.17
有效硫（mg/kg）	20.8	8.4	27.6
pH 值	7.6	6.5	8.3

二、土类土种分布

该区4个土类，主要是粗骨土、褐土、石质土，见表49-9。土种18个，面积、比例见表49-10。

表49-9　汝阳县南中部低山褐土粗骨土石质土林牧果品区耕地土类分布

土类名称	面积（hm²）	比例（%）
潮土	168.49	2.31
粗骨土	1 943.77	26.61
褐土	2 204.28	30.17
石质土	2 988.66	40.91
总计	7 305.20	100.00

表49-10　汝阳县南中部低山褐土粗骨土石质土林牧果品区耕地土种分布

土种名称	面积（hm²）	比例（%）
薄层钙质粗骨土	696.56	9.54
薄层硅钾质中性粗骨土	272.35	3.73
薄层硅镁铁质中性粗骨土	19.54	0.27
薄层泥质中性粗骨土	955.32	13.08
底砂小两合土	92.37	1.26
硅质中性石质土	1 169.66	16.01
红黄土质褐土性土	484.86	6.64
厚层砂泥质褐土性土	536.62	7.35
泥质中性石质土	1 819.00	24.90
浅位钙盘砂姜红黄土质褐土性土	30.21	0.41
浅位少量砂姜红黄土质褐土性土	756.14	10.35
壤质潮褐土	12.95	0.18
壤质洪积潮土	67.49	0.92
壤质洪积褐土性土	3.62	0.05
壤质洪积石灰性褐土	26.90	0.37
淤土	8.63	0.12
中层钙质褐土性土	231.27	3.17
中层砂泥质褐土性土	121.71	1.67

三、主要属性

质地含砂壤土、中壤土、重壤土3个，面积、比例见表49-11。

表49-11　汝阳县南中部低山褐土粗骨土石质土林牧果品区耕地土壤质地情况

质地	面积（hm²）	比例（%）
砂壤土	92.37	1.26
中壤土	5 911.10	80.92
重壤土	1 301.73	17.82

障碍层类型，砂砾层面积5 440.91hm²，占74.48%；无障碍层面积1 864.29hm²，占25.52%。

农田灌溉保证率绝大部分面积在50%以下（表49-12）。

种植制度绝大部分是小麦、玉米、土豆、杂粮，或有少部分小麦—玉米（花生、大豆或菜类）轮作，面积6 263.62hm²、占85.74%；小麦—玉米一年两熟制面积1 041.58hm²、占14.26%。

耕地分布高程99.27%在290~800m（表49-13）。

表49-12　汝阳县南中部低山褐土粗骨土石质土林牧果品区耕地灌溉情况

灌溉保证率（%）	面积（hm²）	比例（%）
<30	4 693.28	64.25
30~50	2 288.89	31.33
50~75	107.29	1.47
>75	215.74	2.95

表49-13　汝阳县南中部低山褐土粗骨土石质土林牧果品区耕地高程分布情况

高程（m）	面积（hm²）	比例（%）
<290	43.93	0.60
290~375	3 346.85	45.81
375~500	2 896.31	39.65
500~800	1 008.86	13.81
>800	9.25	0.13

耕地有效土层厚度两头多，30~60cm的少（表49-14）。

表49-14　汝阳县南中部低山褐土粗骨土石质土林牧果品区耕地有效土层厚度情况

有效土层厚度（cm）	面积（hm²）	比例（%）
<20	3 157.72	43.23
30~20	1 774.71	24.29
60~30	538.69	7.37
>60	1 834.08	25.11

汝阳县耕地地力等级主要是四、五、六级，含二至七级（表49-15）。

表49-15　汝阳县南中部低山褐土粗骨土石质土林牧果品区耕地地力等级情况

县地力等级	面积（hm²）	比例（%）
二	101.39	1.39
三	507.20	6.94
四	1 553.47	21.27
五	2 077.06	28.43
六	2 716.64	37.19
七	349.44	4.78

第四节　中北部丘陵褐土粗骨土经粮区

中北部丘陵褐土粗骨土经粮区，包括城关镇、柏树乡、上店镇、三屯乡、刘店乡、小店镇、陶营乡、内埠乡、大安工业区、蔡店乡 10 个乡（镇、区）的 81 行政村，面积 14 541.64hm²。

一、土壤养分现状

土壤养分平均含量：有机质 17.9g/kg、全氮 1.04g/kg、有效磷 13.6mg/kg、速效钾 144.0mg/kg、有效铁 13.9mg/kg、有效锰 20.4mg/kg、有效铜 1.37mg/kg、有效锌 1.54mg/kg、水溶态硼 0.59mg/kg、有效钼 0.09mg/kg、有效硫 22.6mg/kg、pH 值 7.6（表 49-16）。

表 49-16　汝阳县中北部丘陵褐土粗骨土经粮区耕地土壤养分含量

项　目	平　均	最　小	最　大
有机质（g/kg）	17.9	8.9	25.9
全氮（g/kg）	1.04	0.70	1.48
有效磷（mg/kg）	13.6	5.6	27.7
速效钾（mg/kg）	144.0	85	259
有效铁（mg/kg）	13.9	3.6	31.6
有效锰（mg/kg）	20.4	3.0	36.2
有效铜（mg/kg）	1.37	0.58	3.36
有效锌（mg/kg）	1.54	0.75	4.46
水溶态硼（mg/kg）	0.59	0.18	1.03
有效钼（mg/kg）	0.09	0.02	0.25
有效硫（mg/kg）	22.6	11.8	41.3
pH 值	7.6	6.6	8.4

二、土类土种分布

该区 6 个土类，主要是粗骨土、褐土、石质土，见表 49-17。土种 22 个，面积、比例见表 49-18。

表 49-17　汝阳县中北部丘陵褐土粗骨土经粮区耕地土类分布

土类名称	面积（hm²）	比例（%）
潮土	813.64	5.60
粗骨土	3 894.80	26.78
褐土	7 025.99	48.32
红黏土	129.63	0.89
砂姜黑土	145.78	1.00
石质土	2 531.80	17.41
总计	14 541.64	100.00

表 49-18　汝阳县中北部丘陵褐土粗骨土经粮区耕地土种分布

土种名称	面积（hm²）	比例（%）
薄层钙质粗骨土	125.65	0.86
薄层硅镁铁质中性粗骨土	1 268.69	8.72
薄层泥质中性粗骨土	1 854.86	12.76

（续表）

土种名称	面积（hm²）	比例（%）
底砂小两合土	44.78	0.31
硅质中性石质土	145.62	1.00
红黄土质褐土性土	423.52	2.91
红黏土	129.63	0.89
厚层砂泥质褐土性土	1 909.01	13.13
泥质中性石质土	2 386.18	16.41
浅位钙盘黏质洪积石灰性砂姜黑土	36.11	0.25
浅位少量砂姜红黄土质褐土性土	2 554.03	17.56
壤质潮褐土	217.85	1.50
壤质洪积潮土	523.39	3.60
壤质洪积褐土性土	275.79	1.90
壤质洪积石灰性褐土	398.54	2.74
深位钙盘洪积潮土	53.24	0.37
深位钙盘黏质洪积石灰性砂姜黑土	109.67	0.75
淤土	192.23	1.32
黏质洪积褐土	90.86	0.62
中层钙质褐土性土	1.25	0.01
中层硅镁铁质中性粗骨土	645.60	4.44
中层砂泥质褐土性土	1 155.14	7.94

三、主要属性

质地主要有中壤土、重壤土2个，面积、比例见表49-19。

表49-19　汝阳县中北部丘陵褐土粗骨土经粮区耕地土壤质地情况

质地	面积（hm²）	比例（%）
轻黏土	129.63	0.89
砂壤土	44.78	0.31
中壤土	8 733.61	60.06
重壤土	5 633.62	38.74

障碍层类型，砂砾层面积7 671.50hm²，占52.76%；砂姜层面积1 516.44hm²，占10.43%；无障碍层面积5 353.70hm²，占36.82%。

农田灌溉保证率大面积在30%~75%（表49-20）。

表49-20　汝阳县中北部丘陵褐土粗骨土经粮区耕地灌溉情况

灌溉保证率（%）	面积（hm²）	比例（%）
<30	4 140.60	28.47
30~50	5 579.89	38.38
50~75	3 055.84	21.01
>75	1 765.31	12.14

种植制度小麦—玉米一年两熟制 5 884.39hm²，占 40.47%；小麦—花生（豆类、蔬菜、谷子）或烟叶轮作，面积 8 657.25hm²，占 59.53%。

耕地分布高程 84.91%在 290~500m（表 49-21）。

表 49-21　汝阳县中北部丘陵褐土粗骨土经粮区耕地高程分布情况

高程（m）	面积（hm²）	比例（%）
<290	2 181.18	15.01
290~375	10 690.22	73.51
375~500	1 657.99	11.40
500~800	12.25	0.08

耕地有效土厚度由薄到厚逐渐增多（表 49-22）。

表 49-22　汝阳县中北部丘陵褐土粗骨土经粮区耕地有效土层厚度情况

有效土厚度（cm）	面积（hm²）	比例（%）
<20	2 649.03	18.22
20~30	2 885.20	19.83
30~60	3 653.71	25.13
>60	5 353.70	36.82

汝阳县耕地地力等级主要是三、四、五级，含一至七级（表 49-23）。

表 49-23　汝阳县中北部丘陵褐土粗骨土经粮区耕地地力等级情况

县地力等级	面积（hm²）	比例（%）
1	69.51	0.48
2	1 363.55	9.38
3	4 224.86	29.05
4	4 622.83	31.79
5	3 259.84	22.42
6	1 000.93	6.88
7	0.12	0.00

第五节　汝河川褐土潮土粮菜区

汝河川褐土潮土粮菜区，包括城关镇、上店镇、三屯乡、小店镇 4 个乡镇的 20 行政村，面积 2 912.73hm²。

一、土壤养分现状

土壤养分平均含量：有机质 20.1g/kg、全氮 1.15g/kg、有效磷 16.5mg/kg、速效钾 142.8mg/kg、有效铁 19.9mg/kg、有效锰 24.0mg/kg、有效铜 2.01mg/kg、有效锌 2.60mg/kg、水溶态硼

0.62mg/kg、有效钼 0.11mg/kg、有效硫 23.2mg/kg、pH 值 7.3（表 49-24）。

表 49-24　汝阳县汝河川褐土潮土粮菜区耕地土壤养分含量

项　目	平　均	最　小	最　大
有机质（g/kg）	20.1	12.9	26.4
全氮（g/kg）	1.15	0.78	1.58
有效磷（mg/kg）	16.5	7.1	27.7
速效钾（mg/kg）	142.8	95	240
有效铁（mg/kg）	19.9	7.7	29.6
有效锰（mg/kg）	24.0	10.0	31.0
有效铜（mg/kg）	2.01	0.90	4.95
有效锌（mg/kg）	2.60	1.22	5.83
水溶态硼（mg/kg）	0.62	0.27	1.13
有效钼（mg/kg）	0.11	0.04	0.31
有效硫（mg/kg）	23.2	14.3	32.6
pH 值	7.3	6.5	8.3

二、土类土种分布

该区 4 个土类，主要是褐土、潮土，见表 49-25。土种 15 个，面积、比例见表 49-26。

表 49-25　汝阳县汝河川褐土潮土粮菜区耕地土类分布

土类名称	面积（hm²）	比例（%）
潮土	1 445.10	49.61
粗骨土	34.37	1.18
褐土	1 206.21	41.41
石质土	227.05	7.80
总　计	2 912.73	100.00

表 49-26　汝阳县汝河川褐土潮土粮菜区耕地土种分布

土种名称	面积（hm²）	比例（%）
薄层硅钾质中性粗骨土	26.50	0.91
薄层泥质中性粗骨土	4.64	0.16
底砂小两合土	297.76	10.22
硅质中性石质土	23.63	0.81
红黄土质褐土性土	117.64	4.04
厚层砂泥质褐土性土	32.08	1.10
泥质中性石质土	203.42	6.98
浅位钙盘砂姜红黄土质褐土性土	198.90	6.83
浅位少量砂姜红黄土质褐土性土	469.19	16.11
壤质潮褐土	319.14	10.96
壤质洪积潮土	1 004.38	34.48
壤质洪积湿潮土	58.18	2.00
深位钙盘红黄土质褐土性土	69.26	2.38
淤土	84.78	2.91
中层硅镁铁质中性粗骨土	3.23	0.11

三、主要属性

质地有砂壤土、中壤土、重壤土3个，面积、比例见表49-27。

障碍层类型，砂砾层面积293.50hm²，占10.08%；无障碍层面积2 619.23hm²，占89.92%。

农田灌溉保证率大面积在50%以上（表49-28）。

表 49-27　汝阳县汝河川褐土潮土粮菜区耕地土壤质地情况

质地	面积（hm²）	比例（%）
砂壤土	297.76	10.22
中壤土	1 759.98	60.42
重壤土	854.99	29.35

表 49-28　汝阳县汝河川褐土潮土粮菜区耕地灌溉情况

灌溉保证率（%）	面积（hm²）	比例（%）
30~50	241.70	8.30
50~75	444.32	15.25
>75	2 226.71	76.45

种植制度蔬菜182.60hm²、占6.27%；小麦—玉米一年两熟制2 300.55hm²、占78.98%；小麦—花生（豆类、蔬菜），面积429.58hm²、占14.75%。

耕地分布高程96.34%在375m以下（表49-29）。

表 49-29　汝阳县汝河川褐土潮土粮菜区耕地高程分布情况

高程（m）	面积（hm²）	比例（%）
<290	963.06	33.06
290~375	1 843.06	63.28
375~500	22.72	0.78
500~800	83.89	2.88

耕地有效土厚度83.09%在60cm以上（表49-30）。

表 49-30　汝阳县汝河川褐土潮土粮菜区耕地有效土层厚度情况

有效土厚度（cm）	面积（hm²）	比例（%）
<20	75.34	2.59
20~30	182.85	6.28
30~60	234.21	8.04
>60	2 420.33	83.09

汝阳县耕地地力等级主要是一、二级，含一至六级（表49-31）。

表 49-31　汝阳县汝河川褐土潮土粮菜区耕地地力等级情况

县地力等级	面积（hm²）	比例（%）
1	1 218.64	41.83841
2	1 211.92	41.6077
3	215.08	7.384138
4	153.69	5.276493
5	107.18	3.679709
6	6.22	0.213545

第六节　内埠滩砂姜黑土潮土褐土粮棉区

内埠滩砂姜黑土潮土褐土粮棉区，包括内埠乡、大安区、陶营乡 3 个乡区 17 行政村，面积 3 921.36hm²。

一、土壤养分现状

土壤养分平均含量：有机质 20.9g/kg、全氮 1.17g/kg、有效磷 15.7mg/kg、速效钾 128.2mg/kg、有效铁 20.5mg/kg、有效锰 22.7mg/kg、有效铜 1.85mg/kg、有效锌 1.68mg/kg、水溶态硼 0.62mg/kg、有效钼 0.11mg/kg、有效硫 24.3mg/kg、pH 值 7.3（表 49-32）。

表 49-32　汝阳县内埠滩砂姜黑土潮土褐土粮棉区耕地土壤养分含量

项　目	平　均	最　小	最　大
有机质（g/kg）	20.9	12.7	27.5
全氮（g/kg）	1.17	0.76	1.60
有效磷（mg/kg）	15.7	7.5	27.1
速效钾（mg/kg）	128.2	72	299
有效铁（mg/kg）	20.5	8.7	28.9
有效锰（mg/kg）	22.7	17.4	31.3
有效铜（mg/kg）	1.85	1.34	2.26
有效锌（mg/kg）	1.68	1.18	2.36
水溶态硼（mg/kg）	0.62	0.42	0.78
有效钼（mg/kg）	0.11	0.04	0.20
有效硫（mg/kg）	24.3	19.7	32.5
pH 值	7.3	6.7	8.2

二、土类土种分布

该区 6 个土类，主要是砂姜黑土、褐土、潮土，见表 49-33。土种 17 个，面积、比例见表 49-34。

表 49-33　汝阳县内埠滩砂姜黑土潮土褐土粮棉区耕地土类分布

土类名称	面积（hm²）	比例（%）
潮土	1 313.39	33.49
粗骨土	399.58	10.19
褐土	1 110.35	28.32

（续表）

土类名称	面积（hm²）	比例（%）
红黏土	5.27	0.13
砂姜黑土	1 089.90	27.79
石质土	2.87	0.07
总　计	3 921.36	100.00

表49-34　汝阳县内埠滩砂姜黑土潮土褐土粮棉区耕地土种分布

土种名称	面积（hm²）	比例（%）
薄层硅镁铁质中性粗骨土	173.29	4.42
薄层泥质中性粗骨土	85.26	2.17
红黏土	5.27	0.13
厚层砂泥质褐土性土	808.25	20.61
泥质中性石质土	2.87	0.07
浅位钙盘砂姜红黄土质褐土性土	3.95	0.10
浅位钙盘黏质洪积石灰性砂姜黑土	63.02	1.61
浅位少量砂姜红黄土质褐土性土	30.01	0.77
壤盖洪积石灰性砂姜黑土	551.41	14.06
壤质潮褐土	9.40	0.24
壤质洪积潮土	1 313.39	33.49
壤质洪积褐土性土	128.64	3.28
壤质洪积石灰性褐土	2.67	0.07
深位钙盘黏质洪积石灰性砂姜黑土	475.47	12.13
黏质洪积褐土	24.65	0.63
中层硅镁铁质中性粗骨土	141.03	3.60
中层砂泥质褐土性土	102.78	2.62

三、主要属性

质地主要有中壤土、重壤土2个，面积、比例见表49-35。

表49-35　汝阳县内埠滩砂姜黑土潮土褐土粮棉区耕地土壤质地情况

质地	面积（hm²）	比例（%）
砂壤土	5.27	0.13
中壤土	2 565.48	65.42
重壤土	1 350.61	34.44

障碍层类型，砂砾层面积1 127.22hm²，占28.75%；砂姜层面积70.79hm²，占1.81%；黏盘层面积5.27hm²，占0.76%；无障碍层面积2 693.66hm²，占68.69%。

农田灌溉保证率65.93%耕地在30%~50%（表49-36）。

表 49-36　汝阳县内埠滩砂姜黑土潮土褐土粮棉区耕地灌溉情况

灌溉保证率（%）	面积（hm²）	比例（%）
<30	105.98	2.70
30~50	2 585.44	65.93
50~75	97.35	2.48
>75	1 132.59	28.88

种植制度蔬菜 376.35hm²、占 9.60%；小麦—玉米一年两熟制 2 178.02hm²、占 55.54%；小麦—花生（豆类、棉花），面积 1 366.99hm²、占 34.86%。

耕地分布高程 98.63% 在 375m 以下（表 49-37）。

表 49-37　汝阳县内埠滩砂姜黑土潮土褐土粮棉区耕地高程分布情况

高程（m）	面积（hm²）	比例（%）
<290	2 096.29	53.46
290~375	1 771.47	45.17
375~500	53.60	1.37

耕地有效土厚度 94.61% 在 30cm 以上（表 49-38）。

表 49-38　汝阳县内埠滩砂姜黑土潮土褐土粮棉区耕地有效土层厚度情况

有效土厚度（cm）	面积（hm²）	比例（%）
<20	176.16	4.49
20~30	35.26	0.90
30~60	1 020.23	26.02
>60	2 689.71	68.59

汝阳县耕地地力等级主要是二、三、四级，含一至六级（表 49-39）。

表 49-39　汝阳县内埠滩砂姜黑土潮土褐土粮棉区耕地地力等级情况

县地力等级	面积（hm²）	比例（%）
1	355.41	9.06
2	1 789.04	45.62
3	738.79	18.84
4	936.55	23.88
5	82.60	2.11
6	18.97	0.48

第五十章　耕地资源合理利用的对策与建议

汝阳县通过耕地地力评价工作，全面摸清了全县耕地地力状况和质量水平，初步查清了汝阳县在耕地管理和利用、生态环境建设等方面存在的问题。为了将耕地调查和评价成果及时指导农业生产，发挥科技推动作用，有针对性地解决当前农业生产管理中存在的问题，从耕地地力与改良利用、耕地资源合理配置与种植业结构调整、科学施肥、耕地质量管理等方面提出对策与建议。

第一节　利用方向略述

一、主要轮作施肥制度

（一）小麦—玉米轮作施肥制度

1. 轮作方式

小麦—夏玉米（或豆类、谷子、花生）一年两熟制，山区则多采用春玉米（间作马铃薯）—小麦—玉米的两年三熟制。

2. 轮作周期中土壤养分动态与养分补给关系

小麦—夏玉米一年两熟制，土壤中有机质和全氮含量具有明显的阶段性变化。小麦播前大量施肥，加上秋冬地温下降，有机质分解较慢，有效养分释放可满足幼苗的需要，后期根系生长发育又为根系残留量的增长提供了物质基础。夏玉米生育期，由于气温较高，雨量充沛，土壤中好气微生物活跃，致使有机质迅速分解，养分大量释放，因此轮作周期结束呈现消耗状态，全磷在全周期均为消耗过程，仅在玉米生长期土壤有效磷有所积累，主要是施入土壤中的有机肥经过高温季节不断加速矿化的结果。

3. 轮作制中肥料的合理分配

（1）有机肥的分配。一年两熟制轮作周期中有机肥残留不足20%，应该在小麦播种前重施粗肥掩底，秋作物施肥可以化肥为主；两年三熟区在第一茬春播前和第二茬麦播前重施粗肥，第三茬套种玉米（或谷子等）以化肥或速效农家肥为主。由于汝阳县耕地面积少，单独种植绿肥既困难也不现实，单播豆类的也很少，为减轻土壤消耗应注意恢复麦豆混作和玉米、豆子间、套、混作等方式。

（2）化肥的分配。由于轮作中作物的经济地位、前后茬口及化肥的增产效果不同，这就直接关系到如何分配使用化肥才能更好发挥化肥经济效益。一年两熟制轮作周期短，复种指数大，地力消耗多，夏玉米对养分的吸收量普遍大于投入，轮作周期结束时养分处于消耗状态，此种轮作制对氮肥依靠程度大，适当增施氮肥是夺取小麦、玉米双丰收的重要条件之一，氮肥施用重点应放在夏玉米等秋作物上，因为夏季抢种抢收，季节性强，加上有时天气不好，多数情况下来不及施用粗肥；其次，秋作物生长季节水热条件好，生长周期短，吸肥集中，及时满足秋作物对氮素的需要是争取秋季丰收的关键。汝阳县有些地方在施肥上有重夏轻秋的偏向，应引起注意。关于磷肥的合理分配问题，一般认为小麦对磷素敏感，增产显著，习惯把磷肥用作小麦基肥，玉米利用后效。个别认为小麦吸收磷素能力弱，生长期又长，怕磷肥施于小麦引起固定，影响下茬秋作物吸收。

（二）花生、烟草轮作施肥制度

汝阳县花生适生面积38万余亩，近年种植面积6万亩左右，单产120~180kg，商品率高达70%以上。丘岭坡地多，适于烟草生长的耕地约22万亩，种烟面积5万亩左右，现也已列入外方山区优质烟基地。

1. 花生、烟草轮作特点及不同前茬土壤供肥状况

当地花生、烟草多为春播，一般是一年一熟、两年三熟或三年四熟，少数也有小麦套种花生、烟草，一年两熟制的。

一年一熟，多是花生—红薯—烟草，两年三熟制或三年四熟制多是红薯—花生—小麦—谷子，一年两熟是玉米—小麦—夏花生（夏播棉花或烟草）—小麦。轮作周期中，禾谷类作物消耗土壤中氮

磷养分较多，烟草、红薯消耗钾素较多，花生、杂豆等豆科固氮作物在轮作周期中可恢复平衡地力，这就为轮作中合理分配肥料提供了依据。花生、烟草要求中等地力，氮素营养过剩容易引起疯长或降低品质。烟草前茬以红薯、谷子、芝麻为好，豆茬次之，玉米又次。春红薯地多施用粗肥，收获时深刨，冬季休闲风化，改善了土壤物理性状，也减轻了病虫为害，是烟叶、花生的良好前作。但薯类耗钾较多，后茬栽烟应注意增施草木灰及钾素化肥。

2. 花生、烟叶轮作中的肥料分配

烟草施用饼肥不仅产量高而且色泽好、气味香、品质佳。当地多把棉秆、烟秆、高粱秆和其他秸秆，作燃料，如将残灰广为收集干贮作为钾肥施入土壤，是提高烟叶品级，降低生产成本的好办法。在氮肥品种安排上，可把硝态氮肥施于烟草，把铵态氮肥用于花生和其他粮食作物，并切忌把氯化铵施于烟草，以免影响烤烟质量。在注意花生、烟草用肥的同时还应注意红薯、小麦、谷子等其他粮食作物的施肥和增产，切不可顾此失彼，偏废一方。

二、利用方向略述

（一）全面开发利用土壤资源

鉴于本县荒山，荒坡面积大、耕地面积小的特点，从长计议，必须在保证粮食稳步增长的同时，突出抓好林、牧业生产，综合开发利用土壤资源。

（二）切实搞好水土保持

在总结群众多年植树种草、封山育林、修造梯田等典型经验的基础上，以小流域为单位全面规划，综合治理，重点抓好生物、工程、耕作施肥三大措施，从改变生态环境入手，做好水土保持工作。

（三）抓住关键措施，不断培养地力

1. 有机肥与无机肥结合施用

有机肥养分全、肥效长，能明显改善土壤结构和理化性质；化肥养分含量高、肥效快；两者配合施用，可缓急相济、取长补短，满足作物各生育期对养分不同需要。积极发展畜牧业，稳步推进沼气建设，搞好厕所、猪圈等肥料基本建设，搞好人畜粪便的积制、施用和作物秸秆还田，增加有机肥源。

2. 搞好绿肥牧草化的研究

近年来汝阳县花生、大豆、绿豆等豆科作物种植面积稳定。汝阳县耕地少、荒山面积大，牧坡产草量低，载畜量少，今后要全面搞好草场的改良利用，做好绿肥牧草化的研究与推广。

（四）搞好旱地农业区开发

汝阳县旱地农业区面积大、增产潜力大，但生产上存在的问题也多。除继续做好产业结构调整外，还要突出抓好抗旱防旱技术措施的推广，并针对本区土壤干旱瘠薄的特点，在种植业内部保持耐旱、耐瘠作物如红薯、花生、谷子等耐旱作物的适当比例，推广深耕、镇压、耙抠等抗旱防旱措施和优良抗旱作物品种的引进推广。

（五）搞好集约经营

河川区抓好集约经营，做到科学技术集约、投资集约与劳务集约。在总结当地群众经验的同时，积极引进新经验、新技术，以提高效益。

第二节　耕地地力建设与土壤改良利用

一、中北部丘陵经粮区

（一）加强以水土保持为中心的农田水利基本建设

平整土地搞好坡地水平梯田，防止地面径流，达到水不出田，蓄住天上水，拦住地面径流。有条件的地方修建集雨水窖。

（二）加强以水土保持为中心的农田水利基本建设

对有水源条件的地方，可打井开发地下水资源、发展井灌，改进灌溉技术，发展喷灌、滴灌，千

方百计扩大水浇地面积。

（三）走有机旱作农业道路

本区水资源有限，70%～80%耕地还是旱作农业，要采取综合措施，推广有机农业旱作技术，在增施有机肥，加深耕层的同时，扩种耐旱作物和耐旱品种，喷打抗旱药剂，推广地膜覆盖和覆盖秸秆、麦糠等旱作技术。

（四）增施肥料，搞好配方施肥

该区土壤养分化验速效钾、缓效钾在全市属低水平，其他养分含量也较低，除有土壤母质原因外，灌溉无保证、粮食靠天收、农民在化肥上投入少也是一方面因素。建议要加大化肥特别是配方肥的使用，增施磷钾肥。

（五）广开有机肥源

广开有机肥源，推广绿肥掩底，发展畜牧业、沼气业，开展秸秆还田，增施有机肥料，提高地力。

（六）陡坡耕地还林还牧

坡度大于25°的耕地，退耕还林还牧。

二、内埠滩粮棉区

（一）增施有机肥料

利用秸秆还田、积沤农家肥、家畜粪便等多种途径增施有机肥料，改良土壤结构，增加土壤地力。

（二）搞好配方施肥

该区土壤养分化验除有效磷较低、其他养分含量较高，农民在生产实践中偏重于氮肥的投入，因此，要普及配方施肥，减少单一肥料大量使用，降低施肥成本，协调土壤氮、磷、钾比例。

（三）搞好水利建设

维修渠道，增打机井，搞好水利建设，最大限度地利用水资源。

（四）发展微灌技术

发展滴灌、渗灌等节水灌溉措施，发挥水源的最大效益，提高本区的抗旱能力。

（五）耕地用养结合改革种植制度

改一年两熟、多熟为两年三熟，降低复种指数，使耕地得到休闲，扩种轻茬作物和养地作物，使耕地用养结合。

三、汝河川褐土潮土粮菜区

（一）进一步培肥地力

虽然本区耕地在汝阳县属最肥沃的一个区，但由于该区人多地少，复种指数高，土壤产出量大，若不注意培肥，肥力很快就会下降。所以仍要重视增施有机肥，提倡小麦、玉米秸秆还田，提高潜在肥力，在化肥施用中要注意氮磷钾科学配比，大中微量元素科学配比，协调耕地土壤养分。

（二）进一步改善水利条件

应加强对现有水利进行完善，搞好配套设施。对井灌区机电井布局不合理，无灌溉条件的河滩地，要新打配套机电井。搞好排涝设施建设，实现耕地旱涝保收。

（三）改革种植制度，提高对光能和耕地的利用率

根据本区人均耕地少，耕地肥沃的有利条件，进一步改革种植制度，变一年两熟为一年多熟，在继续实行麦套玉米的基础上，进一步推广麦瓜菜等一年多熟制，积极发展温室塑料大棚，实行立体种植，充分利用地力和光能，提高光能增值能力。

（四）提高科学种田水平

普及平衡施肥技术，降低化肥用量。通过测土，配方，生产不同作物专用肥供农民施用，防止化肥的过量施用，把科学施肥落到实处。

（五）扩大深耕面积

对长期免耕播种的田块定期深耕，改善土壤理化结构。

四、南部中低山林土牧果品区

（一）退耕还林牧

对于坡度25°以上的耕地，要逐步退耕还林、还牧，以林果为主，林灌草相结合，林木以松、柏、槐树、栎树为主，山坡上种植紫穗槐、荆条。果树以核桃、柿子、山楂、板栗为主，建立土特产基地。

（二）采取有效措施减少水土流失

改善耕地生态环境，对坡度小于10°的耕地，利用冬闲维修田埂，对坡度大于10°的搞水平梯田，减少水、土、肥流失，提高耕地保水、保肥、保土能力。

（三）采取综合措施减轻旱灾为害

千方百计用好水资源，以蓄为主，加深耕层，增施有机肥，扩大秸秆还田量，提高耕地纳雨保墒能力；拦住径流水，修筑蓄水池，蓄住天上水，提高降雨利用率。

（四）发展旱作农业

走有机旱作农业道路，在抓好增施有机肥，加深耕层的同时，改革种植制度，扩种养地作物，推广抗旱作物和抗旱品种、地膜覆盖技术，改一年两熟为二年三熟，降低复种指数，减少耕地负荷。

（五）狠抓培肥地力

除增施有机肥和秸秆还田，降地复种指数，扩种养地作物外，要大力推广测土配方施肥，协调土壤养分，提高土壤肥力。

第三节　平衡施肥对策与建议

平衡施肥就是根据作物对各种营养成分的需求，以及土壤自身向作物提供各种养分的能力，来配置施用肥料的种类和数量。实行平衡施肥，可以解决目前施肥中存在的问题，减少因施肥不当而带来的不利影响，是发展高产、高效、优质农业的保证，可减少化肥使用量，提高肥料利用率，增加农产品产量，改善农产品品质，改良环境，具有明显的经济、社会和生态效益。

一、施肥中存在的主要问题

（一）有机肥施用量少

部分群众重视化肥轻视有机肥，有机肥与无机肥失衡，少数钾肥施用不足。

（二）肥料品种结构不合理

施肥品种结构不合理，重视氮肥、轻视磷钾肥及微量元素，不重视营养的全面性。

（三）肥料配比比例不合理

部分农户年化肥使用量，折合纯 N 30kg，P_2O_5 4.5kg，K_2O 2.5kg，N：P_2O_5：K_2O 为 1：0.14：0.08，氮肥施量偏大，氮磷钾比例不协调。特别是部分蔬菜田，施肥用量盲目偏高，大量使用有机肥和化肥，有的是良田的 3~4 倍，造成资源浪费和环境污染。

（四）施肥方法不科学

有的群众图省事，尿素、复合肥撒施、肥料利用率低。

（五）对配方肥认识低

部分群众不会熟练应用测土结果，影响配方肥使用面积。

二、施肥不当的为害

（一）生产成本加大

施肥不合理影响到经济效益。化肥用量少、比例不协调，作物产量上不去，经济效益低。用量过大，盲目偏施会造成投入增大，甚至产量降低，也影响经济效益的提高。

（二）农产品品质降低

施肥不合理，各种养分不平衡，影响产品的外观和内在品质。

（三）不利于土壤培肥

施肥不当，造成土壤养分比例不协调，进而影响土壤的综合肥力。

（四）对环境造成不良影响

过量施用氮肥，会造成地下水硝态氮的积累，不但影响水质，而且污染环境。

三、平衡施肥的对策和建议

（一）普及平衡施肥知识，提高广大农民科学施肥水平

增加技术人员的培训力度，搞好农民技术培训，把科技培训作为一项重要工作来抓，提高广大农民科学种田水平。

（二）加大宣传力度

技术人员深入基层把技术宣传到千家万户，给农民提出合理、操作性方便的施肥配方。

（三）扶持一批种粮大户

扩大取土化验数量，重点扶持一批种粮大户，真正实现测土施肥。

（四）加强配方施肥应用系统建设

在施肥试验基础上，加强配方施肥应用系统的硬件建设和软件开发，建立全市不同土壤类型的科学施肥数据库，指导农民科学施肥。

（五）推广分次施肥技术

在高产田、超高产田地区重点推广配方施肥、分次施肥，提高肥料利用率。

（六）政策上加大对有机肥利用的支持力度

建议政府在政策和资金上支持有关农作物秸秆还田推广工作，增施有机肥和微肥。

第四节　耕地质量管理建议

由于人多地少耕地资源匮乏，要想获得更多的产量和效益，提高粮食综合生产能力，实现农业可持续性，就必须提高耕地质量，依法进行耕地质量管理。

一、建立依法管理耕地质量的体制

（一）与时俱进完善家庭联产承包经营体制，逐步发展耕地规模经营

以耕地为基本生产资料的家庭联产承包经营体制，在农村已经实施 20 多年。实践证明，家庭联产经营体制不但是促进农村生产力发展，稳定社会的基本政策，也是耕地质量得以有效保护的前提。农民注重耕地保养和投入，避免了耕地掠夺经营行为。当前，要坚持党在农村的基本政策，长期稳定并不断完善以家庭承包为基础充分结合的双层经营体制。有条件的地方可按照依法、自愿，有偿的原则进行土地经营权流转，逐步发展规模经营。土地规模经营有利于耕地质量保护、技术的推广和质量保护法规的实施。

（二）执行并完善耕地质量管理法规

依法管理耕地质量，首先，要执行国家和地方颁布的法规，严格依照《中华人民共和国土地管理法》管理。国务院颁布的《基本农田保护条例》中，关于耕地质量保护的条款，对已造成耕地严重污染和耕地质量严重恶化的违法行为，通过司法程序进行处罚。其次，根据汝阳县社会和自然条件制定耕地质量保护地方性法规，以弥补上述法规注重耕地数量保护、忽视质量保护的不足。在耕地质量保护地方法规中，要规定耕地承包者和耕地流转的使用者，对保护耕地质量应承担的责任和义务，各级政府和耕地所有者保护耕地质量的职责，以及对于造成耕地质量恶化的违法行为的惩处等条款。

（三）要建立耕地质量定点定期监测体系、加强农田质量预警制度

利用地力评价成果加强地块档案建设，由专门人员定期进行化验、监测，并提出改良意见，确保耕地质量，促进农业生产。

（四）制定保护耕地质量的鼓励政策

县、乡镇政府应制定政策，鼓励农民保护并提高耕地质量的积极性。例如，对于实施绿色食品和无公害食品生产成绩突出的农户、利用作物秸秆和工业废弃物（不含污染物质）生产合格有机肥的生产者、举报并制止破坏耕地质量违法行为的人给予名誉和物质奖励。

（五）对免耕播种法进行深入研究

研究免耕对土壤结构、病虫发生的影响，研究免耕与深耕合理的交替时间。

（六）加大对耕地肥料投入的质量管理，防止工业废弃物对农田的危害

农业行政执法部门加强肥料市场监管，严禁无证无照产品进入市场，对假冒伪劣产品加强抽查化验力度，保护农民利益。

（七）推广农业标准化生产

实施农业标准化生产可以规范农民的栽培措施，避免不正确的农事行为对耕地质量带来危害，国家农业部和河南省农业厅已经分别颁布了部分作物标准化生产的行业标准和地方标准，这些标准应该首先在县、乡级农业示范园、绿色食品和无公害食品生产基地实施，取得经验后逐步推广。

（八）调整农业和农村经济结构

调整农业和农村经济结构，应遵循可持续发展原则，以土地适应性为主要因素，决定其利用途径和方法，使土地利用结构比例合理，才能实现经济发展与土壤环境改善的统一。对开垦的耕地坡度大于25°的，应退耕还林。在确保粮食种植的前提下发展多种经营。

二、扩大绿色食品和无公害农产品生产规模

扩大绿色食品和无公害农产品生产符合农业发展方向，它使生产利益的取向与保护耕地质量及其环境的目的达到了统一。目前，分户经营模式与绿色食品、无公害农产品规模化经营要求的矛盾十分突出，解决矛盾的方法就是发展规模经营，建立龙头企业的绿色食品集约化生产基地，实行标准化生产。

三、加强农业技术培训

结合"绿色证书制度""跨世纪培训工程"及"科技入户工程"，制定中长期农业技术培训计划，对农民进行较系统的培训。完善县乡级农技推广体系，发挥市乡镇农技推广队伍的作用，利用建立示范户（田）、办培训班、电视讲座等形式进行实用技术培训。加强科技宣传，提高农民科技水平和科技意识。

第八篇 洛宁县耕地地力评价

第五十一章 农业生产与自然资源状况

第一节 地理位置与行政区划

洛宁县地处豫西山区，北靠崤山，南依熊耳山。地理位置为东经 111°08′～111°50′，北纬 34°06′～34°38′。东接宜阳县，西连卢氏县和灵宝县，南邻嵩县和栾川，北靠陕县和渑池县。省道郑卢公路自西向东穿越全境。另有洛宜公路连接洛河南岸各乡，洛三（洛宁至三门峡）公路连结小界、东宋、河底各乡。洛宁县城距洛阳市 84km，距三门峡市 65km。

洛宁县地势呈西高东低，南北高中间低态势。西北部主峰甘山（隶属崤山山脉）1 872m，南部全宝山（隶属熊耳山脉）主峰 2 103.2m，三面群山耸立，向东无垠平坦。东部最低处海拔 276m，其海拔高差达 1 833.2m。洛河自西向东穿越全境。县内河长达 70.8km，全县南北涧河支流均注入洛河。全县东西长 65km，南北宽 50km，总土地面积为 2 303km²。其中，山区面积 248.16 万亩，占总面积的 69.16%，丘陵塬区面积 83.25 万亩，占总面积的 23.19%，洛涧川区面积 27.47 万亩，占总面积的 7.69%。地貌概况大体为"七山二塬一分川"。

洛宁县隶属洛阳市管辖，属市管县范畴。全县辖城关镇、回族镇、上戈镇、下峪镇、河底镇五镇和故县、罗岭、长水、马店、城郊、小界、东宋、涧口、陈吴、赵村、山底、底张、兴华 13 个乡，388 个行政村，2 787 个居民组，47.4460 万人。其中有农户 10.2151 万户，农业人口 41.3221 万人，占总人口的 87.1%，有农村劳动力 26.0412 个。县城所在地为城关镇。

第二节 农业生产与农村经济

洛宁县现有耕地 81.62 万亩，全年农作物总播种面积 73 750hm²，其中粮食作物总播种面积 57 290hm²，总产 247 913t，平均单产 288.49kg，其中，夏粮播种面积 28 740hm²，总产 121 189t，平均单产 281.12kg，全县人均占有粮食 777.94kg。夏粮以小麦为主，播种面积 28 740hm²，总产 121 189t，平均单产 281.12kg；秋粮以玉米、谷子、豆类、红薯为主，其中玉米播种面积 15 060hm²，总产 93 759t，平均单产 415kg，谷子播种面积 1 370hm²，总产 4 691t，平均单产 228.3kg，豆类播种面积 10 640hm²，总产 20 352t，平均单产 127.5kg，红薯播种面积 1 460hm²，总产 7 740t，平均单产 353.4kg，油料播种面积 5 230hm²，总产 7 901t，平均单产 100.7kg。

由于洛宁县是山区县，海拔差异较大，加上灌溉条件的限制，同一种类型的土壤出现在不同的地貌类型上也形成了生产力的较大差异。夏粮生产从气候条件上来看各区域都比较适宜，主要由灌溉条件、土壤质地、地貌类型等因素的差异，导致生产水平上有所区别；秋粮种植却因气候上的差异而表现得非常明显。特别是西部山区，海拔 700m 以上的乡村都具有冷凉性气候特征，年平均气温 6～12℃，秋季不能种玉米，熟不下来，只能种植豆类，而豆类的产量又非常低，这就导致了全年产量上的差异扩大。因此，洛宁县的农业生产就形成了 3 大类型区，以洛涧川区水浇地为主的小麦—玉米高产区，以洛河南北两塬旱地为主的小麦—玉米、小麦—谷子的中产区，以西部丘陵山区为主的小麦—豆类低产区。

第三节 光热资源

洛宁县属暖温带大陆性季风型气候，气候温和，四季分明，光照充足。年日平均气温 13.7℃，最高的 14.7℃，最低的 13.1℃，年际间变化不明显，而一年内的月平均气温变化较大。1 月最低为

−0.2℃，7 月最高为 26.6℃，差值 26.8℃。极端最高气温为 1978 年 8 月 19 日的 40.4℃，最低的为 1990 年 2 月 1 日的−19.4℃，全年≥0℃的积温为 5 065℃，≥5℃的积温为 4 891℃，≥10℃的积温为 4 450℃，≥20℃的积温为 2 760℃（表 51-1、表 51-2）。

表 51-1　洛宁县 1991—2008 年平均气温

年份	1991	1992	1993	1994	1995	1996	1997	1998	1999
年平均气温（℃）	14.6	14.5	13.7	13.2	14.1	14.3	14	13.1	13.4
年份	2000	2001	2002	2003	2004	2005	2006	2007	2008
年平均气温（℃）	13.6	13.4	14	13.4	13.9	13.2	14.2	14.2	13.9

表 51-2　洛宁县 1991—2008 年月平均气温

月份	1	2	3	4	5	6	7	8	9	10	11	12	全年
气温平均值（℃）	0.3	2.7	7.9	15	19.9	24.2	26	24.9	19.8	14	7.5	2.1	13.7
气温月极端最高值（℃）	22.6	26.1	30.2	35.5	39.2	39.8	39.9	40.4	37.5	33.2	27	24.1	40.4
气温月极端最低值（℃）	−14.5	−19.4	−8.4	−3.3	2.6	10	15.4	11.4	5.6	−1.9	−8.6	−14.4	−19.4
气温日较差（℃）	10.8	10.9	11.7	13.2	13.2	12.4	9.7	9.4	10.2	11.4	11.6	11.3	

由于洛宁县地处山区，地形复杂，主要可分为山、川、塬 3 大类型区，各类型区间气候差异较大，海拔 700~1 000m 以上的山区年平均气温 6~12℃，海拔 500~700m 的丘陵塬区年平均气温 12~13.5℃，海拔在 280~500m 的川洞区和岭塬区低谷地年平均气温为 13.7℃，积温的差异导致各地种植作物的不同，尤其在山区，由于积温不足，不能种植夏玉米，一年两熟以小麦—豆类为主，或实行小麦—豆类—春玉米两年三熟制轮作。

洛宁各年平均日照时数为 2 089.1 h，年平均日照率为 45%，太阳辐射总能量全年为 119.6cal/cm²。全年各月光合有效辐射总量为 58.7kcal/cm²。≥0℃的光合有效辐射值为 53kcal/cm²。≥10℃的光合有效辐射值为 41.5kcal/cm²。有效辐射量夏季占 45%，春秋占 33%，冬季占 22%。夏粮（小麦）生长期间（10 月至翌年 6 月上旬）光合有效辐射约为 36.3kcal/cm²，秋粮（夏玉米）生长期间（6—9 月）光合有效辐射约为 24.6kcal/cm²，基本能够满足夏、秋粮生长所需要的光照和热量。各月日照时数、日照百分率见表 51-3。

表 51-3　洛宁县各月日照时数、日照百分率

月份	1	2	3	4	5	6	7	8	9	10	11	12	全年
日照时数（h）	149.8	137.3	160	193	219	210	190.6	191.4	161.6	162.7	155.8	157.3	2 089.1
日照百分率（%）	47	48	41	49	47	46	43	42	42	42	48	51	45

第四节　水资源与灌排

一、地表水资源

洛宁县年平均降水量为 560mm，年际间变化较大，最大年份为 954.9mm，最少年份为 399.6mm，差值 555.3mm，年降水量分别大于 300、400、500、600、700、800mm 的保证率分别为 100%、95%、

80%、45%、20%、5%。

　　降水量年内分配极不均匀。夏季降水量为 287.2mm，占年降水量的 47%，秋季降水量为 163.2mm，占 27%，春季降水量为 129.8mm，占 22%，冬季降水量只有 25.8mm，仅占 4%；7—9 月降水量为 308.6mm，占全年降水量的 51%。1991—2008 年逐旬平均降水量见表 51-4。

　　降水量地域分布差异较大，南部西南部深山区降水量多在 800mm 以上，西北部多在 600mm 以上，北部偏少，多在 500mm 以下。

表 51-4　洛宁县 1991—2008 年逐旬平均降水量分布

月份	1	2	3	4	5	6	7	8	9	10	11	12
上旬	1.8	2.2	8.2	11.2	12.8	19.8	42	44.8	32.2	18.7	14	1.7
中旬	2.7	4.9	8	12	18.9	21.1	36.5	36.6	24.8	21.3	6.1	3.3
下旬	3.4	3.3	9.7	17.2	25.5	26.6	36.1	21.6	19.3	9.6	2	3.5

　　洛宁属黄河流域，有洛河自西向东穿境而过，过境水年总流量 14.05 亿 m³，总流域面积 1 751.5km²。洛宁县水资源总量为 6 亿 m³，其中自然降水地表径流为年 4 亿 m³，可利用过境水年 1 亿 m³，现已开发利用的 0.83 亿 m³，可灌溉面积 92 643 亩。

二、地下水资源

　　洛宁地下水蓄量约有 1 亿 m³，主要分布在洛河川区，一般埋深为 1~10m。在洛河的支流及洞河各地区，一般埋深为 10~20m，北部丘陵旱塬区地下水蕴量很少，且埋深达 80~100m，难以利用，另外因地形关系，洛宁县城郊乡冀庄、温庄一带地下水埋深较浅，雨季常形成地面积水，易受渍涝，使地下水直接参与土壤潮化过程，形成湿潮土类型。

第五节　农业机械

　　2009 年统计，洛宁县农业机械总动力为 326 700kW，其中柴油动力 241 200kW，汽油动力 13 000kW，电机动力 72 500kW。有拖拉机 8 770 台，71 234kW，配套农机具 12 140 台（套）。全县范围内，除长水、罗岭、上戈、故县、下峪、兴华西部山区 6 乡镇，因地理条件限制，购置的多为小手扶式拖拉机，用于耕地运输以外，其余 12 个乡镇农业机械基本普及，耕地多用机耕旋耕，小麦用收割机收割，但玉米收获还没有形成机械化。

第六节　农业生产施肥

一、历史施用化肥的数量与产量变化情况

　　洛宁县古称"崤"州，"永宁县"，民国时改称"洛宁县"。洛宁地处黄河流域，物产丰富，自古以来就有农作物种植习惯，五谷杂粮品种繁多。新中国成立前，洛宁农业长期广种薄收，处于低产状态，水地亩产停滞在百千克以下，旱地亩产仅 20kg 左右，新中国成立后种植业发展经历了 5 个阶段：第一，恢复发展阶段（1949—1958 年），生产关系的变革，生产力大解放，农业生产得以迅速发展，粮食总产增长 91.7%，9 年年均递增 7.5%，粮食单产由新中国成立时的 42kg，增长到 73kg。第二，生产下降阶段（1959—1961 年），受"大跃进"的影响，盲目扩大复种指数，形成掠夺性经营，导致单产递减，总产下降，到 1961 年单产只有 40kg。第三，缓慢回升阶段（1962—1966 年），1966 年比 1961 年粮食总产增加 82.8%，5 年平均递增 12.8%。第四，徘徊不前阶段（1967—1977 年），受"文革"的影响，农业生产停滞不前，粮食总产略有下降。第五，持续跃进阶段（1979—1988 年），粉碎"四人帮"，各行各业拨乱反正，极大地调动了农民的种粮积极性，粮食总产不断增加，单产提高，到 1983 年粮食总产达 120 715t，单产 125kg，比 1978 年总产增长了 35.7%，单产提高了 37.4%，比新中国成立初期单产增长了 2.9 倍，总产增加了 2 倍。

改革开放以来30年，随着经济社会发展，农民种田水平的稳步提高粮食产量也在稳步提高，到2007年粮食产量达到247 913t，比1983年又翻了一翻，种植面积却下降了14万亩，下降了14.5%，人口却增加了20万人，增加27.78%。

就肥料的施用上来说，20世纪70年代以前主要是农家肥，20世纪70年代以后有了氨水、碳铵，但使用量很少，据1982年第二次土壤普查时统计，全县平均每亩施有机肥2 000~2 500kg，碳铵21kg，钙镁磷肥6.2kg，钾肥3.0kg，全县平均每亩施用化肥29.3kg，使用量严重不足，据第二次土壤普查耕地养分含量状况来看，缺磷少氮现象还相当普遍，耕地的生产潜力还很大，还有待于进一步挖掘。

二、有机肥施用现状、比例、面积、数量方式

洛宁县有机肥的种类主要有厩肥、堆沤肥、土杂肥、秸秆肥等。从2007—2009年农户施肥情况调查中可以看出，在化肥使用高潮迭起的今天，有机肥的施用却呈逐步萎缩状态，使用的面积、数量在逐步减少。目前，洛宁县的有机肥利用现状如下。

（1）以猪、牛、羊、鸡鸭粪便为主的厩肥、土杂肥，集中施用在小麦上，亩平均施底肥不到2m³。

（2）人粪尿和沼液沼渣肥，主要施用在蔬菜、瓜果种植上，部分地区用来给小麦冬春季追肥。

（3）机械秸秆还田，收割机收割小麦后，残余根茬及麦秸随秋季耕作被翻入土壤，培肥了土壤。秋季玉米收获后根茬被机械旋耕遗留在麦田里，也有效起到了秸秆还田的作用。目前，洛宁县此类秸秆还田面积为25万亩左右，占耕地资源的60%。

三、化肥施肥现状、比例、面积、数量、方式、品种

据2007年统计，洛宁县农用化肥使用面积为72.61万亩，占全县农作物播种面积的85%，使用量合计为21 347t，其中氮肥为7 840t，磷肥为6 224t，钾肥为2 199t，复合肥为5 054t。全年化肥养分纯施用量为1.4665万t，其中氮肥10 108t，占68.93%，磷肥3 125t，占21.31%，钾肥725t，占4.95%，复合肥0.7740万t，占29.39%，单位耕地面积化肥用量124.65kg，单位播种面积化肥用量102kg，氮磷钾施用比例为1∶0.32∶0.08。从作物施肥来看，小麦施化肥纯氮5 654.5t，纯磷2 546.3t，氧化钾542.5t，氮磷钾亩施用量分别为14.95kg、5.94kg和3.13kg，氮磷钾比例为1∶0.4∶0.21；玉米施化肥，氮磷钾亩施用量分别为16.05kg、3.6kg和2.36kg，氮磷钾比例为1∶0.22∶0.15。2007年根据对项目区530户农户施肥数据汇总分析，冬小麦平均每亩施纯氮12.87kg，纯磷6.5kg，氧化钾3.19kg，氮磷钾比例为1∶0.51∶0.25，小麦施肥量呈现"减氮稳磷增钾"的势态，施肥结构得到进一步优化，其中氮肥亩均较上年减少用量2.15kg，磷肥减少用量0.35kg，钾肥亩均增加0.51kg，项目区亩减不合理施肥量1.99kg，累计减少化肥用量838t，这说明随着洛宁县测土配方施肥项目的不断开展，农户的测土配方施肥意识逐渐形成，实行测土配方施肥农户经济效益明显增加，氮磷钾肥施用比例正逐步趋向合理。

全县化肥施用品种主要有尿素、碳酸氢铵、过磷酸钙、钙镁磷肥、磷酸二铵、氯化钾、硫酸钾、复合肥、配方肥、有机复混肥及部分有机肥、微量元素肥。施肥方式主要有撒施、穴施、沟施、冲施（蔬菜）等。

四、其他肥料施用现状

洛宁县农民目前不仅施用以上大量元素肥料，还随着沼气产业的发展，在果树上促进了沼液沼渣的应用，此外一些微量元素肥料也正在进入市场，如铜、硫、铁、锰、钼、硼等微量元素肥料已在大豆、玉米等作物上应用，小麦中后期叶面喷肥也已经形成习惯，使用的主要品种有磷酸二氢钾、氨基酸叶面肥、腐殖酸叶面肥等。

第五十二章　土地与耕地资源特征

第一节　地貌类型

　　洛宁县地处豫西山区，南有熊耳山，北有崤山，两山均为秦岭余脉。洛宁的地形是西高东低，南北高中间低，形如簸箕。依据第二次土壤普查报告，洛宁县的土地可分为中山区、低山区、丘陵塬区和洛涧川区四个类型。中山区为包括南部的熊耳山和西部的崤山海拔 800~1 000m 以上的中山地带；低山区包括县西和县北，海拔 750m 以上的低山地带；丘陵塬区包括洛河南北的以五大塬为主体的山前丘陵地；洛涧川区主要包括洛河和各涧河的河流两岸的河流阶地。

　　中、低山区，该区山势险陡，峻岭狭窄，土壤多为岩石残积和坡积物。绝大部分为林牧业用地。气温低，雨量多，植被茂盛，常年枯枝落叶聚集，所以土壤表层有机质、全氮含量较高。

　　丘陵山区，该区内山势平缓，基本上部为黄土覆盖，有 40%左右为耕地。

　　丘陵塬区，该区内土层厚而耕层薄，土质较轻，干旱缺水，水土流失严重。

　　洛涧川区，该区土层深厚，气候温和，水利条件好，但人多地少，土壤投入较多。

第二节　土壤类型

一、土壤类型

　　依照洛宁县第二次土壤普查结果，洛宁县土壤共分 3 个土类：棕壤、潮土、褐土；7 个亚类：始成棕壤、淋溶褐土、始成褐土、碳酸盐褐土、典型褐土、黄潮土、湿潮土。21 个土属，32 个土种。棕壤主要分布在西北部和南部山区，潮土分布在洛涧川区的低洼地带，其他地方分布的都是褐土。在褐土类型中，淋溶褐土亚类有 2 个土属，2 个土种，中性岩淋溶褐土和壤质红黄土质淋溶褐土，均分布在西北部和南部山区棕壤土的边缘地带；始成褐土亚类有 8 个土属，12 个土种，分别是酸性岩始程褐土，分薄层砾质酸性岩始成褐土和中层砾质酸性岩始成褐土 2 个土种，中性岩始成褐土，分薄层砾质中性岩始成褐土和中层砾质中性岩始成褐土 2 个土种，砾质石灰质岩始成褐土 1 个土种，砂砾始成褐土 1 个土种，堆垫始成褐土 1 个土种，红黄土质始成褐土分少砾质和无砾质 2 个土种，红黏土质始成褐土分少量砂浆和灰质及红黏土始成褐土 3 个土种，这 12 个土种分布在南、北、西部的丘陵塬区；褐土性土亚类分黄土质和红黄土质 2 个土属 3 个土种，分别是黄土质褐土、红黄土质褐土和少量砂浆红黄土质褐土，分布在 5 大塬区；碳酸盐褐土亚类分黄土质碳酸盐褐土，洪冲积碳酸盐褐土，红黄土质碳酸盐褐土，废墟土质碳酸盐褐土 4 个土属 7 个土种，分别是黄土质和少量砂浆黄土质，红黄土质和少量砂浆红黄土质，黄土质洪冲积和红黄土质洪冲积，废墟土质碳酸盐褐土；分布在南北两塬和河流阶地上。

二、不同类型土壤的主要性状和自然分布

（一）褐土类

　　洛宁县褐土类总面积为 215.1 万亩，占全县土壤面积的 71.8%，是全县分布最广面积最大的土壤。根据褐土主要成土过程和发育特征及碳酸钙淋溶淀积的程度和相应的黏化过程，可分为淋溶褐土、始成褐土、碳酸盐褐土和褐土四个亚类。

（二）棕壤土类

　　棕壤面积 81.5 万亩，占全县土壤的 27.2%，主要分布在 800m 以上的深山区，母岩类型依据不同山体而异，县内西北部崤山区域，主要是安山玢岩和安山岩的中性岩类残积坡积物，南部熊耳山为花岗岩，花岗片麻岩类的酸性岩和少量安山玢岩及安山岩的残积坡积物，生长着茂密的落叶阔叶林木及林下草灌植被，年均 12℃，年降水量 800mm 左右，土壤腐殖质积累，黏化和碳酸盐淋洗等成土过程均能进行。该区陡坡谷深，山体切割严重，形成的土壤较薄，土体构型多为 A-C 或 A-D 构型，黏

化现象不明显，形成发育不完善的始成棕壤。

（三）潮土类

潮土类型面积3万亩，占全县土壤1%，主要分布在涧口、赵村、西山底、底张、长水、马店、城郊乡、城关镇的洛河滩地。洛河水量因季节不同差异很大，最小时仅9个流量，最大时3 600个流量。洛河在洛宁境内属下切河流，故两岸沉积物面积不大，地下水位不高，只有局部河湾改道或涧河口较低处，地下水位较高，1~3m有少量的潮土形成，根据地下水的影响程度不同，潮土可分为黄潮土和湿潮土两个亚类。

第三节　耕地土壤

洛宁县耕地面积54 412.65 hm²，占总土地面积230 666.7 hm² 的23.59%，其中水浇地面积6 180hm²，占总耕地面积的11.35%，旱地面积48 232.65hm²，占总耕地面积的88.65%。洛宁县的耕地主要分布在洛涧川区、南北两塬及丘陵地带，西北部山区和南部山区。水浇地主要分布在洛涧川区，其余各区大多数是旱地。

耕地土壤类型

第二次土壤普查土壤分类结果与省土种对照后，洛宁县耕地土壤有5个土类，9个亚类，20个土属，29个土种。其中，褐土38 570.35hm²，占耕地面积的70.88%；红黏土13 756.95hm²，占耕地面积的25.28%；潮土1 194.65hm²，占耕地面积的2.19%，粗骨土549.68hm²，占耕地面积的1.01%；棕壤341.02hm²，占耕地面积的0.63%，见下表。

（一）褐土土类

褐土是洛宁分布最广泛，面积最大的一种耕地土壤。它是在半干旱、半湿润温带气候下形成的地带性土壤。全县耕地土壤中，褐土面积38 570.35hm²，占总耕地面积的70.88%。褐土是洛宁的主要土壤类型，18个乡镇均有分布。褐土分为4个亚类，12个土属，16个土种。

（二）红黏土土类

红黏土是洛宁旱作耕地的主要土壤类型之一。全县耕地土壤中红黏土占面积13 756.95hm²，占总耕地面积的25.28%。红黏土主要分布在兴华、上戈、罗岭、小界、河底等乡。红黏土分1个亚类，典型红黏土1个土属，3个土种。

（三）潮土土类

耕地潮土是一种区域性土壤，发育在近代河流冲积物上，受地下水的影响经耕种熟化而形成的土壤。面积1 194.65hm²，占总耕地的2.20%，根据质地分典型潮土和湿潮土2个亚类，洪积潮土、石灰性潮壤土、石灰性潮黏土、湿潮壤土4个土属。

（四）粗骨土土类

粗骨土属石质土类型。成土母质为安山玢岩及安山岩的残积物。土层较薄，通体石砾含量较高，无石灰反应。土体发育不明显。主要分布在兴华、故县、下峪、上戈、罗岭、长水、小界等乡的中山地带。面积549.68hm²，占总耕地面积1.01%。有中性粗骨土1个亚类。

（五）棕壤土类

棕壤土是洛宁的一种山地土壤，主要分布在800m以上的深山区。因成土母岩的性质不同又有两种类型。西北部崤山山脉主要是安山玢岩和安山岩的中性岩类残积坡积物，南部熊耳山脉为花岗岩，花岗片麻岩类的酸性岩和少量的安山玢岩及安山岩的残积坡积物。面积341.02hm²，占总耕地面积的0.63%。棕壤分棕壤性土1个亚类，暗泥质棕壤性土和麻砂质棕壤性土2个土属。

表　洛宁县土种与省土种对照表

省土类名称	省亚类名称	省土属名称	省土种名称	县级土种	面积（hm²）
潮土	典型潮土	洪积潮土	壤质洪积潮土	壤质洪积黄潮土	358.81
		石灰性潮壤土	两合土	壤质黄潮土	222.42
		石灰性潮黏土	淤土	黏质黄潮土	136.43
	湿潮土	湿潮壤土	壤质洪积湿潮土	壤质洪积湿潮土	476.99
粗骨土	中性粗骨土	暗泥质中性粗骨土	薄层硅钾质中性粗骨土	薄层砾质中性岩始成褐土	372.38
		麻砂质中性粗骨土	薄层硅铝质中性粗骨土	薄层砾质酸性岩始成褐土	177.3
褐土	典型褐土	黄土质褐土	红黄土质褐土	红黄土质褐土	9 085.16
	褐土性土	暗泥质褐土性土	中层硅钾质褐土性土	中层砾质中性岩始成褐土	336.08
		堆垫褐土性土	厚层堆垫褐土性土	厚层堆垫始成褐土	11.24
		黄土质褐土性土	红黄土质褐土性土	红黄土质始成褐土	6 429.49
			浅位少量砂姜红黄土质褐土	少砾质红黄土质始成褐土	132.57
		灰泥质褐土性土	中层钙质褐土性土	砾质石灰质岩始成褐土	4.65
		麻砂质褐土性土	中层硅铝质褐土性土	中层砾质酸性岩始成褐土	184.6
		砂泥质褐土性土	厚层砂泥质褐土性土	砂砾始成褐土	407.4
	淋溶褐土	暗泥质淋溶褐土	中层硅钾质淋溶褐土	中性岩淋溶褐土	432.84
		黄土质淋溶褐土	红黄土质淋溶褐土	壤质红黄土质淋溶褐土	493.08
	石灰性褐土	黄土质石灰性褐土	红黄土质石灰性褐土	红黄土质碳酸盐褐土	9 841.18
			浅位少量砂姜红黄土质褐土	少量砂姜红黄土质褐土	42.4
				少量砂姜红黄土质碳酸盐褐土	1 853.58
			浅位少量砂姜黄土质石灰性褐土	少量砂姜黄土质碳酸盐褐土	717.94
			中壤质黄土质石灰性褐	废墟土质碳酸盐褐土	35.4
				黄土质碳酸盐始成褐土	2.79
				黄土质碳酸盐始成褐土	4 386.35
		泥砂质石灰性褐土	壤质洪积石灰性褐土	黄土质洪冲积碳酸盐褐土	2 321.85
			黏质洪积石灰性褐土	红黄土质洪冲积碳酸盐褐土	1 851.75
红黏土	典型红黏土	典型红黏土	红黏土	红黏土始成褐土	10 066.83
				黄黏土始成褐土	242.47
			浅位少量砂姜红黏土	少量砂姜红黏土始成褐土	573.28
			石灰性红黏土	灰质红黏土始成褐土	2 874.37
棕壤	棕壤性土	暗泥质棕壤性土	薄层硅钾质棕壤性土	薄层中性岩成棕壤	20.29
			中层硅钾质棕壤性土	中层中性岩始成棕壤	36.08
		麻砂质棕壤性土	薄层硅铝质棕壤性土	薄层酸性岩成棕壤	230.26
			中层硅铝质棕壤性土	中层酸性岩始成棕壤	54.39
总计					54 412.65

第五十三章　耕地土壤养分

根据 2007—2009 年这 3 年全县农化样化验分析结果来看，全县耕地土壤养分含量（平均值）现状是：有机质 14.61971g/kg、全氮 0.909833g/kg、有效磷 10.88082g/kg、速效钾 136.5539mg/kg、缓效钾 752.0189mg/kg、有效硫 14.86761mg/kg、有效铜 1.413569mg/kg、有效硼 0.0956616mg/kg、有效锌 0.6922mg/kg、有效铁 6.05017mg/kg、有效锰 9.061712mg/kg、pH 值 8.237017。

养分的分级标准采用第二次土壤普查时全国统一标准，便于分析从第二次土壤普查到现在 20 多年土壤养分变化的规律，等级划分详见表 53-1。

表 53-1　第二次土壤普查土壤养分分级标准

级别	一级	二级	三级	四级	五级	六级
有机质（g/kg）	>40	30.1~40	20.1~30	10.1~20	6.1~10	≤6
全氮（g/kg）	>2	1.51~2	1.01~1.5	0.76~1	0.51~0.75	≤0.5
有效磷（mg/kg）	>40	20.1~40	10.1~20	5.1~10	3.1~5	≤3
速效钾（mg/kg）	>200	151~200	101~150	51~100	31~50	≤30
有效锌（g/kg）	≤0.3	0.31~0.5	0.51~1	1.01~3	>3	
有效铜（g/kg）	≤0.1	0.11~0.2	0.21~1	1.01~1.8	>1.8	
有效铁（g/kg）	≤2.5	2.6~4.5	4.6~10	10~20	>20	
有效锰（g/kg）	≤1.0	1.1~5	5.1~15	15.1~30	>30	
有效钼（g/kg）	≤0.1	0.11~0.15	0.15~0.2	0.21~0.3	>0.3	
有效硼（g/kg）	≤0.2	0.21~0.5	0.51~1	1.01~2	>2	

因洛宁县土壤养分含量有机质绝大部分集中在四级，全氮集中在三四级，有效磷集中在三四级，速效钾集中在二三级。为便于与第二次土壤普查结果进行比较，将这 3 个级别有机质、全氮、有效磷、速效钾进行细分为 III_1、III_2、IV_1、IV_2、V_1、V_2，具体分级情况见表 53-2。

表 53-2　土壤养分分级

级别	三级		四级		五级	
	III_1	III_2	IV_1	IV_2	V_1	V_2
有机质（g/kg）	25.1~30	20.1~25	15.1~20	10.1~15	8.1~10	6.1~8
全氮（g/kg）	1.26~1.5	1.01~1.25	0.86~1	0.76~0.85	0.61~0.75	0.51~0.6
有效磷（mg/kg）	15.1~20	10.1~15	7.1~10	5.1~7	—	—
速效钾（mg/kg）	126~150	101~125	76~100	51~75	—	—

第一节　有机质

土壤有机质是土壤的重要组成成分，与土壤的发生、演变，土壤肥力水平和许多土壤的其他属性有密切的关系。土壤有机质含有作物生长所需的多种营养元素，分解后可直接为作物生长提供营养元素；有机质具有改善土壤理化性状，影响和制约土壤结构形成及通气性、渗透性、缓冲性、交换性能和保水保肥性能，是评价耕地地力的重要指标。对耕作土壤来说，培肥的中心环节就是增施各种有机肥，实行秸秆还田，保持和提高土壤有机质含量。

（一）有机质含量情况

洛宁县耕地土壤有机质含量变化围为8.0~30.4g/kg，平均值14.61971g/kg，比1982年的12.2增加2.41g/kg为三、四级水平。其中三级579.25hm²占总耕地面积的1.06%，四级53 824.24hm²，占总耕地面积的98.92%。①不同行政区域：赵村乡最高，平均为18.09442g/kg，最低是河底乡，平均为13.16554g/kg；②不同地貌类型：低山最高，平均值为16.98005g/kg，丘陵区最低，平均值为14.2075g/kg；③不同土种：薄层硅铝质棕壤土最高，平均为19.81988g/kg，最低为红黏土，平均为14.1823g/kg（表53-3、表53-4）。

表53-3　洛宁县各乡镇土壤有机质含量分级

乡名称	面积（hm²）	三级面积（hm²）29.9~20（g/kg）	占面积（%）	四级面积（hm²）19.9~10（g/kg）	占面积（%）	五级面积（hm²）9.9~6（g/kg）	占面积（%）
长水乡	2 004.46			2 004.46	100		
陈吴乡	2 372.44			2 372.44	100		
城关镇	154.62			154.62	100		
城郊乡	2 047.21			2 047.21	100		
底张乡	3 025.95	29.87	0.99	2 996.08	99.01		
东宋乡	7 146.93			7 146.93	100		
故县乡	1 633.04			1 633.04	100		
河底乡	6 663.28			6 662.9	99.99	0.38	0.01
涧口乡	2 107.2			2 107.2	100		
罗岭乡	2 675.05			2 675.05	100		
马店乡	4 052.18			4 052.18	100		
上戈镇	4 101.43			4 101.43	100		
王范回族镇	160.45			160.45	100		
西山底乡	1 996.86	42.02	2.10	1 954.84	97.90		
下峪乡	1 941.37	145.23	7.48	1 796.14	92.52		
小界乡	6 251.24			6 242.46	99.86	8.78	0.14
兴华乡	2 932.77	78.35	2.68	2 854.42	97.33		
赵村乡	3 146.17	283.78	9.02	2 862.39	90.99		
总计	54 412.65	579.25		53 824.24		9.16	54 412.65

表53-4　洛宁县各土种土壤有机质含量分级表

土种名称	面积（hm²）				占耕地面积比例（%）
	三级（20.1~30g/kg）	四级（10.1~20g/kg）	五级（6.1~10g/kg）	总计	
薄层硅钾质中性粗骨土	1.02	371.36	0	372.38	0.68
薄层硅钾质棕壤性土	15.14	5.15	0	20.29	0.04
薄层硅铝质中性粗骨土		177.3	0	177.3	0.33
薄层硅铝质棕壤性土	85.14	145.12	0	230.26	0.42
红黄土质褐土	94.31	8 990.85	0	9 085.16	16.70
红黄土质褐土性土	72.1	6 357.39	0	6 429.49	11.82

（续表）

土种名称	面积（hm²）				占耕地面积比例（%）
	三级（20.1~30g/kg）	四级（10.1~20g/kg）	五级（6.1~10g/kg）	总计	
红黄土质淋溶褐土	19.25	473.83	0	493.08	0.91
红黄土质石灰性褐土		9 840.8	0.38	9 841.18	18.09
红黏土	8.98	10 291.54	8.78	10 309.3	18.95
厚层堆垫褐土性土		11.24	0	11.24	0.02
厚层砂泥质褐土性土	101.05	306.35	0	407.4	0.75
两合土		222.42	0	222.42	0.41
浅位少量砂姜红黄土质褐土	4.11	2 024.44	0	2 028.55	3.73
浅位少量砂姜红黏土		573.28	0	573.28	1.05
浅位少量砂姜黄土质石灰性褐土		717.94	0	717.94	1.32
壤质洪积潮土		358.81	0	358.81	0.66
壤质洪积湿潮土		476.99	0	476.99	0.88
壤质洪积石灰性褐土	2.5	2 319.35	0	2 321.85	4.27
石灰性红黏土		2 874.37	0	2 874.37	5.287
淤土		136.43	0	136.43	0.257
黏质洪积石灰性褐土	97.71	1 754.04	0	1 851.75	3.407
中层钙质褐土性土		4.65	0	4.65	0.01
中层硅钾质褐土性土	36.63	299.45	0	336.08	0.62
中层硅钾质淋溶褐土		432.84	0	432.84	0.80
中层硅钾质棕壤性土		36.08	0	36.08	0.07
中层硅铝质褐土性土	4.76	179.84	0	184.6	0.34
中层硅铝质棕壤性土	35.9	18.49	0	54.39	0.10
中壤质黄土质石灰性褐土	0.65	4 423.89	0	4 424.54	8.13
总计	579.25	53 824.24	9.16	54 412.65	100

（二）增加土壤有机质含量的途径

土壤有机质的含量取决于其年生产量和矿化量的相对大小，当生产量大于矿化量时，有机质含量逐步增加，反之，将会逐步减少。土壤有机质矿化量主要受土壤温度、湿度、通气状况、有机质含量等因素影响。一般说来土壤温度低，通气性差，湿度大时，土壤有机质矿化量较低；相反，土壤温度高，通气性好，湿度适中时则有利于土壤有机质的矿化。农业生产中应注意创造条件，减少土壤有机质的矿化量。日光温室、塑料大棚等保护地栽培条件下，土壤长期处于高温多湿的条件下有机质易矿化，含量提高较慢，有机质相对含量普遍偏低。适时通风降温，尽量减少盖膜时间将有利于土壤有机质的积累。

增加有机肥的施用量，是人为增加土壤有机质含量的主要途径，其方法首先是秸秆还田、增施有机肥、施用有机无机复合肥；其次是大量种植绿肥，还要注意控制与调节有机质的积累与分解，做到既能保证当季作物养分的需要，又能使有机质有所积累，不断提高土壤肥力。灌排和耕作等措施，也可以有效的控制有机质的积累与分解。

（三）土壤有机质变化情况

1982年有机质集中在Ⅳ二级（含量10.1~15g/kg）和Ⅴ级（含量8.1~10g/kg），2009年则集中在Ⅳ一级（含量15.1~20g/kg）和Ⅳ2级（含量10.1~15g/kg），2009年与1982年相比总体提高了1个级别。1982年有机质含量10~15g/kg的面积36 231.8hm²，占耕地面积的57.9%，2009年的面积

37 887.68hm²，占耕地面积的 69.63%；2009 年比 1982 年面积增加 1 655.88hm²，比例提高 11.73%。1982 年有机质含量 15 ~ 20g/kg 的面积 9 634.0 hm²，占总耕地面积的 15.4%，2009 年的面积 15 936.56hm²，占耕地面积的 29.29%。2009 年比 1982 年面积增加 6 302.56hm²，比例提高 13.89%。1982 年有机质含量 20 ~ 25g/kg 的面积仅有 538.5hm²，占总耕地面积的 0.9%，2009 年的面积为 579.25hm²，占耕地面积的 1.06%。1982 年 10g/kg 以下的面积 16 023.8 hm²，占总耕地面积的 25.6%，2009 年基本消失，仅有 9.16hm²，占总耕地面积的 2.81%（图 53-1）。

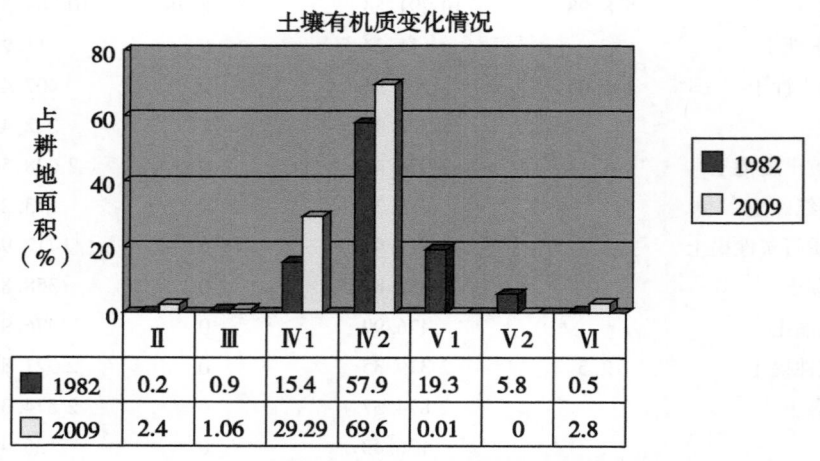

土壤有机质变化情况

	II	III	IV1	IV2	V1	V2	VI
1982	0.2	0.9	15.4	57.9	19.3	5.8	0.5
2009	2.4	1.06	29.29	69.6	0.01	0	2.8

图 53-1　2009 年与 1982 年土壤有机质变化比较

第二节　氮、磷、钾

一、土壤全氮

（一）洛宁县土壤全氮基本情况

洛宁县耕地土壤全氮含量变化范围为 1.91 ~ 0.49g/kg，平均值 0.909833g/kg。比 1982 年的 0.82g/kg 增加 0.09g/kg，大部分为三、四、五级水平，其中三级面积 9 173.93hm²，占总耕地面积的 16.86%，四级面积 43 237.44hm²，占总耕地面积的 79.46%，五级面积 2 001.28hm²，占总耕地面积的 3.68%，六级基本不存在。

①不同行政区域：赵村乡最高，平均为 1.12g/kg，最低是河底乡 0.81g/kg；②不同地形地貌：最高为低山和平原，平均值为 1.06g/kg，最低为黄土低塬，平均值为 0.8845g/kg；③不同土壤种类：中层硅铝质棕壤性土最高，平均为 1.2844g/kg，最低为浅位少量砂姜黄土质石灰性褐土，平均为 0.8207g/kg（表 53-5、表 53-6）。

表 53-5　洛宁县各乡镇土壤全氮含量分级

乡名称	面积（hm²）	三级面积（hm²）1.01 ~ 1.5（g/kg）	占面积（%）	四级面积（hm²）0.76 ~ 1（g/kg）	占面积（%）	五级面积（hm²）0.51 ~ 0.75（g/kg）	占面积（%）
长水乡	2 004.46	24.14	1.20	1 962.55	97.91	17.77	0.89
陈吴乡	2 372.44	1 110.92	46.83	1 261.52	53.17		0
城关镇	154.62	0.11	0.07	154.51	99.93		0
城郊乡	2 047.21	776.09	37.91	1 133.87	55.39	137.25	6.704
底张乡	3 025.95	639.28	21.13	2 349.03	77.63	37.64	1.24
东宋乡	7 146.93	8.1	0.11	6 982.89	97.70	155.94	2.18
故县乡	1 633.04	113.58	6.96	1 489.66	91.22	29.8	1.82

（续表）

乡名称	面积（hm²）	三级面积（hm²）1.01~1.5（g/kg）	占面积（%）	四级面积（hm²）0.76~1（g/kg）	占面积（%）	五级面积（hm²）0.51~0.75（g/kg）	占面积（%）
河底乡	6 663.28	1.62	0.02	5 780.93	86.76	880.73	13.22
涧口乡	2 107.2	582.23	27.63	1 524.97	72.37		0
罗岭乡	2 675.05	66.66	2.49	2 517.21	94.10	91.18	3.41
马店乡	4 052.18	276.11	6.81	3 434.06	84.75	342.01	8.44
上戈镇	4 101.43	78.06	1.90	4 023.37	98.10		0
王范回族镇	160.45	23.93	14.91	75.22	46.88	61.3	38.21
西山底乡	1 996.86	921.35	46.14	1 028.18	51.49	47.33	2.37
下峪乡	1 941.37	674.84	34.76	1 225.86	63.14	40.67	2.09
小界乡	6 251.24	10.42	0.167	6 087.55	97.38	153.27	2.45
兴华乡	2 932.77	1 383.28	47.17	1 543.1	52.62	6.39	0.22
赵村乡	3 146.17	2 483.21	78.93	662.96	21.07		0
总计	54 412.65	9 173.93	16.86	43 237.44	79.46	2 001.28	3.68

表53-6 洛宁县各土种土壤全氮含量分级

土种名称	面积（hm²）				占耕地面积比例（%）
	三级（1.01~1.5）	四级（0.76~1）	五级（0.51~0.75）	总计	
薄层硅钾质中性粗骨土	13.51	357.56	1.31	372.38	0.68
薄层硅钾质棕壤性土	20.29	0		20.29	0.04
薄层硅铝质中性粗骨土	131.51	45.79		177.3	0.33
薄层硅铝质棕壤性土	230.26	0		230.26	0.42
红黄土质褐土	1 323.8	7 469.1	292.26	9 085.16	16.70
红黄土质褐土性土	868.56	5 487.61	73.32	6 429.49	11.82
红黄土质淋溶褐土	178.51	311.4	3.17	493.08	0.91
红黄土质石灰性褐土	947.58	8 077.88	815.72	9 841.18	18.09
红黏土	1 246.89	8 867.54	194.87	10 309.3	18.95
厚层堆垫褐土性土	0	11.24		11.24	0.02
厚层砂泥质褐土性土	324.32	83.08		407.4	0.75
两合土	36.87	185.55		222.42	0.41
浅位少量砂姜红黄土质褐土	389.13	1631.81	7.61	2 028.55	3.73
浅位少量砂姜红黏土	0	571.24	2.04	573.28	1.05
浅位少量砂姜黄土质石灰性褐土	0	592.41	125.53	717.94	1.32
壤质洪积潮土	358.61	0.2		358.81	0.66
壤质洪积湿潮土	266.59	210.4		476.99	0.88
壤质洪积石灰性褐土	955.33	1 346.11	20.41	2 321.85	4.27
石灰性红黏土	403.15	2 450.26	20.96	2 874.37	5.28
淤土	27.53	108.9		136.43	0.25
黏质洪积石灰性褐土	773.31	1 038.57	39.87	1 851.75	3.40
中层钙质褐土性土	4.65	0		4.65	0.01

（续表）

土种名称	面积（hm²）				占耕地面积比例（%）
	三级（1.01~1.5）	四级（0.76~1）	五级（0.51~0.75）	总计	
中层硅钾质褐土性土	82.67	253.41		336.08	0.62
中层硅钾质淋溶褐土	3.23	424.65	4.96	432.84	0.80
中层硅钾质棕壤性土	0	36.08		36.08	0.07
中层硅铝质褐土性土	166.03	18.57		184.6	0.34
中层硅铝质棕壤性土	48.23	6.16		54.39	0.10
中壤质黄土质石灰性褐土	373.37	3 651.92	399.25	4 424.54	8.13
总计	9 173.93	43 237.44	2 001.28	54 412.65	100

（二）增加土壤氮素的途径

（1）施用有机肥和秸秆还田是维持土壤氮素平衡的有效措施，各种有机肥和秸秆都含有大量的氮素，这些氮素直接或间接来源于土壤，把它们归还给土壤，有利于土壤氮素循环的平衡。

（2）用化肥补足土壤氮素平衡中年亏损量，用化肥来补足也是维持土壤氮素平衡的重要措施之一。

（三）土壤全氮变化情况

1982 年全氮集中在Ⅲ二级（含量 1~1.25g/kg）、Ⅳ一级（含量 0.85~1g/kg）、Ⅳ二级（含量 0.75~0.85kg）和Ⅴ一级（含量 0.6~0.75g/kg）和Ⅴ二级（含量 0.5~0.6g/kg）和Ⅱ级、Ⅲ级、Ⅳ级、Ⅴ级，2009 年则集中在Ⅲ二级、Ⅳ一级、Ⅳ二级和Ⅴ一级。2009 年与 1982 年相比，1982 年全氮含量 0.85~1g/kg 的面积为 13 294.3hm²，占耕地面积的 21.3%，2009 年的面积为 24 599.66hm²，占耕地面积的 45.21%；1982 年全氮含量 1.01~1.25g/kg 的面积为 8 057.3hm²，占耕地面积的 12.9%，2009 年的面积为 8 715.61hm²，占耕地面积的 16.02%；1982 年 0.76~0.85g/kg 的面积为 12 900.7hm²，占耕地面积的 20.6%，2009 年的面积为 18 637.78hm²，占耕地面积的 34.25%。1982 年 0.51~0.75g/kg 的面积为 24 434.6hm²，占耕地面积的 39.1%，2009 年的面积为 2 001.28hm²，占耕地面积的 3.68%，1982 年小于 0.5 的还有 2 698.73hm²，占耕地面积的 4.3%，2009 年已经没有面积。图示结果见图 53-2。

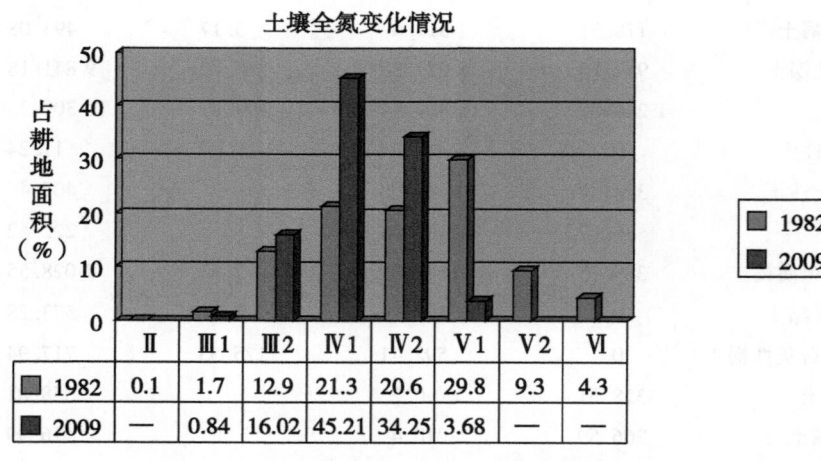

土壤全氮变化情况

	Ⅱ	Ⅲ1	Ⅲ2	Ⅳ1	Ⅳ2	Ⅴ1	Ⅴ2	Ⅵ
1982	0.1	1.7	12.9	21.3	20.6	29.8	9.3	4.3
2009	—	0.84	16.02	45.21	34.25	3.68	—	—

图 53-2 2009 年与 1982 年土壤全氮变化比较

二、土壤有效磷

（一）洛宁县耕地有效磷基本情况

土壤中的磷一般以无机态磷和有机态磷形式存在，通常有机态磷占全磷量的 35% 左右，无机态磷占全磷量的 65% 左右。无机态磷中易溶性磷酸盐和土壤胶体中吸附的磷酸根离子，以及有机形态磷中易矿化的部分，被视为有效磷，约占土壤总含量的10%。全县耕层土壤有效磷含量平均为10.88mg/kg，为二、三、四级水平，在各乡镇分布等级见表53-7、表53-8。

表53-7　洛宁县各乡镇土壤有效磷含量分级

乡名称	面积（hm²）	二级面积（hm²）20.1~40（g/kg）	占面积（%）	三级面积（hm²）10.1~20（g/kg）	占面积（%）	四级面积（hm²）5.1~10（g/kg）	占面积（%）
长水乡	2 004.46	2.04	0.10	843.59	42.09	1 158.83	57.81
陈吴乡	2 372.44		0	1 161.48	48.96	1 210.96	51.04
城关镇	154.62		0	116.62	75.42	38	24.58
城郊乡	2 047.21	13.65	0.67	1 718.38	83.94	315.18	15.40
底张乡	3 025.95	26.09	0.86	1 207.8	39.91	1 792.06	59.22
东宋乡	7 146.93	538.19	7.53	4 836.7	67.68	1 772.04	24.79
故县乡	1 633.04		0	103.23	6.32	1 529.81	93.68
河底乡	6 663.28	5.13	0.08	1 228.75	18.44	5 429.4	81.48
涧口乡	2 107.2	21.78	1.03	2 073.26	98.39	12.16	0.58
罗岭乡	2 675.05	6.58	0.25	765.98	28.63	1 902.49	71.12
马店乡	4 052.18	12.05	0.30	2 515.85	62.09	1 524.28	37.62
上戈镇	4 101.43	0.17	0.01	1 105.84	26.96	2 995.42	73.03
王范回族镇	160.45		0	135.49	84.44	24.96	15.56
西山底乡	1 996.86	1.38	0.07	650.63	32.58	1 344.85	67.35
下峪乡	1 941.37	75.45	3.89	804.8	41.46	1 061.12	54.66
小界乡	6 251.24	5.96	0.10	3 971.25	63.53	2 274.03	36.38
兴华乡	2 932.77	2.32	0.08	1 821.67	62.11	1 108.78	37.81
赵村乡	3 146.17	38.89	1.24	2 865.99	91.09	241.29	7.67
总计	54 412.65	749.68	1.38	27 927.31	51.33	25 735.66	47.30

表53-8　洛宁县各土种土壤有效磷含量分级

土种名称	面积（hm²）				占耕地面积比例（%）
	二级（20.1~40）	三级（10.1~20）	四级（5.1~10）	总计	
薄层硅钾质中性粗骨土		128.84	243.54	372.38	0.68
薄层硅钾质棕壤性土	0.75	15.7	3.84	20.29	0.04
薄层硅铝质中性粗骨土	0.55	156.2	20.55	177.3	0.33
薄层硅铝质棕壤性土	11.09	187.55	31.62	230.26	0.42
红黄土质褐土	141.49	5 651.96	3 291.71	9 085.16	16.70
红黄土质褐土性土	11.08	2 541.37	3 877.04	6 429.49	11.82
红黄土质淋溶褐土	1.38	193.11	298.59	493.08	0.91
红黄土质石灰性褐土	42.73	4 505.05	5 293.4	9 841.18	18.09
红黏土	19.24	2 952.99	7 337.07	10 309.3	18.95
厚层堆垫褐土性土		0	11.24	11.24	0.02
厚层砂泥质褐土性土	33.63	342.64	31.13	407.4	0.75
两合土		36.29	186.13	222.42	0.41
浅位少量砂姜红黄土质褐土	8.34	1 335.28	684.93	2 028.55	3.73
浅位少量砂姜红黏土		401.01	172.27	573.28	1.05

（续表）

土种名称	面积（hm²）				占耕地面积比例（%）
	二级（20.1~40）	三级（10.1~20）	四级（5.1~10）	总计	
浅位少量砂姜黄土质石灰性褐土	27.7	569.33	120.91	717.94	1.32
壤质洪积潮土	3.17	319.49	36.15	358.81	0.66
壤质洪积湿潮土		331.42	145.57	476.99	0.88
壤质洪积石灰性褐土	165.26	1794.17	362.42	2 321.85	4.27
石灰性红黏土	0.17	1 098.5	1 775.7	2 874.37	5.28
淤土		92.05	44.38	136.43	0.25
黏质洪积石灰性褐土	4.24	1 300.9	546.61	1 851.75	3.40
中层钙质褐土性土		4.65	0	4.65	0.01
中层硅钾质褐土性土	36.63	10.49	288.96	336.08	0.62
中层硅钾质淋溶褐土		94.98	337.86	432.84	0.80
中层硅钾质棕壤性土		1.89	34.19	36.08	0.07
中层硅铝质褐土性土		155.34	29.26	184.6	0.34
中层硅铝质棕壤性土	27.46	26.93	0	54.39	0.10
中壤质黄土质石灰性褐土	214.77	3 679.18	530.59	4 424.54	8.13
总计	749.68	27 927.31	25 735.66	54 412.65	100

第二次土壤普查以来，由于磷肥的大量施用，使耕层土壤有效磷含量逐渐增加，全县平均为10.88mg/kg，较1982年增加3.58mg/kg。洛宁县耕地土壤有效磷含量变化范围为3.1~40mg/kg，平均值10.88mg/kg。为二、三、四级水平，其中二级面积749.68hm²，占总耕地面积的1.38%；三级面积27 927.31hm²，占总耕地面积的51.33%；四级面积25 735.66hm²，占总耕地面积的47.30%。①不同行政区域：东宋乡最高平均为14.6294mg/kg，最低是故县乡7.3096mg/kg；②不同地貌类型：丘陵最低平均值为9.4944mg/kg，最高为河流低阶地平均值为12.4583mg/kg；③不同土壤种类：最高为中层硅铝质棕壤性土平均值为20.9178mg/kg，最低为石灰性红黏土平均值为8.4769mg/kg。

（二）影响土壤磷素有效性的因素

土壤中的有效磷含量占全磷量的10%，了解土壤磷素有效性的影响因素，有利于人为调节土壤理化性状，提高土壤有效性含量。

1. 有机质

有机质含量高有利于磷素的转化和有效磷的贮存。土壤有机质有利于微生物的繁殖和微生物活性的提高，增强磷素转化速度。同时有效性的磷素与有机物质结合，减弱了土壤磷素的矿化作用。有利于有效磷贮存积累。在农业生产中推广秸秆还田增施有机肥可提高土壤有效磷含量。

2. pH值

在土壤中，难溶性磷酸盐与生物呼吸作用产生的二氧化碳、有机肥料分解时产生的有机酸作用，可逐渐转变成为弱酸溶性或水溶性磷酸盐，因此，土壤中pH值的高低与土壤磷素的有效性有密切关系。低pH值环境下有利于土壤有效磷含量的提高，反之则降低。

3. 耕作深度

亚耕层土壤有效磷含量与耕作层深度有直接关系，加深耕作层可大大提高亚层土壤有效磷含量，有利于提高作物对磷素的吸收利用率。

（三）增加土壤有效磷的途径

1. 增施有机肥料

土壤中难溶性磷素需要在磷细菌的作用下，逐渐转化成有效磷，供作物吸收利用。土壤有机质有利于微生物的繁殖和微生物活性的提高，增强磷素转化速度。同时有效性的磷素与有机物质结合，减弱了土壤磷素的矿化作用，有利于有效磷贮存积累。

2. 与有机肥料混合使用

在土壤中，难溶性磷酸盐与生物呼吸作用产生的二氧化碳、有机肥料分解时产生的有机酸作用，可逐渐转变成为弱酸溶性或水溶性磷酸盐，提高磷素的利用率。

（四）土壤有效磷变化情况

1982 年有效磷四级以下（含量 10mg/kg 以下）的面积 51 972.5hm²，占总耕地面积的 83.13%，2009 年面积为 25 735.66hm²，占总耕地面积的 47.3%，1982 年三级水平（含量 10.1~20mg/kg）耕地面积 1982 年为 8 986.27hm²，占总耕地面积的 14.40%，2009 年为 27 927.31hm²，占总耕地面积的 51.33%；二级水平（含量 20~40mg/kg）1982 年面积 1 514.8hm²，为总耕地面积的 2.41%，2009 年面积 749.68hm²，为总耕地面积的 1.38%。见图 53-3。

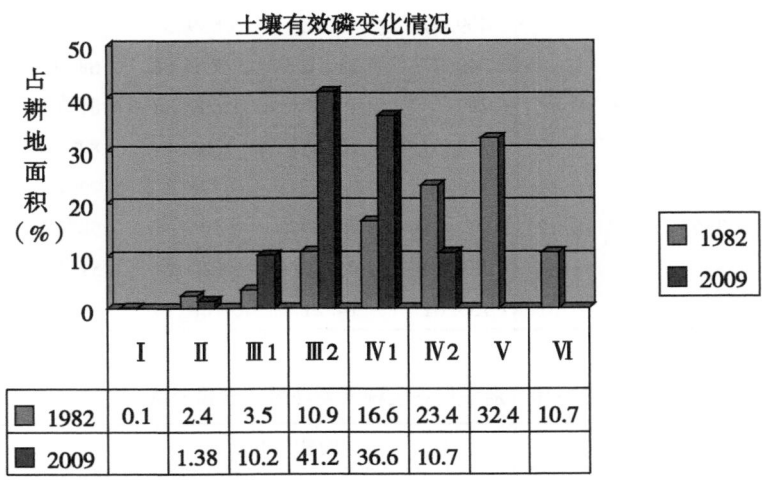

	Ⅰ	Ⅱ	Ⅲ1	Ⅲ2	Ⅳ1	Ⅳ2	Ⅴ	Ⅵ
1982	0.1	2.4	3.5	10.9	16.6	23.4	32.4	10.7
2009		1.38	10.2	41.2	36.6	10.7		

图 53-3　2009 年与 1982 年土壤有效磷变化比较图

三、土壤速效钾

（一）洛宁县耕地土壤速效钾基本状况

钾是作物生长发育所需三要素之一。速效钾可被作物当季吸收利用。对作物钾素营养有直接影响，洛宁县耕地土壤速效钾含量变化范围为 233~90mg/kg，平均值 136.55mg/kg。①不同行政区域：城郊乡最高平均值为 159.03mg/kg，最低是小界乡 126.84mg/kg；②不同地貌类型：河流低阶地最高平均值为 144.35mg/kg，最低为低山平均值为 132.77mg/kg；③不同土壤种类：最高为壤质洪冲积潮土平均值为 180.5mg/kg，最低为中层硅钾质淋溶褐土平均值为 159mg/kg；④按级别划分：一级面积 168.17hm²，占总耕地面积的 0.31%；二级面积 7 733.01hm²，占总耕地面积的 14.22%；三级面积 46 408.14hm²，占总耕地面积的 85.29%；四级面积 103.33hm²，仅占总耕地面积的 0.19%（表 53-9、表 53-10）。

表 53-9　洛宁县各乡镇土壤速效钾含量分级

乡名称	面积（hm²）	一级面积（hm²）>200（g/kg）	占面积（%）	二级面积（hm²）151~200（g/kg）	占面积（%）	三级面积（hm²）101~150（g/kg）	占面积（%）	四级面积（hm²）51~100（g/kg）	占面积（%）
长水乡	2 004.46		0	62.07	3.10	1 940.78	96.82	1.61	0.08
陈吴乡	2 372.44	3.19	0.13	711.09	29.97	1 658.16	69.89	0	
城关镇	154.62		0	44.17	28.57	110.45	71.43	0	
城郊乡	2 047.21	76.34	3.73	1 157.25	56.53	813.62	39.74	0	

（续表）

乡名称	面积（hm²）	一级面积（hm²）>200（g/kg）	占面积（%）	二级面积（hm²）151~200（g/kg）	占面积（%）	三级面积（hm²）101~150（g/kg）	占面积（%）	四级面积（hm²）51~100（g/kg）	占面积（%）
底张乡	3 025.95	0		348.63	11.52	2 677.32	88.48		0
东宋乡	7 146.93	0		84.83	1.19	7 062.1	98.81		0
故县乡	1 633.04	0		84.26	5.16	1 548.78	94.84		0
河底乡	6 663.28	0		33.1	0.50	6 629.9	99.50	0.28	0.01
涧口乡	2 107.2	0		479.03	22.73	1 628.17	77.27		0
罗岭乡	2 675.05	0		494.99	18.50	2 177.38	81.40	2.68	0.10
马店乡	4 052.18	0		185.63	4.58	3 866.55	95.42		0
上戈镇	4 101.43	0		409.37	9.98	3 689.6	89.96	2.46	0.06
回族镇	160.45	0		49.77	31.02	110.68	68.98		0
西山底乡	1 996.86	0		297	14.87	1 699.86	85.13		0
下峪乡	1 941.37	6.34	0.323	233.63	12.03	1701.4	87.64		0
小界乡	6 251.24	0		378.14	6.05	5776.8	92.41	96.3	1.54
兴华乡	2 932.77	3.63	0.12	1 222.79	41.69	1 706.35	58.18		0
赵村乡	3 146.17	78.67	2.50	1 457.26	46.32	1 610.24	51.18		0
总计	54 412.65	168.17	0.31	7 733.01	14.21	46 408.14	85.29	103.33	0.19

表 53-10　洛宁县各土种土壤速效钾含量分级

土种名称	面积（hm²）					占耕地面积比例（%）
	一级（>200）	二级（151~200）	三级（101~150）	四级（51~100）	总计	
薄层硅钾质中性粗骨土		40.37	327.55	4.46	372.38	0.68
薄层硅钾质棕壤性土		4.14	16.15		20.29	0.04
薄层硅铝质中性粗骨土		25.12	152.18		177.3	0.33
薄层硅铝质棕壤性土	8.33	86.78	135.15		230.26	0.42
红黄土质褐土	46.85	834.1	8 167.77	36.44	9 085.16	16.70
红黄土质褐土性土		687.26	5 742.23		6 429.49	11.82
红黄土质淋溶褐土			492.4	0.68	493.08	0.91
红黄土质石灰性褐土	1.61	1 009.68	8 828	1.89	9 841.18	18.09
红黏土		897.77	9 384.44	27.09	10 309.3	18.95
厚层堆垫褐土性土			11.24		11.24	0.02
厚层砂泥质褐土性土	17.36	201.6	188.44		407.4	0.75
两合土		30.57	191.85		222.42	0.41
浅位少量砂姜红黄土质褐土		180.53	1 821.73	26.29	2 028.55	3.73
浅位少量砂姜红黏土		42.88	530.4		573.28	1.05
浅位少量砂姜黄土质石灰性褐土			717.94		717.94	1.32
壤质洪积潮土	72.14	286.67	0		358.81	0.66
壤质洪积湿潮土	4.2	254.84	217.95		476.99	0.88
壤质洪积石灰性褐土	2.5	1 310.4	1 008.95		2 321.85	4.27
石灰性红黏土		412.85	2 461.52		2 874.37	5.28

（续表）

土种名称	面积（hm²）					占耕地面积比例（%）
	一级（>200）	二级（151~200）	三级（101~150）	四级（51~100）	总计	
淤土		0.99	135.44		136.43	0.25
黏质洪积石灰性褐土	13.59	662.47	1 175.69		1 851.75	3.40
中层钙质褐土性土			4.65		4.65	0.01
中层硅钾质褐土性土		43.38	292.7		336.08	0.62
中层硅钾质淋溶褐土		35.36	391	6.48	432.84	0.80
中层硅钾质棕壤性土		5.64	30.44		36.08	0.07
中层硅铝质褐土性土		1.42	183.18		184.6	0.34
中层硅铝质棕壤性土	1.59	41.86	10.94		54.39	0.10
中壤质黄土质石灰性褐土		636.33	3 788.21		4 424.54	8.13
总计	168.17	7 733.01	46 408.14	103.33	54 412.65	100

（二）提高土壤速效钾含量的途径

（1）增施有机肥料。

（2）大力推广秸秆还田技术。

（3）增施草木灰、含钾量高的肥料。

（4）配方施肥，增施钾肥。

（三）土壤速效钾变化情况

全县 2007—2009 年土壤速效钾平均值为 136.55mg/kg，比 1982 年的 179mg/kg 下降 42.45mg/kg，下降幅度为 23.7%，由表 53-11 可以知道，Ⅰ级水平（>200mg/kg）1982 年为 15 963.13hm²，占总耕地面积的 25.5%，2009 年为 168.17hm²，占总耕地面积的 0.31%；Ⅱ级水平（151~200mg/kg）1982 年为 23 062.8hm²，占总耕地面积的 36.9%，2009 年为 7 733.0hm²，占总耕地面积的 14.22%；Ⅲ级水平（101~150mg/kg）1982 年速效钾的面积为 22 591.8hm²，占总耕地面积的 36.1%，2009 年面积为 46 408.14hm²，占总耕地面积的 85.29%；Ⅳ级水平以下（100mg/kg 以下）1982 年面积为 906.9hm²，占总耕地面积的 1.5%，2009 年仅有 103.33hm²，占总耕地面积的 0.19%；见图 53-4。

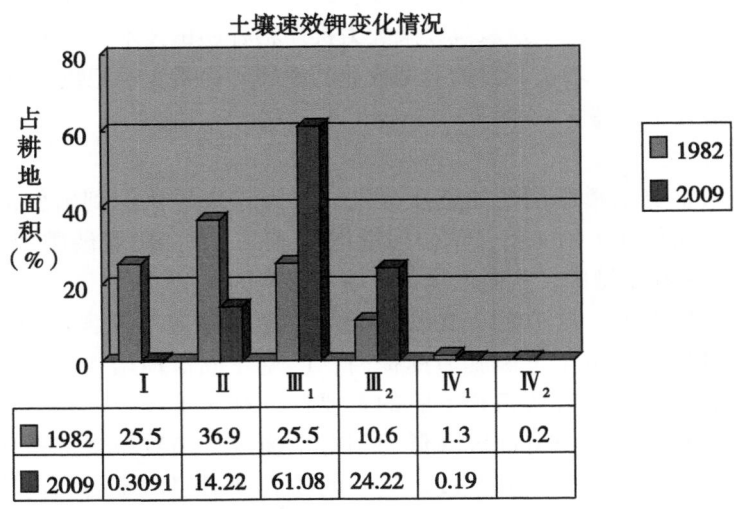

图 53-4　2009 年与 1982 年土壤速效钾变化比较图

表 53-11　2009 年与 1982 年土壤耕层（0~20cm）养分含量比较

项目	养分级别	年份	I	II	III₁	III₂	IV₁	IV₂	V₁	V₂	VI
有机质	含量标准 (g/kg)		≥40	30.1~40	25.1~30	20.1~25	15.1~20	10.1~15	8.1~10	6.1~8	≤6
	占耕地比例 (%)	1982年	0	0.2		0.9	15.4	57.9	19.3	5.8	0.5
	面积 (hm²)			96.5		538.5	9 634.0	36 231.8	12 078.2	3 633.8	311.8
	占耕地比例 (%)	2009年	0	0		1.0646	29.2883	69.6302	0.01359978	0.003235	
	面积 (hm²)					579.25	15 936.56	37 887.68	7.4	1.76	
全氮	含量标准 (g/kg)		≥2	1.51~2	1.26~1.5	1.01~1.25	0.86~1	0.76~0.85	0.61~0.75	0.51~0.6	≤0.5
	占耕地比例 (%)	1982年	0	0.10	1.7	12.9	21.3	20.6	29.8	9.3	4.3
	面积 (hm²)			49.3	1 089.7	8 057.3	13 294.3	12 900.7	18 663.7	5 770.9	2 698.73
	占耕地比例 (%)	2009年	0	0	0.8423	16.0176	45.21	34.26	3.68		0
	面积 (hm²)				458.32	8 715.61	24 599.66	18 637.78	2 001.28		
有效磷	含量标准 (mg/kg)		≥40	20.1~40	15.1~20	10.1~15	7.1~10	5.1~7	3.1~5		≤3
	占耕地比例 (%)	1982年	0.1	2.4	3.5	10.9	16.6	23.4	32.4		10.7
	面积 (hm²)		51.1	1 514.8	2 190.9	6 795.4	10 382.7	14 622.2	20 273.9		6 693.7
	占耕地比例 (%)	2009年	0	1.3778	41.25	41.19	36.62439	10.6728			
	面积 (hm²)			749.68	5 518.25	22 409.06	19 928.3	5 807.36			
速效钾	含量标准 (mg/kg)		≥200	151~200	126~150	101~125	76~100	51~75	31~50		≤30
	占耕地比例 (%)	1982年	25.5	36.9	25.4	10.7	1.3	0.2			
	面积 (hm²)		15 963.1	23 062.8	15 934.2	6 657.6	804.8	102.10			
	占耕地比例 (%)	2009年	0.3091	14.22	61.08	24.22	0.1899				
	面积 (hm²)		168.17	7 733.01	33 233.34	13 174.8	103.33				

（四）耕地土壤养分变化原因

通过上表 53-11 分析可知 1982—2009 年土壤中有机质、全氮、有效磷都有不同程度的增加。

1. 有机质和全氮增加的原因

有机质含量和全氮含量具有一定的相关性，一般有机质含量高的土壤全氮含量也相应较高，20 世纪 80 年代以前虽然也大造农家肥，但由于生产力水平较低，多为黄土搬家，改革开放以后，土地承包到户，农民科学种地积极性提高，土地投入大幅度增加，所施农家肥、有机肥质量有质的提高，随着粮食产量的大幅度提高，秸秆产量也相应增加，20 世纪 80 年代以前秸秆多做燃料焚烧，或运回造肥，有机质损失过多，农村实行土地承包以来大力推广秸秆还田技术，种地与养地有机的结合，无机氮肥用量也较以前有较大量的增长，再加上畜牧业的发展，优质农家肥数量也逐年增加，所以土壤中的有机质、全氮含量逐年提高。

2. 有效磷增加的原因

有效磷增加的原因主要是磷肥用量的逐年提高，农民越来越认识到磷肥的重要性，2009 年与 1982 年相比全县磷肥总量增加了 1.4 倍，单位用量增加了 1.2 倍，随着磷肥用量的不断增加，一部分被作物吸收，一部分留在土壤中，从而增加了土壤中磷素的含量。

从上述分析中还可以看出，从 1982—2009 年洛宁县土壤中速效钾含量却呈明显减少趋势，缓效钾也呈同样趋势。其原因是由于土壤肥力的提高，产量在成倍地增加，土壤速效钾的消耗量急速增加，而群众在施肥上却还没有认识到钾肥的重要性，补充量严重不足，所以导致土壤中速效钾的含量大幅度下降，洛宁县已由富钾区降低为相对平衡区，随着粮食产量的进一步上升，补钾已成为提高产量和培肥地力的一个重要手段。这一问题必须引起洛宁县的高度重视，以确保耕地地力的不断上升。

有机质、全氮、有效磷含量的不断提高，使土壤肥力不断提高，为粮食增产、农业丰收奠定了坚实的物质基础，全县粮食单产从 1982 年的每公顷 2.96t 提高到 2009 年的每公顷 5.55t，平均单产增加了 87.5%。见表 53-12。

表 53-12　1982 年和 2009 年化肥用量比较

年份	合计 (t)	氮肥		磷肥		钾肥		复合肥		粮食产量
		总量 (t)	单位用量 (t/hm²)	总量 (t)	单位用量 (t/hm²)	总量 (t)	单位用量 (t/hm²)	总量 (t)	单位用量 (t/hm²)	单产 (t/hm²)
1982 年	16 963	9 590.89	0.18	2 476.6	0.05	539.1	0.01	86.4	0.002	2.96
2009 年	32 974	16 892	0.31	5 924	0.11	1 310	0.024	8 848	0.16	5.55

第三节　中微量元素

一、有效铜

洛宁县耕地土壤有效铜含量变化范围为 0.69~11.63mg/kg，平均值为 1.413569mg/kg。①不同行政区域：底张乡最高平均值为 3.028mg/kg，最低是罗岭乡 0.9967mg/kg；②不同地貌类型：河流低阶地最高平均值为 1.7916mg/kg，最低为河漫滩地平均值为 1.2601mg/kg；③不同土壤种类：最高为两合土平均值 2.3434mg/kg，最低为厚层堆垫褐土性土平均值为 0.9659mg/kg。

二、有效铁

洛宁县耕地土壤有效铁含量变化范围为 2.4~39.1mg/kg，平均值为 6.05017mg/kg。①不同行政区域：西山底乡最高平均值为 10.3148mg/kg，最低是城郊乡 4.2588mg/kg；②不同地貌类型：中山最高平均值为 9.1669mg/kg，最低为河漫滩地平均值为 4.6031mg/kg；③不同土壤种类：最高为中层硅铝质棕壤性土平均值 13.1711mg/kg，最低为壤质洪积潮土平均值为 4.0760mg/kg。

三、有效锌

洛宁县耕地土壤有效锌含量变化范围为 0.08~6.67mg/kg，平均值为 0.692555mg/kg，。①不同行政区域：西山底乡最高平均值为 2.706875mg/kg，最低是上戈镇 0.210625mg/kg；②不同地貌类型：低山最高平均值为 1.12916mg/kg，最低为河漫滩平均值为 0.611719mg/kg；③不同土壤类型：最高薄层中性岩始成棕壤土平均值为 1.78mg/kg，最低厚层堆垫始成褐土平均值为 0.29mg/kg。

四、有效锰

洛宁县耕地土壤有效锰含量变化范围为 3.0~37.9mg/kg，平均值为 9.06mg/kg。①不同行政区域：东宋乡最高平均值为 13.6763mg/kg，最低是河底乡 5.5388mg/kg；②不同地貌类型：中山最高平均值为 12.3012mg/kg，最低为河漫滩平均值为 5.6328mg/kg；③不同土壤类型：最高中层硅钾质淋溶褐土平均值 14.600mg/kg，最低为淤土平均值为 5.6328mg/kg。

五、水溶态硼

洛宁县耕地土壤水溶态硼含量变化范围为 0.02~0.39mg/kg，平均值为 0.095676mg/kg，。①不同行政区域：下峪乡最高平均值为 0.158125mg/kg，最低是小界乡 0.055mg/kg；②不同地貌类型：低山最高平均值为 0.110577mg/kg，最低为河漫滩地平均值为 0.075938mg/kg；③不同土壤类型：最高中层酸性岩始成棕壤土平均值为 0.17mg/kg，最低少量砂姜红黏土始成褐土平均值为 0.0488mg/kg。

第五十四章 耕地地力评价指标体系

第一节 参评因素的选取及其权重确定

正确地进行参评因素的选取并确定其权重，是科学地评价耕地地力的前提，它直接关系到评价结果的正确性、科学性和社会可接受性。

一、参评因子的选取原则

影响耕地地力的因素很多，在评价工作中不可能将其所包含的全部信息提出来，由于影响耕地质量的因子间普遍存在着相关性，甚至信息彼此重叠，故进行耕地质量评价时没有必要将所有因子都考虑进去。为了排除人为主观性对选择评价因子的影响，使筛选的主导评价因子能较全面客观地反映评价区域耕地质量的现实状况，参评因素选取时应遵循稳定性、主导性、综合性、差异性、定量性和现实性原则。

二、评价指标体系

洛宁县的评价因子选取由河南省土壤肥料站程道全研究员、河南农业大学陈伟强博士、洛阳市农技站席万俊研究员、郭新建高级农艺师和参加洛宁县第二次土壤普查工作的老专家段金祝、洛宁县土地、水利、区划、土壤、栽培等方面的专家13人参加，在各级专家组的帮助下，本次耕地地力评价采用特尔斐法，结合洛宁县当地的实际情况，进行了影响耕地地力的立地条件、剖面性状、耕层理化性状、障碍因素等定性指标的筛选。最终从全国耕地地力评价指标体系全集中，选取了10项因素作为耕地地力评价的参评因子，分别是：海拔、地貌类型、地形部位、质地、有效土层厚度、全氮、有效磷、速效钾、障碍层位置、灌溉保证率，建立起了洛宁县耕地地力评价指标体系。见表54-1。

表 54-1 评价指标分组情况

		海拔
洛宁县耕地地力评价指标体系	立地条件	地貌类型
		地形部位
	剖面构型	质地
		有效土层厚度
	理化性状	全氮
		有效磷
		速效钾
	障碍因素	障碍层位置
		灌溉保证率

三、确定参评因子权重的方法

本次洛宁县耕地地力评价采用层次分析法，它是一种对较为复杂和模糊的问题做出决策的简易方法，特别适用于那些难于完全定量分析的问题。它的优点在于定性与定量的方法相结合，通过参评专家分组打分，汇总评定，结果验证等步骤，既考虑了专家经验，又避免了人为影响，具有高度的逻辑性、系统性和实用性。各评价因子得分情况见表54-2。

表54-2　评价因子得分情况表

洛宁县耕地地力评价指标体系	立地条件	海拔	0.4401
		地貌类型	0.2726
		地形部位	0.2873
	剖面构型	质地	0.4822
		有效土层厚度	0.5178
	理化性状	全氮	0.3477
		有效磷	0.3045
		速效钾	0.3478
	障碍因素	障碍层位置	0.2828
		灌溉保证率	0.7172

确定参评因素的具体步骤如下。

（一）建立层次结构

耕地地力为目标层（G层），影响耕地地力的立地条件、剖面构型、理化性状、障碍因素为准则层（C层），再把影响准则层中各元素的项目作为指标层（A层），其结构关系如图54-1所示：

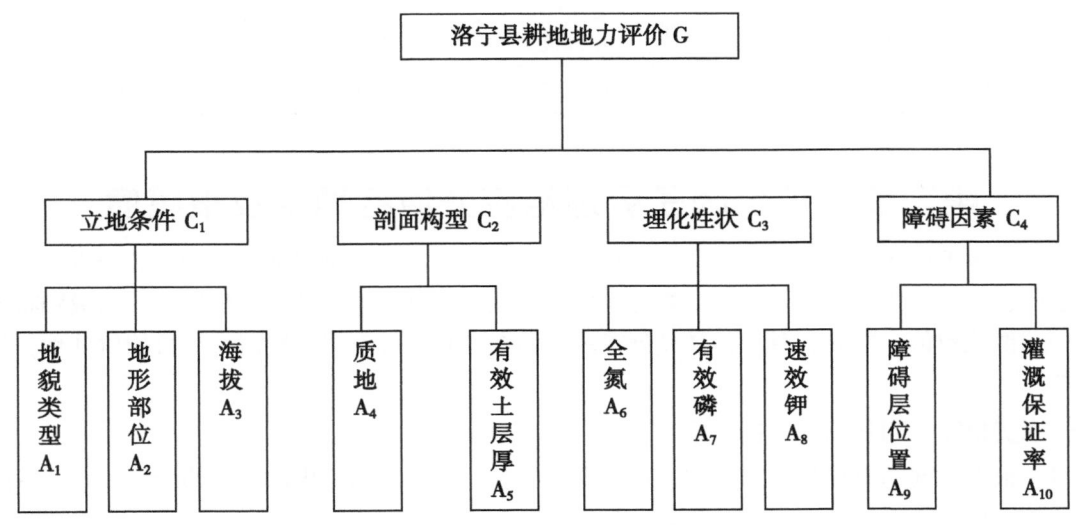

图54-1　耕地地力影响因素层次结构图

（二）构造判断矩阵

河南省级专家组评估的初步结果经合适的数学处理后（包括实际计算的最终结果—组合权重）反馈给洛阳市各位专家，重新修改或确认，确定C层对G层以及G层对C层的相对重要程度，共构成G、C_1、C_2、C_3、C_4 5个判断矩阵。

（三）层次单排序及一致性检验

建立比较矩阵后，就可以求出各个因素的权值，采取的方法是用和积法计算出各矩阵的最大特征根 λ_{max} 及其对应的特征向量W，得到的各权数值及一致性检验的结果如表54-3，并用 $CR = CI / RI$ 进行一致性检验。

表54-3　权数值及一致性检验结果

矩阵	特征向量			CI	CR
目标层G	0.2800	0.2400	0.2500	$4.748378008514E \times 10^{-0.6}$	0.00000528
准则层 C_1	0.2726	0.2873	0.4401	$3.75848618450192E \times 10^{-0.7}$	0.0000065

（续表）

矩阵	特征向量			CI	CR
准则层 C_2	0.4822	0.5178	0.4401	$1.49698879514659E \times 10^{-0.5}$	0
准则层 C_3	0.3477	0.3045	0.3478	$1.14638970500902E \times 10^{-5}$	0.00001978
准则层 C_4	0.2828	0.7172		$4.00391984309856E \times 10^{-0.5}$	0

从表54-3中可以看出，$CR<0.1$，具有很好的一致性。

（四）层次总排序及一致性检验

计算同一层次所有因素对于最高层相对重要性的排序权值，称为层次总排序，这一过程是最高层次到最低层次逐层进行的。经层次总排序，并进行一致性检验，结果为 $CI = 1.00407380307023 \times 10^{-0.5}$，$RI = 0.3074$，$CR = CI/RI = 0.00003266 < 0.1$，认为层次总排序结果具有满意的一致性，否则需要重新调整判断矩阵的元素取值，最后计算得到各因子的权重如表54-4所示。

表 54-4 各因子的权重

参评因素	海拔	地貌类型	地形部位	质地	有效土层厚度	全氮	有效磷	速效钾	障碍层位置	灌溉保证率
权重	0.1232	0.0763	0.0804	0.1157	0.1243	0.0869	0.0761	0.0870	0.0651	0.1649

第二节 评价因子级别相应分值的确定及隶属度

评价指标体系中各个因素，可以分定量和定性资料两大部分，为了裁定量化的评价方法和自动化的评价手段，减少人为因素的影响，需要对其中的定性因素进行量化处理，根据因子的级别状况赋予其相应的分值或数值。除此，对于各类养分等级按调查点获取的数据，则需要进行插值处理，生成各类养分图。

一、定性因子的量化处理

海拔：根据不同的海拔高度对植物生长发育的影响，赋予不同海拔以相应的分值（表54-5）。

表 54-5 海拔的量化分值

海拔（m）	260~410	410~550	550~750	750~950	≥950
分值	1	0.801	0.62	0.37	0.22

地貌类型：根据不同的地貌类型对耕地地力及作物生长发育的影响，赋予不同地貌类型以相应的分值（表54-6）。

表 54-6 地貌类型的量化处理

地貌类型	河流低阶地	黄土低台塬	丘陵	河漫滩	低山	中山
分值	1	0.8615	0.731	0.4554	0.3216	0.1842

地形部位：根据不同的地形部位对耕地地力及作物生长发育的影响，赋予不同地形部位以相应的分值（表54-7）。

表 54-7　地形部位的量化处理

地形部位	河流低阶地	黄土低台塬	河漫滩地	丘陵缓坡	丘陵坡地中山部	中低山上中部坡腰
分值	1	0.8545	0.7125	0.6342	0.4125	0.2512

质地：根据不同土壤的质地对植物生长发育的影响，赋予不同质地以相应的分值（表 54-8）。

表 54-8　质地的量化处理

质地	中壤土	重壤土	轻黏土	中黏土	轻壤土
分值	1	0.825	0.6342	0.4548	0.2875

有效土层厚度：根据不同的有效土层厚度对耕地地力及作物生长发育的影响，赋予不同有效土层厚度以相应的分值（表 54-9）。

表 54-9　有效土层厚度的量化处理

有效土层厚度（cm）	50	40	30	20	10
分值	1	0.8414	0.6548	0.4535	0.2286

障碍层位置：根据障碍层出现的不同位置对耕地地力及作物生长发育的影响，赋予其相应的分值（表 54-10）。

表 54-10　障碍层位置的量化处理

障碍层位置（cm）	≥50	40	30	20	≤10
分值	1	0.8414	0.6548	0.4535	0.2286

灌溉保证率：根据不同的灌溉保证率对耕地地力及作物生长发育的影响，赋予其相应的分值（表 54-11）。

表 54-11　灌溉保证率的量化处理

灌溉保证率（%）	≥80	≥60	≥30	≤30
分值	1	0.8538	0.3255	0.2548

二、定量化指标的隶属函数

我们将评价指标与耕地生产能力的关系分为戒上型函数、戒下型函数、峰型函数、概念型函数和直线型函数 5 种类型。对海拔、地貌类型、地形部位、质地、有效土层厚度、障碍层位置、灌溉保证率等概念型定性因子采用专家打分法，经过归纳、反馈、逐步收缩、集中，最后产生获得相应的隶属度。而对全氮、有效磷、速效钾等定量因子，则根据洛宁县全氮、有效磷、速效钾的空间分布的范围及养分含量级别，结合肥料试验获取的数据，由专家划段给出相应的分值，然后在计算机中绘制这两组数值的散点图，再根据散点图进行曲线模拟，寻求参评因素实际值与隶属度关系方程从而建立起隶属函数。各参评概念型评价因子的隶属度如表 54-12 所示。

表 54-12　参评因素的隶属度

名称	分值						A 值	C 值	Ut 值
全氮含量	1.5	1.25	1.0	0.75	0.5	0.25	1.71319964	1.53116304	0.25

（续表）

名称		分值					A 值	C 值	Ut 值
分值	1	0.8476	0.7028	0.5098	0.3549	0.2201			
有效磷含量	25	20	15	10	5		6.843120169×10³	25.470374	5
分值	1	0.8059	0.6034	0.4021	0.2071				
速效钾含量	200	170	140	110	80		1.5967211835×10⁴	204.1247780	80
分值	1	0.8124	0.6341	0.4621	0.2167				

本次洛宁县耕地地力评价，通过模拟得到全氮、有效磷、速效钾属于戒上型隶属函数，然后根据隶属函数计算各参评因素的单因素评价评语。以全氮为例，模拟曲线如图 54-2 所示。

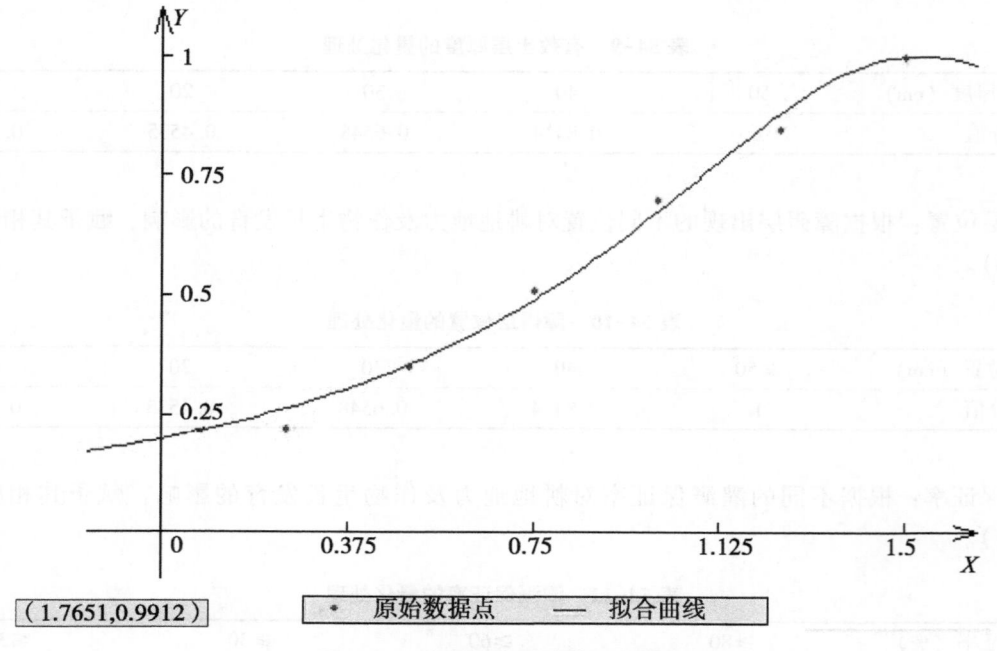

$$Y = 1/\left[1 + 1.713200 \times (X - 1.531163)^2\right]$$

（1.7651, 0.9912）　　● 原始数据点　　—— 拟合曲线

图 54-2　全氮与隶属度关系曲线图
（注：X 值为数据点全氮含量值，Y 值表示函数隶属度）

其隶属函数为戒上型，形式为：

$$y = \begin{cases} 0, & x \leqslant x_t \\ 1 / \left[1 + A \times (x - C)^2\right] & x_t < x < c \\ 1, & c \leqslant x \end{cases}$$

738

第五十五章　耕地地力等级

第一节　耕地地力等级

耕地地力是指耕地所具有的潜在生物生产能力。这次耕地地力调查，结合洛宁县实际情况，我们选取了 10 个对耕地地力影响较大，区域内变化明显，在时间序列上具有相对稳定性，与农业生产关系密切的因素，建立了耕地地力评价指标体系；以 1：5 万土壤图、土地利用现状图叠加生成的图斑为评价单元，应用模糊综合评判方法对全县耕地进行评价。评价结果洛宁县耕地地力共分 7 个等级。

洛宁县的耕地地力等级差异较大，它涵盖了国家地力等级的 1~9 级，主要受到耕层理化性状、立地条件、土壤质地、灌溉条件等因素的影响，从而形成了洛宁县粮食单产差距较大，而总产又受单产制约不能大幅提高的特点。这与洛宁县的实际相吻合。洛宁县耕地地力等级与国家地力等级接轨。地力等级对接见表 55-1。

表 55-1　洛宁县地力等级与国家地力等级对接　　　　　　　　　　单位：kg/亩

产量水平	>900	800~900	700~800	600~700	500~600	400~500	300~400	200~300	100~200
国家地力等级	1	2	3	4	5	6	7	8	9
洛宁地力等级	1	2	3		4		5	6	7

一、洛宁县各等级耕地特点及存在的问题

（一）耕地地力等级的地域分布

从耕地地力等级分布图可以看出，一、二级地集中分布在洛涧川区。该区地势平坦、土层深厚、耕作历史悠久，土壤类型为褐土和潮土，质地中壤到轻黏，灌溉保证率 80%以上，土壤保水保肥能力强，农田设施齐全，机械化程度高。主要种植小麦、玉米，是洛宁县粮食高产稳产地区。三、四、五等地主要分布在洛河南北两塬丘陵区的缓坡地带，面积最大，占总耕地面积的 73.3%，土层深厚，质地从轻壤到中黏，水利设施较差，地下水埋深较深，大部分地区无灌溉条件，少部分地区灌溉保证率 30%~60%。作物种植以小麦—玉米、小麦—谷子、小麦—豆类为主，是洛宁县粮食的主产区，也是中低产田区域。六、七等地主要分布西北部中、低山区，土层较薄，地面坡度较大，农田设施不配套，无水浇条件，土壤中含钾丰富，全氮、有效磷和有机质含量较低，部分耕地质地黏重，但大多数耕地质地较轻。种植以小麦—豆类为主，部分地区有一年一熟制作物种植。该区森林覆盖率较高，气候阴凉，但光照充足，适宜发展林果业。

从等级的地域分布看，等级的高低与地貌类型，土壤类型之间存在着密切关系，呈现出中间最高，两边次之，西边最低的分布规律。随着耕地地力等级的变化，地貌类型的变化为中山—低山—丘陵缓坡—黄土低台塬—河流阶地，土壤类型变化为棕壤—粗骨土—红黏土—潮土—褐土。

（二）耕地地力的行政区域分布

将洛宁县耕地地力等级图与行政区划图叠加后，从属性数据库中按照权属字段检索，统计各等级耕地在每个乡镇的分布情况。见表 55-2、表 55-3、表 55-4。

单位：hm²

表55-2 洛宁县耕地地力等级行政区域分布

等级 乡镇	一等地		二等地		三等地		四等地		五等地		六等地		七等级		总计
	面积	%	面积	%	面积	%	面积	%	面积	%	面积	%	面积	%	
长水乡	2.86	0.24	141.03	3.29	473.41	3.80	339.40	2.18	748.32	6.29	144.04	2.04	155.40	8.11	2 004.46
陈吴乡	61.93	5.09	181.46	4.23	1199.88	9.62	818.09	5.26	58.88	0.49	30.07	0.43	22.13	1.16	2 372.44
城关镇	6.73	0.55	9.98	0.23	137.91	1.11									154.62
城郊乡	583.41	47.98	651.44	15.18	636.89	5.11	175.47	1.13							2 047.21
底张乡	3.12	0.26	316.68	7.38	1025.18	8.22	1 386.15	8.92	217.54	1.83	27.03	0.38	50.25	2.62	3 025.95
东宋乡			717.92	16.73	2 283.69	18.32	2 060.32	13.25	1 630.81	13.70	395.02	5.59	59.17	3.09	7 146.93
故县乡									84.48	0.71	861.17	12.18	687.39	35.89	1 633.04
河底乡			273.78	6.38	1 184.10	9.50	3 408.52	21.92	1 796.88	15.09					6 663.28
涧口乡			465.12	10.84	1 075.89	8.63	402.90	2.59	11.51	0.10	19.39	0.27	132.39	6.91	2 107.20
罗岭乡			0.53	0.01	116.20	0.93	309.92	1.99	1 965.25	16.51	202.63	2.87	80.52	4.20	2 675.05
马店乡	14.96	1.23	280.32	6.53	915.72	7.34	1 498.77	9.64	1 110.54	9.33	216.93	3.07	14.94	0.78	4 052.18
上戈镇							37.63	0.24	875.82	7.36	2 895.88	40.95	292.10	15.25	4 101.43
回族镇	9.19	0.76	57.95	1.35	54.87	0.44	38.44	0.25							160.45
西山底乡	5.23	0.43	183.48	4.28	735.18	5.90	788.01	5.07	237.99	2.00	39.97	0.57	7.00	0.37	1 996.86
下峪乡							74.48	0.48	194.02	1.63	1 504.07	21.27	168.80	8.81	1 941.37
小界乡					833.01	6.68	2 913.74	18.74	1 725.95	14.50	664.12	9.39	114.42	5.97	6 251.24
兴华乡			31.21	0.73	651.05	5.22	939.97	6.05	1 200.22	10.08	15.29	0.22	95.03	4.96	2 932.77
赵村乡	528.42	43.46	979.13	22.82	1 145.14	9.18	355.24	2.28	46.33	0.39	56.23	0.80	35.68	1.86	3 146.17
总计	1215.85	2.23	4 290.03	7.88	12 468.12	22.91	15 547.05	28.57	11 904.54	21.88	7 071.84	13.00	1 915.22	3.52	54 412.65

表 55-3　各土种上耕地地力等级的分布（省土种）

土类	亚类	土属名称	省土种名称	对应的洛宁县地力等级
潮土	典型潮土	洪积潮土	壤质洪积潮土	1
		石灰性潮壤土	两合土	1、2、3
		石灰性潮黏土	淤土	2、3、4、5
	湿潮土	湿潮壤土	壤质洪积湿潮土	1、2
粗骨土	中性粗骨土	暗泥质中性粗骨土	薄层硅钾质中性粗骨土	6、7
		麻砂质中性粗骨土	薄层硅铝质中性粗骨土	5、6、7
褐土	典型褐土	黄土质褐土	红黄土质褐土	1、2、3、4、5、6、7
	褐土性土	暗泥质褐土性土	中层硅钾质褐土性土	6、7
		堆垫褐土性土	厚层堆垫褐土性土	6、7
		黄土质褐土性土	红黄土质褐土性土	3、4、5、6、7
			浅位少量砂姜红黄土质褐土性土	5、6、7
		灰泥质褐土性土	中层钙质褐土性土	7
		麻砂质褐土性土	中层硅铝质褐土性土	4、5、6、7
		砂泥质褐土性土	厚层砂泥质褐土性土	2、3、4、5、6、7
	淋溶褐土	暗泥质淋溶褐土	中层硅钾质淋溶褐土	5、6、7
		黄土质淋溶褐土	红黄土质淋溶褐土	4、5、6
		黄土质石灰性褐土	红黄土质石灰性褐土	2、3、4、5、6
	石灰性褐土		浅位少量砂姜红黄土质石灰性褐土	2、3、4、5
			浅位少量砂姜黄土质石灰性褐土	2、3、4
			中壤质黄土质石灰性褐土	1、2、3、4、5
		泥砂质石灰性褐土	壤质洪积石灰性褐土	1、2、3
			黏质洪积石灰性褐土	1、2、3、4、5
红黏土	典型红黏土	典型红黏土	红黏土	3、4、5、6、7
			浅位少量砂姜红黏土	4、5、6
		石灰性红黏土		3、4、5、6、7
棕壤	棕壤性土	暗泥质棕壤性土	薄层硅钾质棕壤性土	6、7
			中层硅钾质棕壤性土	7
		麻砂质棕壤性土	薄层硅铝质棕壤性土	6、7
			中层硅铝质棕壤性土	6、7

表 55-4　各土种上耕地地力等级的分布（原县级土种）

土类	亚类	土属名称	县级土种	对应的洛宁县地力等级
潮土	黄潮土	洪积黄潮土	壤质洪积黄潮土	1
		壤质黄潮土	壤质黄潮土	1、2、3
		黏质黄潮土	黏质黄潮土	2、3、4、5
	湿潮土	洪积湿潮土	壤质洪积湿潮土	1、2
褐土	褐土	红黄土质褐土	红黄土质褐土	1、2、3、4、5、6、7
			少量砂姜红黄土质褐土	3、4
	淋溶褐土	红黄土质淋溶褐土	壤质红黄土质淋溶褐土	4、5、6
		中性岩淋溶褐土	中性岩淋溶褐土	5、6、7
		堆垫始成褐土	厚层堆垫始成褐土	6、7
	始成褐土	红黄土质始成褐土	红黄土质始成褐土	3、4、5、6、7
			少砾质红黄土质始成褐土	5、6、7
		红黏土始成褐土	红黏土始成褐土	3、4、5、6、7
			黄黏土始成褐土	4、5、6、7

（续表）

土类	亚类	土属名称	县级土种	对应的洛宁县地力等级
褐土	始成褐土	红黏土始成褐土	灰质红黏土始成褐土	3、4、5、6、7
			少量砂姜红黏土始成褐土	4、5、6
		砂砾始成褐土	砂砾始成褐土	2、3、4、5、6、7
		石灰质岩始成褐土	砾质石灰质岩始成褐土	7
		酸性岩始成褐土	薄层砾质酸性岩始成褐土	5、6、7
			中层砾质酸性岩始成褐土	4、5、6、7
		中性岩始成褐土	薄层砾质中性岩始成褐土	6、7
			中层砾质中性岩始成褐土	6、7
	碳酸盐褐土	废墟土质碳酸盐褐土	废墟土质碳酸盐褐土	1、2、3
		红黄土质碳酸盐褐土	红黄土质碳酸盐褐土	2、3、4、5、6
			少量砂姜红黄土质碳酸盐褐土	2、3、4、5
		洪冲积碳酸盐褐土	红黄土质洪冲积碳酸盐褐土	1、2、3、4、5
			黄土质洪冲积碳酸盐褐土	1、2、3
			黄土质碳酸盐始成褐土	1、2、3、4、5、6
			少量砂姜黄土质碳酸盐褐土	2、3、4
棕壤	始成棕壤	酸性岩始成棕壤	薄层酸性岩始成棕壤	6、7
			中层酸性岩始成棕壤	6、7
		中性岩始成棕壤	薄层中性岩始成棕壤	6、7
			中层中性岩始成棕壤	7

第二节　一等地主要属性

一等地总面积 1 215.85hm²，占全县总耕地面积的 2.24%，地貌类型是河流低阶地。土壤类型以潮土和褐土为主。其中潮土面积 480.59hm²，占一等地的 39.5%，褐土面积 735.26hm²，占一等地的 60.48%，土种是壤质洪积石灰性褐土、中壤质黄土质石灰性褐土、黏质洪积石灰性褐土、壤质洪积潮土、黏质洪积石灰性褐土、壤质洪积潮土、壤质洪积湿潮土。质地是中壤土和重壤土。海拔高度 276~410m，有效土层厚度 50cm，灌溉保证率 80%以上。耕层养分含量分级；有机质在Ⅲ~Ⅳ级，Ⅲ级（20.1~30g/kg）的有 54.73hm²，占一等地的 4.50%，Ⅳ级（10.1~20g/kg）的有 1 161.12hm²，占一等地的 95.5%；全氮含量在Ⅲ级（1.01~1.05mg/kg）的有 1 050.4hm²，占一等地的 86.4%，Ⅳ级（0.76~1.0mg/kg）的有 165.8hm²，占一等地的 13.64%；有效磷含量在Ⅱ级（20.1~40mg/kg）的有 87.2hm²，占一等地的 7.17%，Ⅲ级（10.1~20mg/kg）的有 1 128.65hm²，占一等地的 92.8%；速效钾含量在Ⅰ级（>200mg/kg）的有 87.2hm²，占一等地的 7.17%，Ⅱ级（151~200mg/kg）的有 1 070.63hm²，占一等地的 88.06%，Ⅲ级（101~150mg/kg）的有 58.02hm²，占一等地的 4.77%。一等地的主要属性详见下表 55-5。

表 55-5　一等地主要属性数据统计表

土种名称	面积（hm²）	占一等地面积（%）	地貌类型	面积（hm²）	占一等地面积（%）
红黄土质褐土	0.76	0.062507710655	低山		
两合土	11.7	0.96228975614	河流低阶地	1 215.09	99.937492289
壤质洪积潮土	358.81	29.511041658	黄土低台塬	0.76	0.062507710655
壤质洪积湿潮土	110.08	9.0537484065

（续表）

土种名称	面积（hm²）	占一等地面积（%）	地貌类型	面积（hm²）	占一等地面积（%）
壤质洪积石灰性褐土	348.54	28.666365094			
黏质洪积石灰性褐土	129.26	10.631245631			
中壤质黄土质石灰性褐土	256.7	21.112801744			

地形部位	面积（hm²）	占一等地面积（%）	海拔（m）	面积（hm²）	占一等地面积（%）
河流低阶地	1 215.09	99.937492289	≥950		
黄土低台塬	0.76	0.062507710655	276~410	1 215.09	99.937492289
			410~550	0.76	0.062507710655

质地	面积（hm²）	占一等地面积（%）	有效土层厚度（cm）	面积（hm²）	占一等地面积（%）
中壤土	627.97	51.648640869	40	0.76	0.062507710655
重壤土	587.88	48.351359131	50	1 215.09	99.937492289

障碍层位置（cm）	面积（hm²）	占一等地面积（%）	灌溉保证率（%）	面积（hm²）	占一等地面积（%）
40	0.76	0.062507710655	60	9.32	0.7665419254
50	1 215.09	99.937492289	80	1 206.53	99.233458075

有机质（g/kg）	面积（hm²）	占一等地面积（%）	全氮（g/kg）	面积（hm²）	占一等地面积（%）
Ⅲ（20.1~30）	54.73	4.501377637	Ⅲ（1.01~1.5）	1 050.04	86.362626969
Ⅳ（10.1~20）	1 161.12	95.498622363	Ⅳ（0.76~1）	165.81	13.637373031

有效磷（mg/kg）	面积（hm²）	占一等地面积（%）	速效钾（mg/kg）	面积（hm²）	占一等地面积（%）
Ⅱ（20.1~40）	87.2	7.1719373278	Ⅰ（>200）	87.2	7.1719373278
Ⅲ（10.1~20）	1 128.65	92.828062672	Ⅱ（151~200）	1 070.63	88.056092446
			Ⅲ（101~150）	58.02	4.7719702266

　　一等地是洛宁县最好的耕地，属粮食高产稳产区域，主要分布在城郊乡、赵村乡、东宋乡。该区域地势平坦、土层深厚、灌溉保证率在80%以上，土壤质地良好，保水保肥，土壤养分含量属上等，微量元素都在中等以上，土地利用方面没有限制，适宜各种农作物生长。

第三节　二等地主要属性

　　二等地面积4 290hm²，占全县总耕地面积的7.88%，主要分布在沿洛灌区和各大涧川区及周边有水浇条件的低台地上。地貌类型为河流低阶地和部分黄土低台塬。土壤类型为褐土和潮土。其中褐土3 697.14hm²，占二等地的86.18%，潮土592.89hm²，占二等地的13.82%，土种以壤质洪积石灰性褐土，黏质洪积石灰性褐土，红黄土质和中壤质石灰性褐土，壤质洪积湿潮土为主。质地中壤—重壤。有效土层厚度50cm的占85.37%。无障碍层出现。海拔高度为276~550m，地势平坦。灌溉保证率60%~80%。耕层养分含量有机质在Ⅲ级（12.10~30.00g/kg）的有154.91hm²，占二等地的3.61%，Ⅳ级（10.10~20.00g/kg）有4 135.12hm²，占二等地的96.39%；全氮含量在Ⅲ级（1.01~1.5mg/kg）的有1 629.63hm²，占二等地的37.9%，Ⅳ级（0.76~1.00g/kg）的有2 591.18hm²，占二等地的60.40%；有效磷含量大多在三级，Ⅲ级（10.1~20mg/kg）的有3 150.28hm²，占二等地的73.44%，其余的在Ⅱ级和Ⅳ级。速效钾含量在Ⅱ级（151~200mg/kg）的有1 744.91hm²，占二等地的40.68%，在Ⅲ级（101~150mg/kg）的有2 477.87hm²，占二等地的57.76%，其余部分在Ⅰ级。二等地的主要属性见表55-6。

表 55-6　二等地主要属性数据统计

土种名称	面积（hm²）	占二等地面积（%）	地貌类型	面积（hm²）	占二等地面积（%）
红黄土质褐土	559.01	13.030445009	河流低阶地	3 309.73	77.149343944
红黄土质石灰性褐土	117.86	2.7473001354	黄土低台塬	977.89	22.794479293
厚层砂泥质褐土性土	34.13	0.79556553218	丘陵缓坡	2.41	0.056176763333
两合土	199.77	4.6566107929			
浅位少量砂姜红黄土质褐土	34.52	0.80465637769			
浅位少量砂姜黄土质石灰性褐土	80.84	1.884369107			
壤质洪积湿潮土	366.91	8.5526208441			
壤质洪积石灰性褐土	1 787.71	41.671270364			
淤土	26.21	0.61095143857			
黏质洪积石灰性褐土	572.86	13.353286574			
中壤质黄土质石灰性褐土	510.21	11.892923826			

地形部位	面积（hm²）	占二等地面积（%）	海拔（m）	面积（hm²）	占二等地面积（%）
河流低阶地	3 309.73	77.149343944	276~410	3 309.73	77.149343944
黄土低台塬	977.89	22.794479293	410~550	977.89	22.794479293
丘陵缓坡	2.41	0.056176763333	550~750	2.41	0.056176763333

质地	面积（hm²）	占二等地面积（%）	有效土层厚度（cm）	面积（hm²）	占二等地面积（%）
轻壤土	34.13	0.79556553218	30	68.65	1.6002219099
中壤土	1 528.42	35.627256686	40	559.01	13.030445009
重壤土	2 727.48	63.577177782	50	3 662.37	85.369333082

障碍层位置（cm）	面积（hm²）	占二等地面积（%）	灌溉保证率（%）	面积（hm²）	占二等地面积（%）
30	94.86	2.2111733484	15	103.46	2.4116381471
40	559.01	13.030445009	30	50.71	1.182043016
50	3 636.16	84.758381643	60	1 890.7	44.071952877
			80	2 245.16	52.33436596

有机质（g/kg）	面积（hm²）	占二等地面积（%）	全氮（g/kg）	面积（hm²）	占二等地面积（%）
Ⅲ（20.1~30）	154.91	3.6109304597	Ⅲ（1.01~1.5）	1 629.63	37.986447647
Ⅳ（10.1~20）	4 135.12	96.38906954	Ⅳ（0.76~1）	2 591.18	60.400043823
			Ⅴ（0.51~0.75）	69.22	1.6135085302

有效磷（mg/kg）	面积（hm²）	占二等地面积（%）	速效钾（mg/kg）	面积（hm²）	占二等地面积（%）
Ⅱ（20.1~40）	287.37	6.6985545556	Ⅰ（>200）	67.25	1.5675881054
Ⅲ（10.1~20）	3 150.28	73.432586719	Ⅱ（151~200）	1 744.91	40.673608343
Ⅳ（5.1~10）	852.38	19.868858726	Ⅲ（101~150）	2 477.87	57.758803551

　　二等地是洛宁良好的耕地，也属高产稳产类型。主要分布在沿洛河灌区的赵村乡、城郊乡、马店乡、底张乡、陈吴乡、长水乡及东宋乡、河底乡的涧河灌区。地势平坦，土层深厚，质地良好。土壤耕层养分含量中等，微量元素含量都在中等左右。土地利用方面没有限制，适宜各种农作物生长。在加强农田基本建设，特别是水利设施建设，提高土壤养分之后，二等地可以提升为一等地。

第四节　三等地主要属性

　　三等地总面积 12 468.12hm²，占全县总耕地面积的 22.91%，主要分布在洛涧川区的河流阶地及南北两塬上。河流阶地和塬地几乎各占 1/2。土壤类型以褐土为主，间有少量红黏土和潮土。褐土有

12 165.07hm²，占三等地的97.57%，红黏土有196.77hm²，占三等地的1.58%。潮土更少。土种以红黄土质褐土、红黄土质石灰性褐土、中壤质黄土质石灰性褐土、黏质洪积石灰性褐土为主，有部分浅位少量砂姜黄土质、红黏土。该区地势比较平坦，土层深厚，质地中壤到重壤土，质地良好。海拔高度276~550m，起伏不大，但断面落差大。灌溉保证率60%~80%的占7.84%，30%以上的占10.81%，15%以下的占80.63%；有灌溉保证的仅占20%左右。耕层土壤养分含量：有机质大部在Ⅳ级（10.1~20g/kg）的有12 374.12hm²，占三等地的99.25%，Ⅱ级有极少部分；全氮大部分在Ⅲ级~Ⅳ级。Ⅲ级（1.01~1.5mg/kg）的有2 358.3hm²，占三等地的18.91%，Ⅳ级（0.76~1.0mg/kg）有9 591.8hm²，占三等地的76.93%，Ⅴ级的有极少部分；有效磷含量大多在Ⅲ级~Ⅳ级，Ⅲ级（10.1~20mg/kg）的有9 011.7hm²，占三等地的72.28%，Ⅳ级（5.1~10mg/kg）的有3 151.33hm²，占三等地的25.28%，剩余部分为Ⅱ级。速效钾含量在Ⅲ级（101~150mg/kg）的有10 605.38hm²，占三等地的85.06%，其余部分在Ⅱ级。三等地主要属性见表55-7。

表55-7　三等地主要属性数据统计

土种名称	面积（hm²）	占三等地面积（%）	地貌类型	面积（hm²）	占三等地面积（%）
红黄土质褐土	2 074.95	16.642043869	河流低阶地	6 100.13	48.925820412
红黄土质褐土性土	218.57	1.7530309301	黄土低台塬	6 324.29	50.723685688
红黄土质石灰性褐土	4 843.4	38.846273536	丘陵缓坡	43.7	0.35049389964
红黏土	111.16	0.89155381886			
厚层砂泥质褐土性土	170.11	1.3643596629			
两合土	10.95	0.087823986295			
浅位少量砂姜红黄土质褐土	273.76	2.1956798619			
浅位少量砂姜黄土质石灰性褐土	449.43	3.6046332567			
壤质洪积石灰性褐土	185.6	1.4885965166			
石灰性红黏土	85.61	0.68663118417			
淤土	95.33	0.76459001036			
黏质洪积石灰性褐土	886.07	7.1066848891			
中壤质黄土质石灰性褐土	3 063.18	24.568098478			

地形部位	面积（hm²）	占三等地面积（%）	海拔（m）	面积（hm²）	占三等地面积（%）
河流低阶地	6 100.13	48.925820412	276~410	6 100.13	48.925820412
黄土低台塬	6 324.29	50.723685688	410~550	6 324.29	50.723685688
丘陵缓坡	43.7	0.35049389964	550~750	43.7	0.35049389964

质地	面积（hm²）	占三等地面积（%）	有效土层厚度（cm）	面积（hm²）	占三等地面积（%）
轻壤土	170.11	1.3643596629	30	429.07	3.4413367853
轻黏土	196.77	1.578185003	40	2 505.09	20.091962541
中壤土	10 811	86.709142998	50	9 533.96	76.466700673
重壤土	1 290.24	10.348312336			

障碍层位置（cm）	面积（hm²）	占三等地面积（%）	灌溉保证率（%）	面积（hm²）	占三等地面积（%）
30	524.4	4.2059267957	15	10 052.87	80.628595169
40	2 505.09	20.091962541	30	1 437.72	11.531169094
50	9 438.63	75.702110663	60	764.86	6.1345254938
			80	212.67	1.7057102434

（续表）

有机质 （g/kg）	面积（hm²）	占三等地面积（%）	全氮 （g/kg）	面积 （hm²）	占三等地面积（%）
Ⅲ（20.1~30）	93.62	0.75087503168	Ⅲ（1.01~1.5）	2 358.32	18.914800307
Ⅳ（10.1~20）	12 374.12	99.246077195	Ⅳ（0.76~1）	9 591.8	76.930603812
Ⅴ（6.1~10）	0.38	0.0030477730404	Ⅴ（0.51~0.75）	518	4.1545958813

有效磷 （mg/kg）	面积（hm²）	占三等地面积（%）	速效钾 （mg/kg）	面积 （hm²）	占三等地面积（%）
Ⅱ（20.1~40）	305.03	2.4464795013	Ⅰ（>200）	3.52	0.0282320029
Ⅲ（10.1~20）	9 011.76	72.27841888	Ⅱ（151~200）	1 859.22	14.911791032
Ⅳ（5.1~10）	3 151.33	25.275101619	Ⅲ（101~150）	10 605.38	85.059976965

三等地是洛宁县良好的耕地，地势平坦，土质优良，耕层土壤养分中等偏上，保水保肥性能良好，是洛宁粮食的又一主产地。遗憾的是只有 20% 的耕地有灌溉条件，大部分耕地以旱作农业为主。如能有效改善灌溉条件，三等地的生产能力则完全可能赶上二等地，成为又一稳产高产区域。

第五节　四等地的主要属性

四等地总面积 15 547.05hm²，占总耕地面积的 28.57%，主要分布在南北两塬上，有部分在丘陵缓坡地。地貌类型为黄土低台塬和丘陵缓坡。土壤类型主要为褐土和红黏土。褐土有 12 359.54hm²，占四等地的 79.49%，红黏土有 3 187.51hm²，占四等地的 20.51%。土种以红黄土质褐土，红黄土质石灰性褐土，红黄土质褐土性土，浅位少量砂姜红黄土质石灰性褐土、红黏土、石灰性红黏土为主。质地由中壤到轻黏。有效土层厚度大多为 40cm，海拔 410~750m，地势略有起伏。绝大多数耕地无灌溉保证。耕层养分含量：有机质大多在 Ⅳ 级（10.1~20g/kg），有 15 470.25hm²，占四等地的 99.51%；全氮大多在 Ⅳ 级（0.76~1.0），有 12 719.24hm²，占 81.82%；Ⅲ 级和 Ⅳ 级各占 9.5%；有效磷为 Ⅲ 级和 Ⅳ 级。Ⅲ 级（101~150mg/kg）有 8 610.25hm²，占 55.39%，Ⅳ 级（5.1~10.0mg/kg）有 6 890.21hm²，占四等地的 44.32%，有少部分在 Ⅱ 级。速效钾 Ⅲ 级占大多数，Ⅲ 级（101~150mg/kg）有 14 064.02hm²，占四等地的 90.47%，Ⅱ 级（151~200mg/kg）有 1 446.03hm²，占 9.30%，四等地的主要属性见表 55-8。

表 55-8　四等地主要属性数据统计

土种名称	面积（hm²）	占四等地面积（%）	地貌类型	面积（hm²）	占四等地面积（%）
红黄土质褐土	4 592.74	29.54090969	河流低阶地	505.2	3.249491061
红黄土质褐土性土	1 904.59	12.250491251	黄土低台塬	13 756.1	88.480451275
红黄土质淋溶褐土	6.42	0.041294007545	丘陵缓坡	1 285.75	8.2700576637
红黄土质石灰性褐土	3 533.23	22.726047707			
红黏土	2 336.7	15.02986097			
厚层砂泥质褐土性土	53.28	0.34270167009			
浅位少量砂姜红黄土质褐土	1 312.69	8.4433381252			
浅位少量砂姜红黏土	170.09	1.0940339164			
浅位少量砂姜黄土质石灰性褐土	187.67	1.2071100305			
石灰性红黏土	680.72	4.3784512174			
淤土	8.15	0.052421520481			
黏质洪积石灰性褐土	261.14	1.6796755655			

（续表）

土种名称	面积（hm²）	占四等地面积（%）	地貌类型	面积（hm²）	占四等地面积（%）
中层硅铝质褐土性土	5.26	0.033832784998			
中壤质黄土质石灰性褐土	494.37	3.1798315436			

地形部位	面积（hm²）	占四等地面积（%）	海拔（m）	面积（hm²）	占四等地面积（%）
河流低阶地	505.2	3.249491061	276~410	505.2	3.249491061
黄土低台塬	13 756.1	88.480451275	410~550	13 756.1	88.480451275
丘陵缓坡	1 285.75	8.2700576637	550~750	1 285.75	8.2700576637

质地	面积（hm²）	占四等地面积（%）	有效土层厚度（cm）	面积（hm²）	占四等地面积（%）
轻壤土	58.54	0.37653445509	30	1 350.05	8.683640948
轻黏土	3 187.51	20.502346104	40	9 712.44	62.471272685
中壤土	10 135.27	65.190952624	50	4 484.56	28.845086367
重壤土	2 165.73	13.930166816			

障碍层位置（cm）	面积（hm²）	占四等地面积（%）	灌溉保证率（%）	面积（hm²）	占四等地面积（%）
30	1 358.2	8.7360624684	15	15 333.04	98.623468761
40	9 712.44	62.471272685	30	197.65	1.2713022728
50	4 476.41	28.792664846	80	16.36	0.10522896627

有机质（g/kg）	面积（hm²）	占四等地面积（%）	全氮（g/kg）	面积（hm²）	占四等地面积（%）
Ⅲ（20.1~30）	76.8	0.49398438932	Ⅲ（1.01~1.5）	1 803.66	11.601300568
Ⅳ（10.1~20）	15 470.25	99.506015611	Ⅳ（0.76~1）	12 719.24	81.811276094
			Ⅴ（0.51~0.75）	1 024.15	6.5874233375

有效磷（mg/kg）	面积（hm²）	占四等地面积（%）	速效钾（mg/kg）	面积（hm²）	占四等地面积（%）
Ⅱ（20.1~40）	46.59	0.29967099868	Ⅰ（>200）	0.28	0.0018009847527
Ⅲ（10.1~20）	8 610.25	55.381889169	Ⅱ（151~200）	1 446.03	9.3009927928
Ⅳ（5.1~10）	6 890.21	44.318439833	Ⅲ（101~150）	14 064.02	90.461019936

四等地是洛宁县增产潜力较大的耕地，其地势较平坦，土壤质地良好，土层深厚，土壤养分含量较一、二等地有较大幅度下降，微量元素含量中等左右，没有低于临界值，较适宜各种农作物生长。四等地大幅度提高地力等级的难度较大，但在加强培肥，实行用养结合，不断提高土壤肥力的前提下，四等地可以提高到三等地。

第六节　五等地的主要属性

五等地总面积11 904.54hm²，占总耕地面积的21.88%，主要分布于西北部和西南部的丘陵地带，以河底、东宋、小界、马店、罗岭、兴华、长水等乡镇的部分耕地为主。地貌类型为塬地、丘陵缓坡，有部分低山。地形部位为黄土低台塬，丘陵缓坡及丘陵坡地中上部。土壤类型为红黏土和褐土。其中红黏土有7 063.75hm²，占59.34%，其余都是褐土。土种以红黏土、红黄土质褐土性土、石灰性红黏土，红黄土质褐土，红黄土质石灰性褐土为主。质地从中壤土到重壤土，到轻黏土。有效土层40cm，海拔550~750m，部分达到750m以上，无灌溉保障。耕地养分含量：有机质大部分为Ⅳ级。Ⅳ级（10.0~20g/kg）有11 883.94hm²，占五等地的99.82%；全氮为Ⅲ级、Ⅳ级、Ⅴ级。其中

Ⅳ级（0.76~1.0mg/kg）有 10 510.36hm²，占 88.29%，Ⅲ级（1.01~1.5mg/kg）有 1 212.18hm²，占 10.19%。有效磷为Ⅲ级和Ⅳ级。其中Ⅳ级（5.1~10.0mg/kg）有 7 904.9hm²，占 66.41%，Ⅲ级（10.1~20.0mg/kg）有 3 998.37hm²，占 33.59%。速效钾为Ⅱ级、Ⅲ级、Ⅳ级。其中Ⅲ级（101~150mg/kg）有 10 811.25hm²，占 90.82%，Ⅱ级（151~200mg/kg）有 1 065.39hm²，占 8.95%，其余为Ⅴ级，五等地的主要属性见表 55-9。

表 55-9　五等地主要属性数据统计

土种名称	面积（hm²）	占五等地面积（%）	地貌类型	面积（hm²）	占五等地面积（%）
薄层硅铝质中性粗骨土	8.78	0.073753374763	低山	1 104.86	9.2809969978
红黄土质褐土	988.57	8.3041427892	河流低阶地	8.9	0.074761393552
红黄土质褐土性土	1 994.03	16.750164223	黄土低台塬	2 400.64	20.16575189
红黄土质淋溶褐土	401.62	3.3736708852	丘陵缓坡	8 387.83	70.459085357
红黄土质石灰性褐土	877.03	7.3671893244	中山	2.31	0.019404361697
红黏土	5 436.81	45.67005529			
厚层砂泥质褐土性土	94.31	0.79221876696			
浅位少量砂姜红黄土质褐土	331.15	2.7817118511			
浅位少量砂姜红黏土	379.57	3.1884474327			
石灰性红黏土	1 247.37	10.478103312			
淤土	6.74	0.056617055342			
黏质洪积石灰性褐土	2.42	0.020328378921			
中层硅钾质淋溶褐土	70.75	0.59431107796			
中层硅铝质褐土性土	64.74	0.54382613692			
中壤质黄土质石灰性褐土	0.65	0.0054601017763			

地形部位	面积（hm²）	占五等地面积（%）	海拔（m）	面积（hm²）	占五等地面积（%）
河流低阶地	8.9	0.074761393552	≥950	2.31	0.019404361697
黄土低台塬	2 400.64	20.16575189	276~410	8.9	0.074761393552
丘陵缓坡	8 387.83	70.459085357	410~550	2 400.64	20.16575189
丘陵坡地中上部	1 104.86	9.2809969978	550~750	8 387.83	70.459085357
中低山上中部坡腰	2.31	0.019404361697	750~950	1 104.86	9.2809969978

质地	面积（hm²）	占五等地面积（%）	有效土层厚度（cm）	面积（hm²）	占五等地面积（%）
轻壤土	167.83	1.4097982786	20	8.78	0.073753374763
轻黏土	7 063.75	59.336606034	30	906.43	7.6141539278
中壤土	2 620.37	22.011518295	40	10 102.49	84.862497837
重壤土	2 052.59	17.242077392	50	886.84	7.4495948604

障碍层位置（cm）	面积（hm²）	占五等地面积（%）	灌溉保证率（%）	面积（hm²）	占五等地面积（%）
20	8.78	0.073753374763	15	11 859.78	99.624008992
30	913.17	7.6707709832	30	44.76	0.37599100847
40	10 102.49	84.862497837			
50	880.1	7.3929778051			

（续表）

有机质 （g/kg）	面积（hm²）	占五等地面积（%）	全氮 （g/kg）	面积 （hm²）	占五等地面积（%）
Ⅲ（20.1~30）	20.6	0.17304322553	Ⅲ（1.01~1.5）	1 212.18	10.182501802
Ⅳ（10.1~20）	11 883.94	99.826956774	Ⅳ（0.76~1）	10 510.36	88.288669701
	11 904.54	100	Ⅴ（0.51~0.75）	182	1.5288284974

有效磷 （mg/kg）	面积（hm²）	占五等地面积（%）	速效钾 （mg/kg）	面积 （hm²）	占五等地面积（%）
Ⅱ（20.1~40）	1.2	0.010080187895	Ⅱ（151~200）	1 065.39	8.9494428176
Ⅲ（10.1~20）	3 998.37	33.58693406	Ⅲ（101~150）	10 811.25	90.816192814
Ⅳ（5.1~10）	7 904.97	66.402985752	Ⅳ（51~100）	27.9	0.23436436855

　　五等地是洛宁县具有增产潜力的耕地。丘陵缓坡地带占绝大多数，可以通过坡改梯来增加耕地的平整度，增强土壤的保水保肥能力。绝大多数地块为红黏土，耕性差，适耕期短，但抗旱保水能力也强。通过合理选用耐旱作物品种，增施有机肥，提高土壤活性，可以有效地提高耕地生产能力。

第七节　六等地主要属性

　　六等地总面积 7 071.84hm²，占总耕地面积的 12.99%，主要分布于西北部山区的下峪、故县、上戈、小界、东宋、长水各乡镇。地貌类型为低山、丘陵和中山，其中低山有面积 5 010.07hm²，占六等地的 70.85%。地形部位为丘陵坡地中上部，丘陵缓坡。土壤类型为褐土，红黏土、棕壤和粗骨土。其中褐土 4 124.63hm²，占六等地的 58.33%，红黏土 2 836.27hm²，占六等地的 40.11%，粗骨土 88.03hm²，占六等地的 1.25%，棕壤 22.91hm²，占六等地的 0.33%。土种以红黏土，红黄土质褐土性土，红黄土质褐土，石灰性红黏土，红黄土质石灰性褐土，中层硅钾质淋溶褐土为主。土壤质地为轻黏土占 40.11%，中壤土占 24.90%，重壤土占 31.45%。海拔高度在 750~950m 的面积 5 010.07hm²，说明绝大多数在低山地带。全部为旱地，耕层养分含量为：有机质多在Ⅳ级（10.1~20.0g/kg），面积有 7 001.89hm²，占六等地的 99.01%；全氮多在Ⅳ级（0.76~1.0mg/kg）有 6 240.76hm²，占六等地的 88.25%；有效磷多在Ⅳ级（5.1~10.0mg/kg）有 5 558.84hm²，占六等地的 78.61%，速效钾多在Ⅲ级（101~150mg/kg）有 6 664.46hm²，占六等地的 94.24%。六等地主要属性见表 55-10。

表 55-10　六等地主要属性数据统计

土种名称	面积（hm²）	占六等地面积（%）	地貌类型	面积 （hm²）	占六等地面积（%）
薄层硅钾质中性粗骨土	10.68	0.15102151632	低山	5 010.07	70.845352836
薄层硅钾质棕壤性土	0.75	0.010605443562	黄土低台塬	48.3	0.6829905654
薄层硅铝质中性粗骨土	77.35	1.093774746	丘陵缓坡	1 443.33	20.409539809
薄层硅铝质棕壤性土	11.69	0.16530351365	中山	570.14	8.06211679
红黄土质褐土	860.73	12.17123125			
红黄土质褐土性土	2 181.45	30.846993145			
红黄土质淋溶褐土	85.04	1.202515894			
红黄土质石灰性褐土	469.66	6.6412701645			
红黏土	2 112.7	29.874827485			
厚层堆垫褐土性土	8.23	0.11637706735			
厚层砂泥质褐土性土	32.03	0.45292314306			

土种名称	面积（hm²）	占六等地面积（%）	地貌类型	面积（hm²）	占六等地面积（%）
浅位少量砂姜红黄土质褐土	34.03	0.48120432589			
浅位少量砂姜红黏土	23.62	0.33400076925			
石灰性红黏土	699.95	9.8977069617			
中层硅钾质褐土性土	42.02	0.5941876513			
中层硅钾质淋溶褐土	245.91	3.4773128351			
中层硅铝质褐土性土	66.1	0.9346930926			
中层硅铝质棕壤性土	10.47	0.14805199213			
中壤质黄土质石灰性褐土	99.43	1.4059990045			
总计	7071.84				

地形部位	面积（hm²）	占六等地面积（%）	海拔（m）	面积（hm²）	占六等地面积（%）
黄土低台塬	48.3	0.6829905654	≥950	570.14	8.06211679
丘陵缓坡	1443.33	20.409539809	410~550	48.3	0.6829905654
丘陵坡地中上部	5010.07	70.845352836	550~750	1443.33	20.409539809
中低山上中部坡腰	570.14	8.06211679	750~950	5010.07	70.845352836

质地	面积（hm²）	占六等地面积（%）	有效土层厚度（cm）	面积（hm²）	占六等地面积（%）
轻壤土	251.09	3.5505610987	10	22.91	0.32396094934
轻黏土	2836.27	40.106535216	20	88.03	1.2447962624
中壤土	1760.77	24.898329148	30	479.33	6.7780096835
重壤土	2223.71	31.444574538	40	5912.48	83.605963936
			50	569.09	8.047269169

障碍层位置（cm）	面积（hm²）	占六等地面积（%）	灌溉保证率（%）	面积（hm²）	占六等地面积（%）
10	22.91	0.32396094934	15	7071.84	100
20	88.03	1.2447962624			
30	479.33	6.7780096835			
40	5912.48	83.605963936			
50	569.09	8.047269169			

有机质（g/kg）	面积（hm²）	占六等地面积（%）	全氮（g/kg）	面积（hm²）	占六等地面积（%）
Ⅲ（20.1~30）	61.17	0.86497997692	Ⅲ（1.01~1.5）	641.55	9.071896423
Ⅳ（10.1~20）	7001.89	99.01086563	Ⅳ（0.76~1）	6240.76	88.248037286
Ⅴ（6.1~10）	8.78	0.12415439263	Ⅴ（0.51~0.75）	189.53	2.6800662911

有效磷（mg/kg）	面积（hm²）	占六等地面积（%）	速效钾（mg/kg）	面积（hm²）	占六等地面积（%）
Ⅱ（20.1~40）	50.88	0.71947329125	Ⅰ（>200）	6.48	0.091631032376
Ⅲ（10.1~20）	1462.12	20.675241521	Ⅱ（151~200）	373.64	5.2834905767
Ⅳ（5.1~10）	5558.84	78.605285187	Ⅲ（101~150）	6664.46	94.239405869
			Ⅳ（51~100）	27.26	0.385472522

　　六等地大多在低山地区，除上戈、下峪、故县、小界乡、东宋乡外，其余各乡的耕地大多没有什

么耕种价值，可退耕还林，退耕还草，防止水土流失为发展畜牧业奠定良好的基础。上戈、故县、下峪等乡可因地制宜，用养结合，实行林果间作，果粮间作，粮牧结合，该退耕还林的坚决退耕还林，以确保洛宁农业向着良性可持续的方向发展。

第八节　七等地的主要属性

七等地面积 1 915.22hm²，占总耕地的 3.52%，主要分布于西北部山区和南部山区的中、低山地带。地貌类型为中低山，有部分丘陵缓坡。地形部位为中低山上中部坡腰，丘陵坡地中上部和丘陵缓坡，土壤类型为红黏土、褐土、粗骨土和棕壤。红黏土面积 472.65hm²，占七等地的 24.68%。粗骨土 452.87hm²，占七等地的 23.65%，棕壤 298.57hm²，占七等地的 15.59%，褐土 691.13hm²，占七等地的 36.09%，土种以红黏土、薄层硅铝质棕壤性土、薄层硅钾质性粗骨土、红黄土质褐土性土、中层硅钾质褐土性土、石灰性红黏土、中层硅钾质淋溶褐土为主，质地以轻壤土为主，有部分轻黏土。土层厚度从 10~40cm，有明显的障碍层。耕层养分含量：有机质在 Ⅲ 级、Ⅳ 级，其中 Ⅳ 级（10.1~20.0mg/kg）的有 1 797.8 hm²，占 93.87%，全氮在 Ⅲ、Ⅳ、Ⅴ 级，其中 Ⅳ 级（0.76~1.0mg/kg）的有 1 419.13hm²，占 74.10%，有效磷在 Ⅲ、Ⅳ、Ⅱ 级，其中 Ⅳ 级（5.1~10mg/kg）的有 1 295.34 hm²，占 67.63%，速效钾在 Ⅰ、Ⅱ、Ⅲ、Ⅳ 级，其中 Ⅲ 级（100~150mg/kg）的有 1 727.14hm²，占 90.18%。七等地的主要属性见表 55-11。

表 55-11　七等地主要属性数据统计

土种名称	面积（hm²）	占七等地面积（%）	地貌类型	面积（hm²）	占七等地面积（%）
薄层硅钾质中性粗骨土	361.7	18.885558839	低山	611.39	31.922703397
薄层硅钾质棕壤性土	19.54	1.0202483266	丘陵缓坡	392.21	20.478587316
薄层硅铝质中性粗骨土	91.17	4.7602886352	中山	911.62	47.598709287
薄层硅铝质棕壤性土	218.57	11.412265954			
红黄土质褐土	8.4	0.43859191111			
红黄土质褐土性土	130.85	6.832113282			
红黏土	311.93	16.286901766			
厚层堆垫褐土性土	3.01	0.15716210148			
厚层砂泥质褐土性土	23.54	1.2291016176			
浅位少量砂姜红黄土质褐土	42.4	2.2138448847			
石灰性红黏土	160.72	8.3917252326			
中层钙质褐土性土	4.65	0.24279195079			
中层硅钾质褐土性土	294.06	15.353849688			
中层硅钾质淋溶褐土	116.18	6.0661438373			
中层硅钾质棕壤性土	36.08	1.8838566849			
中层硅铝质褐土性土	48.5	2.5323461534			
中层硅铝质棕壤性土	43.92	2.2932091352			
总计	1 915.22				

（续表）

地形部位	面积（hm²）	占七等地面积（%）	海拔（m）	面积（hm²）	占七等地面积（%）
丘陵缓坡	392.21	20.478587316	≥950	911.62	47.598709287
丘陵坡地中上部	611.39	31.922703397	550~750	392.21	20.478587316
中低山上中部坡腰	911.62	47.598709287	750~950	611.39	31.922703397

质地	面积（hm²）	占七等地面积（%）	有效土层厚度（cm）	面积（hm²）	占七等地面积（%）
轻壤土	1 141.73	59.613516985	10	318.11	16.6095801
轻黏土	472.65	24.678626998	20	452.87	23.645847474
中壤土	124.58	6.5047357484	30	489.94	25.581395349
重壤土	176.26	9.2031202682	40	654.3	34.163177076

障碍层位置（cm）	面积（hm²）	占七等地面积（%）	灌溉保证率（%）	面积（hm²）	占七等地面积（%）
6	3.01	0.15716210148	15	1 915.22	100
10	315.1	16.452417999			
20	452.87	23.645847474			
30	489.94	25.581395349			
40	654.3	34.163177076			

有机质（g/kg）	面积（hm²）	占七等地面积（%）	全氮（g/kg）	面积（hm²）	占七等地面积（%）
Ⅲ（20.1~30）	117.42	6.1308883575	Ⅲ（1.01~1.5）	478.55	24.986685603
Ⅳ（10.1~20）	1 797.8	93.869111643	Ⅳ（0.76~1）	1 419.13	74.097492716
			Ⅴ（0.51~0.75）	17.54	0.91582168106

有效磷（mg/kg）	面积（hm²）	占七等地面积（%）	速效钾（mg/kg）	面积（hm²）	占七等地面积（%）
Ⅱ（20.1~40）	25.22	1.3168199998	Ⅰ（>200）	3.44	0.17961383026
Ⅲ（10.1~20）	594.66	31.049174507	Ⅱ（151~200）	173.19	9.0428253673
Ⅳ（5.1~10）	1 295.34	67.634005493	Ⅲ（101~150）	1 727.14	90.179718257
			Ⅳ（51~100）	11.45	0.5978425455

第九节　中低产田类型

洛宁县中低产田类型主要是北方山地丘陵棕壤、褐土耕地类型区的干旱灌溉型，坡地梯改型，面积 44 497.93hm²，占耕地面积的 87.67%。

一、北方丘陵棕壤、褐土耕地类型区的干旱灌溉型

该类型区面积 25 521.55hm²，占中低产田面积的 57.35%。包括划分为洛宁县耕地地力等级中的三等地的大部分和四等地。三等地占面积 9 974.501hm²，四等地 15 547.05hm²。该区地貌类型为黄土低台塬和丘陵缓坡，土壤类别主要是褐土和红黏土，质地从中壤到轻黏。土层较厚，地势平坦，无灌溉保证。该类型区质地适中，通气透气性好，坡度平缓，地面径流少，水土流失轻，熟化程度高，适耕期长，易耕作，保水保肥性强，土壤肥力中等偏上。由于地下水埋藏深达 50~100m，难以利用，年降水量偏少，且分布不均，常形成春旱、夏旱加秋旱，缺水是农业生产中的主要限制因素。但该区气候适中，光照充足，适宜种植多种农作物。解决水的问题后，增产潜力巨大，是增加洛宁县粮食生产能力的主要区域。

二、北方山地棕壤，褐土耕地类型区的坡改梯型

该类型区面积 18 976.38hm²，占中低产田的 42.65%，包括洛宁耕地等级中的五等地、六等地和七等地。五等地面积 11 904.54hm²，六等地的面积 7 071.84hm²，七等地面积 1 915.22hm²。该区地貌类型为黄土低谷塬与丘陵缓坡，部分中低山。中低山面积 6 687.38hm²，占该类型区的 35.24%，土壤类别为褐土、红黏土、粗骨土和棕壤。其中，褐土面积为 8 965.42hm²，占 47.25%，红黏土 9 900.02hm²，占 52.17%。红黏土面积大于褐土面积。质地以轻黏为主，部分中壤和重壤。该类型区中褐土主要分布在塬区和黄土丘陵坡地，地面坡度大，水土流失较重，地下水埋藏深，水资源缺乏，无灌溉条件，干旱是农业生产的主要问题。红黏土主要分布在丘陵缓坡耕地上，通体质地黏重，土壤渗水慢，跑墒快，旱、黏和水土流失是利用的主要障碍因素。粗骨土和棕壤均分布在中低山上，土层薄，砾石含量较高，水土流失严重，目前多数已退耕还林。该区域在发展粮食生产的同时，应因地制宜发展多种经营，合理利用资源，保护生态平衡。

第九篇　嵩县耕地地力评价

第五十六章　农业生产与自然资源概况

第一节　地理位置与行政区划

一、地理位置

嵩县位于河南省西部，地处伏牛山北麓及其支脉外方山和熊耳山之间，地理坐标介于东经111°24′~112°22′，北纬33°35′~34°21′。东与汝阳、鲁山县接壤，西与栾川、洛宁县毗邻，南与南召、内乡、西峡县相依，北与伊川、宜阳县为邻。嵩县东西宽约62km，南北长约86km，总土地面积3 008km²，为河南省第四大版图县。其中山区占95%，浅山丘陵区占4.5%，平川区占0.5%，素有"九山半岭半分川"之称。境内伏牛、熊耳、外方三山环抱，伊河、汝河、白河三条河流分别注入黄河、淮河、长江，一县跨三域，为全国之最。

县城距省会郑州200km，距古都洛阳90km。311国道、临木大通道、老洛栾路穿境，交通十分便利，所有行政村通柏油路或水泥路。

二、行政区划

嵩县历史悠久，文化底蕴深厚。仰韶文化时期，这里就有人类积聚。炎帝时称伊国，春秋为陆浑戎地，汉置陆浑县，金为嵩州，明洪武二年（1369年）降州为县，始名嵩县至今。嵩县辖16个乡镇：城关镇、田湖镇、车村镇、旧县镇、闫庄乡、德亭乡、大坪乡、库区乡、何村乡、大章乡、纸房乡、饭坡乡、九店乡、黄庄乡、木植街乡、白河乡，318个行政村，15.8万户，总人口54.9万，其中农业人口49.4万人。

第二节　农业生产与农村经济

一、农村经济情况

嵩县是以农业为主要经济成分的县，农村人口占总人口的90.0%。嵩县人民在县委、县政府的领导下，坚持以经济建设为中心，不断深化改革，努力扩大对外开放，促进了国民经济和社会事业的迅速发展，大力推进农业和农村经济结构的战略性调整，农村面貌发生了显著变化。

2007年嵩县统计年鉴资料显示，嵩县完成地区生产总值62.92亿元，其中一二三产业分别占25.0%、44.0%和31.0%，财政收入2.7亿元。嵩县全年完成农林牧渔总产值252 543万元，其中农业产值131 439万元，占总产值的52.05%；林业产值46 174万元，占18.28%；牧业产值61 659万元，占24.42%；渔业产值1 136万元，占0.45%；农林牧渔服务业产值12 135万元，占4.81%。

全年农村家庭人均总收入3 956元，其中工资性收入1 152元，占总收入的29.12%；家庭经营收入2 674元，占67.59%；财产性收入17元、占0.43%；转移性收入113元，占2.86%。全年可支配收入人均3 151元，纯收入人均3 144元。

全年农村家庭现金人均支出3 366元，其中家庭经营费用支出725元、占人均支出的21.54%，购置生产性固定资产支出89元、占2.64%，税费支出2元、占0.06%，生活消费支出2 530元、占75.16%，财产性支出2元、占0.06%，转移性支出18元、占0.53%。

二、农业生产现状

（一）产业结构

近几年来，嵩县按照战略性结构调整的思路，加大农业结构调整力度，形成了以粮食生产为主线，烟叶、花生、红薯、油料、蔬菜及其他作物合理配置，种植、养殖、加工和劳务输出一体化的综合性农业产业链条。

1. 粮食生产情况

粮食作物播种面积 48 411hm²，占总播种面积 72 205hm² 的 67.05%，总产 204 906t，其中夏粮播种 21 850hm²（占粮食面积 45.13%），总产 91 781t（占粮食总产 44.79%），秋粮播种 26 561hm²（占粮食面积 54.87%），总产 113 125t（占粮食总产 55.21%）。

2. 油料生产情况

油料作物播种面积 4 000hm²，占总播种面积的 5.54%，总产 8 220t。

3. 棉花生产情况

棉花播种面积 460hm²，占 0.64%，总产 352t。

4. 烟叶生产情况

烟叶播种面积 1 907hm²，占 2.64%，总产 3 112t。

5. 蔬菜生产情况

蔬菜面积 4 806hm²，占 6.66%，总产 190 376t。

6. 中药材生产情况

中药材面积 11 910hm²，占 16.49%，总产 18 649t。

7. 瓜果生产情况

瓜果类播种面积 380hm²、占 0.53%，总产 11 695t。

8. 其他作物

播种面积 331hm²、占 0.46%。

（二）农产品质量受到重视

随着农业市场经济的不断发展，以及国家各项农产品质量标准的颁布实施，广大农村基层干部和农民的质量意识、市场意识逐步提高，农业生产已经开始从过去的单纯产量型向产量和质量并重型的方向发展。经河南省无公害农产品产地认证和产品认证 7 个生产基地和 11 个品种，累计面积达 41 万亩。其中闫庄镇无公害园区的花生、大葱，九店的红薯和花椒，饭坡的辣椒，何村的小杂果，田湖礼品西瓜，车村夏包菜，以及林业局申报的山茱萸等优质产品已经走向市场、销往全国各地。

（三）生态农业建设初见成效

嵩县是一个农业县，土地长期耕作造成了一定的农业生态问题。化肥、农膜、农药的大量使用，导致农业生态环境恶化。特别是农村垃圾废弃物处理滞后，卫生状况堪忧。随着家庭养殖规模逐步扩大，产生的大量畜禽粪便越来越不能得到及时有效处理，导致农民居住环境和生产环境污染加剧。畜禽粪便的随意排放导致有害病毒病菌扩散和传播，成为疾病增多和一些传染性疾病流行的重要根源之一，直接威胁广大农民群众的身心健康。所以搞好农业生态建设迫在眉睫。

近几年来，县委县政府非常重视生态农业建设，采取了多种措施，取得了显著的成效。

1. 测土配方施肥项目

通过测土配方施肥项目的实施，配方施肥、科学施肥在农业生产上得到比较广泛应用，减少化学肥料对土壤和地下水的污染。2010 年嵩县农业局统计，2008—2010 年节约化肥（折纯）3 080t，对改善农业生态环境起到了一定的作用。

2. 禁止农作物施用高毒农药

实施禁止农作物施用高毒、残效期长农药政策，有效地保护了环境、保证了农产品质量。嵩县组建了统防统治机防队，拥有机动喷雾机 1 500 多部，其优点一是减少了农药污染环节，二是减少了用药量，三是控制了高毒农药的使用，四是提高了防效，五是提高了劳动效率。

3. 生态家园富民沼气工程

通过农村户用沼气建设、国债沼气和退耕还林沼气项目的实施，有力地促进了生态家园富民沼气工程的发展，为改善农村卫生环境起到了重要作用。截止 2010 年年底，嵩县建成农村户用沼气 3.5

万座，大型沼气工程 32 处，建立乡村沼气服务网点 105 个。嵩县使用沼气做饭为主的农户约占嵩县农户的 1/3。农村沼气新能源的利用，有效改善了农村生态环境，提高了农民生活质量。

（四）农业信息化已开始服务

针对当前信息技术高速发展的特点，嵩县农业局成立了"农业信息服务中心"，建立了"嵩县农业信息网"，开通了 12316 "三农"服务热线，重点抓了农业市场、科技成果、科研动态、项目开发、农业栽培技术、农产品加工、贮藏、保鲜等栏目信息源建设，以扩充信息量。充分利用广播电视网、固定电话、移动通讯和互联网等载体，把政策、科技等信息送到涉农企业和农民手中，不断满足社会需求。

（五）畜牧业生产势头较好

畜牧业和家庭养殖业健康发展。据 2007 年嵩县统计年鉴资料，年末牛存栏 132 352 头，马 474 匹，驴 1 064 头，生猪 199 822 头，羊 97 311 只，家禽类 1 594 977 只。

第三节　光热资源

嵩县地处东亚中纬度地带，属暖温带半湿润季风区大陆性季风气候，光照充足，气候温和，四季分明。春季，大陆性气团频繁南下，但势力较弱，常与逐渐活跃的暖气流相遇，使气温逐渐升高，风向不定，天气多变，由于此时空气中含水量较小，降水机会不多，常出现春旱现象；夏季，随着气温升高，逐渐为大陆性热低压所控制，此时太平洋副热带高压势力加强北跃，常刮东南风，带来湿度大、温度高的暖湿气流，出现雷雨天气，尤其 7、8 月降雨较多；入秋后，大陆热低压消失，副热带高压势力南撤，北方冷空气加强南下，与西南暖湿气流相遇，常出现秋雨连绵天气；冬季，常受大陆性气团控制，天气干燥且多风，10 月以后强冷空气入侵，霜冻出现。其气候特征是春暖多风，夏季多雨，秋爽日照长，冬多雨雪少。

一、气温

《嵩县志》（1989—2000 年）资料显示，随着各地海拔高度的不同，气温有明显差异。其规律是随着海拔高度的升高而气温随之降低。同时，由于季节的变化而气温也有所不同。一般夏季温差较大，冬季温差较小。海拔从县城的 326.5m 至玉皇顶的 2 211.6m，年平均气温从 14.1℃ 降至 4℃。气候类型由暖温带半湿润气候，逐渐变为湿润气候。

一年四季的长短，随海拔高度的变化也有明显不同。在海拔 500m 以下的地区春季从 3 月下旬至 5 月中旬约 60 天；夏季从 5 月下旬至 9 月中旬约 110 天；秋季从 9 月中旬至 11 月中旬约 55 天；冬季从 11 月中旬至翌年 3 月中旬约 140 天。其特点是：冬夏随之延长。在海拔 1 500m 左右的地方，全年无春秋之分，冬、春季各占半年。在海拔 2 100m 处，冬季达 225 天，春季仅有 140 天，因此植物在山区有带状分布的明显规律（表 56-1）。

表 56-1　嵩县四季划分

季节	春	夏	秋	冬
标准（均温）	10~22℃	>22℃	22~10℃	<10℃
起止日期	27/3~20/5	21/5~11/9	12/9~13/11	14/11~26/3
天数	55	114	61	135

县气象资料记载，嵩县极端最高温度为 43.6℃（1996 年 6 月 20 日），极端最低温度为零下 19.1℃（1969 年 1 月 31 日）。表 56-2 显示，月平均气温以 7 月和 8 月 26.6℃ 为最高，1 月 0.1℃ 为最低（表 56-2）。

表 56-2　嵩县各月平均、最高、最低气温与日交差

月份	1	2	3	4	5	6	7	8	9	10	11	12	年平均
平均气温（℃）	0.1	2.9	8.3	14.7	20.5	21.4	26.6	26.6	20	14.8	7.9	2	14.10

（续表）

月份	1	2	3	4	5	6	7	8	9	10	11	12	年平均
最高气温（℃）	6.4	8.4	11.7	21.1	27.1	32	31.9	30.6	25.5	21.1	14	8.3	19.84
最低气温（℃）	-4.5	-2.1	2.9	8.6	13.7	18.9	22	20.9	15.1	9.7	3.1	-2.7	8.80
气温日交差（℃）	10.9	10.5	8.8	12.5	13.4	13.1	9.9	9.7	10.4	11.4	10.9	11	11.04

从统计资料和表56-2可以看出，嵩县除3、7、8月日较差较小外，其他各月均在10℃以上；是5、6月日较差最大，对小麦灌浆攻籽重和提高品质非常有利；9、10月日较差也较大，对玉米、豆类等秋作物灌浆和棉花纤维素的淀积都有利。

年平均气温随海拔高度的上升，亦有明显变化。洛阳到嵩县高度上升100m，气温下降0.29℃；嵩县到栾川每升高100m，气温下降0.5℃；栾川老君山沿山坡而上，每升高100m，气温降低0.56℃。以嵩县与老君山比，每升高100m，年平均气温下降0.54℃。嵩县地域辽阔，地貌复杂，气温的地域性时空分布与垂直变化规律是：气温与海拔高度成反比，并随坡向的变化而变化。从县城326.5m增至2 200m，年平均气温从14.1℃降至4℃；山体南坡每升高100m，气温下降0.45℃；北坡相应下降0.54℃；积温也随海拔升高而减小（表56-3）。

表56-3　嵩县不同海拔年月气温统计

地点	海拔	1	2	3	4	5	6	7	8	9	10	11	12	全年
田湖	270	0.4	3.2	8.7	15.1	20.9	22.1	26.9	25.7	20.2	15	8.1	2.3	14.1
城关	330	0.1	2.9	8.4	14.8	20.6	21.8	26.6	25.4	19.9	14.7	7.8	2	13.8
何村	370	-0.1	2.7	8.2	14.6	20.4	21.6	26.4	25.2	19.7	14.5	7.6	1.8	13.6
大坪	455	-0.5	2.3	7.8	14.2	20	21.2	26	24.8	19.3	14.1	7.2	1.4	13.2
德亭	460	-0.6	2.2	7.7	14.1	19.9	21.1	25.9	24.7	19.2	14	7.1	1.4	13.1
木植街	507	-0.8	2	7.5	12	19.7	20.9	25.7	24.5	19	13.8	6.9	1.1	12.9
车村	670	-1.6	1.2	6.7	13.1	18.9	20.1	24.9	23.7	18.2	13	6.1	0.3	12.1

地温的变化与气温的变化密切相关，且趋势基本一致。从0~20cm处都是1月最低，10cm处是7月最高，15cm和20cm处是8月最高，12月至翌年2月各层地温随深度增加而递增，4—8月则相反。地面温度平均为16.4℃，比平均气温高2.6℃，稳定通过0℃的平均初日在2月6日，终日在12月11日，间隔日数为309天（表56-4）。

表56-4　嵩县各月份平均地温

深度 cm	1	2	3	4	5	6	7	8	9	10	11	12	全年
0	0	3.2	9.9	17.5	25.6	30.9	31	30	23.3	13.3	7.8	1.4	16.4
5	1.1	3.6	9.1	15.7	22.6	27.6	23.9	28.4	22.4	15.9	8.4	2.5	15.5
10	1.7	3.8	9	15.3	21.7	26.4	28.1	28	22.5	16.4	9.2	3.4	15.4
15	2.3	4.1	8.9	14.9	21.2	25.8	27.7	27.8	22.5	16.7	6.9	4.1	15.5
20	2.8	4.4	8.9	14.6	20.7	25.3	27.3	27.5	20.7	17.1	10.5	4.9	15.6
气温	0.1	2.9	8.4	14.8	20.6	21.8	26.2	25.4	19.9	14.7	7.8	3	14

积温是在一定界限温度内日平均温度的综合。按照0℃、3℃、5℃、10℃、15℃、30℃几个界限

温度作积温统计。嵩县各界限温度的出现时间、期限与积温的变化都比较明显。《嵩县气象与生态研究》（2004 年气象出版社出版）资料显示：

日平均稳定通过 ≥0℃，平均初日期 2 月 7 日、终日期 12 月 28 日，间隔 321 天，活动积温 5 186.6℃，保证率 80% 以上的积温在 5 000~5 100℃。

日平均稳定通过 ≥3℃，平均初日期 2 月 24 日、终日期 11 月 30 日，间隔 283 天，活动积温 5 064.8℃，保证率 80% 以上的积温在 4 900~5 000℃。

日平均稳定通过 ≥5℃，平均初日期 3 月 7 日、终日期 11 月 23 日，间隔 265 天，活动积温 4 954.6℃。

日平均稳定通过 ≥10℃，平均初日期 4 月 1 日、终日期 10 月 31 日，间隔 222 天，活动积温 4 566.0℃。

日平均稳定通过 ≥15℃，平均初日期 4 月 29 日、终日期 10 月 2 日，间隔 156 天，活动积温 3 751.0℃。

日平均稳定通过 ≥20℃，平均初日期 5 月 23 日、终日期 9 月 15 日，间隔 118 天，活动积温 2 785.0℃（表 56-5）。

表 56-5　嵩县各界限温度初终期和积温

界限温度	初日（日/月）			终日（日/月）			间隔天数（天）			活动积温（℃）		
	平均	最早	最晚	平均	最早	最晚	平均	最长	最短	平均	最多	最少
0℃	7/2	19/12	9/3	28/12	29/11	5/2	321	364	287	5 186.6	5 654.6	4 936.7
3℃	24/2	5/2	15/3	30/11	10/11	21/12	283	320	252	5 064.8	5 349.9	4 742.6
5℃	7/3	18/2	25/3	23/11	4/11	13/12	265	291	241	4 954.6	5 293.7	4 689.9
10℃	1/4	15/3	19/4	31/10	9/10	23/11	222	252	197	4 566.0	4 842.6	4 305.4
15℃	29/4	13/4	16/5	2/10	22/9	14/10	156	184	130	3 751.0	4 511.2	3 183.5
20℃	23/5	4/5	12/6	15/9	29/8	3/10	118	145	90	2 785.0	3 583.9	2 332.8

二、光照与热量

据《嵩县气象与生态研究》资料，嵩县年平均日照 2 293.8h（表 56-6），多于同纬度的西安（1 722.8h）和徐州（2 086.0h），日照百分率为 52%。一年之内，夏季日照充足，春季次之，冬季最差。冬季的 1 月，日照时数 168.94h，占可照时数的 53.75%；春季的 4 月，日照时数 185.88h，占可照时数的 41.88%；夏季的 7 月，日照时数 223.69h，占可照时数的 51.13%；秋季的 10 月，日照时数 197.6h，占可照时数的 55.06%。除 12 月、1 月、2 月、3 月光照条件相对较差外，其余各月对农作物生长均有利。

表 56-6　嵩县日照和辐射总量

月份	1	2	3	4	5	6	7	8	9	10	11	12	全年
日照（h）	168.94	146.82	167.43	185.88	232.47	247.75	223.69	217.95	171.18	197.6	160.01	174.1	2 293.8
日照率（%）	53.75	47.81	46.69	41.88	54	57.63	51.13	53.5	46.25	55.06	52.5	56.81	52
辐射总量（kJ/cm²）	6.72	6.51	9	9.43	13.65	14.44	13.38	12.79	9.31	9.35	6.61	6.25	117.044
有效辐射（kJ/cm²）	3.29	3.19	4.41	4.62	6.68	7.08	6.56	6.72	4.56	4.58	3.24	3.06	57.54

太阳辐射能的 99% 集中在波长 0.3~4.0μm 的光谱区内，而植物光合作用具有选择的特性，仅吸收

0.38~0.71μm 区间的可见光，这部分辐射称为光合有效辐射。华北地区的有效辐射是太阳总辐射的0.49 倍，依此计算出嵩县各界限温度期间和主要作物生育期的辐射量和有效辐射量如表 56-7 所示。

表 56-7　嵩县辐射量和有效辐射量

项目	太阳辐射量（kJ/cm²）	占全年%	有效辐射量（kJ/cm²）	占全年（%）
小麦生育期（10月至翌年5月）	67.52	57.69	33.07	57.47
玉米生育期（6—9月）	49.92	42.65	24.92	43.31
烟草生育期（4—9月）	73.00	62.37	36.22	62.95
红薯生育期（4—10月）	82.35	70.36	40.80	70.91

从表 56-7 中可以看出，嵩县日照充足，太阳辐射量大，光能资源较为丰富。由于受条件限制，在目前生产上光能利用率仅为 1%~2%，如果提高到 3%，农作物产量可提高 5%，即农业生产有潜力可挖。

光合有效辐射在年内呈季节性变化，夏季月均值最大，冬季最小，春秋季居中、春季略高于秋季（表 56-8）。

表 56-8　嵩县光和有效辐射季节变化　　　单位：kJ/cm²

季节	冬季（11月至翌年2月）			夏季			春秋季		
	季总量	占年（%）	月均	季总量	占年（%）	月均	季总量	占年（%）	月均
有效辐射	12.78	22.2	3.2	26.359	46.2	6.65	18.17	31.6	4.54

三、霜期

《嵩县气象与生态研究》资料，嵩县历年初霜期出现时间平均在 10 月 27 日。最早初日出现在 10 月 9 日，最迟初日出现在 11 月 3 日，相差 35 天；终霜期在 4 月 10 日，最早终日在 3 月 7 日，最迟终日在 5 月 15 日，相差两个多月。霜期平均为 156 天，无霜期为 209 天，最长年份可达 250 天，最短年份仅 159 天。以最低气温≤2℃为霜冻指标，嵩县霜冻平均初日 11 月 17 日，终日为 3 月 17 日，间隔日数为 120 天，无霜冻日为 244 天。霜冻的程度与地形亦有很大关系：阳坡轻于阴坡，山顶轻于山脚，山腰轻于山顶。县城的霜期为 156 天，无霜期为 209 天；县南车村谷地霜期 178 天，无霜期 187 天；西南高寒山区霜期 245 天，无霜期不足 120 天。总的情况是海拔每升高 100m，无霜期就缩短 6 天，相应的霜期就延长 6 天。

第四节　水资源与灌排

一、水资源概述

嵩县水资源总量 15.17 亿万 m³，其中地表水总量为 13.17 亿万 m³，地下水总量为 2.0 亿万 m³。目前水资源开发利用量为 3 260亿 m³，其中地表水 2 214亿 m³，地下水 1 046亿 m³。至今水资源利用量仅占天然赋予的 3.4%。嵩县人均水资源量 2 019m³，低于全国人均 2 700m³ 的水平，高于全省人均 500m³ 的水平。由于嵩县水资源在时空和地域的分布极不均匀，需走旱作农业道路（表 56-9）。

表 56-9　嵩县水利资源统计　　　单位：m³

流域	地下水（亿万）	地表水（亿万）			总计（亿万）	重复（亿万）	降水量（亿万）	陆地与叶面蒸发量（亿万）	人均	亩均
		合计	区域水	过境水						
嵩县	2	13.17	8.58	4.59	15.17	1.9	22.85	14.17	2 019	1 535

（续表）

流域	地下水（亿万）	地表水（亿万）			总计（亿万）	重复（亿万）	降水量（亿万）	陆地与叶面蒸发量（亿万）	人均	亩均
		合计	区域水	过境水						
白河	0.3	1.22	1.22		1.52	0.3	2.67	1.45	10 299	19 302
汝河	0.7	3.2	3.2		3.9	0.7	7.89	4.69	3 987	4 111
伊河	1	8.75	4.16	4.59	9.75	0.9	12.29	8.03	1 259	897

二、地表水资源

（一）降水量

嵩县地处两个过度带，南北暖冷气团交替影响频繁。降水时空分布极不平衡，大小差异较大，年际变化不一，年降水量一般在650～850mm。据嵩县气象局（站）提供的1957—2009年53年资料分析，平均年降水量658.3mm，最多年1 028.1mm（1982年），最少年484.9mm（1978年），两者相差543.2mm。降水量由嵩北向嵩南递增，嵩北年平均降水量为700mm，嵩南为950mm。近年受大气环流影响，年降水量呈普减趋势，且因植被率的差异，降水也有所不同，据28年资料比较，县黄庄站因附近森林破坏严重，气候失调，年降水量比县蝉堂站平均减少16.8%。

据《嵩县气象与生态研究》资料，嵩县受季风影响，平均年内月份、季节性时空分布不均，悬殊较大。12个月比较，12月最少8.5mm，占平均年降水量的1.29%；7月最多164mm，占24.91%（表56-10、表56-11）。

表56-10　嵩县平均各月降水量

月份	1	2	3	4	5	6	7	8	9	10	11	12	全年
降水量	10.6	14.3	29.5	62.2	52.2	53.3	164	106	85.2	50.7	21.8	8.5	658.3
比率	1.61	2.17	4.48	9.45	7.93	8.10	24.91	16.10	12.94	7.70	3.31	1.29	100.00

表56-11　嵩县不同海拔降水量对比

站名称	陆浑	东湾	黄庄	娄子沟	蝉堂	合峪	孙店	两河口	龙王庙	县气象站	平均
海拔	280	326	390	410	480	717	710	688	602	550	
降水量	659.6	643.7	670.6	690.7	647.7	801.2	724	768.5	689.8	804.4	709.9

四个季节比较，夏季的6—8月雨量最多，平均299.0mm，占全年的46%；秋季9—11月为168.5mm，占26%；春季的3—5月为148.2mm，占23%；冬季的12月至翌年2月最少，平均34.4mm，占5%（表56-12）。

表56-12　嵩县四季降水时空分布

观测点 ＼ 时段 降水量（mm）	春季（3—5月）		夏季（6—8月）		秋季（9—11月）		冬季（12月至翌年2月）	
	平均	占全年（%）	平均	占全年（%）	平均	占全年（%）	平均	占全年（%）
孙店	171.9	21	434.6	52	199.7	24	30	4
黄庄	160.2	20	420.8	53	175.6	22	36.7	5
白河街	193.5	20	523.1	55	209.3	22	29.1	3
东湾	164.5	23	329.6	46	196.3	27	29.2	4
陶村	161.2	24	286.2	42	202.6	30	28.7	4

（续表）

时段 降水量 观测点　（mm）	春季（3—5月）		夏季（6—8月）		秋季（9—11月）		冬季（12月至翌年2月）	
	平均	占全年（%）	平均	占全年（%）	平均	占全年（%）	平均	占全年（%）
陆浑	153.1	23	278.2	43	194	30	27.1	4
县气象站	148.2	23	299	46	168.5	26	34.4	5

（二）蒸发量

嵩县年蒸发量最高 2 121.5mm，最低 1 325.5mm。一年内蒸发量与降水量的变化趋势见表 56-13。

表 56-13　嵩县四季降水时空分布　　　　　　　　　单位：mm，%

月份	1	2	3	4	5	6	7	8	9	10	11	12	全年
平均降水量	10.60	14.30	29.50	62.20	52.20	53.30	164.00	106.00	85.20	50.70	21.80	8.50	658.30
占全年	1.61	2.17	4.48	9.45	7.93	8.10	24.91	16.10	12.94	7.70	3.31	1.29	100.00
平均蒸发量	53.90	64.30	120.00	146.60	203.40	266.10	200.20	162.00	117.80	109.90	73.90	60.40	1 578.50
占全年	3.41	4.07	7.60	9.29	12.89	16.86	12.68	10.26	7.46	6.96	4.68	3.83	100.00
降水蒸发	1/5	2/9	1/4	3/7	1/4	1/5	5/6	2/3	5/7	1/2	2/7	1/7	3/7

（三）地表河流

嵩县境内共有伊河、汝河、白河三大河流，分属黄河、淮河、长江三大流域。伊、汝、白三大河流共有支流 88 条。

1. 伊河

伊河是嵩县境内最大的河流，发源于熊耳山南麓栾川县陶湾乡三合村的闷顿岭。沿外方山北麓、自西南向西北蜿蜒流经旧县、大章、德亭、何村、纸房、城关、库区、饭坡、田湖九乡镇 69 个村。在田湖千秋流入伊川县，经偃师市至巩义注入黄河。嵩县境内长 80km、流域面积 1 731km²。河床平均宽度 1 500m。常年平均流量 10.0m³/s，旱季最小流量 1.1m³/s（1978 年 4 月），雨季最大流量 4 800m³/s（1982 年 7 月）。嵩县境内一级支流 41 条，其中较大的有：明白河、龙潭河、白鹿沟河、大章河、大王沟河、蛮峪河、五道沟河、吕沟河、沙沟河、武松河，黄寨河，贾寨河、高都河、焦涧河、洛沟河、八达河、腾王河、凤阳河。流域面积超过 100km² 的支流有明白河、大章河、蛮峪河、焦涧河 4 条。从 6 月初进入汛期，到 9 月底结束。多在 12 月和次年元月结冰，冰层厚 2cm 左右。因其河川落差大、水流急、流量不稳，不能航运，加之河道宽窄不一、泄洪不畅，汛期洪水经常泛滥成灾。新中国成立后为根治黄河，党和政府在陆浑卡口处建库容 22.982 亿 m³ 的大型水库（陆浑水库）一座，库容 800 万 m³ 的中型水库（青沟水库）一座，小型水库 16 座，灌溉面积 152 万亩。

2. 汝河

汝河发源于车村镇粟树街的摞摞沟，沿外方山南麓西南—东北向经车村、木植街、黄庄三乡镇 63 个村至黄庄乡的楼子沟出境进入汝阳县。嵩县境内长 70km，河床平均宽度 300m 左右，流域面积 986km²，常年平均流量 5~10m³/s，最小流量 0.5m³/s，最大流量 6 280m³/s（1982 年 7 月 30 日），一级支流 47 条，其中较大的有核桃坪河、龙池曼河、黄柏河、运粮沟河、水磨河、火神庙河、泗水河、古弥庵沟河、狮子沟河、季家沟河、小豆沟河、绸子沟河、鹿鸣沟河、竹元沟河、蝉堂沟河、张槐沟河、道回沟河、养育沟河、辽沟河、沙沟河、付沟河、南沟河、楼子沟河等。每年的 12 月到翌年 1

月结冰，冰层厚 2cm 左右。新中国成立后在各支流上先后建小型水库 14 座，修水渠 10 条，灌溉面积 5 万亩。

3. 白河

白河发源于白河乡玉皇顶东麓南坪与庞家庄之间，经嵩县、南召、方城、南阳、新野至襄阳与汉水汇合注入长江，县境内长 50km，河床平均宽 100m 左右，流域面积 293.8km²，一级支流 14 条，较大的有上河、油路沟河、琉璃河、黄柏河、大青河、下寺河、小青河、东壮河、西壮河等。常年有水。6—9 月为汛期，历史最大流量为 2 630m³/s。11 月至翌年 2 月为结冰期。建有一座小型水电站，大小提灌站 8 座，灌溉面积 1 500 亩。

三、地下水资源

嵩县水利局《嵩县农田水利建设规划（2010—2020）》资料显示，按省规定补给模数，白河流域 10 万 m³/km²·年；汝河流域 8 万 m³/km²·年；伊河流域 6 万 m³/km²·年计算，嵩县地下水补给量为 2 亿万 m³。但因大部分为火成岩地区，地下储水能力不足 0.4 亿万 m³，开采量仅 0.1 亿万 m³。储水构造为砂砾石层，渗水系数为 80m/昼夜。因此，雨后地下水位高，旱期水位下降快，而且储水层多位于河川、沟川地带，分布在这些地区的耕地大部分可以自流灌溉，故打井多在沟川、盆地及渠尾水量不足之处。地下水埋藏小于 3m 的主要地区分布在汝河和伊河的滩地，个别地方汛期始有溢出地面。汝河车村盆地和伊河川地及部分一级支流沿岸，地下水埋藏深度一般 3m 左右，变幅 2~4m。除此之外，地下水埋深一般多在 7m 以上。山区丘陵地形切割强烈，地下水埋深一般可达几十米。

四、水质

嵩县大部分地区水质较好，矿化度小，平均每升 697~891mg，pH 值为 6.9~7.2，可用作灌溉和饮用。但在个别深山区水质缺碘，引起甲状腺肿病。加上工业的发展，农用化肥的过量施用，医疗卫生单位的污染，水质治理刻不容缓。

五、农田灌溉

嵩县水资源分布不平衡，据《嵩县统计年鉴》资料，有效水资源 80% 用于农灌，3% 用于工业，17% 用于人畜生活，有效灌溉面积 3 679hm²，占耕地总面积的 20%，主要是自流、机井、提灌等方式，其中机井排灌面积 3 679hm²，机电提灌面积 3 679hm²，流动机灌面积 161hm²，喷滴灌面积 865hm²。

嵩县的灌区灌溉工程遍及各乡镇，1986 年，有陆浑大型灌区、青沟中型灌区各 1 处；千亩以上灌区 19 处，有效灌溉面积 38 400 亩；千亩以下自流灌区 30 处，有效灌溉面积 15 240 亩。之后，由于水源变化和城区建设，部分工程效益逐年减小，截止 2000 年，嵩县千亩以上灌区有效灌溉面积降至 31 000 亩，千亩以下灌区有效灌溉面积降至 9 500 亩。效益较好的灌区主要如下所示。

陆浑灌区：1986 年总干渠自陆浑至内埠，全长 45km，东一干渠自内埠起经伊川、偃师、巩县至荥阳泥水河，全长 138km；东二干渠自内埠经汝阳进入临汝县安沟水库，全长 52km。陆浑灌区全部灌溉面积 134 万亩。1994 年始建西干渠，自总干渠梁圪垱分水至伊川鸦岭，全长 64.7km，设计流量 12m³/s，灌溉面积 16.77 万亩。

青沟灌区：青沟灌区始建于 1962 年，灌区辖闫庄、大坪、库区 3 乡 19 个村，干支渠全长 102.9km。其中总干渠自青沟水库至沙圪垱，长 5.52km、断面宽 1.5m、高 1.8m。一干渠从沙圪垱分水闸至库区乡上店，长 10.27km；二干渠自沙圪垱分水闸至大坪乡宋岭，长 8.144km；三干渠从主干渠乱石扒村至闫庄乡党湾，长 10.6km，灌溉面积 2.23 万亩。

伊北渠：伊北渠位于伊河北岸的何村、城关、库区 3 乡镇，原名为"跃进渠"，始建于 1958 年 3 月，由伊河香炉石左岸引水过箭口河、哈蟆崖、小河沟、黄寨川、县城、高都河、吴村等地，终点为陆浑岭，全长 20km。该灌区设计灌溉面积 1.12 万亩，因陆浑水库蓄水，部分渠道被淹，后城区内渠道因城区建设被加盖占用，目前伊北渠的实际灌溉面积仅 2 200 亩。

伊南渠：伊南渠因位于伊河南岸而得名，其前身为"乐丰渠"。渠道上起瑶上，下至岗上，全长

10 800m，有效灌溉面积 4 800亩。

第五节　农业机械

据《嵩县统计年鉴》（2007 年）资料，共拥有农业机械总动力 46.65 万 kW。其中耕作机械（拖拉机）16 908台，农业排灌机械（柴油机、电动机）9 455台，收获机械（联合收割机 29 台、机动收割机 500 台、机动脱粒机 13 390台）13 919台，植保机械（机动喷雾机）1 456部，饲料粉碎机 1 965台，渔业机械65 台，农产品加工机械14 780台，运输机械6 479辆。机耕面积 18 690hm²，机收面积 7 000hm²，机井排灌面积 3 721 hm²，机电提灌面积 3 721 hm²，流动机灌面积 161hm²，喷滴灌面积 865hm²。

第六节　农业生产施肥

一、历史施用化肥数量、粮食产量的变化趋势

嵩县86%以上的土地为山丘沟壑，虽地处山区，但民族文化的发展已有悠久的历史，从多处仰韶文化、龙山文化遗址发现，早在石器时代，人们已开始了耕耘。农业生产以农耕为主、兼有畜牧业。种植业是嵩县的主要产业，以种植粮食为主，经济作物以花生为主。

中华人民共和国成立前，由于长期受封建统治、历代战乱、天灾人祸的影响，大多数土地掌握在地主手里，加之生产方式陈旧、技术落后，作物产量低而不稳，农业发展极为缓慢。群众生活完全依靠种植业、畜牧业的收入，工业、商业、服务业零星无几。《嵩县志》农业编，民国 35 年（1946年），嵩县耕地50.12 万亩，播种农作物32.69 万亩，占耕地65%。粮食总产 1 369.78万 kg，单产42kg，人均 79kg。

中华人民共和国成立后，在党和人民政府的领导下，经过土地改革，实现耕者有其田，以及认真贯彻落实以农业为基础，以粮为纲和决不放松粮食生产，积极开展多种经营等发展农业的一系列方针政策，努力改变生产条件，大力推广农业先进技术，加大农业生产的投入，特别是化肥、良种的广泛应用，广大农民的生产积极性得到充分发挥，农作物产量大幅度提高。纵观解放 50 多年来，嵩县农业经历了由缓慢发展阶段到快速发展阶段的曲折发展过程。

中华人民共和国成立后，农民有了土地，开始认识到肥料的作用。当时主要是有机肥，肥源是人畜粪尿、作物秸秆、杂草树叶、绿肥、垃圾及饼肥等。1954 年开始推广湿式厕所和瓦瓮茅池积肥。1957 年在嵩县推广田湖乡毛庄农业社"千亩百池（瓦翁式）"实验，开展积肥运动。1963 年大力引种的毛叶苕子、草木樨、苜蓿等绿肥新品种，不仅使棉花增产13.8%，而且对后茬小麦仍有增产作用。1965 年县委成立肥料办公室，深入基层，发动群众开展积肥运动。1970 年后，相继推广使用玉米秆、麦秸、青草高温积肥以及秸秆直接还田。

人们对肥料的生产和要求，一直不断在农业生产实践中探讨和改进。化学肥料的使用始于 20 世纪 50 年代初期，主要品种是硫酸铵、氨水。经过试验示范，肥效高而快，增产突出，群众称之为"肥田粉"。1952 年河南省农业厅拨给嵩县硝酸铵100kg，在嵩县农场进行麦田追肥实验示范，从此化学肥料在嵩县逐步推广。1979 年县建成小化肥厂 1 座，年产碳铵 2.2 万 t。1980 年嵩县施用化肥 1 508.85万 kg，每亩平均26.7kg。随着农业生产的发展，化肥使用量的增加，有机肥相对减少，土壤有机质下降并呈现不协调现象。县农技推广站于 1980—1981 年在德亭公社南台农科站、大坪公社农场、库区公社汪庄、城关公社罗庄、九店公社石黄、黄庄公社王村等 10 个农科站进行小麦增施磷底肥（每亩40kg）实验，每亩产量达到 162.5~448kg，使平均亩产净增49.85kg，增产20.7%。1981年在大章公社杨庄、库区公社汪庄、城关公社北店街、何村公社罗庄 4 个大队农科站进行小麦叶面喷洒磷酸二氢钾和草木灰实验。结果表明，喷洒磷酸二氢钾增产24.8kg，喷洒草木灰增产28.4kg，均有效促进了嵩县农作物的增产。1980—1981 年，县农技站在闫庄、贺营、王元、古城 4 个大队农科站进行不同肥料对小麦增产情况的实验。结果表明：氮磷配合使用，产量最佳。1980 年古城、窑店、养育、王元、旧县、河北、杨村、德亭 8 个点在小麦不同生育期叶面喷洒磷酸二氢钾的实验结果表

763

明：千分之三磷酸二氢钾溶液第一次在拔节期喷洒，第二次在抽穗期喷洒效果最好，可增产 11.2%。1982—1983 年县农技站和德亭公社农技站先后在德亭和大坪两个公社开展测土施肥工作。

改革开放 30 年，确立了家庭承包经营为基础的双层经营制度，免除了农业税，一系列奖励补贴政策让农民得到了实惠，农村生产力得到解放和发展，农业生产条件得到极大改善，大力推广农业综合增产技术，加大农业生产的投入，特别是化肥、良种的广泛应用，广大农民的生产积极性得到充分发挥，农作物产量大幅度提高，粮食质量也发生了巨大变化。1979 年嵩县粮食总产达到 12 768.5 万 kg，比 1949 年增长 3.05 倍。其中小麦产量占 32.5%，玉米产量占 36.3%，红薯产量占 23.6%。

2000 年以来，农民施肥水平不断提高，农业生产稳步增长，粮食产量逐年提高，特别是 2008 年以来实施了农业部"测土配方施肥项目"，通过大量宣传培训工作，使农民施肥观念得到根本转变，测土配方施肥技术得到普及，多数农民能平衡施肥。据对农民施肥情况调查，年化肥施用总量约 2 万 t（折纯），其中纯氮 1.2 万 t，五氧化二磷 0.6 万 t，氧化钾 0.2 万 t。2008—2010 年度嵩县推广测土配方施肥面积为 155 万亩，增加粮食 4.88 万 t，节约化肥（折纯）3 080t，为农民节约化肥成本 1 373.85 万元，总计节本增收 12 656.3 万元。通过测土配方施肥产生了极大的社会效益，提高了广大农民科学施肥的意识，改变了广大农民的施肥观念，坚持有机肥和无机肥的配合使用，改良了土壤结构，培肥了地力，提高了耕地的综合生产力，降低了种植成本，减少了农业环境污染。

二、有机肥施肥现状

嵩县有机肥种类分为秸秆肥、厩肥、堆沤肥、土杂肥等。从 2008—2010 年农户施肥情况调查中看出，嵩县农业生产上施用有机肥，总体数量，比重偏小。

（一）种类

1. 土杂肥

以牛、猪、鸡等粪便为主堆积沤制的土杂肥，每年达到 22.69 万 t。全年积造的有机肥主要施在秋播小麦和春播蔬菜、红薯、花生等作物上。

2. 沼液沼渣肥

嵩县 3.5 万多座沼气池，年产沼气渣液 100 多万 m³，用在瓜菜类、红薯、小麦等作物上。

3. 秸秆还田

小型收割机收割小麦，用拖拉机和旋耕机将麦秸秆及根茬翻耕入田，培肥了土壤，已被群众广泛认识，机耕机收面积逐年扩大。主要农作物秸秆还田 2.1 万 hm²，每公顷平均还田 7 766kg，总还田 16.27 万 t。其中小麦秸秆还田 1.28 万 hm²，每公顷平均还田 5 877kg，总还田 7.50 万 t；玉米秸秆还田 4.52 万 hm²，每公顷平均还田 11 283kg，总还田 5.10 万 t。

（二）数量与比例

堆沤肥 8.6 万 t、厩肥 13.54 万 t、土杂肥 3 万 t、沼肥 10 万 t，比例为 0.24∶0.38∶0.08∶0.28；秸秆资源总量为 22.15 万 t、综合利用 20.09t，其中秸秆还田 16.27 万 t，其他利用 3.82 万 t。

（三）施用面积和数量

小麦施用面积 1.45 万 hm²、每公顷平均施底肥 30m³ 左右，玉米施用面积 5 000hm²，每公顷平均 20m³，春播红薯、花生、瓜菜等作物施用面积等 4 000hm²，每公顷平均 45m³。

（四）利用形式

嵩县施用有机肥料主要形式为：秸秆直接还田、过腹还田、堆沤还田、土杂肥等。

2008 年调查结果显示，有机肥投入量较过去明显提高，有机肥投入途径为秸秆还田、秸秆过腹还田为主，沼液等新型有机肥源施用量明显增加。主要农作物秸秆还田 2.1 万 hm²，每公顷平均还田 7 766kg，总还田 16.27 万 t。

小麦秸秆还田 1.28 万 hm²，每公顷平均还田 5 877kg，总还田 7.50 万 t。其中覆盖还田即机械收割还田 1.034 万 hm²，每公顷平均还田 4 930.5kg，总还田 5.10 万 t；堆沤还田 0.121 万 hm²，每公顷

764

平均还田 9 900kg，总还田 1.20 万 t；氨化、直接饲喂还田 0.121 万 hm²，每公顷平均还田 9 900kg，总还田 1.20 万 t。

玉米秸秆还田 45 万 hm²，每公顷平均还田 11 283kg，总还田 5.10 万 t。其中机械粉碎还田 170hm²，每公顷平均还田 5 736kg，总还田 0.10 万 t；堆沤还田 1 740hm²，每公顷平均还田 11 472kg，总还田 2.00 万 t；青贮、直接饲喂还田 2 610hm²，每公顷平均还田 11 472kg，总还田 3.00 万 t。

花生、油菜、水稻、红薯、棉花、豆类、杂粮等农作物秸秆还田 3 670hm²，每公顷平均还田 10 000kg，总还田 3.67 万 t。其中堆沤还田 1 100hm²，每公顷平均还田 10 000kg，总还田 1.10 万 t；直接饲喂还田 2 570hm²，每公顷平均还田 10 000kg，总还田 2.57 万 t。

三、化肥施用现状

据《嵩县统计年鉴》（2007 年）统计资料，全年化肥施用面积 7 万 hm²，占农作物播种面积的 98%。全年实物化肥施用总量（折纯）20 230t，其中氮肥 9 198t，占 36.2%；磷肥 3 919t，占 21.8%；钾肥 1 438t，占 2.6%；复合肥料 5 675t，占 39.5%。单位耕地面积化肥用量 30.1kg/亩·年，单位农作物播种面积化肥用量 19kg/亩·年。氮磷钾施用比例为 1∶0.43∶0.15。

嵩县化肥施用品种主要为：尿素、碳酸氢铵、颗粒过磷酸钙、磷酸二铵、国产氯化钾、复合肥、配方肥、有机—无机复混肥及部分有机肥，微量元素肥。施肥方式主要是：底施、穴施、沟施、撒施、冲施（蔬菜）等。

四、其他肥料施用现状

嵩县目前农民除使用以上肥料品种外，在不同地区、不同作物及作物不同生育时期，也有应用不同肥料品种的。沼气产业和食用菌产业的发展，促进了沼液的应用和有机肥的还田。在蔬菜集中种植区，群众舍得投资，购买价位较高的高浓度冲施肥比较多。在小麦、玉米、大豆等作物上，有施用锌、锰微量元素的。从叶面喷肥种类看，嵩县农民有小麦、蔬菜喷洒叶面肥的习惯，喷洒肥料品种主要有磷酸二氢钾、氨基酸叶面肥料、腐殖酸叶面肥等。

五、大量元素氮、磷、钾比例、利用率

小麦、玉米是嵩县主要粮食作物。嵩县农业局调查统计，测土配方施肥推广前冬小麦平均亩施纯氮 10.39kg、五氧化二磷 3.77kg、氧化钾 0.94kg，氮、磷、钾比例 0.68∶0.25∶0.06；夏玉米亩施纯氮 12.9kg、纯磷 0.28kg、氧化钾 0.31kg，氮、磷、钾比例 0.95∶0.02∶0.02。从施肥量和比例看，氮肥用量明显偏高，磷钾肥相对施用不足，养分比例失调。测土配方施肥推广后冬小麦平均亩施纯氮 9.49kg、五氧化二磷 4.25kg、氧化钾 1.51kg，氮、磷、钾比例 0.62∶0.28∶0.1；夏玉米亩施纯氮 11.32kg、纯磷 0.50kg、氧化钾 0.46kg，氮、磷、钾比例 0.92∶0.04∶0.037（表 56-14）。

仅看小麦，施肥呈现"氮减磷稳钾增"态势，说明随着测土配方施肥项目的不断开展，农户的测土配方施肥意识逐渐形成，实行测土配方施肥农户经济效益明显增加，施肥结构得到进一步优化，氮、磷、钾肥施用比例趋于合理。

表 56-14　技术推广前后施肥结构比较

调查时期	作物品种	亩均施肥量（折纯，kg）			氮磷钾施用比例
		N	P₂O₅	K₂O	
技术推广前	小麦	10.39	3.77	0.94	0.68∶0.25∶0.06
技术推广后		9.49	4.25	1.51	0.62∶0.28∶0.1
技术推广前	玉米	12.9	0.28	0.31	0.95∶0.02∶0.02
技术推广后		11.32	0.50	0.46	0.92∶0.04∶0.037

通过对 2008—2010 年小麦、玉米田间试验和丰缺指标试验结果分析，嵩县氮肥、磷肥、钾肥小

麦平均利用率分别为28.08%、9.16%、16.82%，玉米为6.44%、11.10%、14.29%（表56-15）。

表56-15　嵩县肥料利用率

项　目	肥料利用率（%）		
	N	P$_2$O$_5$	K$_2$O
小　麦			
平　均	28.08	9.16	16.82
高产水平	25.37	9.21	18.23
中产水平	33.95	10.37	18.55
低产水平	24.92	7.90	13.68
玉　米			
平　均	6.44	11.10	14.29
高产水平	13.92	12.03	—
中产水平	5.06	9.45	18.52
低产水平	0.34	11.83	10.06

六、施肥实践中存在的主要问题

根据嵩县耕地施肥现状看，在施肥实践中存在以下4个方面的问题需要解决。

（一）耕地重用轻养现象比较严重

嵩县人多地少，农作物复种指数比较高，对土地的产出要求也较高，实践证明要保证耕地地力持续提高，必须用地与养地相结合、走农业持续发展的道路，才有利于耕地土壤肥力的提高。有针对性地施用氮、磷、钾化肥、增施有机肥、秸秆还田是提高土壤肥力的有效途径，但在部分地区，存在施用化肥单一、有机肥使用量少、秸秆还田面积小等现象。由于种粮与务工比较效益较低，目前部分农民受经济利益驱使，不重视农家肥、有机肥施用，影响地力培肥。

（二）重无机轻有机倾向仍很突出

从嵩县的施肥现状看，重无机、轻有机的倾向仍很突出，优质有机肥施用面积很小，秸秆还田量虽然逐渐增加，但仍有潜力可挖。农民只重视无机肥的施用，化肥施用量在逐年增多，有机肥的施用面积和数量长期稳定不前，甚至倒退，造成部分耕地有机质低，影响土壤肥力的提高。嵩县有机肥资源丰富，种类齐全，浪费现象比较突出。究其原因，主要是广大农民对有机肥的作用认识肤浅。首先是由于有机肥当季利用率低，认为施用后没化肥肥效快，误认为有机肥作用不大；其次是随着城镇的发展，农村劳动力向城镇转移较多，形成农村种地老年妇幼化，种地图省事，没有广开肥源积造有机肥的积极性；最后，大型秸秆还田机作业价格较贵，种粮比较效益低，影响秸秆还田的数量和质量。

（三）施肥品种时期及方法不合理

少数耕地施肥不按缺啥补啥、缺多少补多少的原则，氮、磷、钾配比不十分科学。部分地区小麦用肥偏重于施底肥，追肥比例偏小；部分需要氮肥后移，拔节期追肥的麦田没有达到施肥要求。玉米施肥上，二次追肥比例偏低；施肥方法上，由于施肥机械不配套，一部分出现肥料裸施撒施现象，施肥方法需要改进。以上原因，造成施肥效应减小，肥料利用率降低。

（四）农资价格上升，影响农民对化肥的投入

部分农户受化肥价格影响，化肥投入积极性下降，放弃施用价格较高的复合肥料，影响了肥料的施肥结构。

第七节　农业生产中存在的主要问题

嵩县农业生产上存在的主要问题，不同地区间地力条件差异较大造成粮食产量差异较大，影响了粮食总产量的提高；施肥结构不合理，施肥水平间差异大。

一、作物布局不够合理，经济作物在整个种植业中比例很小

从 2007 年嵩县种植业统计可以看出，经济作物（油料、蔬菜、瓜果、烟叶等）种植面积 17 182hm²，占嵩县农作物播种总面积 70 874hm² 的 24.5%，尽管嵩县复种指数达 1.58，但是农业经济还是处于较低水平。

二、地区间农业生产条件差异较大，造成产量不一致

嵩县丘陵旱地水源缺乏，交通不便，施用有机肥面积小，化肥施用量少，造成地力水平差异，影响粮食生产水平提高。

三、经营管理粗放、精耕细作投入成本大

当前粮食效益相对较低，影响投入积极性，耕作技术粗放造成土壤板结，耕作层浅，影响粮食生产创高产。

四、配方施肥技术应用不够全面

虽然测土配方施肥技术推广了多年，主要在小麦、玉米上应用，粮食比较效益低，部分农民积极性不高。而在高效经济作物，例如果园、瓜果蔬菜上，虽然群众接受和采用测土配方施肥积极性较高，但推广施用面积较小。

五、耕地化肥投入两极分化

在经济条件较好地区和高产区域，化肥、复合肥投入偏大，但也有少部分养分含量低的地块；在经济条件较差和中低产地区，复合肥施量偏低，但也有养分含量过高的田块。

六、有机肥投入数量减少

嵩县秸秆还田机械缺乏，沼液和养殖户粪便的利用，需研究好的解决办法，解决有机肥投入数量减少问题。

七、优质有机肥使用不足

优质有机肥使用不足，施氮肥多、磷钾肥少，大量元素与微量元素结构不尽合理，影响产量进一步提高。

第五十七章 土壤与耕地资源特征

第一节 嵩县土壤分类

一、土壤分类

第二次土壤普查，嵩县依据土壤的发生类型与生物、气候条件、成土过程、剖面特征和成土因素，结合嵩县的实际情况，采用土类、亚类、土属、土种四级分类制，嵩县土壤共分为5个土类，15个亚类，29个土属和60个土种。

现今根据河南省土壤肥料站新的划分标准，嵩县划分为8个土类，17个亚类，32个土属和47个土种。具体见表57-1。

表 57-1 嵩县土壤分类系统

县土类	县亚类	县土属名称	县土种名称	县土种代号	编号
潮土	褐土化潮土	褐土化砂土	褐土化青砂土	Ⅲ-2-1-1	1
	黄潮土	洪积潮土	洪积中层壤质潮土	Ⅲ-1-4-2	2
			洪积壤质潮土	Ⅲ-1-4-1	3
		两合土	底砂两合土	Ⅲ-1-2-3	4
			两合土	Ⅲ-1-2-2	5
			腰壤青砂土	Ⅲ-1-2-1	6
		淤土	淤土	Ⅲ-1-3-1	7
	灰潮土	洪积灰潮土	洪积壤质灰潮土	Ⅲ-4-1-2	8
			洪积砂质灰潮土	Ⅲ-4-1-1	9
	湿潮土	洪积湿潮土	洪积中层黏质湿潮土	Ⅲ-3-2-3	10
			洪积黏质湿潮土	Ⅲ-3-2-2	11
			洪积砂质湿潮土	Ⅲ-3-2-1	12
		湿潮土	壤质湿潮土	Ⅲ-3-1-1	13
褐土	潮褐土	潮褐土	潮黄土	Ⅱ-5-1-1	14
	褐土	褐土	红黄土质褐土	Ⅱ-4-5-2	15
			红黄土质油褐土	Ⅱ-4-5-1	16
	淋溶褐土	黄土淋溶褐土	黄土壤质淋溶褐土	Ⅱ-1-9-1	17
	始成褐土	堆垫始成褐土	堆垫厚层始成褐土	Ⅱ-2-10-1	18
		红黄土质始成褐土	红黄土质少砾质始成褐土	Ⅱ-2-11-4	19
			红黄土质少量砂姜始成褐土	Ⅱ-2-11-3	20
			红黄土质始成褐土	Ⅱ-2-11-2	21
			红黄土质油始成褐土	Ⅱ-2-11-1	22
		红黏土始成褐土	红黏土灰质多量砂姜始成褐土	Ⅱ-2-12-6	23
			红黏土灰质少量砂姜始成褐土	Ⅱ-2-12-5	24
			红黏土灰质始成褐土	Ⅱ-2-12-4	25
			红黏土少量砂姜始成褐土	Ⅱ-2-12-3	26
			红黏土始成褐土	Ⅱ-2-12-2	27
			红黏土油始成褐土	Ⅱ-2-12-1	28
		泥质岩始成褐土	泥质岩中层石渣始成褐土	Ⅱ-2-7-3	29
			泥质岩中层砾质始成褐土	Ⅱ-2-7-2	30
			泥质岩薄层砾质始成褐土	Ⅱ-2-7-1	31
		砂砾始成褐土	砂砾厚层始成褐土	Ⅱ-2-9-3	32
			砂砾中层始成褐土	Ⅱ-2-9-2	33
			砂砾薄层始成褐土	Ⅱ-2-9-1	34

（续表）

县土类	县亚类	县土属名称	县土种名称	县土种代号	编号
褐土	始成褐土	石英质岩始成褐土	石灰质岩中层砾质始成褐土	Ⅱ-2-6-1	35
			石英质岩中层石渣始成褐土	Ⅱ-2-8-2	36
			石英质岩薄层石渣始成褐土	Ⅱ-2-8-1	37
		酸性岩始成褐土	酸性岩中层石渣始成褐土	Ⅱ-2-1-4	38
			酸性岩薄层石渣始成褐土	Ⅱ-2-1-3	39
			酸性岩中层砾质始成褐土	Ⅱ-2-1-2	40
			酸性岩薄层砾质始成褐土	Ⅱ-2-1-1	41
		中性岩始成褐土	中性岩中层石渣始成褐土	Ⅱ-2-2-4	42
			中性岩薄层石渣始成褐土	Ⅱ-2-2-3	43
			中性岩中层砾质始成褐土	Ⅱ-2-2-2	44
			中性岩薄层砾质始成褐土	Ⅱ-2-2-1	45
	碳酸盐褐土	红黄土质碳酸盐褐土	红黄土质低位厚层砂姜碳酸盐褐土	Ⅱ-3-3-3	46
			红黄土质少量砂姜碳酸盐褐土	Ⅱ-3-3-2	47
			红黄土质碳酸盐褐土	Ⅱ-3-3-1	48
黄棕壤	黄褐土	黄老土	黄老土	Ⅶ-2-1-1	49
	黄棕壤	山黄土	中层山黄土	Ⅶ-1-1-1	50
	黄棕壤性土	淡岩黄沙石土	多砾质薄层淡岩黄沙石土	Ⅶ-3-1-1	51
		沙页岩黄沙石土	多砾质中层沙页岩黄沙石土	Ⅶ-3-2-2	52
			多砾质薄层沙页岩黄沙石土	Ⅶ-3-2-1	53
山地草甸土	山地草甸土	山地草甸土	中层山地草甸土	Ⅷ-1-1-1	54
棕壤	始成棕壤	泥质岩始成棕壤	泥质岩薄层始成棕壤	Ⅰ-2-7-1	55
		酸性岩始成棕壤	酸性岩中层始成棕壤	Ⅰ-2-1-2	56
			酸性岩薄层始成棕壤	Ⅰ-2-1-1	57
		中性岩始成棕壤	中性岩中层始成棕壤	Ⅰ-2-2-2	58
			中性岩薄层始成棕壤	Ⅰ-2-2-1	59
	棕壤	黄土棕壤	黄土薄腐厚层棕壤	Ⅰ-1-9-1	60

根据农业部和河南省土肥站的要求，将嵩县土种与河南省土种进行对接，对接与土种合并情况见表57-2、表57-3。

表57-2　省土壤分类系统

省土类	省亚类	省土属名称	省土种名称	省土种代码	编号
草甸土	山地草甸土	麻砂质山地草甸土	中层硅铝质山地草甸土	22011111	1
潮土	典型潮土	洪积潮土	底砾层洪积潮土	23011719	2
		洪积潮土	壤质洪积潮土	23011714	3
		石灰性潮壤土	小两合土	23011557	4
		石灰性潮壤土	底砂两合土	23011543	5
		石灰性潮壤土	两合土	23011539	6
		石灰性潮黏土	淤土	23011621	7
	灰潮土	灰潮黏土	洪积两合土	23021615	8
		灰潮黏土	洪积灰砂土	23021614	9
	湿潮土	湿潮壤土	壤质冲积湿潮土	23041214	10
		湿潮砂土	砂质洪积湿潮土	23041114	11
		湿潮黏土	浅位砂层洪积湿潮土	23041315	12
		湿潮黏土	黏质洪积湿潮土	23041312	13
	脱潮土	脱潮壤土	脱潮小两合土	23051223	14

（续表）

省土类	省亚类	省土属名称	省土种名称	省土种代码	编号
粗骨土	中性粗骨土	暗泥质中性粗骨土	薄层硅钾质中性粗骨土	20011118	15
		硅质中性粗骨土	中层硅质粗骨土	20011311	16
		麻砂质中性粗骨土	薄层硅铝质中性粗骨土	20011212	17
		泥质中性粗骨土	薄层泥质中性粗骨土	20011412	18
褐土	潮褐土	泥砂质潮褐土	壤质潮褐土	14011224	19
	典型褐土	黄土质褐土	红黄土质褐土	14021121	20
	褐土性土	暗泥质褐土性土	中层硅钾质褐土性土	14031314	21
		堆垫褐土性土	厚层堆垫褐土性土	14031813	22
		黄土质褐土性土	红黄土质褐土性土	14031122	23
		黄土质褐土性土	浅位少量砂姜红黄土质褐土性土	14031115	24
		灰泥质褐土性土	中层钙质褐土性土	14031513	25
		麻砂质褐土性土	中层硅铝质褐土性土	14031711	26
		砂泥质褐土性土	厚层砂泥质褐土性土	14031612	27
		砂泥质褐土性土	中层砂泥质褐土性土	14031611	28
	淋溶褐土	黄土质淋溶褐土	红黄土质淋溶褐土	14041126	29
	石灰性褐土	黄土质石灰性褐土	深位多量砂姜红黄土质石灰性褐土	14051144	30
		黄土质石灰性褐土	浅位少量砂姜红黄土质石灰性褐土	14051132	31
		黄土质石灰性褐土	红黄土质石灰性褐土	14051131	32
红黏土	典型红黏土	典型红黏土	浅位少量砂姜红黏土	15010026	33
			石灰性红黏土	15010021	34
			红黏土	15010019	35
			浅位多量砂姜石灰性红黏土	15010018	36
			浅位少量砂姜石灰性红黏土	15010018	37
黄棕壤	典型黄棕壤	硅铝质黄棕壤	中层硅铝质黄棕壤	11011213	38
	黄棕壤性土	麻砂质黄棕壤	薄层硅铝质黄棕壤性土	11021311	39
		砂泥质黄棕壤性土	中层砂泥质黄棕壤性土	11021412	40
石质土	中性石质土	硅质中性石质土	硅质中性石质土	19021212	41
棕壤	典型棕壤	黄土质棕壤	黄土质棕壤	13011123	42
		麻砂质棕壤	中层硅铝质棕壤	13011434	43
	棕壤性土	硅钾质棕壤性土	中层硅钾质棕壤	13011436	44
		硅铝质棕壤性土	薄层硅钾质棕壤	13011435	45
		硅铝质棕壤性土	薄层硅铝质棕壤	13011433	46
		泥质棕壤性土	薄层砂泥质棕壤	13011437	47

表 57-3　嵩县省县土种对照

省土种名称	县土种名称
薄层硅钾质中性粗骨土	中性岩薄层砾质始成褐土
	中性岩中层石渣始成褐土
薄层硅钾质棕壤	中性岩薄层始成棕壤
薄层硅铝质黄棕壤性土	多砾质薄层淡岩黄沙石土
薄层硅铝质中性粗骨土	酸性岩薄层砾质始成褐土
	酸性岩中层石渣始成褐土
薄层硅铝质棕壤	酸性岩薄层始成棕壤

（续表）

省土种名称	县土种名称
薄层泥质中性粗骨土	泥质岩薄层砾质始成褐土
	泥质岩中层石渣始成褐土
	砂砾薄层始成褐土
薄层砂泥质棕壤	泥质岩薄层始成棕壤
底砾层洪积潮土	洪积中层壤质潮土
底砂两合土	底砂两合土
	石英质岩薄层石渣始成褐土
硅质中性石质土	酸性岩薄层石渣始成褐土
	中性岩薄层石渣始成褐土
红黄土质褐土	红黄土质褐土
	红黄土质油褐土
红黄土质褐土性土	红黄土质始成褐土
	红黄土质油始成褐土
红黄土质淋溶褐土	黄土壤质淋溶褐土
红黄土质石灰性褐土	红黄土质碳酸盐褐土
红黏土	红黏土始成褐土
	红黏土油始成褐土
洪积灰砂土	洪积砂质灰潮土
洪积两合土	洪积壤质灰潮土
厚层堆垫褐土性土	堆垫厚层始成褐土
厚层砂泥质褐土性土	砂砾厚层始成褐土
黄土质棕壤	黄土薄腐厚层棕壤
两合土	两合土
浅位多量砂姜石灰性红黏土	红黏土灰质多量砂姜始成褐土
浅位砂层洪积湿潮土	洪积中层黏质湿潮土
浅位少量砂姜红黄土质褐土性土	红黄土质少砾质始成褐土
	红黄土质少量砂姜始成褐土
浅位少量砂姜红黄土质石灰性褐土	红黄土质少量砂姜碳酸盐褐土
浅位少量砂姜红黏土	红黏土少量砂姜始成褐土
浅位少量砂姜石灰性红黏土	红黏土灰质少量砂姜始成褐土
壤质潮褐土	潮黄土
壤质冲积湿潮土	壤质湿潮土
壤质洪积潮土	洪积壤质潮土
砂质洪积湿潮土	洪积砂质湿潮土
深位多量砂姜红黄土质石灰性褐土	红黄土质低位厚层砂姜碳酸盐褐土
石灰性红黏土	红黏土灰质始成褐土

（续表）

省土种名称	县土种名称
脱潮小两合土	褐土化青砂土
小两合土	腰壤青砂土
淤土	淤土
黏质洪积湿潮土	洪积黏质湿潮土
中层钙质褐土性土	石灰质岩中层砾质始成褐土
中层硅钾质褐土性土	中性岩中层砾质始成褐土
中层硅钾质棕壤	中性岩中层始成棕壤
中层硅铝质褐土性土	酸性岩中层砾质始成褐土
	黄老土
中层硅铝质黄棕壤	中层山黄土
中层硅铝质山地草甸土	中层山地草甸土
中层硅铝质棕壤	酸性岩中层始成棕壤
中层硅质粗骨土	石英质岩中层石渣始成褐土
	泥质岩中层砾质始成褐土
中层砂泥质褐土性土	砂砾中层始成褐土
	多砾质薄层沙页岩黄沙石土
中层砂泥质黄棕壤性土	多砾质中层沙页岩黄沙石土

二、不同类型土壤的主要性状及面积分布

嵩县土地面积 300 803hm²，其中耕地土壤面积 55 772hm²（耕地和园地），除山地草甸土外，嵩县土种在耕地上均有分布，各土类、亚类、土属、土种在各乡镇的分布面积见表57-4、表57-5、表57-6、表57-7。

表 57-4　嵩县各乡镇县土类面积统计

乡名称	县土类名称				总计
	褐土	潮土	棕壤	黄棕壤	（hm²）
白河乡			177.42	356.61	534.03
车村镇	2 578.8	916.51	725.83		4 221.14
城关镇	2 458.34	116.27	146.78		2 721.39
大坪乡	4 350.83	46.3	414.44		4 811.57
大章乡	2 564.2	58.61	65.77		2 688.58
德亭乡	3 349.81	620.21	85.64		4 055.66
饭坡乡	3 871.2				3 871.2
何村乡	3 922.64	52.62			3 975.26
黄庄乡	2 724.1		19.39		2 743.49
九店乡	3 322	12.37			3 334.37
旧县镇	2 517.33	260.52	44.4		2 822.25

（续表）

乡名称	县土类名称				总计
	褐土	潮土	棕壤	黄棕壤	（hm²）
库区乡	2 280.39	85.85			2 366.24
木植街乡	975.85		61.34		1 037.19
田湖镇	6 318.61	693.98			7 012.59
闫庄乡	6 371.53	110.41	65.22		6 547.16
纸房乡	2 732.25	229.43	68.01		3 029.69
总计	50 337.88	3203.08	1874.24	356.61	55 771.81
占总耕地（%）	90.26	5.74	3.36	0.64	100

表 57-5　嵩县各乡镇省土类面积统计　　　　　单位：hm²

乡名称	省土类名称							总计
	潮土	粗骨土	褐土	红黏土	黄棕壤	石质土	棕壤	
白河乡					356.61		177.42	534.03
车村镇	916.51	188.74	805.58	250.89		1 333.59	725.83	4 221.14
城关镇	116.27	149.37	935.31	1 318.11		55.55	146.78	2 721.39
大坪乡	46.3	57.42	1 032.09	2 624.74		636.58	414.44	4 811.57
大章乡	58.61	651.76	1323.25	498.32		90.87	65.77	2 688.58
德亭乡	620.21	841.47	1 202.53	1 024.04		281.77	85.64	4 055.66
饭坡乡		458.16	955.31	1 724.07		733.66		3 871.2
何村乡	52.62	224.01	640.04	2 756.11		302.48		3 975.26
黄庄乡		185.63	69.83	317.73		2 150.91	19.39	2 743.49
九店乡	12.37	496.64	1 176.77	1 401.74		246.85		3 334.37
旧县镇	260.52	1 459.01	626.36	256.76		175.2	44.4	2 822.25
库区乡	85.85	109.41	664	1 436.6		70.38		2 366.24
木植街乡		549.92	123.84	238.99		63.1	61.34	1 037.19
田湖镇	693.98	94.53	2 344.48	3 679.73		199.87		7 012.59
闫庄乡	110.41	915.7	2 767.09	2 611.31		77.43	65.22	6 547.16
纸房乡	229.43	227.21	111.68	1 100.02		1 293.34	68.01	3 029.69
总计	3 203.08	6 608.98	14 778.16	21 239.16	356.61	7 711.58	1 874.24	55 771.81
比例（%）	5.74	11.85	26.50	38.08	0.64	13.83	3.36	100.00

表57-6 嵩县各乡镇亚类面积统计

县土类名称

乡名称	褐土						潮土					棕壤			黄棕壤				总计(hm²)
	始成褐土	碳酸盐褐土	潮褐土	褐土	淋溶褐土	小计	黄潮土	湿潮土	灰潮土	褐土化潮土	小计	始成棕壤	棕壤	小计	黄棕壤性土	黄棕壤	黄褐土	小计	
白河乡						0.00					0.00	177.42		177.42	297.18	41.51	17.92	356.61	534.03
车村镇	2 233.69		132.07		213.04	2 578.80		461.06	455.45		916.51	662.17	63.66	725.83					4 221.14
城关镇	2 322.54	26.72	44.94	64.14		2 458.34	116.27				116.27	146.78		146.78					2 721.39
大坪乡	3 887.04	99.12	37.00	327.67		4 350.83	46.30				46.30	414.44		414.44					4811.57
大章乡	2 499.56	8.44	5.43	45.71	5.06	2 564.20	49.72			8.89	58.61	65.77		65.77					2 688.58
德亭乡	3 304.60	31.00	14.21			3 349.81	467.82	147.11		5.28	620.21	85.64		85.64					4 055.66
饭坡乡	3 679.81	160.22	31.17			3 871.20					0.00			0.00					3 871.20
何村乡	3 683.97	117.07		121.60		3 922.64	52.62				52.62			0.00					3 975.26
黄庄乡	2 720.64				3.46	2 724.10					0.00	19.39		19.39					2743.49
九店乡	3 147.21	136.34		38.45		3 322.00	12.37				12.37			0.00					3 334.37
旧县镇	2 483.52		33.81			2 517.33	199.41	26.56		34.55	260.52	44.40		44.40					2 822.25
库区乡	1 992.26	266.62	21.51			2 280.39	85.85				85.85			0.00					2 366.24
木植街乡	975.85					975.85					0.00	54.06	7.28	61.34					1 037.19
田湖镇	5 388.18	411.67	456.66	62.10		6 318.61	466.10	194.54	33.34		693.98			0.00					7 012.59
闫庄乡	5 873.31	131.31	360.18	6.73		6 371.53	79.53	30.88			110.41	65.22		65.22					6 547.16
纸房乡	2 732.25					2 732.25	210.18	19.25			229.43	68.01		68.01					3 029.69
总计	46 924.43	1 388.51	1 136.98	666.40	221.56	50 337.88	1 786.17	879.40	488.79	48.72	3 203.08	1 803.30	70.94	1 874.24	297.18	41.51	17.92	356.61	55 771.81
比例(%)	84.14	2.49	2.04	1.19	0.40	90.26	3.20	1.58	0.88	0.09	5.74	3.23	0.13	3.36	0.53	0.07	0.03	0.64	100.00

表57-7　嵩县各乡镇土种面积统计

县土类名称	小计(hm²)	县亚类名称	小计(hm²)	县土属名称	小计(hm²)	县土种名称	小计(hm²)	乡镇名称															
								白河乡	车村镇	城关镇	大坪乡	大章乡	蒿坪乡	饭坡乡	何村乡	黄庄乡	九店乡	旧县镇	库区乡	木植街乡	田湖镇	闫庄乡	纸房乡
褐土	50337.88	始成褐土	46924.43	堆垫始成褐土	159.82	堆垫厚层始成褐土	159.82					21.76	63.29	21.50							53.27		
				红黄土质始成褐土	3750.74	红黄土质始成褐土	644.50			266.61	103.11		13.89	3.60	0.47				149.79		57.50	49.53	
						红黄土质始成褐土	1892.09			106.42		617.10	33.89	310.25	87.53		113.09		37.99		426.18	159.64	
						红黄土质少量砂美始成褐土	550.05						111.09	36.40				201.96			200.53		0.07
						红黄土质少量砂质始成褐土	664.10					26.55	113.96			90.03		65.86	11.45		315.63		40.62
				红黏土始成褐土	21239.16	红黏土油始成褐土	172.83							75.51							69.72		27.60
						红黏土始成褐土	10251.40		250.89	48.76	942.36	257.02	667.77	1073.27	650.72	252.95	1075.86	106.58	1239.80	67.59	1297.77	1456.67	863.39
						红黏土少量美始成褐土	3678.00			791.14	1216.03		35.67	149.39	1158.74	67.75		49.22	129.22			56.00	24.84
						红黏土米质始成褐土	2992.29			26.10	12.13	72.00	181.29	318.01	208.67	19.38		100.96	17.37	171.40	1306.90	391.39	166.69
						红黏土米质少量砂美始成褐土	3262.02		452.11		351.99	169.30	106.62	183.40	418.50	64.78	238.75	50.21			954.30	272.06	
						红黏土米质少量砂美乡质始成褐土	882.62				102.23		32.69		243.97						120.76	365.47	17.50
				泥质岩始成褐土	2576.57	泥质岩中层石灰始成褐土	344.07						240.08							87.11	16.88		
						泥质岩中层始成褐土	438.89					104.92	248.33		59.09		26.55						
						泥质岩薄层始成褐土	1793.61					77.96		28.45	9.82		391.40	1201.91		84.07			
				砂砾始成褐土	6373.43	砂砾中层始成褐土	1488.91			124.30		164.54	90.39	206.45	81.75	66.37	401.63	15.75			55.78	281.95	
						砂砾厚层始成褐土	3450.77		427.22	302.18	331.36	162.11	551.39	77.65	151.03		283.91	308.98	176.64	71.53	250.99	284.79	70.99
						砂砾薄层始成褐土	1433.75		74.55	149.37	57.42	124.93	100.93		190.93	96.54		178.69	109.41	56.14	21.02	218.69	55.13
				石灰岩始成褐土	345.07	石灰质岩中层质始成褐土	345.07					155.62	7.12	15.61		86.77					69.98	9.97	
				石夹质始成褐土	254.74	石夹质岩中层石灰始成褐土	182.02									23.70	2.63				56.63		99.06
						石夹质薄层石灰始成褐土	72.72				23.10					2.22	47.40						
				酸性岩始成褐土	4605.19	酸性岩中层始成褐土	923.09		114.19			135.46	149.11	32.77		14.92		29.57		447.07			
						酸性岩中层石灰始成褐土	545.92		33.25			6.01	37.93							52.31	37.46	378.96	
						酸性岩薄层石灰始成褐土	2254.44		1109.63	44.70		26.05	158.70	131.99	28.63	665.69		88.44		0.61			
						酸性岩薄层石灰始成褐土	881.74					12.35	118.09	9.78	14.81	87.69		40.17				525.83	73.02
				中性岩始成褐土	7619.71	中性岩中层石灰始成褐土	855.40				186.78		196.98	387.16	8.45	35.51				40.52			

（续表）

县土类名称	小计(hm²)	县亚类名称	小计(hm²)	县属名称	小计(hm²)	县土层土壤 县土壤名称	小计(hm²)	白河乡	车村镇	城关镇	大坪乡	大章乡	蒿坪乡	钬坡乡	饭坡乡	甸村乡	黄庄乡	九店乡	旧县镇	库区乡	木植乡	田湖镇	目庄乡	纸房乡
						中性岩中层疏松成褐土	1184.59				133.83												1050.76	
						中性岩厚层疏松成褐土	5384.42	223.96		10.85	613.48	64.82	123.07	601.67	273.85		1483.00	199.45	86.76	70.38	62.49	199.87	77.43	1293.34
						中性岩薄层疏松成褐土	195.30				114.28		36.28				29.88		8.67		6.19			
		碳酸盐褐土	1388.51	红黄土质碳酸盐褐土	1388.51	红黄土质碳酸盐褐土	1168.02			9.74	95.43		6.42	160.22	116.91			51.34		207.93		411.67	108.36	
						红黄土质少量表碳酸盐褐土	121.48			16.98	3.69	8.44	24.58		0.16			8.94		58.69				
						红黄土质低位厚层砂姜碳酸盐褐土	99.01											76.06					22.95	
		潴褐土	1136.98	潴褐土	1136.98	潴黄土	1136.98	132.07		44.94	37.00	5.43	14.21	31.17					33.81	21.51		456.66	360.18	
		褐土	666.40	褐土	666.40	红黄土质油褐土	171.64			64.14				41.00								59.77	6.73	
						红黄土质褐土	494.76				327.67	45.71			80.60			38.45				2.33		
		淋溶褐土	221.56	黄土壤质淋溶褐土	221.56	黄土壤质淋溶褐土	221.56	213.04					5.06			3.46								
潮土	3 203.08	黄潮土	1786.17	洪积潮褐土	1241.63	洪积中层重壤潮土	206.72					18.40	92.41						39.71			56.20		
						洪积薄层潮土	1034.91			116.27	46.30	31.32	369.69		34.42		12.37		18.14	45.42		71.27	79.53	210.18
				两合土	345.71	腰壤青砂土	46.17								17.32							28.85		
						两合土	250.22								0.88				38.01	40.43		170.90		
						底砂两合土	49.32						5.72						43.60					
				粘土	198.83	粘土	198.83										138.88		59.95					
		湿潮土	879.40	洪积湿潮褐土	671.11	洪积中层重壤潮土	32.06															32.06		
						洪积薄层泥潮土	429.94		399.06														30.88	
						洪积砂质潮潮土	209.11		62.00				147.11											
				壤质潮潮土	208.29	壤质潮潮土	208.29													26.56		162.48		19.25
		灰潮土	488.79	洪积灰潮褐土	488.79	洪积砂质灰潮土	87.58		87.58															
						洪积壤质灰潮土	401.21		367.87													33.34		
		褐土化潮土	48.72	褐土化潮土	48.72	褐土化青砂土	48.72					8.89	5.28						34.55					

（续表）

县土类名称	小计(hm²)	县亚类名称	小计(hm²)	县土属名称	小计(hm²)	县土种名称	小计(hm²)	白河乡	车村镇	城关镇	大坪乡	大章乡	德亭乡	饭坡乡	何村乡	黄庄乡	九店乡	旧县镇	库区乡	木植街乡	田湖镇	闫庄乡	纸房乡
棕壤	1 874.24	蛤成棕壤	1 803.30	泥质岩蛤成棕壤	93.33	泥质岩薄层蛤成棕壤	93.33	80.71	12.62														
				酸性岩蛤成棕壤	1 359.14	酸性岩中层蛤成棕壤	418.08	39.05	101.77	3.92	145.81	39.02	25.30							43.60		19.61	
						酸性岩薄层蛤成棕壤	941.06	57.66	547.78	142.86	86.65	25.90	42.05			8.45		0.06		7.67			21.98
				中性岩蛤成棕壤	350.83	中性岩中层蛤成棕壤	177.44				77.52		18.29			0.97				2.79		36.70	41.17
						中性岩薄层蛤成棕壤	173.39				104.46	0.85				9.97		44.34				8.91	4.86
		棕壤	70.94	黄土棕壤	70.94	黄土薄层耕层棕壤	70.94		63.66											7.28			
黄棕壤	356.61	黄棕壤性土	297.18	浅页黄沙石土	82.08	多砾质薄层淡浅当黄沙石土	82.08	82.08															
				沙页岩黄沙石土	215.10	多砾质中层页当黄沙石土	12.29	12.29															
						多砾质薄层沙页岩当黄沙石土	202.81	202.81															
		黄棕壤	41.51	山黄土	41.51	中层山黄土	41.51	41.51															
		黄褐土	17.92	黄老土	17.92	黄老土	17.92	17.92															
总计	55 771.81		55 771.81		55 771.81		55 771.81	534.03	4 221.14	2 721.39	4 811.57	2 688.58	4 055.66	3 871.20	3 975.26	2 743.49	3 334.37	2 822.25	2 366.24	1 037.19	7 012.59	6 547.16	3 029.69
占耕地面积(%)	100.00							0.96	7.57	4.88	8.63	4.82	7.27	6.94	7.13	4.92	5.98	5.06	4.24	1.86	12.57	11.74	5.43

三、褐土

褐土在嵩县主要是耕作土壤，面积大、分布广泛。按其黏化与碳酸钙的淋溶淀积程度及地下水的影响，共分为始成褐土、碳酸盐褐土、潮褐土、褐土、淋溶褐土5个亚类。总面积50 337.88hm²，占耕地土壤面积的90.26%。

（一）始成褐土亚类

始成褐土为褐土类中分布最广、面积最大、土属最多的一个亚类。除白河乡外，各乡镇均有分布，主要分布在低山、山地、丘陵地区，总面积46 924.43hm²，占褐土面积的93.22%，占耕地土壤面积的84.14%。包括嵩县部分自然土壤和农业土壤，成土母质主要为各类基岩风化的残积、坡积物、红黄土、老黄土及洪积母质等。始成褐土的特点是土层薄，石砾（砂姜）多，无发育层次。土体构型为A-C型或A-D型。始成褐土由于表土不断被雨水侵蚀，土壤的成土年龄短，不能形成淀积黏化层和钙积层次，仅在坡度稍缓的地方会出现假菌丝或斑点状的钙淀积。

按其成土母质分为9个土属，即酸性岩始成褐土、中性岩始成褐土、石灰质始成褐土、泥质岩始成褐土、石英质岩始成褐土、砂砾始成褐土、红黄土质始成褐土、红黏土、堆垫始成褐土。

（二）碳酸盐褐土亚类

碳酸盐褐土亚类分布面积1 388.51hm²，占褐土总面积的2.76%，占总耕地土壤面积的2.49%。主要分布在田湖镇、库区乡、饭坡乡、九店乡、闫庄乡、何村乡等10个乡镇的黄土丘陵中下部。母质是离石午城黄土、土层深厚、侵蚀较重。受干旱气候和母质性质的影响，淋溶微弱，黏化不明显，通体石灰反应，碳酸钙含量为2.6~13.6，pH值8.0左右。除表层外，通体都出现假菌丝或粉末状石灰淀积，含有5%~15%的砂姜，层次分化不明显，基本保持了母质的特性。养分含量是褐土各亚类中最低的。

该亚类只有1个土属，即红黄土质碳酸盐褐土。

（三）潮褐土亚类

潮褐土分布在伊河、汝河及其支流两岸。总面积1 136.98hm²，占褐土类面积的2.26%，占嵩县耕地土壤总面积的2.04%，主要分布在田湖镇、闫庄乡、车村镇等地的坡前洪积扇中下部。是嵩县肥沃的农业土壤，成土母质是次生黄土。潮褐土是褐土、潮土的过渡类型，地下水埋深4~5m，剖面近似褐土，唯下部土层（80cm以下）因受地下水的影响有红褐色或蓝灰色铁锈斑纹。全剖面石灰反应较强，黏化现象不明显，钙积层一般在80cm以下出现。

只有潮褐土1个土属，潮黄土1个土种。

（四）褐土亚类

褐土分布面积为666.40hm²，占褐土类面积的1.32%，占嵩县耕地土壤总面积的1.19%。零星分布在大坪乡、何村乡、城关镇、田湖镇、九店乡等乡镇的丘陵下部、缓坡地带。其上与碳酸盐褐土或始成褐土相连，下与潮褐土相接。绝大部分为耕地，母质是离石午城土，土层深厚，受侵蚀是丘陵区较轻的。褐土亚类是褐土土类的典型代表，30cm以下钙盐的淋洗和淀积过程强烈，碳酸钙淀积明显，但黏化淀积不明显。因此，嵩县境内褐土亚类不够典型。pH值8.0左右，呈碱性反应。

只有1个土属—褐土，包含2个土种：红黄土质褐土和红黄土质油褐土。

（五）淋溶褐土亚类

淋溶褐土面积221.56hm²，占褐土总面积的0.44%，占嵩县耕地土壤总面积的0.40%。零星分布在车村镇、大章乡、黄庄乡海拔700~900m的低山黄土区，上接棕壤，下接潮土。淋溶褐土的气候条件较其他褐土海拔高，热量低，较湿润；植被较棕壤显著较差，覆盖度较小（20%~40%）。母质为红黄土，多为耕作土壤。淋溶层次分化明显，黏化层呈暗红棕色，棱块结构，结构面上有轻微铁锰胶膜，全剖面无石灰反应，pH值7.0左右，碳酸钙含量极微，是褐土养分含量较高的土壤。

只有黄土淋溶褐土1个土属，黄土壤质淋溶褐土1个土种。

四、潮土

潮土是一种非地带性的半水成土壤，地下水位在3m以上，因夜潮而得名。主要分布在伊河水系两岸阶地和洪积扇下缘。总面积 3 203.08hm²，占嵩县耕地土壤面积的 5.74%。

潮土发育在洪积、冲击母质上，地下水参与成土过程，由于干湿季节的变化，引起地下水位上升下降，水体中氧化还原反应也随之交替进行，从而在土体中下部，形成铁锈斑纹。潮土地带除地下水位浅以外，地面灌溉渠道纵横，排灌方便，长期以来，经过人们的耕作、施肥、灌溉、高产栽培等一系列生产活动，使土壤结构得到改善，提高了土壤的供肥能力，培育了适合作物生长的良好条件。潮土的特征是：①发育层次（潮化层）明显。②母质来源于山丘地区的表土。肥力较高。③地下水位高，抗旱能力强。嵩县潮土根据地下水埋深和土体石灰反应，可分为 4 个亚类，即黄潮土、湿潮土、灰潮土和褐土化潮土。

（一）黄潮土亚类

黄潮土总面积 1 786.17hm²，占潮土总面积的 55.76%，占嵩县耕地土壤面积的 3.2%。主要分布在车村镇、田湖镇、德亭乡、纸房乡、旧县镇、闫庄乡等地。多发育在洪积母质上，地下水位 1~3m，铁锈斑纹通常在 30cm 以下。石灰反应通体较强，土层中夹带少量的砾石，微碱性反应，pH 值 8 左右。

依母质的不同分为两合土、淤土和洪积潮土 3 个土属。

（二）湿潮土亚类

湿潮土总面积 879.40hm²，占潮土总面积的 27.45%，占嵩县耕地土壤面积的 1.58%。发育在伊河、汝河水系两岸，防洪堤内一级阶地的冲积母质上，主要分布在车村镇、田湖镇、德亭乡、闫庄乡、旧县镇、纸房乡等地。地下水位 1m 以内，质地黏重，有的土层深厚，有的下部为砂砾石，耕层出现明显的铁锈斑纹。嵩北有中度石灰反应，嵩南车村乡则无，呈弱酸至弱碱性反应。多种植水稻、蔬菜、小麦、玉米。因地下水位高，土壤含水量大，土壤空气少，通气不良，温度上升慢，只适宜种植水稻、蔬菜、小麦、玉米等作物，氮肥不应使用硝酸铵，以免流失。

依成土母质的不同分为湿潮土和洪积湿潮土 2 个土属。

（三）灰潮土亚类

灰潮土总面积 488.79hm²，占潮土总面积的 15.26%，占嵩县耕地土壤面积的 0.88%。集中分布在车村镇和田湖镇。土壤洪积、冲积层比较明显，通体含砾石 10% 左右，碳酸钙含量低，无石灰反应，上层 pH 值 7.0~7.3，下层 7.5~8.3。有机质含量高，土色比嵩北潮土暗，群众称之为黑淤泥。多为砂壤，中壤质，粒状，块状结构。地下水位 1~3m，水渍作用强，30cm 以内即出现铁锈斑纹，肥力显著北嵩北潮土高。熟化度高，土层较厚，养分含量高，水分状况好，适宜种植小麦、玉米。

灰潮土亚类只有洪积灰潮土 1 个土属，洪积壤质灰潮土和洪积砂质灰潮土 2 个土种。

（四）褐土化潮土亚类

褐土化潮土总面积 48.72hm²，占褐土化潮土总面积的 1.52%，占嵩县耕地土壤面积的 0.09%。零星分布于旧县镇、大章乡、德亭乡。褐土化潮土是潮土向褐土过渡的土壤类型，地下水埋深 3~5m，剖面近似潮土，60cm 以下出现铁锈斑纹，唯上部土层有时有石灰淀积，全剖面石灰反应较强。只有褐土化砂土 1 个土属，褐土化青砂土 1 个土种。

五、棕壤

棕壤又名棕色森林土。发育于暖温带湿润气候区中生型落叶林下的土壤。其主要特征是呈微酸性反应，心土层（B 层）呈鲜棕色。成土母质多为酸性母岩风化物。总面积 1 874.24hm²，占嵩县耕地土壤面积的 3.36%。主要分布在车村镇、大坪乡、城关镇等地。

下有始成棕壤亚类和棕壤亚类，其中始成棕壤亚类总面积 1 803.30hm²，占棕壤类面积的 96.22%，占嵩县耕地土壤面积的 3.23%；棕壤亚类总面积 70.94hm²，占棕壤类面积的 3.79%，占嵩县耕地土壤面积的 0.13%。

六、黄棕壤

黄棕壤分布在伏牛山南麓白河乡，海拔 900~1 000m，山体中下部的缓坡地带，上与棕壤相接。

总面积356.61hm²，占嵩县耕地总土壤面积的0.64%。成土母质为花岗岩、砂页岩的残积坡积物和黄土母质。黄棕壤区，土层薄，石砾多，养分含量较高，适合发展林业，特别是适合栎松等喜酸性和垂直穿透能力强的植物生长。

依据淋溶程度和黏化特征可分为黄棕壤性土亚类、黄棕壤亚类、黄褐土亚类。

其中黄棕壤性土亚类总面积297.18hm²，占黄棕壤类面积的83.33%，占嵩县耕地土壤面积的0.53%；黄棕壤亚类总面积41.51hm²，占黄棕壤类面积的11.60%，占嵩县耕地土壤面积的0.07%。黄褐土亚类总面积17.92hm²，占黄棕壤类面积的5.03%，占嵩县耕地土壤面积的0.03%。

第二节　嵩县耕地立地条件

一、地形、地貌与地质

嵩县地处山区，地势由西南向东北倾斜，西南为伏牛山，西北为熊耳山，外方山，处于伊、汝河之间。在嵩县总面积中山区占95%，丘陵占4.5%，平川占0.5%，故有"九山、半陵、半分川"之称。具体地形分布见表57-8。

表57-8　嵩县耕地土壤地形部位分布情况统计

地形部位	面积（hm²）	占总面积（%）	主要土壤类型	分布乡镇
低山丘陵坡地	27 266.36	48.89	红黏土灰质少量砂姜始成褐土、红黏土灰质始成褐土、红黄土质始成褐土、红黄土质碳酸盐褐土、红黏土始成褐土	除白河乡外其他各乡镇均有分布
丘陵山地坡下部	21 774.71	39.04	中性岩薄层石渣始成褐土、砂砾厚层始成褐土、酸性岩薄层石渣始成褐土、泥质岩薄层砾质始成褐土	除白河乡外其他各乡镇均有分布
河流阶地	4 856.49	8.71	潮黄土、洪积壤质潮土、洪积黏质湿潮土、两合土、壤质湿潮土	除黄庄乡、木植街乡外，各乡均有分布
冲、洪积扇中、上部	1 874.24	3.36	酸性岩薄层始成棕壤、酸性岩中层始成棕壤、中性岩薄层始成棕壤、中性岩中层始成棕壤	车村镇、大坪乡、白河乡、城关镇等

据《洛阳地区地理志》记载：嵩县位于秦岭纵向构造带东段与新华夏系构造带的华北沉降带。是在中生代燕山构造运动形成基本骨架的基础上，经新生代第三纪喜马拉雅山运动，形成了现今高山峻岭、西高东低、北陡南缓的地貌。此处岩浆活动频繁，构造复杂，且构造运动具有多期次、多旋回的特点。基层以紧密复式褶皱为主，盖层以菱形断块及宽展型褶皱为特征。另断裂两侧的次级裂隙更是屡见不鲜，它们互相切割，形成断陷带及破裂带，给各类矿藏的形成提供了良好的通道。

嵩县地貌的主要特征如下。

（1）以高峻雄伟的山体为骨架，陡峭的主峰和狭窄的山岭组成的山脉脉络清晰，延伸方向以西南—东北为主。

（2）山脉与河流平行相间分布，山谷相间的规律明显。

（3）主河流沿断裂发育，形成断裂走向的谷地。

（4）地貌形态具有多层次阶梯状的特点。即东北部为伊河谷底，北中部为丘陵浅山，中南部低山起伏，西南部高山峻岭，中山区悬崖峭壁，伊河、汝河两侧各支脉形成羽状的谷川地带。

（5）河流落差大，水力资源丰富，为谷川农田自流灌溉，发展水电事业提供了良好条件。

根据形态、成因、地层结构及基质组成的差异分为不同地貌类型，主要如下。

（一）西南部、西部、中部切割中山区

此区主要是指伏牛山、外方山和熊耳山中部，包括白河、车村、木植街乡的大部和黄庄、德亭、大章、旧县、纸房、城关、大坪、闫庄8乡的一部分。海拔1 000~2 200m，海拔2 000m以上的山峰有4座，其主峰玉皇顶海拔2 203m；相对高差300~1 600m，为一系列切割中山所组成；山体相对高差1 600多米，平均每千米增高135m；坡度一般大于45°。基岩为中生代燕山期黑云母斑状花岗岩、黑云母粗粒花岗岩、中生代黑云母花岗岩和部分下元古界宽坪组云母石英片岩、角闪片岩。本区地处北亚热带向北温带的过渡区，温度较高、植物繁茂，为阔叶落叶混交林区，降雨大而集中，流水切割比较强烈，多形成"V"形谷。

（二）中北部浅切割低山区

此区分布在县境中部偏北熊耳山南，外方山北坡一带的中山下部。包括旧县、大章、何村、黄庄、纸房等13个乡镇的183个村。海拔700~900m；相对高差200~400m；坡度30°~40°。主脉走向与断裂构造方向一致，支脉基本与主脉成锐角斜交展布。流水切割影响沟谷发育，地貌形态较为破碎。基性岩较为复杂，熊耳南坡为太古界太华群混合岩化片麻岩、安山玢岩、中生代斑状花岗正长岩等；外方山为下元古界熊耳群安山玢岩、流纹斑岩及灰白色晶质碎屑凝灰岩。

（三）浸、剥蚀丘陵低山区

此区分布在田湖、闫庄、大坪、库区、城关、何村、饭坡及德亭、大章、纸房、黄庄等地。海拔多在400~600m；相对高差200~300m；坡度2°~20°。流水切割、沟谷发育；丘陵与沟谷相间，呈锯齿状沿主河流流向斜向两侧展布；岭低坡缓，为主要耕作区。母质为新生界第三系洛阳组，是砂质黏土岩、砂砾岩、黏板岩及红色砂质黏土的裸露区。

（四）河流阶地及山前洪积扇区

此区分布于车村盆地、汝河沿岸、伊河沿岸及一级支流两侧，地势较为平坦。母质多为太古界全新统亚黏土、砂砾层、冲积物、洪积、坡积物类。

地形地貌的垂直变化和区内基质的结合特征直接影响地表物质的组成和能量的再分配，从而影响到母质的类型、分布、土壤的形成条件、成土过程和发育特点，而形成一系列地貌-母质-土壤垂直和地域的分异，故有"山高一丈，大不一样，阴坡阳坡，相差甚多"之说。如中山区因降水多、低温多湿、植被覆盖率高、有机质分解慢，成土母质多系各类岩石风化的残积、坡积物，最终发育成棕壤类。在低山丘陵区，由于植被差、侵蚀强、土层薄，多系各类岩石风化而成的残积、坡积物质发育起来的黄棕壤性土、始成棕壤及始成褐土类。侵剥蚀低山丘陵区，因坡岭起伏、沟壑纵横、植被率差、侵剥蚀严重、靠近低山，山麓地区为各岩类的坡积、洪积物发育的砂砾始成褐土。而在各河流阶地及山前洪积扇多分布着潮土类。

具体地貌分布见表57-9。

表57-9　嵩县耕地土壤地貌类型分布情况统计

地貌类型	面积（hm²）	占总面积（%）	主要土壤类型	分布乡镇
丘陵	27 044.81	48.49	红黏土灰质少量砂姜始成褐土、红黏土灰质始成褐土、红黄土质始成褐土、红黄土质碳酸盐褐土、红黏土始成褐土	除白河乡外其他各乡镇均有分布
低山	21 996.67	39.44	中性岩薄层石渣始成褐土、砂砾厚层始成褐土、酸性岩薄层石渣始成褐土、泥质岩薄层砾质始成褐土、中性岩中层砾质始成褐土	除白河乡外其他各乡镇均有分布
起伏河流高阶地	4 856.49	8.71	潮黄土、洪积壤质潮土、洪积黏质湿潮土、两合土、壤质湿潮土	除黄庄乡、木植街乡外，各乡均有分布
中山	1 874.24	3.36	酸性岩薄层始成棕壤、酸性岩中层始成棕壤、中性岩薄层始成棕壤、中性岩中层始成棕壤	车村镇、大坪乡、白河乡、城关镇等

二、成土母质

嵩县地质与地貌类型复杂，加上其他自然因素的综合影响形成不同的母质类型。主要成土母质有残积—坡积母质、洪积—冲积母质以及黄土母质。一般讲残积—坡积母质分布于山地和部分丘陵区；洪积—冲积母质多分布在山前洪积扇、河川平地及滩地上沿；黄土母质多分布在丘陵区。

（一）残积—坡积母质

残积—坡积母质是各类岩石风化后未经搬运而残留在原地的碎屑或经重力与间歇性流水作用搬运至山前缓坡地带堆积而成。这种成土母质与母岩性质相似，砾石含量大，粗细颗粒混杂堆积，无明显层理，多分布在中低山及低山区上部。其母岩有中性岩、酸性岩、石英质岩、红砂岩、石灰岩、泥质岩等。

（二）洪积—冲积母质

洪积母质是岩石风化物经过山洪搬运，随流速减低，山洪携带的物质在山前平原沉积形成洪积扇，扇顶分选型差，砾石、粗砂混存，无层理，而洪积扇的中下部和扇缘沉积物逐渐变细，水分条件好，养分也较丰富。洪积母质主要分布在大的洪积扇上，其他山体下部也有零星分布。

冲积母质是风化碎屑经河流搬运而在河流两岸沉积形成。在垂直分布上有明显的成层性；在水平分布上因水流的分选作用一般呈现上游粗、下游细，近河粗、远河细的分布规律。主要分布在伊河、汝河及主要支流沿岸。由于嵩县山峰群立、河谷狭窄，冲积与洪积往往同时同地发生，一般河流以冲积物为主，而近山前地段则以洪积物为主，因此二者仅有主次之分而没有截然界线。由于洪积、冲积二者在发生和堆积年代上往往相互交错，因此多形成洪积—冲积类型，在一些地方形成山前洪积扇，在另一些地方则形成缘下倾斜平原，车村盆地、德亭川、焦涧川沿岸均有此种类型的代表。

（三）黄土母质

黄土母质包括老黄土、离石午城黄土和下属黄土。其中老黄土属新生界下第三系红色砂质黏土；结构面为暗红或棕红；质地中壤或重壤，无石灰反应；呈棱块状或块状结构，结构面均有铁锰胶膜，个别有铁锰结核或砂姜；此母质上发育成的红黏土通透性差、易旱易涝、保肥性好；主要分布在大章、蛮峪、何村、伊河两侧丘陵区。离石午城黄土又称红黄土母质，色红黄，质地致密而坚实，颗粒较细，为中壤或中壤，结构为小块状；离石黄土位于午城黄土之上，色棕黄；午城黄土色较红，发育在砾石之上，有的含砂姜和砾石，主要分布在丘陵中、下部转缓部位。下蜀黄土属第四纪下蜀系黄土，颗粒微细，质地黏重，干缩湿胀性强，呈棱块状结构，结构面被棕色或暗棕色胶膜，甚至形成黏盘，主要分布在白河沿岸的丘岗地带上。

成土母质密切影响着土壤的形成发育和理化性状。首先母的成分积极的加速和延缓着成土过程。如嵩北低山丘陵区干旱少雨、高温多湿同时发生，在长期发展过程中，土体出现极为明显的钙淀积，从而成为褐土化的重要标志。其次母质的矿物组成和化学成分在很大程度上决定着土壤的化学成分。如在岩石风化的母质上发育的土壤较贫瘠，而在黄土母质上形成的土壤则含有较丰富的钙和磷、钾等营养元素。再次，母质也影响土壤的物理性质。如花岗岩风化后参与成土过程形成的土壤多质粗、富含砾石、通透性好、土温升降快、保水性差，而在页岩类上形成的土壤则相反。

三、质地

土壤质地是指土壤的砂黏程度，是影响土壤肥力水平高低的因素之一。耕层土壤质地主要分为中壤土、轻壤土和重壤土。具体分布情况见表57-10。

表57-10 嵩县耕地土壤质地分布情况统计

质地	面积（hm²）	占总面积（%）	主要土壤类型	分布乡镇
重壤土	30 585.08	54.84	红黏土灰质始成褐土、红黄土质始成褐土、红黄土质碳酸盐褐土、红黏土始成褐土、泥质岩薄层砾质始成褐土、砂砾薄层始成褐土、砂砾中层始成褐土	嵩县各乡镇均有分布

（续表）

质地	面积 （hm²）	占总面积 （%）	主要土壤类型	分布乡镇
轻壤土	19 664.56	35.26	红黏土灰质少量砂姜始成褐土、砂砾厚层始成褐土、酸性岩薄层石渣始成褐土、中性岩薄层石渣始成褐土、中性岩中层砾质始成褐土	嵩县各乡镇均有分布
中壤土	5 522.17	9.90	洪积壤质潮土、洪积壤质灰潮土、石灰质岩中层砾质始成褐土、潮黄土、中性岩中层石渣始成褐土	嵩县各乡镇均有分布

四、障碍层次类型、障碍层出现位置、障碍层厚度

嵩县耕地土壤障碍层次类型有无、砂姜层、砂砾层。障碍层出现位置和障碍层厚度分为 0cm、100cm、42cm。具体分布情况见表 57-11。

表 57-11　嵩县耕地土壤障碍层次类型、厚度、出现位置分布情况统计

障碍层类型、 位置、厚度	面积 （hm²）	占总面积 （%）	主要土壤类型	分布乡镇
无（0cm）	55 640.74	99.76	中性岩薄层石渣始成褐土、砂砾厚层始成褐土、红黏土灰质少量砂姜始成褐土、红黏土灰质始成褐土、酸性岩薄层石渣始成褐土、红黄土质始成褐土	嵩县各乡镇均有分布
砂姜层（100cm）	99.01	0.18	红黄土质低位厚层砂姜碳酸盐褐土	九店乡、闫庄乡
砂砾层（42cm）	32.06	0.06	洪积中层黏质湿潮土	田湖镇

五、剖面类型

嵩县耕地土壤剖面类型有 18 种，具体在各乡镇的分布情况如表 57-12 所示。

表 57-12　嵩县耕地土壤剖面类型分布情况统计

剖面类型	面积 （hm²）	占总面积 （%）	主要土壤类型	分布乡镇
A—（B）—C	3 610.59	6.47	堆垫厚层始成褐土、砂砾厚层始成褐土	除白河乡、黄庄乡外，嵩县都有分布
A—（B）—r	3 313.02	5.94	砂砾中层始成褐土、泥质岩中层砾质始成褐土、酸性岩薄层始成棕壤	除库区乡外，嵩县都有分布
A11—A12—C—C砾	206.72	0.37	洪积中层壤质潮土	德亭乡、大章乡、田湖镇
A11—A—C	10 424.23	18.69	红黏土始成褐土、红黏土油始成褐土	除白河乡外，嵩县都有分布
A11—AC—Bt—Bk—C	1 335.63	2.39	红黄土质少量砂姜始成褐土、红黄土质少砾质始成褐土、红黄土质少量砂姜碳酸盐褐土	田湖镇、旧县镇、德亭乡、饭坡乡等
A11—Bt—BkC—C	99.01	0.18	红黄土质低位厚层砂姜碳酸盐褐土	九店乡、闫庄乡
A11—C—Cg	638.23	1.14	洪积黏质湿潮土、壤质湿潮土	车村镇、田湖镇等
A11—C—Cu	1 579.45	2.83	洪积壤质潮土、两合土、底砂两合土	田湖镇、闫庄乡、车村镇等
A11—Ck—Cu	48.72	0.09	褐土化青砂土	旧县镇、大章乡、德亭乡
A—Bk—Cu	1 136.98	2.04	潮黄土	车村镇、田湖镇、闫庄乡等

（续表）

剖面类型	面积（hm²）	占总面积（%）	主要土壤类型	分布乡镇
A—Bt	221.56	0.40	黄土壤质淋溶褐土	车村镇、大章乡
A—Bt—Bk—C	4 371.01	7.84	红黄土质始成褐土、红黄土质碳酸盐褐土、红黄土质褐土、红黄土质油始成褐土	大章乡、大坪乡、城关镇、饭坡乡等
A—Bt—C	489.02	0.88	酸性岩中层始成棕壤、黄土薄腐厚层棕壤	车村镇、大坪乡、木植街乡等
A—Bt—r	356.61	0.64	多砾质薄层沙页岩黄沙石土、多砾质薄层淡岩黄沙石土、中层山黄土	白河乡
A—C	13 289.43	23.83	红黏土灰质始成褐土、泥质岩薄层砾质始成褐土、砂砾薄层始成褐土、中性岩中层砾质始成褐土	闫庄乡、田湖镇、旧县镇、德亭乡等
Ac—C	3 262.02	5.85	红黏土灰质少量砂姜始成褐土	田湖镇、城关镇、大坪乡、何村乡等
Ac—Cc	3 678.00	6.59	红黏土少量砂姜始成褐土	何村乡、大坪乡、城关镇等
A—R	7 711.58	13.83	中性岩薄层石渣始成褐土、酸性岩薄层石渣始成褐土、石英质岩薄层石渣始成褐土	纸房乡、车村镇、饭坡乡、黄庄乡等

六、有效土层厚度

嵩县有效土层厚度分为4个级别：≤40cm，41～60cm，61～80cm，>80cm。在各乡镇的分布情况见表57-13。

表57-13　嵩县耕地土壤有效土层厚度分布情况统计

有效土层厚度	面积（hm²）	占总面积（%）	主要土壤类型	分布乡镇
≤40	14 048.26	25.19	中性岩薄层石渣始成褐土、酸性岩薄层石渣始成褐土、酸性岩薄层始成棕壤	车村镇、黄庄乡、纸房乡等
41～60	3 924.51	7.04	砂砾中层始成褐土、泥质岩中层砾质始成褐土、洪积中层黏质湿潮土	旧县镇、闫庄乡、木植街乡等
61～80	3 450.77	6.19	堆垫厚层始成褐土、砂砾厚层始成褐土	库区乡、旧县镇、德亭乡等
>80	34 348.27	61.59	红黄土质始成褐土、红黄土质碳酸盐褐土、红黄土质褐土、红黄土质油始成褐土	嵩县都有分布

七、灌溉保证率

嵩县耕地灌溉保证率，划分为大于51%、51%～75%、30%～50%、小于30%四级（表57-14）。

表57-14　嵩县耕地土壤灌溉保证率分布情况统计

灌溉保证率（%）	面积（hm²）	占总面积（%）	主要土壤类型	分布乡镇
≤30	43 871.93	78.66	红黏土始成褐土、砂砾厚层始成褐土、酸性岩薄层石渣始成褐土等	嵩县都有分布

（续表）

灌溉保证率 （%）	面积 （hm²）	占总面积 （%）	主要土壤类型	分布乡镇
31~50	5 649.66	10.13	红黏土始成褐土、砂砾厚层始成褐土、泥质岩薄层砾质始成褐土等	大坪乡、德亭乡、大章乡、旧县镇等
51~75	4 300.01	7.71	红黏土灰质少量砂姜始成褐土、红黏土灰质始成褐土、砂砾厚层始成褐土等	城关镇、车村镇、闫庄乡、田湖镇等
>75	1 950.21	3.50	潮黄土、砂砾厚层始成褐土、红黏土始成褐土等	田湖镇、车村镇

第三节　耕地资源生产现状

按全国耕地利用现状分类，耕地是指能种植农作物的土地，以种植农作物为主，不含园地，耕地分水田，旱地。水田指筑有田埂，可经常蓄水，用以种植水稻等水生植物的用地，包括水旱轮作田。旱地指水田以外旱作耕地，包括水浇地。

按照以上分类原则，嵩县现有耕地44 800hm²，全部为旱地，其中水浇地5 330hm²，占耕地面积11.8%；旱地39 470hm²，占耕地面积的88.2%。

历史上，嵩县水浇地以一年两熟为主，旱地以有一年两熟和一年一熟。改革开放以来，随着水浇地面积的不断增加，农业投入的不断增多，农作物播种面积不断扩大，复种指数不断提高。2007年统计资料显示，粮食作物播种面积48 411hm²，占总播种面积72 205hm²的67.05%、总产204 906t，其中夏粮播种21 850hm²（占粮食面积45.13%）、总产91 781t（占粮食总产44.79%），秋粮播种26 561hm²（占粮食面积54.87%）、总产113 125t（占粮食总产55.21%）；油料作物播种面积4 000hm²、占总播种面积的5.54%；总产8 220t；棉花播种面积460hm²、占0.64%，总产352t；烟叶播种面积1 907hm²、占2.64%，总产3 112t；蔬菜面积4 806hm²、占6.66%，总产190 376t；中药材面积11 910hm²、占16.49%，总产18 649t；瓜果类播种面积380hm²、占0.53%，总产11 695t；其他作物播种面积331hm²、占0.46%。

种植制度多为一年两熟，少为一年一熟和一年三熟，由于作物种植种类多，作物种植模式也多，主要有：小麦—玉米、小麦—花生、小麦—红薯、小麦—棉花、小麦—大豆一年两熟，油菜—粮食类、油料类一年两熟；麦菜瓜（棉）一年三熟，少部分旱地有烟叶、红薯、花生、小麦一年一熟。

第二次土壤普查以来，嵩县交通用地、城镇、城市扩建用地，企业用地增长很快，还有一部分退耕还林。嵩县地域有限，所有能开发利用的土地基本上都已利用，以后耕地新开发的潜力很小。

第四节　耕地保养管理的简要回顾

新中国成立前，战乱不断，民不聊生，致使部分土地荒芜，耕地面积减少，据民国35年（1946年）河南统计处鉴记载，嵩县耕地50.12万亩。

新中国成立后，在中国共产党的领导下，广大干群流汗出力，兴修水利：20世纪50年代打井、修渠，20世纪60年代建库、修塘、小流域治理，20世纪70年代建站、治河、平整土地，取得了很大的成绩。

2000年以来，嵩县依托国家农业综合开发项目、小麦玉米高产开发项目、农田水利基本建设项目、土地平整项目、温饱工程项目、沃土工程项目等，实施中低产田改造和节水灌溉农业及高产开发，大力调整农业结构，不断加快农业产业化进程，耕地生产能力稳步提高。项目区农业生产条件得到了明显改变，农业综合生产能力得到了显著提高，基本实现了"田成方、林成网、渠相通、路相连、旱能浇、涝能排"的园田化农业生产新格局，取得了良好的经济效益、生态效益和社会效益。据统计，截至2007年底嵩县已建成蓄水工程164座，总库容135 453万m³，其中大型水库1座（陆浑水库）库容 132 000 万 m³；中型水库 1 座（青沟水库）库容 647 万 m³；小型水库 28 座，库容 2481 万 m³；塘堰坝 134 座，库容 326 万 m³。水土流失治理面积 129 369hm²，占应治理面积 217 425hm² 的 59.5%。其中，修梯田 21.44 万亩，闸沟造地及整修沟坪地 1.78 万亩，造林 77.18 万亩。机电井 754 眼。

　　2005 年度农业综合开发中低产田改造项目，涉及闫庄镇、大坪乡、城关镇、德亭镇、大章镇、旧县镇、车村镇、饭坡乡 8 个乡镇，65 个行政村，开发面积 4 667hm²。总投资 3 297 万元。施工高峰期，共投入运输机械 50 台，混凝土搅拌振捣机械 55 台，日出动推土机 8 台，装载机 6 台，挖掘机 5 台，挖穴机 5 台，压路机 3 台，日出工平均 330 个。截至 2005 年底，项目区整体工程已全面完成计划工程量。其中新建提灌站 10 座；架设输变电线路 76.7km，购置变压器 24 台 10kV；开挖疏浚沟渠 232km；修建渠系建筑物 183 座；土壤改良 3 000hm²；平整土地 1 800hm²；整修机耕路 129.85km；营造农田防护林植杨树 2 万株；科技培训 3 500 人次。项目区通过开发治理，农作物复种指数由 1.40 提高到 1.60，年新增粮食生产能力 8 072t。增加林网防护面积 4 667hm²，生态环境得到有效改善。狭窄泥泞的田间小道变成了宽阔的机耕路；昔日旱地如今变成了旱涝保收田。产业结构的调整，使每亩经济效益由原来的不足 600 元上升到 1 200 元，当地群众称赞是农业开发改变了当地的贫穷面貌。

第五十八章　耕地土壤养分

嵩县耕地土壤养分基本情况：2008—2010年嵩县采集化验土壤样品6 529个，经过数据质量审核筛选从中选定3 797个农化样化验数据参加耕地地力评价，对选定的3 797个农化样化验数据进行分析，嵩县耕地土壤养分含量现状是，平均有机质16.1g/kg、全氮1.03g/kg、有效磷9.7mg/kg、速效钾137mg/kg、缓效钾971mg/kg、有效铁16.39mg/kg、有效锰31.12mg/kg、有效铜1.29mg/kg、有效锌0.82mg/kg、水溶态硼0.59mg/kg、有效钼0.34mg/kg、有效硫7.81mg/kg、pH值7.4（见表58-1）。

表58-1　嵩县耕地土壤养分含量

项　目	平均	最大	最小
有机质（g/kg）	16.1	36.7	6.3
pH值	7.40	8.3	5.4
全氮（mg/kg）	1.03	2.79	0.4
有效磷（mg/kg）	9.7	34.7	2.5
缓效钾（mg/kg）	971	2 274	360
速效钾（mg/kg）	137	292	31
有效铁（mg/kg）	16.39	77.6	2.92
有效锰（mg/kg）	31.12	85.6	8.75
有效铜（mg/kg）	1.29	11.41	0.42
有效锌（mg/kg）	0.82	6.27	0.16
有效钼（mg/kg）	0.34	3.1	0.03
有效硫（mg/kg）	7.81	32.1	1.29
水溶态硼（mg/kg）	0.59	1.85	0.11

第一节　有机质

一、含量与分级

有机质含量分5个级别，一级为大于30.00g/kg，二级为20.01～30.00g/kg，三级为15.01～20.00g/kg，四级为10.01～15.00g/kg，五级为小于等于10.00g/kg的。嵩县的耕层土壤有机质含量最高为36.7g/kg，最低为6.3g/kg，平均值为16.1g/kg。

（一）不同行政区含量与分级

根据有机质的分级将16个乡镇的耕层土壤汇总如下，木植街乡有机质含量最高，平均为21.14g/kg，何村乡的含量最低为14.51g/kg。含量一级的耕地面积为27.64hm²，二级为4 076.89hm²，三级的耕地面积最大，为29 256.59hm²，四级为22 155.95hm²，五级为254.74hm²。白河乡是最主要的含量一级最大的乡镇，有16.75hm²的耕地都为一级。车村镇在有机质含量为二级的耕地中所占比例最大，为2 033.22hm²，达到了49.87%。三级含量的每个乡镇均有分布也较为平均。详见表58-2。

表58-2　嵩县各乡镇区有机质含量与分级情况

乡镇名称	有机质（g/kg）			分级面积（hm²）				
	平均	最大	最小	一级	二级	三级	四级	五级
白河乡	20.52	36.7	7.4	16.75	252.35	228.18	35.17	1.58

（续表）

乡镇名称	有机质（g/kg）			分级面积（hm²）				
	平均	最大	最小	一级	二级	三级	四级	五级
车村镇	19.98	27.6	11.9		2 033.22	2 171.95	15.97	
城关镇	16.24	24	11.2		15.1	1 946.68	759.61	
大坪乡	15.50	21.3	10.7		5.46	3 054.81	1751.3	
大章乡	16.73	30.3	10.1	1.69	125.47	1 544.31	1 017.11	
德亭乡	15.50	22.8	6.3		191.51	2 065.01	1 717.65	81.49
饭坡乡	14.67	18.2	9			1 827.75	2 036.67	6.78
何村乡	14.51	20.3	11.2		0.7	1 310.79	2 663.77	
黄庄乡	16.51	26.8	9		85.86	1 949.97	670.4	37.26
九店乡	14.55	22	8.4		54.13	1 553.64	1 602.84	123.76
旧县镇	15.74	21.4	10.6		68.97	1 399.72	1 353.56	
库区乡	16.64	23.8	13.1		22.24	2 212.96	131.04	
木植街乡	21.14	32.5	14.4	8.08	485.17	543.66	0.28	
田湖镇	15.35	24.3	9.8		233.77	2 021.1	4 753.85	3.87
闫庄乡	15.61	23.2	12.4		60.77	3 066.69	3 419.7	
纸房乡	18.41	30.2	10.1	1.12	442.17	2 359.37	227.03	
总计	16.1	36.7	6.3	27.64	4 076.89	29 256.59	22 155.95	254.74

（二）不同土类含量与分级

不同土类平均有机质含量，红黏土最低为 15.44g/kg，棕壤最高为 19.07g/kg，由低到高顺序依次是红黏土、褐土、粗骨土、石质土、潮土、黄棕壤、棕壤（表 58-3）。不同土类各级别面积不同，所占比例不一，详细情况见表 58-3。

表 58-3　嵩县各土类有机质含量与分级情况

土类名称	有机质（g/kg）			分级面积（hm²）					
	平均	最大	最小	一级	二级	三级	四级	五级	合计
潮土	17.09	24.3	10.8		443.16	2 096.01	663.91		3 203.08
粗骨土	16.65	32.5	6.3	9.77	671.76	3 045.4	2 749.67	132.38	6 608.98
褐土	16.05	26.6	9.9		841.39	7 743.72	6 160.86	32.19	14 778.16
红黏土	15.44	24	8.4		390.06	10 233.94	10 584.83	30.33	21 239.16
黄棕壤	18.92	36.7	7.4	12.6	97.9	209.36	35.17	1.58	356.61
石质土	17.07	29.8	9		879.24	4 952.62	1 835.68	44.04	7 711.58
棕壤	19.07	35.9	6.3	5.27	753.38	975.54	125.83	14.22	1 874.24
总计	16.1	36.7	6.3	27.64	4 076.89	29 256.59	22 155.95	254.74	55 771.81

多砾质薄层淡岩黄沙石土含一级有机质的面积最大，为 12.6hm²，酸性岩薄层石渣始成褐土含二级有机质的面积最大的，为 637.11hm²，在有机质含量为三级的耕地中所占面积最大的是砂砾厚层始成褐土，红黏土始成褐土和泥质岩薄层砾质始成褐土分别是四级、五级耕层土壤中占有面积最大的土

种。不同土种有机质含量级别不一，同一土种不同级别面积和比重有异（表58-4）。

表58-4 嵩县各土种有机质分级与面积情况 单位：hm²

土种名称	一级	二级	三级	四级	五级	总计
潮黄土		180.86	811.49	144.63		1 136.98
底砂两合土				49.32		49.32
堆垫厚层始成褐土		29.48	104.85	25.49		159.82
多砾质薄层淡岩黄沙石土	12.6	31.89	34.05	3.54		82.08
多砾质薄层沙页岩黄沙石土		16.58	153.02	31.63	1.58	202.81
多砾质中层沙页岩黄沙石土			12.29			12.29
褐土化青砂土		34.55	8.89	5.28		48.72
红黄土质低位厚层砂姜碳酸盐褐土			12.82	86.19		99.01
红黄土质褐土		1.6	150.85	342.31		494.76
红黄土质少砾质始成褐土		33.16	242.11	388.83		664.1
红黄土质少量砂姜始成褐土		14.74	227.8	307.51		550.05
红黄土质少量砂姜碳酸盐褐土			87.8	33.68		121.48
红黄土质始成褐土		6.15	1 136.32	749.62		1 892.09
红黄土质碳酸盐褐土		4.46	698.04	465.52		1 168.02
红黄土质油褐土		0.17	158.02	13.45		171.64
红黄土质油始成褐土		24.44	331.07	288.99		644.5
红黏土灰质多量砂姜始成褐土			331.96	550.66		882.62
红黏土灰质少量砂姜始成褐土		7.2	1 474.51	1 770.27	10.04	3 262.02
红黏土灰质始成褐土		41.63	1 149.81	1 800.85		2 992.29
红黏土少量砂姜始成褐土		26.11	1 839.64	1 812.25		3 678
红黏土始成褐土		315.12	5 336.48	4 579.51	20.29	10 251.4
红黏土油始成褐土			101.54	71.29		172.83
洪积壤质潮土		106.86	622.96	305.09		1034.91
洪积壤质灰潮土		148.1	237.27	15.84		401.21
洪积砂质灰潮土		78.91	8.67			87.58
洪积砂质湿潮土		8.4	199.8	0.91		209.11
洪积黏质湿潮土			428.9	1.04		429.94
洪积中层壤质潮土		29.24	123.29	54.19		206.72
洪积中层黏质湿潮土			24.38	7.68		32.06
黄老土		7.92	10			17.92
黄土薄腐厚层棕壤		49.03	20.48	1.43		70.94
黄土壤质淋溶褐土		113.64	107.92			221.56
两合土			105.66	144.56		250.22
泥质岩薄层砾质始成褐土			512.97	1 215.53	65.11	1 793.61
泥质岩薄层始成棕壤土	4.15	79.48	9.7			93.33

（续表）

土种名称	一级	二级	三级	四级	五级	总计
泥质岩中层砾质始成褐土			148.11	290.78		438.89
泥质岩中层石渣始成褐土			128.53	215.54		344.07
壤质湿潮土		20.7	155.23	32.36		208.29
砂砾薄层始成褐土		164.09	862.9	406.76		1 433.75
砂砾厚层始成褐土		348.04	1 988.13	1 113.26	1.34	3 450.77
砂砾中层始成褐土		40.59	857.52	559.95	30.85	1 488.91
石灰质岩中层砾质始成褐土		7.1	181.98	155.99		345.07
石英质岩薄层石渣始成褐土			49.28	23.44		72.72
石英质岩中层石渣始成褐土		2.17	153.41	26.44		182.02
酸性岩薄层砾质始成褐土		96.77	370.79	414.18		881.74
酸性岩薄层石渣始成褐土		637.11	1 151.25	428.82	37.26	2 254.44
酸性岩薄层始成棕壤	1.12	428.1	504.99	6.85		941.06
酸性岩中层砾质始成褐土		36.96	140.93	368.03		545.92
酸性岩中层石渣始成褐土	8.08	360.87	451.46	102.68		923.09
酸性岩中层始成棕壤		188.29	159.34	70.45		418.08
腰壤青砂土				46.17		46.17
淤土		16.4	180.96	1.47		198.83
中层山黄土		41.51				41.51
中性岩薄层砾质始成褐土	1.69	44.8	119.82	21.3	7.69	195.3
中性岩薄层石渣始成褐土		242.13	3 752.09	1 383.42	6.78	5 384.42
中性岩薄层始成棕壤		3.26	132.91	37.22		173.39
中性岩中层砾质始成褐土			357.96	826.63		1 184.59
中性岩中层石渣始成褐土		3.06	445.52	347.24	59.58	855.4
中性岩中层始成棕壤		5.22	148.12	9.88	14.22	177.44
总计	27.64	4 076.89	29 256.59	22 155.95	254.74	55 771.81

二、增加土壤有机质含量的途径

土壤有机质的含量，取决于其年生产量和矿化量的相对大小，当生产量大于矿化量时，有机质含量逐步增加，反之，将会逐步减少。土壤有机质矿化量，主要受土壤温度、湿度、通气状况、有机质含量等因素影响。一般说来，土壤温度低，通气性差，湿度大时，土壤有机质矿化量较低；相反，土壤温度高，通气性好，湿度适中时，则有利于土壤有机质的矿化。农业生产中应注意创造条件，减少土壤有机质的矿化量。日光温室、塑料大棚等保护地栽培条件下，土壤长期处于高温多湿的条件下有机质易矿化，含量提高较慢，有机质相比含量普遍偏低。适时通风降温，尽量减少盖膜时间将有利于土壤有机质的积累。

增加有机肥的施用量，是人为增加土壤有机质含量的主要途径，其方法首先是秸秆还田、增施有机肥、施用有机无机复合肥；其次是大量种植绿肥，还要注意控制与调节有机质的积累与分解，做到既能保证当季作物养分的需要，又能使有机质有所积累，不断提高土壤肥力。灌排和耕作等措施，也可以有效的控制有机质的积累与分解。

第二节　氮、磷、钾

一、土壤全氮

（一）养分含量与分级

嵩县耕层土壤全氮的平均值为1.03mg/kg，最大值为2.79mg/kg，最小值为0.4mg/kg，根据耕层土壤全氮含量水平的高低不同也将土壤划分为5个等级，一级为大于2.00mg/kg，含量为二级的范围为1.51~2.00mg/kg，三级含量的范围为1.01~1.50mg/kg，四级为0.76~1.00mg/kg，五级为小于等于0.75mg/kg。

1. 不同行政区含量与分级

车村镇是全氮养分含量最高的乡镇，平均值为1.18g/kg，含量为一级的耕层土壤分布极少，只有在大章乡和纸房乡有分布，共计2.23hm²。大章乡和纸房乡也是在全氮含量二级的耕层土壤中所占面积较大的，分别为94.14hm²和90.31hm²。含量三级和四级的面积最大的分别为4 142.54hm²和5 824.3hm²，饭坡乡和黄庄乡、九店乡是全氮含量为五级的耕地中所占面积较大的乡镇，所占比例均达到了30%。各乡镇区全氮含量与分级情况见表58-5。

表58-5　嵩县各乡镇区全氮含量与分级情况

乡名称	全氮（mg/kg）			分级面积（hm²）				
	平均	最大	最小	一级	二级	三级	四级	五级
白河乡	1.12	1.71	0.4		1.87	394.48	130.19	7.49
车村镇	1.18	1.54	0.8		11.83	4 142.54	66.77	
城关镇	1.05	1.45	0.82			2 244.49	476.9	
大坪乡	1.01	1.32	0.81			3 042.62	1 768.95	
大章乡	1.12	2.79	0.73	1.71	94.14	1 571.6	1 010.2	10.93
德亭乡	1.07	1.55	0.79		3.5	2 429.8	1 622.36	
饭坡乡	0.93	1.13	0.65			696.81	3 063.64	110.75
何村乡	0.97	1.21	0.78			1 303.81	2 671.45	
黄庄乡	1.07	1.62	0.67		5.91	1 802.18	827.98	107.42
九店乡	0.94	1.55	0.66		7.59	1 224.5	1 999.98	102.3
旧县镇	1.01	1.24	0.77			1 115.21	1 707.04	
库区乡	1.07	1.24	0.9			2 057.4	308.84	
木植街乡	1.23	1.52	0.97		14.26	1 022.65	0.28	
田湖镇	0.95	1.28	0.77			1 188.29	5 824.3	
闫庄乡	0.99	1.46	0.81			2 388.37	4 158.79	
纸房乡	1.17	2.02	0.79	0.52	90.31	2 551.26	387.6	
总计	1.03	2.79	0.4	2.23	229.41	29 176.01	26 025.27	338.89

2. 土类含量与分级

棕壤是全氮含量最高的土类，含量从大到小的土类依次是棕壤、粗骨土、石质土、黄棕壤、潮土、褐土和红黏土。含量为一级的耕层土壤的土类主要是褐土和石质土，含量为二级的土壤土类主要是褐土、石质土和棕壤。三级、四级全氮含量的土壤各个土类均有，五级含量的土壤所占面积较小，主要是石质土，所占比例达到了56.04%。详情见表58-6。

表 58-6　嵩县各土类全氮含量与分级情况

土类名称	全氮（mg/kg）			分级面积（hm²）				
	平均	最大	最小	一级	二级	三级	四级	五级
潮土	1.05	1.39	0.73			2 391.89	809.8	1.39
粗骨土	1.08	1.7	0.67		27.22	3 129.1	3 377.48	75.18
褐土	1.02	2.79	0.68	1.71	96.58	7 205.94	7 465.71	8.22
红黏土	1.01	1.45	0.66			10 008.58	11 173.88	56.7
黄棕壤	1.06	1.65	0.4		1.57	217.66	129.89	7.49
石质土	1.08	2.02	0.65	0.52	72.85	4 920.97	2 527.33	189.91
棕壤	1.14	1.78	0.8		31.19	1 301.87	541.18	
总计	1.03	2.79	0.4	2.23	229.41	29 176.01	26 025.27	338.89

3. 土种含量与分级

红黄土质褐土和中性岩薄层石渣始成褐土是全氮含量为一级的 2 种土种。中性岩薄层石渣始成褐土又是全氮养分二级的主要土种。三级和四级涵盖的土种较多，面积也最大，五级含量的主要土种是洪积壤质潮土。各土种全氮分级与面积情况见表 58-7。

表 58-7　嵩县各土种全氮分级与面积情况　　　　单位：hm²

土种名称	一级	二级	三级	四级	五级
潮黄土			845.76	291.22	
底砂两合土					49.32
堆垫厚层始成褐土			101.28	58.54	
多砾质薄层淡岩黄沙石土			63.82	18.26	
多砾质薄层沙页岩黄沙石土		1.57	93.65	100.1	7.49
多砾质中层沙页岩黄沙石土			5.25	7.04	
褐土化青砂土			43.03	5.69	
红黄土质低位厚层砂姜碳酸盐褐土			14.11	84.9	
红黄土质褐土	1.71	37.79	272.08	183.18	
红黄土质少砾质始成褐土			227.03	437.07	
红黄土质少量砂姜始成褐土		3.5	211.91	334.64	
红黄土质少量砂姜碳酸盐褐土			87.8	33.68	
红黄土质始成褐土		47.7	787.15	1 057.24	
红黄土质碳酸盐褐土			518.91	648.32	0.79
红黄土质油褐土			104.89	66.75	
红黄土质油始成褐土			416.04	228.46	
红黏土灰质多量砂姜始成褐土			536.4	346.22	
红黏土灰质少量砂姜始成褐土			1 584.67	1 668.54	8.81
红黏土灰质始成褐土			833.3	2 158.99	
红黏土少量砂姜始成褐土			2 153.67	1 524.33	
红黏土始成褐土			4 824.21	5 379.3	47.89
红黏土油始成褐土			76.33	96.5	
洪积壤质潮土				751.89	281.63
洪积壤质灰潮土			367.87	33.34	

（续表）

土种名称	一级	二级	三级	四级	五级
洪积砂质灰潮土			87.58		
洪积砂质湿潮土				209.11	
洪积黏质湿潮土			394.25	35.69	
洪积中层壤质潮土			107.9	98.82	
洪积中层黏质湿潮土				32.06	
黄老土			13.43	4.49	
黄土薄腐厚层棕壤		0.8	68.71	1.43	
黄土壤质淋溶褐土			221.56		
两合土			87.81	162.41	
泥质岩薄层砾质始成褐土			274.58	1 473	46.03
泥质岩薄层始成棕壤		0.3	92.73	0.3	
泥质岩中层砾质始成褐土			143.61	295.28	
泥质岩中层石渣始成褐土			105.53	238.54	
壤质湿潮土			168.07	40.22	
砂砾薄层始成褐土		14.26	816.25	603.24	
砂砾厚层始成褐土			2 068.33	1 375.01	7.43
砂砾中层始成褐土		7.59	681.21	800.11	
石灰质岩中层砾质始成褐土			149.04	196.03	
石英质岩薄层石渣始成褐土			23.1	49.62	
石英质岩中层石渣始成褐土			127.49	54.53	
酸性岩薄层砾质始成褐土		5.69	337.95	538.1	
酸性岩薄层石渣始成褐土		5.91	1 661.38	507.16	79.99
酸性岩薄层始成棕壤		15.8	781.51	143.75	
酸性岩中层砾质始成褐土			171.69	374.23	
酸性岩中层石渣始成褐土			848.33	67.47	7.29
酸性岩中层始成棕壤		11.03	241.63	165.42	
腰壤青砂土				46.17	
淤土			174.38	24.45	
中层山黄土			41.51		
中性岩薄层砾质始成褐土		2.51	192.79		
中性岩薄层石渣始成褐土	0.52	66.94	3 236.49	1 970.55	109.92
中性岩薄层始成棕壤		3.26	57.01	113.12	
中性岩中层砾质始成褐土			183.54	1 001.05	
中性岩中层石渣始成褐土		4.76	426.18	402.6	21.86
中性岩中层始成棕壤			60.28	117.16	
总计	2.23	229.41	29 176.01	26 025.27	338.89

（二）增加土壤氮素的途径

施用有机肥和秸秆还田，是维持土壤氮素平衡的有效措施，各种有机肥和秸秆都含有大量的氮素，这些氮素直接或间接来源于土壤，把它们归还给土壤，有利于土壤氮素循环的平衡。

用化肥补足土壤氮素平衡中年亏损量，用化肥来补足也是维持土壤氮素平衡的重要措施之一。

二、土壤有效磷

(一) 含量与分级

嵩县耕层土壤有效磷的平均含量为9.7mg/kg，含量范围为2.5~34.7mg/kg。根据有效磷含量的不同，将耕层土壤有效磷含量等级分为5个等级，具体划分依据为：一级有效磷含量是大于等于20.00mg/kg，二级为10.01~20.00mg/kg，三级为5.01~10.00mg/kg，四级为3.01~5.00mg/kg，五级的含量最低，为小于等于3.00mg/kg。

1. 不同行政区含量与分级

纸房乡的有效磷含量是最高的，为17.22mg/kg，田湖镇是最低的，仅为6.17mg/kg，低于嵩县平均水平。相对应的，纸房乡在有效磷一级含量的土壤面积中占了最大的比例，达到了1 021.47hm²，二级，三级土壤在各乡镇均有分布，其中大坪乡和闫庄乡占有的面积较大。五级含量的耕地只有极少的乡镇有分布，分别为饭坡乡、何村乡和田湖镇。各乡镇有效磷含量与分级情况见表58-8。

表58-8　嵩县各乡镇区有效磷含量与分级情况

乡名称	有效磷（mg/kg）			分级面积（hm²）				
	平均	最大	最小	一级	二级	三级	四级	五级
白河乡	13.12	34.7	7	7.45	482.39	44.19		
车村镇	11.00	24.7	3.9	39.61	2 647.75	1 519.58	14.2	
城关镇	9.07	24.9	3.9	2.38	1 060.98	1 619.74	38.29	
大坪乡	8.95	24	4.7	0.39	881.19	3 892.74	37.25	
大章乡	11.80	23.4	4.3	13.3	1 335.52	1 305.39	34.37	
德亭乡	9.60	29.4	3.4	48.48	1 110.58	2 729.99	166.61	
饭坡乡	7.76	16.3	2.7		378.55	3 111.74	374.13	6.78
何村乡	9.57	29.8	2.8	289.74	1 242.61	2 379.71	62.33	0.87
黄庄乡	11.68	25.5	4.5	29.9	1 839.53	869.08	4.98	
九店乡	9.36	22	3.9	23.89	1 605.35	1 394.22	310.91	
旧县镇	9.36	16.8	4		884.32	1 814.28	123.65	
库区乡	11.80	29.3	4	112.78	1 589.18	573.56	90.72	
木植街乡	14.54	27.7	5.3	82.53	765.32	189.34		
田湖镇	6.17	15.3	2.5		25.23	3 889.65	3 059.58	38.13
闫庄乡	10.06	17.9	4.5		2 349.61	4 190.35	7.2	
纸房乡	17.22	30	6.9	1 021.47	1 758.31	249.91		
平均	9.7	34.7	2.5	1 671.92	19 956.42	29 773.47	4 324.22	45.78

2. 土类含量与分级

黄棕壤是有效磷含量最高的土类，其余土类含量从高到低排布依次为石质土、粗骨土、棕壤、潮土、红黏土、褐土。各土类有效磷含量与分级情况见表58-9。

表58-9　嵩县各土类有效磷含量与分级情况

土类名称	有效磷（mg/kg）			分级面积（hm²）				
	平均	最大	最大	一级	二级	三级	四级	五级
潮土	9.93	24.8	2.5	176.66	1 401.05	1 420.36	178.91	26.1
粗骨土	11.26	30	3.4	172.53	2 567.05	3 346.32	523.08	
褐土	9.31	24.6	2.9	92.45	5 270.09	8 380.33	1 030.82	4.47

（续表）

土类名称	有效磷（mg/kg）			分级面积（hm²）				
	平均	最大	最大	一级	二级	三级	四级	五级
红黏土	9.81	29.8	2.7	682.41	5 636.16	12 715.28	2 197.75	7.56
黄棕壤	12.57	32	7	4.28	319.27	33.06		
石质土	11.93	30	2.7	513.32	4011.2	2 798.53	380.88	7.65
棕壤	10.78	34.7	3.9	30.27	751.6	1 079.59	12.78	
总计	9.7	34.7	2.5	1 671.92	19 956.42	29 773.47	4 324.22	45.78

中性岩薄层石渣始成褐土和红黏土始成褐土是有效磷养分为一级的的土壤中最主要的 2 种土种，养分二级的土种面积最大的是红黏土始成褐土。三级土壤中占地面积最大的是红黏土少量砂姜始成褐土。不同土种有效磷含级别不一，同一土种不同级别面积和比重有异（表58-10）。

表 58-10　嵩县各土种有效磷分级与面积情况　　　　　　　单位：hm²

土种名称	一级	二级	三级	四级	五级
潮黄土		273.53	818.51	44.94	
底砂两合土		43.6	5.72		
堆垫厚层始成褐土		58.48	99.32	2.02	
多砾质薄层淡岩黄沙石土	2.55	73.44	6.09		
多砾质薄层沙页岩黄沙石土	1.73	191.08	10		
多砾质中层沙页岩黄沙石土			12.29		
褐土化青砂土		8.89	39.83		
红黄土质低位厚层砂姜		1.29	83.63	14.09	
红黄土质褐土		117.4	377.36		
红黄土质少砾质始成褐土	21.22	164.06	191.16	285.86	1.8
红黄土质少量砂姜始成褐土	31.71	116.4	387.24	14.7	
红黄土质少量砂姜碳酸盐褐土		24.89	96.59		
红黄土质始成褐土		529.7	1 232.38	130.01	
红黄土质碳酸盐褐土		214.4	743.71	209.91	
红黄土质油褐土	0.46	103.81	59.91	7.46	
红黄土质油始成褐土		251.55	330.04	62.91	
红黏土灰质多量砂姜始成褐土		0.25	776.26	106.11	
红黏土灰质少量砂姜始成褐土	107.11	355.69	2 199.02	599.79	0.41
红黏土灰质始成褐土		632.47	1 510.57	842.1	7.15
红黏土少量砂姜始成褐土	179.67	958.09	2 540.24		
红黏土始成褐土	359.09	3 602.56	5 640	649.75	
红黏土油始成褐土	36.54	87.1	49.19		
洪积壤质潮土	176.07	325.72	458.02	75.1	
洪积壤质灰潮土		314.89	86.32		
洪积砂质灰潮土		50.2	37.38		
洪积砂质湿潮土		175.94	33.17		
洪积黏质湿潮土		355.36	73.85	0.73	
洪积中层壤质潮土		39.71	167.01		

（续表）

土种名称	一级	二级	三级	四级	五级
洪积中层黏质湿潮土			7.33	24.73	
黄老土		15.4	2.52		
黄土薄腐厚层棕壤	1.5	66.82	2.62		
黄土壤质淋溶褐土		183.67	37.89		
两合土		36.74	141.97	57.24	14.27
泥质岩薄层砾质始成褐土		292.4	1 215.08	286.13	
泥质岩薄层始成棕壤	3.17	78.87	11.29		
泥质岩中层砾质始成褐土		132.77	278.98	27.14	
泥质岩中层石渣始成褐土		20.36	283.24	40.47	
壤质湿潮土	0.59	50	155.08	2.62	
砂砾薄层始成褐土	7.54	739.96	617.01	69.24	
砂砾厚层始成褐土	38.67	1 314.16	1 977.82	120.12	
砂砾中层始成褐土	0.39	637.85	804.9	45.77	
石灰质岩中层砾质始成褐土		106.11	174.44	61.85	2.67
石英质岩薄层石渣始成褐土		30.76	41.96		
石英质岩中层石渣始成褐土	68.34	64.28	2.47	46.93	
酸性岩薄层砾质始成褐土	4.35	347.3	527.77	2.32	
酸性岩薄层石渣始成褐土	27.27	1 274.94	918.57	33.66	
酸性岩薄层始成棕壤	0.59	192.46	735.23	12.78	
酸性岩中层砾质始成褐土		214.87	327.01	4.04	
酸性岩中层石渣始成褐土	78.49	586.84	230.34	27.42	
酸性岩中层始成棕壤	17.53	154	246.55		
腰壤青砂土			17.32	17.02	11.83
淤土			197.36	1.47	
中层山黄土		39.35	2.16		
中性岩薄层砾质始成褐土	7.67	159.24	28.39		
中性岩薄层石渣始成褐土	486.05	2 705.5	1 838	347.22	7.65
中性岩薄层始成棕壤	1.28	168.44	3.67		
中性岩中层砾质始成褐土		825.15	359.44		
中性岩中层石渣始成褐土	6.14	356.67	442.02	50.57	
中性岩中层始成棕壤	6.2	91.01	80.23		
总计	1 671.92	19 956.42	29 773.47	4 324.22	45.78

（二）增加土壤磷素的途径

1. 增施有机肥料

土壤中难溶性磷素需要在磷细菌的作用下，逐渐转化成有效磷，供作物吸收利用。土壤有机质有利于微生物的繁殖和微生物活性的提高，增强磷素转化速度。同时有效性的磷素与有机物质结合，减弱了土壤磷素的矿化作用，有利于有效磷贮存积累。

2. 与有机肥料混合使用

在土壤中，难溶性磷酸盐与生物呼吸作用产生的二氧化碳、有机肥料分解时产生的有机酸作用，可逐渐转变成为弱酸溶性或水溶性磷酸盐，提高磷素的利用率。

三、土壤速效钾

(一) 含量与分级

嵩县耕层土壤速效钾的平均值为 137mg/kg，含量范围为 31~292mg/kg，根据耕层土壤速效钾含量水平的高低不同也将土壤划分为 5 个等级，一级为大于 200mg/kg，含量为二级的范围为 151~200mg/kg，三级含量的范围为 101~150mg/kg，四级为 51~100mg/kg，五级为小于等于 50mg/kg 的。

1. 不同行政区含量与分级

旧县镇是速效钾平均含量最高的乡镇，速效钾养分含量最低的乡镇是车村镇，相应的在养分一级的耕层土壤中旧县镇也是占地面积最大的，养分二级的土壤中田湖镇和闫庄乡、九店乡、城关镇等乡镇是占地面积较大的，速效钾的含量为三级的土壤在各乡镇均有分布，车村镇在养分含量四级的土壤中占有面积最大，为 3 527.19hm²，五级含量的土壤只分布在白河乡、车村镇、大坪乡和闫庄乡 4 个乡镇。各乡镇速效钾含量与分级情况见表 58-11。

表 58-11　嵩县各乡镇区速效钾含量与分级情况

乡名称	速效钾 (mg/kg)			分级面积 (hm²)				
	平均	最大	最小	一级	二级	三级	四级	五级
白河乡	84.22	185.00	31.00		0.89	22.2	507.69	3.25
车村镇	79.44	181.00	41.00		2.18	563.41	3 527.19	128.36
城关镇	130.49	261.00	59.00	18.2	1 675.1	843.25	184.84	
大坪乡	99.96	212.00	42.00	4.63	200.83	3 733.75	862.92	9.44
大章乡	141.02	256.00	88.00	5.19	1 219.88	1 369.69	93.82	
德亭乡	122.87	223.00	60.00	12.66	366.36	3 101.35	575.29	
饭坡乡	127.06	207.00	74.00	3.96	876.86	2 678.05	312.33	
何村乡	136.77	196.00	72.00		957.53	2 986.51	31.22	
黄庄乡	124.44	216.00	76.00	3.52	243.73	2 315.47	180.77	
九店乡	142.35	214.00	100.00	2.3	1 430.94	1 895.96	5.17	
旧县镇	150.01	258.00	93.00	33.97	1 345.77	1 439.06	3.45	
库区乡	138.01	245.00	106.00	10.59	754.74	1 600.91		
木植街乡	134.29	292.00	83.00	15.74	140.76	844.06	36.63	
田湖镇	144.42	214.00	99.00	5.98	2 796.98	4 204.92	4.71	
闫庄乡	107.77	212.00	42.00	0.39	1 333.75	3 066.36	2 143.68	2.98
纸房乡	119.74	204.00	72.00	1.16	730.08	1 899.32	399.13	
总计	137	292.00	31.00	118.29	14 076.38	32 564.27	8 868.84	144.03

2. 土类含量与分级详情

嵩县各土类中速效钾含量最高的是红黏土，剩余土类速效钾含量由高到低依次为粗骨土、褐土、潮土、石质土、黄棕壤和棕壤。各土类速效钾含量与分级情况见表 58-12。

表 58-12　嵩县各土类速效钾含量与分级情况

土类名称	速效钾 (mg/kg)			分级面积 (hm²)				
	平均	最大	最小	一级	二级	三级	四级	五级
潮土	124.46	215	45	11.19	853.54	1 489.31	813.78	35.26
粗骨土	130.55	292	50	30.31	1 231.03	4 151.93	1 195.32	0.39
褐土	129.52	258	42	35.72	4 274.11	8 070.71	2 372.81	24.81

（续表）

土类名称	速效钾（mg/kg）			分级面积（hm²）				
	平均	最大	最小	一级	二级	三级	四级	五级
红黏土	141.20	261	63	34.02	7 213.21	13 425.31	566.62	
黄棕壤	83.61	185	31		0.89	19.71	332.76	3.25
石质土	115.22	217	41	7.05	470.09	5 140.54	2 027.06	66.84
棕壤	83.02	173	42		33.51	266.76	1 560.49	13.48
总计	137	292	31	118.29	14 076.38	32 564.27	8 868.84	144.03

3. 土种含量与分级详情

不同土种速效钾含量级别不一，同一土种不同级别面积和比重有异（表58-13）。

表58-13　嵩县各土种速效钾含量与分级情况　　　　　单位：mg/kg

土种名称	一级	二级	三级	四级	五级
潮黄土	2.15	431.27	570.22	133.34	
底砂两合土			12.64	36.68	
堆垫厚层始成褐土		45.3	114.52		
多砾质薄层淡岩黄沙石土		0.89	13.31	64.63	3.25
多砾质薄层沙页岩黄沙石土			6.4	196.41	
多砾质中层沙页岩黄沙石土				12.29	
褐土化青砂土		43.29	5.43		
红黄土质低位厚层砂姜碳酸盐褐土		1.29	97.72		
红黄土质褐土		58.13	436.63		
红黄土质少砾质始成褐土		331.36	332.74		
红黄土质少量砂姜始成褐土		185.28	299.32	65.45	
红黄土质少量砂姜碳酸盐褐土		19.76	101.72		
红黄土质始成褐土		634.54	1 257.55		
红黄土质碳酸盐褐土	14.07	322.94	831.01		
红黄土质油褐土		3.92	167.72		
红黄土质油始成褐土	6.23	302.94	335.33		
红黏土灰质多量砂姜始成褐土		180.29	702.33		
红黏土灰质少量砂姜始成褐土	16.88	1 725.2	1 517.41	2.53	
红黏土灰质始成褐土	13.68	518.03	2 228.92	231.66	
红黏土少量砂姜始成褐土	1.55	1 289.32	2 387.13		
红黏土始成褐土	1.91	3 484.45	6 467.77	297.27	
红黏土油始成褐土		15.92	121.75	35.16	
洪积壤质潮土			374.41	660.5	
洪积壤质灰潮土			109.54	273.88	17.79
洪积砂质灰潮土				70.11	17.47
洪积砂质湿潮土			8	121.49	79.62
洪积黏质湿潮土	0.2	30.68	9	390.06	
洪积中层壤质潮土	10.99	28.72	166.9	0.11	
洪积中层黏质湿潮土			32.06		

798

（续表）

土种名称	一级	二级	三级	四级	五级
黄老土				17.92	
黄土薄腐厚层棕壤			9.1	61.84	
黄土壤质淋溶褐土		5.06	3.46	213.04	
两合土		19.32	230.9		
泥质岩薄层砾质始成褐土	4.44	646.73	1 142.39	0.05	
泥质岩薄层始成棕壤			2.49	90.84	
泥质岩中层砾质始成褐土		175.46	245.14	18.29	
泥质岩中层石渣始成褐土		10.13	333.94		
壤质湿潮土		153.71	54.58		
砂砾薄层始成褐土	15.33	222.31	1 047.32	148.79	
砂砾厚层始成褐土	13.27	883.59	1 830.27	720.88	2.76
砂砾中层始成褐土		510.71	719.45	258.75	
石灰质岩中层砾质始成褐土		279.13	65.94		
石英质岩薄层石渣始成褐土			65.97	6.75	
石英质岩中层石渣始成褐土		53.02	120.27	8.73	
酸性岩薄层砾质始成褐土		8.18	261.88	611.68	
酸性岩薄层石渣始成褐土	4.25	99.36	1 066.13	1 019.57	65.13
酸性岩薄层始成棕壤		8.9	101.02	831.14	
酸性岩中层砾质始成褐土		83.43	248.93	194.49	19.07
酸性岩中层石渣始成褐土	4.7	154.14	530.21	233.65	0.39
酸性岩中层始成棕壤		8.5	48.22	347.88	13.48
腰壤青砂土		17.32	28.85		
淤土		165.45	33.38		
中层山黄土				41.51	
中性岩薄层砾质始成褐土	0.82	20.6	137.88	36	
中性岩薄层石渣始成褐土	2.8	370.73	4 008.44	1 000.74	1.71
中性岩薄层始成棕壤		15.54	43.28	114.57	
中性岩中层砾质始成褐土			413.04	768.57	2.98
中性岩中层石渣始成褐土	5.02	115.92	578.04	156.42	
中性岩中层始成棕壤		0.57	62.65	114.22	
总计	118.29	14 076.38	32 564.27	8 868.84	144.03

（二）提高土壤速效钾含量的途径

增施有机肥料，大力推广秸秆还田技术，增施草木灰、含钾量高的肥料，配方施肥。

第三节　中微量元素

一、铁、锌、铜、锰元素含量

（一）各行政区现状

车村镇的有效铁平均含量是最高的，为46.00mg/kg，有效铁的平均含量最低的乡镇是田湖镇，仅为7.71mg/kg。有效锰的含量最高的乡镇为黄庄乡，平均含量为49.44mg/kg，最低的乡镇为田湖镇的15.94mg/kg。有效铜的含量最低的为闫庄乡的1.00mg/kg，最高的是白河乡的1.98mg/kg。有效锌的含量最低的乡镇是田湖镇，仅为 0.63mg/kg，最高的乡镇是白河乡，1.93mg/kg（表 58-14）。

表 58-14　嵩县耕地土壤各行政区中微量元素含量分析

乡　别		有效铁（mg/kg）	有效锰（mg/kg）	有效铜（mg/kg）	有效锌（mg/kg）
平　均	平均	16.39	31.12	1.29	0.82
	最高	77.6	85.6	11	6
	最低	2.9	8.8	0	0
白河乡	平均	41.60	37.63	1.98	1.93
	最高	50.5	48.4	4	2
	最低	19.5	21	1	1
车村镇	平均	46.00	46.82	1.77	1.29
	最高	77.6	81.7	11	3
	最低	14.7	16.8	1	1
城关镇	平均	15.46	32.87	1.43	0.90
	最高	40.6	75.3	4	2
	最低	5.4	15.4	1	0
大坪乡	平均	16.94	38.28	1.01	0.94
	最高	31.2	70.6	2	1
	最低	6.1	15.8	1	0
大章乡	平均	19.03	32.31	1.65	1.21
	最高	71	76	4	4
	最低	7.6	15.1	1	0
德亭乡	平均	18.70	34.03	1.63	1.29
	最高	41.5	70.8	4	6
	最低	6.4	12.5	1	0
饭坡乡	平均	9.82	25.11	1.01	0.69
	最高	30.2	53.2	2	2
	最低	4.5	10	1	0
何村乡	平均	14.61	30.98	1.21	0.86
	最高	30	62.2	2	1
	最低	7.6	16.6	1	0
黄庄乡	平均	30.67	49.44	1.01	1.00
	最高	64	79.8	2	1
	最低	11.1	25.9	0	0
九店乡	平均	6.83	22.69	1.01	0.97
	最高	18.1	35.1	2	1
	最低	2.9	12.9	1	0
旧县镇	平均	13.19	28.59	1.74	1.04
	最高	24.1	55.1	4	2
	最低	5.1	8.8	1	1
库区乡	平均	13.14	30.35	1.21	0.66
	最高	32.4	57.8	2	1
	最低	5.8	14.7	1	0
木植街乡	平均	30.96	48.18	1.44	1.00
	最高	60.2	83	2	1
	最低	12.3	23.1	1	1
田湖镇	平均	7.71	15.94	1.09	0.63
	最高	32.2	47.9	3	1
	最低	4.2	9.2	0	0

（续表）

乡　别		有效铁 （mg/kg）	有效锰 （mg/kg）	有效铜 （mg/kg）	有效锌 （mg/kg）
闫庄乡	平均	11.60	30.84	1.00	0.67
	最高	30.2	66.5	1	1
	最低	4.5	10.3	0	0
纸房乡	平均	25.19	47.56	1.50	1.04
	最高	61.9	85.6	5	3
	最低	9.2	23.9	1	1

（二）不同土类现状

嵩县耕层土壤有效铁的平均含量为 16.39mg/kg，含量范围为 2.9~77.6mg/kg，黄棕壤的含量最高为 40.93mg/kg，有效锰的平均含量为 31.12mg/kg，含量范围为 8.8~85.6mg/kg，棕壤是有效锰含量最高的土类，平均含量高达 44.48mg/kg。有效铜的平均含量为 1.29mg/kg，有效铜含量最高的土类是黄棕壤，1.89mg/kg。有效锌的平均含量为 0.82mg/kg（表 58-15）。

表 58-15　嵩县耕地土壤各土类中微量元素含量分析

土　类		有效铁 （mg/kg）	有效锰 （mg/kg）	有效铜 （mg/kg）	有效锌 （mg/kg）
平　均	平均	16.39	31.12	1.29	0.82
	最高	77.6	85.6	11	6
	最低	2.9	8.8	0	0
潮　土	平均	22.32	31.77	1.51	0.99
	最高	74.9	64	6	4
	最低	5.7	10	1	0
粗骨土	平均	19.57	34.92	1.42	1.07
	最高	77.6	83	5	6
	最低	3.8	10	1	0
褐土	平均	14.64	29.12	1.35	0.91
	最高	71	70.8	11	4
	最低	3.2	8.8	0	0
红黏土	平均	13.06	28.18	1.20	0.83
	最高	68.5	85.6	4	5
	最低	2.9	9.2	0	0
黄棕壤	平均	40.93	36.70	1.89	1.90
	最高	50.5	46.8	3	2
	最低	19.5	21.1	1	1
石质土	平均	26.54	42.84	1.33	1.04
	最高	73.2	79.8	4	3
	最低	5.6	10.5	0	0
棕壤	平均	34.32	44.48	1.62	1.34
	最高	60.9	81.7	9	3
	最低	13.5	21	1	1

二、硼钼硫元素含量现状

（一）各行政区现状

嵩县耕层土壤水溶态硼的平均含量为 0.59mg/kg，含量范围为 0.11~1.85mg/kg，平均含量最高的乡镇是旧县镇，为 0.99mg/kg。有效钼的平均含量为 0.34mg/kg，含量范围为 0.03~3.1mg/kg，德亭乡的平均含量最高，饭坡乡最低。有效硫的平均含量为 7.81mg/kg，含量范围为 1.3~32.1mg/kg，大章乡是有效硫含量最高的乡镇（表 58-16）。

表 58-16　嵩县耕地土壤中微量元素含量分析

项目		水溶态硼（mg/kg）	有效钼（mg/kg）	有效硫（mg/kg）
平　均	平均	0.59	0.34	7.81
	最高	1.85	3.1	32.1
	最低	0.11	0.03	1.3
白河乡	平均	0.71	0.16	6.90
	最高	1.36	0.35	8.5
	最低	0.45	0.04	4.4
车村镇	平均	0.51	0.17	5.55
	最高	0.99	1.45	17.8
	最低	0.11	0.04	1.3
城关镇	平均	0.47	0.31	9.25
	最高	0.83	1.48	22.9
	最低	0.3	0.04	6
大坪乡	平均	0.48	0.16	7.52
	最高	0.78	1.05	16.1
	最低	0.17	0.06	4.7
大章乡	平均	0.70	0.61	9.74
	最高	1.41	1.98	19.5
	最低	0.41	0.11	6.8
德亭乡	平均	0.54	1.01	7.87
	最高	0.75	3.1	19.3
	最低	0.32	0.14	3.7
饭坡乡	平均	0.50	0.11	9.57
	最高	0.7	0.32	13.6
	最低	0.28	0.05	6.6
何村乡	平均	0.47	0.26	7.69
	最高	0.62	1.11	13.6
	最低	0.26	0.05	3.8
黄庄乡	平均	0.50	0.21	6.18
	最高	0.72	0.41	10.3
	最低	0.33	0.07	3
九店乡	平均	0.71	0.11	6.94
	最高	1.22	0.46	10.6
	最低	0.44	0.03	3.5
旧县镇	平均	0.99	0.52	7.96
	最高	1.85	1.67	11.8
	最低	0.57	0.16	4.8
库区乡	平均	0.55	0.20	8.29
	最高	0.78	1.11	17.7
	最低	0.35	0.04	4
木植街乡	平均	0.61	0.22	7.18
	最高	1.11	0.4	9.6
	最低	0.44	0.08	3.9

（续表）

项目		水溶态硼 （mg/kg）	有效钼 （mg/kg）	有效硫 （mg/kg）
田湖镇	平均	0.53	0.33	7.89
	最高	0.76	1.38	32.1
	最低	0.36	0.04	4.8
闫庄乡	平均	0.72	0.15	6.18
	最高	1.28	0.85	12.5
	最低	0.41	0.03	3
纸房乡	平均	0.44	0.40	7.03
	最高	0.67	2.43	10.9
	最低	0.31	0.21	2.5

（二）不同土类现状

　　黄棕壤是水溶态硼含量最高的土类，为 0.70mg/kg，水溶态硼含量最低的土类是石质土。有效钼养分最高的土类是潮土：0.48mg/kg，最低的是黄棕壤：0.17mg/kg。粗骨土的有效硫含量是最高的，平均值达到了 8.04mg/kg，而有效硫含量最低的土类是棕壤（表58-17）。

表 58-17　嵩县耕地土壤分土类中微量元素含量分析

项目		水溶态硼 （mg/kg）	有效钼 （mg/kg）	有效硫 （mg/kg）
平　均	平均	0.59	0.34	7.81
	最高	1.85	3.1	32.1
	最低	0.11	0.03	1.3
潮　土	平均	0.58	0.48	7.27
	最高	1.24	2.73	32.1
	最低	0.25	0.04	2.1
粗骨土	平均	0.65	0.43	8.04
	最高	1.35	2.71	19.3
	最低	0.28	0.03	2.9
褐土	平均	0.62	0.35	7.77
	最高	1.85	3.1	21.4
	最低	0.13	0.03	2
红黏土	平均	0.57	0.27	7.88
	最高	1.28	3.05	22.9
	最低	0.25	0.03	2.7
黄棕壤	平均	0.70	0.17	6.81
	最高	1.32	0.35	8.2
	最低	0.45	0.05	4.4
石质土	平均	0.53	0.29	6.81
	最高	1.09	2.92	17.8
	最低	0.17	0.04	1.3
棕壤	平均	0.55	0.37	6.79
	最高	1.41	2.79	16
	最低	0.11	0.04	2.1

第五十九章　耕地地力评价指标体系

第一节　参评因素的选取及其权重确定

正确地进行参评因素的选取并确定其权重、隶属度，是科学地评价耕地地力的前提，它直接关系到评价结果的正确性、科学性和社会可接受性。

一、参评因子的选取原则

影响耕地地力的因素很多，在评价工作中不可能将其所包含的全部信息提出来，由于影响耕地质量的因子间普遍存在着相关性，甚至信息彼此重叠，故进行耕地质量评价时没有必要将所有因子都考虑进去。为了排除人为主观性对选择评价因子的影响，使筛选的主导评价因子能较全面客观地反映评价区域耕地质量的现实状况，参评因素选取时应遵循稳定性、主导性、综合性、差异性、定量性和现实性原则。

二、评价指标体系

嵩县的评价因子选取，在河南省土壤肥料站程道全研究员和洛阳市农技站席万俊研究员、郭新建高级农艺师帮助、指导下，由参加嵩县第二次土壤普查工作的老专家叶全喜和邢高吉，嵩县农业局土壤、栽培、植保和水利局、气象局等方面的专家23人组成的"嵩县耕地地力评价指标体系专家评审组"，于2010年10月5—8日在嵩县黄金大厦进行评价因子选取、确定权重和隶属度打分量化。本次耕地地力评价采用特尔斐法，结合嵩县当地的实际情况，进行了影响耕地地力的立地条件、剖面性状、理化性状、土壤管理等定性指标的筛选。最终从全国耕地地力评价指标体系全集中，选取了12项因素作为耕地地力评价的参评因子，建立起了嵩县耕地地力评价指标体系（表59-1）。

表59-1　嵩县耕地地力评价指标体系

目标层	准则层	指标层
嵩县耕地地力评价指标体系	障碍因素	障碍层类型
		障碍层出现位置
		障碍层厚度
	耕层养分	速效钾
		有效磷
		有机质
	剖面性状	质地
		剖面构型
		有效土层厚度
	立地条件	地貌类型
		地形部位
		灌溉保证率

三、确定参评因子权重的方法

本次嵩县耕地地力评价采用层次分析法，它是一种对较为复杂和模糊的问题，做出决策的简易方法，特别适用于那些难于完全定量分析的问题。它的优点在于定性与定量的方法相结合。通过参评专家分组打分、汇总评定、结果验证等步骤，得出各评价因子的得分情况（表59-2），既考虑了专家经验，又避免了人为影响，具有高度的逻辑性、系统性和实用性。

表 59-2　嵩县评价因子得分情况表

目标层	准则层		指标层	
	因　素	分　值（%）	因　素	分　值（%）
嵩县耕地地力评价指标体系	障碍因素	20	障碍层类型	20
			障碍层出现位置	40
			障碍层厚度	40
	耕层养分	20	速效钾	20
			有效磷	35
			有机质	40
			质地	10
	剖面性状	30	剖面构型	40
			有效土层厚度	50
	立地条件	30	地貌类型	30
			地形部位	30
			灌溉保证率	40

四、确定参评因素的具体步骤

（一）建立层次结构

嵩县耕地地力为目标层（G 层），把影响耕地地力的立地条件、剖面性状、耕层养分、障碍因素作为准则层（C 层），再把影响准则层的各元素作为指标层（A 层），建立嵩县耕地地力评价层次结构（图 59-1）。

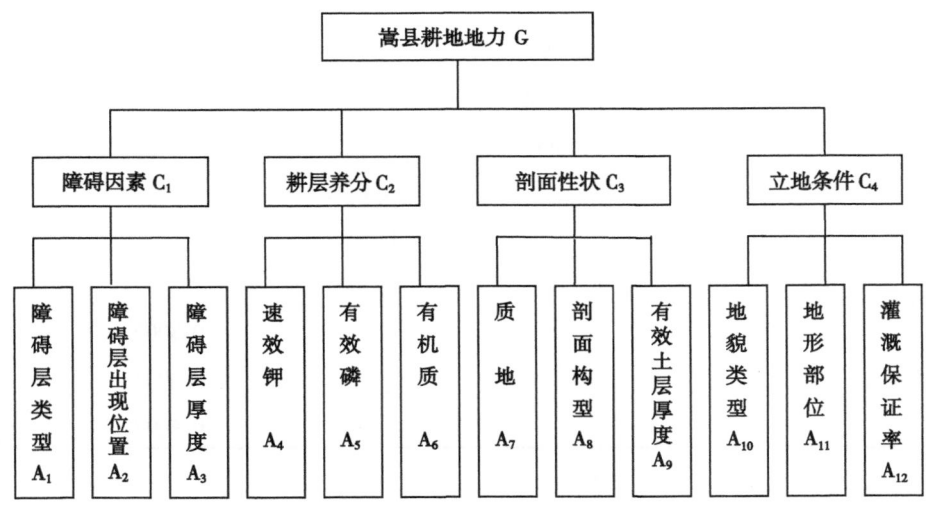

图 59-1　嵩县耕地地力评价层次结构

（二）构造判断矩阵

河南省级专家组评估的初步结果经合适的数学处理后（包括实际计算的最终结果—组合权重）反馈给嵩县各位专家，重新修改或确认，确定 C 层对 G 层、G 层对 C 层的相对重要程度，共构成 G、C_1、C_2、C_3、C_4 5 个判断矩阵。

（三）层次单排序及一致性检验

建立比较矩阵后，就可以求出各个因素的权值，采取的方法是用和积法计算出各矩阵的最大特征根及其对应的特征向量 W，得到的各权重值及一致性检验的结果（表 59-3），并用 $CR = CI/RI$ 进行一致性检验。

表 59-3　嵩县权重值及一致性检验结果

矩　阵	特　征　向　量				CI	RI	CR
目标层 G	0.2000	0.2000	0.3000	0.3000	0.0277	0.9000	0.0308< 0.1
准则层 C_1	0.2000	0.4000	0.4000		0.0000	0.5800	0.0000< 0.1
准则层 C_2	0.2500	0.3500	0.4000		0.0010	0.5800	0.0017< 0.1
准则层 C_3	0.1000	0.4000	0.5000		0.0000	0.5800	0.0000 < 0.1
准则层 C_4	0.3000	0.3000	0.4000		0.0000	0.5800	0.0000< 0.1

从表 59-3 中可以看出，CR<0.1，具有很好的一致性。

层次总排序及一致性检验

计算同一层次所有因素对于最高层相对重要性的排序权值，称为层次总排序，这一过程是最高层次到最低层次逐层进行的。经层次总排序，并进行一致性检验，结果为 CR = CI/RI < 0.1，认为层次总排序结果具有满意的一致性，否则需要重新调整判断矩阵的元素取值，最后计算得到各因子的权重（表 59-4）。

表 59-4　嵩县各因子的权重

目标层	障碍因素	耕层养分	剖面性状	立地条件	指标权重
准则层	0.2000	0.2000	0.3000	0.3000	
障碍层类型	0.2000				0.0400
障碍层出现位置	0.4000				0.0800
障碍层厚度	0.4000				0.0800
速效钾		0.2500			0.0500
有效磷		0.3500			0.0700
有机质		0.4000			0.0800
质地			0.1000		0.0300
剖面构型			0.4000		0.1200
有效土层厚度			0.5000		0.1500
地貌类型				0.3000	0.0900
地形部位				0.3000	0.0900
灌溉保证率				0.4000	0.1200

第二节　评价因子级别相应分值的确定及隶属度

评价指标体系中各个因素，可以分为定量和定性资料两大部分，为了裁定量化的评价方法和自动化的评价手段，减少人为因素的影响，需要对其中的定性因素进行量化处理，根据因子的级别状况赋予其相应的分值或数值。除此，对于各类养分等级按调查点获取的数据，则需要进行插值处理，生成各类养分图。

一、定性因子的量化处理

（一）障碍层类型

根据障碍层不同类型对作物成长的影响对不同的障碍层赋予相应分值（表 59-5）。

表 59-5　嵩县不同障碍层类型处理

障碍层类型	无	砂姜层	砂砾层
隶属度（0~1）	1	0.5	0.3
所占面积（hm²）	55 640.74	99.01	32.06

（二）障碍层出现位置

根据土壤障碍层出现的不同位置对耕地地力及作物生长的影响，赋予不同地形部位以相应的分值，障碍层出现得越深对作物长势越有利，反之则越有害（表 59-6）。

表 59-6　嵩县障碍层出现位置量化处理

障碍层出现位置（cm）	无	100	42
隶属度（0~1）	1	0.9	0.4
所占面积（hm²）	55 640.74	99.01	32.06

（三）障碍层厚度

根据土壤的障碍层厚度对耕地地力及作物生长的影响，赋予不同障碍层厚度以相应的分值（表 59-7）。

表 59-7　嵩县不同障碍层厚度量化处理

障碍层厚度（cm）	0	42	100
分值	1	0.9	0.4

（四）质地

根据土壤的不同质地对作物生长发育的影响，赋予不同质地以相应的分值（表 59-8）。

表 59-8　嵩县不同质地量化处理

质地	中壤	重壤	轻壤
隶属度（0~1）	1	0.8	0.7

（五）地貌类型

根据土壤的不同障碍层类型对作物生长发育的影响，赋予不同障碍层类型以相应的分值（表 59-9）。

表 59-9　嵩县不同地貌类型量化处理

地貌类型	起伏河流高阶地	丘陵	低山	中山
隶属度（0~1）	1	0.8	0.6	0.4

（六）地形部位（表 59-10）

表 59-10　嵩县不同地形部位量化处理

地形部位	河流阶地	低山丘陵坡地	丘陵山地坡下部	冲、洪积扇中上部
隶属度（0~1）	1	0.8	0.7	0.4

（七）剖面构型（表 59-11）

表 59-11　嵩县不同剖面构型量化处理

剖面构型	隶属度（0~1）
A—Bt—Bk—C	1
A11—AC—Bt—Bk—C	0.95
A—Bk—Cu	0.9
A11—Bt—BkC—C	0.85
A11—A12—C—C 砾	0.8
A—Bt—C	0.75
A11—A—C	0.7
A—（B）—C	0.65
A—（B）—r	0.6
A—Bt—r	0.55
A—Bt	0.5
A11—C—Cu	0.45
A11—Ck—Cu	0.4
A11—C—Cg	0.35
Ac—Cc	0.3
A—R	0.25
Ac—C	0.2
A—C	0.15

（八）灌溉保证率

根据土壤的不同灌溉保证率对耕地地力及作物生长的影响，赋予不同灌溉保证率以相应的分值（表 59-12）。

表 59-12　嵩县不同灌溉保证率量化处理

灌溉保证率（%）	>75	50~75	30~50	≤30
隶属度（0~1）	1	0.75	0.45	0

二、定量化指标的隶属函数

我们将评价指标与耕地生产能力的关系，分为戒上型函数、戒下型函数、峰型函数、概念型函数和直线型函数 5 种类型。对质地、障碍层类型、障碍层厚度、灌溉保证率等概念型定性因子采用专家打分法，经过归纳、反馈、逐步收缩、集中，最后产生获得相应的隶属度。而对有机质、有效磷、速效钾、有效土层厚度理化性状定量因子，则根据嵩县有机质、有效磷、速效钾的空间分布范围及养分含量级别，结合肥料试验获取的数据，由专家划段给出相应的分值，然后在计算机中绘制这两组数值的散点图，再根据散点图进行曲线模拟，寻求参评因素实际值与隶属度关系方程从而建立起定量因子的隶属函数（表 59-13）。

表 59-13　嵩县参评定量因子的隶属度

		项目				
有机质（g/kg）	含量	≥20	18~20	15~18	10~15	<10
	分值	1	0.9	0.8	0.7	0.5

（续表）

项目							
有效磷（mg/kg）	含量	≥20	10~20	8~10	6~8	<6	
	分值	1	0.9	0.6	0.5	0.3	
速效钾（mg/kg）	含量	≥150	100~150	80~100	50~80	<50	
	分值	1	0.9	0.7	0.5	0.4	
有效土层厚度（cm）	含量	≥90	60~90	50~60	45~50	40~45	30~40	25~30	<25
	分值	1	0.9	0.8	0.7	0.6	0.5	0.4	0.3

　　本次嵩县耕地地力评价，通过模拟得到有机质、有效磷、速效钾和有效土层厚度的戒上型隶属函数，然后根据隶属函数计算各参评因素的单因素评价得分。

　　其隶属函数为戒上型，形式为：

$$y = \begin{cases} 0, & x \leq x_t \\ 1 \,/\, [1 + A \times (x - C)^2] & x_t < x < c \\ 1, & c \leq x \end{cases}$$

有机质、有效磷、速效钾等数值型参评因素的函数类型及其隶属函数（表59-14）。

表59-14　嵩县参评因素的函数类型与隶属函数

函数类型	参评因素	隶属函数	a	c	U_1	U_2
戒上型	有机质（g/kg）	$Y = 1/\,[1 + A \times (x-C)^2]$	0.00425	22.55710	6.3	20
戒上型	有效磷（mg/kg）	$Y = 1/\,[1 + A \times (x-C)^2]$	0.008562	16.92929	2.5	16
戒上型	速效钾（mg/kg）	$Y = 1/\,[1 + A \times (x-C)^2]$	0.00016	133.02346	31	173
戒上型	有效土层厚度（cm）	$Y = 1/\,[1 + A \times (x-C)^2]$	0.00427	77.34287	24	77

以有机质为例，数据值隶属函数模型如图59-2所示。

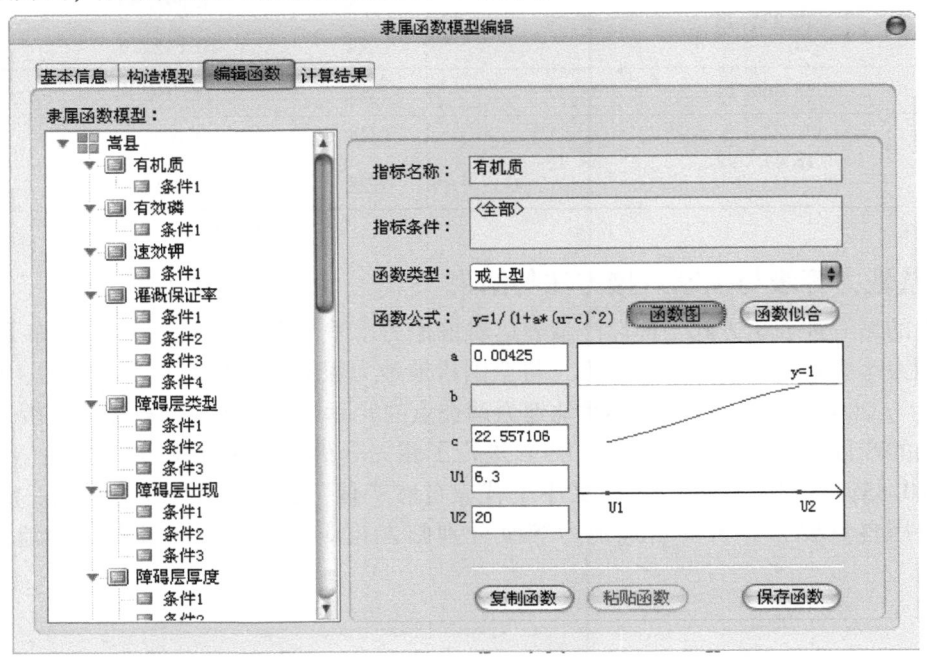

图59-2　数据值隶属函数模型图

第六十章 耕地地力等级

第一节 耕地地力等级

耕地地力是耕地具有的潜在生物生产能力。这次耕地地力调查，结合嵩县实际情况，选取了12个对耕地地力影响比较大，区域内的变异明显、在时间序列上具有相对稳定性、与农业生产有密切关系的因素，建立评价指标体系。以 1∶5 万土壤类型图、土地利用现状图叠加形成的图斑为评价单元，应用模糊综合评判方法对嵩县耕地进行评价。把嵩县耕地地力共分 5 个等级。

一、耕地地力等级及面积统计

把 12 个对耕地地力影响比较大的因素，按准则层、指标层输入《县域耕地资源管理信息系统 V4.0》，经计算得知，嵩县一级地 8 698.96hm²、占总耕地面积 15.60%，二级地 10 132.69hm²、占 18.17%，三级地 18 464.14 hm²、占 33.11%，四级地 11 075.69 hm²、占 19.86%，五级地 7 400.23hm²、占 13.27%。

表 60-1 嵩县县评价等级分值

评价得分	0.80~1	0.76~0.8	0.67~0.76	0.55~0.67	0~0.55
县等级	一等	二等	三等	四等	五等

按嵩县习惯分法，高产田（包含一、二级）18 831.75hm²，占总耕地面积 33.77%；中产田（包含三级）18 464.14hm²，占 33.11%；低产田（包含四、五级）18 475.92hm²，占 33.13%（表 60-2）。

表 60-2 嵩县各等级面积

习惯法			评价法		
级 别	面积（hm²）	比例（%）	级别	面积（hm²）	比例（%）
高产田	18 831.75	33.77	一级	8 698.96	15.60
			二级	10 132.79	18.17
中产田	18 464.14	33.11	三级	18 464.14	33.11
低产田	18 475.92	33.13	四级	11 075.69	19.86
			五级	7 400.23	13.27

二、嵩县地力等级与国家对接方法与结果

耕地地力的另一种表达方式，即以产量表达耕地地力水平。农业部于 1997 年颁布了"全国耕地类型区耕地地力等级划分"农业行业标准，将全国耕地地力根据粮食单产水平划分为 10 个等级。在对嵩县 2008 年、2009 年和 2010 年 3 年耕地地力调查点的实际年平均产量调查数据分析的基础上，筛选了 160 个点的产量与地力综合指数值（IFI）进行了相关分析，建立直线回归方程：$y = 1\ 152.21x - 153.31$（$R = 0.85$，达到极显著水平）。式中 Y 代表自然产量，X 代表综合地力指数。根据其对应的相关关系，将用自然要素评价的耕地地力等级分别归入相应的概念型产量表示的地力等级体系，见表 60-3。

表 60-3　嵩县部级评价地力等级分值

评价得分	0.91~1	0.82~0.91	0.74~0.82	0.65~0.74	0.56~0.65	0.48~0.56	0.39~0.48
产量水平	≥900	800~900	700~800	600~700	500~600	400~500	300~400
部级地力等级	一等地	二等地	三等地	四等地	五等地	六等地	七等地

表 60-4　耕地地力（部等级）分级对照

等别	产量下限（kg/hm²）	产量上限（kg/hm²）	产量下限（kg/亩）	产量上限（kg/亩）
一等地	13 500		900	
二等地	12 000	13 500	800	900
三等地	10 500	12 000	700	800
四等地	9 000	10 500	600	700
五等地	7 500	9 000	500	600
六等地	6 000	7 500	400	500
七等地	4 500	6 000	300	400
八等地	3 000	4 500	200	300
九等地	1 500	3 000	100	200
十等地	0	1 500	0	100

表 60-5　耕地地力（部等级）分级面积统计　　　　单位：hm²

乡（镇）名称	一等地	二等地	三等地	四等地	五等地	六等地	七等地	总计
白河乡			354.55	82.77	39.05	57.66		534.03
车村镇	49.41	642.49	1 073.37	440.56	412.20	1 603.11		4 221.14
城关镇	44.94	464.01	1 013.50	898.20	102.33	198.41		2 721.39
大坪乡		294.02	1 701.95	1 776.18	316.19	723.23		4 811.57
大章乡		552.99	570.51	867.80	581.39	115.89		2 688.58
德亭乡		355.97	1 445.68	1 170.73	778.96	304.32		4 055.66
饭坡乡	14.73	133.71	1 650.69	866.13	318.46	880.70	6.78	3 871.20
何村乡		100.88	1 167.65	2 143.15	256.48	307.10		3 975.26
黄庄乡		28.17	228.26	132.10	253.14	2 101.82		2 743.49
九店乡		12.75	1 525.71	1 021.04	528.02	246.85		3 334.37
旧县镇		348.76	614.64	631.54	1 052.78	174.53		2 822.25
库区乡		245.67	1 581.04	367.55	101.60	70.38		2 366.24
木植街乡		29.94	247.03	426.88	262.57	70.77		1 037.19
田湖镇	267.18	1 235.72	2 185.85	2 990.74	133.23	199.87		7 012.59
闫庄乡	233.96	410.90	1 929.58	1 917.74	1 979.17	75.81		6 547.16
纸房乡			1 228.15	270.88	216.50	1 314.16		3 029.69
总计	610.22	4 855.98	18 518.16	16 003.99	7 332.07	8 444.61	6.78	55 771.81
比例	1.09	8.71	33.20	28.70	13.15	15.14	0.01	100.00

嵩县评价结果表明，县等级和部等级对照后，主要以国家三等地、四等地为主，各占 33.20%、

28.70%；一等地、二等地、七等地零星分布于部分乡镇。

三、嵩县各等级耕地特点及存在的主要问题

（一）耕地地力的行政区域分布

将嵩县耕地地力等级图和行政区划图叠加后，从属性数据库中按照权属字段检索，统计各等级耕地在每个乡镇的分布情况（表60-6）。

表60-6　嵩县耕地地力等级行政区域与面积分布　　单位：hm²

乡（镇）名称	一等地	二等地	三等地	四等地	五等地	总计
白河乡	68.84	281.85	85.48	40.2	57.66	534.03
车村镇	942.53	321.82	914.45	457.34	1 585	4 221.14
城关镇	818.88	673.92	905.8	124.38	198.41	2 721.39
大坪乡	933.91	662.88	2 072.65	418.9	723.23	4 811.57
大章乡	691.99	274.52	775.03	842.5	104.54	2 688.58
德亭乡	647.48	640.16	1 500.6	970.49	296.93	4 055.66
饭坡乡	346.3	616.15	1 664.69	515.74	728.32	3 871.2
何村乡	214.32	639.43	2 486.9	332.9	301.71	3 975.26
黄庄乡	31.65	206.8	150.08	375.73	1 979.23	2 743.49
九店乡	82.04	985.15	1379.24	641.09	246.85	3 334.37
旧县镇	527.22	402.42	420.73	1309.9	161.98	2 822.25
库区乡	442.82	1 310.17	441.27	101.6	70.38	2 366.24
木植街乡	168.56	39.77	215.32	545.72	67.82	1 037.19
田湖镇	1 728.47	1 464.98	2 559.66	1 059.61	199.87	7 012.59
闫庄乡	793.07	820.29	2 463.3	2 394.69	75.81	6 547.16
纸房乡	260.88	792.48	428.94	944.9	602.49	3 029.69
总计	8 698.96	10 132.79	18 464.14	11 075.69	7 400.23	55 771.81
比例（%）	15.60	18.17	33.11	19.86	13.27	100.00

（二）耕地地力等级的地域分布

从耕地地力等级的地形部位分布（表60-7）、地貌分布（表60-8）、质地分布（表60-9）、土壤分布（表60-10）中可以看出，一二等地集中分布在嵩县的丘陵地、河流阶地等地区，土层较为深厚，耕作历史悠久。土壤主要属褐土、潮土、黄棕壤类型，质地主要为重壤土、中壤土，理化性状较好，保肥保水能力较高，耕作性强，地下水资源丰富，灌溉保证率大于75%，农田设施齐全，机械化程度高等特点，主要种植小麦、玉米和蔬菜，是嵩县粮食高产稳产地区。

三等地在丘陵山地坡下部、冲洪积扇中上部的分布面积大幅度增加。土壤主要属褐土类型，土层较厚，质地中轻壤土的面积较一二等地大幅增加，水利设施中等，地下水资源一般，灌溉保证率在30%~50%，小麦、玉米种植面积大，是嵩县粮食的主要产区。

四五等地在低山丘陵坡地、河流阶地上的分布面积开始减少，五等级则全部分布在丘陵山地坡下部、冲洪积扇中上部。质地中中壤土大幅减少，轻壤土占质地总面积的比例最高，其中五等地的质地中没有重壤土。和一二等地相比潮土和黄棕壤的面积较少，地势较高，土层较薄，农田设施差，地下水资源贫乏，灌溉保证率低于30%，土壤养分含量低，种植有一定面积的小麦、玉米，同时还有其他豆类、薯类等作物种植，部分地区发展有林果业。

表 60-7　嵩县耕地地力等级地形与面积分布　　　单位：hm²

地形部位	一等地	二等地	三等地	四等地	五等地	总计
冲、洪积扇中上部		6	278	694	896	1 874
低山丘陵坡地	4 886	8 401	13 117	863		27 266
河流阶地	3 132	977	715	32		4 856
丘陵山地坡下部	681	748	4 355	9 487	6 504	21 775
总计	8 699	10 133	18 464	11 076	7 400	55 772

表 60-8　嵩县耕地地力等级地貌与面积分布　　　单位：hm²

地貌类型	1.00	1.00	1.00	1.00	1.00	合计
丘陵	4 782.52	8 401.19	12 998.46	862.64	0.00	27 044.81
中山	0.00	6.17	277.99	693.86	896.22	1 874.24
低山	784.63	747.96	4 472.54	9 487.13	6 504.01	21 996.27
起伏河流高阶地	3 131.81	977.47	715.15	32.06	0.00	4 856.49
总计	8 698.96	10 132.79	18 464.14	11 075.69	7 400.23	55 771.81

表 60-9　嵩县耕地地力等级质地与面积分布　　　单位：hm²

质地	一等地	二等地	三等地	四等地	五等地	总计
轻壤土	900.77	1 210.97	5 161.83	4 992.34	7 398.65	19 664.56
中壤土	2 649.43	697.66	699.28	1 474.22	1.58	5 522.17
重壤土	5 148.76	8 224.16	12 603.03	4 609.13		30 585.08
总计	8 698.96	10 132.79	18 464.14	11 075.69	7 400.23	55 771.81

表 60-10　嵩县耕地地力等级土种与面积分布　　　单位：hm²

县土类名称	县亚类名称	县土属名称	县土壤名称	一等地	二等地	三等地	四等地	五等地	总计
潮土	褐土化潮土	褐土化砂土	褐土化青砂土	43.29	0.15	5.28			48.72
	黄潮土	洪积潮土	洪积中层壤质潮土	177.97	28.75				206.72
			洪积壤质潮土	669.45	279.25	86.21			1 034.91
		两合土	腰壤青砂土	28.85		17.32			46.17
			两合土	52.68	63.2	134.34			250.22
			底砂两合土	43.6		5.72			49.32
		淤土	淤土	197.03	1.8				198.83
	灰潮土	洪积灰潮土	洪积砂质灰潮土	76.49		11.09			87.58
			洪积壤质灰潮土	137.9	31.39	231.92			401.21
	湿潮土	洪积湿潮土	洪积中层黏质湿潮土				32.06		32.06
			洪积黏质湿潮土	113.69	160	156.25			429.94
			洪积砂质湿潮土	156.97	51.24	0.9			209.11
		湿潮土	壤质湿潮土	162.48	45.81				208.29
褐土	潮褐土	潮褐土	潮黄土	1 136.98					1 136.98
	褐土	褐土	红黄土质油褐土	170.18	1.46				171.64
			红黄土质褐土	226.82	267.94				494.76
	淋溶褐土	黄土淋溶褐土	黄土壤质淋溶褐土	103.52		118.04			221.56
	始成褐土	堆垫始成褐土	堆垫厚层始成褐土	65.59	34.03	60.2			159.82
		红黄土质始成褐土	红黄土质油始成褐土	454.67	189.83				644.5

（续表）

县土类名称	县亚类名称	县土属名称	县土壤名称	一等地	二等地	三等地	四等地	五等地	总计
褐土	始成褐土	红黏土始成褐土	红黄土质始成褐土	1 072.37	819.72				1 892.09
			红黄土质少量砂姜始成褐土	228.22	321.42	0.41			550.05
			红黄土质少砾质始成褐土	174.9	476.48	12.72			664.1
			红黏土油始成褐土	8.38	86.71	77.74			172.83
			红黏土始成褐土	1 590.91	3 940.06	4 720.43			10 251.4
			红黏土少量砂姜始成褐土	12.1	622.52	3 043.38			3 678
			红黏土灰质始成褐土	162.29	447.99	1 832.9	549.11		2 992.29
			红黏土灰质少量砂姜始成褐土	94.53	525.5	2 433.92	208.07		3 262.02
			红黏土灰质多量砂姜始成褐土			777.16	105.46		882.62
		泥质岩始成褐土	泥质岩中层石渣始成褐土				344.07		344.07
			泥质岩中层砾质始成褐土			214.65	224.24		438.89
			泥质岩薄层砾质始成褐土			206.73	1 586.88		1793.61
		砂砾始成褐土	砂砾中层始成褐土		125.69	982.9	380.32		1 488.91
			砂砾厚层始成褐土	681.11	614.47	2 155.19			3 450.77
			砂砾薄层始成褐土			228.78	1 204.97		1 433.75
		石灰质岩始成褐土	石灰质岩中层砾质始成褐土			205.86	139.21		345.07
		石英质岩始成褐土	石英质岩中层石渣始成褐土				182.02		182.02
			石英质岩薄层石渣始成褐土					72.72	72.72
		酸性岩始成褐土	酸性岩中层石渣始成褐土			110.83	812.26		923.09
			酸性岩中层砾质始成褐土		7.8	99.88	438.24		545.92
			酸性岩薄层石渣始成褐土				269.71	1 984.73	2254.44
			酸性岩薄层砾质始成褐土			45.68	836.06		881.74
		中性岩始成褐土	中性岩中层石渣始成褐土			3.86	849.96	1.58	855.4
			中性岩中层砾质始成褐土			100.14	1 084.45		1 184.59
			中性岩薄层石渣始成褐土				939.44	4 444.98	5 384.42
			中性岩薄层砾质始成褐土				195.3		195.3
	碳酸盐褐土	红黄土质碳酸盐褐土	红黄土质碳酸盐褐土	584.43	582.8	0.79			1 168.02
			红黄土质少量砂姜碳酸盐褐土	2.72	118.76				121.48
			红黄土质低位厚层砂姜碳酸盐褐土			99.01			99.01
黄棕壤	黄褐土	黄老土	黄老土		17.92				17.92
	黄棕壤	山黄土	中层山黄土	29.48	12.03				41.51
	黄棕壤性土	淡岩黄沙石土	多砾质薄层淡岩黄沙石土	33.27	46.1	2.71			82.08
		沙页岩黄沙石土	多砾质中层沙页岩黄沙石土		12.29				12.29
			多砾质薄层沙页岩黄沙石土	6.09	193.51	3.21			202.81
棕壤	始成棕壤	泥质岩始成棕壤	泥质岩薄层始成棕壤		6.17	86.01	1.15		93.33
		酸性岩始成棕壤	酸性岩中层始成棕壤			58.81	359.27		418.08
			酸性岩薄层始成棕壤				44.84	896.22	941.06
		中性岩始成棕壤	中性岩中层始成棕壤			62.23	115.21		177.44
			中性岩薄层始成棕壤				173.39		173.39
	棕壤	黄土棕壤	黄土薄腐厚层棕壤			70.94			70.94

第二节　一级地主要属性

一、面积与分布

嵩县一级耕地面积为 8 698.96hm²，占嵩县耕地土壤面积的 15.60%，主要分布在丘陵、起伏河流高阶地，低山地等处也有少量分布。土壤养分含量高，平均有机质 17.81g/kg、全氮 1.08g/kg、有效磷 10.29mg/kg、速效钾 136.56mg/kg、缓效钾 994.76mg/kg、有效铁 17.98mg/kg、有效锰 30.02mg/kg、有效铜 1.53mg/kg、有效锌 1.02mg/kg、水溶态硼 0.61mg/kg、有效钼 0.42mg/kg、有效硫 8.49mg/kg、pH 值 7.42（表 60-11）。

表 60-11　嵩县一级耕地养分含量

养分	平均	最小值	最大值
pH 值	7.42	5.90	8.30
有机质（g/kg）	17.81	11.70	36.70
全氮（g/kg）	1.08	0.77	2.79
有效磷（mg/kg）	10.29	2.50	32.00
缓效钾（mg/kg）	994.76	494.00	1 476.00
速效钾（mg/kg）	136.56	46.00	245.00
有效铁（mg/kg）	17.98	4.20	74.90
有效锰（mg/kg）	30.02	8.80	67.50
有效铜（mg/kg）	1.53	1.00	11.00
有效锌（mg/kg）	1.02	0.05	5.00
有效钼（mg/kg）	0.42	0.04	3.05
有效硫（mg/kg）	8.49	2.00	32.10
水溶态硼（mg/kg）	0.61	0.13	1.74

二、主要属性分析

一级耕地有效土层厚度 56cm 以上，无障碍层，灌溉保证率 75%以上，土层厚，水利条件较好，现以种粮、蔬菜为主。质地主要是重壤土、中壤土，土种主要是红黏土始成褐土、潮黄土、红黄土质始成褐土等（表 60-12）。

表 60-12（1）　嵩县一级耕地质地分布

质地	轻壤土	中壤土	重壤土	总计
面积（hm²）	900.77	2 649.43	5 148.76	8 698.96
比例（%）	10.35	30.46	59.19	100.00

表 60-12（2）　嵩县一级耕地地形分布

地形部位	冲、洪积扇中、上部	低山丘陵坡地	河流阶地	丘陵山地坡下部	总计
面积（hm²）		4 886	3 132	681	8 699
比例（%）		56.17	36.00	7.83	100.00

表 60-12（3）　嵩县一级耕地地貌类型分布

地貌类型	丘陵	中山	低山	起伏河流高阶地	总计
面积（hm²）	4 782.52	0.00	784.63	3 131.81	8 698.96
比例（%）	54.98	0.00	9.02	36.00	100.00

表 60-12 （4）　嵩县一级耕地剖面类型分布

剖面构型	面积（hm²）	比例（%）
A—（B）—C	746.70	8.58
A—（B）—r	0.00	0.00
A11—A12—C—C砾	177.97	2.05
A11—A—C	1 599.29	18.38
A11—AC—Bt—Bk—C	405.84	4.67
A11—Bt—BkC—C	0.00	0.00
A11—C—Cg	276.17	3.17
A11—C—Cu	991.61	11.40
A11—Ck—Cu	43.29	0.50
A—Bk—Cu	1 136.98	13.07
A—Bt	103.52	1.19
A—Bt—Bk—C	2 508.47	28.84
A—Bt—C	0.00	0.00
A—Bt—r	68.84	0.79
A—C	533.65	6.13
Ac—C	94.53	1.09
Ac—Cc	12.10	0.14
A—R	0.00	0.00
总计	8 698.96	100.00

表 60-12 （5）　嵩县一级耕地有效土层厚度分布

有效土层厚度	≤40	41~60	61~80	>80	总计
面积（hm²）	0.00	65.59	681.11	7 952.26	8 698.96
比例（%）	0.00	0.75	7.83	91.42	100.00

表 60-12 （6）　嵩县一级耕地灌溉保证率分布

灌溉保证率	≤30	30~50	50~75	>75	总计
面积（hm²）	1 607.69	2 744.44	3 006.81	1 340.02	8 698.96
比例（%）	18.48	31.55	34.57	15.40	100.00

表 60-12 （7）　嵩县一级耕地障碍层类型分布

障碍层类型	砂姜层	砂砾层	无	总计
面积（hm²）	0.00	0.00	8 698.96	8 698.96
比例（%）	0.00	0.00	100.00	100.00

表 60-12 （8）　嵩县一级耕地障碍层厚度、出现位置分布

障碍层出现位置、厚度	无、0	42.00	100.00	总计
面积（hm²）	8 698.96	0.00	0.00	8 698.96
比例（%）	100.00	0.00	0.00	100.00

表 60-12（9） 嵩县一级耕地土种分布

县土类名称	县亚类名称	县土属名称	县土壤名称	面积（hm²）	比例（%）
潮土	褐土化潮土	褐土化砂土	褐土化青砂土	43.29	0.50
	黄潮土	洪积潮土	洪积中层壤质潮土	177.97	2.05
			洪积壤质潮土	669.45	7.70
		两合土	腰壤青砂土	28.85	0.33
			两合土	52.68	0.61
			底砂两合土	43.6	0.50
		淤土	淤土	197.03	2.26
	灰潮土	洪积灰潮土	洪积砂质灰潮土	76.49	0.88
			洪积壤质灰潮土	137.9	1.59
	湿潮土	洪积湿潮土	洪积中层黏质湿潮土		0.00
			洪积黏质湿潮土	113.69	1.31
			洪积砂质湿潮土	156.97	1.80
		湿潮土	壤质湿潮土	162.48	1.87
褐土	潮褐土	潮褐土	潮黄土	1 136.98	13.07
	褐土	褐土	红黄土质油褐土	170.18	1.96
			红黄土质褐土	226.82	2.61
	淋溶褐土	黄土淋溶褐土	黄土壤质淋溶褐土	103.52	1.19
	始成褐土	堆垫始成褐土	堆垫厚层始成褐土	65.59	0.75
		红黄土质始成褐土	红黄土质油始成褐土	454.67	5.23
			红黄土质始成褐土	1 072.37	12.33
			红黄土质少量砂姜始成	228.22	2.62
			红黄土质少砾质始成褐土	174.9	2.01
		红黏土始成褐土	红黏土油始成褐土	8.38	0.10
			红黏土始成褐土	1 590.91	18.29
			红黏土少量砂姜始成褐土	12.1	0.14
			红黏土灰质始成褐土	162.29	1.87
			红黏土灰质少量砂姜始成褐土	94.53	1.09
			红黏土灰质多量砂姜始成褐土		0.00
		泥质岩始成褐土	泥质岩中层石渣始成褐土		0.00
			泥质岩中层砾质始成褐土		0.00
			泥质岩薄层砾质始成褐土		0.00
		砂砾始成褐土	砂砾中层始成褐土		0.00
			砂砾厚层始成褐土	681.11	7.83
			砂砾薄层始成褐土		0.00
		石灰质岩始成褐土	石灰质岩中层砾质始成褐土		0.00
		石英质岩始成褐土	石英质岩中层石渣始成褐土		0.00
			石英质岩薄层石渣始成褐土		0.00
		酸性岩始成褐土	酸性岩中层石渣始成褐土		0.00
			酸性岩中层砾质始成褐土		0.00
			酸性岩薄层石渣始成褐土		0.00
			酸性岩薄层砾质始成褐土		0.00
		中性岩始成褐土	中性岩中层石渣始成褐土		0.00
			中性岩中层砾质始成褐土		0.00
			中性岩薄层石渣始成褐土		0.00
			中性岩薄层砾质始成褐土		0.00
	碳酸盐褐土	红黄土质碳酸盐褐土	红黄土质碳酸盐褐土	584.43	6.72
			红黄土质少量砂姜碳酸盐褐土	2.72	0.03
			红黄土质低位厚层砂姜碳酸盐褐土		0.00

（续表）

县土类名称	县亚类名称	县土属名称	县土壤名称	面积（hm²）	比例（%）
	黄褐土	黄老土	黄老土		0.00
	黄棕壤	山黄土	中层山黄土	29.48	0.34
黄棕壤		淡岩黄沙石土	多砾质薄层淡岩黄沙石土	33.27	0.38
	黄棕壤性土	沙页岩黄沙石土	多砾质中层沙页岩黄沙石土		0.00
			多砾质薄层沙页岩黄沙石土	6.09	0.07
		泥质岩始成棕壤	泥质岩薄层始成棕壤		0.00
	始成棕壤	酸性岩始成棕壤	酸性岩中层始成棕壤		0.00
棕壤			酸性岩薄层始成棕壤		0.00
		中性岩始成棕壤	中性岩中层始成棕壤		0.00
			中性岩薄层始成棕壤		0.00
	棕壤	黄土棕壤	黄土薄腐厚层棕壤		0.00

三、合理利用

一级地作为嵩县的粮食稳产高产田，应进一步完善排灌工程，合理施肥，适当减少氮肥用量，多施磷、钾肥，重施有机肥，大力推广秸秆还田技术，补充微量元素肥料。

第三节　二级地主要属性

一、面积与分布

二级耕地嵩县面积为 10 132.79hm²，占嵩县耕地土壤面积的 18.17%，主要分布在丘陵，起伏河流高阶地、低山、中山地等处也有少量分布。土壤养分含量较高，平均有机质 16.21g/kg、全氮 1.02g/kg、有效磷 10.66mg/kg、速效钾 130.46mg/kg、缓效钾 1 020.52mg/kg、有效铁 18.73mg/kg、有效锰 30.36mg/kg、有效铜 1.40mg/kg、有效锌 1.04mg/kg、水溶态硼 0.62mg/kg、有效钼 0.35mg/kg、有效硫 7.55mg/kg、pH 值 7.43（表 60-13）。

表 60-13　嵩县二级耕地养分含量

养分	平均	最小值	最大值
pH 值	7.43	5.8	8.3
有机质（g/kg）	16.21	10.2	36.7
全氮（g/kg）	1.02	0.69	1.5
有效磷（mg/kg）	10.66	2.7	29.8
缓效钾（mg/kg）	1 020.52	416	1447
速效钾（mg/kg）	130.46	46	218
有效铁（mg/kg）	18.73	4.5	64.7
有效锰（mg/kg）	30.36	10	85.6
有效铜（mg/kg）	1.40	0.5	5
有效锌（mg/kg）	1.04	0.4	4
有效钼（mg/kg）	0.35	0.04	2.9
有效硫（mg/kg）	7.55	2.7	17.7
水溶态硼（mg/kg）	0.62	0.25	1.79

二、主要属性分析

二级耕地绝大部分有效土层厚度60cm以上、海拔375m以下、无障碍层、灌溉保证率45%以上，主要种植蔬菜、粮食或粮食和豆类、蔬菜间作，质地主要是重壤土、中壤土，土种主要是红黏土始成褐土、红黄土质始成褐土、洪积壤质潮土、红黄土质碳酸盐褐土等（表60-14）。土层较厚，有一定水利条件，现以种粮、蔬菜为主。

表60-14（1）　嵩县二级耕地质地分布

质地	轻壤土	中壤土	重壤土	总计
面积（hm²）	1 210.97	697.66	8 224.16	10 132.79
比例（%）	11.95	6.89	81.16	100.00

表60-14（2）　嵩县二级耕地地形分布

地形部位	冲、洪积扇中、上部	低山丘陵坡地	河流阶地	丘陵山地坡下部	总计
面积（hm²）	6	8 401	977	748	10 133
比例（%）	0.06	82.91	9.64	7.38	100.00

表60-14（3）　嵩县二级耕地地貌类型分布

地貌类型	丘陵	中山	低山	起伏河流高阶地	总计
面积（hm²）	8 401.19	6.17	747.96	977.47	10 132.79
比例（%）	82.91	0.06	7.38	9.65	100.00

表60-14（4）　嵩县二级耕地剖面类型分布

剖面构型	面积（hm²）	比例（%）
A—（B）—C	648.50	6.40
A—（B）—r	131.86	1.30
A11—A12—C—C砾	28.75	0.28
A11—A—C	4 026.77	39.74
A11—AC—Bt—Bk—C	916.66	9.05
A11—Bt—BkC—C	0.00	0.00
A11—C—Cg	205.81	2.03
A11—C—Cu	344.25	3.40
A11—Ck—Cu	0.15	0.00
A—Bk—Cu	0.00	0.00
A—Bt	0.00	0.00
A—Bt—Bk—C	1 861.75	18.37
A—Bt—C	0.00	0.00
A—Bt—r	281.85	2.78
A—C	538.42	5.31
Ac—C	525.50	5.19
Ac—Cc	622.52	6.14
A—R	0.00	0.00
总计	10 132.79	100.00

表 60-14（5） 嵩县二级耕地有效土层厚度分布

有效土层厚度（cm）	≤40	41~60	61~80	>80	总计
面积（hm²）	0.00	159.72	614.47	9 358.60	10 132.79
比例（%）	0.00	1.58	6.06	92.36	100.00

表 60-14（6） 嵩县二级耕地灌溉保证率分布

灌溉保证率	≤30	30~50	50~75	>75	总计
面积（hm²）	7 583.41	1 431.81	764.29	353.28	10 132.79
比例（%）	74.84	14.13	7.54	3.49	100.00

表 60-14（7） 嵩县二级耕地障碍层类型分布

障碍层类型	砂姜层	砂砾层	无	总计
面积（hm²）	0.00	0.00	10 132.79	10 132.79
比例（%）	0.00	0.00	100.00	100.00

表 60-14（8） 嵩县二级耕地障碍层厚度、出现位置分布

障碍层出现位置、厚度	无、0	42.00	100.00	总计
面积（hm²）	10 132.79	0.00	0.00	10 132.79
比例（%）	100.00	0.00	0.00	100.00

表 60-14（9） 嵩县二级耕地土种分布

县土类名称	县亚类名称	县土属名称	县土壤名称	面积（hm²）	比例（%）
潮土	褐土化潮土	褐土化砂土	褐土化青砂土	0.15	0.00
	黄潮土	洪积潮土	洪积中层壤质潮土	28.75	0.28
			洪积壤质潮土	279.25	2.76
		两合土	腰壤青砂土		0.00
			两合土	63.2	0.62
			底砂两合土		0.00
		淤土	淤土	1.8	0.02
	灰潮土	洪积灰潮土	洪积砂质灰潮土		0.00
			洪积壤质灰潮土	31.39	0.31
	湿潮土	洪积湿潮土	洪积中层黏质湿潮土		0.00
			洪积黏质湿潮土	160	1.58
			洪积砂质湿潮土	51.24	0.51
		湿潮土	壤质湿潮土	45.81	0.45
褐土	潮褐土	潮褐土	潮黄土		0.00
	褐土	褐土	红黄土质油褐土	1.46	0.01
			红黄土质褐土	267.94	2.64
	淋溶褐土	黄土淋溶褐土	黄土壤质淋溶褐土		0.00
	始成褐土	堆垫始成褐土	堆垫厚层始成褐土	34.03	0.34
		红黄土质始成褐土	红黄土质油始成褐土	189.83	1.87

（续表）

县土类名称	县亚类名称	县土属名称	县土壤名称	面积（hm²）	比例（%）
褐土	始成褐土	红黄土质始成褐土	红黄土质始成褐土	819.72	8.09
			红黄土质少量砂姜始成褐土	321.42	3.17
			红黄土质少砾质始成褐土	476.48	4.70
		红黏土始成褐土	红黏土油始成褐土	86.71	0.86
			红黏土始成褐土	3 940.06	38.88
			红黏土少量砂姜始成褐土	622.52	6.14
			红黏土灰质始成褐土	447.99	4.42
			红黏土灰质少量砂姜始成褐土	525.5	5.19
			红黏土灰质多量砂姜始成褐土		0.00
		泥质岩始成褐土	泥质岩中层石渣始成褐土		0.00
			泥质岩中层砾质始成褐土		0.00
			泥质岩薄层砾质始成褐土		0.00
		砂砾始成褐土	砂砾中层始成褐土	125.69	1.24
			砂砾厚层始成褐土	614.47	6.06
			砂砾薄层始成褐土		0.00
		石灰质岩始成褐土	石灰质岩中层砾质始成褐土		0.00
		石英质岩始成褐土	石英质岩中层石渣始成褐土		0.00
			石英质岩薄层石渣始成褐土		0.00
		酸性岩始成褐土	酸性岩中层石渣始成褐土		0.00
			酸性岩中层砾质始成褐土	7.8	0.08
			酸性岩薄层石渣始成褐土		0.00
			酸性岩薄层砾质始成褐土		0.00
		中性岩始成褐土	中性岩中层石渣始成褐土		0.00
			中性岩中层砾质始成褐土		0.00
			中性岩薄层石渣始成褐土		0.00
			中性岩薄层砾质始成褐土		0.00
	碳酸盐褐土	红黄土质碳酸盐褐土	红黄土质碳酸盐褐土	582.8	5.75
			红黄土质少量砂姜碳酸盐褐土	118.76	1.17
			红黄土质低位厚层砂姜碳酸盐褐土		0.00
黄棕壤	黄褐土	黄老土	黄老土	17.92	0.18
	黄棕壤	山黄土	中层山黄土	12.03	0.12
	黄棕壤性土	淡岩黄沙石土	多砾质薄层淡岩黄沙石土	46.1	0.45
		沙页岩黄沙石土	多砾质中层沙页岩黄沙石土	12.29	0.12
			多砾质薄层沙页岩黄沙石土	193.51	1.91
棕壤	始成棕壤	泥质岩始成棕壤	泥质岩薄层始成棕壤	6.17	0.06
		酸性岩始成棕壤	酸性岩中层始成棕壤		0.00
			酸性岩薄层始成棕壤		0.00
		中性岩始成棕壤	中性岩中层始成棕壤		0.00
			中性岩薄层始成棕壤		0.00
	棕壤	黄土棕壤	黄土薄腐厚层棕壤		0.00

三、合理利用

二级耕地是嵩县粮食主产区，施肥过程应氮肥配合磷钾肥施用，结合有机肥的施用，深翻耕层，改良土壤，积极搞好秸秆还田，在作物生长过程中应喷施微量元素肥料，特别是锌肥的使用，积极改造此地农田水利基础设施建设，大力推广秸秆覆盖技术。

第四节　三级地主要属性

一、面积与分布

嵩县三级耕地的面积为 18 464.14hm²，占嵩县耕地面积的 33.11%，主要分布在低山丘陵坡地和丘陵山地坡下部，在河流阶地和冲洪积扇中上部也有少量分布。土壤养分含量平均：有机质 16.04g/kg、全氮 1.03g/kg、有效磷 9.4mg/kg、速效钾 128.79mg/kg、缓效钾 942.781mg/kg、有效铁 17.99mg/kg、有效锰 29.92mg/kg、有效铜 1.37mg/kg、有效锌 0.88mg/kg、水溶态硼 0.58mg/kg、有效钼 0.24mg/kg、有效硫 7.45mg/kg、pH 值 7.35（表 60-15）。

表 60-15　嵩县三级耕地养分含量

养分	平均	最小值	最大值
pH 值	7.35	5.7	8.3
有机质（g/kg）	16.04	9.8	27.6
全氮（g/kg）	1.03	0.77	1.54
有效磷（mg/kg）	9.43	3.3	29.4
缓效钾（mg/kg）	942.78	405	1 490
速效钾（mg/kg）	128.79	42	261
有效铁（mg/kg）	17.99	4.5	77.6
有效锰（mg/kg）	29.92	9.4	69
有效铜（mg/kg）	1.37	0.5	10
有效锌（mg/kg）	0.88	0.4	3
有效钼（mg/kg）	0.24	0.03	2.57
有效硫（mg/kg）	7.45	2.1	22.9
水溶态硼（mg/kg）	0.58	0.25	1.85

二、主要属性分析

三级耕地绝大部分有效土层厚度 30cm 以上、海拔 375m 以下、有部分砂姜层，灌溉保证率 45%以上，主要种植粮食或粮食和豆类、红薯间作，质地主要是重壤土、中壤土，土种主要是红黏土始成褐土、红黏土少量砂姜始成褐土、红黏土灰质少量砂姜始成褐土、砂砾厚层始成褐土等。土层较薄，有一定水利条件，现以种粮、豆类、红薯为主（表 60-16）。

表 60-16（1）　嵩县三级耕地质地分布

质地	轻壤土	中壤土	重壤土	总计
面积（hm²）	5 161.83	699.28	12 603.03	18 464.14
比例（%）	27.96	3.79	68.26	100.00

表60-16（2）　嵩县三级耕地地形分布

地形部位	冲、洪积扇中上部	低山丘陵坡地	河流阶地	丘陵山地坡下部	总计
面积（hm²）	278	13 117	715	4 355	18 464
比例（%）	1.51	71.04	3.87	23.59	100.00

表60-16（3）　嵩县三级耕地地貌类型分布

地貌类型	丘陵	中山	低山	起伏河流高阶地	总计
面积（hm²）	12 998.46	277.99	4 472.54	715.15	18 464.14
比例（%）	70.40	1.51	24.22	3.87	100.00

表60-16（4）　嵩县三级耕地剖面类型分布

剖面构型	面积（hm²）	比例（%）
A—（B）—C	2 215.39	12.00
A—（B）—r	1 345.79	7.29
A11—A12—C—C砾	0.00	0.00
A11—A—C	4 798.17	25.99
A11—AC—Bt—Bk—C	13.13	0.07
A11—Bt—BkC—C	99.01	0.54
A11—C—Cg	156.25	0.85
A11—C—Cu	243.59	1.32
A11—Ck—Cu	5.28	0.03
A—Bk—Cu	0.00	0.00
A—Bt	118.04	0.64
A—Bt—Bk—C	0.79	0.00
A—Bt—C	129.75	0.70
A—Bt—r	5.92	0.03
A—C	3 855.73	20.88
Ac—C	2 433.92	13.18
Ac—Cc	3 043.38	16.48
A—R	0.00	0.00
总计	18 464.14	100.00

表60-16（5）　嵩县三级耕地有效土层厚度分布

有效土层厚度	≤40	41~60	61~80	>80	总计
面积（hm²）	62.67	1 849.77	2 155.19	14 396.51	10 132.79
比例（%）	0.62	18.26	21.27	142.08	100.00

表60-16（6）　嵩县三级耕地灌溉保证率分布

灌溉保证率	≤30	30~50	50~75	>75	总计
面积（hm²）	17 067.76	1 021.29	283.78	91.31	18 464.14
比例（%）	92.44	5.53	1.54	0.49	100.00

表 60-16 （7）　嵩县三级耕地障碍层类型分布

障碍层类型	砂姜层	砂砾层	无	总计
面积（hm²）	99.01	0.00	18 365.13	18 464.14
比例（%）	0.54	0.00	99.46	100.00

表 60-16 （8）　嵩县三级耕地障碍层厚度、出现位置分布

障碍层出现位置、厚度	无、0	42.00	100.00	总计
面积（hm²）	18 365.13	0.00	99.01	18 464.14
比例（%）	99.46	0.00	0.54	100.00

表 60-16 （9）　嵩县三级耕地土种分布

县土类名称	县亚类名称	县土属名称	县土壤名称	面积（hm²）	比例（%）
潮土	褐土化潮土	褐土化砂土	褐土化青砂土	5.28	0.03
	黄潮土	洪积潮土	洪积中层壤质潮土		0.00
			洪积壤质潮土	86.21	0.47
		两合土	腰壤青砂土	17.32	0.09
			两合土	134.34	0.73
			底砂两合土	5.72	0.03
		淤土	淤土		0.00
	灰潮土	洪积灰潮土	洪积砂质灰潮土	11.09	0.06
			洪积壤质灰潮土	231.92	1.26
	湿潮土	洪积湿潮土	洪积中层黏质湿潮土		0.00
			洪积黏质湿潮土	156.25	0.85
			洪积砂质湿潮土	0.9	0.00
		湿潮土	壤质湿潮土		0.00
褐土	潮褐土	潮褐土	潮黄土		0.00
	褐土	褐土	红黄土质油褐土		0.00
			红黄土质褐土		0.00
	淋溶褐土	黄土淋溶褐土	黄土壤质淋溶褐土	118.04	0.64
	始成褐土	堆垫始成褐土	堆垫厚层始成褐土	60.2	0.33
		红黄土质始成褐土	红黄土质油始成褐土		0.00
			红黄土质始成褐土		0.00
			红黄土质少量砂姜始成褐土	0.41	0.00
			红黄土质少砾质始成褐土	12.72	0.07
		红黏土始成褐土	红黏土油始成褐土	77.74	0.42
			红黏土始成褐土	4 720.43	25.57
			红黏土少量砂姜始成褐土	3 043.38	16.48
			红黏土灰质始成褐土	1 832.9	9.93
			红黏土灰质少量砂姜始成褐土	2 433.92	13.18
			红黏土灰质多量砂姜始成褐土	777.16	4.21
		泥质岩始成褐土	泥质岩中层石渣始成褐土		0.00
			泥质岩中层砾质始成褐土	214.65	1.16

（续表）

县土类名称	县亚类名称	县土属名称	县土壤名称	面积（hm²）	比例（%）
褐土	始成褐土	泥质岩始成褐土	泥质岩薄层砾质始成褐土	206.73	1.12
		砂砾始成褐土	砂砾中层始成褐土	982.9	5.32
			砂砾厚层始成褐土	2 155.19	11.67
			砂砾薄层始成褐土	228.78	1.24
		石灰质岩始成褐土	石灰质岩中层砾质始成褐土	205.86	1.11
		石英质岩始成褐土	石英质岩中层石渣始成褐土		0.00
			石英质岩薄层石渣始成褐土		0.00
		酸性岩始成褐土	酸性岩中层石渣始成褐土	110.83	0.60
			酸性岩中层砾质始成褐土	99.88	0.54
			酸性岩薄层石渣始成褐土		0.00
			酸性岩薄层砾质始成褐土	45.68	0.25
		中性岩始成褐土	中性岩中层石渣始成褐土	3.86	0.02
			中性岩中层砾质始成褐土	100.14	0.54
			中性岩薄层石渣始成褐土		0.00
			中性岩薄层砾质始成褐土		0.00
	碳酸盐褐土	红黄土质碳酸盐褐土	红黄土质碳酸盐褐土	0.79	0.00
			红黄土质少量砂姜碳酸盐褐土		0.00
			红黄土质低位厚层砂姜碳酸盐褐土	99.01	0.54
黄棕壤	黄褐土	黄老土	黄老土		0.00
	黄棕壤	山黄土	中层山黄土		0.00
	黄棕壤性土	淡岩黄沙石土	多砾质薄层淡岩黄沙石土	2.71	0.01
		沙页岩黄沙石土	多砾质中层沙页岩黄沙石土		0.00
			多砾质薄层沙页岩黄沙石土	3.21	0.02
棕壤	始成棕壤	泥质岩始成棕壤	泥质岩薄层始成棕壤	86.01	0.47
		酸性岩始成棕壤	酸性岩中层始成棕壤	58.81	0.32
			酸性岩薄层始成棕壤		0.00
		中性岩始成棕壤	中性岩中层始成棕壤	62.23	0.34
			中性岩薄层始成棕壤		0.00
	棕壤	黄土棕壤	黄土薄腐厚层棕壤	70.94	0.38

三、合理利用

三级地有很大的利用潜力，应加强培肥地力措施，重施有机肥，收获玉米小麦时可把秸秆直接还田，推广秸秆还田技术。生产上做到科学施肥，根据土壤分析结果有的放矢，缺什么补什么，增施磷肥、有机肥，在作物生长过程中应喷施微量元素肥料。加快改善农田水利设施，扩大农田灌溉面积，深翻土壤，逐步加深耕层厚度。

第五节　四级地主要属性

一、面积与分布

嵩县四级耕地的面积为 11 075.69hm²，占嵩县耕地面积的 19.86%，主要分布在丘陵山地坡下部，在低山丘陵坡地、河流阶地和冲洪积扇中上部也有少量分布。土壤养分含量平均：有机质

15.88g/kg、全氮 1.00g/kg、有效磷 9.37mg/kg、速效钾 107.28mg/kg、缓效钾 834.67mg/kg、有效铁 18.46mg/kg、有效锰 34.32mg/kg、有效铜 1.37mg/kg、有效锌 0.97mg/kg、水溶态硼 0.66mg/kg、有效钼 0.29mg/kg、有效硫 7.00mg/kg、pH 值 7.09（表 60-17）。

表 60-17 嵩县四级耕地养分含量

养分	平均	最小值	最大值
pH 值	7.09	5.7	8.3
有机质（g/kg）	15.88	9.8	26.4
全氮（g/kg）	1.00	0.77	1.41
有效磷（mg/kg）	9.37	2.8	24.7
缓效钾（mg/kg）	834.67	360	1 448
速效钾（mg/kg）	107.28	41	214
有效铁（mg/kg）	18.46	4.4	70.8
有效锰（mg/kg）	34.32	9.2	81.7
有效铜（mg/kg）	1.37	0.4	8
有效锌（mg/kg）	0.97	0.3	2
有效钼（mg/kg）	0.29	0.03	1.67
有效硫（mg/kg）	7.00	2.8	16
水溶态硼（mg/kg）	0.66	0.24	1.35

二、主要属性分析

四级耕地，有效土层厚度 40~60cm 占 60%；海拔在 290~800m；障碍层类型为砂砾层；灌溉保证率在 30%以下；主要种植杂粮、红薯或花生；质地主要是重壤土、轻壤土；土种主要是泥质岩薄层砾质始成褐土、砂砾薄层始成褐土等。没有灌溉条件，现以种植红薯、花生或杂粮为主（表 60-18）。

表 60-18（1） 嵩县四级耕地质地分布

质地	轻壤土	中壤土	重壤土	总计
面积（hm²）	4 992.34	1 474.22	4 609.13	11 075.69
比例（%）	45.07	13.31	41.61	100.00

表 60-18（2） 嵩县四级耕地地形分布

地形部位	冲、洪积扇中上部	低山丘陵坡地	河流阶地	丘陵山地坡下部	总计
面积（hm²）	694	863	32	9 487	11 076
比例（%）	6.27	7.79	0.29	85.65	100.00

表 60-18（3） 嵩县四级耕地地貌类型分布

地貌类型	丘陵	中山	低山	起伏河流高阶地	总计
面积（hm²）	862.64	693.86	9 487.13	32.06	11 075.69
比例（%）	7.79	6.26	85.66	0.29	100.00

表 60-18（4）　嵩县四级耕地剖面类型分布

剖面构型	面积（hm²）	比例（%）
A—（B）—C	0.00	0.00
A—（B）—r	939.15	8.48
A11—A12—C—C 砾	0.00	0.00
A11—A—C	0.00	0.00
A11—AC—Bt—Bk—C	0.00	0.00
A11—Bt—BkC—C	0.00	0.00
A11—C—Cg	0.00	0.00
A11—C—Cu	0.00	0.00
A11—Ck—Cu	0.00	0.00
A—Bk—Cu	0.00	0.00
A—Bt	0.00	0.00
A—Bt—Bk—C	0.00	0.00
A—Bt—C	359.27	3.24
A—Bt—r	0.00	0.00
A—C	8 360.05	75.48
Ac—C	208.07	1.88
Ac—Cc	0.00	0.00
A—R	1 209.15	10.92
总计	11 075.69	100.00

表 60-18（5）　嵩县四级耕地有效土层厚度分布

有效土层厚度	≤40	41~60	61~80	>80	总计
面积（hm²）	2 831.91	5 602.88	0.00	2 640.90	11 075.69
比例（%）	25.57	50.59	0.00	23.84	100.00

表 60-18（6）　嵩县四级耕地灌溉保证率分布

灌溉保证率	≤30	30~50	50~75	>75	总计
面积（hm²）	10 212.84	452.12	245.13	165.60	11 075.69
比例（%）	92.21	4.08	2.21	1.50	100.00

表 60-18（7）　嵩县四级耕地障碍层类型分布

障碍层类型	砂姜层	砂砾层	无	总计
面积（hm²）	0.00	32.06	11 043.63	11 075.69
比例（%）	0.00	0.29	99.71	100.00

表 60-18（8）　嵩县四级耕地障碍层厚度、出现位置分布

障碍层出现位置、厚度	无、0	42.00	100.00	总计
面积（hm²）	11 043.63	32.06	0.00	11 075.69
比例（%）	99.71	0.29	0.00	100.00

表 60-18（9）　嵩县四级耕地土种分布

县土类名称	县亚类名称	县土属名称	县土壤名称	面积（hm²）	比例（%）
潮土	褐土化潮土	褐土化砂土	褐土化青砂土		0.00
	黄潮土	洪积潮土	洪积中层壤质潮土		0.00
			洪积壤质潮土		0.00
		两合土	腰壤青砂土		0.00
			两合土		0.00
			底砂两合土		0.00
		淤土	淤土		0.00
	灰潮土	洪积灰潮土	洪积砂质灰潮土		0.00
			洪积壤质灰潮土		0.00
	湿潮土	洪积湿潮土	洪积中层黏质湿潮土	32.06	0.29
			洪积黏质湿潮土		0.00
			洪积砂质湿潮土		0.00
		湿潮土	壤质湿潮土		0.00
褐土	潮褐土	潮褐土	潮黄土		0.00
	褐土	褐土	红黄土质油褐土		0.00
			红黄土质褐土		0.00
	淋溶褐土	黄土淋溶褐土	黄土壤质淋溶褐土		0.00
	始成褐土	堆垫始成褐土	堆垫厚层始成褐土		0.00
		红黄土质始成褐土	红黄土质油始成褐土		0.00
			红黄土质始成褐土		0.00
			红黄土质少量砂姜始成褐土		0.00
			红黄土质少砾质始成褐土		0.00
		红黏土始成褐土	红黏土油始成褐土		0.00
			红黏土始成褐土		0.00
			红黏土少量砂姜始成褐土		0.00
			红黏土灰质始成褐土	549.11	4.96
			红黏土灰质少量砂姜始成褐土	208.07	1.88
			红黏土灰质多量砂姜始成褐土	105.46	0.95
		泥质岩始成褐土	泥质岩中层石渣始成褐土	344.07	3.11
			泥质岩中层砾质始成褐土	224.24	2.02
			泥质岩薄层砾质始成褐土	1 586.88	14.33
		砂砾始成褐土	砂砾中层始成褐土	380.32	3.43
			砂砾厚层始成褐土		0.00
			砂砾薄层始成褐土	1 204.97	10.88
		石灰质岩始成褐土	石灰质岩中层砾质始成褐土	139.21	1.26
		石英质岩始成褐土	石英质岩中层石渣始成褐土	182.02	1.64
			石英质岩薄层石渣始成褐土		0.00
		酸性岩始成褐土	酸性岩中层石渣始成褐土	812.26	7.33
			酸性岩中层砾质始成褐土	438.24	3.96
			酸性岩薄层石渣始成褐土	269.71	2.44
			酸性岩薄层砾质始成褐土	836.06	7.55
		中性岩始成褐土	中性岩中层石渣始成褐土	849.96	7.67
			中性岩中层砾质始成褐土	1 084.45	9.79
			中性岩薄层石渣始成褐土	939.44	8.48
			中性岩薄层砾质始成褐土	195.3	1.76
	碳酸盐褐土	红黄土质碳酸盐褐土	红黄土质碳酸盐褐土		0.00
			红黄土质少量砂姜碳酸盐褐土		0.00
			红黄土质低位厚层砂姜碳酸盐褐土		0.00

（续表）

县土类名称	县亚类名称	县土属名称	县土壤名称	面积（hm²）	比例（%）
黄棕壤	黄褐土	黄老土	黄老土		0.00
	黄棕壤	山黄土	中层山黄土		0.00
	黄棕壤性土	淡岩黄沙石土	多砾质薄层淡岩黄沙石土		0.00
		沙页岩黄沙石土	多砾质中层沙页岩黄沙石土		0.00
			多砾质薄层沙页岩黄沙石土		0.00
棕壤	始成棕壤	泥质岩始成棕壤	泥质岩薄层始成棕壤	1.15	0.01
		酸性岩始成棕壤	酸性岩中层始成棕壤	359.27	3.24
			酸性岩薄层始成棕壤	44.84	0.40
		中性岩始成棕壤	中性岩中层始成棕壤	115.21	1.04
			中性岩薄层始成棕壤	173.39	1.57
	棕壤	黄土棕壤	黄土薄腐厚层棕壤		0.00

三、合理利用

四级耕地的性质决定了红薯、杂粮为嵩县主要生产作物，相对四级以上耕地中、微量营养元素含量稍高，条件许可采用客土方式增厚土层，提高生产能力。生产上做到缺什么补什么，有的放矢、科学施肥。根据实际种植红薯、花生、豆类、谷子等耐瘠薄作物。

第六节　五级地主要属性

一、面积与分布

嵩县五级耕地的面积为 7 400.23hm²，占嵩县耕地面积的 13.27%，主要分布在丘陵山地坡下部，在洪冲积扇中上部也有少量分布。土壤养分含量平均，有机质 17.64g/kg、全氮 1.08g/kg、有效磷 9.58mg/kg、速效钾 93.33mg/kg、缓效钾 911.89mg/kg、有效铁 31.12mg/kg、有效锰 41.99mg/kg、有效铜 1.39mg/kg、有效锌 1.10mg/kg、水溶态硼 0.52mg/kg、有效钼 0.33mg/kg、有效硫 6.27mg/kg、pH 值 6.73（表 60-19）。

表 60-19　嵩县五级耕地养分含量

养分	平均	最小值	最大值
pH 值	6.73	5.4	8.1
有机质（g/kg）	17.64	11.1	26.2
全氮（g/kg）	1.08	0.81	1.44
有效磷（mg/kg）	9.58	2.8	24.6
缓效钾（mg/kg）	911.89	464	1 695
速效钾（mg/kg）	93.93	44	196
有效铁（mg/kg）	31.12	6.1	73.2
有效锰（mg/kg）	41.99	10.5	75.3
有效铜（mg/kg）	1.39	0.2	4
有效锌（mg/kg）	1.10	0.1	3
有效钼（mg/kg）	0.33	0.04	2.92
有效硫（mg/kg）	6.27	1.3	17.8
水溶态硼（mg/kg）	0.52	0.11	1.05

二、主要属性分析

五级耕地，有效土层厚度小于20cm；海拔在290~800m；灌溉保证率在30%以下；主要种植杂粮或土豆、红薯；质地是中壤土；土种主要是中性岩薄层石渣始成褐土、酸性岩薄层石渣始成褐土、酸性岩薄层始成棕壤、石英质岩薄层石渣始成褐土。没有灌溉条件，现以种植杂粮或红薯、花生为主（表60-20）。

表 60-20（1）　嵩县五级耕地质地分布

质地	轻壤土	中壤土	重壤土	总计
面积（hm²）	7 398.65	1.58	0	7 400.23
比例（%）	99.98	0.02	0.00	100.00

表 60-20（2）　嵩县五级耕地地形分布

地形部位	冲、洪积扇中上部	低山丘陵坡地	河流阶地	丘陵山地坡下部	总计
面积（hm²）	896	0	0	6 504	7 400
比例（%）	12.11	0.00	0.00	87.89	100.00

表 60-20（3）　嵩县五级耕地地貌类型分布

地貌类型	丘陵	中山	低山	起伏河流高阶地	总计
面积（hm²）	0.00	896.22	6 504.01	0.00	7 400.23
比例（%）	0.00	12.11	87.89	0.00	100.00

表 60-20（4）　嵩县五级耕地剖面类型分布

剖面构型	面积（hm²）	比例（%）
A—（B）—C	0.00	0.00
A—（B）—r	896.22	12.11
A11—A12—C—C砾	0.00	0.00
A11—A—C	0.00	0.00
A11—AC—Bt—Bk—C	0.00	0.00
A11—Bt—BkC—C	0.00	0.00
A11—C—Cg	0.00	0.00
A11—C—Cu	0.00	0.00
A11—Ck—Cu	0.00	0.00
A—Bk—Cu	0.00	0.00
A—Bt	0.00	0.00
A—Bt—Bk—C	0.00	0.00
A—Bt—C	0.00	0.00
A—Bt—r	0.00	0.00
A—C	1.58	0.02
Ac—C	0.00	0.00
Ac—Cc	0.00	0.00
A—R	6 502.43	87.87
总计	7 400.23	100.00

表 60-20（5） 嵩县五级耕地有效土层厚度分布

有效土层厚度	≤40	41~60	61~80	>80	总计
面积（hm²）	7 400.23	0.00	0.00	0.00	7 400.23
比例（%）	100.00	0.00	0.00	0.00	100.00

表 60-20（6） 嵩县五级耕地灌溉保证率分布

灌溉保证率	≤30	30~50	50~75	>75	总计
面积（hm²）	7 400.23	0.00	0.00	0.00	7 400.23
比例（%）	100.00	0.00	0.00	0.00	100.00

表 60-20（7） 嵩县五级耕地障碍层类型分布

障碍层类型	砂姜层	砂砾层	无	总计
面积（hm²）	0.00	0.00	7 400.23	7 400.23
比例（%）	0.00	0.00	100.00	100.00

表 60-20（8） 嵩县五级耕地障碍层厚度、出现位置分布

障碍层出现位置、厚度	无、0	42.00	100.00	总计
面积（hm²）	7 400.23	0.00	0.00	7 400.23
比例（%）	100.00	0.00	0.00	100.00

表 60-20（9） 嵩县五级耕地土种分布

县土类名称	县亚类名称	县土属名称	县土壤名称	面积（hm²）	比例（%）
潮土	褐土化潮土	褐土化砂土	褐土化青砂土	0.00	
	黄潮土	洪积潮土	洪积中层壤质潮土	0.00	
			洪积壤质潮土	0.00	
		两合土	腰壤青砂土	0.00	
			两合土	0.00	
			底砂两合土	0.00	
		淤土	淤土	0.00	
	灰潮土	洪积灰潮土	洪积砂质灰潮土	0.00	
			洪积壤质灰潮土	0.00	
	湿潮土	洪积湿潮土	洪积中层黏质湿潮土	0.00	
			洪积黏质湿潮土	0.00	
			洪积砂质湿潮土	0.00	
		湿潮土	壤质湿潮土	0.00	
褐土	潮褐土	潮褐土	潮黄土	0.00	
	褐土	褐土	红黄土质油褐土	0.00	
			红黄土质褐土	0.00	
	淋溶褐土	黄土淋溶褐土	黄土壤质淋溶褐土	0.00	
	始成褐土	堆垫始成褐土	堆垫厚层始成褐土	0.00	

（续表）

县土类名称	县亚类名称	县土属名称	县土壤名称	面积（hm²）	比例（%）
褐土	始成褐土	红黄土质始成褐土	红黄土质油始成褐土		0.00
			红黄土质始成褐土		0.00
			红黄土质少量砂姜始成褐土		0.00
			红黄土质少砾质始成褐土		0.00
		红黏土始成褐土	红黏土油始成褐土		0.00
			红黏土始成褐土		0.00
			红黏土少量砂姜始成褐土		0.00
			红黏土灰质始成褐土		0.00
			红黏土灰质少量砂姜始成褐土		0.00
			红黏土灰质多量砂姜始成褐土		0.00
		泥质岩始成褐土	泥质岩中层石渣始成褐土		0.00
			泥质岩中层砾质始成褐土		0.00
			泥质岩薄层砾质始成褐土		0.00
		砂砾始成褐土	砂砾中层始成褐土		0.00
			砂砾厚层始成褐土		0.00
			砂砾薄层始成褐土		0.00
		石灰质岩始成褐土	石灰质岩中层砾质始成褐土		0.00
		石英质岩始成褐土	石英质岩中层石渣始成褐土		0.00
			石英质岩薄层石渣始成褐土	72.72	0.98
		酸性岩始成褐土	酸性岩中层石渣始成褐土		0.00
			酸性岩中层砾质始成褐土		0.00
			酸性岩薄层石渣始成褐土	1 984.73	26.82
			酸性岩薄层砾质始成褐土		0.00
		中性岩始成褐土	中性岩中层石渣始成褐土	1.58	0.02
			中性岩中层砾质始成褐土		0.00
			中性岩薄层石渣始成褐土	4 444.98	60.07
			中性岩薄层砾质始成褐土		0.00
	碳酸盐褐土	红黄土质碳酸盐褐土	红黄土质碳酸盐褐土		0.00
			红黄土质少量砂姜碳酸盐褐土		0.00
			红黄土质低位厚层砂姜碳酸盐褐土		0.00
黄棕壤	黄褐土	黄老土	黄老土		0.00
	黄棕壤	山黄土	中层山黄土		0.00
	黄棕壤性土	淡岩黄沙石土	多砾质薄层淡岩黄沙石土		0.00
		沙页岩黄沙石土	多砾质中层沙页岩黄沙石土		0.00
			多砾质薄层沙页岩黄沙石土		0.00
棕壤	始成棕壤	泥质岩始成棕壤	泥质岩薄层始成棕壤		0.00
		酸性岩始成棕壤	酸性岩中层始成棕壤		0.00
			酸性岩薄层始成棕壤	896.22	12.11
		中性岩始成棕壤	中性岩中层始成棕壤		0.00
			中性岩薄层始成棕壤		0.00
	棕壤	黄土棕壤	黄土薄腐厚层棕壤		0.00

三、合理利用

五级耕地的性质决定，多为只能种植红薯、杂粮等耐瘠薄作物，相对来说，中、微量营养元素含量高于其他级别的耕地，条件许可采用客土方式增厚土层，提高生产能力。生产上做到针对种植的作物，缺什么补什么，有的放矢，科学施肥。根据实际种植红薯、豆类、花生、谷子等耐瘠薄作物。

第七节　中低产田类型

在嵩县，除一、二级耕地外，其余均属中低产田类，面积 36 940.06 hm²，占总耕地面积的 66.23%。

一、分布

（一）各乡镇分布

中低产田各乡镇均有分布，超过嵩县平均比例的有车村镇、大坪乡、德亭乡、饭坡乡、何村乡、黄庄乡、九店乡、旧县镇、木植街乡、闫庄乡，库区乡中低产田比例最小（表60-21）。

表 60-21　嵩县各乡镇中低产田分布

乡（镇）名称	中产田	低产田	总面积（hm²）	占耕地总面积比例（%）
白河乡	85.48	97.86	183.34	34.33
车村镇	914.45	2 042.34	2 956.79	70.05
城关镇	905.80	322.79	1 228.59	45.15
大坪乡	2 072.65	1 142.13	3 214.78	66.81
大章乡	775.03	947.04	1 722.07	64.05
德亭乡	1 500.60	1 267.42	2 768.02	68.25
饭坡乡	1 664.69	1 244.06	2 908.75	75.14
何村乡	2 486.90	634.61	3 121.51	78.52
黄庄乡	150.08	2 354.96	2 505.04	91.31
九店乡	1 379.24	887.94	2 267.18	67.99
旧县镇	420.73	1 471.88	1 892.61	67.06
库区乡	441.27	171.98	613.25	25.92
木植街乡	215.32	613.54	828.86	79.91
田湖镇	2 559.66	1 259.48	3 819.14	54.46
闫庄乡	2 463.30	2 470.50	4 933.80	75.36
纸房乡	428.94	1 547.39	1 976.33	65.23
总计	18 464.14	18 475.92	36 940.06	66.23

（二）各乡村面积

各乡村中低产田面积，与地形地貌、成土母质、经济发展水平等自然、人文有密切相关性（表60-22）。

表 60-22　嵩县各乡（镇）村中低产田面积

单位：hm²

乡名称	村名称	中产田	低产田	总计
	白河街村	3.21	0.00	3.21
	大青村		7.66	7.66
	东风村		0.85	0.85
	黄柏树村		0.00	0.00
	栗扎树村	15.12	1.35	16.47
	马路魁村		0.00	0.00
白河乡	上河村	5.13	0.00	5.13
	上庄坪村	3.19	65.42	68.61
	瓦房村	8.85	1.50	10.35
	五马寺村	24.05	11.78	35.83
	五马寺林场		0.18	0.18
	下寺村		8.65	8.65
	油路沟村	25.93	0.47	26.40
白河乡 汇总		85.48	97.86	183.34
	拜石村		138.27	138.27
	车村	121.96	35.77	157.73
	陈楼村	73.57	93.07	166.64
	绸子村		53.05	53.05
	顶宝石村	8.51	87.20	95.71
	佛坪村		115.44	115.44
	官亭村	74.25	56.14	130.39
	河北村	5.82	168.48	174.30
	黄柏村	77.36	83.00	160.36
	黄水村		88.02	88.02
	栗树街村	19.85	63.96	83.81
	两河口村	0.99	126.10	127.09
车村镇	龙王村	19.07	21.04	40.11
	鹿鸣沟村	10.11	152.48	162.59
	明白川村	32.01	16.34	48.35
	牛庄村		31.06	31.06
	扫帚曼村		33.00	33.00
	树仁村	3.63	83.88	87.51
	水磨村	131.35	74.28	205.63
	孙店村	191.05	151.81	342.86
	天桥沟村	8.61	62.19	70.80
	铜河村	16.49	3.14	19.63
	下庙沟村	31.16	51.93	83.09
	小豆沟村	22.74	128.22	150.96
	运粮沟村	27.28	58.82	86.10
	纸房村	38.64	65.65	104.29
车村镇 汇总		914.45	2 042.34	2 956.79

（续表）

乡名称	村名称	中产田	低产田	总计
城关镇	北店街村		0.00	0.00
	北街村	12.10	0.00	12.10
	北元村		15.58	15.58
	菜元村	27.49	0.00	27.49
	韩村	97.75	70.31	168.06
	孟村	63.62	0.91	64.53
	南街村		0.00	0.00
	青山屯村	108.27	2.42	110.69
	上仓村	0.96	0.00	0.96
	陶村	130.26	6.29	136.55
	陶村林场		13.87	13.87
	王庄	8.41	197.32	205.73
	西关村	3.44	0.00	3.44
	新二村	7.57	0.00	7.57
	新一村	22.75	0.00	22.75
	杨岭村	271.07	0.00	271.07
	叶岭村	109.09	11.46	120.55
	于沟村	32.41	2.14	34.55
	朱村	10.61	2.49	13.10
	城关镇 汇总	905.80	322.79	1 228.59
大坪乡	白圪塔村	108.10	0.00	108.10
	卞家岭村	161.97	0.00	161.97
	常凹村	210.74	0.00	210.74
	大坪村	84.51	0.00	84.51
	东元头村	28.88	0.00	28.88
	范庄岭村	20.91	306.10	327.01
	官亭村	91.17	236.94	328.11
	后场村	126.04	2.54	128.58
	李沟村		0.00	0.00
	流涧峪村	388.70	39.27	427.97
	楼上村	4.69	445.72	450.41
	马河村	57.07	0.00	57.07
	清沟水库		0.30	0.30
	沙圪塔村	200.06	30.13	230.19
	宋岭村	31.77	0.00	31.77
	西元头村	87.94	0.00	87.94
	闫屯村	301.34	34.06	335.40
	枣园村	134.77	26.79	161.56
	竹园村	33.99	20.28	54.27
	大坪乡 汇总	2 072.65	1 142.13	3 214.78

（续表）

乡名称	村名称	中产田	低产田	总计
	大章村	25.67	0.00	25.67
	东沟村	2.05	116.65	118.70
	东湾村	31.59	48.92	80.51
	龙河村	104.62	0.46	105.08
	马石沟村	3.01	98.50	101.51
	任岭村	27.49	67.05	94.54
	三人场村		68.71	68.71
	山后村	72.36	167.45	239.81
	水沟村	46.88	25.79	72.67
	万村		52.70	52.70
大章乡	王莽寨林场		5.09	5.09
	旺坪村	57.27	5.71	62.98
	小章村	6.01	82.63	88.64
	学村	71.75	35.59	107.34
	闫沟村	13.66	82.95	96.61
	杨庄村	16.65	13.28	29.93
	瑶沟金矿	0.80	0.00	0.80
	赵岭村	270.12	51.34	321.46
	赵楼村	25.10	24.22	49.32
	大章乡 汇总	775.03	947.04	1 722.07
	大王沟村	17.30	95.08	112.38
	德亭村	45.65	84.24	129.89
	段坪村	167.19	10.51	177.70
	佛泉寺村	38.26	38.70	76.96
	黄水庵村	92.18	218.43	310.61
	酒店村	16.25	0.30	16.55
	老道沟村		91.27	91.27
	栗子园村	78.79	57.83	136.62
	龙王庙村	23.39	19.94	43.33
	梅子沟村	100.20	85.00	185.20
	南台村	42.41	14.54	56.95
	乔家村	3.86	9.30	13.16
	山峡村	32.83	27.65	60.48
德亭乡	上蛮峪村		0.22	0.22
	孙元村	48.16	38.93	87.09
	王莽寨林场	10.67	76.54	87.21
	武松村	153.85	95.97	249.82
	下蛮峪村	8.64	13.34	21.98
	小王沟村		50.62	50.62
	杨村	34.89	53.35	88.24
	杨湾村	54.40	21.43	75.83
	元湾村	87.02	2.54	89.56
	张湾村	8.90	1.19	10.09
	赵园村	79.63	62.43	142.06
	庄科村	356.13	98.07	454.20
	德亭乡 汇总	1 500.60	1 267.42	2 768.02

（续表）

乡名称	村名称	中产田	低产田	总计
	长岭村	104.19	31.48	135.67
	大坪村	42.74	30.26	73.00
	饭坡村	228.26	8.17	236.43
	焦沟村	338.99	11.33	350.32
	里沟村	29.31	0.22	29.53
	洛沟村	0.32	215.33	215.65
	南庄村	10.38	0.00	10.38
	泥河村	194.87	0.00	194.87
	青山村	137.09	365.44	502.53
饭坡乡	曲里村	22.29	20.01	42.30
	沙坡村	268.35	49.74	318.09
	时坪村	144.78	0.00	144.78
	寺沟村		140.43	140.43
	田庄村	27.26	137.31	164.57
	汪城村	23.88	2.26	26.14
	张园村	91.98	26.91	118.89
	赵庄村		205.17	205.17
	饭坡乡 汇总	1 664.69	1 244.06	2 908.75
	东洼村	31.66	65.75	97.41
	何村	115.59	0.00	115.59
	后屯村	51.24	105.04	156.28
	花庄村	254.62	52.97	307.59
	黄村	416.37	69.61	485.98
	箭凹村	207.31	46.56	253.87
	箭口河村	11.99	2.11	14.10
	姜岭村	5.42	57.83	63.25
	李村	350.19	87.53	437.72
何村乡	吕岭村	103.40	12.10	115.50
	罗庄村	161.71	8.59	170.30
	蛮峪岭村	136.69	36.01	172.70
	桥头村	211.97	50.43	262.40
	陶村林场		33.25	33.25
	谢岭村		0.00	0.00
	闫村	170.33	0.00	170.33
	瑶北坡村	29.09	0.00	29.09
	阴坡村	229.32	6.83	236.15
	何村乡 汇总	2 486.90	634.61	3 121.51

乡名称	村名称	中产田	低产田	总计
	板蚕村		230.86	230.86
	道回村	0.97	44.70	45.67
	付沟村	0.58	121.51	122.09
	古垛村		180.87	180.87
	河东村		7.40	7.40
	红堂村		185.34	185.34
	红崖村	8.78	28.49	37.27
	黄庄村		34.91	34.91
	甲庄村		95.17	95.17
	辽座村		58.06	58.06
	柳林村		32.61	32.61
	龙石村		86.76	86.76
	楼子沟村		213.73	213.73
黄庄乡	吕屯村	61.30	46.31	107.61
	蛮子营村		86.72	86.72
	三合村	43.56	90.83	134.39
	沙沟村	4.98	47.59	52.57
	石楼村		177.31	177.31
	天息村		179.72	179.72
	王村		8.00	8.00
	星石村	7.00	39.08	46.08
	养育村	3.46	138.11	141.57
	油房村	10.88	38.07	48.95
	枣园村		34.59	34.59
	枣庄村	1.47	93.67	95.14
	庄科村	7.10	54.55	61.65
	黄庄乡 汇总	150.08	2 354.96	2 505.04
	巴沟村		198.77	198.77
	长庄村	61.95	47.41	109.36
	东岭村	16.19	261.32	277.51
	郭沟村	110.70	30.43	141.13
	郭岭村	106.93	83.65	190.58
	郭庄村	67.84	0.00	67.84
	九店村	59.87	15.23	75.10
	九皋村	102.90	26.32	129.22
九店乡	老龙村	125.39	0.00	125.39
	马沟村	39.49	1.61	41.10
	石槽村	42.74	103.98	146.72
	石场村	129.11	0.00	129.11
	石黄村	54.11	81.16	135.27
	宋王坪村	55.28	8.74	64.02
	陶村林场	75.09	2.63	77.72
	陶庄村	87.06	0.00	87.06
	汪沟村	46.72	21.68	68.40
	王楼村	197.87	5.01	202.88
	九店乡 汇总	1 379.24	887.94	2 267.18

（续表）

乡名称	村名称	中产田	低产田	总计
	白庄村		335.82	335.82
	东村	16.62	109.45	126.07
	沟门村	21.74	84.22	105.96
	河南村	16.27	8.67	24.94
	黄沟村		75.88	75.88
	旧县村	4.85	9.51	14.36
	龙潭村		105.07	105.07
旧县镇	马店村	75.14	224.41	299.55
	上川村	213.17	79.89	293.06
	寺上村	13.66	241.70	255.36
	童子庄村		47.92	47.92
	西店村	52.28	42.52	94.80
	谢庄村	7.00	106.82	113.82
	旧县镇 汇总	420.73	1 471.88	1 892.61
	安岭村	1.30	0.00	1.30
	柏坡村		0.00	0.00
	板闸店村		0.00	0.00
	草子沟村	41.34	21.43	62.77
	常店村	86.31	15.43	101.74
	岗上村	29.85	0.00	29.85
	古路壕村	6.04	35.06	41.10
	和店村	40.64	0.00	40.64
	老樊店村		0.00	0.00
	梁园村	1.38	0.00	1.38
	龙曲村	120.98	0.00	120.98
	楼上村		42.90	42.90
库区乡	南屯村		0.00	0.00
	牛寨村	10.58	13.03	23.61
	桥北村		0.00	0.00
	上坡村		25.35	25.35
	寺庄村	34.61	0.00	34.61
	万安村	9.14	0.00	9.14
	汪庄村		10.80	10.80
	望城岗村	6.39	0.00	6.39
	吴村		0.00	0.00
	席地村	19.58	7.47	27.05
	席岭村	18.63	0.00	18.63
	翟河村	14.50	0.51	15.01
	翟岭村		0.00	0.00
	张岭村		0.00	0.00
	库区乡 汇总	441.27	171.98	613.25

（续表）

乡名称	村名称	中产田	低产田	总计
木植街乡	北沟村	8.53	102.77	111.30
	北岭村	16.29	16.88	33.17
	禅堂村	1.26	56.28	57.54
	大力坡村	23.26	15.82	39.08
	栗盘村	2.53	56.11	58.64
	木植街村	8.76	30.21	38.97
	坪地村		47.64	47.64
	蒲池村	8.60	74.80	83.40
	升坪村	23.78	0.40	24.18
	石滚坪村	26.82	13.32	40.14
	五马寺林场		0.39	0.39
	小木沟村	4.12	74.37	78.49
	杨家岭村	34.51	3.25	37.76
	寨沟村	3.83	81.85	85.68
	张槐村	35.55	17.40	52.95
	竹林村	17.48	22.05	39.53
	木植街乡 汇总	215.32	613.54	828.86
田湖镇	程村	25.41	0.00	25.41
	崔园村	164.32	8.29	172.61
	大安头村	107.78	0.00	107.78
	大石桥村	12.72	115.01	127.73
	凡店村	0.58	0.00	0.58
	高屯村	92.16	17.49	109.65
	古城村	4.47	0.00	4.47
	和店村	12.28	7.55	19.83
	黄门村	50.81	0.00	50.81
	卢屯村	57.36	3.90	61.26
	陆浑		0.00	0.00
	陆浑管理处		0.00	0.00
	毛庄村		5.69	5.69
	南安村	147.75	131.87	279.62
	南洼村	169.02	349.04	518.06
	裴村	300.93	37.25	338.18
	屏凤庄村	22.96	7.12	30.08
	铺沟村	24.57	3.04	27.61
	千秋村		0.00	0.00
	洒落村	46.72	0.00	46.72
	上湾村	57.75	0.00	57.75
	柿园村	0.16	0.00	0.16
	陶村林场	21.39	22.69	44.08
	腾王沟村	405.87	178.69	584.56
	田湖村	35.40	25.52	60.92
	下湾村	1.08	5.81	6.89
	小安头村	35.49	0.00	35.49
	卸甲沟村	90.50	17.50	108.00
	杨湾村	111.78	0.00	111.78
	窑店村	83.85	0.00	83.85
	窑上村		0.00	0.00
	于岭村	185.55	269.36	454.91
	张庄村	291.00	53.66	344.66
	田湖镇 汇总	2 559.66	1259.48	3 819.14

（续表）

乡名称	村名称	中产田	低产田	总计
	店上村	38.71	0.00	38.71
	顶心坡村	99.12	273.06	372.18
	高垛村	220.67	70.12	290.79
	贺营村	88.35	9.54	97.89
	胡沟村	292.47	0.00	292.47
	酒后村	52.77	0.00	52.77
	龙脖村	349.55	89.79	439.34
	农科所		1.62	1.62
	裴岭村	289.22	90.77	379.99
	坡头村	93.06	481.73	574.79
	乔沟村	133.37	437.63	571.00
	冉扒村	9.70	319.55	329.25
闫庄乡	上菜园村	19.11	58.02	77.13
	嵩县园艺场	5.70	0.00	5.70
	太山庙村	89.61	329.41	419.02
	王元村	22.29	13.34	35.63
	西程村		0.00	0.00
	闫庄村	80.92	14.78	95.70
	杨大庄村	229.01	156.43	385.44
	瑶湾村		0.00	0.00
	朱村	8.77	0.00	8.77
	竹元沟村	340.90	109.38	450.28
	总管庙村		15.33	15.33
	闫庄乡 汇总	2 463.30	2470.50	4 933.80
	板庙村		89.87	89.87
	草庙村		122.81	122.81
	大坡村	156.47	100.41	256.88
	邓岭村		60.43	60.43
	高村	2.19	43.36	45.55
	高岭村	51.88	23.34	75.22
	林场村	7.65	51.82	59.47
	龙头村		101.75	101.75
	吕沟村		94.01	94.01
纸房乡	马驹岭村		14.59	14.59
	毛沟村		57.40	57.40
	念子沟村	30.73	143.57	174.30
	七泉村	8.10	81.00	89.10
	秋扒村	8.56	146.45	155.01
	上瑶村	15.98	14.79	30.77
	石坡村		254.23	254.23
	台上村	16.74	93.20	109.94
	西沟村	29.38	0.00	29.38
	纸房村	0.91	3.81	4.72
	朱王岭村	100.35	50.55	150.90
	纸房乡 汇总	428.94	1547.39	1 976.33

二、改良类型

中低产田的生产性能，是由多个因素相互作用的结果，如果一项、二项或者三项因子有优势，即使其他不利因子占的比重大，那么生产水平同样低下。嵩县中低产田的改良类型主要有干旱灌溉型、瘠薄培肥型、坡地梯改型和障碍层次型。其具体分布情况见表60-23。

表60-23 嵩县各乡（镇）村中低产田改良类型分布面积　　　　单位：hm²

乡名称	地形部位	干旱灌溉型	瘠薄培肥型	坡地梯改型	障碍层次型	总计
白河乡	冲、洪积扇中上部	0	228.29	0	0	228.29
车村镇	冲、洪积扇中上部	0	865.12	0	77.48	942.6
	丘陵山地坡下部	0	1 714.56	0	447.07	2 161.63
城关镇	冲、洪积扇中上部	0	0	0	220.3	220.3
	低山丘陵坡地	2.76	0	243.3	0	246.06
	丘陵山地坡下部	1.37	0	243.72	79.89	324.98
大坪乡	冲、洪积扇中上部	4.28	0	0	617.76	622.03
	低山丘陵坡地	258.92	0	478.76	0	737.68
	丘陵山地坡下部	245.2	0	323.79	680.48	1 249.47
大章乡	冲、洪积扇中上部	0	36.62	0	62.09	98.71
	低山丘陵坡地	0	0	321.27	0	321.27
	丘陵山地坡下部	0	201.26	1 072.23	338.32	1 611.81
德亭乡	冲、洪积扇中上部	0	13.88	0	114.65	128.54
	低山丘陵坡地	0	24.39	369.09	44.23	437.71
	丘陵山地坡下部	0	319.56	1 322.64	550.76	2 192.96
饭坡乡	低山丘陵坡地	0	0	387.37	0	387.37
	丘陵山地坡下部	0	0	1 770.14	332.1	2 102.24
何村乡	低山丘陵坡地	0	0	1 046.82	0	1 046.82
	丘陵山地坡下部	0	0	964.89	46.54	1 011.43
黄庄乡	冲、洪积扇中上部	0	1.94	0	27.17	29.1
	丘陵山地坡下部	0	282.98	436.69	2 886.28	3 605.95
九店乡	低山丘陵坡地	0	0	76.74	53.84	130.58
	丘陵山地坡下部	0	0	268.53	1 412.61	1 681.13
旧县镇	冲、洪积扇中上部	0	0	1.7	64.94	66.64
	低山丘陵坡地	0	0	65.32	0	65.32
	丘陵山地坡下部	0	0	2 172.47	321.22	2 493.69
库区乡	低山丘陵坡地	0	0	89.65	0	89.65
	丘陵山地坡下部	0	0	258.13	0	258.13
木植街乡	冲、洪积扇中上部	0	0	0	81.14	81.14
	丘陵山地坡下部	0	0	0	921.19	921.19
田湖镇	低山丘陵坡地	0	0	2 790.25	99.51	2 889.76
	河流阶地	0	0	11	37.12	48.12
	丘陵山地坡下部	0	0	649.14	39.71	688.85
闫庄乡	冲、洪积扇中上部	0	0	0	97.89	97.89
	低山丘陵坡地	0	0	1 151.94	0	1 151.94
	丘陵山地坡下部	0	0	2 359.72	1 613.83	3 973.55

（续表）

乡名称	地形部位	干旱灌溉型	瘠薄培肥型	坡地梯改型	障碍层次型	总计
纸房乡	冲、洪积扇中上部	0	17.73	0	34.9	52.62
	低山丘陵坡地	0	47.94	212.77	0	260.71
	丘陵山地坡下部	0	1 361.69	899.69	20.82	2 282.2
总计		512.53	5 115.95	19 987.73	11 323.85	36 940.06

第六十一章 耕地资源利用类型区

第一节 耕地资源利用分区划分原则

嵩县地形复杂，各区气候特点、地貌特征、水文地质母质类型以及土壤肥力、耕作制度各不相同。为了因地制宜，分区域进行耕地改良利用，按照主导因素与综合性相结合的原则，根据地貌形态，成土母质，土壤类型，土壤肥力，改良利用方向和水利条件，农业生产有利条件与不利因子的相似性，采取同类性和同向性分区相结合的方法，把地貌类型，水热条件，土壤类型相同，农业生产条件与障碍因素相似，改良利用方向基本一致性划分。例如山区照顾山体基本完整、森林植被相近，平原区注意流域的完整性。同一利用区具有优势的土壤类型、近似的土壤组合和气候、植被等环境条件以及生产上的主要限制因素与改良利用方向等基本相同。

分区命名采用，本区的地理位置—地貌类型—主要土壤及土壤利用方式的连续命名法。嵩县分为伊河两岸褐土潮土粮菜陆浑灌溉农业区、中北部丘陵区褐土粗骨土石质土红黏土棕壤潮土粮烟旱地种植区、中南部低山潮土粗骨土褐土红黏土石质土粮谷旱地农业区、南部中山区潮土粗骨土褐土红黏土石质土黄棕壤粮食区4个区。

第二节 伊河汝河两岸褐土潮土粮菜陆浑灌溉农业区

本区位于伊河、汝河两侧，为一条狭长的河谷地带，包括田湖镇、阎庄镇、城关镇、纸房乡、德亭镇、车村乡6个乡镇的17个行政村，面积2.76万 hm²。

一、土壤养分现状

土壤养分含量平均值：有机质 17.3g/kg、全氮 1.02g/kg、有效磷 6.8mg/kg、速效钾 154mg/kg、有效铁 15.39mg/kg、有效锰 30.12mg/kg、有效铜 1.19mg/kg、有效锌 0.79mg/kg、水溶态硼 0.62mg/kg、有效钼 0.34mg/kg、有效硫 7.79mg/kg、pH值 7.8（表61-1）。

表 61-1 伊河两岸褐土潮土粮菜陆浑灌溉农业区耕地土壤养分含量

项　目	平　均	最　小	最　大
有机质（g/kg）	17.3	5.1	30.6
全氮（g/kg）	1.02	0.58	1.52
有效磷（mg/kg）	6.8	1.4	26.8
速效钾（mg/kg）	154	63	300
有效铁（mg/kg）	15.39	0.16	98.31
有效锰（mg/kg）	30.12	0.22	106.94
有效铜（mg/kg）	1.19	0.15	14.41
有效锌（mg/kg）	0.79	0.03	8
水溶态硼（mg/kg）	0..62	0.01	3.39
有效钼（mg/kg）	0.34	0	3.782
有效硫（mg/kg）	7.79	0.11	46
pH值	7.8	7	8.4

二、土类土种分布

该区土种42个，面积、比例见表61-2。

表 61-2　伊河两岸褐土潮土粮菜陆浑灌溉农业区耕地土种分布

土种名称	面积（hm²）	比例（%）
薄层硅钾质中性粗骨土	233.26	0.85
薄层硅钾质棕壤	13.77	0.05
薄层硅铝质中性粗骨土	980.24	3.55
薄层硅铝质棕壤	754.67	2.74
薄层泥质中性粗骨土	1 047.83	3.80
薄层砂泥质棕壤	12.62	0.05
底砾层洪积潮土	148.61	0.54
底砂两合土	5.72	0.02
硅质中性石质土	3 241.55	11.75
红黄土质褐土	132.97	0.48
红黄土质褐土性土	1 113.66	4.04
红黄土质淋溶褐土	213.04	0.77
红黄土质石灰性褐土	536.19	1.94
红黏土	4 682.57	16.97
洪积灰砂土	87.58	0.32
洪积两合土	401.21	1.45
厚层堆垫褐土性土	116.56	0.42
厚层砂泥质褐土性土	1 887.56	6.84
黄土质棕壤	63.66	0.23
两合土	170.9	0.62
浅位多量砂姜石灰性红黏土	536.42	1.94
浅位砂层洪积湿潮土	32.06	0.12
浅位少量砂姜红黄土质石灰性褐土	709.5	2.57
浅位少量砂姜红黏土	907.65	3.29
浅位少量砂姜石灰性红黏土	1 785.09	6.47
壤质潮褐土	1 008.06	3.65
壤质冲积湿潮土	181.73	0.66
壤质洪积潮土	846.94	3.07
砂质洪积湿潮土	209.11	0.76
深位多量砂姜红黄土质石灰性褐土	22.95	0.08
石灰性红黏土	2 072.37	7.51
脱潮小两合土	5.28	0.02
小两合土	28.85	0.10
淤土	138.88	0.50
黏质洪积湿潮土	429.94	1.56
中层钙质褐土性土	87.07	0.32

（续表）

土种名称	面积（hm²）	比例（%）
中层硅钾质褐土性土	1 050.76	3.81
中层硅钾质棕壤	96.16	0.35
中层硅铝质褐土性土	487.6	1.77
中层硅铝质棕壤	150.6	0.55
中层硅质粗骨土	155.69	0.56
中层砂泥质褐土性土	800.75	2.90
总计	27 587.63	100

三、主要属性

质地含砂壤土、中壤土、重壤土 3 个，面积、比例见表 61-3。

表 61-3 伊河两岸褐土潮土粮菜陆浑灌溉农业区耕地土壤质地情况

质 地	面积（hm²）	比例（%）
砂壤土	161.21	0.58
中壤土	1 603.56	5.81
重壤土	1 317.98	4.78

农田灌溉主要是山间河流、小溪和微积水工程，保证率绝大面积在 50% 以下（表 61-4）。

表 61-4 伊河汝河两岸褐土潮土粮菜陆浑灌溉农业区耕地灌溉情况

灌溉保证率（%）	面积（hm²）	比例（%）
≤30	253.03	0.92
30~50	4 811.57	17.44
50~75	1 838.2	66.6
>75	903.99	3.28

种植制度主要是小麦、玉米、瓜菜、花生、大豆等。障碍层类型，面积、比例见表 61-5。

表 61-5 嵩县南部中山石质土褐土林土特产区耕地高程分布情况

障碍层类型	面积（hm²）	比例（%）
无	27 532.62	99.80
砂姜层	22.95	0.08
砂砾层	32.06	0.12

耕地有效土层厚度绝大部分在 90cm 以上（表 61-6）。

表 61-6 伊河汝河两岸褐土潮土粮菜陆浑灌溉农业区耕地有效土层厚度情况

有效土层厚度（cm）	面积（hm²）	比例（%）
≥90	18 173.09	65.87

有效土层厚度（cm）	面积（hm²）	比例（%）
60~90	1 887.56	6.84
50~60	116.56	0.42
45~50	2 861.62	10.37
40~45	986.86	3.58
30~40	399.32	1.45
25~30	247.03	0.90
<25	3 996.22	14.49

嵩县伊河、汝河两岸褐土潮土粮菜陆浑灌溉农业区耕地地力等级主要是二、三级，含一至五级（表61-7）。

表61-7　伊河汝河两岸褐土潮土粮菜陆浑灌溉农业区耕地地力等级情况

县地力等级	面积（hm²）	比例（%）
1	5 191.31	18.82
2	6 221.35	22.55
3	9 284.47	33.65
4	3 931.99	14.25
5	2 958.51	10.72

第三节　中北部丘陵区褐土粗骨土石质土红黏土棕壤潮土粮经旱地种植区

包括城关镇、大坪乡、德亭乡、饭坡乡、何村乡、九店乡、库区乡、闫庄乡、纸房乡9个乡镇的61个行政村，面积34 712.54hm²。

一、土壤养分现状

土壤养分平均含量：有机质15.4g/kg、全氮1.00g/kg、有效磷9.4mg/kg、速效钾141mg/kg、有效铁14.5mg/kg、有效锰22.4mg/kg、有效铜1.33mg/kg、有效锌1.54mg/kg、水溶态硼0.53mg/kg、有效钼0.07mg/kg、有效硫20.8mg/kg、pH值7.6（表61-8）。

表61-8　中北部丘陵区褐土粗骨土石质土红黏土棕壤潮土粮烟旱地种植区耕地土壤养分含量

项　目	平　均	最　小	最　大
有机质（g/kg）	15.4	2.3	32.4
全氮（g/kg）	1	0.44	2.11
有效磷（mg/kg）	9.4	1	47.4
速效钾（mg/kg）	141	31	458
有效铁（mg/kg）	14.5	0.18	97.31
有效锰（mg/kg）	22.4	0.12	119.94
有效铜（mg/kg）	1.33	0.17	14.41

（续表）

项 目	平 均	最 小	最 大
有效锌（mg/kg）	1.54	0.06	8.1
水溶态硼（mg/kg）	0.53	0.01	3.29
有效钼（mg/kg）	0.07	0.2	3.78
有效硫（mg/kg）	7.81	0.09	47
pH 值	20.8	5.2	8.7

二、土类土种分布

该区 6 个土类，主要是粗骨土、褐土、石质土。土种 35 个，面积、比例见表 61-9。

表 61-9　中北部丘陵区褐土粗骨土石质土红黏土棕壤潮土粮经旱地种植区耕地土种分布

土种名称	面积（hm²）	比例（%）
薄层硅钾质中性粗骨土	628.87	1.81
薄层硅钾质棕壤	118.23	0.34
薄层硅铝质中性粗骨土	1 026.02	2.96
薄层硅铝质棕壤	293.54	0.85
薄层泥质中性粗骨土	1 722.81	4.96
底砾层洪积潮土	92.41	0.27
底砂两合土	5.72	0.02
硅质中性石质土	3 698.04	10.65
红黄土质褐土	558.59	1.61
红黄土质褐土性土	1 435.81	4.14
红黄土质石灰性褐土	755.81	2.18
红黏土	8 191.53	23.60
厚层堆垫褐土性土	138.06	0.40
厚层砂泥质褐土性土	2 229.94	6.42
两合土	41.31	0.12
浅位多量砂姜石灰性红黏土	761.86	2.19
浅位少量砂姜红黄土质石灰性褐土	516.66	1.49
浅位少量砂姜红黏土	3 628.78	10.45
浅位少量砂姜石灰性红黏土	2 073.64	5.97
壤质潮褐土	509.01	1.47
壤质冲积湿潮土	19.25	0.06
壤质洪积潮土	914.18	2.63
砂质洪积湿潮土	147.11	0.42
深位多量砂姜红黄土质石灰性褐土	99.01	0.29
石灰性红黏土	1 341.03	3.86

（续表）

土种名称	面积（hm²）	比例（%）
脱潮小两合土	5.28	0.02
小两合土	17.32	0.05
黏质洪积湿潮土	30.88	0.09
中层钙质褐土性土	119.47	0.34
中层硅钾质褐土性土	1 184.59	3.41
中层硅钾质棕壤	173.68	0.50
中层硅铝质褐土性土	416.89	1.20
中层硅铝质棕壤	194.64	0.56
中层硅质粗骨土	101.69	0.29
中层砂泥质褐土性土	1 520.44	4.38
总计	34 712.54	100

三、主要属性

质地含轻壤土、中壤土、重壤土3个，面积、比例见表61-10。

表61-10　中北部丘陵区褐土粗骨土石质土红黏土棕壤潮土粮经旱地种植区耕地土壤质地情况

质地	面积（hm²）	比例（%）
轻壤土	10 945.12	31.53
中壤土	2 761.96	7.96
重壤土	20 493.34	59.04

表61-11　中北部丘陵区褐土粗骨土石质土红黏土棕壤潮土粮经旱地种植区耕地灌溉情况

灌溉保证率（%）	面积（hm²）	比例（%）
30	28 741.56	82.80
30~50	3 535.84	10.19
50~75	2 435.14	7.02

种植制度绝大部分是小麦、玉米、红薯、花生、大豆、烟叶等，面积6 263.62hm²、占85.74%；其他占14.26%。耕地障碍层类型（表61-12）。

表61-12　中北部丘陵区褐土粗骨土石质土红黏土棕壤潮土粮经旱地种植区耕地障碍层类型分布情况

障碍层类型	面积（hm²）	比例（%）
无	34 613.53	99.71
砂姜层	99.01	0.29
砂砾层	0	0.00

耕地有效土厚度两头多，30~60cm少（表61-13）。

表 61-13　中北部丘陵区褐土粗骨土石质土红黏土棕壤潮土粮经旱地种植区耕地有效土层厚度情况

有效土厚度（cm）	面积（hm²）	比例（%）
≥90	21 097.05	60.78
60~90	1 927.76	5.55
50~60	760.57	2.19
45~50	1 469.16	4.23
40~45	788.3	2.27
30~40	1 077.55	3.10
25~30	747.1	2.15
<25	3 793.17	10.93

嵩县中北部丘陵区褐土粗骨土石质土红黏土棕壤潮土粮经旱地种植区耕地地力等级主要是二、三、四级，含一至五级（表 61-14）。

表 61-14　嵩县中北部丘陵区褐土粗骨土石质土红黏土棕壤潮土粮经旱地种植区耕地地力等级情况

县地力等级	面积（hm²）	比例（%）
一	4 539.7	13.08
二	9 556.77	27.53
三	12 321.38	35.50
四	5 050.56	14.55
五	3 244.13	9.35

第四节　中南部低山潮土粗骨土褐土红黏土石质土粮经旱地农业区

中南部低山区，包括黄庄乡、木植街乡、大章乡、旧县镇等 4 个乡镇（区）的 74 行政村，面积 9 291.51hm²。

一、土壤养分现状

土壤养分平均含量：有机质 16g/kg、全氮 1.03g/kg、有效磷 10.05mg/kg、速效钾 143mg/kg、有效铁 16.35mg/kg、有效锰 31.08mg/kg、有效铜 1.25mg/kg、有效锌 0.81mg/kg、水溶态硼 0.59mg/kg、有效钼 0.32mg/kg、有效硫 7.72mg/kg、pH 值 7.4（表 61-15）。

表 61-15　中南部低山潮土粗骨土褐土红黏土石质土粮谷旱地农业区耕地土壤养分含量

项　目	平　均	最　小	最　大
有机质（g/kg）	16	3.7	34.3
全氮（g/kg）	1.03	0.35	1.82
有效磷（mg/kg）	10.05	1.6	45.6
速效钾（mg/kg）	143	48	443
有效铁（mg/kg）	16.35	3.6	29.7
有效锰（mg/kg）	31.08	2.8	34.3
有效铜（mg/kg）	1.25	0.62	3.42

（续表）

项　目	平　均	最　小	最　大
有效锌（mg/kg）	0.81	0.66	4.08
水溶态硼（mg/kg）	0.59	0.18	1.03
有效钼（mg/kg）	0.32	0.15	0.33
有效硫（mg/kg）	7.72	6.23	33.15
pH 值	7.4	5.3	8.4

二、土类土种分布

该区 6 个土类，主要是潮土、粗骨土、褐土、红黏土、石质土、棕壤。土种 31 个，面积、比例见表 61-16。

表 61-16　中南部低山潮土粗骨土褐土红黏土石质土粮经旱地农业区耕地土类分布

土类名称	面积（hm²）	比例（%）
潮土	319.13	3.43
粗骨土	2 846.32	30.63
褐土	2 143.28	23.07
红黏土	1 311.8	14.12
石质土	2 480.08	26.69
棕壤	190.9	2.05
总计	9 291.51	100.00

表 61-17　中南部低山潮土粗骨土褐土红黏土石质土粮经旱地农业区耕地土种分布

土种名称	面积（hm²）	比例（%）
薄层硅钾质中性粗骨土	421.83	4.54
薄层硅钾质棕壤	55.16	0.59
薄层硅铝质中性粗骨土	664.62	7.15
薄层硅铝质棕壤	42.08	0.45
薄层泥质中性粗骨土	1 746.17	18.79
底砾层洪积潮土	58.11	0.63
底砂两合土	43.6	0.47
硅质中性石质土	2 490.08	26.80
红黄土质褐土	45.71	0.49
红黄土质褐土性土	637.1	6.86
红黄土质淋溶褐土	8.52	0.09
红黏土	694.14	7.47
厚层堆垫褐土性土	21.76	0.23
厚层砂泥质褐土性土	552.62	5.95
黄土质棕壤	7.28	0.08

（续表）

土种名称	面积（hm²）	比例（%）
两合土	38.01	0.41
浅位少量砂姜红黄土质石灰性褐土	312.81	3.37
浅位少量砂姜红黏土	49.22	0.53
浅位少量砂姜石灰性红黏土	144.08	1.55
壤质潮褐土	39.24	0.42
壤质冲积湿潮土	26.56	0.29
壤质洪积潮土	49.46	0.53
石灰性红黏土	354.36	3.81
脱潮小两合土	43.44	0.47
淤土	59.95	0.65
中层钙质褐土性土	165.62	1.78
中层硅钾质棕壤	3.76	0.04
中层硅铝质褐土性土	58.32	0.63
中层硅铝质棕壤	82.62	0.89
中层硅质粗骨土	23.7	0.26
中层砂泥质褐土性土	351.58	3.78
总计	9 291.51	100

三、主要属性

质地主要有轻壤土、中壤土、重壤土3个，面积、比例见表61-18。

表61-18　中南部低山潮土粗骨土褐土红黏土石质土粮经旱地农业区耕地土壤质地情况

质地	面积（hm²）	比例（%）
轻壤土	4 186.03	45.05
中壤土	855.02	9.20
重壤土	4 250.46	45.75

障碍层类型，黄庄乡、木植街乡、大章乡、旧县镇均无障碍层。大章乡面积2 688.58hm²，占28.9%；黄庄乡面积2 743.49hm²，占29.53%；旧县镇面积2 822.25hm²，占30.37%；木植街乡面积1 037.19hm²，占11.16%。农田灌溉保证率大面积在30%~75%（表61-19）。

表61-19　中南部低山潮土粗骨土褐土红黏土石质土粮经旱地农业区耕地灌溉情况

灌溉保证率（%）	面积（hm²）	比例（%）
≤30	6 808	73.27
30~50	2 113.82	22.75
50~75	369.69	3.98

种植制度小麦、玉米、中药材、豆类、红薯等障碍层类型（表61-20）。

表 61-20　中南部低山潮土粗骨土褐土红黏土石质土粮经旱地农业区耕地障碍层分布情况

障碍层类型	面积（hm²）	比例（%）
无	9 291.51	100

耕地有效土厚度薄的占的比例较小，厚度≥90 的占的比例最大，面积 2 869.29hm²，占 30.88%（表 61-21）。

表 61-21　中南部低山潮土粗骨土褐土红黏土石质土粮经旱地农业区耕地有效土层厚度情况

有效土厚度（cm）	面积（hm²）	比例（%）
≥90	2 869.29	30.88
60~90	542.62	5.84
50~60	91.5	0.98
45~50	946.46	10.19
40~45	259.03	2.79
30~40	1 583.46	17.04
25~30	476.99	5.13
<25	2 522.16	27.14

第五节　嵩县中南部低山潮土粗骨土褐土红黏土石质土粮经旱地农业区

耕地地力等级主要是三、四、五级。（表 61-22）。

表 61-22　中南部低山潮土粗骨土褐土红黏土石质土粮经旱地农业区耕地地力等级情况

县地力等级	面积（hm²）	比例（%）
一	1 419.42	15.28
二	1 063.52	11.45
三	2 296.6	24.72
四	2 198.4	23.66
五	2 313.57	24.90

第六节　南部中山区潮土粗骨土褐土红黏土石质土黄棕壤粮经区

南部中山区，包括车村、白河 2 个乡镇的 39 个行政村，面积 4 755.17hm²。

一、土壤养分现状

土壤养分平均含量：有机质 20.2g/kg、全氮 1.19g/kg、有效磷 12.2mg/kg、速效钾 79mg/kg、有效铁 15.98mg/kg、有效锰 31.03mg/kg、有效铜 1.22mg/kg、有效锌 0.79mg/kg、水溶态硼 0.54mg/kg、有效钼 0.35mg/kg、有效硫 7.86mg/kg、pH 值 6.4（表 61-23）。

表 61-23　南部中山区潮土粗骨土褐土红黏土石质土黄棕壤粮经区耕地土壤养分含量

项　目	平　均	最　小	最　大
有机质（g/kg）	20.2	5.2	37.7
全氮（g/kg）	1.19	0.19	1.91
有效磷（mg/kg）	12.2	2.2	50.4
速效钾（mg/kg）	79	21	244
有效铁（mg/kg）	15.98	7.2	28.8
有效锰（mg/kg）	31.03	9.87	33.25
有效铜（mg/kg）	1.22	0.80	4.87
有效锌（mg/kg）	0.79	1.15	5.21
水溶态硼（mg/kg）	0.54	0.24	1.07
有效钼（mg/kg）	0.35	0.21	0.48
有效硫（mg/kg）	7.86	14.26	31.83
pH 值	6.4	4.8	8.2

二、土类土种分布

该区 7 土类，主要是潮土、粗骨土、褐土、红黏土、石质土、棕壤、黄棕壤，见表 61-24。土种 19 个，面积、比例见表 61-25。

表 61-24　南部中山区潮土粗骨土褐土红黏土石质土黄棕壤粮经区耕地土类分布

土类名称	面积（hm²）	比例（%）
潮土	916.51	19.27
粗骨土	188.74	3.97
褐土	805.58	16.94
红黏土	250.89	5.28
石质土	1 333.59	28.05
棕壤	903.25	19.00
黄棕壤	356.61	7.50
总计	4 755.17	100.00

三、主要属性

质地有轻壤土、中壤土、重壤土 3 个，面积、比例见表 61-26。

障碍层类型，车村镇、白河乡都没有障碍层。其中白河乡面积 534.03hm²，占 11.23%；车村镇面积 4 221.14hm²，占 88.77%。

农田灌溉保证率大面积在 30%（表 61-27）。

表 61-25　南部中山区潮土粗骨土褐土红黏土石质土黄棕壤粮经区耕地土种分布

土种名称	面积（hm²）	比例（%）
薄层硅铝质黄棕壤性土	82.08	1.73
薄层硅铝质中性粗骨土	114.19	2.40

土种名称	面积（hm²）	比例（%）
薄层硅铝质棕壤	605.44	12.73
薄层泥质中性粗骨土	74.55	1.57
薄层砂泥质棕壤	93.33	1.96
硅质中性石质土	1 333.59	28.05
红黄土质淋溶褐土	213.04	4.48
红黏土	250.89	5.28
洪积灰砂土	87.58	1.84
洪积两合土	367.87	7.74
厚层砂泥质褐土性土	427.22	8.98
黄土质棕壤	63.66	1.34
壤质潮褐土	132.07	2.78
砂质洪积湿潮土	62	1.30
黏质洪积湿潮土	399.06	8.39
中层硅铝质褐土性土	33.25	0.70
中层硅铝质黄棕壤	59.43	1.25
中层硅铝质棕壤	140.82	2.96
中层砂泥质黄棕壤性土	215.1	4.52
总计	4 755.17	100

表 61-26　南部中山区潮土粗骨土褐土红黏土石质土黄棕壤粮经区耕地土壤质地情况

质地	面积（hm²）	比例（%）
轻壤土	2 654.51	55.82
中壤土	1 099.46	23.12
重壤土	1 001.2	21.05

表 61-27　南部中山区潮土粗骨土褐土红黏土石质土黄棕壤粮经区耕地灌溉情况

灌溉保证率（%）	面积（hm²）	比例（%）
30	3 353.59	70.525
50~75	815.49	17.150
>75	586.09	12.325

　　种植制度蔬菜 182.60hm²、占 6.27%；小麦—玉米一年两熟制 2 300.55hm²、占 78.98%；中药材等占 14.75%。

　　障碍层类型（表 61-28）。

表 61-28　南部中山区潮土粗骨土褐土红黏土石质土黄棕壤粮经区耕地障碍层分布情况

障碍层类型	面积（hm²）	比例（%）
无	4 755.17	100

耕地有效土厚度<25cm 的占 40.78%，≥90cm 的占 43.31%（表 61-29）。

表 61-29　南部中山区潮土粗骨土褐土红黏土石质土黄棕壤粮经区耕地有效土层厚度情况

有效土厚度（cm）	面积（hm²）	比例（%）
<25	1 939.03	40.78
30~40	140.82	2.96
45~50	74.55	1.57
50~60	114.19	2.40
60~90	427.22	8.98
≥90	2 059.36	43.31

嵩县南部中山区潮土粗骨土褐土红黏土石质土黄棕壤粮经区耕地地力等级主要是一、五，含一至五（表 61-30）。

表 61-30　南部中山区潮土粗骨土褐土红黏土石质土黄棕壤粮经区耕地地力等级情况

县地力等级	面积（hm²）	比例（%）
一	1 011.37	21.27
二	816.16	17.16
三	837.39	17.61
四	447.59	9.41
五	1 642.66	34.54

第六十二章　耕地资源合理利用的对策与建议

嵩县通过耕地地力评价工作，全面摸清了嵩县耕地地力状况和质量水平，初步查清了嵩县在耕地管理和利用、生态环境建设等方面存在的问题。为了将耕地调查和评价成果及时指导农业生产，发挥科技推动作用，有针对性地解决当前农业生产管理中存在的问题，从耕地地力与改良利用、耕地资源合理配置与种植业结构调整、科学施肥、耕地质量管理等方面提出对策与建议。

第一节　利用方向略述

一、主要轮作施肥制度

（一）小麦—玉米轮作施肥制度

1. 轮作方式

小麦—夏玉米（或豆类、谷子、花生）一年两熟制，山区则多采用春玉米（间作马铃薯）—小麦—玉米的两年三熟制。

2. 轮作周期中土壤养分动态与养分补给关系

小麦—夏玉米一年两熟制，土壤中有机质和全氮含量具有明显的阶段性变化。小麦播前大量施肥，加上秋冬地温下降，有机质分解较慢，有效养分释放可满足幼苗的需要，后期根系生长发育又为根系残留量的增长提供了物质基础。夏玉米生育期，由于气温较高，雨量充沛，土壤中好气微生物活跃，致使有机质迅速分解，养分大量释放，因此轮作周期结束呈现消耗状态，全磷在全周期均为消耗过程，仅在玉米生长期土壤速效钾有所积累，主要是施入土壤中的有机肥经过高温季节不断加速矿化的结果。

3. 轮作制中肥料的合理分配

（1）有机肥的分配。一年两熟制轮作周期中有机肥残留不足 20%，应该在小麦播种前重施粗肥掩底，秋作物施肥可以化肥为主；两年三熟区在第一茬春播前和第二茬麦播前重施粗肥，第三茬套种玉米（或谷子等）以化肥或速效农家肥为主。由于嵩县耕地面积少，单独种植绿肥既困难也不现实，单播豆类的也很少，为减轻土壤消耗应注意恢复麦豆混作和玉米、豆子间、套、混作等方式。

（2）化肥的分配。由于轮作中作物的经济地位、前后茬口及化肥的增产效果不同，这就直接关系到如何分配使用化肥才能更好发挥化肥经济效益。一年两熟制轮作周期短，复种指数大，地力消耗多，夏玉米对养分的吸收量普遍大于投入，轮作周期结束时养分处于消耗状态，此种轮作制对氮肥依靠程度大，适当增施氮肥是夺取小麦、玉米双丰收的重要条件之一，氮肥施用重点应放在夏玉米等秋作物上，因为夏季抢种抢收，季节性强，加上有时天气不好，多数情况下来不及施用粗肥；其次，秋作物生长季节水热条件好，生长周期短，吸肥集中，及时满足秋作物对氮素的需要是争取秋季丰收的关键。嵩县有些地方在施肥上有重夏轻秋的偏向，应引起注意。关于磷肥的合理分配问题，一般认为小麦对磷素敏感，增产显著，习惯把磷肥用作小麦基肥，玉米利用后效。

（二）花生、烟草轮作施肥制度

嵩县花生近年种植面积 2 700hm² 左右，单产 160～300kg，商品率高达 69% 以上。丘陵坡地多，种烟面积 2 020hm² 左右。

1. 花生、烟草轮作特点及不同前茬土壤供肥状况

当地花生、烟草多为春播，一般是一年一熟、两年三熟或三年四熟，少数也有小麦套种花生、烟草，一年两熟制的。

一年一熟，多是花生—红薯—烟草，两年三熟制或三年四熟制多是红薯—花生—小麦—谷子，一年两熟是玉米—小麦—夏花生（夏播棉花或烟草）—小麦。轮作周期中，禾谷类作物消耗土壤中氮磷养分较多，烟草、红薯消耗钾素较多，花生、杂豆等豆科固氮作物在轮作周期中可恢复平衡地力，

这就为轮作中合理分配肥料提供了依据。花生、烟草要求中等地力，氮素营养过剩容易引起疯长或降低品质。烟草前茬以红薯、谷子、芝麻为好，豆茬次之，玉米又次。春红薯地多施用粗肥，收获时深刨，冬季休闲风化，改善了土壤物理性状，也减轻了病虫为害，是烟叶、花生的良好前作。但薯类耗钾较多，后茬栽烟应注意增施草木灰及钾素化肥。

2. 花生、烟叶轮作中的肥料分配

烟草施用饼肥不仅产量高而且色泽好、气味香、品质佳。当地多把棉秆、烟秆、高粱秆和其他秸秆，作燃料，如将残灰广为收集干贮作为钾肥施入土壤，是提高烟叶品级，降低生产成本的好办法。在氮肥品种安排上，可把硝态氮肥施于烟草，把铵态氮肥用于花生和其他粮食作物，并切忌把氯化铵施于烟草，以免影响烤烟质量。在注意花生、烟草用肥的同时还应注意红薯、小麦、谷子等其他粮食作物的施肥和增产，切不可顾此失彼，偏废一方。

二、利用方向略述

（一）全面开发利用土壤资源

鉴于本县荒山、荒坡面积大、耕地面积小的特点，从长计议，必须在保证粮食稳步增长的同时，突出抓好林、牧业生产，综合开发利用土壤资源。

（二）切实搞好水土保持

在总结群众多年植树种草、封山育林、修造梯田等典型经验的基础上，以小流域为单位全面规划，综合治理，重点抓好生物、工程、耕作施肥三大措施，从改变生态环境入手，做好水土保持工作。

（三）抓住关键措施，不断培养地力

1. 有机肥与无机肥结合施用

有机肥养分全、肥效长，能明显改善土壤结构和理化性质；化肥养分含量高、肥效快；两者配合施用，可缓急相济、取长补短，满足作物各生育期对养分不同需要。积极发展畜牧业，稳步推进沼气建设，搞好厕所、猪圈等基本建设，搞好人畜粪便的积制、施用和作物秸秆还田，增加有机肥源。

2. 搞好绿肥牧草化的研究

近年来嵩县花生、大豆、绿豆等豆科作物种植面积稳定。嵩县耕地少、荒山面积大，牧坡产草量低，载畜量少，今后要全面搞好草场的改良利用，做好绿肥牧草化的研究与推广。

（四）搞好旱地农业区开发

嵩县旱地农业区面积大、增产潜力大，但生产上存在的问题也多。除继续作好产业结构调整外，还要突出抓好抗旱防旱节水技术措施的推广，并针对本区土壤干旱瘠薄的特点，在种植业内部扩大耐旱、耐瘠作物如红薯、花生、豆类、谷子等耐旱节水作物的种植比例，推广深耕、镇压、耙耱等抗旱防旱措施和优良抗旱节水作物品种的引进推广。

（五）搞好集约经营

河川区抓好集约经营，做到科学技术集约、投资集约与劳务集约。在总结当地群众经验的同时，积极引进新经验、新技术，以提高效益。

第二节　耕地地力建设与土壤改良利用

一、伊河汝河两岸褐土潮土粮菜陆浑灌溉农业区

（一）加强以水土保持为中心的农田水利基本建设

平整土地搞好坡地水平梯田，防止地面径流，达到水不出田，蓄住天上水，拦住地面径流。有条件的地方修建集雨水窖。

（二）千方百计扩大水浇地面积

对有水源条件的地方，可打井开发地下水资源、发展井灌，改进灌溉技术，发展喷灌、滴灌，千方百计扩大水浇地面积。

（三）走有机旱作农业道路

本区 70%～80% 耕地还是旱作农业，要采取综合措施，推广有机农业旱作技术，在增施有机肥，加深耕层的同时，扩种耐旱作物和耐旱品种，喷打抗旱药剂，推广地膜覆盖和覆盖秸秆、麦糠等旱作节水技术。

（四）增施磷肥有机肥，搞好配方施肥

本区土壤养分化验结果表明，有效磷、有机质在嵩县属较低水平。除有土壤母质原因外，农民施肥比例不合理也是一方面因素。建议要加大磷肥、有机肥的使用，搞好配方施肥。

（五）广开有机肥源

广开有机肥源，发展畜牧业、沼气业，开展秸秆还田，增施有机肥料，提高地力。

二、中北部丘陵褐土粗骨土石质土红黏土棕壤潮土粮经旱地种植区

（一）增施有机肥料

利用秸秆还田、积沤农家肥、家畜粪便等多种途径增施有机肥料，改良土壤结构，增加土壤地力。

（二）搞好配方施肥

本区土壤养分化验结果表明，除有效磷较低、其他养分含量较高。农民在生产实践中偏重于氮肥的投入，因此，要普及配方施肥，减少单一肥料大量使用，降低施肥成本，协调土壤氮、磷、钾比例，尤其要重施磷肥和有机肥。

（三）搞好水利建设

维修渠道，增打机井，修建集雨水窖，搞好水利建设，最大限度地利用水资源，有条件的地方发展滴灌、渗灌等节水灌溉措施，发挥水源的最大效益，提高本区的抗旱能力。

（四）加强以水土保持为中心的农田水利基本建设

平整土地，增厚土层，搞好坡地水平梯田，防止地面径流，达到水不出田，蓄住天上水，拦住地面径流。有条件的地方修建集雨水窖。

三、中南部低山潮土粗骨土褐土红黏土石质土粮经旱地农业区

（一）进一步培肥地力

重视增施磷肥、有机肥，提倡小麦、玉米秸秆还田，提高潜在肥力，在化肥施用中要注意氮磷钾科学配比，大中微量元素科学配比，协调耕地土壤养分。

（二）进一步改善水利条件

应加强对现有水利设施进行完善，搞好配套。对井灌区机电井布局不合理，无灌溉条件的河滩地，要新打配套机电井，实现耕地旱涝保收。

（三）提高科学种田水平

普及平衡施肥技术，降低化肥用量。通过测土，配方，生产不同作物专用肥供农民施用，防止化肥的过量施用，把科学施肥落到实处。

（四）扩大深耕面积

对长期免耕播种的田块定期深耕，改善土壤理化结构。

四、南部中山区潮土粗骨土褐土红黏土石质土黄棕壤粮经区

（一）退耕还林牧

对于坡度 25° 以上的耕地，要逐步退耕还林、还牧，以林果为主，林灌草相结合，林木以松、柏、槐树、栎树为主、山坡上种植紫穗槐、荆条。果树以核桃、板栗、山芋肉、山楂、柿子为主，建立土特产基地。

（二）采取有效措施减少水土流失

改善耕地生态环境，对坡度小于 10° 的耕地，利用冬闲维修田埂，对坡度大于 10° 的搞水平梯田，减少水土、肥流失，提高耕地保水、保肥、保土能力。

（三）采取综合措施减轻旱灾为害

千方百计用好水资源，以蓄为主，加深耕层，增施有机肥，扩大秸秆还田量，提高耕地纳雨保墒能力；拦住径流水，修筑蓄水池，蓄住天上水，提高降雨利用率。

（四）发展旱作农业

走有机旱作农业道路，在抓好增施有机肥，加深耕层的同时，改革种植制度，扩种养地作物，推广抗旱作物和抗旱品种、地膜覆盖技术，改一年两熟为二年三熟，降低复种指数，减少耕地负荷。

（五）狠抓培肥地力

本区车村镇土壤化验结果表明，速效钾含量很低，有效磷含量中等偏低，需增施钾肥、磷肥和有机肥，降低复种指数，大力推广测土配方施肥，协调土壤养分，提高土壤肥力。

第三节　平衡施肥对策与建议

平衡施肥就是根据作物对各种营养成分的需求，以及土壤自身向作物提供各种养分的能力，来配置施用肥料的种类和数量。实行平衡施肥，可用解决目前施肥中存在的问题，减少因施肥不当而带来的不利影响，是发展高产、高效、优质农业的保证，可减少化肥使用量，提高肥料利用率，增加农产品产量，改善农产品品质，改良环境，具有明显的经济，社会和生态效益。

一、施肥中存在的主要问题

（一）有机肥施用量少

部分群众重视化肥轻视有机肥，有机肥与无机肥失衡。

（二）肥料品种结构不合理

施肥品种结构不合理，重视氮肥、轻视磷钾肥及微量元素，不重视营养的全面性。

（三）肥料配比比例不合理

部分农户年化肥使用量，折合纯 N 30kg，P_2O_5 4.5kg，K_2O 2.5kg，N∶P_2O_5∶K_2O 为 1∶0.14∶0.08，氮肥施量偏大，氮磷钾比例不协调。特别是部分蔬菜田，施肥用量盲目偏高，大量使用有机肥和化肥，有的是粮田的 3~4 倍，造成资源浪费和环境污染。

（四）施肥方法不科学

有的群众，图省事尿素、复合肥撒施、肥料利用率低。

（五）对配方肥认识低

部分群众不会熟练应用测土结果，影响配方肥使用面积。

二、施肥不当的危害

（一）生产成本加大

施肥不合理影响到经济效益。化肥用量少、比例不协调，作物产量上不去，经济效益低。用量过大，盲目偏施会造成投入增大，甚至产量降低，也影响经济效益的提高。

（二）农产品品质降低

施肥不合理，各种养分不平衡，影响产品的外观和内在品质。

（三）不利于土壤培肥

施肥不当，造成土壤养分比例不协调，进而影响土壤的综合肥力。

（四）对环境造成不良影响

过量施用氮肥，会造成地下水硝态氮的积累，不但影响水质，而且污染环境。

三、平衡施肥的对策和建议

（一）普及平衡施肥知识，提高广大农民科学施肥水平

增加技术人员的培训力度，搞好农民技术培训，把科技培训作为一项重要工作来抓，提高广大农民科学种田水平。

（二）加大宣传力度

技术人员深入基层把技术宣传到千家万户，给农民提出合理、操作方便的施肥配方。

（三）扶持一批种粮大户和科技示范户

扩大取土化验数量，重点扶持一批种粮大户和科技示范户，真正实现测土施肥。

（四）加强配方施肥应用系统建设

在施肥试验基础上，加强配方施肥应用系统的硬件建设和软件开发，建立全市不同土壤类型的科学施肥数据库，指导农民科学施肥。

（五）推广分次施肥技术

在中高产田地区重点推广配方施肥、分次施肥，提高肥料利用率。

（六）政策上加大对有机肥利用的支持力度

建议政府在政策和资金上支持有关农作物秸秆还田推广工作，增施有机肥、磷肥和微肥。

第四节　耕地质量管理建议

由于人多地少耕地资源匮乏，要想获得更多的产量和效益，提高粮食综合生产能力，实现农业可持续性，就必须提高耕地质量，依法进行耕地质量管理。

一、建立依法管理耕地质量的体制

（一）与时俱进完善家庭承包经营体制，逐步发展耕地规模经营

以耕地为基本生产资料的家庭联产承包经营体制，在农村已经实施 20 多年。实践证明，家庭联产经营体制不但是促进农村生产力发展，稳定社会的基本政策，也是耕地质量得以有效保护的前提。农民注重耕地保养和投入，避免了耕地掠夺经营行为。当前，要坚持党在农村的基本政策，长期稳定并不断完善以家庭承包为基础充分结合的双层经营体制。有条件的地方可按照依法、自愿，有偿的原则进行土地经营权流转，逐步发展规模经营。土地规模经营有利于耕地质量保护、技术的推广和质量保护法规的实施。

（二）执行并完善耕地质量管理法规

依法管理耕地质量，首选要执行国家和地方颁布的法规，严格依照《土地法》管理。国务院颁布的《基本农田保护条例》中，关于耕地质量保护的条款，对已造成耕地严重污染和耕地质量严重恶化的违法行为，通过司法程序进行处罚。其次，根据嵩县社会和自然条件制定耕地质量保护地方性法规，以弥补上述法规注重耕地数量保护、忽视质量保护的不足。在耕地质量保护地方法规中，要规定耕地承包者和耕地流转的使用者，对保护耕地质量应承担的责任和义务，各级政府和耕地所有者保护耕地质量的职责，以及对于造成耕地质量恶化的违法行为的惩处等条款。

（三）要建立耕地质量定点定期监测体系、加强农田质量预警制度

利用地力评价成果加强地块档案建设，由专门人员定期进行化验、监测，并提出改良意见，确保耕地质量，促进农业生产。

（四）制定保护耕地质量的鼓励政策

县、乡镇政府应制订政策，鼓励农民保护并提高耕地质量的积极性。例如，对于实施绿色食品和无公害食品生产成绩突出的农户、利用作物秸秆和工业废弃物（不含污染物质）生产合格有机肥的生产者、举报并制止破坏耕地质量违法行为的人给予名誉和物质奖励。

（五）对免耕播种法进行深入研究

研究免耕对土壤结构、病虫发生的影响，研究免耕与深耕合理的交替时间。

（六）加大对耕地肥料投入的质量管理，防止工业废弃物对农田的为害

农业行政执法部门加强肥料市场监管，严禁无证无照产品进入市场，对假冒伪劣产品加强抽查化验力度，保护农民利益。

（七）推广农业标准化生产

实施农业标准化生产可以规范农民的栽培措施，避免不正确的农事行为对耕地质量带来为害，国家农业部和河南省已经分别颁布了部分作物标准化生产的行业标准和地方标准，这些标准应该首先在县、乡级农业示范园、绿色食品和无公害食品生产基地实施，取得经验后逐步推广。

（八）调整农业和农村经济结构

调整农业和农村经济结构，应遵循可持续发展原则，以土地适应性为主要因素，决定其利用途径和方法，使土地利用结构比例合理，才能实现经济发展与土壤环境改善的统一。对开垦的耕地坡度大于25°，应退耕还林。在确保粮食种植的前提下发展多种经营。

二、扩大绿色食品和无公害农产品生产规模

扩大绿色食品和无公害农产品生产符合农业发展方向，它使生产利益的取向与保护耕地质量及其环境的目的达到了统一。目前，分户经营模式与绿色食品、无公害农产品规模化经营要求的矛盾十分突出，解决矛盾的方法就是发展规模经营，建立龙头企业的绿色食品集约化生产基地，实行标准化生产。

三、加强农业技术培训

结合"阳光培训工程""科技示范县建设""绿色证书制度"制定中长期农业技术培训计划，对农民进行较系统的培训。完善县乡级农技推广体系，发挥县乡镇农技推广队伍的作用，利用建立示范户（田）、办培训班、电视讲座等形式进行实用技术培训。加强科技宣传，提高农民科技水平和科技意识。

第十篇　伊川县耕地地力评价

第六十三章　农业生产与自然资源概况

第一节　地理位置与行政区划

一、地理位置

伊川县位于豫西丘陵地区，跨东经 112°12′~112°46′，北纬 34°13′~34°33′。东望嵩山与登封市为邻，西隔八关山和宜阳县相伴，西南仰九皋山跟嵩县接壤，北依龙门山同洛阳市毗连。伊川地貌，状若盆地，四面环山，丘陵连绵，中有伊河，南北纵贯，素有一川二山七分岭之称。县境东西长 50.7km，南北宽 34.545km，区域面积 1 238km²。

二、行政区划

伊川，古为京畿之地，是中原文化的发祥地之一。唐尧时称伊国，虞舜时称伊川。夏代，称豫州伊阙地，周襄王时名伊川，战国时称伊阙，后改为新城。汉惠帝 4 年（前 191 年）在伊川置新城县，晋属河南尹。东魏改新城县为伊川郡。隋开皇初，改置伊州，后废洛阳郡，析置伊川县。大业初，伊川县并入洛阳县。1927 年析置平等、自由县，1932 年合并平等、自由两县为伊川县，属河南省第十行政督察区。后，伊川或分设伊西县、或析置宜南县，地域多变，归属不定。1949 年 2 月，伊川县改属洛阳地区。1986 年 1 月以来归洛阳市管辖。全县设城关镇、水寨镇、彭婆镇、高山镇、吕店乡、江左镇、鸣皋镇、白沙镇、葛寨乡、酒后乡、平等乡、鸦岭乡，白元乡，半坡乡 14 个乡镇，369 个行政村，190 278 户，总人口 75.16 万人，其中农业人口 61.27 万人。

第二节　农业生产与农村经济

一、农村经济情况

据 2010 年统计年鉴显示，2009 年伊川县国民生产总值 221 亿元，同比增长 12.1%。财政一般预算收入为 9.23 亿元，全社会固定资产投资 145 亿元，城镇居民年可支配收入 12 500 元，农民人均纯收入为 5 010 元。全年实现农业增加值 23.82 亿元，比上年增长 4.6%。年末全县农业机械总动力达 68.32 万 kW；农用拖拉机达 41 125 台；农村用电量 34 906 万 kWh；农田有效灌溉面积达 34.2 万亩。

2006 年伊川土地数据库资料显示：耕地总面积 62 145.49hm²，其中旱地 44 447.04hm²，水浇地 16 037.5hm²，水田 867.01hm²，园地 793.94hm²。

2008 年统计年鉴数据显示：全年粮食播种总面积 7.73 万 hm²，总产 3.45 亿 kg，其中夏粮作物面积 3.75 万 hm²，总产 1.53 亿 kg；秋粮作物面积 3.98 万 hm²，总产 19.11 亿 kg。全县小麦播种面积 3.75 万 hm²，单产 272.1kg，总产较 2007 年减 3.3%，单产较 2007 年减 11.8kg。秋粮播种面积 3.98 万 hm²，单产 320.5kg，总产 1.91 亿 kg，总产较 2007 年增 4.1%，单产减 0.9%。经济作物种植有较大发展。全县棉花种植 0.14 万 hm²，平均单产 90kg，总产 163.8 万 kg；花生种植 0.19 万 hm²，平均单产 220kg，总产 604.5 万 kg；芝麻播种 0.15 万 hm²，平均单产 120kg，总产 251.3 万 kg；油菜播种 0.13 万 hm²。平均单产 87.8kg，总产 184.4 万 kg。

二、农业生产现状

伊川县的作物种类较少。粮食作物中，夏收作物主要是小麦，全县 14 个乡镇均有种植，而以伊河等河川区为主；1986 年以前，城关、平等等乡镇有少量大麦种植。秋收作物主要有薯类、玉米、谷子、高粱、大豆、绿豆等，除水稻外，14 个乡镇均有种植。玉米、水稻集中分布于伊河，顺阳河，甘水河等河川区；薯类，谷子、豆类等多分布于东西两岭的坡岭区。经济作物主要为棉花、油料、烟叶、药材等，14个乡镇均有种植，由于江左、吕店、常川、高山、鸣皋、白沙、鸦岭等乡镇坡岭面积大，适宜烟叶生长或有种烟习惯，烟叶种植面积广，占全县总面积的60%至90%。其他作物还有蔬菜、瓜类（主要是西瓜）、草莓等。草莓主要分布在彭婆镇。蔬菜、瓜类14个乡镇均有种植，蔬菜种植主要集中在城关、平等、鸣皋、白元、白沙、彭婆等乡镇。

三、农业科技项目的开展

（一）实施测土配方施肥项目

该项目2008—2011年完成推广测土配方施肥技术面积12.27万hm²，施用配方肥面积28 533.3hm²，6 518个土样已按规定采集完毕，各项化验设施已经配齐，为全面开展土样化验和配方研制奠定了物质基础。

（二）农村户用沼气建设

2008年，全县新建沼气池12 628座，新建大中型沼气示范工程14处，建立沼气全托服务试点村2个，完善县城沼气物业服务公司3家，乡镇沼气服务站14家，村级沼气服务网点84个，沼气技术服务覆盖率80%。组建沼气专业施工队108支，培训农民技术员5 000人，与农户签订服务合同4.6万份。培植市级循环农业示范村11个。

（三）小麦良种补贴项目

2008年，在全县范围内组织实施了小麦良种补贴项目，落实小麦面积37 040hm²，亩均补贴金额10元。在市组织统一竞标的基础上，伊川县与河南省内6家大的种子公司签订供种合同，全县共向农民提供补贴小麦良种9个388.9万kg，通过项目提种，补贴群众购种资金555.6万元。

第三节　农业自然资源条件

一、光热资源

伊川县地处豫西浅山丘陵地区，属暖温带大陆性季风气候。由于受地势走向和海拔高度影响，季风作用较为明显，春季多风少雨，夏季多雨较热，秋季气候凉爽，冬季较冷少雪。一年内，1月最冷，月均气温1.1℃，7月最热，月均气温27.3℃，年均气温14.8℃。伊川县地形复杂，光热水等资源差异明显。1971年至2000年30年间，年均日照2 135.2h，年均日照率48%，5—8月日照充足，日照最长为5月，平均224.1h。0℃以上积温年均5 344℃，10℃以上积温年均3 049.3℃；年均无霜期203.9天，最长267天，最短185天。伊川县年均降水量624mm，相对湿度52%，7、8月雨量多。

二、水资源

伊川县水资源总量为5.4658亿m³，其中地表水4.562亿m³，地下水9 037万m³。伊川县地下水资源分布很不均匀，浅层地下水资源补给主要是大气降水，其次是灌溉回渗及少量地表水体补给，地下水径流补给主要是东西两丘陵对中部伊河川区补给和中部伊河川区地下水向伊河侧渗流出。

伊河川区5 152万m³，占57%；东部丘陵区2 121万m³，占23.5%；西部丘陵区1 764万m³，占19.5%。受地形支配，中部伊河川区为强富水区，东西近川两岭为富水区，东西两岭、东南部浅山区为贫水区。

由于水资源受多种因素影响，分区极不均匀，供开发利用的水资源有2.8588亿m³（占水资源总量的75%），其中地表水资源2.5141亿m³，地下水0.3447亿m³。

三、土地资源

2006年伊川土地数据库资料显示：耕地总面积62 145.49hm²，其中旱地44 447.04hm²，水浇地16 037.5hm²，水田867.01hm²，园地793.94hm²。

四、生物资源

伊川县地形多样，气候四季分明，造就了适合多种生物生存的自然环境。据调查，除家养、常规种植之外，还有野生植物及主要微生物 220 科 509 种。

（一）植物资源

农作物主要有小麦、玉米、谷子、稻子、红薯、花生、油菜及各种豆类、棉花、烟、麻、瓜、蔬菜等；用材树种主要有泡桐、杨、柳、榆、椿、刺槐、国槐、侧柏、油松、栎树等；果树主要有柿、枣、桃、苹果、李、梨、杏、葡萄、核桃等；另外还有竹、苇子，以及多种灌木等。

野生植物 76 科 252 种，野生中药村 73 科 201 种。

（二）动物资源

家畜家禽主要有牛、驴、马、骡、猪、羊、兔、鸡、鸭、鹅、蜂、貂等。野生动物 120 科 222 种，主要有大鲵、蟾蜍、鳖、野兔、喜鹊、赤狐、鹌鹑、蝎、土元等，其中昆虫 57 科 114 种，植物害虫的天敌 20 科 37 种，主要有蝙蝠、小燕、啄木鸟、猫头鹰、青蛙、瓢虫、草青蛉、食蚜蝇和各种蜂等。

（三）微生物资源

全县有主要微生物 24 科 35 种。其中菌类 16 科 27 种，除一部分能引起人类及动植物病害外，还有木耳、银耳、磨菇、羊肚等食用菌。藻类 6 科 6 种。

五、灾害性天气

伊川县主要的灾害性天气有干旱、洪涝、大风、冰雹、干热风等。他们给农业生产带来了很大的损失。

（一）干旱

由于伊川县水分的蒸发量远大于降水量，而降水量分布极不均匀，土壤水分在许多时期内得不到及时补充而形成干旱，几乎年年有干旱。

（二）干热风

群众又称火风，旱风，它是小麦生长后期的一种灾害性天气。干热风出现在小麦抽穗后至成熟前，往往造成小麦千粒重下降。

（三）洪涝

洪涝多发生在夏季汛期。夏季雨水集中，常有暴雨，加上两岭地势起伏不平，沟壑纵横，水土大量流失，造成河川区洪涝爆发冲毁淹没大量农田。

（四）大风

伊川县盛行季风，风随季节变化明显，冬季多偏北风，夏季多偏南风，冬春季大风较多，冬春大风往往助长了土壤的干旱程度，夏季大风多出现在雷雨之前或风随雨至，造成作物倒伏树木折断。

（五）冰雹

冰雹在伊川县出现概率很小，受害面积往往不大，但每年都有局部地区受到轻重不同的雹害。

第四节　农业基础设施

一、农业水利设施

1986 年，伊川县委，县政府在大量调查研究、反复论证的基础上，制定了农田水利基本建设规划。至 1990 年，农田水利基本建设的主攻方向是：以"一配、一改、一发展"（即陆浑灌区总干渠和东一干渠配套，老灌区改造和发展小型喷灌机及节水灌溉）为中心扩大旱涝保收面积；以坡耕地改造为主，搞好小流域治理；以保滩护地为目的，做好伊河横堤加固，保证 50 年一遇洪水不进村，不冲垮横堤。1991—2000 年，重点是搞好陆浑灌区西干渠续建工程。

（一）河道治理

1989 年冬，加固伊河横堤，提高达到 5m，保证达到 50 年一遇，当龙门站洪峰流量每秒 6 490m³ 时不漫顶。每架滩地顺堤末端设置宽 100m 分洪口。由横堤头沿顺堤每 100m 修筑一个防冲护基坝垛。顺堤脚内外各增设 10m 宽防护林带。全线出动劳力 5 万人，新修加固沙堤 5.5 万 m，新造和恢复耕地

$250hm^2$，做成标准石垛 83 个。1991—2000 年，伊河堤防建设以加固旧堤为主，适当发展，提高抗洪能力。先后完成除险加固旧堤 19 处，共长 50km，新修堤坝 17 处，总长 18km；改滩造地 14 处，$166.7hm^2$。到 2000 年年底，伊河堤防总长达 120.5km，保护耕地 $2\,670hm^2$。

（二）人畜吃水工程

1985 年前，全县累计解决吃水困难人口 2.66 万人，建设人畜吃水工程 20 处。但全县仍有53 973人、7 148 头牲畜吃水困难。1986 年，为解决农村人畜吃水困难，国家、河南省、洛阳市下达专项资金 2.2 万元，建设人畜吃水工程 8 处，解决吃水困难人口 1.22 万人。至 1990 年，因以前所建吃水工程质量标准较低，且重建轻管，水资源浪费严重，加上连年干旱，地表水减少、地下水位下降，吃水困难人数急剧增加，全县 13 万人、2.2 万头牲畜吃水发生困难。国家、河南省、洛阳市增拨了专项资金，兴建人畜吃水工程。伊川县成立吃水工程指挥部，专门负责此项工作。采取宜井则井，宜站则站。分年一次性解决的办法。对工程坚持统一规划设计、统一标准、统一布置、统一物资供应、统一验收。并加强对工程的管理，每项工程都建有管理房，安装水表，送水入户，计方收费，使工程长久发挥效益。当年，开工建设吃水工程 10 处，解决吃水困难人口 1.426 万人。至 2000 年年底，全县吃水困难人口降至 41 120 人，累计解决吃水困难人口 19.52 万人，牲畜 3.33 万头，建设吃水工程159 处，其中打中、深井 34 眼，建提水站 80 处。

（三）其他水利设施

1. 水库

1986 年底，全县共有水库 52 座，均为 1975 年前修建。其中中型水库 2 座（刘窑水库，樊店水库），小型一类水库 10 座，小型二类水库 23 座。后瓦沟，刘沟，二郎沟，南姚沟，下天院，晋庄，上菜园，三龙口，段村，良沟，张村，杨沟，王岭等 17 座水库因多年淤积，无法蓄水，经上级有关部门批准报废。到 2000 年年底，全县共有水库 35 座。

2. 井、提灌站

伊川地面起伏变化大，地块破碎，自流灌溉条件差，所以打井、建设小型提灌站就成为岭区改善农业生产条件、扩大水浇地面积的一项基本水利基本建设措施。2000 年，全县共有机井 811 眼，其中已配套发挥效益的 697 眼，灌溉面积 $3\,140hm^2$。建设大、小型提灌站 275 处，有效灌溉面积达 $5\,453hm^2$。另有小型移动式喷灌机 1 552 台套，装机 6 871kW，控制灌溉面积 $1\,333hm^2$，固定喷灌方1 处，安装喷头 240 个，改善灌溉面积 $33hm^2$。

高岭提灌站（万亩以上）该站位于伊川县白沙乡高岭村的龙王嘴上（申岭隧道洞出口处），取水于陆浑东一干渠，是国家农业综合开发工程，灌溉耕地 $1\,407hm^2$。该项工程于 1996 年 4 月动工兴建，1997 年 4 月竣工通水，总投资 430 万元。

该站并排安装主机组 2 套，副机组 1 套。主机组每套 380kW，副机组每套 225kW，配用 1 000kV安变压器 1 台。设计扬程 39m，设计提水流量每小时 $5\,400m^3$，输水管道为一路，管径 1 000mm，管道爬坡长度 286m，送水于摩天区内，灌溉摩天渠下游的 $1\,240hm^2$ 耕地。副机组安装 12SH-6B 型水泵 1 台，输水管长 456m，出水池建在高岭村南的高地上，扬程 60m，设计提水流量每小时 $720m^3$，可灌溉高岭村耕地 $166hm^2$。

上天院电灌站（千亩以上）位于水寨镇上天院村西，取水于陆浑东一干渠。该站分两级提水，总扬程 52.5m，设计灌溉面积 $333hm^2$，其中一级扬程 25m，灌溉面积 $133hm^2$。一级站于 1975 年 4 月动工，1977 年 10 月完工。当时为机灌站。1989 年改为电力提灌。该级安装 200kV 安变压器 1 台，75kW 水泵 2 台，架高压线路 600m。有渡槽 1 座长 300m，上水管道 21m，干渠长 800m。

二级站于 1992 年建成，设计灌溉面积 $200hm^2$，其中，上天院 $133hm^2$，司马沟与常岭两村$67hm^2$，扬程 27m。建有渡槽 1 座长 130m，灌溉渠道 4 条长 5 100m。爬坡管道两排长 504m（管径250mm），设计提水流量每小时 $680m^3$，安装 180kV 安变压器 1 台，配套 75kW 和 55kW 水泵各一台。投资 14.8 万元，其中国家补助 10 万元。

白草凹电灌站（千亩以上）位于彭婆镇东约 7.5km 陆浑东一干渠 46.6km 处。扬程 24.8m，设计灌溉面积 133hm²。设计提水流量每小时 648m³。

该工程 1997 年 12 月开始建设，1998 年 5 月竣工，架设高压线路 1 000m，安装 180kV 安变压器 1 台，55kW 水泵两台，投资 17.98 万元，实灌面积 120hm²。

二、农业生产机械

1986—2000 年，随着农村家庭承包经营政策的进一步落实及社会的发展，铁轮车、胶轮车、架子车等以人、畜作动力的耕作、运输工具，逐渐被淘汰，手扶拖拉机、四轮拖拉机、打麦机、小型收割机等以机械、电力作动力的小型农机具发展迅速，连片作业的大中型农机具发展缓慢。1986 年，全县农业机械总动力为 13.37 万 kW，至 2000 年底，全县农业机械固定资产原值达 9 790万元，农机总动力达 30.55 万 kW，农机总量达 9.7 万台（套、件）。其中，全县拥有大中型拖拉机 103 台，小型拖拉机 12 967台，耕整机械化程度达 80%。播种机械保有量 13 410台，小麦播种机械化程度达 90%，玉米、谷子、芝麻播种机械化程度达 42%。割晒机、联合收割机保有量 1 148台，脱粒机 14 648台。小麦机械、半机械收获面积达 50%。其中联合收获 5%。排灌、农产品加工、植保机械也有很大发展。

第五节　农业生产简史

改革开放 20 多年来，伊川县的农业生产迅速发展，特别是"九五""十五"以来，粮食综合生产能力大幅度提高，农产品由长期短缺到总量大体平衡，半年有余，农民生活从总体上摆脱了贫困，解决了温饱。2003 年，全县粮食总产 316 709t，与 1994 年相比，增加了 64.1%，平均每年增产 6.4%。亩产 295.7kg，较 1994 年增产 112.1kg，增幅 61%。年人均占有粮食 470kg，较 1994 年增加 55.1%。粮食产量的大幅提高，有效地保证了全县人民的口粮安全，大大提高了粮食自给能力。同时，随着粮食生产的发展，粮食作物种植结构也趋于合理，茬口安排更能充分发挥伊川县农业资源优势。种植制度由过去主要的一年一熟和一年两熟转变为一年多熟，复种指数由 1994 年的 118%，提高到现在的 142.2%。

表 63-1　伊川县 1987—2010 年粮食产量汇总表　　　　单位：万亩，t，kg

年份	夏粮			秋粮			全年		
	面积	总产	单产	面积	总产	单产	面积	总产	单产
1987	39.8	76 432	192.04	67.5	92 735	137.4	107.3	169 167	157.7
1988	40.9	68 606	167.74	64.7	119 180	184.2	105.6	187 786	177.8
1989	40.1	87 241	217.56	65.1	123 201	189.2	105.2	210 442	200
1990	42.3	80 264	189.75	64.8	109 530	169	107.1	189 794	177.2
1991	41.4	64 795	156.51	62.1	94 770	152.6	103.5	159 565	154.2
1992	39.1	33 036	84.49	62.98	104 693	166.3	39.1	137 729	352.2
1993	42.3	108 992	257.66	65.4	147 703	225.8	107.7	256 695	238.3
1994	42.4	86 329	203.61	62.7	106 654	170.1	105.1	192 983	183.6
1995	42.4	61 543	145.15	62.3	134 943	216.6	104.7	196 486	187.7
1996	42.8	98 353	229.8	62.3	202 248	324.6	105.1	300 601	286
1997	43.4	123 817	285.29	53.8	78 885	146.6	97.2	202 702	208.5
1998	43.9	119 054	271.19	65.99	222 102	336.6	109.89	341 156	310.5
1999	45.8	90 615	197.85	65.8	198 015	300.9	111.6	288 630	258.6
2000	46	97 276	211.47	63.9	207 068	324.1	109.9	304 344	276.9

（续表）

年份	夏粮			秋粮			全年		
	面积	总产	单产	面积	总产	单产	面积	总产	单产
2001	45.9	105 238	229.28	61.2	124 374	203.2	107.1	229 612	214.4
2002	46	82 186	178.67	60.7	195 063	321.4	106.7	277 249	259.8
2003	46.8	132 398	282.9	60.3	184 311	305.7	107.1	316 709	295.7
2004	46.9	131 739	280.89	60.7	194 154	319.9	107.6	207 327.9	192.7
2005	48.3	137 700	285.09	60.8	195 615	321.7	109.1	333 315	305.5
2006	52.8	91 020	172.39	63.1	262 663	416.3	115.9	353 683	305.2
2007	49.4	144 102	291.7	62.4	205 283	329	111.8	349 385	312.5
2008	56.2	153 494	273.12	59.7	191 143	320.2	115.9	344 637	297.4
2009	57.25	162 177	283.28	61.107	202 373	331.2	118.4	364 550	307.9
2010	57.3525	162 842	283.93	62.2185	205 470	330.2	119.571	368 312	308

第六节　农业生产上存在的主要问题

伊川县农业生产上存在的主要问题是粮食产量相对较低，产品质量有待提高。其主要限制因素有以下几个方面。

一、种植结构调整比例不协调

粮经作物种植比例不协调，1992 年，在农作物播种面积中，粮食作物播种面积 68 057hm²，经济作物播种面积 9 282hm²，粮经比 7.3∶1。经过十几年来围绕农民增收，适应市场需求，大力发展林果、花卉、蔬菜、中药材、烟叶等为主的特色农业，经济作物种植面积虽然不断增加，但所占比例仍较小。2010 年，在农作物播种面积中，粮食作物播种面积 79 714hm²，经济作物播种面积 9 103hm²，粮经比 8.8∶1。

二、农业服务体系不健全

首先是 2006 年乡镇体制改革后，原来归农业局管理的乡镇农业技术推广站划归各乡镇管理，这样造成在农业技术推广上农业局指挥不灵，有的乡镇的"农业服务中心"人员不足，有的素质较差，有的根本是外行，还有的人员去干别的工作，总之，不能满足农业技术及时推广的需要。其次是村级技术人员很少，有很多村根本没有农业技术推广人员，造成技术棚架，不能将农业技术及时推广到广大农民手中。

三、经营管理粗放、病虫害防治不力

随着改革开发的步伐，越来越多的农民进城务工，留下老人妇女在家种田，这样势必影响作物田间管理质量，另外，作物病虫害防治技术不能推广到农民中去，以致延误有效防治时期，影响作物产量和品质，给生产造成不必要的经济损失。

四、配方施肥技术应用不够

虽然测土配方施肥技术推广了多年，但仍然有部分农民，盲目施肥，重施氮肥、磷肥，不施钾肥和微肥的现象依然存在。有的农民仍然认识不到有机肥对土壤的改良作用和对作物的增产作用，有的虽然有一定认识，但认为现在有钱了，施用化肥省事，不愿意费力气去积造有机肥料，在化学肥料的施用上不加选择。这样致使有的土壤越来越板结，土地质量下降，不但影响作物的产量和品种，同时影响了农业的可持续发展。

第七节　农业生产施肥

一、历史施肥数量与粮食产量的变化趋势

伊川县 70% 以上的土地为山丘沟壑，虽地处山区，但民族文化的发展已有悠久的历史，早在石器时代，人们已开始了耕耘。农业生产以农耕为主、兼有畜牧业。种植业是伊川县的主要产业，以种植粮食为主，经济作物较少。

新中国成立前，由于长期受封建统治、历代战乱、天灾人祸的影响，大多数土地掌握在地主手里，加之生产方式陈旧、技术落后，作物产量低而不稳，农业发展极为缓慢。群众生活完全依靠种植业、畜牧业的收入，工业、商业、服务业零星无几。

新中国成立后，在党和人民政府的领导下，经过土地改革，实现耕者有其田，以及认真贯彻落实以农业为基础，以粮为纲和决不放松粮食生产，积极开展多种经营等发展农业的一系列方针政策，努力改变生产条件，大力推广农业先进技术，加大农业生产的投入，特别是化肥、良种的广泛应用，广大农民的生产积极性得到充分发挥，农作物产量大幅度提高。纵观新中国成立 50 多年来，伊川县农业经历了由缓慢发展阶段到快速发展阶段的曲折发展过程。

新中国成立后，农民有了土地，开始认识到肥料的作用。当时主要是有机肥，肥源是人畜粪尿、作物秸秆、杂草树叶、绿肥、垃圾及饼肥等。1953 年后开始推广湿式厕所和瓦瓮茅池积肥。1960 年后，伊川县成立了肥料办公室，很多地方实现了"人有厕所猪有圈，户户有茅坑"，肥料数量和质量有了很大提高。大力引种的毛叶苕子、草木犀、苜蓿等绿肥新品种，不仅使棉花增产 12.3%，而且对后茬小麦仍有增产作用。1970 年后，相继推广使用玉米秆、麦秸、青草高温积肥以及秸秆直接还田。

化学肥料的使用始于 20 世纪 50 年代初期，主要品种是硫酸铵、氨水。经过试验示范，肥效高而快，增产突出，群众称之为"肥田粉"。磷肥在 1960 年开始试用，后采取增磷降氮和磷氮配合"一炮轰"（即一次施足底肥，不再追肥）的施肥办法，粮食产量有了明显的提高。

改革开放 30 年，确立了家庭承包经营为基础的双层经营制度，免除了农业税，一系列奖励补贴政策让农民得到了实惠，农村生产力得到解放和发展，农业生产条件得到极大改善，大力推广农业综合增产技术，加大农业生产的投入，特别是化肥、良种的广泛应用，广大农民的生产积极性得到充分发挥，农作物产量大幅度提高，粮食质量也发生了巨大变化。但在施肥上普遍存在"重化肥轻粗肥、重氮肥轻磷肥、重高产水肥地轻丘陵旱地"的问题，而且造成肥料的浪费和农业成本的增加。

2000 年以来，农民施肥水平不断提高，农业生产稳步增长，粮食产量逐年提高，特别是 2008 年以来实施了农业部"测土配方施肥项目"，通过大量宣传培训工作，使农民施肥观念得到根本转变，测土配方施肥技术得到普及，多数农民能平衡施肥。据对农民施肥情况调查：一般年施肥数量为有机肥 1 350kg/亩、复合肥或配方肥料 65～93kg/亩、尿素 28～43kg/亩。2010 年全县粮食总产达到 368 312t。

二、有机肥施用现状

伊川县有机肥种类分为秸秆肥、厩肥、堆沤肥、土杂肥等。从 2008—2011 年农户施肥情况调查中看出，全县农业生产上施用有机肥，总体数量和比重偏小。

（一）种类

1. 土杂肥

以牛、猪、鸡等粪便为主堆积沤制的土杂肥，每年达到 1.05 万 t。全年积造的有机肥主要施在秋播小麦和春播蔬菜、红薯、玉米、花生等作物上。

2. 沼液沼渣肥

全县 8.5 万座沼气池，年产沼气渣液 212.5 万 m³，用在瓜菜类、玉米、小麦等作物上。

3. 秸秆还田

小型收割机收割小麦，用拖拉机和旋耕机将麦秸秆及根茬翻耕入田，培肥了土壤，已被群众广泛

认识，机耕机收面积逐年扩大。2009 年小麦、玉米秸秆综合利用率达到 80.6%。

（二）施用面积和数量

小麦施用面积 8 万余亩，亩均施底肥 1.5m³ 左右；春播红薯、玉米作物施用面积 3 万亩，亩均 2m³；蔬菜施用 1.5 万亩，亩均 5m³。

（三）利用形式

伊川县施用有机肥料主要形式为：秸秆直接还田、过腹还田、堆沤还田、土杂肥等。

三、化肥施用现状

《伊川县统计年鉴》（2010 年）统计资料显示，全年实物化肥施用总量 82 350t，其中氮肥 50 550t，占 61.38%；磷肥 25 050t，占 30.42%；钾肥 1 250t，占 1.52%；复合肥料 5 500t，占 6.68%。单位播种面积化肥用量 69.58kg/亩·年。

四、其他肥料施用现状

伊川县目前农民除使用以上肥料品种外，在不同地区、不同作物及作物不同生育时期，也有应用不同肥料品种的。沼气产业和食用菌产业的发展，促进了沼液的应用和有机肥的还田。在蔬菜集中种植区，群众舍得投资，购买价位较高的高浓度冲施肥比较多。在小麦、玉米、大豆等作物上，有施用锌、锰微量元素的。从叶面喷肥种类看，伊川县农民有小麦、蔬菜喷洒叶面肥的习惯，喷洒肥料品种主要有磷酸二氢钾、氨基酸叶面肥料、腐植酸叶面肥等。

五、大量元素氮、磷、钾比例和利用率

小麦、玉米是伊川县主要粮食作物。据调查，2008 年小麦施肥氮、磷、钾比例为 1：0.32：0.10；2010 年小麦施肥氮、磷、钾比例为 1：0.39：0.12。小麦施肥呈现"氮减磷稳钾增"态势，说明随着测土配方施肥项目的不断开展，农户的测土配方施肥意识逐渐形成，实行测土配方施肥农户经济效益明显增加，施肥结构得到进一步优化，氮、磷、钾肥施用比例趋于合理。

通过对 2008—2011 年田间肥效试验的 28 个样本数据汇总分析，得出：冬小麦平均肥料利用率 N、P_2O_5、K_2O 分别为 34.39%、7.76%、23.40%；夏玉米平均肥料利用率 N、P_2O_5、K_2O 分别为 19.21%、9.11%、32.96%。主要粮食作物肥料利用率见表 63-2。

表 63-2　伊川县主要粮食作物肥料利用率

主要作物	样本数	N（%）	P_2O_5（%）	K_2O（%）
小麦	14	34.39	7.76	23.4
玉米	14	19.21	9.11	32.96

六、实施测土配方施肥对农户施肥的影响

自 2008 年实施测土配方施肥项目 3 年以来，伊川县委、县政府对测土配方施肥项目工作高度重视，3 年来，通过狠抓宣传培训，采取多种手段下乡进村入户发放施肥建议卡，开展多层次、多形式、多渠道的技术服务、小麦、玉米田间试验示范，让广大农户切实感受并看到了测土配方施肥的实际效果，实施测土配方施肥对农户施肥产生了极大的影响，农户的施肥观念发生了明显转变，配方肥的使用量逐年加大、单一施肥的现象逐渐减少。

（一）小麦施肥品种及数量的变化

小麦施肥主要品种为配方肥，复合肥、单质肥料，配方肥所占比例达到 58.2%，亩平均使用量为 42.45kg，复合肥所占比例为 15.39%，亩平均使用量为 44.52kg，有机肥主要为秸秆还田和秸秆过腹还田、堆沤肥，有机肥与氮肥、磷肥按施肥建议卡搭配使用，改变了过去施肥品种多而杂，配方比例不适宜的状况。小麦施肥次数、时期、比例及使用方法的变化：小麦施肥由过去在播种前整地时做基肥一次性施入、施肥方法为撒施的做法，变为氮肥采用部分做底肥、部分做追肥的方法，追肥一般

在小麦拔节期进行，高产田及中产田将氮肥总量的60%~70%做底肥，40%~30%做追肥；磷肥的施用方法：将70%的磷肥于耕地前均匀撒施于地表，然后耕地翻入地下；30%的磷肥于耕地后撒于垡头，耙平，利于苗期吸收。

（二）玉米施肥品种及数量的变化

玉米施肥品种主要为配方肥、尿素及复合肥，配方肥所占比例为54.09%，亩平均使用量为33.15kg，不同产量水平使用量不同；尿素所占比例20.16为%，亩平均使用量为30.47kg；复合肥所占比例为14%，亩平均使用量为34.26kg。改变了过去的玉米施肥单施氮肥的不合理现象，高产田配方肥使用量明显增加，但中低产田单一施用氮肥（尿素）、不施磷钾肥的现象仍占一定比例，原因为旱地多、玉米生长期天气干旱影响产量，导致农户不愿过多投入肥料成本。玉米施肥次数、时期、比例及使用方法的变化：玉米施肥时期由过去的玉米定苗后或玉米5~6片叶时，一次性将肥料全部施入，变为30%的氮肥于玉米定苗后或玉米5~6片叶时施用，余下70%的氮肥在玉米大喇叭口期施用。施肥方法多为表施，所占比例为70%，穴施覆土所占比例仅为30%。实施测土配方施肥后变为沟施或穴施，施肥深度在15cm左右，施后及时覆土；对缺锌土壤每亩补施锌肥1kg。

七、施肥实践中存在的主要问题

根据伊川县耕地施肥现状看，在施肥实践中存在以下4个方面的问题需要解决。

（一）耕地重用轻养现象比较严重

伊川县人多地少，农作物复种指数比较高，对土地的产出要求也较高，实践证明要保证耕地肥力持续提高，必须用地与养地相结合、走农业持续发展的道路，才有利于耕地土壤肥力的提高。有针对性地施用氮、磷、钾化肥、增施有机肥、秸秆还田是提高土壤肥力的有效途径，但在部分地区，存在施用化肥单一、有机肥使用量少、秸秆还田面积小等现象。由于种粮与务工比较效益较低，目前部分农民受经济利益驱使，不重视积沤农家肥，影响地力培肥。

（二）重无机轻有机倾向仍很突出

从伊川县的施肥现状看，重无机、轻有机的倾向仍很突出，优质有机肥施用面积很小，秸秆还田量虽然逐渐增加，但玉米秸秆还田面积仅占播种面积的13%、小麦仅占播种面积的17%、潜力很大。农民只重视无机肥的施用，化肥施用量在逐年增多，有机肥的施用面积和数量长期稳定不前，甚至倒退，造成部分耕地有机质低，影响土壤肥力的提高。伊川县有机肥资源丰富，种类齐全，浪费现象比较突出。究其原因，主要是广大农民对有机肥的作用认识肤浅。首先是由于有机肥当季利用率低，认为施用后没化肥肥效快，误认为有机肥作用不大；其次是随着城镇的发展，农村劳动力向城镇转移较多，形成农村种地老年化，种地图省事，没有广开肥源积造有机肥的积极性；第三，大型秸秆还田机作业价格较贵，种粮效益低，影响秸秆还田数量和质量。

（三）施肥品种时期及方法不合理

少数耕地施肥不按缺什么补什么、缺多少补多少的原则，氮、磷、钾配比不十分科学。部分地区小麦用肥偏重于施底肥，追肥比例偏小；部分需要氮肥后移，拔节期追肥的麦田没有达到施肥要求。玉米施肥上，二次追肥比例偏低；施肥方法上，由于施肥机械不配套，一部分出现肥料裸施现象，施肥方法需要改进。以上原因，造成施肥效应减小，肥料利用率降低。

（四）农资价格上升，影响农民对化肥的投入

部分农户受化肥价格影响，化肥投入积极性下降，放弃施用价格较高的复合肥，改用价格偏低的单质肥料，影响了肥料的施肥结构。

伊川县化肥施用品种主要为：尿素、碳酸氢铵、颗粒过磷酸钙、磷酸二铵、国产氯化钾、复合肥、配方肥、有机—无机复混肥及部分有机肥，微量元素肥。施肥方式主要是：撒施、穴施、沟施、冲施（蔬菜）等。

第六十四章　土壤与耕地资源特征

第一节　伊川县耕地土壤状况

一、耕地土壤分类及面积分布

第二次土壤普查，伊川县依据土壤发生类型与生物、气候条件、具有一定特征的成土过程，具有独特的剖面形态特征和相应属性、特别是诊断层次，在诸多成土因素中、其中某一因素的突出作用而形成的特定土壤类型等原则，共划分为3个土类、7个亚类、18个土属、57个土种。

根据农业部和河南省土肥站的要求，将县土种与省土种进行对接，对接后伊川县土壤有潮土、粗骨土、褐土、红黏土、石质土、水稻土、紫色土7个土类，典型潮土、湿潮土、钙质粗骨土、中性粗骨土、潮褐土、典型褐土、褐土性土、石灰性褐土、典型红黏土、中性石质土、潜育水稻土、中性紫色土12个亚类，20个土属，42个土种。详细情况见表64-1。

二、不同土壤类型的主要性状及面积分布

（一）潮土

潮土是一种非地带性的半水成土壤，地下水在3m以上，因夜潮而得名。主要分布在伊河水系两岸阶地和洪积扇下缘，江左乡五里头一带也有小片分布。

伊川县潮土共4 260.44hm²，占全县耕层土壤面积的6.9%，除鸦岭乡外全县均有分布，包括典型潮土和湿潮土2个亚类。其中典型潮土2 551.05hm²，占潮土面积的59.9%，主要分布在酒后乡、白元乡、江左镇、鸣皋镇、彭婆镇、白沙镇等；湿潮土1 709.39hm²，占潮土面积的40.1%，主要分布在城关镇、彭婆镇、白元乡、高山镇等。

（二）粗骨土

伊川县粗骨土总面积为3 797.87hm²，占全县耕层土壤面积的6.1%，分布于全县各乡镇，包括钙质粗骨土和中性粗骨土2个亚类。其中钙质粗骨土1 283.65hm²，占粗骨土总面积的33.8%，主要分布在鸣皋镇、鸦岭乡、高山镇等；中性粗骨土2 514.22hm²，占粗骨土总面积的66.2%，主要分布在半坡乡、白元乡、葛寨乡、吕店镇等。

（三）褐土

伊川县褐土总面积34 704.34hm²，占全县耕层土壤面积的55.8%，是本县分布最广的土种，包括潮褐土、典型褐土、褐土性土和石灰性褐土4个亚类。其中潮褐土1 619.13hm²，占褐土总面积的4.7%，主要分布于白元乡、高山镇、彭婆镇、水寨镇等；典型褐土9 939.25hm²，占褐土总面积的28.6%，主要分布于白沙镇、江左镇、白元乡、彭婆镇、吕店镇等地；褐土性土23 096.07hm²，占褐土总面积的66.6%，主要分布在白沙镇、城关镇、白元乡、吕店镇、彭婆镇、鸦岭乡等；石灰性褐土49.89hm²，占褐土总面积的0.1%，分布在吕店镇和彭婆镇。

（四）红黏土

伊川县红黏土总面积15 150.99hm²，占全县耕层土壤面积的24.4%，主要分布在高山镇、鸦岭乡、葛寨乡、鸣皋镇、平等乡等。包括典型红黏土1个亚类。

（五）石质土

伊川县石质土总面积1 298.62hm²，占全县耕层土壤面积的2.1%，主要分布在白沙镇、半坡乡、酒后乡等。包括中性石质土1个亚类。

（六）水稻土

水稻土是在人类生产劳动实践的影响下，形成的一种农业土壤。伊川县的水稻土是在潮土上通过人类的淹灌栽种水稻，以及相应的耕作、施肥、管理措施下经长期影响而形成。

表 64-1　伊川县土壤分类系统

省土类	省亚类	省土属	省土种名	原县土种名
褐土	潮褐土	泥沙质潮褐土	壤质潮褐土	潮黄土
			黏质潮褐土	潮红炉土
				潮灰炉土
	典型褐土	黄土质褐土	红黄土质褐土	红黄土质褐土
		覆盖褐土性土	红黄土覆盖褐土性土	红黏土体红黄土质黄土质始成褐土
			浅位多量砂姜红黄土质覆盖褐土性土	红黏土体红黄土质多量砂姜始成褐土
			浅位少量砂姜红黄土质覆盖褐土性土	红黏土体红黄土质少量砂姜始成褐土
		硅质褐土性土	厚层硅质褐土性土	石英质岩中层砾质始成褐土
				石英质岩厚层砾质始成褐土
			红黄土质褐土性土	红黄土质油始成褐土
				红黄土质始成褐土
	褐土性土	黄土质褐土性土	浅位多量砂姜红黄土质褐土性土	红黄土质多量砂姜始成褐土
			浅位钙盘砂姜红黄土质褐土性土	红黄土质浅位砂姜始成褐土
			浅位少量砂姜红黄土质褐土性土	红黄土质少量砂姜始成褐土
			深位钙盘红黄土质褐土性土	红黄土质深位厚层砾质始成褐土
				红黄土质深位厚层砾质始成褐土
		灰泥质褐土性土	中层钙质褐土性土	石灰质岩中层砾质始成褐土
				石灰质岩厚层砾质始成褐土
		麻砂质褐土性土	中层硅铝质褐土性土	酸性岩中层砾质始成褐土
		砂泥质褐土性土	厚层砂泥质褐土性土	泥质岩厚层砾质始成褐土
				砂砾质厚层始成褐土
			中层砂泥质褐土性土	泥质岩中层砾质始成褐土
				砂砾薄层始成褐土
				砂砾中层砾质始成褐土
	石灰性褐土	黄土质石灰性褐土	红黄土质石灰性褐土	红黄土质碳酸盐始成褐土
石质土	中性石质土	硅质中性石质土	硅质中性石质土	石英质岩薄层砾质始成褐土

（续表）

省土类	省亚类	省土属	省土种名	原县土种名
水稻土	潜育水稻土	青潮泥田	表潜潮青泥田	潮土性潜育型黏质水稻土
				潮土性潜育型底砾黏质水稻土
红黏土	典型红黏土	典型红黏土	红黏土	红黏土始成褐土
				黄黏土始成褐土
			浅位多量砂姜红黏土	红黏土多量砂姜始成褐土
				黄黏土多量砂姜始成褐土
			浅位钙盘砂姜石灰性红黏土	红黏土底砾始成褐土
				红黏土浅位厚层砂姜始成褐土
				钙结层薄层始成褐土
			浅位少量砂姜红黏土	红黏土少量砂姜始成褐土
				黄黏土少量砂姜始成褐土
			浅位少量砂姜石灰性红黏土	红黏土灰质少量砂姜始成褐土
			深位钙盘砂姜石灰性红黏土	红黏土深位厚层中层砂姜始成褐土
				钙结层中层始成褐土
			石灰性红黏土	红黏土灰质始成褐土
紫色土	中性紫色土	紫砾泥土	薄层砂质中性紫色土	紫色岩薄层始成褐土
			中层砂质中性紫色土	紫色岩中层砂砾始成褐土
潮土	典型潮土	洪积潮土	底砾层洪积潮土	底砾层洪积黏质潮土
			黏质洪积潮土	洪积黏质潮土
		石灰性潮黏土	底砂淤土	底砾淤土
			浅位砂淤土	腰砂淤土
				淤土
	湿潮土	湿潮土	底砾层冲积湿潮土	底砾黏质湿潮土
			黏质冲积湿潮土	黏质湿潮土
粗骨土	钙质粗骨土	灰泥质钙质粗骨土	薄层钙质粗骨土	石灰质岩薄层砾质始成褐土
	中性粗骨土	暗泥质中性粗骨土	薄层硅镁铁质中性粗骨土	基性岩薄层砾质始成褐土
			厚层硅镁铁质中性粗骨土	基性岩厚层砾质始成褐土
			中层硅镁铁质中性粗骨土	基性岩中层砾质始成褐土
		麻砂质中性粗骨土	薄层硅铝质中性粗骨土	酸性岩薄层砾质始成褐土
		泥质中性粗骨土	薄层泥质中性粗骨土	泥质岩薄层砾质始成褐土

表 64-2 伊川县各乡镇土壤类型面积统计（省土种）

单位：hm²

省土类名称	省亚类名称	省土属名称	省土种名称	白沙镇	白元乡	半坡乡	城关镇	高山镇	葛寨乡	江左镇	酒后乡	吕店镇	鸣皋镇	彭婆镇	平等乡	水寨镇	鸦岭乡	合计
潮土	典型潮土	洪积潮土	底砾层洪积潮土							254.24	21.08							275.32
			黏质洪积潮土	18.7	89.6	2.61	33.79		67.31	210.43	238.76					15.02		676.22
			洪积潮土汇总	18.7	89.6	2.61	33.79		67.31	464.67	259.84					15.02		951.54
		石灰性潮黏土	底砂淤土	26.89							7.02		33.82					67.73
			浅位砂淤土		13.77											34.12		47.89
			淤土	182.06	262.96		228.26				201.6	7.28	218.55	222.55	146.8	13.83		1 483.89
			石灰性潮黏土汇总	208.95	276.73		228.26				208.62	7.28	252.37	222.55	146.8	47.95		1 599.51
			典型潮土汇总	227.65	366.33	2.61	262.05		67.31	464.67	468.46	7.28	252.37	222.55	146.8	62.97		2 551.05
	湿潮土	湿潮黏土	底砾层冲积湿潮土	95.42	11.09		690.91						37.2	142.37	11.83	28.46		1 017.28
			黏质冲积湿潮土	3.43	187.83	17.99	223.73	136.19		25.91		41.7	55.33					692.11
			湿潮黏土汇总	98.85	198.92	17.99	914.64	136.19		25.91		41.7	92.53	142.37	11.83	28.46		1 709.39
			湿潮土汇总	98.85	198.92	17.99	914.64	136.19		25.91		41.7	92.53	142.37	11.83	28.46		1 709.39
			潮土汇总	326.5	565.25	20.6	1 176.69	136.19	67.31	490.58	468.46	48.98	344.9	364.92	158.63	91.43		4 260.44
粗骨土	钝质粗骨土	灰泥质钙质粗骨土	薄层纯钙质粗骨土	104.99	46.74		163.61	207.55					374.59	36.12	71.95	75.59	202.51	1 283.65
			灰泥质钙质粗骨土汇总	104.99	46.74		163.61	207.55					374.59	36.12	71.95	75.59	202.51	1 283.65
			钝质粗骨土汇总	104.99	46.74		163.61	207.55					374.59	36.12	71.95	75.59	202.51	1 283.65
	中性粗骨土	暗泥质中性粗骨土	薄层硅镁铁质中性粗骨土		149.94				134.7		102.07							386.71
			厚层硅镁铁质中性粗骨土						37.85		1.61							39.46
			中层硅镁铁质中性粗骨土		231.36				105.92		8.59							345.87
			暗泥质中性粗骨土汇总		381.3				278.47		112.27							772.04
		麻砂质中性粗骨土	薄层硅铝质中性粗骨土							27.97		15.22				61.36		104.55
			麻砂质中性粗骨土汇总							27.97		15.22				61.36		104.55

（续表）

省土类名称	省亚类名称	省土属名称	省土种名称	白沙镇	白元乡	半坡乡	城关镇	高山镇	葛寨乡	江左镇	酒后乡	吕店镇	鸣皋镇	娄婆镇	平等乡	水寨镇	碎岭乡	合计
	中性粗骨土	泥质中性粗骨土	泥质中性粗骨土	38.15		521.29	12.84		0.1	54.91	27.16	598.2		167.15		83.63	134.2	1637.63
		薄层泥质中性粗骨土汇总		38.15		521.29	12.84		0.1	54.91	27.16	598.2		167.15		83.63	134.2	1637.63
	中性粗骨土汇总			38.15	381.3	521.29	12.84		0.1	54.91	139.43	598.2		167.15		144.99	134.2	2514.22
粗骨土汇总				143.14	428.04	521.29	176.45	207.55	278.57	82.88	139.43	613.42	374.59	203.27	71.95	220.58	336.71	3797.87
	潮褐土	壤质潮褐土	泥砂质潮褐土											339.74				339.74
		泥砂质潮褐土	黏质潮褐土	29.56	594.99		0.93	258.11	14.34					115.67	26.34	239.45		1279.39
		泥砂质潮褐土汇总		29.56	594.99		0.93	258.11	14.34					455.41	26.34	239.45		1619.13
潮褐土汇总				29.56	594.99		0.93	258.11	14.34					455.41	26.34	239.45		1619.13
褐土	典型褐土	黄土质褐土	红黄土质褐土	3155.88	1151.24	21.66	606.55	50.41	33.56	2175.23	52.4	735.03	68.67	1031.4	252.55	167.22	437.45	9939.25
		黄土质褐土汇总		3155.88	1151.24	21.66	606.55	50.41	33.56	2175.23	52.4	735.03	68.67	1031.4	252.55	167.22	437.45	9939.25
	典型褐土汇总			3155.88	1151.24	21.66	606.55	50.41	33.56	2175.23	52.4	735.03	68.67	1031.4	252.55	167.22	437.45	9939.25
	褐土性土	红黄土复盖褐土性土		96.92		13.06	62.46						95.7			22.26	214.97	505.37
		浅位多量砂姜红黄土复盖褐土性土										53.7						53.7
		浅位少量砂姜红黄土复盖褐土性土		16.28						91.55		749.59		56.01				913.43
		覆盖褐土性土汇总		113.2		13.06	62.46			91.55		803.29	95.7	56.01		22.26	214.97	1472.5
		硅质褐土性土	厚层硅质褐土性土	37.45		22.88			552.88	13.34	1189.07	16.38		26.66				1858.66
		硅质褐土性土汇总		37.45		22.88			552.88	13.34	1189.07	16.38		26.66				1858.66
褐土	褐土性土	黄土质褐土性土	红黄土质褐土性土	603.38	422.69	119.95	643.28	282.64	294.68	59.67	203.18	1808.22	435.37	931.43	276.62	145.89	2206.72	8433.72
			浅位多量砂姜红黄土质褐土性土	28.64	324.4		6.07	49.38	93.94	66.11		0.14	17.66	710.28		45.24	17.52	1359.38
			浅位钙盘砂姜红黄土质褐土性土	190.99			64.25	56.46	2.91	8.02		279.37		89.04			25.32	676.25
			浅位少量钙盘红黄土质褐土性土	464.19	38.77		25.92					664.12	19.26	799.25	0.94	219.3	380.32	2652.18
			深位钙盘红黄土质褐土性土	565.32	3.67		275.83	184.78	50.8	35.07		47.63		192.97	146.09	26.29	375.95	1904.4
		黄土质褐土性土汇总		1852.52	789.53	119.95	1015.35	573.26	442.33	168.87	203.18	2799.48	472.29	2722.97	423.65	436.72	3005.83	15025.93
		灰泥质褐土性土	中层砾质褐土性土	234.69	158.64	83.02	255.41	33.18		65.55	39.88	66.11		224.19	19.47	308.61	401.16	1889.91

（续表）

省土类名称	省亚类名称	省土属名称	省土种名称	白沙镇	白元乡	半坡乡	城关镇	高山镇	葛寨乡	江左镇	酒后乡	吕店镇	鸣皋镇	彭婆镇	平等乡	水寨镇	鸦岭乡	合计
	褐土性土	灰泥质褐土性土		234.69	158.64	83.02	255.41	33.18		65.55	39.88	66.11		224.19	19.47	308.61	401.16	1 889.91
		麻砂质褐土性土	中层硅铝质褐土性土									15.29						15.29
		麻砂质褐土性土汇总										15.29						15.29
		砂泥质褐土性土	厚层砂泥质褐土性土	13.84			20.33		1.06		38.65	55.45		82.87		25.71	191.08	428.99
			中层砂泥质褐土性土	180.83	71.72		310.17	27.34	402.86	308.04	71.04	408.34	2.28	177.37	9.46	69.44	365.9	2 404.79
		砂泥质褐土性土汇总		194.67	71.72		330.5	27.34	403.92	308.04	109.69	463.79	2.28	260.24	9.46	95.15	556.98	2 833.78
褐土性土汇总				2 432.53	1 019.89	238.91	1 663.72	633.78	1 399.13	647.35	1541.82	4 164.34	570.27	3 290.07	452.58	862.74	4 178.94	23 096.07
	石灰性褐土	黄土质石灰性褐土	红黄土质石灰性褐土									28.84		21.05				49.89
		黄土质石灰性褐土汇总										28.84		21.05				49.89
石灰性褐土汇总												28.84		21.05				49.89
褐土汇总				5 617.97	2 766.12	260.57	2 271.2	942.3	1 447.03	2 822.58	1 594.22	4 928.21	638.94	4 797.93	731.47	1 269.41	4 616.39	34 704.34
红黏土	典型红黏土	红黏土	红黏土	10.77	110.48	38.99		10.78	432.85		5.16	448.37			89.75		1 018.78	2 165.93
			浅位多量砂姜石灰性红黏土	49.38	39.79		55.83	263.82	59.01		155.33	981.46			49.95		363.88	2018.45
			浅位钙盘砂姜石灰性红黏土						412.8									412.8
			浅位少量砂姜石灰性红黏土		59.22		69.72	1 194.06			37.17	22.2	967.23		118.51		255.04	2 723.15
			浅位钙盘砂姜石灰性红黏土					332.79	20.56		94.04	61.93			3.58		58.97	571.87
			深位钙盘砂姜石灰性红黏土	387.19			42.71	963.11	114.78	745.88	5.29	356.78	472.37		1 004.93		413.19	4 506.23
			深位钙盘砂姜石灰性红黏土		70.48		124.79	44.85	98.1			99.6					189.84	627.66
		石灰性红黏土	石灰性红黏土	19.48		46.2	192.01	346.25	60.06	230.71	0.57	10.11	14.98		34.58		1 169.95	2 124.9
典型红黏土汇总				466.82	279.97	85.19	485.06	3 155.66	1 198.16	976.59	297.56	488.69	2 946.34		1 301.3		3 469.65	15 150.99
典型红黏土汇总				466.82	279.97	85.19	485.06	3 155.66	1 198.16	976.59	297.56	488.69	2 946.34		1 301.3		3 469.65	15 150.99

（续表）

省土类名称	省亚类名称	省土属名称	省土壤名称	白沙镇	白元乡	半坡乡	城关镇	高山镇	葛寨乡	江左镇	酒后乡	吕店镇	鸣皋镇	彭婆镇	平等乡	水寨镇	鹤岭乡	合计
红黏土汇总				466.82	279.97	85.19	485.06	3 155.66	1 198.16	976.59	297.56	488.69	2 946.34		1 301.3		3 469.65	15 150.99
石质土	中性石质土	硅质中性石质土	硅质中性石质土	462.79		346.79		33.21	125.29	55.75	219.7	49.45		5.64				1 298.62
		硅质中性石质土汇总		462.79		346.79		33.21	125.29	55.75	219.7	49.45		5.64				1 298.62
	中性石质土汇总			462.79		346.79		33.21	125.29	55.75	219.7	49.45		5.64				1 298.62
石质土汇总				462.79		346.79		33.21	125.29	55.75	219.7	49.45		5.64				1 298.62
水稻土	潜育水稻土	青潮泥田	表潴潮青泥田				253.75	1.95	10.16		15.84		911.36		1 261.33			2 454.39
		青潮泥田汇总					253.75	1.95	10.16		15.84		911.36		1 261.33			2 454.39
	潜育水稻土汇总						253.75	1.95	10.16		15.84		911.36		1 261.33			2 454.39
水稻土汇总							253.75	1.95	10.16		15.84		911.36		1 261.33			2 454.39
紫色土	中性紫色土	紫潮泥土	薄层砂质中性紫色土	13.32						7.9		100.62						121.84
			中层砂质中性紫色土				96.92		25.95		121.27			45.68		46.08	21.1	357
		紫潮泥土汇总		13.32			96.92		25.95	7.9	121.27	100.62		45.68		46.08	21.1	478.84
	中性紫色土汇总			13.32			96.92		25.95	7.9	121.27	100.62		45.68		46.08	21.1	478.84
紫色土汇总				13.32			96.92		25.95	7.9	121.27	100.62		45.68		46.08	21.1	478.84
总计				7 030.54	4 039.38	1 234.44	4 460.07	4 476.86	3 152.47	4 436.28	2 856.48	6 229.37	5 216.13	5 417.44	3 524.08	1 627.5	8 443.85	62 145.49

伊川县水稻土总面积 2 454.39hm²，占全县耕层土壤面积的 3.9%，主要分布在平等乡、鸣皋镇、城关镇等。包括潜育水稻土 1 个亚类。

（七）紫色土

伊川县紫色土总面积 478.84hm²，占全县耕层土壤面积的 0.8%，主要分布在酒后乡、吕店镇、城关镇等。包括中性紫色土 1 个亚类。

各个土种面积及在各乡镇分布情况详见表 64-2。

三、土壤障碍因素分析

（一）影响农业生产的土壤障碍因素

伊川县影响农业生产的土壤障碍因素有质地黏重，耕性差，土层薄，含砾石砂浆多，潮土性潜育型黏质水稻土的潜育层和湿潮土的心土层，土壤侵蚀严重，水土流失面积大，土壤有机质和全氮含量偏低，严重缺磷面积大，养分比例严重失调。

（二）障碍层土壤的生产性状

1. 砂姜层土壤

此类土壤质地以中壤土为主，质地构型为均质中壤；剖面构型为表层多为团粒状结构，中层多为棱柱状结构，下层多为块状结构；生产性状表现为：一般养分含量不高，由于含砂姜层，带来耕作不便，通透性不良，水利条件差，平时易遭干旱。

2. 砂砾层土壤

阻止了根系的发育以及作物对下层水分和养分的吸收，使作物抗旱能力弱，产量低，近河道的湿潮土等土种还易漏水漏肥，造成养分损失。

3. 潜育层土壤

此类土壤质地以轻黏土为主，生产性状表现为：土壤因结构差，通气条件不良，还原性物质多，长期低温高湿，不利于作物生长，是一种低产土壤。

第二节　耕地立地条件状况

一、地貌类型

据省地质部门的研究资料表明，伊川县地貌分为 3 个类型：即洪积扇平原、浅山地和丘陵（表 64-3）。

表 64-3　地貌类型及面积统计

地貌类型	面积（hm²）	占总面积（%）	主要土壤类型	分布乡镇
洪积扇平原	8 333.96	13.41	潮土、水稻土	伊河沿岸各乡镇均有分布
浅山地	5 378.55	8.66	褐土性土	葛寨乡、酒后乡、半坡乡
丘陵	48 432.98	77.93	褐土性土	各乡均有分布

（一）冲积扇平原

冲积扇平原占地面积 8 333.96hm²，占总面积的 13.41%，主要分布在伊河两岸，主要的土壤类型有潮土、湿潮土和水稻土。冲积扇平原即河川区，分布在城关、平等、鸣皋、酒后、白元、白沙、水寨、彭婆等乡的河川地带、坡向自南向北逐渐下降。伊河两岸是由沟谷出口处形成大小不同的洪积扇组成的洪积群地貌。本区地势平坦，地下水位较浅，渠道纵横，排灌方便，土层肥沃深厚，其组成物质为第四纪上更新统，全新统形成的亚黏土、亚砂土和次生黄土，底部为透镜状砾石层。

（二）浅山地

主要分布在酒后乡和半坡乡，占地面积 5 378.55hm²，占总面积的 8.66%。浅山地主要分布在县境南部东部。绝对高度一般在 500~986.3m。浅山区由于侵蚀作用强烈，山高坡陡，山上涂层浅薄，有的地方岩石裸露，唯山坳或缓坡地带涂层较厚。该处土壤大都属于自然土壤。

（三）丘陵

丘陵地区是伊川县的主要地貌类型，占地面积 48 432.98hm²，占耕地总面积的 77.93%，几乎遍布全县各个乡镇。丘陵区由伊河东西两岭所组成，绝大部分为农业土壤，两岭坡势逐渐向伊河倾斜，该区切割较深，沟谷一般狭窄，多呈"V"形谷，沟深谷陡，西岭侵蚀强度比东岭更重，由于侵蚀作用强烈，就形成了本区沟壑纵横，地形复杂的地貌特征。其组成物质大部分为第三纪红色黏土岩，红褐色亚黏土。其次，在吕店西部为红色钙质砂土，丁流附近为二叠系的石英砂岩，砂砾岩。葛寨周围为玄武岩、有色黏土岩及钙质胶结层。

二、成土母质

岩石经过一系列风化过程形成土壤母质，土壤母质的性质决定于矿物岩石的化学成分，风化特点和分解产物。成土母质是土壤的前身，所以土壤母质影响着土壤发展的方向和速度，肥力状况和理化性状以及改良利用的方向。

岩石风化后，很少在原地存留，往往在重力、风力、水力的搬运下，再沉积而形成各种成土母质。伊川境内山地和丘陵区岩性较为复杂，所以由岩石风化形成的各种残积母质种类也较多。

（一）残积坡积母质

1. 石英质岩残积坡积母质

伊川县南部和东部山区主要分布着石英砂岩。石英砂岩不易风化，风化后形成的颗粒粗糙，矿物质养分缺乏。

2. 酸性岩残积坡积母质

主要分布在吕店、江左乡的北部山区，由花岗片麻岩风化形成，质地较粗，钾的含量丰富。

3. 泥质岩残积坡积母质

全县很多地方都有分布，主要分布在半坡乡、吕店乡一带。是由砂岩、页岩风化形成的。质地较细，偏黏，但保水保肥能力强，矿物质营养也较丰富。

4. 基性岩残积坡积物

主要指在葛寨、白元一带的玄武岩，当地群众称为武起石。岩石具气孔、易风化，分化后质地中等。

5. 砂砾岩残积坡积母质

本县境内的砂砾岩，大多胶结较差极易风化破碎。风化后的风化物中石砾含量多，形成的土壤不易耕作，影响作物生长。

6. 石灰质岩残积坡积母质

石灰质岩包括石灰岩和淡水灰岩。在石灰质岩残积坡积母质上行成的土壤碱质地胶黏。

7. 紫色岩残积坡积母质

分布面积不大。主要分布在白沙、江左、吕店 3 乡交界处。出露岩石主要是钙质胶结的紫色砂岩，该岩石较易分化。在此母质上形成的土壤质地壤质，矿物养分一般。

在残积坡积母质上形成的土壤，土体中砾石、石块含量较多。

（二）离石、午城黄土

离石、午城黄土，又称为红黄土，色红黄质地致密而坚实，颗粒较细为中壤或重壤。较易耕作，保水保肥性好。结构为小块状、碎屑状和粒状。含大小数量不等的砂浆。一般为弱碱性或碱性。钾素含量丰富。主要分布在岗丘中下部。

（三）保德红土

保德红土又称为三趾马红土，发育在二叠系砂页岩上，质地黏重，大块或块状结构，风化后呈小块状，颜色为暗红或深红色，本境内保德红土分有、无石灰反应 2 种。在结构面上均有铁锰胶膜，个别地块有铁锰结核，酸碱度呈中性或弱碱性。大部分含数量不等的砂浆。

880

（四）钙质胶结层

钙质胶结层在丘陵中上部呈片状分布，西岭南部有大面积分布，钙质胶结层是洪积物在地质作用下形成的，下部为石块、土粒、砂浆状物形成不同胶结程度的钙质胶结物，上部是近代含有石块，土粒，砂浆状物组成的疏松混合洪积物，和下部胶结物呈平行分布。在这种成土母质上形成的土壤土层较薄，不易耕作，砾石砂浆含量大，石灰反应强。

（五）洪积母质

洪积母质在大雨过后，山洪冲出岭间谷口将其携带的大部分砾石，砂浆，泥沙堆积在出口处，这种混合堆积物称为洪积物，其特点是分选性差，砾石，砂浆，泥沙混杂堆积，其外形呈以谷口处为尖端向四处分散呈扇形，俗称洪积扇。洪积扇上部砾石，砂浆，含量多，中下部颗粒较细，其下部优势含有砂砾层，漏水严重。伊河东，西两岸上各个洪积扇相连，形成了两条南北长的洪积群。由于洪积物来自山岭表层土壤，故养分含量较高，质地中壤到轻黏土，土层深厚，一般易耕作。

（六）冲积母质

冲积母质是河流水力搬运下在两岸的沉积物，冲积母质由于河水的分选作用，具有成层性和带状分布规律，离河由近到远，土壤质地由砂向黏过度，并与河流呈平行的带状分布，伊河由于两岸坡度较大，加之人们的围堤造田，和历史上河床不断滚动的作用，这种带状分布是断断续续和不规则的。冲积物来自上游表土，养分较丰富。由于地下水的影响，多发育为潮土和水稻土。

第六十五章 耕地土壤养分

土壤养分是土壤化学性状的重要组成部分，是构成土壤肥力的主要因素之一。长期以来，国内外的研究揭示了土壤养分是植物营养的基本来源，其含量与相对比例以及供应强度直接影响着作物的生育和产量。就耕作土壤来说，在自然界受气候、地形、母质、人类耕作施肥的影响，养分变异很大，因此，为了摸清伊川土壤的养分状况，为因土改良、因土种植、因土耕作、因土施肥提供依据。按照农业部《测土配方施肥技术规范》的要求，于2008—2010年共采集和分析化验土样6 518个，剔除异常值后，筛选出5 343个土样。从选定的农化样化验分析结果来看，全县耕地土壤养分含量现状是，平均有机质18.7g/kg、全氮0.96g/kg、有效磷8.7mg/kg、速效钾155mg/kg、缓效钾781mg/kg、有效铁8.92mg/kg、有效锰12.83mg/kg、有效铜1.41mg/kg、有效锌1.04mg/kg、水溶态硼0.39mg/kg、有效钼0.25mg/kg、有效硫22.57mg/kg、pH值8.2（表65-1）。

表65-1 伊川县耕地土壤养分含量

名称	平均值	最大值	最小值	标准差	变异系数（%）
pH值	8.2	8.4	8.0	0.10	1
有机质（g/kg）	18.7	26.0	12.6	3.16	17
全氮（g/kg）	0.96	1.33	0.66	0.16	17
有效磷（mg/kg）	8.7	18.5	4.2	3.04	35
缓效钾（mg/kg）	781	1 105	537	132.85	17
速效钾（mg/kg）	155	224	99	32.05	21
有效铜（mg/kg）	1.41	3.27	0.75	0.60	43
有效锌（mg/kg）	1.04	2.72	0.43	0.55	53
水溶态硼（mg/kg）	0.39	0.82	0.18	0.12	32
有效钼（mg/kg）	0.25	0.75	0.08	0.20	79
有效硫（mg/kg）	22.57	47.20	9.20	7.70	34
有效铁（mg/kg）	8.92	16.90	4.60	3.98	45
有效锰（mg/kg）	12.83	17.00	8.90	2.28	18

本次耕地地力评价共划分了3 565个评价单元。利用GIS的空间插值法，实现采样点数据的区域化，利用分区统计法，为每一评价单元赋值了pH值、全氮、有机质、有效磷、速效钾、缓效钾、有效铜、锌、铁、锰、钼、硫、水溶态硼共13项指标值。土壤养分背景值的表达方式以各统计单元养分汇总结果的算术平均数和标准来表示，表示单位：全氮、有机质用g/kg表示，其他养分含量用mg/kg表示。通过调查分析，充分了解了各个营养元素的含量状况及不同含量级别的面积分布，以及与不同土壤类型、质地、地貌等因素的相关关系。现将耕地土壤养分进行详细分析。

第一节 有机质

土壤有机质是土壤的重要组成成分，与土壤的发生、演变，土壤肥力水平和许多土壤的其他属性有密切的关系。土壤有机质含有作物生长所需的多种营养元素，分解后可直接为作物生长提供营养元素；有机质具有改善土壤理化性状，影响和制约土壤结构形成及通气性、渗透性、缓冲性、交换性能和保水保肥性能，是评价耕地地力的重要指标。对耕作土壤来说，培肥的中心环节就是增施各种有机肥，实行秸秆还田，保持和提高土壤有机质含量。

一、伊川县耕地土壤有机质的基本状况

伊川县耕地土壤有机质含量变化范围为 12.6~26g/kg，平均值 18.73g/kg。参照第二次土壤普查的土壤有机质分级标准，并依据伊川县土壤有机质的数据分布特征，将土壤有机质划分 5 个级别，详见表 65-2。

分别以乡镇行政区划、地形部位和土种类型做分区分析，对有机质做分区统计，结果见表 65-3、表 65-4、表 65-5。①不同行政区域：平等乡最高平均为 20.38g/kg，最低是酒后乡 16.93g/kg；②不同地形部位：冲、洪积扇中、上部的平均值最高，为 20.53g/kg，最低为低山陵坡地，平均值为 17.51g/kg；③不同土种类型（省土种）：最高为浅位砂淤土，平均为 21.60g/kg，最低为浅位多量砂姜红黄土覆盖褐土性土，平均值为 16.72g/kg。

表 65-2　耕层土壤有机质分级

有机质分级	含量范围（g/kg）	平均值（g/kg）	所占面积（hm²）
一级	>22	22.92	2 792.70
二级	20.1~22	20.85	10 236.80
三级	18.1~20	19.00	25 306.90
四级	15.1~18	17.01	22 783.60
五级	≤15	14.43	1 025.50

表 65-3　伊川县耕地土壤有机质按乡镇统计结果　　　　　　　　单位：g/kg

乡镇	平均值	最大值	最小值	标准差	变异系数（%）
白沙镇	18.45	21.90	15.40	1.09	5.91
白元乡	20.36	26.00	17.00	1.79	8.79
半坡乡	18.87	23.40	14.80	2.13	11.29
城关镇	19.55	23.80	13.70	2.09	10.69
高山镇	20.22	23.50	16.50	1.30	6.43
葛寨乡	18.15	20.90	12.70	1.56	8.60
江左乡	19.59	23.20	15.30	1.44	7.35
酒后乡	16.93	20.70	12.90	1.76	10.40
吕店乡	17.55	21.70	14.50	1.43	8.15
鸣皋镇	18.49	23.00	12.60	1.70	9.19
彭婆镇	18.17	21.80	14.60	1.34	7.37
平等乡	20.38	24.50	16.20	1.99	9.76
水寨镇	19.33	25.20	15.10	1.77	9.16
鸦岭乡	18.73	22.00	13.50	1.45	7.74

表 65-4　伊川县耕地土壤有机质按地形部位统计结果　　　　　　单位：g/kg

地形部位	平均值	最大值	最小值	标准差	变异系数（%）
冲、洪积扇中上部	20.53	26.00	17.40	1.59	7.72
低山陵坡地	17.51	23.40	12.70	1.73	9.89

（续表）

地形部位	平均值	最大值	最小值	标准差	变异系数（%）
河流二级阶地	19.59	23.90	15.30	1.95	9.97
河流一级阶地	20.38	24.50	15.40	1.99	9.76
洪积扇前缘	19.65	25.40	15.70	1.94	9.90
丘陵坡地中上部	18.55	24.80	12.60	1.76	9.51
丘陵山地坡下部	18.59	25.50	14.50	1.69	9.07

表 65-5　伊川县耕地土壤有机质按土种统计结果　　　　　　　　　　单位：g/kg

省土种名称	平均值	最大值	最小值	标准差	变异系数（%）
表潜潮青泥田	20.29	24.5	16.5	1.91	9
薄层钙质粗骨土	18.66	22.4	14.7	1.59	9
薄层硅铝质中性粗骨土	19.32	21.4	16.7	1.68	9
薄层硅镁铁质中性粗骨土	18.43	22	15.3	1.85	10
薄层泥质中性粗骨土	17.96	23.4	14.8	1.79	10
薄层砂质中性紫色土	17.87	20.3	16	1.63	9
底砾层冲积湿潮土	20.35	23.8	16.2	2.07	10
底砾层洪积潮土	20.17	21.9	18.7	0.92	5
底砂淤土	18.53	19.8	17.2	0.93	5
硅质中性石质土	17.59	21.2	14.3	1.85	11
红黄土复盖褐土性土	18.35	22.1	16.1	1.63	9
红黄土质褐土	18.82	23.1	14.5	1.7	9
红黄土质褐土性土	18.7	24.6	15.2	1.56	8
红黄土质石灰性褐土	17.47	19.3	16	1.06	6
红黏土	18.74	24.8	15.4	1.72	9
厚层硅镁铁质中性粗骨土	17.18	18.9	15.6	1.54	9
厚层硅质褐土性土	17.12	20.5	12.7	1.74	10
厚层砂泥质褐土性土	17.67	22.4	14.4	1.46	8
浅位多量砂姜红黄土覆盖褐土性土	16.72	19.4	15.9	1.33	8
浅位多量砂姜红黄土质褐土性土	18.7	25.5	14.8	2.09	11
浅位多量砂姜红黏土	18.08	22.1	13.6	1.93	11
浅位多量砂姜石灰性红黏土	17.76	20.9	16.4	1.03	6
浅位钙盘砂姜红黄土质褐土性土	17.78	22.9	15.6	1.5	8
浅位钙盘砂姜石灰性红黏土	19.11	22.9	13.8	1.79	9
浅位砂淤土	21.6	22.9	20.9	0.78	4
浅位少量砂姜红黄土覆盖褐土性土	17.32	21	15.4	1.36	8
浅位少量砂姜红黄土质褐土性土	18.05	22.3	14.7	1.55	9
浅位少量砂姜红黏土	18.65	21.9	15.4	1.79	10

（续表）

省土种名称	平均值	最大值	最小值	标准差	变异系数（%）
浅位少量砂姜石灰性红黏土	18.56	23.8	12.6	1.96	11
壤质潮褐土	18.97	21.3	17.4	1.3	7
深位钙盘红黄土质褐土	19.02	23.4	15.5	1.65	9
深位钙盘砂姜石灰性红黏土	18.97	21.5	16.3	1.42	7
石灰性红黏土	18.77	22	15.6	1.42	8
淤土	19.57	23.9	15.3	1.99	10
黏质潮褐土	20.77	26	17.4	1.49	7
黏质冲积湿潮土	20.65	23.7	15.4	2.1	10
黏质洪积潮土	19.53	25.4	15.7	2.11	11
中层钙质褐土性土	18.53	23.2	13.5	1.77	10
中层硅铝质褐土性土	16.73	16.9	16.6	0.15	1
中层硅镁铁质中性粗骨土	18.24	19.9	15.2	1.52	8
中层砂泥质褐土性土	18.21	21.8	13.7	1.56	9
中层砂质中性紫色土	17.43	19.9	13.2	1.85	11

二、分级论述

（一）一级
土壤有机质含量大于22g/kg，分布在城关镇、彭婆镇和平等乡境内的伊河沿岸，占地面积2 792.7hm²。

（二）二级
土壤有机质含量范围为22~20.1g/kg，各乡镇均有分布，占地面积为10 236.8hm²，主要集中在高山镇，江左镇和白元乡。

（三）三级
土壤有机质含量范围20~18.1g/kg，各个乡镇均有分布，其中白元乡，白沙镇和鸦岭乡分布较多，占地面积25 306.9hm²。

（四）四级
土壤有机质含量范围15.1~18g/kg，各个乡镇均有分布，占地面积22 783.6hm²。

（五）五级
土壤有机质含量范围为小于等于15g/kg，占地面积为1 025.5hm²，主要分布在酒后乡和葛寨乡，鸣皋镇，鸦岭乡和吕店镇也均有分布。

三、增加土壤有机质含量的途径

土壤有机质的含量取决于其年生产量和矿化量的相对大小，当生产量大于矿化量时，有机质含量逐步增加，反之，将会逐步减少。土壤有机质矿化量主要受土壤温度、湿度、通气状况、有机质含量等因素影响。一般说来土壤温度低，通气性差，湿度大时，土壤有机质矿化量较低；相反，土壤温度高，通气性好，湿度适中时则有利于土壤有机质的矿化。二是有机肥料施用有限，使相当一部分有机质未能返回土壤。

农业生产中应注意创造条件，减少土壤有机质的矿化量。日光温室、塑料大棚等保护地栽培条件下，土壤长期处于高温多湿的条件下有机质易矿化，含量提高较慢，有机质相对含量普遍偏低。适时通风降温，尽量减少盖膜时间将有利于土壤有机质的积累。

增加有机肥的施用量，是人为增加土壤有机质含量的主要途径，其方法首先是秸秆还田、增施有机肥、施用有机无机复合肥；其次是大量种植绿肥，还要注意控制与调节有机质的积累与分解，做到既能保证当季作物养分的需要，又能使有机质有所积累，不断提高土壤肥力。灌排和耕作等措施，也可以有效的控制有机质的积累与分解。

第二节　氮、磷、钾

一、耕地土壤全氮的基本状况

伊川县耕地土壤全氮含量变化范围为 0.66~1.33g/kg，平均值为 0.96g/kg。参照第二次土壤普查的土壤全氮分级标准，并依据伊川县土壤全氮的数据分布特征，将土壤全氮划分 5 个级别，详见表 65-6。

表 65-6　耕层土壤全氮分级

全氮分级	含量范围（g/kg）	平均值（g/kg）	所占面积（hm²）
一级	≥1.2	1.251	685.72
二级	1.01~1.2	1.1	13 707.73
三级	0.76~1	0.88	42 505.71
四级	0.71~0.75	0.73	524.92
五级	≤0.7	0.68	96.07

分别以乡镇行政区划、地形部位和土种类型做分区分析，对全氮做分区统计，结果见表 65-7、表 65-8、表 65-9。①不同行政区域：最高为平等乡和白元乡，土壤全氮含量平均值 1.05g/kg，最低是酒后乡平均值 0.87g/kg；②不同地形部位：河流一阶地最高平均值为 1.04g/kg，最低为低山陵坡地平均值为 0.90g/kg；③不同土种类型（省土种）：最高为浅位砂淤土平均值为 1.08g/kg，最低为浅位多量砂姜红黄土覆盖褐土性土平均值为 0.83g/kg。

表 65-7　伊川县耕地土壤全氮按乡镇统计结果　　　　　　单位：g/kg

乡镇	平均值	最大值	最小值	标准差	变异系数（%）
白沙镇	0.95	1.1	0.78	0.06	6.22
白元乡	1.05	1.27	0.88	0.09	8.22
半坡乡	0.92	1.19	0.73	0.11	12.15
城关镇	1.02	1.27	0.73	0.11	10.31
高山镇	1.01	1.22	0.9	0.06	5.85
葛寨乡	0.89	1.09	0.69	0.09	9.61
江左镇	0.95	1.16	0.68	0.08	8.89
酒后乡	0.87	1.09	0.66	0.09	10.06
吕店镇	0.89	1.13	0.67	0.08	9.54
鸣皋镇	0.97	1.26	0.73	0.09	9.28
彭婆镇	0.93	1.1	0.71	0.07	7.13
平等乡	1.05	1.3	0.82	0.09	8.94
水寨镇	0.95	1.33	0.74	0.09	9.00
鸦岭乡	0.93	1.15	0.71	0.07	7.62

表65-8 伊川县耕地土壤全氮按地形部位统计结果　　　　单位：g/kg

地形部位	平均值	最大值	最小值	标准差	变异系数（%）
冲、洪积扇中上部	1.02	1.27	0.85	8.61	8.41
低山陵坡地	0.90	1.19	0.66	9.71	10.83
河流二级阶地	0.99	1.22	0.78	9.95	10.03
河流一级阶地	1.04	1.30	0.69	11.07	10.62
洪积扇前缘	0.98	1.26	0.68	11.74	12.02
丘陵坡地中上部	0.95	1.27	0.71	9.50	10.04
丘陵山地坡下部	0.95	1.33	0.67	9.19	9.69

表65-9 伊川县耕地土壤全氮按土种统计结果　　　　单位：g/kg

土种	平均值	最大值	最小值	标准差	变异系数（%）
表潜潮青泥田	1.04	1.3	0.83	0.11	10
薄层钙质粗骨土	0.96	1.15	0.74	0.08	8
薄层硅铝质中性粗骨土	0.97	1.07	0.87	0.07	7
薄层硅镁铁质中性粗骨土	0.95	1.27	0.81	0.12	12
薄层泥质中性粗骨土	0.92	1.19	0.71	0.09	10
薄层砂质中性紫色土	0.89	0.96	0.8	0.05	6
底砾层冲积湿潮土	1.04	1.25	0.82	0.12	11
底砾层洪积潮土	0.98	1.07	0.89	0.06	6
底砂淤土	0.92	1.01	0.87	0.04	4
硅质中性石质土	0.88	1.07	0.71	0.09	11
红黄土覆盖褐土性土	0.94	1.08	0.78	0.08	8
红黄土质褐土	0.96	1.2	0.67	0.09	9
红黄土质褐土性土	0.96	1.23	0.69	0.08	9
红黄土质石灰性褐土	0.87	0.92	0.81	0.04	5
红黏土	0.95	1.24	0.77	0.1	11
厚层硅镁铁质中性粗骨土	0.87	0.94	0.8	0.06	7
厚层硅质褐土性土	0.87	1.08	0.66	0.08	10
厚层砂泥质褐土性土	0.93	1.15	0.81	0.06	7
浅位多量砂姜红黄土覆盖褐土性土	0.83	0.93	0.8	0.05	6
浅位多量砂姜红黄土质褐土性土	0.96	1.33	0.75	0.11	11
浅位多量砂姜红黏土	0.93	1.15	0.74	0.08	9
浅位多量砂姜石灰性红黏土	0.84	1.03	0.76	0.06	8
浅位钙盘砂姜红黄土质褐土性土	0.92	1.14	0.76	0.09	9
浅位钙盘砂姜石灰性红黏土	0.99	1.18	0.76	0.09	9
浅位砂淤土	1.08	1.21	1	0.08	8

（续表）

土种	平均值	最大值	最小值	标准差	变异系数（%）
浅位少量砂姜红黄土覆盖褐土性土	0.86	1.05	0.72	0.09	11
浅位少量砂姜红黄土质褐土性土	0.93	1.14	0.71	0.08	9
浅位少量砂姜红黏土	0.95	1.07	0.81	0.08	9
浅位少量砂姜石灰性红黏土	0.94	1.21	0.73	0.09	10
壤质潮褐土	0.93	1.08	0.85	0.08	8
深位钙盘红黄土质褐土	0.98	1.16	0.86	0.06	6
深位钙盘砂姜石灰性红黏土	0.96	1.07	0.85	0.06	7
石灰性红黏土	0.96	1.11	0.8	0.06	6
淤土	1	1.22	0.78	0.1	10
黏质潮褐土	1.04	1.27	0.85	0.08	8
黏质冲积湿潮土	1.05	1.27	0.69	0.13	13
黏质洪积潮土	0.98	1.26	0.68	0.13	13
中层钙质褐土性土	0.95	1.16	0.71	0.09	9
中层硅铝质褐土性土	0.83	0.83	0.83	0	0
中层硅镁铁质中性粗骨土	0.92	1.01	0.76	0.08	9
中层砂泥质褐土性土	0.92	1.1	0.71	0.08	9
中层砂质中性紫色土	0.9	1.03	0.72	0.08	9

（一）分级论述

1. 一级

土壤全氮含量大于等于1.2g/kg，主要分布在白元乡、平等乡和城关镇，占地面积为713.45hm²。

2. 二级

土壤全氮含量范围为1.01~1.2g/kg，各个乡镇均有分布，主要分布在彭婆镇、城关镇、白元乡和高山镇，占地面积为14 262.04hm²。

3. 三级

土壤全氮含量范围0.76~1g/kg，各个乡镇均有分布，占地面积46 523.9hm²，占全县耕地面积80%左右。

4. 四级

土壤全氮含量范围0.75~0.71g/kg，主要分布在酒后乡、半坡乡和吕店镇，总面积为546.15hm²。

5. 五级

土壤全氮含量小于等于0.7g/kg，占地面积为99.95hm²，只在江左镇、鸦岭乡、彭婆镇、吕店镇、葛寨乡和酒后乡有极少分布。

（二）增加土壤氮素的途径

1. 种植豆科作物

豆科作物和豆科绿肥能提高土壤氮素的含量，在轮作中多安排豆科作物，能明显提高土壤氮素的含量。

2. 施用有机肥和秸秆还田

施用有机肥和秸秆还田是维持土壤氮素平衡的有效措施，各种有机肥和秸秆都含有大量的氮素，这些氮素直接或间接来源于土壤，把它们归还给土壤，有利于土壤氮素循环的平衡。

3. 用化肥补足

土壤氮素平衡中年亏损量，用化肥来补足也是维持土壤氮素平衡的重要措施之一。

二、伊川县耕地土壤有效磷基本状况

伊川县耕地土壤有效磷含量变化范围为 4.2~18.5mg/kg，平均值为 8.7mg/kg。参照第二次土壤普查的土壤有效磷分级标准，并依据伊川县土壤有效磷的数据分布特征，将土壤有效磷划分 5 个级别，详见表 65-10。

表 65-10　耕层土壤有效磷分级（mg/kg）

有效磷分级	含量范围（mg/kg）	平均值（mg/kg）	所占面积（hm²）
一级	≥15.0	15.97	502.98
二级	10.1~15.0	15.9	10 060.71
三级	8.1~10.0	12.5	26 842.19
四级	5.1~8.0	8.0	24 619.95
五级	≤5.0	5.2	119.65

分别以乡镇行政区划、地形部位和土种类型做分区分析，对有效磷做分区统计，结果见表 65-11、表 65-12、表 65-13。①不同行政区域：酒后乡最高为 10.3mg/kg，最低为鸦岭和半坡乡 7.7mg/kg；②不同地形部位：河流二级阶地最高为 10.4mg/kg，丘陵坡地坡下部 8.5mg/kg；③不同土种类型（省土种）：最高为浅位砂淤土平均为 11.9mg/kg，最低为红黄土质石灰性褐土平均含量为 7.2mg/kg。

表 65-11　伊川县耕地土壤有效磷按乡镇统计结果　　　　　　　　单位：mg/kg

乡名称	平均值	最大值	最小值	标准差	变异系数（%）
白沙镇	8.5	13.7	5.8	1.47	17.35
白元乡	9.2	16.7	5.8	2.7	29.28
半坡乡	7.7	12.1	5	1.46	18.94
城关镇	9	13.3	6.2	1.3	14.39
高山镇	8.5	12.4	5.4	1.24	14.59
葛寨乡	10	13.9	5.6	1.92	19.29
江左镇	8.6	12.3	4.2	1.49	17.34
酒后乡	10.3	16.5	7.3	1.67	16.36
吕店镇	8.2	11.6	5.3	1.27	15.71
鸣皋镇	9	16.6	5.3	2.19	24.51
彭婆镇	8.7	14.6	5.3	1.84	21.28
平等乡	9.3	15.1	6.6	1.21	13.04
水寨镇	8.7	18.5	5.4	2.48	28.45
鸦岭乡	7.7	12.3	5.2	1.16	15.08

表 65-12　伊川县耕地土壤有效磷按地形部位统计结果　　　　单位：mg/kg

地形部位	平均值	最大值	最小值	标准差	变异系数（%）
冲、洪积扇中上部	10.0	18.3	5.7	2.45	24.53
低山陵坡地	8.7	16.2	4.7	1.70	19.44
河流二级阶地	10.4	16.4	6.4	2.28	21.92
河流一级阶地	9.7	16	5.8	1.93	19.91
洪积扇前缘	9.4	14.9	4.2	2.04	21.63
丘陵坡地中上部	8.6	18.5	5.3	1.70	19.88
丘陵山地坡下部	8.5	16.7	4.3	1.63	19.26

表 65-13　伊川县耕地土壤有效磷按土种统计结果　　　　单位：mg/kg

土种名称	平均值	最大值	最小值	标准差	变异系数（%）
表潜潮青泥田	9.5	14.5	5.8	1.84	19
薄层钙质粗骨土	8.5	11.1	5.9	1.2	14
薄层硅铝质中性粗骨土	9.9	18.5	5.8	3.9	40
薄层硅镁铁质中性粗骨土	8.4	12.2	5.8	1.39	17
薄层泥质中性粗骨土	8.4	11.9	5	1.31	16
薄层砂质中性紫色土	9.1	12.2	6.6	1.96	22
底砾层冲积湿潮土	10.4	15.1	6.2	1.88	18
底砾层洪积潮土	8.6	11.8	4.2	2.29	27
底砂淤土	11.1	16.4	7.3	3.49	31
硅质中性石质土	8	11.9	4.7	1.75	22
红黄土覆盖褐土性土	8.9	12	6.3	1.28	14
红黄土质褐土	8.3	12.9	4.3	1.49	18
红黄土质褐土性土	8.6	16.5	5.4	1.75	20
红黄土质石灰性褐土	7.2	8.6	5.8	1.1	15
红黏土	8.6	16	5.3	2.19	25
厚层硅镁铁质中性粗骨土	9.2	11.4	8	1.58	17
厚层硅质褐土性土	9.7	16.2	6.2	1.61	17
厚层砂泥质褐土性土	8.4	14.2	5.4	2.08	25
浅位多量砂姜红黄土覆盖褐土性土	9.1	10.3	8.1	0.73	8
浅位多量砂姜红黄土质褐土性土	8.4	16.7	5.7	1.91	23
浅位多量砂姜红黏土	8.5	16.6	5.5	1.63	19
浅位多量砂姜石灰性红黏土	11	13.9	8.5	1.5	14
浅位钙盘砂姜红黄土质褐土性土	8.6	12.3	5.2	1.65	19
浅位钙盘砂姜石灰性红黏土	8.4	12.4	5.3	1.5	18
浅位砂淤土	11.9	15	9.5	2.32	19

（续表）

土种名称	平均值	最大值	最小值	标准差	变异系数（%）
浅位少量砂姜红黄土覆盖褐土性土	8.4	13.4	5.7	1.52	18
浅位少量砂姜红黄土质褐土性土	8.4	13	5.3	1.46	17
浅位少量砂姜红黏土	8.9	11.7	6.7	1.15	13
浅位少量砂姜石灰性红黏土	8.3	14.1	5.4	1.41	17
壤质潮褐土	11.3	14.6	9.1	1.59	14
深位钙盘红黄土质褐土	8.2	13.7	5.5	1.59	19
深位钙盘砂姜石灰性红黏土	8.7	12.8	5.6	1.72	20
石灰性红黏土	8.2	11.3	5.8	1.22	15
淤土	10.2	16.4	6.4	2.11	21
黏质潮褐土	9.8	18.3	5.7	2.5	26
黏质冲积湿潮土	9.5	16	5.8	2.06	22
黏质洪积潮土	9.7	14.9	5.6	1.94	20
中层钙质褐土性土	8.1	13	5.7	1.54	19
中层硅铝质褐土性土	8.5	9.4	7.8	0.83	10
中层硅镁铁质中性粗骨土	8.2	10.7	5.6	1.54	19
中层砂泥质褐土性土	8.7	13.6	5.8	1.78	20
中层砂质中性紫色土	9.6	12.2	5.6	2.02	21

（一）分级论述

1. 一级

土壤有效磷含量大于等于 15mg/kg，主要分布在白元乡和酒后乡，占地面积为 502.98hm²。

2. 二级

土壤有效磷含量范围 10.1~15.0mg/kg，各个乡镇均有分布，主要分布在酒后乡、城关镇、平等乡和彭婆镇等乡镇的沿河地区，占地面积分别为 10 060.71hm²。

3. 三级

土壤有效磷含量范围 8.1~10mg/kg，各个乡镇均有分布，其中以平等乡和城关镇最为集中，面积也最大，占地面积 26 842.19hm²。

4. 四级

土壤有效磷含量范围 5.1~8.0mg/kg，各个乡镇均有分布，鸦岭乡和白元乡，占地面积 24 619.95hm²。

5. 五级

土壤有效磷含量小于等于 5mg/kg，主要分布在江左镇，占地面积 119.65hm²。

（二）增加土壤有效磷的途径

1. 增施有机肥料

土壤中难溶性磷素需要在磷细菌的作用下，逐渐转化成有效磷，供作物吸收利用。土壤有机质有利于微生物的繁殖和微生物活性的提高，增强磷素转化速度。同时有效性的磷素与有机物质结合，减弱了土壤磷素的矿化作用，有利于有效磷贮存积累。

2. 与有机肥料混合使用

在土壤中，难溶性磷酸盐与生物呼吸作用产生的二氧化碳、有机肥料分解时产生的有机酸作用，可逐渐转变成为弱酸溶性或水溶性磷酸盐，提高磷素的利用率。

三、伊川县耕地土壤速效钾基本状况

伊川县耕地土壤速效钾含量变化范围为 99~224mg/kg，平均值为 155mg/kg，参照第二次土壤普查的土壤速效钾分级标准，并依据伊川县土壤速效钾的数据分布特征，将土壤速效钾划分 5 个级别，详见表 65-14。

表 65-14 耕层土壤速效钾分级（mg/kg）

速效钾分级	含量范围（mg/kg）	平均值（mg/kg）	所占面积（hm²）
一级	>200	253	378.8
二级	151~200	168	36 178.12
三级	121~150	139	23 792.47
四级	101~120	115	1 772.88
五级	≤100	99	23.22

分别以乡镇行政区划、地形部位和土种类型做分区分析，对速效钾做分区统计，结果见表 65-15、表 65-16、表 65-17。①不同行政区域：高山镇最高平均为 177mg/kg，最低是半坡乡 127mg/kg；②不同地形部位：冲、洪积扇中、上部平均值为 164mg/kg，最低为低山陵坡地平均值为 143mg/kg；③不同土种类型（省土种）：最高为石灰性红黏土平均含量为 171mg/kg，最低为浅位多量砂姜石灰性红黏土，平均含量 119mg/kg。

表 65-15 伊川县耕地土壤速效钾按乡镇统计结果　　　　　单位：mg/kg

乡镇	平均值	最大值	最小值	标准差	变异系数（%）
白沙镇	151	187	124	10.96	7
白元乡	153	194	117	15.43	10
半坡乡	127	163	107	12.01	9
城关镇	169	204	136	13.21	8
高山镇	177	224	145	12.94	7
葛寨乡	132	172	99	14.27	11
江左镇	142	197	110	15.18	11
酒后乡	155	204	117	12.63	8
吕店镇	143	202	116	13.09	9
鸣皋镇	159	198	119	14.85	9
彭婆镇	151	209	123	14.52	10
平等乡	159	202	109	16.37	10
水寨镇	144	189	126	12.78	9
鸦岭乡	173	210	135	14.76	9

表 65-16 伊川县耕地土壤速效钾按地形部位统计结果　　　　　单位：mg/kg

地形部位	平均值	最大值	最小值	标准差	变异系数（%）
冲、洪积扇中上部	164	209	121	16.81	10.28

（续表）

地形部位	平均值	最大值	最小值	标准差	变异系数（%）
低山陵坡地	143	199	107	16.98	11.83
河流二级阶地	156	208	128	16.60	10.67
河流一级阶地	159	202	109	18.19	11.45
洪积扇前缘	151	204	107	20.43	13.50
丘陵坡地中上部	158	224	99	20.33	12.86
丘陵山地坡下部	154	204	102	17.59	11.41

表 65-17　伊川县耕地土壤速效钾按土种统计结果　　　　　单位：mg/kg

土种名称	平均值	最大值	最小值	标准差	变异系数（%）
表潜潮青泥田	160	202	119	15.8	10
薄层钙质粗骨土	164	197	128	16.1	10
薄层硅铝质中性粗骨土	146	175	127	13.9	9
薄层硅镁铁质中性粗骨土	145	161	129	9	6
薄层泥质中性粗骨土	140	199	112	15.4	11
薄层砂质中性紫色土	149	170	125	19	13
底砾层冲积湿潮土	155	197	109	19.3	12
底砾层洪积潮土	141	204	113	29.4	21
底砂淤土	145	169	128	14.9	10
硅质中性石质土	143	194	107	20.5	14
红黄土覆盖褐土性土	162	192	134	13.4	8
红黄土质褐土	153	202	110	17.2	11
红黄土质褐土性土	156	204	102	19	12
红黄土质石灰性褐土	127	138	118	8.1	6
红黏土	156	210	109	25.4	16
厚层硅镁铁质中性粗骨土	142	155	131	9.8	7
厚层硅质褐土性土	145	192	117	15.3	11
厚层砂泥质褐土性土	153	192	118	19.9	13
浅位多量砂姜红黄土覆盖褐土性土	147	159	141	6.6	4
浅位多量砂姜红黄土质褐土性土	152	187	121	14.1	9
浅位多量砂姜红黏土	165	202	131	17	10
浅位多量砂姜石灰性红黏土	119	134	104	7.5	6
浅位钙盘砂姜红黄土质褐土性土	154	177	129	13.6	9
浅位钙盘砂姜石灰性红黏土	166	199	127	15.5	9
浅位砂淤土	156	180	140	18.5	12
浅位少量砂姜红黄土覆盖褐土性土	146	183	121	13	9
浅位少量砂姜红黄土质褐土性土	152	196	124	15.9	10

（续表）

土种名称	平均值	最大值	最小值	标准差	变异系数（%）
浅位少量砂姜红黏土	163	198	124	19.4	12
浅位少量砂姜石灰性红黏土	160	208	122	17.9	11
壤质潮褐土	168	209	145	19.8	12
深位钙盘红黄土质褐土	158	204	116	18.6	12
深位钙盘砂姜石灰性红黏土	169	195	130	17.5	10
石灰性红黏土	171	224	134	19	11
淤土	157	208	132	16.4	11
黏质潮褐土	163	202	121	16.3	10
黏质冲积湿潮土	160	195	113	21.9	14
黏质洪积潮土	154	187	107	17	11
中层钙质褐土性土	152	196	113	16.2	11
中层硅铝质褐土性土	148	149	147	1	1
中层硅镁铁质中性粗骨土	136	155	123	9.5	7
中层砂泥质褐土性土	147	192	99	18.8	13
中层砂质中性紫色土	159	190	135	16.3	10

（一）分级论述

1. 一级

速效钾的含量大于200mg/kg，主要分布在鸦岭乡、彭婆镇和高山镇，占地面积为378.80hm²。

2. 二级

速效钾含量范围是151~200mg/kg，各个乡镇均有分布，伊川县域西部乡镇分布面积最广，所占面积为36 178.12hm²。

3. 三级

速效钾含量范围是121~150mg/kg，各乡镇均有分布，伊川县东部乡镇分布面积最广，占地面积为23 792.47hm²。

4. 四级

速效钾含量范围是101~120mg/kg，主要分布在江左镇葛寨乡和半坡乡，所占面积为1 772.88hm²。

5. 五级

速效钾的含量小于等于100mg/kg，只有葛寨乡唯一1个地块，占地面积为23.22hm²。

（二）提高土壤速效钾含量的途径

（1）增施有机肥料。

（2）大力推广秸秆还田技术。

（3）增施草木灰、含钾量高的肥料。

第三节　中微量元素

一、有效铜

伊川县耕地土壤有效铜的基本状况

伊川县耕地土壤有效铜含量变化范围为0.75~3.27mg/kg，平均值1.41mg/kg，参照第二次土壤

894

普查的土壤有效铜分级标准，并依据伊川县土壤有效铜的数据分布特征，将土壤有效铜划分 5 个级别，详见表 65-18。

表 65-18　耕层土壤有效铜分级（mg/kg）

有效铜分级	含量范围（mg/kg）	平均值（mg/kg）	所占面积（hm²）
一级	>2.00	2.21	5 232.303
二级	1.81~2.00	1.9	4 072.815
三级	1.01~1.80	1.35	58 299.72
四级	0.81~1.00	0.94	6 468.318
五级	≤0.80	1.59	142.7935

分别以乡镇行政区划、地形部位和土种类型做分区分析，对有效铜做分区统计，结果见表 65-19、表 65-20、表 65-21。①不同行政区域：酒后乡最高平均值为 2.02mg/kg，最低是高山镇平均值为 1.00mg/kg；②不同地形部位：最高河流二级阶地平均值为 1.73mg/kg，最低为丘陵坡地中上部平均值为 1.34mg/kg；③不同土种类型（省土种）：最高为浅位多量砂姜石灰性红平均值为 2.12mg/kg，最低为薄层钙质粗骨土平均值为 1.11mg/kg。

表 65-19　伊川县耕地土壤有效铜按乡镇统计结果　　　　单位：mg/kg

乡镇	平均值	最大值	最小值	标准差	变异系数（%）
白沙镇	1.22	1.53	0.99	0.10	8.16
白元乡	1.79	2.45	1.39	0.26	14.51
半坡乡	1.06	1.28	0.92	0.09	8.85
城关镇	1.23	2.28	0.79	0.30	24.18
高山镇	1.00	1.32	0.75	0.12	11.86
葛寨乡	1.97	2.54	1.3	0.19	9.89
江左镇	1.32	1.77	0.98	0.16	12.42
酒后乡	2.02	3.27	1.54	0.33	16.58
吕店镇	1.37	1.72	1.02	0.12	8.58
鸣皋镇	1.35	2.31	0.81	0.28	21.03
彭婆镇	1.52	2.25	1.17	0.16	10.81
平等乡	1.48	2.34	0.86	0.33	22.14
水寨镇	1.57	2.26	1.21	0.22	14.23
鸦岭乡	1.14	1.62	0.85	0.13	11.32

表 65-20　伊川县耕地土壤有效铜按地形部位统计结果　　　　单位：mg/kg

地形部位	平均值	最大值	最小值	标准差	变异系数（%）
冲、洪积扇中上部	1.56	2.45	0.89	0.44	28.08
低山陵坡地	1.55	3.27	0.79	0.45	29.34
河流二级阶地	1.73	2.50	1.11	0.37	21.27
河流一级阶地	1.60	2.37	0.88	0.34	21.22

（续表）

地形部位	平均值	最大值	最小值	标准差	变异系数（％）
洪积扇前缘	1.65	2.51	0.96	0.40	23.99
丘陵坡地中上部	1.34	3.02	0.75	0.36	27.07
丘陵山地坡下部	1.37	2.55	0.79	0.27	20.03

表 65-21　伊川县耕地土壤有效铜按土种统计结果　　　　单位：mg/kg

土种名称	平均值	最大值	最小值	标准差	变异系数（％）
表潜潮青泥田	1.61	2.22	1.07	0.29	18
薄层钙质粗骨土	1.11	1.5	0.76	0.2	18
薄层硅铝质中性粗骨土	1.56	2.26	1.04	0.4	26
薄层硅镁铁质中性粗骨土	1.79	2.08	1.39	0.16	9
薄层泥质中性粗骨土	1.33	2.36	0.79	0.28	21
薄层砂质中性紫色土	1.46	1.66	1.29	0.14	9
底砾层冲积湿潮土	1.62	2.34	1.13	0.34	21
底砾层洪积潮土	1.39	1.91	1.18	0.24	17
底砂淤土	1.84	2.38	1.25	0.46	25
硅质中性石质土	1.41	2.68	0.84	0.52	37
红黄土覆盖褐土性土	1.2	1.64	0.93	0.19	16
红黄土质褐土	1.38	2.25	0.9	0.23	17
红黄土质褐土性土	1.37	2.55	0.79	0.34	25
红黄土质石灰性褐土	1.5	1.76	1.35	0.14	9
红黏土	1.47	2.48	0.93	0.41	28
厚层硅镁铁质中性粗骨土	1.79	1.83	1.74	0.04	2
厚层硅质褐土性土	1.9	3.27	0.98	0.38	20
厚层砂泥质褐土性土	1.38	2.43	0.86	0.44	31
浅位多量砂姜红黄土覆盖褐土性土	1.42	1.52	1.23	0.1	7
浅位多量砂姜红黄土质褐土性土	1.49	2.26	0.95	0.26	17
浅位多量砂姜红黏土	1.26	2.23	0.81	0.3	24
浅位多量砂姜石灰性红黏土	2.12	2.41	1.94	0.11	5
浅位钙盘砂姜红黄土质褐土性土	1.32	1.83	0.85	0.24	18
浅位钙盘砂姜石灰性红黏土	1.16	1.95	0.75	0.23	20
浅位砂淤土	1.86	2.14	1.55	0.24	13
浅位少量砂姜红黄土覆盖褐土性土	1.33	1.55	1.15	0.1	7
浅位少量砂姜红黄土质褐土性土	1.39	1.97	0.99	0.2	15
浅位少量砂姜红黏土	1.34	2.01	0.85	0.4	30
浅位少量砂姜石灰性红黏土	1.23	1.88	0.84	0.22	18
壤质潮褐土	1.75	2.03	1.39	0.23	13

（续表）

土种名称	平均值	最大值	最小值	标准差	变异系数（%）
深位钙盘红黄土质褐土	1.26	1.8	0.87	0.23	18
深位钙盘砂姜石灰性红黏土	1.33	1.85	0.92	0.3	22
石灰性红黏土	1.15	1.76	0.83	0.19	16
淤土	1.72	2.5	1.11	0.36	21
黏质潮褐土	1.53	2.45	0.89	0.46	30
黏质冲积湿潮土	1.55	2.37	0.88	0.44	28
黏质洪积潮土	1.71	2.51	0.96	0.4	24
中层钙质褐土性土	1.36	2.82	0.84	0.32	23
中层硅铝质褐土性土	1.22	1.22	1.21	0.01	0
中层硅镁铁质中性粗骨土	1.75	1.98	1.47	0.19	11
中层砂泥质褐土性土	1.42	3.02	0.81	0.42	30
中层砂质中性紫色土	1.56	1.94	1.17	0.26	16

二、有效铁

伊川县耕地土壤有效铁的基本状况

伊川县耕地土壤有效铁含量变化范围为 4.6~16.9mg/kg，平均值为 8.92mg/kg，参照第二次土壤普查的土壤有效铁分级标准，并依据伊川县土壤有效铁的数据分布特征，将土壤有效铁划分 5 个级别，详见表 65-22。

表 65-22　耕层土壤有效铁分级

有效铁分级	含量范围（mg/kg）	平均值（mg/kg）	所占面积（hm²）
一级	>15.0	15.44	662.8672
二级	13.1~15.0	13.90	4 330.866
三级	10.1~13.0	11.71	9 062.716
四级	6.1~10.0	7.76	47 188.44
五级	≤6.0	5.85	900.5978

分别以乡镇行政区划、地形部位和土种类型做分区分析，对有效铁做分区统计，结果见表 65-23、表 65-24、表 65-25。①不同行政区域：白元乡最高平均值为 13.46mg/kg，最低是高山镇平均值为 6.96mg/kg；②不同地形部位：河流二级阶地最高平均值为 10.62mg/kg，最低为丘陵山地坡下部平均值为 8.32mg/kg；③不同土种类型（省土种）：最高为浅位多量砂姜石灰性红黏土平均值为 13.04mg/kg，最低为薄层钙质粗骨土平均值为 6.99mg/kg。

表 65-23　伊川县耕地土壤有效铁按地形部位统计结果　　　　　单位：mg/kg

地形部位	平均值	最大值	最小值	标准差	变异系数（%）
冲、洪积扇中上部	9.46	16.90	5.10	3.18	33.57
低山陵坡地	10.25	16.40	5.70	2.54	24.78
河流二级阶地	10.62	15.50	4.60	3.03	28.55

（续表）

地形部位	平均值	最大值	最小值	标准差	变异系数（%）
河流一级阶地	10.12	15.90	6.00	2.41	23.81
洪积扇前缘	10.22	15.30	6.30	2.83	27.66
丘陵坡地中上部	8.74	15.70	5.60	2.28	26.07
丘陵山地坡下部	8.32	16.00	5.40	1.94	23.26

表 65-24　伊川县耕地土壤有效铁按乡镇统计结果　　　　单位：mg/kg

乡镇	平均值	最大值	最小值	标准差	变异系数（%）
白沙镇	6.99	9.60	5.40	0.86	12.28
白元乡	13.46	16.90	8.50	1.37	10.19
半坡乡	9.59	13.20	7.10	1.21	12.66
城关镇	7.58	11.60	5.70	1.54	20.36
高山镇	6.96	8.50	6.00	0.60	8.56
葛寨乡	12.47	14.60	10.00	0.75	6.04
江左镇	8.07	9.30	6.70	0.61	7.51
酒后乡	12.94	16.40	9.50	1.36	10.52
吕店镇	8.72	11.30	7.10	0.71	8.14
鸣皋镇	9.37	15.90	6.30	1.90	20.28
彭婆镇	7.47	8.80	4.60	0.57	7.68
平等乡	9.87	15.20	6.70	1.57	15.91
水寨镇	8.61	12.00	6.50	1.49	17.27
鸦岭乡	7.29	9.80	5.80	0.68	9.33

表 65-25　伊川县耕地土壤有效铁按土种统计结果　　　　单位：mg/kg

土种名称	平均值	最大值	最小值	标准差	变异系数（%）
表潜潮青泥田	10.5	15	6.5	1.77	17
薄层钙质粗骨土	6.99	10.4	5.6	1.07	15
薄层硅铝质中性粗骨土	9.17	12	7.3	1.5	16
薄层硅镁铁质中性粗骨土	12.94	15.7	11.3	1.09	8
薄层泥质中性粗骨土	8.9	14	5.7	1.63	18
薄层砂质中性紫色土	8.87	9.6	8.4	0.35	4
底砾层冲积湿潮土	9.18	15.9	6	2.77	30
底砾层洪积潮土	8.27	13	6.7	2.19	26
底砂淤土	11.07	14.7	6.4	3.74	34
硅质中性石质土	9.71	16.4	6.7	2.81	29
红黄土覆盖褐土性土	7.71	10.1	6	1.2	16
红黄土质褐土	8.39	14.6	5.8	1.92	23

（续表）

土种名称	平均值	最大值	最小值	标准差	变异系数（%）
红黄土质褐土性土	8.61	15.5	5.9	2.19	25
红黄土质石灰性褐土	8.29	9.1	7.1	0.82	10
红黏土	9.94	15.5	6.4	2.51	25
厚层硅镁铁质中性粗骨土	12.9	13.2	12.5	0.32	2
厚层硅质褐土性土	12.25	16	7.2	1.87	15
厚层砂泥质褐土性土	8.42	13.8	5.8	2.4	29
浅位多量砂姜红黄土覆盖褐土性土	8.77	9.5	7.6	0.63	7
浅位多量砂姜红黄土质褐土性土	8.97	16	6.2	2.56	29
浅位多量砂姜红黏土	8.63	13.9	6	1.95	23
浅位多量砂姜石灰性红黏土	13.04	13.5	12.4	0.31	2
浅位钙盘砂姜红黄土质褐土性土	7.45	9.9	5.4	1.37	18
浅位钙盘砂姜石灰性红黏土	7.96	13.2	6.2	1.54	19
浅位砂淤土	11.4	11.7	11.3	0.15	1
浅位少量砂姜红黄土覆盖褐土性土	8.36	10.4	7.1	0.65	8
浅位少量砂姜红黄土质褐土性土	7.84	12.9	6.1	1.33	17
浅位少量砂姜红黏土	9.19	13.7	6.3	2.88	31
浅位少量砂姜石灰性红黏土	8.26	13.7	6	1.5	18
壤质潮褐土	7.53	8.6	6.5	0.78	10
深位钙盘红黄土质褐土	7.52	12.4	5.8	1.18	16
深位钙盘砂姜石灰性红黏土	9.27	15.6	6.7	2.93	32
石灰性红黏土	7.75	13.9	6.2	1.37	18
淤土	10.53	15.5	4.6	3.06	29
黏质潮褐土	9.76	16.9	5.1	3.3	34
黏质冲积湿潮土	10.25	15.4	6.3	3.04	30
黏质洪积潮土	10.69	15.3	6.3	2.78	26
中层钙质褐土性土	7.99	14.7	5.9	1.65	21
中层硅铝质褐土性土	7.6	7.6	7.6	0	0
中层硅镁铁质中性粗骨土	12.86	14.8	10	1.21	9
中层砂泥质褐土性土	8.83	14.3	5.8	2.19	25
中层砂质中性紫色土	9.53	14.6	6.5	2.58	27

三、有效锰

伊川县耕地土壤有效锰的基本状况

伊川县耕地土壤有效锰含量变化范围为 8.9~17mg/kg，平均值为 12.83mg/kg，参照第二次土壤普查的土壤有效锰分级标准，并依据伊川县土壤有效锰的数据分布特征，将土壤有效锰划分五个级别，详见表65-26。

分别以乡镇行政区划、地形部位和土种类型做分区分析，对有效锰做分区统计，结果见

表 65-27、表 65-28、表 65-29。①不同行政区域：半坡乡最高平均值为 15.19mg/kg，最低是水寨镇平均值为 10.90mg/kg；②不同地形部位：洪积扇前缘最高平均值为 13.42mg/kg，最低为河流二级阶地平均值为 12.11mg/kg；③不同土种类型（省土种）：最高为中层硅铝质褐土性土平均值为 15.27mg/kg，最低为浅位砂淤土平均值为 11.35mg/kg。

表 65-26　耕层土壤有效锰分级（mg/kg）

有效锰分级	含量范围（mg/kg）	平均值（mg/kg）	所占面积（hm²）
一级	>15	15.54	6 215.9
二级	13.1~15	13.80	19 008.16
三级	12.1~13	12.55	19 604.83
四级	10.1~12	11.36	16 976.08
五级	≤10	9.55	340.55

表 65-27　伊川县耕地土壤按乡镇有效锰按乡镇统计结果　　　　单位：mg/kg

乡镇	平均值	最大值	最小值	标准差	变异系数（%）
白沙镇	12.38	14.00	11.10	0.53	4.31
白元乡	12.33	13.50	11.50	0.33	2.64
半坡乡	15.19	16.70	13.80	0.69	4.56
城关镇	12.04	14.40	8.90	1.33	11.08
高山镇	12.95	14.00	11.90	0.47	3.66
葛寨乡	12.84	15.40	11.20	0.80	6.25
江左镇	15.18	17.00	13.70	0.65	4.27
酒后乡	11.52	13.90	10.50	0.56	4.85
吕店镇	14.31	16.70	10.10	1.27	8.85
鸣皋镇	13.22	15.00	11.50	0.61	4.59
彭婆镇	11.53	13.60	10.10	0.56	4.80
平等乡	12.85	13.90	11.20	0.60	4.70
水寨镇	10.90	12.10	10.10	0.38	3.50
鸦岭乡	13.12	16.50	9.70	1.19	9.05

表 65-28　伊川县耕地土壤有效锰按地形部位统计结果　　　　单位：mg/kg

地形部位	平均值	最大值	最小值	标准差	变异系数（%）
冲、洪积扇中上部	12.12	14.00	10.50	0.89	7.36
低山陵坡地	12.85	16.60	10.30	1.57	12.24
河流二级阶地	12.11	13.50	9.70	0.86	7.10
河流一级阶地	12.66	15.50	9.50	1.04	8.23
洪积扇前缘	13.42	15.50	10.80	1.31	9.74
丘陵坡地中上部	12.93	16.90	9.30	1.29	10.00
丘陵山地坡下部	12.83	17.00	8.90	1.46	11.34

表 65-29　伊川县耕地土壤有效锰按土种统计结果　　　　　单位：mg/kg

土种名称	平均值	最大值	最小值	标准差	变异系数（%）
表潜潮青泥田	12.98	14.5	10.5	0.69	5
薄层钙质粗骨土	12.09	14.4	10.1	1.07	9
薄层硅铝质中性粗骨土	12.5	15.2	10.4	2.25	18
薄层硅镁铁质中性粗骨土	12.59	14.3	11.2	0.93	7
薄层泥质中性粗骨土	13.32	16.6	10.3	1.7	13
薄层砂质中性紫色土	14.11	14.5	13.7	0.3	2
底砾层冲积湿潮土	11.9	14.2	9.5	1.12	9
底砾层洪积潮土	14.24	15.5	11.6	1.24	9
底砂淤土	12.26	12.7	12	0.29	2
硅质中性石质土	13.62	16.3	11.2	1.56	11
红黄土覆盖褐土性土	12.57	16.7	10.9	1.21	10
红黄土质褐土	12.98	16.4	10.1	1.48	11
红黄土质褐土性土	12.96	16.7	8.9	1.5	12
红黄土质石灰性褐土	11.6	11.8	11.3	0.17	1
红黏土	13.06	15.6	11.4	0.9	7
厚层硅镁铁质中性粗骨土	13.7	14.1	13.4	0.29	2
厚层硅质褐土性土	12	16.2	10.9	1.2	10
厚层砂泥质褐土性土	11.99	14	9.7	1.07	9
浅位多量砂姜红黄土覆盖褐土性土	13.5	15.2	13	0.84	6
浅位多量砂姜红黄土质褐土性土	12.12	16.4	10.7	1.2	10
浅位多量砂姜红黏土	13.01	15.1	10.8	0.98	8
浅位多量砂姜石灰性红黏土	12.44	13.9	11.9	0.58	5
浅位钙盘砂姜红黄土质褐土性土	13.05	17	9.4	1.68	13
浅位钙盘砂姜石灰性红黏土	13.14	16.5	11	0.95	7
浅位砂淤土	11.35	12.4	10.7	0.79	7
浅位少量砂姜红黄土覆盖褐土性土	14.27	16.2	11.2	1.46	10
浅位少量砂姜红黄土质褐土性土	12.35	14.7	10.4	0.96	8
浅位少量砂姜红黏土	12.5	14.3	10.9	0.82	7
浅位少量砂姜石灰性红黏土	13.36	15.8	11	1.04	8
壤质潮褐土	11.59	13.2	10.9	0.81	7
深位钙盘红黄土质褐土	12.36	15.3	9	1.17	9
深位钙盘砂姜石灰性红黏土	13.45	15.9	11.7	1.17	9
石灰性红黏土	13.41	16.3	10.8	1.16	9
淤土	12.14	13.5	9.7	0.88	7
黏质潮褐土	12.2	14	10.5	0.88	7
黏质冲积湿潮土	12.73	15.5	10.3	1.23	10

（续表）

土种名称	平均值	最大值	最小值	标准差	变异系数（%）
黏质洪积潮土	13.22	15.3	10.8	1.25	9
中层钙质褐土性土	12.2	16.4	10.1	1.62	13
中层硅铝质褐土性土	15.27	15.4	15.2	0.12	1
中层硅镁铁质中性粗骨土	12.58	14.1	11.2	1.05	8
中层砂泥质褐土性土	13.18	16.9	9.3	1.68	13
中层砂质中性紫色土	11.7	13.3	10.8	0.74	6

四、有效锌

伊川县耕地土壤有效锌的基本状况

伊川县耕地土壤有效锌含量变化范围为 0.43~2.72mg/kg，平均值为 1.04mg/kg，参照第二次土壤普查的土壤有效锌分级标准，并依据伊川县土壤有效锌的数据分布特征，将土壤有效锌划分 5 个级别，详见表 65-30。

表 65-30 耕层土壤有效锌分级（mg/kg）

有效锌分级	含量范围（mg/kg）	平均值（mg/kg）	所占面积（hm²）
一级	>2	2.26	890.2562
二级	1.01~2	1.27	26 971.33
三级	0.51~1	0.81	33 828.78
四级	0.46~0.5	0.48	441.2886
五级	≤0.45	0.44	13.84237

分别以乡镇行政区划、地形部位和土种类型做分区分析，对有效锌做分区统计，结果见表 65-31、表 65-32、表 65-33。①不同行政区域：城关镇最高平均值为 1.35mg/kg，最低是江左镇平均值为 0.70mg/kg；②不同地形部位：河流一级阶地，平均值为 1.35mg/kg，最低低山陵坡地，平均值仅 0.90mg/kg；③不同土种类型（省土种）：最高为底砾层冲积湿潮土平均值为 1.43mg/kg，最低为浅位多量砂姜石灰性红黏土，平均值为 0.86mg/kg。

表 65-31 伊川县耕地土壤有效锌按乡镇统计结果 单位：mg/kg

乡镇	平均值	最大值	最小值	标准差	变异系数（%）
白沙镇	0.84	1.11	0.53	0.10	11.29
白元乡	1.13	1.49	0.77	0.19	16.65
半坡乡	0.81	1.07	0.59	0.11	13.11
城关镇	1.35	2.58	0.56	0.29	21.38
高山镇	1.34	2.72	0.73	0.47	35.10
葛寨乡	0.83	1.33	0.49	0.19	22.59
江左镇	0.70	1.82	0.45	0.21	29.31
酒后乡	1.14	1.54	0.85	0.19	16.54
吕店镇	0.77	1.27	0.43	0.13	16.58

乡镇	平均值	最大值	最小值	标准差	变异系数（%）
鸣皋镇	1.33	2.37	0.89	0.31	23.36
彭婆镇	0.90	1.71	0.61	0.23	25.72
平等乡	1.06	2.09	0.53	0.29	27.10
水寨镇	1.07	1.64	0.69	0.23	21.76
鸦岭乡	1.10	2.17	0.67	0.18	15.86

表65-32　伊川县耕地土壤有效锌按地形部位统计结果　　　单位：mg/kg

地形部位	平均值	最大值	最小值	标准差	变异系数（%）
冲、洪积扇中上部	1.28	2.44	0.61	0.40	31.30
低山陵坡地	0.90	1.54	0.51	0.22	24.70
河流二级阶地	1.26	1.70	0.63	0.22	17.43
河流一级阶地	1.35	2.31	0.55	0.34	25.21
洪积扇前缘	1.00	1.85	0.46	0.33	32.74
丘陵坡地中上部	1.06	2.59	0.45	0.32	30.04
丘陵山地坡下部	0.96	2.72	0.43	0.30	30.87

表65-33　伊川县耕地土壤有效锌按土种统计结果　　　单位：mg/kg

土种名称	平均值	最大值	最小值	标准差	变异系数（%）
表潜潮青泥田	1.33	2.31	0.84	0.32	24
薄层钙质粗骨土	1.1	2.2	0.75	0.3	27
薄层硅铝质中性粗骨土	0.99	1.56	0.53	0.41	42
薄层硅镁铁质中性粗骨土	0.98	1.17	0.88	0.08	8
薄层泥质中性粗骨土	0.85	1.15	0.61	0.14	16
薄层砂质中性紫色土	0.83	0.95	0.64	0.13	15
底砾层冲积湿潮土	1.43	2.06	0.83	0.31	22
底砾层洪积潮土	0.66	1.17	0.46	0.26	39
底砂淤土	1.23	1.44	0.98	0.18	15
硅质中性石质土	0.88	1.54	0.51	0.26	30
红黄土覆盖褐土性土	1.01	1.64	0.68	0.2	20
红黄土质褐土	0.93	2.58	0.43	0.28	31
红黄土质褐土性土	0.99	2.5	0.48	0.28	29
红黄土质石灰性褐土	0.74	0.95	0.61	0.12	16
红黏土	1.01	1.52	0.56	0.22	22
厚层硅镁铁质中性粗骨土	0.93	1.01	0.87	0.06	7
厚层硅质褐土性土	0.99	1.51	0.58	0.25	25
厚层砂泥质褐土性土	0.98	1.34	0.7	0.2	20

（续表）

土种名称	平均值	最大值	最小值	标准差	变异系数（%）
浅位多量砂姜红黄土覆盖褐土性土	0.88	0.96	0.66	0.11	12
浅位多量砂姜红黄土质褐土性土	0.99	2.35	0.6	0.38	39
浅位多量砂姜红黏土	1.2	2.59	0.72	0.35	29
浅位多量砂姜石灰性红黏土	0.63	0.78	0.49	0.08	13
浅位钙盘砂姜红黄土质褐土性土	0.86	1.12	0.56	0.15	17
浅位钙盘砂姜石灰性红黏土	1.32	2.47	0.64	0.43	33
浅位砂淤土	1.41	1.55	1.15	0.16	12
浅位少量砂姜红黄土覆盖褐土性土	0.77	0.96	0.54	0.12	16
浅位少量砂姜红黄土质褐土性土	0.9	1.52	0.54	0.18	20
浅位少量砂姜红黏土	1.16	2.42	0.73	0.42	37
浅位少量砂姜石灰性红黏土	0.99	2	0.45	0.25	25
壤质潮褐土	1.27	1.6	0.99	0.18	14
深位钙盘红黄土质褐土	1.07	2.72	0.64	0.42	40
深位钙盘砂姜石灰性红黏土	1.16	1.55	0.86	0.16	14
石灰性红黏土	1.07	1.75	0.56	0.22	21
淤土	1.25	1.7	0.63	0.22	18
黏质潮褐土	1.29	2.44	0.61	0.43	33
黏质冲积湿潮土	1.28	2.26	0.55	0.4	31
黏质洪积潮土	1.08	1.85	0.59	0.29	27
中层钙质褐土性土	0.97	1.82	0.56	0.21	21
中层硅铝质褐土性土	0.64	0.65	0.63	0.01	2
中层硅镁铁质中性粗骨土	0.87	0.99	0.79	0.06	6
中层砂泥质褐土性土	0.9	1.68	0.46	0.27	30
中层砂质中性紫色土	1.08	1.51	0.89	0.16	15

五、水溶态硼

伊川县耕地土壤水溶态硼的基本状况

伊川县耕地土壤水溶态硼含量变化范围为 0.18～0.82mg/kg，平均值为 0.39mg/kg，参照第二次土壤普查的土壤水溶态硼分级标准，并依据伊川县土壤有效锌的数据分布特征，将土壤水溶态硼划分 5 个级别，详见表 65-34。

表 65-34　耕层土壤水溶态硼分级（mg/kg）

有效锌分级	含量范围（mg/kg）	平均值（mg/kg）	所占面积（hm²）
一级	>0.70	0.76	149.70
二级	0.61～0.70	0.63	313.24
三级	0.51～0.60	0.54	2 974.57
四级	0.21～0.50	0.37	58 707.83
五级	≤0.20	0.18	0.15

分别以乡镇行政区划、地形部位和土种类型做分区分析，对水溶态硼做分区统计，结果见表 65-35、表 65-36、表 65-37。①不同行政区域：白元乡最高平均值为 0.46mg/kg，最低是鸣皋镇

平均值为 0.32mg/kg；②不同地形部位：冲、洪积扇中上部为最高，平均值为 0.44mg/kg，低山岭坡地、丘陵坡地中上部、丘陵山地坡下部，平均值仅 0.38mg/kg；③不同土种类型（省土种）：最高为壤质潮褐土，平均值为 0.53mg/kg，最低为底砂淤土，平均值为 0.34mg/kg。

表 65-35　伊川县耕地土壤有效锌按地形部位统计结果　　　　单位：mg/kg

地形部位	平均值	最大值	最小值	标准差	变异系数（%）
冲、洪积扇中上部	0.44	0.61	0.24	0.09	21.13
低山陵坡地	0.38	0.54	0.24	0.04	10.07
河流二级阶地	0.41	0.59	0.3	0.09	20.90
河流一级阶地	0.40	0.63	0.24	0.09	21.74
洪积扇前缘	0.41	0.6	0.32	0.05	12.93
丘陵坡地中上部	0.38	0.78	0.18	0.08	19.83
丘陵山地坡下部	0.38	0.82	0.2	0.07	18.40

表 65-36　伊川县耕地土壤水溶态硼按乡镇统计结果　　　　单位：mg/kg

乡镇	平均值	最大值	最小值	标准差	变异系数（%）
白沙镇	0.34	0.5	0.27	0.04	11.76
白元乡	0.46	0.82	0.33	0.08	17.39
半坡乡	0.34	0.39	0.27	0.02	5.88
城关镇	0.45	0.63	0.28	0.07	15.56
高山镇	0.41	0.67	0.22	0.11	26.83
葛寨乡	0.43	0.53	0.24	0.05	11.63
江左镇	0.38	0.48	0.31	0.03	7.89
酒后乡	0.38	0.54	0.31	0.03	7.89
吕店镇	0.38	0.44	0.3	0.02	5.26
鸣皋镇	0.32	0.41	0.26	0.02	6.25
彭婆镇	0.39	0.67	0.21	0.09	23.08
平等乡	0.37	0.5	0.27	0.05	13.51
水寨镇	0.42	0.61	0.32	0.07	16.67
鸦岭乡	0.36	0.6	0.18	0.07	19.44

表 65-37　伊川县耕地土壤有效锌按土种统计结果　　　　单位：mg/kg

土种名称	平均值	最大值	最小值	标准差	变异系数（%）
表潜潮青泥田	0.37	0.52	0.27	0.07	18.19
薄层钙质粗骨土	0.4	0.72	0.26	0.11	26.45
薄层硅铝质中性粗骨土	0.38	0.51	0.31	0.07	17.14
薄层硅镁铁质中性粗骨土	0.45	0.69	0.31	0.1	23.33
薄层泥质中性粗骨土	0.37	0.44	0.31	0.03	8.19
薄层砂质中性紫色土	0.37	0.41	0.34	0.03	7.81
底砾层冲积湿潮土	0.48	0.63	0.31	0.08	17.15
底砾层洪积潮土	0.39	0.41	0.36	0.02	4.15
底砂淤土	0.34	0.38	0.31	0.02	7.07
硅质中性石质土	0.38	0.54	0.29	0.05	13.57

(续表)

土种名称	平均值	最大值	最小值	标准差	变异系数（%）
红黄土覆盖褐土性土	0.36	0.53	0.26	0.07	19.88
红黄土质褐土	0.39	0.67	0.27	0.07	17.42
红黄土质褐土性土	0.38	0.64	0.2	0.07	18.45
红黄土质石灰性褐土	0.37	0.46	0.33	0.04	10.56
红黏土	0.38	0.58	0.18	0.07	19.09
厚层硅镁铁质中性粗骨土	0.41	0.43	0.39	0.02	5.06
厚层硅质褐土性土	0.38	0.52	0.24	0.04	9.58
厚层砂泥质褐土性土	0.38	0.54	0.33	0.05	12.42
浅位多量砂姜红黄土覆盖褐土性土	0.37	0.39	0.34	0.02	4.99
浅位多量砂姜红黄土质褐土性土	0.39	0.82	0.28	0.09	23.53
浅位多量砂姜红黏土	0.36	0.55	0.26	0.06	17.27
浅位多量砂姜石灰性红黏土	0.44	0.47	0.39	0.02	5.53
浅位钙盘砂姜红黄土质褐土性土	0.36	0.47	0.28	0.06	15.58
浅位钙盘砂姜石灰性红黏土	0.36	0.78	0.22	0.09	26.18
浅位砂淤土	0.49	0.55	0.44	0.05	9.65
浅位少量砂姜红黄土覆盖褐土性土	0.38	0.49	0.3	0.03	9.1
浅位少量砂姜红黄土质褐土性土	0.37	0.59	0.21	0.06	16.14
浅位少量砂姜红黏土	0.36	0.6	0.24	0.1	26.12
浅位少量砂姜石灰性红黏土	0.37	0.61	0.27	0.06	15.9
壤质潮褐土	0.53	0.59	0.45	0.04	8.27
深位钙盘红黄土质褐土	0.38	0.64	0.25	0.08	20.4
深位钙盘砂姜石灰性红黏土	0.4	0.5	0.21	0.07	17.57
石灰性红黏土	0.38	0.56	0.24	0.07	18.42
淤土	0.41	0.59	0.3	0.09	21.04
黏质潮褐土	0.42	0.61	0.24	0.09	21.11
黏质冲积湿潮土	0.41	0.56	0.24	0.08	20.39
黏质洪积潮土	0.41	0.6	0.32	0.06	13.89
中层钙质褐土性土	0.39	0.71	0.23	0.07	18.46
中层硅铝质褐土性土	0.34	0.34	0.34	0	0
中层硅镁铁质中性粗骨土	0.44	0.58	0.34	0.08	17.59
中层砂泥质褐土性土	0.38	0.52	0.24	0.05	14.01
中层砂质中性紫色土	0.38	0.55	0.27	0.06	16.95

六、有效钼

伊川县耕地土壤有效钼的基本状况

伊川县耕地土壤有效钼含量变化范围为 0.08~0.75mg/kg，平均值为 0.25mg/kg，参照第二次土壤普查的土壤有效钼分级标准，并依据伊川县土壤有效钼的数据分布特征，将土壤有效钼划分 5 个级别，详见表 65-38。

分别以乡镇行政区划、地形部位和土种类型做分区分析，对有效钼做分区统计，结果见表 65-39、表 65-40、表 65-41。①不同行政区域：水寨镇和彭婆镇最高平均值为 0.39mg/kg，最低是江左镇平均值为 0.10mg/kg；②不同地形部位：最高为河流二级阶地，平均值为 0.38mg/kg，最低为丘陵坡地中上部和低山陵坡地，平均值仅 0.23mg/kg；③不同土种类型（省土种）：最高为底砂淤土平均值为 0.45mg/kg，最低为中层硅铝质褐土性土平均值为 0.10mg/kg。

表 65-38　耕层土壤有效钼分级（mg/kg）

有效锌分级	含量范围（mg/kg）	平均值（mg/kg）	所占面积（hm²）
一级	>0.30	0.39	23 837.63
二级	0.21~0.30	0.25	18 951.42
三级	0.16~0.20	0.18	9 305.44
四级	0.11~0.15	0.13	6 608.83
五级	≤0.10	0.09	3 442.16

表 65-39　伊川县耕地土壤有效钼按乡镇统计结果　　单位：mg/kg

乡镇	平均值	最大值	最小值	标准差	变异系数（%）
白沙镇	0.23	0.41	0.1	0.08	37.27
白元乡	0.31	0.45	0.16	0.08	27.13
半坡乡	0.15	0.19	0.1	0.02	14.01
城关镇	0.28	0.43	0.14	0.06	20.27
高山镇	0.15	0.26	0.08	0.04	27.89
葛寨乡	0.31	0.45	0.16	0.07	22.41
江左镇	0.10	0.15	0.08	0.01	13.56
酒后乡	0.36	0.66	0.17	0.13	36.15
吕店镇	0.12	0.26	0.08	0.04	31.17
鸣皋镇	0.25	0.57	0.1	0.11	44.34
彭婆镇	0.39	0.75	0.17	0.12	31.42
平等乡	0.29	0.43	0.13	0.08	28.43
水寨镇	0.39	0.56	0.25	0.05	14.07
鸦岭乡	0.25	0.43	0.13	0.05	21.57

表 65-40　伊川县耕地土壤有效钼按地形部位统计结果　　单位：mg/kg

地形部位	平均值	最大值	最小值	标准差	变异系数（%）
冲、洪积扇中上部	0.31	0.56	0.09	0.13	40.37
低山陵坡地	0.23	0.62	0.09	0.12	53.23
河流二级阶地	0.38	0.66	0.11	0.10	26.70
河流一级阶地	0.33	0.6	0.09	0.10	31.46
洪积扇前缘	0.28	0.58	0.08	0.15	54.11
丘陵坡地中上部	0.23	0.6	0.08	0.09	39.75
丘陵山地坡下部	0.25	0.75	0.08	0.13	52.22

表 65-41 伊川县耕地土壤有效钼按土种统计结果

单位：mg/kg

土种名称	平均值	最大值	最小值	标准差	变异系数（%）
表潜潮青泥田	0.33	0.6	0.11	0.1	28.52
薄层钙质粗骨土	0.23	0.47	0.11	0.07	29.87
薄层硅铝质中性粗骨土	0.26	0.43	0.08	0.17	65.14
薄层硅镁铁质中性粗骨土	0.32	0.44	0.2	0.08	25.41
薄层泥质中性粗骨土	0.17	0.4	0.09	0.08	45.53
薄层砂质中性紫色土	0.11	0.14	0.09	0.02	20.35
底砾层冲积湿潮土	0.35	0.53	0.13	0.08	23.29
底砾层洪积潮土	0.15	0.4	0.08	0.12	84.32
底砂淤土	0.45	0.61	0.3	0.13	28.13
硅质中性石质土	0.2	0.56	0.09	0.13	63.76
红黄土覆盖褐土性土	0.21	0.38	0.11	0.08	37.07
红黄土质褐土	0.24	0.71	0.08	0.13	54.71
红黄土质褐土性土	0.25	0.67	0.08	0.13	50.95
红黄土质石灰性褐土	0.29	0.61	0.11	0.22	76.04
红黏土	0.25	0.45	0.11	0.08	30.18
厚层硅镁铁质中性粗骨土	0.33	0.35	0.29	0.03	8.03
厚层硅质褐土性土	0.3	0.62	0.09	0.12	39.98
厚层砂泥质褐土性土	0.27	0.54	0.16	0.09	35.29
浅位多量砂姜红黄土覆盖褐土性土	0.18	0.21	0.11	0.04	21.37
浅位多量砂姜红黄土质褐土性土	0.31	0.61	0.09	0.13	41.67
浅位多量砂姜红黏土	0.22	0.53	0.11	0.08	37.33
浅位多量砂姜石灰性红黏土	0.28	0.38	0.22	0.05	18.69
浅位钙盘砂姜红黄土质褐土性土	0.27	0.75	0.09	0.15	56.61
浅位钙盘砂姜石灰性红黏土	0.19	0.44	0.09	0.08	43.04
浅位砂淤土	0.41	0.54	0.3	0.1	23.51
浅位少量砂姜红黄土覆盖褐土性土	0.14	0.31	0.08	0.06	42.8
浅位少量砂姜红黄土质褐土性土	0.29	0.61	0.09	0.13	43.98
浅位少量砂姜红黏土	0.19	0.29	0.1	0.06	30.52
浅位少量砂姜石灰性红黏土	0.2	0.39	0.08	0.07	37.17
壤质潮褐土	0.44	0.53	0.39	0.05	10.13
深位钙盘红黄土质褐土	0.26	0.65	0.1	0.13	50.91
深位钙盘砂姜石灰性红黏土	0.26	0.37	0.11	0.07	26.59
石灰性红黏土	0.22	0.35	0.08	0.06	29.65
淤土	0.37	0.66	0.11	0.1	26.31
黏质潮褐土	0.29	0.56	0.09	0.12	42.05
黏质冲积湿潮土	0.28	0.48	0.09	0.13	46.33

（续表）

土种名称	平均值	最大值	最小值	标准差	变异系数（%）
黏质洪积潮土	0.31	0.58	0.09	0.14	44.95
中层钙质褐土性土	0.26	0.55	0.09	0.1	38.08
中层硅铝质褐土性土	0.1	0.1	0.1	0	0
中层硅镁铁质中性粗骨土	0.29	0.39	0.21	0.06	19.79
中层砂泥质褐土性土	0.21	0.6	0.08	0.11	52.9
中层砂质中性紫色土	0.31	0.38	0.23	0.04	14.26

七、有效硫

伊川县耕地土壤有效硫的基本状况

伊川县耕地土壤有效硫含量变化范围为 9.2~47.2mg/kg，平均值为 22.57mg/kg，参照第二次土壤普查的土壤有效硫分级标准，并依据伊川县土壤有效硫的数据分布特征，将土壤有效硫划分 5 个级别，详见表65-42。

表65-42　耕层土壤有效硫分级（mg/kg）

有效硫分级	含量范围（mg/kg）	平均值（mg/kg）	所占面积（hm²）
一级	>30.0	32.87	4 465.44
二级	25.1~30.0	27.27	13 917.03
三级	20.1~25.0	22.21	23 613.35
四级	15.1~20.0	18.38	18 901.69
五级	≤15.0	13.84	1 247.98

分别以乡镇行政区划、地形部位和土种类型做分区分析，对有效硫做分区统计，结果见表65-43、表65-44、表65-45。①不同行政区域：水寨镇最高，平均值为 30.16mg/kg，最低是半坡乡平均值为 14.51mg/kg；②按不同地形部位：最高为冲、洪积扇中上部，平均值是 25.45mg/kg，最低为低山陵坡地，平均值仅 20.10mg/kg；③不同土种类型（省土种）：最高的薄层硅铝质中性粗骨土，平均值为 34.01mg/kg，最低为浅位多量砂姜红黄土覆盖褐土性土，平均值为 18.40mg/kg。

表65-43　伊川县耕地土壤有效硫按乡镇统计结果　　　　　单位：mg/kg

乡镇	平均值	最大值	最小值	标准差	变异系数（%）
白沙镇	19.01	29.3	11.6	3.00	15.79
白元乡	25.25	43.5	15.8	4.04	16.01
半坡乡	14.51	18.1	9.2	1.77	12.23
城关镇	23.64	38.3	16.7	3.49	14.77
高山镇	25.33	36.4	17	3.48	13.74
葛寨乡	20.31	26.2	12.3	2.21	10.86
江左镇	25.10	42.9	15.3	5.93	23.62
酒后乡	20.52	25.2	17.3	1.39	6.76
吕店镇	22.63	37.5	14.4	4.46	19.73

（续表）

乡镇	平均值	最大值	最小值	标准差	变异系数（%）
鸣皋镇	21.40	33	16.4	2.15	10.07
彭婆镇	20.17	33.3	16.7	2.50	12.40
平等乡	19.12	24.5	14.2	2.65	13.85
水寨镇	30.16	47.2	22.6	5.04	16.70
鸦岭乡	25.82	37.6	17.6	3.61	14.00

表 65-44　伊川县耕地土壤有效硫部位统计结果　　　　单位：mg/kg

地形部位	平均值	最大值	最小值	标准差	变异系数（%）
冲、洪积扇中上部	25.45	43.5	18	5.29	20.78
低山陵坡地	20.10	30.8	9.2	3.50	17.42
河流二级阶地	22.47	41.5	16.7	4.88	21.73
河流一级阶地	21.72	40.5	14.9	4.06	18.69
洪积扇前缘	22.36	36	15.4	4.49	20.08
丘陵坡地中上部	23.28	46.2	10	4.42	19.00
丘陵山地坡下部	22.39	47.2	11.6	4.72	21.06

表 65-45　伊川县耕地土壤有效硫统计结果　　　　单位：mg/kg

土种名称	平均值	最大值	最小值	标准差	变异系数（%）
表潜潮青泥田	20.12	28.6	15.5	2.55	12.69
薄层钙质粗骨土	23.76	38.3	13.1	4.99	21.02
薄层硅铝质中性粗骨土	34.01	46.2	22.6	8.52	25.06
薄层硅镁铁质中性粗骨土	21.78	25.2	18.5	2.2	10.12
薄层泥质中性粗骨土	20.38	30.2	9.2	4.04	19.84
薄层砂质中性紫色土	19.5	20.8	18.7	0.88	4.53
底砾层冲积湿潮土	24.51	40.5	17.7	4.69	19.14
底砾层洪积潮土	20.94	25.2	17.3	2.53	12.08
底砂淤土	20.12	23.3	17.6	2.29	11.36
硅质中性石质土	19.13	29.3	11.8	4.57	23.91
红黄土覆盖褐土性土	23.23	30.9	12.4	4.65	20.02
红黄土质褐土	21.8	42.9	13.7	4.64	21.29
红黄土质褐土性土	23.26	47.2	12.9	4.68	20.11
红黄土质石灰性褐土	18.87	21	17.2	1.28	6.79
红黏土	22.74	35.5	13.4	4.63	20.37
厚层硅镁铁质中性粗骨土	19.73	20.1	19.2	0.45	2.28
厚层硅质褐土性土	20.08	30.8	12.3	2.48	12.37
厚层砂泥质褐土性土	21.57	29.1	16.6	2.66	12.31

（续表）

土种名称	平均值	最大值	最小值	标准差	变异系数（%）
浅位多量砂姜红黄土覆盖褐土性土	18.4	26.9	16.5	4.17	22.66
浅位多量砂姜红黄土质褐土性土	22.68	39.6	16.8	5.23	23.06
浅位多量砂姜红黏土	22.75	31.9	17	2.95	12.98
浅位多量砂姜石灰性红黏土	19.07	19.8	18	0.5	2.61
浅位钙盘砂姜红黄土质褐土性土	19.28	27.7	11.6	3.79	19.64
浅位钙盘砂姜石灰性红黏土	23.32	35	16.3	3.68	15.79
浅位砂淤土	32.05	41.5	22.6	8.21	25.62
浅位少量砂姜红黄土覆盖褐土性土	24.49	37.5	16.3	5.55	22.64
浅位少量砂姜红黄土质褐土性土	20.81	32.2	15.4	4.02	19.3
浅位少量砂姜红黏土	22.98	31.3	17.6	4.31	18.74
浅位少量砂姜石灰性红黏土	22.95	36.2	13.7	4.45	19.39
壤质潮褐土	21.53	23.4	20.6	0.9	4.18
深位钙盘红黄土质褐土	22.51	31.3	13.9	4.07	18.06
深位钙盘砂姜石灰性红黏土	24.84	37.6	17.6	4.41	17.76
石灰性红黏土	24.79	42.3	10	5.34	21.55
淤土	22.12	41	16.7	4.18	18.87
黏质潮褐土	26.06	43.5	18	5.43	20.83
黏质冲积湿潮土	22.52	32.1	14.9	4.42	19.6
黏质洪积潮土	22.7	36	15.4	4.8	21.14
中层钙质褐土性土	23.79	38.6	14.8	4.59	19.3
中层硅铝质褐土性土	28.33	28.5	28.1	0.21	0.73
中层硅镁铁质中性粗骨土	21.58	24.5	19.8	1.84	8.54
中层砂泥质褐土性土	23.09	35.3	14.4	4.09	17.72
中层砂质中性紫色土	22.06	29.7	17.4	3.03	13.76

（续表）

第六十六章　耕地地力评价指标体系

第一节　耕地地力评价指标

一、指标选取的原则

正确地进行参评因素的选取并确定其权重，是科学地评价耕地地力的前提，直接关系到评价结果的正确性、科学性和社会可接受性。

参评因素是指参与评定耕地地力等级的耕地诸属性。影响耕地地力的因素很多，在本次耕地地力评价中，根据伊川县的特点，遵循主导因素原则、差异性原则、稳定性原则、敏感性原则，采用定量和定性方法结合，进行了参评因素的选取。因素选取类型包括剖面构型、地表砾石度、灌溉保证率、有效土层厚度、质地、地形部位、障碍因素、有效磷、速效钾、有机质10个方面。

二、指标的确定

采用特尔斐法，进行了影响耕地地力的立地条件、物理性状等定性指标的筛选。评价与决策涉及价值观、知识、经验和逻辑思维能力，因此专家的综合能力是十分可贵的。评价与决策中经常要专家的参与，例如给出一组剖面构型，评价不同剖面对作物生长影响的程度通常由专家给出。这个方法的核心是充分发挥专家对问题的独立看法，然后归纳、反馈，逐步收缩、集中，最终产生评价与判断。基本包括以下几个方面。

（一）确定提问的提纲

列出调查的提纲应当用词准确，层次分明，集中于要判断和评价的问题。为了使专家易于回答问题，通常还在提出调查提纲的同时提供有关背景材料。

（二）选择专家

为了得到较好的评价结果，我们选择了对问题了解较多的专家11人。

（三）调查结果的归纳、反馈和总结

收集到专家对问题的判断后，应作一归纳。定量判断的归纳结果通常符合正态分布。在仔细听取了持极端意见专家的理由后，去掉两端各25%的意见，寻找出意见最集中的范围，然后把归纳结果反馈给专家，让他们再次提出自己的评价和判断。反覆3~5次后，专家的意见会逐步趋近一致，这时就可作出最后的分析报告。

采用特尔斐法，分别召开了河南省和伊川县两级的耕地地力评价指标筛选专家研讨会。省级研讨会选择省内的知名土壤学、农学、农田水利学、土地资源学、土壤农业化学等方面的专家进行指标筛选，县级研讨会由省站专家、市站专家、河南农业大学专家、县内长期从事农业生产和技术研究的专家组成专家组，在国家级和省级评价指标的指导下，筛选切合项目县实际的耕地地力评价指标体系。

2011年9月18日，我们确定了河南省土肥站高级农艺师程道全、管泽民，洛阳市农业局高级农艺师郭新建、席万俊、伊川县农技站农艺师刘尚伟、谷志刚、刘要辰等17人组成的专家组，首先对指标进行分类，在此基础上进行指标的选取。各位专家结合自身专业特长，按照《测土配方施肥技术规范》的要求，就伊川县农业生产实际情况，展开了热烈的讨论，对影响伊川县耕地地力评价的因子、权重逐项进行分析评定。

当时共选出3大项10小项指标，3大项10小项指标分别为：剖面性状（质地、剖面构型、障碍因素、有效土层厚度）、耕地养分（速效钾、有效磷、有机质）、立地条件（地表砾石度、地形部位、灌溉保证率）。

根据各因素对耕地地力影响的稳定性，以及显著性，最后一致选取了剖面构型、地表砾石度、灌溉保证率、有效土层厚度、质地、地形部位、障碍层因素、有效磷、速效钾、有机质等10项因素作为耕地地力评价的参评指标。

三、评价单元确定

评价单元是由对土地质量具有关键影响的各土地要素组成的基本空间单位，同一评价单元的内部质量均一，不同单元之间，既有差异性，又有可比性。耕地地力评价就是要通过对每个评价单元的评价，确定其地力级别，并编绘耕地地力等级图。

目前，对土地评价单元的划分尚无统一方法，我们以土壤图和土地利用现状图叠加生成的土地类型图作为基本评价单元图。其中，土壤类型划分到土种，土地利用现状类型划分到二级利用类型，制图区界以最新土地利用现状图为准。为了保证土地利用现状的现实性，基于野外的实地调查，对耕地利用现状进行了修正。

表 66-1 各乡镇评价单元数量所占比例

乡镇名	单元数	所占比例（%）
白沙镇	307	8.61
白元乡	209	5.86
半坡乡	70	1.96
城关镇	270	7.57
高山镇	305	8.56
葛寨乡	231	6.48
江左镇	194	5.44
酒后乡	213	5.97
吕店镇	381	10.69
鸣皋镇	316	8.86
彭婆镇	368	10.32
平等乡	180	5.05
水寨镇	139	3.90
鸦岭乡	382	10.72

评价单元内的土壤类型相同，利用方式相同，交通、水利、经营管理方式等基本一致。用这种方法划分评价单元，不但可以反映单元之间的空间差异性，而且使土地利用类型有了土壤基本性质的均一性，又使土壤类型有了确定的地域边界线，使评价结果更具综合性、客观性，可以较容易地将评价结果落实到实地。通过图件的叠置和检索，我们将伊川县耕地地力划分了 3 565 个评价单元（图 66-1）。

四、评价单元赋值

影响耕地地力的因子非常多，并且它们在计算机中的存储方式也不相同，因此如何准确地获取各评价单元评价信息，是评价中的重要一环。鉴于此，舍弃直接从键盘输入参评因子值的传统方式，从建立的基础数据库中提取专题图件，利用 ArcGIS 系统的空间叠加分析、分区统计、空间属性联接等功能为评价单元提取属性。

采用空间插值法生成的各类养分图是 GRID 格网格式，利用 ArcGIS 的分区统计功能，统计每个评价单元所包含网格的平均值，得到每个评价单元的养分平均值。与评价有关的灌溉条件、排涝条件、地貌条件、成土母质等因素指标，根据空间位置提取属性，将单因子图中的属性按空间位置赋值给评价单元。

五、综合性指标计算

利用建立的隶属函数，计算每个评价单元的评价因素分值，再结合因素权重计算评价单元的综合分。综合分值的计算采用加法模型：

$$IFI = \sum F_i \times C_i \quad (i=1, 2, 3\cdots, n)$$

式中，IFI（Integrated Fertility Index）代表耕地地力数；F_i 为第 i 个因素的隶属度；C_i——第 i 个因素的组合权重。

第二节　评价指标权重

在选取的耕地地力评价指标中，各个指标对耕地质量的影响程度是不相等的，因此需要结合专家意见，采用科学方法，合理确定各评价指标的权重。

确定权重的方法很多，如主成分分析、多元回归分析、逐步回归分析、灰色关联分析、层次分析等，本评价中采用层次分析法（AHP）来确定各参评因素的权重。层次分析法（AHP），是在定性方法基础上发展起来的定量确定参评因素权重的一种系统分析方法。这种方法，可将人们的经验思维数量化，用以检验决策者判断的一致性，有利于实现定量化评价。

用层次分析法作为系统分析，首先要把问题层次化，根据问题的性质和要达到的目标，将问题分解为不同的组成因素，并按照因素间的相互关联影响以及隶属关系将各因素按不同层次聚合，形成一个多层次的分析结构模型，并最终把系统分析归结为最低层相对于最高层的相对重要性权值的确定或相对优劣次序的排序问题。

在排序计算中，每一层次的因素相对上一层次某一因素的单排序问题又可简化为一系列成对因素的判断比较。为了将比较判断定量化，层次分析法引入 1~9 比率标度法，并写成矩阵形式，即构成所谓的判断矩阵。形成判断矩阵后，即可通过计算判断矩阵的最大特征根及其对应的特征向量，计算出某一层元素相对于上一层次某一元素的相对重要性权值。在计算出某一层次相对于上一层次各个因素的单排序权值后，用上一层次因素本身的权值加权综合，即可计算出某层因素相对于上一层整个层次的相对重要性权值，即层次总排序权值。

AHP 法确定参评因素的步骤如下。

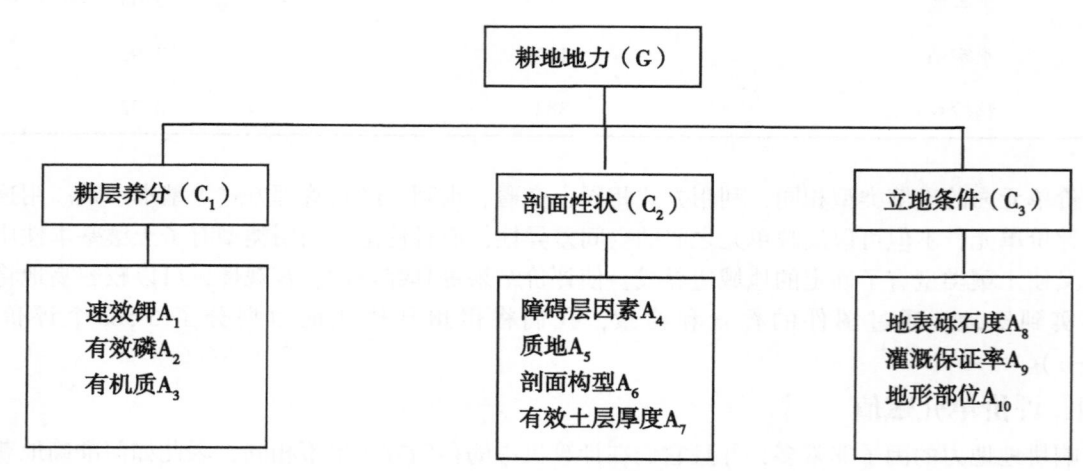

图 66-1　耕地地力影响因素层次结构

一、建立层次结构

耕地地力为目标层（G 层），影响耕地地力的立地条件、物理性状、化学性状为准则层（C 层），再把影响准则层中各元素的项目作为指标层（A 层）。其结构关系如图 66-1 所示。

二、构造判断矩阵

采用专家评估法，比较同一层次各因素对上一层次的相对重要性，给出数量化的评估。专家评估的初步结果经合适的数学处理后（包括实际计算的最终结果—组合权重）反馈给专家，请专家重新修改或确认。经多轮反覆形成最终的判断矩阵。

根据专家经验，确定 C 层对 G 层以及 A 层对 C 层的相对重要程度，共构成 G、C_1、C_2、C_3 共 4 个判别矩阵，见表 66-2、表 66-3、表 66-4、表 66-5。

表 66-2 目标层 G 判别矩阵

伊川	C_1	C_2	C_3	W_i
耕层养分	1	0.5263158	0.4761905	0.20
剖面性状	1.9	1	0.9009009	0.38
立地条件	2.1	1.11	1	0.42

表 66-3 耕层养分（C_1）判别矩阵

项目	A_1	A_2	A_3	W_i
速效钾 A_1	1	0.25	0.10	0.02
有效磷 A_2	4	1	0.40	0.08
有机质 A_3	5	1.25	0.50	0.10

表 66-4 剖面性状（C_2）判别矩阵

项目	A_4	A_5	A_6	A_7	W_i
障碍因素	1	0.5555556	0.5347593	0.5	0.06
质地	1.8	1	0.9615384	0.9009009	0.10
剖面构型	1.87	1.04	1	0.9345794	0.11
有效土层厚度	2	1.11	1.07	1	0.11

表 66-5 立地条件（C_3）判别矩阵

项目	A_8	A_9	A_{10}	W_i
地表砾石度	1	0.5714286	0.4444444	0.08
灌溉保证率	1.75	1	0.7751938	0.15
地形部位	2.25	1.29	1	0.19

判别矩阵中标度的含义见表 66-6。

表 66-6 判断矩阵标度及其含义

标度	含义
1	表示两个因素相比，具有同样重要性
3	表示两个因素相比，一个因素比另一个因素稍微重要
5	表示两个因素相比，一个因素比另一个因素明显重要
7	表示两个因素相比，一个因素比另一个因素强烈重要

标度	含　义
9	表示两个因素相比，一个因素比另一个因素极端重要
2、4、6、8	上述两相邻判断的中值
倒数	因素 i 与 j 比较得判断 b_{ij}，则因素 j 与 i 比较的判断 $b_{ji}=1/b_{ij}$

三、层次单排序及一致性检验

求取 A 层对 C 层的权数值，可归结为计算判断矩阵的最大特征根 $\lambda\lambda_{max}$ 对应的特征向量 W。并用 $CR=CI/RI$ 进行一致性检验。计算方法如下。

A. 将比较矩阵每一列正规化（以矩阵 C 为例）

$$\hat{c}_{ij} = \frac{C_{ij}}{\sum\limits_{i=1}^{n} c_{ij}}$$

B. 每一列经正规化后的比较矩阵按行相加

$$\overline{W_i} = \sum\limits_{j=1}^{n} \hat{c}_{ij}, \quad j = 1, 2, \cdots, n$$

C. 向量正规化

$$W_i = \frac{\overline{W_i}}{\sum\limits_{i=1}^{n} \overline{W_i}}, \quad i = 1, 2, \cdots, n$$

所得到的 $W_i = [W_1, W_2, \cdots, W_n]^T$ 即为所求特征向量，也就是各个因素的权重值。

D. 计算比较矩阵最大特征根 λ_{max}

$$\lambda_{max} = \sum\limits_{i=1}^{n} \frac{(CW)_i}{nW_i}, \quad i =, 1, 2, \cdots, n$$

式中，C 为原始判别矩阵，$(CW)_i$ 表示向量的第 i 个元素。

E. 一致性检验

首先计算一致性指标 CI

$$CI = \frac{\lambda_{max} - n}{n - 1}$$

式中 n 为比较矩阵的阶，也即因素的个数。

然后根据表 66-7 查找出随机一致性指标 RI，由下式计算一致性比率 CR。

$$CR = \frac{CI}{RI}$$

表 66-7　权数值一致性检验结果

矩阵	特征向量				λ_{max}	CI	CR
G	0.2000	0.3794	0.4206		3	0	0
C_1	0.1000	0.4000	0.5000		3	0	0
C_2	0.1499	0.2699	0.2804	0.2998	4	0	0
C_3	0.2141	0.3853	0.4006		3	0	0

从表中可以看出，*CR* 均小于 0.1，具有很好的一致性。

表66-8　层次总排序表

层次 C	耕层养分	剖面性状	立地条件	总排序
层次 A	0.20	0.38	0.42	
速效钾	0.10			0.02
有效磷	0.40			0.08
有机质	0.50			0.10
障碍因素		0.15		0.06
质地		0.27		0.10
剖面构型		0.28		0.11
有效土层厚度		0.30		0.11
地表砾石度			0.20	0.08
灌溉保证率			0.35	0.15
地形部位			0.45	0.19

F. 层次总排序及一致性检验

计算同一层次所有因素对于最高层相对重要性的排序权值，称为层次总排序。这一过程是最高层次到最低层次逐层进行的，层次总排序的结果见表66-10。

层次总排序的一致性检验也是从高到低逐层进行的。如果 A 层次某些因素对于 C_j 单排序的一致性指标为 CI_j，相应的平均随机一致性指标为 CR_j，则 A 层次总排序随机一致性比率为：

$$CR = \frac{\sum_{j=1}^{n} c_j CI_j}{\sum_{j=1}^{n} c_j RI_j}$$

经层次总排序，并进行一致性检验，其 *CR*<0.1，具有较好的一致性，最后计算 A 层对 G 层的组合权数值，得到各因子的权重，见表66-9。

表66-9　各因子的权重

指标名称	指标权重	指标名称	指标权重
速效钾	0.02	剖面构型	0.11
有效磷	0.08	有效土层厚度	0.11
有机质	0.1	地表砾石度	0.08
障碍因素	0.06	灌溉保证率	0.15
质地	0.1	地形部位	0.19

第三节　评价因子隶属度的确定

评价因子对耕地地力的影响程度是一个模糊性概念问题，可以采用模糊数学的理论和方法进行描述。隶属度是评价因素的观测值符合该模糊性的程度（即某评价因子在某观测值时对耕地地力的影响程度），完全符合时隶属度为1，完全不符合时隶属度为0，部分符合时隶属度为0~1的任一数值。隶属函数则表示评价因素的观测值与隶属度之间的解析函数。根据评价因子的隶属函数，对于某评价因子的每一观测值均可计算出其对应的隶属度。本次评价中，伊川县选定的评价指标与耕地生产能力的关系分为戒上型函数、戒下型函数以及概念型 3 种类型的隶属函数。此 3 种函数的函数模型为

$$y_i = \begin{cases} 0 & u_i < u_r(戒上)，u_i > u_t(戒下)，u_i > u_{t1} \ or \ u_i < u_{t2}(峰值) \\ 1/[1 + a_i \times (u_i - c_i)^2] & u_i < c_i(戒上)，u_i > c_i(戒下)，u_i < u_{t1} \ and \ u_i > u_{t2}(峰值) \\ 1 & u_i > c_i(戒上)，u_i < c_i(戒下)，u_i = c_i(峰值) \end{cases}$$

以上方程采用非线性回归，迭代拟合法得到。

对概念型的指标，比如质地，则采用分类打分法，确定各种类型的隶属度。

以下是各个评价指标隶属函数的建立和标准化结果。

一、质地

伊川县有轻壤土 1 655.62hm²，轻黏土 17 425.45hm²，砂壤土 119.84hm²，中壤土 23 372.39hm²，重壤土 19 572.19hm²。土壤的通气、透水、保肥、保水、耕作及养分含量等农业生产性状都受质地支配。不同质地对耕地地力水平的影响依次为：重壤土>中壤土>轻黏土>轻壤土>砂壤土。专家打出评估分数（表 66-10）。

表 66-10　质地分类及其隶属度专家评估

质地	重壤土	中壤土	轻黏土	轻壤土	砂壤土	总计
隶属度	1.00	0.90	0.70	0.60	0.20	
面积（hm²）	19 572.19	23 372.39	17 425.45	1 655.62	119.84	62 145.49

二、地形部位

伊川县的地形部位涵盖类型较多，既有冲积扇平原河流一阶地也有丘陵坡地和中低山，所以对耕地地力影响也较为覆杂。见表 66-11。

表 66-11　地形部位分类及其隶属度专家评估

地形部位	隶属度	面积（hm²）
河流二级阶地	1.00	1 599.51
洪积扇前缘	0.90	951.54
冲、洪积扇中上部	0.80	1 619.13
河流一级阶地	0.70	4 163.78
丘陵山地坡下部	0.60	26 487.57
丘陵坡地中上部	0.40	21 945.41
低山陵坡地	0.20	5 378.55
总计		62 145.49

三、剖面构型

不同剖面构型对作物种植也有较大影响。见表 66-12。

表 66-12　剖面构型分类及其隶属度专家评估

剖面构型	隶属度	面积
A11-C-Cu	1	5 064.4

（续表）

剖面构型	隶属度	面积
A–B$_K$–Cu	0.9	123.06
A11–C–Cg	0.8	692.11
A11–A–Bt—Bk	0.75	49.89
A$_{11}$—A$_c$—B$_t$—B$_k$—C	0.65	5 968.57
Aa–Ap–G	0.6	2 454.39
A—B$_t$—B$_k$—C	0.55	1 129.01
A-（B）-C$_b$	0.5	2 856.45
A11–A–C	0.45	744.69
A-（B）-r	0.4	3 009.99
A-（B）-C	0.4	20 675.91
A–C	0.3	9 945.81
Ac–Cc	0.25	4 247.14
Ac–C	0.2	3 763.61
A–R	0.1	1 420.46
总计		62 145.49

四、障碍因素

伊川县耕层土壤的障碍层因素有厚层深位砂姜层、厚层深位砂砾层、厚层浅位潜育层、薄层浅位砂砾层和厚层浅位砂姜层，具体隶属度及面积分布见表66-13。

表66-13　障碍因素及其隶属度专家评估

障碍因素	无	厚层深位砂姜层	厚层深位砂砾层	厚层浅位潜育层	薄层浅位砂砾层	厚层浅位砂姜层	总计
隶属度	1.00	0.80	0.80	0.60	0.40	0.20	
面积（hm²）	55 142.78	1 436.82	775.39	2 454.39	1 298.62	1 037.49	62 145.49

五、地表砾石度

伊川县土壤地表砾石度分成7个等级，其数值与隶属度分值成反比，对土壤质量影响的隶属度打分情况见表66-14。地表砾石度隶属函数拟合曲线见图66-2。

表66-14　地表砾石度分类及其隶属度专家评估

地表砾石度	0	5	10	20	30	35	40
隶属度	1.00	0.90	0.80	0.60	0.40	0.30	0.20

六、有效土层厚度

有效土层厚度对耕地地力影响也十分关键，伊川土壤有效土层厚度共分成7个等级，具体打分情况见表66-15，有效土层厚度隶属函数拟合曲线见图66-3。

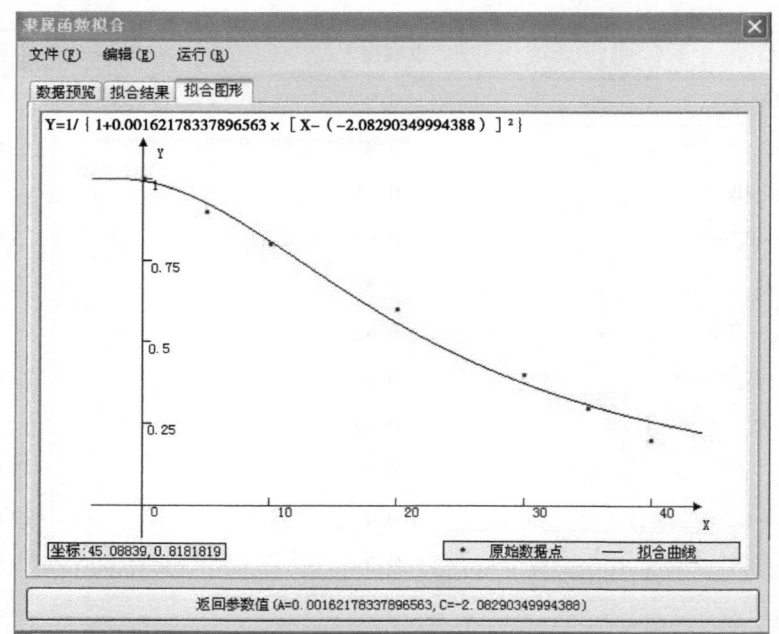

图 66-2　地表砾石度隶属函数拟合曲线图

表 66-15　有效土层厚度分类及其隶属度专家评估

有效土层厚度	>100	85	70	40	30	25	20
隶属度	1.00	0.90	0.80	0.60	0.40	0.30	0.20

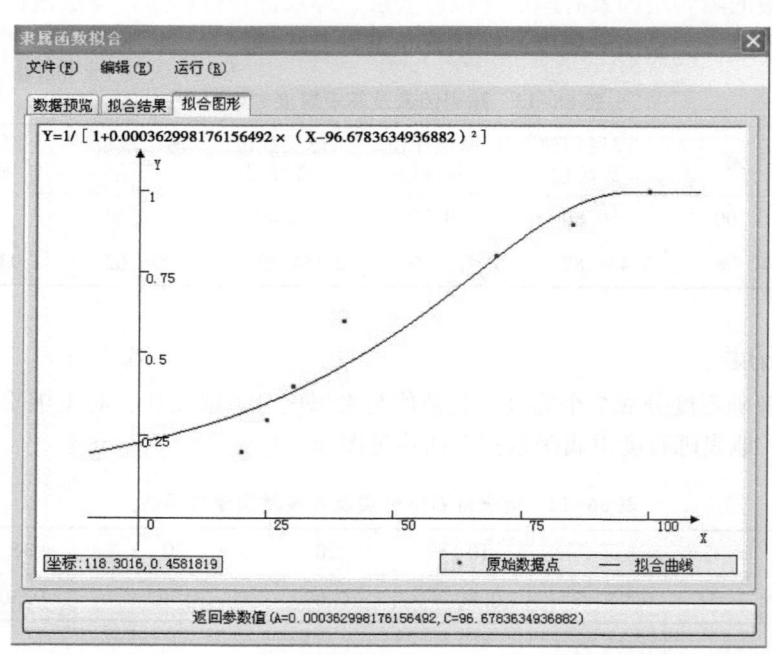

图 66-3　有效土层厚度隶属函数拟合曲线图

七、灌溉保证率

伊川县绝大部分是旱地，无灌溉条件。由于灌溉保证率差异较大，对耕地地力影响差异亦大。见表 66-16。

表 66-16　灌溉保证率及其隶属度专家评估

指标值	>90	70	50	30
隶属度	1.00	0.60	0.40	0.30

八、有机质

有机质含量对提高土壤保肥蓄水能力，改善土壤理化性状，调节土壤水、肥、气、热状况均具有重要作用。伊川县土壤有机质含量偏低。建立隶属函数拟合曲线见图 66-4，隶属函数见表 66-17。

表 66-17　有机质隶属函数

函数类型	隶属函数	a 值	c 值	下限	上限	相关系数
戒上型	$1/[1+a\times(u-c)^2]$	0.014444	24.571562	12	24	0.973

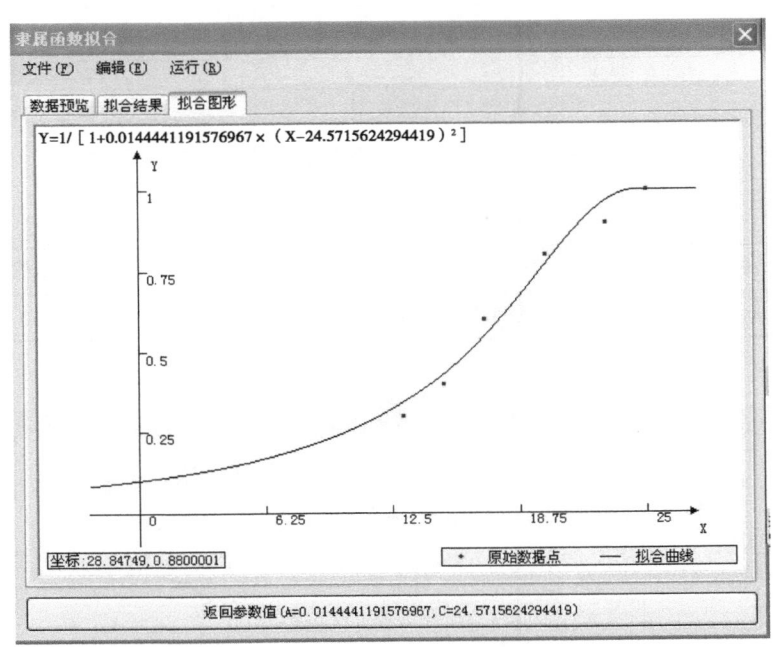

图 66-4　有机质隶属函数拟合曲线图

九、速效钾

伊川县土壤速效钾含量能够满足作物生长发育的需要，但是也有个别地方因施肥量少和水土流失，土壤钾素含量得不到补充而有缺钾现象出现。建立隶属函数，见表 66-18，速效钾隶属函数拟合曲线见图 66-5。

表 66-18　速效钾隶属函数

函数类型	隶属函数	a 值	c 值	下限	上限	相关系数
戒上型	$1/[1+a\times(u-c)^2]$	0.000918	151.5420	12	150	0.998

十、有效磷

有效磷是土壤供应磷素水平的重要指标，与土壤肥沃程度及保肥性能也有一定关系。建立隶属函数，见表 66-19，拟合曲线见图 66-6。

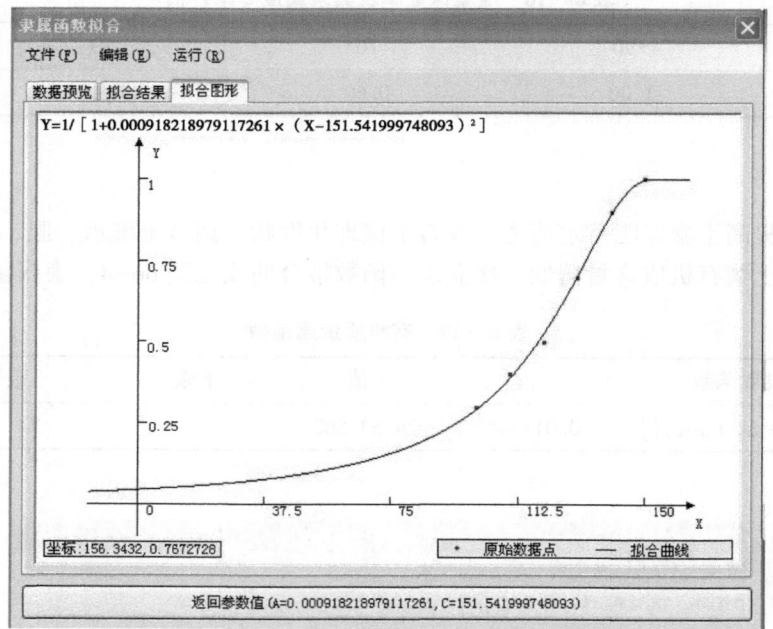

图 66-5 速效钾隶属函数拟合曲线图

表 66-19 有效磷隶属函数

函数类型	隶属函数	a 值	c 值	下限	上限	相关系数
戒上型	$1/[1+a×(u-c)^2]$	0.019865	16.6164	4	16	0.940

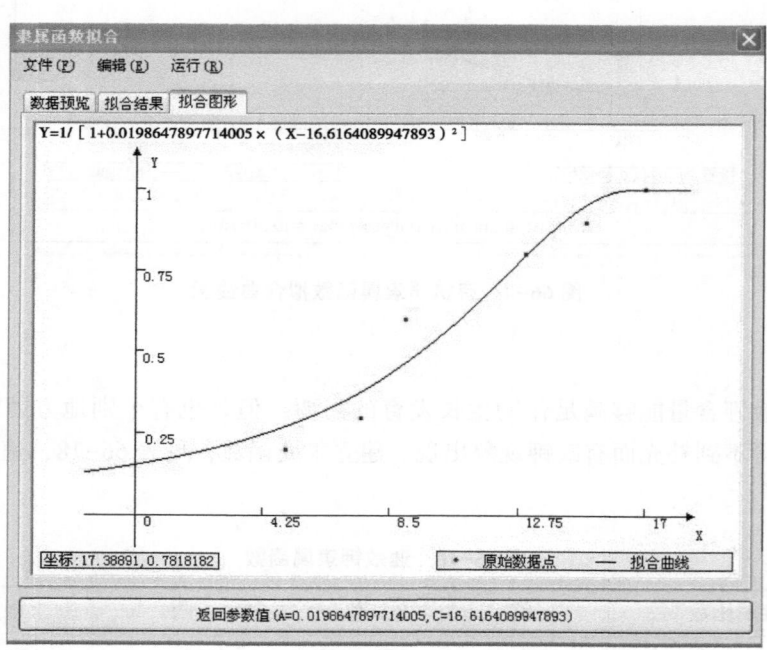

图 66-6 有效磷隶属函数拟合曲线图

第六十七章　耕地地力分析

本次耕地地力调查，结合当地实际情况，选取 10 个对耕地地力影响比较大，区域内的变异明显、在时间序列上具有相对稳定性、与农业生产有密切关系的因素，建立评价指标体系。采取累积曲线分级法划分耕地地力等级，将伊川县耕地地力划分为五级。

第一节　耕地地力数量及空间分布

一、耕地地力等级及面积统计

根据总分累计曲线法划分耕地地力等级，共划了 5 个等级，详见表 67-1，图 67-1。

表 67-1　伊川县耕地地力等级划分

等别	一等地	二等地	三等地	四等地	五等地
指数范围	≥0.885	0.754~0.885	0.632~0.754	0.432~0.632	<0.432

伊川县一等耕地面积为 3 215.74hm²，占耕地总面积的 5.17%；二等耕地面积 8 296.16hm²，占耕地总面积的 13.35%；三等耕地面积 26 624.88hm²，占耕地总面积的 42.84%；四等耕地面积 22 668.45hm²，占耕地总面积的 36.48%；五等耕地面积 1 340.26hm²，占耕地总面积的 2.16%。详见表 67-2。

表 67-2　伊川县各等耕地面积与比重

项　目	一等	二等	三等	四等	五等	总计
耕地面积（hm²）	3 215.74	8 296.16	26 624.88	22 668.45	1 340.26	62 145.49
比重（%）	5.17	13.35	42.84	36.48	2.16	100

二、归入全国耕地地力体系

耕地地力的另一种表达方式，即以产量表达耕地地力水平。农业部于 1997 年颁布了"全国耕地类型区耕地地力等级划分"农业行业标准，将全国耕地地力根据粮食单产水平划分为 10 个等级。在对伊川县 2008 年、2009 年和 2010 年 3 年耕地地力调查点的实际年平均产量调查数据分析的基础上，筛选了 155 个点的产量与地力综合指数值（IFI）进行了相关分析，建立直线回归方程：$y = 664.79x +100.42$（$R = 0.99$，F 值接近于 0，达到极显著水平）。式中 Y 代表自然产量，X 代表综合地力指数。根据其对应的相关关系，将用自然要素评价的耕地地力等级分别归入相应的概念型产量表示的地力等级体系，见表 67-3。

表 67-3　耕地地力（部等级）分级对照

等别	产量下限（kg/hm²）	产量上限（kg/hm²）	产量下限（kg/亩）	产量上限（kg/亩）
一等地	13 500		900	
二等地	12 000	13 500	800	900
三等地	10 500	12 000	700	800
四等地	9 000	10 500	600	700
五等地	7 500	9 000	500	600

（续表）

等别	产量下限 （kg/hm²）	产量上限 （kg/hm²）	产量下限 （kg/亩）	产量上限 （kg/亩）
六等地	6 000	7 500	400	500
七等地	4 500	6 000	300	400
八等地	3 000	4 500	200	300
九等地	1 500	3 000	100	200
十等地		1 500		100

表 67-4　伊川县部评价等级分值

评价得分	0.90~1	0.75~0.90	0.60~0.75	0.45~0.60	0.30~0.45	0.15~0.30
产量水平	≥700	600~700	500~600	400~500	300~400	200~300
部级地力等级	三等地	四等地	五等地	六等地	七等地	八等地

对伊川县各部等级分乡镇进行统计，得到如下结果（表 67-5）。

表 67-5　耕地地力（部等级）分级面积统计　　单位：hm²

乡名称	三等地	四等地	五等地	六等地	七等地	八等地	总计
白沙镇	88.39	1 240.79	4 224.78	993.00	483.58		7 030.54
白元乡	799.31	1 202.68	1 692.89	344.50			4 039.38
半坡乡		2.61	216.72	562.27	376.73	76.11	1 234.44
城关镇	262.05	1 884.81	1 739.59	506.09	67.53		4 460.07
高山镇		387.26	931.99	3 114.99	42.62		4 476.86
葛寨乡	51.36	303.76	892.23	1 779.83	125.29		3 152.47
江左镇		538.08	2 598.03	1 224.13	76.04		4 436.28
酒后乡	442.36	228.89	245.73	1 694.17	245.33		2 856.48
吕店镇		7.28	4 128.97	1 854.69	238.43		6 229.37
鸣皋镇	214.55	299.81	2 205.31	2 121.94	374.52		5 216.13
彭婆镇	342.83	1 859.66	2 570.90	605.50	38.55		5 417.44
平等乡	146.80	537.78	2 464.62	348.40	27.08		3 524.68
水寨镇	182.24	357.66	779.19	308.41			1 627.50
鸦岭乡		506.32	4 696.61	3 130.27	110.65		8 443.85
总计	2 529.89	9 357.39	29 387.56	18 588.19	2 206.35	76.11	62 145.49
比例	4.07	15.06	47.29	29.91	3.55	0.12	100.00

伊川县评价结果表明，县等级和部等级对照后，主要以国家五等地、六等地为主，各占47.29%、29.91%；其他等地零星分布于部分乡镇。

三、耕地地力空间分布分析

从等级分布上可以看出：一等地和二等地主要分布在伊河沿岸地区，或者海拔低灌溉条件较好，地势平坦，水利条件好，排水系统完善，该区土壤多为褐土、潮土，土壤养分较高，适宜耕种。三等地占总耕地面积的 42.84%，是全县最大的地力分级块，各乡镇均有分布，土壤类型以褐土、红黏土为主，排、灌设施较健全，土壤养分含量也较高，耕层多为中壤土，耕性较好。四等地主要分布在丘陵地区，海拔较高，地形情况复杂，以红黏土、粗骨土、褐土为主，灌水条件较差，耕性较差。五等地主要分布在白沙镇、半坡乡、酒后乡、葛寨乡等，土壤以石质土、红黏土为主，养分含量偏低，土壤质地黏重，耕性差，无灌溉条件，属于靠天吃饭区域。各乡镇各等地分布面积见表 67-6。

表 67-6　各乡镇耕地地力分等分布　　单位：hm²

权属名称	一等	二等	三等	四等	五等	总计
白沙镇	117.95	1 158.29	4 118.44	1 216.57	419.29	7 030.54
白元乡	945.17	1 034.75	1 538.98	520.48		4 039.38
半坡乡		2.61	198.84	686.2	346.79	1 234.44
城关镇	377.09	1 769.77	1 457.7	855.51		4 460.07
高山镇		387.26	643.72	3 412.67	33.21	4 476.86
葛寨乡	51.36	303.64	378.63	2 293.55	125.29	3 152.47
江左镇		471.93	2 446.28	1 442.03	76.04	4 436.28
酒后乡	464.48	206.77	118	1 860.45	206.78	2 856.48
吕店镇		7.28	4 014.75	2 157.89	49.45	6 229.37
鸣皋镇	223.45	290.91	1 903.98	2 720.02	77.77	5 216.13
彭婆镇	642.81	1 526.72	2 521.3	720.97	5.64	5 417.44
平等乡	147.31	537.27	2 319.84	520.26		3 524.68
水寨镇	246.12	293.78	475.93	611.67		1 627.5
鸦岭乡		305.18	4 488.49	3 650.18		8 443.85
总计	3 215.74	8 296.16	26 624.88	22 668.45	1 340.26	62 145.49

第二节　耕地地力等级分述

一、一等地

（一）面积与分布

一等地在伊川县面积为 3 215.74hm²，占全县耕地面积的 5.17%，主要分布在城关镇、彭婆镇、白元乡的部分地区。地形部位多为河流二级阶地为主，地势平坦，水利条件好，现以种粮、蔬菜为主。

（二）主要属性分析

一等地土壤理化性状好，耕层养分平均含量：有机质 17.19g/kg、全氮 1.05g/kg、有效磷 10.52mg/kg、速效钾 130.85mg/kg、缓效钾 996.89mg/kg、有效铜 1.46mg/kg、有效铁 19.56mg/kg、有效锰 29.71mg/kg、有效锌 1.10mg/kg、pH 值 7.43，耕层土壤质地多为重壤和轻黏土。地形部位以河流二级阶地和冲、洪积平原中、上部为主，有效土层以大于 85cm 的居多，无障碍因素，基本土种以淤土和黏质潮褐土为主。灌溉保证率均在 90% 以上。主要属性见表 67-7、表 67-8、表 67-9、表 67-10、表 67-11。

表 67-7　伊川县一等地耕层养分含量统计

项目	平均值	最大值	最小值	标准差
pH 值	7.43	8.30	5.80	0.53
有机质（g/kg）	17.19	36.70	10.20	2.93
全氮（g/kg）	1.05	2.79	0.69	0.14
有效磷（mg/kg）	10.52	32.00	2.50	3.57
缓效钾（mg/kg）	996.89	1 476.00	494.00	151.43
速效钾（mg/kg）	130.85	245.00	39.00	34.46
有效铜（mg/kg）	1.46	11.00	1.00	0.76
有效锌（mg/kg）	1.10	5.00	0.01	0.64
水溶态硼（mg/kg）	0.63	1.74	0.13	0.17
有效钼（mg/kg）	0.32	3.05	0.04	0.39
有效硫（mg/kg）	7.99	32.10	2.00	2.44
有效铁（mg/kg）	19.56	74.90	2.90	15.17
有效锰（mg/kg）	29.71	85.60	8.80	12.55

表 67-8　伊川县一等地质地类型所占面积统计　　单位：hm²

质地	轻黏土	重壤土	总计
面积	115.17	3 100.57	3 215.74

表 67-9　伊川县一等地地形部位所占面积统计　　单位：hm²

地形部位	冲、洪积扇中上部	河流二级阶地	河流一级阶地	洪积扇前缘	总计
面积	1 271.42	1 386.88	115.17	442.27	3 215.74

表 67-10　伊川县一等地有效土层厚度所占面积统计

有效土层厚度（cm）	40~70	>85	总计
面积	11.92	3 203.82	3 215.74

表 67-11　伊川县一等地土种所占面积统计　　单位：hm²

省土种名称	面积
底砾层冲积湿潮土	115.17
底砾层洪积潮土	21.08
底砂淤土	11.92
壤质潮褐土	320.30
淤土	1 374.96
黏质潮褐土	951.12
黏质洪积潮土	421.19
总计	3 215.74

（三）合理利用

一等地作为全县的粮食稳产高产田，应进一步完善排灌工程，合理施肥，适当减少氮肥用量，多施磷、钾肥，重施有机肥，大力推广秸秆还田技术，补充微量元素肥料。

二、二等地

（一）面积与分布

二等地在伊川县的面积为 8 296.16hm²，占全县耕地总面积的 13.35%，主要分布在白沙镇、白元镇、城关镇、彭婆镇等地区。地形以丘陵山地坡下部为主，地形较为平缓，排灌条件优良，土壤结构多为微团粒结构，土壤质地以中壤为主，以粮田和蔬菜田为主。

（二）主要属性分析

主要土种类型以红黄土质褐土和红黄土质褐土性土为主，土壤质地以中壤为主，地形部位以丘陵山地坡下部为主，有效土层以大于 85cm 为主，大多数为无障碍类型，有部分砾石层障碍，此地灌溉保证率90%以上为主。土壤养分含量较高，有机质含量平均值为 16.11g/kg，有效磷含量平均值为 10.41mg/kg，全氮含量平均值为 1.02g/kg，速效钾含量平均值为 130.04g/kg，有效铜含量平均值为 1.37mg/kg，有效铁含量平均值为 18.62mg/kg，有效锰含量平均值为 29.96mg/kg，有效锌含量平均值1.02mg/kg。主要属性见表 67－12、表 67－13、表 67－14、表 67－15、表 67－16、表 67－17、表 67－18。

表 67-12　伊川县二等地耕层养分含量统计

项目	平均值	最大值	最小值	标准差
pH 值	7.43	8.30	5.80	0.50
有机质（g/kg）	16.11	27.00	10.20	2.26
全氮（g/kg）	1.02	1.50	0.69	0.11
有效磷（mg/kg）	10.41	29.80	2.70	3.82
缓效钾（mg/kg）	1 009.26	1 447.00	416.00	142.23
速效钾（mg/kg）	130.04	258.00	39.00	29.23
有效铜（mg/kg）	1.37	5.00	0.01	0.55
有效锌（mg/kg）	1.02	4.00	0.01	0.62
水溶态硼（mg/kg）	0.62	1.85	0.25	0.18
有效钼（mg/kg）	0.32	2.90	0.03	0.40
有效硫（mg/kg）	7.48	17.70	2.70	1.93
有效铁（mg/kg）	18.62	68.50	2.90	13.93
有效锰（mg/kg）	29.96	85.60	10.00	12.61

表 67-13　伊川县二等地质地所占面积统计　单位：hm²

质地	轻黏土	中壤土	重壤土	总计
面积	1 402.73	4 832.82	2 060.61	8 296.16

表 67-14　伊川县二等地地形部位所占面积统计　单位：hm²

地形部位	冲、洪积扇中上部	河流二级阶地	河流一级阶地	洪积扇前缘	丘陵坡地中上部	丘陵山地坡下部	总计
面积	347.71	212.63	1 402.73	509.27	82.57	5 741.25	8 296.16

表 67-15　伊川县二等地有效土层厚度所占面积统计　　　　单位：hm²

有效土层厚度（cm）	≤20	40~70	>85	总计
面积	47.89	265.58	7 982.69	8 296.16

表 67-16　伊川县二等地障碍因素所占面积统计　　　　单位：hm²

障碍因素	厚层深位砂姜层	厚层深位砂砾层	无	总计
D 面积	61.99	147.78	8 086.39	8 296.16

表 67-17　伊川县二等地灌溉保证率所占面积统计　　　　单位：hm²

灌溉保证率（%）	≤50	50~70	70~90	≥90	总计
面积	809.82	122.68	263.75	7 099.91	8 296.16

表 67-18　伊川县二等地土种所占面积统计　　　　单位：hm²

省土种名称	面积	省土种名称	面积
底砾层冲积湿潮土	806.69	浅位砂淤土	47.89
底砾层洪积潮土	254.24	浅位少量砂姜红黄土质褐土性土	349.64
底砂淤土	55.81	壤质潮褐土	19.44
红黄土覆盖褐土性土	123.08	深位钙盘红黄土质褐土性土	209.77
红黄土质褐土	2 691.84	淤土	108.93
红黄土质褐土性土	2 078.99	黏质潮褐土	328.27
红黄土质石灰性褐土	17.55	黏质冲积湿潮土	596.04
红黏土	82.57	黏质洪积潮土	255.03
浅位多量砂姜红黄土质褐土性土	270.38	总计	8 296.16

（三）合理利用

土壤耕层有效磷含量与速效钾含量偏低，施肥过程应以磷钾肥施用为主，结合有机肥的施用，深翻耕层，改良土壤，继续搞好秸秆还田，在作物生长过程中应喷施微量元素肥料，特别是锌肥的使用，积极改造此地农田水利基础设施建设，大力推广秸秆覆盖技术和地膜覆盖技术。

三、三等地

（一）面积与分布

三等地在伊川县的面积为 26 624.88hm²，占全县耕地总面积的 42.84%，排居宜阳县第一位，主要分布在白沙镇和鸦岭乡等地区。地形为丘陵坡地中、上部，有一定量排灌设备，土壤结构多为微团粒结构，土壤质地以中壤土为主，分布有部分轻黏土、重壤土和轻壤土，耕性较好，以粮田为主，有部分果园。

（二）主要属性分析

三等地也是全县较好的土地，主要土种类型以红黄土质褐土和红黄土质褐土性土为主，理化性状较好，耕层厚度适中，有效土层厚度以大于 40cm 的居多，通透性也较好，质地以中壤为主。耕层土壤有机质含量平均值为 16.72g/kg，有效磷为 10.39mg/kg，全氮为 1.05g/kg，速效钾为 129.34mg/kg，有效铜含量平均值为 1.41mg/kg，有效铁含量平均值为 18.49mg/kg，有效锰含量平均值为 32.27mg/kg，有效锌含量平均值为 0.98mg/kg。主要属性见表 67-19、表 67-20、表 67-21、表

67-22、表 67-23、表 67-24、表 67-25。

表 67-19　伊川县三等地耕层养分含量统计

项目	平均值	最大值	最小值	标准差
pH 值	7.36	8.30	5.60	0.52
有机质（g/kg）	16.72	35.90	7.40	3.80
全氮（g/kg）	1.05	1.71	0.40	0.15
有效磷（mg/kg）	10.39	34.70	2.80	4.13
缓效钾（mg/kg）	938.37	1 901.00	405.00	185.69
速效钾（mg/kg）	129.34	292.00	31.00	32.02
有效铜（mg/kg）	1.41	10.00	0.01	0.74
有效锌（mg/kg）	0.98	6.00	0.01	0.52
水溶态硼（mg/kg）	0.61	1.41	0.25	0.17
有效钼（mg/kg）	0.31	3.10	0.03	0.37
有效硫（mg/kg）	7.62	22.90	2.10	2.13
有效铁（mg/kg）	18.49	77.60	3.40	13.64
有效锰（mg/kg）	32.27	74.10	9.20	13.11

表 67-20　伊川县三等地质地所占面积统计　　　　　　　单位：hm²

质地	轻壤土	轻黏土	中壤土	重壤土	总计
面积	77.06	3 965.95	14 939.34	7 642.53	26 624.88

表 67-21　伊川县三等地地形部位所占面积统计　　　　　单位：hm²

地形部位	低山陵坡地	河流一级阶地	丘陵坡地中、上部	丘陵山地坡下部	总计
面积	1.82	2 418.09	4 180.70	20 024.27	26 624.88

表 67-22　伊川县三等地有效土层厚度所占面积统计　　　单位：hm²

有效土层厚度（cm）	20~25	25~30	30~40	40~70	70~85	>85	总计
面积	55.46	200.71	2 303.66	2 337.09	167.48	21 560.48	26 624.88

表 67-23　伊川县三等地障碍因素所占面积统计　　　　　单位：hm²

障碍因素	厚层浅位潜育层	厚层浅位砂姜层	厚层深位砂姜层	厚层深位砂砾层	无	总计
面积	2 226.60	200.71	1 060.02	627.61	22 509.94	26 624.88

表 67-24　伊川县三等地灌溉保证率所占面积统计　　　　单位：hm²

灌溉保证率（%）	≤50	50~70	70~90	≥90	总计
面积	16 545.14	378.10	3 333.49	6 368.15	26 624.88

表 67-25　伊川县三等地土种所占面积统计　　　　　　　　　　　　单位：hm²

省土种名称	面积	省土种名称	面积
表潜潮青泥田	2 226.6	浅位钙盘砂姜红黄土质褐土性土	200.71
薄层硅镁铁质中性粗骨土	53.93	浅位少量砂姜红黄土覆盖褐土性土	806.56
底砾层冲积湿潮土	95.42	浅位少量砂姜红黄土质褐土性土	2 188.76
红黄土覆盖褐土性土	382.29	浅位少量砂姜红黏土	0.55
红黄土质褐土	7 246.15	浅位少量砂姜石灰性红黏土	1 081.58
红黄土质褐土性土	6 353.76	深位钙盘红黄土质褐土性土	1 671
红黄土质石灰性褐土	32.34	深位钙盘砂姜石灰性红黏土	47.44
红黏土	1 715.62	石灰性红黏土	234.09
厚层硅镁铁质中性粗骨土	15.43	黏质冲积湿潮土	96.07
厚层硅质褐土性土	1.82	中层钙质褐土性土	294.22
厚层砂泥质褐土性土	152.05	中层硅镁铁质中性粗骨土	231.36
浅位多量砂姜红黄土覆盖褐土性土	53.7	中层砂泥质褐土性土	97.61
浅位多量砂姜红黄土质褐土性土	1 089	中层砂质中性紫色土	77.06
浅位多量砂姜红黏土	179.76	总计	26 624.88

（三）改良利用措施

三等地地力水平不高，应加强培肥地力措施，重施有机肥，收获玉米小麦时可把秸秆直接还田，推广秸秆还田技术。果树地一定要做到科学施肥，根据土壤分析结果有的放矢，缺什么补什么，此类土壤易缺微量元素中的锌、铁，根据实际情况适当施用微肥，每亩基施用量 1~2kg。加快改善农田水利设施，扩大农田灌溉面积，深翻土壤，逐步加深耕层厚度。

四、四等地

（一）面积与分布

四等地在伊川县的面积为 22 668.45hm²，占全县耕地总面积的 36.48%，主要分布在鸦岭乡、彭婆镇、吕店镇等地区。地形为丘陵坡地，基本无排灌设备，土壤结构多为块状结构，土壤质地以重壤为主，耕性较差，以粮、烟田为主。

（二）主要土壤属性

四等地主要分布伊川县西北部地区，质地以重壤土和轻黏土为主，此地障碍类型以砂姜层为主，土种以浅位少量砂姜石灰性红黏土、浅位钙盘砂姜石灰性红黏土为主。四等地土壤养分含量较低。有机质含量平均值为 17.28g/kg，有效磷含量平均值为 12.09mg/kg，全氮含量平均值为 1.10g/kg，速效钾含量平均值为 118.60mg/kg，有效铜含量平均值为 1.47mg/kg，有效铁含量平均值为 23.11mg/kg，有效锰含量平均值为 38.84mg/kg，有效锌含量平均值为 1.10mg/kg。主要属性见表 67-26、表 67-27、表 67-28、表 67-29、表 67-30、表 67-31、表 67-32。

表 67-26　伊川县四等地耕层养分含量统计

项目	平均值	最大值	最小值	标准差
pH 值	7.06	8.30	5.60	0.48
有机质（g/kg）	17.28	35.90	6.30	3.79
全氮（g/kg）	1.10	2.02	0.40	0.17

（续表）

项目	平均值	最大值	最小值	标准差
有效磷（mg/kg）	12.09	34.70	3.00	4.78
缓效钾（mg/kg）	968.87	2 274.00	360.00	270.44
速效钾（mg/kg）	118.60	292.00	31.00	32.12
有效铜（mg/kg）	1.47	8.00	0.01	0.65
有效锌（mg/kg）	1.10	3.00	0.01	0.39
水溶态硼（mg/kg）	0.60	1.36	0.24	0.17
有效钼（mg/kg）	0.37	2.65	0.03	0.34
有效硫（mg/kg）	7.54	16.90	2.80	1.64
有效铁（mg/kg）	23.11	70.80	3.20	11.51
有效锰（mg/kg）	38.84	83.00	10.00	11.74

表 67-27 伊川县四等地质地所占面积统计 单位：hm²

质地	轻壤土	轻黏土	砂壤土	中壤土	重壤土	总计
四级	336.36	11 863.83	99.55	3 600.23	6 768.48	22 668.45

表 67-28 伊川县四等地地形部位所占面积统计 单位：hm²

地形部位	低山陵坡地	河流一级阶地	丘陵坡地中上部	丘陵山地坡下部	总计
面积	4 134.53	227.79	17 584.08	722.05	22 668.45

表 67-29 伊川县四等地有效土层厚度所占面积统计 单位：hm²

有效土层厚度（cm）	≤20	20~25	25~30	30~40	40~70	70~85	>85	总计
面积	1 340.07	3 337.85	2 881.52	523.02	5 492.33	345.40	8 748.26	22 668.45

表 67-30 伊川县四等地障碍类型统计 单位：hm²

障碍因素	薄层浅位砂砾层	厚层浅位潜育层	厚层浅位砂姜层	厚层深位砂姜层	无	总计
四级	56.42	227.79	836.78	314.81	21 232.65	22 668.45

表 67-31 伊川县四等地灌溉保证率所占面积统计 单位：hm²

灌溉保证率（%）	≤50	50~70	70~90	≥90	总计
面积	17 857.97	439.42	2 100.77	2 270.29	22 668.45

表 67-32 伊川县四等地土种所占面积统计 单位：hm²

省土种名称	面积	省土种名称	面积
表潜潮青泥田	227.79	浅位钙盘砂姜红黄土质褐土性土	475.54
薄层钙质粗骨土	1 283.65	浅位钙盘砂姜石灰性红黏土	2 645.38

（续表）

省土种名称	面积	省土种名称	面积
薄层硅铝质中性粗骨土	84.26	浅位少量砂姜红黄土覆盖褐土性土	106.87
薄层硅镁铁质中性粗骨土	332.78	浅位少量砂姜红黄土质褐土性土	113.78
薄层泥质中性粗骨土	1 637.63	浅位少量砂姜红黏土	571.32
薄层砂质中性紫色土	121.84	浅位少量砂姜石灰性红黏土	3 424.65
硅质中性石质土	56.42	深位钙盘红黄土质褐土	23.63
红黄土质褐土	1.26	深位钙盘砂姜石灰性红黏土	580.22
红黄土质褐土性土	0.97	石灰性红黏土	1 890.81
红黏土	367.74	中层钙质褐土性土	1 595.69
厚层硅镁铁质中性粗骨土	24.03	中层硅铝质褐土性土	15.29
厚层硅质褐土性土	1 856.84	中层硅镁铁质中性粗骨土	114.51
厚层砂泥质褐土性土	276.94	中层砂泥质褐土性土	2 307.18
浅位多量砂姜红黏土	1 838.69	中层砂质中性紫色土	279.94
浅位多量砂姜石灰性红黏土	412.80	总计	22 668.45

（三）改良利用措施

四等地区一般地处丘陵地带，灌溉无保障，要大力推广秸秆覆盖技术，和水窖蓄水缓解旱情，减少水土流失，另外要加大秸秆还田量，此区灌溉无保障，秸秆直接还田难度大，可提倡饲养大牲畜，秸秆堆沤等技术，综合利用秸秆培肥地力，改良土壤耕性，在施肥方面要重施磷、钾肥，在烟草种植区域为提高烟草品质要多施硫酸钾肥料。

五、五等地

（一）面积与分布

五等地在伊川县的面积为 1 340.26hm²，占全县耕地总面积的 2.16%，主要分布在伊川县葛寨乡、吕店镇和鸦岭乡等地区。地形为丘陵缓坡地带，基本无排灌设备，灌溉保证率均小于 50%，土壤结构多为块状结构，土壤质地以轻壤为主，耕性较差，以粮田为主。

（二）主要属性分析

五等地的质地以轻壤土为主，耕层有效厚度以小于 30cm 为主，障碍类型以砂砾层为主，土种以硅质中性石质土为主，地力水平差，有机质含量平均值为 17.57g/kg，有效磷含量平均值为 10.80mg/kg，全氮含量平均值为 1.08g/kg，速效钾含量平均值为 106.59mg/kg，有效铜含量平均值为 1.35mg/kg，有效铁平均值为 28.98mg/kg，有效锰含量平均值为 42.48mg/kg，有效锌含量平均值为 1.11mg/kg。主要属性见表 67-33、表 67-34、表 67-35、表 67-36、表 67-37、表 67-38。

表 67-33　伊川县五等地耕层养分含量统计

项目	平均值	最大值	最小值	标准差
pH 值	6.93	8.20	5.40	0.52
有机质（g/kg）	17.57	35.90	6.30	3.15
全氮（g/kg）	1.08	1.71	0.40	0.14
有效磷（mg/kg）	10.80	34.70	2.70	3.69
缓效钾（mg/kg）	965.60	1 860.00	464.00	217.70

（续表）

项目	平均值	最大值	最小值	标准差
速效钾（mg/kg）	106.59	292.00	31.00	30.11
有效铜（mg/kg）	1.35	4.00	0.01	0.52
有效锌（mg/kg）	1.11	3.00	0.01	0.37
水溶态硼（mg/kg）	0.54	1.36	0.11	0.14
有效钼（mg/kg）	0.29	2.92	0.04	0.30
有效硫（mg/kg）	6.73	17.80	1.30	1.60
有效铁（mg/kg）	28.98	73.20	6.00	13.60
有效锰（mg/kg）	42.48	79.80	10.50	9.94

表 67-34　伊川县五等地质地所占面积统计　　单位：hm²

质地	轻壤土	轻黏土	砂壤土	总计
面积	1 242.20	77.77	20.29	1 340.26

表 67-35　伊川县五等地地形部位所占面积统计　　单位：hm²

地形部位	低山陵坡地	丘陵坡地中上部	总计
面积	1 242.20	98.06	1 340.26

表 67-36　伊川县五等地有效土层厚度所占面积统计　　单位：hm²

有效土层厚度（cm）	≤20	20~25	25~30	总计
面积	1 242.20	20.29	77.77	1 340.26

表 67-37　伊川县五等地障碍类型所占面积统计　　单位：hm²

障碍因素	薄层浅位砂砾层	无	总计
面积	1 242.20	98.06	1 340.26

表 67-38　伊川县五等地土种所占面积统计　　单位：hm²

省土种名称	薄层硅铝质中性粗骨土	硅质中性石质土	浅位钙盘砂姜石灰性红黏土	总计
面积	20.29	1 242.20	77.77	1 340.26

（三）改良利用措施

五等地的主要障碍因素是干旱，无灌溉设备，土壤质地黏重，农民的经济条件较差，在施肥上多年习惯 1 袋碳酸氢铵+1 袋过磷酸钙的单一施肥模式，针对以上问题提出改良措施为：要大力推广秸秆覆盖技术和水窖蓄水来缓解旱情，通过秸秆过腹还田，种植绿肥，补充有机肥料来改良土壤耕性，改以往的单一施肥模式为氮、磷、钾复合肥综合利用，适当补施微量元素铁、锌肥料。

第六十八章　耕地资源利用类型分区

第一节　土壤改良利用分区原则

伊川县地形颇为复杂，两岭夹一川，周围环山。各地气候特点、地貌特征、水文地质、母质类型、以及土壤肥力、耕作制度各不相同。土壤改良利用分区，不是简单地把上述诸因素进行排列组合，而是按照综合性和主导因素原则，根据区域土壤组合特征，自然生态条件及改良利用方向和措施的一致性而划分的。它体现了土壤分布与地貌区域的相对一致性；土壤类型的相对一致性；农业生产主要矛盾限制因素和发展方向相对一致性；土壤改良利用方向和措施的相对一致性。反映了上述诸因素的内在联系。

伊川县土壤改良利用分区采用二级分区制，即土区和亚区。土区是根据地貌类型和土壤亚类组合而划分，不同土区具有不同的利用方式和改良方向；亚区是根据小地貌类型，土壤母质类型和相应的土属组合而划分的，不同亚区反映土壤属性和土壤肥力的地方性特点以及主要障碍因素和改良利用措施，并对生产条件的变化可能带来的问题体现预见性。

分区命名采用地理位置（方位）—地貌类型—主要土壤类型—利用方向的连续名命法。全县共分4个区：Ⅰ、中部河川典型潮土、潮褐土、湿潮土、潜育水稻土粮菜区；Ⅱ、东岭褐土性土、典型红黏土粮烟区；Ⅲ、西岭典型红黏土、褐土性土粮经区；Ⅳ东部和南部浅山中性粗骨土、褐土性土林牧粮经区。

第二节　各分区自然状况

一、中部河川典型潮土、潮褐土、湿潮土、潜育水稻土粮菜区

该区位于宜阳县中部伊河两岸及其主要支流（白泽河、顺阳河、银河）两侧，全区呈一南北狭长的冲积平原地带，耕地面积 10 291.55hm²，占全县总耕地面积的 16.56%。

本区海拔200~300m，年平均气温14.1~14.6℃，年降水量630~670mm，≥0℃积温5 150℃，无霜期212天，地势平坦，交通方便，水资源丰富，农田灌溉以渠灌为主。

本区土壤大部为潮褐土、典型潮土、湿潮土、潜育水稻土。本区存在的主要问题是：①降水分布不均，时有不同程度的洪涝灾害；②渠系不配套，灌排不合理，重灌水，轻排水；③近些年，旋耕面积大，耕层变浅，作物根系生长环境条件恶化。

种植制度一般为一年两熟，覆种指数195%以上，粮食生产以小麦、水稻、玉米为主，平均亩产400~600kg。

二、东岭褐土性土、典型红黏土粮烟区

该区位于伊川县东部和南部浅山区与河川区之间，呈东高西低的缓坡地带，耕地面积 27 079.89hm²，占全县总耕地面积的 43.57%，是全县最大的农业区。

（一）资源条件

本区海拔高度300~500m，年平均气温13.5~14.0℃，年降水量600~630mm，光热资源较充足，地下水资源贫乏，灌溉能力差，干旱是该区影响农业发展的限制因素。

本区土壤类型多为褐土性土、典型红黏土。种植制度为一年两熟和一年一熟，粮食作物以小麦、玉米、谷子为主，平均亩产250~400kg，经济作物有烟叶、芝麻、花生等。

（二）主要问题

降水少而不匀，地下水资源贫乏；植被少，林木覆盖率低。

三、西岭典型红黏土、褐土性土粮经区

该区位于县境西部，东与河川区相连，西与宜阳县接壤，大体上呈西高东低的丘陵地带，耕地面

积 21 313.09hm²，占全县总耕地面积的 34.36%。

（一）资源条件

本区海拔高度 300~400m，年平均气温 13.5~14℃，年降水量小于 610mm，是全县降水量最少的一个地区。区内岗丘起伏大，沟壑纵横，林木稀少，土壤侵蚀严重，气候温和但干旱严重。

本区主要土壤类型是典型红黏土，其次是褐土性土。种植制度以一年两熟为主，也有一定面积的一年一熟，粮食作物以小麦、玉米、红薯为主，平均亩产 200~400kg，油料作物以芝麻、花生为主。

（二）主要问题

土壤干旱，养分贫乏，是影响该区产量的限制因素；质地黏重，耕性差，水土流失严重，土层薄，障碍层次（钙结层）厚。

四、东部和南部浅山中性粗骨土、褐土性土林牧粮经区

该区主要分布在县境东部和南部的边境地带，山高坡陡，植被差。耕地面积 5 378.55hm²，占全县耕地面积的 8.66%。

（一）资源条件

本区海拔高度 500~930m，年平均气温 0~13.3℃，年降水量 600~640mm，且集中在夏季，地下水位深，常出现干旱。地形复杂，交通不便，农业生产条件和生产水平较差。

本区土壤类型为中性粗骨土、褐土性土。本区种植制度以一年一熟和一年两熟为主，粮食作物以小麦、谷子、玉米、红薯为主，平均亩产 150~200kg。

（二）主要问题

本区土壤方面主要问题是干旱，瘠薄，坡耕地面积大，沟蚀、面蚀严重，土壤肥力偏低。

第六十九章　耕地资源合理利用的对策与建议

通过对伊川县耕地地力评价工作的开展，全面摸清了全县耕地地力状况和质量水平，初步查清了伊川县在耕地管理和利用、生态环境建设等方面存在的问题。为了将耕地调查和评价成果及时指导农业生产，发挥科技推动作用，有针对性地解决当前农业生产管理中存在的问题，本章从耕地地力与改良利用、耕地资源合理配置与种植业结构调整、科学施肥、耕地质量管理等方面提出对策与建议。

第一节　利用方向略述

一、小麦—玉米主要轮作施肥制度

（一）轮作方式

小麦—夏玉米（或豆类、谷子、花生）一年两熟制。

（二）轮作周期中土壤养分动态与养分补给关系

小麦—夏玉米一年两熟制，土壤中有机质和全氮含量具有明显的阶段性变化。小麦播前大量施肥，加上秋冬地温下降，有机质分解较慢，有效养分释放可满足幼苗的需要，后期根系生长发育又为根系残留量的增长提供了物质基础。夏玉米生育期，由于气温较高，雨量充沛，土壤中好气微生物活跃，致使有机质迅速分解，养分大量释放，因此轮作周期结束时呈现消耗状态，全磷在全周期均为消耗过程，仅在玉米生长期土壤有效磷有所积累，主要是施入土壤中的有机肥经过高温季节不断加速矿化的结果。

（三）轮作制中肥料的合理分配

一年两熟制轮作周期中有机肥残留不足 20%，应该在小麦播种前重施粗肥掩底，秋作物施肥可以化肥为主；两年三熟区在第一茬春播前和第二茬麦播前重施粗肥，第三茬套种玉米（或谷子等）以化肥或速效农家肥为主。由于伊川县耕地面积少，单独种植绿肥既困难也不现实，单播豆类的也很少，为减轻土壤消耗应注意恢复麦豆混作和玉米、豆子间、套、混作等方式。

由于轮作中作物的经济地位、前后茬口及化肥的增产效果不同，这就直接关系到如何分配使用化肥才能更好发挥化肥经济效益。一年两熟制轮作周期短，复种指数大，地力消耗多，夏玉米对养分的吸收量普遍大于投入，轮作周期结束时养分处于消耗状态，此种轮作制对氮肥依靠程度大，适当增施氮肥是夺取小麦、玉米双丰收的重要条件之一，氮肥施用重点应放在夏玉米等秋作物上，因为夏季抢种抢收，季节性强，加上有时天气不好，多数情况下来不及施用粗肥；其次，秋作物生长季节水热条件好，生长周期短，吸肥集中，及时满足秋作物对氮素的需要是争取秋季丰收的关键。伊川县有些地方在施肥上有重夏轻秋的偏向，应引起注意。关于磷肥的合理分配问题，一般认为小麦对磷素敏感，增产显著，习惯把磷肥用作小麦基肥，玉米利用后效。个别认为小麦吸收磷素能力弱，生长期又长，怕磷肥施于小麦引起固定，影响下茬秋作物吸收。

二、利用方向略述

（一）全面开发利用土壤资源

鉴于本县荒山、荒坡面积小、耕地面积大的特点，从长计议，必须在保证粮食稳步增长的同时，抓好林、牧业生产，综合开发利用土壤资源。

（二）切实搞好水土保持

在总结群众多年植树种草、封山育林、修造梯田等典型经验的基础上，以小流域为单位全面规划，综合治理，重点抓好生物、工程、耕作施肥 3 大措施，从改变生态环境入手，做好水土保持工作。

（三）抓住关键措施，不断培养地力

1. 有机肥与无机肥结合施用

有机肥养分全、肥效长，能明显改善土壤结构和理化性质；化肥养分含量高、肥效快；两者配合

施用，可缓急相济、取长补短，满足作物各生育期对养分不同的需要。积极发展畜牧业，稳步推进沼气建设，搞好厕所、猪圈等基本建设，搞好人畜粪便的积制、施用和作物秸秆还田，增加有机肥源。

2. 搞好绿肥牧草化的研究

近年来伊川县花生、大豆、绿豆等豆科作物种植面积稳定。伊川县耕地少、荒山面积大，牧坡产草量低，载畜量少，今后要全面搞好草场的改良利用，做好绿肥牧草化的研究与推广。

3. 搞好旱地农业区开发

伊川县旱地农业区面积大、增产潜力大，但生产上存在的问题也多。除继续作好产业结构调整外，还要突出抓好抗旱防旱技术措施的推广，并针对本区土壤干旱瘠薄的特点，在种植业内部保持耐旱、耐瘠作物如红薯、花生谷子等耐旱作物的适当比例，推广深耕、镇压、耙耢等抗旱防旱措施和优良抗旱作物品种的引进推广。

4. 搞好集约经营

河川区抓好集约经营，做到科学技术集约、投资集约与劳务集约。在总结当地群众经验的同时，积极引进新经验、新技术，以提高效益。

第二节　耕地地力建设与土壤改良利用

一、中部河川典型潮土、潮褐土、湿潮土、潜育水稻土粮菜区

（一）进一步培肥地力

虽然本区耕地在伊川县属最肥沃的一个区，但由于该区人多地少，覆种指数高，土壤产出量大，若不注意培肥，肥力很快就会下降。所以仍要重视增施有机肥，提倡小麦、玉米秸秆还田，提高潜在肥力，在化肥施用中要注意氮磷钾科学配比，大中微量元素科学配比，协调耕地土壤养分。

（二）进一步改善水利条件

应加强对现有水利设施进行完善，搞好配套。对井灌区机电井布局不合理，无灌溉条件的河滩地，要新打配套机电井。搞好排涝设施建设，实现耕地旱涝保收。

（三）改革种植制度，提高对光能和耕地的利用率

根据本区人均耕地少，耕地肥沃的有利条件，进一步改革种植制度，变一年两熟为一年多熟，在继续实行麦套玉米的基础上，进一步推广麦瓜菜等一年多熟制，积极发展温室塑料大棚，实行立体种植，充分利用地力和光能，提高光能增值能力。

（四）提高科学种田水平

普及平衡施肥技术，降低化肥用量。通过测土，配方，生产不同作物专用肥供农民施用，防止化肥的过量施用，把科学施肥落到实处。

（五）扩大深耕面积

对长期免耕播种的田块定期深耕，改善土壤理化结构。

二、东、西岭褐土性土、典型红黏土粮烟区

（一）加强以水土保持为中心的农田水利基本建设

平整土地搞好坡地水平梯田，防止地面径流，达到水不出田，蓄住天上水，拦住地面径流。有条件的地方修建集雨水窖。

（二）加强以水土保持为中心的农田水利基本建设

对有水源条件的地方，可打井开发地下水资源、发展井灌，改进灌溉技术，发展喷灌、滴灌，千方百计扩大水浇地面积。

（三）走有机旱作农业道路

本区水资源有限，70%~80%耕地还是旱作农业，要采取综合措施，推广有机农业旱作技术，在增施有机肥，加深耕层的同时，扩种耐旱作物和耐旱品种，喷打抗旱药剂，推广地膜覆盖和覆盖秸秆、麦糠等旱作技术。

（四）增施肥料，搞好配方施肥

该区土壤养分化验速效钾、缓效钾在全县属低水平，其他养分含量也较低，除有土壤母质原因外，灌溉无保证、粮食靠天收，农民在化肥上投入少也是一方面因素。建议要加大化肥特别是配方肥的使用，增施磷钾肥。

（五）广开有机肥源

广开有机肥源，推广绿肥掩底，发展畜牧业、沼气业，开展秸秆还田，增施有机肥料，提高地力。

（六）陡坡耕地还林还牧

坡度大于25°的耕地，退耕还林还牧。

三、东部和南部浅山中性粗骨土、褐土性土林牧粮经区

（一）退耕还林牧

对于坡度25°以上的耕地，要逐步退耕还林、还牧，以林果为主，林灌草相结合，林木以松、柏、槐树、栎树为主、山坡上种植紫穗槐、荆条。果树以核桃、柿子、山楂、板栗为主，建立土特产基地。

（二）采取有效措施减少水土流失

改善耕地生态环境，对坡度小于10°的耕地，利用冬闲维修田埂，对坡度大于10°的搞水平梯田，减少水、土、肥流失，提高耕地保水、保肥、保土能力。

（三）采取综合措施减轻旱灾危害

千方百计用好水资源，以蓄为主，加深耕层，增施有机肥，扩大秸秆还田量，提高耕地纳雨保墒能力，拦住径流水，修筑蓄水池，蓄住天上水，提高降雨利用率。

（四）发展旱作农业

走有机旱作农业道路，在抓好增施有机肥，加深耕层的同时，改革种植制度，扩种养地作物，推广抗旱作物和抗旱品种、地膜覆盖技术，改一年两熟为二年三熟，降低复种指数，减少耕地负荷。

（五）狠抓培肥地力

除增施有机肥和秸秆还田，降地复种指数，扩种养地作物外，要大力推广测土配方施肥，协调土壤养分，提高土壤肥力。

第三节 平衡施肥对策与建议

平衡施肥就是根据作物对各种营养成分的需求，以及土壤自身向作物提供各种养分的能力，来配置施用肥料的种类和数量。实行平衡施肥，可以解决目前施肥中存在的问题，减少因施肥不当而带来的不利影响，是发展高产、高效、优质农业的保证，可减少化肥使用量，提高肥料利用率，增加农产品产量，改善农产品品质，改良环境，具有明显的经济、社会和生态效益。

一、施肥中存在的主要问题

（一）有机肥施用量少

部分群众重视化肥轻视有机肥，有机肥与无机肥失衡，少数钾肥施用不足。

（二）肥料品种结构不合理

施肥品种结构不合理，重视氮肥、轻视磷钾肥及微量元素，不重视营养的全面性。

（三）肥料配比比例不合理

部分农户年化肥使用量，折合纯 N 30kg，P_2O_5 4.5kg，K_2O 2.5kg，N：P_2O_5：K_2O 为 1：0.14：0.08，氮肥施量偏大，氮磷钾比例不协调。特别是部分蔬菜田，施肥用量盲目偏高，大量使用有机肥和化肥，有的是良田的3~4倍，造成资源浪费和环境污染。

（四）施肥方法不科学

有的群众，图省事尿素、覆合肥撒施，肥料利用率低。

938

（五）对配方肥认识低

部分群众不会熟练应用测土结果，影响配方使用面积。

二、施肥不当的危害

（一）生产成本加大

施肥不合理影响到经济效益。化肥用量少、比例不协调，作物产量上不去，经济效益低。用量过大，盲目偏施会造成投入增大，甚至产量降低，也影响经济效益的提高。

（二）农产品品质降低

施肥不合理，各种养分不平衡，影响产品的外观和内在品质。

（三）不利于土壤培肥

施肥不当，造成土壤养分比例不协调，进而影响土壤的综合肥力。

（四）对环境造成不良影响

过量施用氮肥，会造成地下水硝态氮的积累，不但影响水质，而且污染环境。

三、平衡施肥的对策和建议

（一）普及平衡施肥知识，提高广大农民科学施肥水平

增加技术人员的培训力度，搞好农民技术培训，把科技培训作为一项重要工作来抓，提高广大农民科学种田水平。

（二）加大宣传力度

技术人员深入基层把技术宣传到千家万户，给农民提出合理、操作性方便的施肥配方。

（三）扶持一批种粮大户

扩大取土化验数量，重点扶持一批种粮大户，真正实现测土施肥。

（四）加强配方施肥应用系统建设

在施肥试验基础上，加强配方施肥应用系统的硬件建设和软件开发，建立全县不同土壤类型的科学施肥数据库，指导农民科学施肥。

（五）推广分次施肥技术

在高产田、超高产田地区重点推广配方施肥、分次施肥，提高肥料利用率。

（六）政策上加大对有机肥利用的支持力度

建议政府在政策和资金上支持有关农作物秸秆还田推广工作，增施有机肥和微肥。

第四节　耕地质量管理建议

据 2006 年伊川县统计局统计，现有耕地 62 145.49hm²，人均 0.083hm²，人多地少，后备资源匮乏。要获得更多的产量和效益，提高粮食综合生产能力，实现农业可持续性，就必须提高耕地质量，依法进行耕地质量管理。现就加强耕地管理提出以下对策和建议。

一、建立依法管理耕地质量的体制

（一）制定保护耕地质量的鼓励政策

县、乡镇政府应制订政策，鼓励农民保护并提高耕地质量的积极性。例如，对于实施绿色食品和无公害食品生产成绩突出的农户、利用作物秸秆和工业废弃物（不含污染物质）生产合格有机肥的生产者、举报并制止破坏耕地质量违法行为的人给予名誉和物质奖励。物质奖励可以包括减免公益劳动金额，减免部分税收，优先提供贷款和技术服务等。

（二）推广农业标准化生产

实施农业标准化生产可以规范农民的栽培措施，避免不正确的农事行为对耕地质量带来的危害。目前，国家农业部已经分别颁布了部分作物标准化生产的行业标准和地方标准，这些标准应该首先在县、乡镇农业示范园、绿色食品和无公害食品生产基地实施，取得经验后逐步推广。

（三）调整农业和农村经济结构

调整农业和农村经济结构，应遵循可持续发展原则，以土地适应性为主要因素，决定其利用途径和方法，使土地利用结构比例合理，才能实现经济发展与土壤环境改善的统一。从全县土地利用现状和自然条件分析，现有耕地 62 145.9hm²，占总面积的 63%，林地面积仅 2 239hm²，占总面积的 2%，明显低于全省平均水平，林地所占比例太少，不利于耕地保护和环境改善。全县目前还有未利用的土地 5 261hm²（土管局数据）占总面积的 7%，从调整林地与耕地比例和未利用地相适应性分析，这些未利用土地应全部利用起来发展林业、牧草、水产业。根据这次耕地质量调查资料和全县种植业经济状况以及中央一号文件精神，应把粮食生产放到重要位置，保证 13 亿人口的吃粮问题是基本国策。目前全县的蔬菜面积不应再扩大，要发展果林经济应以与粮食间作为主。

二、扩大绿色食品和无公害农产品生产规模

扩大绿色食品和无公害农产品生产符合农业发展方向，它使生产利益的取向与保护耕地质量及其环境的目的达到了统一。目前，分户经营模式与绿色食品、无公害农产品规模化经营要求的矛盾十分突出，解决矛盾的方法就是发展规模经营，建立以出口企业或加工企业为龙头的绿色食品集约化生产基地，实行标准化生产，根据目前全县绿色食品和无公害农产品产量、出口和市场需求量，以及本次耕地质量调查和评价结果分析。

三、加强农业技术培训

第一，结合"绿色证书制度"和"跨世纪培训工程"，制定中长期农业技术培训计划，对农民进行系统的培训；第二，发挥县、乡镇农技推广队伍的作用，利用建立示范户（田）、办培训班、电视讲座等形式进行实用技术培训；第三，加强科技宣传。

第十一篇　栾川县耕地地力评价

第七十章　农业生产与自然资源概况

第一节　栾川县基本情况

栾川县位于豫西伏牛山北麓，县城距洛阳市 157km，距省会郑州市 349km。东临嵩县，西界卢氏，南毗西峡，北依洛宁，地理坐标北纬 33°39′~34°11′，东经 111°12′~112°02′，全境东西直线最长处 78.4km，南北直线最宽处 57.2km，总面积 2 477km²，全县辖 14 个乡镇，209 个行政村，1 967个村民组，85 326户，34 万人，其中农业人口 28 万，占 88.6%，汉族人口占总人口的 98%，回、满、蒙等 12 个民族人口占总人口的 2%，人口密度平均每平方公里 137.3 人。

第二节　地貌与地形

栾川县地处秦岭地轴东西构造带南、中支山脉腹地，北有熊耳山，南有伏牛山，两条大山纵贯全境。熊耳山支脉遏遇岭，自西向东延伸，将全县分割为南北两大山间谷地（沟川），伊河、小河自西向东奔泻，熊耳山分支抱犊山，自北向南延伸 17.6km，险峰陡峭，构成卢栾屏障，为育河源头。伏牛山分支杨山，由南向北过境 20.8km，延伸嵩县境内，嵯峨叠嶂，堪称嵩栾藩篱，明白河山间流过。故栾川山势可概括为南伏牛，北熊耳，东杨山，西抱犊，遏遇中分，群山环抱，峰峦棋布，谓之"五山四河两道川"，海拔最高点伏牛山主峰鸡角尖 2 212.5m，海拔最低点潭头汤营伊河出境处 450m，相对高差 1 762.5m，境内地貌起伏跌宕，形成中山、低山和河谷三种类型。海拔千米以上中山区面积占 49.4%，千米以下低山区面积占 34.1%，河谷川地面积占 16.5%，有"九山半水半分田"之称，耕地面积 25.25 万亩，山林面积约 330 万亩，境内山岭纵横，峰峦叠嶂，沟岔交织，溶洞幽雅，山清水秀，形成独特的自然景观。

第三节　气候资源

一、气温与积温

伏牛山是亚热带与暖温带的分界线。夏季南暖气流迁山腾空，凝云即雨，增加了栾川县南部山区雨量。同时，又阻碍了暖气流北上，造成全县热量不足，熊耳山是阻挡西北寒流直入县境的北部自然屏障，对稳定县境内气温有明显的作用。

栾川县属暖温带大陆性季风气候，夏不炎热，冬不太冷，冬长夏短，春秋相平，雨量较多，日照欠足。被喻为"温带中的寒带，河南的塞外"。

据县气象局二十四年记载，年平均气温 12.1℃（系指城关资料，下同），一般年份介于 11.6~12.9℃。气温年平均最高月份与最低月份相差为 25.1℃。历年极端最高气温多出现在 6—7 月，1966年最高达 40.2℃，历年极端最低气温出现在元月为-16.4℃。"冬长春来迟，夏短秋去早"的特点极为明显。气温随海拔增高而递减。地域积温差异较大，潭头年积温为 4 947℃，而冷水为 3 534℃，相差 1 413℃，因此，作物的种植及农事活动应因地制宜。

二、光能资源

全年日照时数为 2 103h，比洛阳 2 312.2h 少 209.2h，月日照时数最长为 218.5h，日照率为51%。全年太阳总辐射量 113.81kcal/cm²，农作物生长期的光合有效辐射为 48.4kcal/cm²，占全年总量的 87%，林果、花卉生长期的光合有效辐射量 35.26kcal/cm²，占 63.1%。

三、霜期

栾川县年均初霜日在 10 月 22 日（9 月 9 日至 11 月 13 日），终霜日在 4 月 6 日（3 月 23 日至 5 月 2 日），霜期平均为 167 天，无霜期平均为 198 天，无霜期短，缩短了作物的生育期。

四、降水

栾川县年平均降水量 864.4mm，最多年份为 1 386.4mm，最少年份为 598mm，7—8 月在一年内为降水高峰期，4—6 月和 9—10 月为小高峰期。

全县年均蒸发量为 1 514.7mm，比年降水量高 0.75 倍。

栾川地形复杂，小气候多，各气象要素地区间差异较大。因此，农业生产活动应趋利避害，发挥优势，因地制宜，合理布局，才能取得明显的成效。

第四节　植　被

栾川县地处亚热带向暖温带过渡地带，植物资源丰富，种类繁多，据有关部门初步调查，全县植物有 422 科 1 936 种，其中栽培植物 26 科 86 种。海拔 2 200~4 500m 植物的分布具有明显的垂直地带性，不同的海拔分布着 5 大植物群落。全县林地面积 310 万亩，飞播造林 125 万亩，人工造林 101 万亩，原始森林 104 万亩，立木总蓄积量 889 万 m³，森林覆盖率 83.3%，名列河南省第一，有"中原肺叶"之称。

第五节　农业生产状况

栾川县是国家级生态县。2008 年农民人均纯收入 3 310 元。总耕地面积 25.25 万亩，农作物播种面积 41.4 万亩，其中粮食作物播种面积 30.7 万亩，粮食总产量 8.9 万 t。种植的主要农作物有：小麦面积 10.0 万亩；玉米面积 13.5 万亩；大豆面积 4.0 万亩；花生面积 0.4 万亩；马铃薯面积 5.0 万亩；中药材面积 6 万亩；红薯面积 0.5 万亩；蔬菜面积 1.4 万亩；烟叶面积 0.6 万亩。农作物一年两熟或一年一熟。3 年制定配方 21 个，其中小麦施肥配方 9 个、玉米配方 6 个，与 5 个配方肥生产企业签订了配方肥购销合同，共销售配方肥 13 870t（实物量），发放农户施肥建议卡 2.6 万余份；全县建立配方肥供应中心 1 个，配方肥供应点 55 个。

第七十一章　土壤与耕地资源特征

　　根据 1987 年土壤普查结果：全县共有棕壤、褐土、潮土 3 个土类，9 个亚类，38 个土属，63 个土种。按照河南省土壤分类方法：全县有 7 个土类（其中耕作土壤 4 个土类）棕壤、褐土、潮土、红黏土、粗骨土、石质土和紫色土，15 个亚类（其中耕作土壤 9 个亚类）（附表 2-1），土壤的形成与分布受海拔、地貌、成土母质、水文地质、植被等自然条件及人为活动的影响。所以，各地土壤具有明显地带性的差异。耕地土壤随地貌类型的不同可分为河川地（养分含量丰富，产量高），缓坡地（养分含量次之，产量中等），丘陵地（养分少，产量低）。这除了取决于土壤养分含量外，还受水利条件、社会经济状况、人类生产活动等因素制约。阐述这些论断，对于栾川县土壤耕地地力评价以及培肥、改良利用、作物布局等，都具有十分重要的指导意义。

表 71-1　栾川县土名与河南省土名对照

省土类名称	省亚类名称	省土属名称	省土种名称	县土种名称
潮土	典型潮土	洪积潮土	砾质洪积潮土	洪积砾质潮土
			壤质洪积潮土	洪积壤质潮土
		石灰性潮壤土	底砂小两合土	底砂小两合土
			两合土	两合土
			小两合土	体砂小两合土
				小两合土
		石灰性潮砂土	底壤砂质潮土	底壤砂土
	湿潮土	湿潮壤土	壤质冲积湿潮土	壤质湿潮土
			壤质洪积湿潮土	洪积壤质湿潮土
	脱潮土	脱潮壤土	脱潮底砂小两合土	褐土化底砂小两合土
			脱潮两合土	褐土化两合土
			脱潮小两合土	褐土化小两合土
粗骨土	钙质粗骨土	灰泥质钙质粗骨土	薄层钙质粗骨土	石灰质岩薄层石渣始成褐土
			中层钙质粗骨土	石灰质岩中层石渣始成褐土
		暗泥质中性粗骨土	薄层硅钾质中性粗骨土	基性岩薄层石渣始成褐土
		麻砂质中性粗骨土	中层硅铝质中性粗骨土	酸性岩中层石渣淋溶褐土
				酸性岩中层石渣始成褐土
褐土	潮褐土	泥砂质潮褐土	壤质潮褐土	潮黄土
	典型褐土	黄土质褐土	黄土质褐土	黄垆土
	褐土性土	堆垫褐土性土	厚层堆垫褐土性土	堆垫厚层始成褐土
			中层堆垫褐土性土	堆垫薄层始成褐土
		泥砂质褐土性土	砾质洪积褐土性土	洪积砾质始成褐土
				砂砾厚层始成褐土
				砂砾浅位厚层始成褐土
			壤质洪积褐土性土	洪积壤质始成褐土
	淋溶褐土	暗泥质淋溶褐土	厚层硅钾质淋溶褐土	中性岩厚层淋溶褐土

（续表）

省土类名称	省亚类名称	省土属名称	省土种名称	县土种名称
			中层硅钾质淋溶褐土	中性岩中层淋溶褐土
		硅质淋溶褐土	中层硅质淋溶褐土	石英质岩中层淋溶褐土
		灰泥质淋溶褐土	中层钙质淋溶褐土	石灰质岩中层淋溶褐土
		麻砂质淋溶褐土	厚层硅铝质淋溶褐土	酸性岩厚层淋溶褐土
		泥砂质淋溶褐土	壤质洪冲积淋溶褐土	洪积砾质淋溶褐土
		泥质淋溶褐土	中层泥质淋溶褐土	泥质岩中层淋溶褐土
	中性粗骨土	暗泥质褐土性土	中层硅镁铁质褐土性土	中性岩中层砾质始成褐土
				红黏土始成褐土
红黏土	典型红黏土	典型红黏土	红黏土	红黏土油始成褐土
				厚层红土
			石灰性红黏土	红黏土灰质始成褐土
	钙质石质土	灰泥质钙质石质土	钙质石质土	石灰岩薄层砾质始成褐土
			薄层硅镁铁质中性粗骨土	石灰质岩中层砾质始成褐土
石质土	中性粗骨土	暗泥质中性粗骨土		中性岩薄层石渣始成褐土
				中性岩中层石渣始成褐土
		硅质中性石质土	硅质中性石质土	石英质岩中层砾质始成褐土
	中性石质土			泥质岩厚层砾质始成褐土
		泥质中性石质土	泥质中性石质土	泥质岩中层砾质始成褐土
紫色土	石灰性紫色土	灰紫砾泥土	中层泥质石灰性紫色土	紫色岩中层砾质始成褐土
		暗泥质棕壤	中层硅镁铁质棕壤	中性岩薄腐中层棕壤
		硅质棕壤	中层硅质棕壤	石英质岩薄腐厚层棕壤
				石英质岩薄腐中层棕壤
		黄土质棕壤	厚层黄土质棕壤	多砾厚层洪积黄土质棕壤
	典型棕壤	灰泥质棕壤	中层钙质棕壤	石灰质岩薄腐中层棕壤
		麻砂质棕壤	厚层硅铝质棕壤	酸性岩薄腐厚层棕壤
			中层硅铝质棕壤	酸性岩薄腐中层棕壤
棕　壤		砂泥质棕壤	厚层砂泥质棕壤	泥质岩薄腐厚层棕壤
			中层砂泥质棕壤	泥质岩薄腐中层棕壤
		暗泥质棕壤性土	薄层硅镁铁质棕壤性土	中性岩薄层始成棕壤
			中层硅钾质棕壤性土	基性岩中层始成棕壤
			中层硅镁铁质棕壤性土	中性岩中层始成棕壤
	棕壤性土	硅质棕壤性土	中层硅质棕壤性土	石英质岩中层始成棕壤
		麻砂质棕壤性土	薄层硅铝质棕壤性土	酸性岩薄层始成棕壤
			中层硅铝质棕壤性土	酸性岩中层始成棕壤
		泥质棕壤性土	中层砂泥质棕壤性土	泥质岩中层始成棕壤

第七十二章 耕地土壤养分状况

一、栾川县土壤养分现状

根据2008—2010年对全县6 466个土样进行化验，栾川县耕地土壤养分含量现状是：有机质10~
28.4g/kg，平均17.7g/kg；全氮0.58~1.7g/kg，平均1.07g/kg；有效磷6.6~127.4mg/kg，平均
32.5mg/kg；速效钾40~365mg/kg，平均126.0mg/kg；缓效钾344~2 451mg/kg，平均1 121.7mg/kg；
pH值6.7~7.7，平均7.1。有效铁0.6~7.1mg/kg，平均2.4mg/kg；有效锰1.1~6.1mg/kg，平均
3.3mg/kg；有效铜0.47~9.1mg/kg，平均1.2mg/kg；有效锌0.22~2.05mg/kg，平均0.9mg/kg；水
溶态硼0.02~0.31mg/kg，平均0.1mg/kg；有效钼0.02~6.31mg/kg，平均1.1mg/kg；有效硫5.5~
41.3mg/kg，平均15.7mg/kg，见表72-1。

表72-1 栾川县土壤养分总体含量

项 目	平 均	最 小	最 大
有机质（g/kg）	17.65	10	28.4
全氮（g/kg）	1.07	0.58	1.67
有效磷（mg/kg）	32.47	6.6	127.4
速效钾（mg/kg）	125.95	40	365
缓效钾（mg/kg）	1 121.69	344	2 451
有效铁（mg/kg）	2.44	0.6	7.1
有效锰（mg/kg）	3.33	1.1	6.1
有效铜（mg/kg）	1.21	0.47	9.1
有效锌（mg/kg）	0.89	0.22	2.05
水溶态硼（mg/kg）	0.10	0.02	0.31
有效钼（mg/kg）	1.06	0.02	6.31
有效硫（mg/kg）	15.65	5.5	41.3
pH值	7.13	6.7	7.7

二、与第二次土壤普查结果比较

现在全县耕地土壤养分平均含量与1985年第二次土壤普查结果（表72-2）比较，有机质平均含
量降低2.6g/kg、全氮平均含量增加0.95g/kg、有效磷平均含量增加20.9mg/kg。速效钾呈下降趋势，
降低18.1mg/kg。

表72-2 栾川县第二次土壤普查农化样养分结果

土样数（个）	项目	有机质（g/kg）	全氮（g/kg）	有效磷（mg/kg）	速效钾（mg/kg）	pH值
	平均	20.2	0.116	11.5	144	—
253	最高	46.0	0.127	15.7	225	7.75
	最低	8.0	0.099	6.6	96	6.5

三、不同土类养分含量

不同土类养分含量见表 72-3 及图 72-1、图 72-2、图 72-3、图 72-4。

表 72-3 栾川县不同土类养分含量

省土类名称	有机质（g/kg）	全氮（g/kg）	速效钾（mg/kg）	缓效钾（mg/kg）	有效磷（mg/kg）
潮土	17.44	1.09	119.65	1 164.47	38.42
粗骨土	17.89	1.03	123.61	1 070.19	24.28
褐土	18.08	1.06	126.46	1 138.94	30.57
红黏土	17.73	1.02	136.33	1 094.17	26.93
石质土	17.02	1.08	134.42	1 134.44	34.21
紫色土	16.49	1.15	133.19	914.11	30.73
棕壤	17.85	1.08	119.23	1 114.08	34.04
平均	17.65	1.07	125.95	1 121.69	32.47

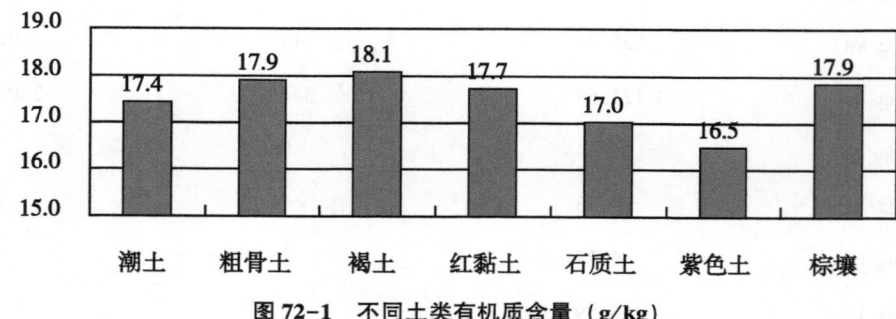

图 72-1 不同土类有机质含量（g/kg）

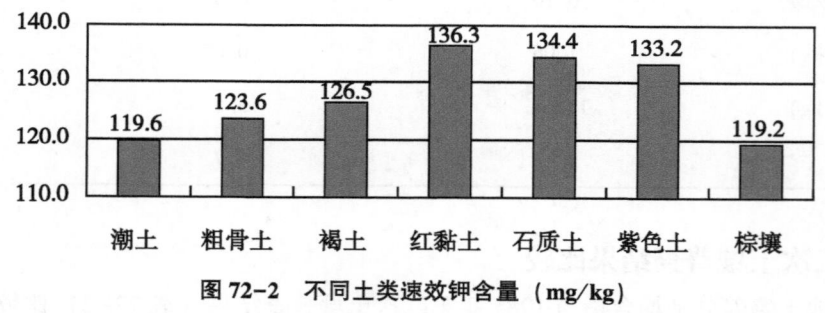

图 72-2 不同土类速效钾含量（mg/kg）

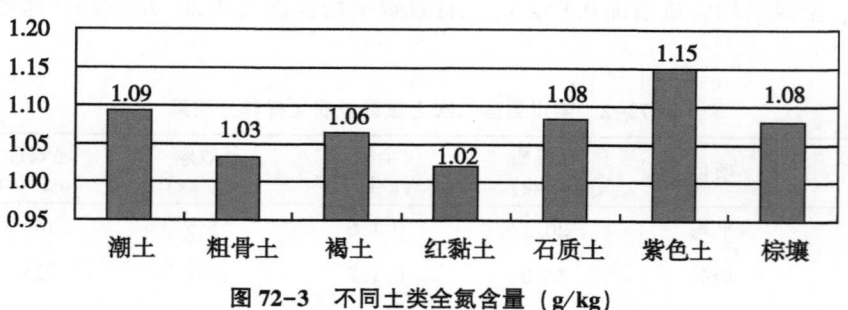

图 72-3 不同土类全氮含量（g/kg）

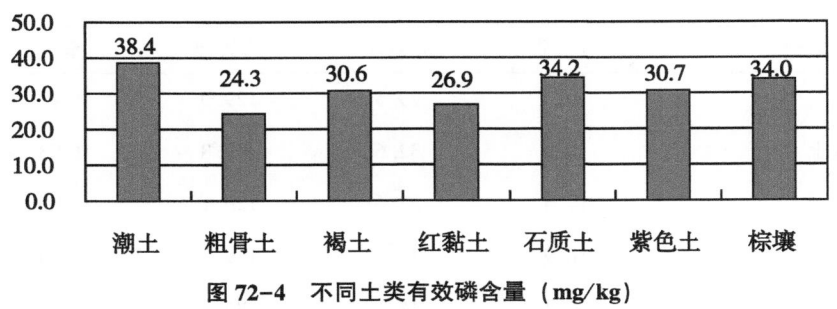

图 72-4 不同土类有效磷含量（mg/kg）

各个土类有机质含量大小依次为：褐土>粗骨土=棕壤>红黏土>潮土>石质土>紫色土；全氮含量大小依次为：紫色土>潮土>石质土=棕壤>褐土>粗骨土>红黏土；速效钾含量大小依次为：红黏土>石质土>紫色土>褐土>粗骨土>潮土>棕壤；有效磷含量大小依次为：潮土>石质土>棕壤>紫色土>褐土>红黏土>粗骨土。

四、不同土种养分含量

不同土种养分含量见表 72-4、图 72-5、图 72-6、图 72-7、图 72-8。

表 72-4 栾川县不同土种养分含量

省土种名称	有机质	有效磷	速效钾	全氮	缓效钾
薄层钙质粗骨土	16.7	24.2	101.3	1.05	1 369.5
薄层硅钾质中性粗骨土	15.3	33.4	108.4	1.08	1 162.3
薄层硅铝质棕壤性土	18.8	36.2	107.5	1.09	975.7
薄层硅镁铁质中性粗骨土	18.4	28.6	151.8	1.12	1 007.6
薄层硅镁铁质棕壤性土	19.7	33.0	170.4	1.08	972.3
底壤砂质潮土	20.3	16.7	93.2	1.03	916.9
底砂小两合土	16.1	37.5	111.9	1.13	1 184.8
钙质石质土	17.1	37.6	127.8	1.10	1 145.1
硅质中性石质土	17.6	10.5	105.1	0.99	1 884.1
红黏土	17.4	25.2	140.1	1.02	1 079.0
厚层堆垫褐土性土	19.3	44.8	139.4	1.07	1 067.3
厚层硅钾质淋溶褐土	18.7	29.2	135.2	1.09	1 586.1
厚层硅铝质淋溶褐土	17.7	26.4	117.0	0.91	988.9
厚层硅铝质棕壤	18.5	35.0	108.1	1.02	1 041.9
厚层黄土质棕壤	17.3	36.3	103.1	1.05	956.0
厚层砂泥质棕壤	18.1	51.8	127.7	1.09	1 112.7
黄土质褐土	17.4	25.3	187.0	1.13	1 197.8
砾质洪积潮土	19.2	31.8	59.5	1.32	1 153.0
砾质洪积褐土性土	17.5	30.3	115.2	1.10	1 094.6
两合土	17.3	40.7	142.4	1.08	1 039.4
泥质中性石质土	16.6	28.7	144.6	1.05	1 132.1
壤质潮褐土	18.6	35.2	121.6	1.05	1 236.9

（续表）

省土种名称	有机质	有效磷	速效钾	全氮	缓效钾
壤质冲积湿潮土	19.8	29.5	129.9	1.10	1 084.8
壤质洪冲积淋溶褐土	19.9	32.6	99.8	1.03	960.3
壤质洪积潮土	17.5	35.6	126.1	1.09	1 120.9
壤质洪积褐土性土	18.9	36.5	119.5	1.05	1 158.7
壤质洪积湿潮土	14.3	34.5	84.3	1.06	1 089.9
石灰性红黏土	19.2	35.8	117.4	1.05	1 170.5
脱潮底砂小两合土	18.9	18.3	85.6	1.06	911.6
脱潮两合土	17.1	29.7	111.2	1.03	1 500.0
脱潮小两合土	17.3	34.7	127.5	1.13	1 187.5
小两合土	17.8	45.2	120.8	1.08	1 189.4
中层堆垫褐土性土	17.2	25.0	100.0	1.02	1 057.7
中层钙质粗骨土	19.6	31.8	129.3	1.22	845.8
中层钙质淋溶褐土	20.2	35.7	101.4	1.12	985.4
中层钙质棕壤	17.0	37.1	132.6	1.01	1 143.7
中层硅钾质淋溶褐土	18.4	28.7	123.9	1.06	1 235.5
中层硅钾质棕壤性土	18.6	49.5	129.6	1.13	1 255.0
中层硅铝质中性粗骨土	17.9	23.4	124.9	1.02	1 068.7
中层硅铝质棕壤	16.8	26.8	146.6	0.89	1 092.1
中层硅铝质棕壤性土	17.4	25.4	99.8	1.10	1 080.5
中层硅镁铁质褐土性土	17.2	26.8	148.6	1.03	1 174.5
中层硅镁铁质棕壤	18.6	30.2	144.0	1.10	1 207.3
中层硅镁铁质棕壤性土	18.1	27.4	123.7	1.10	1 203.8
中层硅质淋溶褐土	15.2	28.9	127.7	1.01	1 265.9
中层硅质棕壤	17.9	48.0	120.5	1.10	1 079.3
中层硅质棕壤性土	16.4	38.1	128.5	1.12	931.2
中层泥质淋溶褐土	17.8	37.1	110.5	1.09	1 138.5
中层泥质石灰性紫色土	16.5	30.7	133.2	1.15	914.1
中层砂泥质棕壤	18.0	54.5	117.3	1.10	1 214.4
中层砂泥质棕壤性土	17.1	36.5	119.4	1.09	1 127.4
总计	17.7	32.5	126.0	1.07	1 121.7

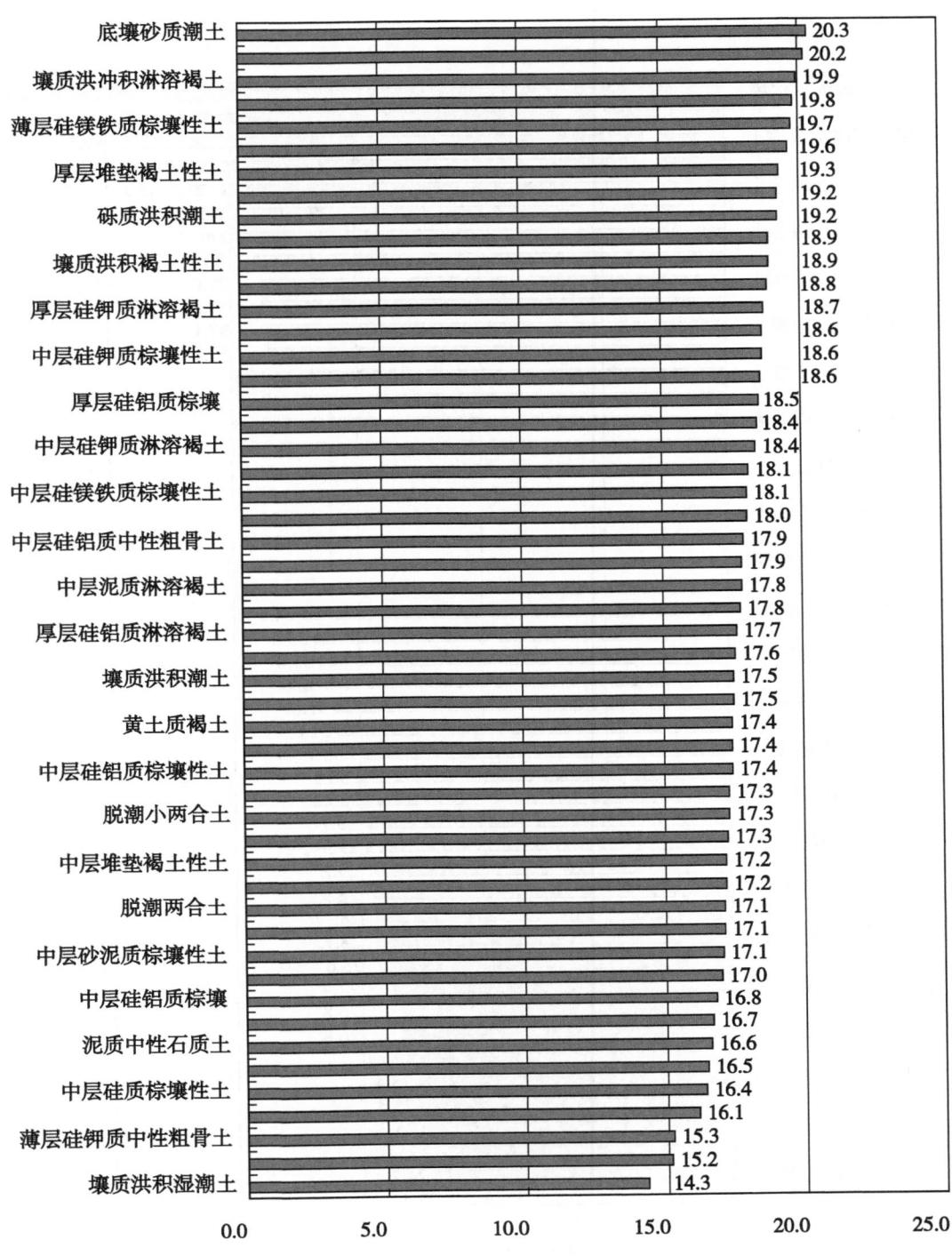

图72-5 不同土种有机质含量（g/kg）

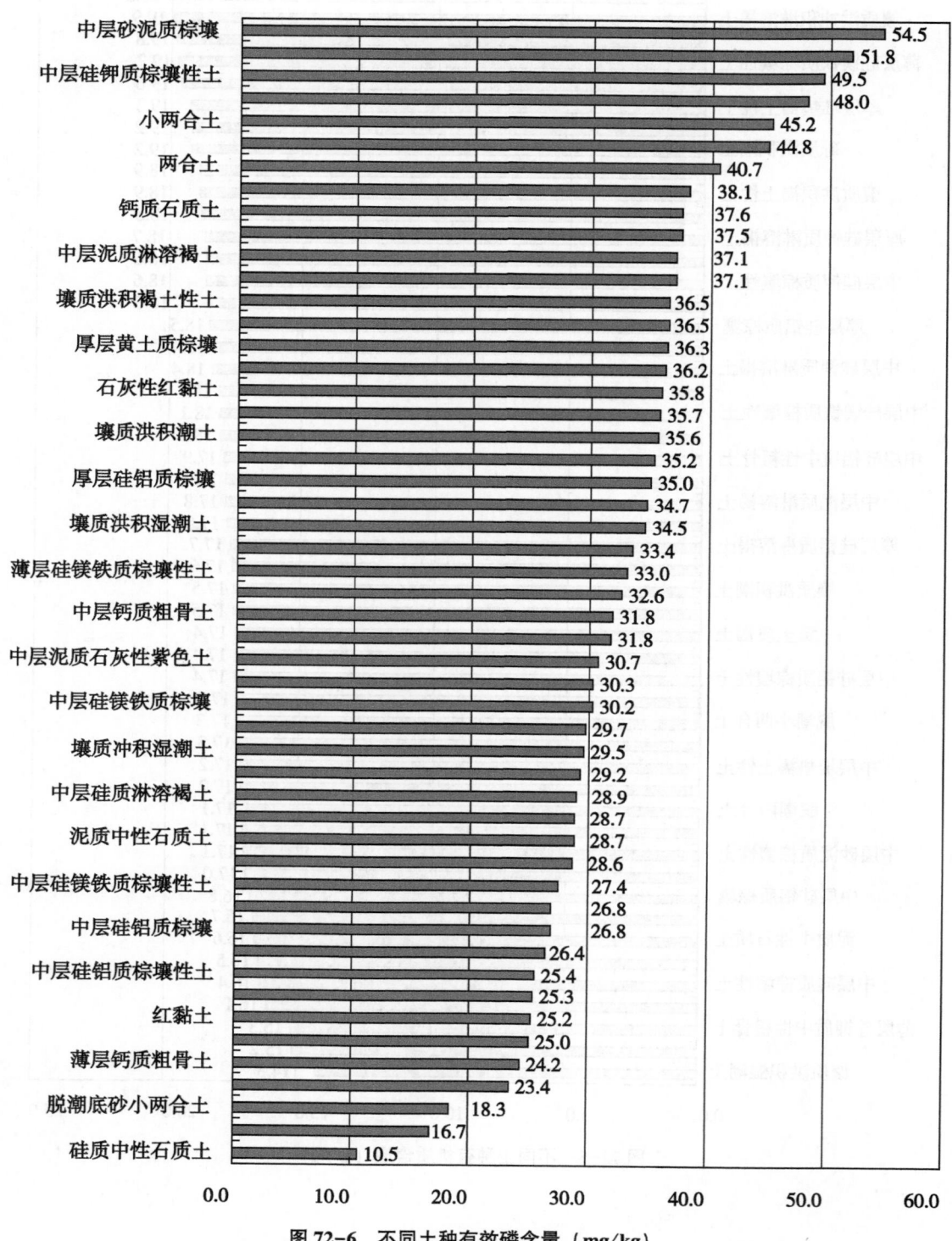

中层砂泥质棕壤　54.5
中层硅钾质棕壤性土　51.8
49.5
小两合土　48.0
45.2
两合土　44.8
40.7
钙质石质土　38.1
37.6
中层泥质淋溶褐土　37.5
37.1
37.1
壤质洪积褐土性土　36.5
36.5
厚层黄土质棕壤　36.3
36.2
石灰性红黏土　35.8
35.7
壤质洪积潮土　35.6
35.2
厚层硅铝质棕壤　35.0
34.7
壤质洪积湿潮土　34.5
33.4
薄层硅镁铁质棕壤性土　33.0
32.6
中层钙质粗骨土　31.8
31.8
中层泥质石灰性紫色土　30.7
30.3
中层硅镁铁质棕壤　30.2
29.7
壤质冲积湿潮土　29.5
29.2
中层硅质淋溶褐土　28.9
28.7
泥质中性石质土　28.7
28.6
中层硅镁铁质棕壤性土　27.4
26.8
中层硅铝质棕壤　26.8
中层硅铝质棕壤性土　26.4
25.4
红黏土　25.3
25.2
薄层钙质粗骨土　25.0
24.2
脱潮底砂小两合土　23.4
18.3
硅质中性石质土　16.7
10.5

0.0　　10.0　　20.0　　30.0　　40.0　　50.0　　60.0

图 72-6　不同土种有效磷含量（mg/kg）

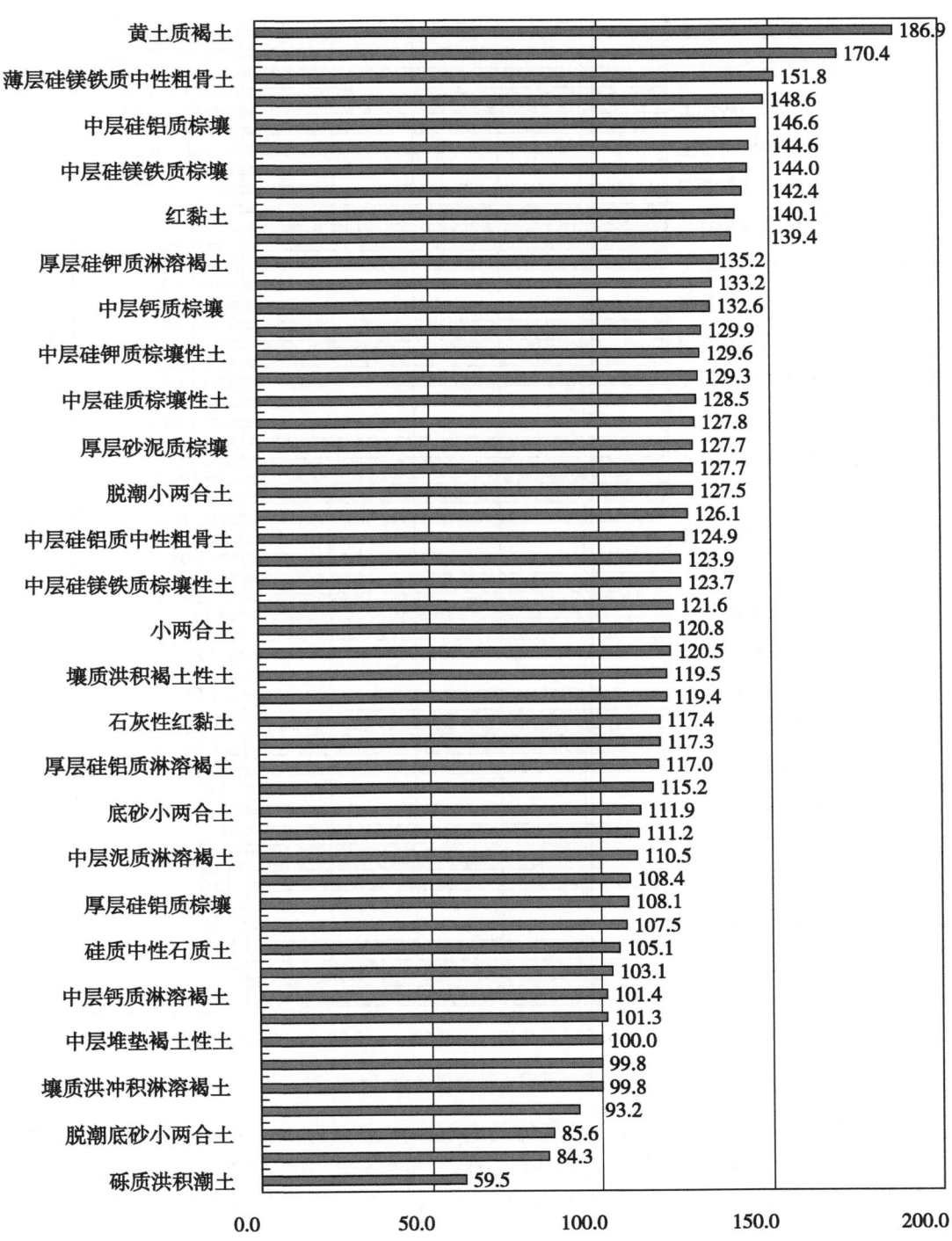

图 72-7　不同土种速效钾含量（mg/kg）

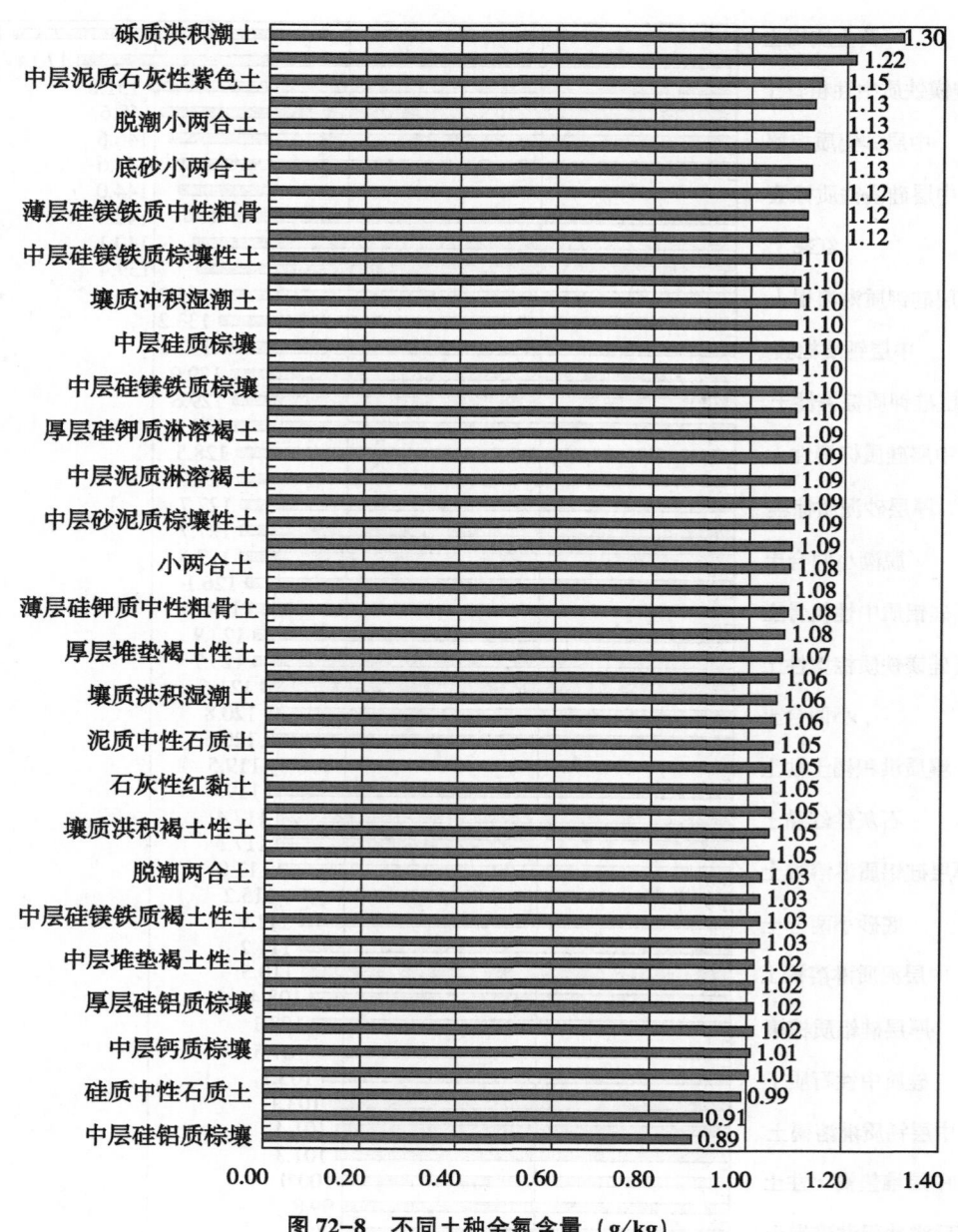

图 72-8　不同土种全氮含量（g/kg）

分析发现：各个土种间有机质含量最高的是底壤砂质潮土为 20.3g/kg，最低壤质洪积湿潮土14.3g/kg；有效磷最高的是中层砂泥质棕壤 54.5g/kg，最低硅质中性石质土 10.5g/kg；全氮最高的是砾质洪积潮土 1.30g/kg，最低中层硅铝质棕壤 0.89g/kg；速效钾最高的是黄土质褐土 186.9mg/kg，最低砾质洪积潮土 59.5mg/kg。

第七十三章　耕地地力评价指标体系

第一节　参评因素的选取及其权重确定

正确地进行参评因素的选取并确定其权重、隶属度，是科学地评价耕地地力的前提，它直接关系到评价结果的正确性、科学性和社会可接受性。

一、参评因子的选取原则

影响耕地地力的因素很多，在评价工作中不可能将其所包含的全部信息提取出来，由于影响耕地质量的因子间普遍存在着相关性，甚至信息彼此重叠，故进行耕地质量评价时没有必要将所有因子都考虑进去。为了排除人为主观性对选择评价因子的影响，使筛选的主导评价因子能较全面客观地反映评价区域耕地质量的现实状况，参评因素选取时应遵循稳定性、主导性、综合性、差异性、定量性和现实性原则。

二、评价指标体系

栾川县的评价因子选取，在河南省土壤肥料站程道全研究员和洛阳市农技站宁宏兴研究员、席万俊研究员、郭新建高级农艺师帮助指导下，由参加栾川县第二次土壤普查工作的老专家，栾川县农业技术推广中心土壤、栽培、植保和水利局、气象局等方面的专家 19 人组成的"栾川县耕地地力评价指标体系建立专家评审组"，结合栾川县当地的实际情况，进行了影响耕地地力的立地条件、剖面性状、理化性状、土壤管理等定性指标的筛选。最终从全国耕地地力评价指标体系全集中，选取了 9 项因素作为耕地地力评价的参评因子，分别是：海拔、地形部位、坡度、坡向、耕层理化性状（质地、有机质、有效磷、速效钾）、灌溉保证率，建立起了栾川县耕地地力评价指标体系（表 73-1）。

表 73-1　栾川县耕地地力评价指标体系

目标层	准则层	指标层
栾川县耕地地力评价指标体系	立地条件	地形部位
		坡度
		坡向
	耕层理化性状	质地
		有机质
		有效磷
		速效钾
	气象和土壤管理	海拔
		灌溉保证率

三、确定参评因子权重的方法

本次栾川县耕地地力评价采用层次分析法，它是一种对较为复杂和模糊的问题，做出决策的简易方法，特别适用于那些难于完全定量分析的问题。它的优点在于定性与定量的方法相结合。通过参评专家分组打分、汇总评定、结果验证等步骤，得出各评价因子的得分情况（表 73-2），既考虑了专家经验，又避免了人为影响，具有高度的逻辑性、系统性和实用性。

表 73-2 栾川县评价因子得分情况

层次	耕层理化性状	气象和土壤管理	立地条件
	0.4	0.3	0.3
质地	0.4		
有机质	0.3		
有效磷	0.2		
速效钾	0.1		
海拔		0.6	
灌溉保证率		0.4	
地形部位			0.60
坡度			0.25
坡向			0.15

四、确定参评因素的具体步骤

（一）建立层次结构

栾川县耕地地力为目标层（G 层），把影响耕地地力的立地条件、耕层理化性状、气象和土壤管理作为准则层（C 层），再把影响准则层中各元素作为指标层（A 层），建立栾川县耕地地力评价层次结构（图 73-1）。

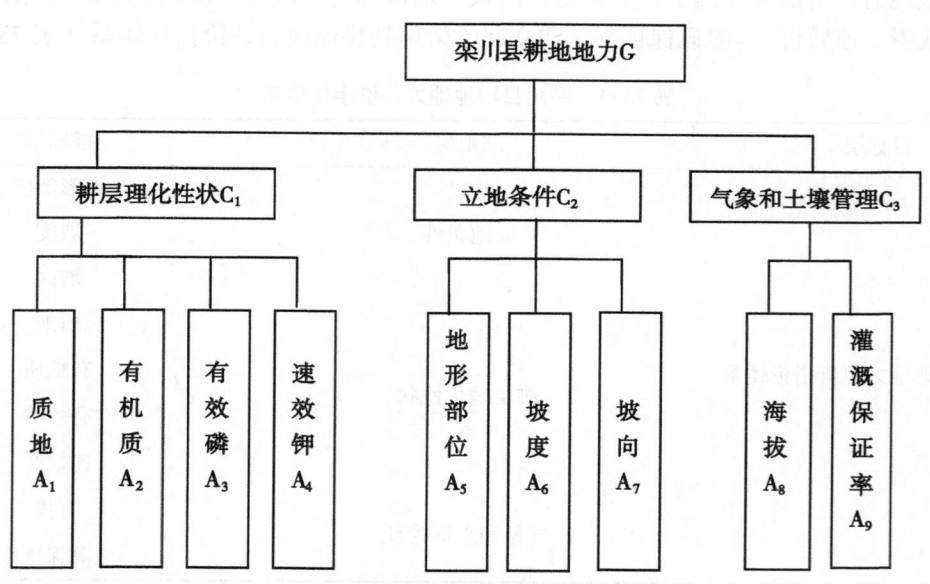

图 73-1 栾川县耕地地力评价层次结构

（二）构造判断矩阵

河南省级专家组评估的初步结果经合适的数学处理后（包括实际计算的最终结果—组合权重）反馈给栾川县各位专家，重新修改或确认，确定 C 层对 G 层、G 层对 C 层的相对重要程度，共构成 G、C_1、C_2、C_3、C_4 共 5 个判断矩阵。

（三）层次单排序及一致性检验

建立比较矩阵后，就可以求出各个因素的权值，采取的方法是用和积法计算出各矩阵的最大特征根 λ_{max} 及其对应的特征向量 W，得到的各权数值及一致性检验的结果（表 73-3），并用 $CR = CI/RI$ 进行一致性检验。

表73-3 栾川县权重值及一致性检验结果

矩阵	特征向量				CI	RI	CR
目标层 G	0.1879	0.2011	0.2989	0.3121	-9.40×10^6	0.58	0.00001044 < 0.1
准则层 C_1	0.3342	0.6658			1.71×10^5	0.2823	0.00004286 < 0.1
准则层 C_2	0.1979	0.3237	0.4784		-1.00×10^5	0.58	0.00001724 < 0.1
准则层 C_3	0.1658	0.3542	0.4800		1.04×10^5	4.34×10^6	0.00000748 < 0.1

从表73-3中可以看出，CR<0.1，具有很好的一致性。

（四）层次总排序及一致性检验

计算同一层次所有因素对于最高层相对重要性的排序权值，称为层次总排序，这一过程是最高层次到最低层次逐层进行的。经层次总排序，并进行一致性检验，结果为 $CI=-9.40\times10^6$，$RI=0.58$，$CR=CI/RI=0.00001044<0.1$，认为层次总排序结果具有满意的一致性，否则需要重新调整判断矩阵的元素取值，最后计算得到各因子的权重。

第二节 评价因子级别相应分值的确定及隶属度

评价指标体系中各个因素，可以分定量和定性资料两大部分，为了裁定量化的评价方法和自动化的评价手段，减少人为因素的影响，需要对其中的定性因素进行量化处理，根据因子的级别状况赋予其相应的分值或数值。除此，对于各类养分等级按调查点获取的数据，则需要进行插值处理，生成各类养分图。

一、定性因子的量化处理

（一）海拔

根据不同高程的土壤肥力特征、积温，以及与植物生长发育的关系，赋予不同高程相应的分值（表73-4）。

表73-4 栾川县不同海拔高度量化处理

海拔高度	700m 以下	700~900m	900m 以上
分值	1.0	0.8	0.5

（二）地形部位

根据土壤的不同地形部位对耕地地力及作物生长发育的影响，赋予不同地形部位以相应的分值（表73-5）。

表73-5 栾川县不同地形部位量化处理

地形部位	河谷阶地	岗坡地	沟谷地
分值	1.0	0.6	0.3

（三）质地

根据土壤的不同质地对植物生长发育的影响，赋予不同质地以相应的分值（表73-6）。

表73-6 栾川县不同质地量化处理

质地	紧砂土	中壤土	松砂土	重壤土	轻壤土	砂壤土
分值	0.3	1.0	0.2	0.9	0.7	0.5

（四）灌溉保证率

根据土壤的不同灌溉保证率对耕地地力及作物生长发育的影响，赋予不同灌溉保证率以相应的分值（表73-7）。

表73-7　栾川县不同灌溉保证率量化处理

灌溉保证率（%）	70	50
分值	1	0.4

二、定量化指标的隶属函数

我们将评价指标与耕地生产能力的关系，分为戒上型函数、戒下型函数、峰型函数、概念型函数和直线型函数5种类型。对海拔、地形部位、、质地、灌溉保证率、（典型）种植制度、全年日照时数等概念型定性因子采用专家打分法，经过归纳、反馈、逐步收缩、集中，最后产生获得相应的隶属度。而对有机质、有效磷、速效钾等理化性状定量因子，则根据栾川县有机质、有效磷、速效钾的空间分布范围及养分含量级别，结合肥料试验获取的数据，由专家划段给出相应的分值，然后在计算机中绘制这两组数值的散点图，再根据散点图进行曲线模拟，寻求参评因素实际值与隶属度关系方程从而建立起定量因子的隶属函数（表73-8）。

表73-8　栾川县参评定量因子的隶属度

耕层理化性状		隶属度	立地条件		隶属度
质地	松砂土	0.2	地形部位	岗坡地	0.6
	紧砂	0.3		河谷阶地	1
	砂壤土	0.5		沟谷地	0.3
	轻壤	0.7	坡度	<5°	1
	中壤	1		5°~10°	0.6
	重壤	0.9		10°~20°	0.3
有机质	22	1		平地	1
	18	0.8	坡向	南、东南、西南	0.9
	12	0.6		东、西	0.7
	10	0.5		北、东北、西北	0.4
	5	0.1	气象和土壤管理		
有效磷	40	1		700m 以下	1
	25	0.8	海拔	700~900m	0.8
	15	0.6		900m 以上	0.5
	10	0.3	灌溉保证率	0.7	1
	5	0.1		0.5	0.4
速效钾	180	1			
	120	0.8			
	80	0.4			
	30	0.1			

本次栾川县耕地地力评价，通过模拟得到有机质、有效磷、速效钾的戒上型隶属函数，然后根据隶属函数计算各参评因素的单因素评价评语。以有机质为例，模拟曲线见图73-2。

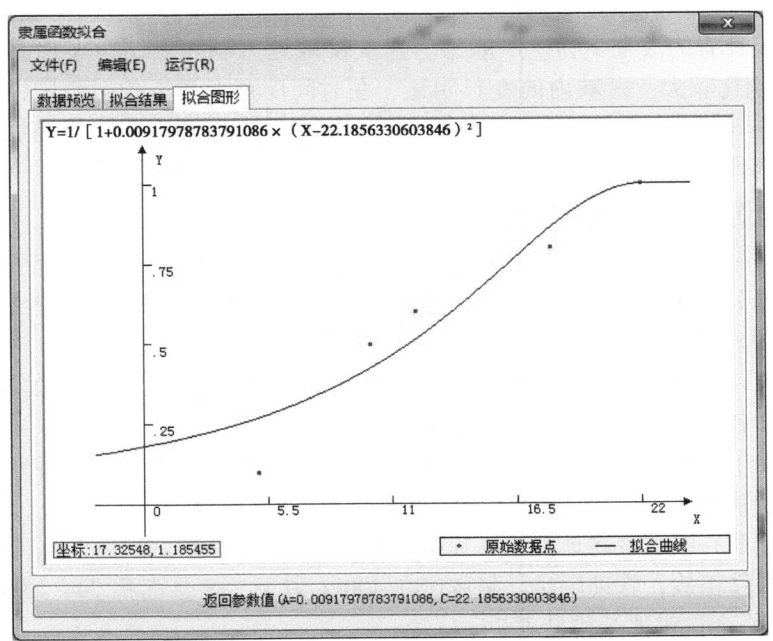

图73-2　栾川县有机质与隶属度关系曲线图

注：X值为数据点有机质含量值，Y值表示函数隶属度)

其隶属函数为戒上型，形式为：

$$y=\begin{cases}0, & x\leqslant xt\\1/\left[1+A\times(x-C)^2\right] & xt<x<c\\1, & c\leqslant x\end{cases}$$

有机质、有效磷、速效钾等数值型参评因素的函数类型及其隶属函数见表73-9。

表73-9　栾川县参评因素类型与隶属函数

函数类型	参评因素	隶属函数	a	c	相关性	ut
戒上型	有机质（g/kg）	$Y=1/\left[1+A\times(x-C)^2\right]$	2.48×10^2	20.450472	0.9342	6
戒上型	有效磷（mg/kg）	$Y=1/\left[1+A\times(x-C)^2\right]$	2.37×10^2	18.693355	0.9201	5.5
戒上型	速效钾（mg/kg）	$Y=1/\left[1+A\times(x-C)^2\right]$	6.96×10^4	140.48792	0.9075	65

第七十四章　耕地地力等级

耕地地力是耕地具有的潜在生物生产能力。这次耕地地力调查，结合栾川县实际情况，选取了11个对耕地地力影响比较大，区域内的变异明显、在时间序列上具有相对稳定性、与农业生产有密切关系的因素，建立评价指标体系。以1:5万土壤类型图、土地利用现状图叠加形成的图斑为评价单元，应用模糊综合评判方法对全县耕地进行评价。把栾川县耕地地力共分4个等级。

一、耕地地力等级及面积统计分析

栾川县地力等级分级，是按照栾川县耕地质量，评价指标体系划分的，一共分为四级。

一级耕地土壤养分含量最高，立地条件、生产管理条件都是最佳状态，年产量在800kg以上，面积3 466.25hm²，占全县耕地面积的19.0%，一般分布在沿河两岸；

二级耕地仅次于一等地，仍属于上等地，年产量在600~800kg，面积5 330.44hm²，占耕地面积的29.1%，应进一步提高管理水平，可发展成为一级耕地。

三等耕地质量属于中等水平，年产量500~600kg，面积8 749.90hm²，占耕地面积的47.8%。该耕地应划为旱作农业种植区，应培肥土壤，改土治水，抗灾夺丰收。

四级耕地属于最低一级水平耕地。地处丘陵旱地，或边远薄地，多存在黏、沙或砾石等障碍层，保肥供肥能力差，耕作粗放，管理困难。年亩产在400kg以下，全县面积744.17hm²占全县耕地面积的4.1%。高、中、低产量耕地结构见表74-1。

表74-1　栾川县高、中、低产量耕地结构

习惯法			评价法		
级　别	面积（hm²）	比例（%）	级别	面积（hm²）	比例（%）
高产田			一级	3 466.25	19.0%
			二级	5 330.44	29.1%
中产田			三级	8 749.90	47.8%
低产田			四级	744.17	4.1%

二、栾川县地力等级与国家对接方法与结果

耕地地力的另一种表达方式，即以产量表达耕地地力水平。农业部于1997年颁布了"全国耕地类型区耕地地力等级划分"农业行业标准（NY/T 309—1996），将全国耕地地力根据粮食单产水平划分为10个等级。栾川县按照耕地产量水平，划分地力等级为四级，直接与全国标准对接（表74-2）。

表74-2　栾川县耕地地力等级与国家耕地地力等级对照

国家标准		栾川县标准	
级别	kg/亩·年	评价法	习惯法
一级	>900	一级	高产田
二级	800~900		
三级	700~800	二级	
四级	600~700		

（续表）

国家标准		栾川县标准	
级别	kg/亩·年	评价法	习惯法
五级	500~600	三级	中产田
六级	400~500		
七级	300~400	四级	低产田

三、栾川县各等级耕地特点及存在的主要问题

（一）耕地地力的行政区域分布

将栾川县耕地地力等级图和行政区划图叠加后，从属性数据库中按照权属字段检索，统计各等级耕地在每个乡镇的分布情况见表74-3、图74-1、图74-2、图74-3、图74-4、图74-5。

表74-3　栾川县耕地（含园地）各等级面积

乡名称	地力等级				总面积（hm²）
	一级地	二级地	三级地	四级地	
白土乡	70.61	125.68	788.73	15.47	1 000.49
城关镇	27.1	82.85	20.71	12.71	143.37
赤土店镇	29.54	122.36	740.55	66.65	959.1
合峪镇	442.51	453.58	754.48	31.14	1 681.71
叫河乡	44.41	130.57	906.8	152.62	1 234.4
冷水镇	283.76	54.52	480.87	11.81	830.96
栾川乡	372.7	464.76	114.76	1.39	953.61
庙子乡	182.99	1 237.02	734.35	30.26	2 184.62
秋扒乡	85.39	536.85	430.21	15.93	1 068.38
三川镇	398.75	89.93	936.99	39.1	1 464.77
狮子庙镇	66.18	335.99	1 045.52	87.29	1 534.98
石庙镇	214.72	71.09	311.25	36.78	633.84
潭头镇	1 012.5	1 453.26	402.24	10.13	2 878.13
陶湾镇	235.09	171.98	1 082.44	232.89	1 722.4
总计	3 466.25	5 330.44	8 749.9	744.17	18 290.76
比例结构	19.0%	29.1%	47.8%	4.1%	100.0%

（二）耕地地力等级的地域分布

从耕地地力等级的地形部位分布可以看出，一、二级地集中分布在栾川县的河谷阶地、河网平原低洼地、丘陵低谷地等地区，地势平坦，土层深厚，耕作历史悠久。土壤属潮土、褐土、红黏土类型，质地为砂壤土、中壤土、重壤土，具有理化性状较好，保肥保水能力较高，耕作性强，地下水资源丰富，灌溉保证率大于70%，农田设施齐全，机械化程度高等特点，主要种植小麦、玉米和蔬菜，是栾川县粮食高产稳产地区。

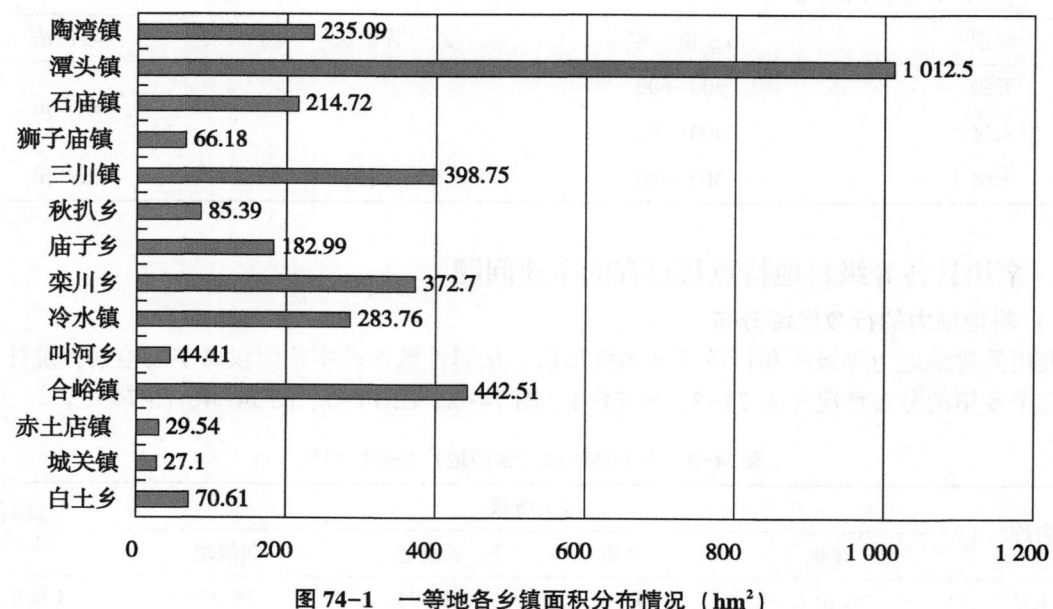

图 74-1　一等地各乡镇面积分布情况（hm²）

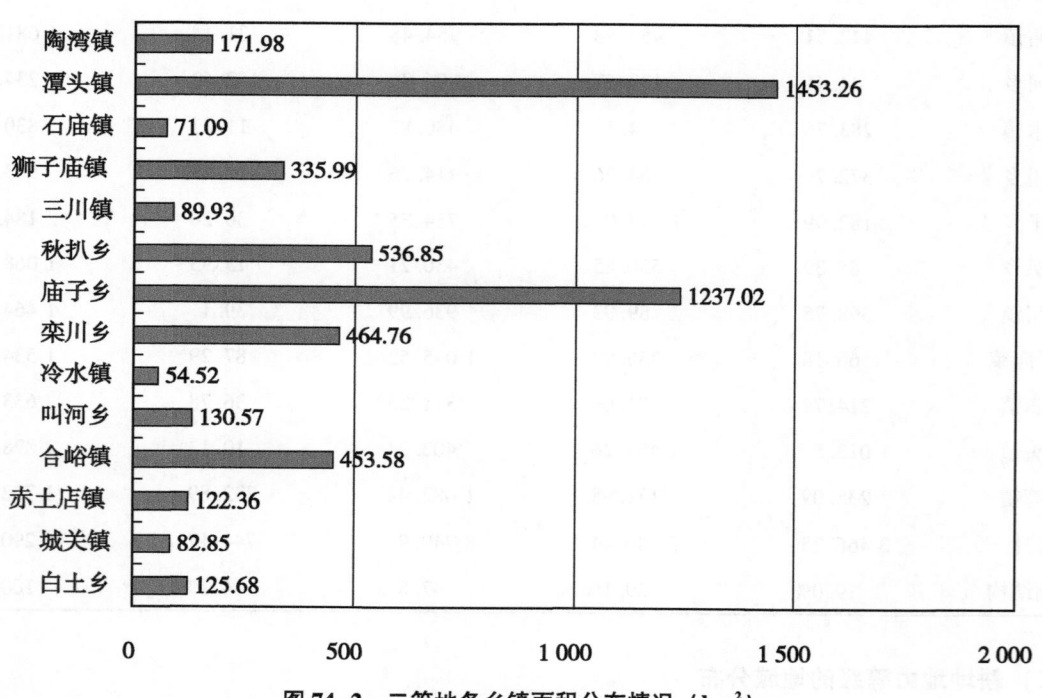

图 74-2　二等地各乡镇面积分布情况（hm²）

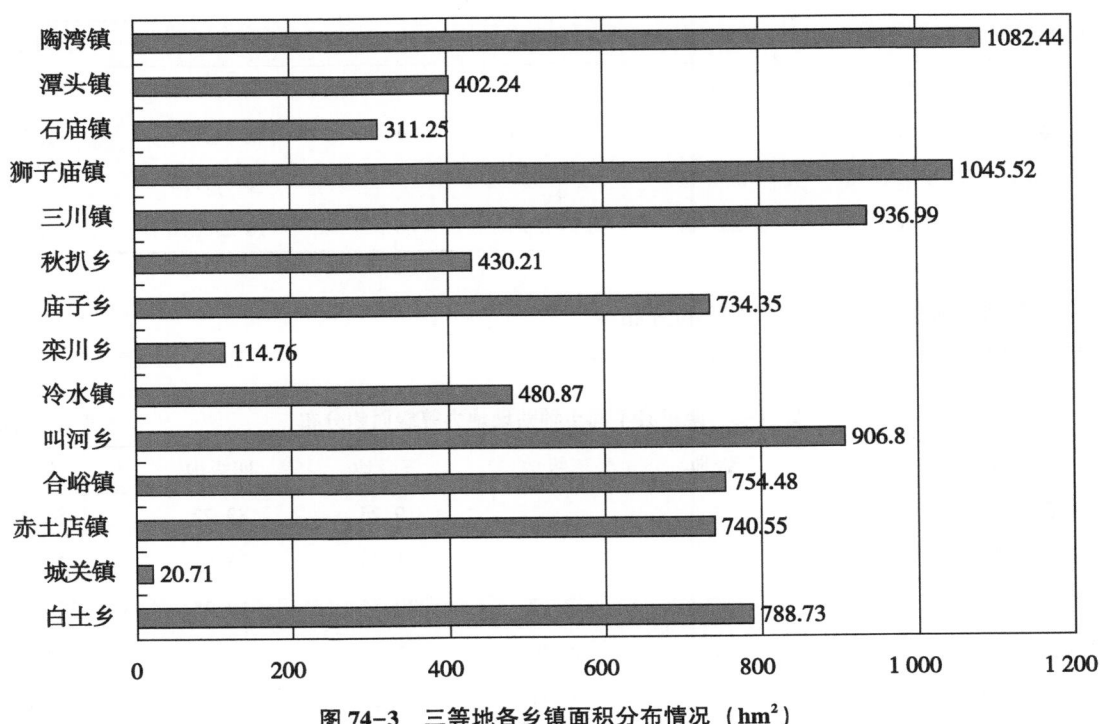

图 74-3 三等地各乡镇面积分布情况（hm²）

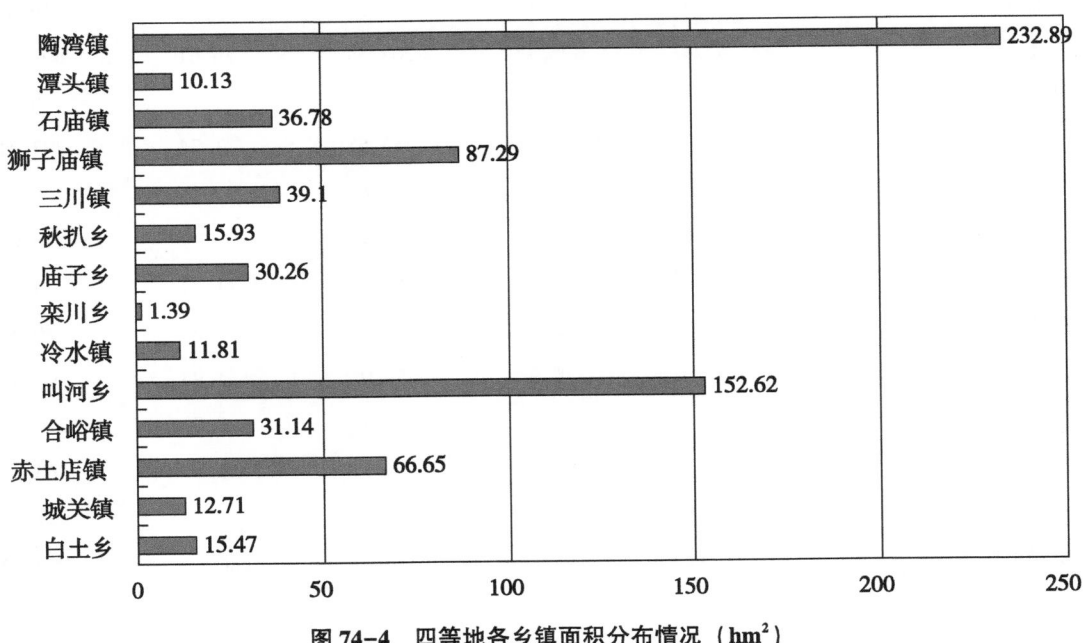

图 74-4 四等地各乡镇面积分布情况（hm²）

三、四等地主要分布在灌区边缘地带的丘陵低谷地、丘陵坡地中上部和中低山上中部坡腰地区，土壤属褐土类型，土层较厚，质地主要是中壤土、重壤土，水利设施中等，地下水资源一般，灌溉保证率在30%～50%，小麦、玉米种植面积大，是栾川县粮食的主要产区。地力等级的地形分布见表74-4。

表74-4　栾川县耕地（含园地）地力等级地形与面积分布　　　　单位：hm²

地形部位	一级地	二级地	三级地	四级地	总计	结构比例
岗坡地	1 013.71	4 300.38	8 005.51	450.62	13 770.22	75.3%
沟谷地	500.58	695.95	653.09	293.55	2 143.17	11.7%
河谷阶地	1 951.96	334.11	91.3		2 377.37	13.0%
总计	3 466.25	5 330.44	8 749.9	744.17	18 290.76	100.0%

（三）不同土种耕地地力等级面积的分布

不同土种耕地地力等级面积的分布见表74-5。

表74-5　栾川县不同土种耕地地力等级面积分布　　　　单位：hm²

省土种名称	一级地	二级地	三级地	四级地	总计
薄层钙质粗骨土			19.25	33.72	52.97
薄层硅钾质中性粗骨土			1.84	25.08	26.92
薄层硅铝质棕壤性土	0.2	38.27	330.56	10.25	379.28
薄层硅镁铁质中性粗骨土	12.09	80.39	111.51	0.17	204.16
薄层硅镁铁质棕壤性土		0.41	10.28		10.69
底壤砂质潮土	37.26	1.47	6.4		45.13
底砂小两合土	232.37	36.83	47.18		316.38
钙质石质土	25.74	426.73	2 208.34	36.61	2 697.42
硅质中性石质土		0.74	6.01		6.75
红黏土	533.47	1 285.35	453.65	1.24	2 273.71
厚层堆垫褐土性土	39.85	14.52	1.83		56.2
厚层硅钾质淋溶褐土	0.04	10.02	5.99		16.05
厚层硅铝质淋溶褐土		7.81	59.95	11.22	78.98
厚层硅铝质棕壤	0.71	35.81	59.45	0.36	96.33
厚层黄土质棕壤		6.9	56.05	1.95	64.9
厚层砂泥质棕壤		4.97	216	0.01	220.98
黄土质褐土	364.27	91.95	4.67	2.57	463.46
砾质洪积潮土	24.41				24.41
砾质洪积褐土性土	2.4	175.77	336.11	286.44	800.72
两合土	235.15	1.65			236.8
泥质中性石质土	225.8	764.91	418.95		1 409.66
壤质潮褐土	44.05	47.47	10.64		102.16
壤质冲积湿潮土	21.94	2.86	1.49		26.29
壤质洪冲积淋溶褐土		61.79	150.67	0.01	212.47
壤质洪积潮土	323.12	64.3	11.89		399.31
壤质洪积褐土性土	89.86	312.07	94.95	2.58	499.46
壤质洪积湿潮土	0.1	6.38			6.48

（续表）

省土种名称	一级地	二级地	三级地	四级地	总计
石灰性红黏土	1.44	250.67	171.63		423.74
脱潮底砂小两合土	28.06	2.99			31.05
脱潮两合土	203.76	10.13			213.89
脱潮小两合土	146.68	27.45	0.06		174.19
小两合土	626.09	126.02	12.7		764.81
中层堆垫褐土性土	33.17	39.51	9.75		82.43
中层钙质粗骨土	0.47	9.43	46.64		56.54
中层钙质淋溶褐土		31.14	88.65		119.79
中层钙质棕壤	0.44	34.55	127.56		162.55
中层硅钾质淋溶褐土	5.04	62.42	356.99	17.15	441.6
中层硅钾质棕壤性土			3	38.63	41.63
中层硅铝质中性粗骨土	0.82	259.73	623.48	13.28	897.31
中层硅铝质棕壤	4.5	91.63	100.96		197.09
中层硅铝质棕壤性土	56.85	213.08	368.18	1.62	639.73
中层硅镁铁质褐土性土	127.9	369.79	167.96	1.08	666.73
中层硅镁铁质棕壤	6.5	132.44	160.32		299.26
中层硅镁铁质棕壤性土	0.59	82.8	657.03	87.98	828.4
中层硅质淋溶褐土			2.01	2.27	4.28
中层硅质棕壤	0.02	11.59	142.85	13.2	167.66
中层硅质棕壤性土		0.04	58.68	19.42	78.14
中层泥质淋溶褐土	11.06	60.03	127.52		198.61
中层泥质石灰性紫色土			69.03	25.84	94.87
中层砂泥质棕壤		0.59	340.66	4.17	345.42
中层砂泥质棕壤性土	0.03	35.04	490.58	107.32	632.97
总计	3 466.25	5 330.44	8 749.9	744.17	18 290.76

（续表）

第七十五章　耕地资源合理利用的对策与建议

栾川县通过耕地地力评价工作，全面摸清了全县耕地地力状况和质量水平，初步查清了栾川县在耕地管理和利用、生态环境建设等方面存在的问题。为了将耕地调查和评价成果及时指导农业生产，发挥科技推动作用，有针对性地解决当前农业生产管理中存在的问题，从耕地地力与改良利用、耕地资源合理配置与种植业结构调整、科学施肥、耕地质量管理等方面提出对策与建议。

第一节　利用方向略述

一、主要轮作施肥制度

小麦—玉米轮作施肥制度

1. 轮作方式

小麦—夏玉米（或间作豆类、花生）一年两熟制，高寒山区则多采用春玉米（间作马铃薯）一年一熟制。

2. 轮作周期中土壤养分动态与养分补给关系

小麦—夏玉米一年两熟制，土壤中有机质和全氮含量具有明显的阶段性变化。小麦播前大量施肥，加上秋冬地温下降，有机质分解较慢，有效养分释放可满足幼苗的需要，后期根系生长发育又为根系残留量的增长提供了物质基础。夏玉米生育期，由于气温较高，雨量充沛，土壤中好气微生物活跃，致使有机质迅速分解，养分大量释放，因此轮作周期结束，土壤养分呈现消耗状态，全磷在全周期均为消耗过程，仅在玉米生长期土壤有效磷有所积累，主要是施入土壤中的有机肥经过高温季节不断加速矿化的结果。

3. 轮作制中肥料的合理分配

（1）有机肥的分配。一年两熟制轮作周期中有机肥残留不足 20%，应该在小麦播种前重施粗肥掩底，秋作物施肥可以化肥为主；一年一熟区在春播前重施粗肥；由于栾川县耕地面积少，单独种植绿肥既困难也不现实，单播豆类的也很少，为减轻土壤消耗应注意恢复麦豆混作和玉米、豆子间、套、混作等方式。

（2）化肥的分配。由于轮作中作物的经济地位、前后茬口及化肥的增产效果不同，这就直接关系到如何分配使用化肥才能更好发挥化肥经济效益。一年两熟制轮作周期短，复种指数大，地力消耗多，夏玉米对养分的吸收量普遍大于投入，轮作周期结束时养分处于消耗状态，此种轮作制对氮肥依靠程度大，适当增施氮肥是夺取小麦、玉米双丰收的重要条件之一，氮肥施用重点应放在夏玉米等秋作物上，因为夏季抢种抢收，季节性强，加上有时天气不好，多数情况下来不及施用粗肥；其次，秋作物生长季节水热条件好，生长周期短，吸肥集中，及时满足秋作物对氮素的需要是争取秋季丰收的关键。栾川县有些地方在施肥上有重夏轻秋的偏向，应引起注意。关于磷肥的合理分配问题，一般认为小麦对磷素敏感，增产显著，习惯把磷肥用作小麦基肥，玉米利用后效。个别认为小麦吸收磷素能力弱，生长期又长，怕磷肥施于小麦引起固定，影响下茬秋作物吸收。

二、利用方向略述

（一）全面开发利用土壤资源

鉴于本县荒山、荒坡面积大、耕地面积小的特点，从长计议，必须在保证粮食稳步增长的同时，突出抓好林、牧业生产，综合开发利用土壤资源。

（二）切实搞好水土保持

在总结群众多年植树种草、封山育林、修造梯田等典型经验的基础上，以小流域为单位全面规划，综合治理，重点抓好生物、工程、耕作施肥 3 大措施，从改变生态环境入手，做好水土保持工作。

（三）抓住关键措施，不断培养地力

有机肥养分全、肥效长，能明显改善土壤结构和理化性质；化肥养分含量高、肥效快；两者配合施用，可缓急相济、取长补短，满足作物各生育期对养分不同的需要。积极发展畜牧业，稳步推进沼气建设，搞好厕所、猪圈等基本建设，搞好人畜粪便的积制、施用和作物秸秆还田，增加有机肥源。

（四）搞好旱地农业区开发

栾川县旱地农业区面积大、增产潜力大，但生产上存在的问题也多。除继续做好产业结构调整外，还要突出抓好抗旱防旱技术措施的推广，并针对本区土壤干旱瘠薄的特点，在种植业内部适当扩大耐旱、耐瘠作物如红薯、花生、谷子等耐旱作物的种植比例，推广深耕、镇压、耙糖等抗旱防旱措施，注重优良抗旱作物品种的引进推广。

（五）搞好集约经营

河川区抓好集约经营，做到科学技术集约、投资集约与劳务集约。在总结当地群众经验的同时，积极引进新经验、新技术，以提高效益。

第二节　耕地地力建设与土壤改良利用

一、东北部丘陵经粮区

（一）加强以水土保持为中心的农田水利基本建设

平整土地搞好坡地水平梯田，防止地面径流，达到水不出田，蓄住天上水，拦住地面径流。有条件的地方修建集雨水窖。

（二）加强以水土保持为中心的农田水利基本建设

对有水源条件的地方，可打井开发地下水资源、发展井灌，改进灌溉技术，发展喷灌、滴灌，千方百计扩大水浇地面积。

（三）走有机旱作农业道路

本区水资源有限，70%~80%耕地还是旱作农业，要采取综合措施，推广有机农业旱作技术，在增施有机肥，加深耕层的同时，扩种耐旱作物和耐旱品种，喷打抗旱药剂，推广地膜覆盖和覆盖秸秆、麦糠等旱作技术。

（四）增施肥料，搞好配方施肥

该区土壤养分化验结果显示，速效钾、缓效钾在全市属低水平，其他养分含量也较低。除有土壤母质原因外，灌溉无保证、粮食靠天收、农民在化肥上投入少也是一方面因素。建议要加大化肥特别是配方肥的使用，增施磷钾肥。

（五）广开有机肥源

广开有机肥源，推广绿肥掩底，发展畜牧业、沼气业，开展秸秆还田，增施有机肥料，提高地力。

（六）陡坡耕地还林还牧

坡度大于25°的耕地，退耕还林还牧。

二、伊河川褐土潮土粮菜区

（一）进一步培肥地力

虽然本区耕地在栾川县属最肥沃的一个区，但由于本区人多地少，复种指数高，土壤产出量大，若不注意培肥，肥力很快就会下降。所以仍要重视增施有机肥，提倡小麦、玉米秸秆还田，提高潜在肥力，在化肥施用中要注意氮磷钾科学配比，大中微量元素科学配比，协调耕地土壤养分。

（二）进一步改善水利条件

应加强对现有水利设施进行完善，搞好配套。对河灌区要进一步加大输水管网敷设力度，扩大灌溉面积。无灌溉条件的河滩地，要新打配套机电井。搞好排涝设施建设，实现耕地旱涝保收。

（三）改革种植制度，提高对光能和耕地的利用率

根据本区人均耕地少，耕地肥沃的有利条件，进一步改革种植制度，变一年两熟为一年多熟，在继续实行麦套玉米的基础上，进一步推广麦瓜菜等一年多熟制，积极发展温室塑料大棚，实行立体种植，充分利用地力和光能，提高光能增值能力。

（四）提高科学种田水平

普及配方施肥技术，降低化肥用量。通过测土、配方，生产不同作物专用肥供农民施用，防止化肥的过量施用，把科学施肥落到实处。

（五）扩大深耕面积

对长期免耕播种的田块定期深耕，改善土壤理化结构。

三、北部中低山林土牧果品区

（一）退耕还林牧

对于坡度25°以上的耕地，要逐步退耕还林、还牧，以林果为主，林灌草相结合，林木以松、柏、槐树、栎树为主、山坡上种植连翘。果树以核桃、柿子为主，建立土特产基地。

（二）采取有效措施减少水土流失

改善耕地生态环境，对坡度小于10°的耕地，利用冬闲维修田埂，对坡度大于10°的搞水平梯田，减少水、土、肥流失，提高耕地保水、保肥、保土能力。

（三）采取综合措施减轻旱灾危害

千方百计用好水资源，以蓄为主，加深耕层，增施有机肥，扩大秸秆还田量，提高耕地纳雨保墒能力；拦住径流水，修筑蓄水池，蓄住天上水，提高降水利用率。

（四）发展旱作农业

走有机旱作农业道路，在抓好增施有机肥，加深耕层的同时，改革种植制度，扩种养地作物，推广抗旱作物和抗旱品种、地膜覆盖技术，改一年两熟为两年三熟，降低复种指数，减少耕地负荷。

（五）狠抓培肥地力

除增施有机肥和秸秆还田，降地复种指数，扩种养地作物外，要大力推广测土配方施肥，协调土壤养分，提高土壤肥力。

第三节　平衡施肥对策与建议

平衡施肥就是根据作物对各种营养成分的需求，以及土壤自身向作物提供各种养分的能力，来配置施用肥料的种类和数量。实行平衡施肥，可解决目前施肥中存在的问题，减少因施肥不当而带来的不利影响，是发展高产、高效、优质农业的保证，可减少化肥使用量，提高肥料利用率，增加农产品产量，改善农产品品质，改良环境，具有明显的经济、社会和生态效益。

一、施肥中存在的主要问题

（一）有机肥施用量少

部分群众重视化肥轻视有机肥，有机肥与无机肥失衡，少数钾肥施用不足。

（二）肥料品种结构不合理

施肥品种结构不合理，重视氮肥、轻视磷钾肥及微量元素，不重视营养的全面性。

（三）肥料配比比例不合理

部分农户年化肥使用量，折合纯 N 30kg，P_2O_5 4.5kg，K_2O 2.5kg，N：P_2O_5：K_2O 为 1：0.14：0.08，氮肥施量偏大，氮磷钾比例不协调。特别是部分蔬菜田，施肥用量盲目偏高，大量使用有机肥和化肥，有的是粮田的 3~4 倍，造成资源浪费和环境污染。

（四）施肥方法不科学

有的群众图省事，尿素、复合肥撒施不掩埋、肥料利用率低。

（五）对配方肥认识低

部分群众不会熟练应用测土结果，影响配方肥使用面积。

二、施肥不当的危害

（一）生产成本加大

施肥不合理影响到经济效益。化肥用量少、比例不协调，作物产量上不去，经济效益低。用量过大，盲目偏施会造成投入增大，甚至产量降低，也影响经济效益的提高。

（二）农产品品质降低

施肥不合理，各种养分不平衡，影响产品的外观和内在品质。

（三）不利于土壤培肥

施肥不当，造成土壤养分比例不协调，进而影响土壤的综合肥力。

（四）对环境造成不良影响

过量施用氮肥，会造成地下水硝态氮的积累，不但影响水质，而且污染环境。

三、平衡施肥的对策和建议

（一）普及平衡施肥知识，提高广大农民科学施肥水平

增加技术人员的培训力度，搞好农民技术培训，把科技培训作为一项重要工作来抓，提高广大农民科学种田水平。

（二）加大宣传力度

技术人员深入基层把技术宣传到千家万户，给农民提出合理、操作性方便的施肥配方。

（三）扶持一批种粮大户

扩大取土化验数量，重点扶持一批种粮大户，真正实现测土施肥。

（四）加强配方施肥应用系统建设

在施肥试验基础上，加强配方施肥应用系统的硬件建设和软件开发，建立全市不同土壤类型的科学施肥数据库，指导农民科学施肥。

（五）推广分次施肥技术

在高产田、超高产田地区重点推广配方施肥、分次施肥，提高肥料利用率。

（六）政策上加大对有机肥利用的支持力度

建议政府在政策和资金上支持有关农作物秸秆还田推广工作，增施有机肥和微肥。

第四节　耕地质量管理建议

栾川由于人多地少耕地资源匮乏，要想获得更多的产量和效益，提高粮食综合生产能力，实现农业可持续发展，就必须提高耕地质量，依法进行耕地质量管理。

一、建立依法管理耕地质量的体制

（一）与时俱进完善家庭承包经营体制，逐步发展耕地规模经营

以耕地为基本生产资料的家庭联产承包经营体制，在农村已经实施20多年。实践证明，家庭联产经营体制不但是促进农村生产力发展，稳定社会基本政策，也是耕地质量得以有效保护的前提。农民注重耕地保养和投入，避免了耕地掠夺经营行为。当前，要坚持党在农村的基本政策，长期稳定并不断完善以家庭承包为基础充分结合的双层经营体制。有条件的地方可按照依法、自愿，有偿的原则进行土地经营权流转，逐步发展规模经营。土地规模经营有利于耕地质量保护、技术的推广和质量保护法规的实施。

（二）执行并完善耕地质量管理法规

依法管理耕地质量，首先要执行国家和地方颁布的法规，严格依照《土地法》管理。国务院颁布的《基本农田保护条例》中，关于耕地质量保护的条款，对已造成耕地严重污染和耕地质量严重恶化的违法行为，通过司法程序进行处罚。其次，根据栾川县社会和自然条件制定耕地质量保护地方性法规，以弥补上述法规注重耕地数量保护、忽视质量保护的不足。在耕地质量保护地方法规中，要规定耕地承包者和耕地流转的使用者，对保护耕地质量应承担的责任和义务，各级政府和耕地所有者

保护耕地质量的职责，以及对于造成耕地质量恶化的违法行为的惩处等条款。

（三）　要建立耕地质量定点定期监测体系、加强农田质量预警制度

利用地力评价成果加强地块档案建设，由专门人员定期进行化验、监测，并提出改良意见，确保耕地质量，促进农业生产。

（四）　制定保护耕地质量的鼓励政策

县、乡镇政府应制定政策，鼓励农民保护并提高耕地质量的积极性。例如，对于实施绿色食品和无公害食品生产成绩突出的农户、利用作物秸秆和工业废弃物（不含污染物质）生产合格有机肥的生产者、举报并制止破坏耕地质量违法行为的人给予名誉和物质奖励。

（五）　对免耕播种法进行深入研究

研究免耕对土壤结构、病虫发生的影响，研究免耕与深耕合理的交替时间。

（六）　加大对耕地肥料投入的质量管理，防止工业废弃物对农田的危害

农业行政执法部门加强肥料市场监管，严禁无证无照产品进入市场，对假冒伪劣产品加强抽查化验力度，保护农民利益。

（七）　推广农业标准化生产

实施农业标准化生产可以规范农民的栽培措施，避免不正确的农事行为对耕地质量带来危害，国家农业部和河南省已经分别颁布了部分作物标准化生产的行业标准和地方标准，这些标准应该首先在县、乡级农业示范园、绿色食品和无公害食品生产基地实施，取得经验后逐步推广。

（八）　调整农业和农村经济结构

调整农业和农村经济结构，应遵循可持续发展原则，以土地适应性为主要因素，决定其利用途径和方法，使土地利用结构比例合理，才能实现经济发展与土壤环境改善的统一。对开垦的耕地坡度较大于25°以上，应退耕还林。在确保粮食种植的前提下发展多种经营。

二、扩大绿色食品和无公害农产品生产规模

扩大绿色食品和无公害农产品生产符合农业发展方向，它使生产利益的取向与保护耕地质量及其环境的目的达到了统一。目前，分户经营模式与绿色食品、无公害农产品规模化经营要求的矛盾十分突出，解决矛盾的方法就是发展规模经营，建立龙头企业的绿色食品集约化生产基地，实行标准化生产。

三、加强农业技术培训

结合"绿色证书制度""跨世纪培训工程"及"科技入户工程"，制订中长期农业技术培训计划，对农民进行较系统的培训。完善县乡级农技推广体系，发挥市乡镇农技推广队伍的作用，利用建立示范户（田）、办培训班、电视讲座等形式进行实用技术培训。加强科技宣传，提高农民科技水平和科技意识。

第十二篇　洛阳市主要粮食作物适宜性评价

第七十六章　洛阳市小麦适宜性评价

第一节　洛阳市小麦生产概况

洛阳市小麦种植已有3 000多年历史，近年来播种面积在368万亩左右，其中灌溉类型麦区麦田面积139.6万亩，丘陵旱作类型麦区麦田面积191.1万亩，山地寒冷类型麦区麦田面积37.3万亩。新中国成立前洛阳市小麦产量一直很低。1949年全市平均单产仅有48kg，50年代平均单产70kg，60年代中期达到80kg，70年代初期单产突破100kg，总产达到59.11万t。进入80年代，农村普遍实行了承包经营责任制，促进了小麦生产迅速发展，1984年全市小麦平均单产达204kg，总产68.9万t。90年代初，洛阳开展了小麦高产技术开发，1990年小麦平均单产213kg，总产达到76.06万t，跨入中产行列。1997年全市小麦平均单产达到了293.2kg，总产首次突破100万t大关。2000年以后，落实结构调优，推广强筋优质小麦，2003年推广强筋优质小麦面积103万亩。2004年党中央通过"一号文件"，取消农业税，实施种粮补贴，洛阳市小麦得到持续稳步发展。2003—2012年，全市小麦连续10年产量稳定在100万t以上，2006年小麦单产突破300kg大关，总产110.95万t，2012年小麦平均单产296kg，总产达到112.5万t，创历史最高水平。

洛阳市小麦育种硕果累累，通过国审、省审小麦品种有豫麦18、偃展4110、洛旱6号、洛旱10号、洛麦22、洛麦24等30多个，其中国审小麦品种10个、省定旱地小麦品种12个，高肥小麦品种8个。在小麦生产上先后推广了晒旱地蓄水保墒技术、抗旱播种应变技术、小麦沟播应用技术、小麦地膜覆盖栽培技术、优质小麦"氮肥后移"技术、测土配方施肥技术、免耕播种技术、超高产创建综合栽培技术等。

第二节　小麦适宜性评价资料收集

按照《全国测土配方施肥技术规范》的要求，参照《耕地地力评价指南》，根据小麦适宜性评价的需要，进行了基础及专题图件资料、耕地土壤属性及养分含量等相关资料的收集工作。

一、基础及专题图件资料

（1）洛阳市土壤图（比例尺1∶5万，洛阳市农业局、洛阳市土壤普查办公室），洛阳市农业技术推广站提供。

（2）洛阳市土地利用现状图（比例尺1∶5万，洛阳市土地管理局绘制），洛阳市国土资源管理局提供。

洛阳市地形图（比例尺1∶5万，解放军总参谋部测绘局绘制），洛阳市农业技术推广站提供。

（4）洛阳市行政区划图（比例尺1∶5万，洛阳市民政局绘制），洛阳市民政局提供。

二、耕地土壤属性及养分含量资料

（1）土壤属性数据：洛阳市第二次土壤普查和各县市区测土配方施肥补贴项目2005—2011年度调查资料。

（2）土壤养分：包括有机质、全氮、有效磷、速效钾、缓效钾等大量元素养分含量，有效铜、铁、锰、锌、硼、钼、硫等中微量养分含量以及pH值等（2005—2011年洛阳市测土配方施肥补贴项目检测资料）。

三、软件准备

洛阳市小麦适宜性评价以农业部耕地资源信息管理系统 4.0 版为平台，在洛阳市耕地地力评价相关成果、数字化图件的基础上（电子版的洛阳市土壤图、洛阳市耕地资源利用现状图、洛阳市行政区划图）进行。

四、其他相关资料收集

（1）洛阳市概况（洛阳市县志编纂委员会编制），洛阳市农业技术推广站提供。

（2）洛阳市综合农业区划（洛阳市农业区划委员会办公室编制），洛阳市农业技术推广站提供。

（3）洛阳市农业志（洛阳市农业局编制），洛阳市农业技术推广站提供。

（4）洛阳市水资源调查分析和水利化区划报告（洛阳市农业区划委员会水利组编制），洛阳市水利局提供。

（5）洛阳市土壤（洛阳市土壤普查办公室编制），洛阳市农业技术推广站提供。

（6）洛阳市 2009 年、2010 年、2011 统计年鉴，洛阳市统计局提供。

（7）洛阳市 2009 年、2010 年、2011 年气象资料，洛阳市气象局提供。

（8）洛阳市各县（市）2005—2011 年测土配方施肥项目技术资料，各县（市）提供。

第三节　评价指标体系的建立及其权重确定

综合《测土配方施肥技术规范》《耕地地力评价指南》和"县域耕地资源管理信息系统 3.0"的技术规定与要求，我们选取评价指标并确定各指标的权重、确定各评价指标的隶属度，建立小麦适应性评价指标体系。

一、选取评价指标

遵循重要性、差异性、稳定性、独立性和易获取性原则，结合洛阳市小麦生产实际、农业生产自然条件和耕地土壤特征，由河南省土肥站、河南农大的专家和洛阳市各县（市、区）农林水机等相关方面的技术人员组成专家组对指标进行分类，在此基础上进行指标的选取。经过反复筛选，共选出 3 大类 7 项指标，分别为：立地条件包括地貌类型、灌溉保证率；剖面性状包括土壤剖面、质地；耕层理化性状包括速效钾、有效磷、有机质。

二、指标权重的确定

在选取的小麦适应性评价指标中，各指标对耕地质量高低的影响程度是不相同的，因此我们结合专家意见，采用层次分析方法，合理确定各评价指标的权重。

（一）建立层次结构

小麦适宜性评价为目标层（G 层），影响小麦生长适宜性的土壤立地条件、剖面性状、耕层理化为准则层（C 层），再把影响准则层中各元素的项目作为指标层（A 层），其结构关系如图 76-1 所示。

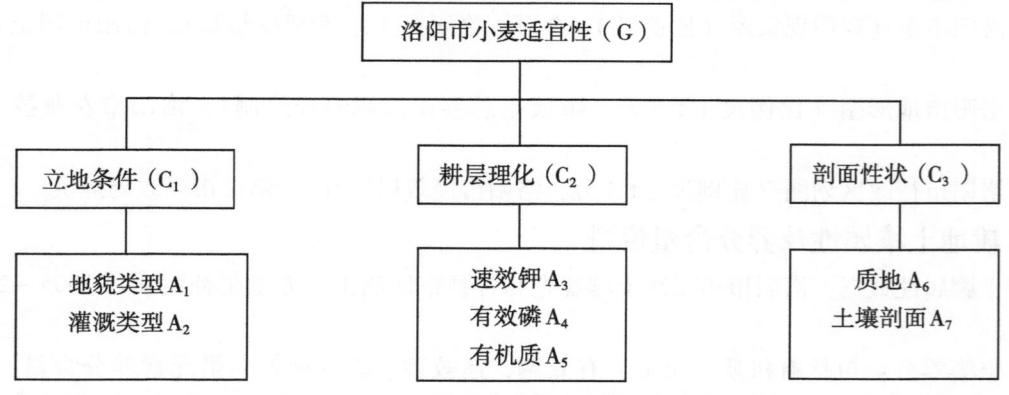

图 76-1　小麦适宜性评价影响因素层次结构

（二）构造判断矩阵

采用专家评估法，比较同一层次各因素对上一层次的相对重要性，给出数量化的评估。专家评估的初步结果经合适的数学处理后（包括实际计算的最终结果—组合权重）反馈给专家，请专家重新修改或确认。经多轮反复形成最终的判断矩阵。

根据专家经验，确定 C 层对 G 层、A 层对 C 层以及 A 层之间的相对重要程度，构成 C_1、C_2、C_3 共 3 个判断矩阵（表76-1至表76-4）。判别矩阵中标度的含义见表76-5。

表76-1 目标层 G 判断矩阵

ryy	立地条件	耕层理化	剖面性状	Wi
立地条件	1.0000	1.7500	0.7778	0.3500
耕层理化	0.5714	1.0000	0.4444	0.2000
剖面性状	1.2857	2.2500	1.0000	0.4500

表76-2 立地条件（C_1）判断矩阵

立地条件	地貌类型	灌溉类型	Wi
地貌类型	1.0000	0.2500	0.2000
灌溉类型	4.0000	1.0000	0.8000

表76-3 耕层理化（C_2）判断矩阵

耕层理化	速效钾	有效磷	有机质	Wi
速效钾	1.0000	0.5476	0.6571	0.2300
有效磷	1.8261	1.0000	1.2000	0.4200
有机质	1.5217	0.8333	1.0000	0.3500

表76-4 剖面性状（C_3）判断矩阵

剖面性状	质地	土壤剖面	Wi
质地	1.0000	0.4286	0.3000
土壤剖面	2.3333	1.0000	0.7000

表76-5 判断矩阵标度及其含义

标度	含义
1	表示两个因素相比，具有同样重要性
3	表示两个因素相比，一个因素比另一个因素稍微重要
5	表示两个因素相比，一个因素比另一个因素明显重要
7	表示两个因素相比，一个因素比另一个因素强烈重要
9	表示两个因素相比，一个因素比另一个因素极端重要
2、4、6、8	上述两相邻判断的中值
倒数	因素 i 与 j 比较得判断 b_{ij}，则因素 j 与 i 比较的判断 $b_{ji}=1/b_{ij}$

（三）层次单排序及一致性检验

建立比较矩阵后，求出各个因素的权值，采取的方法是用和积法计算出各矩阵的最大特征根 λ_{max} 及其对应的特征向量 W，得到的各权数值及一致性检验的结果（表76-6），并用 $CR = CI / RI$ 进行一致性检验。从表76-6 中可以看出，$CR=CI/RI<0.1$，具有很好的一致性。

表76-6 权数值一致性检验结果

矩阵	特征向量			λ_{max}	CI	CR
G	0.4486	0.3329	0.2186	3.0000	0	0
C_1	0.4729	0.3200	0.2071	2.0000	0	0
C_2	0.4743	0.2914	0.2343	3.0000	0	0
C_3	0.5914	0.4086		2.0000	0	0

（四）层次总排序及一致性检验

计算同一层次所有因素对于最高层相对重要性的排序权值，称为层次总排序，这一过程是最高层次到最低层次逐层进行的。层次总排序的结果见表76-7。

表76-7 层次总排序

层次 C 层次 A	立地条件 0.35	耕层理化 0.2	剖面性状 0.45	组合权重
灌溉保证率	0.8			0.28
地貌类型	0.2			0.07
速效钾		0.23		0.046
有效磷		0.42		0.084
有机质		0.35		0.07
质地			0.3	0.135
土壤剖面			0.7	0.315

经层次总排序，并进行一致性检验，结果为 $CI=0.000$，$RI=0.000$，$CR=CI/RI=0.0000<0.1$，认为层次总排序结果具有满意的一致性，否则需要重新调整判断矩阵的元素取值，最后计算得到各因子的权重见表76-8。

表76-8 各因子的权重

指标名称	地貌类型	灌溉类型	速效钾	有效磷	有机质	质地	土壤剖面
指标权重	0.0700	0.2800	0.0460	0.0840	0.0700	0.1350	0.3150

第四节　小麦评价指标的隶属度

评价因子对小麦适宜性的影响程度是一个模糊性概念问题，我们采用模糊数学的理论和方法进行描述。隶属度是评价因素的观测值符合该模糊性的程度（即某评价因子在某观测值时对小麦适宜性生长的影响程度），完全符合时隶属度为1，完全不符合时隶属度为0，部分符合时隶属度为0~1的任一数值。指标隶属度的确定从指标的特性、所用评价方法、专业知识3个方面进行综合考虑。

依据小麦适宜性评价体系中各个因素与耕地生产能力的关系，可以分定量和定性2大类。洛阳市小麦适宜性评价选定的评价指标共有7个，分别是灌溉类型、地貌类型、土壤剖面、质地、有机质、有效磷、速效钾。其中把灌溉类型、地貌类型、土壤剖面、质地划分为定性因子，把有机质、有效磷、速效钾划分为定量因子。

一、定性因子的量化处理

对灌溉类型、地貌类型、质地、土壤剖面等概念型定性因子采用专家打分法，经过归纳、反馈、逐步收缩、集中，最后产生获得相应的隶属度。其中土壤剖面指从地表到母质的垂直断面，为复合型指标，对洛阳市地力影响较大的有障碍层、石质接触（有效土层厚度）、质地构型、水型（潜育层位置，判断水稻土肥力好坏的一个重要指标）等 4 项。洛阳市小麦适宜性评价指标灌溉类型、地貌类型、质地、土壤剖面的隶属度见表 76-9 至表 76-15。

表 76-9　灌溉类型及其隶属度专家评估

指标值	保灌	能灌	可灌	无灌
隶属度	1	0.75	0.55	0.17

表 76-10　地貌类型及其隶属度专家评估

指标	河谷平原	倾斜的洪积（山麓冲积）平原	黄土塬	黄土平梁	黄土丘陵	泛滥平坦地
隶属度	1	0.95	0.92	0.85	0.8	0.78
指标	黄河滩地	早期堆积台地	高丘陵	小起伏低山（黄土低山）	小起伏中山	小起伏低山（侵蚀剥削）
隶属度	0.75	0.6	0.57	0.55	0.5	0.45
指标	中起伏低山	中起伏中山	大起伏中山	基岩高台地	小起伏低山（溶蚀侵蚀）	
隶属度	0.42	0.35	0.3	0.2	0.15	

表 76-11　质地分类及其隶属度专家评估

指标	中壤土	重壤土	轻壤土	轻黏土	砂壤土	紧砂土
隶属度	1	0.9	0.8	0.6	0.5	0.2

表 76-12　障碍层量化及其隶属度专家评估

指标 cm	深位		浅位	
	薄层	厚层	薄层	厚层
黏盘层	0.8	0.7	0.5	0.3
砂姜层	0.8	0.7	0.4	0.2
砾石层	0.7	0.6	0.3	0.1

表 76-13　石质接触（有效土层厚度）及其隶属度专家评估

指标	≥100	≥50，<100	≥40，<50	≥30，<40	≥20，<30	<20
隶属度	1	0.97	0.6	0.4	0.2	0.1

表 76-14　质地构型分类及其隶属度专家评估

质地构型	底砂中壤	夹壤砂土	均质轻壤	均质砂壤	均质中壤	均质重壤	壤底黏土
隶属度	0.7	0.4	0.85	0.35	0.95	1	0.85
质地构型	壤身砂壤	壤身重壤	砂底轻壤	砂底重壤	体砂中壤	腰砂轻壤	腰砂中壤
隶属度	0.75	0.9	0.5	0.8	0.5	0.45	0.6

表 76-15　水型分类及其隶属度专家评估

水型	无	深位	浅位
隶属度	1	0.5	0.2

二、定量因子的隶属度

对有机质、有效磷、速效钾理化性状等定量因子，则根据洛阳市有机质、有效磷、速效钾的空间分布范围及养分含量级别，结合肥料试验获取的数据，由专家划段给出相应的分值，然后在计算机中绘制这两组数值的散点图，再根据散点图进行曲线模拟，寻求参评因素实际值与隶属度关系方程，从而建立起定量因子的隶属度（表76-16）。

表76-16　洛阳市参评定量因子的隶属度

速效钾 （mg/kg）	含量	>200	170.1~200	150.1~170	130.1~150	≤130
	隶属度	1	0.9	0.7	0.5	0.4
有效磷 （mg/kg）	含量	>40.0	20.1~40.0	15.1~20.0	10.1~15.0	≤10.0
	隶属度	1	0.9	0.8	0.7	0.5
有机质 （g/kg）	含量	>30	20.1~30	17.1~20	15.1~17	≤15
	隶属度	1	0.9	0.7	0.5	0.3

以有机质为例，其隶属函数拟合曲线见图76-2。

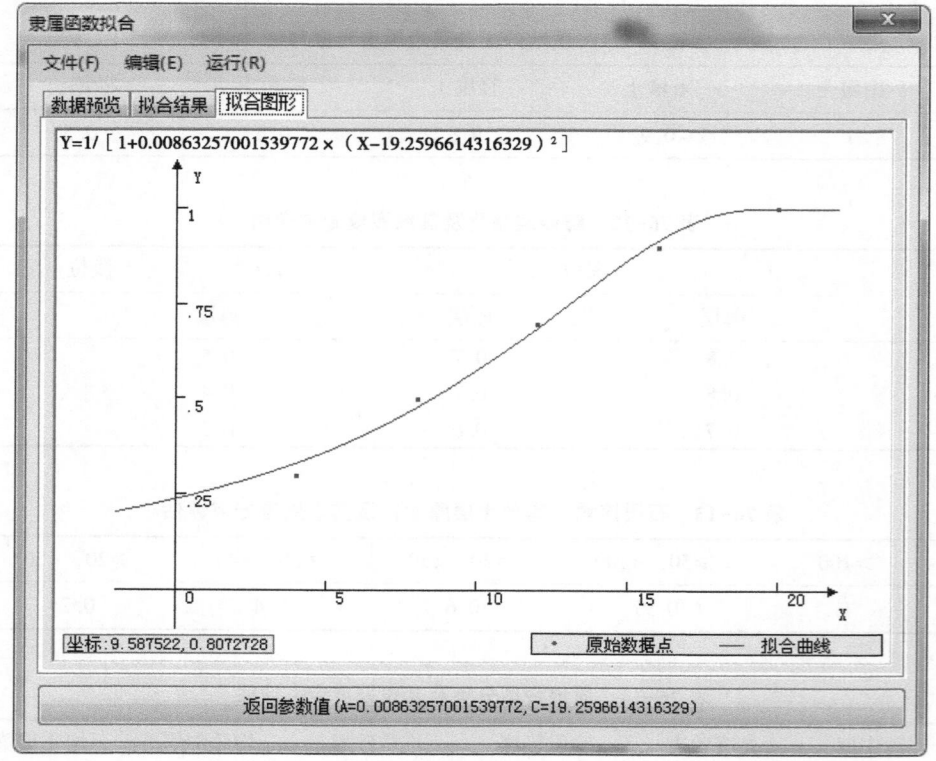

图76-2　有机质隶属函数拟合曲线图

其隶属函数为戒上型，形式为：

$$y=\begin{cases} 0, & x \leqslant x_t \\ 1 / \left[1 + A \times (x - C)^2 \right] & x_t < x < c \\ 1, & c \leqslant x \end{cases}$$

各参评因素类型及其隶属函数见表76-17。

表 76-17　洛阳市参评因子类型及隶属函数

函数类型	参评因素	隶属函数	a 值	c 值	相关系数
戒上型	有机质（g/kg）	$y = 1/[1 + a \times (u-c)^2]$	0.008633	19.259661	0.973
戒上型	有效磷（mg/kg）	$y = 1/[1 + a \times (u-c)^2]$	0.003186	23.818093	0.940
戒上型	速效钾（mg/kg）	$y = 1/[1 + a \times (u-c)^2]$	0.000060	204.596745	0.998

第五节　小麦的最佳适宜等级

　　根据综合指数的变化规律，在耕地资源管理系统中我们采用累积曲线分级法进行评价，根据曲线斜率的突变点（拐点）来确定等级的数目和划分综合指数的临界点，将洛阳市小麦适宜性评价共划分为四级，各等级综合指数见表 76-18、图 76-3。

表 76-18　洛阳市小麦适应性评价等级综合指数

小麦适应性等级	高度适宜	适宜	勉强适宜	不适宜
IFI	0.8950~1.0000	0.6600~0.8950	0.5200~0.6600	0.0000~0.5200

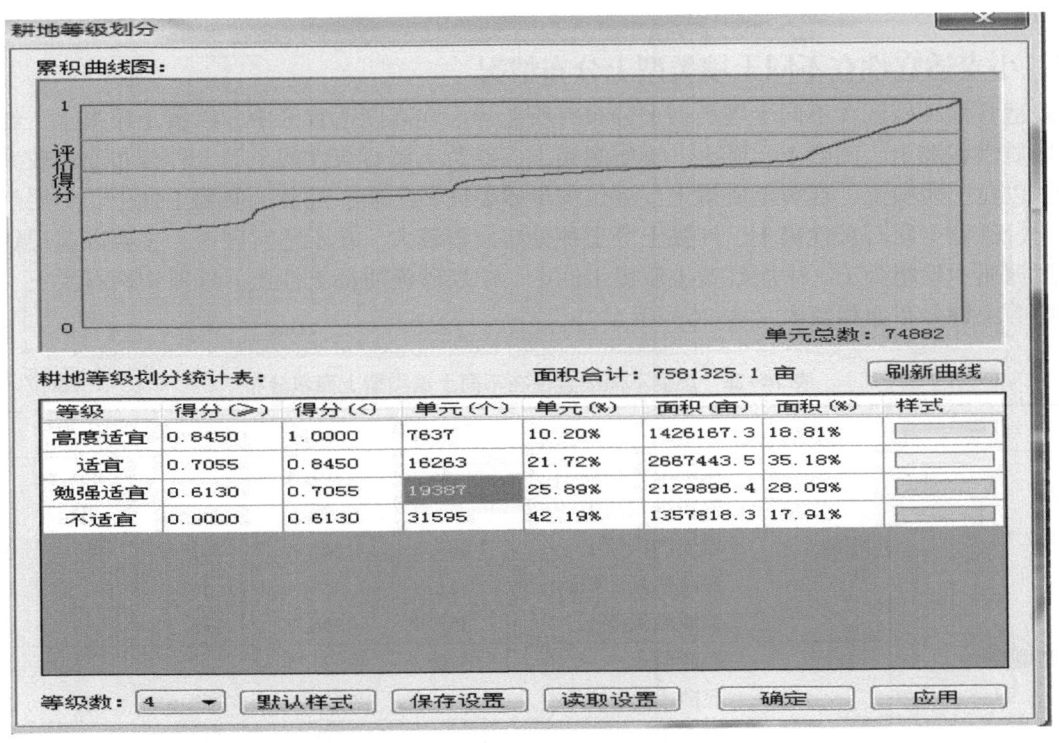

图 76-3　洛阳市小麦耕地适宜性等级划分图

第六节　小麦适宜性评价结果

　　根据评价结果，洛阳市耕地 433 561.1 hm²，其中小麦高度适宜种植区 80 387.1 hm²，占 18.5%；小麦适宜种植区 152 072.6 hm²，占 35.1%；小麦勉强适宜种植区 121 282.2 hm²，占 28.0%；小麦不适宜种植区 79 819.1 hm²，占 18.4%。

一、小麦适宜性各县（市）分布

　　在各县（市）中，高度适宜小麦种植区中偃师市、伊川县较大，栾川县几乎没有；适宜种植区中宜阳县面积最大，栾川县面积最小；勉强适宜种植区中洛宁县面积最大，汝阳县面积最小；在不适宜种植区中嵩县面积最大，孟津县面积最小（表76-19）。

表76-19　洛阳市各县市小麦适宜性分区面积　　　　单位：hm²、%

县市	高度适宜	占全市耕地面积的比例（%）	适宜	占全市耕地面积的比例（%）	勉强适宜	占全市耕地面积的比例（%）	不适宜	占全市耕地面积的比例（%）	总计
栾川县	173.7	0	2 489.7	0.6	4 257.3	1	11 910.1	2.7	18 830.7
洛宁县	5 999.6	1.4	13 983.2	3.2	35 970.4	8.3	2 321.2	0.5	58 274.4
孟津县	10 511.7	2.4	20 183.3	4.7	8 681.7	2	1 518.2	0.4	40 894.9
汝阳县	5 562.1	1.3	10 138.6	2.3	2 944.8	0.7	13 494.3	3.1	32 139.8
嵩县	11 022.8	2.5	8 492.6	2	12 314	2.8	16 059.5	3.7	47 888.9
新安县	2 977.1	0.7	21 575.1	5	19 089.5	4.4	5 875.3	1.4	49 517.1
偃师市	19 773.5	4.6	20 832.2	4.8	4 826.8	1.1	5 365.5	1.2	50 797.9
伊川县	13 192.6	3.0	19 465	4.5	18 911	4.4	12 020.2	2.8	63 588.8
宜阳县	11 174	2.6	34 913	8.1	14 286.8	3.3	11 254.8	2.6	71 628.5
总计	80 387.1	18.5	152 072.6	35.1	121 282.2	28	79 819.1	18.4	433 561.1

二、小麦适宜性在不同土壤类型上分布情况

小麦适宜性种植区在不同土壤类型上分布有所差异。在高度适宜区中，以黄土质褐土、红黄土质褐土、壤质洪积潮土、两合土、淤土、壤质潮褐土、红黄土质石灰性褐土等土种分布面积较大。在适宜区中，以黄土质褐土、红黄土质褐土、浅位少量砂姜红黄土质、红黄土质褐土性土、中层红黄土质褐土性土、红黄土质石灰性褐土、红黏土等土种分布面积较大。在不适宜区中，主要以薄层钙质粗骨土、薄层泥质中性粗骨土、中层红黄土质褐土性土、中层砂泥质褐土性土、硅质中性石质土、中层硅铝质棕壤等土种分布面积较大（表76-20）。

表76-20　小麦不同适宜性在不同土壤类型上面积分布　　　　单位：hm²

土类	亚类	土属	土种	高度适宜	适宜	勉强适宜	不适宜	总计
潮土	典型潮土	洪积潮土	底砾层洪积潮土	90.7	101.4		264.6	456.7
			砾质洪积潮土				25.2	25.2
			壤质洪积潮土	3 683.8	1 365.8	521.1		5 570.7
			深位钙盘洪积潮土	51.8				51.8
			黏质洪积潮土	458.4	256.7	238.5		953.6
		石灰性潮壤土	底砂两合土	570.7	31.5		6	608.2
			底砂小两合土		952	250.6	413.7	1 616.4
			两合土	4 221	288.8	247.8		4 757.6
			浅位厚砂两合土	66.5	958.5			1 025
			浅位砂两合土		428.1			428.1
			浅位砂小两合土		212.5			212.5
			小两合土	75.6	3 425.3	3.3	920.7	4 424.9

续表76-20（1）　洛阳市各土种上小麦适宜性分区面积　　　　单位：hm²

土类	亚类	土属	土种	高度适宜	适宜	勉强适宜	不适宜	总计
潮土	典型潮土	石灰性潮砂土	底砾砂壤土				61.9	61.9
			浅位壤砂质潮土				45.7	45.7
			砂质潮土		58.3	435.8	91.8	585.8

（续表）

土类	亚类	土属	土种	高度适宜	适宜	勉强适宜	不适宜	总计
潮土	典型潮土	石灰性潮黏土	底砂淤土	41.4	8.2	19.1		68.6
			浅位厚壤淤土	40.2				40.2
			浅位砂淤土	48.2	0.3			48.5
			淤土	4 396.4	17.7	214.7		4 628.8
	灌淤潮土	淤潮黏土	薄层黏质灌淤潮土	148.3				148.3
			厚层黏质灌淤潮土	571.9	15.6			587.5
	灰潮土	灰潮黏土	洪积灰砂土			0.4	104.8	105.2
			洪积两合土	124.5	0.3	220		344.8
	湿潮土	湿潮壤土	壤质冲积湿潮土	181.3		14.2		195.5
			壤质洪积湿潮土	1 581.5	142.5	276.8		2 000.8
		湿潮砂土	砂质洪积湿潮土			150.2	29.4	179.6
		湿潮黏土	底砾层冲积湿潮土	934.4	0.2	96.6		1 031.1
			黏质冲积湿潮土	476.9	121.6	104.2		702.7
			黏质洪积湿潮土	63.4		305.9		369.2
	脱潮土	脱潮壤土	脱潮底砂小两合土				32.2	32.2
			脱潮两合土	390.9	339	208.6		938.5
			脱潮小两合土	64.4	17.2	112.2	28.9	222.7

续表 76-20（2）　洛阳市各土种上小麦适宜性分区面积　　　　　单位：hm²

土类	亚类	土属	土种	高度适宜	适宜	勉强适宜	不适宜	总计
粗骨土	钙质粗骨土	灰泥质钙质粗骨土	薄层钙质粗骨土		23.6	507.3	4 401.6	4 932.6
	中性粗骨土	暗泥质中性粗骨土	薄层硅钾质中性粗骨土		19	54.3	4 391	4 464.3
			薄层硅镁铁质中性粗骨土		274.4	997.3	1 428.3	2 700
			厚层硅镁铁质中性粗骨土	8.6		31.4		40
			中层硅镁铁质中性粗骨土	95.3	537.4	0.8	417.6	1 051.1
		硅质中性粗骨土	中层硅质粗骨土		36.7	47.8	1 837.9	1 922.3
		麻砂质中性粗骨土	薄层硅铝质中性粗骨土		0.4	119.2	1 347.6	1 467.2
		泥质中性粗骨土	薄层泥质中性粗骨土		67.3	671.9	9 788.3	10 527.5
褐土	潮褐土	泥砂质潮褐土	壤质潮褐土	4 822.9	550.7	124.6		5 498.1
			黏质潮褐土	1 841.5	177.8	88		2 107.3
	典型褐土	黄土质褐土	红黄土质褐土	5 361.4	24 684.5	9 298		39 344
			黄土质褐土	17 615.8	23 658.9	2 631.7		43 906.4
			浅位多量砂姜红黄土质石灰性褐土	416.3	1 250.7	80.6		1 747.6
			浅位少量砂姜红黄土质石灰性褐土	2 103.8	10 376.9	3 961		16 441.8

续表 76-20 （3）　洛阳市各土种上小麦适宜性分区面积　　　　　　　单位：hm²

土类	亚类	土属	土种	高度适宜	适宜	勉强适宜	不适宜	总计
褐土	典型褐土	黄土质褐土	深位多量砂姜红黄土质石灰性褐土		157.7	26.5		184.2
			深位少量砂姜红黄土质石灰性褐土		38.4	64.2		102.6
		泥砂质褐土	黏质洪积褐土	3 035.8	653.2	732.8		4 421.8
	褐土性土	暗泥质褐土性土	中层硅钾质褐土性土		41.6	8.6	2 699.2	2 749.3
		堆垫褐土性土	厚层堆垫褐土性土	33.5	77.6	223.9		335
		覆盖褐土性土	红黄土覆盖褐土性土	146.5	217.3	173		536.8
			浅位多量砂姜红黄土覆盖褐土性土			54.4		54.4
			浅位少量砂姜红黄土覆盖褐土性土	0.6	86.8	838.4		925.8
		硅质褐土性土	厚层硅质褐土性土				45	45
		黄土质褐土性土	红黄土质褐土性土	4 521.8	14 475.3	10 319.1		29 316.2
			浅位多量砂姜红黄土质石灰性褐土	70.4	356.6	91.8		518.8
			浅位钙盘砂姜红黄土质褐土性土	278.1	132		566.4	976.5
			浅位少量砂姜红黄土质石灰性褐土	67.3	371.6	559.2		998.1
			深位钙盘红黄土质褐土		405		1 524.5	1 929.6

续表 76-20 （4）　洛阳市各土种上小麦适宜性分区面积　　　　　　　单位：hm²

土类	亚类	土属	土种	高度适宜	适宜	勉强适宜	不适宜	总计
褐土	褐土性土	黄土质褐土性土	中层红黄土质褐土性土	406.2	7 398.4	1 705.4	7 622.4	17 132.4
		灰泥质褐土性土	中层钙质褐土性土		95.1	22.4	689.3	806.8
		麻砂质褐土性土	中层硅铝质褐土性土		0.9		2 375	2 375.9
		泥砂质褐土性土	砾质洪积褐土性土	0.4	289.8	237.7		527.9
			壤质洪积褐土性土	109.9	689.1	109.7		908.7
		砂泥质褐土性土	厚层砂泥质褐土性土	1 940.2	3 605.6	4 478.4		10 024.2
			中层砂泥质褐土性土	62.5	1 427.6	747.9	8 157.1	10 395
	淋溶褐土	暗泥质淋溶褐土	厚层硅钾质淋溶褐土		15	1.6		16.6
			中层硅钾质淋溶褐土				918.5	918.5
		硅质淋溶褐土	中层硅质淋溶褐土				55.9	55.9
		黄土质淋溶褐土	红黄土质淋溶褐土	0.2	65.8	765.1		831.1
		灰泥质淋溶褐土	中层钙质淋溶褐土				123	123
		麻砂质淋溶褐土	厚层硅铝质淋溶褐土	67.7	164	235.5		467.2
		泥砂质淋溶褐土	壤质洪冲积淋溶褐土		264.9	387.2		652
		泥质淋溶褐土	中层泥质淋溶褐土			2.4	596.1	598.5

续表 76-20 （5）　洛阳市各土种上小麦适宜性分区面积　　　　　　　单位：hm²

土类	亚类	土属	土种	高度适宜	适宜	勉强适宜	不适宜	总计
褐土	石灰性褐土	黄土质石灰性褐土	红黄土质石灰性褐土	4 078.6	12 218.8	9 041.4		25 338.8
			浅位少量砂姜红黄土质石灰性褐土	51.6	262.7	454.3		768.5
			浅位少量砂姜黄土质石灰性褐土	71.3	846.2	428.5		1 345.9

（续表）

土类	亚类	土属	土种	高度适宜	适宜	勉强适宜	不适宜	总计
褐土	石灰性褐土	黄土质石灰性褐土	轻壤质黄土质石灰性褐土	307	20.6	125.5		453.2
			少量砂姜黄土质石灰性褐土	190.8				190.8
			深位多量砂姜红黄土质石灰性褐土	22.1	118.3	43.3		183.6
			深位多量砂姜黄土质石灰性褐土		144.8			144.8
			深位少量砂姜黄土质石灰性褐土		143.6			143.6
			中壤质黄土质石灰性褐土	37.9				37.9
		泥砂质石灰性褐土	壤质洪积褐土	1 718.2	2 908.1	1 039.3		5 665.6
			壤质洪积石灰性褐土	1 293.9	1 820.6	244.3		3 358.8
			黏质洪积石灰性褐土	873.2	328.4	1 130.5		2 332
红黏土	典型红黏土	典型红黏土	红黏土	3 355.1	14 256.5	34 514.2		52 125.7

续表 76-20（6）　洛阳市各土种上小麦适宜性分区面积　　　　单位：hm²

土类	亚类	土属	土种	高度适宜	适宜	勉强适宜	不适宜	总计
红黏土	典型红黏土	典型红黏土	浅位多量砂姜红黏土	184.9	257.4	1 630.7		2 073
			浅位多量砂姜石灰性红黏土	120.2	349.9	720.1		1 190.2
			浅位钙盘砂姜石灰性红黏土	829.1	605.7	1 540.1		2 974.9
			浅位少量砂姜红黏土	1 098.3	4 052.4	4 070.8		9 221.5
			浅位少量砂姜石灰性红黏土	2 557.4	2 080.2	4 920.5		9 558
			深位钙盘砂姜石灰性红黏土	88.5	111.4	436.2		636.1
			石灰性红黏土	1 736.2	6 825.2	14 526.4		23 087.8
黄棕壤	典型黄棕壤	硅铝质黄棕壤	中层硅铝质黄棕壤				51.1	51.1
	黄棕壤性土	麻砂质黄棕壤性土	薄层硅铝质黄棕壤性土				70.3	70.3
		砂泥质黄棕壤性土	中层砂泥质黄棕壤性土				207.8	207.8
砂姜	石灰性砂姜	灰覆黑姜土	壤盖洪积石灰性砂姜黑土	180.5	369.6			550.1
黑土	黑土	灰黑姜土	浅位钙盘黏质洪积石灰性砂姜黑土		8.1	135.7		143.8
			深位钙盘黏质洪积石灰性砂姜黑土	574.3	68.6			642.8

续表 76-20（7）　洛阳市各土种上小麦适宜性分区面积　　　　单位：hm²

土类	亚类	土属	土种	高度适宜	适宜	勉强适宜	不适宜	总计
石质土	中性石质土	硅质中性石质土	硅质中性石质土	96.6	968.8	14 243		15 308.4
		泥质中性石质土	泥质中性石质土	0.2	288.1	3 261.4		3 549.7
水稻土	潜育水稻土	青潮泥田	表潜潮青泥田	2 006.9	60.2	17		2 084.1
紫色土	石灰性紫色土	灰紫砾泥土	薄层砂质石灰性紫色土				15.2	15.2
			厚层砂质石灰性紫色土			104.6		104.6
			中层砂质石灰性紫色土	2.1			3.2	5.4
	中性紫色土	紫砾泥土	薄层砂质中性紫色土		0.2		436.3	436.5
			厚层砂质中性紫色土	3.9	187	573.3		764.2
			中层砂质中性紫色土		95.2		364.9	460.1
棕壤	典型棕壤	暗泥质棕壤	厚层硅镁铁质棕壤			12		12
			中层硅钾质棕壤				264.5	264.5
		硅质棕壤	厚层硅质棕壤	1	186.7	69.6		257.3
			中层硅质棕壤				171.6	171.6
		黄土质棕壤	黄土质棕壤		5.8	66.7		72.5
		麻砂质棕壤	厚层硅铝质棕壤	32.1	170.1			202.2
			中层硅铝质棕壤	76.5	3.9		4 048.6	4 129

续表76-20（8）　洛阳市各土种上小麦适宜性分区面积　　　单位：hm²

土类	亚类	土属	土种	高度适宜	适宜	勉强适宜	不适宜	总计
	典型棕壤	砂泥质棕壤	中层砂泥质棕壤			4.1	420.8	425
		暗泥质棕壤性土	薄层硅钾质棕壤性土				297.4	297.4
			薄层硅镁铁质棕壤性土				1.2	1.2
			中层硅钾质棕壤性土				43	43
棕壤	棕壤性土		中层硅镁铁质棕壤性土				1 620.9	1 620.9
		硅质棕壤性土	中层硅质棕壤性土				114.1	114.1
		麻砂质棕壤性土	薄层硅铝质棕壤性土			8	2 155.1	2 163.2
			中层硅铝质棕壤性土				309.4	309.4
		泥质棕壤性土	中层砂泥质棕壤性土			13.9	692.6	706.5
		合　计		80 387.1	152 072.6	121 282.2	79 819.1	433 561.1

三、主要土壤养分对小麦适宜性的影响

土壤养分对小麦适宜性分级有一定影响。高度适宜区和适宜区中级以上面积相对较多，不适宜区则反之，主要土壤养分分级面积见表76-21至表76-24。

表76-21　有机质分级别面积分布　　　单位：hm²

分级标准	一级（高）>30	二级（较高）20.1~30	三级（中）17.1~20	四级（较低）15.1~17	五级（低）≤15	总计（hm²）
高度适宜	196.22	2 828.55	13 447.10	17 609.81	14 656.69	48 738.36
适宜	474.94	11 539.34	23 682.27	29 743.75	19 921.24	85 361.54
勉强适宜	474.06	9 456.06	24 365.48	22 575.59	23 270.73	80 141.92
不适宜	949.52	31 291.89	61 212.46	67 909.11	57 956.26	219 319.25
总计	2 094.74	55 115.83	122 707.31	137 838.25	115 804.92	433 561.06

表76-22　全氮分级别面积分布　　　单位：hm²

分级标准	一级（高）>1.5	二级（较高）1.21~1.5	三级（中）1.1~1.2	四级（较低）0.81~1.0	五级（低）≤0.8	总合计（hm²）
不适宜	1 124.72	12 683.58	79 129.09	109 767.19	16 614.66	219 319.24
高度适宜	36.11	1 225.16	22 317.93	22 764.52	2 394.64	48 738.36
勉强适宜	313.62	4 902.58	32 171.02	37 627.34	5 127.36	80 141.92
适宜	140.84	6 371.11	38 917.73	37 253.51	2 678.35	85 361.54
总计	1 615.29	25 182.43	172 535.77	207 412.56	26 815.01	433 561.06

表76-23　有效磷分级别面积分布　　　单位：hm²

分级标准	一级（高）>40.0	二级（较高）20.1~40.0	三级（中）15.1~20.0	四级（较低）10.1~15.0	五级（低）≤10.0	总合计（hm²）
不适宜	619.42	5 176.41	23 468.10	107 378.65	82 676.66	219 319.25
高度适宜	529.40	1 195.50	8 310.09	22 416.86	16 286.51	48 738.36
勉强适宜	1 991.63	7 726.58	7 091.86	28 737.64	34 594.20	80 141.92
适宜	897.50	3 504.38	9 698.08	42 203.11	29058.46	85 361.54
总计	4 037.95	17 602.87	48 568.14	200 736.26	162 615.83	433 561.06

表 76-24　速效钾分级别面积分布　　　　　　　单位：hm²

分级标准	一级（高）>200	二级（较高）170.1~200	三级（中）150.1~170	四级（较低）130.1~150	五级（低）≤130	总合计（hm²）
不适宜	57 823.18	15 973.43	39 970.19	62 285.37	43 267.07	219 319.25
高度适宜	6 311.74	5 965.37	11 905.12	14 939.71	9 616.42	48 738.36
勉强适宜	14 700.56	7 432.56	15 443.73	23 381.86	19 183.21	80 141.92
适宜	11 448.67	13 028.38	19 480.12	24 566.71	16 837.66	85 361.54
总计	90 284.15	42 399.75	86 799.17	125 173.65	88 904.35	433 561.06

第七节　小麦适宜性分区分析

一、小麦高度适宜种植区

洛阳市小麦高度适宜种植区 80 387.1 hm²，占全市耕地面积的 18.5%，主要分布在黄土地貌和流水地貌中的冲积平原、黄土台地丘陵上，其他地貌类型上分布很少。其中冲积平原面积 48 206.6hm²，占本区面积的 60%；黄土台地丘陵面积 20 323.8 hm²，占本区面积的 25.2%。土壤质地以中壤土、重壤土为主，其中中壤土面积 56 195 hm²，占本区面积的 69.9%，重壤土面积 23 173.1 hm²，占本区面积的 28.8%。灌溉类型集中在保灌区和能灌区，其中保灌区面积 47 338.9hm²，占本区面积的 58.9%，能灌区面积 27 085.3 hm²，占本区面积的 33.7%。无障碍层面积 78 735.9 hm²，占本区面积的 97.9%。无砾石面积 70 356.3 hm²，占本区面积的 87.5%。石质接触大于 120cm 的面积 77 028.1hm²，占本区面积的 95.9%。土种以黄土质褐土、两合土为主，其中黄土质褐土面积 17 615.8 hm²，占本区面积的 21.9%，两合土面积 4 221 hm²，占本区面积的 5.3%。该种植区土层深厚，地势平坦，无明显障碍层；土壤肥沃，有机质集中分布在 IV 级，有效磷集中分布在 II 级、III 级，速效钾集中分布在 I 级、II 级，全氮集中分布在 III 级、IV 级，全氮、速效钾含量丰富，有机质、有效磷含量丰富，有效锰分布在 III 级，含量中等，其他微量元素含量都在中等。该区域土壤质地及构型、耕层厚度、灌溉保证率、土壤养分都十分适宜小麦的种植，是洛阳市小麦高产、稳产的主要区域。小麦高度适宜种植区主要属性统计表见表 76-25 至表 76-32。

表 76-25　小麦高度适宜种植区各质地类型面积分布　　　　单位：hm²

质地	轻壤土	轻黏土	砂壤土	中壤土	重壤土	总计
高度适宜	371.5	571.9	75.6	56 195	23 173.1	80 387.1
占本区的面积比例(%)	0.5	0.7	0.1	69.9	28.8	100.0

表 76-26　小麦高度适宜种植区各灌溉分区面积分布　　　　单位：hm²

分区	保灌区	可灌区	能灌区	无灌区	总计
高度适宜	47 338.9	5 963	27 085.3		80 387.1
占本区的面积比例(%)	58.9	7.4	33.7	0	100

表 76-27　小麦高度适宜种植区各一级地貌类型面积分布　　　　单位：hm²

一级地貌	黄土地貌	流水地貌	岩溶地貌	总计
高度适宜	20 323.8	59 976.9	86.4	80 387.1
占本区的面积比例(%)	25.3	74.6	0.1	100

表 76-28　小麦高度适宜种植区各二级地貌类型面积分布　　　　单位：hm²

二级地貌	冲积平原	洪积（山麓冲积）平原	黄土台地丘陵	侵蚀剥削低山	侵蚀剥削丘陵	侵蚀剥削台地	侵蚀剥削中山	溶蚀侵蚀低山	总计
高度适宜	48 206.6	7 775.6	20 323.8	1 583.9	67.4	1 505.4	838.1	86.4	80 387.1
占本区的面积比例（%）	60	9.7	25.2	2	0.1	1.9	1	0.1	100

表 76-29　小麦高度适宜种植区障碍层位置面积分布　　　　单位：hm²

障碍层位置	深位	（空白）	总计
高度适宜	1 651.2	78 735.9	80 387.1
占本区的面积比例（%）	2.1	97.9	100

表 76-30　小麦高度适宜种植区砾石含量面积分布　　　　单位：hm²

砾石含量	多量	少量	无	总计
高度适宜	717.4	9 313.5	70 356.3	80 387.1
占本区的面积比例（%）	0.9	11.6	87.5	100

表 76-31　小麦高度适宜种植区石质接触面积分布　　　　单位：hm²

石质接触	25cm	27cm	28cm	30cm	50cm	60cm	80cm	120cm	总计
高度适宜					708.7	2 595.8	0.6	77 082.1	80 387.1
占本区的面积比例（%）	0	0	0	0	0.9	3.2	0	95.9	100

表 76-32　小麦高度适宜种植区各地貌类型面积分布　　　　单位：hm²

地貌类型	大起伏中山	泛滥平坦地	高丘陵	河谷平原	黄河滩地	黄土平梁	黄土丘陵	黄土塬	基岩高台地
高度适宜	534.7	2 834.2	67.4	40 479.6	4 892.7	4 525.6	11 160.5	4 637.8	0
占本区的面积比例（%）	0.7	3.5	0.1	50.4	6.1	5.6	13.9	5.8	0

表 76-32　小麦高度适宜种植区各地貌类型面积分布（续）　　　　单位：hm²

地貌类型	倾斜的洪积（山麓冲积）平原	小起伏低山（黄土低山）	小起伏低山（侵蚀剥削）	小起伏低山（溶蚀侵蚀）	小起伏中山	早期堆积台地	中起伏低山	中起伏中山	总计
高度适宜	7 775.6		1 583.9	86.4		1 505.4	6.6	296.9	80 387.1
占本区的面积比例（%）	9.7	0	2	0.1	0	1.9	0	0.4	100

二、小麦适宜种植区

小麦适宜种植区 152 072.6 hm²，占全市耕地面积的 35.1%，主要分布在黄土地貌和流水地貌中的冲积平原、黄土台地丘陵上，其他地貌类型上分布很少，其中黄土台地丘陵面积 84 834.7 hm²，占本区面积的 55.8%；冲积平原面积 38 538.3 hm²，占本区面积的 25.3%；土壤质地以中壤土、重壤土为主，其中中壤土面积 114 714.1 hm²，占本区面积的 75.4%，重壤土面积 32 657.1 hm²，占本区面积的 21.5%；灌溉类型集中在保灌区和能灌区，其中保灌区面积 41 578.1 hm²，占本区面积的 27.3%，能灌区面积 93 019.9 hm²，占本区面积的 61.2%；无障碍层面积 1 561 894.4 hm²，占本区面积的 99.9%；无砾石面积 123 722.7 hm²，占本区面积的 81.4%；石质接触大于 120cm 的面积 134 722.7 hm²，占本区面积的 88.6%；土种以红黄土质褐土、黄土质褐土、红黄土质褐土性土为主，其中红黄土质褐土面积 24 684.5 hm²，占本区面积的 16.2%，黄土质褐土面积 23 658.9 hm²，占本区面积的 15.6%，红黄土质褐土性土面积 14 475.3 hm²，占本区面积的 9.5%；该种植区土层深厚，地势略有起伏，无明显障碍层；土壤较肥沃，有机质集中分布在Ⅳ级，有效磷集中分布在Ⅲ级，速效钾集中分布在Ⅰ级、Ⅱ级，有少量分布在Ⅲ级，全氮集中分布在Ⅲ级、Ⅳ级，全氮、速效钾含量丰富，有机质、有效磷含量较丰富，主要养分较高度适宜区有所下降；有效锰分布在Ⅲ级，含量中等，其他微量元素含量都在中等。该区域土壤质地及构型、耕层厚度、灌溉保证率、土壤养分等项指标低于高度适宜种植区域，适宜小麦的种植，是洛阳市小麦稳产、高产的主要区域。小麦适宜种植区主要属性统计表见表 76-33 至表 76-40。

表 76-33　小麦适宜种植区各质地类型面积分布　　单位：hm²

质地	紧砂土	轻壤土	轻黏土	砂壤	砂壤土	中壤土	重壤土	总计
适宜	58.3	1 202.3	15.6	67.7	3 357.6	114 714.1	32 657.1	152 072.6
占本区的面积比例(%)	0	0.8	0	0	2.2	75.4	21.5	100

表 76-34　小麦适宜种植区各灌溉分区面积分布　　单位：hm²

分区	保灌区	能灌区	可灌区	无灌区	总计
适宜	10 647.9	41 578.1	6 826.9	93 019.9	152 072.6
占本区的面积比例(%)	7	27.3	4.5	61.2	100

表 76-35　小麦适宜种植区各一级地貌类型面积分布　　单位：hm²

一级地貌	黄土地貌	流水地貌	岩溶地貌	总计
适宜	85 197.5	66 875.2	0	152 072.6
占本区的面积比例(%)	56	44	0	100

表 76-36　小麦适宜种植区各二级地貌类型面积分布　　单位：hm²

二级地貌	冲积平原	洪积(山麓冲积)平原	黄土覆盖的低山	黄土覆盖的中山	黄土台地丘陵	侵蚀剥削低山	侵蚀剥削丘陵	侵蚀剥削台地	侵蚀剥削中山	总计
适宜	38 538.3	5 885.1	45	317.8	84 834.7	10 383.8	1 279.7	7 894.6	2 893.8	152 072.6
占本区比例(%)	25.3	3.9	0	0.2	55.8	6.8	0.8	5.2	1.9	100

表 76-37　小麦适宜种植区障碍层位置面积分布　　单位：hm²

障碍层位置	浅位	深位	(空白)	总计
适宜	8.1	170.1	151 894.4	152 072.6
占本区的面积比例(%)	0	0.1	99.9	100

表 76-38　小麦适宜种植区砾石含量面积分布　　单位：hm²

砾石含量	多量	少量	无	总计
适宜	3 464.4	24 885.5	123 722.7	152 072.6
占本区的面积比例(%)	2.3	16.4	81.4	100

表76-39　小麦适宜种植区石质接触面积分布　　　　　　　单位：hm²

石质接触	25cm	27cm	28cm	30cm	50cm	60cm	80cm	120cm	总计
适宜	23.6	274.4	364.8	105.1	12 236.5	4 258.9	86.8	134 723	152 073
占本区的面积比例(%)	0	0.2	0.2	0.1	8	2.8	0.1	88.6	100

表76-40　小麦适宜种植区各地貌类型面积分布　　　　　　　单位：hm²

地貌类型	大起伏中山	泛滥平坦地	高丘陵	河谷平原	黄河滩地	黄土平梁	黄土丘陵	黄土塬	基岩高台地
适宜	937.5	2 250.5	1 279.7	34 610	1 677.8	34 171	32 472	18 191.8	1 559.1
占本区的面积比例(%)	0.6	1.5	0.8	22.8	1.1	22.5	21.4	12	1

表76-40　小麦适宜种植区各地貌类型面积分布　（续）　　　　单位：hm²

地貌类型	倾斜的洪积（山麓冲积）平原	小起伏低山（黄土低山）	小起伏低山（侵蚀剥削）	小起伏中山	早期堆积台地	中起伏低山	中起伏中山	总计
适宜	5 885.1	45	10 383.8	317.8	6 335.5	122.5	1 833.8	152 072.6
占本区的面积比例(%)	3.9	0	6.8	0.2	4.2	0.1	1.2	100

三、小麦勉强适宜种植区

　　小麦勉强适宜种植区121 282.2 hm²，占全市耕地面积的28%，主要分布在黄土地貌和流水地貌中的黄土台地丘陵、黄土覆盖的低山、侵蚀剥削的中山、侵蚀剥削的低山上，其他地貌类型上也有分布，其中黄土台地丘陵面积41 156 hm²，占本区面积的33.9%；黄土覆盖的低山面积20 429.7 hm²，占本区面积的16.8%，侵蚀剥削的中山面积16 468.2 hm²，占本区面积的13.6%，侵蚀剥削的低山面积14 052.9 hm²，占本区面积的11.6%；土壤质地以重壤土、中壤土为主，其中重壤土面积65 485.1hm²，占本区面积的54%，中壤土面积54 719 hm²，占本区面积的45.1%；灌溉类型集中在无灌区，其中无灌区面积114 053.6 hm²，占本区面积的94%；无障碍层面积121 049.9 hm²，占本区面积的99.8%；无砾石面积92 094.7 hm²，占本区面积的75.9%；石质接触大于120cm的面积108 226.7hm²，占本区面积的89.2%；土种以红黏土、石灰性红黏土为主，其中红黏土面积34 514.2hm²，占本区面积的28.5%，石灰性红黏土面积14 526.4 hm²，占本区面积的12%；该种植区土层较厚，地势起伏明显，个别土种有障碍层，面积很小；土壤养分一般，有机质集中分布在Ⅳ级，有效磷集中分布在Ⅲ级，速效钾集中分布在Ⅱ级、Ⅲ级，全氮集中分布在Ⅲ级、Ⅳ级，全氮、速效钾含量较丰富，有机质、有效磷含量较丰富，主要养分较高度适宜区下降明显；有效锰分布在Ⅲ级，含量中等，其他微量元素含量都在中等。该区域土壤质地及构型、耕层厚度、灌溉保证率、土壤养分等项指标都低于高度适宜和适宜种植区域，其中灌溉保证率是影响小麦种植的决定因素。小麦勉强适宜种植区主要属性统计表见表76-41至表76-48。

表76-41　小麦勉强适宜种植区各质地类型面积分布　　　　　　单位：hm²

质地	紧砂土	轻壤土	轻黏土	砂壤	砂壤土	中壤土	重壤土	总计
勉强适宜	143	488.3		292.7	153.9	54 719	65 485.1	121 282.2
占本区的面积比例(%)	0.1	0.4	0	0.2	0.1	45.1	54	100

表76-42　小麦勉强适宜种植区各灌溉分区面积分布　　　　　　单位：hm²

分区	保灌区	能灌区	可灌区	无灌区	总计
勉强适宜	1 973.6	2 608.2	2 646.8	114 053.6	121 282.2
占本区的面积比例(%)	1.6	2.2	2.2	94	100

表 76-43　小麦勉强适宜种植区各一级地貌类型面积分布　　　　　单位：hm²

一级地貌	黄土地貌	流水地貌	岩溶地貌	总计
勉强适宜	62 423.4	52 428.7	6 430	121 282.2
占本区的面积比例(%)	51.5	43.2	5.3	100

表 76-44　小麦勉强适宜种植区各二级地貌类型面积分布　　　　　单位：hm²

二级地貌	冲积平原	黄土覆盖的低山	黄土覆盖的中山	黄土台地丘陵	侵蚀剥削低山	侵蚀剥削丘陵	侵蚀剥削台地	侵蚀剥削中山	溶蚀侵蚀低山	总计
勉强适宜	4 920.4	20 429.7	837.7	41 156	14 052.9	4 866.2	12 121	16 468.2	6 430	121 282.2
占本区的面积比例(%)	4.1	16.8	0.7	33.9	11.6	4	10	13.6	5.3	100

表 76-45　小麦勉强适宜种植区障碍层位置面积分布　　　　　单位：hm²

障碍层位置	浅位	深位	(空白)	总计
勉强适宜	135.7	96.6	121 049.9	121 282.2
占本区的面积比例(%)	0.1	0.1	99.8	100

表 76-46　小麦勉强适宜种植区砾石含量面积分布　　　　　单位：hm²

砾石含量	多量	少量	无	总计
勉强适宜	3 738.9	25 448.6	92 094.7	121 282.2
占本区的面积比例(%)	3.1	21	75.9	100

表 76-47　小麦勉强适宜种植区石质接触面积分布　　　　　单位：hm²

石质接触	25cm	27cm	28cm	30cm	50cm	60cm	80cm	120cm	总计
勉强适宜	507.3	997.3	985.4	1 392.6	2 603.4	5 676.6	892.8	108 226.7	121 282.2
占本区的面积比例(%)	0.4	0.8	0.8	1.1	2.1	4.7	0.7	89.2	100

表 76-48　小麦勉强适宜种植区各地貌类型面积分布　　　　　单位：hm²

地貌类型	大起伏中山	泛滥平坦地	高丘陵	河谷平原	黄河滩地	黄土平梁	黄土丘陵	黄土塬	基岩高台地
勉强适宜	4 387.4	572.4	4 866.2	4 066.6	281.4	18 393.8	21 385	1 377.2	5 644.4
占本区的面积比例(%)	3.6	0.5	4	3.4	0.2	15.2	17.6	1.1	4.7

表 76-48　小麦勉强适宜种植区各地貌类型面积分布　(续)　　　　　单位：hm²

地貌类型	倾斜的洪积(山麓冲积)平原	小起伏低山(黄土低山)	小起伏低山(侵蚀剥削)	小起伏低山(溶蚀侵蚀)	小起伏中山	早期堆积台地	中起伏低山	中起伏中山	总计
勉强适宜		20 429.7	14 052.9	6 430	837.7	6 476.6	1 663	10 418	121 282.2
占本区的面积比例(%)	0	16.8	11.6	5.3	0.7	5.3	1.4	8.6	100

四、小麦不适宜种植区

小麦不适宜种植区面积 79 819.1 hm²，占全市耕地面积的 18.4%，主要分布在黄土地貌和流水地貌中的黄土台地丘陵、侵蚀剥削的中山上，其他地貌类型上也有分布，其中黄土台地丘陵面积 24 178.3 hm²，占本区面积的 30.3%；侵蚀剥削的中山面积 29 069 hm²，占本区面积的 36.4%；土壤质地以中壤土为主，其中中壤土面积 7 732.1 hm²，占本区面积的 97.4%；灌溉类型集中在无灌区，其中无灌区面积 74 600.1 hm²，占本区面积的 93.5%；无障碍层面积 79 492.6 hm²，占本区面积的 99.6%；无砾石面积 14 790 hm²，占本区面积的 18.5%，其余的耕地土壤都含有砾石；石质接触大于 120cm 的面积 1 698.4 hm²，占本区面积的 2.1%，其余的都小于 50cm；土种以硅质中性石质土、薄层泥质中性粗骨土、中层砂泥质褐土性土为主，其中硅质中性石质土面积 14 243 hm²，占本区面积的 17.8%，薄层泥质中性粗骨土面积 9 788.3 hm²，占本区面积的 12.3%，中层砂泥质褐土性土面积 8 157.1 hm²，占本区面积的 10.2%；该种植区土层较薄，地势变化很大，个别土种有障碍层；土壤养分一般，有机质集中分布在Ⅳ级，有效磷集中分布在Ⅲ级，速效钾集中分布在Ⅱ级、Ⅲ级，全氮集中分布在Ⅲ级、Ⅳ级，全氮、速效钾、有机质、有效磷含量中等，主要养分较高度适宜区下降明显；有效锰分布在Ⅲ级，含量中等，其他微量元素含量都在中等。该区域土壤质地及构型、耕层厚度、灌溉保证率等都不适宜种植小麦。小麦不适宜种植区主要属性统计表见表76-49至表76-56。

表76-49　小麦不适宜种植区各质地类型面积分布　　　单位：hm²

质地	紧砂土	轻壤土	轻黏土	砂壤	砂壤土	中壤土	重壤土	总计
不适宜	137.5	500			1 116.8	77 732.1	332.7	79 819.1
占本区比例(%)	0.2	0.6	0	0	1.4	97.4	0.4	100

表76-50　小麦不适宜种植区各灌溉分区面积分布　　　单位：hm²

分区	保灌区	能灌区	可灌区	无灌区	总计
不适宜	25.1	4 515.7	678.2	74 600.1	79 819.1
占本区的面积比例(%)	0	5.7	0.8	93.5	100

表76-51　小麦不适宜种植区各一级地貌类型面积分布　　　单位：hm²

一级地貌	黄土地貌	流水地貌	岩溶地貌	总计
不适宜	26 013.9	52 633.5	1 171.7	79 819.1
占本区的面积比例(%)	32.6	65.9	1.5	100

表76-52　小麦不适宜种植区各二级地貌类型面积分布　　　单位：hm²

二级地貌	冲积平原	黄土覆盖的低山	黄土覆盖的中山	黄土台地丘陵	侵蚀剥削低山	侵蚀剥削丘陵	侵蚀剥削台地	侵蚀剥削中山	溶蚀侵蚀低山	总计
不适宜	4 882.4	941.1	894.5	24 178.3	9 377.3	1 468	7 836.8	29 069	1 171.7	79 819.1
占本区比例(%)	6.1	1.2	1.1	30.3	11.7	1.8	9.8	36.4	1.5	100

表76-53　小麦不适宜种植区障碍层位置面积分布　　　单位：hm²

障碍层位置	浅位	深位	（空白）	总计
不适宜		326.5	79 492.6	79 819.1
占本区的面积比例(%)	0	0.4	99.6	100

表76-54　小麦不适宜种植区砾石含量面积分布　　　单位：hm²

砾石含量	多量	少量	无	总计
不适宜	23 832.8	41 188.4	14 798	79 819.1
占本区的面积比例(%)	29.9	51.6	18.5	100

表 76-55 小麦不适宜种植区石质接触面积分布 单位：hm²

石质接触	25cm	27cm	28cm	30cm	50cm	60cm	80cm	120cm	总计
不适宜	4 401.6	1 428.3	18 547.1	18 026.3	35 717.5			1 698.4	79 819.1
占本区比例(%)	5.5	1.8	23.2	22.6	44.7	0	0	2.1	100

表 76-56 小麦不适宜种植区各地貌类型面积分布 单位：hm²

地貌类型	大起伏中山	泛滥平坦地	高丘陵	河谷平原	黄河滩地	黄土平梁	黄土丘陵	黄土塬	基岩高台地
不适宜	10 505.3	1 849.3	1 468	2 928.8	104.3	3 020.5	17 353	3 804.9	298.8
占本区的面积比例(%)	13.2	2.3	1.8	3.7	0.1	3.8	21.7	4.8	0.4

表 76-56 小麦不适宜种植区各地貌类型面积分布（续） 单位：hm²

地貌类型	倾斜的洪积(山麓冲积)平原	小起伏低山(黄土低山)	小起伏低山(侵蚀剥削)	小起伏低山(溶蚀侵蚀)	小起伏中山	早期堆积台地	中起伏低山	中起伏中山	总计
不适宜		941.1	9 377	1 171.7	894.5	7 538	2 801.1	15 762.7	79 819.1
占本区的面积比例(%)	0	1.2	11.7	1.5	1.1	9.4	3.5	19.7	100

第八节 小麦适宜性评价结论与建议

根据洛阳市小麦适宜性评价结果，在对每个适宜性分区进行分析的基础上，结合小麦生物学特性及气候特点（如常出现冬春旱、初夏旱、伏旱以及不同程度的涝灾，洪涝概率30%左右，小麦灌浆期常出现干热风等），在兼顾耕地地力评价分级及耕地资源类型区划分的基础上，就洛阳市小麦种植得出以下结论与建议。

一、伊、洛、汝、涧河川小麦高产区

该区主要分布在洛阳市东北部黄河流域黄河滩地及伊河、洛河、汝河、涧河等河系及主要支流两侧冲积平原和洪积平原，总面积 110 208.3 hm²。主要涉及偃师、宜阳、洛宁、伊川、嵩县、汝阳、新安、孟津、洛龙区和吉利区。其中高度适宜区中河谷平原 40 479.6 hm²，洪积（山麓冲积）平原 7 775.6 hm²，黄河滩地 4 892.7 hm²，泛滥平坦地 2 834.2 hm²；适宜区中河谷平原 34 610 hm²，洪积（山麓冲积）平原 5 885.1 hm²，黄河滩地 1 677.8 hm²，泛滥平坦地 2 250.5 hm²；勉强适宜区中河谷平原 4 066.6 hm²，黄河滩地 281.4hm²，泛滥平坦地 572.4hm²；不适宜区中河谷平原 2 928.8 hm²，黄河滩地 104.3hm²，泛滥平坦地 1 849.3 hm²。主要障碍因素是渠系配套不完整，深机耕面积有减少趋势，适耕层变浅，小麦根系生长条件恶化。成土母质为洪积、冲积母质，土壤主要为潮土、褐土。

改良利用方向：充分利用高标准良田项目的实施，结合粮食生产核心区建设，整合所有涉农资金，聚拢政策，集中布局，强化管理，提供配套服务，加快建设一批百亩方、千亩方和万亩方，统筹推进水、电、路、林等田间生产设施建设和平原村庄规划布局，集中打造"田地平整肥沃、灌排设施完善、农机装备齐全、技术集成到位、优质高产高效、绿色生态安全"的高标准永久性粮田。实施高标准粮田"百千万"建设工程，将为粮食生产实现规模化、标准化、机械化、集约化发展提供重要载体，有效实现稳粮保供给，推进粮食生产现代化。农业措施包括研究改进灌溉技术，整修渠道，灌排结合，推行秸秆还田，实行测土配方施肥，减本增效，加强田间管理及良种良法的应用，以高产创建百、千、万工程为依托，扩大小麦种植面积，提高单位粮食产量，建立高产稳产田，促进高产高效农业生产的持续发展。主要措施包括以下几种。

（1）搞好洛阳市境内黄河流域及伊河、洛河、汝河、涧河四大河系及较大支流的堤防建设，要整修河坝，疏浚灌溉排涝工程，提高灌溉排涝能力，特别要重视险工地段的除险加固，防御洪涝灾害，保障人民群众的生命财产安全。

（2）进一步搞好农田水利基本建设，统一规划，合理布局，要以搞好水利设施修复、创新管理方式为重点，完善巩固现有水利工程，提高整体效益。有条件的地方要继续规划、建设新的水利工程，扩大灌溉面积，全面提高抗御自然灾害的能力。

（3）推动区内土壤肥料检测能力建设，根据小麦生育期内土壤含水量的变化和需水规律，以高产高效为目的，提高水分利用率和灌溉的经济效益。研究实施先进的灌溉技术，如小畦浅灌、渗灌、滴灌、喷灌等。

（4）实施测土配方施肥，根据小麦需肥规律、土壤供肥性能和肥料利用率，在施用有机肥的基础上，全过程提供氮、磷、钾和中微量元素肥料的适宜用量、比例、施用方法和时期，综合运用测土配方施肥、触摸屏以及现代网络技术等为载体，普及先进的施肥技术，减少土壤的面源污染，保护生态环境。

（5）加快土地流转步伐，促使良田集中使用，向种粮能手、种粮大户、专业合作社和涉农企业流转。提高小麦生产的机械化水平。

（6）部分勉强适宜区和不适宜区的耕地，针对具体情况，运用综合措施，提高耕地等级，早日变成高产良田。

二、黄土台地丘陵小麦潜在高产区

该区主要分布在洛阳市宜阳县、伊川县、洛宁县、新安县、孟津县、偃师市和嵩县的黄土平梁、黄土塬、黄土丘陵和早期堆积台地上土层深厚的低丘陵梯田、塬地和沟谷坪地，总面积160 611.9hm²。其中高度适宜区中黄土平梁4 525.6 hm²，黄土塬4 637.8 hm²，黄土丘陵11 160.5hm²，早期堆积台地1 505.4 hm²；适宜区中黄土平梁34 171 hm²，黄土塬18 191.8 hm²，黄土丘陵32 472 hm²，早期堆积台地6 335.5 hm²；勉强适宜区中黄土平梁18 393.8 hm²，黄土塬1 377.2 hm²，黄土丘陵21 385 hm²，早期堆积台地6 476.6 hm²。主要土壤组合为褐土、红黏土。主要障碍因素是水源短缺而不平衡，水土流失，灌溉能力较差，土壤肥力不高。

改良利用方向：该区是洛阳市潜在的高产小麦生产基地。应充分利用高标准良田项目的实施，结合粮食生产核心区建设，整合所有涉农资金，聚拢政策，集中布局，强化管理，提供配套服务，加快建设一批百亩方、千亩方和万亩方，统筹推进水、电、路、林等田间生产设施建设和平原村庄规划布局，集中打造"田地平整肥沃、灌排设施完善、农机装备齐全、技术集成到位、优质高产高效、绿色生态安全"的高标准永久性粮田。实施高标准粮田"百千万"建设工程，将为粮食生产实现规模化、标准化、机械化、集约化发展提供重要载体，有效实现稳粮保供给，推进粮食生产现代化。主要措施包括以下几种。

（1）坚持山、水、田、林、路综合治理，搞好水土保持。要把控制水土流失作为提高抗灾能力的重点，应按照小流域治理全面规划，统筹安排，平整土地，搞好坡地水平梯田，防止地面径流，达到水不出田；加强沟头防护，闸沟挂淤，达到泥不出沟。

（2）加强水利建设，选择适宜地点，修建水囤、水窖，拦截径流；合理安排井站布局，开发利用地下水。要积极兴建水利设施，做好水利工程的管理、加固、配套、挖潜，千方百计扩大水浇地面积。

（3）采取防旱抗旱工程和农艺措施，蓄水保墒，提高土地生产率。推广应用旱地农业研究成果，走旱地农业发展道路。实行精耕细作，伏雨秋用，秋雨春用，选用耐旱品种，施用配方肥。

（4）实施测土配方施肥，根据小麦需肥规律、土壤供肥性能和肥料利用率，在施用有机肥的基础上，全过程提供氮、磷、钾和中微量元素肥料的适宜用量、比例、施用方法和时期，综合运用测土配方施肥、触摸屏以及现代网络技术等为载体，普及先进的施肥技术，减少土壤的面源污染，保护生态环境。

（5）加快土地流转步伐，促使良田集中使用，向种粮能手、种粮大户、专业合作社和涉农企业流转。提高小麦生产的机械化水平。

三、中西南部中低山低产区

该区位于洛阳市中南部，从地貌类型上属于中起伏中山、中起伏低山、小起伏中山、基岩高台地、大起伏中山、高丘陵及部分黄土丘陵、黄土塬等。包括汝阳、嵩县、洛宁三县的大部和栾川、新安、宜阳、偃师、伊川等县的局部。

该区海拔较高，地势起伏较大，水资源贫乏，季节性差异大，田面坡度大，农田设施不配套，土层较薄，土壤肥力较低，耕地障碍层次明显。总面积 162 740.9 hm²，其中高度适宜区中大起伏中山 534.7hm²，高丘陵 67.4hm²，中起伏中山、中起伏低山、小起伏中山等 1 973.8 hm²；适宜区中大起伏中山 937.5hm²，高丘陵 1 279.7 hm²，中起伏中山、中起伏低山、小起伏中山等 12 702.9 hm²；勉强适宜区中大起伏中山 4 387.4 hm²，高丘陵 4 866.2 hm²，中起伏中山、中起伏低山、小起伏中山等 53 831.3 hm²。全区 80 580.9 hm² 可以作为当地群众的口粮田进行规划，另外 82 160 hm² 基岩高台地等劣质耕地，可以针对具体情况进行改良。

建议该区要根据国家政策，积极实施退耕还林、还草，大力发展林果业，改善生态环境。

第七十七章　洛阳市玉米适宜性评价

第一节　洛阳市玉米生产概况

洛阳市玉米常年种植面积 200 万亩左右，1949—2012 年玉米种植面积为 120.6 万~291.7 万亩，占秋粮总面积的 30.5%~70.0%；总产量 7.67 万~93.62 万 t，占秋粮总产 34.1%~73.2%。改革开放 30 多年来，洛阳市通过优良品种推广、"温饱工程"、测土配方施肥、种植结构调整、高产创建、玉米一增四改、农民科技培训等项目的大力实施，洛阳农业粮食综合生产能力及玉米生产水平有了较大提高，取得了粮食总产达到 200 万 t 以上，玉米连续 10 年单产超过 300kg 的丰硕成果。1998 年，玉米总产达到 70.91 万 t，单产 334.3kg，总产、单产均突破历年最高水平。2000 年，全市玉米种植面积 216.5 万亩，单产达到 348.6kg。2012 年，全市玉米种植面积和总产再创历史新高，分别达到 291.7 万亩和 93.63 万 t，单产也达到 320.9kg。玉米的十连增为全市粮食安全做出了巨大的贡献。

洛阳市玉米生产上，重点推广了浚单 20、中科 4 号、郑单 958、洛单 248、洛玉 4 号、洛单 6 号等高产优质品种，"一增四改"和适时晚收技术。"一增四改"即合理增加玉米种植密度、改种耐密型品种、改套种为平播（直播）、改粗放用肥为配方施肥、改人工种植为机械化作业技术，是 2005 年农业部在玉米生产上重点推广的一项增产技术。

据不完全统计，自 1982 年以来，洛阳市农业科技人员在玉米生产技术研究中共获得省、部级一、二等奖 10 项、三等奖 9 项，地厅级二等奖以上 15 项。其中"玉米杂交种丹玉 13"的引进利用及栽培技术研究""玉米群体改良综合选育及利用研究""玉米大豆间作方式研究""夏玉米不同叶龄指数追氮的推广""高寒山区春玉米地膜覆盖试验示范与推广""洛单 2 号推广应用""洛阳市 170 万亩玉米综合技术推广""高寒山区春玉米地膜覆盖增产技术试验示范研究"等研究项目，在洛阳市、河南省乃至全国处于领先水平，这些研究成果的推广应用，为洛阳市玉米生产水平的提高提供了强力技术支撑。

第二节　玉米适宜性评价资料收集

按照《全国测土配方施肥技术规范》的要求，参照《耕地地力评价指南》，根据玉米适宜性评价的需要，进行了基础及专题图件资料、耕地土壤属性及养分含量等相关资料的收集工作。

一、基础及专题图件资料

（1）洛阳市土壤图（比例尺 1：5 万，洛阳市农业局、洛阳市土壤普查办公室），洛阳市农业技术推广站提供。

（2）洛阳市土地利用现状图（比例尺 1：5 万，洛阳市土地管理局绘制），洛阳市国土资源管理局提供。

（3）洛阳市地形图（比例尺 1：5 万，解放军总参谋部测绘局绘制），洛阳市农业技术推广站提供。

（4）洛阳市行政区划图（比例尺 1：5 万，洛阳市民政局绘制），洛阳市民政局提供。

二、耕地土壤属性及养分含量资料

（1）土壤属性数据：洛阳市第二次土壤普查和各县市区测土配方施肥补贴项目 2005—2011 年度调查资料。

（2）土壤养分：包括有机质、全氮、有效磷、速效钾、缓效钾等大量养分含量，有效铜、铁、锰、锌、硼、钼、硫等中微量养分含量以及 pH 值等（2005—2011 年洛阳市测土配方施肥补贴项目检测资料）。

三、软件准备

洛阳市玉米适宜性评价以农业部耕地资源信息管理系统 4.0 版为平台，在洛阳市耕地地力评价相关成果、数字化图件的基础上（电子版的洛阳市土壤图、洛阳市耕地资源利用现状图、洛阳市行政区划图）进行。

四、其他相关资料收集

（1）洛阳市概况（洛阳市县志编纂委员会编制），洛阳市农业技术推广站提供。

（2）洛阳市综合农业区划（洛阳市农业区划委员会办公室编制），洛阳市农业技术推广站提供。

（3）洛阳市农业志（洛阳市农业局编制），洛阳市农业技术推广站提供。

（4）洛阳市水资源调查分析和水利化区划报告（洛阳市农业区划委员会水利组编制），洛阳市水利局提供。

（5）洛阳土壤（洛阳市土壤普查办公室编制），洛阳市农业技术推广站提供。

（6）洛阳市 2009 年、2010 年、2011 年统计年鉴，洛阳市统计局提供。

（7）洛阳市 2009 年、2010 年、2011 年气象资料，洛阳市气象局提供。

（8）洛阳市各县（市）2005—2011 年测土配方施肥项目技术资料，各县（市）提供。

第三节　评价指标体系的建立及其权重确定

综合《测土配方施肥技术规范》《耕地地力评价指南》和"县域耕地资源管理信息系统 3.0"的技术规定与要求，我们将选取评价指标、确定各指标权重和确定各评价指标的隶属度 3 项内容归纳为建立玉米适应性评价指标体系。

一、选取评价指标

遵循重要性、差异性、稳定性、独立性和易获取性原则，结合洛阳市玉米生产实际、农业生产自然条件和耕地土壤特征，由河南省土肥站、河南农大的专家和洛阳市各县（市、区）农林水机等相关方面的技术人员组成的专家组，首先对指标进行分类，在此基础上进行指标的选取。经过反复筛选，共选出 3 大类 7 小项指标，分别为：立地条件包括质地、灌溉类型；剖面性状包括有效锌、土壤剖面；耕层理化性状包括速效钾、有效磷、有机质。

二、指标权重的确定

在选取的玉米适应性评价指标中，各指标对耕地质量高低的影响程度是不相同的，因此我们结合专家意见，采用层次分析方法，合理确定各评价指标的权重。

（一）建立层次结构

玉米适宜性评价为目标层（G 层），影响玉米生长适宜性的土壤立地条件、剖面性状、土壤养分为准则层（C 层），再把影响准则层中各元素的项目作为指标层（A 层），其结构关系如图 77-1 所示。

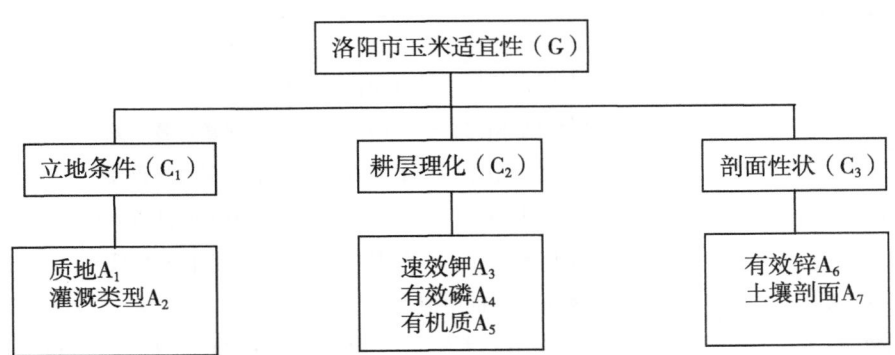

图 77-1　玉米适宜性评价影响因素层次结构

（二）构造判断矩阵

采用专家评估法，比较同一层次各因素对上一层次的相对重要性，给出数量化的评估。专家评估的初步结果经合适的数学处理后（包括实际计算的最终结果—组合权重）反馈给专家，请专家重新修改或确认。经多轮反复形成最终的判断矩阵。

根据专家经验，确定 C 层对 G 层、A 层对 C 层以及 A 层各因素之间的相对重要程度，构成 C_1、C_2、C_3 共 3 个判别矩阵（表 77-1 至表 77-4）。判别矩阵中标度的含义见表 77-5。

表 77-1 目标层 G 判别矩阵

ryy	立地条件	耕层理化	剖面性状	W_i
立地条件	1.0000	1.7500	0.7778	0.3500
耕层理化	0.5714	1.0000	0.4444	0.2000
剖面性状	1.2857	2.2500	1.0000	0.4500

表 77-2 立地条件（C_1）判别矩阵

立地条件	质地	灌溉类型	W_i
质地	1.0000	0.1111	0.1000
灌溉类型	9.0000	1.0000	0.9000

表 77-3 耕层理化（C_2）判别矩阵

耕层理化	速效钾	有效磷	有机质	W_i
速效钾	1.0000	0.5476	0.6571	0.2300
有效磷	1.8261	1.0000	1.2000	0.4200
有机质	1.5217	0.8333	1.0000	0.3500

表 77-4 剖面性状（C_3）判别矩阵

剖面性状	有效锌	土壤剖面	W_i
有效锌	1.0000	1.0000	0.5000
土壤剖面	1.0000	1.0000	0.5000

表 77-5 判断矩阵标度及其含义

标度	含　义
1	表示两个因素相比，具有同样重要性
3	表示两个因素相比，一个因素比另一个因素稍微重要
5	表示两个因素相比，一个因素比另一个因素明显重要
7	表示两个因素相比，一个因素比另一个因素强烈重要
9	表示两个因素相比，一个因素比另一个因素极端重要
2、4、6、8	上述两相邻判断的中值
倒数	因素 i 与 j 比较得判断 b_{ij}，则因素 j 与 i 比较的判断 $b_{ji} = 1/b_{ij}$

（三）层次单排序及一致性检验

建立比较矩阵后，就可以求出各个因素的权值，采取的方法是用和积法计算出各矩阵的最大特征

根 λ_{max} 及其对应的特征向量 W，得到的各权数值及一致性检验的结果如表77-6，并用 $CR = CI / RI$ 进行一致性检验。从表中可以看出，$CR = CI/RI < 0.1$，具有很好的一致性。

表77-6 权数值一致性检验结果

矩阵	特征向量			λ_{max}	CI	CR
G	0.3500	0.2000	0.4500	3.0000	0	0
C_1	0.1000	0.9000		2.0000	0	0
C_2	0.2300	0.4200	0.3500	3.0000	0	0
C_3	0.5000	0.5000		2.0000	0	0

（四）层次总排序及一致性检验

计算同一层次所有因素对于最高层相对重要性的排序权值，称为层次总排序，这一过程是由最高层次到最低层次逐层进行的。层次总排序的结果见表77-7。

表77-7 总层总排序表

层次 C 层次 A	立地条件 0.35	耕层理化 0.2	剖面性状 0.45	组合权重
质地	0.1			0.0350
灌溉类型	0.9			0.3150
速效钾		0.23		0.0460
有效磷		0.42		0.0840
有机质		0.35		0.0700
有效锌			0.5	0.2250
土壤剖面			0.5	0.2250

经层次总排序，并进行一致性检验，结果为 $CI = 0.000$，$RI = 0.000$，$CR = CI/RI = 0.0000 < 0.1$，认为层次总排序结果具有满意的一致性，否则需要重新调整判断矩阵的元素取值，最后计算得到各因子的权重如表77-8所示。

表77-8 各因子的权重

指标名称	质地	灌溉类型	速效钾	有效磷	有机质	有效锌	土壤剖面
指标权重	0.0350	0.3150	0.0460	0.0840	0.0700	0.2250	0.2250

第四节 玉米评价指标的隶属度

质地、有机质、有效磷、速效钾、灌溉类型及土壤剖面的隶属度同小麦适宜性评价。

有效锌的隶属度与有机质相同，其隶属函数为：

表77-9 有效锌隶属函数

函数类型	隶属函数	a 值	c 值	下限	上限	相关系数
戒上型	$y = 1/[1 + a \times (u-c)^2]$	0.604158	2.778396	0.40	9.52	0.998

第五节　玉米的最佳适宜等级

　　根据综合指数的变化规律，在耕地资源管理系统中我们采用累积曲线分级法进行评价，根据曲线斜率的突变点（拐点）来确定等级的数目和划分综合指数的临界点，将洛阳市玉米适宜性评价共划分为四级，各等级综合指数见表77-10、图77-2。

表77-10　洛阳市玉米适应性评价等级综合指数

玉米适应性等级	高度适宜	适宜	勉强适宜	不适宜
IFI	0.8950~1.0000	0.6600~0.8950	0.5200~0.6600	0.0000~0.5200

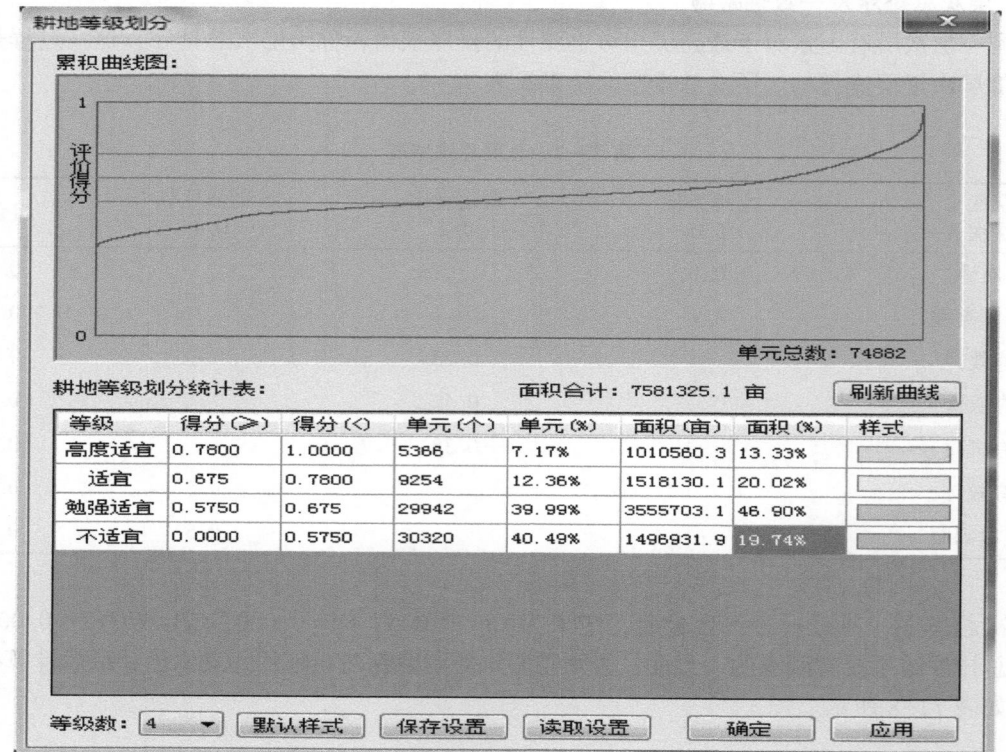

图77-2　玉米适宜性评价综合指数分布图

第六节　玉米适宜性评价结果

　　根据评价结果，洛阳市耕地 433 561.1 hm²，其中夏玉米高度适宜种植区 65 894.7 hm²，占 15.2%；夏玉米适宜种植区 96 047.2 hm²，占 22.2%；夏玉米勉强适宜种植区 186 211.8 hm²，占 42.9%；夏玉米不适宜种植区 85 407.4 hm²，占 19.7%。

一、玉米适宜性各县（市）分布

　　在各县（市）中，偃师市、伊川县高度适宜夏玉米种植的区域较大，栾川县几乎没有；适宜种植区中偃师市、伊川县面积较大，栾川县面积最小；勉强适宜种植区中宜阳县、洛宁县面积较大，汝阳县面积最小；在不适宜种植区中嵩县面积最大，孟津县面积最小（表77-11）。

表 77-11　洛阳市各县市玉米适宜性分区面积　　　　单位：hm²

县市	高度适宜	占全市耕地面积的比例（%）	适宜	占全市耕地面积的比例（%）	勉强适宜	占全市耕地面积的比例（%）	不适宜	占全市耕地面积的比例（%）	总计
栾川县	173.7	0	1 167.4	0.3	5 528.1	1.3	11 961.5	2.8	18 830.7
洛宁县	5 197.2	1.2	1 990	0.5	45 568.3	10.5	5 518.9	1.3	58 274.4
孟津县	8 659.3	2	13 473	3.1	17 325.5	4	1 437.1	0.3	40 894.9
汝阳县	5 056.8	1.2	8 047.9	1.9	4 497.9	1	14 537.2	3.4	32 139.8
嵩县	6 109.7	1.4	11341	2.6	13166.3	3	17 271.9	4	47 888.9
新安县	2 312.8	0.5	13 818.3	3.2	27 392	6.3	5 994	1.4	49 517.1
偃师市	14 147.8	3.3	24 105.1	5.6	7 160.6	1.7	5 384.5	1.2	50 797.9
伊川县	13 192.6	3	19 465	4.5	18 911	4.4	12 020.2	2.8	63 588.8
宜阳县	11 044.8	2.5	2 639.5	0.6	46 662.2	10.8	11 282.1	2.6	71 628.5
总计	65 894.7	15.2	96 047.2	22.2	186 211.8	42.9	85 407.4	19.7	433 561.1

二、玉米适宜性在不同土壤类型上分布情况

在高度适宜区中，以壤质洪积潮土、两合土、淤土、两合土、淤土、壤质潮褐土、红黄土质褐土、黄土质褐土、红黄土质褐土性土等土种分布面积较大。在适宜区中，以红黄土质褐土、黄土质褐土、浅位少量砂姜红黄土质褐土、中层红黄土质褐土性土、红黏土等土种分布面积较大。在不适宜区中，主要以薄层钙质粗骨土、薄层硅钾质中性粗骨土、薄层泥质中性粗骨土、中层红黄土质褐土性土、中层砂泥质褐土性土、硅质中性石质土等土种分布面积较大。洛阳市玉米不同土种上适宜性分区面积见表 77-12。

表 77-12　洛阳市各土种上玉米适宜性分区面积　　　　单位：hm²

土类	亚类	土属	土种	高度适宜	适宜	勉强适宜	不适宜	总计
潮土	典型潮土	洪积潮土	底砾层洪积潮土	13.2	178.9		264.6	456.7
			砾质洪积潮土				25.2	25.2
			壤质洪积潮土	3 490.3	1 473	582.2	25.2	5 570.7
			深位钙盘洪积潮土	51.8				51.8
			黏质洪积潮土	458.4	53	442.2		953.6
		石灰性潮壤土	底砂两合土		602.2		6	608.2
			底砂小两合土		1 035.5	190.6	390.3	1 616.4
			两合土	4 170.9	339	247.8		4 757.6
			浅位厚砂两合土	7.9	1 017.1			1 025
			浅位砂两合土		428.1			428.1
			浅位砂小两合土		212.5			212.5
			小两合土	874.2	2 630		920.7	4 424.9
		石灰性潮砂土	底砾砂壤土				61.9	61.9
			浅位壤砂质潮土				45.7	45.7
			砂质潮土		575.2		10.7	585.8
		石灰性潮黏土	底砂淤土	41.4	8.2	19.1		68.6
			浅位厚壤淤土	40.2				40.2
			浅位砂淤土	48.2	0.3			48.5
			淤土	4 395.2	4.1	184	45.5	4 628.8
	灌淤潮土	淤潮黏土	薄层黏质灌淤潮土	148.3				148.3
			厚层黏质灌淤潮土	587.5				587.5

（续表）

土类	亚类	土属	土种	高度适宜	适宜	勉强适宜	不适宜	总计
	灰潮土	灰潮黏土	洪积灰砂土		24.1	1.4	79.7	105.2
			洪积两合土	124.5	0.3	197.9	22.1	344.8
		湿潮壤土	壤质冲积湿潮土	176.8	4.4	14.2		195.5
			壤质洪积湿潮土	1 573	83.4	276.6	67.8	2 000.8
		湿潮砂土	砂质洪积湿潮土		43	107.2	29.4	179.6
	湿潮土		底砾层冲积湿潮土	934.4	0.2	96.6		1 031.1
		湿潮黏土	黏质冲积湿潮土	476.9	121.6	104.2		702.7
			黏质洪积湿潮土	36.9	26.4	305.8	0.1	369.2
			脱潮底砂小两合土				32.2	32.2
	脱潮土	脱潮壤土	脱潮两合土	390.9	136.7	397.4	13.5	938.5
			脱潮小两合土	59.9	21.7	94.6	46.5	222.7
	钙质粗骨土	灰泥质钙质粗骨土	薄层钙质粗骨土		50.4	439.2	4 442.9	4 932.6
			薄层硅钾质中性粗骨土			34.2	4 430	4 464.3
		暗泥质中性粗骨土	薄层硅镁铁质中性粗骨土		6.7	584.6	2 108.6	2 700
粗骨土			厚层硅镁铁质中性粗骨土	8.6		31.4		40
	中性粗骨土		中层硅镁铁质中性粗骨土	1.2	509.2	123.2	417.6	1 051.1
		硅质中性粗骨土	中层硅质粗骨土		36.7		1 885.6	1 922.3
		麻砂质中性粗骨土	薄层硅铝质中性粗骨土		0.4	85.5	1 381.3	1 467.2
		泥质中性粗骨土	薄层泥质中性粗骨土		24.8	403.7	10 099	10 527.5
	潮褐土	泥砂质潮褐土	壤质潮褐土	4 440.9	837.8	219.4		5 498.1
			黏质潮褐土	1 811.5	207.7	88		2 107.3
			红黄土质褐土	4 842.9	8 356.1	25 810.8	334.1	39 344
			黄土质褐土	10 747	21 003.6	12 155.7		43 906.4
	典型褐土	黄土质褐土	浅位多量砂姜红黄土质	447.2	923	377.4		1 747.6
			浅位少量砂姜红黄土质	1 864.2	7 185.7	7 391.5	0.4	16 441.8
			深位多量砂姜红黄土质		12.1	172.1		184.2
			深位少量砂姜红黄土质		36	66.6		102.6
		泥砂质褐土	黏质洪积褐土	2 725.3	931.4	765.1		4 421.8
		暗泥质褐土性土	中层硅钾质褐土性土		41.6	8.6	2 699.2	2 749.3
		堆垫褐土性土	厚层堆垫褐土性土	21.2	48.4	265.4		335
			红黄土覆盖褐土性土	146.5	217.3	173		536.8
		覆盖褐土性土	浅位多量砂姜红黄土覆			54.4		54.4
褐土			浅位少量砂姜红黄土覆盖褐土性土	0.6	86.8	838.4		925.8
		硅质褐土性土	厚层硅质褐土性土				45	45
	褐土性土		红黄土质褐土性土	3 952.8	7 433.1	17 496.6	433.6	29 316.2
			浅位多量砂姜红黄土质褐土性土	70.4	196.1	252.3		518.8
		黄土质褐土性土	浅位钙盘砂姜红黄土质褐土性土		222.3	187.8	566.4	976.5
			浅位少量砂姜红黄土质褐土性土	67.3	191.2	739.6		998.1
			深位钙盘红黄土质褐土性土		405		1 524.5	1 929.6
			中层红黄土质褐土性土	5.6	5 568.6	3 874.6	7 683.7	17 132.4
		灰泥质褐土性土	中层钙质褐土性土		95.1	3.5	708.2	806.8
			中层硅铝质褐土性土		0.9		2 375	2 375.9
		麻砂质褐土性土	砾质洪积褐土性土	0.4	24.9	502.7		527.9
			壤质洪积褐土性土	109.9	557.2	241.6		908.7

（续表）

土类	亚类	土属	土种	高度适宜	适宜	勉强适宜	不适宜	总计
褐土性土	砂泥质褐土性土		厚层砂泥质褐土性土	1 665.1	2 578.5	5 516.7	263.9	10 024.2
			中层砂泥质褐土性土	3	1 226.6	902.2	8 263.4	10 395
褐土	淋溶褐土	暗泥质淋溶褐土	厚层硅钾质淋溶褐土			16.6		16.6
			中层硅钾质淋溶褐土				918.5	918.5
		硅质淋溶褐土	中层硅质淋溶褐土				55.9	55.9
		黄土质淋溶褐土	红黄土质淋溶褐土	0.2	120.9	710		831.1
		灰泥质淋溶褐土	中层钙质淋溶褐土				123	123
		麻砂质淋溶褐土	厚层硅铝质淋溶褐土	67.7	4	395.5		467.2
		泥砂质淋溶褐土	壤质洪冲积淋溶褐土		334.5	317.5		652
		泥质淋溶褐土	中层泥质淋溶褐土			2.4	596.1	598.5
	石灰性褐土	黄土质石灰性褐土	红黄土质石灰性褐土	3 425.2	2 968	18 409.6	535.9	25 338.8
			浅位少量砂姜红黄土质石灰性褐土	51.6	10.6	702.1	4.3	768.5
			浅位少量砂姜黄土质石灰性褐土	71.3	392.4	882.2		1 345.9
			轻壤质黄土质石灰性褐土	239.5	88.1	125.5		453.2
			少量砂姜黄土质石灰性褐土	190.8				190.8
			深位多量砂姜红黄土质石灰性褐土	22.1		150.1	11.5	183.6
			深位多量砂姜黄土质石灰性褐土		66.4	78.4		144.8
			深位少量砂姜黄土质石灰性褐土			143.6		143.6
			中壤质黄土质石灰性褐土	37.9				37.9
		泥砂质石灰性褐土	壤质洪积褐土	1 485.3	2 013.7	2 166.6		5 665.6
			壤质洪积石灰性褐土	1 309.1	585.8	1 463.8		3 358.8
			黏质洪积石灰性褐土	508.7	572.7	1 166.3	84.3	2 332
红黏土	典型红黏土	典型红黏土	红黏土	1 796.8	9 456	39 538	1 334.9	52 125.7
			浅位多量砂姜红黏土	184.9	257.4	1 630.7		2 073
			浅位多量砂姜石灰性红黏土	120.2	349.9	720.1		1 190.2
			浅位钙盘砂姜石灰性红黏土	829.1	605.7	1 540.1		2 974.9
			浅位少量砂姜红黏土	513.8	3 650.8	5 054	2.9	9 221.5
			浅位少量砂姜石灰性红黏土	2 098.2	1 262.5	6 130.2	67.2	9 558
			深位钙盘砂姜石灰性红黏土	88.5	111.4	436.2		636.1
			石灰性红黏土	1 511.7	1 716.2	19 191.1	668.8	23 087.8
黄棕壤	典型黄棕壤	硅铝质黄棕壤	中层硅铝质黄棕壤				51.1	51.1
	黄棕壤性土	麻砂质黄棕壤	薄层硅铝质黄棕壤性土				70.3	70.3
		砂泥质黄棕壤性土	中层砂泥质黄棕壤性土				207.8	207.8
砂姜	石灰性砂姜	灰覆黑姜土	壤盖洪积石灰性砂姜黑土	180.5	369.6			550.1
黑土	黑土	灰黑姜土	浅位钙盘黏质洪积石灰性砂姜黑土		26.3	117.5		143.8
			深位钙盘黏质洪积石灰性砂姜黑土	123.7	519.1			642.8
石质土	中性石质土	硅质中性石质土	硅质中性石质土			775.8	14 532.6	15 308.4
		泥质中性石质土	泥质中性石质土			140.8	3408.9	3 549.7
水稻土	潜育水稻土	青潮泥田	表潜潮青泥田		2006.9	60.2	17	2 084.1
紫色土	石灰性紫色土	灰紫砾泥土	薄层砂质石灰性紫色土				15.2	15.2
			厚层砂质石灰性紫色土		24	80.6		104.6
			中层砂质石灰性紫色土	0.1	2		3.2	5.4
	中性紫色土	紫砾泥土	薄层砂质中性紫色土			0.2	436.3	436.5
			厚层砂质中性紫色土	3.9	306.7	453.6		764.2
			中层砂质中性紫色土		95.2		364.9	460.1
棕壤	典型棕壤	暗泥质棕壤	厚层硅镁铁质棕壤			12		12
			中层硅钾质棕壤				264.5	264.5

（续表）

土类	亚类	土属	土种	高度适宜	适宜	勉强适宜	不适宜	总计
棕壤	典型棕壤	硅质棕壤	厚层硅质棕壤	1	0.2	256.1		257.3
			中层硅质棕壤				171.6	171.6
		黄土质棕壤	黄土质棕壤		6	66.5		72.5
		麻砂质棕壤	厚层硅铝质棕壤			202.2		202.2
			中层硅铝质棕壤		76.5	3.9	4 048.6	4 129
		砂泥质棕壤	中层砂泥质棕壤			4.1	420.8	425
	棕壤性土	暗泥质棕壤性土	薄层硅钾质棕壤性土				297.4	297.4
			薄层硅镁铁质棕壤性土				1.2	1.2
			中层硅钾质棕壤性土				43	43
			中层硅镁铁质棕壤性土				1 620.9	1 620.9
		硅质棕壤性土	中层硅质棕壤性土				114.1	114.1
		麻砂质棕壤性土	薄层硅铝质棕壤性土				2 163.2	2 163.2
			中层硅铝质棕壤性土				309.4	309.4
		泥质棕壤性土	中层砂泥质棕壤性土		13.9		692.6	706.5
			合计	65 895	96 047.2	186 212	85 407.4	433 561.1

三、主要土壤养分对玉米适宜性的影响

土壤养分对玉米适宜性分级有一定影响。高度适宜区和适宜区中级以上面积相对较多，不适宜区则反之，主要土壤养分分级面积见表 77-13 至表 77-17。

表 77-13　有机质分级别面积分布　　单位：hm²

有机质分级 分级标准	一级（高） >30g/kg	二级（较高） 20.1~30g/kg	三级（中） 17.1~20g/kg	四级（较低） 15.1~17g/kg	五级（低） ≤15g/kg	总合计
不适宜	339.82	19 147.03	38 178.89	52 727.20	46 207.89	156 600.82
高度适宜	844.13	8 071.47	16 838.53	16 096.95	10 973.99	52 825.06
勉强适宜	569.72	16 101.24	43 369.99	40 834.11	22 914.88	123 789.93
适宜	341.06	11 796.10	24 319.91	28 180.00	35 708.16	100 345.23
总计	2 094.74	55 115.83	122 707.31	137 838.25	115 804.92	433 561.06

表 77-14　全氮分级别面积分布　　单位：hm²

全氮分级 分级标准	一级（高） >1.5mg/kg	二级（较高） 1.21~1.5mg/kg	三级（中） 1.1~1.2mg/kg	四级（较低） 0.81~1.0mg/kg	五级（低） ≤0.8mg/kg	总合计
不适宜	954.24	12 217.99	63 597.34	71 965.43	7 865.82	156 600.82
高度适宜	256.05	4 254.39	26 551.99	17 927.16	3 835.47	52 825.06
勉强适宜	229.85	5 124.74	44 869.67	65 892.18	7 673.50	123 789.93
适宜	175.15	3 585.31	37 516.76	51 627.79	7 440.22	100 345.23
总计	1 615.29	25 182.43	172 535.77	207 412.56	26 815.01	433 561.06

表 77-15　有效磷分级别面积分布　　单位：hm²

有效磷分级 分级标准	一级（高） >40.0mg/kg	二级（较高） 20.1~40.0mg/kg	三级（中） 15.1~20.0mg/kg	四级（较低） 10.1~15.0mg/kg	五级（低） ≤10.0mg/kg	总合计
不适宜	2 191.75	7 371.05	18 667.76	69 004.39	59 365.87	156 600.82
高度适宜	98.95	1 710.68	9 787.40	26 489.44	14 738.60	52 825.06
勉强适宜	1 194.69	4 949.98	9 061.47	56 785.83	51 797.96	123 789.93
适宜	552.56	3 571.16	11 051.51	48 456.60	36 713.40	100 345.23
总计	4 037.95	17 602.87	48 568.14	200 736.26	162 615.83	433 561.06

表 77-16　速效钾分级别面积分布　　　　单位：hm²

速效钾分级 分级标准	一级（高） >200mg/kg	二级（较高） 170.1~200mg/kg	三级（中） 150.1~170mg/kg	四级（较低） 130.1~150mg/kg	五级（低） ≤130mg/kg	总合计
不适宜	50 271.56	8 657.73	20 558.89	39 840.36	37 272.28	156 600.82
高度适宜	8 977.88	8 057.14	13 692.51	14 850.38	7 247.15	52 825.06
勉强适宜	14 715.05	14 328.68	32 095.45	40 000.75	22 650.00	123 789.93
适宜	16 319.66	11 356.19	20 452.32	30 482.15	21 734.92	100 345.23
总计	90 284.15	42 399.75	86 799.17	125 173.65	88 904.35	433 561.06

表 77-17　有效锌分级别面积分布　　　　单位：hm²

有效锌分级 分级标准	一级（高） >3.5mg/kg	二级（较高） 3.1~3.5mg/kg	三级（中） 1.51~3.0mg/kg	四级（较低） 1.21~1.5mg/kg	五级（低） ≤1.2mg/kg	总合计
不适宜	888.56	599.42	23 205.79	20 588.95	111 318.09	156 600.82
高度适宜	380.44	612.95	16 496.15	12 604.26	22 731.26	52 825.06
勉强适宜	513.22	407.28	20 975.07	32 150.02	69 744.35	123 789.93
适宜	382.00	130.13	17 785.93	20 603.24	61 443.92	100 345.23
总计	2 164.23	1 749.79	78 462.95	85 946.47	265 237.62	433 561.06

第七节　玉米适宜性分区分析

一、玉米高度适宜种植区

洛阳市夏玉米高度适宜种植区 65 894.7 hm²，占全市耕地面积的 15.2%，主要分布在流水地貌和黄土地貌中的冲积平原、黄土台地丘陵上，其他地貌类型上分布很少，其中冲积平原面积 46 229 hm²，占本区面积的 70.2%；黄土台地丘陵面积 12 866.5 hm²，占本区面积的 19.5%；土壤质地以中壤土、重壤土为主，其中中壤土面积 45 047.6 hm²，占本区面积的 68.4%，重壤土面积 19 086.1 hm²，占本区面积的 29.0%；灌溉类型集中在保灌区和能灌区，其中保灌区面积 46 434.7 hm²，占本区面积的 70.5%，能灌区面积 18 788 hm²，占本区面积的 28.5%；无障碍层面积 64 771.6 hm²，占本区面积的 98.3%；无砾石面积 57 547.1 hm²，占本区面积的 87.3%；石质接触大于 120cm 的面积 63 949.2 hm²，占本区面积的 97.1%；土种以黄土质褐土、两合土、壤质潮褐土为主，其中黄土质褐土面积 10 747.1 hm²，占本区面积的 16.3%，两合土面积 4 170.9 hm²，占本区面积的 6.3%、壤质潮褐土面积 4 440.9 hm²，占本区面积的 6.7%；该种植区土层深厚，地势平坦，无明显障碍层；土壤肥沃，有机质集中分布在Ⅳ级，有效磷集中分布在Ⅱ、Ⅲ级，速效钾集中分布在Ⅰ、Ⅱ级，全氮集中分布在Ⅲ、Ⅳ级，全氮、速效钾含量丰富，有机质、有效磷含量丰富；有效锰分布在Ⅲ级，含量中等，其他微量元素含量都在中等。该区域土壤质地及构型、耕层厚度、灌溉保证率、土壤养分都十分适宜夏玉米的种植，是洛阳市夏玉米高产、稳产的主要区域。夏玉米高度适宜种植区主要属性统计表见表 77-18 至表 77-25。

表 77-18　玉米高度适宜种植区各质地类型面积分布

质地	紧砂土	轻壤土	轻黏土	砂壤	砂壤土	中壤土	重壤土	总计
高度适宜（hm²）		299.4	587.5	67.7	806.5	45 047.6	19 086.1	65 894.7
占本区的面积比例(%)	0	0.5	0.9	0.1	1.2	68.4	29	100

表 77-19　玉米高度适宜种植区各灌溉分区面积分布

分区	保灌区	可灌区	能灌区	无灌区	总计
高度适宜（hm²）	46 434.7	671.9	18 788		65 894.7
占本区的面积比例(%)	70.5	1	28.5	0	100

表 77-20　玉米高度适宜种植区各一级地貌类型面积分布

一级地貌	黄土地貌	流水地貌	岩溶地貌	总计
高度适宜（hm²）	12 866.5	52 941.8	86.4	65 894.7
占本区的面积比例(%)	19.5	80.3	0.1	100

表 77-21　玉米高度适宜种植区各二级地貌类型面积分布

二级地貌	冲积平原	洪积(山麓冲积)平原	黄土覆盖的低山	黄土覆盖的中山	黄土台地丘陵	侵蚀剥削低山	侵蚀剥削丘陵	侵蚀剥削台地	侵蚀剥削中山	溶蚀侵蚀低山
高度适宜（hm²）	46 229	2 700			12 866.5	1 572.4	67.4	1 534.3	838.6	86.4
占本区的面积比例(%)	70.2	4.1	0	0	19.5	2.4	0.1	2.3	1.3	0.1

表 77-22　玉米高度适宜种植区障碍层位置面积分布

障碍层位置	浅位	深位	（空白）	总计
高度适宜（hm²）		1 123.1	64 771.6	65 894.7
占本区的面积比例(%)	0	1.7	98.3	100

表 77-23　玉米高度适宜种植区砾石含量面积分布

砾石含量	多量	少量	无	总计
高度适宜（hm²）	652.1	7 695.6	57 547.1	65 894.7
占本区的面积比例(%)	1	11.7	87.3	100

表 77-24　玉米高度适宜种植区石质接触面积分布

石质接触	25cm	27cm	28cm	30cm	50cm	60cm	80cm	120cm	总计
高度适宜（hm²）					74.8	1 870.2	0.6	63 949.2	65 894.7
占本区的面积比例(%)	0	0	0	0	0.1	2.8	0	97.1	100

表 77-25　玉米高度适宜种植区各地貌类型面积分布

地貌类型	大起伏中山	泛滥平坦地	高丘陵	河谷平原	黄河滩地	黄土平梁	黄土丘陵	黄土塬	基岩高台地
高度适宜（hm²）	534.7	2 597	67.4	38 976.3	4 655.3	3 723.5	6 573	2 569.8	
占本区的面积比例(%)	0.8	3.9	0.1	59.1	7.1	5.7	10	3.9	0

地貌类型	倾斜的洪积(山麓冲积)平原	小起伏低山(黄土低山)	小起伏低山(侵蚀剥削)	小起伏低山(溶蚀侵蚀)	小起伏中山	早期堆积台地	中起伏低山	中起伏中山	总计
高度适宜（hm²）	2 700		1 572.4	86.4		1 534.3	6.6	297.4	65 895
占本区的面积比例(%)	4.1	0	2.4	0.1	0	2.3	0	0.5	100

二、玉米适宜种植区

夏玉米适宜种植区 96 047.2 hm²，占全市耕地面积的 22.2%，主要分布在流水地貌和黄土地貌中的冲积平原、黄土台地丘陵上，其他地貌类型上也有分布，其中黄土台地丘陵面积 42 706.0 hm²，占本区面积的 44.4%；冲积平原面积 21 519.9 hm²，占本区面积的 22.4%；土壤质地以中壤土、重壤土为主，其中中壤土面积 68 980.9 hm²，占本区面积的 71.8%，重壤土面积 32 657.1 hm²，占本区面积的 21.5%；灌溉类型集中在保灌区和能灌区，其中保灌区面积 24 881.5 hm²，占本区面积的 25.9%，能灌区面积 15 267.0 hm²，占本区面积的 15.9%；无障碍层面积 95 322.7 hm²，占本区面积的 99.2%；无砾石面积 75 464.1 hm²，占本区面积的 78.6%；石质接触大于 120cm 的面积 81 940.0 hm²，占本区面积的 85.3%；土种以黄土质褐土、红黄土质褐土为主，其中黄土质褐土面积 21 003.6 hm²，占本区面积的 21.9%，红黄土质褐土面积 8 356.1 hm²，占本区面积的 8.7%；该种植区土层深厚，地势略有起伏，无明显障碍层；土壤较肥沃，有机质集中分布在Ⅳ级，有效磷集中分布在Ⅲ级，速效钾集中分布在Ⅰ级、Ⅱ级，有少量分布在Ⅲ级，全氮集中分布在Ⅲ级、Ⅳ级，全氮、速效钾含量丰富，有机质、有效磷含量较丰富，主要养分较高度适宜区有所下降；有效锰分布在Ⅲ级，含量中等，其他微量元素含量都在中等。该区域土壤质地及构型、耕层厚度、灌溉保证率、土壤养分等项指标低于高度适宜种植区域，其中灌溉保证率是主要影响因素，适宜夏玉米的种植，是洛阳市夏玉米稳产、高产的主要区域。夏玉米适宜种植区主要属性统计表见表 77-26 至表 77-33。

表 77-26　玉米适宜种植区各质地类型面积分布

质地	紧砂土	轻壤土	轻黏土	砂壤	砂壤土	中壤土	重壤土	总计
适宜（hm²）	282.4	1 357.8		292.7	2 697.2	68 980.9	22 436.2	96 047.2
占本区的面积比例(%)	0.3	1.4	0	0.3	2.8	71.8	23.4	100

表 77-27　玉米适宜种植区各灌溉分区面积分布

分区	保灌区	能灌区	可灌区	无灌区	总计
适宜（hm²）	11 618.1	44 280.6	15 267	24 881.5	96 047.2
占本区的面积比例(%)	12.1	46.1	15.9	25.9	100

表 77-28　玉米适宜种植区各一级地貌类型面积分布

一级地貌	黄土地貌	流水地貌	岩溶地貌	总计
适宜（hm²）	43 309.3	52 294.4	443.5	96 047.2
占本区的面积比例(%)	45.1	54.4	0.5	100

表 77-29　玉米适宜种植区各二级地貌类型面积分布

二级地貌	冲积平原	洪积(山麓冲积)平原	黄土覆盖的低山	黄土覆盖的中山	黄土台地丘陵	侵蚀剥削低山	侵蚀剥削丘陵	侵蚀剥削台地	侵蚀剥削中山	溶蚀侵蚀低山	总计
适宜（hm²）	21 519.9	9 891.4	33.7	569.7	42 706	10 042.6	905.3	7 637.7	2 297.5	443.5	96 047.2
占本区的面积比例(%)	22.4	10.3	0	0.6	44.4	10.5	0.9	8	2.4	0.5	100

表 77-30　玉米适宜种植区障碍层位置面积分布

障碍层位置	浅位	深位	（空白）	总计
适宜（hm²）	26.3	698.2	95 323	96 047
占本区的面积比例(%)	0.1	0.7	99.2	100

表 77-31　玉米适宜种植区砾石含量面积分布

砾石含量	多量	少量	无	总计
适宜（hm²）	2 499.5	18 083.5	75 464	96 047
占本区的面积比例(%)	2.6	18.8	78.6	100

表 77-32　玉米适宜种植区石质接触面积分布

石质接触	25cm	27cm	28cm	30cm	50cm	60cm	80cm	120cm	总计
适宜（hm²）	50.4	6.7	247.5	26.3	10 257	3432.5	86.8	81 940	96 047
占本区的面积比例(%)	0.1	0	0.3	0	10.7	3.6	0.1	85.3	100

表 77-33　玉米适宜种植区各地貌类型面积分布

地貌类型	大起伏中山	泛滥平坦地	高丘陵	河谷平原	黄河滩地	黄土平梁	黄土丘陵	黄土塬	基岩高台地
适宜（hm²）	338.6	1 992.6	905.3	18 061	1 466.2	1 786.3	29 546.7	11 373	1 835.5
占本区的面积比例(%)	0.4	2.1	0.9	18.8	1.5	1.9	30.8	11.8	1.9

地貌类型	倾斜的洪积(山麓冲积)平原	小起伏低山(黄土低山)	小起伏低山(侵蚀剥削)	小起伏低山(溶蚀侵蚀)	小起伏中山	早期堆积台地	中起伏低山	中起伏中山	总计
适宜（hm²）	9 891.4	33.7	10 043	443.5	569.7	5 802.2	272.2	1 686.7	96 047
占本区的面积比例(%)	10.3	0	10.5	0.5	0.6	6	0.3	1.8	100

三、玉米勉强适宜种植区

夏玉米勉强适宜种植区 186 211.8 hm²，占全市耕地面积的 42.9%，主要分布在黄土地貌和流水地貌中的黄土台地丘陵、冲积平原、黄土覆盖的低山上，其他地貌类型上也有分布，其中黄土台地丘陵面积 88 303.6 hm²，占本区面积的 47.4%；黄土覆盖的低山面积 19 033.7 hm²，占本区面积的 10.2%；冲积平原面积 22 899.4 hm²，占本区面积的 12.3%；土壤质地以中壤土、重壤土为主，其中中壤土面积 108 103.0 hm²，占本区面积的 58.1%，重壤土面积 77 589.5 hm²，占本区面积的 41.6%；灌溉类型集中在无灌区，其中无灌区面积 178 198.2 hm²，占本区面积的 95.7%；无障碍层面积 185 997.7 hm²，占本区面积的 99.8%；无砾石面积 149 636.0 hm²，占本区面积的 80.4%；石质接触大于 120cm 的面积 170 602.3 hm²，占本区面积的 91.6%；土种以红黄土质褐土、红黄土质褐土性土、红黄土质石灰性褐土为主，其中红黄土质褐土面积 25 810.8 hm²，占本区面积的 13.9%，红黄土质褐土性土面积 17 496.6 hm²，占本区面积的 9.4%，红黄土质石灰性褐土面积 18 409.6 hm²，占本区面积的 9.9%；该种植区土层较厚，地势起伏明显，个别土种有障碍层，面积很小；土壤养分一般，有机质集中分布在Ⅳ级，有效磷集中分布在Ⅲ级，速效钾集中分布在Ⅱ级、Ⅲ级，全氮集中分布在Ⅲ级、Ⅳ级，全氮、速效钾含量较丰富，有机质、有效磷含量较丰富，主要养分较高度适宜区下降明显；有效锰分布在Ⅲ级，含量中等，其他微量元素含量都在中等。该区域土壤质地及构型、耕层厚度、灌溉保证率、土壤养分等项指标都低于高度适宜和适宜种植区域，其中灌溉保证率是影响夏玉米种植的决定因素。夏玉米勉强适宜种植区主要属性统计表见表 77-34 至表 77-41。

表 77-34　玉米勉强适宜种植区各质地类型面积分布

质地	紧砂土	轻壤土	轻黏土	砂壤	砂壤土	中壤土	重壤土	总计
勉强适宜（hm²）		410.8			108.5	108 103	77 589.5	186 211.8
占本区的面积比例(%)	0	0.2	0	0	0.1	58.1	41.6	100

表 77-35　玉米勉强适宜种植区各灌溉分区面积分布

分区	保灌区	可灌区	能灌区	无灌区	总计
勉强适宜（hm²）	1 527.4	5 046.2	1 440	178 198.2	186 211.8
占本区的面积比例(%)	0.8	2.7	0.8	95.7	100

表77-36　玉米勉强适宜种植区各一级地貌类型面积分布

一级地貌	黄土地貌	流水地貌	岩溶地貌	总计
勉强适宜（hm²）	107 923.2	72 295.1	5 993.5	186 211.8
占本区的面积比例(%)	58	38.8	3.2	100

表77-37　玉米勉强适宜种植区各二级地貌类型面积分布

二级地貌	冲积平原	洪积(山麓冲积)平原	黄土覆盖的低山	黄土覆盖的中山	黄土台地丘陵	侵蚀剥削低山	侵蚀剥削丘陵	侵蚀剥削台地	侵蚀剥削中山	溶蚀侵蚀低山	总计
勉强适宜（hm²）	22 899.4	1 069.3	19 033.7	585.8	88 303.6	13 913.7	5 187.7	12 326.6	16 898.5	5 993.5	186 211.8
占本区的面积比例(%)	12.3	0.6	10.2	0.3	47.4	7.5	2.8	6.6	9.1	3.2	100

表77-38　玉米勉强适宜种植区障碍层位置面积分布

障碍层位置	浅位	深位	（空白）	总计
勉强适宜（hm²）	117.5	96.6	185 997.7	186 211.8
占本区的面积比例(%)	0.1	0.1	99.8	100

表77-39　玉米勉强适宜种植区砾石含量面积分布

砾石含量	多量	少量	无	总计
勉强适宜（hm²）	3 649.5	32 926.3	149 636	186 211.8
占本区的面积比例(%)	2	17.6	80.4	100

表77-40　玉米勉强适宜种植区石质接触面积分布

石质接触	25cm	27cm	28cm	30cm	50cm	60cm	80cm	120cm	总计
勉强适宜(hm²)	439.2	584.6	711.3	1 034.3	4 982.6	6964.8	892.8	170 602.3	186 211.8
占本区的面积比例(%)	0.2	0.3	0.4	0.6	2.7	3.7	0.5	91.6	100

表77-41　玉米勉强适宜种植区各地貌类型面积分布

地貌类型	大起伏中山	泛滥平坦地	高丘陵	河谷平原	黄河滩地	黄土平梁	黄土丘陵	黄土塬	基岩高台地
勉强适宜(hm²)	4 984.5	829.4	5 187.7	21 258.5	811.4	50 751.4	27 289.6	10 262.7	5 368
占本区的面积比例(%)	2.7	0.4	2.8	11.4	0.4	27.3	14.7	5.5	2.9

地貌类型	倾斜的洪积(山麓冲积)平原	小起伏低山(黄土低山)	小起伏低山(侵蚀剥削)	小起伏低山(溶蚀侵蚀)	小起伏中山	早期堆积台地	中起伏低山	中起伏中山	总计
勉强适宜(hm²)	1 069.3	19 033.7	13 913.7	5 993.5	585.8	6 958.6	1 481.6	10 432.4	186 211.8
占本区的面积比例(%)	0.6	10.2	7.5	3.2	0.3	3.7	0.8	5.6	100

四、玉米不适宜种植区

夏玉米不适宜种植区 85 407.4 hm²，占全市耕地面积的 19.7%，主要分布在黄土地貌和流水地貌中的黄土台地丘陵、侵蚀剥削的中山上，其他地貌类型上也有分布，其中黄土台地丘陵面积 26 616.7hm²，占本区面积的 31.2%；侵蚀剥削的中山面积 29 234.5 hm²，占本区面积的 34.2%；土壤质地以中壤土为主，其中中壤土面积 81 228.7hm²，占本区面积的 95.1%；灌溉类型集中在无灌区，其中无灌区面积 78 593.9 hm²，占本区面积的 92.0%；无障碍层面积 85 080.8 hm²，占本区面积的 99.6%；无砾石面积 18 324.5 hm²，占本区面积的 21.5%，其余的耕地土壤都含有砾石；石质接触大于 120cm 的面积 5 238.3 hm²，占本区面积的 6.1%，其余的都小于 50cm；土种以硅质中性石质土、薄层泥质中性粗骨土为主，其中硅质中性石质土面积 14 532.6 hm²，占本区面积的 17.0%，薄层泥质中性粗骨土面积 10 099.0 hm²，占本区面积的 11.8%%；该种植区土层较薄，地势变化很大，个别土种有障碍层；土壤养分一般，有机质集中分布在Ⅳ级，有效磷集中分布在Ⅲ级，速效钾集中分布在Ⅱ级、Ⅲ级，全氮集中分布在Ⅲ级、Ⅳ级，全氮、速效钾含量、有机质、有效磷含量中等，主要养分较高度适宜区下降明显；有效锰分布在Ⅲ级，含量中等，其他微量元素含量都在中等。该区域土壤质地及构型、耕层厚度、灌溉保证率等都不适宜种植夏玉米，根据国家农业政策及农业布局规划，将不再从事夏玉米种植。夏玉米不适宜种植区主要属性统计表见表 77-42 至表 7-49。

表 77-42　玉米不适宜种植区各质地类型面积分布

质地	紧砂土	轻壤土	轻黏土	砂壤	砂壤土	中壤土	重壤土	总计
不适宜（hm²）	56.4	494.2			1 091.7	81 228.7	2 536.4	85 407.4
占本区的面积比例(%)	0.1	0.6	0	0	1.3	95.1	3	100

表 77-43　玉米不适宜种植区各灌溉分区面积分布

分区	保灌区	能灌区	可灌区	无灌区	总计
不适宜（hm²）	405.1	4 666.3	1 742.1	78 593.9	85 407.4
占本区的面积比例(%)	0.5	5.5	2	92	100

表 77-44　不适宜种植区各一级地貌类型面积分布

一级地貌	黄土地貌	流水地貌	岩溶地貌	总计
不适宜（hm²）	29 859.6	54 383	1 164.8	85 407.4
占本区的面积比例(%)	35	63.7	1.4	100

表 77-45　不适宜种植区各二级地貌类型面积分布

二级地貌	冲积平原	洪积(山麓冲积)平原	黄土覆盖的低山	黄土覆盖的中山	黄土台地丘陵	侵蚀剥削低山	侵蚀剥削丘陵	侵蚀剥削台地	侵蚀剥削中山	溶蚀侵蚀低山	总计
不适宜（hm²）	5 899.3		2 348.4	894.5	26 616.7	9 869.2	1 520.9	7 859.2	29 234.5	1 164.8	85 407.4
占本区的面积比例(%)	6.9	0	2.7	1	31.2	11.6	1.8	9.2	34.2	1.4	100

表 77-46　不适宜种植区障碍层位置面积分布

障碍层位置	浅位	深位	（空白）	总计
不适宜（hm²）		326.5	85 080.8	85 407.4
占本区的面积比例(%)	0	0.4	99.6	100

表 77-47　不适宜种植区砾石含量面积分布

砾石含量	多量	少量	无	总计
不适宜（hm²）	24 952.3	42 130.5	18 324.5	85 407.4
占本区的面积比例(%)	29.2	49.3	21.5	100

表 77-48　玉米不适宜种植区石质接触面积分布

石质接触	25cm	27cm	28cm	30cm	50cm	60cm	80cm	120cm	总计
不适宜（hm²）	4 442.9	2 108.6	18 938.6	18 463.3	35 951.7	263.9		5 238.3	85 407.4
占本区的面积比例(%)	5.2	2.5	22.2	21.6	42.1	0.3	0	6.1	100

表 77-49　玉米不适宜种植区各地貌类型面积分布

地貌类型	大起伏中山	泛滥平坦地	高丘陵	河谷平原	黄河滩地	黄土平梁	黄土丘陵	黄土塬	基岩高台地
不适宜（hm²）	10 507	2 087	1 520.9	3 789.1	23.2	3 849.6	18 960.9	3 806.2	298.8
占本区的面积比例(%)	12.3	2.4	1.8	4.4	0	4.5	22.2	4.5	0.3

地貌类型	倾斜的洪积(山麓冲积)平原	小起伏低山(黄土低山)	小起伏低山(侵蚀剥削)	小起伏低山(溶蚀侵蚀)	小起伏中山	早期堆积台地	中起伏低山	中起伏中山	总计
不适宜(hm²)		2 348.4	9 869.2	1 164.8	894.5	7 560.4	2 832.6	15 894.9	85 407.4
占本区的面积比例(%)	0	2.7	11.6	1.4	1	8.9	3.3	18.6	100

第八节　玉米适宜性评价结论与建议

根据洛阳市玉米适宜性评价结果，在对各适宜性分区进行分析的基础上，结合玉米生物学特性及气候特点（如常出现7月上旬的卡脖旱、初夏旱、伏旱以及不同程度的涝灾，洪涝概率30%左右，玉米成熟期常出现低温延迟成熟等），在兼顾耕地地力评价分级及耕地资源类型区划分的基础上，就洛阳市玉米种植提出以下建议：

一、伊、洛、汝、涧河川玉米高产区

该区主要分布在洛阳市东北部黄河流域黄河滩地及伊河、洛河、汝河、涧河等河系及主要支流两侧冲积平原和洪积平原，总耕地面积110 207.7 hm²。其中高度适宜区中河谷平原38 976.3 hm²，洪积（山麓冲积）平原2 700 hm²，黄河滩地4 655.3 hm²，泛滥平坦地2597hm²，共计48 928.6 hm²；适宜区中河谷平原18 061 hm²，洪积（山麓冲积）平原9 891.4 hm²，黄河滩地1 466.2 hm²，泛滥平坦地1 992.6 hm²，共计31 411.2 hm²；勉强适宜区中河谷平原21 258.5 hm²，洪积（山麓冲积）平原1 069.3 hm²，黄河滩地811.4hm²，泛滥平坦地829.4hm²，共计23 968.6 hm²；不适宜区中河谷平原2 087 hm²，黄河滩地23.2hm²，共计5 899.3 hm²。成土母质为洪积、冲积母质，土壤组合为潮土、褐土。主要涉及偃师、宜阳、洛宁、伊川、嵩县、汝阳、新安、孟津、洛龙区和吉利区。其障碍因素是渠系配套不完整，深机耕面积有减少趋势，适耕层变浅，玉米根系生长条件恶化。

改良利用方向：充分利用高标准良田项目的实施，结合粮食生产核心区建设，整合所有涉农资金，聚拢政策，集中布局，强化管理，提供配套服务，加快建设一批百亩方、千亩方和万亩方，统筹推进水、电、路、林等田间生产设施建设和平原村庄规划布局，集中打造"田地平整肥沃、灌排设施完善、农机装备齐全、技术集成到位、优质高产高效、绿色生态安全"的高标准永久性粮田。实施高标准粮田"百千万"建设工程，为粮食生产实现规模化、标准化、机械化、集约化发展提供重要载体，有效实现稳粮保供给，推进粮食生产现代化。农业措施包括研究改进灌溉技术，整修渠道，灌排结合，推行秸秆还田，实行测土配方施肥，减本增效，加强田间管理及良种良法的应用，以高产创建百、千、万工程为依托，扩大玉米种植面积，提高单位粮食产量，建立高产稳产田，促进高效农业生产的持续发展。其具体措施包括以下几个方面。

（1）搞好洛阳境内黄河流域及伊河、洛河、汝河、涧河四大河系及较大支流的堤防建设，要搞好整修河坝，疏浚灌溉排涝工程建设，提高灌溉排涝能力。特别要重视险工地段的除险加固，防御洪涝灾害，保障人民群众的生命财产安全。

（2）进一步搞好农田水利基本建设，统一规划，合理布局，要以搞好水利设施修复、创新管理方式为重点，巩固和完善现有水利设施，提高整体效益；有条件的地方要继续规划、建设新的水利工程，扩大灌溉面积，全面提高抗御自然灾害的能力。

（3）推动区内土壤肥料检测能力建设，根据玉米生育期内土壤含水量的变化和需水规律，以高产高效为目的，提高水分利用率和灌溉的经济效益。研究实施先进的灌溉技术，如小畦浅灌、渗灌、滴灌、喷灌等。

（4）实施测土配方施肥，根据玉米需肥规律、土壤供肥性能和肥料利用率等科学数据，为玉米生产提供氮、磷、钾和中微量元素肥料的适宜用量、比例、施用方法和时期等技术指标，综合运用测土配方施肥管理及耕地资源管理系统、触摸屏以及互联网络等现代技术，普及先进的施肥技术，减少土壤的面源污染，保护生态环境。

（5）加快土地流转步伐，促使良田集中使用，向种粮能手、种粮大户、专业合作社和涉农企业流转。提高玉米生产的机械化水平，降低劳动强度，节本增效。

（6）对该区中部分勉强适宜区和不适宜区的耕地，针对具体情况，运用综合措施，提高耕地等级，促其早日变成高产良田。

二、黄土台地丘陵玉米潜在高产区

该区主要分布在洛阳市宜阳县、伊川县、洛宁县、新安县、孟津县、偃师市和嵩县的黄土平梁、黄土塬、黄土丘陵上土层深厚的低丘陵梯田、塬地和沟谷坪地，总耕地面积 143 876 hm²。其中高度适宜区中黄土平梁 3 723.5 hm²，黄土塬 2 569.8 hm²，黄土丘陵 6 573 hm²，共计 12866.3hm²；适宜区中黄土平梁 1 786.3 hm²，黄土塬 11 373 hm²，黄土丘陵 29 546.7 hm²，共计 42 706 hm²；勉强适宜区中黄土平梁 50 751.4 hm²，黄土塬 10 262.7 hm²，黄土丘陵 27 289.6 hm²，共计 88 303.7 hm²。主要土壤组合为褐土、红黏土，主要障碍因素是水源短缺而不平衡，水土流失，灌溉能力较差，土壤肥力不高。

改良利用方向：该区是洛阳市潜在的高产玉米生产基地，其最终的发展目标是成为洛阳市玉米的稳产高产区。该区的改良利用也应充分争取各种项目的实施，结合粮食生产核心区建设，整合所有涉农资金，聚拢政策，集中布局，强化管理，提供配套服务，统筹推进水、电、路、林等田间生产设施建设和平原村庄规划布局，快速建成高标准永久性高产粮田。大力搞好高标准粮田"百千万"建设工程，为粮食生产实现规模化、标准化、机械化、集约化发展提供重要载体，有效实现稳粮保供给，推进粮食生产现代化。其具体措施包括以下几个方面。

（1）坚持山、水、田、林、路综合治理，搞好水土保持。要把控制水土流失作为提高抗灾能力的重点，应按照小流域治理全面规划，统筹安排，平整土地，搞好坡地水平梯田，防止地面径流，达到水不出田；加强沟头防护，闸沟挂淤，达到泥不出沟。

（2）加强水利建设，选择适宜地点，修建水囤、水窖，拦截径流；合理安排井站布局，开发利用地下水。要积极兴建水利设施，做好水利工程的管理、加固、配套、挖潜，千方百计扩大水浇地面积。

（3）采取防旱抗旱工程和农艺措施，蓄水保墒，提高土地生产率。推广应用旱地农业研究成果，走旱地农业道路。实行精耕细作，伏雨秋用，秋雨春用，选用耐旱品种。

（4）实施测土配方施肥，根据玉米需肥规律、土壤供肥性能和肥料利用率，全过程提供氮、磷、钾和中微量元素肥料的适宜用量、比例、施用方法和时期，综合运用测土配方施肥、触摸屏以及现代网络技术等为载体，普及先进的施肥技术，减少土壤的面源污染，保护生态环境。

（5）加快土地流转步伐，促使良田集中使用，向种粮能手、种粮大户、专业合作社和涉农企业流转。提高玉米生产的机械化水平。

三、中西南部中山特种玉米产区

该区主要分布在洛阳市西南部，从地貌类型上属于大起伏中山和中起伏中山。其境内有伏牛山、熊耳山、外方山。包括栾川县、嵩县、汝阳县、洛宁县和宜阳县的部分乡镇。区内地势高峻，群山林立，海拔多在 1 000~2 212m，气候冷凉多雨，年平均气温 4~12℃，大于 0℃积温 1 600~4 000℃，无霜期 97~197 天，年降水量 750~1 200 mm。土类主要是棕壤、黄棕壤和粗骨土，质地一般为壤质，总耕地面积 18 274.3 hm²。其中高度适宜区中大起伏中山 534.7hm²，中起伏中山 297.4hm²；适宜区中大起伏中山 338.6hm²，中起伏中山 1 686.7 hm²；勉强适宜区中大起伏中山 4 984.5 hm²，中起伏中山 10 432.4 hm²。该区存在的主要问题是地块零散，分布在山间盆地和狭窄的河流两岸，山高坡陡路窄，生产条件差。

改良利用方向：加强农业基础建设，改善农业生态环境，走特种玉米产业道路。具体措施包括以下几方面。

（1）搞好小流域综合治理，本着治理与生产利用相结合的原则，采取生物与工程措施相结合的方法，进行山、水、田、林、路的统一规划和综合治理。

（2）控制水土和养分流失，加厚土壤耕层，提高抗御自然灾害的能力。要增施有机肥料，改良土壤结构，提高土壤肥力。

（3）加强水利建设，河谷川地应发展自流灌溉，不断扩大灌溉面积。

（4）改革耕作制度，采用优良品种，推广先进技术，逐步提高玉米的品质和产量。

（5）加快土地流转步伐，促使良田集中使用，向种粮能手、种粮大户、专业合作社和涉农企业流转。跳出农业经营农业，以企业化管理打造高山特种玉米产品品牌。

四、中西南部低山区

该区位于洛阳市中西南部，从地貌类型上属于中起伏低山、小起伏中山、基岩高台地、高丘陵及部分黄土丘陵、黄土塬等。包括汝阳、嵩县、洛宁三县的大部和栾川、新安、宜阳、偃师、伊川等县的局部。

该区海拔较高，地势起伏较大，水资源贫乏，季节性差异大，田面坡度大，农田设施不配套，土层较薄，土壤肥力较低，耕地障碍层次明显，总耕地面积 161 203.1 hm²。不适合种植玉米，可以针对具体情况进行种植结构调整，改种花生、谷子、红薯及中药材等经济作物。对部分山高坡陡，土薄地瘠的耕地要根据国家政策，积极进行退耕还林、还草，大力发展林果业，改善生态环境。

第七十八章 洛阳市红薯适宜性评价

第一节 洛阳市红薯生产概况

红薯是洛阳市主要粮食作物之一,种植面积在小麦、玉米之后,居第三位。洛阳市红薯生产经历了 4 个发展时期。1949—1965 年的高速增长期,面积由 79.3 万亩,扩大到 126.55 万亩;1961—1980年的 20 年间为红薯生产稳步发展期,面积稳定在 150 万亩左右,单产由 100kg 逐步增长到 1980 年的200kg;1981—1990 年,由于种植结构调整,红薯面积下降近 40 万亩,单产在 103~280kg 徘徊,总产量为 11 万~29 万 t。改革开放 30 多年来,通过优良品种、地膜覆盖、改变栽种方式、配方施肥、合理密植、万亩方高产栽培技术集成研究示范、农民科技培训等项目的大力推广与实施,红薯生产水平有了较大提高。1998—2007 年的 10 年间,红薯单产由 267kg 增加到 367kg,总产由 14.5 万 t 增加到 31.7 万 t;尤其是 2008—2012 年的 5 年间,红薯单产平均超过 400kg,最高达到 434kg,为全市粮食总产突破 200 万 t 做出了贡献。

红薯种植面积的增减变化以及单产水平的不断提高,不仅与农业生产条件的改善、优良新品种的更新换代、土肥新技术的广泛应用、栽培技术的研究示范与推广等多种因素密不可分,还与广大农技人员在红薯新品种引进示范、增产技术的研究推广以及高新技术成果的转化应用密切相关。据不完全统计,自 1982 年以来,洛阳市农业科技人员在红薯新品种应用、新技术研究中共获得省、部级一、二等奖 8 项、三等奖 6 项,地厅级二等奖以上 11 项。其中"徐薯 18"的引进与推广""豫薯 4 号、豫薯 6 号的选育及高产栽培技术研究""高产、优质、耐瘠红薯新品种豫薯 8 号的选育""50 万亩红薯低产变中产技术开发""洛阳市 40 万亩旱地红薯综合增产技术推广""伊川、汝阳县十万亩红薯低产变中产丰收计划""红薯茎线虫病综合防治""春红薯地膜覆盖高产研究与应用""十万亩春红薯低产变中产技术联产承包开发研究"等研究项目,在洛阳市、河南省、乃至全国处于领先或先进水平,这些研究成果的推广应用,为洛阳红薯生产水平的提高提供了可靠的技术支撑。

第二节 红薯适宜性评价资料收集

按照《全国测土配方施肥技术规范》的要求,参照《耕地地力评价指南》的规定,根据红薯适宜性评价的需要,进行了基础及专题图件资料、耕地土壤属性及养分含量等相关资料的收集工作。

一、基础及专题图件资料

(1) 洛阳市土壤图(比例尺 1∶5 万,洛阳市农业局、洛阳市土壤普查办公室),洛阳市农业技术推广站提供。

(2) 洛阳市土地利用现状图(比例尺 1∶5 万,洛阳市土地管理局绘制),洛阳市国土资源管理局提供。

(3) 洛阳市地形图(比例尺 1∶5 万,解放军总参谋部测绘局绘制),洛阳市农业技术推广站提供。

(4) 洛阳市行政区划图(比例尺 1∶5 万,洛阳市民政局绘制),洛阳市民政局提供。

二、耕地土壤属性及养分含量资料

(1) 土壤属性数据:洛阳市第二次土壤普查和各县市区测土配方施肥补贴项目 2005—2011 年度调查资料。

(2) 土壤养分:包括有机质、全氮、有效磷、速效钾、缓效钾等大量养分含量,有效铜、铁、锰、锌、硼、钼、硫等中微量养分含量以及 pH 值等(2005—2011 年洛阳市测土配方施肥补贴项目检测资料)。

三、软件准备

洛阳市小麦适宜性评价以农业部耕地资源信息管理系统 4.0 版为平台,在洛阳市耕地地力评价相关成果、数字化图件的基础上（电子版的洛阳市土壤图、洛阳市耕地资源利用现状图、洛阳市行政区划图）进行。

四、其他相关资料收集

（1）洛阳市概况（洛阳市县志编纂委员会编制），洛阳市农业技术推广站提供。

（2）洛阳市综合农业区划（洛阳市农业区划委员会办公室编制），洛阳市农业技术推广站提供。

（3）洛阳市农业志（洛阳市农业局编制），洛阳市农业技术推广站提供。

（4）洛阳市水资源调查分析和水利化区划报告（洛阳市农业区划委员会水利组编制），洛阳市水利局提供。

（5）洛阳土壤（洛阳市土壤普查办公室编制），洛阳市农业技术推广站提供。

（6）洛阳市 2009 年、2010 年、2011 年统计年鉴，洛阳市统计局提供。

（7）洛阳市 2009 年、2010 年、2011 年气象资料，洛阳市气象局提供。

（8）洛阳市各县（市）2005—2011 年测土配方施肥项目技术资料，各县（市）提供。

第三节　评价指标体系的建立及其权重确定

综合《测土配方施肥技术规范》《耕地地力评价指南》和"县域耕地资源管理信息系统 3.0"的技术规定与要求，我们将选取评价指标、确定各指标权重和确定各评价指标的隶属度 3 项内容归纳为建立红薯适应性评价指标体系。

一、选取评价指标

遵循重要性、差异性、稳定性、独立性和易获取性原则，结合洛阳市红薯生产实际、农业生产自然条件和耕地土壤特征，由河南省土肥站、河南农大的专家和洛阳市各县（市、区）农林水机等相关方面的技术人员组成的专家组，首先对指标进行分类，在此基础上进行指标的选取。经过反复筛选，共选出 2 大类 6 小项指标，分别为立地条件包括土壤剖面、地貌类型、质地；耕层理化性状包括速效钾、有效磷、有机质。

二、指标权重的确定

在选取的红薯适应性评价指标中，各指标对耕地质量高低的影响程度是不相同的，因此我们结合专家意见，采用层次分析方法，合理确定各评价指标的权重。

（一）建立层次结构

红薯适宜性评价为目标层（G 层），影响红薯生长适宜性的土壤立地条件、土壤养分为准则层（C 层），再把影响准则层中各元素的项目作为指标层（A 层），其结构关系如图 78-1 所示。

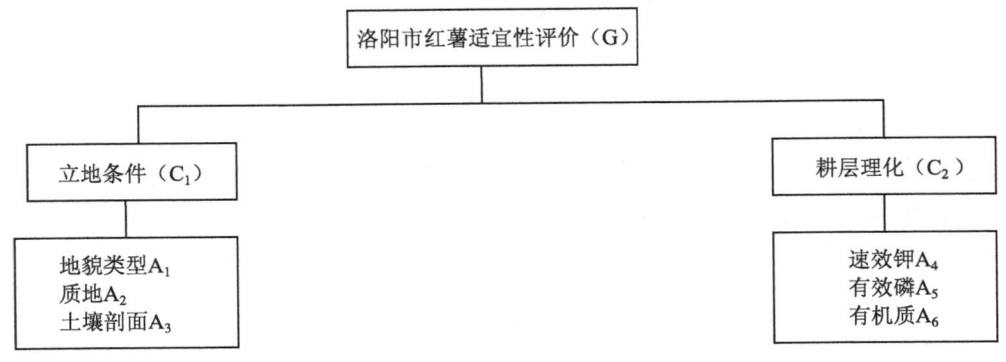

图 78-1　红薯适宜性评价影响因素层次结构

（二）构造判断矩阵

采用专家评估法，比较同一层次各因素对上一层次的相对重要性，给出数量化的评估。专家评估的初步结果经合适的数学处理后（包括实际计算的最终结果—组合权重）反馈给专家，请专家重新修改或确认。经多轮反复形成最终的判断矩阵。

根据专家经验，确定 C 层对 G 层、A 层对 C 层、以及 A 层各因素之间的相对重要程度，构成 C_1、C_2 共 2 个判别矩阵（表 78-1 至表 78-3）。判别矩阵中标度的含义见表 78-4。

表 78-1　目标层 G 判别矩阵

ryy	立地条件	耕层理化	Wi
立地条件	1.0000	1.2500	0.5556
耕层理化	0.8000	1.0000	0.4444

表 78-2　立地条件（C_1）判别矩阵

立地条件	土壤剖面	地貌类型	质地	Wi
土壤剖面	1.0000	1.3699	2.5000	0.4691
地貌类型	0.7300	1.0000	1.8519	0.3441
质地	0.4000	0.5400	1.0000	0.1867

表 78-3　耕层理化（C_2）判别矩阵

耕层理化	速效钾	有效磷	有机质	Wi
速效钾	1.0000	2.2222	1.2346	0.4426
有效磷	0.4500	1.0000	0.5587	0.1995
有机质	1.8100	1.7900	1.0000	0.3578

表 78-4　判断矩阵标度及其含义

标度	含　义
1	表示两个因素相比，具有同样重要性
3	表示两个因素相比，一个因素比另一个因素稍微重要
5	表示两个因素相比，一个因素比另一个因素明显重要
7	表示两个因素相比，一个因素比另一个因素强烈重要
9	表示两个因素相比，一个因素比另一个因素极端重要
2、4、6、8	上述两相邻判断的中值
倒数	因素 i 与 j 比较得判断 b_{ij}，则因素 j 与 i 比较的判断 $b_{ji}=1/b_{ij}$

（三）层次单排序及一致性检验

建立比较矩阵后，就可以求出各个因素的权值，采取的方法是用和积法计算出各矩阵的最大特征根 λ_{max} 及其对应的特征向量 W，得到的各权数值及一致性检验的结果如表 78-5 所示，并用 $CR = CI/RI$ 进行一致性检验。从表 78-5 中可以看出，$CR = CI/RI < 0.1$，具有很好的一致性。

表 78-5　权数值一致性检验结果

矩阵	特征向量			λ_{max}	CI	CR
G	0.4486	0.3329	0.2186	3.0000	0	0
C_1	0.4729	0.3200	0.2071	2.0000	0	0
C_2	0.4743	0.2914	0.2343	3.0000	0	0

（四）层次总排序及一致性检验

计算同一层次所有因素对于最高层相对重要性的排序权值，称为层次总排序，这一过程是最高层次到最低层次逐层进行的。层次总排序的结果见表78-6。

表78-6　层次总排序表

层次 C 层次 A	立地条件 0.5528	剖面性状 0.4472	组合权重
土壤剖面	0.4691		0.2593
地貌类型	0.3446		0.1905
质地	0.1863		0.1030
速效钾		0.4432	0.1982
有效磷		0.1997	0.0893
有机质		0.3571	0.1597

经层次总排序，并进行一致性检验，结果为 $CI = 0.000$，$RI = 0.000$，$CR = CI/RI = 0.0000 < 0.1$，认为层次总排序结果具有满意的一致性，否则需要重新调整判断矩阵的元素取值，最后计算得到各因子的权重如表78-7所示。

表78-7　各因子的权重

指标名称	土壤剖面	地貌类型	质地	速效钾	有效磷	有机质
指标权重	0.2606	0.1912	0.1037	0.1967	0.0887	0.1590

第四节　红薯评价指标的隶属度

质地、有机质、有效磷、速效钾、地貌类型及土壤剖面的隶属度同小麦适宜性评价。

第五节　红薯的最佳适宜等级

根据综合指数的变化规律，在耕地资源管理系统中我们采用累积曲线分级法进行评价，根据曲线斜率的突变点（拐点）来确定等级的数目和划分综合指数的临界点，将洛阳市红薯适宜性评价共划分为四级，各等级综合指数见表78-8、图78-2。

表78-8　洛阳市红薯适应性评价等级综合指数

IFI	0.8400~1.0000	0.7200~0.8400	0.6200~0.7200	0.0000~0.6200
红薯适应性等级	高度适宜	适宜	勉强适宜	不适宜

第六节　红薯的适宜性评价结果

根据评价结果，洛阳市耕地 433 561.1 hm²，其中红薯高度适宜种植区 76 587.2 hm²，占17.70%；红薯适宜种植区 142 822.0 hm²，占32.90%；红薯勉强适宜种植区 84 557.5 hm²，占19.50%；红薯不适宜种植区 129 594.4 hm²，占29.90%。见图78-3。

一、红薯适宜性各县（市）分布

在各县（市）中，宜阳县、伊川县高度适宜红薯种植的区域较大，孟津县几乎没有；适宜种植区中伊川县面积最大，栾川县面积最小；勉强适宜种植区中洛宁县面积最大，宜阳县面积最小；在不适宜种植区中洛宁县面积最大，宜阳县面积最小（表78-9）。

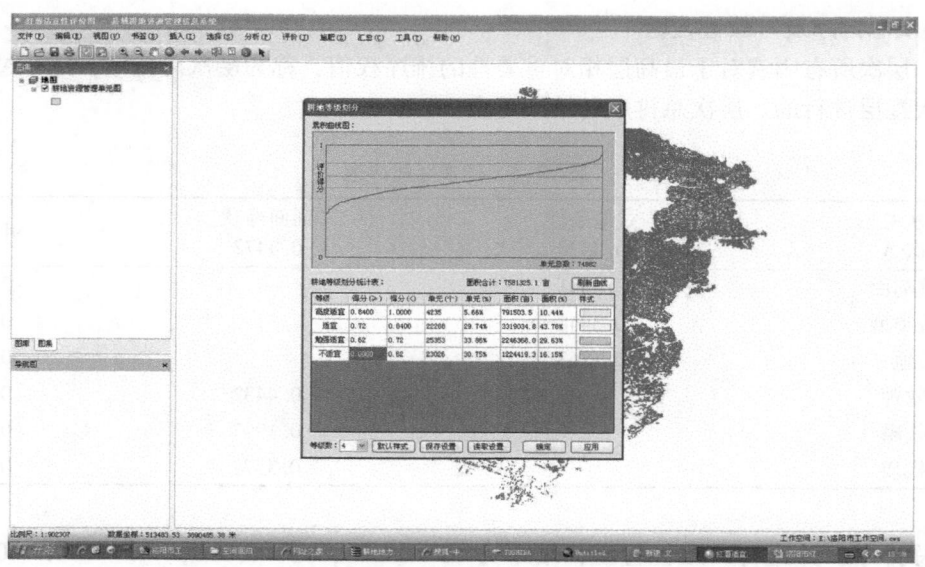

图 78-2　红薯适宜性评价综合指数分布图

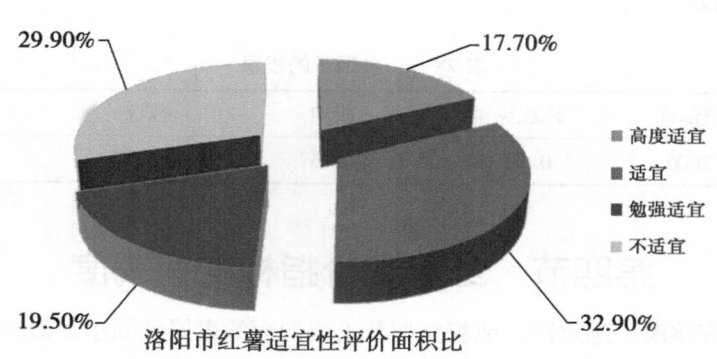

洛阳市红薯适宜性评价面积比

78-3　洛阳市红薯适宜性评价面积比例

表 78-9　洛阳市各县（市）红薯适宜性分区面积

县市名称	高度适宜面积（hm²）	占耕地总面积的比例（%）	适宜面积（hm²）	占耕地总面积的比例（%）	勉强适宜面积（hm²）	占耕地总面积的比例（%）	不适宜面积（hm²）	占耕地总面积的比例（%）	总面积（hm²）
栾川县	863.2	0.2	4 533.9	1	5 092.4	1.2	8 341.3	1.9	18 830.7
洛宁县	1 277	0.3	11 964.5	2.8	17 512.8	4	27 520.1	6.3	58 274.4
孟津县	38.7	0	6 867.3	1.6	13 259.8	3.1	20 729.1	4.8	40 894.9
汝阳县	2 020.7	0.5	9 925.9	2.3	5 351.1	1.2	14 842.1	3.4	32 139.8
嵩县	2 844.8	0.7	12 214.5	2.8	8 377.3	1.9	24 452.3	5.6	47 888.9
新安县	10 314.9	2.4	26 378.5	6.1	7 545.5	1.7	5 278.2	1.2	49 517.1
偃师市	2 481.2	0.6	18 144.5	4.2	15 576.4	3.6	14 595.9	3.4	50 797.9
伊川县	16 910.1	3.9	28 101.1	6.5	8 181.8	1.9	10 395.7	2.4	63 588.8
宜阳县	39 836.5	9.2	24 691.7	5.7	3 660.6	0.8	3 439.8	0.8	71 628.5
总 计	76 587.2	17.7	142 822	32.9	84 557.5	19.5	129 594.4	29.9	433 561.1

二、红薯适宜性在不同土壤类型上分布情况

在高度适宜区中，以红黄土质褐土、红黄土质褐土性土、红黏土、石灰性红黏土等土种分布面积较大。在适宜区中，以红黄土质褐土、黄土质褐土、浅位少量砂姜红黄土质、红黄土质褐土性土、红黄土质石灰性褐土、红黏土等土种分布面积较大。在不适宜区中，主要以黄土质褐土、红黏土、黄土

质褐土、中层红黄土质褐土性土等土种分布面积较大（表78-10）。

表78-10 洛阳市各土种上红薯适宜性分区面积 单位：hm²

土类	亚类	土属	土种	高度适宜	适宜	勉强适宜	不适宜	总计
潮土	典型潮土	洪积潮土	底砾层洪积潮土		81.3	145.4	230.0	456.7
			砾质洪积潮土				25.2	25.2
			壤质洪积潮土	328.3	3 352.0	1 301.4	589.0	5 570.7
			深位钙盘洪积潮土	6.6	45.2			51.8
			黏质洪积潮土	77.6	581.0	217.8	77.2	953.6
		石灰性潮壤土	底砂两合土			441.8	166.4	608.2
			底砂小两合土		55.7	419.4	1 141.2	1 616.4
			两合土	157.6	2 868.1	1 218.0	513.9	4 757.6
			浅位厚砂两合土			144.3	880.7	1 025.0
			浅位砂两合土			139.1	289.0	428.1
			浅位砂小两合土			0.5	212.0	212.5
			小两合土		1 086.3	1 774.4	1 564.2	4 424.9
		石灰性潮砂土	底砾砂壤土				61.9	61.9
			浅位壤砂质潮土				45.7	45.7
			砂质潮土			27.5	558.4	585.8
		石灰性潮黏土	底砂淤土			8.0	60.7	68.6
			浅位厚壤淤土		23.4	16.7		40.2
			浅位砂淤土		0.3	18.2	30.0	48.5
			淤土	42.6	3 060.3	976.8	549.2	4 628.8
	灌淤潮土	淤潮黏土	薄层黏质灌淤潮土		37.8	32.8	77.8	148.3
			厚层黏质灌淤潮土			102.5	485.0	587.5
	灰潮土	灰潮黏土	洪积灰砂土				105.2	105.2
			洪积两合土		17.6	104.5	222.8	344.8
	湿潮土	湿潮壤土	壤质冲积湿潮土	28.6	93.7	16.7	56.4	195.5
			壤质洪积湿潮土	175.0	504.8	423.1	898.0	2 000.8
		湿潮砂土	砂质洪积湿潮土			3.6	175.9	179.6
		湿潮黏土	底砾层冲积湿潮土	78.2	721.9	193.3	37.7	1 031.1
			黏质冲积湿潮土	139.0	431.0	115.7	17.0	702.7
			黏质洪积湿潮土	19.4	7.0		342.8	369.2
	脱潮土	脱潮壤土	脱潮底砂小两合土				32.2	32.2
			脱潮两合土	0.5	62.5	349.9	525.6	938.5
			脱潮小两合土		76.8	90.0	55.9	222.7
粗骨土	钙质粗骨土	灰泥质钙质粗骨土	薄层钙质粗骨土		339.4	1 514.1	3 079.1	4 932.6
	中性粗骨土	暗泥质中性粗骨土	薄层硅钾质中性粗骨土		689.2	483.8	3 291.3	4 464.3
			薄层硅镁铁质中性粗骨土		180.2	200.6	2 319.2	2 700.0
			厚层硅镁铁质中性粗骨土		33.0	7.0		40.0
			中层硅镁铁质中性粗骨土	2.8	533.4	443.0	72.0	1 051.1
		硅质中性粗骨土	中层硅质粗骨土	3.2	899.5	305.3	714.2	1 922.3
		麻砂质中性粗骨土	薄层硅铝质中性粗骨土			72.9	1 394.3	1 467.2
		泥质中性粗骨土	薄层泥质中性粗骨土		909.3	1 461.2	8 157.0	10 527.5
褐土	潮褐土	泥砂质潮褐土	壤质潮褐土	1 246.2	3 162.6	742.4	346.9	5 498.1
			黏质潮褐土	131.8	1 694.2	218.0	63.2	2 107.3

（续表）

土类	亚类	土属	土种	高度适宜	适宜	勉强适宜	不适宜	总计
褐土	典型褐土	黄土质褐土	红黄土质褐土	12 683.9	16 785.7	5 426.9	4 447.5	39 344.0
			黄土质褐土	4 912.9	14 077.6	13 247.7	11 668.1	43 906.4
			浅位多量砂姜红黄土质褐土	149.8	1 042.8	381.2	173.7	1 747.6
			浅位少量砂姜红黄土质褐土	3 225.8	7 346.9	3 619.1	2 249.9	16 441.8
			深位多量砂姜红黄土质褐土		44.2	82.1	57.9	184.2
			深位少量砂姜红黄土质褐土		64.2	37.5	0.8	102.6
		泥砂质褐土	黏质洪积褐土	332.0	1 171.7	1 962.5	955.6	4 421.8
	褐土性土	暗泥质褐土性土	中层硅钾质褐土性土	73.8	1 039.9	288.5	1 347.1	2 749.3
		堆垫褐土性土	厚层堆垫褐土性土	20.1	222.1	55.2	37.6	335.0
		覆盖褐土性土	红黄土覆盖褐土性土	266.4	185.2	85.1		536.8
			浅位多量砂姜红黄土覆盖褐土性土	0.8	29.8	23.8		54.4
			浅位少量砂姜红黄土覆盖褐土性土	271.9	566.6	86.0	1.2	925.8
		硅质褐土性土	厚层硅质褐土性土		37.9		7.0	45.0
		黄土质褐土性土	红黄土质褐土性土	10 776.8	10 127.4	4 310.9	4 101.0	29 316.2
			浅位多量砂姜红黄土质褐土性土	2.8	193.3	251.0	71.7	518.8
			浅位钙盘砂姜红黄土质褐土性土			97.6	878.9	976.5
			浅位少量砂姜红黄土质褐土性土	588.6	334.4	65.0	10.1	998.1
			深位钙盘红黄土质褐土性土	56.9	1 326.7	149.3	396.7	1 929.6
			中层红黄土质褐土性土	35.2	2 269.1	3 779.2	11 048.9	17 132.4
		灰泥质褐土性土	中层钙质褐土性土		442.1	168.5	196.2	806.8
		麻砂质褐土性土	中层硅铝质褐土性土		1 494.0	263.0	618.9	2 375.9
		泥砂质褐土性土	砾质洪积褐土性土	18.0	152.0	234.8	123.1	527.9
			壤质洪积褐土性土	66.0	636.7	181.5	24.5	908.7
		砂泥质褐土性土	厚层砂泥质褐土性土	1 709.8	5 392.6	1 642.8	1 279.0	10 024.2
			中层砂泥质褐土性土	1 072.9	3 998.0	2 297.8	3 026.3	10 395.0
	淋溶褐土	暗泥质淋溶褐土	厚层硅钾质淋溶褐土	3.3	7.1	6.3		16.6
			中层硅钾质淋溶褐土		109.4	68.6	740.6	918.5
		硅质淋溶褐土	中层硅质淋溶褐土		43.7	7.9	4.3	55.9
		黄土质淋溶褐土	红黄土质淋溶褐土	1.1	110.9	169.0	550.1	831.1
		灰泥质淋溶褐土	中层钙质淋溶褐土		3.4	16.4	103.2	123.0
		麻砂质淋溶褐土	厚层硅铝质淋溶褐土	315.6	76.0	63.3	12.3	467.2
		泥砂质淋溶褐土	壤质洪冲积淋溶褐土	118.3	195.8	315.7	22.3	652.0
		泥质淋溶褐土	中层泥质淋溶褐土		6.8	165.3	426.4	598.5
	石灰性褐土	黄土质石灰性褐土	红黄土质石灰性褐土	4 696.4	7 962.8	7 369.1	5 310.4	25 338.8
			浅位少量砂姜红黄土质石灰性褐土	6.7	173.1	415.1	173.6	768.5
			浅位少量砂姜黄土质石灰性褐土	280.8	638.6	288.8	137.7	1 345.9
			轻壤质黄土质石灰性褐土		36.4	162.4	254.4	453.2
			少量砂姜黄土质石灰性褐土		36.3	27.5	127.0	190.8
			深位多量砂姜红黄土质石灰性褐土		17.7	165.9		183.6
		黄土质石灰性褐土	深位多量砂姜黄土质石灰性褐土		75.9	2.5	66.4	144.8
			深位少量砂姜黄土质石灰性褐土		1.0	78.3	64.2	143.6
			中壤质黄土质石灰性褐土	36.1	1.8			37.9
	石灰性褐土	泥砂质石灰性褐土	壤质洪积褐土	934.6	3 766.1	717.5	247.4	5 665.6
			壤质洪积石灰性褐土	1 233.9	1 260.1	442.3	422.5	3 358.8
			黏质洪积石灰性褐土	87.7	414.5	569.6	1 260.2	2 332.0

（续表）

土类	亚类	土属	土种	高度适宜	适宜	勉强适宜	不适宜	总计
红黏土	典型红黏土	典型红黏土	红黏土	9 940.8	18 907.9	9 284.6	13 992.4	52 125.7
			浅位多量砂姜红黏土	1 072.1	597.0	403.7	0.3	2 073.0
			浅位多量砂姜石灰性红黏土		398.9	694.7	96.6	1 190.2
			浅位钙盘砂姜石灰性红黏土	1 537.8	937.1	376.9	123.2	2 974.9
			浅位少量砂姜红黏土	1 276.3	4 179.8	1 964.4	1 801.0	9 221.5
			浅位少量砂姜石灰性红黏土	4 422.5	2 823.5	1 529.9	782.1	9 558.0
			深位钙盘砂姜石灰性红黏土	272.2	314.8	49.2		636.1
			石灰性红黏土	10 929.7	6 049.5	2 756.1	3 352.6	23 087.8
黄棕壤	典型黄棕壤	硅铝质黄棕壤	中层硅铝质黄棕壤				51.1	51.1
	黄棕壤性土	麻砂质黄棕壤	薄层硅铝质黄棕壤性土			0.8	69.6	70.3
		砂泥质黄棕壤性土	中层砂泥质黄棕壤性土				207.8	207.8
砂姜	石灰性砂姜	灰覆黑姜土	壤盖洪积石灰性砂姜黑土	218.8	241.0	90.3		550.1
黑土	黑土	灰黑姜土	浅位钙盘黏质洪积石灰性砂姜黑土		55.0	76.0	12.9	143.8
			深位钙盘黏质洪积石灰性砂姜黑土	102.5	192.9	329.6	17.9	642.8
石质土	中性石质土	硅质中性石质土	硅质中性石质土		127.5	1 224.9	13 956.0	15 308.4
		泥质中性石质土	泥质中性石质土		18.6	268.8	3 262.2	3 549.7
水稻土	潜育水稻土	青潮泥田	表潜潮青泥田		100.6	1.9	1 981.6	2 084.1
紫色土	石灰性紫色土	灰紫砾泥土	薄层砂质石灰性紫色土				15.2	15.2
			厚层砂质石灰性紫色土	47.6	57.0			104.6
			中层砂质石灰性紫色土		2.1	0.9	2.3	5.4
	中性紫色土	紫砾泥土	薄层砂质中性紫色土		24.8	267.6	144.1	436.5
			厚层砂质中性紫色土	282.9	427.0	43.2	11.1	764.2
			中层砂质中性紫色土		258.8	33.7	167.6	460.1
棕壤	典型棕壤	暗泥质棕壤	厚层硅镁铁质棕壤	1.6	10.5			12.0
			中层硅钾质棕壤		13.0	70.5	181.1	264.5
		硅质棕壤	厚层硅质棕壤	4.6	149.2	103.5		257.3
			中层硅质棕壤		35.9	45.2	90.5	171.6
		黄土质棕壤	黄土质棕壤	5.8	6.4	47.3	13.1	72.5
		麻砂质棕壤	厚层硅铝质棕壤	55.9	36.6	109.7		202.2
			中层硅铝质棕壤		748.0	547.5	2 833.5	4 129.0
		砂泥质棕壤	中层砂泥质棕壤		19.0	39.4	366.5	425.0
	棕壤性土	暗泥质棕壤性土	薄层硅钾质棕壤性土			26.1	271.3	297.4
			薄层硅镁铁质棕壤性土			1.2		1.2
			中层硅钾质棕壤性土		4.1	16.2	22.8	43.0
			中层硅镁铁质棕壤性土		411.0	454.7	755.2	1 620.9
		硅质棕壤性土	中层硅质棕壤性土		40.5	10.4	63.2	114.1
		麻砂质棕壤性土	薄层硅铝质棕壤性土			17.2	2 145.9	2 163.2
			中层硅铝质棕壤性土		97.0	75.9	136.6	309.4
		泥质棕壤性土	中层砂泥质棕壤性土		70.9	77.3	558.3	706.5
		总计		76 587.2	142 822.0	84 557.5	129 594.4	433 561.1

三、主要土壤养分对红薯适宜性的影响

土壤养分对红薯适宜性分级有一定影响。高度适宜区和适宜区中级以下面积相对较多，不适宜区基本一样（表78-11至表78-13）。

表78-11 有机质分级别面积分布 　　　单位：hm²

有机质等级 分级标准 （g/kg）	一级 >30 （高）	二级 20.1~30 （较高）	三级 17.1~20 （中）	四级 15.1~17 （较低）	五级 ≤15 （低）	总合计 （hm²）	占耕地 面积的 （%）
高度适宜	1 195.5	15 316.4	31 024.1	25 797.2	3 254.0	76 587.2	17.7
适宜	438.5	22 232.1	53 605.0	45 443.5	21 102.9	142 822.0	32.9
勉强适宜	445.8	6 832.2	15 834.4	32 135.7	29 309.4	84 557.5	19.5
不适宜	14.9	10735.1	22 243.8	34 461.8	62 138.7	129 594.4	29.9
总计	2 094.7	55 115.8	122 707.3	137 838.3	115 804.9	433 561.1	100.0

表78-12 有效磷分级别面积分布 　　　单位：hm²

有效磷等级 分级标准 （mg/kg）	一级 >40.0 （高）	二级 20.1~40.0 （较高）	三级 15.1~20.0 （中）	四级 10.1~15.0 （较低）	五级 ≤10.0 （低）	总合计 （hm²）	占耕地 面积的 （%）
高度适宜	90.7	2 959.4	7 873.5	35 590.4	30 073.2	76 587.2	17.7
适宜	1 046.2	4 439.1	17 841.8	64 612.6	54 882.3	142 822.0	32.9
勉强适宜	1 155.2	3 860.2	10 544.0	40 128.6	28 869.6	84 557.5	19.5
不适宜	1 745.9	6 344.2	12 308.8	60 404.7	48 790.7	129 594.4	29.9
总计	4 037.9	17 602.9	48 568.1	200 736.3	162 615.8	43 3561.1	100.0

表78-13 速效钾分级别面积分布 　　　单位：hm²

速效钾等级 分级标准 （mg/kg）	一级 >200 （高）	二级 170.1~200 （较高）	三级 150.1~170 （中）	四级 130.1~150 （较低）	五级 ≤130 （低）	总合计 （hm²）	占耕地 面积的 （%）
高度适宜	47 523.7	10 678.4	16 271.2	2 113.9		76 587.2	17.7
适宜	33 270.7	25 104.5	40 393.0	34 770.5	9 283.3	142 822.0	32.9
勉强适宜	5 465.1	4 695.7	20 435.1	38 707.0	15 254.7	84 557.5	19.5
不适宜	4 024.7	1 921.1	9 699.8	49 582.3	64 366.4	129 594.4	29.9
总计	90 284.1	42 399.7	86 799.2	125 173.6	88 904.4	433 561.1	100.0

第七节　红薯适宜性分区分析

一、红薯高度适宜种植区

红薯高度适宜种植区 76 587.2 hm²，占全市耕地面积的 17.70%，主要分布在黄土地貌和流水地貌中的冲积平原、侵蚀剥削中山上，其他地貌类型上分布很少，其中黄土台地丘陵面积 27 653.15 hm²，占本区面积的 21.3%；黄土覆盖的低山面积 12 235.54 hm²，占本区面积的 9.4%；冲积平原面积 33 588.3hm²，占本区面积的 25.9%；侵蚀剥削中山面积 29 270.8 hm²，占本区面积的 22.6%；土壤质地以中壤土、重壤土为主，其中中壤土面积 56 195 hm²，占本区面积的 69.9%，重壤土面积 23 173.1 hm²，占本区面积的 28.8%；无障碍层面积 78 735.9 hm²，占本区面积的 97.9%；无砾石面积 70 356.3 hm²，占本区面积的 87.5%；石质接触大于 120cm 的面积 77 028.1 hm²，占本区面积的 95.9%；土种以黄土质褐土、两合土、为主，其中黄土质褐土面积 17 615.8 hm²，占本区面积的 21.9%，两合土面积 4 221hm²，

占本区面积的 5.3%；该种植区土层深厚，地势平坦，无明显障碍层；土壤肥沃，有机质集中分布在Ⅳ级，有效磷集中分布在Ⅱ级、Ⅲ级，速效钾集中分布在Ⅰ级、Ⅱ级，全氮集中分布在Ⅲ级、Ⅳ级，全氮、速效钾、有机质、有效磷含量丰富；有效锰分布在Ⅲ级，含量中等，其他微量元素含量都在中等。该区域土壤质地及构型、耕层厚度、土壤养分都十分适宜红薯的种植，是洛阳市红薯高产、稳产的主要区域。红薯高度适宜种植区主要属性统计表见表78-14至表78-19。

表78-14 红薯高度适宜种植区各质地类型面积分布

质地	轻壤土	轻黏土	砂壤土	中壤土	重壤土	总计
高度适宜（hm²）	371.5	571.9	75.6	56 195	23 173.1	76 587.2
占本区的面积比例(%)	0.5	0.7	0.1	69.9	28.8	100

表78-15 红薯高度适宜种植区各一二级地貌类型面积分布

一级地貌	面积（hm²）	占本区（%）	二级地貌	面积（hm²）	占本区（%）
黄土地貌	65 119.825	85.0	黄土覆盖的低山	12 235.5408	9.4
			黄土覆盖的中山	167.4447	0.1
			黄土台地丘陵	27 653.1535	21.3
流水地貌	11 386.468	14.9	冲积平原	33 588.2623	25.9
			洪积(山麓冲积)平原	2 645.8883	2.0
			侵蚀剥削低山	12 126.385	9.4
			侵蚀剥削丘陵	313.93	0.2
			侵蚀剥削台地	10 224.6023	7.9
			侵蚀剥削中山	29 270.776	22.6
岩溶地貌	80.9	0.1	溶蚀侵蚀低山	1 368.4252	1.1
合计	76 587.2	100.0	合计	129 594.4	100

表78-16 红薯高度适宜种植区障碍层位置面积分布

障碍层位置	深位	(空白)	总计
高度适宜（hm²）	1 651.2	78 735.9	76 587.2
占本区的面积比例(%)	2.1	97.9	100

表78-17 红薯高度适宜种植区砾石含量面积分布

砾石含量	多量	少量	无	总计
高度适宜（hm²）	717.4	9 313.5	70 356.3	76 587.2
占本区的面积比例(%)	0.9	11.6	87.5	100

表78-18 红薯高度适宜种植区石质接触面积分布

石质接触	25cm	27cm	28cm	30cm	50cm	60cm	80cm	120cm	总计
高度适宜(hm²)					708.7	2 595.8	0.6	77 082.1	76 587.2
占本区的面积比例(%)	0	0	0	0	0.9	3.2	0	95.9	100

表78-19 红薯高度适宜种植区各地貌类型面积分布

地貌类型	大起伏中山	泛滥平坦地	高丘陵	河谷平原	黄河滩地	黄土平梁	黄土丘陵	黄土塬	基岩高台地
高度适宜(hm²)	534.7	2 834.2	67.4	40 479.6	4 892.7	4 525.6	11 160.5	4 637.8	
占本区的面积比例(%)	0.7	3.5	0.1	50.4	6.1	5.6	13.9	5.8	0

地貌类型	倾斜的洪积(山麓冲积)平原	小起伏低山(黄土低山)	小起伏低山(侵蚀剥削)	小起伏低山(溶蚀侵蚀)	小起伏中山	早期堆积台地	中起伏低山	中起伏中山	总计
高度适宜(hm²)	7 775.6		1 583.9	86.4		1 505.4	6.6	296.9	76 587.2
占本区的面积比例(%)	9.7	0	2	0.1	0	1.9	0	0.4	100

二、红薯适宜种植区

红薯适宜种植区 142 822 hm²，占全市耕地面积的 32.9%，主要分布在黄土地貌和流水地貌中的冲积平原、侵蚀剥削低山上，其他地貌类型上分布很少，其中黄土台地丘陵面积 52 503.87 hm²，占本区面积的 36.8%；冲积平原面积 37 375.2 hm²，占本区面积的 26.2%；土壤质地以中壤土、重壤土为主，其中中壤土面积 114 714.1 hm²，占本区面积的 75.4%，重壤土面积 32 657.1 hm²，占本区面积的 21.5%；无障碍层面积 1 561 894.4 hm²，占本区面积的 99.9%；无砾石面积 123 722.7 hm²，占本区面积的 81.4%；石质接触大于 120cm 的面积 134 722.7 hm²，占本区面积的 88.6%；土种以红黄土质褐土、黄土质褐土、红黄土质褐土性土为主，其中红黄土质褐土面积 24 684.5 hm²，占本区面积的 16.2%，黄土质褐土面积 23 658.9 hm²，占本区面积的 15.6%，红黄土质褐土性土面积 14 475.3hm²，占本区面积的 9.5%；该种植区土层深厚，地势略有起伏，无明显障碍层；土壤较肥沃，有机质集中分布在Ⅳ级，有效磷集中分布在Ⅲ级，速效钾集中分布在Ⅰ级、Ⅱ级，有少量分布在Ⅲ级，全氮集中分布在Ⅲ级、Ⅳ级，全氮、速效钾含量丰富，有机质、有效磷含量较丰富，主要养分较高度适宜区有所下降；有效锰分布在Ⅲ级，含量中等，其他微量元素含量都在中等。该区域土壤质地及构型、耕层厚度、灌溉保证率、土壤养分等项指标低于高度适宜种植区域，适宜红薯的种植，是洛阳市红薯稳产、高产的主要区域，其中灌溉保证率是主要影响因素。红薯适宜种植区主要属性统计见表78-20至表78-25。

表78-20 红薯适宜种植区各质地类型面积分布

质地	紧砂土	轻壤土	轻黏土	砂壤	砂壤土	中壤土	重壤土	总计
适宜（hm²)	58.3	1 202.3	15.6	67.7	3 357.6	114 714.1	32 657.1	142 822.0
占本区的面积比例(%)	0	0.8	0	0	2.2	75.4	21.5	100

表78-21 红薯适宜种植区各一二级地貌类型面积分布

一级地貌	面积（hm²）	占本区（%）	二级地貌	面积（hm²）	占本区（%）
黄土地貌	55 983.363	39.2	黄土覆盖的低山	2 814.9	2.0
			黄土覆盖的中山	664.6	0.5
			黄土台地丘陵	52 503.8	36.8
流水地貌	81 697.967	57.2	冲积平原	37 375.2	26.2
			洪积(山麓冲积)平原	5 848.9	4.1
			侵蚀剥削低山	14 476.5	10.1
			侵蚀剥削丘陵	4 553.3	3.2

（续表）

一级地貌	面积（hm²）	占本区（%）	二级地貌	面积（hm²）	占本区（%）
			侵蚀剥削台地	10 898.9	7.6
			侵蚀剥削中山	8 545.3	6.0
岩溶地貌	5 140.6	3.6	溶蚀侵蚀低山	5 140.6	3.6
合计	142 822.0	100.0	合计	142 822.0	100.0

表 78-22　红薯适宜种植区障碍层位置面积分布

障碍层位置	浅位	深位	（空白）	总计
适宜（hm²）	8.1	170.1	151 894.4	142 822.0
占本区的面积比例(%)	0	0.1	99.9	100

表 78-23　红薯适宜种植区砾石含量面积分布

砾石含量	多量	少量	无	总计
适宜（hm²）	3 464.4	24 885.5	123 722.7	142 822.0
占本区的面积比例(%)	2.3	16.4	81.4	100

表 78-24　红薯适宜种植区石质接触面积分布

石质接触	25cm	27cm	28cm	30cm	50cm	60cm	80cm	120cm	总计
适宜（hm²）	23.6	274.4	364.8	105.1	12 236.5	4 258.9	86.8	134 723	142 822.0
占本区的面积比例(%)	0	0.2	0.2	0.1	8	2.8	0.1	88.6	100

表 78-25　红薯适宜种植区各地貌类型面积分布

地貌类型	大起伏中山	泛滥平坦地	高丘陵	河谷平原	黄河滩地	黄土平梁	黄土丘陵	黄土塬	基岩高台地
适宜(hm²)	937.5	2 250.5	1 279.7	34 610	1 677.8	34 171	32 472	18 191.8	1 559.1
占本区的面积比例(%)	0.6	1.5	0.8	22.8	1.1	22.5	21.4	12	1

地貌类型	倾斜的洪积（山麓冲积）平原	小起伏低山（黄土低山）	小起伏低山（侵蚀剥削）	小起伏中山	早期堆积台地	中起伏低山	中起伏中山	总计
适宜(hm²)	5 885.1	45	10 383.8	317.8	6 335.5	122.5	1 833.8	142 822.0
占本区的面积比例(%)	3.9	0	6.8	0.2	4.2	0.1	1.2	100

三、红薯勉强适宜种植区

红薯勉强适宜种植区 84 557.5 hm²，占全市耕地面积的 19.50%，主要分布在黄土地貌和流水地貌中的冲积平原、侵蚀剥削的中山上，其他地貌类型上也有分布，其中黄土台地丘陵面积 25 676.4hm²，占本区面积的 30.4%；冲积平原面积 22 511.9 hm²、占本区面积的 26.6%，侵蚀剥削的中山面积 10 884.0 hm²，占本区面积的 12.9%；土壤质地以重壤土、中壤土为主，其中重壤土面积 65 485.1hm²，占本区面积的 54%，中壤土面积 54 719 hm²，占本区面积的 45.1%；无障碍层面积 121 049.9hm²，占本区面积的 99.8%；无砾石面积 92 094.7 hm²，占本区面积的 75.9%；石质接触大于 120cm 的面积 108 226.7 hm²，占本区面积的 89.2%；土种以红黏土、石灰性红黏土为主，其中红黏土面积 34 514.2 hm²，占本区面积的 28.5%，石灰性红黏土面积 14 526.4 hm²，占本区面积的 12%；该种植区土层较厚，地势起伏明显，个别土种有障碍层，面积很小；土壤养分一般，有机质集中分布在Ⅳ级，有效磷集中分布在Ⅲ级，速效钾集中分布在Ⅱ级、Ⅲ级，全氮集中分布在Ⅲ级、Ⅳ级，全氮、速效钾含量较丰富，有机质、有效磷含量较丰富，主要养分较高度适宜区下降明显；有效锰分布在Ⅲ级，含量中等，其他微量元素含量都在中等。该区域土壤质地及构型、耕层厚度、灌溉保证率、土壤养分等项指标都低于高度适宜和适宜种植区域，其中灌溉保证率是影响红薯种植的决定因素。红薯勉强适宜种植区主要属性统计见表 78-26 至表 78-31。

表 78-26　红薯勉强适宜种植区各质地类型面积分布

质地	紧砂土	轻壤土	轻黏土	砂壤	砂壤土	中壤土	重壤土	总计
勉强适宜（hm²）	143	488.3		292.7	153.9	54 719	65 485.1	84 557.5
占本区的面积比例（%）	0.1	0.4	0	0.2	0.1	45.1	54	100

表 78-27　红薯勉强适宜种植区各一二级地貌类型面积分布

一级地貌	面积（hm²）	占本区（%）	二级地貌	面积（hm²）	占本区（%）
黄土地貌	32 799.272	38.8	黄土覆盖的低山	6362.2	7.5
			黄土覆盖的中山	760.7	0.9
			黄土台地丘陵	25 676.4	30.4
流水地貌	50 660.025	59.9	冲积平原	22 511.9	26.6
			洪积(山麓冲积)平原	5 166.0	6.1
			侵蚀剥削低山	7 237.0	8.6
			侵蚀剥削丘陵	982.9	1.2
			侵蚀剥削台地	3 878.4	4.6
			侵蚀剥削中山	10 884.0	12.9
岩溶地貌	1 098.2	1.3	溶蚀侵蚀低山	1 098.2	1.3
合计	84 557.5	100.0	合计	84 557.5	100.0

表 78-28　红薯勉强适宜种植区障碍层位置面积分布

障碍层位置	浅位	深位	（空白）	总计
勉强适宜（hm²）	135.7	96.6	121 049.9	84 557.5
占本区的面积比例（%）	0.1	0.1	99.8	100

表 78-29　红薯勉强适宜种植区砾石含量面积分布

砾石含量	多量	少量	无	总计
勉强适宜（hm²）	3 738.9	25 448.6	92 094.7	84 557.5
占本区的面积比例（%）	3.1	21	75.9	100

表 78-30　红薯勉强适宜种植区石质接触面积分布

石质接触	25cm	27cm	28cm	30cm	50cm	60cm	80cm	120cm	总计
勉强适宜（hm²）	507.3	997.3	985.4	1 392.6	2 603.4	5 676.6	892.8	108 226.7	84 557.5
占本区的面积比例（%）	0.4	0.8	0.8	1.1	2.1	4.7	0.7	89.2	100

表 78-31　红薯勉强适宜种植区各地貌类型面积分布

地貌类型	大起伏中山	泛滥平坦地	高丘陵	河谷平原	黄河滩地	黄土平梁	黄土丘陵	黄土塬	基岩高台地
勉强适宜（hm²）	4 387.4	572.4	4 866.2	4 066.6	281.4	18 393.8	21 385	1 377.2	5 644.4
占本区的面积比例（%）	3.6	0.5	4	3.4	0.2	15.2	17.6	1.1	4.7

地貌类型	倾斜的洪积（山麓冲积）平原	小起伏低山（黄土低山）	小起伏低山（侵蚀剥削）	小起伏低山（溶蚀侵蚀）	小起伏中山	早期堆积台地	中起伏低山	中起伏中山	总计
勉强适宜（hm²）		20 429.7	14 052.9	6 430	837.7	6 476.6	1 663	10 418	84 557.5
占本区的面积比例（%）	0	16.8	11.6	5.3	0.7	5.3	1.4	8.6	100

四、红薯不适宜种植区

红薯不适宜种植区 129 594.4 hm²，占全市耕地面积的 29.90%，主要分布在黄土地貌和流水地貌中的冲积平原、侵蚀剥削的中山上，其他地貌类型上也有分布，其中黄土台地丘陵面积 27 653.2hm²，占本区面积的 21.3%；冲积平原面积 33 588.3 hm²，占本区面积的 25.9%，侵蚀剥削的中山面积 29 270.8 hm²，占本区面积的 22.6%；土壤质地以中壤土为主，其中中壤土面积 7 732.1hm²，占本区面积的 97.4%；无障碍层面积 79 492.6 hm²，占本区面积的 99.6%；无砾石面积 14 790 hm²，占本区面积的 18.5%，其余的耕地土壤都含有砾石；石质接触大于 120cm 的面积 1 698.4 hm²，占本区面积的 2.1%，其余的都小于 50cm；土种以硅质中性石质土、薄层泥质中性粗骨土、中层砂泥质褐土性土为主，其中硅质中性石质土面积 14 243 hm²，占本区面积的 17.8%，薄层泥质中性粗骨土面积 9 788.3 hm²，占本区面积的 12.3%，中层砂泥质褐土性土面积 8 157.1 hm²，占本区面积的 10.2%；该种植区土层较薄，地势变化很大，个别土种有障碍层；土壤养分一般，有机质集中分布在Ⅳ级，有效磷集中分布在Ⅲ级，速效钾集中分布在Ⅱ级、Ⅲ级，全氮集中分布在Ⅲ级、Ⅳ级，全氮、速效钾含量、有机质、有效磷含量中等，主要养分较高度适宜区下降明显；有效锰分布在Ⅲ级，含量中等，其他微量元素含量都在中等。该区域土壤质地及构型、耕层厚度、灌溉保证率等都不适宜种植红薯。红薯不适宜种植区主要属性统计表见表 78-32 至表 78-37。

表 78-32　红薯不适宜种植区各质地类型面积分布

质地	紧砂土	轻壤土	轻黏土	砂壤	砂壤土	中壤土	重壤土	总计
不适宜（hm²）	137.5	500			1 116.8	77 732.1	332.7	129 594.4
占本区比例（%）	0.2	0.6	0	0	1.4	97.4	0.4	100

表 78-33　红薯不适宜种植区各一二级地貌类型面积分布　　　　　　单位：hm²

一级地貌	面积（hm²）	占本区（%）	二级地貌	面积（hm²）	占本区（%）
黄土地貌	40 056.139	30.9	黄土覆盖的低山	12 235.5	9.4
			黄土覆盖的中山	167.4	0.1
			黄土台地丘陵	27 653.2	21.3
流水地貌	88 169.844	68.0	冲积平原	33 588.3	25.9
			洪积（山麓冲积）平原	2 645.9	2.0
			侵蚀剥削低山	12 126.4	9.4
			侵蚀剥削丘陵	313.9	0.2
			侵蚀剥削台地	10 224.6	7.9
			侵蚀剥削中山	29 270.8	22.6
岩溶地貌	1 368.4	1.1	溶蚀侵蚀低山	1 368.4	1.1
合计	129 594.4	100	合计	129 594.4	100

表 78-34　红薯不适宜种植区障碍层位置面积分布

障碍层位置	浅位	深位	（空白）	总计
不适宜（hm²）		326.5	79 492.6	129 594.4
占本区的面积比例(%)	0	0.4	99.6	100

表 78-35　红薯不适宜种植区砾石含量面积分布

砾石含量	多量	少量	无	总计
不适宜（hm²）	23 832.8	41 188.4	14 798	129 594.4
占本区的面积比例(%)	29.9	51.6	18.5	100

表 78-36　红薯不适宜种植区石质接触面积分布

石质接触	25cm	27cm	28cm	30cm	50cm	60cm	80cm	120cm	总计
不适宜（hm²）	4 401.6	1 428.3	18 547.1	18 026.3	35 717.5			1 698.4	129 594.4
占本区比例(%)	5.5	1.8	23.2	22.6	44.7	0	0	2.1	100

表 78-37　红薯不适宜种植区各地貌类型面积分布

地貌类型	大起伏中山	泛滥平坦地	高丘陵	河谷平原	黄河滩地	黄土平梁	黄土丘陵	黄土塬	基岩高台地
不适宜（hm²）	10 505.3	1 849.3	1 468	2 928.8	104.3	3 020.5	17 353	3 804.9	298.8
占本区的面积比例(%)	13.2	2.3	1.8	3.7	0.1	3.8	21.7	4.8	0.4

地貌类型	倾斜的洪积(山麓冲积)平原	小起伏低山(黄土低山)	小起伏低山(侵蚀剥削)	小起伏低山(溶蚀侵蚀)	小起伏中山	早期堆积台地	中起伏低山	中起伏中山	总计
不适宜（hm²）		941.1	9 377	1 171.7	894.5	7 538	2 801.1	15 762.7	129 594.4
占本区的面积比例(%)	0	1.2	11.7	1.5	1.1	9.4	3.5	19.7	100

第七十九章　洛阳市花生适宜性评价

第一节　洛阳市花生生产概况

洛阳油料作物中，花生居首位，常年种植面积35万亩左右。新中国成立前，花生在洛阳地区仅有零星种植，1949年以后种植面积逐渐上升，到1959年全市花生栽培面积达到5.13万亩，是1949年1.26万亩的4.07倍。1960—1978年，全市花生生产处于低谷，至1979年花生生产有所好转，种植面积上升到5.14万亩，1980年又猛增到16.78万亩，总产达到15 966t。之后全市花生种植面积稳步上升，到1994年达到35.1万亩，1993—2006年全市花生栽培面积稳定在30万亩左右，单产122~193kg，总产3.9万~7.3万t；2012年全市花生单产、总产均达历史最高水平，分别为261.8kg和10.13万t，其中花生总产量占油料总产量的74.6%。

花生种植面积和产量的不断增加与提高，不仅与农业生产设施改善、优良新品种的换代、土肥技术的革新、栽培技术的普及等多种因素密不可分，还与广大农技人员在花生生产技术上的研究、示范、推广以及高新技术成果的转化应用密切相关。据不完全统计，自1985年以来，洛阳市农业科技人员在花生生产技术研究中共获得省、部级三等奖3项，地厅级一、二等奖5项。其中"花生地膜覆盖及栽培技术研究""磷钙肥及微量元素肥料示范推广""花生新品种引进与示范""夏播花生高产栽培技术研究与推广"等研究项目，在河南省处于领先水平，这些研究成果的推广应用，为洛阳花生生产水平的提高，提供了有力的技术支撑。

第二节　花生适宜性评价资料收集

按照《全国测土配方施肥技术规范》的要求，参照《耕地地力评价指南》的规定，根据花生适宜性评价的需要，进行了基础及专题图件资料、耕地土壤属性及养分含量等相关资料的收集工作。

一、基础及专题图件资料

（1）洛阳市土壤图（比例尺1：5万，洛阳市农业局、洛阳市土壤普查办公室），洛阳市农业技术推广站提供。

（2）洛阳市土地利用现状图（比例尺1：5万，洛阳市土地管理局绘制），洛阳市国土资源管理局提供。

（3）洛阳市地形图（比例尺1：5万，解放军总参谋部测绘局绘制），洛阳市农业技术推广站提供。

（4）洛阳市行政区划图（比例尺1：5万，洛阳市民政局绘制），洛阳市民政局提供。

二、耕地土壤属性及养分含量资料

（1）土壤属性数据：洛阳市第二次土壤普查和各县市区测土配方施肥补贴项目2005—2011年度调查资料。

（2）土壤养分：包括有机质、全氮、有效磷、速效钾、缓效钾等大量养分含量，有效铜、铁、锰、锌、硼、钼、硫等中微量养分含量以及pH值等（2005—2011年洛阳市测土配方施肥补贴项目检测资料）。

三、软件准备

洛阳市小麦适宜性评价以农业部耕地资源信息管理系统4.0版为平台，在洛阳市耕地地力评价相关成果、数字化图件的基础上（电子版的洛阳市土壤图、洛阳市耕地资源利用现状图、洛阳市行政区划图）进行。

四、其他相关资料收集

（1）洛阳市概况（洛阳市县志编纂委员会编制），洛阳市农业技术推广站提供。

（2）洛阳市综合农业区划（洛阳市农业区划委员会办公室编制），洛阳市农业技术推广站提供。

（3）洛阳市农业志（洛阳市农业局编制），洛阳市农业技术推广站提供。

（4）洛阳市水资源调查分析和水利化区划报告（洛阳市农业区划委员会水利组编制），洛阳市水利局提供。

（5）洛阳土壤（洛阳市土壤普查办公室编制），洛阳市农业技术推广站提供。

（6）洛阳市 2009 年、2010 年、2011 年统计年鉴，洛阳市统计局提供。

（7）洛阳市 2009 年、2010 年、2011 年气象资料，洛阳市气象局提供。

（8）洛阳市各县（市）2005—2011 年测土配方施肥项目技术资料，各县（市）提供。

第三节　评价指标体系的建立及其权重确定

综合《测土配方施肥技术规范》《耕地地力评价指南》和"县域耕地资源管理信息系统 3.0"的技术规定与要求，我们将选取评价指标、确定各指标权重和确定各评价指标的隶属度 3 项内容归纳为建立花生适应性评价指标体系。

一、选取评价指标

遵循重要性、差异性、稳定性、独立性和易获取性原则，结合洛阳市花生生产实际、农业生产自然条件和耕地土壤特征，由河南省土肥站、河南农大的专家和洛阳市各县（市、区）农林水机等相关方面的技术人员组成的专家组，首先对指标进行分类，在此基础上进行指标的选取。经过反复筛选，共选出 4 大类 7 小项指标，分别为：立地条件包括地貌类型；剖面性状包括质地构型、石质接触；耕层理化性状包括质地；耕层养分状况包括速效钾、有机质、有效磷。

为了平衡指标权重，避免个别指标权重过大影响评价结果，将上述选定的 4 大类 7 小项指标重新分组，立地条件、剖面性状与耕层理化性状合并为一组，耕层养分状况单独设为一组。

为避免误判，经专家组协商，按每组、每项指标对耕地地力的影响程度进行排序，排序结果如表 79-1 所示。

表 79-1　洛阳市花生适宜性评价体系

洛阳市花生适宜性评价	剖面性状	质地
		地貌类型
		石质接触
		质地构型
	耕层养分	速效钾
		有机质
		有效磷

二、指标权重的确定

在选取的花生适应性评价指标中，各指标对耕地质量高低的影响程度是不相同的，因此我们结合专家意见，采用层次分析方法，合理确定各评价指标的权重。

（一）建立层次结构

花生适宜性评价为目标层（G 层），影响花生生长适宜性的土壤剖面性状、土壤养分为准则层 C 层），再把影响准则层中各元素的项目作为指标层（A 层），其结构关系如图 79-1 所示。

（二）构造判断矩阵

采用专家评估法，比较同一层次各因素对上一层次的相对重要性，给出数量化的评估。专家评估的初步结果经合适的数学处理后（包括实际计算的最终结果—组合权重）反馈给专家，请专家重新修改或确认。经多轮反复形成最终的判断矩阵。根据专家经验，确定 C 层对 G 层、A 层对 C 层以及 A 层各因素之间的相对重要程度，构成 G、C_1、C_2 共 3 个判别矩阵（表 79-2 至表 79-4）。判别矩阵

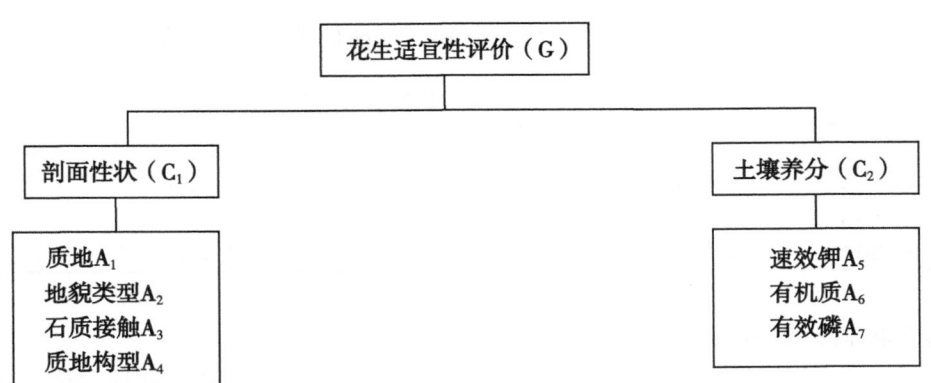

图 79-1　花生适宜性评价影响因素层次结构

中标度的含义见表 79-5。

表 79-2　目标层 G 判别矩阵

目标层	C₁	C₂
剖面性状（C₁）	1	1.7241
土壤养分（C₂）	0.5800	1

表 79-3　剖面性状（C₁）判别矩阵

项目	质地 A₁	地貌类型 A₂	石质接触 A₃	质地构型 A₄	权重
质地 A₁	1	1.6374	2.3025	1.2142	0.3486
地貌类型 A₂	0.6107	1	1.4062	0.7416	0.2129
石质接触 A₃	0.4343	0.7111	1	0.5273	0.1514
质地构型 A₄	0.8236	1.3485	1.8963	1	0.2871

表 79-4　土壤养分（C₂）判别矩阵

项目	速效钾 A₄	有机质 A₅	有效磷 A₆	权重
速效钾 A₅	1	0.6089	0.7489	0.2514
有机质 A₆	1.6424	1.0000	1.2300	0.4129
有效磷 A₇	1.3353	0.8130	1.0000	0.3357

表 79-5　判断矩阵标度及其含义

标度	含　义
1	表示两个因素相比，具有同样重要性
3	表示两个因素相比，一个因素比另一个因素稍微重要
5	表示两个因素相比，一个因素比另一个因素明显重要
7	表示两个因素相比，一个因素比另一个因素强烈重要
9	表示两个因素相比，一个因素比另一个因素极端重要
2、4、6、8	上述两相邻判断的中值
倒数	因素 i 与 j 比较得判断 b_{ij}，则因素 j 与 i 比较的判断 $b_{ji} = 1/b_{ij}$

（三）层次单排序及一致性检验

建立比较矩阵后，就可以求出各个因素的权值，采取的方法是用和积法计算出各矩阵的最大特征

根 λ_{max} 及其对应的特征向量 W，得到的各权数值及一致性检验的结果（表79-6），并用 $CR=CI/RI$ 进行一致性检验。从表79-6中可以看出，$CR=CI/RI<0.1$，具有很好的一致性。

表79-6　权数值一致性检验结果

矩阵	特征向量				λ_{max}	CI	RI
G	0.6329	0.3671			2.0000	0	0.00
C_1	0.3486	0.2129	0.1514	0.2871	4.0000	0	0.9
C_2	0.2514	0.4129	0.3357		3.0000	0	0.58

（四）层次总排序及一致性检验

计算同一层次所有因素对于最高层相对重要性的排序权值，称为层次总排序，这一过程是最高层次到最低层次逐层进行的。层次总排序的结果见表79-7。

表79-7　层次总排序表

层次 C 层次 A	剖面性状 0.6329	土壤养分 0.3671	组合权重
质地	0.3486		0.2206
地貌类型	0.2129		0.1347
石质接触	0.1514		0.0958
质地构型	0.2871		0.1817
速效钾		0.2514	0.0923
有机质		0.4129	0.1516
有效磷		0.3357	0.1232

层次总排序，并进行一致性检验，结果为 $CI=0.0055$，$RI=1.24$，$CR=CI/RI=0.0044<0.1$，认为层次总排序结果具有满意的一致性，否则需要重新调整判断矩阵的元素取值，最后计算得到各因子的权重如表79-8所示。

表79-8　花生适宜性评价各因子的权重

参评因素	质地	地貌类型	石质接触	质地构型	速效钾	有机质	有效磷
权重	0.2206	0.1347	0.0958	0.1817	0.0923	0.1516	0.1232

第四节　花生评价指标的隶属度

花生质地、地貌类型、石质接触、质地构型、有机质、有效磷、速效钾的隶属度同小麦适宜性评价。

第五节　花生的最佳适宜等级

根据综合指数的变化规律，在耕地资源管理系统中我们采用累积曲线分级法进行评价，根据曲线斜率的突变点（拐点）来确定等级的数目和划分综合指数的临界点，将洛阳市花生适宜性评价划分为四级，各等级综合指数如表79-9、图79-2所示。

表79-9　洛阳市花生适应性评价等级综合指数

IFI	0.7300~1.0000	0.6600~0.7300	0.5700~0.6600	0.0000~0.5700
花生适宜性等级	高度适宜	适宜	勉强适宜	不适宜

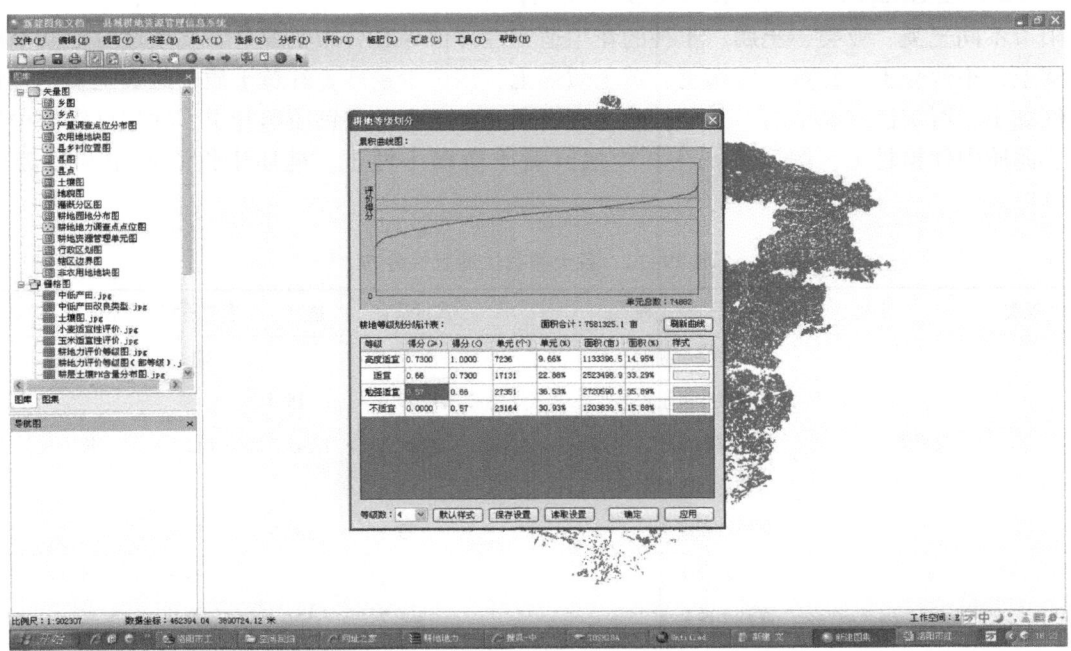

图 79-2　洛阳市花生适宜性评价综合指数分布图

第六节　花生的适宜性评价结果

洛阳市耕地 433 561.1 hm²，其中花生高度适宜区面积 64 816.71 hm²，占 14.9%；花生适宜区面积 144 313.9 hm²，占 33.3%；花生勉强适宜区面积 155 585.2 hm²，占 35.9%；花生不适宜区面积 68 845.2 hm²，占 15.9%。

一、花生适宜性各县（市）分布

在各县（市）中，宜阳县、新安县和汝阳县高度适宜花生种植的区域较大；适宜种植区中伊川县面积最大，栾川县面积最小；勉强适宜种植区中洛宁县面积最大，汝阳县面积最小；在不适宜种植区中嵩县面积最大，新安县面积最小（表 79-10）。

表 79-10　花生适宜性评价结果面积统计

县市名称	高度适宜面积（hm²）	占耕地总面积的比例（%）	适宜面积（hm²）	占耕地总面积的比例（%）	勉强适宜面积（hm²）	占耕地总面积的比例（%）	不适宜面积（hm²）	占耕地总面积的比例（%）	总面积（hm²）
栾川县	1 462.2	0.3	3 350.5	0.8	9 305.5	2.1	4 712.5	1.1	18 830.7
洛宁县	1 225.1	0.3	12 670.4	2.9	39 834.2	9.2	4 544.7	1.0	58 274.4
孟津县	2 423.9	0.6	10 560.3	2.4	25 081.8	5.8	2 828.8	0.7	40 894.9
汝阳县	8 087	1.9	6 896.1	1.6	4 159.6	1.0	12 997.1	3.0	32 139.8
嵩　县	1 036.1	0.2	8 989.1	2.1	20 704.9	4.8	17 158.7	4.0	47 888.9
新安县	10 367.7	2.4	21 877.2	5.0	14 078.9	3.2	3 193.3	0.7	49 517.1
偃师市	1 845.9	0.4	17 744.7	4.1	22 398.1	5.2	8 809.3	2.0	50 797.9
伊川县	5 631.4	1.3	34 709.4	8.0	12 643.9	2.9	10 604	2.4	63 588.8
宜阳县	32 737.4	7.6	27 516.2	6.3	7 378.3	1.7	3 996.7	0.9	71 628.5
总计	64 816.7	14.9	144 313.9	33.3	155 585.2	35.9	68 845.2	15.9	433 561.1

二、花生适宜性在不同土壤类型上分布情况

洛阳市不同土类、亚类、土属、土种的花生适宜性评价等级分布情况是：高度适宜区几乎涵盖壤质洪积潮土、小两合土、红黄土质褐土、黄土质褐土、浅位少量砂姜红黄土质、红黄土质褐土性土的全部和红黏土、石灰性红黏土的一部分。不适宜区主要分布在薄层钙质粗骨土、薄层硅钾质中性粗骨土、薄层泥质中性粗骨土、壤质潮褐土、中层红黄土质褐土性土、硅质中性石质土和砂姜黑土上（表79-11）。

表79-11 各土类花生适宜性分布 单位：hm²

土类	亚类	土属	土种	高度适宜	适宜	勉强适宜	不适宜	总计（hm²）
潮土	典型潮土	洪积潮土	底砾层洪积潮土			326.9	129.8	456.7
			砾质洪积潮土	9.9	15.4			25.2
			壤质洪积潮土	3 367.8	1 349.3	813	40.6	5570.7
			深位钙盘洪积潮土	51.8				51.8
			黏质洪积潮土	75.1	500.7	377.8		953.6
		石灰性潮壤土	底砂两合土			603.3	4.9	608.2
			底砂小两合土	865.7	522.4	228.3		1 616.4
			两合土	405.4	1 989.4	2 297.5	65.4	4 757.6
			浅位厚砂两合土			847	178	1 025
			浅位砂两合土		8.9	404.4	14.8	428.1
			浅位砂小两合土	118.5	94			212.5
			小两合土	2 076.4	2 308.5	40		4 424.9
		石灰性潮砂土	底砾砂壤土			48.2	13.7	61.9
			浅位壤砂质潮土		45.7			45.7
			砂质潮土	1.5	207.9	376.5		585.8
		石灰性潮黏土	底砂淤土			43.3	25.4	68.6
			浅位厚壤淤土		0.7	39.4		40.2
			浅位砂淤土		0.3	48.2		48.5
			淤土		2 503.4	2 089.6	35.8	4 628.8
	灌淤潮土	淤潮黏土	薄层黏质灌淤潮土	37.8	82.8	27.8		148.3
			厚层黏质灌淤潮土		102.5	485		587.5
	灰潮土	灰潮黏土	洪积灰砂土			105.2		105.2
			洪积两合土		110	234.8		344.8
	湿潮土	湿潮壤土	壤质冲积湿潮土		123	72.5		195.5
			壤质洪积湿潮土	186	607.3	964.2	243.3	2 000.8
		湿潮砂土	砂质洪积湿潮土		54.7	124.9		179.6
		湿潮黏土	底砾层冲积湿潮土		844.1	187		1 031.1
			黏质冲积湿潮土	137.1	476.8	88.7		702.7
			黏质洪积湿潮土		26.4	341.9	0.9	369.2
	脱潮土	脱潮壤土	脱潮底砂小两合土	7.4	20.2	4.6		32.2
			脱潮两合土	2.8	274.2	661.5		938.5
			脱潮小两合土	206.3	16.4			222.7

（续表）

土类	亚类	土属	土种	高度适宜	适宜	勉强适宜	不适宜	总计（hm²）
粗骨土	钙质粗骨土	灰泥质钙质粗骨土	薄层钙质粗骨土			1 080.1	3 852.5	4 932.6
	中性粗骨土	暗泥质中性粗骨土	薄层硅钾质中性粗骨土			821	3 643.3	4 464.3
			薄层硅镁铁质中性粗骨土			558.7	2 141.3	2 700
			厚层硅镁铁质中性粗骨土		1.6	38.4		40
			中层硅镁铁质中性粗骨土		459	579.4	12.7	1 051.1
		硅质中性粗骨土	中层硅质粗骨土		82.6	1 080.7	758.9	1 922.3
		麻砂质中性粗骨土	薄层硅铝质中性粗骨土			34.7	1 432.5	1 467.2
		泥质中性粗骨土	薄层泥质中性粗骨土			1 353.7	9 173.8	10 527.5
褐土	潮褐土	泥砂质潮褐土	壤质潮褐土	2 540.3	2 319	638.8		5 498.1
			黏质潮褐土	128.9	1 621.8	356.5		2 107.3
	典型褐土	黄土质褐土	红黄土质褐土	11 485.9	18 904.2	8 953.8		39 344
			黄土质褐土	5 504.5	15 508.9	22 893.1		43 906.4
			浅位多量砂姜红黄土质褐土	85.4	1 303	359.2		1 747.6
			浅位少量砂姜红黄土质褐土	3 200.4	7 834.4	5 407		16 441.8
			深位多量砂姜红黄土质褐土		33.1	151.1		184.2
			深位少量砂姜红黄土质褐土		55.2	47.3		102.6
		泥砂质褐土	黏质洪积褐土	461.8	990	2 919.9	50.2	4 421.8
	褐土性土	暗泥质褐土性土	中层硅钾质褐土性土	164.1	1 230.3	1 354.9	2 749.3	
		堆垫褐土性土	厚层堆垫褐土性土	122	118.2	94.8		335
		覆盖褐土性土	红黄土覆盖褐土性土	177.5	274.1	85.1		536.8
			浅位多量砂姜红黄土覆盖褐土性土		30.6	23.8		54.4
			浅位少量砂姜红黄土覆盖褐土性土	15.9	693.7	216.1		925.8
		硅质褐土性土	厚层硅质褐土性土			45		45
		黄土质褐土性土	红黄土质褐土性土	6 927.2	14 870.4	7 114.3	404.2	29 316.2
			浅位多量砂姜红黄土质褐土性土	61.6	202.4	254.7		518.8
			浅位钙盘砂姜红黄土质褐土性土			287.5	689	976.5
			浅位少量砂姜红黄土质褐土性土	236.1	598.4	163.6		998.1
			深位钙盘红黄土质褐土性土		275.1	1 282.9	371.5	1 929.6
			中层红黄土质褐土性土		170.8	6 431.3	10 530.3	17 132.4
		灰泥质褐土性土	中层钙质褐土性土			590.6	216.2	806.8
		麻砂质褐土性土	中层硅铝质褐土性土		100.2	1 533.2	742.5	2 375.9
		泥砂质褐土性土	砾质洪积褐土性土	18	263.2	246.7		527.9
			壤质洪积褐土性土	391.3	300.4	216.9		908.7
		砂泥质褐土性土	厚层砂泥质褐土性土	2 494.1	4 403.6	3 008.8	117.6	10 024.2
			中层砂泥质褐土性土		1 751	5 603.7	3 040.3	10 395
	淋溶褐土	暗泥质淋溶褐土	厚层硅钾质淋溶褐土		10.4	6.3		16.6
			中层硅钾质淋溶褐土		2.9	361.4	554.2	918.5
		硅质淋溶褐土	中层硅质淋溶褐土		51.6	4.3		55.9

（续表）

土类	亚类	土属	土种	高度适宜	适宜	勉强适宜	不适宜	总计（hm²）
		黄土质淋溶褐土	红黄土质淋溶褐土	5.9	192.1	468.6	164.4	831.1
		灰泥质淋溶褐土	中层钙质淋溶褐土			114.8	8.2	123
		麻砂质淋溶褐土	厚层硅铝质淋溶褐土	202.6	164.6	100.1		467.2
		泥砂质淋溶褐土	壤质洪冲积淋溶褐土	81.8	359.6	210.7		652
		泥质淋溶褐土	中层泥质淋溶褐土		0.3	161.2	437.1	598.5
	石灰性褐土	黄土质石灰性褐土	红黄土质石灰性褐土	4 524.5	8 245.5	12 568.8		25 338.8
			浅位少量砂姜红黄土质石灰性褐土		208.6	559.9		768.5
			浅位少量砂姜黄土质石灰性褐土	85.4	811.4	449		1 345.9
			轻壤质黄土质石灰性褐土	340.7	112.5			453.2
			少量砂姜黄土质石灰性褐土	36.3	150	4.5		190.8
			深位多量砂姜红黄土质石灰性褐土		1.5	182.2		183.6
			深位多量砂姜黄土质石灰性褐土		75.9	68.9		144.8
			深位少量砂姜黄土质石灰性褐土		1	142.6		143.6
			中壤质黄土质石灰性褐土	36.1	1.8			37.9
		泥砂质石灰性褐土	壤质洪积褐土	1 999.1	2 425.8	1 240.7		5 665.6
			壤质洪积石灰性褐土	1 286.9	1 642.3	429.6		3 358.8
			黏质洪积石灰性褐土	83	404.5	1 593.4	251	2 332
红黏土	典型红黏土	典型红黏土	红黏土	5 890.7	19 898.3	24 995.7	1 341	52 125.7
			浅位多量砂姜红黏土	137.4	1 439.8	495.9		2 073
			浅位多量砂姜石灰性红黏土		453.5	733.9	2.8	1 190.2
			浅位钙盘砂姜石灰性红黏土	684.4	1 518.9	771.6		2 974.9
			浅位少量砂姜红黏土	755.9	2 979.8	5 413.8	71.9	9 221.5
			浅位少量砂姜石灰性红黏土	1 756.6	3 967	3 654	180.3	9 558
			深位钙盘砂姜石灰性红黏土	53.5	447.2	135.4		636.1
			石灰性红黏土	4 586.5	11 651	6 367.8	482.5	23 087.8
黄棕壤	典型黄棕壤	硅铝质黄棕壤	中层硅铝质黄棕壤				51.1	51.1
	黄棕壤性土	麻砂质黄棕壤	薄层硅铝质黄棕壤性土			0.8	69.6	70.3
		砂泥质黄棕壤性土	中层砂泥质黄棕壤性土			29.3	178.5	207.8
砂姜黑土	石灰性砂姜黑土	灰覆黑姜土	壤盖洪积石灰性砂姜黑土	538.5	11.6			550.1
		灰黑姜土	浅位钙盘黏质洪积石灰性砂姜黑土		50.4	55	38.4	143.8
			深位钙盘黏质洪积石灰性砂姜黑土	53.1	565.8	23.9		642.8
石质土	中性石质土	硅质中性石质土	硅质中性石质土			893	14 415.4	15 308.4
		泥质中性石质土	泥质中性石质土			209.2	3 340.4	3 549.7
水稻土	潜育水稻土	青潮泥田	表潜潮青泥田			228	1 856.1	2 084.1
紫色土	石灰性紫色土	灰紫砾泥土	薄层砂质石灰性紫色土				15.2	15.2
			厚层砂质石灰性紫色土	54.4	27.7	22.5		104.6
			中层砂质石灰性紫色土		2.1	3.2		5.4
	中性紫色土	紫砾泥土	薄层砂质中性紫色土			241.6	194.9	436.5
			厚层砂质中性紫色土	221.1	423.4	119.5	0.3	764.2
			中层砂质中性紫色土		1.4	291.4	167.3	460.1

（续表）

土类	亚类	土属	土种	高度适宜	适宜	勉强适宜	不适宜	总计（hm²）
棕壤	典型棕壤	暗泥质棕壤	厚层硅镁铁质棕壤		11.5	0.5		12
			中层硅钾质棕壤			169.9	94.7	264.5
		硅质棕壤	厚层硅质棕壤	1.9	175.1	80.4		257.3
			中层硅质棕壤			118.6	53	171.6
		黄土质棕壤	黄土质棕壤		57.2	15.4		72.5
		麻砂质棕壤	厚层硅铝质棕壤		102.9	99.2		202.2
			中层硅铝质棕壤		39	2 050.2	2 039.8	4 129
		砂泥质棕壤	中层砂泥质棕壤		9.3	249.3	166.4	425
	棕壤性土	暗泥质棕壤性土	薄层硅钾质棕壤性土				297.4	297.4
			薄层硅镁铁质棕壤性土				1.2	1.2
			中层硅钾质棕壤性土			42.3	0.7	43
			中层硅镁铁质棕壤性土		19.4	1 073.4	528	1 620.9
		硅质棕壤性土	中层硅质棕壤性土		33.8	18.8	61.5	114.1
		麻砂质棕壤性土	薄层硅铝质棕壤性土				2 163.2	2 163.2
			中层硅铝质棕壤性土			291	18.4	309.4
		泥质棕壤性土	中层砂泥质棕壤性土		2.6	391.9	311.9	706.5
			总计	64 816.7	144 313.9	155 585.2	68 845.2	433 561.1

三、不同质地上的分布特点

花生对各类土壤有较强的适应性，花生果针有向下生长习性，土壤质地影响果针入土深浅，荚果发育和产量在不同质地的土壤上常有很大差异。高度适宜花生生长的是轻壤土、砂壤土、紧砂土3种质地；不适宜花生生长的主要是重壤土。

四、不同质地构型上的分布特点

高度适宜区主要对应的质地构型有均质轻壤、夹砂轻壤、均质砂壤、砂身轻壤；不适宜区主要对应的质地构型有均质重壤、壤身重壤、夹砂重壤。

五、主要土壤养分对花生适宜性的影响

洛阳市花生土壤有机质含量多处于中等偏上水平。不适宜区土壤有机质含量普遍较低，具体分布情况见表79-12；有效磷含量高的耕地主要分布在高度适宜区和适宜区，含量低的耕地多分布在不适宜区，具体分布情况见表79-13。速效钾含量高的耕地主要分布在适宜区。高度适宜区和适宜区有部分耕地速效钾含量偏低，在施肥上需重施钾肥，具体分布情况见表79-14。

表79-12　有机质分级别面积分布　　　　　　　　　　单位：hm²

有机质分级	一级（高）	二级（较高）	三级（中）	四级（较低）	五级（低）	总计
分级标准	>30	20.1~30	17.1~20	15.1~17	≤15	
不适宜	949.52	31 291.89	61 212.46	67 909.11	57 956.26	219 319.25
高度适宜	196.22	2 828.55	13 447.10	17 609.81	14 656.69	48 738.36
勉强适宜	474.06	9 456.06	24 365.48	22 575.59	23 270.73	80 141.92
适宜	474.94	11 539.34	23 682.27	29 743.75	19 921.24	85 361.54
总计	2 094.74	55 115.83	122 707.31	137 838.25	115 804.92	433 561.06

表 79-13　有效磷分级别面积分布　　　　　　　　单位：hm²

有效磷分级	一级（高）	二级（较高）	三级（中）	四级（较低）	五级（低）	总合计
分级标准	>40.0	20.1~40.0	15.1~20.0	10.1~15.0	≤10.0	（hm²）
不适宜	619.42	5 176.41	23 468.10	107 378.65	82 676.66	219 319.25
高度适宜	529.40	1 195.50	8 310.09	22 416.86	16 286.51	48 738.36
勉强适宜	1 991.63	7 726.58	7 091.86	28 737.64	34 594.20	80 141.92
适宜	897.50	3 504.38	9 698.08	42 203.11	29 058.46	85 361.54
总计	4 037.95	17 602.87	48 568.14	200 736.26	162 615.83	433 561.06

表 79-14　速效钾分级别面积分布　　　　　　　　单位：hm²

速效钾分级	一级（高）	二级（较高）	三级（中）	四级（较低）	五级（低）	总合计
分级标准	>200	170.1~200	150.1~170	130.1~150	≤130	（hm²）
不适宜	57 823.18	15 973.43	39 970.19	62 285.37	43 267.07	219 319.25
高度适宜	6 311.74	5 965.37	11 905.12	14 939.71	9 616.42	48 738.36
勉强适宜	14 700.56	7 432.56	15 443.73	23 381.86	19 183.21	80 141.92
适宜	11 448.67	13 028.38	19 480.12	24 566.71	16 837.66	85 361.54
总计	90 284.15	42 399.75	86 799.17	125 173.65	88 904.35	433 561.06

第七节　洛阳市花生适宜性分区分析

根据洛阳市花生适宜性评价结果，结合花生生物学特性，在兼顾耕地地力评价分级及耕地资源类型区划分的基础上，对洛阳市花生适宜性进行分区分析并提出建议。

一、中西部核心种植带

该区主要包括宜阳县、嵩县、伊川县交界处的高度适宜区和适宜区。该区地貌类型较复杂，包括丘陵、中山、低山、盆地及河流低阶地；土壤质地为中壤土、轻壤土、砂壤土；质地构型以均质砂壤、均质中壤为主。

该区应充分发挥资源优势，不断优化产业结构，大力发展现代特色种植，力争扩大花生种植面积，形成花生及油料主导产业。克服干旱和土层浅薄的不利因素，结合植物油倍增计划、农业综合开发、农产品生产基地建设、沃土工程、测土配方施肥等项目，在改良用地方面，坚持用养结合，并针对不同的限制因子采用水保工程、生物和栽培技术等方法进行改良。对该区耕地加大工程技术投入，兴修农田水利，推广旱作节水灌溉技术，提高水分利用率；对于土层薄的耕地，采用逐年深耕改土、增施有机肥等措施，逐步熟化和加厚耕作层；实施测土配方施肥，提高耕地地力水平。

二、丘陵、河漫滩和平原巩固发展区

该区包括宜阳县、新安县、洛宁县、孟津县、汝阳县部分乡镇。该区地貌类型为丘陵、河漫滩和平原；土壤质地为紧砂土、中壤土、轻壤土、砂壤土；质地构型以夹壤砂土、夹砂轻壤、均质砂壤、均质中壤为主。

河漫滩和平原地势平坦，水资源丰富，农田水利设施配套齐全，是洛阳市花生重要产区，也是潜在的高产区，应在稳定粮食生产的基础上，扩大花生种植面积，实施深耕改土、选用良种、配方施肥、综防综治等先进的农业综合配套技术，将该区建成洛阳市花生的高产优质示范区。

丘陵区是洛阳市花生的重点发展区，人均耕地面积大，属于旱作区，没有灌溉条件。该区花生种植宜选用高产耐旱品种；采用旱作节水栽培措施；实施测土配方施肥，提高耕地地力水平。

第八十章 洛阳市谷子适宜性评价

第一节 洛阳市谷子生产概况

谷子在洛阳市秋粮生产中，居第三位，在全年粮食总产中占有重要的地位，尤其灾荒年种植谷子比种植玉米更能取得稳定的产量。洛阳市谷子常年种植 30 万亩左右，1949—2012 年谷子种植面积逐渐减少。1949—1978 年年均种植 68 万亩，最高达 80 余万亩；单产 36~122kg。改革开放以后全市谷子面积逐渐减少，由 1979 年的 40 多万亩减少到 1998 年的 30 余万亩，单产仍徘徊在 100kg 左右。2002 年之后，洛阳市进一步优化种植结构，变对抗性种植为适应性种植，在丘陵旱区逐步形成了"谷子岭、红薯坡"的种植格局，谷子单产由过去的 50~100kg 提高到 2002 年的 184kg，总产量提高到 50 662 t。改革开放 30 多年来，洛阳市通过谷子优良品种、合理轮作、配方施肥、合理密植、万亩方高产栽培技术集成研究示范、农民科技培训等项目的大力推广与实施，洛阳市农业粮食综合生产能力及谷子生产水平有了较大提高，尤其是 2003—2012 年的 10 年间，谷子面积由 20 多万亩又逐步增加到 30 多万亩，单产稳定提高到 200kg 以上，总产稳定在 5 万 t 以上。2012 年全市谷子单产达到 267kg，创历史最高纪录。为了更好地调整洛阳市丘陵旱区的种植结构，提高农业生产效益，增加农民收入，洛阳市计划到"十二五"末谷子种植面积发展到 60 万亩，为全市粮食总产稳定在 200 万 t 以上做出更大贡献。

据不完全统计，自 1982 年以来，洛阳市农业科技人员在谷子生产技术研究中共获得地厅级二等奖以上 5 项，其中"谷子新良种新农 761 的试验示范与推广""洛阳 871 谷子品种的选育""谷子合理轮作栽培技术的示范推广""金谷 2401 品种高产栽培技术研究与应用""张杂谷 8 号的引进示范与高产栽培技术研究"以及"洛阳市谷子高产万亩示范方综合技术推广"等研究项目与应用，在洛阳市、河南省乃至国家处于领先水平，这些研究成果的推广应用，为洛阳市谷子生产水平的提高，提供了强力技术支撑。

第二节 谷子适宜性评价资料收集

按照《全国测土配方施肥技术规范》的要求，参照《耕地地力评价指南》，根据谷子适宜性评价的需要，进行了基础及专题图件资料、耕地土壤属性及养分含量等相关资料的收集工作。

一、基础及专题图件资料

（1）洛阳市土壤图（比例尺 1：5 万，洛阳市农业局、洛阳市土壤普查办公室），洛阳市农业技术推广站提供。

（2）洛阳市土地利用现状图（比例尺 1：5 万，洛阳市土地管理局绘制），洛阳市国土资源管理局提供。

（3）洛阳市地形图（比例尺 1：5 万，解放军总参谋部测绘局绘制），洛阳市农业技术推广站提供。

（4）洛阳市行政区划图（比例尺 1：5 万，洛阳市民政局绘制），洛阳市民政局提供。

二、耕地土壤属性及养分含量资料

（1）土壤属性数据：洛阳市第二次土壤普查和各县市区测土配方施肥补贴项目 2005—2011 年度调查资料。

（2）土壤养分：包括有机质、全氮、有效磷、速效钾、缓效钾等大量养分含量，有效铜、铁、锰、锌、硼、钼、硫等中微量养分含量以及 pH 值等（2005—2011 年洛阳市测土配方施肥补贴项目检测资料）。

三、软件准备

洛阳市谷子适宜性评价以农业部耕地资源信息管理系统 4.0 版为平台，在洛阳市耕地地力评价相关成果、数字化图件的基础上（电子版的洛阳市土壤图、洛阳市耕地资源利用现状图、洛阳市行政区划图）进行。

四、其他相关资料收集

（1）洛阳市概况（洛阳市县志编纂委员会编制），洛阳市农业技术推广站提供。

（2）洛阳市综合农业区划（洛阳市农业区划委员会办公室编制），洛阳市农业技术推广站提供。

（3）洛阳市农业志（洛阳市农业局编制），洛阳市农业技术推广站提供。

（4）洛阳市水资源调查分析和水利化区划报告（洛阳市农业区划委员会水利组编制），洛阳市水利局提供。

（5）洛阳土壤（洛阳市土壤普查办公室编制），洛阳市农业技术推广站提供。

（6）洛阳市 2009 年、2010 年、2011 年统计年鉴，洛阳市统计局提供。

（7）洛阳市 2009 年、2010 年、2011 年气象资料，洛阳市气象局提供。

（8）洛阳市各县（市）2005—2011 年测土配方施肥项目技术资料，各县（市）提供。

第三节　评价指标体系的建立及其权重确定

综合《测土配方施肥技术规范》《耕地地力评价指南》和"县域耕地资源管理信息系统 3.0"的技术规定与要求，我们将选取评价指标、确定各指标权重和确定各评价指标的隶属度 3 项内容归纳为建立谷子适应性评价指标体系。

一、选取评价指标

遵循重要性、差异性、稳定性、独立性和易获取性原则，结合洛阳市谷子生产实际、农业生产自然条件和耕地土壤特征，由河南省土肥站、河南农大的专家和洛阳市各县（市、区）农林水机等相关方面的技术人员组成的专家组，首先对指标进行分类，在此基础上进行指标的选取。经过反复筛选，共选出 2 大类 6 小项指标，分别为：立地条件包括地貌类型、土壤剖面、质地；耕层理化性状包括速效钾、有效磷、有机质。

二、指标权重的确定

在选取的小麦适应性评价指标中，各指标对耕地质量高低的影响程度是不相同的，因此我们结合专家意见，采用层次分析方法，合理确定各评价指标的权重。

（一）建立层次结构

谷子适宜性评价为目标层（G 层），影响谷子生长适宜性的土壤立地条件、土壤养分为准则层 C 层），再把影响准则层中各元素的项目作为指标层（A 层），其结构关系如图 80-1 所示。

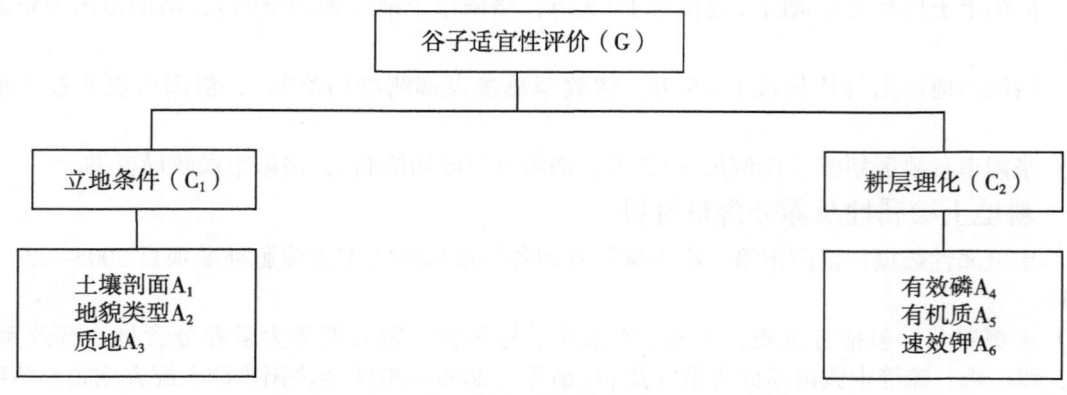

图 80-1　谷子适宜性评价影响因素层次结构

(二) 构造判断矩阵

采用专家评估法，比较同一层次各因素对上一层次的相对重要性，给出数量化的评估。专家评估的初步结果经合适的数学处理后（包括实际计算的最终结果—组合权重）反馈给专家，请专家重新修改或确认。经多轮反复形成最终的判断矩阵。

根据专家经验，确定 C 层对 G 层、A 层对 C 层以及 A 层各因素之间的相对重要程度，共构成 C_1、C_2 共 3 个判别矩阵（表 80-1 至表 80-3）。判别矩阵中标度的含义见表 80-4。

表 80-1　目标层 G 判别矩阵

ryy	立地条件	耕层理化	Wi
立地条件	1	1.236136	0.5528
耕层理化	0.808973	1	0.4472

表 80-2　立地条件（C_1）判别矩阵

立地条件	土壤剖面	地貌类型	质地	Wi
土壤剖面	1	1.27027	2.9375	0.47
地貌类型	0.787234	1	2.3125	0.37
质地	0.340426	0.432432	1	0.16

表 80-3　耕层理化（C_2）判别矩阵

耕层理化	有效磷	有机质	速效钾	Wi
有效磷	1	1.131579	2.263158	0.43
有机质	0.883721	1	2	0.38
速效钾	0.44186	0.5	1	0.19

表 80-4　判断矩阵标度及其含义

标度	含义
1	表示两个因素相比，具有同样重要性
3	表示两个因素相比，一个因素比另一个因素稍微重要
5	表示两个因素相比，一个因素比另一个因素明显重要
7	表示两个因素相比，一个因素比另一个因素强烈重要
9	表示两个因素相比，一个因素比另一个因素极端重要
2、4、6、8	上述两相邻判断的中值
倒数	因素 i 与 j 比较得判断 b_{ij}，则因素 j 与 i 比较的判断 $b_{ji}=1/b_{ij}$

(三) 层次单排序及一致性检验

建立比较矩阵后，就可以求出各个因素的权值，采取的方法是用和积法计算出各矩阵的最大特征根 λ_{max} 及其对应的特征向量 W，得到的各权数值及一致性检验的结果如表 80-5 所示，并用 $CR=CI/RI$ 进行一致性检验。从表中可以看出，$CR=CI/RI<0.1$，具有很好的一致性。

表 80-5　权数值一致性检验结果

矩阵	特征向量	λ_{max}	CI	RI	CR		
G	0.5528	0.4472		2	0	0	0
C_1	0.47	0.37	0.16	3	0	0.58	0
C_2	0.43	0.38	0.19	3	0	0.58	0

（四）层次总排序及一致性检验

计算同一层次所有因素对于最高层相对重要性的排序权值，称为层次总排序，这一过程是最高层次到最低层次逐层进行的。层次总排序的结果见表80-6。

表80-6　层次总排序表

层次C 层次A	立地条件 55.28	耕层理化 44.72	组合权重
土壤剖面	47		0.2598
地貌类型	37		0.2045
质地	16		0.0884
有效磷		43	0.1928
有机质		38	0.1699
速效钾		19	0.085

经层次总排序，并进行一致性检验，结果为 $CI=0.0$，$RI=1.24$，$CR=CI/RI=0.0<0.1$，认为层次总排序结果具有满意的一致性，否则需要重新调整判断矩阵的元素取值，最后计算得到各因子的权重如表80-7所示。

表80-7　各因子的权重

指标名称	土壤剖面	地貌类型	质地	有效磷	有机质	速效钾
指标权重	0.2598	0.2045	0.0884	0.1928	0.1699	0.0850

第四节　谷子评价指标的隶属度

谷子质地、地貌类型、有机质、有效磷、速效钾以及土壤剖面的隶属度同小麦适宜性评价。

第五节　谷子的最佳适宜等级

根据综合指数的变化规律，在耕地资源管理系统中我们采用累积曲线分级法进行评价，根据曲线斜率的突变点（拐点）来确定等级的数目和划分综合指数的临界点，将洛阳市谷子适宜性评价共划分为四级，各等级综合指数见表80-8和图80-2。

表80-8　洛阳市谷子适应性评价等级综合指数

IFI	0.8400~1.0000	0.7200~0.8400	0.6200~0.7200	0.0000~0.6200
谷子适应性等级	高度适宜	适宜	勉强适宜	不适宜

第六节　谷子的适宜性评价结果

洛阳市耕地 433 561.1 hm²，其中谷子高度适宜种植区 45 264.5 hm²，占10.44%；谷子适宜种植区 189 809.1 hm²，占43.78%；谷子勉强适宜种植区 128 465.4 hm²，占29.63%；谷子不适宜种植区 70 022.1 hm²，占16.15%。

一、谷子适宜性各县（市）分布

在各县市中宜阳县、新安县、汝阳县、伊川县高度适宜谷子种植的区域较大，栾川县几乎没有；适宜种植区中宜阳县、伊川县、洛宁县面积较大，栾川县面积最小；勉强适宜种植区中洛宁县面积最大，汝阳县面积最小；在不适宜种植区中嵩县面积最大，孟津县面积最小（表80-9）。

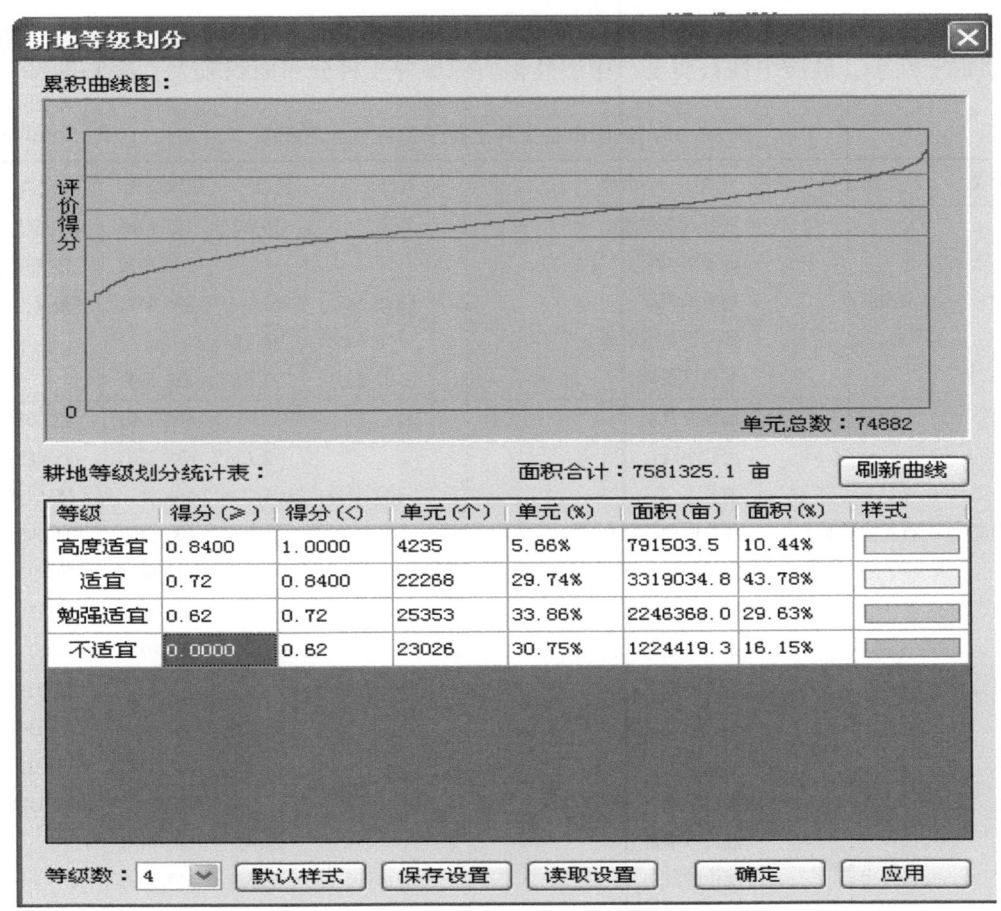

图80-2　谷子适宜性评价综合指数分布图

表80-9　洛阳市各县市谷子适宜性分区面积　　　　　　　单位：hm²

县市名称	高度适宜	占耕地总面积的比例（%）	适宜	占耕地总面积的比例（%）	勉强适宜	占耕地总面积的比例（%）	不适宜	占耕地总面积的比例（%）	总计
栾川县	0.2	0	3 919.8	0.9	9 488.4	2.2	5 422.4	1.3	18 830.7
洛宁县	1 129.4	0.3	27 240.2	6.3	25 615.7	5.9	4 289	1	58 274.4
孟津县	778.1	0.2	20 289.7	4.7	16 161.2	3.7	3 665.8	0.8	40 894.9
汝阳县	4 154.3	1	9 585.9	2.2	7 765.8	1.8	10 633.7	2.5	32 139.8
嵩　县	1 138.8	0.3	16 011.1	3.7	10 529.4	2.4	20 209.5	4.7	47 888.9
新安县	7 106.9	1.6	19 087.5	4.4	17 606.4	4.1	5 716.3	1.3	49 517.1
偃师市	753.5	0.2	24 291.2	5.6	18 688.9	4.3	7 064.4	1.6	50 797.9
伊川县	3 957.5	0.9	38 480.2	8.9	13 231.3	3.1	7 919.9	1.8	63 588.8
宜阳县	26 245.9	6.1	30 903.4	7.1	9 378.2	2.2	5 101	1.2	71 628.5
总　计	45 264.5	10.4	189 809.1	43.8	128 465.4	29.6	70 022.1	16.2	433 561.1

二、谷子适宜性在不同土壤类型上分布情况

在高度适宜区中，以黄土质褐土、红黄土质褐土、壤质洪积潮土、两合土、淤土、壤质潮褐土、红黄土质石灰性褐土等土种分布面积较大。在适宜区中，以黄土质褐土、红黄土质褐土、浅位少量砂

姜红黄土质、红黄土质褐土性土、中层红黄土质褐土性土、红黄土质石灰性褐土、红黏土等土种分布面积较大。在不适宜区中，主要以薄层钙质粗骨土、薄层泥质中性粗骨土、中层红黄土质褐土性土、中层砂泥质褐土性土、硅质中性石质土、中层硅铝质棕壤等土种分布面积较大。参见表80-10。

表 80-10 洛阳市各土种上谷子适宜性分区面积 单位：hm²

土类	亚类	土属	土种	高度适宜	适宜	勉强适宜	不适宜	总计（hm²）
潮土	典型潮土	洪积潮土	底砾层洪积潮土		179.42	163.6268	113.645	456.6917
			砾质洪积潮土			9.8732	15.3675	25.2407
			壤质洪积潮土	1 129.588	3 363.9	896.4791	180.774	5 570.709
			深位钙盘洪积潮土	6.6475	45.178			51.8258
			黏质洪积潮土	67.3093	727.55	158.6941		953.5541
		石灰性潮壤土	底砂两合土			565.7701	42.4004	608.1705
			底砂小两合土		2.6365	638.2363	975.485	1616.358
			两合土	109.4339	2 021.7	2 560.95	65.5435	4757.631
			浅位厚砂两合土			400.5152	624.496	1025.011
			浅位砂两合土			153.6437	274.437	428.0811
			浅位砂小两合土			2.3749	210.11	212.4847
			小两合土	317.24	2 893.078	1 214.57		4 424.888
		石灰性潮砂土	底砾砂壤土				61.9113	61.9113
			浅位壤砂潮土				45.6941	45.6941
			砂质潮土			31.9273	553.921	585.8485
		石灰性潮黏土	底砂淤土			43.2691	25.3524	68.6215
			浅位厚壤淤土		23.41	16.7435		40.1537
			浅位砂淤土		18.534	30.0068		48.5412
			淤土		3 797.5	831.3541		4 628.804
	灌淤潮土	淤潮黏土	薄层黏质灌淤潮土		37.756	110.5905		148.3466
			厚层黏质灌淤潮土			409.8628	177.616	587.4788
	灰潮土	灰潮黏土	洪积灰砂土				105.243	105.2429
			洪积两合土		17.305	327.5095		344.8142
	湿潮土	湿潮壤土	壤质冲积湿潮土		121.75	73.7205		195.4715
			壤质洪积湿潮土	129.9451	644.29	983.2693	243.301	2 000.81
		湿潮砂土	砂质洪积湿潮土				179.574	179.5737
		湿潮黏土	底砾层冲积湿潮土		892.75	138.3791		1 031.132
			黏质冲积湿潮土	137.1319	527.89	37.6531		702.6753
			黏质洪积湿潮土	16.8165	9.6047	341.9217	0.8928	369.2357
	脱潮土	脱潮壤土	脱潮底砂小两合土			7.373	24.8263	32.1993
			脱潮两合土		91.84	846.6771		938.5166
			脱潮小两合土		41.817	171.7718	9.0908	222.6793
粗骨土	钙质粗骨土	灰泥质钙质粗骨土	薄层钙质粗骨土			1 202.7	3 729.86	4 932.565
	中性粗骨土	暗泥质中性粗骨土	薄层硅钾质中性粗骨土			1 001.764	3 462.53	4 464.29
			薄层硅镁铁质中性粗骨土			1 527.219	1 172.74	2 699.958
			厚层硅镁铁质中性粗骨土		33.023	6.9702		39.9936
			中层硅镁铁质中性粗骨土		627.64	397.9566	25.5483	1 051.143
		硅质中性粗骨土	中层硅质粗骨土		101.33	1 343.458	477.52	1 922.308
		麻砂质中性粗骨土	薄层硅铝质中性粗骨土			3.6371	1 463.6	1 467.238

（续表）

土类	亚类	土属	土种	高度适宜	适宜	勉强适宜	不适宜	总计（hm²）
粗骨土	钙质粗骨土	泥质中性粗骨土	薄层泥质中性粗骨土		42.458	2 200.372	8 284.66	10 527.49
褐土	潮褐土	泥砂质潮褐土	壤质潮褐土	991.5227	3 547	909.5613	50.0801	5 498.143
			黏质潮褐土	130.3187	1 845	131.936		2 107.257
	典型褐土	黄土质褐土	红黄土质褐土	6 927.255	24 098	7 940.364	377.984	39 343.95
			黄土质褐土	2 792.062	29 702	11 172.73	239.685	43 906.44
			浅位多量砂姜红黄土质褐土	107.1116	1 618.9	21.5848		1 747.611
			浅位少量砂姜红黄土质褐土	1 599.958	9 641.3	4 225.302	975.241	1 6441.76
			深位多量砂姜红黄土质褐土		184.21			184.2117
			深位少量砂姜红黄土质褐土		102.56			102.5604
		泥砂质褐土	黏质洪积褐土	414.5053	2 435.2	1 435.662	136.422	4 421.807
	褐土性土	暗泥质褐土性土	中层硅钾质褐土性土		141.74	1 033.407	1 574.14	2 749.292
		堆垫褐土性土	厚层堆垫褐土性土	2.8391	165.55	155.4559	11.1989	335.0434
		覆盖褐土性土	红黄土覆盖褐土性土	65.4474	290.6	180.7203		536.7632
			浅位多量砂姜红黄土覆盖褐土性土		30.573	23.8466		54.4195
			浅位少量砂姜红黄土覆盖褐土性土	15.9366	693.93	215.8964		925.7675
		硅质褐土性土	厚层硅质褐土性土			44.9589		44.9589
		黄土质褐土性土	红黄土质褐土性土	4 982.745	16 667	6 779.738	886.501	29 316.18
			浅位多量砂姜红黄土质褐土性土		292.28	181.3913	45.1104	518.7819
			浅位钙盘砂姜红黄土质褐土性土			48.0498	928.467	976.5167
			浅位少量砂姜红黄土质褐土性土	47.8788	775.76	43.6468	130.848	998.129
			深位钙盘红黄土质褐土性土		429.39	1 216.922	283.252	1 929.562
			中层红黄土质褐土性土		2 207	9 385.955	5 539.47	17 132.41
		灰泥质褐土性土	中层钙质褐土性土		0.3798	608.0223	198.388	806.7904
		麻砂质褐土性土	中层硅铝质褐土性土		246.89	1 301.159	827.868	2 375.915
		泥砂质褐土性土	砾质洪积褐土性土		283.01	244.931		527.9392
			壤质洪积褐土性土	288.1002	522.82	97.7535		908.6696
		砂泥质褐土性土	厚层砂泥质褐土性土	2 348.414	4 188.5	2 786.053	701.195	10 024.2
			中层砂泥质褐土性土		2 827.7	4 434.798	3 132.57	10 395.02
	淋溶褐土	暗泥质淋溶褐土	厚层硅钾质淋溶褐土		15.028	1.6086		16.6366
			中层硅钾质淋溶褐土		2.9428	519.2748	396.313	918.5302
		硅质淋溶褐土	中层硅质淋溶褐土			43.8737	12.0151	55.8888
		黄土质淋溶褐土	红黄土质淋溶褐土		303.18	317.76	210.146	831.0831
		灰泥质淋溶褐土	中层钙质淋溶褐土			114.75	8.2201	122.9701
		麻砂质淋溶褐土	厚层硅铝质淋溶褐土	152.1725	227.09	87.9535		467.2208
		泥砂质淋溶褐土	壤质洪冲积淋溶褐土		330.5	303.3799	18.144	652.0225
		泥质淋溶褐土	中层泥质淋溶褐土		0.2503	163.4398	434.802	598.4921
	石灰性褐土	黄土质石灰性褐土	红黄土质石灰性褐土	2 810.83	12 980	9 217.669	330.137	25 338.78
			浅位少量砂姜红黄土质石灰性褐土		507.35	261.1596		768.5138
			浅位少量砂姜黄土质石灰性褐土	246.2746	752.12	236.8391	110.654	1 345.884

（续表）

土类	亚类	土属	土种	高度适宜	适宜	勉强适宜	不适宜	总计（hm²）
褐土	石灰性褐土	黄土质石灰性褐土	轻壤质黄土质石灰性褐土		148.88	303.9978	0.3036	453.1785
			少量砂姜黄土质石灰性褐土		4.4952	186.3203		190.8155
			深位多量砂姜红黄土质石灰性褐土		182.52	1.1079		183.6269
			深位多量砂姜黄土质石灰性褐土		144.78			144.7846
			深位少量砂姜黄土质石灰性褐土		143.61			143.6119
			中壤质黄土质石灰性褐土	36.1169	1.8166			37.9335
		泥砂质石灰性褐土	壤质洪积褐土	906.3136	2668.7	1932.122	158.492	5665.583
			壤质洪积石灰性褐土	1067.704	1004.8	1276.517	9.7166	3358.755
			黏质洪积石灰性褐土	97.066	1448.7	778.5131	7.7071	2331.998
红黏土	典型红黏土	典型红黏土	红黏土	5902.961	23990	18769.84	3463.02	52125.72
			浅位多量砂姜红黏土	190.7851	1661.2	221.017		2073.019
			浅位多量砂姜石灰性红黏土	2.077	1072.9	25.6431	89.5987	1190.227
			浅位钙盘砂姜石灰性红黏土	788.1747	1666.4	520.3176		2974.934
			浅位少量砂姜红黏土	831.7043	5052.8	2127.183	1209.85	9221.502
			浅位少量砂姜石灰性红黏土	2299.929	4985.1	1682.54	590.477	9558.027
			深位钙盘砂姜石灰性红黏土	53.5474	490.25	92.346		636.1424
			石灰性红黏土	7255.288	11716	3538.727	577.65	23087.8
黄棕壤	典型黄棕壤	硅铝质黄棕壤	中层硅铝质黄棕壤			22.257	28.8044	51.0614
	黄棕壤性土	麻砂质黄棕壤	薄层硅铝质黄棕壤性土			0.764	69.5689	70.3329
		砂泥质黄棕壤性土	中层砂泥质黄棕壤性土			46.529	161.314	207.8433
砂姜黑土	石灰性砂姜黑土	灰覆黑姜土	壤盖洪积石灰性砂姜黑土	312.6113	237.46			550.0743
		灰黑姜土	浅位钙盘黏质洪积石灰性砂姜黑土			143.8368		143.8368
			深位钙盘黏质洪积石灰性砂姜黑土	302.23	340.5942			642.821
石质土	中性石质土	硅质中性石质土	硅质中性石质土		17.74	2922.443	12368.2	15308.38
		泥质中性石质土	泥质中性石质土			157.3489	3392.31	3549.663
水稻土	潜育水稻土	青潮泥田	表潜潮青泥田			1593.615	490.462	2084.078
紫色土	石灰性紫色土	灰紫砾泥土	薄层砂质石灰性紫色土				15.1711	15.1711
			厚层砂质石灰性紫色土		54.443	50.1765		104.6192
			中层砂质石灰性紫色土		2.127	1.7865	1.4569	5.3704
	中性紫色土	紫砾泥土	薄层砂质中性紫色土			24.7888	411.719	436.508
			厚层砂质中性紫色土		425.82	321.8557	16.542	764.2152
			中层砂质中性紫色土		110.88	232.1071	117.064	460.0511
棕壤	典型棕壤	暗泥质棕壤	厚层硅镁铁质棕壤		11.505	0.5428		12.0481
			中层硅钾质棕壤			181.6131	82.9234	264.5365
		硅质棕壤	厚层硅质棕壤		233.34	24.0079		257.3491
			中层硅质棕壤			130.2912	41.2668	171.558
		黄土质棕壤	黄土质棕壤		52.753	19.77		72.5227
		麻砂质棕壤	厚层硅铝质棕壤		165.46	36.7384		202.1976
			中层硅铝质棕壤		15.338	2264.586	1849.07	4128.992

（续表）

土类	亚类	土属	土种	高度适宜	适宜	勉强适宜	不适宜	总计（hm²）
	典型棕壤	砂泥质棕壤	中层砂泥质棕壤		9.3009	278.735	136.921	424.9569
		暗泥质棕壤性土	薄层硅钾质棕壤性土			1.8457	295.548	297.394
			薄层硅镁铁质棕壤性土				1.2418	1.2418
			中层硅钾质棕壤性土			43.0353		43.0353
棕壤			中层硅镁铁质棕壤性土		8.4508	1 038.203	574.238	1 620.892
	棕壤性土	硅质棕壤性土	中层硅质棕壤性土		33.801	27.9459	52.3277	114.0742
		麻砂质棕壤性土	薄层硅铝质棕壤性土				2 163.16	2 163.156
			中层硅铝质棕壤性土			290.9702	18.4317	309.4019
		泥质棕壤性土	中层砂泥质棕壤性土		2.6221	395.8828	308.014	706.5188
		总计		45 264.52	189 809	128 465.4	70 022.1	433 561.1

三、主要土壤养分对谷子适宜性的影响

土壤养分对谷子适宜性分级有一定影响。高度适宜区和适宜区中级以上面积相对较多，不适宜区则反之。参见表 80-11 至表 80-13。

表 80-11　有机质分级别面积分布　　　　　　　　　　单位：hm²

有机质等级分级标准（g/kg）	不适宜	高度适宜	勉强适宜	适宜	总计
一级>30（高）	174.5	1 077.1	278.0	565.2	2 094.7
二级 20.1~30（较高）	6 272.8	14 567.8	10 966.2	23 309.1	55 115.8
三级 17.1~20（中）	15 467.0	16 610.7	30 187.3	60 442.3	12 2707.3
四级 15.1~17（较低）	23 189.8	13 008.9	44 650.0	56 989.5	137 838.3
五级≤15（低）	24 918.0	0.1	42 383.8	48 502.9	115 804.9
总合计（hm²）	700 22.1	45 264.5	128 465.4	189 809.1	433 561.1
占耕地面积的%	16.2	10.4	29.6	43.8	100.0

表 80-12　速效钾分级别面积分布　　　　　　　　　　单位：hm²

速效钾等级分级标准（mg/kg）	不适宜	高度适宜	勉强适宜	适宜	总计
一级>200（高）	6 718.8	30 897.8	12 827.4	39 840.3	90 284.1
二级 170.1~200（较高）	2 667.4	4 468.6	10 389.7	24 874.0	42 399.7
三级 150.1~170（中）	10 853.2	4 793.1	30 331.1	40 821.7	86 799.2
四级 130.1~150（较低）	24 659.6	2 173.7	41 829.5	56 510.8	125 173.6
五级≤130（低）	25 123.1	2 931.4	33 087.6	27 762.3	88 904.4
总合计（hm²）	70 022.1	45 264.5	128 465.4	189 809.1	433 561.1
占耕地面积的%	16.2	10.4	29.6	43.8	100.0

表 80-13　有效磷分级别面积分布　　　　　　　　　　单位：hm²

有效磷等级分级标准（mg/kg）	不适宜	高度适宜	勉强适宜	适宜	总计
一级>40.0（高）	778.0	4.1	2 066.5	1 189.4	4 037.9
二级 20.1~40.0（较高）	3 952.2	2 079.0	7 210.3	4 361.4	17 602.9
三级 15.1~20.0（中）	7 626.8	9 363.1	10 829.4	20 748.8	48 568.1
四级 10.1~15.0（较低）	26 379.4	28 211.2	61482.6	84 663.0	200 736.3
五级≤10.0（低）	31 285.7	5 607.2	46 876.5	78 846.4	162 615.8
总合计（hm²）	70 022.1	45 264.5	128 465.4	189 809.1	433 561.1
占耕地面积的%	16.2	10.4	29.6	43.8	100.0

第七节　洛阳市谷子适宜性分区分析

一、谷子高度适宜种植区

谷子高度适宜种植区 45 264.5 hm²，占全市耕地面积的 10.4%，主要分布在黄土平梁和黄土丘陵上，其中黄土平梁面积 23 701.5 hm²，占本区面积的 52.4%；黄土丘陵面积 14 963.1 hm²，占本区面积的 33.1%；土壤质地全部是中壤土、重壤土，其中中壤土面积 26 764.35 hm²，占本区面积的 59.1%，重壤土面积 18 500.2 hm²，占本区面积的 40.9%；无障碍层面积 45 257.9 hm²，占本区面积的 100%；石质接触大于 120cm 的面积 42 741.4 hm²，占本区面积的 94.42%；在一级地貌中黄土地貌面积为 40 628 hm²，占本区面积的 89.8%，面积最大，流水地貌面积为 4 636.5 hm²，在二级地貌中，黄土台地丘陵面积为 40 628 hm²，占本区面积的 89.8%，面积最大，冲积平原面积为 3 091.2 hm²，土种以红黄土质褐土、石灰性红黏土为主，其中红黄土质褐土面积 12 683.9 hm²，占本区面积的 16.6%，石灰性红黏土面积 10 929.7 hm²，占本区面积的 14.3%；该种植区土层深厚，地势略有起伏，无明显障碍层；土壤肥力中等，有机质集中分布在Ⅲ级，有效磷集中分布在Ⅲ级、Ⅳ级，速效钾集中分布在Ⅰ级、Ⅱ级，速效钾含量丰富，有机质含量中等、有效磷含量较低；该区域土壤质地及构型、耕层厚度、土壤养分都十分适宜谷子的种植，是洛阳市谷子高产、稳产的主要区域。谷子高度适宜种植区主要属性统计表见表 80-14 至表 80-19。

表 80-14　谷子高度适宜种植区在地貌类型上的分布

地貌类型	大起伏中山	泛滥平坦地	高丘陵	河谷平原	黄河滩地	黄土平梁	黄土丘陵	黄土塬	基岩高台地
高度适宜（hm²）			646.3	3 091.2		23 701.5	14 963.1	1 963.4	
占本区的比例（%）	0.0	0.0	1.4	6.8	0.0	52.4	33.1	4.3	0.0

表 80-15　谷子高度适宜种植区在地貌类型上的分布（续）

地貌类型	倾斜的洪积	小起伏低山黄土	小起伏低山流水	小起伏低山岩溶	小起伏中山	早期堆积台地	中起伏低山	中起伏中山	总计
高度适宜（hm²）						898.9		0.2	45 264.5
占本区的比例（%）	0.0	0.0	0.0	0.0	0.0	2.0	0.0	0.0	100.0

表 80-16　谷子高度宜种植区在土壤质地上的分布

质地	紧砂土	轻壤土	轻黏土	砂壤土	中壤土	重壤土	总计
高度适宜（hm²）					26 764.3	18 500.2	45 264.5
占本区的比例（%）	0.0	0.0	0.0	0.0	59.1	40.9	100.0

表 80-17　谷子高度适宜种植区障碍层位置、厚度上的分布

项目	障碍层位置				障碍层厚度		
	浅位	深位	无障碍	合计	厚层	无障碍	合计
高度适宜（hm²）		6.6	45 257.9	45 264.5	6.6	45 257.9	45 264.5
占本区的比例（%）	0.0	0.0	100.0	100.0	0.0	100.0	100.0

表 80-18　谷子高度宜种植区石质接触的分布

石质接触（m）	25.0	27.0	28.0	30.0	50.0	60.0	80.0	120.0	合计
高度适宜（hm²）					6.6	2 500.6	15.9	42 741.4	45 264.5
占本区的比例（%）	0.0	0.0	0.0	0.0	0.01	5.54	0.03	94.42	100.0

表 80-19　谷子高度适宜种植区在一、二级地貌上的分布

一级地貌	面积（hm²）	占本区（%）	二级地貌	面积（hm²）	占本区（%）
黄土地貌	40 628	89.8	黄土覆盖的低山		0.0
			黄土覆盖的中山		0.0
			黄土台地丘陵	40 628	89.8
流水地貌	4 636.5	10.2	冲积平原	3 091.2	6.8
			洪积（山麓冲积）平原		0.0
			侵蚀剥削低山		0.0
			侵蚀剥削丘陵	646.3	1.4
			侵蚀剥削台地	898.9	2.0
			侵蚀剥削中山	0.2	0.0
岩溶地貌	0	0.0	溶蚀侵蚀低山		0.0
合计	45 264.52	100.0	合计	45 264.5	100.0

二、谷子适宜种植区

　　谷子适宜种植区 189 809.1 hm²，占全市耕地面积的 43.8%，主要分布在黄土地貌和黄土台地丘陵上，其中黄土地貌面积 113 316.5 hm²，占本区面积的 59.7%；黄土台地丘陵面积 104 742.1 hm²，占本区面积的 55.2%；土壤质地为中壤土、重壤土、轻壤土、砂壤土，其中中壤土面积 126 180.8hm²，占本区面积的 66.5%，重壤土面积 63 117.7 hm²，占本区面积的 33.3%；无障碍层面积 188 389.5 hm²，占本区面积的 99.3%；在一级地貌中黄土地貌面积最大，为 113 316.5 hm²，占本区面积的 59.7%，在二级地貌中，黄土台地丘陵面积最大，为 104 742.1 hm²，占本区面积的 55.2%，土种以红黏土、红黄土质褐土为主，其中红黏土面积 18 907.9 hm²，占本区面积的 13.2%，红黄土质褐土面积 16 785.7 hm²，占本区面积的 11.8%；该种植区土层较厚，地势有起伏，无明显障碍层；土壤肥力中等，有机质集中分布在Ⅲ级、Ⅳ级，有效磷集中分布在Ⅳ级，速效钾集中分布在Ⅱ级，速效钾含量丰富，有机质含量中等、有效磷含量较低；该区域土壤质地及构型、耕层厚度、土壤养分都适宜谷子的种植，是洛阳市谷子稳产的主要区域。谷子适宜种植区主要属性统计表见表 80-20 至表 80-25。

表 80-20　谷子适宜种植区在地貌类型上的分布

地貌类型	大起伏中山	泛滥平坦地	高丘陵	河谷平原	黄河滩地	黄土平梁	黄土丘陵	黄土塬	基岩高台地
适宜（hm²）	1 348.0	2 901.2	4 872.8	36 070.2	664.3	33 839.6	49 131.3	21 771.2	100.9
占本区的比例（%）	0.7	1.5	2.6	19.0	0.3	17.8	25.9	11.5	0.1

表 80-21　谷子适宜种植区在地貌类型上的分布（续）

地貌类型	倾斜的洪积	小起伏低山黄土	小起伏低山流水	小起伏低山岩溶	小起伏中山	早期堆积台地	中起伏低山	中起伏中山	总计
适宜（hm²）	6 939.8	7 964.9	4 841.5	2 516.5	609.5	12 650.6	315.9	3 270.8	189 809.1
占本区的比例（%）	3.7	4.2	2.6	1.3	0.3	6.7	0.2	1.7	100.0

表 80-22　谷子宜种植区在质地类型上的分布

质地	紧砂土	轻壤土	轻黏土	砂壤土	中壤土	重壤土	总计
适宜（hm²）		193.3		317.2	126 180.8	63 117.7	189 809.1
占本区的比例（%）	0.0	0.1	0.0	0.2	66.5	33.3	100.0

表 80-23　谷子适宜种植区障碍层位置、厚度上的分布

项目	障碍层位置				障碍层厚度		
	浅位	深位	无障碍	合计	厚层	无障碍	合计
适宜（hm²）		1 419.6	188 389.5	189 809.1	1 419.6	188 389.5	189 809.1
占本区的比例（%）	0.0	0.7	99.3	100.0	0.7	99.3	100.0

表 80-24　谷子宜种植区石质接触的分布

石质接触（m）	25.0	27.0	28.0	30.0	50.0	60.0	80.0	120.0	合计
适宜（hm²）			42.5	17.7	6 992.3	5 656.5	724.5	176 375.6	189 809.1
占本区的比例（%）	0.0	0.0	0.0	0.0	3.7	3.0	0.4	92.9	100.0

表 80-25　谷子适宜种植区在一、二级地貌上的分布

一级地貌	面积（hm²）	占本区（%）	二级地貌	面积（hm²）	占本区（%）
黄土地貌	113 316.5	59.7	黄土覆盖的低山	7 964.9	4.2
			黄土覆盖的中山	609.5	0.3
			黄土台地丘陵	104 742.1	55.2
流水地貌	73 976.0	39.0	冲积平原	39 635.7	20.9
			洪积（山麓冲积）平原	6 939.8	3.7
			侵蚀剥削低山	4 841.5	2.6
			侵蚀剥削丘陵	4 872.8	2.6
			侵蚀剥削台地	12 751.5	6.7
			侵蚀剥削中山	4 934.7	2.6
岩溶地貌	2 516.5	1.3	溶蚀侵蚀低山	2 516.5	1.3
合计	189 809.1	100.0	合计	189 809.1	100.0

三、谷子勉强适宜种植区

　　谷子勉强适宜种植区 128 465.4 hm²，占全市耕地面积的 29.2%，主要分布在流水地貌和冲积平原上，其中流水地貌面积 93 305.7 hm²，占本区面积的 72.6%；冲积平原面积 40 657.7 hm²，占本区面积的 31.6%；土壤质地为中壤土、重壤土、轻壤土、砂壤土、轻黏土、紧砂土，其中中壤土面积 90 700.6 hm²，占本区面积的 70.6%，重壤土面积 33 296.3 hm²，占本区面积的 25.9%；无障碍层面积 127 678.9 hm²，占本区面积的 99.4%；在一级地貌中流水地貌面积最大，为 93 305.7 hm²，占本区面积的 72.6%，在二级地貌中，冲积平原面积最大，为 40 657.7 hm²，占本区面积的 31.6%，土种以黄土质褐土、红黏土为主，其中黄土质褐土面积 13 247.7 hm²，占本区面积的 15.7%，红黏土面积 9 284.6 hm²，占本区面积的 11.0%；该种植区土层厚度一般，地势起伏较大，有障碍层；土壤肥力偏低，有机质集中分布在Ⅲ级、Ⅳ级，有效磷集中分布在Ⅳ级，速效钾集中分布在Ⅱ级，速效钾含量丰富，有机质含量中等、有效磷含量较低；该区域土壤质地及构型、耕层厚度、土壤养分都勉强适宜谷子的种植，是洛阳市谷子零星种植区域。谷子勉强适宜种植区主要属性统计表见表 80-26 至表 80-31。

表 80-26　谷子勉强适宜种植区在地貌类型上的分布

地貌类型	大起伏中山	泛滥平坦地	高丘陵	河谷平原	黄河滩地	黄土平梁	黄土丘陵	黄土塬	基岩高台地
适宜（hm²）	7 879.3	1 921.2	2 151.1	33 790.7	4 945.8	2 099.8	11 819.3	4 277.1	5 758.5
占本区的比例（%）	6.1	1.5	1.7	26.3	3.8	1.6	9.2	3.3	4.5

表80-27　谷子勉强适宜种植区在地貌类型上的分布（续表）

地貌类型	倾斜的洪积	小起伏低山黄土	小起伏低山流水	小起伏低山岩溶	小起伏中山	早期堆积台地	中起伏低山	中起伏中山	总计
适宜（hm²）	6 026.3	12 686.7	15 402.6	3 648.6	628.2	3 881.0	1 064.2	10 484.9	128 465.4
占本区的比例（%）	4.7	9.9	12.0	2.8	0.5	3.0	0.8	8.2	100.0

表80-28　谷子勉强宜种植区在质地类型上的分布

质地	紧砂土	轻壤土	轻黏土	砂壤土	中壤土	重壤土	总计
适宜（hm²）	31.9	1 133.6	409.9	2 893.1	90 700.6	33 296.3	128 465.4
占本区的比例（%）	0.0	0.9	0.3	2.3	70.6	25.9	100.0

表80-29　谷子勉强适宜种植区障碍层位置、厚度上的分布

项目	障碍层位置				障碍层厚度		
	浅位	深位	无障碍	合计	厚层	无障碍	合计
适宜（hm²）	143.8	642.6	127 678.9	128 465.4	786.4	127 678.9	128 465.4
占本区的比例（%）	0.1	0.5	99.4	100.0	0.6	99.4	100.0

表80-30　谷子勉强宜种植区石质接触的分布

石质接触（m）	25.0	27.0	28.0	30.0	50.0	60.0	80.0	120.0	合计
适宜（hm²）	1 202.7	1 527.2	3 255.7	3 249.2	27 319.2	3 656.5	239.7	88 015.2	128 465.4
占本区的比例（%）	0.9	1.2	2.5	2.5	21.3	2.8	0.2	68.5	100.0

表80-31　谷子适宜种植区在一、二级地貌上的分布

一级地貌	面积（hm²）	占本区（%）	二级地貌	面积（hm²）	占本区（%）
黄土地貌	31 511.1	24.53	黄土覆盖的低山	12 686.7	9.9
			黄土覆盖的中山	628.2	0.5
			黄土台地丘陵	18 196.2	14.2
流水地貌	93 305.7	72.63	冲积平原	40 657.7	31.6
			洪积（山麓冲积）平原	6 026.3	4.7
			侵蚀剥削低山	15 402.6	12.0
			侵蚀剥削丘陵	2 151.1	1.7
			侵蚀剥削台地	9 639.5	7.5
			侵蚀剥削中山	19 428.5	15.1
岩溶地貌	3 648.6	2.84	溶蚀侵蚀低山	3 648.6	2.8
合计	128 465.4	100.0	合计	128 465.4	100.0

四、谷子不适宜种植区

谷子不适宜种植区70 022.1 hm²，占全市耕地面积的16.2%，主要分布在流水地貌和侵蚀剥削中山上，其中流水地貌面积59 996.1 hm²，占本区面积的85.7%；侵蚀剥削中山面积24 905.7 hm²，占本区面积的35.6%；土壤质地为中壤土、重壤土、轻壤土、砂壤土、轻黏土、紧砂土，其中中壤土面积59 714.5 hm²，占本区面积的85.3%，重壤土面积6 733.9 hm²，占本区面积的9.6%；无障碍层面积69 846.6 hm²，占本区面积的99.7%；在一级地貌中流水地貌面积最大，为59 996.1 hm²，占本区面积的85.7%，在二级地貌中，侵蚀剥削中山面积最大，为24 905.7 hm²，占本区面积的35.6%；土种以红黏土、硅质中性石质土为主，其中红黏土面积13 992.4 hm²，占本区面积的10.8%，红黏土

面积 13 956.0 hm²，占本区面积的 10.8%；该种植区土层较薄，地势起伏大，有明显障碍层；土壤肥力低，有机质集中分布在Ⅳ级，有效磷集中分布在Ⅳ级，速效钾集中分布在Ⅲ级，速效钾含量丰富，有机质含量中等、有效磷含量较低；该区域土壤质地及构型、耕层厚度、土壤养分都不适宜谷子的种植。谷子不适宜种植区主要属性统计表见表 80-32 至表 80-37。

表 80-32　谷子不适宜种植区在地貌类型上的分布

地貌类型	大起伏中山	泛滥平坦地	高丘陵	河谷平原	黄河滩地	黄土平梁	黄土丘陵	黄土塬	基岩高台地
不适宜（hm²）	7 137.5	2 684.0	11.1	9 133.0	1 346.1	469.9	6 456.6		1 642.9
占本区的比例（%）	10.2	3.8	0.0	13.0	1.9	0.7	9.2	0.0	2.3

表 80-33　谷子不适宜种植区在地貌类型上的分布（续表）

地貌类型	倾斜的洪积	小起伏低山黄土	小起伏低山流水	小起伏低山岩溶	小起伏中山	早期堆积台地	中起伏低山	中起伏中山	总计
不适宜（hm²）	694.6	764.1	15 153.7	1 523.1	812.3	4 425.1	3 212.8	14 555.4	70 022.1
占本区的比例（%）	1.0	1.1	21.6	2.2	1.2	6.3	4.6	20.8	100.0

表 80-34　谷子不宜种植区在质地类型上的分布

质地	紧砂土	轻壤土	轻黏土	砂壤土	中壤土	重壤土	总计
不适宜（hm²）	306.9	1 235.2	177.6	1 854.0	59 714.5	6 733.9	70 022.1
占本区的比例（%）	0.4	1.8	0.3	2.6	85.3	9.6	100.0

表 80-35　谷子不适宜种植区障碍层位置、厚度上的分布

项目	障碍层位置				障碍层厚度		
	浅位	深位	无障碍	合计	厚层	无障碍	合计
不适宜（hm²）		175.6	69 846.6	70 022.1	175.6	69 846.6	70 022.1
占本区的比例（%）	0.0	0.3	99.7	100.0	0.3	99.7	100.0

表 80-36　谷子不宜种植区石质接触的分布

石质接触（m）	25.0	27.0	28.0	30.0	50.0	60.0	80.0	120.0	合计
不适宜（hm²）	3 729.9	1 172.7	16 599.2	16 257.0	16 948.0	717.7		14 597.6	70 022.1
占本区的比例（%）	5.3	1.7	23.7	23.2	24.2	1.0	0.0	20.8	100.0

表 80-37　谷子不适宜种植区在一、二级地貌上的分布

一级地貌	面积（hm²）	占本区（%）	二级地貌	面积（hm²）	占本区（%）
黄土地貌	8 502.9	12.1	黄土覆盖的低山	764.1	1.1
			黄土覆盖的中山	812.3	1.2
			黄土台地丘陵	6 926.5	9.9
流水地貌	59 996.1	85.7	冲积平原	13 163.1	18.8
			洪积（山麓冲积）平原	694.6	1.0
			侵蚀剥削低山	15 153.7	21.6
			侵蚀剥削丘陵	11.1	0.0
			侵蚀剥削台地	6 067.9	8.7
			侵蚀剥削中山	24 905.7	35.6
岩溶地貌	1 523.1	2.2	溶蚀侵蚀低山	1 523.1	2.2
合计	70 022.1	100.0	合计	70 022.1	100.0